ERGEBNISSE UND PROBLEME DER MODERNEN ANORGANISCHEN CHEMIE

ERGEBNISSE UND PROBLEME DER MODERNEN ANORGANISCHEN CHEMIE

VON

H. J. EMELÉUS

D. SC., A. R. C. S., F. R. S.

PROFESSOR OF INORGANIC CHEMISTRY, UNIVERSITY OF CAMBRIDGE

UND

J. S. ANDERSON

PH. D., A. R. C. S.

DEPUTY CHIEF SCIENTIFIC OFFICER, ATOMIC ENERGY RESEARCH ESTABLISHMENT

ÜBERSETZUNG DER ZWEITEN ENGLISCHEN AUFLAGE

VON

DR. KURT KARBE

ZWEITE AUFLAGE

MIT 68 TEXTABBILDUNGEN

SPRINGER-VERLAG

BERLIN · GÖTTINGEN · HEIDELBERG

1954

ISBN 978-3-642-86629-6 ISBN 978-3-642-86628-9 (eBook)
DOI 10.1007/978-3-642-86628-9

SOFTCOVER REPRINT OF THE HARDCOVER 2ND EDITION 1954

TITEL DER ZWEITEN ENGLISCHEN AUFLAGE:

MODERN ASPECTS OF INORGANIC CHEMISTRY

SECOND, COMPLETELY REVISED AND RESET EDITION 1952

Geleitwort zur deutschen Übersetzung.

In dem Vorwort, das die englischen Autoren ihrem Buch bei seinem ersten Erscheinen mitgegeben haben, sind Zweck und Ziel der Darstellung ausführlich auseinandergesetzt. Die Lösung der Aufgabe, die sich die Verfasser damals stellten, darf als durchaus gelungen bezeichnet werden, wofür auch die Tatsache spricht, daß es in den 14 Jahren bis zum Erscheinen der vorliegenden völlig überarbeiteten Neuauflage in England zu 10 Nachdrucken der Erstauflage gekommen ist. Die mit den Grundlagen der Chemie und Physik vertrauten Leser werden an diejenigen Spezialgebiete der neueren anorganischen Chemie, die im Vordergrund des Interesses stehen, herangeführt und erhalten in Einzelkapiteln, die in sich abgeschlossen sind, einen Überblick über die Problemstellungen der modernen Arbeiten und die bei den Untersuchungen erzielten Ergebnisse.

Wie bereits beim Erscheinen der ersten deutschen Ausgabe besteht auch heute noch nach einem nicht zu umfangreichen Werk über die Hauptprobleme der anorganischen Chemie für Fortgeschrittene in Deutschland ebenfalls ein starkes Bedürfnis. Es ist daher erfreulich, daß auch die neue Fassung des englischen Buches jetzt übersetzt und diese Darstellung somit einem weiteren deutschen Leserkreis zugänglich gemacht wurde. Das Buch dürfte zweifellos eine wertvolle Bereicherung der chemischen Fachliteratur für Unterrichtszwecke bedeuten. Wenn auch naturbedingt durch die Entwicklung der letzten Jahre nicht ganz in dem Maße in Erscheinung tretend, so ist doch die Feststellung erfreulich, in welch starkem Umfang der Anteil der deutschen Forschung an der Entwicklung der einzelnen Gebiete in objektiver Weise berücksichtigt wurde, wovon man sich an Hand der Literaturzitate leicht überzeugen kann. Auch sonst dürfte es von Interesse sein, die Ansichten und Auffassungen der angelsächsischen Wissenschaftler von der modernen anorganischen Chemie kennen und beachten zu lernen.

Es ist selbstverständlich, daß eine derartige Darstellung in dem begrenzten Rahmen nicht erschöpfend ist und daß man über die Auswahl der einzelnen Gebiete verschiedener Meinung sein kann. Im großen und ganzen aber muß man auch hier die Auswahl des Stoffes als glücklich bezeichnen, zumal durch die zahlreichen und ausführlichen Literaturhinweise und Zitate Anregungen zur weiteren Beschäftigung mit den fraglichen Gebieten gegeben werden.

Es liegt ferner in der Natur der Sache, daß bei den noch nicht abgeschlossenen Arbeitsgebieten verschiedene Ansichten vertreten werden können und daß sich in vielen Fällen ein Wandel der herrschenden

Anschauungen bemerkbar macht. Da also Stoffauswahl und Darstellung bei derartig umfangreichen Gebieten nie ganz objektiv erfolgen können, wurde auch bei der Übersetzung ganz bewußt darauf verzichtet, irgendwelche sachlichen Änderungen und Ergänzungen vorzunehmen, um den, wenn auch teilweise etwas subjektiven so doch einheitlichen Charakter des Buches und vor allem den Charakter als Übersetzung zu erhalten.

Prof. Dr. G. JANDER

Berlin-Charlottenburg, im März 1954.
Anorg. Chem. Institut
der Technischen Universität

Vorwort zur ersten englischen Ausgabe.

Die vielen ausgezeichneten Lehrbücher, die bereits vorhanden sind, machen den Studenten der anorganischen Chemie mit den Grundlagen dieses Gebietes vertraut; nach den Erfahrungen der Verfasser besteht aber ein Bedürfnis nach einem Buch, das dem älteren Studenten und fortgeschrittenen Leser die modernen Entwicklungslinien der wissenschaftlichen Chemie und die theoretischen Deutungen der neuesten Fortschritte übermittelt. Das vorliegende Buch soll daher die Aufgabe haben, einen Überblick über die Fortschritte einiger wichtiger Entwicklungszweige der anorganischen Chemie zu geben, die etwa in den letzten beiden Jahrzehnten erzielt wurden, und diese Entwicklungspunkte zu der gesamten Chemie in Beziehung bringen.

Die Verfasser sind von dem üblichen Wege der gruppenweisen Besprechung der Elemente auf Grund des periodischen Systems abgewichen. Ihrer Ansicht nach ist es für einen Leser, der schon mit dem periodischen System vertraut ist, bedeutend eindringlicher und lehrreicher, verwandte Verbindungen und spezielle Gebiete zu behandeln, die ihm einen Querschnitt durch das gesamte Gebiet liefern. Es ist instruktiver, um ein Beispiel herauszugreifen, die Hydride als verwandte Gruppe für sich kennenzulernen, als sie losgelöst und einzeln als Verbindungen ihrer Stammelemente aufgezeichnet zu finden.

Das Buch ist so gehalten, daß es bei Lehrern, älteren Studenten und wissenschaftlichen Forschern Interesse finden dürfte, auch bei solchen, deren Hauptinteresse auf einem anderen Gebiet der Chemie liegt. Einige Abschnitte sind jedoch von so allgemeiner Bedeutung, daß sie auch für jüngere Studenten geeignet sind. Vieles, was man leicht an anderer Stelle findet, ist ausgelassen und durch neuere Arbeiten ersetzt worden, die zum größten Teil noch nicht in den üblichen Lehrbüchern aufgenommen sind.

Die Verfasser haben bewußt einen starken Nachdruck auf die physikalische und physikalisch-chemische Seite der anorganischen Chemie gelegt. Diese Gebiete und besonders das Studium des festen Zustandes werden in immer steigendem Maße einen bestimmenden Einfluß auf die Entwicklung der anorganischen Chemie gewinnen. Um eine Überlastung des Textes mit Literaturhinweisen zu vermeiden, sind vorwiegend einschlägige Monographien anerkannter Fachgelehrter und neuere Veröffentlichungen zitiert worden, so daß der interessierte Leser ohne Schwierigkeit die ältere Literatur finden kann. Wenn dieses Verfahren anscheinend dazu geführt hat, daß überwiegend ausländische — besonders deutsche — Untersuchungen herangezogen wurden, so kommt darin die verhältnismäßig starke Vernachlässigung zum Ausdruck, die die anorganische Chemie heute in England erfährt. Die Verfasser sehen ihr Hauptziel dann als erreicht an, wenn es ihnen gelungen sein sollte, das beschriebene Gebiet als eine noch aufnahmefähige experimentelle Wissenschaft darzustellen, die für die Entwicklung neuer experimenteller Verfahren und der Erforschung wenig bekannter Gebiete noch unbegrenzte Möglichkeiten bietet.

Für die Erlaubnis zum Abdruck von Abbildungen danken wir der Royal Society, der Chemical Society, der Farady Society, der American Chemical Society, der Deutschen Chemischen Gesellschaft, den Herausgebern der „Zeitschrift für Elektrochemie“ und der „Zeitschrift für anorganische und allgemeine Chemie“, sowie der Cambridge University Press. Endlich möchten die Verfasser verschiedenen Fachkollegen, besonders Herrn A. I. E. Welch und Herrn N. Miller für ihre Unterstützung bei der Anfertigung des Manuskriptes und ihre Hilfe beim Lesen der Korrekturen ihren Dank aussprechen.

Imperial College of Science and Technology.

Januar 1938.

Vorwort zur zweiten englischen Ausgabe.

Bei der Vorbereitung einer überarbeiteten Neuausgabe dieses Buches haben die Verfasser versucht, den neuesten Stand des Gebietes wiederzugeben, ohne dabei grundsätzlich die Art der Darstellung zu ändern.

Während der nach dem Erscheinen der ersten Ausgabe vergangenen 14 Jahre ist — besonders auf dem Kontinent und in den Vereinigten Staaten — auf dem Gebiet der anorganischen Chemie mit verstärkter Aktivität gearbeitet worden, und es ist eine große Zahl von Veröffentlichungen erschienen. Dadurch wurde die Aufgabe einer zweckmäßigen Stoffauswahl erschwert, besonders, da es wünschenswert erschien, eine Vergrößerung des Umfanges und der Kosten des Buches zu vermeiden. Im Verlauf der Neubearbeitung mußten daher einige früher beschriebene Gebiete fortfallen. So wurde die Behandlung des Hafniums, Rheniums und der Platinmetalle durch einen Überblick über die neuen Elemente ersetzt. Ein großer Teil des Textes ist völlig neu geschrieben worden, und es wurden neue Kapitel aufgenommen über die chemische Bindung, über den Aufbau fester anorganischer Verbindungen und über Einlagerungs- und nichtstöchiometrische Verbindungen.

Einige der behandelten Gebiete befinden sich gerade im Stadium einer außerordentlich schnellen Entwicklung, so daß manches in der Darstellung möglicherweise bald unvollständig erscheinen wird. Auf anderen Gebieten, bei denen die Verfasser versucht haben, die Ergebnisse verschiedener unabhängiger Arbeitsrichtungen und Schulen im Zusammenhang zu deuten, sind sie möglicherweise unbeabsichtigt über die von den ursprünglichen Forschern gezogenen Schlußfolgerungen hinausgegangen. Für derartige Unzulänglichkeiten und Fehler, die auf diese Weise zustande kommen können, erbitten die Verfasser die Nachsicht des Lesers. Sie bitten, daß das Buch kritisch gelesen wird und, soweit es möglich ist, die Originalarbeiten mit herangezogen werden. Der Leser wird sich dann dem Eindruck nicht verschließen können, wie unvollständig noch unsere Kenntnisse selbst über die bekanntesten chemischen Elemente sind.

H. J. E. und J. S. A.

Inhaltsverzeichnis.

Erstes Kapitel.

Atombau und Periodisches System.

Seite

Zweites Kapitel.

Atomgewichte und Isotopie.

Drittes Kapitel.

Die chemische Bindung.

Viertes Kapitel.

Der Aufbau der festen anorganischen Verbindungen.

Fünftes Kapitel.

Molekularstruktur anorganischer Verbindungen.

Sechstes Kapitel.

Koordinationsverbindungen und anorganische Stereochemie.

Siebentes Kapitel.

Polysäuren und Silikate.

Achtes Kapitel.

Wasserstoff und die Hydride.

Neuntes Kapitel.

Freie Radikale mit kurzer Lebensdauer.

Zehntes Kapitel.

Nichtmetalloxyde und verwandte Verbindungen.

Elftes Kapitel.

Die neueste Chemie der Nichtmetalle.

Zwölftes Kapitel.

Die Peroxyde und Peroxysäuren.

Dreizehntes Kapitel.

Neuere Chemie der Metalle.

Vierzehntes Kapitel.

Metallcarbonyle, -nitrosyle und verwandte Verbindungen.

Fünfzehntes Kapitel.

Metalle und intermetallische Verbindungen.

Sechzehntes Kapitel.

Einige Einlagerungs- und nichtstöchiometrische Verbindungen.

Siebzehntes Kapitel.

Reaktionen im flüssigen Ammoniak und anderen nichtwäßrigen Lösungsmitteln.

Achtzehntes Kapitel.

Radioaktivität und Atomzerfall.

Erstes Kapitel.

Atombau und Periodisches System.

Einleitung.

In den letzten hundert Jahren sind zwei verschiedene Systeme für die Einteilung der chemischen Elemente entwickelt worden. Das erste ergab sich hauptsächlich aus den Verschiedenheiten in den chemischen und physikalischen Eigenschaften, wenn man mit steigendem Atomgewicht von einem Element und seinen Verbindungen zu dem nächsten übergeht. Das zweite gründet sich auf den Unterschieden im Atombau. Die Entwicklung der Chemie hat jetzt einen Stand erreicht, bei dem es möglich ist, diese beiden Richtungen — die auf der chemischen und physikalischen Einteilung der Elemente beruhen — miteinander in Beziehung zu bringen. Wir wollen versuchen, die periodisch wiederkehrenden chemischen Eigenschaften durch den Atombau zu erklären und die Vorstellungen über die Valenz durch eine sichere physikalische Grundlage zu untermauern. Das soll Gegenstand des ersten Kapitels sein. Wenn es so aussieht, daß hierbei ein zu starker Nachdruck auf die physikalischen Gesichtspunkte gelegt wird, so sei daran erinnert, daß diese zwar gegenwärtig dem Chemiker weniger vertraut sind als die beschreibende Chemie des Periodischen Systems, daß ihnen aber im Rahmen der modernen chemischen Gedankenwelt eine große und ständig zunehmende Bedeutung zukommt.

Die Einteilung der chemischen Elemente nach ihren Atomgewichten und chemischen Eigenschaften rührt her von einer Beobachtung, die Döbereiner 1829 machte; Döbereiner lenkte die Aufmerksamkeit auf die Existenz von *Triaden* verwandter Elemente wie Calcium, Strontium und Barium oder Chlor, Brom und Jod, in denen die chemischen Eigenschaften des mittelständigen Elementes zwischen denen der beiden anderen liegen. Das Atomgewicht des mittleren Elementes entspricht auch ungefähr dem arithmetischen Mittel der Werte für die beiden anderen. Der nächste wichtige Schritt erfolgte 1863/64 als Newlands darauf hinwies, daß, wenn man — ohne Berücksichtigung des Wasserstoffs — die zu jener Zeit bekannten Elemente in der Reihenfolge ihrer Atomgewichte anordnete, die ersten sieben, nämlich Lithium, Beryllium, Bor, Kohlenstoff, Stickstoff, Sauerstoff und Fluor, alle in ihren Eigenschaften verschieden wären. Das nächste Element nach dem Fluor wäre nun das Natrium, das eine starke Ähnlichkeit mit dem Lithium aufwies, und jedes der sechs folgenden Elemente, nämlich Magnesium, Aluminium, Silicium, Phosphor, Schwefel und Chlor, zeigten eine offensichtliche Ähnlichkeit mit dem entsprechenden Glied der ersten Gruppe der sieben Elemente. Dieses sog. *Gesetz der Oktaven* konnte nicht mehr

Tabelle 1. *Periodisches System der Elemente.*

0	I a	I b	II a	II b	III a	III b	IV a	IV b	V a	V b	VI a	VI b	VII a	VII b	VIII
2 He 4,003	**3 Li** 6,940		**4 Be** 9,013		**5 B** 10,82			**6 C** 12,010		**7 N** 14,008		**8 O** 16,0000		**9 F** 19,000	
10 Ne 20,183	**11 Na** 22,997		**12 Mg** 24,32		**13 Al** 26,97			**14 Si** 28,06		**15 P** 30,98		**16 S** 32,066		**17 Cl** 35,457	
18 Ar 39,944	**19 K** 39,096		**20 Ca** 40,08		**21 Sc** 45,10		**22 Ti** 47,90		**23 V** 50,95		**24 Cr** 52,01		**25 Mn** 54,93		**26 Fe** 55,85 **27 Co** 58,94 **28 Ni** 58,69
·		**29 Cu** 63,54		**30 Zn** 65,38		**31 Ga** 69,72		**32 Ge** 72,60		**33 As** 74,91		**34 Se** 78,96		**35 Br** 79,916	
36 Kr 83,7	**37 Rb** 85,48		**38 Sr** 87,63		**39 Y** 88,92		**40 Zr** 91,22		**41 Nb** 92,91		**42 Mo** 95,95		**43 Tc** [99]		**44 Ru** 101,7 **45 Rh** 102,91 **46 Pd** 106,7
		47 Ag 107,880		**48 Cd** 112,41		**49 In** 114,76		**50 Sn** 118,70		**51 Sb** 121,76		**52 Te** 127,61		**53 J** 126,92	
54 Xe 131,3	**55 Cs** 132,91		**56 Ba** 137,36		**57—71** Seltene Erden *		**72 Hf** 178,6		**73 Ta** 180,88		**74 W** 183,92		**75 Re** 186,31		**76 Os** 190,2 **77 Ir** 193,1 **78 Pf** 195,23
		79 Au 197,2		**80 Hg** 200,61		**81 Tl** 204,39		**82 Pb** 207,21		**83 Bi** 209,00		**84 Po** 210,0		**85 At** [210]	
86 Rn 222	**87 Fr** [223]		**88 Ra** 226,05		**89 Ac** 227		**90 Th** 232,12		**91 Pa** 231		**92 U** 238,07		**93—?**		Transurane **

* Seltene Erden: **57 La** 138,92 **58 Ce** 140,13 **59 Pr** 140,92 **60 Nd** 144,27 **61 Pm** [147] **62 Sm** 150,43 **63 Eu** 152,0 **64 Gd** 156,9 **65 Tb** 159,2 **66 Dy** 162,46 **67 Ho** 164,94 **68 Er** 167,2 **69 Tm** 169,4 **70 Yb** 173,04 **71 Cp** 174,99

** Transurane: **93 Np** [237] **94 Pu** [239] **95 Am** [241] **96 Cm** [242] **97 Bk** [243] **98 Cf** [244]

Bemerkung: Die eingeklammerten Zahlen beziehen sich auf die Massenzahlen der Isotope künstlich radioaktiver Elemente, die die längste Halbwertszeit besitzen oder am besten zugänglich sind.

eindeutig auf Elemente mit einem höheren Atomgewicht als dem des Chlors ausgedehnt werden.

Das Periodische System wurde zuerst 1869 von MENDELEJEFF aufgestellt; mit geringfügigen Abweichungen — die durch die Entdeckung von neuen Elementen und die Verbesserung der Atomgewichtsbestimmungen hervorgerufen sind — wird die damals vorgeschlagene Tabelle (s. Tabelle 1, S. 2) heute noch zur Einteilung der chemischen Elemente benutzt.

Eine ausführliche Besprechung der chemischen Gesichtspunkte für die periodische Einteilung ist an dieser Stelle nicht erforderlich. Die Elementepaare Argon und Kalium, Kobalt und Nickel sowie Tellur und Jod mußten in der Tabelle in der umgekehrten Reihenfolge ihrer Atomgewichte angeordnet werden; diese Abweichungen beruhen auf der relativen Häufigkeit der in den Elementen vorliegenden Isotope, wie in der folgenden Tabelle gezeigt wird (s. auch S. 19). Beim Thorium und Protaktinium stimmt die Reihenfolge von Atomgewicht und Atomnummer ebenfalls nicht miteinander überein.

Tabelle 2.

Element	Atom-nummer	Atomgewicht	Isotope in der Reihenfolge ihrer Häufigkeit
Argon	18	39,944	40, 36, 38
Kalium	19	39,096	39, 41, 40
Kobalt	27	58,94	59, 57
Nickel	28	58,69	58, 60, 62, 61, 64
Tellur	52	127,61	130, 128, 126, 125, 124, 122, 123
Jod	53	126,92	127

Das chemische Atomgewicht eines Elementes hängt stets von dem Verhältnis der in ihm vorhandenen Isotope ab. Im Argon bildet das schwere Isotop mit der Masse 40 den Hauptanteil beim Aufbau des Elementes. Daher kommt es, daß das Atomgewicht des Argons größer ist als das des Kaliums. Ähnliche Überlegungen gelten für die anderen in der oben bezeichneten Tabelle aufgeführten Elementepaare.

Die Stellung des Wasserstoffs im Periodischen System wurde eine Zeitlang sehr heftig diskutiert; jetzt ist man allgemein der Ansicht, daß diese Frage von untergeordneter Bedeutung ist, da Wasserstoff und Helium vom Standpunkte des Atombaus eine Sonderstellung einnehmen. Ein weiterer Punkt soll an dieser Stelle erwähnt werden. MENDELEJEFF benutzte den Ausdruck „Übergangselemente" in bezug auf die drei Gruppen, Eisen, Kobalt, Nickel, Ruthenium, Rhodium, Palladium und Osmium, Iridium, Platin, die von ihm der VIII. Gruppe zugeordnet wurden. Dieser Ausdruck wird jetzt in einem erweiterten Sinne gebraucht und schließt die Elemente in der Mitte der „Langperioden", von Scandium bis Zink, Yttrium bis Cadmium, Lanthan bis Quecksilber und Aktinium bis Berkelium (oder schließlich Element 103), ein. Innerhalb dieser vier Gruppen von Elementen besteht, wie später gezeigt wird, eine besondere Beziehung zwischen dem Bau jedes Atoms und seiner Nachbarn, die auf dem bevorzugten Auffüllen der inneren an Stelle der äußeren Elektronenschalen des fraglichen Atoms beruht.

Der Bau der Atome.

Unsere heutige Theorie des Atombaus verdanken wir RUTHERFORD; nach ihm baut sich das Atom auf aus einem kleinen, die Atommasse enthaltenden positiv geladenen Kern, der von einer entsprechenden Anzahl von Elektronen umgeben ist, die die elektrische Neutralität des Atoms als Ganzes bewirken. Die Annahme eines derartigen Atommodells ergibt sich zwangsläufig aus den Ergebnissen von Versuchen über die Beugung von Elektronen und α-Teilchen durch die Materie. Bei derartigen Versuchen zeigte sich, daß der größte Teil eines Atoms ein leerer Raum sein muß; nur sehr selten kommt es nämlich zu einer starken Ablenkung der geladenen Teilchen, nämlich dann, wenn ein α-Teilchen in die unmittelbare Nähe des geladenen Kerns gelangt. Während der Durchmesser des gesamten Atoms in der Größenordnung von 10^{-8} cm liegt, beträgt der des Kerns nur etwa 10^{-12} cm. In diesem Kern — der, wie wir heute annehmen, selbst eine komplexe Struktur besitzt, — konzentriert sich fast die gesamte Masse des Atoms, während seine eigentliche „Größe" durch die Einflußsphäre der den Kern umgebenden Elektronen gekennzeichnet ist.

Einen grundlegenden Beitrag zur Kenntnis der Atomkerne lieferte MOSELEY[1] in den Jahren 1913/14. Im Verlaufe der Untersuchungen von verhältnismäßig einfachen Röntgenspektren verschiedener Metalle fand er, daß ein beinahe linearer Zusammenhang zwischen der charakteristischen Schwingungszahl der Röntgenstrahlen für jedes einzelne einer Gruppe von Elementen und der Reihenfolge der *Atomnummern* besteht, wobei die Atomnummer eines Elementes die Zahl ist, die sich ergibt, wenn man die Elemente in der Reihenfolge ihrer Atomgewichte anordnet und fortlaufend numeriert, von Wasserstoff = 1 bis Uran = 92. Die darauffolgenden Untersuchungen haben gezeigt, daß ein Element — sowohl in chemischer als auch in physikalischer Hinsicht — durch seine Atomnummer besser gekennzeichnet wird als durch sein Atomgewicht. Die Atomnummern der Elemente sind in der auf S. 2 wiedergegebenen Tabelle des Periodischen Systems aufgeführt. Die Natur des Röntgenspektrums bedarf noch einer etwas näheren Erläuterung. Dieses Spektrum besteht nämlich nicht nur aus einer einzigen Linie, sondern aus verschiedenen Gruppen von Linien, die als K-, L-, M- . . . Serien bezeichnet werden. Bei der Prüfung des MOSELEYschen Gesetzes muß man für jedes der betrachteten Elemente eine bestimmte Wellenlänge von einer dieser Serien auswählen, sagen wir für jedes Element die höchste Frequenz in der K-Serie. Wenn man diese Frequenz mit ν bezeichnet und die Atomnummer mit Z, so kann man das MOSELEYsche Gesetz durch die Gleichung

$$\nu = a\,(Z - b)^2$$

ausdrücken, in der a und b Konstanten sind. Das heißt also, daß ein annähernd linearer Zusammenhang zwischen Z und $\sqrt{\nu}$ besteht.

Diese Beziehung ergibt eine sofortige Anwendungsmöglichkeit: Trägt man nämlich $\sqrt{\nu}$ in Abhängigkeit von Z auf, dann wird — inner-

[1] MOSELEY: Philos. Mag. J. Sci. 1913, [VI], **26**, 1024; 1914, [VI], **27**, 703.

halb eines gewissen Bereiches — jedes Element durch einen Punkt auf der entstehenden Geraden dargestellt. Die Reihenfolge der Elemente im Periodischen System, wie sie sich nach den chemischen Gesichtspunkten ergab, wurde damit ganz eindeutig durch diese Arbeit von MOSELEY bestätigt. Weiterhin war damit der Beweis erbracht, daß die Zahl der Elemente bis einschließlich des schwersten damals bekannten Atoms (Uran) begrenzt sein müsse, da Z nur eine ganze Zahl sein kann. MOSELEY bestimmte die charakteristischen Frequenzen einer genügend großen Zahl von Elementen, um die Reihenfolge der seltenen Erden bestimmen und feststellen zu können, daß im Falle des Urans $Z = 92$ sein muß. Er zeigte weiter, daß zwischen Wasserstoff und Uran damals sechs Elemente fehlten und zwar mit den Atomnummern 43, 61, 72, 75, 85 und 87. Davon sind seitdem zwei als stabile Elemente entdeckt worden, nämlich das Hafnium (72) im Jahr 1924 von COSTER und HEVESEY und das Rhenium (75) im Jahr 1926 von NODDACK und NODDACK. Wahrscheinlich kommen die anderen fehlenden Elemente in keiner stabilen Form in der Natur vor, doch kennt man jetzt radioaktive Elemente mit den Atomnummern 43, 61, 85 und 87 entweder als Glieder radioaktiver Zerfallsreihen oder als Produkte künstlich hervorgerufener Kernreaktionen (vgl. Kapitel XVIII).

Die Hauptbedeutung der MOSELEYschen Arbeit vom Standpunkte des Atombaus liegt in der von ihm gemachten Annahme, daß die Atomnummer eines Elementes zahlenmäßig identisch ist mit der positiven elektrischen Ladung seines Kerns. Die Einheit der positiven Elektrizität ist die Ladung des Protons; auf dieser Grundlage hat der Wasserstoffkern die Ladung $+1$, welcher Wert jeweils um eine Einheit zunimmt, wenn man nacheinander zu den folgenden Elementen übergeht, bis man schließlich am Ende der Reihe der natürlichen Elemente zum Uranatom mit einer Kernladung von $+92$ gelangt. CHADWICK konnte dann durch Messungen der Ablenkungen, die α-Teilchen beim Durchgang durch Metallfolien erfahren, diese Annahme MOSELEYs bestätigen, die jetzt in quantitativer Beziehung die Grundlage aller modernen Arbeiten über den Atombau bildet.

Da das Atom als Ganzes elektrisch neutral ist, bestimmt nun die Größe der Kernladung auch sofort die Zahl der in der äußeren Hülle des Atoms enthaltenen Elektronen. So muß der Wasserstoff ein derartiges Elektron haben, Helium zwei, Lithium drei usw., bis im Falle des Urans 92 Elektronen einen kleinen, die Masse enthaltenden Kern mit der positiven Ladung von 92 Einheiten umgeben. In der Anordnung dieser Elektronen in der äußeren Hülle des Atoms liegt der Schlüssel zum Verständnis des Zusammenhanges zwischen Atombau und chemischen Eigenschaften.

Der Bau der Atomhülle.

Die obigen Betrachtungen liefern ein ungefähres Bild des Atombaus: Die Masse des Atoms muß sich in dem kleinen zentralen Kern befinden, und die Zahl der ihn umgebenden Elektronen ist durch seine positive Ladung bestimmt. Die drei Fragen, die sich nun von selbst ergeben, sind:

1. Wie sind die Elektronen angeordnet?

2. Welcher Zusammenhang besteht zwischen dieser Elektronenanordnung und den chemischen Eigenschaften des Elementes?

3. Was geschieht in dieser Elektronenanordnung bei einer chemischen Verbindungsbildung?

Es war einer der größten Erfolge der theoretischen Physik, eine strenge und quantitative Theorie des Atommodells ausgearbeitet zu haben, die diese Fragen zu beantworten gestattet.

Wenn ein Elektron sich von einem stationären Zustand zu einem anderen bewegt, so wird entweder Strahlung ausgesandt oder aufgenommen; der Energieunterschied der beiden Zustände steht in Beziehung zu der Schwingungszahl ν der ausgesandten oder aufgenommenen Strahlung durch den Ausdruck

$$E_1 - E_2 = h\nu .$$

Je größer der Energieunterschied zwischen den stationären Zuständen 1 und 2 ist, desto höher ist die Frequenz der absorbierten oder emittierten Strahlung, d. h. desto kürzer ist die Wellenlänge. Man nimmt an, daß die Elektronen um den Kern in einer Reihe von „Schalen" angeordnet sind, von denen jede eine begrenzte Zahl von Bahnen enthält. Wenn ein Elektron in den äußeren Schalen des Atoms seinen Platz wechselt, so findet eine Aussendung oder Aufnahme von Strahlung innerhalb des optischen Spektrums statt, während ein Platzwechsel von Elektronen in den inneren und tiefer gelegenen Schalen des Atoms mit einer Strahlung im Bereich des Röntgenspektrums im Zusammenhang steht.

Die Röntgen-, die sichtbaren sowie die Ultraviolettspektren der Elemente sind sorgfältig durchforscht und für viele Elemente bis in die kleinsten Einzelheiten untersucht worden. Das Ergebnis dieser Untersuchungen war, daß jede der beobachteten Linien in dem Spektrum irgendeines Elementes dem Übergang eines Elektrons innerhalb von ganz bestimmten Zuständen des Atoms zuzuschreiben ist. Bei genauer Wiedergabe und Erklärung gibt das optische und Röntgenspektrum eines Atoms tatsächlich ein vollständiges Bild von den möglichen Elektronenbahnen im Atom, ihren Energiezuständen und der auf ihnen vorliegenden Elektronenverteilung. Den Zustand des Atoms, bei denen alle Elektronen sich auf Bahnen mit dem geringsten Energiegehalt befinden, bezeichnet man als *Grundzustand*; er kann ebenfalls aus spektroskopischen Daten bestimmt werden.

Bohr zeigte, daß sein Postulat unmittelbar zu einer Berechnungsmöglichkeit der Energie E_n eines Elektrons in einem wasserstoffähnlichen Atom — d. h. einem Atom mit nur einem Elektron — und der Kernladung $+Z \cdot e$ führt:

$$E_n = \frac{-2\pi^2 Z^2 e^4 m}{h^2} \frac{1}{n^2} .$$

In diesem Ausdruck bedeuten Z die Atomnummer, e die Ladung des Elektrons, m seine Masse, h die Plancksche Konstante, während n als *Hauptquantenzahl* bezeichnet wird und die Werte 1, 2, 3 ... annehmen kann. Die Energie ist am geringsten — d. h. der Zustand ist am beständigsten —, wenn $n = 1$ ist, und steigt an — d. h. wird immer weniger negativ — mit wachsenden Werten für n. Auf diese Weise lassen sich die Spektren von Wasserstoff, ionisiertem Helium (He^+) usw. durch Übergänge zwischen verschiedenen Bahnen, die in der beschriebenen Weise durch Naturkonstanten definiert sind, quantitativ erklären. Wenn $n = 1$ ist, so bezeichnet man die Elektronen als K-Elektronen und sagt, daß sie sich auf der K-Schale befinden. Für $n = 2$, 3, 4 ... werden die Elektronen L-, M-, N- ... Elektronen genannt; die entsprechenden Schalen werden mit demselben Buchstaben bezeichnet.

In Atomen mit mehr als einem kreisenden Elektron sind die energetischen Beziehungen verwickelter; es ist zwar immer noch möglich, jedem Elektron eine *Hauptquantenzahl* n zuzuordnen, doch reicht diese allein nicht zur Erklärung aller Linien des Spektrums eines Elementes aus. Man muß noch drei andere Quantenzahlen einführen, durch die dann eine weitere Unterteilung der Elektronenenergie in jeder der Hauptschalen erfolgt. So gibt es für jeden Wert der Hauptquantenzahl n n Unterteilungen, die sich voneinander durch eine neue Quantenzahl l unterscheiden, die man als *azimutale* oder *Nebenquantenzahl* bezeichnet.

Nach der ursprünglichen Auffassung bestimmt der Wert von l die Elliptizität der Bahn. Denn in Atomen mit mehreren Elektronen muß man annehmen, daß sich die Elektronen in stark elliptisch verzerrten Bahnen bewegen, da sie wechselnden Feldstärken ausgesetzt sind, die einerseits durch die Kernanziehung, andererseits durch die abstoßende Wirkung der übrigen Elektronen zustande kommen. l bestimmt direkt das Bahnmoment des Elektrons, A; dieses ist gequantelt und kann nur ganz bestimmte Werte annehmen, die sich nach dem Ausdruck

$$A^2 = \frac{h^2}{4\pi^2}\, l\,(l+1)$$

ergeben. l kann die Werte 0, 1, 2 ... $(n-1)$ annehmen, wenn n die Hauptquantenzahl ist. Elektronen, bei denen $l = 0$, 1, 2, 3 ... ist, werden entsprechend als *s*-, *p*-, *d*-, *f*- ... Elektronen bezeichnet. Diese Bezeichnungsweise ist ein Überbleibsel einer alten empirischen Beobachtung und beruht auf der Erscheinungsform der Spektrallinien, die durch Elektronenübergänge in den entsprechenden Niveaus zustande kommen. Es bedeutet: *s* scharf, *p* prinzipal, *d* diffus, *f* fundamental. Bei der gewöhnlichen Bezeichnungsweise der Elektronen schreibt man zunächst die Zahl, die der Hauptquantenzahl entspricht, dann den Buchstaben, der die Nebenquantenzahl bezeichnet. So wäre bei einem 3 *p*-Elektron $n = 3$ und $l = 1$, bei einem 1 *s*-Elektron $n = 1$, $l = 0$. Es sei auch noch ausdrücklich darauf hingewiesen, daß die möglichen Werte für l von dem entsprechenden Wert von n abhängen, wie aus dem folgenden zu ersehen ist.

K-Schale	$n = 1$	$l = 0$ (nur *s*-Elektronen)
L „	$n = 2$	$l = 0$, 1 (*s*-, *p*-Elektronen)
M „	$n = 3$	$l = 0$, 1, 2 (*s*-, *p*-, *d*-Elektronen)
N „	$n = 4$	$l = 0$, 1, 2, 3 (*s*-, *p*-, *d*-, *f*-Elektronen)

Die Einführung einer dritten, der magnetischen Quantenzahl m, erwies sich zur Deutung des ZEEMANN-Effektes als notwendig; als ZEEMANN-Effekt bezeichnet man die Aufspaltung der Spektrallinien in verschiedene Komponenten, wenn die Strahlungsquelle in ein starkes magnetisches Feld gebracht wird. Danach weisen also Bahnen, die durch dieselben n- und l-Werte definiert sind, nur in Abwesenheit eines magnetischen Feldes den gleichen Energiegehalt auf. Der ZEEMANN-Effekt wird folgendermaßen erklärt: Das Bahnmoment, gemessen durch l, ist eine Vektorengröße. Wenn ein äußeres magnetisches Feld das Feld des Atomkerns überlagert, erfahren die Elektronenbahnen eine bestimmte Orientierung in Richtung des angelegten Feldes, doch sind nach den Quantengesetzen nur solche Orientierungszustände möglich, für die die Komponente des Bahnmomentes in bezug auf das Magnetfeld ebenfalls gequantelt sind. Aus Abb. 1 ist zu ersehen, daß diese Komponente jeden der $2\,l + 1$ Werte $l,\ l - 1 \ldots 0 \ldots -l$ annehmen kann. Durch die Einwirkung des Magnetfeldes wird jeder einzelne stationäre Zustand n, l durch $2\,l + 1$ Unterniveaus mit wenig verändertem Energiegehalt ersetzt, die durch die dritte Quantenzahl m bestimmt werden.

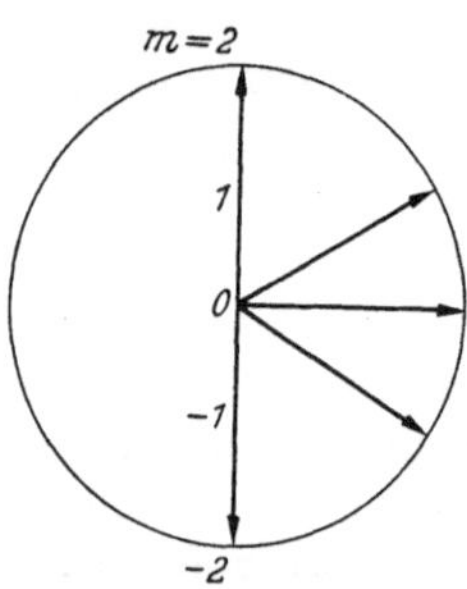

Abb. 1. Möglichkeiten der Orientierung des l-Vektors und entsprechende m-Werte für $l = 2$.

Schließlich ist es zur Deutung der Multiplett-Struktur der Spektrallinien notwendig, jedem Elektron eine vierte Quantenzahl s, die Spin-Quantenzahl, zuzuordnen, die die beiden Werte $+1/2$ und $-1/2$ haben kann. Diese kann man als Maß des Momentes eines um seine eigene Achse rotierenden Elektrons $\left(\pm \frac{1}{2} \cdot \frac{h}{2\pi}\right)$ auffassen.

Um zu sehen, wie die vier Quantenzahlen n, l, m und s die Zahl und Anordnung der Elektronen auf jeder Schale des Atoms bestimmen, muß noch ein anderes wichtiges Grundgesetz — das PAULI-Prinzip (Ausschließungs- oder Eindeutigkeitsprinzip) — berücksichtigt werden. Nach diesem Prinzip können zwei Elektronen in einem Atom niemals für alle vier Quantenzahlen n, l, m und s die gleichen Werte annehmen, sie müssen sich stets mindestens in einer Quantenzahl unterscheiden. Das bedeutet, daß innerhalb eines Atoms jedes Elektron von jedem anderen in seiner Gesamtenergie unterschieden ist und daß in jeder Schale die Zahl der Elektronen genau so groß sein kann, wie die Zahl der möglichen Anordnungen von Quantenzahlen.

Unter Berücksichtigung der möglichen Kombinationen von n, l und m ergeben sich für die ersten vier Schalen folgende Zahlen (Tabelle 3). Bei diesen Gesamtzahlen 1, 4, 9, 16 ist die Quantenzahl des Spins nicht berücksichtigt. Sie müssen also verdoppelt werden, da für jede der obigen Elektronenanordnung $s \pm 1/2$ sein kann. Demzufolge sind die höchsten Elektronenzahlen in den K-, L-, M- und N-Schalen 2, 8, 18 und 32. Diese Zahlen, die sich aus der Betrachtung spektroskopischer Daten ergeben, sind nun dieselben, die der Anzahl der Elemente in den verschiedenen Perioden des Periodischen Systems entsprechen. So enthalten die ersten beiden Kurzperioden je 8 Elemente, die erste und die zweite Langperiode je 18, während die dritte 32 Elemente enthält. Die Periodizität im chemischen Verhalten leitet sich also offenbar in einer ganz bestimmten Weise von der analogen Elektronenanordnung in der äußeren Valenzschale der Atome ab.

Tabelle 3.

Schale	n	l	m	Insgesamt	
K	1	0	0	1	1
L	2	0	0	1	
		1	1, 0, —1	3	4
M	3	0	0	1	
		1	1, 0, —1	3	
		2	2, 1, 0, —1, —2	5	9
N	4	0	0	1	
		1	1, 0, —1	3	
		2	2, 1, 0, —1,—2	5	
		3	3, 2, 1, 0, —1, —2, —3	7	16

Die Zuteilung aller Elektronen in einem Atom auf bestimmte Bahnen ist in gewissem Sinne ein gemeinsamer Erfolg für Chemiker und Physiker; es ist eine unumstrittene Tatsache, daß das Periodische System und eine Kenntnis der Valenzkräfte bei der Erklärung physikalischer Daten gute Dienste geleistet haben. Tabelle 4 (S. 10) zeigt, wie man sich die Anordnung der Elektronen vorstellt. Man sieht, daß die K-Schale, die nur zwei Elektronen enthalten kann, beim Helium vollständig ist, und daß bei allen Elementen mit mehr als zwei Elektronen die K-Schale vollbesetzt ist. In entsprechender Weise werden zwischen Lithium und Neon die $2s$- und $2p$-Bahnen aufgefüllt. Für $n = 2$ sind für l die Werte 0 und 1 möglich, während m (für $l = 0$) den Wert 0 oder (für $l = 1$) die Werte 0 oder ± 1 annehmen kann; s hat den Wert $\pm 1/2$. Somit sind auf der L-Schale nur 8 Elektronenbahnen möglich, und das nächste Element nach dem Neon, das Natrium, hat daher sein neues Elektron auf einer $3s$-Bahn. Der Aufbau der $3s$- und $3p$-Bahnen geht dann in derselben Weise weiter, bis das Argon erreicht ist. Beim Argon sind, wie beim Neon, Krypton, Xenon und Radon, die s- und p-Bahnen der äußeren Schale vollständig besetzt. Diese besondere Konfiguration — die man gewöhnlich als geschlossene Schale bezeichnet — ist sehr beständig. Sowohl das Bahnmoment als auch der Spin des Gesamtatoms sind in diesem Falle gleich Null, so daß die Einwirkung eines äußeren Systems, z. B. eines elektrischen oder magnetischen Feldes, außerordentlich gering ist.

In den beiden nächsten Elementen nach dem Argon, dem Kalium und Calcium, sind die neuen Elektronen normal in den beiden $4s$-Bahnen angeordnet; aber bei dem nächsten Element, dem Scandium, wird das neu hinzukommende Elektron nicht von der $4p$-Bahn, sondern von der $3d$-Bahn aufgenommen. In den folgenden Elementen von Scandium bis

Tabelle 4. *Die Elektronenanordnungen der Elemente im Periodischen System.*

$n =$		K 1	L 2		M 3			N 4	
		s	s	p	s	p	d	s	p
1	H	1							
2	He	2							
3	Li	2	1						
4	Be	2	2						
5	B	2	2	1					
6	C	2	2	2					
7	N	2	2	3					
8	O	2	2	4					
9	F	2	2	5					
10	Ne	2	2	6					
11	Na	2	2	6	1				
12	Mg	2	2	6	2				
13	Al	2	2	6	2	1			
14	Si	2	2	6	2	2			
15	P	2	2	6	2	3			
16	S	2	2	6	2	4			
17	Cl	2	2	6	2	5			
18	Ar	2	2	6	2	6			
19	K	2	2	6	2	6		1	
20	Ca	2	2	6	2	6		2	
21	Sc	2	2	6	2	6	1	2	
22	Ti	2	2	6	2	6	2	2	
23	V	2	2	6	2	6	3	2	
24	Cr	2	2	6	2	6	5	1	
25	Mn	2	2	6	2	6	5	2	
26	Fe	2	2	6	2	6	6	2	
27	Co	2	2	6	2	6	7	2	
28	Ni	2	2	6	2	6	8	2	
29	Cu	2	2	6	2	6	10	1	
30	Zn	2	2	6	2	6	10	2	
31	Ga	2	2	6	2	6	10	2	1
32	Ge	2	2	6	2	6	10	2	2
33	As	2	2	6	2	6	10	2	3
34	Se	2	2	6	2	6	10	2	4
35	Br	2	2	6	2	6	10	2	5
36	Kr	2	2	6	2	6	10	2	6

$n =$		K 1	L 2	M 3	N 4				O 5				P 6
					s	p	d	f	s	p	d	f	s
37	Rb	2	8	18	2	6			1				
38	Sr	2	8	18	2	6			2				
39	Y	2	8	18	2	6	1		2				
40	Zr	2	8	18	2	6	2		2				
41	Nb	2	8	18	2	6	4		1				
42	Mo	2	8	18	2	6	5		1				
43	Tc	2	8	18	2	6	6		1				
44	Ru	2	8	18	2	6	7		1				
45	Rh	2	8	18	2	6	8		1				
46	Pd	2	8	18	2	6	10						
47	Ag	2	8	18	2	6	10		1				
48	Cd	2	8	18	2	6	10		2				
49	In	2	8	18	2	6	10		2	1			
50	Sn	2	8	18	2	6	10		2	2			
51	Sb	2	8	18	2	6	10		2	3			
52	Te	2	8	18	2	6	10		2	4			
53	J	2	8	18	2	6	10		2	5			
54	Xe	2	8	18	2	6	10		2	6			
55	Cs	2	8	18	2	6	10		2	6			1
56	Ba	2	8	18	2	6	10		2	6			2
57	La	2	8	18	2	6	10		2	6	1		2
58	Ce	2	8	18	2	6	10	1	2	6	1		2
59	Pr	2	8	18	2	6	10	2	2	6	1		2
60	Nd	2	8	18	2	6	10	3	2	6	1		2
61	Pm	2	8	18	2	6	10	4	2	6	1		2
62	Sm	2	8	18	2	6	10	5	2	6	1		2
63	Eu	2	8	18	2	6	10	6	2	6	1		2
64	Gd	2	8	18	2	6	10	7	2	6	1		2
65	Tb	2	8	18	2	6	10	8	2	6	1		2
66	Dy	2	8	18	2	6	10	9	2	6	1		2
67	Ho	2	8	18	2	6	10	10	2	6	1		2
68	Er	2	8	18	2	6	10	11	2	6	1		2
69	Tm	2	8	18	2	6	10	12	2	6	1		2
70	Yb	2	8	18	2	6	10	13	2	6	1		2
71	Cp	2	8	18	2	6	10	14	2	6	1		2

$n =$		K 1	L 2	M 3	N 4	O 5			P 6			Q 7
						s	p	d	s	p	d	s
72	Hf	2	8	18	32	2	6	2	2			
73	Ta	2	8	18	32	2	6	3	2			
74	W	2	8	18	32	2	6	4	2			
75	Re	2	8	18	32	2	6	5	2			
76	Os	2	8	18	32	2	6	6	2			
77	Ir	2	8	18	32	2	6	7				
78	Pt	2	8	18	32	2	6	9	1			
79	Au	2	8	18	32	2	6	10	1			
80	Hg	2	8	18	32	2	6	10	2			
81	Tl	2	8	18	32	2	6	10	2	1		
82	Pb	2	8	18	32	2	6	10	2	2		
83	Bi	2	8	18	32	2	6	10	2	3		
84	Po	2	8	18	32	2	6	10	2	4		
85	At	2	8	18	32	2	6	10	2	5		
86	Rn	2	8	18	32	2	6	10	2	6		
87	Fr	2	8	18	32	2	6	10	2	6		1
88	Ra	2	8	18	32	2	6	10	2	6		2
89	Ac	2	8	18	32	2	6	10	2	6	1	2
90	Th	2	8	18	32	2	6	10	2	6	2	2
91	Pa	2	8	18	32	2	6	10	2	6	3	2
92	U	2	8	18	32	2	6	10	2	6	4	2

Über die Elektronenstruktur der Elemente 93—98 vgl. Kapitel XII. Bei diesen Elementen (und möglicherweise auch beim Uran) sind Elektronen in der 5f-Bahn angeordnet.

Zink werden die zehn $3d$-Niveaus vor den Bahnen der unvollständigen N-Schale besetzt. Zwei Fragen ergeben sich sofort an dieser Stelle, nämlich: Woher weiß man, daß dies so ist und warum gehen die Elektronen bevorzugt auf die $3d$-Bahn der M-Schale, nachdem sie begonnen haben, die Bahnen der N-Schale zu besetzen? Die Beweisführung für diese Zuordnung der Elektronen erfolgt auf spektroskopischem Wege. Die Spektren der fraglichen Elemente zeigen, daß die Bahnen, denen die Elektronen zugeordnet sind, diejenigen mit der geringsten Gesamtenergie sind, und deswegen werden sie bevorzugt besetzt. Es ist zu erwähnen, daß im Chrom ein Elektron dargestellt werden kann, als ob es die $4s$-Bahn verlassen hätte und auf die $3d$-Bahn zurückgekehrt wäre; dasselbe ist beim Kupfer der Fall. Hierauf kommen wir später im Zusammenhang mit der wechselnden Wertigkeit zurück; hier soll nur gezeigt werden, daß zwischen zwei derartigen Bahnen oft nur ein geringer Energieunterschied besteht, so daß ein Elektron leicht von einer in die andere überführt werden kann. Diese Elemente, bei denen die inneren Bahnen bevorzugt vor den äußeren Schalen aufgefüllt werden, heißen Übergangselemente.

Mit dem Element 30, dem Zink, sind alle $3d$-Bahnen voll besetzt, und die M-Schale ist mit 18 Elektronen vollständig aufgefüllt. Vom Gallium (31) bis Krypton (36) werden die $4p$-Bahnen und danach im Rubidium und Strontium die $5s$-Bahnen besetzt. Dann werden aber, von Yttrium bis Cadmium, die $4d$-Bahnen bevorzugt vor den $5p$-Bahnen aufgefüllt. Die Ursache für diese Änderung liegt wieder darin, daß die Energie dieser Bahnen geringer ist. Diese Elemente bilden die zweite Gruppe der Übergangselemente. Bei den darauffolgenden Elementen bis zum Barium werden zunächst die $5p$- und dann die $6s$-Bahnen besetzt. Danach wird beim Lanthan ein Elektron auf dem $5d$-Niveau angeordnet. Bei den folgenden 14 Elementen befinden sich die neu hinzukommenden Elektronen auf den $4f$-Bahnen, obgleich auch noch die $5d$- und $6p$-Bahnen verfügbar sind. Der Grund für dieses Verhalten ist wieder derselbe wie im Falle der Übergangselemente. Die Gesamtenergie eines derartigen Elektrons ist auf der $4f$-Bahn geringer als auf den anderen Bahnen. Die Elemente, bei denen die $4f$-Bahnen aufgefüllt werden, sind die seltenen Erden. In der Tatsache, daß sich bei diesen Elementen nur eine innere Elektronenschale ändert, findet man eine einfache Erklärung dafür, daß die Wertigkeit und der allgemeine chemische Charakter durch die ganze Gruppe hindurch im wesentlichen derselbe bleibt.

An die seltenen Erden schließt sich eine dritte Gruppe von Übergangselementen (Hf bis einschl. Pt) an, bei denen die $5d$-Bahnen und dann von Thallium bis Radon die $6p$-Bahnen besetzt werden. Radon selbst hat die charakteristische Edelgaskonfiguration mit einem vollständigen Elektronenoktett in der äußeren Schale. Die letzten Elemente kennzeichnen den Beginn einer vierten Gruppe von Übergangselementen, in denen die inneren bevorzugt vor den $7p$-Bahnen besetzt werden. Aus Analogie zu den vorhergehenden Reihen kommen hierfür entweder $5f$- oder $6d$-Bahnen in Frage. Die Tatsache, daß zwischen Thorium,

Protaktinium, Uran und Hafnium, Tantal und Wolfram eine größere chemische Ähnlichkeit besteht als gegenüber Aktinium, deutet darauf hin, daß wenigstens bis zum Uran zunächst die $6d$-Bahnen bevorzugt aufgefüllt werden. Einige theoretische Überlegungen lassen die Annahme gerechtfertigt erscheinen, daß bei etwa $Z = 92$ die $5f$-Bahnen etwa so beständig werden wie die $6d$-Bahnen; auch die chemischen Eigenschaften der neu entdeckten Transurane stehen — wenigstens soweit sie bisher bekannt sind — mit der Vorstellung in Einklang, daß beim Überschreiten der Atomnummer 92 in zunehmendem Maße die $5f$-Bahnen bevorzugt werden. Soweit bisher bekannt ist, kommt Curium lediglich in dreiwertigem Zustand vor und entspricht in seinen Eigenschaften den seltenen Erden; wahrscheinlich sind 7 Elektronen auf der $5f$-Bahn angeordnet.

Das wellenmechanische Atommodell.

Die Theorie des Atombaus, wie sie im vorhergehenden Abschnitt entwickelt wurde, beruht auf der ursprünglichen Vorstellung, daß ein Elektron sich als geladenes Teilchen nach den Gesetzen der Mechanik auf einer Kreisbahn bewegt. Im Jahre 1924 kam DE BROGLIE zu der Ansicht, daß man sich ein Elektron, wie überhaupt jedes Materieteilchen, auch — und zwar mit der gleichen Berechtigung — wellenförmig vorstellen könnte, als einen Wellenzug mit einer Wellenlänge, die durch die Energie des Elektrons bestimmt würde. Diese Vorstellung wurde bestätigt, als GERMER (1927) und G. P. THOMSON (1928) entdeckten, daß ein Elektronenstrahl in der gleichen Weise wie ein Röntgenstrahl etwa äquivalenter Wellenlänge an einem Kristallgitter gebrochen wird. Ungefähr zu derselben Zeit — im Jahre 1926 — wurde von SCHRÖDINGER u. a. die Wellenmechanik des Elektrons entwickelt. Hinsichtlich einer ausführlichen Beschreibung der neuen Quantenmechanik muß der Leser auf andere Quellen verwiesen werden. Die bereits erwähnten Hauptmerkmale des Atombaus fallen selbstverständlich in das Gebiet der neueren Vorstellungen, so daß ein — wenigstens qualitatives — Verständnis des quantenmechanischen Atommodells für die Erörterungen der Probleme der Valenz sehr wertvoll ist.

Mathematisch läßt sich das quantenmechanische Elektron ähnlich behandeln (SCHRÖDINGERsche Gleichung) wie die harmonischen Schwingungen in der gewöhnlichen Mechanik. Bei einer Aufgliederung des Potentialfeldes, in dem das Elektron sich bewegt, kann man die Energie des Elektrons in Beziehung setzen zu einer Größe, die gewöhnlich mit ψ bezeichnet wird, eine Lösung der SCHRÖDINGERschen Differentialgleichung darstellt und formal der Amplitude der Elektronenwelle entspricht. Im allgemeinen ist ψ eine komplexe Größe, doch ist das Produkt $\psi \cdot \overline{\psi}$, in dem $\overline{\psi}$ das komplex Konjugierte von ψ ist, reel und kann als Maß der Elektronendichte, d. h. der Wahrscheinlichkeit, ein Elektron in einem bestimmten Raumelement anzutreffen, aufgefaßt werden.

Ein sich im freien Raum bewegendes Elektron entspricht formal einer in der gleichen Richtung fortschreitenden Welle. Ein sich in einem periodischen Feld — z. B. auf einem geschlossenen Kreis — bewegendes Elektron kann man mit dem Bild einer stehenden Welle eines harmonischen Oszillators vergleichen. Derartigen Wellen kommen einige sehr wichtige Eigenschaften zu, wie man leicht erkennt, wenn man die Verhältnisse bei ein- oder zweidimensionalen mechanischen Analogen, einer gespannten Seite oder einer schwingenden Scheibe, betrachtet. In derartigen Fällen gibt es für die Gleichung der harmonischen Schwingung mehr als eine Lösung, wobei sich diese Lösungen auf die Grundschwingung und deren Oberschwingungen beziehen. Die Lösungen sind nicht unabhängig voneinander und entsprechen verschiedenen Schwingungsenergien. Die Frequenzen — und damit auch die Energien — der Oberschwingungen unterscheiden sich von der Grundschwingung durch einen ganzzahligen Faktor — die Ordnung der Schwingungen —, der der Rolle der BOHRschen Hauptquantenzahl entspricht. Die Ordnung der Oberschwingungen bestimmt die Zahl der Schwingungsknoten: Bei einer schwingenden Saite hat beispielsweise die $n$te Schwingung $n - 1$ Schwingungsknoten. Für jede Raumkoordinate, die in die Wellengleichung eingeführt wird, muß, wenn die Oberschwingungen vollständig beschrieben werden sollen, ein entsprechender ganzzahliger Parameter hinzukommen.

Für ein Elektron, das auf einer Kreisbahn um ein Atom kreist, gibt es eine Wellengleichung mit einer größeren Zahl von Lösungen. Diese Lösungen ergeben eine Reihe definierter Energiezustände; von diesen wird jeder durch einen Wert charakterisiert, der einem ganzzahligen Parameter n, der Hauptquantenzahl, entspricht. Das dem kreisenden Elektron entsprechende Bild der stehenden Welle ist dreidimensional, so daß es sich bei den Schwingungsarten, die durch die Lösungen der Wellengleichung wiedergegeben werden, um sphärische Schwingungen handelt. Die Schwingungsknoten sind daher Knoten*flächen*, Kugelschalen oder Äquatorialebenen; zur genauen Charakterisierung jeden Energiezustandes muß man unbedingt drei Quantenzahlen unterscheiden. Damit werden die drei Quantenzahlen n, l und m zu unbedingt notwendigen Größen bei der wellenmechanischen Beschreibung des um ein Atom kreisenden Elektrons, wobei sich gezeigt hat, daß die Werte, die man l und m zuordnen kann, auf Daten beschränkt sind, die sich aus den mechanistischen Vorstellungen des vorhergehenden Absatzes ergeben.

Der Fall eines einzigen im elektrostatischen Kraftfeld des Atomkerns kreisenden Elektrons läßt sich in der Weise wiedergeben, daß man bei der entstehenden Wellenfunktion zwei Glieder unterscheiden kann: 1. Eine radiale Wellenfunktion, die nur eine Funktion der Hauptquantenzahl n und der azimutalen Quantenzahl l ist und der die allgemeine Formel $R(r) = U(r) \cdot e^{-\frac{r}{na}}$ zukommt; 2. eine Winkelfunktion, die die Änderung von ψ über das Atom in Abhängigkeit von den Polarkoordinaten Θ und Φ wiedergibt und die nur eine Funktion der Nebenquantenzahlen l und m mit der allgemeinen Formel $A\,(\Theta\,\Phi) = f(\Theta) \cdot e^{\pm m i \Phi}$ ist. Auf Grund dieser Aufteilung lassen sich die entsprechende radiale und die Winkelabhängigkeit der Wellenfunktion Ψ ableiten. Die erste gibt die Elektronendichte für jeden Punkt längs einer radialen Richtung wieder, die andere zeigt die Wahrscheinlichkeit, mit der man die Elektronen längs eines Scheitelkreises antreffen kann und schwankt so zwischen Null in jeder Knotenebene und einem Maximum in bestimmten Richtungen. Graphisch läßt sie sich mit Hilfe eines Polardiagramms wiedergeben, wobei die Länge einer unter einem Winkel

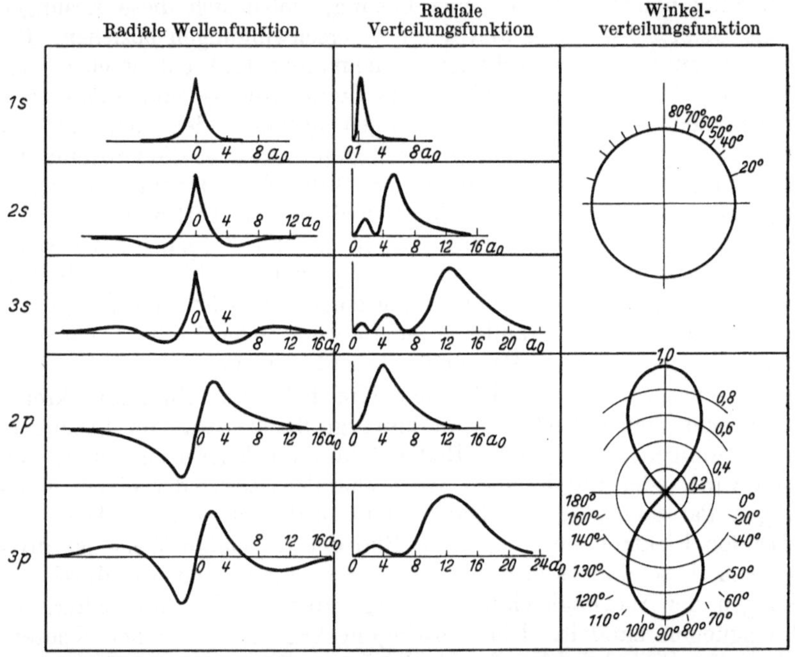

Abb. 2. Die Form von (1) entspricht der Lösung der *radialen Wellengleichung*; (2) die *radiale Verteilungsfunktion* oder Wahrscheinlichkeit, ein Elektron in einem Abstand r vom Kern anzutreffen; (3) die *Winkelverteilungsfunktion* oder Wahrscheinlichkeit, ein Elektron längs einer gegebenen radialen Richtung anzutreffen, für s- und p-Elektronen wasserstoffähnlicher Atome.

Die Abszisse ist in Einheiten von a_0, dem Radius der ersten Bohrschen Bahn des Wasserstoffatoms, unterteilt. Für Zustände mit kreisförmigen Bohrschen Bahnen (d. h. 1s, 2p usw.) fällt das Maximum der radialen Verteilungsfunktion mit dem Radius der Bohrschen Bahn zusammen.

gezogenen Geraden die Werte für die Verteilungsfunktion in dieser Richtung wiedergibt. Die Winkelabhängigkeit beschreibt demgemäß die Symmetrie der Elektronendichteverteilung.

Die allgemeine Form der radialen Winkelwellen- und -verteilungsfunktion ist in Abb. 2 wiedergegeben. Die Verteilungsfunktion eines s-Elektrons bewirkt eine sphärische Symmetrie mit $n - 1$ sphärischen Knotenflächen, an denen die Elektronendichte auf Null absinkt. Die Elektronendichte besitzt ein Maximum bei einem Radius, der etwa dem Radius der Bohrschen Elektronenbahn entspricht: Das Elektron ist zwar nicht auf eine bestimmte Bahn beschränkt, man kann aber trotzdem sagen, daß es die meiste Zeit ungefähr in diesem Abstand vom Kern verbringt. Die Zahl der Knotenebenen in der Wellenfunktion wird durch l wiedergegeben. Demzufolge hat die p-Elektronen-Wellenfunktion eine einzige Knotenebene, die — je nach dem Wert der dritten Quantenzahl m — alle drei räumlich möglichen Lagen einnehmen kann. Bei der Kombination der radialen und Winkelverteilungsfunktion entspricht eine p-Wellenfunktion einer hantelförmigen Verteilung der Elektronendichte, deren Achsen längs dieser rechtwinkligen Koordinaten liegen können. Genau genommen, ergibt sich diese Form einer p-Wellenfunktion nicht aus einer unmittelbaren Lösung der Wellengleichung, doch entspricht sie ihr vollkommen. Bei d- und f-Wellenfunktionen mit zwei bzw. drei Knotenebenen ist die entsprechende Elektronendichteverteilung verwickelter, in allen Fällen ist aber die Zahl der unabhängigen Wellenfunktionen auf $2l + 1$ beschränkt, wie es auch bei dem korpuskularen oder Bohr-Sommerfeldschen Atommodell der Fall war.

Das so in ganz allgemeinen Zügen beschriebene Modell gilt exakt für das Ein-Elektronen-Atom. Grundsätzlich läßt es sich jedoch verallgemeinern und auf die schweren Atome mit mehreren Elektronen ausdehnen, wobei sich die Wellenfunktionen wegen mathematischer Schwierigkeiten unter Umständen nicht exakt rechnerisch behandeln lassen. Wir können aber zwei Kernpunkte festhalten, durch die sich dieses Modell bei der Entwicklung einer Theorie der chemischen Bindungen als besonders fruchtbar erwiesen hat, erstens, daß das Elektron nicht streng lokalisiert ist und daß eine bestimmte Wahrscheinlichkeit besteht, es in einem anderen Raumelement als der wahrscheinlichsten Bahn anzutreffen, und zweitens, daß die Elektronendichteverteilung der p- und d-Elektronen — die bei der Bindungsbildung der meisten Elemente mit Ausnahme des Wasserstoffs beteiligt sein können — von sich aus stets räumlich *gerichtet* sind. Die Bedeutung dieser beiden Punkte wird sich in einem späteren Kapitel zeigen.

Zweites Kapitel.

Atomgewichte und Isotopie.

Die Isotopie der Elemente.

Nach der Daltonschen Atomtheorie wurde das relative Atomgewicht als charakteristischste und wichtigste Eigenschaft der chemischen Elemente angesehen. Im ersten Kapitel wurde gezeigt, daß die chemischen Eigenschaften eines Elementes nicht unmittelbar durch sein Atomgewicht, sondern vielmehr durch die Zahl und Anordnung der in seiner Hülle enthaltenen Elektronen bestimmt werden. Diese müssen wiederum notwendigerweise zahlenmäßig gleich der Ladung des Kerns und damit gleich der Atomnummer des betreffenden Elementes sein. Somit bildet nicht mehr das Atomgewicht sondern die Atomnummer das Hauptkennzeichen jedes Elementes, und das Auftreten von Atomen, die sich zwar in ihren Massen unterscheiden aber dieselben Kernladungen tragen und dadurch dieselben chemischen Eigenschaften besitzen, ist dadurch denkbar.

Die Vorstellung, daß derartige *Isotope* vorkommen können, drängte sich den Chemikern zuerst bei der Untersuchung radioaktiver Elemente auf. Seitdem ist gezeigt worden, besonders als Ergebnis der bahnbrechenden Arbeiten von J. J. THOMSON und F. W. ASTON, daß die beständigen Elemente ebenfalls aus einer Mischung von Isotopenarten bestehen und daß es tatsächlich nur sehr wenige Reinelemente gibt (vgl. Tabelle 1). Unsere Kenntnis über die Existenz von Isotopen beständiger Elemente beruht auf den Ergebnissen der Massenspektrographie[1] und auf Untersuchungen der Bandenspektren.

Die Arbeitsweise des Massenspektrographen gründet sich auf der Ablenkung, die elektrisch geladene Atome oder Molekülteilchen im elektrischen oder magnetischen Kraftfeld erfahren. Bei diesen Verfahren wird das zu untersuchende Element ionisiert, zu einem geeigneten Strahl gesammelt und dann der Einwirkung eines seiner Stärke nach bekannten elektrischen oder magnetischen Feldes ausgesetzt. Die Ionen werden dadurch abgelenkt; die Größe der Ablenkung ist eine Funktion des Verhältnisses von Ladung e zu Masse m des Ions, e/m. Die Bildung von positiven Ionen kann erfolgen durch eine Entladung durch den Dampf einer flüchtigen Verbindung, durch Verdampfen von einem heißen, mit dem betreffenden Stoff belegten Faden oder durch das Anodenstrahlverfahren. Die Wirkungen der elektrischen und magnetischen Felder können überlagert werden, so daß Teilchen, die dasselbe Verhältnis von e/m haben, auf einer parabolischen Bahn abfallen, oder sie können in derselben Richtung angewandt werden, so daß sich ein fokussierender Effekt ergibt und Teilchen mit demselben e/m-Verhältnis zu einem Spaltbild gesammelt werden. Besonders das letztgenannte Verfahren hat sehr wertvolle Ergebnisse geliefert.

Wenn ein Strahl von positiv geladenen Teilchen, der von einem Mischelement (d. h. von einem aus mehreren Isotopen bestehenden Element) stammt, der Einwirkung eines elektrischen und magnetischen Feldes unterliegt, so wird jede Kernart, die eine bestimmte Kernmasse m besitzt, getrennt auf der photographischen Platte aufgezeichnet. Durch Einordnen der beobachteten Massenlinien zwischen denen von Ionen mit bekannter Masse haben sich die relativen Massen der Isotope vieler Elemente mit großer Genauigkeit ergeben. In seinem zweiten Massenspektrographen[2] erreichte ASTON bei der Bestimmung von Isotopenmassen eine Genauigkeit von 1:10000.

Das massenspektrographische Verfahren hat sich indessen zur Entdeckung gewisser seltener Isotope als nicht so geeignet erwiesen wie die optische Methode. Die Absorptions- (oder Emissions-)spektren von Molekülen sind verwickelt und werden hervorgerufen durch

a) Änderungen der Rotationsenergie des Moleküls, wodurch ein Absorptionsspektrum im langwelligen Ultrarot entsteht;

---

[1] ASTON, F. W.: Mass Spectra and Isotopes. London: Arnold & Co. 1933. Proc. Roy. Soc. 1927, A, **115**, 487. Die Verfahren von DEMPSTER, BAINBRIDGE usw. vgl. F. W. ASTON: Mass Spectra and Isotopes. S. 83—88.

[2] ASTON, F. W.: Proc. Roy. Soc. 1927, A, **115**, 487.

b) Änderungen der Schwingungsenergie des Moleküls, die — zusammen mit einer gleichzeitigen Änderung der Rotationsenergie —Absorptionsbanden im nahen Ultrarot hervorrufen;

c) Elektronenübergänge, die bei gleichzeitiger Änderung von Schwingungs- und Rotationsenergie zum Entstehen eines Bandenspektrums im sichtbaren oder ultravioletten Gebiet führen.

Bei den Rotations- und Schwingungsenergien eines Moleküls spielt das Trägheitsmoment des Moleküls bzw. die reduzierte Masse der schwingenden Atome eine Rolle. Beide sind daher Funktionen der Masse des betrachteten Atoms und werden als solche eine Änderung erfahren, wenn eins der Atome durch sein Isotop mit einer anderen Masse ersetzt wird. Die Folge wird eine kleine Verschiebung im Rotations- und Schwingungsspektrum sein; aus der Größe dieser Verschiebungen kann man die Massen der Isotope berechnen.

Wichtige Beispiele von dem Erfolg des optischen Verfahrens zum Auffinden von Isotopen sind die Entdeckung der Isotopie beim Sauerstoff, Kohlenstoff und Stickstoff. Die Absorptionsbanden des Sauerstoffs zeigten eine Reihe von Linien, die GIAUQUE und JOHNSTON[3] vollständig dadurch deuten konnten, daß sie sie einem Molekül zuordneten, welches durch Vereinigung eines Sauerstoffatoms mit der Masse 16 mit einem Sauerstoffatom der Masse 18 gebildet wird und als ${}^{16}O{}^{18}O$ formuliert werden kann; eine zweite, viel schwächere Serie von Linien wird durch ein Molekül ${}^{16}O{}^{17}O$ hervorgerufen. Dadurch war das Vorhandensein von Sauerstoffisotopen mit den Massen 18 und 17, die durch das massenspektrographische Verfahren nicht entdeckt waren, festgestellt worden. Die schweren Sauerstoffisotope sind verhältnismäßig selten; die Verhältnisse liegen in der Größe ${}^{16}O:{}^{18}O = 600:1$ und ${}^{18}O:{}^{17}O = 5:1$. Auf ähnliche Weise wurde im Flammenspektrum brennender Kohlenwasserstoffe durch die sog. Swan-Banden, die durch ein unbeständiges C_2-Molekül hervorgerufen werden, das Auftreten eines Isotops ${}^{13}C$ entdeckt, das zu ungefähr 1% vorhanden ist[4]. NAUDÉ[5] fand bei der Untersuchung des Absorptionsspektrums von Stickoxyd ebenfalls Absorptionsbande, die durch ein Molekül ${}^{15}N{}^{16}O$ neben solchen von ${}^{14}N{}^{16}O$, ${}^{14}N{}^{17}O$ und ${}^{14}N{}^{18}O$ hervorgerufen sind. In allen diesen Fällen konnte das Auftreten der seltenen Isotope durch den Massenspektrographen nicht nachgewiesen werden, zum großen Teil wahrscheinlich infolge eines Überschuß von Molekülteilen mit annähernd derselben Masse. So haben H_2O und HO, die beim Entladungsvorgang regelmäßig auftreten, ungefähr dieselben Massen wie ${}^{18}O$ und ${}^{17}O$; ${}^{12}CH$ hat nahezu dieselbe Masse wie ${}^{13}C$. Nur im Falle des Wasserstoffs ist der Isotopeneffekt im Atomlinienspektrum ausreichend, um als Mittel zur Auffindung des Wasserstoffisotops zu dienen. Deuterium wurde spektroskopisch auf diese Weise entdeckt[6].

[3] GIAUQUE u. JOHNSTON: Nature 1929, **123**, 318, 831. J. Amer. chem. Soc. 1929, **51**, 1436.

[4] KING u. BIRGE: Nature 1929, **124**, 182.

[5] NAUDÉ: Physic. Rev. 1929 [II], **34**, 1498; 1930, **35**, 130; **36**, 333.

[6] UREY, BRICKWEDDE u. MURPHY: Physic. Rev. 1932, [II], **40**, 1; vgl. S. 248, Kapitel VIII.

In Tabelle 1 sind die Daten zusammengestellt, die nach dem heutigen Stande für die Isotopenanordnung der Elemente gelten. Bei der Betrachtung der Zahlen ergeben sich sofort einige wichtige Punkte, die etwas Licht in die wichtige Frage nach dem Bau des Atomkerns bringen.

a) Die Masse eines beständigen Kerns ist (außer beim ^{1}H) stets mindestens doppelt so groß wie seine Atomnummer. Nach den geläufigen Anschauungen ist der Kern aus Protonen sowie aus Teilchen mit der Masseneinheit und der Ladung Null aufgebaut, die man als Neutronen bezeichnet. Danach müssen stets mindestens ebensoviel Neutronen wie Protonen im Kern enthalten sein.

b) Die Zahl der Neutronen im Kern strebt nach der Erreichung einer Geradzahligkeit. Im allgemeinen haben die Isotope von Elementen mit ungeradzahligen Atomnummern ungeradzahlige Massenzahlen, wohingegen die am häufigsten vorkommenden Isotope der geradzahligen Elemente in fast allen Fällen diejenigen mit geraden Massenzahlen sind.

c) In nur zwei Fällen — nämlich beim Wasserstoff und Kalium — wurde gefunden, daß Elemente mit ungeraden Atomnummern mehr als zwei Isotope besitzen. Von diesen Ausnahmen kommt das dritte Isotop des Wasserstoffs, ^{3}H oder Tritium, nicht in der Natur vor, während dem seltensten Isotop des Kaliums, dem ^{40}K, wahrscheinlich die Radioaktivität des Kaliums zuzuschreiben ist, so daß dieses Isotop also unbeständig ist. Wenn ein Element mit ungerader Atomnummer aus zwei Isotopen besteht, unterscheiden sich diese stets in den Massenzahlen um zwei Einheiten, in Übereinstimmung mit dem oben unter b) Ausgeführten.

d) Die Elemente mit geraden Atomnummern sind zum großen Teil in der Natur verbreiteter als die ungeradzahligen Elemente.

Die Regel der Ganzzahligkeit und die Packungsanteile.

Eines der ersten, aus der Entdeckung der Isotopie von beständigen Elementen folgenden Ergebnisse bestand darin, daß die relativen Massen der verschiedenen Kernarten, bezogen auf $O = 16$, ganz dicht in der Nähe von ganzen Zahlen lagen. Die alte Hypothese von PROUT, daß die Elemente durch Zusammenlagerung von Wasserstoff gebildet würden und daß deshalb ihre Atomgewichte ganze Zahlen sein müßten, hatte man auf Grund der Arbeiten von STAS u. a. verlassen, welche gezeigt hatten, daß viele Atomgewichte bei ganz genauer Bestimmung nicht ganzzahlig sind. Nach der Entdeckung der Isotope wurde es klar, daß das Atomgewicht eines Elementes nur das Mittel der Massen seiner es aufbauenden Isotope ist und daß diese Kernmassen ungefähr ganze Vielfache der Protonenmasse sind. Dadurch kam wieder die Vorstellung zur Geltung, daß die Atomkerne aus gleichartigen Bausteinen — den Protonen und Elektronen — aufgebaut wären.

Genauere Messungen der Isotopenmassen mit dem Massenspektrographen ergaben, daß das Gesetz der Ganzzahligkeit nicht ganz genau erfüllt ist. Die Masse eines Isotops weicht im allgemeinen von der dicht benachbarten ganzen Zahl um einen kleinen Betrag ab; die Größe

Tabelle 1. *Die isotope Zusammensetzung der Elemente**.

Element	Atom-nummer	Isotope in der Reihenfolge ihrer Häufigkeit
H	1	1, 2
He	2	4, 3
Li	3	7, 6
Be	4	9
B	5	11, 10
C	6	12, 13
N	7	14, 15
O	8	16, 18, 17
F	9	19
Ne	10	20, 22, 21
Na	11	23
Mg	12	24, 25, 26
Al	13	27
Si	14	28, 29, 30
P	15	31
S	16	32, 34, 33
Cl	17	35, 37
Ar	18	40, 36, 38
K	19	39, 41, 40
Ca	20	40, 44, 42, 43, 48, 46
Sc	21	45
Ti	22	48, 46, 47, 50, 49
V	23	51
Cr	24	52, 53, 50, 54
Mn	25	55
Fe	26	56, 54, 57, 58
Co	27	59
Ni	28	58, 60, 62, 61, 64
Cu	29	63, 65
Zn	30	64, 66, 68, 67, 70
Ga	31	69, 71
Ge	32	74, 72, 70, 73, 76
As	33	75
Se	34	80, 78, 76, 82, 77, 74
Br	35	79, 81
Kr	36	84, 86, 82, 83, 80, 78
Rb	37	85, 87
Sr	38	88, 86, 87, 84
Y	39	89
Zr	40	90, 92, 94, 91, 96
Nb	41	93
Mo	42	98, 96, 95, 92, 97, 94, 100
Tc	43	Kein Isotop
Ru	44	102, 104, 101, 99, 100, 96, 98
Rh	45	103
Pd	46	106, 108, 105, 110, 104, 102
Ag	47	107, 109
Cd	48	114, 112, 110, 111, 113, 116, 106, 108
In	49	115, 113
Sn	50	120, 118, 116, 119, 117, 124, 122, 112, 114, 115
Sb	51	121, 123
Te	52	130, 128, 126, 125, 124, 122, 123, 120
J	53	127
Xe	54	129, 132, 131, 134, 136, 130, 128, 126, 124
Cs	55	133
Ba	56	138, 137, 136, 135, 134, 130, 132
La	57	139
Ce	58	140, 142, 138, 136
Pr	59	141
Nd	60	142, 144, 146 143, 145, 148, 150
Pm	61	Kein Isotop
Sm	62	152, 154, 147, 149, 148, 150, 144
Eu	63	151, 153
Gd	64	158, 160, 156, 157, 155, 154, 152
Tb	65	159
Dy	66	164, 162, 163, 161, 160, 158
Ho	67	165
Er	68	166, 168, 167, 170, 164, 162
Tm	69	169
Yb	70	174, 172, 173, 171, 176, 170, 168
Cp	71	175, 176
Hf	72	180, 178, 177, 179, 176, 174
Ta	73	181
W	74	184, 186, 182, 183, 180
Re	75	187, 185
Os	76	192, 190, 189, 188, 186, 187, 184
Ir	77	193, 191
Pt	78	195, 194, 196, 198, 192
Au	79	197
Hg	80	202, 200, 199, 201, 198, 204, 196
Tl	81	205, 203
Pb	82	208, 206, 207, 204
Bi	83	209
Th	90	232
U	92	238, 235

* Die Tabelle enthält auch die natürlich vorkommenden, aber radioaktiven Isotope des Kaliums und Rubidiums.

dieser Abweichung kann man zu der Beständigkeit des Kernes in Beziehung setzen. Die im Atomkern vereinigten Massen von Protonen und Neutronen setzen sich nicht genau additiv zusammen; ein Teil ihrer Masse wird in Energie verwandelt und stellt die exotherme Bildungsenergie des Kernes dar. Je größer die Beständigkeit des Kernes ist, um so mehr Energie muß bei seiner Bildung frei werden und um so größer wird der entsprechende Massenverlust sein. Eine Untersuchung der Abweichung der Isotopenmassen von der Regel der Ganzzahligkeit liefert somit ein direktes Maß für die relative Beständigkeit der Elemente.

Die Äquivalenz von Masse (M) und Energie (E) ergibt sich nach der Einsteinschen Beziehung $E = M \cdot c^2$, in der c die Lichtgeschwindigkeit ($2{,}99776 \cdot 10^{10}$ cm · sec^{-1}) bedeutet. Der Unterschied zwischen der Masse eines Atomkernes und der Summe seiner ihn aufbauenden Komponenten wird als Kernbindungsenergie bezeichnet. Die Massen eines Protons und Neutrons betragen 1,00812 bzw. 1,00893. Betrachtet man als Beispiel den ^{4}He-Kern, der die Masse 4,00390 besitzt, so ergibt die Masse seiner Bausteine 4,03410 ($= 2 \cdot 1{,}00812 + 2 \cdot 1{,}00893$), so daß eine Bindungsenergie von 0,03020 Masseeinheiten oder 28,12 MeV[7] resultiert. Die Bindungsenergie je Teilchen liegt demnach bei etwa 7 MeV; bei den Elementen des Periodischen Systems ergeben sich im Durchschnitt 6—9 MeV mit einem Maximum von 8,7 MeV bei den Elementen mit der Masse von etwa 55, also etwa der des Eisens.

Bequemer als der absolute Unterschied zwischen Isotopenmasse und Ganzzahligkeit ist bei derartigen Betrachtungen diejenige Größe, die Aston als *Packungsanteil* bezeichnet. Der Packungsanteil ist die relative anteilmäßige Abweichung, d. h. der Unterschied zwischen der Isotopenmasse und der nächsten ganzen Zahl, dividiert durch die Isotopenmasse. Er stellt den überschüssigen Massengewinn oder -verlust je Proton des fraglichen Atoms dar, im Vergleich mit dem Zustand der Kernpackung im Sauerstoff. So ergibt sich für die Masse des ^{58}Ni-Isotops 57,942. Der Massenverlust beträgt somit 0,058 Einheiten, so daß sich der Packungsanteil zu

$$\frac{-0{,}058}{58} = -10 \cdot 10^{-4}$$

errechnet.

Wenn man die Packungsanteile der Elemente in Abhängigkeit von ihren Massenzahlen aufträgt, wie es in Abb. 3 geschehen ist, so erhält man eine fortlaufende Kurve. Die Werte fallen von Wasserstoff ($+ 78 \cdot 10^{-4}$) auf Null bei den Massen 16—19 und dann auf ein Minimum ($- 10 \cdot 10^{-4}$) in der Gegend von der Masse 50, d. h. bei den Kernen von Eisen, Nickel usw. Dann steigt die Kurve an, und der Packungsanteil wird noch einmal positiv für Elemente, die schwerer sind als Quecksilber. Das Minimum der Kurve für die Packungsanteile, das ungefähr bei der Isotopenmasse des Eisens liegt, läßt die größte Beständigkeit dieser Kerne erkennen; es ist interessant, hiermit die große Menge des im Erdinnern vorkommenden Eisens und Nickels zu vergleichen. Kern-

[7] Ein Elektronenvolt ist die Energie, die ein Elektron beim Durchlaufen eines Spannungsgefälles von einem Volt gewinnt.

umwandlungen, die ausführlich in Kapitel XVIII beschrieben werden, haben einen Verlust an Materie zur Folge, die in die Energie der Kernreaktion umgewandelt wird. Dies ist am deutlichsten an der Erscheinung der Kernspaltung (s. S. 505) zu erkennen. Die Packungsanteilskurve wird bei der Berechnung der genauen Massenzahlen von solchen Elementen benutzt, die einer anderen Messung noch nicht zugänglich sind, und dient somit zur Ermittlung der physikalischen Atomgewichte.

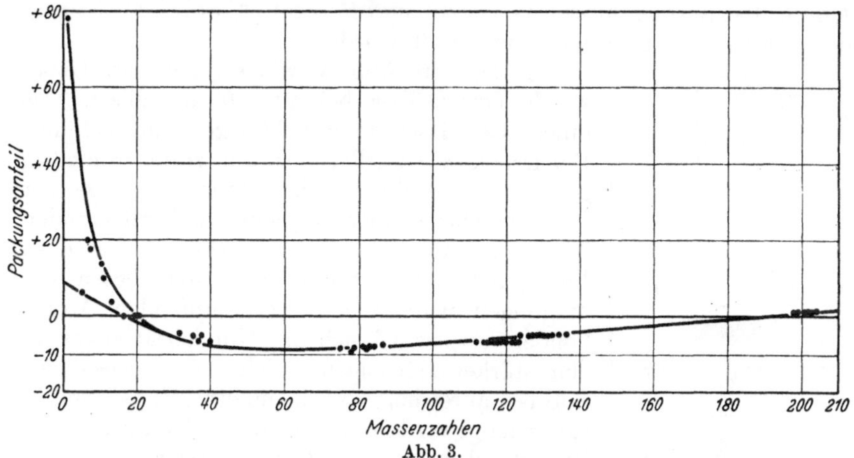

Abb. 3.

Die Trennung der Isotope.

Die Trennungsmöglichkeit der Isotope einzelner Elemente hat jetzt sowohl für die Physiker als auch für die Chemiker eine erhebliche Bedeutung gewonnen. Der Physiker interessiert sich vor allem für die Kerneigenschaften der abgetrennten Isotope, während das Hauptinteresse des Chemikers in der Anwendung der isolierten oder angereicherten Isotope zu Markierungszwecken bei der Untersuchung chemischer Reaktionen liegt. Die mit den Trennungsvorgängen im Zusammenhang stehenden Probleme besitzen daher größtes allgemeines Interesse.

Die jetzt zur Isotopentrennung angewandten Verfahren beruhen auf den kleinen Unterschieden in den physikalischen oder chemischen Eigenschaften der Isotope oder der sie enthaltenden Verbindungen. Diese Unterschiede gehen auf Verschiedenheiten der inneren Energie der Isotopenarten zurück. Dies erkennt man beispielsweise an der Schwingungsenergie einer chemischen Bindung, die von der Masse der beteiligten Atome abhängt. Es besteht ein Unterschied in der sog. Nullpunktsenergie der Bindungen zweier Isotopenarten[8], der zu einer verschiedenartigen chemischen Reaktionsfähigkeit und zum Unterschied physikalischer Eigenschaften zwischen isotopen Molekülen der gleichen Verbindung führt (z. B. H_2O, D_2O). Die durch die Isotopie bedingten

[8] Einen Überblick über den Einfluß der Isotopie auf die thermodynamischen Eigenschaften bei UREY. J. chem. Soc. 1947, 562.

Unterschiede sind am deutlichsten bei den leichteren Elementen, da bei ihnen die relativen Massenunterschiede größer sind und daher stärker ins Gewicht fallen.

Isotopentrennung durch fraktionierte Destillation.

Eine der ersten erfolgreichen Anwendungen der fraktionierten Destillation bei der Isotopentrennung bestand in der Anreicherung der Quecksilberisotope durch BRÖNSTEDT und HEVESEY[9], wobei das Prinzip der „idealen Destillation" angewandt wurde.

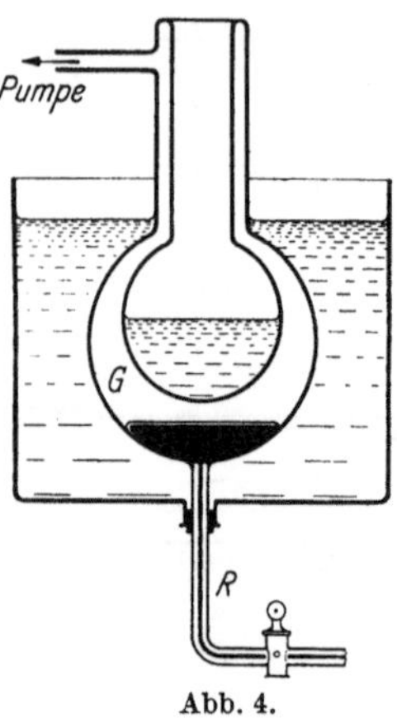

Abb. 4.

In dem in Abb. 4 wiedergegebenen Gefäß wurde Quecksilber bei 40—60° destilliert. Das innere Gefäß wurde mit flüssiger Luft gekühlt. Der Druck im Destillationsraum wurde so niedrig gehalten, daß die mittlere freie Weglänge der von der Quecksilberoberfläche abdestillierenden Atome größer war als der Abstand zwischen Flüssigkeit und Kühlfläche. Unter diesen Bedingungen wurden alle verdampfenden Atome kondensiert, wobei sich das Kondensat etwas an den stärker flüchtigen, leichteren Quecksilberisotopen anreichert. Nachdem etwa $^1/_4$ der Quecksilbermenge verdampft war, wurde Kondensat und Rückstand getrennt und systematisch von neuem fraktioniert, bis kleine Fraktionen mit einer möglichst weitgehenden Anreicherung an schweren bzw. leichten Isotopen erhalten wurden. Bei einem Ausgangsvolumen von 2700 cm³ Quecksilber wurden folgende Ergebnisse erhalten:

Tabelle 2.

	cm³	Relative Dichte	Atomgewicht
Leichteste Fraktion . . .	0,2	0,99974	—
Leichte Fraktion	2,3	0,999824	200,564 ± 0,006
Gewöhnliches Quecksilber	—	1,000000	200,610 ± 0,006
Schwere Fraktion	1,1	1,000164	200,632 ± 0,007
Schwerste Fraktion . . .	0,2	1,00023	—

Bei den leichteren Elementen und ihren Verbindungen reichen die Verschiedenheiten im Dampfdruck ihrer Isotope aus, um unter Anwendung wirkungsvoller Destillierkolonnen zu einer Trennung der Isotope zu gelangen. Bei der fraktionierten Destillation von flüssigem Wasserstoff in der Nähe seines Tripelpunktes konnte man beispielsweise zu einer Deuteriumanreicherung bis zu 3% gelangen[10]. In entsprechender Weise ergab die fraktionierte Destillation von flüssigem Neon, das normalerweise die Isotope ^{20}Ne und ^{22}Ne etwa im Verhältnis 10:1 ent-

[9] BRÖNSTEDT u. HEVESEY: Philos. Mag. 1922, **43**, 31.
[10] KEESOM, VAN DIJK u. HAANTJES: Proc. Kon. nederl. Akad. Wetensch., Amsterdam 1933, **36**, 248.

hält und ein mittleres Atomgewicht von 20,18 besitzt, ein Produkt mit dem Atomgewicht 21,16[11]. Die gleichen Gesichtspunkte wurden auf die fraktionierte Destillation von Wasser angewandt, um zu einer Anreicherung an Deuterium und dem schweren Sauerstoffisotop ^{18}O zu gelangen.

Trennung durch fraktionierte Diffusion.

Die Trennung gasförmiger Moleküle mit verschiedenem Gewicht durch fraktionierte Diffusion verläuft nach dem GRAHAMschen Gesetz, nach dem sich für das Verhältnis der Diffusionsgeschwindigkeiten zweier Molekülarten M_l und M_s der Ausdruck $\sqrt{M_s/M_l}$ ergibt. Dieses Prinzip der Trennung wurde erstmalig von ASTON angewandt, der auf diesem Wege zu einem kleinen Trennungseffekt bei den Neonisotopen gelangte. HARKINS[12] arbeitete mit Chlorwasserstoff unter atmosphärischem Druck und erreichte eine gewisse Trennung der Chlorisotope. Nach einer langwierigen Versuchsreihe gelangte er zu einer Anreicherung des Chloratomgewichtes auf 35,498 gegenüber normalerweise 35,457.

Die HARKINSche Diffusionsmethode bei atmosphärischem Druck ist für eine wirkungsvolle Trennung weniger geeignet als eine Diffusion unter vermindertem Druck, auf die man die RAYLEIGHsche Diffusionstheorie anwenden kann. Nach dieser ergibt sich für die zu erzielende Anreicherung r der schwereren Komponente (M_s) eines Gemisches in Apparaten, in denen die Diffusionsmembran im Verhältnis zur mittleren freien Weglänge klein ist, der Ausdruck

$$r = {}^{\frac{M_s + M_l}{M_s - M_l}}\sqrt{\frac{\text{Anfangsvolumen}}{\text{Endvolumen}}}\,.$$

So erfolgt beim Neon, bei dem die Hauptisotope die Massenzahlen 20 und 22 besitzen, die Anreicherung proportional der 21. Wurzel aus V_A/V_E, während sich für die Trennung des $H^{79}Br$ vom $H^{81}Br$ nur die 80. Wurzel des angegebenen Bruches ergibt.

Eine fraktionierte Diffusion unter vermindertem Druck wurde erstmalig mit Erfolg von HERTZ[13] durchgeführt, wobei er eine Reihe hintereinandergeschalteter Diffusionseinheiten (Abb. 5) benutzte. In die Apparatur wurden Quecksilberdiffusionspumpen (P_1 und P_5) eingeschaltet, um das Gas zirkulieren zu lassen. In jedem der auf Abb. 5 durch eine gestrichelte Linie abgeteilten Diffusionsabschnitte ergab sich eine geringfügige Anreicherung der leichteren Komponente in dem die porösen Membran durchströmenden Gas. Bei der angegebenen Strömungsrichtung sammelte sich die leichtere Komponente in dem rechten und die schwere in dem linken Behälter.

Nach einer gewissen Arbeitszeit stellt sich ein Gleichgewichtszustand ein. Der Gesamttrennungsfaktor steigt exponentiell mit der Zahl der

[11] KEESOM u. VAN DIJK: Proc. Kon. nederl. Akad. Wetensch., Amsterdam 1931, **34**, 42.
[12] HARKINS: J. Amer. chem. Soc. 1921, **43**, 1803.
[13] HERTZ: Z. Physik. 1932, **79**, 108; 1934, **91**, 810.

Einheiten, so daß man im Prinzip durch entsprechende Vergrößerung der Zahl der Trennungseinheiten jeden gewünschten Trennungsgrad erreichen kann. HERTZ benutzte einen 24stufigen Apparat dieser Art zum Fraktionieren von Neon, das normalerweise ^{20}Ne und ^{22}Ne im Verhältnis 10:1 enthält. Nach 8-stündiger fraktionierter Diffusion in der Apparatur enthielt die leichtere Fraktion, die 30 Liter bei 10 mm Druck einnahm, weniger als 1% ^{22}Ne, während sich in der schweren Fraktion (400 cm³ bei 7,5 mm Druck) $^{20}Ne:^{22}Ne$ wie 2:5 verhielt. Das Verfahren wurde auch zur vollständigen Trennung von Wasserstoff und Deuterium angewandt, ebenso zur Anreicherung von ^{15}N im Stickstoff

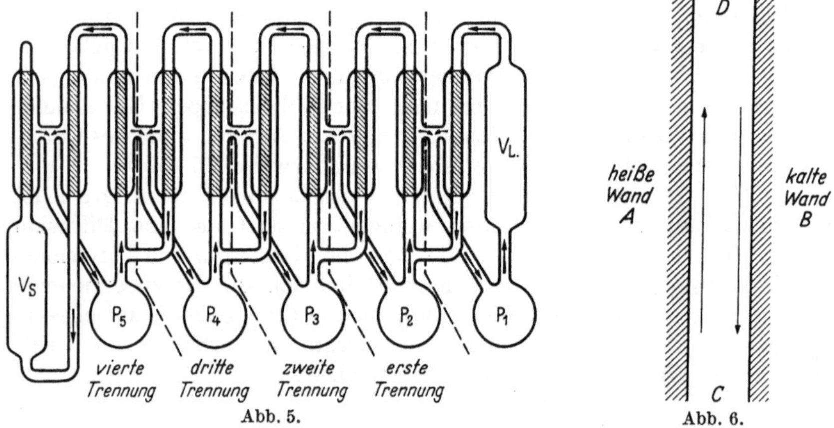

Abb. 5.

Abb. 6.

und ^{13}C im Methan und zur teilweisen Trennung der Argonisotope. Neuerdings wurde dasselbe Prinzip im technischen Maßstab zur Trennung der Uranisotope durch fraktionierte Diffusion von $^{235}UF_6$ und $^{238}UF_6$ benutzt, wie sie im Uranhexafluorid vorliegen, das aus natürlichem Uran hergestellt wird. In diesem Fall liegt das leichtere Isotop in einer Menge von 0,7% vor. Da es vom Fluor nur das eine Isotop ^{19}F gibt, wird durch seine Gegenwart der Trennungsvorgang nicht kompliziert.

Trennung durch Thermodiffusion[14].

Eine günstige Trennwirkung gasförmiger Gemische läßt sich auch durch thermische Diffusion erreichen. Wenn man eine Mischung leichter und schwerer Gasmoleküle in den Zwischenraum zwischen zwei Oberflächen verschiedener Temperatur bringt, zeigen die schweren Moleküle die Neigung, in den Bereich der höheren Temperatur zu diffundieren. Diese Wirkung hat nichts mit der gewöhnlichen Diffusion zu tun, die nach einer gleichmäßigen Konzentrationsverteilung in dem Gasraum streben würde.

Bei der in Abb. 6 wiedergegebenen Anordnung wird die an der Oberfläche angereicherte leichtere Komponente durch Konvektion nach

[14] Einen umfassenden Überblick über dieses Gebiet gibt WELCH, Chem. Soc. Ann. Repts. 1940, **37**, 153, wo man auch Angaben über die theoretischen Grundlagen der Thermodiffusion findet.

D mitgenommen, während in entsprechender Weise der schwere Bestandteil nach unten, nach C, gelangt. Wenn der Abstand CD gegenüber AB sehr groß ist, spielt der Einfluß der gewöhnlichen Diffusion, die wieder eine gleichmäßige Konzentrationsverteilung herstellen würde, nur eine unwesentliche Rolle.

Das geschilderte Prinzip der Thermodiffusion kam durch CLUSIUS und DICKEL[15] zur Anwendung. Als Apparatur wurde ein senkrecht stehendes Rohr von 1 cm Durchmesser und einer Länge bis zu 3 m verwendet. Genau in der senkrechten Achse des außen wassergekühlten Rohres war ein erhitzter Platindraht gespannt. Bei einer Temperaturdifferenz von 600° zwischen dem Draht und der Wandung wurden schwache Trennwirkungen bei den Neon- und Chlorisotopen erreicht. Zur Steigerung des Trennungseffektes wurden mehrere derartige Kolonnen mit einer Länge von 6—9 m hintereinandergeschaltet[16]. Das untere Ende jeder Einheit war dabei mit dem oberen der folgenden durch Rohrspiralen verbunden, die einseitig elektrisch geheizt wurden, um durch Konvektion eine Vermischung des Gases an den Übergangsstellen der beiden Einheiten zu erreichen. Mit einer derartigen Anordnung ließen sich $H^{35}Cl$ und $H^{37}Cl$ in verhältnismäßig großer Menge fast quantitativ trennen. Auch auf die Trennung des schweren Kohlenstoffisotops ^{13}C — unter Anwendung von Methan — sowie des Stickstoffisotops ^{15}N und anderer Gasgemische wurde die Methode mit Erfolg angewandt. Die Apparatur ist verhältnismäßig leicht aufzubauen und bedarf keiner großen Wartung. Das Verfahren der Thermodiffusion wurde auch auf reine Flüssigkeiten und Lösungen angewandt, wobei allerdings die Trennwirkung im allgemeinen kleiner ist.

Andere physikalische Methoden der Isotopentrennung.

Ein elektrochemisches Verfahren zur Isotopentrennung wurde zur Darstellung von reinem Deuterium benutzt (S. 248). Gleichzeitig erfolgt dabei eine schwache Anreicherung der schweren Sauerstoffisotope. Die Tatsache, daß ^{6}Li an einer Quecksilberkathode bevorzugt vor ^{7}Li abgeschieden wird, führte weiter zu einer befriedigenden Trennwirkung bei den Lithiumisotopen[17]. Es liegt jedoch kein Anzeichen dafür vor, daß die Isotope der schweren Elemente auf Grund ihrer Unterschiede im elektrochemischen Verhalten in nennenswertem Maße voneinander getrennt werden können.

Ein ausgezeichnetes Hilfsmittel zur Isotopentrennung ist der Massenspektrograph, wobei allerdings die Substanzmengen, die man mit laboratoriumsmäßigen Formen des Apparates erhalten konnte, außerordentlich klein sind. Neuerdings wurde das Prinzip des Massenspektrographen im technischen Maßstab zur Trennung der Uranisotope

---

15 CLUSIUS u. DICKEL: Naturwissenschaften 1938, **26**, 546.

16 Z. physikal. Chem. 1939, B, **44**, 451.

17 TAYLOR u. UREY: J. chem. Physics 1937, **5**, 597. HOLLECK: Z. Elektrochem. angew. physik. Chem. 1938, **44**, 111. Siehe auch LEWIS u. MACDONALD: J. Amer. chem. Soc. 1936, **58**, 2519.

^{235}U und ^{238}U verwendet[18]; auch bei anderen Elementen konnten mit der gleichen Anordnung einige Gramm der entsprechenden Isotope isoliert werden. Ein drittes Verfahren, das offenbar noch weitere Entwicklungsmöglichkeiten bietet, besteht in der Verwendung der Ultrazentrifuge[19]. Ein zusammenfassender Überblick über die verfügbaren stabilen, angereicherten Isotope läßt es jedoch zweifelhaft erscheinen, ob man mit diesem Verfahren Isotope für Forschungszwecke erhalten kann, die nicht bequemer mit einer der anderen Methoden gewonnen werden können.

Isotopentrennung durch chemische Austauschverfahren.

Theoretische Überlegungen lassen erkennen, daß die chemischen Eigenschaften isotoper Verbindungen kleine Unterschiede aufweisen müssen, die bei den leichten Elementen groß genug sind, um als Grundlage eines Isotopentrennverfahrens zu dienen[20]. Das beste Beispiel dafür ist der an anderer Stelle (S. 248) besprochene Fall des Wasserstoffs und Deuteriums. Aber auch für andere Elemente wie Kohlenstoff, Stickstoff und Schwefel sind jetzt sehr viele wirkungsvolle, auf chemischen Austauschreaktionen beruhende Trennverfahren entwickelt worden.

Als Beispiel soll die Austauschreaktion zwischen gasförmigem Kohlendioxyd und dem Bikarbonation im Natriumbikarbonat behandelt werden

$$^{13}CO_2 + (H^{12}CO_3)^- \rightleftharpoons {}^{12}CO_2 + (H^{13}CO_3)^-.$$

Für die Gleichgewichtskonstante (K) dieser Reaktion wurde der Wert 1,012 gefunden, d. h. wenn die Konzentrationen der beiden ^{12}C enthaltenden Ionen so groß wie die der ^{13}C enthaltenden und damit konstant sind, ergibt sich das Verhältnis $(H^{13}CO_3)^- : (^{13}CO_2) = 1{,}012$. Die Bikarbonatlösung wird also 1,2% mehr ^{13}C enthalten als das mit ihr im Gleichgewicht befindliche Gas.

Derartige Gleichgewichtskonstanten lassen sich aus den Eigenschaften der Einzelmoleküle auf Grund der Molekülspektren berechnen. Im folgenden sind einige typische Werte von K zusammengestellt:

$$^{15}NH_3\,(g) + (^{14}NH_4)^+\,(\text{gel.}) \rightleftharpoons {}^{14}NH_3\,(g) + (^{15}NH_4)^+\,(\text{gel.}) \quad 1{,}031$$
$$H^{12}CN\,(g) + (^{13}CN)^-\,(\text{gel.}) \rightleftharpoons H^{13}CN\,(g) + (^{12}CN)^-\,(\text{gel.}) \quad 1{,}026$$
$$HC^{14}N\,(g) + (C^{15}N)^-\,(\text{gel.}) \rightleftharpoons HC^{15}N\,(g) + (C^{14}N)^-\,(\text{gel.}) \quad 1{,}003$$
$$^{34}SO_2\,(g) + (H^{32}SO_3)^-\,(\text{gel.}) \rightleftharpoons {}^{32}SO_2\,(g) + (H^{34}SO_3)^-\,(\text{gel.}) \quad 1{,}019$$
$$^{36}SO_2\,(g) + (H^{32}SO_3)^-\,(\text{gel.}) \rightleftharpoons {}^{32}SO_2\,(g) + (H^{36}SO_3)^-\,(\text{gel.}) \quad 1{,}040$$

Bei der Durchführung von Austauschreaktionen zur Anreicherung von Isotopen muß vor allem für Bedingungen gesorgt werden, unter denen die Einstellung des Endgleichgewichtes erreicht wird. In vielen Fällen wurde ein mehrstufiges Verfahren benutzt, so z. B. bei der Darstellung von ^{15}N auf Grund der Ammoniak-Ammoniumion-Austauschreaktion[21].

---

[18] Smyth: „Atomic Energy for Military Purposes" (Princeton University Press, 1945), S. 195.

[19] Siehe Beams u. Haynes: Phys. Reviens 1936, **50**, 491. Beams u. Masket: Phys. Reviens 1937, **51**, 384. Beams u. Snoddy: J. chem. Physics 1937, **5**, 993.

[20] Urey u. Greiff: J. Amer. chem. Soc. 1935, **57**, 321. Urey: J. chem. Soc. 1947, 562.

[21] Thode u. Urey: J. chem. Physics. 1939, **7**, 34.

Hierbei wird eine Ammoniumhydroxydlösung am Ende der mit Füllkörpern versehenen Kolonne E (Abb. 7) gefüllt und $^9/_{10}$ der das untere Ende erreichenden Flüssigkeit in das Gefäß S überführt, in dem mit Natronlauge Ammoniak erzeugt wird. Dieses Ammoniak steigt nach E; $^1/_{10}$ der das untere Ende von E erreichenden Lösung wird in die zweite Kolonne E_1 geleitet, an deren Fuß $^9/_{10}$ in das Entwicklungsgefäß S_1 zur Herstellung von Ammoniak und $^1/_{10}$ nach E_2 gelangt, wo das restliche Ammoniak frei gemacht wird. Mit einer derartigen Anordnung — bezüglich deren Einzelheiten zur praktischen Durchführung auf die Originalarbeit verwiesen sei — erfolgt von E nach E_2 eine fortschreitende Anreicherung. Bei E_2 konnte schließlich eine Ammoniumhydroxydlösung mit einer 72,8%igen Anreicherung an ^{15}N abgezogen werden (das normale Isotopenverhältnis des Stickstoffs liegt bei 0,38% ^{15}N).

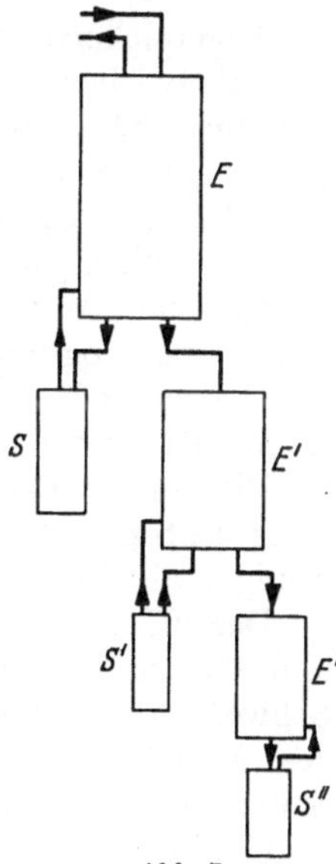

Abb. 7.

Ein ähnliches Verfahren wurde entwickelt, um durch einen Austausch zwischen gasförmigem Cyanwasserstoff und Natriumcyanidlösung zu einem an ^{13}C angereicherten Material zu gelangen[22]. Diese Reaktion ist deshalb besonders interessant, weil bei ihr neben den Kohlenstoff- auch die Stickstoffisotope beteiligt sind: Das ^{13}C-Isotop wird in der gasförmigen Blausäure konzentriert, während sich — im geringen Umfang — das ^{15}N in der flüssigen Phase anreichert. Da Blausäure leicht zum Polymerisieren neigt und äußerst giftig ist, hat man in der Austauschreaktion von Kohlendioxyd und dem Bikarbonation (z. B. in Form von $KHCO_3$) ein bequemeres Mittel zur Anreicherung von ^{13}C [23]. Das schwere Isotop wird in der Bikarbonatlösung konzentriert. Man arbeitet im Gegenstrom und wegen der bei gewöhnlichem Druck nur sehr langsamen Gleichgewichtseinstellung mit CO_2-Drucken bis zu 50 Atm., wobei die Austauschkolonne mit Glaswolle oder Tonerde gefüllt ist, die sich als Katalysatoren für die Reaktion erwiesen haben. Bei derselben Reaktion reichert sich das schwere Sauerstoffisotop ^{18}O in der Gasphase an.

Als letztes Beispiel einer Isotopenanreicherung durch Austauschreaktion soll der Fall des Schwefels erwähnt werden, dessen normale isotope Zusammensetzung folgende ist:

$$^{32}S = 95{,}0\% \qquad ^{33}S = 0{,}74\% \qquad ^{34}S = 4{,}2\% \qquad ^{36}S = 0{,}016\%\,.$$

Mit Hilfe einer Austauschreaktion zwischen gasförmigem SO_2 und dem Bisulfit lassen sich die schweren Isotope in einer Natriumbisulfitlösung anreichern[24]:

$$(^{34}SO_2)_{\text{Gas}} + (H^{32}SO_3)^-_{\text{gel.}} \rightleftharpoons (^{32}SO_2)_{\text{Gas}} + (H^{34}SO_3)^-_{\text{gel.}}$$

[22] Roberts, Thode u. Urey: J. chem. Physics. 1939, **7**, 137. Hutchinson, Stewart u. Urey: J. chem. Physics. 1940, **8**, 532.

[23] Reid u. Urey: J. chem. Physics. 1943, **11**, 403.

[24] Thode, Gorham u. Urey: J. chem. Physics. 1938, **6**, 296. Stewart u. Cohen: J. chem. Physics. 1940, **8**, 904.

Die Gleichgewichtskonstante für diese Reaktion liegt bei 1,019, während sie bei der entsprechenden Reaktion mit ^{36}S 1,040 beträgt. Das Verfahren arbeitet ganz analog der beschriebenen Anreicherung von ^{15}N im Ammoniumion und hat eine Konzentrierung bis zu 25% an ^{34}S erbracht.

Anwendungsmöglichkeiten angereicherter stabiler Isotope.

Angereicherte stabile Isotope werden in der gleichen Weise wie radioaktive Isotope (vgl. S. 512) zu Markierungszwecken bei der Untersuchung chemischer Reaktionen benutzt. Über einige typische Anwendungsbeispiele des Deuteriums wird an anderer Stelle (S. 249) berichtet. In größerem Umfang gelangten außerdem noch die stabilen Isotope ^{15}N, Gemische von ^{17}O und ^{18}O sowie die schweren Schwefelisotope zur Anwendung. Die Durchführung erfolgte mit Hilfe des Massenspektrographen. Die für einen bestimmten Versuch erforderliche Anreicherung in dem Material ergibt sich aus der Verdünnung, die im Laufe der Untersuchung eintritt.

Die bei den massenspektrographischen Versuchen benutzten Mengen eines isotopen Gemisches sind sehr klein und betragen gewöhnlich weniger als 1 cm³ Gas.

Das ^{18}C Isotop kann an Stelle der beiden radioaktiven Isotope ^{11}C und ^{14}C zu Markierungszwecken herangezogen werden, ebenso kann Schwefel, der in bezug auf seine schweren Isotope angereichert ist, statt des radioaktiven Isotops ^{35}S benutzt werden. Da es keine radioaktiven Sauerstoffisotope mit geeigneter Halbwertszeit gibt und die des ^{13}N auch nur sehr kurz ist ($T = 9{,}9$ min), kommt den angereicherten schweren Stickstoff- und Sauerstoffisotopen bei derartigen Markierungsuntersuchungen eine besondere Bedeutung zu.

Bei den meisten der mit ^{15}N durchgeführten Arbeiten handelt es sich um biologische Probleme, wie z. B. Fragen der Eiweißchemie. Als Beispiel einer interessanten Untersuchung auf anorganischem Gebiet sei die Anwendung der Methode auf die Austauschreaktion

$$^{14}NO + {}^{15}NO_2 \rightleftharpoons {}^{15}NO + {}^{14}NO_2$$

in der Gasphase erwähnt. Es handelt sich um eine schnell verlaufende Reaktion, die durch die intermediäre Bildung von N_2O_3 mit symmetrischer Struktur ($O = N - O - N = O$) erklärt werden kann[25]. Eine weitere interessante Austauschreaktion ist die zwischen $(^{14}N)_2$ und $(^{15}N)_2$ an der Oberfläche von Eisen, Wolfram und Osmium[26]. Im Falle des Sauerstoffs befaßt sich eine der interessantesten Untersuchungen mit dem Austausch des Sauerstoffs zwischen Oxyanionen und Wasser; diese Untersuchungen wurden mit Wasser durchgeführt, das in bezug auf seine schweren Sauerstoffisotope angereichert war. Es erfolgte beispielsweise in neutralen Lösungen ein schneller und vollständiger

---

[25] LEIFER: J. chem. Physics. 1940, 8, 301.

[26] JORIS u. TAYLOR: J. chem. Physics. 1939, 7, 893. GUYER, JORIS u. TAYLOR: J. chem. Physics. 1941, 9, 287.

Austausch des Sauerstoffs zwischen dem Wasser und folgenden Anionen

SiO_3^{--}, BO_2^-, BO_3^{---}, $Cr_2O_7^{--}$, CrO_4^{--}, MoO_4^{--}, WO_4^{--}, CO_3^{--}, MnO_4^-, JO_3^-, SeO_3^{--}, SO_3^{--}, $S_2O_3^{--}$, AsO_4^{---} und AsO_2^-, aber nicht mit NO_2^-, ClO_4^-, ClO_3^- und SeO_4^{--} [27].

Außer der Markierung durch Anwendung von Isotopen gibt es keine Möglichkeit nachzuweisen, daß in diesen Fällen die angegebenen Austauschreaktionen stattfinden, die man durch eine reversible Anhydridbildung erklären kann; allerdings ist es nicht unbedingt sicher, daß diese einfache Erklärung die tatsächlichen Verhältnisse richtig wiedergibt.

Die Konstanz der Atomgewichte.

Bei der Entdeckung der Isotopie erhob sich sofort die Frage, ob die Zusammensetzung der Elemente hinsichtlich ihrer Isotope veränderlich oder ob sie im ganzen Weltall dieselbe ist. Bei den Elementen verschiedener *irdischer* Herkunft — z. B. Chlor aus Meerwasser und Elementen aus Sedimentgesteinen — war die beobachtete Konstanz der Atomgewichte zu erwarten, da die Elemente, so wie sie jetzt vorliegen, einen Mischungsvorgang in den verschiedenen geologischen Zeiten durchgemacht haben müssen, selbst wenn sie ursprünglich verschiedener Herkunft gewesen wären. Von größerem Interesse ist es daher, die Atomgewichte von Elementen zu untersuchen, die man aus Gesteinen des Urmagma oder aus Meteoren gewonnen hat, da diese einen Beitrag zur Kenntnis der außerirdischen Materie liefern.

Mehrere Forscher haben das Atomgewicht des Chlors aus dem Urgestein — z. B. Sodalith und Apatit — und auch das von Chlor meteorischer Herkunft bestimmt. In allen Fällen konnte kein Unterschied zwischen einem derartigen Chlor und dem gewöhnlichen Chlor des Meerwassers gefunden werden. So erhielten HARKINS und STONE[28] für das Atomgewicht des im Meerwasser, in Gesteinen und Meteoren enthaltenen Chlors die in Tabelle 3 aufgeführten Werte. Die gleiche Tatsache, nämlich daß die kosmischen und irdischen Elemente dieselben Atomgewichte besäßen, hatte sich schon bei den Arbeiten von BAXTER und HILTON[29] an meteorischem Nickel und von BAXTER und THORVALDSEN[30] an meteorischem Eisen ergeben.

Tabelle 3.

Herkunft	Atomgewicht
Meerwasser	35,4574
Wernerit	35,4574
Sodalith	35,4580
Apatit	35,4574
Meteorit	35,4580

Ebenso wurden von JAEGER und DYKSTRA[31] für Silicium keine Abweichungen von der normalen isotopen Zusammensetzung gefunden, da sich kein Unterschied in den Dichten von Siliciumtetraäthyl, $Si(C_2H_5)_4$,

[27] WINTER, CARLTON u. BRISCOE: J. chem. Soc. 1940, 131. MILLS: J. Amer. chem. Soc. 1940, **62**, 2833. HALL u. ALEXANDER: J. Amer. chem. Soc. 3455.
[28] HARKINS u. STONE: J. Amer. chem. Soc. 1926, **48**, 938.
[29] BAXTER u. HILTON: J. Amer. chem. Soc. 1923, **45**, 694.
[30] BAXTER u. THORVALDSEN: J. Amer. chem. Soc. 1911, **33**, 337.
[31] JAEGER u. DYKSTRA: Z. anorg. allg. Chem. 1925, **143**, 233.

ergab, das aus Silicium von sechs verschiedenen Quellen und von sechs Meteoren dargestellt war. Indessen zeigt Bor nach Arbeiten von BRISCOE und Mitarbeitern[32] deutliche Anzeichen einer geringen Abweichung. Das Atomgewicht des Bors aus toskanischer Borsäure, anatolischem Borazit und kalifornischem Colemanit wurde durch das chemische Verhältnis $BCl_3:3\,Ag$ und durch Vergleich der Dichten des Bortrichlorids von dreierlei Herkunft bestimmt, wobei die in Tabelle 4 zusammengestellten Ergebnisse gefunden wurden. Das Atomgewicht des Bors aus Kalifornien liegt deutlich höher als das des europäischen und asiatischen. Da die Massenzahlen der Borisotope — 11 und 10 — für eine Trennung sehr günstig liegen, so kann der auffallende Unterschied in der isotopen Zusammensetzung tatsächlich zutreffen.

Tabelle 4.

Herkunft des Bors	Atomgewicht aus $BCl_3:3\,Ag$	Dichte des BCl_3	Atomgewicht aus der Dichte
Toskanische Borsäure	10,840 ± 0,014	1,349273	10,823
Borazit aus Kleinasien	10,819 ± 0,004	1,349213	10,818
Colemanit aus Kalifornien . .	10,840 ± 0,003	1,349478	10,841

Die nach der Entdeckung des schweren Wasserstoffs einsetzende gründlichere Durchforschung der isotopen Zusammensetzung hat gezeigt, daß sekundäre Unterschiede in den Verhältnissen der Isotope häufig durch den oben erwähnten Trennungsfaktor zustande kommen. Ebenso wie beim Wasserstoff ein deutlicher Unterschied in dem Verhältnis der Wasserstoffisotope auftritt, was von mehreren Forschern gefunden wurde[33], ist der atmosphärische Sauerstoff merklich schwerer als der im natürlichen Wasser gebundene. Aus atmosphärischem Sauerstoff dargestelltes Wasser ist um 6,7 je Million schwerer als solches, das man durch Vereinigung von Sauerstoff des Wassers mit der gleichen Menge Wasserstoff erhält; das würde einem Atomgewicht von 16,00012 für atmosphärischen Sauerstoff entsprechen[34]. Als weiteres deutliches Beispiel wird der Unterschied im Verhältnis der Kaliumisotope angegeben; nach BREWER[35] liegt das Verhältnis von $^{41}K:^{39}K$ im Kalium aus Pflanzenaschen um 15% höher als in den Kalisalzen des Meerwassers.

Die physikalischen Atomgewichte.

Durch die massenspektrographische Analyse können nicht nur die Massenzahlen, sondern auch die Häufigkeit der Isotope bestimmt werden. Diese Zahlen ermöglichen zusammen mit den Packungsanteilen, unabhängig von allen chemischen Daten, die Berechnung des mittleren Atomgewichtes von Isotopenmischungen. Auf diese Weise kann man für viele Elemente ein physikalisches Atomgewicht berechnen, das sich mit dem auf chemischem Wege bestimmten Atomgewicht vergleichen läßt.

---

[32] BRISCOE: J. chem. Soc. 1925, 696; 1927, 282.
[33] Vgl. BRISCOE u. a.: J. chem. Soc. 1934, 1207, 1948.
[34] DOLE, M.: J. chem. Physics 1936, 4, 268.
[35] BREWER: J. Amer. chem. Soc. 1936, 58, 370.

Der direkte Vergleich von physikalischem und chemischem Atomgewicht wurde etwas erschwert durch die Entdeckung, daß der Sauerstoff selbst kein Reinelement ist. Die chemischen Atomgewichte sind bezogen auf den Maßstab gewöhnlicher Sauerstoff = 16; die physikalischen Atomgewichte haben das ^{16}O-Isotop = 16,000 zur Grundlage. Wenn man diese Maßstäbe in Beziehung zueinander bringen will, so muß man die mengenmäßige, isotope Zusammensetzung des Sauerstoffs, besonders das Verhältnis $^{16}O:^{18}O$ kennen. Dieses Verhältnis ist noch nicht mit vollständiger Sicherheit bestimmt, liegt aber wahrscheinlich zwischen 630:1 (MECKE und CHILDS[36]) und 514:1 (UREY, MANIAN und BLEAKNEY[37]). Der Umrechnungsfaktor zwischen physikalischen und chemischen Atomgewichten beträgt somit 1,00022 oder 1,000275:1.

Die chemischen Atomgewichte und ihre Grundlage.

Die Entwicklung der rein physikalischen Methoden zur Berechnung von Atomgewichten auf Grund der Häufigkeitszahlen der Isotope hat vielfach einen Vergleich mit den aus den chemischen Verhältniszahlen bestimmten Werten ermöglicht. In einer Reihe von Fällen, in denen die chemischen und physikalischen Werte nicht übereinstimmten, hat die Nachprüfung der chemischen Atomgewichte die Genauigkeit des massenspektrographischen Verfahrens bestätigt.

Die grundlegende Bedeutung des Atomgewichtes als charakteristisches Merkmal eines jeden Elementes ist zwar durch die Einführung der Atomnummer abgelöst worden; dennoch hat die Kenntnis des genauen Atomgewichtes vom chemischen Standpunkt aus immer noch eine große Bedeutung. In vielen Fällen bieten die Atomgewichtsbestimmungen ein bequemes Mittel zum Studium von Verschiedenheiten in der isotopen Zusammensetzung von Elementen verschiedener Herkunft. Gleichzeitig mit den physikalischen Untersuchungen über die Isotopie haben sich in den letzten Jahren eine große Zahl von Arbeiten mit der genauen Nachprüfung der Atomgewichte und besonders mit der sorgfältigen Bestimmung der wichtigsten Verhältniszahlen befaßt.

Selbstverständlich beruht der Maßstab für die chemischen Atomgewichte auf der Grundlage O = 16. Tatsächlich enthalten aber in vielen Fällen die stöchiometrischen Verhältnisse, die bei der praktischen Durchführung der Bestimmung benutzt werden, andere Elemente als Sauerstoff. So sind häufig die Halogenverhältnisse einer genauen experimentellen Bestimmung bequem zugänglich, z. B. *Metallhalogenid*: *Silber* oder *Metallhalogenid*: *Silberhalogenid*. Die Berechnung des Atomgewichtes auf Grund dieser Verhältnisse erfordert eine genaue Kenntnis des Atomgewichtes des Silbers oder des Silbers und Chlors oder Broms nach der Sauerstoffskala. Die Werte, welche man dafür annimmt, stellen das Mittel dar, zu dem man durch Vereinigung einer Reihe unabhängiger Bestimmungen von Verhältnissen gelangt ist, zu denen

[36] MECKE u. CHILDS: Z. Physik 1931, **68**, 362.
[37] UREY, MANIAN u. BLEAKNEY: J. Amer. chem. Soc. 1934, **56**, 2601.

die Atomgewichte des Stickstoffs, Wasserstoffs, der Halogene, des Silbers, Schwefels, Kohlenstoffs und Natriums gehören.

Die Verhältnisse Ag : Cl und Ag : Br sind mit großer Genauigkeit bekannt. Das Atomgewicht des Silbers nach der Sauerstoffskala ist demnach für die Genauigkeit der anderen Elemente praktisch am wichtigsten.

Bei jeder genauen Atomgewichtsbestimmung verdienen drei Punkte eine besondere Aufmerksamkeit: Die stöchiometrische Zusammensetzung der verwendeten Verbindungen, der quantitative Verlauf der betreffenden Reaktion und die Frage der Absorption von Luft usw., die bei der äußersten Verfeinerung der Wägegenauigkeit eine Rolle spielt. Es ist sehr wertvoll, die neuen Arbeiten auf diesem Gebiet unter dem Gesichtspunkt jener Erfordernisse durchzusehen. Die Grundlage der erforderlichen Technik wurde von T. W. RICHARDS geschaffen; die wichtigsten von ihm aufgestellten Punkte sind in den letzten Jahren weiter entwickelt worden und führten besonders zu den außerordentlich genauen Arbeiten der HÖNIGSCHMIDschen Schule in München.

Besonders eindrucksvoll zur Erläuterung der Entwicklung dieser Untersuchungen ist die als Grundlage wichtige Bestimmung des Atomgewichtes des Silbers nach der Sauerstoffskala. Die Frage wurde von zwei Seiten angepackt: 1. Die direkten Messungen von Verhältnissen wie $KClO_3$: KCl : Ag : 3 O, wobei der Sauerstoff in einer Halogensauerstoffsäure direkt der zur Reaktion mit dem entsprechenden Halogenid erforderlichen Silbermenge gleichgesetzt wird. 2. Die indirekte Berechnung des Atomgewichtes des Silbers aus Verhältnissen, die das Atomgewicht eines dritten Elementes enthalten — z. B. aus dem Verhältnis Ag : $AgNO_3$ —, das die Kenntnis des Atomgewichtes vom Stickstoff voraussetzt.

MARIGNAC und STAS versuchten, Sauerstoff und Silber durch thermische Zersetzung von Alkalichloraten und -bromaten direkt in Beziehung zueinander zu bringen. Der Wert für das Atomgewicht von Silber mit 107,93, der für mehrere Jahre hindurch gültig war, geht hauptsächlich auf dieses Verfahren zurück. Die Alkalichlorate und -bromate sind aber für die Zwecke der genauesten Bestimmungen nicht geeignet. RICHARDS wies schon sehr zeitig darauf hin, daß man nur solche Verbindungen in einer genauen stöchiometrischen Zusammensetzung erhalten kann, die man durch starkes Erhitzen in einer geeigneten Atmosphäre — vorteilhafter noch durch Schmelzen — von Feuchtigkeit befreien kann. So werden Metallchloride vor dem Wägen gewöhnlich in einem Salzsäurestorm geschmolzen. Ein Schmelzen ist deshalb weiterhin wünschenswert, weil dadurch die Oberfläche des Materials verkleinert und die Absorption von Luft weitgehend verringert wird. Bei kleinkristallinen Pulvern kann die letztere Erscheinung bedeutend stärker ins Gewicht fallen, als man früher annahm.

Von den indirekten Beziehungen zwischen Silber und Sauerstoff sind die Arbeiten von RICHARDS und FORBES[38] über die Synthese von

[38] RICHARDS u. FORBES: Carnegie Inst. Publ. 1907, **69**, 47. Z. anorg. allg. Chem. 1907, **55**, 34.

Silbernitrat am wichtigsten, da sie den Anfang der modernen Entwicklung dieses Gebietes darstellen. Zur Auswertung dieses Verfahrens braucht man die Annahme des Atomgewichtes des Stickstoffs mit N = 14,008. Obgleich dieser Wert in neuerer Zeit auf massenspektroskopischem Wege ausreichend bestätigt wurde und sich auch unabhängig von chemischen Verhältniszahlen durch Gasdichtemessungen ergeben hat, so wäre trotzdem eine Bestimmung des Wertes für Silber aus einem direkten Silber-Sauerstoffverhältnis selbstverständlich wünschenswert. Den im Jahre 1927 erreichten Stand über die Erforschung des Atomgewichtes von Silber faßte HÖNIGSCHMID[39] in der folgenden Tabelle zusammen:

Tabelle 5.

A. Direkte Verhältnisse:		
$Ag:LiCl:LiClO_4:4\,O$	Ag = 107,871	
$KClO_3:KCl:Ag:3\,O$	107,871	
$J_2O_5:2\,AgJ$, $Ag:J$	107,864	
B. Indirekte Verhältnisse		Unter der Annahme
$Ag:AgNO_3$	107,880	N = 14,008
$NaNO_3:NaCl:Ag$, $Ag:AgCl$ . . .	107,880	N = 14,008
$Ag_2SO_4:2\,AgCl:2\,Ag$, $N:S$	107,877	N = 14,008
$NH_4Cl:Ag$, $AgNO_3:Ag$, $AgCl:Ag$.	107,881	H = 1,008
$2\,H_2O:BaCl_2:2\,Ag$	107,876	H = 1,008

RICHARDS und WILLARD (1910) versuchten die bei der Zersetzung von Alkalichloraten auftretenden Schwierigkeiten dadurch zu umgehen, daß sie Lithiumchlorid in das Perchlorat umwandelten. Lithiumchlorid wurde in Quarzgefäßen mit Überperchlorsäure abgeraucht und das gebildete Lithiumperchlorat dann direkt gewogen. Es war jedoch nicht möglich, das Lithiumperchlorat zu schmelzen, ohne daß eine gewisse Zersetzung eintrat, so daß das Endgewicht wegen der Gegenwart geringer Spuren von Chlorid und Chlorat korrigiert werden mußte. Wie man sieht, ergibt diese Bestimmung, die noch durch die gesondert auszuführende Bestimmung des Verhältnisses $Ag:LiCl$ ergänzt werden muß, einen deutlich niedrigeren Wert für das Atomgewicht des Silbers als die indirekten Verhältniszahlen, die vor 1927 erhalten wurden und im Abschnitt B der Tabelle aufgeführt sind. Dasselbe trifft zu für die Bestimmungen von BAXTER und TILLEY für das Verhältnis $J_2O_5:2\,AgJ$ (1909) und für die Wiederholung der Messung des klassischen Verhältnisses $KClO_3:KCl:Ag$ von STÄHLER und MEYER (1911).

HÖNIGSCHMID und SACHTLEBEN[40] bestimmten ein neues direktes Silber-Sauerstoffverhältnis, $Ba(ClO_4)_2:BaCl_2:2\,Ag:8\,O$, das die den vorhergehenden Arbeiten anhaftenden Fehlerquellen ausschalten sollte. Das Überführen und das Verdampfen von Flüssigkeiten wurde durch die Anwendung von Reaktionen auf trocknem Wege unter Benutzung von gasförmiger Salzsäure vermieden. Es war nicht möglich, Bariumperchlorat unzersetzt zu schmelzen, aber die Fehler, die durch die Absorption

[39] HÖNIGSCHMID: Z. anorg. allg. Chem. 1927, **163**, 65.
[40] HÖNIGSCHMID u. SACHTLEBEN: Z. anorg. allg. Chem. 1929, **178**, 1.

von Gasen an den gewogenen Materialien erfolgten, wurden dadurch ausgeschaltet, daß alle Wägungen im Vakuum vorgenommen wurden. Diese beiden Punkte, nämlich die weitestgehende Benutzung von Reaktionen auf trocknem Wege und das Ausschließen von Absorptionsfehlern durch Wägung im Vakuum, sind die Kennzeichen der modernen Arbeiten der Münchener Schule. So konnte HÖNIGSCHMID den von RICHARDS und FORBES für das Verhältnis $Ag:AgNO_3$ gefundenen Wert durch trockne Reduktion von Silbernitrat zu metallischem Silber vollauf bestätigen[41].

Die Grundlage dieses von HÖNIGSCHMID und SACHTLEBEN entwickelten Verfahrens soll an Hand von Abb. 8 erläutert werden. Das Bariumperchlorat in dem Schiffchen *A* wurde bei 260° in einem gereinigten und getrockneten Luftstrom getrocknet. Das Quarzrohr *B*

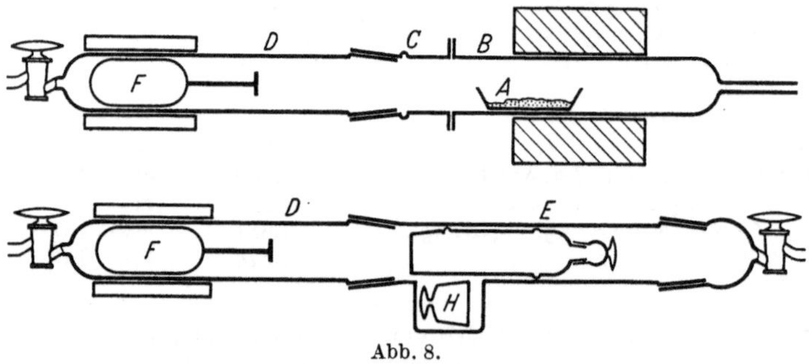

Abb. 8.

war durch einen Schliff mit dem Glasabschnitt *C* verbunden und dieser wiederum mit dem Glasrohr *D*, welches dazu diente, das Schiffchen von dem Reaktionsrohr *B* nach der Wägeapparatur *E* zu überführen[42]. Nach vollständiger Trocknung wurde das Schiffchen in das Rohr *D* geschoben, das dann gegen einen trocknen Luftstrom in die Wägeapparatur *E* gebracht werden konnte. Diese konnte dann evakuiert und darauf das Schiffchen durch den magnetisch bewegten Kolben *F* in das Wägeröhrchen geschoben werden. Endlich wurde die Wägeapparatur so gedreht, daß der Stopfen *H* durch den Kolben *F* aufgesetzt werden konnte, ohne daß das Vakuum unterbrochen wurde. Auf diese Weise konnte das Schiffchen von dem Reaktionsrohr in das Vakuum-Wägegefäß gebracht werden. Durch die gleiche Handhabung wurde es in das Reaktionsrohr *B* zurückgeführt und dort in einem Strom von trocknem Chlorwasserstoffgas zuerst auf 200° und schließlich auf 550° erhitzt, um das Perchlorat in Bariumchlorid zu verwandeln. Dieses wurde wiederum im Vakuum gewogen und schließlich mit Silber in der üblichen nephelometrischen Weise bestimmt.

Diese Ergebnisse der direkten Messung des Verhältnisses $Ag:4O$ stimmen vollständig mit dem Wert für das Atomgewicht des Silbers

[41] Vgl. HÖNIGSCHMID, ZINTL u. THILO: Z. anorg. allg. Chem. 1927, **163**, 65. — HÖNIGSCHMID u. SCHLEE: Z. angew. Chem. 1936, **49**, 464. — HÖNIGSCHMID u. STRIEBAL: Z. physik. Chem., Bodenstein-Festband 1931, 283.

[42] RICHARDS u. PARKER: Proc. Amer. Acad. Arts. Sci. 1896, **32**, 59.

überein, der sich aus dem Verhältnis $Ag : AgNO_3$ ergeben hat. Diese gute Übereinstimmung ist in den Daten der folgenden Tabelle zu erkennen.

Tabelle 6.

$Ba(ClO_4)_2 : BaCl_2$	$Ba(ClO_4)_2 : 2\,Ag$	$Ag : 4\,O$	Atomgewicht des Ag
1,61458	1,55856	1,68561	107,879
1,61460	1,55849	1,68565	107,882
1,61459	1,55858	1,68558	107,877
1,61459	1,55850	1,68565	107,882
1,61459	1,55850	1,68566	107,882

Man sieht, daß die Reproduzierbarkeit des Verhältnisses, das sich aus der trocknen Reaktion ergibt, tatsächlich die Genauigkeit überschreitet, die man durch die argentometrische Bestimmung erreichen kann, bei der ja noch der umstrittene Endpunkt der nephelometrischen Bestimmung eine Rolle spielt[43]. Aus diesem Grunde wurde die Durchführung von Reaktionen auf trocknem Wege auf andere Fälle ausgedehnt, z. B. auf die Bestimmung des Atomgewichtes des Schwefels und Selens aus dem Verhältnis $2\,Ag : S$ bzw. $2\,Ag : Se$. In allen Fällen wurde die Silberverbindung direkt aus den Elementen synthetisiert und der Überschuß des Nichtmetalls im Hochvakuum abdestilliert. Das auf diese Weise gefundene Atomgewicht des Selens, 78,962 $\pm$ 0,012, bestätigt vollständig den Wert (78,96 $\pm$ 0,04), den Aston aus massenspektroskopischen Daten errechnet hat, welcher sich beträchtlich von dem früher angenommenen, hauptsächlich auf argentometrischen Verhältnissen beruhenden chemischen Wert 79,2 unterscheidet.

Atomgewichtsbestimmungen aus den Gasdichten.

Die Atomgewichtsbestimmung durch Messung der Gasdichten ist besonders für diejenigen leichten Elemente geeignet, z. B. für Kohlenstoff und Fluor, für die passende und einer genauen Bestimmung zugängliche chemische Verhältniszahlen noch nicht gefunden wurden.

Das klassische Verfahren zur Bestimmung von Gasdichten besteht im direkten Wägen; es wurde von Rayleigh[44] verfeinert und danach von Leduc, Guye und Moles benutzt. Neuerdings wurde das Arbeiten mit der Gasdichtenmikrowaage entwickelt, besonders von Whytlaw-Gray und seinen Mitarbeitern. Die Verwendung dieses Apparates, mit dem man eine Genauigkeit erreichen kann, die in keiner Weise unter der des Rayleighschen Verfahrens liegt, bietet gewisse Vorteile gegenüber der direkten Wägung, z. B. die Verringerung von Absorptionsfehlern, seine Anwendbarkeit innerhalb eines großen Druckgebietes und die Möglichkeit, mit geringen Stoffmengen zu arbeiten. Das Verfahren verdient somit wohl, in diesem Kapitel etwas näher erläutert zu werden.

[43] Briscoe u. a.: Proc Roy. Soc. 1931, A, **133**, 440.
[44] Lord Rayleigh: Collected Papers.

Die Waage, die schematisch in Abb. 9 gezeigt ist, besteht hauptsächlich aus einem Quarzwaagebalken A, der auf der einen Seite eine Schwimmerkugel B und auf der anderen ein Gegengewicht C trägt. Das Ganze dreht sich um einen horizontalen Torsionsfaden aus Quarz, D; der Balken schwingt nur bei dem Gasdruck um den Nullpunkt, bei dem der Auftrieb der Kugel gerade durch die Torsionskraft des Fadens aufgehoben wird. Da bei demselben Druck der Auftrieb in verschiedenen Gasen direkt proportional ihrer Dichte ist, so wird die Bestimmung der Gasdichten mit der Mikrowaage demnach zu einer vollständig relativen Messung. Man braucht nur mit einem Manometer den Gleichgewichtsdruck für das zu untersuchende Gas und für ein Standardgas zu messen, kann also z. B. direkt reinen Sauerstoff als Standardgas und Bezugssystem der Messungen benutzen.

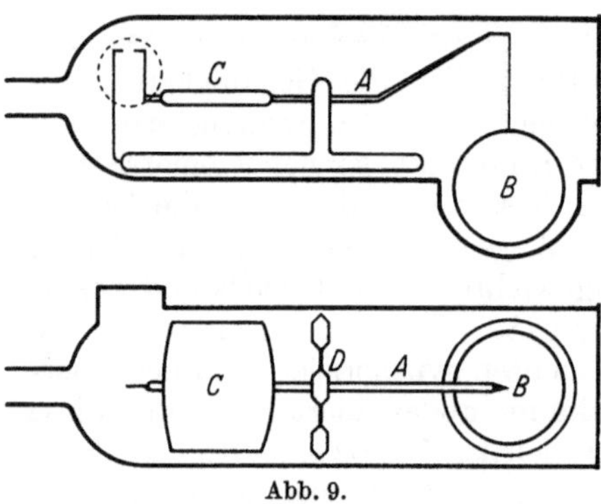

Abb. 9.

Absorptionsfehler, deren Größen bei dem direkten Wägen unbestimmt sind, kann man dadurch praktisch ausschalten, daß man das Gegengewicht so wählt, daß seine Oberfläche genau so groß ist wie die der Schwimmkugel. Durch geeignete Belastung des Balkens können Dichtemessungen bei einer Reihe von verschiedenen Drucken durchgeführt werden; ein derartiger Vergleich von Dichten über ein größeres Druckgebiet ist deshalb wichtig, weil er die unabhängige Bestimmung derKompressibilität eines jeden untersuchten Gases erübrigt. Der Wägungsdruck kann unter günstigen Bedingungen bis zu 1 auf 100000 genau bestimmt werden, so daß das Verfahren Ergebnisse von äußerster Genauigkeit liefert.

Wegen der Abweichung der realen Gase von den idealen Gasgesetzen muß man zur Berechnung des Molekulargewichtes aus den relativen Dichten die Kompressibilität eines jeden Gases kennen. Bei geringen Drucken (in der Größe von einer Atmosphäre und darunter) ist die Abweichung vom idealen Gasgesetz bei fast allen Gasen eine lineare Funktion des Druckes. Sie ergibt sich aus der BERTHELOTschen Isotherme,

$$pv = p_0 v_0 (1 - A p),$$

in der A die Kompressibilität bedeutet. Wenn beim Druck Null (p_0) das Volumen von g Gramm eines Gases V_0 cm³ beträgt, so ergibt sich

$$p_0 v_0 = RT \frac{g}{M}.$$

Also ist $pv = RT \frac{g}{M} (1 - Ap)$, und wenn man $\frac{g}{v} = d$, der Dichte des Gases beim Druck p, setzt, so erhält man

$$p = RT \frac{d}{M} (1 - Ap).$$

Bei dem Verfahren mit der Mikrowaage werden diejenigen Drucke p_1 und p_2 gemessen, bei denen die beiden Gase 1 und 2 dieselbe Dichte besitzen. Somit ist:

$$\frac{p_1}{p_2} = r = \frac{M_2(1-A_1p_1)}{M_1(1-A_2p_2)}$$

oder

$$\frac{M_2}{M_1} = r \cdot \frac{(1-A_2p_2)}{(1-A_1p_1)}.$$

Das Wägeverhältnis r ändert sich linear mit dem Druck; seinen Grenzwert kann man extrapolieren, wenn $p_1 = p_2 = 0$ ist. Aus dem extrapolierten Wert r_0, dem Verhältnis der Grenzdichten zweier Gase, kann man das gesuchte Molekulargewicht M_2 sofort erhalten. Andererseits kann man, wenn die Kompressibilität A_1 des einen Gases bekannt ist, die Kompressibilität des zweiten Gases A_2 aus den Werten für r bei jedem der beiden Drucke bestimmen, da

$$\frac{r'}{r''}\,\frac{(1-A_2p_2')}{(1-A_2p_2'')} = \frac{(1-A_1p_1')}{(1-A_1p_1'')}$$

ist.

Historisch hat die Benutzung der Gasdichtenwaage zur Atomgewichtsbestimmung ihren Ursprung in der sehr eleganten Arbeit von WHYTLAW-GRAY und RAMSAY bei der Bestimmung der Dichte des Radons[45], die mit einer frühen und unentwickelten Form der Apparatur ausgeführt wurde. Ihre spätere Benutzung soll am Beispiel der Wiederholungsbestimmung des Atomgewichts des Kohlenstoffs[46] besprochen werden. Diese Bestimmung hat eine ernsthafte Unregelmäßigkeit zwischen dem bis dahin angenommenen chemischen Atomgewicht und dem aus physikalischen Isotopenzahlen berechneten beseitigt. Es ist vielleicht wichtig zu betonen, daß Gasdichtebestimmungen das Atomgewicht im chemischen Maßstab angeben, da sie gewöhnlichen Sauerstoff als Bezugselement benutzen. Das Atomgewicht des Kohlenstoffs, das man bis 1936 mit $C = 12{,}00$ annahm und das hauptsächlich auf dem Verhältnis $Na_2CO_3 : 2\,NaBr : 2\,Ag$ beruhte, stand im direkten Widerspruch zu den bandenspektroskopischen Ergebnissen, die einen Gehalt von über 1% des ^{13}C-Isotops anzeigten. Frühere Gasdichtenbestimmungen von RAYLEIGH, LEDUC und MOLES ergaben bei Benutzung der damals gültigen Kompressibilitätsdaten, daß das chemische Atomgewicht zu niedrig sein müßte. Messungen der Grenzdichten von Kohlenmonoxyd, Kohlendioxyd und Äthylen mit der Dichtewaage haben diese Schlußfolgerung bestätigt und einen gut übereinstimmenden Beweis für einen Wert dicht bei $C = 12{,}0108$ geliefert. Diese Zahl befindet sich auch in guter Übereinstimmung mit den Werten, die sich aus massenspektroskopischen Daten und aus der Energiebilanz von Kernprozessen ergeben haben.

---

[45] WHYTLAW-GRAY u. RAMSAY: Proc. Roy. Soc. 1910, A, **84**, 536.

[46] WOODHEAD u. WHYTLAW-GRAY: J. chem. Soc. 1933, 846. — CAWOOD u. PATTERSON: Philos. Trans. Roy. Sci. A. 1936, **236**, 77. — WHYTLAW-GRAY: Quart. Rev. (chem. Soc., London), 1950, **4**, 153.

Die Gasdichtenmikrowaage ist in ihrer vollendetsten Form eine Apparatur von der angegebenen Genauigkeit und Empfindlichkeit, gleichzeitig aber vor allem ein einfaches und bequemes Instrument. Sie wird daher wohl ein sehr nützliches Hilfsmittel mit zahlreichen Anwendungsmöglichkeiten innerhalb der Technik des Arbeitens mit Gasen werden.

Drittes Kapitel.

Die chemische Bindung.

Aus den Ausführungen in Kapitel I geht deutlich hervor, daß zwischen der Periodizität der chemischen Eigenschaften und der Periodizität im Atombau allgemeine Beziehungen bestehen. Es sollte nun möglich sein, diese Gedanken noch weiter zu entwickeln und die Beziehung zwischen Valenzkräften und Atombau genau festzulegen. Das Ziel einer derartigen umfassenden Theorie würde darin bestehen, die Bindungsenergien und die genauen Molekularstrukturen sämtlicher Verbindungen vorhersagen zu können. Eine solche exakte Behandlungsweise ist zwar nur in wenigen ganz einfachen Fällen möglich, doch hat die Elektronentheorie der Valenz — besonders durch die Entwicklung der theoretischen Quantenmechanik — weitgehend zum Verständnis des Molekülaufbaus und der chemischen Reaktionsfähigkeit beigetragen[1].

Noch bevor die allgemeinen Prinzipien des Atombaus vollständig ausgearbeitet waren, wurden 1916 von KOSSEL und G. N. LEWIS die Grundlagen zu einer Elektronentheorie der chemischen Bindung gelegt. KOSSEL und LEWIS stellten unabhängig voneinander fest, welche Bedeutung den Edelgasen im Periodischen System zukommt und schlossen aus der Beständigkeit und den besonderen Eigenschaften der Edelgase auf das Vorliegen einer vollständigen Elektronenkonfiguration. Von grundsätzlicher Bedeutung war darum die Erkenntnis von LEWIS, daß es zwei Arten der chemischen Bindung gäbe: Die *Elektrovalenz-* oder *Ionenbindung* und die *Kovalenzbindung*. Bei der Elektrovalenzbindung gehen ein oder mehrere Elektronen von einem Atom (z. B. eines Metalls) auf ein anderes Atom mit unvollständiger äußerer Elektronenschale (z. B. ein Nichtmetall) über. Die beiden Atome werden dann durch die elektrostatische Anziehung ihrer durch die Elektronenübergänge entstandenen gegensätzlichen Ladungen gebunden. Eine Kovalenzbindung kommt dadurch zustande, daß mehrere Elektronen — für jede Bindung je zwei — durch einen Mechanismus, der erst durch die Entwicklung der Quantenmechanik gedeutet werden konnte, den gebundenen Atomen gemeinsam zugehören. Wenn es sich dabei um verschiedene auf diese Weise gebundene Atome oder Atomgruppen handelt, sind diese gemeinsamen Elektronen den beiden Verbindungspartnern ungleichmäßig zugeordnet, so daß die Bindung ein Dipolmoment aufweist. In dem

[1] Der Leser wird zum weiteren Studium besonders auf C. W. GURNEY: Ions in Solution (Cambridge University Press) und L. PAULING: The Nature of the Chemical Bond (Cornell University Press) verwiesen.

besonderen, als *Koordinationsbindung* bezeichneten Fall einer Kovalenz stammen beide gemeinsamen Bindungselektronen von einem — also dem gleichen — der beiden gebundenen Atome.

Die Elektrovalenz- oder Ionenbindung.

In der anorganischen Chemie nehmen die elektrovalenten Verbindungen — die Salze — eine besonders wichtige Stellung ein. Es soll nun untersucht werden, wodurch die Bindungsart der Elemente in den einzelnen Elementen bedingt und wodurch die Verschiedenheit der Valenz der Elemente begründet ist.

Das Zustandekommen einer Elektrovalenzbindung beruht auf den besonderen Eigenschaften einer voll besetzten, abgeschlossenen Elektronenschale. Bei der Bildung eines Natriumions aus einem neutralen Natriumatom enthält beispielsweise das entstehende positive Ion zwei Elektronen auf der $1s$-Bahn, zwei auf der $2s$-Bahn und 6 auf dem $2p$-Niveau. Die Elektronenkonfiguration des Ions kann dann kurz $1s^2\,2s^2\,2p^6$ geschrieben werden. Da alle Bahnen des zweiten Quantenniveaus vollständig sind, sind sowohl das Bahnmoment als auch das Moment des Spins Null; somit ergibt sich für die Wechselwirkung zwischen den Elektronen und anderen Atomen ein Minimum. Die Edelgase, bei denen eine geschlossene Schale vorhanden ist und die außerdem noch elektrisch neutral sind, zeigen daher ein indifferentes Verhalten; edelgasähnliche Ionen, wie beispielsweise die Na^+-, Cl^--, Sr^{2+}-Ionen, äußern auf Grund ihrer Ladung elektrostatische Kräfte. Obgleich im Gegensatz zu den elektrostatischen Erscheinungen die Wechselwirkungen zwischen einer geschlossenen Konfiguration und den anderen Atomen oder Ionen gering ist, so spielen sie doch eine Rolle bei — im Verhältnis zu den Größenordnungen der Atome — sehr kleinen zwischenatomaren Abständen. Der störende Einfluß benachbarter Ionen ändert dann die Verteilung der Elektronendichte und verzerrt oder polarisiert so die Symmetrie des edelgasähnlichen Ions.

Da die Kationen ganz allgemein kleiner sind als die negativen Ionen, üben sie eine entsprechend größere polarisierende Wirkung aus. Auf die Bedeutung der Polarisierung von Ionen wies zunächst FAJANS hin; er zeigte auf Grund von Ionenbeugungsmessungen, daß der stärkste Effekt dann auftritt, wenn kleine, mehrwertige Kationen auf sehr große Anionen einwirken. Weiterhin wies er darauf hin, daß die Vorstellung des Vorhandenseins rein elektrostatischer Kräfte zwischen kugelförmigen Ionen einen Idealzustand darstellt, von dem die Salze in Wirklichkeit je nach den beteiligten Ionen mehr oder weniger stark abweichen. Wenn die ionisierende Wirkung sehr groß wird, kann die Ionenverzerrung so weit gehen, daß die Elektronensysteme der beiden Ionen ineinander verschmolzen erscheinen; der Ionenzustand geht dann in eine Kovalenzbindung zwischen den Atomen über.

Infolge der Änderung der Ionengröße und des Anstiegs der Wertigkeit nimmt die polarisierende Wirkung der Kationen deutlich zu, wenn man die Elemente im Periodischen System von rechts nach links vergleicht, während in jeder einzelnen Gruppe von oben nach unten eine Abnahme festzustellen ist. So zeigt das Caesiumion, Cs^+, die geringste polarisierende Wirkung, während die der kleinen Be^{++}- und Al^{3+}-Kationen sehr groß ist. Die Polarisierbarkeit der negativen Ionen ändert sich ebenfalls mit ihrer Wertigkeit und Größe: Sie ist am kleinsten beim Fluorion, F^-, und am größten für die Te^{--}- und J^--Ionen. Der Einfluß der Polarisationserscheinungen auf die Eigenschaften binärer Ionenverbindungen hängt demnach von der Stellung der beteiligten Elemente im Periodischen System ab.

Da ein Ion im Edelgaszustand eine beständige Edelgaskonfiguration besitzt und da diejenigen Elemente, die ein oder zwei Elektronen weniger oder mehr besitzen, danach streben, durch Ionisierung diese Konfiguration zu erlangen, verdienen die energetischen Verhältnisse bei der Bildung einer Ionenbindung Beachtung. Die Bildung eines positiven Ions aus einem neutralen Atom erfordert einen beträchtlichen Aufwand an Energie, da die Elektronen gegen die elektrostatischen Anziehungskräfte des zurückbleibenden positiven Ions entfernt werden müssen. Die *Ionisierungsarbeit* I_M (in Kilokalorien je Grammatom), die zur Bildung eines Ions mit Edelgaskonfiguration aus dem entsprechenden freien Atom benötigt wird, ist für einige Metalle in Tabelle 1 aufgeführt.

Tabelle 1.

H^+ 311	Li^+ 123,8	Na^+ 118,0	K^+ 99,7	Rb^+ 95,9	Cs^+ 89,4
	Be^{2+} 594,5	Mg^{2+} 520,8	Ca^{2+} 412,9	Sr^{2+} 383,7	Ba^{2+} 348,9
	B^{3+} 1648	Al^{3+} 1223	Sc^{3+} 1019	Y^{3+} 907	La^{3+} 831
	Cu^+ 177,4		Ag^+ 174		
	Cu^{2+} 642			Zn^{2+} 313	Cd^{2+} 297

Neutrale Atome, die beinahe eine abgeschlossene Konfiguration besitzen, zeigen in entsprechender Weise eine *Elektronenaffinität* E_X. So ist die Reaktion $Cl + e \rightarrow Cl^-$ mit ungefähr 92,5 Kilokalorien je Grammatom exotherm. In Tabelle 2 sind für einige typische Nichtmetalle die für die Bildung der angegebenen Ionen aus den freien Atomen geltenden Elektronenaffinitäten zusammengestellt[2].

Tabelle 2.

H^- + 32,2	F^- + 81,7	Cl^- + 92,5	Br^- + 87,1	J^- + 79,2
	O^- + 29,1	S^- etwa + 40		
	O^{2-} — 166	S^{2-} — 79,5		

Diese Elektronenaffinität rührt vor allem aus der Kopplung der Elektronenspins zwischen dem hinzukommenden Elektron und seinen Partnern auf seiner ursprünglich nur einfach besetzten Bahn her; das Maximum für die Elektrovalenz ergibt sich daher aus der Zahl der unpaarigen Elektronenspins. Es ist bemerkenswert, daß bei der Bildung von O^{--} oder S^{--}, die beim Hinzutreten des zweiten Elektrons

[2] Die der Arbeit von EVANS, WARHURST u. WHITTLE, J. chem. Soc. 1950, 1524, entnommene Elektronenaffinität des Fluors ist kleiner als die sonst angegebenen Daten.

auftretenden elektrostatischen Abstoßungskräfte den durch die Spinkopplung bedingten Energiegewinn überwiegen, so daß die Bildung dieser Ionen mit Edelgaskonfiguration in Wirklichkeit ein endothermer Vorgang ist.

Wenn wir die Bildung einer Ionenbindung zwischen zwei freien Atomen M und X betrachten, so wird im allgemeinen nur ein Teil der Ionisierungsenergie durch die Elektronenaffinität des Nichtmetallatoms X geliefert. Für die gesamte Energieänderung ΔH ergibt sich $\Delta H = + I_M - E_X$, solange die Ionen voneinander getrennt bleiben; mit Ausnahme der Bildung der Ionenpaare Rb^+F^-, Cs^+F^-, Cs^+Cl^- wäre dieser Gesamtprozeß endotherm. Wenn die Ionen zusammentreten, um ein Dampfmolekül eines binären Salzes zu bilden, so folgt der elektrostatische Energiegewinn U_r dem Gesetz des umgekehrten Quadrates der Anziehung zwischen den Komponenten. Bei Verbindungen, wie den Alkalihalogeniden, liegt U_r in der Größenordnung von 100 Kilokalorien je Mol, wenn sich für den Ionenabstand das entsprechende Gleichgewicht eingestellt hat; so bestehen im Dampf von NaCl und ähnlichen Verbindungen die Moleküle vorwiegend aus Ionenpaaren, während bei den Metallhalogeniden mit höherer Ionisierungsenergie — z. B. AgCl — die Gesamtenergieänderung $\Delta H = I_M - E_X - U_r$ noch endotherm sein könnte, so daß ein Molekül mit einer Kovalenzbindung zwischen den Atomen beständiger sein kann.

Für ein Ionenpaar mit einem besonderen Gleichgewichtsabstand ergibt sich, daß die elektrostatischen Anziehungskräfte zwischen den Ionen durch Abstoßungskräfte ausgeglichen werden, die bei kleinen Abständen wirksam werden. Physikalisch gesehen, kann man annehmen, daß die Abstoßungskräfte dann wirksam werden, wenn die Elektronensysteme der Ionen einander berühren. Da diese Abstoßungskräfte sich in hoher Potenz mit dem Abstand (von $1/r^5$ für Ionen mit Heliumkonfiguration wie Li^+ bis $1/r^{10}$ für kryptonähnliche und schwerere Ionen) ändern, ist es angenähert richtig, den wirksamen Radius eines Ions als definierte Eigenschaft und den Gleichgewichtsabstand zwischen den Ionen als Summe ihrer entsprechenden Radien anzunehmen.

Gitterenergie.

Die Konstitution eines freien Moleküls im Dampf eines Salzes ist weniger wichtig als die Eigenschaft der Salze im festen Zustand oder in Lösung. In diesen beiden Zuständen spielen bei der Energiebilanz Faktoren eine Rolle, die die Ionenbildung noch weiter zu stabilisieren streben: *Die Gitterenergie* des Kristalls und die *Lösungsenergie* der Ionen in einem polaren Lösungsmittel.

Wenn man ein Ionenpaar zusammenbringt, ergibt sich, wie gezeigt wurde, ein Gewinn von elektrostatischer Energie. Beim Aufbau der regelmäßigen Ionenanordnung in einem Kristall, beispielsweise einem Natriumchloridkristall, in dem jedes Ion von Ionen mit entgegengesetztem Vorzeichen umgeben ist, ist der Gesamtgewinn elektrostatischer Energie sehr groß. Eine entsprechende Energiemenge muß umgekehrt zur Aufspaltung der Kristalle in ein Gas von freien Ionen aufgewandt werden, um deren gegenseitige Anziehung zu überwinden. Man kann die Gitterenergie der Kristalle (wenigstens der mit einfacher Struktur) sehr genau nach den zwischen den Ionen geltenden Kräftegesetzen ausrechnen, wie zuerst von E. MADELUNG gezeigt wurde. Sie ist um einen Faktor, der für jede Kristallstruktur charakteristisch ist, größer als die Energie eines einzelnen Ionenpaares. Dieser Faktor wird als MADELUNGsche Konstante bezeichnet und berücksichtigt die Zahl und Anordnung der Ionen beiderlei Ladung, die jedes Ion des Kristallgitters umgeben. So ist beispielsweise für den Natriumchloridtyp die MADELUNGsche Konstante 1,7476 und für den Zinkblendetyp 1,6381. Man findet daher, daß viele Verbindungen, die zwar als freie Moleküle im Dampfzustand homöopolar erscheinen, typische Ionenkristalle bilden. Dies ist z. B. der Fall bei den Oxyden, selbst der stärker elektropositiven Metalle wie CaO.

Wenn eine geladene Kugel in ein Medium mit hoher Dielektrizitätskonstante gebracht wird, verringert sich nach den Gesetzen der Elektrostatistik ihre potentielle Energie um einen Betrag der von der Dielektrizitätskonstante des Mediums und dem Durchmesser des von ihr eingenommenen Raumes abhängt. Es ist eine bekannte Tatsache, daß die typischen Salze nur in Flüssigkeiten mit hoher Dielektrizitätskonstante, wie Wasser ($DK = 80$) oder flüssigem Ammoniak ($DK = 22$), löslich sind. In derartigen Medien wird die Energie der Ionen mit beiderlei Vorzeichen herabgesetzt, wobei diese Erniedrigung der Potentialenergie einer *exothermen Lösungswärme* entspricht, die man mit L_M und L_X für das Kation bzw. Anion bezeichnet. Diese Lösungswärmen hängen nur von der Ladung und dem Durchmesser der Ionen, nicht jedoch von deren Natur oder Vorzeichen ab. Die Größe der Hydrationsenergien der Ionen in Wasser wurde theoretisch von J. D. BERNALL und R. H. FOWLER[3] berechnet und mit den experimentell beobachteten Werten in Übereinstimmung gefunden.

Lösungsmittel mit hoher Dielektrizitätskonstante verdanken ihr Lösungsvermögen der Tatsache, daß ihre Moleküle ein permanentes elektrisches oder Dipolmoment besitzen (vgl. Kapitel V). In der unmittelbaren Umgebung eines Ions werden die polaren Moleküle des Lösungsmittels danach streben sich zu orientieren, wobei allerdings die orientierende Wirkung sich nicht weit über die unmittelbar dem Ion benachbarte Schale hinaus erstrecken wird. Auf dieser Orientierung der Lösungsmittelmoleküle beruht die Lösungsenergie. So werden in einer wäßrigen Lösung die Wassermoleküle um jedes Kation so angeordnet sein, daß die negative Seite des Dipolmoleküls (d. h. das Sauerstoffatom in dem gewinkelten H_2O-Molekül) gegen das Kation gerichtet ist. In entsprechender Weise zieht jedes Anion die positiven Seiten der molekularen Dipole an. Man braucht dabei nicht anzunehmen, daß die Anionen sich mit dem Lösungsmittel unter Bildung solvatisierter Komplexionen mit definierter Zusammensetzung vereinigen. Die freie

[3] BERNALL, J. D., u. R. H. FOWLER: J. chem. Physics. 1933, 1, 515. Trans. Faraday Soc. 1933, **29**, 1049.

Beweglichkeit der Moleküle deutet darauf hin, daß das Ion von einer dauernd wechselnden Hülle von Lösungsmittelmolekülen umgeben ist, wobei die dem Ion zu jedem Zeitpunkt benachbarten eine Orientierung aufweisen.

Im Gegensatz dazu ist die Lösungswärme eines freien, durch Kovalenzen gebundenen Moleküls verhältnismäßig klein, da in diesem Fall die Wechselwirkung zwischen den Molekülen des gelösten Stoffes und denen des Lösungsmittels auf die Beeinflussung der Dipole in den beiden Molekülen zurückgeht. Die Hydratisierungsenergien einiger typischer ionisierter Atome ist in Tabelle 3 zusammengestellt.

Tabelle 3. *Hydratisierungswärmen in Kilokalorien je Gramm-Ion.*

Li^+	140	Be^{++}	607				
Na^+	115	Mg^{++}	488	Al^{3+}	1150	F^-	96,6
K^+	94,3	Ca^{++}	407			Cl^-	64,4
Rb^+	87,3	Sr^{++}	382			Br^-	57,5
Cs^+	80,5	Ba^{++}	345			J^-	48,3

Mit der Lösungswärme geht, besonders bei mehrwertigen Ionen, in die Gleichung für die Energiebilanz ein beträchtliches endothermes Glied ein: $\Delta H = + I_M - E_X - L_M - L_X$, so daß bei einigen Verbindungen, die in der Dampfphase oder in einem Lösungsmittel mit kleiner Dielektrizitätskonstante als kovalente Moleküle vorliegen, auch ein solvatisierter Ionenzustand möglich ist. Die Substanzen werden stets in der Form vorliegen, die der jeweils geringsten potentiellen Energie des Systems entspricht.

Die Konstitution in der Dampfphase, im kristallinen festen Zustand und in Lösung wird daher bei ein und demselben Stoff durch voneinander unabhängige energetische Faktoren bestimmt, was am Beispiel des Aluminiumchlorids erläutert werden soll. Ein $AlCl_3$-„Molekül" mit Elektrovalenzen würde im Vergleich zu einem durch Kovalenzen gebundenen Molekül ein stark endothermes Gebilde sein. Daher bildet Aluminiumchlorid beim Verdampfen dimere Al_2Cl_6-Moleküle (die bei höheren Temperaturen zu den einfachen Molekülen dissoziieren); die Flüchtigkeit der Verbindung läßt erkennen, daß bei diesen Molekülen nur geringe äußere Kraftfelder wirksam sind. Sie besitzen daher wahrscheinlich einen unpolaren Charakter, d. h. es handelt sich um kovalenzmäßig gebundene Moleküle. Ihre Struktur ist jedoch noch nicht in dem kristallinen Aluminiumchlorid vorgebildet, aus dem sie durch Sublimation entstehen; dieses zeigt vielmehr einen für Ionenverbindungen typischen Strukturtyp (Koordinationsstruktur) (vgl. Kapitel IV), wobei allerdings die zwischen den Aluminium- und Chloratomen bestehenden Kräfte keine rein elektrostatischen sind. Man kann zu dem Schluß kommen, daß die Gitterenergie des Kristalls ungefähr der endothermen Bildungswärme der Al^{3+}- und Cl^--Ionen entspricht. Der Kristall läßt sich als unendlich großes polymeres $[AlCl_3]_\infty$ auffassen. Bei seiner Verdampfung handelt es sich um einen chemischen Vorgang und nicht nur um den Übergang eines Moleküls aus einer festen Anordnung im Kristall in den beweglichen gasförmigen Zustand. Auch der Lösevorgang stellt einen vorwiegend chemischen Prozeß dar (vgl. Abb. 10). Man kann annehmen, daß das Al^{3+}-Ion so groß ist, daß gerade etwa sechs Wassermoleküle darum angeordnet und von ihm angezogen werden können. Obgleich die bei der Hydratation des Ions wirksamen Kräfte, wie gezeigt wurde, wahrscheinlich nur elektrostatischer Natur sind, ist die Lösungswärme des Al^{3+}-Ions sehr groß. Beim Auskristallisieren von Aluminiumchlorid aus einem wäßrigen Medium (z. B. aus konzentrierter Salzsäure) entsteht nicht das ursprüngliche $[AlCl_3]_\infty$, sondern eine hydratisierte kristalline Verbindung $[Al(H_2O)_6]Cl_3$ mit reiner Ionenstruktur, in der die Anordnung der Wassermoleküle um das Aluminium aufrecht erhalten bleibt.

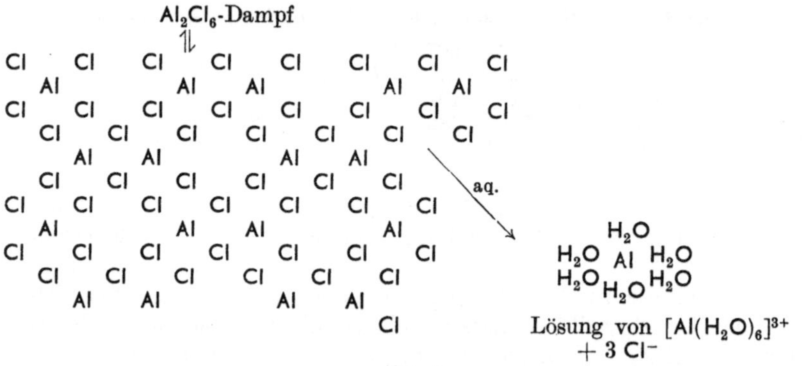

```
                  Al2Cl6-Dampf
                      ⇅
Cl    Cl    Cl    Cl    Cl    Cl    Cl    Cl
   Al          Al    Al          Al    Al
Cl    Cl    Cl    Cl    Cl    Cl    Cl    Cl
   Cl    Cl    Cl    Cl    Cl    Cl    Cl
      Al    Al          Al    Al         \
   Cl    Cl    Cl    Cl    Cl    Cl       \ aq.
Cl    Cl    Cl    Cl    Cl    Cl    Cl     \
   Al          Al    Al          Al         ↘         H2O
Cl    Cl    Cl    Cl    Cl    Cl    Cl            H2O  Al  H2O
   Cl    Cl    Cl    Cl    Cl    Cl               H2O H2O H2O
      Al    Al          Al    Al
                              Cl           Lösung von [Al(H2O)6]3+
                                                 + 3 Cl-
```

Abb. 10.

Wenn man die Betrachtungen der vorstehenden Abschnitte auf das vorliegende — z. B. in den Eigenschaften der Metallchloride zum Ausdruck kommende — Tatsachenmaterial anwendet, findet man eine deutliche Trennungslinie zwischen Verbindungen von reinem Ionentypus und Chloriden mit kovalentem Charakter, wie ein Vergleich der Schmelzpunkte, Flüchtigkeiten und des Äquivalentleitvermögens der Schmelzen zeigt. Die Verbindungen lassen sich ganz eindeutig einer der beiden durch die Trennungslinie in Tabelle 4 voneinander abgeteilten Gruppen zuordnen.

Tabelle 4.

	HCl	$LiCl$	$NaCl$	KCl	$RbCl$	$CsCl$
Schmp. .	—114°	606°	800°	768°	717°	645°
Sdp. . .	— 85°	1337°	1442°	1415°	1388°	1289°
Λ . . .	10^{-6}	166	134	104	78	67
		$BeCl_2$	$MgCl_2$	$CaCl_2$	$SrCl_2$	$BaCl_2$
Schmp. .	—	404°	718°	774°	870°	960°
Sdp. . .	—	(500°)	(1000)°	(1100°)	(1250°)	(1350°)
Λ . . .	—	0,066	29	52	56	65
		BCl_3	$AlCl_3$	$GaCl_3$	$InCl_3$	$TlCl_3$
Schmp. .	—	—107°	—	75,5°	586°	etwa 25°
Sdp. . .	—	12,6°	183°	205°	(550° ?)	(100°)
Λ . . .	—	0	$15\cdot10^{-6}$	10^{-7}	14,7	10^{-3}

Weiterhin zeigt sich, daß die oben besprochenen energetischen Betrachtungen mit der starken polarisierenden Wirkung der mehrwertigen

Kationen bei Elementen mit verschiedener Wertigkeit zusammenwirken können und — besonders in den höchsten Wertigkeitsstufen — Verbindungen mit kovalentem Typus entstehen lassen. So bilden die Elemente der Übergangsreihen, wenn sie in ihrer höchsten Wertigkeitsstufe auftreten, Halogenide mit mehr kovalentem Charakter (s. Tabelle 4) sowie kovalente Oxyde und Sauerstoffsäureionen (z. B. CrO_4^{--}, MnO_4^{--}, OsO_4), während ihre niedrigerwertigen Verbindungen Ionencharakter aufweisen können.

Tabelle 5.

	Siedepunkt des Chlorids °C	Leitfähigkeit des Chlorids beim Siedepunkt
In^{I} . . .	?	130
In^{III} . . .	550	17
Tl^{I} . . .	806	46,5
Tl^{III} . . .	100	0
Sn^{II} . . .	605	21,9
Sn^{IV} . . .	113	0
Pb^{II} . . .	954	40,7
Pb^{IV} . .	Flüssigkeit; Zersetzung bei 105°	$< 2 \cdot 10^{-5}$

Wechselnde Wertigkeitsstufen.

Das Auftreten wechselnder Wertigkeitsstufen ist bei den metallischen Elementen auf zweierlei Weise möglich, je nachdem, ob es sich um Metalle der Übergangsmetalle oder der Nebengruppen des Periodischen Systems handelt. Während die Wertigkeit der Metalle der Hauptgruppen durch die Zahl der sich außerhalb einer geschlossenen Edelgasschale befindlichen Elektronen bestimmt wird, stehen in der Mitte der Langperioden hintereinander Elemente mit unvollständigen d-Niveaus. So wird Eisen, mit der Elektronenanordnung KL $3s^2\,3p^6\,3d^6\,4s^2$ im Grundzustand, verhältnismäßig leicht unter Abgabe der $4s$-Elektronen ionisiert, wobei Fe^{++}, KL $3s^2\,3p^6\,3d^6$, entstehen. Die Ionisation durch Abgabe eines weiteren Elektrons von dem unvollständig besetzten d-Niveau erfordert einen wesentlich geringeren Energieaufwand als die Aufspaltung einer vollbesetzten Schale, und so kommt es tatsächlich zu einem derartigen Prozeß unter Bildung des dreiwertigen Fe^{3+}-Ions, KL $3s^2\,3p^6\,3d^5$. In entsprechender Weise wird beim Kupfer Cu, KL $3s^2\,3p^6\,3d^5$, das eine äußere Elektron durch Ionisation unter Bildung des Cu^{+}-Ions leicht abgegeben. Die Abgabe und Ionisation eines zweiten Elektrons, die zur Bildung von Cu^{++}, KL $3s^2\,3p^6\,3d^9$, führen würde, benötigt nur einige Kilokalorien mehr als die Ionisation des Nickelatoms Ni, KL $3s^2\,3p^6\,3d^8\,4s^2$, zu dem Ni^{++}-Ion, KL $3s^2\,3p^6\,3d^8$, so daß also die Bildung beider, der Cu^{+}- und Cu^{++}-Ionen, möglich ist. Die Erweiterung dieses Prozesses auf höhere Wertigkeitsstufen ist durch die Energieverhältnisse begrenzt, wobei, wie gezeigt wurde, die höchsten Wertigkeitsstufen nur mit kovalenten Strukturen auftreten.

Wir finden wieder wechselnde Wertigkeitsstufen bei den Elementen der Nebengruppen, insbesondere bei denen mit hohem Atomgewicht, die jedoch eine andere Ursache haben. Neben dem Auftreten in der ihrer Gruppe entsprechenden Wertigkeit bilden diese Elemente Verbindungen — die meist ihre beständigsten sind —, in denen sie in einer um zwei Einheiten niedrigeren Wertigkeitsstufe vorliegen.

Es steht mit den vorstehenden Ausführungen in Einklang, daß diese Elemente in ihren niederen Wertigkeitsstufen stärker elektropositiv sind. Sie zeigen das gemeinsame Merkmal, daß bei ihnen sowohl *p*- als

Tabelle 6.

Gruppe:	IIIb		IVb		Vb		VIb	
Wertigkeit:	3	1	4	2	5	3	6	4
	$InCl_3$	$InCl$	$SnCl_4$	$SnCl_2$	Sb_2O_5	$SbCl_3$	TeO_3	$TeCl_4$
	$TlCl_3$	$TlCl$	$PbCl_4$	$PbCl_2$	$NaBiO_3$	$BiCl_3$		

auch *s*-Elektronen auf der äußeren Elektronenschale vorhanden sind, z. B. Zinn, mit der Elektronenanordnung $5s^2\,5p^2$. Die Spins der *p*-Elektronen sind nicht gekoppelt, und diese werden leichter ionisiert, um, in dem angegebenen Beispiel, Sn^{++}, $5s^2$, zu geben. Um ein weiteres Elektron abzugeben, muß eine Entkopplung der vollständig besetzten $5s^2$-Untergruppe erfolgen. Dadurch steigt die Ionisierungsarbeit um und über den Betrag an, der zur Überwindung der vergrößerten elektrostatischen Anziehung des positiven Ions notwendig ist. Dieser Effekt kommt in den Ionisierungsarbeiten für die erste Ionisationsstufe der Atome zum Ausdruck. In den Reihen Na—Mg—Al, Cu—Zn—Ga und Ag—Cd—In ist in allen Fällen die Ionisierungsenergie des Elementes der dritten Gruppe kleiner als die des Elementes der zweiten Gruppe mit der Konfiguration ps^2.

Man kann mit Recht fragen, warum wechselnde Wertigkeitsstufen nicht auch bei den Elementen der Hauptgruppe, die Ionen mit Edelgaskonfiguration bilden, auftreten. Die Höchstwertigkeit dieser Elemente ist durch die Beständigkeit der Edelgasstruktur gegeben. Man muß sich aber mit der Möglichkeit beschäftigen, wie weit Verbindungen wie $AlCl_2$ oder MgCl in festem Zustand oder in Lösung auftreten können. Früher wurde über eine größere Zahl von Subhalogeniden und ähnlichen Verbindungen berichtet, was jedoch in allen Fällen durch spätere Arbeiten widerlegt wurde. Die Bildungswärmen einiger typischer derartiger Verbindungen wurden von GRIMM (1928) berechnet, der feststellte, daß die thermochemischen Verhältnisse für die Bildung dieser Verbindungen sehr ungünstig liegen und daß in vielen Fällen Disproportionierungsreaktionen — wie z. B. $3\,AlCl \rightarrow 2\,Al + AlCl_3$ exotherm sein würden. Diese Schlußfolgerung läßt sich erweitern, da die Ionisierungsarbeiten für die erste Ionisierungsstufe bei den Metallen der zweiten und dritten Gruppe bedeutend größer sind als die der Alkalimetalle.

Entsprechende Überlegungen lassen sich auf Lösungen unter Berücksichtigung der Ionisierungs- und Hydratationsenergien anwenden. Es ist durchaus möglich, daß Verbindungen, die im festen Zustand nicht beständig sind, in Lösungen auftreten können. Untersuchungen von Reaktionen an der Quecksilbertropfelektrode, bei denen sich die vorübergehende Bildung reduzierter Ionen nachweisen läßt, haben auch tatsächlich Fälle für die stufenweise Entladung mehrwertiger Kationen — so beispielsweise bei den seltenen Erden — erkennen lassen. Derartige Kationen sind jedoch auf Grund der thermochemischen Verhältnisse in der Lage, Wasserstoffionen des Lösungsmittels zu Wasserstoff zu reduzieren und so wieder die normalen Wertigkeitsstufen einzunehmen. In diesen Fällen sind die Verbindungen der niederen Wertigkeitsstufe in wäßriger Lösung unbeständig und entstehen nur unter den Bedingungen einer hohen Wasserstoffüberspannung, wie man sie an der Quecksilberelektrode hat, oder bei der Reduktion mit Amalgamen.

Wenn Subverbindungen zwar in Lösungen oder Ionenkristallen unbeständig sind, können sie jedoch als einzelne kovalente Moleküle im Dampfzustand vorkommen. Typen wie AlCl, die spektroskopisch nachgewiesen wurden, können durch Einwirkung der beständigeren Halogenide auf das Metall gebildet werden. Beim Kondensieren unterliegen sie jedoch unter Umkehr der Bildungsreaktion $AlCl_{3(Gas)} + 2\,Al_{(fest)} \rightleftharpoons 3\,AlCl_{(Gas)}$ einer Disproportionierung. Selbstverständlich lassen sich die Regeln für das Auftreten der Wertigkeitsstufen der Metalle in den *Ionen*verbindungen nicht ohne weiteres auf Verbindungen mit kovalenten Bindungskräften übertragen.

Die Kovalenzbindung.

Die genaue Behandlung der Kovalenzbindung ist bedeutend schwieriger als die der Elektronenbindung. Man hat versucht, von drei Hauptrichtungen aus der Frage näher zu kommen, wobei jede Richtung Nachdruck auf irgendeinen Punkt der Kovalenzbindung legte. Die Methode von HEITLER-LONDON behandelt das Problem hauptsächlich durch Betrachtungen der wechselseitigen Neutralisation der Elektronenspins zweier Atome; PAULING und SLATER gingen aus von einer Betrachtung der Wellenfunktion der Elektronen im freien Atom und zeigten, wie die Quantentheorie zu einer Vorstellung gerichteter Valenzen führt; HUND und MULLIKEN setzen bei dem *Verfahren der Molekülbahnen* die Energie dieser Elektronen in Beziehung zu Parametern des Moleküls als Ganzen. Die genaue quantitative Anwendung jeder dieser Methoden ist durch mathematische Schwierigkeiten auf die allereinfachsten Fälle beschränkt. Jedoch gibt schon eine qualitative Betrachtungsweise ihrer Hauptmerkmale einen tieferen Einblick in das Wesen der chemischen Bindung, als man aus der nur sehr angenäherten und ausschließlich qualitativen, wenn auch anregenden Behandlungsweise von LEWIS-LANGMUIR erhalten kann.

HEITLER und LONDON haben zuerst mit Erfolg die potentielle Energie eines Systems von zwei Wasserstoffatomen berechnet, wenn diese einander genähert werden. Das wesentliche Ergebnis dieser Berechnung kann folgendermaßen zusammengefaßt werden: Die elektrostatischen oder COULOMBschen Kräfte zwischen zwei Kernen und zwei Elektronen ergeben insgesamt nur eine schwache Anziehungswirkung. Es ist jedoch noch eine weitere Art der gegenseitigen Wechselwirkung zu berücksichtigen, die auf die besonderen Eigenschaften des wellenmechanischen Elektrons zurückgehen: Das Elektron läßt sich nicht einem definierten Ort zuordnen, sondern kann mit einer gewissen Wahrscheinlichkeit an irgendeiner anderen Stelle im Raum angetroffen werden (s. S. 13). Wenn man zwei Wasserstoffatome A und B hat und ein Elektron 1, das zu A, und ein Elektron 2, das zu B gehört, so ist dieser Zustand nicht von dem unterschieden, der sich aus derjenigen Wechselwirkung der Elektronen ergibt, bei der sich Elektron 2 beim Atom A und Elektron 1 beim Atom B befinden. Man kann also sagen, daß jedes Elektron mit der gleichen Wahrscheinlichkeit bei einem der beiden Atome anzutreffen ist und daß man jeden Kern als mit beiden Elektronen vereinigt ansehen kann. Die Amplitude ψ^2 der Wellenfunktion von jedem Elektron nimmt jedoch sehr schnell mit steigendem Abstand vom Kern ab. Aus diesem Grunde ist die Wahrscheinlichkeit oder Häufigkeit des Elektronenaustausches zwischen den Atomen nur sehr gering und zu vernachlässigen, außer, wenn der Abstand der Kerne in atomarer Größenordnung liegt. Wenn die Atome einander dicht genähert werden, hängt nach dem PAULI-Prinzip die Energie des Systems von den Spin-Quantenzahlen der Elektronen ab. Bei parallelen Spins können beide Elektronen nur dann Bahnen um einen Kern finden, wenn ein Elektron zu einem höheren — z. B. dem $2s$- — Quantenzustand angeregt wird. Die potentielle Energie des Systems ist dann *größer* als die der freien Atome und bei deren Annäherung spielen jetzt Abstoßungskräfte eine Rolle. Wenn die Elektronenspins entgegengesetzt gerichtet sind, so daß der Gesamtspin gleich Null ist, können beide Elektronen auf Bahnen der niedrigsten Energie der beiden Kerne untergebracht werden. Die Energie des Systems ist dann *kleiner* als das der freien Atome: Dadurch werden Anziehungskräfte wirksam und es kommt zur Bildung eines stabilen Moleküls. Die auf diese Weise entstehende sog. *Austauschenergie* liefert etwa 80% der beobachteten Bildungsenergie des Wasserstoffmoleküls. Im Fall paralleler Elektronenspins zeigt das Modell, daß die Wellenfunktionen der Elektronen zwischen den Kernen eine entgegengesetzte Phase haben; die Amplitude ist daher zwischen den Atomen kleiner als rund um ein freies Atom, und die Elektronendichte geht zwischen den Atomen auf Null zurück, während außerhalb eine Vergrößerung erfolgt. Bei antiparallelen Spins verstärken sich die Wellenfunktionen gegenseitig, so daß die Elektronendichte im Mittelpunkt ein Maximum aufweist. Man kann deshalb annehmen, daß die Bindungskräfte durch die elektrostatische Anziehung der Kerne auf Grund der verdichteten Elektronenwolke zwischen ihnen zustandekommen. Dieses Modell läßt die Bedeutung der Vorstellung der Elektronenpaarbindung nach der Theorie von LEWIS-LANGMUIR erkennen und führt zu dem Schluß, daß nur Atome mit unpaarigen Elektronen eine Kovalenzbindung eingehen können, und setzt die Wertigkeit eines Atoms direkt gleich der Zahl der unpaarigen Spins.

PAULING und SLATER nehmen die wesentlichen Ergebnisse der HEITLER-LONDON-Theorie auf. Sie zeigen aber im Zusammenhang mit Betrachtungen der räumlichen Verteilung der Elektronendichte, daß man eine Theorie gerichteter Valenzkräfte aufstellen kann, die mit den der Chemie schon seit VAN'T HOFF und LE BEL vertrauten Vorstellungen übereinstimmt. Die Tatsache, daß zwischen den beiden gebundenen Elektronen eine hohe Elektronendichte herrscht, bedeutet, daß sich in diesem Raum die Wellenfunktionen überlappen. Es besteht eine große Wahrscheinlichkeit, daß die Elektronen auf jedem Atom angetroffen werden. PAULING steht auf dem grundsätzlichen Standpunkt, daß die Bindung um so fester ist, je stärker sich die Wellenfunktionen überlagern. In dieser Hinsicht sind die Eigenschaften der p-Wellenfunktion besonders wichtig: Da, wie in Kapitel I gezeigt wurde, die Elektronendichte längs der Achse der Wellenfunktion am größten ist und da man sich vorstellen muß, daß sich das Elektron die meiste Zeit in der Nähe der Achsenrichtung befindet, so ist die Elektronendichte längs der Achse größer als an irgendeinem Punkt einer kugelförmigen symmetrischen s-Wellenfunktion gleicher Gesamtenergie. p-Elektronen bilden daher stärkere Bindungen als s-Elektronen, und das geforderte

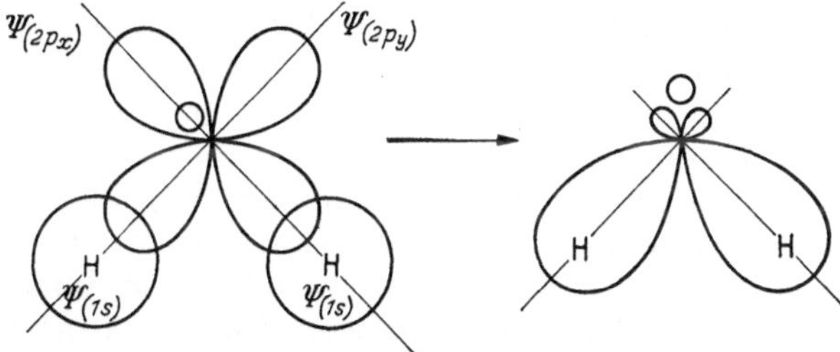

Abb. 11. Schematische Darstellung der Wechselwirkung zwischen Wasserstoff und den p-Elektronen des Sauerstoffs im Wasser.

maximale Überlappen der Wellenfunktionen wird dann erreicht, wenn die gebundenen Atome auf der Achse ihrer Wellenfunktionen liegen.

Die Elektronenverteilung auf einer unvollständig besetzten p- oder d-Bahn folgt einer empirisch gefundenen Regel, die als *Regel der maximalen Multiplizität* bezeichnet wird und die besagt, daß die Energie der Wechselwirkung zwischen den Elektronen in einem Atom am geringsten ist, wenn der resultierende Spin am größten ist. Das bedeutet, daß durch neu hinzukommende Elektronen zunächst sämtliche Bahnen einzeln besetzt werden müssen, bevor eine paarige Anordnung der Elektronenspins erfolgen kann. Daher befinden sich im Sauerstoffatom, das vier $2p$-Elektronen enthält, auf allen drei p-Bahnen Elektronen, und zwar ist eine Bahn — z. B. die p_x-Bahn — vollständig mit zwei Elektronen ausgefüllt, während die p_y- und p_z-Bahnen einzeln besetzt sind. Das Atom ist somit zweiwertig, da es zwei nicht neutralisierte Spins besitzt, die mit den Elektronen von zwei Wasserstoffatomen gekoppelt werden können. Die geforderte Bedingung, daß sich die Wellenfunktionen möglichst weitgehend überlappen, wird erfüllt, wenn die Wasserstoffatome längs der y- bzw. z-Achsen angenähert werden (Abb. 11). Hiernach sollte man in erster Annäherung vermuten, daß die beiden O—H-Valenzen im Wassermolekül im rechten Winkel angeordnet seien. In derselben Weise sollte das Ammoniakmolekül pyramidenförmig gebaut sein mit einer Anordnung von Wasserstoffatomen längs x, y und z. Die Annahme eines Valenzwinkels von 90°, der sich nach dieser nur ganz angenähert gültigen Darstellung ergibt, berücksichtigt nicht die Abstoßungskräfte zwischen den Wasserstoffatomen und anderen störenden Faktoren; so sind dann auch tatsächlich die Valenzwinkel in einfachen Molekülen wie H_2O und NH_3 größer als 90°.

Zwitterbahnen.

Die Vierwertigkeit des Kohlenstoffs stellt eine interessante Aufgabe für die PAULING-SLATERsche Behandlungsweise dar. Das Kohlenstoffatom hat im Grundzustand die Konfiguration $1s^2\,2s^2\,2p^2$. Nach der Multiplizitätsregel hat es demnach zwei unpaare Spins, so daß man es als zweiwertig auftretend betrachten sollte. Zur Ausübung von vier Valenzen muß eines der beiden $2s$-Elektronen bis zum dritten $2p$-Zustand angeregt werden, so daß die Konfiguration $1s^2\,2s\,2p^3$ mit vier unpaaren Spins entsteht. Dem ersten Anschein nach sieht es so aus, als ob eine derartige Anordnung drei starke Bindungen, die ungefähr rechtwinklig wie im Ammoniak gerichtet sind, und eine schwächere bildet, die eine sterisch passende Richtung einnimmt. Tatsächlich ist aber die Gleichwertigkeit der vier Bindungen des Kohlenstoffs mit größter Sicherheit bewiesen. PAULING erweiterte 1931 die Valenztheorie durch die Vorstellung, daß in einigen Fällen die stärksten Bindungen nicht von den reinen s- oder p-Wellenfunktionen, sondern von gewissen Kombinationen dieser beiden gebildet werden, die als *Zwitterbahnen* bezeichnet werden. Ein mechanisch schwingendes System — z. B. eine schwingende Scheibe — besitzt mehrere voneinander unabhängige normale Schwingungsmöglichkeiten und kann auch gleichzeitig auf mehr als eine Art schwingen. Die so entstehende zusammengesetzte Schwingung kann als Überlagerung von zwei oder mehreren derartigen Schwingungen mit ähnlicher Energie angesehen werden. Da die Wellenfunktionen im Grunde die Verteilung der Elektronendichte wiedergeben, ist es in entsprechender Weise — abgesehen von einigen Einschränkungen, die hier nicht besprochen werden können — zulässig, eine neue Reihe von Wellenfunktionen einzuführen, die zu der gleichen gesamten Elektronendichteverteilung führen. Bei der $2s\,2p^3$-Kombination des vierwertigen Kohlenstoffatoms können die s- und p-Zustände so zusammengefaßt werden, daß vier neue einander gleichwertige Wellenfunktionen entstehen, die nach den Ecken eines regulären Tetraeders gerichtet sind; das Bindungsvermögen dieser Wellenfunktionen, die als $[sp^3]$-Bahnen bezeichnet werden können, ist stärker als das der reinen p-Wellenfunktion oder irgendeiner anderen Zwitterfunktion, die aus den s-p-Bahnen erhalten werden kann. Die Gleichwertigkeit der Kohlenstoffbindungen und ihre räumliche Anordnung stimmen damit mit der Bedingung überein, daß von den möglichen Bindungen die stärkste gebildet wird.

Man nimmt an, daß diese Art der „Zwitterbildung“ nicht nur beim Kohlenstoff, sondern auch bei der Bildung von Kovalenzen von Atomen anderer Elemente eine wichtige Rolle spielt. Von den leichteren Elementen bildet das Boratom drei gleichwertige Bindungen. Da das Atom im Grundzustand eine $2s^2\,2p$-Anordnung besitzt, muß für die Ausbildung einer Dreiwertigkeit ein Elektron auf eine höhere Bahn befördert werden, wodurch die Konfiguration $2s\,2p^2$ entsteht. Bei einem derartigen System werden die stärksten Bindungen von drei in einer Ebene liegenden (sp^2)-Bahnen gebildet, die in Übereinstimmung mit der bekannten Stereochemie des Bors gegeneinander einen Winkel von 120° ergeben (Abb. 12). In entsprechender Weise kommt in den kovalenten Verbindungen der Elemente der zweiten Gruppe, die im Grundzustand eine s^2-Anordnung besitzen — z. B. im $Zn(CH_3)_2$ oder $HgBr_2$ —, die

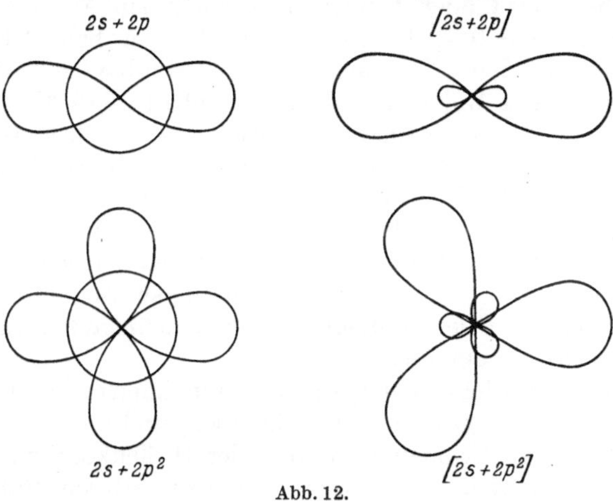

Abb. 12.

Bindung durch (sp)-Zwitterbahnen zustande; die Bindungen liegen — im Gegensatz zu den Valenzwinkeln von 90—105°, die bei den Bindungen der Elemente der sechsten Gruppe auftreten — in einer Geraden. Bei den schweren Elementen gelten — soweit bei der Verbindungsbildung nur s- und p-Bahnen beteiligt sind — die gleichen Überlegungen wie bei den ersten Kurzperioden des Periodischen Systems. Demgegenüber besitzen die teilweise aufgefüllten d-Bahnen bei den Übergangsreihen ungefähr die gleiche Energie wie die s- und p-Bahnen der äußeren Quantenschale. Die Bildung von Zwitterbahnen durch Vereinigung von d- und s- oder s- und p-Bahnen sind durch ein starkes Bindungsvermögen ausgezeichnet; wie in Kapitel VI gezeigt wird; wird die Chemie der am Ende der Übergangsreihen stehenden Elemente durch die Ausbildung von Kovalenzbindungen derartiger Zwitterbahnen bestimmt. Es soll noch erwähnt werden, daß durch Zwitterbildung aus zwei d- einer s- und drei p-Wellenfunktionen sechs starke Bindungen entstehen, die nach den Spitzen eines Oktaeders gerichtet sind, ebenso wie eine d-, eine s- und zwei p-Wellenfunktionen vier gleiche, in einer Ebene liegende starke Bindungen ergeben. Diese beiden Typen von Zwitterbahnen führen zu zwei wichtigen stereochemischen Gruppen, durch die die Eigenschaften und Stereochemie vieler Metallverbindungen bestimmt werden und denen fast die gleiche Bedeutung zukommt wie der tetraedrischen Bindungsklasse im Kohlenstoff.

Sämtliche Versuche, eine Theorie der Valenz aufzustellen, können sich den tatsächlichen Verhältnissen nur nähern; die bisher betrachteten vernachlässigen die Tatsache, daß die gewöhnliche Quantelung der Elektronen nicht mehr gültig ist, wenn zwei Atome sich derartig nähern, wie es bei einer chemischen Bindung der Fall ist. Als Folge davon haben die Haupt- und Nebenquantenzahlen n und l nur eine geringe Bedeutung; wichtig sind nur die Quantenzahlen, mit denen die Komponente λ des Bahnmoments längs der Verbindungslinie der beiden Atomzentren gekennzeichnet sind. Entsprechend der Bezeichnung s, p, d usw. für die Werte von $l = 0{,}1$ oder 2, werden in den freien Atomen die Elektronen, bei denen $\lambda = 0$, ± 1 oder ± 2 ist, als σ-, π- bzw. δ-Elektronen bezeichnet. Nach dem Verfahren der Molekülbahnen werden die Wellenfunktionen des Moleküls dadurch aufgebaut, daß die Elektronen fortschreitend in das molekulare Gitterwerk eingeführt werden, beginnend mit den Bahnen der niedrigsten Energie. Jedes Elektron wird dann so behandelt, als ob es zu dem Molekül als Ganzem gehört; seine Natur als σ-, π-, δ-Elektron läßt sich eindeutig feststellen; die Anordnung der so gebildeten Molekülbahnen wird in nicht einheitlicher Weise mit Buchstaben bezeichnet; nach der Bezeichnungsweise von MULLIKEN werden die Bahnen in der Reihenfolge der zunehmenden Energie mit $z < y < x < w$ usw. benannt.

In dem Maße, wie Elektronen in die Molekülbahnen eingeführt werden, erfolgt ein Aufbau von geschlossenen Gruppen, und zwar in der Weise, wie die geschlossenen Schalen beim Bau der Hüllenkonfiguration eines freien Atoms entstehen. Bei einem s-Elektron, dessen Bahnmoment im freien Atom gleich Null ist, muß auch das Bahnmoment längs der Verbindungslinie zwischen den Kernen gleich Null sein, wenn es in eine Molekülbahn eingefügt wird. λ ist dann Null, so daß aus einem s-Elektron folglich ein σ-Elektron entsteht. Bei einem p-Elektron — für das $l = 1$ ist — kann $\lambda = +1$, 0 oder -1 sein, was je von der Komponente von l längs der Verbindungslinie zwischen den beiden Zentren abhängt; es kann demnach entweder zum σ- oder zum π-Elektron einer Molekülbahn werden. Für jeden Wert von λ sind nach dem PAULI-Prinzip zwei Werte für die Spinquantenzahl möglich ($\pm 1/2$), so daß in jede σ-Bahn zwei, in jede π-Bahn vier Elektronen eingefügt werden können. Wir wollen den ganzen Vorgang in der folgenden Tabelle zusammenfassen:

Tabelle 7.

Vollständige Elektronenschalen im freien Atom	l (im freien Atom)	Mögliche Werte für λ	Vollständige Elektronengruppen im Molekül
s^2	0	0	σ^2
p^6	1	0, ± 1	σ^2, π^4
d^{10}	2	0, ± 1, ± 2	σ^2, π^4, δ^4

Jede Gruppe von zwei σ-, vier π- und vier δ-Elektronen ergibt dann eine geschlossene Schale; wenn jede dieser Schalen gefüllt ist, muß das nächste hinzukommende Elektron auf einer höherliegenden Bahn angeordnet werden.

Die Anordnung der Bahnen entsprechend ihrer Energie ergibt sich für jedes Atompaar aus der Anwendung bestimmter Regeln, die von HUND und MULLIKEN ausgearbeitet wurden. Wegen einer ausführlichen Behandlung dieser Regeln muß der Leser auf speziellere Arbeiten[4] über dieses Gebiet verwiesen werden; das geistreiche Prinzip, auf dem sich die Reihenfolge der Bahnen aufbaut, kann jedoch leicht an einem einfachen Beispiel klargemacht werden und ist schematisch in Abb. 13

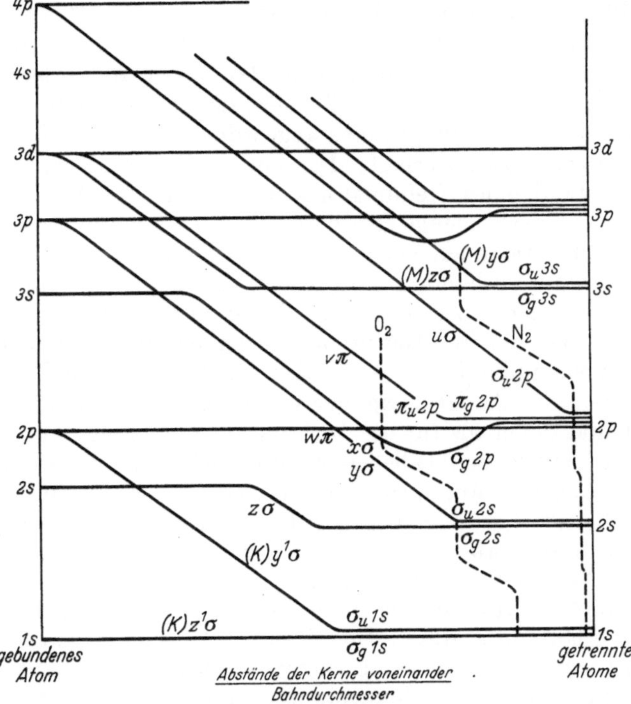

Abb. 13. Diagramm der MULLIKENschen Beziehung für gleichartige Atome. Die gestrichelten Linien zeigen das Auffüllen von Bahnen im O_2 bzw. N_2.

gezeichnet. MULLIKEN nimmt an, daß zwei einzelne freie Atome einander soweit genähert werden, daß der Abstand zwischen den Kernen Null wird, die Kerne verschmelzen und so ein neues „Atom" der Verbindung bilden. Die Elektronenanordnung der freien Atome ist bekannt und damit auch die Konfiguration des Atoms der Verbindung, da dieses einfach ein Atom mit einer Atomnummer ist, die der Summe der Kernladungen der beiden einzelnen Atome entspricht. Was mit den Elektronen geschieht, wenn aus den freien Atomen das Atom der Verbindung entsteht, kann sich nur aus der Betrachtung der Symmetrie ergeben. Wir wollen den Fall von zwei Wasserstoffatomen behandeln. Im freien Zustande besitzt jedes der beiden Atome ein Elektron im *s*-Zustand.

[4] Vgl. KRONIG: Optical Basis of the Theory of Valency, S. 124, 201. Cambridge 1935. Eine ausgezeichnete Darstellung findet man bei VAN VLECK u. SHERMAN: Rev. mod. Physics 1935, 7, 168.

Beim Verschmelzen der Kerne entsteht ein Kern mit der Ladung 2, also ein Heliumkern. Das eine der beiden $1s$-Wasserstoffelektronen nimmt sofort das $1s$-Niveau des Atoms der Verbindung ein. Wenn der Spin des zweiten Elektrons antiparallel ist, besetzt dieses ebenfalls das $1s$-Niveau des Verbindungsatoms und schließt somit das $1s^2$-Paar ab. Dies entspräche einer beständigen Anordnung, aus der hervorgeht, daß beim Zusammenkommen von zwei Wasserstoffatomen mit antiparallelen Spins eine anziehende, verbindungsbildende Wechselwirkung zustande kommt. Wenn aber der Spin des zweiten Elektrons parallel zu dem des ersten ist, so kann es auf dem $1s$-Niveau des Verbindungsatoms nicht angeordnet werden, da dadurch das PAULI-Prinzip verletzt würde. Aus Symmetriebetrachtungen ergibt sich tatsächlich, daß es auf dem $2p$-Zustand des Verbindungsatoms angeordnet werden muß, das somit die Konfiguration $1s\,2p$ erhält. Das entspricht einem sehr stark angeregten Zustand eines Heliumatoms und würde die Aufnahme einer beträchtlichen Energiemenge erfordern. Es muß daher infolge der parallelen Spins der Elektronen eine sich gegenseitig abstoßende Wirkung der Wasserstoffatome vorhanden sein. Ganz allgemein zeigt ein Elektron, das beim Übergang von einem freien Atom zu einer Verbindung einen Zustand mit einer höheren Hauptquantenzahl einnimmt, keine bindende Wirkung. Vollständig besetzte Schalen (z. B. die K- und L-Schalen) werden durch die Annäherung eines zweiten Atoms praktisch nicht beeinflußt und daher als für die Bindung nicht in Frage kommend behandelt. MULLIKEN hat Tabellen veröffentlicht, die Beziehungen enthalten zwischen den Anfangs- und den hypothetischen Endzuständen, bei denen die relativen energetischen Lagen der Bahnen aus denjenigen Zwischenzuständen abgeleitet werden können, die der tatsächlichen chemischen Verbindung entsprechen.

Die qualitative Anwendung dieser Behandlungsweise soll an einigen Beispielen erläutert werden. Das Molekül F_2 entsteht aus der Vereinigung zweier Atome mit der Elektronenanordnung $1s^2\,2s^2\,2p^5$. Nach der MULLIKENschen Bezeichnungsweise sind im F_2 folgende Bahnen besetzt: $[KK\,(z\sigma)^2(y\sigma)^2(x\sigma)^2(w\pi)^4(v\pi)^4]$. Die K-Schale bleibt unberührt; ursprünglich sind vier Elektronen im $2s$-Zustand, die den $z\sigma$- und $y\sigma$-Bahnen zugeordnet werden; es bleiben noch zehn $2p$-Elektronen übrig, die nacheinander in die $x\sigma$-, $w\pi$-, und $v\pi$-Bahnen eingefügt werden (Abb. 13). Man sieht, daß die $(z\sigma)^2$- und $(y\sigma)^2$-Elektronen bindend bzw. lockernd wirken; von den übrigen sind die $x\sigma$- und $w\pi$-Elektronen nicht auf eine Bahn mit höherer Hauptquantenzahl befördert worden und wirken daher bindend, im Gegensatz zu den $v\pi$-Elektronen, deren Hauptquantenzahl sich erhöht hat und die somit lockernde Eigenschaften aufweisen. Es sind also insgesamt acht bindende und sechs lockernde Elektronen vorhanden, so daß sich eine tatsächliche Bindungswirkung von zwei Elektronen ergibt, die eine Einzelbindung bilden, wobei die Wechselwirkung außerhalb der K-Schalen betrachtet ist.

Auf dieselbe Weise kann die Bildung des N_2 folgendermaßen formuliert werden:

$$N\,[1s^2\,2s^2\,2p^3] + N\,[1s^2\,2s^2\,2p^3] \rightarrow N_2\,[KK\,(z\sigma)^2\,(y\sigma)^2\,(x\sigma)^2\,(w\pi)^4].$$

Hier wirken, ebenso wie vorhin, $(z\sigma)^2$, $(x\sigma)^2$ und $(w\pi)^4$ bindend, $(y\sigma)^2$ lockernd. Es ergibt sich also daraus die Wirkung von sechs bindenden Elektronen, die einer dreifachen Bindung entsprechen.

Die Leistungsfähigkeit dieser Behandlungsweise soll an einer Anwendung auf das Sauerstoffmolekül gezeigt werden. Sauerstoff, zweiatomiger Schwefel (S_2) und Schwefelmonoxyd sind sämtlich paramagnetisch. Das steht, wie in einem späteren Kapitel gezeigt werden soll, mit dem Auftreten von unpaarigen Elektronenspins im Zusammenhang. Das magnetische Moment des Sauerstoffs entspricht dem Vorhandensein zweier unpaariger Elektronen in dem Molekül. Eine derartige Folgerung widerspricht den anderen Behandlungsweisen der Frage über die Valenz, da man die Bildung einer Doppelbindung erwarten sollte, sie folgt aber direkt aus dem Verfahren der Molekülbahnen, da die Bildung des Sauerstoffmoleküls folgendermaßen dargestellt werden kann:

$$\mathrm{O}\,[1s^2\,2s^2\,2p^4] + \mathrm{O}\,[1s^2\,2s^2\,2p^4] \rightarrow \mathrm{O_2}\,[\mathrm{KK}\,(z\sigma)^2\,(y\sigma)^2\,(x\sigma)^2\,(w\pi)^4\,(v\pi)^2].$$

Es wurde gezeigt, daß vier π-Elektronen — wie beispielsweise die $(w\pi)^4$-Gruppe — eine geschlossene Gruppe darstellen; somit ist die $v\pi$-Bahn, die nur mit zwei Elektronen besetzt ist, halb gefüllt. Die Elektronen können sich daher mit ihren Spins entweder zu Null gekoppelt oder parallel gerichtet anordnen. Nach dem Prinzip der größtmöglichen Multiplizität ist der Zustand mit der geringsten potentiellen Energie derjenige, bei dem die Elektronenspins parallel gerichtet sind, so daß das Molekül im Grundzustand paramagnetisch ist.

Für die Wechselwirkung ungleichartiger Atome kann man auch ganz entsprechend der Abb. 13 ein Diagramm zeichnen und auf diese Weise zu der Elektronenanordnung zweiatomiger Moleküle gelangen. Es hat sich gezeigt, daß isostere Moleküle die gleichen Elektronenkonfigurationen besitzen. So sind die Bahnen, die im Kohlenmonoxyd besetzt sind, dieselben, die sich auch im Stickstoffmolekül befinden.

$$\mathrm{C}\,[1s^2\,2s^2\,2p^2] + \mathrm{O}\,[1s^2\,2s^2\,2p^4] \rightarrow \mathrm{CO}\,[\mathrm{KK}\,(z\sigma)^2\,(y\sigma)^2\,(x\sigma)^2\,(w\pi)^4].$$

Es ergibt sich die wichtigste Folgerung, daß Kohlenmonoxyd, wie man es auch auf Grund anderer Erkenntnisse erwarten sollte, eine Struktur mit dreifacher Bindung besitzt. Die Dreifachbindung hat keinen „semipolaren“ Charakter; es wird daher sofort das Fehlen eines Dipolmomentes verständlich, während man nach der Formulierung $\mathrm{C} \leftleftarrows\!= \mathrm{O}$ einen sehr hohen Wert für das Dipolmoment erwarten müßte.

Bei zweiatomigen Molekülen ist die Beziehung zwischen den Energien der Molekülbahnen und den spektroskopischen Daten unmittelbar klar und man gelangt zu einem genau definierten Modell der Bahnanordnungen. Es ist jedoch praktisch unmöglich, die Methode ohne weiteres auf mehratomige Moleküle zu erweitern. Man ist daher zu der annäherungsweise gültigen Annahme gezwungen, daß sich die mehratomigen Moleküle aus paarweise gebundenen Atomen aufbauen, die man jeweils für sich behandelt; dieses Verfahren wurde von MULLIKEN als lineare Kombination der Atombahnen bezeichnet und beruht auf der Annahme, daß die Überlappung der Wellenfunktionen jeder einzelnen Bindung die Elektronendichteverteilung zwischen den anderen aneinander gebundenen Atompaaren nicht beeinflußt. Eine derartige Voraussetzung ist nur teilweise zutreffend, und viele der feineren Einzelheiten in der chemischen Reaktionsfähigkeit, wie sie besonders im Verhalten organischer Verbindungen zum Ausdruck kommen, gehen auf derartige sekundäre Effekte, die bei der obigen Annahme nicht berücksichtigt werden können, zurück.

Mesomerie oder Resonanz.

Keine einzige der Anwendungen der Quantentheorie der Valenz gibt eine ganz genaue Darstellung der Tatsachen. So vernachlässigt die HEITLER-LONDON- und die PAULING-SLATER-Theorie ausdrücklich die „ionischen" Zustände, d. h. die Möglichkeit, daß sich beide Elektronen einer Kovalenzbindung gleichzeitig auf dem einen oder auf dem anderen Atom befinden. Berechnungen, die auf der Darstellung durch Molekülbahnen beruhen, legen einen starken Nachdruck gerade auf diese ionischen Zustände, indem sie versuchen, eine zeitliche Anhäufung der Elektronendichte an bestimmten Stellen des Moleküls zu berücksichtigen. Da jedoch das Problem so verwickelt ist, daß dadurch die genaue Berechnung von Bindungsenergien — außer bei den einfachsten Fällen, den zweiatomigen Molekülen — ausgeschlossen ist, liegt der Hauptwert der Theorien in der formalen Darstellung, die sie von den Bindungsvorgängen geben, so daß der Chemiker diejenige benutzen muß, die hier für seine Zwecke am geeignetsten ist. Dadurch hat auch das Verfahren von LEWIS-LANGMUIR-SIDGWICK, das nur sehr angenähert gilt, seine volle Berechtigung.

Umgekehrt trifft es in vielen Fällen zu, daß keine chemische Formel eine genaue Darstellung der chemischen Bindungen in einem bestimmten Molekül wiedergibt. Die Aufteilung in Ionenbindungen, Einzel-, Doppel- und Dreifachkovalenzbindungen stellt eher eine Erklärung einiger Grenzfälle als eine allgemeingültige Einteilung dar. So kann in einem kovalenzmäßig verbundenen Atompaar A—B die Wahrscheinlichkeit größer sein, daß beide Bindungselektronen sich auf A, als daß sie sich auf B befinden; daraus ergibt sich, daß das Molekül AB ein Dipolmoment $\overset{(\delta-)}{A}—\overset{(\delta+)}{B}$ hat; die dadurch hervorgerufene Verteilung der Elektronendichte kann man sich durch eine gegenseitig erfolgende Überlagerung der Konfiguration A—B und $A^- B^+$ in geeigneten Verhältnissen vorstellen. Die entstehende Bindung nimmt dann eine Zwischenstellung zwischen einer Ionenbindung und einer reinen Kovalenzbindung ein und besitzt ein endliches Dipolmoment. In derselben Weise kann eine Kovalenzbindung zwischen einer einfachen und einer Doppelbindung liegen.

Diese Vorstellung ist hauptsächlich dann wichtig, wenn man in der herkömmlichen Weise die Formel eines Moleküls auf zwei oder mehrere Arten schreiben kann und sich dabei ungefähr derselbe Wert für die potentielle Energie ergibt, wobei die räumliche Anordnung der Atome erhalten bleibt. Die vorliegende Verteilung der Elektronendichte ist nicht unmittelbar entsprechend den Ausführungen des vorhergehenden

Abschnitts ein Mittelwert der den einzelnen Formulierungen entsprechenden Grundformen, sondern es ergibt sich darüber hinaus aus der Quantentheorie, daß in einem solchen Falle die potentielle Energie des Systems erheblich geringer ist als die für die Zustände der einzelnen Komponenten. Diese Vorstellung wurde schon bei der Behandlungsweise der Kovalenz durch HEITLER-LONDON berücksichtigt, deren Prinzip darin besteht, daß Konfigurationen, bei denen ein Elektronenaustausch erfolgt, eine nicht mehr untereinander zu unterscheidende Einheit bilden. Die Austauschenergie, die den Hauptanteil der Kovalenzbindung darstellt, ist vorwiegend eine Resonanzenergie. Diese Erscheinung bezeichnet man als *Resonanz* oder *Mesomerie* und den dadurch bedingten Zustand des Moleküls häufig als „*Resonanzzwitter*" der Zustände der Komponenten. Der letzte Ausdruck ist irreführend. Es handelt sich nicht um einzelne tautomere Bestandteile, und es findet keine Umwandlung der verschiedenen Formen ineinander statt; die Elektronendichte ist vielmehr so ausgeglichen, daß sie einem Zwischenzustand entspricht. Wenn die potentielle Energie eines Moleküls erniedrigt wird (was einer Zunahme seiner Beständigkeit gleichkommt), so hat die Mesomerie eine Verkürzung der interatomaren Abstände in den betrachteten Verbindungen zur Folge. Ein Hauptteil der Beweisführung über die Mesomerie beruht tatsächlich auf der Messung von Bindungslängen nach den im Kapitel V beschriebenen Verfahren.

Der deutlichste Fall von Mesomerie tritt beim aromatischen Kern auf. Benzol kann man nach den beiden KEKULÉschen Strukturen formulieren, die energetisch genau gleich sind, sowie nach den einander ebenfalls gleichwertigen Formulierungen von DEWAR, die gegenüber der KEKULÉschen Struktur einen etwas höheren Energiegehalt besitzen.

 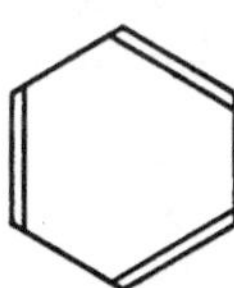 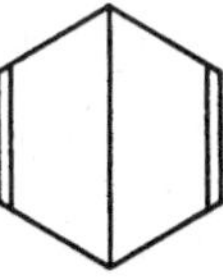 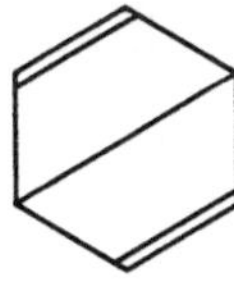 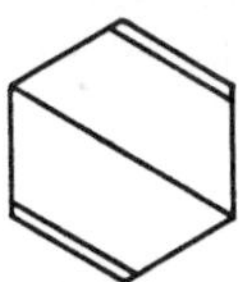

Der wirkliche Zustand entspricht demnach einer Struktur, die in der Mitte zwischen allen diesen möglichen Formen liegt, so daß der tatsächlich vorliegende Ring nicht aus abwechselnden Einzel- und Doppelbindungen, sondern aus sechs gleichwertigen Bindungen von der Größe 1,5 besteht. Man kann das regelmäßige sechseckige Netzwerk auch so auffassen, als ob es Bindungen vom Typ der $[sp^2]$-Zwitter-Wellenfunktionen enthielte, wobei jedes Kohlenstoffatom noch ein unbeteiligtes p-Elektron behalten würde. Diese p-Elektronen vereinigen sich zu einer halbbesetzten Molekülbahn und führen zur Ausbildung einer stehenden Elektronenwelle über den ganzen aromatischen Ring. Die später folgenden Ausführungen (Kapitel XV) werden erkennen lassen, daß eine derartige ausgedehnte Molekularbahn in aromatischen Verbindungen oder anderen konjugierten Systemen eine deutliche Ähnlichkeit mit den Elektronen von Metallen besitzen, die sich auf langen Strecken frei in periodischen Atomfeldern bewegen.

Die Anwendungsmöglichkeit der Vorstellung der Resonanz auf viele Probleme der organischen Chemie liegt auf der Hand. Es ist in unserem Zusammenhang von größerem unmittelbarem Interesse, daß man die Erscheinung auch bei einfachen anorganischen Molekülen findet[5]. So kann man die Formel für das Kohlendioxyd auf drei Arten schreiben:

$$O{=}C{=}O,\quad O\overset{\rightarrow}{\equiv}C\rightarrow O,\quad O\leftarrow C\overset{\leftarrow}{\equiv}O.$$

Für jede dieser Formulierungen sollte die Bildungswärme (aus atomaren Kohlenstoff und atomaren Sauerstoff) ungefähr 350 Kilocalorien betragen und der Abstand O—O sollte in jedem Falle 2,56 Å sein. Die beobachtete Bildungswärme und der O—O-Abstand betragen 380 Kilocalorien bzw. 2,30 Å, woraus hervorgeht, daß dieser Zustand eine Zwischenstufe aus diesen drei möglichen Formen darstellt. Da weiterhin die 2. und 3. Formulierung gleichwertig ist, müssen beide Formen in dem Zwitter im gleichen Maße vertreten sein, so daß dieser somit unpolar ist.

Ebenso werden die Sauerstoffatome in den Carbonat- und Nitrationen, die formelmäßig als

$$O{-}N\begin{matrix}\nearrow O\\ \searrow O^-\end{matrix}\quad \text{und}\quad O{=}C\begin{matrix}\diagup O^-\\ \diagdown O^-\end{matrix}$$

dargestellt werden, durch einen Resonanzvorgang gleichwertig, wobei jeder Unterschied zwischen Einfach-, Doppel- und Koordinationsbindung verschwindet. Dies bestätigt auch die Annahme, daß die CO_3^{--}- und NO_3^--Ionen eine Anordnung von gleichseitigen Dreiecken darstellen, wie es sich kristallographisch durch Röntgenstrahlenuntersuchungen ergeben hat.

In den Fällen, wo die Grenzformen große, aber entgegengesetzte Dipolmomente aufweisen, muß durch die Resonanzerscheinung das Dipolmoment des ganzen Moleküls verkleinert oder sogar vollständig aufgehoben werden. So kann man das Stickoxyd folgendermaßen schreiben:

$$\text{entweder}\quad \underset{\delta+}{\cdot\dot{\underset{\cdot}{N}}}\,\vdots\,\underset{\delta-}{\dot{\underset{\cdot}{O}}\colon}\quad \text{oder}\quad \underset{\delta+}{\colon\dot{\underset{\cdot}{N}}}\,\vdots\,\underset{\delta-}{\dot{\underset{\cdot}{O}}\cdot}$$

(A) (B)

In dem sich daraus ergebenden Resonanzzwitter liegen die beiden Formen in etwas verschiedenen Verhältnissen vor, so daß ein Dipolmoment von $0{,}16\cdot10^{-18}$ e.s.E. entsteht, das um vieles kleiner ist als das beider Formen allein. Es sei hierbei darauf hingewiesen, daß dieser Fall ein gutes Beispiel für den starken Unterschied zwischen Resonanz und Tautomerie ist: Die Mischung zweier Tautomeren der Struktur (A) und (B) würde nämlich ein großes Dipolmoment aufweisen, das gleich dem arithmetischen Mittel aus den Momenten der einzelnen Formen sein würde. Ebenso ist die Tatsache wichtig, daß die Beschreibung des wirklichen Zustandes eines Zwitters aus (A) und (B) zu demselben Ergebnis führt, wie es die Formulierung NO auf Grund der Theorie über die Molekülbahnen,

$$NO\ [KK\,(z\sigma)^2\,(y\sigma)^2\,(x\sigma)^2\,(w\pi)^4\,(v\pi)],$$

[5] Siehe Sidgwick: J. chem. Soc. 1936, 533; 1937, 694. Ann. Rep. chem. Soc. 1934, **31**, 38.

ergibt, bei der das einzeln vorliegende Elektron nicht einem der beiden Atome, sondern einer Bahn des ganzen Moleküls zugeordnet ist.

Ein ähnlicher Resonanzzustand findet sich im Azidradikal, das einen Zwitter aus den beiden Formen

$$R{-}N{=}N \rightleftharpoons N \quad \text{und} \quad R{-}N \leftarrow N{\equiv}N$$

darstellt und ein Dipolmoment von Null besitzt.

Auch bei den Nichtmetallhalogenverbindungen findet sich die Erscheinung der Resonanz. Während der im CCl_4 gemessene C—Cl-Abstand mit dem aus unabhängigen Messungen der Atomradien berechneten übereinstimmt, beobachtet man bei den Tetrachloriden des Siliciums, Zinns und Germaniums eine starke Kontraktion[6]. Der Unterschied wird dadurch erklärt, daß in der Kohlenstoffverbindung das zweite Quantenniveau aufgefüllt ist, so daß nicht mehr als vier Bindungen gebildet werden können. Dadurch sind Kohlenstoff-Chlorbindungen der Art $C \rightleftharpoons Cl$ im Tetrachlorkohlenstoff ausgeschlossen. In den Tetrachloriden der schwereren Elemente der IV. Gruppe sind mehr als vier Bindungen möglich, so daß die Resonanzform $Cl_3X \rightleftharpoons Cl$ einen erheblichen Einfluß auf die Konfiguration des Ganzen gewinnen kann.

Viertes Kapitel.

Der Aufbau der festen anorganischen Verbindungen.

Das am gründlichsten untersuchte Gebiet bei der Entwicklung theoretisch-chemischer Erkenntnisse, das auch den besten Einblick gebracht hat, ist der molekulare Verteilungszustand in Gasen und Lösungen. Im Bereich der anorganischen Chemie kommt nun auch dem festen Zustand der Materie eine besondere Bedeutung zu. Viele anorganische Verbindungen kommen nur im festen Zustand vor; weiterhin ist ein kristallisiertes Salz seiner Natur, seiner Beständigkeit und seinen Eigenschaften nach nicht identisch mit den solvatisierten Ionen, die es in Lösung bildet, wenn es in einem polaren Lösungsmittel gelöst wird. Die Erkenntnisse, die in den letzten Jahren über die Natur des festen Zustandes gewonnen wurden, tragen viel dazu bei, die Art, wie die abgestuften chemischen Eigenschaften der Elemente im physikalischen Verhalten ihrer Verbindungen zum Ausdruck kommen, und die Natur des Reaktionsmechanismus von Vorgängen im festen Zustand zu erhellen. Die Prinzipien dieses Untersuchungsgebietes der Chemie finden ihre Anwendung in der beschreibenden Chemie der Elemente; in den folgenden Kapiteln dieses Buches wird wiederholt auf die Kristallstruktur der Elemente und ihrer Verbindungen hingewiesen werden[1].

---

[6] Brockway: J. Amer. chem. Soc. 1935, **57**, 958. — Sutton, Hampson u. a.: Trans. Faraday Soc. 1937, **33**, 852, s. auch Wells, J. chem. Soc. 1949, 55.

[1] Eine ausführlichere Besprechung dieses Gebietes findet der Leser bei A. F. Wells, Structural Inorganic Chemistry, Clarendon Press 1946; R. C. Evans, Crystal Chemistry, Cambridge University Press 1939; W. L. Bragg, Atomic Structure of Minerals, Oxford University Press, 1937 und C. W. Bunn, Chemical Crystallography, Oxford University Press 1946.

Die charakteristische äußere Symmetrie und die optischen Eigenschaften der Kristalle lassen deutlich eine Regelmäßigkeit der inneren Struktur vermuten, und bereits 1784 gelangte HAÜY zu der Annahme, daß man sich die Kristalle als aus kleinen regelmäßigen Struktureinheiten zusammengesetzt vorstellen müsse, von denen jede die Symmetrie des Ganzen aufweise. HAÜYs damalige Überlegungen wurden auf Grund der Arbeiten von BRAVAIS (1848), SOHNCKE (1879), FEDEROV, BARLOW und SCHOENFLIES (sämtlich zwischen 1890—1894) von den exakten geometrischen Untersuchungen der Eigenschaften von Raumgittern abgelöst, d. h. von dreidimensionalen Anordnungen von Punkten, die ein sich in regelmäßiger Folge wiederholendes Modell ergeben. Als VON LAUE, FRIEDRICH und KNIPPING im Jahre 1912 die Beugung von Röntgenstrahlen an Kristallen nachwiesen, war die rein geometrische Theorie der Kristallographie wohl soweit, wie es überhaupt möglich war, entwickelt.

In den Kristallen selbst bezeichnen die Punkte der Gittertheorie mittlere Lagen der Atome, mittlere Lagen deshalb, weil die Atome bei allen Temperaturen oberhalb des absoluten Nullpunkts Wärmeschwingungen ausführen. Sämtliche Punkte eines jeden Raumgitters sind durch gleichartige Atome besetzt, so daß man bei einer Verbindung annehmen muß, daß die Atome auf zwei oder mehreren einander durchdringenden Raumgittern angeordnet sind. So befinden sich z. B. im Kochsalzkristall die Natrium- und die Chloratome je an den Punkten eines kubisch flächenzentrierten Raumgitters, und die beiden Raumgitter sind nach jeder der drei Achsenrichtungen um den Abstand $a/2$ gegeneinander verschoben.

In einem auf diese Weise aufgebauten Kristall erkennt man eine *Elementarzelle*, eine Modelleinheit, die so viele Atome von jeder Art enthält, wie zur Ausbildung der entsprechenden Symmetrie erforderlich sind („Raumgruppe" des Kristalls). Es ist Aufgabe der Röntgenkristallographie, die Abmessungen dieser Elementareinheit und die Anordnung der einzelnen Atome in ihr zu bestimmen. Im allgemeinen ist die Bruttoformel einer Verbindung ein oder mehrere Male — aber stets im ganzzahligen Verhältnis — in der Elementarzelle enthalten. Dies trifft allerdings nicht immer ganz zu, da sich z. B. in hochmolekularen Verbindungen (wie Cellulose, Faserproteinen, gedehntem Kautschuk und $[PNCl_2]_n$) die Moleküle selbst aus einer vielfachen Wiederholung bestimmter Einheiten aufbauen, die durch Vereinigung mit Gruppen benachbarter, orientierter Ketten die Elementareinheit des Kristallgitters ergeben.

Die Bestimmung der Kristallstruktur.

Die Möglichkeit, über die Grenzen der formalen Kristallographie hinauszugehen, ergab sich 1912, als FRIEDRICH und KNIPPING sich damit beschäftigten, VON LAUEs Hypothese, daß die Wellenlänge der Röntgenstrahlen in der Größenordnung der interatomaren Abstände der Kristalle läge, nachzuprüfen und dabei feststellten, daß ein Bündel von Röntgenstrahlen nach dem Durchtritt durch einen Zinkblendekristall auf einer photographischen Platte ein Beugungsbild ergab.

Bei derartigen Versuchen wirken die Atome in einem Kristall als Beugungszentren für den einfallenden Röntgenstrahl, und da man sie, ganz grob gesehen, bestimmten Punkten eines dreidimensionalen Netzwerkes zuordnen kann, so bilden sie auch tatsächlich ein dreidimensionales Beugungsgitter. Auf Grund der regelmäßigen Anordnung der Atome in dem Raumgitter lassen sich in dem Kristallgitter gewisse Gruppen paralleler, gleichmäßig im Raum angeordneter Ebenen mit einer hohen Atomdichte unterscheiden. Wenn ein Bündel Röntgenstrahlen den Kristall durchdringt, werden sich die Röntgenstrahlen, die durch Atome in aufeinanderfolgenden Ebenen einer derartigen Gruppe gebrochen werden, gegenseitig auslöschen, außer, wenn die Verteilung der benachbarten Ebenen in Phase ist. Wenn man den Abstand der aufeinanderfolgenden Ebenen mit d und den Glanzwinkel des einfallenden Röntgenstrahles mit Θ bezeichnet, so beträgt der Wegunterschied zwischen den Röntgenstrahlen, die durch benachbarte Ebenen gebeugt werden, $2\,d \cdot \sin\Theta$. Für die Bedingung, daß Röntgenstrahlen mit der Wellenlänge λ durch jede Familie von Ebenen reflektiert werden, ergibt sich dann die BRAGGsche Beziehung

$$n\lambda = 2d \cdot \sin\Theta .$$

Der Abstand d steht dann in unmittelbarem Zusammenhang mit den Abmessungen der Elementarzelle und den MILLERschen Indices der reflektierenden Ebenen.

Die BRAGGsche Beziehung bildet die Grundlage zum Studium der Kristallstrukturen. Zur Aufklärung einer Kristallstruktur ist grundsätzlich die Messung von zwei Größen erforderlich, a) des Beugungswinkels und b) der Intensität jedes gebeugten Strahles.

a) Wenn man Röntgenstrahlen bekannter Wellenlänge λ benutzt, ergibt sich aus dem Brechungswinkel Θ der jeder „Reflexion" entsprechende Abstand d der Ebenen voneinander. Die wichtigsten dieser Ebenenabstände sind die Parameter, die die Elementarstrukturzelle bestimmen. Nach Messung dieser grundlegenden Größen kann man die Identität (d. h. die MILLERschen Indices jeder zu einer Reflexion führenden Familie von Ebenen festlegen.

b) Da jedes Atom in dem Gitter als Beugungszentrum für Röntgenstrahlen fungiert, hängt die Gesamtenergie des gebeugten Strahles davon ab, wieweit die Verteilung der einzelnen Atome mit den Phasen der Röntgenstrahlen übereinstimmen, so daß also die Intensität des gebeugten Strahls durch die Atomanordnung in der Elementarzelle bestimmt wird. Für jede beliebige Anordnung in der Elementarzelle läßt sich theoretisch das Beugungsvermögen jeder Familie von Ebenen berechnen, d. h. das Verhältnis der *Intensitäten vom gebrochenen zum einfallenden Strahl.* Das Wesentliche der Kristallstrukturbestimmungen besteht darin, durch Probieren diejenige Atomanordnung herauszufinden, die am besten mit den beobachteten Reflexionsintensitäten sämtlicher Gruppen von Ebenen übereinstimmt.

Experimentelle Verfahren.

Um die in dem vorhergehenden Abschnitt erwähnten Daten zu erhalten, stehen verschiedene Verfahren zur Verfügung. Bezüglich einer ausführlichen Beschreibung der Technik der Kristallstrukturanalyse muß auf die einschlägige Literatur verwiesen werden[2]. Wir wollen uns hier darauf beschränken, im folgenden nur die Grundlagen der wichtigsten Verfahren zusammenzufassen, und sie einteilen, ob sie

a) „weiße" oder monochromatische Röntgenstrahlung,

b) feste oder bewegliche Kristallproben und

c) Einzelkristalle oder mehrkristalline Proben benutzen.

1. Das Laue-Verfahren.

Das Laue-Verfahren benutzt „weißes" Röntgenlicht, d. h. arbeitet mit Röntgenstrahlen eines größeren Wellenlängenbereichs, die meist durch Kathodenstrahlenbeschuß einer Wolframscheibe mit einer Energie, die nicht zur Anregung der K-Strahlung des Wolframs ausreicht, erzeugt werden (gewöhnlich 50—60 kV). Wenn ein derartiges Röntgenstrahlenbündel durch einen feststehenden Kristall tritt, wird auf einer photographischen Platte ein Beugungsbild wiedergegeben, das zu der Symmetrie des Kristalls um die Achse des durchtretenden Strahles in Beziehung steht. Jeder Fleck entspricht übereinstimmend mit der Braggschen Beziehung einer bestimmten Schar von Ebenen, wobei der Zwischenraum d, die Neigung zu dem durchgehenden Röntgenstrahl Θ und die Wellenlänge λ sämtlich variabel sind. Die Intensitätsbeziehungen in einem Laue-Photogramm sind schwer abzuschätzen; deswegen wird die Methode mehr zur Raumgruppenbestimmung als zur vollständigen Strukturanalyse benutzt.

2. Die Braggsche Methode.

W. L. und W. H. Bragg stellten bald fest, daß man durch Verwendung monochromatischer Röntgenstrahlung zu einer experimentellen Vereinfachung gelangen kann, da dann d und Θ die einzigen Variablen der Braggschen Gleichung sind. Eine derartige monochromatische Strahlung erhält man, wenn man das charakteristische Röntgenspektrum des Antikathodenmaterials einer Röntgenröhre benutzt. Das ursprüngliche, mit einem Ionisationsspektrometer arbeitende Braggsche Verfahren, wie es vielfach in der Literatur beschrieben ist, kommt nur selten zur Anwendung. Es liefert allerdings die genauesten Daten der Beugungsintensitäten und wurde daher in einigen wenigen Laboratorien zur Aufklärung der letzten Verfeinerungen benutzt.

Nachdem in der letzten Zeit die Technik der Messung von Ionenstrahlungen vervollkommnet wurde, entstand erneut Interesse an Ver-

---

[2] Siehe W. H. u. W. L. Bragg: The Crystalline State, Bd. I, Bell, 1939. C. W. Bunn: Chemical Crystallography, Clarendon Press 1946. N. F. M. Henry, H. Lipson u. W. A. Wooster: The Interpretation of X-ray Diffraction Photographs, MacMillan u. Co. 1951.

fahren, die im Grunde der ursprünglichen BRAGGschen Methode entsprachen, aber GEIGER-MÜLLER-Zählrohre und Elektronenmeßapparaturen benutzten.

3. Drehkristallverfahren.

Die BRAGGsche Methode wurde von dem Drehkristallverfahren von RINNE, SCHIEBOLD und POLANYI abgelöst (1920). Hierbei durchstrahlt ein monochromatischer Röntgenstrahl — Strahlung einer Kupfer- oder Eisenantikathode (man kann auch die K-Strahlung von Molybdän, Kobalt oder Chrom verwenden) — einen kleinen Einkristall, der langsam um eine vorher festgelegte Achse rotiert. Es kommt zur Reflexion an den aufeinanderfolgenden Ebenen, die reflektierten Strahlen werden dann photographisch registriert, gewöhnlich auf einem den Kristall zylindrisch umgebenden Film, so daß Reflexionen erfaßt werden können, bei denen Θ fast 90° ist. Wenn die Drehachse des Kristalls mit einer der kristallographischen Hauptachsen übereinstimmt, fallen alle Reflexionen auf „Schichtlinien". Die Familie von Ebenen, die jede Reflexion hervorruft, kann dann leicht festgelegt werden: Die relativen Intensitäten lassen sich aus dem Photogramm bestimmen. Dieses Verfahren, das sich noch dadurch verfeinern läßt, daß Kristall und Film synchron bewegt werden (WEISSENBERG-Verfahren), stellt die wichtigste Technik zur Bestimmung von Kristallstrukturen dar.

4. Pulver-Verfahren. DEBYE und SCHERRER, HULL (1917).

Wenn die Untersuchung eines Einzelkristalls nicht durchführbar ist (z. B. bei vielen Substanzen, die zwar in kristallinem, aber nur sehr fein verteiltem Zustand zu erhalten sind) kann man auch mit einer mehrkristallinen Probe unter Verwendung von monochromatischer Strahlung arbeiten. Wenn die Kristalle in einem kleinkristallinen Pulver vollkommen willkürlich angeordnet sind, werden stets einige so liegen, daß sie der BRAGGschen Beziehung für jeden Wert von d entsprechen, und für jede Schar von Ebenen werden die entsprechenden Reflexionen aufgezeichnet. Die Reflexionen von ein und derselben Gruppe von Ebenen in den vielen Kristallen, durch die das aufgezeichnete Bild zustande kommt, liegen auf Kegeln mit dem Scheitelwinkel $2\,\Theta$, in deren Schnittpunkt der sich in einer drehenden Kamera befindliche Film liegt. Die Beugung von Ebenen mit gleichem Abstand aber verschiedenen MILLERschen Indices werden nicht getrennt wiedergegeben; aus diesem Grunde sind die Pulverdiagramme höchstens dann zu einer vollständigen Analyse der Kristallstruktur geeignet, wenn es sich um Kristalle der höchsten Symmetrieklassen handelt. Das Verfahren eignet sich jedoch sehr gut zur Identifizierung von Verbindungen und für analytische Zwecke sowie zur Bestimmung der Gitterkonstanten, zur Untersuchung der Orientierung von Kristallen in Metallen usw. Da die Stoffe mit einfacher Bruttoformel meist in einfachen, hochsymmetrischen Gittertypen (kubisch und hexagonal) kristallisieren, hat das Pulverdiagrammverfahren weiterhin eine umfassende Anwendung zur

Untersuchung anorganischer Verbindungen (z. B. von Halogeniden und Oxyden) gefunden, die man nicht in großkristalliner Form erhalten kann.

Die Einteilung der Kristalltypen.

Es sind die Strukturen einer großen Zahl von Verbindungen bestimmt worden, so daß man jetzt in der Lage ist, gewisse Beziehungen zwischen der chemischen Konstitution, den physikalischen und chemischen Eigenschaften und der Kristallstruktur klarzustellen. Es lassen sich fünf Gruppen der Wechselwirkung zwischen den Atomen oder Molekülen erkennen, die sie als Kohäsionskräfte in der regelmäßigen Anordnung der Kristalle zusammenhalten, und zwar handelt es sich um folgende Typen:

1. Ionenkräfte — elektrostatische Kräfte zwischen den Ionen;
2. homöopolare Kräfte — Kovalenzbindungen zwischen den Atomen;
3. metallische Kräfte;
4. van der Waalssche Kräfte;
5. Wasserstoffbindungen.

1. Bei den Ionenkristallen gründet sich die Struktur auf der regelmäßigen Anordnung der Ionen der Elemente, die die Verbindung aufbauen: Die Gitterkräfte sind elektrostatische Anziehungskräfte zwischen den Ionen. Ein sehr großer Teil der anorganischen Verbindungen lassen sich in diese Gruppe einordnen, zu der nicht nur die überwiegende Zahl der binären Salze (wie $NaCl$ und CaF_2), sondern auch Radikalionen enthaltende Salze gehören; so liegen im Gitter der Sulfate und Carbonate die SO_4^{--}- und CO_3^{--}-Ionen als diskrete Einheiten vor. Da die Ionenkräfte ihrer Natur nach ungerichtet sind, läßt sich vorhersagen, daß die unter dem Einfluß der Ionenkräfte entstandenen Kristallstrukturen vorwiegend durch räumliche Faktoren, z. B. durch die relative Größe (oder bei Radikalionen durch die äußere Form) der Ionen bestimmt werden.

2. Homöopolare Kräfte zwischen Atomen können nicht nur zur Vereinigung von Atomen zu kleinen diskreten kinetischen Einheiten (d. h. Molekülen) führen, sondern sie können auch die Atome in einem Kristallgitter zusammenhalten. In derartigen Fällen kann man den Kristall — im Gegensatz zu den unten behandelten van der Waalsschen Kräften — als ein unendlich großes Polymeres der betreffenden Verbindung auffassen. Aus anderen Erkenntnissen — z. B. aus der Stereochemie von organischen Verbindungen und anorganischen Komplexsalzen — weiß man, daß die Kovalenzbindungen streng gerichtet sind, so daß die Atome in Kristallen, in denen Kovalenzbindungen wirksam sind, sowohl in der Struktureinheit als auch im gesamten Kristall nach den Valenzwinkeln der einzelnen Elemente angeordnet sein müssen.

3. Metallische Bindungskräfte. Die Eigenschaften von Metallkristallen lassen sich durch die Annahme erklären, daß sich die Valenzelektronen auf Bahnen bewegen, die nicht wie bei einem freien Atom durch die Anziehungskraft eines einzelnen Kerns, sondern durch das periodische Kraftfeld aller Atome des Gitters bestimmt sind, und daß

die Elektronen tatsächlich allen Atomen gemeinsam zugehören. Die Durchmesser der Atome in Metallkristallen unterscheiden sich sowohl in den Elementen als auch in Legierungen von den Ionenradien der gleichen Elemente und sind den Radien der neutralen Atome gleichzusetzen (Kovalenzradien). Es erweist sich als schwierig, eine scharfe Trennungslinie zwischen Metallen, Legierungen, intermetallischen Verbindungen und typisch homöopolaren Stoffen zu ziehen. Ein wichtiges Kennzeichen besteht jedoch darin, daß die Gitterkräfte in den echten Metallen nicht gerichtet sind. Aus diesem Grunde streben die Atome in den Metallen danach, sich so anzuordnen, daß sie eine der beiden dichtesten Packungen gleich großer Kugeln, die hexagonal-dichteste bzw. flächenzentriert-kubische Anordnung einnehmen. In beiden Strukturen steht jedes Atom mit seinen zwölf nächsten Nachbarn in Berührung, wie es die Schnitte durch ein Gitter einer hexagonalen dichtesten Kugelpackung parallel zu (001) und durch ein flächenzentriertes Würfelgitter parallel zu (111) zeigen.

4. Die VAN DER WAALSschen Kräfte äußern sich als Restkräfte zwischen elektrostatisch neutralen Molekülen in allen drei Aggregatzuständen; sie wirken als Kohäsionskräfte in den Fällen, in denen ein Kristallgitter aus den gleichen Einzelmolekülen aufgebaut ist, die auch in der Gasphase auftreten können. Im Vergleich zu den elektrostatischen Gitterkräften der Ionenkristalle oder den Kovalenzbindungskräften sind diese Restkräfte schwach. Sie können daher — z. B. infolge von Wärmebewegung — leicht überwunden werden. Aus diesem Grunde sind Verbindungen, die derartige *Molekülkristalle* bilden, gewöhnlich weich; sie schmelzen bei niedriger Temperatur und sind meist, wenn ihr Molekulargewicht nicht zu hoch liegt, leicht flüchtig und gut in nichtpolaren Lösungsmitteln löslich. Da weiterhin die Verdampfung oder Auflösung derartiger Kristalle in einem Lösungsmittel nur in einer Dispergierung bereits vorhandener Moleküle besteht, sind die typischen Moleküleigenschaften — Absorptionsspektrum, magnetische Suszeptibilität usw. — im kristallinen und dispergierten Zustand im wesentlichen die gleichen. Diese Eigenschaften stehen im Gegensatz zu dem Verhalten der Ionen- und homöopolaren Kristalltypen, die erst aufgespalten werden müssen, um die in ihrer Dampfphase vorliegenden Einzelmoleküle zu bilden. Das Vorkommen von Molekülkristallen findet man in zahlreichen organischen Verbindungen, während sie bei anorganischen Stoffen nicht so häufig auftreten. Als Beispiel auf anorganischem Gebiet seien rhombischer und monokliner Schwefel genannt, die beide aus S_8-Molekülen aufgebaut sind, sowie P_4O_6 und SnJ_4. In den beschreibenden Abschnitten dieses Buches wird gezeigt, daß viele Fälle von Allotropie oder Polymorphie darauf zurückzuführen sind, daß dasselbe Element oder die gleiche Verbindung einmal in einem Molekülgitter oder aber in unendlich polymerisierter Form, mit homöopolaren Bindungen durch den ganzen Kristall hindurch, kristallisieren. Die Strukturen der beiden Antimontrioxydformen — Senarmontit, Sb_4O_6, und Valentinit, $(Sb_2O_3)_\infty$ — sowie die Allotropie von Schwefeldioxyd und Phosphospentoxyd können als Beispiel für diese Erscheinung dienen.

5. Wasserstoffbindungen. Das Wasserstoffatom kann unter bestimmten Bedingungen gleichzeitig mit 2 Atomen ziemlich feste Bindungen eingehen. Diese Erscheinung beruht auf der Tatsache, daß das Wasserstoffion, das freie Proton, sehr klein ist; das erklärt 1. seine stark polarisierende Wirkung und 2. seine Koordinationszahl 2 (s. S. 71). Das Polarisierungsvermögen des Protons ist so groß, daß es nicht als chemisches Individium in kondensierten Systemen existenzfähig ist und daß die Wasserstoffatome einer $>$ NH-, — OH- oder HF-Gruppe (d. h. Wasserstoffatome, die an ein Atom mit großer Elektronenaffinität gebunden sind) ein zweites N-, O- bzw. F-Atom polarisieren und binden können. Ein typisches Beispiel einer derartigen Wasserstoffbindung ist das HF_2^--Anion, das als Strukturelement im KHF_2 und ähnlichen Verbindungen vorliegt. Im allgemeinen wird angenommen, daß die Bindung vorwiegend einen Ionencharakter mit der Struktur $[F^-H^+F^-]$ besitzt und auch eine Resonanz zwischen den beiden gleichartigen Formen $[F^-H—F]$ und $[F—HF^-]$ möglich ist. Daß eine derartige Bindung vorliegen kann, geht — unabhängig von dem genauen Bindungsmechanismus — aus dem anomal kleinen Abstand der beiden fraglichen Fluoratome hervor: Der F—F-Abstand im KHF_2 liegt bei 2,26 Å, während im Vergleich dazu der doppelte Radius des F^--Ions 2,72 Å beträgt. Diese Verringerung der interatomaren Abstände liefert tatsächlich einen der überzeugendsten Beweise für die Existenz von Wasserstoffbindungen. Wenn Wasserstoffbindungen mit O-, N- oder F-Atomen gebildet werden, die schon an Wasserstoff gebunden sind (z. B. zwischen zwei OH-Gruppen), sind die interatomaren Abstände und auch die Stärke der Bindungen kleiner. Als Kohäsionskräfte nehmen die Wasserstoffbindungen in ihrer Stärke eine Zwischenstellung ein zwischen den van der Waalsschen und den Kovalenzbindungen.

Das Wesen der Kohäsionskräfte in einem Kristall kann nicht aus der Kristallstruktur allein verstanden werden. Man muß auch die physikalischen Eigenschaften, die direkt von der Kohäsion — z. B. Härte, Löslichkeit, Schmelzpunkt und Flüchtigkeit — oder von der Natur der Strukturelemente — z. B. elektrisches Leitvermögen — abhängen, berücksichtigen.

Wie bereits ausgeführt wurde, ist das einzige direkte Ergebnis, daß man aus der Kristallanalyse ableiten kann, die *Lage* jedes Atoms im Gitter; alles weitere sind indirekte Schlußfolgerungen. Da die Stärke der Wechselwirkungen zwischen den Atomen sehr stark mit der Entfernung abnimmt, kann man jedoch diejenigen Atome, die vorwiegend durch Kovalenzkräfte gebunden sind, daran erkennen, daß sie einander stärker genähert sind als ihre übrigen Nachbarn. Je nachdem, ob die interatomaren Abstände die Existenz definierter Atomgruppen oder von Atomen, die in unendlicher Ausdehnung in ein, zwei oder drei Dimensionen miteinander verbunden sind, erkennen lassen, kann man nach A. F. Wells sämtliche beobachteten Kristallstrukturen in der in Abb. 14 wiedergegebenen Weise einteilen. Wir wollen nun die Faktoren besprechen, die die bei den einzelnen Stoffen beobachteten Strukturen und die Beziehung zwischen Struktur und Eigenschaften bestimmen.

Abgegrenzte Komplexe, z. B. S_8, P_4O_6, $C_{10}H_8$.
Sehr große platte Moleküle in paralleler Anordnung
Sehr lange Kettenmoleküle in paralleler Anordnung, z. B. $(PNCl_2)_n$, Cellulose
Abgegrenzte Komplexe, die durch Wasserstoffbindungen in Schichten gehalten werden, z. B. H_3BO_3, α-Oxalsäure
Unendlich große zweidimensionale Komplexe, z. B. MoS_2, CdJ_2, Graphit
Schichten, die durch Ionen zusammengehalten werden, z. B. $CaSi_2$, Glimmer, Graphitsalze
Abgegrenzte Komplexe, die durch Wasserstoffbindungen in drei Dimensionen zusammengehalten werden, z. B. Eis, H_6TeO_6
Abgegrenzte Komplexe, die durch Ionen nach drei Dimensionen zusammengehalten werden, z. B. $NaNO_3$, $[Pt(NH_3)_4]Cl_2$
Unendlich große dreidimensionale Komplexe, z. B. Diamant, ZnS, CaF_2, Cu, Feldspate
Abgegrenzte Komplexe, die durch Wasserstoffbindungen in Ketten gehalten werden, z. B. β-Oxalsäure
Unendlich große eindimensionale Komplexe, z. B. Te, SiS_2, Sb_2S_3
Ketten, die durch Ionen zusammengehalten werden, z. B. Pyroxene, $NaHCO_3$

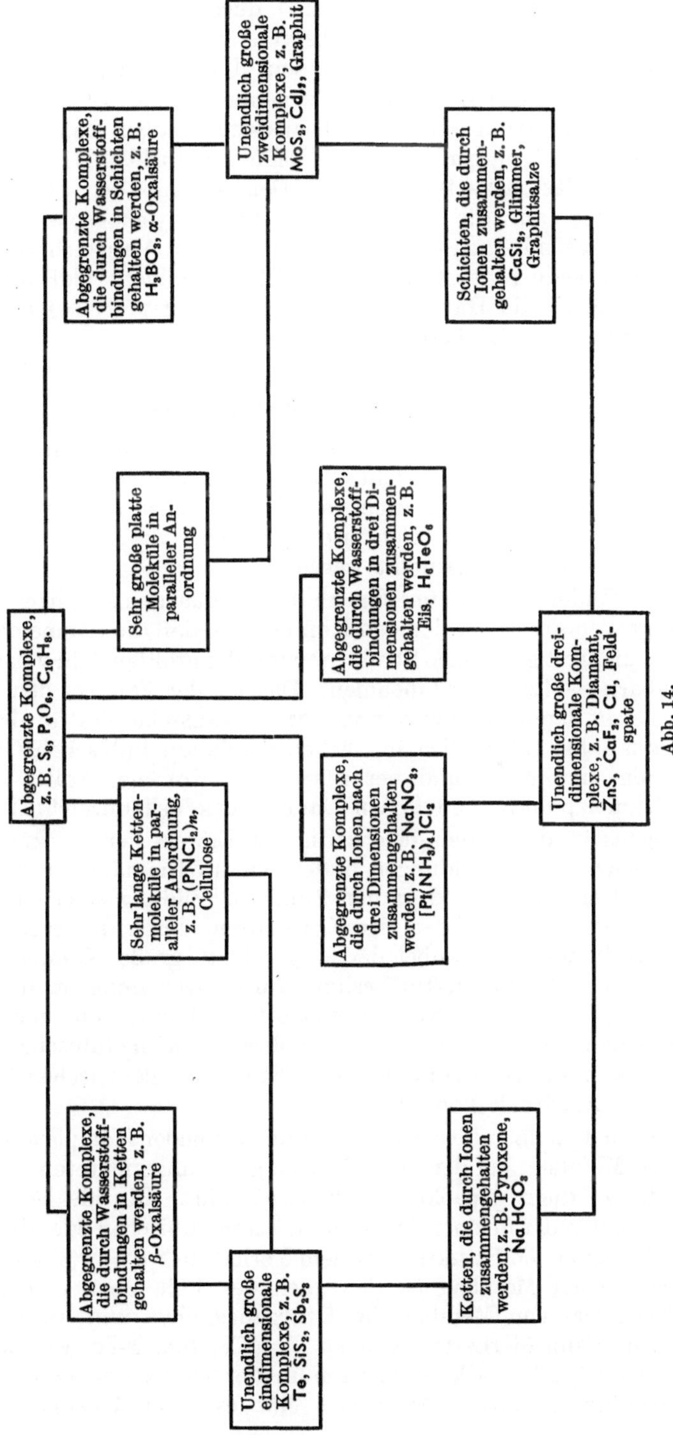

Abb. 14.

Bei mechanischer Beanspruchung (z. B. durch Scherungskräfte) oder durch Wärmebewegung werden selbstverständlich die schwächsten Bindungskräfte am leichtesten überwunden. Daher sind Kristallebenen, die nur durch VAN DER WAALSsche Kräfte gebunden sind, Ebenen leichter Spaltbarkeit, und Strukturen, die sich aus einer großen Zahl ein- oder zweidimensionaler Gruppen aufbauen, bilden natürlich Kristalle von faseriger oder plättchenartiger Form. Den Einfluß der Stärke von Kohäsionskräften auf die mechanischen und physikalischen Eigenschaften der Verbindungen erkennt man z. B. beim Vergleich von NaF mit MgO, die beide Ionengitter vom NaCl-Typ bilden: NaF schmilzt bei 992° und zeigt die Härte 3,2, während die entsprechenden Daten des MgO 2800° und 6,5 betragen.

Die Kristallstruktur der Elemente.

Bei dem Gitter kristalliner Elemente handelt es sich nur um den Aufbau gleichartiger Atome. Es fehlen somit die geometrischen Faktoren, die im wesentlichen die Strukturen von Verbindungen bedingen (s. u.), so daß die Strukturen der Elemente nur durch die Bindungskräfte zwischen ihren Atomen bestimmt werden.

1. Beim Fehlen gerichteter Kräfte bildet das ganze Gitter einen unendlich großen dreidimensionalen Komplex, so daß die Atome danach streben, die dichtest gepackten Strukturen mit der größten Zahl von nächsten Nachbarn — 12 — einzunehmen. Das ist der Fall bei den Edelgasen, zwischen deren Atomen nur VAN DER WAALSsche Kräfte wirksam sind und die daher tatsächlich in flächenzentrierten kubischen Gittern kristallisieren und auf Grund der schwachen Kohäsionskräfte durch niedrige Schmelzpunkte und hohen Dampfdruck gekennzeichnet sind.

Im Gegensatz dazu und gleichzeitig als Beweis der Wirkung gerichteter homöopolarer Bindungen finden wir im Diamant (ebenso wie im Silicium, Germanium und grauen Zinn) die Bildung eines „Riesenmoleküls". Jedes Atom bildet vier Kovalenzen, durch die es mit vier Nachbarn verbunden ist, wobei der so gebildete große Komplex eine verhältnismäßig offene Struktur besitzt. Im übrigen findet man in der IV. Gruppe des Periodischen Systems von oben nach unten im zunehmenden Maße einen Übergang vom homöopolaren zum metallischen Bindungstyp, was in der Änderung der Kohäsions- und elektrischen Eigenschaften zum Ausdruck kommt.

Den dritten Typ unendlich großer dreidimensionaler Komplexe findet man bei den Metallen, bei denen die Wirkung der ungerichteten metallischen Kräfte zu dicht gepackten Strukturen führt. Ein ideales Metall müßte daher entweder in einer flächenzentrierten kubischen oder dichtest gepackten hexagonalen Struktur mit dem Verhältnis $c/a = 1{,}633$ kristallisieren; bei vielen Metallen ist das auch der Fall, doch eine große Zahl — besonders von Metallen der Übergangsreihen und solcher mit großen, leicht deformierbaren Atomen (V, Cr, Mo, α-Fe, W, Ba, Eu und die Alkalimetalle — kristallisieren in der etwas offeneren raumzentrierten Würfelstruktur. Auch hier gibt es einen Übergang vom idealen Metallgitter bis zur Entwicklung des homöopolaren Bindungscharakters, wie am Beispiel der folgenden Reihe zu erkennen ist.

Cu Flächenzentrierter Würfel.

Zn Hexegonale nicht ganz dichte Packung; $c/a = 1{,}86$, d. h. eine deutliche Schichtenbildung.

Ga Spezielle rhombische Struktur mit deutlich beginnender Abteilung von Atomen zu Ga_2-Molekülen (man beachte den Schmelzpunkt).

Ge Diamantstruktur; weitgehend homöopolare Bindungen.

Eine ähnliche, sehr deutliche Abstufung findet man in der Reihe Ag—Cd—In—Sn—Sb—Te—J.

2. Ein Atom eines Elementes der n-ten Gruppe ($4 < n < 7$) des Periodischen Systems kann $(8 - n)$ Kovalenzbindungen bilden. Es ist daher nicht erstaunlich, daß dort, wo homöopolare Kräfte die Kristallstruktur bestimmen, jedes Atom $(8 - n)$ nächste Nachbarn hat. Dies wurde schon am Beispiel der Diamantstruktur der Elemente der IV. Gruppe erläutert. Bei den Elementen der V. Gruppe führt die erwähnte Regel zur direkten Vereinigung jedes Atoms mit je drei Nachbarn. Diese Bedingung wird in der Struktur des grauen Arsens, Antimons und Wismuts erfüllt, wo die Atome zu unendlich großen zweidimensionalen Komplexen — gefalteten Schichten mit trigonaler Symmetrie — zusammengelagert sind. Ein kontinuierlicher Übergang zum Metalltyp ist auch hier festzustellen, doch zeigen sämtliche Elemente nur einen unvollkommenen Metallcharakter.

3. Nach der $(8 - n)$-Regel sollte bei den Elementen der VI. Gruppe jedes Atom mit zwei Nachbarn eng verbunden sein. Der einzige Fall einer Anordnung, die diese Bedingung erfüllt, ist die Kettenstruktur in den Kristallgittern von Selen und Tellur. In den beiden Schichtstrukturen des As, Sb und Bi scheinen die zwischen den benachbarten Ketten wirksamen Restkräfte einen metallischen Charakter zu besitzen. Es ist noch zu erwähnen, daß beim Schwefel bei der Anwendung der $(8 - n)$-Regel die Tendenz zur Kristallbildung nur bei der Allotropie der flüssigen Phase ($S_\lambda \rightarrow S_\mu$-Umwandlung) zum Ausdruck kommt.

4. Es sind schließlich noch die Elemente zu erwähnen, die einzelne Komplexe bilden. Das Kristallgitter der Halogene baut sich in Übereinstimmung mit der $(8 - n)$-Regel aus zweiatomigen Molekülen auf, und auch die Elemente mit höherer Wertigkeit stehen durch Bildung abgeschlossener Atomgruppen ebenfalls mit dieser Regel in Einklang; wir finden so das S_8-Ringmolekül des Schwefels und das mehratomige Tetraedermolekül beim weißen Phosphor und (wahrscheinlich) gelben Arsen. Die Bildung von Molekülgittern mit den damit verbundenen physikalischen Eigenschaften ist auf die typischen Nichtmetalle beschränkt.

Die Strukturen binärer Verbindungen.

Es ist zweckmäßig, bei der Betrachtung dieses Gebietes zunächst die vorwiegend elektrovalenten Verbindungen zu behandeln, wie sie aus Elementenpaaren mit ausreichend unterschiedlichem Ladungscharakter entstehen. Man kann annehmen, daß die Kristalle in solchen

Verbindungen aus Atomen aufgebaut sind, die sich nur in ihrer Größe sowie in Vorzeichen und Stärke ihrer Ladungen unterscheiden.

In vielen Fällen kristallisieren die binären Verbindungen der Elemente in einfachen Strukturtypen, so daß der Zwischenraum zwischen den Hauptebenen des Kristalls in direkter Beziehung zu dem Abstand benachbarter Atome oder Ionen steht. So ist beispielsweise beim Natriumchloridtyp, den man bei vielen Verbindungen der Form MX findet, der interatomare Abstand M—X halb so groß wie die Kanten des Elementarwürfels. In einer derartigen Reihe von Verbindungen mit ähnlicher Struktur verhalten sich die Ionen etwa so, als ob sie Kugeln mit definiertem und konstantem Durchmesser wären und als ob die beobachteten Abstände zwischen ihnen gleich der Summe der Kationen- und Anionenradien wären. Wenn man beispielsweise die Reihe der Natrium- und Kaliumhalogenide vergleicht, stellt man fest, daß die Unterschiede zwischen den interatomaren Abständen Na—X und K—X (X = F, Cl, Br, J) für alle Paare immer die gleichen sind. Eine genauere Untersuchung zeigt allerdings, daß dies nur angenähert gilt und daß ohne Berücksichtigung gewisser Korrekturfaktoren nur Verbindungen mit gleicher Struktur, die aus Ionen gleicher Wertigkeit gebildet sind, einander entsprechen. Man gelangt also zu vergleichbaren Werten und kann aus der Kenntnis eines Ionendurchmessers unmittelbar

Tabelle 1. *Ionenradien in* Å.

—3	—2	—1	+1	+2	+3	+4	+5	+6
				Elemente der A-Untergruppe.				
		H	Li	Be	B			
		1,53	0,60	0,31	0,20			
N	O	F	Na	Mg	Al	Si		
1,71	1,40	1,36	0,95	0,65	0,50	0,41		
P	S	Cl	K	Ca	Sc	Ti	V	Cr
2,12	1,84	1,81	1,33	0,99	0,81	0,68	0,59	0,52
As	Se	Br	Rb	Sr	Y	Zr	Nb	Mo
2,22	1,98	1,95	1,48	1,13	0,93	0,80	0,70	0,62
Sb	Te	J	Cs	Ba	La	Ce		
2,45	2,21	2,16	1,69	1,35	1,15	1,01		
				Elemente der B-Untergruppe.				
			Cu	Zn	Ga	Ge	As	
			0,96	0,74	0,62	0,53	0,47	
			Ag	Cd	In	Sn	Sb	
			1,26	0,97	0,81	0,71	0,62	
			Au	Hg	Tl	Pb	Bi	
			1,37	1,10	0,95	0,84	0,74	
					Tl^{+}	Pb^{++}		
					1,44	1,21		
				Kationen der Übergangsmetalle.				
	Ti^{3+}	V^{3+}	Cr^{3+}	Mn^{3+}	Fe^{3+}			
	0,69	0,66	0,64	0,62	0,60			
				Mn^{2+}	Fe^{2+}	Co^{2+}	Ni^{2+}	
				0,80	0,75	0,72	0,69	

andere Ionenradien ermitteln. Auf diese Weise wurde gewissermaßen auf theoretischer Grundlage eine Reihe von Ionenradien gefunden (Tabelle 1), deren Richtigkeit aus der gegenseitigen Übereinstimmung verschiedener Kombinationen bestätigt wurde.

Diese Zusammenstellung von Ionenradien erlaubt gewisse Verallgemeinerungen:

1. Bei jedem Kation ist der Ionenradius kleiner als der Radius des entsprechenden neutralen Elementes, während umgekehrt bei Anionen der Ionenradius größer ist.

2. Bei jedem Element wird der Radius mit zunehmender Kationenladung kleiner, d. h. er wird um so kleiner, je mehr Elektronen mit der höchsten Quantenzahl (also dem größten Bahndurchmesser) abgespalten werden, wobei gleichzeitig die Festigkeit der Bindung zunimmt, z. B.

Pb 1,46 Å Pb^{2+} 1,21 Å
Mn 1,18 Å Mn^{2+} 0,80 Å Mn^{3+} 0,62 Å
Pb^{4+} 0,84 Å
Mn^{4+} 0,52 Å (Mn^{7+} 0,46Å)

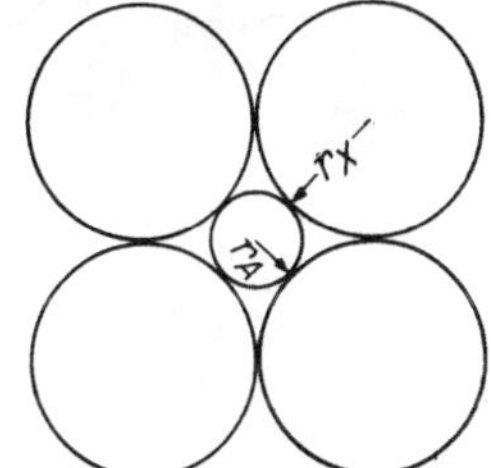

Abb. 15 zeigt das Grenzverhältnis für vierfach ebene Koordination.

Als wichtige Folge dieser Regel ergibt sich die Tatsache, daß Kationen mit hoher Ladung sehr klein sind und ein starkes Polarisationsvermögen besitzen. Die Bedeutung, die dieser Erscheinung beim Übergang von der Elektrovalenz- zur Kovalenzbindung zukommt, wurde bereits im dritten Kapitel besprochen.

3. In allen Reihen von Ionen mit der gleichen Anzahl von Elektronen wird der Radius von Element zu Element mit steigender Ladung schnell kleiner. Weniger deutlich ist die entsprechende Radienvergrößerung mit zunehmender negativer Ladung.

4. Bei den Übergangselementen, bei denen eine Reihe aufeinanderfolgender Elemente Ionen mit der gleichen Wertigkeit bilden, beobachtet man, daß die Ionenradien mit steigender Atomnummer des Ions zunehmend kleiner werden. Besonders auffällig ist diese Abnahme der Ionendurchmesser bei der langen Reihe der seltenen Erden, bei denen der Radius des Ce^{3+}-Ions 1,18 Å und der des Cp^{3+}-Ions 0,99 Å beträgt. Als Folge davon sind die Atom- und Ionenradien der unmittelbar auf die seltenen Erden folgenden Elemente nicht größer als die ihrer Vorgänger in der Langperiode, so daß sich auf diese Weise die anomale große Ähnlichkeit in den Radien der Ionenpaare Zr—Hf und Nb—Ta erklärt. Diese Schrumpfung wird als Lanthanidenkontraktion bezeichnet.

Da die Kräfte zwischen den Ionen räumlich nicht gerichtet sind, werden die Strukturen der Ionenverbindungen vorwiegend durch das Verhältnis der Anzahl jeder Ionenart und deren Größenverhältnis bestimmt. Um eine möglichst große Beständigkeit zu erzielen, werden im allgemeinen dichte Strukturen aufgebaut, bei denen jedes Ion von einer möglichst großen Zahl entgegengesetzt geladener Ionen umgeben ist. Diese Zahl, die Zahl der nächsten Nachbarn, wird als GOLDSCHMIDT*sche Koordinationszahl* bezeichnet; sie stellt das Verhältnis der Ionenradien des Kations A zum Anion X dar, also $r_A : r_X$. Für jede geometrische

Anordnung der größeren Ionen (die, wie wir gesehen haben, ganz allgemein die Anionen sind) um die kleineren Ionen (Kationen) gibt es einen unteren Grenzwert für das Verhältnis $r_A : r_X$; beim Überschreiten dieses Quotienten würden die größeren Ionen sich zwar noch gegenseitig aber nicht die entgegengesetzt geladenen kleineren Ionen berühren, und es ergäbe sich eine größere Beständigkeit bei einer anderen geometrischen Anordnung mit einer niedrigeren Koordinationszahl. Diese Grenzwerte

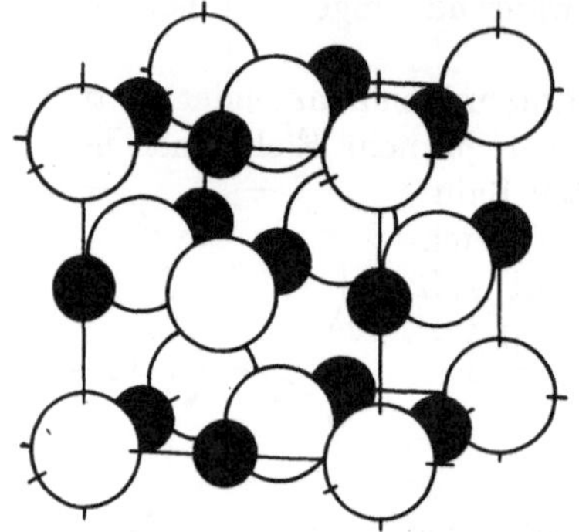

Abb. 16. NaCl-Struktur: 6 : 6-Koordination.

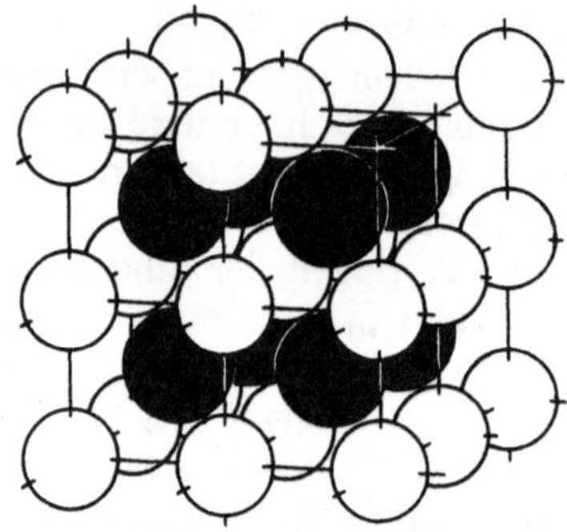

Abb. 17. CsCl-Struktur: 8 : 8-Koordination.

für das Radienverhältnis, bei denen ein Wechsel der Koordinationszahl zu erwarten ist, lassen sich auf Grund geometrischer Überlegungen berechnen, sie sind in Tabelle 2 zusammengestellt.

Tabelle 2. *Radien-Grenzverhältnisse.*

Radienverhältnis $r_A : r_X$	Koordinationszahl	Geometrische Anordnung
1	12	Dichte Packung
1—0,732	8	Würfelecken
0,732—0,414	6	Oktaederecken
0,414—0,22	4	Tetraederspitzen
0,732—0,414	4	Ecken eines ebenen Quadrats
0,22 —0,15	3	Ecken eines Dreiecks
$<0,15$	2	Linear

Bei einer einfachen binären Verbindung AX hat demnach jede Ionenart zwangsläufig die gleiche Koordinationszahl. So kann man die Anordnung bei der Natriumchloridstruktur als 6 : 6-Koordination auffassen (Abb. 16). Das Caesiumchlorid ist nicht isomorph mit den Halogeniden der anderen Alkalimetalle. Das Radienverhältnis $r_{Cs} : r_{Cl}$ beträgt 0,93, so daß dem CsCl-Gitter in Übereinstimmung mit obiger Tabelle eine 8 : 8-Koordination zugrunde liegt (Abb. 17). In Verbindungen vom Typus AX_2 muß die Koordinationszahl des Ions A doppelt so groß sein wie die des Ions X. Die Gesamtstruktur wird dabei durch die Anordnung um das kleinere Ion bestimmt. Als häufigste Strukturtypen, die sich aus den unterschiedlichsten Werten des Radienverhältnisses in AX_2-Verbindungen ergeben, seien folgende Beispiele genannt:

SiO_2	$r_A : r_X = 0{,}293$	Koordination 4 : 2	Christobalitstruktur (Abb. 18)
TiO_2	0,486	6 : 3	Rutilstruktur (Abb. 19)
CaF_2	0,73	8 : 4	Fluoritstruktur (Abb. 20).

Bei allen diesen „Strukturtypen" liegt eine symmetrische Anordnung um beide Ionenarten vor, wie es auch tatsächlich der Fall sein muß, wenn es sich nur um ungerichtete elektrostatische Kräfte handelt. Damit ist die Anzahl von Strukturtypen, die von Ionenverbindungen gebildet werden kann, begrenzt, und man begegnet den bereits erwähnten Anordnungen ziemlich häufig.

Die vorstehenden Überlegungen gelten auch dann noch, wenn es sich um Radikalionen handelt; allerdings sind die Verhältnisse dabei

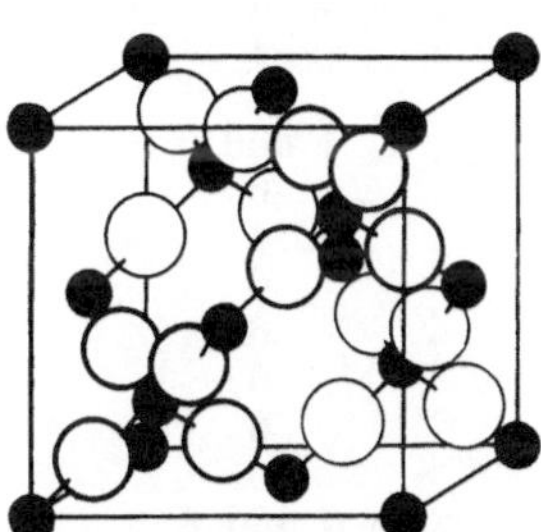

Abb. 18. SiO_2 Christobalitstruktur: 4 : 2-Koordination.

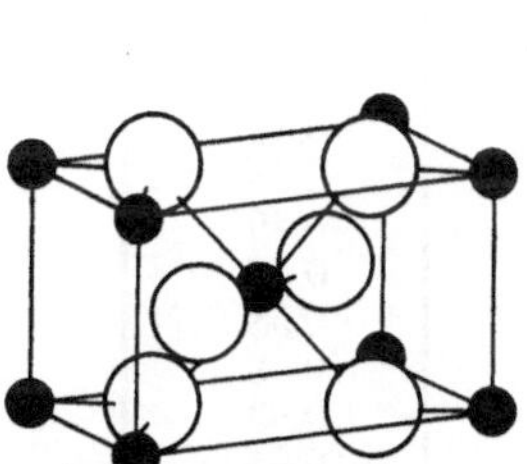

Abb. 19. TiO_2 Rutilstruktur: 6 : 3-Koordination.

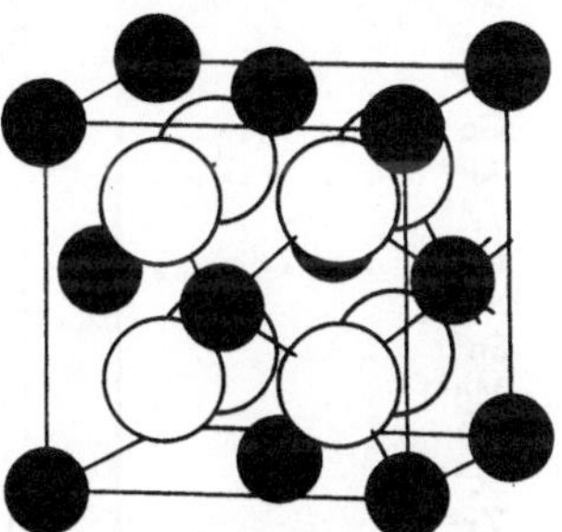

Abb. 20. CaF_2 Fluoritstruktur: 8 : 4-Koordination.

nicht mehr so übersichtlich. So ist beispielsweise Calciumcarbonat dimorph und kristallisiert als Calcit und Aragonit, die beide Glieder einer bekannten isomorphen Reihe sind. Der Radius des Ca^{++}-Ions liegt aber offenbar in der Nähe des kritischen Wertes für den Übergang vom Calcit- zum Aragonitstrukturtyp, da die Carbonate aller zweiwertigen Metalle mit Ionenradien, die kleiner sind als die des Ca^{++} (Mg, Mn, Fe usw.) mit Calcit, dagegen die Carbonate der Metalle mit größeren Ionenradien (Sr, Ba, Pb) mit Aragonit isomorph sind. Die Nitrate $M^{I}NO_3$ und die Borate $M^{III}BO_3$ haben dieselbe Struktur, und der Übergang von einem Typ in den anderen liegt bei ungefähr dem gleichen Wert für das Verhältnis der Radien $r_M : r_{O^{--}}$ (Tabelle 3).

Tabelle 3.

Calcitstruktur	$LiNO_3$ 0,34		$MgCO_3$ 0,47		$ScBO_3$ 0,60	
	$NaNO_3$ 0,54		$ZnCO_3$ 0,50		$InBO_3$ 0,59	
			$CaCO_3$ 0,67		YBO_3 0,68	
Aragonitstruktur	KNO_3 0,76		$CaCO_3$ 0,67		$LaBO_3$ 0,79	
			$SrCO_3$ 0,75			
			$BaCO_3$ 0,87			

Wie weiter unten gezeigt wird, ist es allerdings in Wirklichkeit nicht zulässig anzunehmen, daß die Nitrate, Carbonate usw. O^{--}-Ionen als Gitterbausteine enthalten. Bei den erwähnten XO_3-Anionen handelt es sich um Atomkomplexe von gleicher Größe und Form; immerhin kann man jedoch die Größe des O^{--}-Ions als Maßstab dafür ansehen, in welcher Weise sich diese dreieckigen Anionen um die Metallkationen anordnen.

Wie wir bereits gesehen haben, sind die Kationen ganz allgemein wesentlich kleiner als die Anionen. Bei vielen wichtigen Verbindungsklassen — wie bei den Silikaten, Boraten, Heteropolysäuren usw. —

Tabelle 4. *Koordinationszahlen von Ionen in Oxydstrukturen.*

Ion	Radius Å	$r_A : r_{O^{2-}}$	Koordinationszahlen	
			vorhergesagt	beobachtet
B^{3+}	0,24	0,18	3	3 und 4
Be^{2+}	0,34	0,25	4	4
Si^{4+}	0,39	0,30	4	4
Ge^{4+}	0,44	0,33	4	4
Al^{3+}	0,57	0,41	4 oder 6	4 und 6
Ti^{4+}	0,64	0,48	6	6
Mo^{4+}	0,64	0,48	6	6
V^{2+}	0,65	0,49	6	6
Sn^{4+}	0,74	0,56	6	6
Mg^{2+}	0,78	0,58	6	6
Li^{+}	0,78	0,58	6	6
Sc^{3+}	0,83	0,63	6	6
Zr^{4+}	0,87	0,65	6	6 und 8
Na^{+}	0,98	0,74	8	8
Ce^{4+}	1,02	0,77	8	8
Ca^{2+}	1,06	0,80	8	8
Th^{4+}	1,10	0,83	8	8
K^{+}	1,33	1,00	8 oder 12	6, 8, 10, 12

wird die Struktur vorwiegend durch die O^{--}-Ionen bestimmt. In Tabelle 4 sind die Koordinationszahlen der wichtigsten Metallionen gegenüber Sauerstoff zusammengestellt.

Die Bildung von Schichtgittern.

Wie im ersten Kapitel gezeigt wurde, wird die kugelförmige Verteilung der elektrischen Ladung eines Ions durch die Einwirkung von Ionen mit entgegengesetztem Vorzeichen verzerrt, wobei die Anionen mit großem Radius (S^{--} und J^{--}) besonders stark polarisierbar sind. Im Kristallgitter können die Atome durch die polarisierende Wirkung in der Weise in bestimmte Schichten verlagert werden, daß die deformierten Ionen nicht mehr symmetrisch von Ionen mit umgekehrtem Vorzeichen umgeben sind. Eine derartige Struktur bezeichnet man als *Schichtgitter*.

Ein typisches Beispiel einer derartigen Erscheinung findet man bei den Cadmiumhalogeniden. CdF_2 ist eine echte Ionenverbindung, da das F^--Ion nur wenig polarisiert ist; das Salz kristallisiert in 8:4-Koordination mit Fluoritstruktur. Infolge des größeren Ionenradius des J^--Ions ergibt sich beim CdJ_2 eine Struktur, die sich auf einer 6:3-Koordination aufbaut, aber nicht der für echte Ionenverbindungen typischen Rutilstruktur entspricht. Der Unterschied beruht auf der starken Polarisierbarkeit des J-Ions. Während jedes Cd^{--}-Ion im Mittelpunkt

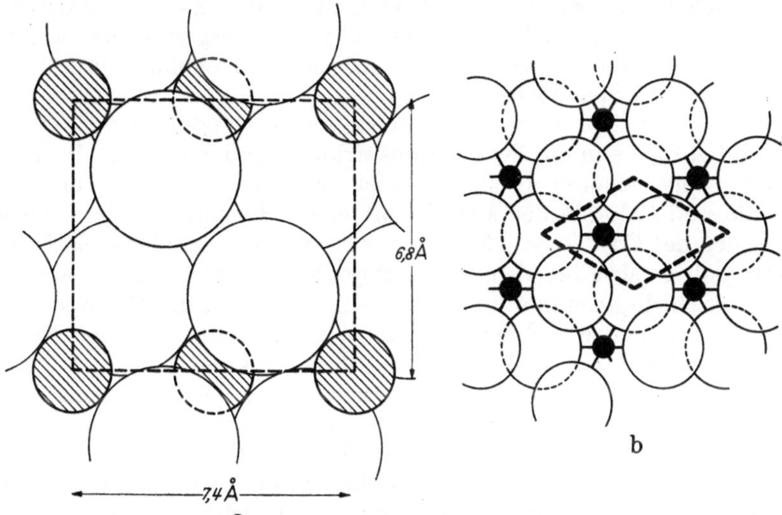

Abb. 21 a u. b. Cadmiumjodid-Schichtgitter. a Schnitt durch die Struktur. b Ansicht einer Schicht; die gestrichelten Linien kennzeichnen die Begrenzung einer Zelle.

eines aus J-Ionen gebildeten Oktaeders liegt, befinden sich die drei Cd^{++}-Ionen, mit denen jedes J-Ion verbunden ist, *auf der gleichen Seite* des J-Ions (Abb. 21).

Die Kationen und die mit ihnen direkt verbundenen Anionen bilden somit Schichten, von denen jede elektrisch neutral ist. Wenn man

	J	J	J	J	J	J	J	. . . . (1)
	Cd	Cd	Cd	Cd	Cd	Cd	Cd	. . . . (2)
	J	J	J	J	I	J	J	. . . . (3)
Spaltbarkeit———								
	J	J	J	J	J	J	J	. . . . (4)
	Cd	Cd	Cd	Cd	Cd	Cd	Cd	. . . . (5)
	J	J	J	J	J	J	J	. . . . (6)
Spaltbarkeit———								
	J	J	J	J	J	J	J	. . . . (7)
	Cd	Cd	Cd	Cd	Cd	Cd	Cd	. . . . (8)

Die Schichten 1, 3, 4, 6, 7, 9 usw. bestehen nur aus J^--Ionen; die Schichten 2, 5, 8 usw. bestehen nur aus Cd^{++}-Ionen.

Abb. 22. Schichtgitter vom Cadmiumjodidtypus. Schematische Darstellung der Aufeinanderfolge der „Scheiben".

die Aufeinanderfolge der Ionen längs eines Schnittes senkrecht zu diesen Schichten verfolgt, findet man eine Anordnung, wie sie schematisch in Abb. 22 wiedergegeben ist; die aufeinanderfolgenden Schichten enthalten entweder nur J^-- oder nur Cd^{++}-Ionen. Die Kräfte zwischen den Anionen- und den Kationenschichten sind im Vergleich zu den Restkräften zwischen den benachbarten Schichten von J^--Ionen sehr stark.

Jede derartige Scheibe ist in sich tatsächlich fester gebunden als die Ionen eines reinen Ionengitters, so daß man sie als zweidimensionales Riesenmolekül auffassen kann. Da es sich bei den Kräften zwischen den benachbarten zusammengesetzten Schichten nur um VAN DER WAALSsche Kräfte handelt, zeigen derartige Kristalle eine ausgesprochen leichte Spaltbarkeit parallel zu den Schichten. Die beiden Trennlinien in Abb. 22 stellen derartige Spaltebenen dar.

Schichtgitterstrukturen findet man stets bei Verbindungen vom Typus AX_2 und AX_3, wenn die Polarisationswirkung groß genug ist. In diese Kristallgruppe gehören die Jodide aller zweiwertigen Metalle und die Bromide und Chloride der Metalle mit einem Ionenradius der kleiner ist als der des Ca^{++}-Ions. (Es sei in diesem Zusammenhang noch erwähnt, daß es sich bei dem Cadmiumjodidtyp nicht um die einzige mögliche Schichtgitteranordnung handelt.) Lediglich die Fluoride sind stets echte Ionenverbindungen. Daß es sich hierbei um eine Frage der Polarisation und nicht um das Verhältnis von Anionen- und Kationengröße zueinander handelt, erkennt man beim Vergleich der Fluoride mit den Hydroxyden: Der Radius des OH^--Ions unterscheidet sich nicht sehr von dem des F^--Ions. Das OH^--Ion besitzt aber einen Dipolcharakter, die elektrische Ladung ist nicht kugelförmig symmetrisch über das Ion verteilt, so daß es sehr leicht polarisierbar ist. Alle Hydroxyde vom Typus $M(OH)_2$ und $M(OH)_3$ bilden daher — unabhängig vom Radius des Ions M — Schichtgitter. In den letztgenannten Verbindungen sind darüber hinaus die zweidimensionalen Riesenmoleküle durch die starken Kräfte zwischen den OH^--Ionen der benachbarten Schichten (sog. *Hydroxylbindungen*) miteinander verbunden. Wahrscheinlich ist hierauf auch die Unlöslichkeit der Hydroxyde zurückzuführen.

Diamantähnliche Strukturen (Adamantinverbindungen).

Bei den Verbindungen zwischen den Nichtmetallen (Se, Sb usw.) und den Metallen der Nebengruppen (Zn, Ga usw.) vom Typus AX wirken sich die Polarisationserscheinungen in der Weise aus, daß man eher von homöopolaren als von Ionenverbindungen sprechen kann. Eine derartige Verbindung ist das Zinksulfid, das in seinen beiden Kristallformen, der Zinkblende und dem Wurtzit, dreidimensionale Riesenmoleküle bildet. Bei beiden Formen entsprechen die Atomanordnungen im wesentlichen der des Diamants (Abb. 23), wobei die

Tabelle 5.

Verbindung	Atomnummer	Valenzelektronen	Interatomare Abstände Å
AlSb	13 + 51 = 64	3 + 5 = 8	2,64
SCd	16 + 48 = 64	6 + 2 = 8	2,52
CuBr	29 + 35 = 64	1 + 7 = 8	2,46
ZnSe	30 + 34 = 64	2 + 6 = 8	2,45
GaAs	31 + 33 = 64	3 + 5 = 8	2,44
Ge	(32 + 32 = 64)	(4 + 4 = 8)	2,44

Hälfte der Gitterpunkte durch Zink- und die andere Hälfte durch Schwefelatome besetzt ist. Das wesentliche dieser Struktur besteht darin, daß jedes Atom durch Kovalenzbindungen mit seinen vier Nachbarn verbunden ist, daß aber die für diese Bindungen erforderlichen acht Elektronen nicht im gleichen Maße von den Zink- und Schwefelatomen zur Verfügung gestellt sind. Alle sechs Valenzelektronen des Zinks sind am Gitteraufbau beteiligt. Am interessantesten dabei ist, daß ein derartiger Adamantinkristall immer dann gebildet wird, wenn die beiden beteiligten Elektronen zusammen acht Valenzelektronen besitzen. Weiterhin ist bei einer Reihe von Verbindungen, bei denen die Summe der Atomnummern der beiden Elemente die gleiche ist, der Abstand zwischen den Atomen praktisch genau so groß wie der des entsprechenden Elementes der vierten Gruppe mit echter Diamantstruktur (Tabelle 5).

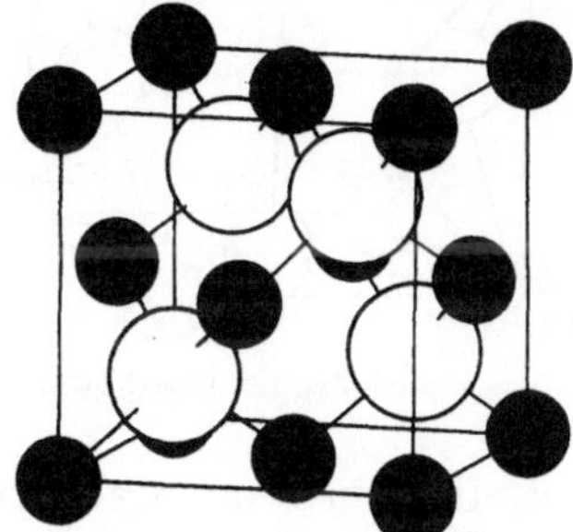

Abb. 23. Zinkblendestruktur: 4 : 4-Koordination.

Die unter obigen Bedingungen erfolgende Bildung von Adamantinverbindungen wird häufig als GRIMM-SOMMERFELDsche Regel bezeichnet. Diese Regel läßt sich zwar auf Verbindungen zwischen den Übergangsmetallen und den Halogeniden oder anderen Nichtmetallen nicht anwenden, wir finden aber auch hier, daß diese Verbindungen keinen salzartigen, sondern einen homöopolaren Charakter besitzen. Die Zusammensetzung derartiger Verbindungen entspricht nicht den üblichen Wertigkeitsregeln; sie lassen sich aber größtenteils in einige wenige, sehr einfache Typen einteilen. So findet man AX-Verbindungen, wie NiAs, PtSb, und AX_2-Verbindungen, wie FeS_2, $PtAs_2$, FeAsS. Daraus ergibt sich ohne weiteres, daß die Zusammensetzung dieser Verbindungen vorwiegend durch die geometrischen Verhältnisse der Kristallstruktur bestimmt wird. Da nun nicht sämtliche Valenzelektronen der Elemente zur Bindungsbildung benötigt werden, zeigen die Verbindungen häufig metallische Eigenschaften. Man kann daher einen kontinuierlichen Übergang der Eigenschaften zwischen diesen Stoffen und den echten intermetallischen Verbindungen feststellen.

Das GOLDSCHMIDTsche Gesetz.

Die in den vorstehenden Abschnitten besprochenen Hauptgesichtspunkte lassen sich in der 1926 von V. R. GOLDSCHMIDT formulierten Feststellung zusammenfassen, daß die Kristallstruktur einer festen Verbindung durch das Verhältnis von Zahl, Radien und Polarisierbarkeit der sie aufbauenden Atome bestimmt wird.

Ternäre Verbindungen.

Bei den ternären Verbindungen der Elemente kann man — wie es in Abb. 14 erfolgte — eine Einteilung vornehmen in solche Verbindungen, bei denen die Kristallstruktur das Vorhandensein diskreter Anionenreste erkennen läßt und andere, bei denen der ganze Kristall einen unendlich großen dreidimensionalen Komplex darstellt. So gibt es bei den Sauerstoffverbindungen auf der einen Seite die Salze der Sauerstoffsäuren und auf der anderen Seite die Doppeloxyde vom Typus $A_xB_yO_z$, in denen die Elemente A und B etwa die gleiche Rolle spielen. Welche Struktur eine beliebige Verbindung annimmt, hängt von den Unterschieden in der Stärke der Polarisationswirkungen sowie der elektronegativen Eigenschaften der Elemente A und B ab.

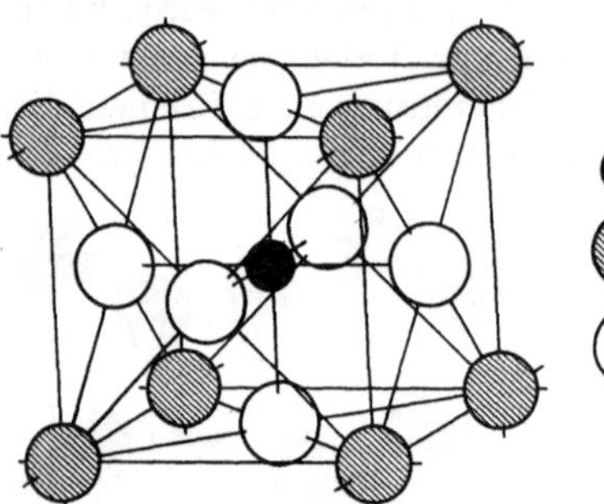

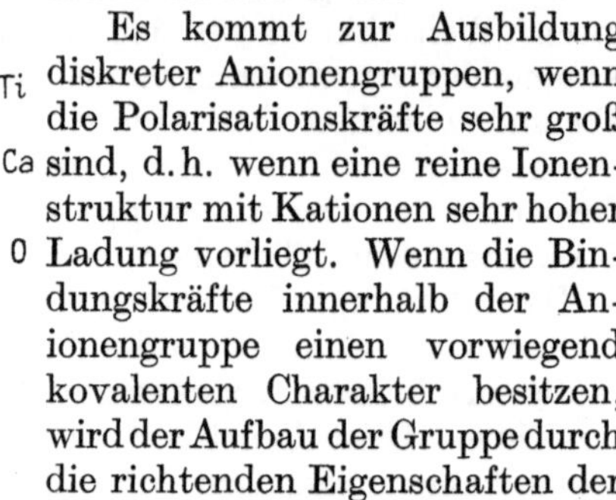

Abb. 24. Perowskit-Struktur.

Es kommt zur Ausbildung diskreter Anionengruppen, wenn die Polarisationskräfte sehr groß sind, d.h. wenn eine reine Ionenstruktur mit Kationen sehr hoher Ladung vorliegt. Wenn die Bindungskräfte innerhalb der Anionengruppe einen vorwiegend kovalenten Charakter besitzen, wird der Aufbau der Gruppe durch die richtenden Eigenschaften der betreffenden Bindungsbahnen bestimmt. Die Anordnung von Anionen und Kationen in einer dreidimensionalen Struktur wird durch Größe und Form der Ionen beherrscht. Den Aufbau einiger bekannter Komplexanionen findet man in der folgenden Tabelle 6 zusammengestellt.

Tabelle 6.

A_2, AX		O_2^{2-}, C_2^{2-}, CN^-
A_3, AX_2, AXY	linear	N_3^-, CNO^-, CNS^-, $[Ag(CN)_2]$
	gewinkelt	ClO_2^-, NO_2^-
AX_3	eben	NO_3^-, CO_3^{2-}
	pyramidal	ClO_3^-, BrO_3^-, SO_3^{2-}, PO_3^{3-}, AsO_3^{3-}
AX_4	tetraedrisch	BF_4^{2-}, PO_4^{3-}, SO_4^{2-}, ClO_4^-, MnO_4^-
	eben	$PdCl_4^{2-}$, $PtCl_4^{2-}$, $[Ni(CN)_4]^{2-}$
AX_6	oktaedrisch	SiF_2^{2-}, $PtCl_6^{2-}$

Es gibt nun viele Verbindungen, die üblicherweise als Salze formuliert werden, bei denen aber kein Grund dafür besteht, ein bestimmtes Element als Zentralatom der Anionengruppe aufzufassen.

Zu diesem Typ gehören eine Reihe wichtiger anorganischer Verbindungsklassen, vor allem die Sauerstoffverbindungen ABO_3 und ABO_4. Die erste Klasse kristallisiert im Strukturtyp des Calciumtitanats, $CaTiO_3$, des *Perowskit* (Abb. 24), vorausgesetzt, daß sich die Kationenradien der Metalle A und B geometrisch in diese Struktur einordnen lassen. In dieser Anordnung sind jedem B-Atom sechs, jedem A-Atom 12 Sauerstoffatome koordiniert. Es läßt sich leicht ableiten, daß bei einer derartigen Anordnung im Idealfall $r_A + r_O = \sqrt{2}\,(r_B + r_O)$ ist. In Wirklichkeit sind gewisse Abweichungen von diesem Verhältnis möglich, so daß man die Perowskitstruktur bei einer großen Zahl von Verbindungen findet, bei denen die Bedingung $z_A + z_B = 6$ erfüllt ist, so z. B. im $Na^{I}B^{V}O_3$, $Ca^{II}Zr^{IV}O_3$, $Y^{III}Al^{III}O_3$ sowie auch im $K^{I}Mg^{II}F_3$, für das im Grunde die gleichen Voraussetzungen zutreffen. Es sei erwähnt, daß die geometrischen Bedingungen für den Fall $A = B$ nicht mehr erfüllt sind. So kristallisieren die Oxyde A_2O_3 von Kationen mit kleinem Ionenradius wie Al_2O_3 und Fe_2O_3, während die Oxyde dreiwertiger Metalle mit großen Kationen die völlig andersartige Struktur der seltenen Erdoxyde besitzen.

Eine zweite wichtige Gruppe von Doppeloxyden umfaßt die *Spinelle*, AB_2O_4 (man vergleiche die bei der Perowskitstruktur erwähnten Bedingungen), die immer dann gebildet werden, wenn die Summe der Kationenladung acht Einheiten beträgt. Auch bei diesen Verbindungen gibt es wieder keine Anionengruppen. Nach der geometrischen Struktur ist zwar das A-Atom von je vier Sauerstoffatomen und jedes B-Atom von je sechs Sauerstoffatomen umgeben, es besteht aber keine Berechtigung, den eigentlichen Spinell, $MgAl_2O_4$, entweder als $Mg[AlO_2]_2$ oder $Al_2[MgO_4]$ aufzufassen. Das Element A kann mehr oder weniger stark elektropositiv sein als das Element B, ohne daß die Spinellstruktur dadurch in irgendeiner Weise beeinträchtigt wird, wie man aus der Tabelle 7 ersehen kann. Diese Tabelle zeigt, daß die Struktur bei Mischoxyden verschiedenster Form auftritt, wenn die Bedingung der gleichen Gesamtladung erfüllt ist. Wir werden sehen, daß zu dieser Gruppe auch die Oxyde vom Typus M_3O_4 der Übergangsmetalle gehören.

Tabelle 7. *Verbindungen mit Spinell-Struktur.*

$AO + B_2O_3$	$2\,BO + AO_2$	
$ZnAl_2O_4$	$TiMg_2O_4$	$BeLi_2F_4$
$MgFe_2O_4$	$SnMg_2O_4$	
$FeFe_2O_4$	$GeNi_2O_4$	
$MgCr_2O_4$	$TiCo_2O_4$	
FeV_2O_4		
$MgIn_2O_4$		
$MnCr_2S_4$		
$CuCo_2S_4$		

Kristallwasser.

Es ist bekannt, daß viele Salze aus wäßriger Lösung in Form von Hydraten kristallisieren. Sowohl aus chemisch-systematischen Gründen als auch als Folgerung der Aufklärung des Baus fester Salzhydrate kommt man zu der Auffassung, daß das Kristallwasser zwei verschiedene Funktionen ausübt[3]:

1. Im ersten Fall ist das Wasser dem Kation des Salzes koordiniert, koordiniert nicht nur in kristallographischer Hinsicht, sondern unter Bildung eines Koordinierungskomplexes im Sinne der WERNERschen Theorie. So findet man in den Verbindungen $CrCl_3 \cdot 6\,H_2O$, $NiSO_4 \cdot 7\,H_2O$ und $BeSO_4 \cdot 4\,H_2O$ Salze mit den komplexen Aquokationen $[Cr(H_2O)_6]Cl_3$, $[Ni(H_2O)_6]SO_4 \cdot H_2O$ bzw. $[Be(H_2O)_4]SO_4$. Eine derartige Hülle von Wassermolekülen um das ziemlich kleine Metallion hat vor allem zur Folge, daß die tatsächlichen Ionenradien vergrößert und damit ihr Polarisationsvermögen vermindert wird. So beträgt z. B. der Radius des Al^{+++}-Ions 0,57 Å, und die Polarisationswirkung des

[3] Vgl. auch Kapitel VI, S. 176.

Ions ist so groß, daß die Aluminiumhalogenide im geschmolzenen Zustand Nichtelektrolyte sind. Das hydratisierte Kation $[Al(H_2O)_6]^{3+}$, das im $KAl(SO_4)_2 \cdot 12\,H_2O$, $AlBr_3 \cdot 6\,H_2O$ usw. vorkommt, bildet ein oktaedrisches Komplexion mit einem tatsächlichen Ionenradius, der um 3,3 Å größer ist als der des SO_4^{--}-Ions. Dieses Komplexion ist daher in der Lage, in einfache und unpolarisierte Ionenstrukturen einzutreten.

Gewisse Überlegungen lassen erkennen, daß der Zusammenhalt derartiger Komplexionen durch die Art bedingt ist, in der die Wassermoleküle durch die metallischen Kationen polarisiert werden. Als Folge davon ergibt sich, daß vorwiegend die Metalle mit kleinem Ionendurchmesser und hoher Ionenladung zur Bildung hydratisierter Salze neigen. Ein Vergleich der Häufigkeit der Hydratsalzbildung an Hand des Periodischen Systems bestätigt diese Regel; die Bildung von Hydratsalzen nimmt zu, wenn man von der ersten Gruppe fortschreitend zur zweiten und dritten Gruppe übergeht, während innerhalb der einzelnen Gruppen die Tendenz zur Bildung von Hydratsalzen abnimmt, da mit steigendem Atomgewicht der Ionendurchmesser größer wird. Da es sich bei den das Komplexion zusammenhaltenden Kräften um vorwiegend elektrostatische handelt, wird die Koordinationszahl des Metalls in den Aquokationen im wesentlichen durch einen geometrischen Faktor, nämlich durch das Verhältnis der Größe von Kation zu Wassermolekül, bestimmt. Als Beispiel für die beiden charakteristischen Merkmale findet man in Tabelle 8 eine Zusammenstellung der kristallisierten Salzhydrate der Metallchloride der II. Gruppe.

Tabelle 8.

	r	Koordinationszahl		
Be^{2+}	0,31	4	$[Be(H_2O)_4]Cl_2$	
Mg^{2+}	0,65	6	$[Mg(H_2O)_6]Cl_2$	
Ca^{2+}	0,99	6	$[Ca(H_2O)_6]Cl_2$	Bildung von Aquokationen
Sr^{2+}	1,13	6	$[Sr(H_2O)_6]Cl_2$	
		—	$SrCl_2 \cdot 2\,H_2O$	Einfache, nicht hydratisierte
Ba^{2+}	1,35	—	$BaCl_2 \cdot 2\,H_2O$	Kationen im Kristall

2. Es gibt nun viele Hydratsalze, z. B. die stark hydratisierten Natriumsalze, wie $Na_2CO_3 \cdot 10\,H_2O$ und $Na_2HPO_4 \cdot 12\,H_2O$, die sich in die vorstehende Verbindungsklasse nicht einordnen lassen. In diesen Salzen spielen die Wassermoleküle eine weniger wichtige Rolle; offenbar sind sie in den Zwischenräumen der Kristallstruktur angeordnet und verbessern damit den Zusammenhalt zwischen Kationen und Anionen. Interessant hierbei ist, daß die Wassermoleküle in stark hydratisierten Salzen untereinander in der gleichen Anordnung und durch dieselben schwachen Kräfte („Hydroxylbindungen") gebunden sind, die die Eisstruktur bilden. Dieselben schwachen gerichteten Kräfte können die Wassermoleküle auch an andere Bausteine der Struktur — besonders die Anionen — binden, so daß dem Kristallwasser im Aufbau des Ganzen eine bestimmte Bedeutung zukommt.

In einigen Fällen ist allerdings der Einfluß des Wassers so wesentlich, daß es, ohne irgendwelche Änderungen in der Struktur zu verursachen, entfernt werden kann. Das gilt für die typischen Zeolithe und hat zur Folge, daß sich die teilweise entwässerten Verbindungen dieser Gruppe wie ein Einphasensystem und nicht wie ein Gemisch zweier Phasen von Hydrat und wasserfreiem Salz verhalten.

Es ist noch zu erwähnen, daß häufig beide Arten von Kristallwasser — in Aquokationen koordiniertes und „Strukturwasser" — gleichzeitig im Kristallgitter derselben Verbindung vorliegen. So läßt sich z. B. Aluminiumsulfat, $Al_2(SO_4)_3 \cdot 18 H_2O$, als $[Al(H_2O)_6]_2(SO_4)_3 \cdot 6 H_2O$ formulieren.

Fünftes Kapitel.

Molekularstruktur anorganischer Verbindungen.

Einen wesentlichen Beitrag zur Kenntnis des molekularen Aufbaus anorganischer Verbindungen lieferte die Anwendung einiger hochentwickelter physikalischer Arbeitsmethoden. In diesem Kapitel sollen einige Ergebnisse besprochen werden, die durch folgende Methoden erhalten werden:

1. Beugung von Röntgenstrahlen und Elektronen durch Gase und Dämpfe.
2. Spektroskopische Verfahren.
3. Messungen von Dipolmomenten.
4. Magnetische Messungen.

Zu diesen Verfahren, und sie an Bedeutung übertreffend, kommt noch die Anwendung von Röntgenstrahlenbeugungen an festen Stoffen, was bereits im vorstehenden Kapitel behandelt wurde.

Beugung von Röntgenstrahlen und Elektronen durch Gase und Dämpfe.

Eine Theorie der Beugung von Röntgenstrahlen durch Gase wurde zuerst 1915 von Debye und Ehrenfest entwickelt. Aber erst 14 Jahre später wurde dieses Gebiet experimentell erforscht. Wenn auch dieses Verfahren zur Untersuchung des Aufbaus von Gasmolekülen vollständig durch die Elektronenbeugungsverfahren verdrängt wurde, so sollen doch einige der klassischen Ergebnisse kurz erwähnt werden.

Die Beugung von Röntgenstrahlen durch Gase unterscheidet sich von der durch Flüssigkeiten und feste Körper dadurch, daß die Gasmoleküle eine vollständig willkürliche Orientierung besitzen und daß bei ihnen unter gewöhnlichen Bedingungen praktisch keine intermolekularen Kräfte wirksam sind. Für alle Moleküle gibt es aber bestimmte interatomare Abstände; wenn ein Röntgenstrahl ein Gas durchdringt, so verhält sich dieses daher beinahe ebenso wie ein kristallines Pulver. Einige Moleküle werden in bezug auf den einfallenden Strahl so orientiert sein, daß die von den einzelnen Atomen in einem bestimmten Molekül gebeugten Wellen einander in gewissen Richtungen verstärken und in anderen schwächen; man erhält daher ein Beugungsbild, das aus einem Zentralfleck besteht, der von einer Reihe von Ringen umgeben ist, deren Durchmesser unter anderem von den in dem untersuchten Molekül vorhandenen interatomaren Abständen abhängt. Die Auswertung der bei der Untersuchung von Röntgenstrahlbeugungen durch Gasmoleküle erhaltenen Ergebnisse ist verwickelter als bei Flüssigkeiten; sie beruht auf dem Vergleich der beobachteten radialen Verteilung der Intensität der gebeugten Strahlung mit der, die man aus theoretischen Beziehungen unter Annahme bestimmter interatomarer Abstände berechnen kann. Die unten angegebenen Werte für den Abstand zwischen den Chloratomen in den Methylhalogeniden zeigt die Art der so gewonnenen Ergebnisse.

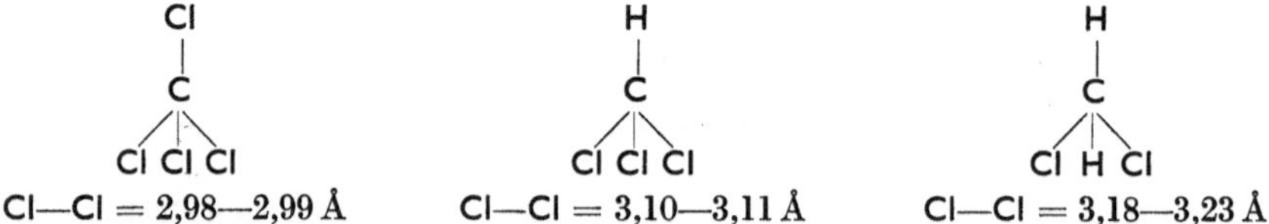

Der Abstand zwischen benachbarten Chloratomen wird also vergrößert, wenn in dem Molekül Chlor- durch Wasserstoffatome ersetzt werden. Im Chlor selbst beträgt der Abstand zwischen den Chloratomen ungefähr 2,0 Å. Wenn man an Stelle von Tetrachlorkohlenstoff Siliciumtetrachlorid untersucht, so findet man als Abstand der Chloratome 3,35 Å; da der tetraedrische Winkel in einem derartigen symmetrischen Molekül sich nicht ändern kann, so muß also der Abstand zwischen Silicium und Chlor größer sein als der zwischen Kohlenstoff und Chlor.

Die Möglichkeit, Elektronenbeugungen zu Untersuchungen der Molekularstruktur zu benutzen, beruht darauf, daß bewegte Materieteilchen die Eigenschaft besitzen, sich so zu verhalten, als ob sie mit einer charakteristischen Welle assoziiert wären, deren Wellenlänge von der Masse und Geschwindigkeit der Teilchen abhängt und durch den Ausdruck $\lambda = \boldsymbol{h}/m \cdot v$ wiedergegeben wird; hierin bedeutet $\boldsymbol{h}$ die PLANCKsche Konstante, m die Masse und v die Geschwindigkeit des Teilchens. Ein durch ein Potentialfeld von ungefähr 1000 Volt beschleunigter Elektronenstrahl besitzt nach obiger Beziehung eine Wellenlänge von $1{,}2 \cdot 10^{-9}$ cm. Üblicherweise werden in der Praxis Elektronen benutzt, die durch eine Spannung von etwa 50000 Volt beschleunigt wurden.

Wenn ein Strahl beschleunigter Elektronen durch einen Gasstrom tritt, so kommt es zu einer Beugung; wenn der Strahl dann auf eine lichtempfindliche Platte trifft, so entsteht ein Bild, bei dem ein intensiver Zentralfleck von einer Reihe konzentrischer Ringe umgeben ist, eine Erscheinung also, die durchaus der oben beschriebenen Beugung von Röntgenstrahlen an Gasen entspricht. Die radiale Intensitätsverteilung hängt von der Beugungswirkung von Einzelatomen und Atompaaren ab. Man kann sich verschiedene Molekülmodelle vorstellen und für diese die theoretische Intensitätsverteilung berechnen; dasjenige Modell, bei dem die beste Übereinstimmung zwischen den theoretisch berechneten und den beobachteten Daten besteht, wird dann der tatsächlichen Konfiguration der Gasmoleküle entsprechen.

Die experimentelle Arbeitstechnik des Verfahrens soll noch etwas genauer geschildert werden: Die Elektronenbeugungsapparatur wird durch hochleistungsfähige Diffusionspumpen auf einen sehr niedrigen Druck ($< 10^{-5}$ mm) gehalten. Ein dünner Elektronenstrahl wird durch ein bekanntes Potential in der Größenordnung von 50000 Volt beschleunigt und trifft dann auf einen horizontalen Strom des zu untersuchenden Gases. Diesen Molekülstrahl erhält man in der Weise, daß man das Gas oder den Dampf durch dünne, zur Zentrierung dienende Öffnungen in den hochevakuierten Raum strömen läßt, wo der Strahl beim Auftreffen auf eine mit flüssiger Luft gekühlte Fläche, die seiner Eintrittsöffnung genau gegenüber liegt, kondensiert wird. Der Elektronenstrahl fällt nach dem Durchtritt durch das Untersuchungsmaterial auf eine photographische Platte. Die Beugungswirkung der Elektronen an Materie ist bedeutend größer als die von Röntgenstrahlen. Die Belichtungszeit liegt bei etwa 1 sec, ist somit also viel kürzer als bei der Untersuchung von Röntgenstrahlbeugungen an Gasmolekülen. Die Intensitätsverteilung der photographischen Platte wird durch Vergleich mit Standardwerten ermittelt.

Einen Eindruck von dem Umfang des mit dieser Technik untersuchten Materials erhält man durch eine neuere Veröffentlichung von Allen und Sutton[1], in der die an 500 Verbindungen gewonnenen Ergebnisse zusammengestellt sind. Bei etwa 200 davon handelt es sich um einfache, flüchtige anorganische Stoffe, von denen die wichtigsten interatomaren Abstände und Valenzwinkel bestimmt wurden; einige typische Ergebnisse sind in der folgenden Tabelle 1 zusammengestellt. Den Fehler bei der Bestimmung von Bindungslängen durch Elektronenbeugungsmessungen kann man mit etwa $\pm 0{,}05$ Å annehmen. Die

Tabelle 1.

Molekül	Konfiguration	Bindungslänge in Å
NaCl		Na—Cl, 2,51
$HgCl_2$	linear	Hg—Cl, 2,27
$HgBr_2$	linear	Hg—Br, 2,44
HgJ_2	linear	Hg—J, 2,61
$B_3N_3H_6$	regulär hexagonal	B—N, 1,44
BCl_3	eben	C—Cl, 1,73; ∢Cl—B—Cl, 120°
$SiCl_4$	tetraedrisch	Si—Cl, 2,02
$GeCl_4$	tetraedrisch	Ge—Cl, 2,08
$TiCl_4$	tetraedrisch	Ti—Cl, 2,18
P_4	tetraedrisch	P—P, 2,21
PF_3	pyramidal	P—F, 1,52; ∢F—P—F, 104°
FO_2	gewinkelt	O—F, 1,41; ∢O—F—O, 100°
Cl_2O	gewinkelt	O—Cl, 1,68; ∢Cl—O—Cl, 115°
SO_2	gewinkelt	S—O, 1,43; ∢O—S—O, 120°
CS_2	linear	C—S, 1,54
SF_6	oktaedrisch	S—F, 1,58
$Ni(CO)_4$	tetraedrisch	N—C, 1,82; C—O, 1,15

[1] Allen u. Sutton: Acta crystallogr. 1950, **3**, 46.

Beugung des Elektronenstrahles ist eine Funktion der Atomnummer und eine Kernwirkung. Daher ist der Anteil der Wasserstoffatome eines Moleküls an dessen Beugungswirkung nur gering, so daß es in der Regel nicht mehr möglich ist, mit diesem Verfahren die Lage der Wasserstoffatome festzulegen. Zur Bestimmung der Anordnung der leichten Atome in den Molekülen erscheint die Methode der Neutronenbeugung wesentlich aussichtsreicher, wenn erst die experimentalen Verfahren hierfür voll entwickelt sein werden.

Die durch Elektronenbeugungsmessungen und — zu einem geringeren Umfang — nach anderen Verfahren bestimmten Bindungslängen haben wesentlich zur Entwicklung der Valenztheorien, insbesondere im Zusammenhang mit der Vorstellung der Resonanz, beigetragen. In zunehmendem Maße werden nun die Grenzen dieser Vorstellungen offenbar[2]. Die große Zahl der jetzt vorliegenden Strukturbestimmungen lassen erkennen, daß es viele Abweichungen von dem ursprünglich angenommenen Prinzip gibt, nach dem sich der Atomabstand aus der Summe der Kovalenzradien der betreffenden Atome ergibt. Derartige Abweichungen lassen sich dadurch erklären, daß es sich um einen teilweise ionenartigen Charakter handelt, oder das Mehrfachbindungen vorliegen. Ganz eindeutige Bindungsverhältnisse gibt es wahrscheinlich viel weniger häufig, als man ursprünglich annahm; es liegt jedoch nur in der organischen Chemie (z. B. für die Kohlenstoff—Kohlenstoffbindungen) ein ausreichend großes Zahlenmaterial vor, um die Frage im einzelnen diskutieren zu können.

Spektroskopischer Beweis der Molekularstruktur.

Die durch Elektronenbeugungsmessungen gewonnenen Erkenntnisse über die Molekularstruktur lassen sich bis zu einem gewissen Grade durch spektroskopische Untersuchungen bestätigen und erweitern. Diese umfassen die Untersuchung der Elektronenspektren der Moleküle, die ein Bild der gequantelten Elektronen-, Schwingungs- und Rotationsenergie geben, sowie Untersuchungen der Ultrarot- und Ramanspektren, die ein Mittel zum Studium der Schwingungs- und Rotationsenergie von Molekülen liefern. Es ist nicht beabsichtigt, an dieser Stelle die theoretischen Grundlagen dieses umfangreichen Gebietes sowie seine praktischen Anwendungen ausführlich zu behandeln; es soll nur an einigen ausgewählten Beispielen gezeigt werden, auf welche Weise und in welchem Umfang auf diesem Gebiet neue Erkenntnisse gewonnen werden können.

Wenn man zunächst den Fall zweiatomiger Moleküle behandelt, so kann man drei Arten der inneren Energie, nämlich Elektronen-, Schwingungs- und Rotationsenergie, unterscheiden, die alle drei gequantelt sind. Eine Änderung der Elektronenenergie des Moleküls allein würde — wenn dies möglich wäre — die Emission oder Absorption einer einzigen Frequenz zur Folge haben, die dem Energieunterschied zwischen den Ausgangs- und Endzuständen entsprechen würde. Bei

[2] Eine kritische Zusammenfassung findet man bei WELLS: J. chem. Soc. 1949, **55**.

derartigen Umwandlungen erfolgt aber immer gleichzeitig auch eine Änderung der Schwingungs- und Rotationsenergie. Diese haben eine Emission oder Absorption einer Reihe von Banden zur Folge, die die Änderung der Schwingungsenergie wiedergeben und eine Feinstruktur besitzen, die auf die Änderung der Rotationsenergie zurückgeht. Die Erkenntnis, die man aus einer Analyse des Elektronenspektrums erhalten kann, umfaßt daher nicht nur den Unterschied zwischen beiden Energiezuständen des Moleküls, sondern ergibt auch ein Bild seiner Schwingungs- und Rotationscharakteristiken.

Man kann auch Änderungen der Schwingungs- und Rotationsenergien untersuchen, ohne daß eine Änderung der Elektronenenergien erfolgt. In diesem Falle sind die Energieänderungen klein, und das erhaltene Bandenspektrum liegt normalerweise im Ultraroten. Im allgemeinen arbeitet man mit Absorptions- und nicht mit Emissionsmessungen. Die Untersuchung im Bereich sehr kleiner Wellenlängen, im fernen Ultrarot, ermöglichen auch die Erfassung von Rotationsmessungen alleine; auf diese Weise kann man sehr genau Strukturparameter erhalten. Die wichtigsten Größen, die man bei derartigen Strukturaufklärungen zweiatomiger Moleküle erhalten kann, sind ihre Dissoziationsenergien, ihre interatomaren Abstände und ihre Schwingungsfrequenzen. Die Dissoziationsenergien lassen sich dadurch erfassen, daß die Dissoziation den Grenzwert darstellt, bis zu dem man die Anregung der Schwingungen ausdehnen kann; sie werden meistens in der Weise ermittelt, daß man den Schnittpunkt einer Reihe von Schwingungsbanden eines Absorptionsspektrums feststellt, bei dem man mit steigender Energie ein kontinuierliches Spektrum beobachtet. Den interatomaren Abstand eines zweiatomigen Moleküls leitet man von denjenigen Merkmalen seines Spektrums her, die durch die molekulare Rotation bedingt sind. Zunächst wird das Trägheitsmoment der Moleküle ermittelt, aus dem man bei Kenntnis der Kernmassen die interatomaren Abstände berechnen kann.

Zweiatomige Moleküle.

Als Beispiel der sich für zweiatomige Gase ergebenden Zahlen sind in Tabelle 2 die interatomaren Abstände (*d* in Å) für Chlor, Brom und Jod, wie man sie aus spektroskopischen und Elektronenbeugungsmessungen erhalten hat, vergleichend gegenübergestellt. GAYDON[3] hat aus den Spektren abgeleitete Dissoziationsenergien von über 200 zweiatomigen Molekülen aufgezeichnet. Man erhält diese Größe, die den Energieunterschied zwischen dem niedrigsten Schwingungszustand und dem des unendlich großen Abstandes der Kerne entspricht, am leichtesten auf spektroskopischem Wege. Bei einer Reihe von Molekülen, für die man diese Werte aus den Spektren ermittelt hat, liegen auch thermochemische Daten vor, mit denen meist eine gute Übereinstimmung besteht. Nebenbei sei erwähnt, daß viele chemisch instabile Moleküle

[3] GAYDON, Dissociation Energies and Spectra of Diatomic Molecules. London 1947.

durch die spektroskopische Technik erfaßt werden können. Hierzu gehören z. B. Moleküle wie AlCl, BF, BiH, CH, MgCl, OH und PO, die, wie man annimmt oder zum Teil genau weiß, als Zwischenstufen bei chemischen Reaktionen auftreten. Als Beispiel für heteropolare zweiatomige Moleküle sind in der Tabelle 3 die Trägheitsmomente (i) und die interatomaren Abstände (d) der Halogenwasserstoffverbindungen aufgeführt, wie sie aus Messungen des Absorptionsspektrums im fernen Ultrarot ermittelt wurden.

Diese Werte zeigen, daß die interatomaren Abstände und die Trägheitsmomente mit zunehmendem Atomgewicht der Halogene größer

Tabelle 2.

Molekül	d, aus spektroskopischen Daten	d, nach Elektronenbeugungsmessungen
Cl_2	1,99	2,01
Br_2	2,28	2,28
J_2	2,67	2,65

Tabelle 3.

Gas	$i \cdot 10^{40}$ (g/cm²)	d in Å
HF . . .	1,346	0,923
$H^{35}Cl$ . .	2,649	1,281
$H^{37}Cl$ . .	2,653	1,281
HBr . .	3,311	1,420
HJ . . .	4,308	1,617

werden. Bemerkenswert ist auch bei gleichen interatomaren Abständen der Unterschied in den Trägheitsmomenten im Fall von $H^{35}Cl$ und $H^{37}Cl$. Dieser „Isotopeneffekt" wurde im Bandenspektrum einer großen Zahl von Molekülen beobachtet, wobei jede Isotopenart insofern ihr eigenes Spektrum aufzeichnet, als es sich um die Rotations- und Schwingungscharakteristiken des Spektrums handelt. Es sei erwähnt, daß man durch den Isotopeneffekt zur Entdeckung der Sauerstoffisotope ^{17}O und ^{18}O gelangte und daß die Erscheinung von grundlegender Bedeutung im Hinblick auf die Standardatomgewichte und die Unterscheidung von physikalischen und chemischen Atomgewichten war.

Mehratomige Moleküle.

Die Mehrzahl der den Chemikern bekannten Moleküle enthalten mehr als zwei Atome; in diesen Fällen ist das Problem der Untersuchung von Elektronenspektren sehr verwickelt und in der Regel sogar unlösbar. Glücklicherweise lassen sich die Schwingungs- und Rotationscharakteristiken durch Untersuchung des Ultrarotabsorptions- und Ramanspektrums feststellen. Die Natur des Ramanspektrums läßt sich am besten an einem einfachen Fall erklären, wenn nämlich ein Gas oder eine Flüssigkeit mit dem Licht einer einzigen Wellenlänge bestrahlt werden. Wenn man das von dem Untersuchungsmaterial ausgehende Spektrum untersucht, findet man nicht nur die eine, der Wellenlänge des einfallenden Lichtes entsprechende Linie, sondern noch einige weitere Linien von sehr geringer Intensität. Man kann die Intensität dieser Linien im Verhältnis zu der des einfallenden Lichtes dadurch weitgehend verstärken, daß man die emittierte Strahlung senkrecht zu der Richtung des durch das Untersuchungsmaterial tretenden Strahles photographiert.

Die Energieunterschiede, die den Unterschieden zwischen den Frequenzen des einfallenden Lichtes und der neuen schwachen Linien des Spektrums (Ramanlinien) entsprechen, sind durch Quanten bedingt, die sozusagen von dem einfallenden Licht abgezogen sind und die charakteristischen Schwingungen der Moleküle des Untersuchungsmaterials anregen. Die auf diese Weise angeregten und im Ramanspektrum beobachteten Frequenzen sind zwar begrenzt[4], aber Raman- und Ultrarotspektren zusammen ergeben für einen größeren Bereich von Verbindungen ein ziemlich vollständiges Bild der Schwingungs- und Rotationsverhältnisse der Moleküle.

Als Beispiel für die charakteristischen Schwingungen einer verhältnismäßig einfachen Verbindung sind unten die möglichen Schwingungsarten eines linearen dreiatomigen Moleküls (z. B. Kohlendioxyd) wiedergegeben:

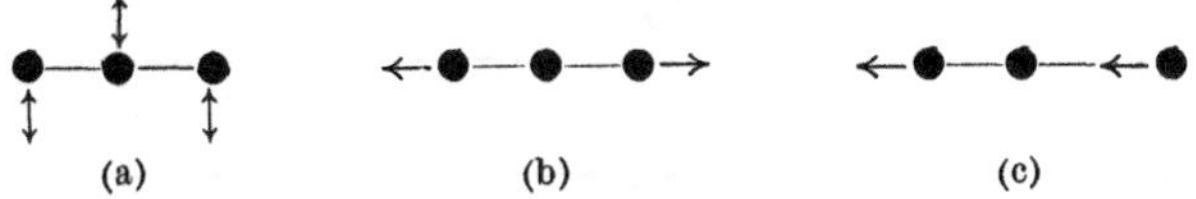

a stellt eine Beugungsfrequenz („Deformationsschwingung") dar, während es sich bei *b* und *c* um symmetrische bzw. unsymmetrische Schwingungen in Richtung des Moleküls („Valenzschwingungen") handelt. Als weiteres Beispiel für die Bedeutung der charakteristischen Schwingungsarten sei das Diboran erwähnt (S. 260). Hierbei handelt es sich um das Problem, zu entscheiden, ob die Struktur des Moleküls dem Äthan oder Äthylen entspricht. Bei diesen beiden Verbindungstypen besteht ein weitgehender Unterschied in den Schwingungsmöglichkeiten, vor allem, da beim Äthylen infolge der Doppelbindungen keine freie Drehbarkeit um die C—C-Bindung möglich ist. Eine vollständige Analyse des Raman- und Ultrarotspektrums des Diborans läßt deutlich die Analogie mit dem Äthylenmolekül erkennen.

Die Untersuchung der Ultrarotspektren einfacher mehratomiger Moleküle ermöglicht die Berechnung von Trägheitsmomenten und interatomaren Abständen. Die so gewonnenen Ergebnisse sind in Tabelle 4 zusammengestellt.

Tabelle 4.

Molekül	Trägheitsmoment $g/cm^2 \cdot 10^{40}$	Interatomare Abstände in Å	Molekül	Trägheitsmoment $g/cm^2 \cdot 10^{40}$	Interatomare Abstände in Å
CO_2 . .	70,2	C—O = 1,16	NH_3. .	2,8 4,4	N—H = 1,02 H—H = 1,64
C_2H_2 . .	23,5	C—C = 1,20 C—H = 1,06	H_2O. .	0,995 1,908 2,980	O—H = 1,01 H—H = 1,91
CH_4 . .	5,47	C—H = 1,11 H—H = 1,81	H_2S . .	2,68 3,08 5,85	S—H = 1,35 H—H = 2,24

[4] Siehe SYRKIN und DYATKINA: Structure of Molecules and the Chemical Bond. London 1950.

Bei komplizierten Molekülen ist es nicht möglich, Schwingungs- und Rotationsspektren vollständig zu analysieren, doch geben die Ultrarot- und Ramanspektren wichtige Hinweise über das Vorliegen bestimmter Bindungen in einem Molekül. Eine bestimmte Bindung (z. B. C—H, C—C oder O—H) besitzt im Idealfall eine charakteristische Schwingungsfrequenz, die aber in der Praxis — oft sogar recht erheblich — durch benachbarte Gruppen beeinflußt wird. Trotz dieser Schwierigkeiten haben Schwingungsfrequenzen eine bedeutende Rolle bei Strukturbestimmungen (besonders organischer Verbindungen) gespielt. Tabelle 5 zeigt den ungefähren Frequenzbereich von Schwingungsfrequenzen, die einer Reihe der üblichen Bindungen in Kohlenstoffverbindungen entsprechen. Der Wert dieses Untersuchungsverfahrens hat durch die Entwicklung von Ultrarotspektrometern mit hohem Auflösevermögen sehr gewonnen.

Tabelle 5.

Bindung	Frequenz (cm^{-1})	Bindung	Frequenz (cm^{-1})
C—H	3500—3700	C = O	1550—1850
O—H	3500—3700	C ≡ O	2160
C—C	800—860	C = N	1650
C—C	1600—1650	C ≡ N	2150
C--C	2100—2450		

Ein weiteres Charakteristikum von Molekülen, das sich — wenigstens theoretisch — aus der Untersuchung von Schwingungsfrequenzen der Bindungen herleitet, ist die Kraftkonstante, die den Widerstand einer Bindung gegenüber Dehnung angibt. Die axiale Schwingung zweier Atome längs der Bindungsachse kann in erster Annäherung als harmonisch aufgefaßt werden, und die je Einheit der Entfernung aus der Ruhelage auftretende zurückziehende Kraft läßt sich aus der Schwingungsfrequenz berechnen. Es gibt allerdings eine Reihe von Faktoren, die diese Verhältnisse etwas erschweren[5]; die folgenden Daten, die nach der obigen vereinfachten Annäherung erhalten werden, lassen erkennen, wie das Verfahren zur Unterscheidung des Bindungstyps zwischen je zwei gleichen Atomen dienen kann.

Tabelle 6.

Bindung	Kraftkonstante	Bindung	Kraftkonstante
C—C	$4{,}6 \times 10^{-5}$	C—O	$4{,}9 \times 10^{-5}$
C=C	$9{,}4 \times 10^{-5}$	C=O	$12{,}3 \times 10^{-5}$
C≡C	$15{,}8 \times 10^{-5}$	C≡O	$18{,}6 \times 10^{-5}$

Dipolmomente einiger anorganischer Verbindungen.

Einen elektrischen Dipol stellt man am besten dar durch zwei gleiche elektrische Ladungen mit entgegengesetztem Vorzeichen, $+e$ und $-e$, die einen bestimmten Abstand (d) voneinander haben. Das Dipolmoment ist dann gleich dem Produkt $d \cdot e$. Es ist in erster Linie wichtig, zu untersuchen, warum die Dipolmomente für den Chemiker von Interesse

[5] Siehe LINNETT: Quart. Rev. (chem. Soc. London) 1947, **1**, 73.

sind. Zwei Atome, die mit Valenzkräfte aneinander gebunden sind, können immer einen Dipol bilden. In dem einfachen Fall des Kochsalzmoleküls im Dampfzustand besitzen das Natrium- und das Chloratom entgegengesetzte Ladungen, die durch einen charakteristischen Abstand voneinander getrennt sind, so daß das Molekül nach der obigen Definition ein Dipolmoment besitzt. Dies trifft für jedes Ionenmolekül zu, kann aber auch für rein kovalente Moleküle gelten. Im gasförmigen Chlorwasserstoff, den man in diesem Zusammenhang als kovalent ansehen kann, liegt eine ungleichmäßige Verteilung der beiden die Bindung bildenden Elektronen vor. Das Wasserstoffatom besitzt den Bruchteil einer positiven und das Chloratom entsprechend einer negativen Ladung, so daß das Molekül ein Dipolmoment besitzt, der dem Produkt aus Elektronenladung und dem tatsächlichen Abstand der Ladungen — der kleiner als der echte Abstand zwischen den Kernen ist — entspricht. Eine gleichmäßige Verteilung der Bindungselektronen liegt nur vor, wenn zwei gleiche Atome durch eine Kovalenzbindung verbunden sind. Wie ausführlich an Molekülen wie H_2, O_2, N_2, Cl_2 usw. untersucht wurde, ist das Dipolmoment dann Null.

Die experimentellen Verfahren zur Bestimmung permanenter Dipolmomente sollen hier nicht behandelt werden. Es sei nur erwähnt, daß man diese Größe nicht direkt messen kann, da jedes Molekül, wenn es in ein elektrisches Feld gebracht wird, polarisiert wird, unabhängig davon, ob in dem Molekül permanente Dipole vorliegen oder nicht. Die Anwendungsmöglichkeit von Dipolmessungen zur Bestimmung der Molekularstruktur kann man in zwei Hauptgruppen einteilen:

1. Die Bestimmung der Form von Molekülen und
2. die Bestimmung von Bindungsarten.

Bei der Benutzung der Dipolmomente zur Bestimmung der Form der Moleküle wird der Dipol als Vektorengröße behandelt. Es hat sich z. B. gezeigt, daß Kohlendioxyd ein Dipolmoment von Null besitzt, obgleich mit Sicherheit feststeht, daß jede der C—O-Bindungen ein permanentes Dipolmoment hat. Daraus folgt, daß die beiden Dipolmomente in dem Molekül einander aufheben, was nur der Fall sein kann, wenn es sich um ein lineares Molekül mit dem Kohlenstoffatom in der Mitte handelt. In der Tabelle 7 sind einige ähnliche Beispiele aufgeführt,

Tabelle 7.

Molekül	$\mu \cdot 10^{18}$	Molekül	$\mu \cdot 10^{18}$
CO_2	0	H_2O	1,71—1,97
$HgCl_2$ . . .	0	SO_2	1,60—1,76
$HgBr_2$ . . .	0	H_2S	0,93—1,10
HgJ_2	0	NO_2	0,4—0,1

bei denen die Bestimmung des Dipolmoments benutzt wurde, um zu unterscheiden, ob es sich um lineare symmetrische Strukturen mit einem Dipolmoment von Null oder um nichtlineare Moleküle mit einem meßbaren Dipolmoment handelt.

Als Einheit benutzt man das Debye (D), das 10^{-18} e.s.E. entspricht. Wie bequem die Benutzung dieser Einheit ist, erkennt man, wenn man sich vergegenwärtigt, daß die Elektronenladung $4{,}8 \cdot 10^{-10}$ e.s.E. und die interatomaren Abstände in den Molekülen in der Größenordnung von 10^{-8} cm liegen. Der Bereich der in der Tabelle angegebenen Werte bringt die Abweichungen der Messungen mehrerer Beobachter zum Ausdruck. Das genaueste experimentelle Verfahren besteht in der Messung der Dielektrizitätskonstanten im Dampfzustand bei einer Reihe verschiedener Temperaturen. Andere, weniger genaue aber bequemere Verfahren erfordern nicht genau festzulegende Korrekturen.

Die obige Beweisführung für lineare Moleküle läßt sich auch auf andere Strukturen anwenden. Bei den unten angegebenen Daten (Tabelle 8) für vieratomige Moleküle handelt es sich beispielsweise um Werte für die Dipolmomente, die das Vorliegen einer symmetrischen

Tabelle 8.

Molekül	$\mu \cdot 10^{18}$	Molekül	$\mu \cdot 10^{18}$
NH_3	1,48	AsF_3	2,65
PH_3	0,55	$AsCl_3$	2,06
AsH_3	0,16	$AsBr_3$	1,60
PCl_3	0,85	AsJ_3	0,96
PBr_3	0,61		

ebenen Struktur ausschließen. So sind im Ammoniak das Stickstoffatom an der Spitze einer Pyramide und die drei Wasserstoffatome an den Ecken ihrer Grundfläche angeordnet. Die Komponenten der Dipolvektoren senkrecht zu der Ebene der Grundfläche heben sich nicht auf. Die anderen Moleküle besitzen eine ähnliche Pyramidenanordnung. Bei den Molekülen vom Typus AB_4 — z. B. CCl_4, $SiCl_4$, $SnCl_4$, $TiCl_4$, SiH_4, SiF_4 und $Ni(CO)_4$ — wurde in fast allen Fällen ein Dipolmoment von Null festgestellt, was zu der Annahme führt, daß es sich um tetraedrische Strukturen handelt, bei denen sich die einzelnen Dipole gegeneinander aufheben. Sehr viel hat man sich mit dem ziemlich verwickelten Problem von Dipolmomenten größerer organischer Verbindungen beschäftigt, mit dem Ziel, sowohl Valenzwinkel als auch Bindungsarten zu bestimmen; die Besprechung dieses Gebietes würde aber über den Rahmen des vorliegenden Buches hinausgehen.

Die Schlußfolgerungen hinsichtlich der Struktur der besprochenen Moleküle stimmen mit den Ergebnissen anderer Methoden, wie z. B. Elektronenbeugungsmessungen, überein. Abgesehen von dem Problem der Konfiguration tragen Messungen der Dipolmomente auch wesentlich zur Klärung der Frage von Bindungstypen bei. Daß die Behandlung dieser Fragen prinzipiell möglich ist, geht schon aus der Definition des Dipolmomentes hervor, das ja ein Produkt darstellt aus der Elektronenladung und einem Abstand, der nur im Falle einer reinen Elektrovalenzbindung dem interatomaren Abstand entspricht. Wenn beispielsweise ein Molekül wie HCl einen rein elektrovalenten Charakter besäße, so würde sich für das Dipolmoment als Produkt aus Elektronenladung

($4{,}8 \cdot 10^{-10}$ e. s. E.) und dem interatomaren Abstand nach Bestimmung aus dem Ultrarotspektrum ($1{,}28 \cdot 10^{-8}$ cm) ein Wert von $6{,}14 \cdot 10^{-18}$ (oder 6,14 D) ergeben. Der beobachtete Wert für das Dipolmoment liegt bei 1,04 D. Wenn man die tatsächliche Struktur des Moleküls als Kombination einer Ionen- und Kovalenzstruktur mit einem Dipolmoment von Null (was tatsächlich nicht ganz exakt ist) auffaßt, so kann man den Ionencharakter der Bindung durch das Verhältnis 1,04/6,14 ausdrücken oder zu 17% als elektrovalent annehmen. Nach diesem Näherungsverfahren wurden die im folgenden zusammengestellten Schätzwerte für den Ionencharakter von Bindungen ermittelt[6].

Tabelle 9.

Bindung	Bindungsmoment (D)	Ionencharakter %	Bindung	Bindungsmoment (D)	Ionencharakter %
H—F	1,91	43	Pb—Cl . . .	4,1	34
H—Cl . . .	1,04	17	Pb—Br . . .	4,0	31
H—Br . . .	0,78	11	Pb—J	3,4	25
H—J	0,38	5	Na—J	4,9	35
Ge—Cl . . .	2,0	19	K—Cl . . .	6,3	47
Ge—Br . . .	2,2	19	K—J	6,3	44
Sn—Cl . . .	3,1	27			

Magnetische Suszeptibilität und chemische Konstitution.

Magnetische Messungen bieten ein Mittel zum Nachweis des Vorhandenseins einfach besetzter Elektronenbahnen und sind daher für die Lösung von Problemen der Molekularstruktur und von Bindungstypen von Bedeutung. Bevor wir einen Überblick über einige Anwendungsmöglichkeiten derartiger Messungen geben, ist es erforderlich, uns mit den Beziehungen zwischen magnetischen Eigenschaften und Elektronenstruktur zu beschäftigen.

Wenn man eine Substanz in ein Magnetfeld der Feldstärke H Gauß bringt, entsteht durch Induktion in den vorhandenen Atomen und Molekülen eine Polarität. Wenn man die Stärke der induzierten Magnetisierung mit I bezeichnet, so ergibt sich für den gesamten Magnetfluß der Ausdruck $B = H + 4\pi I$. Den Quotienten $B/4$ ($= \mu$) bezeichnet man als die Permeabilität des Mediums, die Größe I/H ($= \kappa$) als seine Volumensuszeptibilität. Teilt man den Ausdruck für den Magnetfluß durch H, gelangt man zu der Gleichung $\mu = 1 + 4\pi\kappa$. Im Vakuum ist $B = H$: Es erfolgt keine induzierte Magnetisierung, und es ist die Suszeptibilität $\kappa = 0$. Sonst ist K entweder positiv — wobei man das Medium als paramagnetisch — oder negativ— wobei man es als diamagnetisch — bezeichnet. Bei der Behandlung chemischer Probleme interessiert mehr die magnetische Suszeptibilität eines Gramm-Mols als die je Kubikzentimeter. Für die molare Suszeptibilität ergibt sich der Ausdruck $\chi_M = \frac{M \cdot \kappa}{\varrho}$, in dem ϱ die Dichte bedeutet.

[6] Diese Daten sind einer Arbeit von Smyth in Frontiers of Chemistry, Bd. 5 (Interscience Publishers, New York 1948) entnommen.

Ein paramagnetischer Stoff vergrößert den magnetischen Fluß eines angelegten Feldes, während ein diamagnetischer eine Verringerung des Magnetflusses bewirkt. Zweckmäßigerweise wollen wir zunächst die Gründe für die Herabsetzung im Falle diamagnetischer Stoffe besprechen. Der Diamagnetismus beruht auf der Wechselwirkung zwischen dem angelegten Magnetfeld und den voll besetzten Elektronenbahnen der Atome des Mediums. Wir wollen an dieser Stelle nicht auf die physikalischen Einzelheiten eingehen, sondern nur festhalten, daß das Ergebnis dieser Wechselwirkung darin besteht, daß das durch Induktion in jedem einzelnen Atom des Mediums entstehende magnetische Feld entgegengesetzt gerichtet zu dem angelegten Feld ist und daß dadurch der Magnetfluß verringert wird. Die Größe der diamagnetischen Wirkungen ist nur gering. Sie ist nicht temperaturabhängig, da die Induktionswirkung ohne Rücksicht auf die Orientierung der Atome oder Moleküle zur Richtung des angelegten Feldes stets die gleiche ist.

Die Atome oder Moleküle einer paramagnetischen Substanz andererseits besitzen permanente magnetische Momente und zeigen daher die Neigung, sich nach dem angelegten Feld zu orientieren. Diese Orientierung wird durch Temperaturerhöhung gestört, der Paramagnetismus ist demzufolge temperaturabhängig. Es muß allerdings erwähnt werden, daß auch in paramagnetischen Stoffen die als Charakteristikum diamagnetischer Substanzen besprochene Induktion wirksam ist. Ihre Größe ist aber im Vergleich zu dem permanenten magnetischen Moment nur gering. Die beiden Wirkungen sind entgegengesetzt gerichtet, als Endergebnis zeigt sich aber stets, daß die gerichteten permanenten Momente den Magnetfluß des angelegten Feldes vergrößern und zu einem positiven Wert für die Suszeptibilität führen. Bei einer beschränkten Gruppe von Substanzen findet man eine andere Erscheinung, die als Ferromagnetismus bezeichnet wird und positive Werte für die Suszeptibilität ergibt. Diese sind im Vergleich zu denen paramagnetischer Stoffe sehr groß. Allgemein gesprochen entsteht der Ferromagnetismus aus der Orientierung ganzer Bereiche, von denen sich jedes wie ein Magnet verhält, so daß diese Erscheinung eigentlich nicht in unmittelbarer Beziehung zu dem in diesem Abschnitt besprochenen Gebiet steht. Bei tiefen Temperaturen entspricht das Verhalten paramagnetischer Stoffe dem Ferromagnetismus. Die Temperaturabhängigkeit der paramagnetischen Suszeptibilität ergibt sich aus dem empirischen CURIEschen Gesetz $\chi = C/T$ oder exakter nach der Beziehung von CURIE-WEISS $\chi = \frac{C}{T - \Delta}$, wobei C eine Konstante ist. Den Ausdruck Δ kann man durch die gegenseitige Wechselwirkung der Molekularmagnete erklären. Er hat die Dimension einer Temperatur und kann positiv oder negativ sein. Wenn er positiv ist, so gibt es einen bestimmten Wert für T, bei dem die Suszeptibilität sehr groß wird. Dieser Punkt wird als Curiepunkt bezeichnet und als die Temperatur definiert, bei der die molekulare Orientierung gegenüber der Wärmebewegung aufrechterhalten bleibt.

Man kann bei der Deutung des Paramagnetismus noch einen Schritt weitergehen. Ein Elektron, das auf seiner Bahn kreist oder sich um seine Achse dreht, ist ein kreisförmiger elektrischer Strom und erzeugt daher ein Magnetfeld mit dem Moment $\mu_e = \frac{h \cdot e}{4\pi \cdot m \cdot c}$. Bei einer doppelt besetzten Bahn wird dieses Moment aber durch das gleiche und entgegengesetzte Moment des zweiten Elektrons, das nach dem Pauliprinzip das entgegengesetzte Bahnmoment haben muß, aufgehoben. Die Elementarmagnete paramagnetischer Ionen und Moleküle sind mit der magnetischen Wirkung unpaariger Elektronen in dem paramagnetischen Atom oder Ion identisch. Daraus folgt, daß nur solche Atome oder Ionen, die unvollständige Elektronenschalen besitzen, paramagnetisch sind und daß das magnetische Moment paramagnetischer Ionen als ein Vielfaches der Einheit μ_e ausgedrückt werden kann. Diese Einheit, die unter dem Namen Bohrsches Magneton bekannt ist, hat den Wert 5564 Gauß·cm je Gramm Molekül.

Zur quantitativen Wiedergabe magnetischer Momente von paramagnetischen Ionen sind auf Grund ihrer Atomstruktur eine Reihe theoretischer Ausdrücke vorgeschlagen worden. So soll für die Übergangsmetalle der Ausdruck μ_A (= magnetisches Moment in Bohrschen Magnetonen) $= \sqrt{4\,S\,(S+1) + L\,(L+1)}$ weitgehend anwendbar sein, wobei S das Gesamtspin- (d. h. $2\,S$ = Zahl der unpaarigen Elektronen) und L das Gesamtbahnmoment ist. In diesem Falle ist jedoch der Beitrag des Bahnmomentes zu vernachlässigen, da bei den Ionen der Übergangsmetalle die unvollständig besetzten gleichzeitig die äußersten Schalen sind. Die Wechselwirkung anderer Ionen in Lösung oder in Kristallen reicht aus, die magnetischen Bahnmomente vollständig oder zum größten Teil auszugleichen, so daß man die magnetischen Momente angenähert nur durch Behandlung des Elektronenspins darstellen kann, also $u = 2\sqrt{S\,(S+1)}$. Die Verschiedenheit der magnetischen Momente, die bei fortlaufender Auffüllung der 3 d-Schale lediglich aus dem Spin berechnet sind, ist in Abb. 25 gezeigt, aus der auch die experimentell gefundenen magnetischen Momente für einige typische Verbindungen der Übergangsmetalle zu ersehen sind. Die betrachteten Verbindungen sind einfache Salze und Oxyde wie $CoCl_2$, $MnSO_4 \cdot 4\,H_2O$ und Cr_2O_3; bei den Komplexsalzen der Übergangselemente zeigt die magnetische Untersuchung, daß eine weitgehende Auffüllung der Elektronenschalen stattfindet, so daß Verbindungen wie Hexamminkobalt(III)-chlorid, $[Co(NH_3)_6]Cl_3$, und Kaliumcyanoferrat(II), $K_4[Fe(CN)_6]$, diamagnetisch sind. Die Besprechung dieser überraschenden Erscheinung erfolgt in einem späteren Abschnitt (S. 155), in dem die Konstitution der Komplexsalze behandelt wird.

Bei den Ionen der seltenen Erden rührt der Magnetismus von der Auffüllung der $4f$-Schale her. Da diese durch die $5s$- und $5p$-Schale abgeschirmt ist, so ergibt sich das magnetische Moment nicht durch Betrachtung des Gesamtpins allein. Es muß auch das Bahnmoment berücksichtigt werden. Die experimentell gefundenen Werte und die

Werte, die von VAN VLECK berechnet wurden, sind in Abb. 26 dargestellt. Die magnetischen Momente der Ionen der Aktiniden (vgl.

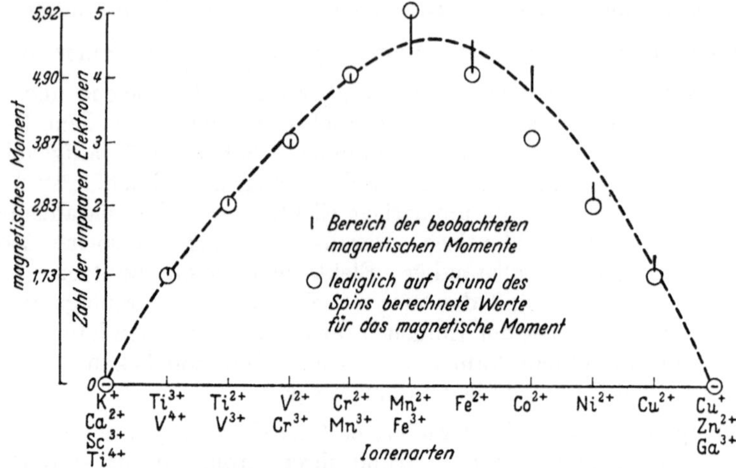

Abb. 25. Magnetische Momente in der Eisengruppe.

S. 381) sind weniger gut bekannt, scheinen aber den Ionen der seltenen Erden mit der entsprechenden Elektronenkonfiguration parallel zu gehen.

Der Anwendungsmöglichkeit magnetischer Messungen zur Bestimmung der Zahl der unpaarigen Elektronen sind, wie bereits erwähnt

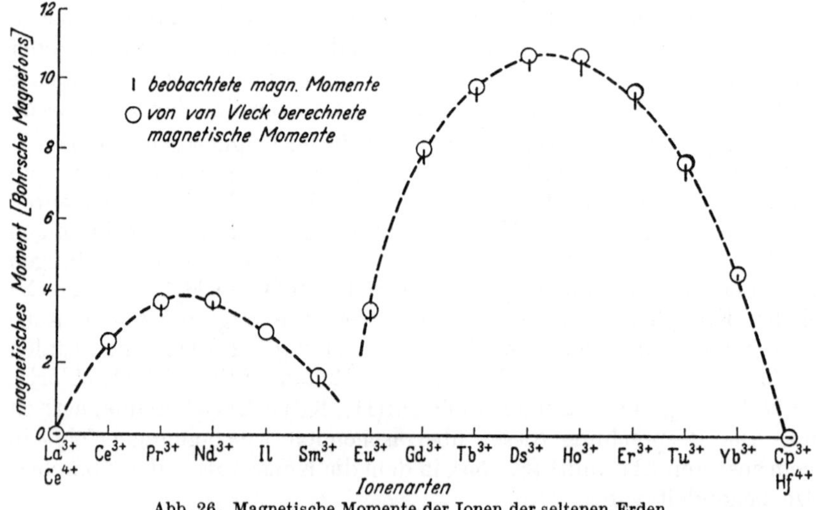

Abb. 26. Magnetische Momente der Ionen der seltenen Erden.

wurde, gewisse Grenzen gesetzt. Trotzdem hat sich das Verfahren in einer Reihe von Fällen als sehr nützlich erwiesen. Ein sehr einfaches Beispiel dafür sind die magnetischen Messungen an Kupfersalzen. Die Salze des einwertigen Kupfers sind diagmagnetisch, eine Bestätigung

Tabelle 10. *Übersichtstabelle.*

Magnetische Eigenschaft	Änderung mit der Temperatur	Ursache der Erscheinung	Die Erscheinung tritt auf bei	Beispiel	Größe der Erscheinung
Ferromagnetismus	Geht beim Curiepunkt in Paramagnetismus über	Parallele Anordnung der Molekülmagnete über mikroskopische Bereiche des festen Stoffes, z. B. über jede Kristalliteinheit	Metallen der Eisengruppe und einigen ihrer Verbindungen, HEUSLERschen Legierungen	Fe	Sehr groß $\chi \to \infty$
Ionischer Paramagnetismus	$\chi \sim \frac{1}{T}$ oder $\frac{1}{T - \Delta}$	Ein von unvollständigen Elektronenschalen herrührendes Spin- oder Spin-Bahnmoment	Ionen der Übergangsmetalle und seltenen Erden	Cu^{2+}, Co^{2+}, Nd^{3+}	Groß $\chi_A = 10^{-3}$ bis 10^{-2}
Metallischer Paramagnetismus	Temperaturunabhängig	Unkompensierte Spins der die metallische Leitfähigkeit bewirkenden Elektronen	Alkalimetallen, Cu, Ag usw., einigen Einlagerungscarbiden, -nitriden usw.	Na, Ag, TiN	Klein $\chi_M \approx 10^{-5}$
Diamagnetismus	Temperaturunabhängig	Wechselwirkung zwischen dem Magnetfeld und den abgeschlossenen Elektronenschalen	Ionen im Edelgaszustand. Komplexionen der Übergangsmetalle[7]	Na^+, Br^-, Cu^+, $[Co(NH_3)^6]^{3+}$, $[Fe(CN_6)]^{4-}$	Klein $\chi_A \approx -10^{-5}$ bis 10^{-6}
Restlicher Paramagnetismus	Temperaturunabhängig	Unkompensierter Paramagnetismus von Komplexionen	Mehratomigen Ionen (besonders Ionen von Sauerstoffsäuren) der Übergangselemente	MnO_4^-, MoO_4^{2-}	Klein $\chi_A \approx 10^{-5}$

[7] Für diese wird sich vielleicht bei genauen Messungen ein restlicher Paramagnetismus herausstellen.

dafür, daß Kupfer die Elektronenanordnung $d^{10}\,s$ besitzt und das einzelne s-Elektron zur Bildung von Kupfer(I)-Verbindungen benutzt wird. In den Salzen des zweiwertigen Kupfers, die paramagnetisch sind, dient ein zusätzliches Elektron zur Bindungsbildung, so daß für das Ion 9 d-Elektronen bleiben, von denen eines unpaarig sein muß.

An anderer Stelle wurden die sog. „Ungeraden Elektronenmoleküle" erwähnt, wofür Stickstoffmonoxyd ein ausgezeichnetes Beispiel ist. Das Molekül des Stickstoffmonoxyds enthält 15 Elektronen, so daß unmöglich alle paarig angeordnet sein können. Übereinstimmend damit ist Stickstoffmonoxyd paramagnetisch. Auch das NO_2-Molekül besitzt eine ungerade Zahl von Elektronen und ist paramagnetisch, während das dimere N_2O_4, wie zu erwarten, diamagnetisch ist. Ein anderes Beispiel für ein paramagnetisches Molekül mit einer ungeraden Elektronenzahl findet man im Chlordioxyd. Die Molekularsuszeptibilitäten dieser paramagnetischen Moleküle betragen etwa $1400 \cdot 10^{-6}$, der theoretische Wert für ein Einzelelektron mit ungekoppeltem Spin liegt bei $1300 \cdot 10^{-6}$ elektromagnetischen Einheiten.

Diese Erkenntnisse können gelegentlich von Wert sein, wenn es darauf ankommt, bei einer Verbindung zwischen der einfachen und verdoppelten Formulierung zu entscheiden. So besitzen beispielsweise Silber- und Natriumhypophosphat die Summenformeln Ag_2PO_3 bzw. $NaHPO_3$. Wenn dies die wahren Formeln für die beiden Moleküle wären, müßten die Verbindungen paramagnetisch sein. Tatsächlich haben sich nun aber beide Salze als diamagnetisch erwiesen, so daß man ihnen, übereinstimmend mit anderen Ergebnissen, die doppelte Formulierung $Na_2H_2P_2O_6$ und $Ag_4P_2O_6$ zuschreiben muß. Ebenso ist das FREMYsche Salz, eine gelbe Verbindung der Zusammensetzung $(KSO_3)_2NO$, im festen Zustand diamagnetisch, während das Molekül bei der einfachen Formulierung eine ungerade Elektronenzahl besitzt und demzufolge paramagnetisch sein müßte. Daher muß die Formel für den festen Zustand verdoppelt werden. Demgegenüber ist die Lösung des Salzes tiefblau gefärbt und paramagnetisch, was auf einen Dissoziationsvorgang hindeutet:

$$\underset{\substack{\text{gelb}\\ \text{diamagnetisch}}}{(KSO_3)_4N_2O_2} \rightleftharpoons \underset{\substack{\text{blau}\\ \text{paramagnetisch}}}{2\,(KSO_3)_2NO}$$

Sechstes Kapitel.

Koordinationsverbindungen und anorganische Stereochemie.

Einleitung.

In der Chemie der metallischen Elemente haben sich wenige Verallgemeinerungen als so fruchtbar erwiesen wie diejenigen, welche auf der Untersuchung von Komplexverbindungen beruhen; hiermit bezeichnet man Verbindungen, die durch stöchiometrische Vereinigung bereits abgesättigter, selbständig und unabhängig existenzfähiger Moleküle entstehen; als Beispiele für derartige Komplex- oder Molekülverbindungen seien die höchst charakteristischen Ammoniakate des dreiwertigen Kobalts genannt, z. B. $Co(NH_3)_6Cl_3$, sowie die zahlreichen komplexen Cyanide, z. B. $K_4Fe(CN)_6$ oder $4\ KCN \cdot Fe(CN)_2$, sowie die Alaune, z. B. $NH_4Al(SO_4)_2 \cdot 12\ H_2O$, und viele andere Doppelsalze.

Es ist nicht notwendig, die verschiedenen älteren Anschauungen über die Konstitution derartiger Komplexverbindungen zu betrachten, wie sie mit dem Namen BLOMSTRAND und JÖRGENSEN verknüpft sind, da die Koordinationstheorie von WERNER sich als umfassend erwiesen hat und sowohl auf chemischem als auch auf physikalischem Wege vollständig bestätigt werden konnte. Ohne Benutzung irgendeiner besonderen Theorie über die Valenz werden nach WERNER die neutralen Moleküle oder entgegengesetzt geladenen Ionen rund um ein Zentralion in der „ersten Sphäre" oder *Koordinationssphäre* gruppiert oder *koordiniert*. Die Zahl von Gruppen, welche derartig um ein Zentralion angeordnet werden können, nennt man die *Koordinationszahl*; sie ist eine charakteristische Eigenschaft des Ions. Im allgemeinen kann die Koordinationszahl nur solche Werte annehmen (2, 3, 4, 6, 8), die räumlich symmetrische Anordnungen zulassen; die Werte 6 und 4 treten am häufigsten auf. So sind im Hexamminkobalt(III)-chlorid sechs Ammoniakmoleküle um das Kobaltion koordiniert, wodurch ein neues *Komplexion* $[Co(NH_3)_6]^{3+}$ entsteht; das Chlor ist in „zweiter Sphäre" gebunden, d. h. es liegt nach den modernen Anschauungen als unabhängiges Anion vor. Das Cyanoferrat(II)-Anion $[Fe(CN)_6]^{4-}$ ist ein Beispiel für die Koordination negativer Ionen; in ihm sind sechs CN^--Ionen um ein zentrales Eisen(II)-Ion so koordiniert, daß ein komplexes Anion mit einer negativen Gesamtladung von 4 entsteht.

Eine große Zahl von Komplexverbindungen oder Doppelverbindungen fällt natürlich in den Rahmen dieser Art der Formulierung, bei der es sich, wie unten gezeigt werden soll, um eine definierte chemische Vereinigung zwischen den koordinierten Gruppen und dem Zentralatom handelt. Um den Ausdruck Komplexverbindungen abzugrenzen und eine falsche Anwendung zu vermeiden, ist es notwendig, diesen Begriff genauer zu definieren. Das Kennzeichen einer Komplexverbindung besteht darin, daß sie in Lösung in Form eines koordinierten Komplexes vorliegt. Die Röntgenuntersuchung von Kristallen hat gezeigt, daß das Kristallgitter in einigen Fällen Bausteine enthalten kann, die im chemischen Sinne nicht gebunden sind, die aber im stöchiometrischen Verhältnis zusammenkristallisieren und dabei ein neues Gitter bilden, das wahrscheinlich eine dichtere Struktur und eine geringere Gitterenergie besitzt als die einzelnen Bestandteile allein. Bei der Auflösung des Kristalls trennen sich die Bausteine voneinander und die stöchiometrische „Verbindung" hört auf zu bestehen. Derartige Substanzen, die eine einheitliche und stöchiometrisch kristalline Phase bilden, können als *Gitterverbindungen* bezeichnet werden; zu dieser Klasse gehören viele Verbindungen, die man nach der WERNERschen Theorie nur mit großen Schwierigkeiten erklären kann oder bei denen ungewöhnliche und unsymmetrische Koordinationszahlen auftreten würden. So bildet Cäsiumchlorid mit Kobaltchlorid ein Doppelsalz der Form Cs_3CoCl_5, in dem das Kobalt scheinbar die Koordinationszahl 5 besitzt, die außer in Kovalenzverbindungen (PCl_5, JF_5) und in dem vereinzelten Fall des Eisenpentacarbonyls, $Fe(CO)_5$, unbekannt ist. Die Kristallstruktur des Cs_3CoCl_5 zeigt indessen[1], daß in dem Gitter sowohl $CoCl_4^{2-}$ als auch Cl^--Anionen unabhängig voneinander vorkommen. In der Lösung gibt es keine Anzeichen für die Beständigkeit eines $CoCl_5^{3-}$-Anions; diese Verbindung muß man demnach als eine Gitterverbindung $Cs_2CoCl_4 + CsCl$ auffassen, die nur im festen Zustand beständig ist. Trotzdem scheint es nach der Kristallstruktur von $(NH_4)_3[ZrF_7]$[2] und $K_2[TaF_7]$[3] möglich zu sein, daß komplexe Anionen mit der Koordinationszahl 7 existenzfähig sind. Demgegenüber gehören aber die Alaune und andere Doppelsalze zur Klasse der Gitterverbindungen. Von der Kristallstruktur der Alaune weiß man, daß sie sich aus Alkalimetall-, $[Al(H_2O)_6]^{3+}$- und SO_4^{2-}-Ionen aufbaut, wobei die letzten beiden möglicherweise in der festen Phase durch weitere Wassermoleküle zusammengehalten werden, wie in einem späteren Abschnitt besprochen werden soll. In der Lösung ist aber jede Ionenart unabhängig beständig, das Ganze bildet also nur eine Gitterverbindung. Zu diesem Typ gehört eine große Zahl von Doppelsalzen und ebenso viele Additionsverbindungen, die neutrale Moleküle enthalten, z. B. die wasserreichen Hydrate vieler Alkalimetallsalze und ebenso viele organische Molekülverbindungen.

Der Unterschied zwischen den Gitterverbindungen und den echten Molekülkomplexen ist ziemlich gut an der Verschiedenheit der Eigenschaften zwischen dem braunen Rhodiumalaun $CsRh(SO_4)_2 \cdot 12\, H_2O$ und dem roten Doppelsulfat $Cs[Rh(SO_4)_2] \cdot 4\, H_2O$ zu ersehen, welches entsteht, wenn Lösungen des Alauns eingedunstet werden. Daß das letztere ein echtes komplexes Anion, $[Rh(SO_4)_2]^-$, enthält, erkennt man daran, daß seine Lösung mit Bariumchlorid keine sofortige Fällung ergibt, während der Alaun alle Reaktionen des Sulfations zeigt.

Bei den echten Komplexverbindungen, die auch in Lösung beständig sind, kann man deutlich zwei Grenztypen unterscheiden.

a) Verbindungen, wie die Ammoniakate von Metallsalzen — z. B. $CoCl_2 \cdot 6\, NH_3$ — die entweder im festen Zustand oder in Lösung rückläufig in ihre Komponenten dissoziieren, in denen also die Bestandteile nur lose aneinander gebunden sind. Diese werden von BILTZ[4] als *normale Komplexe* bezeichnet. In diese Gruppe kann man auch viele komplexe Anionen einreihen, bei denen eine ähnliche Dissoziation erfolgt, z. B.

$$\begin{array}{ccc} K_2[Cd(CN)_4] & \rightleftharpoons & 2\,KCN + Cd(CN)_2 \\ \updownarrow & & \updownarrow \\ 2\,K^+ + [Cd(CN)_4]^{2-} & & 2\,K^+ + 2\,CN^- + Cd^{2+} + 2\,CN^- \end{array}$$

b) Verbindungen, die keinen Anhalt für eine rückläufige Dissoziation bieten und in denen sich die Koordinationsbindung in ihrer Stärke und dem Vorhandensein ausgeprägter Richtungen nicht von einer normalen Kovalenzbindung unterscheidet. Beispiele für derartige Kom-

[1] POWELL u. WELLS: J. chem. Soc. 1935, 359.
[2] HAMPSON, G. C., u. L. PAULING: J. Amer. chem. Soc. 1938, **60**, 2702.
[3] HOARD, J. L.: J. Amer. chem. Soc. 1939, **61**, 1252.
[4] BILTZ, W.: Z. anorg. allg. Chem. 1927, **164**, 345.

plexe, die von BILTZ als *Durchdringungskomplexe*[5] bezeichnet werden, bieten das Hexamminkobalt(III)-Kation, $[Co(NH_3)_4]^{3+}$, und das Hexacyanoferrat(III)-Anion, $[Fe(CN)_4]^{4-}$. Offensichtlich handelt es sich bei dieser Einteilung mehr um Grenztypen als um eine scharfe Trennung in zwei verschiedene Gruppen. Einige Ausführungen über die relative Beständigkeit und die stufenweise Dissoziation einiger typischer Durchdringungskomplexe findet man an einer späteren Stelle dieses Kapitels.

Die Grundlagen der WERNERschen Theorie.

Wir wollen vorteilhafterweise zunächst die experimentellen Beweise der Koordinationstheorie etwas näher betrachten und uns dabei hauptsächlich auf die bei den Kobaltamminen gewonnenen Erkenntnisse beziehen. Bei Anwesenheit von Ammoniak und Ammoniumsalzen werden die Kobalt(II)-salze leicht durch Luftsauerstoff oxydiert und geben, je nach den Bedingungen, Mischungen von einer größeren Zahl ammoniakhaltiger Kobalt(III)-salze. Unter diesen kommt ein orangegelbes Salz vor, das als Luteokobalt(III)-chlorid bekannt ist und die Zusammensetzung $CoCl_3 \cdot 6\,NH_3$ hat. Beim Zusatz von Silbernitrat fällt sämtliches Chlor aus, und es bleibt in Lösung ein Nitrat der Zusammensetzung $Co(NO_3)_3 \cdot 6\,NH_3$. Wenn man das feste Chlorid mit konzentrierter Schwefelsäure behandelt, so wird aus dem Salz Salzsäure verdrängt, aber kein Ammoniak entfernt, und es bildet sich das entsprechende Sulfat, $Co_2(SO_4)_3 \cdot 12\,NH_3$; ebenso bewirkt konzentrierte Salzsäure bei 100° keine Zersetzung. Heiße Alkalien zersetzen die Verbindung unter Bildung von Co_2O_3, während feuchtes Silberoxyd eine Lösung einer starken, sehr gut löslichen Base ergibt, die Kohlendioxyd der Luft absorbiert und bei der Behandlung mit Säuren Salze mit der allgemeinen Formel $CoX_3 \cdot 6\,NH_3$ zurückbildet. Offensichtlich bleibt durch sämtliche Reaktionen hindurch eine beständige, fest gebundene Einheit, $[Co(NH_3)_6]^{3+}$, erhalten, und man muß daraus schließen, daß diese Einheit ein komplexes Kation bildet und daß man das Luteokobalt(III)-chlorid als $[Co(NH_3)_6]Cl_3$ formulieren muß; es wird in der Systematik als Hexamminkobalt(III)-chlorid bezeichnet. Übereinstimmend damit ergab sich für den VAN'T HOFFschen Koeffizienten i auf kryoskopischem Wege der Wert 3,9—4,2 und für die Äquivalentleitfähigkeit Λ_{1024} der Wert 432. Wie man aus dem Vergleich mit der Tabelle 1 ersehen kann, stimmt die letzte Zahl mit den Werten überein, die man für ein Salz erwarten sollte, das in vier Ionen dissoziiert.

Ein zweites Salz, das man durch Oxydation von Kobaltchlorid in Gegenwart von Ammoniak erhalten kann, ist die Verbindung $CoCl_3 \cdot 5\,NH_3 \cdot H_2O$, die schon lange unter dem Namen *Roseokobalt(III)-chlorid* bekannt ist. Aus dieser Verbindung können andere Salze dargestellt werden, z. B. ein Sulfat, $Co_2(SO_4)_3 \cdot 10\,NH_3 \cdot 5\,H_2O$, ein Chloroplatinat, $Co_2(PtCl_6)_3 \cdot 10\,NH_3 \cdot 8\,H_2O$ usw. Im Gegensatz zum Chlorid, das kein

---

[5] Der Ausdruck Durchdringungskomplex soll das ungewöhnlich kleine molekulare Volumen zum Ausdruck bringen, welches das Ammoniak in derartigen Verbindungen einnimmt (vgl. S. 154).

Tabelle 1.

Verdünnung	In zwei Ionen dissoziierende Salze			In drei Ionen dissoziierende Salze		
	$NaCl$ Λ	$KClO_3$ Λ	$AgNO_3$ Λ	$BaCl_2$ Λ	$MgBr_2$ Λ	K_2SO_4 Λ
128	113	122	126	224	215	246
256	115	125	128	237	223	257
512	117	126	130	248	230	265
1024	118	127	131	260	235	273

Verdünnung	In vier Ionen dissoziierende Salze			In fünf Ionen dissoziierende Salze	
	$AlCl_3$ Λ	$CeCl_3$ Λ	$K_3Fe(CN)_6$ Λ	$K_4Fe(CN)_6$ Λ	$[Pt(NH_3)_6]Cl_4$ Λ
128	342	366	372	432	—
256	371	381	397	477	433
512	393	393	418	520	485
1024	413	408	435	558	523

Wasser abgibt, verlieren diese Salze durch Entwässern bei Zimmertemperatur 3 bzw. 6 H_2O, woraus hervorgeht, daß in ihnen ein Molekül Wasser je Kobaltatom anders und fester gebunden ist als die übrigen. Da dieses Wassermolekül zusammen mit den 5 NH_3 in allen Salzen vorliegt, muß man schließen, daß es ein Bestandteil des komplexen Kations $\left[Co{(NH_3)_5 \atop H_2O}\right]^{3+}$ ist; dieses entspricht völlig dem Hexamminkobalt(III)-Kation, nur ist ein Ammoniakmolekül in der Koordinationsschale durch ein Wassermolekül ersetzt, so daß die Koordinationszahl 6 erhalten bleibt. Roseokobalt(III)-chlorid wird demnach als Aquopentamminkobalt(III)-chlorid bezeichnet. Diese Anschauung wird vollständig durch die chemischen Eigenschaften des Salzes bestätigt, da sämtliches Chlor sofort mit Silbernitrat gefällt werden kann und $\Lambda_{1024} = 394$ ist, woraus hervorgeht, daß das Salz in vier Ionen dissoziiert. Endlich besteht ein Unterschied zwischen dem Kristallwasser des Salzes, das über Schwefelsäure bei Zimmertemperatur leicht entfernt werden kann, und dem in dem Komplex gebundenen Wasser, das viel hartnäckiger festgehalten wird. Dieses letzte Wassermolekül kann zwar bei 100° auch noch entfernt werden, aber bei seiner Entfernung entsteht ein neues Salz mit anderen Eigenschaften.

Das Salz, das man durch Entwässerung von Aquopentamminkobalt(III)-chlorid bei 100° erhält, erweist sich als identisch mit Purpureokobalt(III)-chlorid, $CoCl_3 \cdot 5\,NH_3$, das man durch direkte Oxydation ammoniakalischer Kobaltsalze gewinnen kann. Es ist schon sehr früh beobachtet worden, daß sich in dieser Verbindung zwei Chloratome von dem dritten unterscheiden, da Silbernitrat in der Kälte nur zwei Chloratome fällt (Krok 1870); in der Lösung bleibt ein Salz zurück, dessen Chlor beim Kochen langsam gefällt wird. Dementsprechend bildet konzentrierte Schwefelsäure ein Sulfat, $CoClSO_4 \cdot 5\,NH_3$, das nicht mit Silbernitrat reagiert. Da die Äquivalentleitfähigkeit zeigt, daß das Purpureochlorid in drei Ionen dissoziiert, so wird das indifferente Verhalten des dritten Chloratoms offensichtlich dadurch hervorgerufen, daß es in den Komplex mit hineinbezogen ist; es entsteht so ein neues komplexes Kation, $\left[Co\begin{smallmatrix}(NH_3)_5\\Cl\end{smallmatrix}\right]^{2+}$, welches zu dem Hexamminkation $[Co(NH_3)_6]^{3+}$ dadurch in Beziehung steht, daß ein neutrales Ammoniakmolekül durch ein negatives Chlorion ersetzt ist, das nicht elektrolytisch abdissoziiert. Während die Koordinationszahl 6 erhalten bleibt, bewirkt der Eintritt eines negativen Ions in den koordinierten Komplex die Verminderung der gesamten Kationenladung um eine Einheit, so daß der gesamte Komplex zweiwertig wird. In der Systematik bezeichnet man diese Verbindungen nach der WERNERschen Nomenklatur als *Chloropentamminkobalt(III)-salze.*

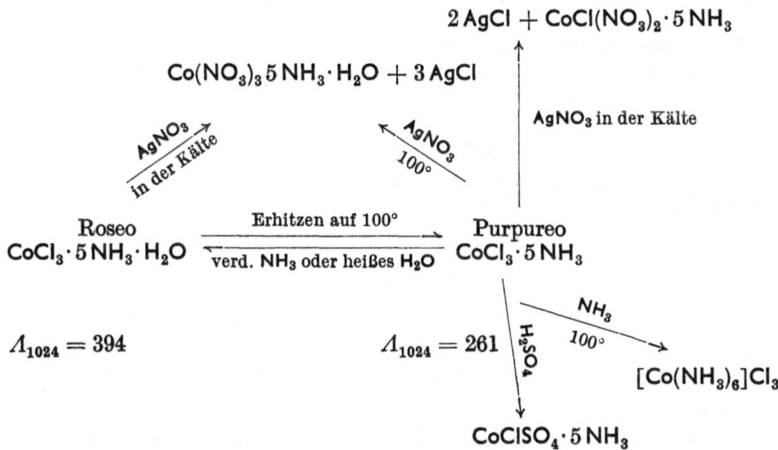

Das Chlorion innerhalb des Komplexes kann durch andere Anionen ersetzt werden, die ganz allgemein durch eine der beiden folgenden Reaktionen eingeführt werden können:

a) Ersatz des Wassers des entsprechenden Aquopentamminsalzes durch Erhitzen über 100°, z. B.

$$[Co(NH_3)_5H_2O](NO_3)_3 \rightarrow \left[Co\begin{smallmatrix}(NH_3)_5\\(NO_3)\end{smallmatrix}\right](NO_3)_2.$$

b) Aus Aquopentamminsalzen in schwach sauren Lösungen, besonders mit solchen Anionen, die eine starke Neigung zur Bildung von Komplexionen zeigen, z. B. CNS^-:

$$[Co(NH_3)_5H_2O]Cl_3 + KCNS \xrightarrow[\text{Lösung}]{\text{in essigsaurer}} [Co(NH_3)_5(CNS)]Cl_2 + KCl.$$

Ionisationsisomerie.

In einigen Fällen nehmen zweibasische Säureradikale nur eine Stelle in dem koordinierten Komplex ein. So erhält man bei der Einwirkung von konzentrierter Schwefelsäure auf Chloropentamminkobalt(III)-chlorid ein saures Sulfat der Zusammensetzung $CoSO_4 \cdot SO_4H \cdot 5\,NH_3 \cdot 2\,H_2O$, in der die Bisulfatgruppe allein leicht gegen andere Säuren ausgetauscht werden kann. Daraus ergibt sich die Formulierung $\left[Co\genfrac{}{}{0pt}{}{(NH_3)_5}{SO_4}\right]SO_4H \cdot 2\,H_2O$, die durch die Äquivalentleitfähigkeit des entsprechenden Bromids, $\Lambda_{1024} = 114$, aus der sich eine Dissoziation in nur zwei Ionen ergibt, erhärtet wird. Da die SO_4-Gruppe nur eine Koordinationsstelle besetzt und nicht ionisiert ist, so neutralisiert sie zwei Ionenladungen des Kobalts, wodurch der ganze Komplex einwertig wird.

Andere zweibasische Säuren können sich ähnlich verhalten. So entstehen bei der Einwirkung von Oxalsäure auf Aquopentamminkobalt(III)-salze eine Reihe von Oxalato-pentamminsalzen:

$$\left[Co\genfrac{}{}{0pt}{}{(NH_3)_5}{H_2O}\right]_2(SO_4)_3 + 2\,H_2C_2O_4 = \left[Co\genfrac{}{}{0pt}{}{(NH_3)_5}{C_2O_4}\right]_2(SO_4) + 2\,H_2SO_4 + 2\,H_2O.$$

Das Vorkommen derartiger Salze eröffnet die Möglichkeit einer neuen Art von Isomerie, welche tatsächlich auftritt und von WERNER als *Ionisationsisomerie* bezeichnet wurde. So ist das rotviolette Sulfatopentamminbromid $\left[Co\genfrac{}{}{0pt}{}{(NH_3)_5}{SO_4}\right]Br$ ein Ionisationsisomeres des violetten Bromo-pentamminsulfats $\left[Co\genfrac{}{}{0pt}{}{(NH_3)_5}{Br}\right]SO_4$.

Salzisomerie.

Eine zweite wichtige Art von Isomerie tritt in der Reihe der Acidopentammine auf und wird als *Salzisomerie* bezeichnet; sie beruht darauf, daß isomere Formen des in dem Komplex gebundenen Säureradikals auftreten können.

Die Oxydation von ammoniakalischem Kobaltsulfat mit nitrosen Gasen führt zur Bildung eines gelbbraunen Salzes, des Xanthokobalt(III)-sulfats, $Co(NO_2)SO_4 \cdot 5\,NH_3$, das gegenüber Mineralsäuren beständig ist und durch verdünnte Salpetersäure in das Nitrat $Co(NO_2)(NO_3)_2 \cdot 5\,NH_3$ umgewandelt wird. Das entsprechende Chlorid zeigt eine Leitfähigkeit $\Lambda_{1024} = 240$ und dissoziiert demnach in drei Ionen, woraus sich ergibt, daß die Xanthokobalt(III)-verbindungen Salze eines komplexen Kations $\left[Co\genfrac{}{}{0pt}{}{(NH_3)_5}{NO_2}\right]$ sind, welches eine beständige — NO_2-Gruppe enthält.

Ein isomeres Salz kann man durch Behandlung einer neutralen Lösung von Aquopentamminkobalt(III)-chlorid mit Natriumnitrit darstellen. Man erhält auf diese Weise ein rötlich-chamoisfarbenes Chlorid, $Co(NO_2)Cl_2 \cdot 5\,NH_3$, von dem man durch Zusatz von Ammoniumnitrat ein scharlachrotes Nitrat, $Co(NO_2)(NO_3)_2 \cdot 5\,NH_3$ fällen kann. Daß diese Verbindungen ebenfalls Salze des Kations $\left[Co\genfrac{}{}{0pt}{}{(NH_3)_5}{NO_2}\right]$ sind, wird durch die Äquivalentleitfähigkeit des Chlorids, $\Lambda_{1024} = 258$, bestätigt. Die roten Salze sind indessen unbeständig und werden durch Einwirkung warmer Mineralsäuren sofort, in wäßriger Lösung oder im festen Zustand langsamer in Salze der Xanthoreihe umgewandelt. Die Beziehungen zwischen diesen beiden Reihen sind in dem folgenden Schema zusammengestellt:

$$CoSO_4 + NH_3 + N_2O_3 \longrightarrow \left[Co{(NH_3)_5 \atop NO_2}\right]SO_4$$

$$\left[Co{(NH_3)_5 \atop Cl}\right]Cl_2 \xrightarrow{\text{verd. } NH_3} \left[Co{(NH_3)_5 \atop H_2O}\right]Cl_3$$

$NaNO_2 +$ verd. HCl ↙ ; ↘ $NaNO_2 +$ konz. HCl ; ↓ $BaCl_2$

$$\left[Co{(NH_3)_5 \atop NO_2}\right]Cl_2 \xrightarrow[\text{oder spontan}]{\text{warme Mineralsäure}} \left[Co{(NH_3)_5 \atop NO_2}\right]Cl_2$$

↓ NH_4NO_3 ; ↓ HNO_3

$$\left[Co{(NH_3)_5 \atop NO_2}\right](NO_3)_2 \qquad \left[Co{(NH_3)_5 \atop NO_2}\right](NO_3)_2$$

scharlachrot; unbeständig — gelb braun; beständig

Die einzige Isomeriemöglichkeit liegt in der — NO_2-Gruppe, die — wie in den organischen Estern der salpetrigen Säure und den Nitroverbindungen — entweder als — O—N=O oder als — $N{\nearrow O \atop \searrow O}$ reagieren kann. Bei den anorganischen Nitriten ist eine derartige Isomerie nicht bekannt. Die Xanthosalze bilden die beständigeren Reihen; sie sind gelb gefärbt, wie das Hexamminkobalt(III)-Kation, in dem nur Stickstoffatome an das Kobalt gebunden sind. Aquopentamminkobalt(III)-chlorid, $\left[Co{(NH_3)_5 \atop H_2O}\right]Cl_3$, und Nitratopentamminkobalt(III)-chlorid, $\left[Co{(NH_3)_5 \atop ONO}\right]Cl_2$, in denen beiden das Kobalt zweifellos an ein Sauerstoffatom gebunden ist, sind rot gefärbt. So werden sowohl auf Grund der Farbe als auch auf Grund der Beständigkeit die roten Salze als *Nitritopentamminsalze*, $\left[Co{(NH_3)_5 \atop ONO}\right]X_2$, und die Xanthosalze als *Nitropentammine*, $\left[Co{(NH_3)_5 \atop NO_2}\right]X_2$, betrachtet. In allen Fällen sind die Nitroverbindungen die beständigeren Isomeren.

Das Auftreten von Salzisomerie sollte man auch bei den Rhodanidverbindungen erwarten, in denen entweder das echte Rhodanidion — S—C≡N oder das Isorhodanidion — N=C=S enthalten sein kann. Eine derartige Isomerie tritt jedoch nicht auf, obgleich von beiden Typen Verbindungen bekannt sind. In den Kobaltamminen liegt die Gruppe stets unveränderlich in der Isorhodanidform vor, da bei der hydrolytischen Oxydation mit Chlor der Stickstoff weiter an dem Kobaltatom gebunden bleibt, und zwar in Form eines Ammoniakmoleküls:

$$\left[Co{(NH_3)_5 \atop H_2O}\right]Cl_3 \xrightarrow[\text{Essigsäure}]{KCNS +} \left[Co{(NH_3)_5 \atop NCS}\right]Cl_2 \xrightarrow{Cl_2} [Co(NH_3)_6]Cl_3 + CO_2 + H_2SO_4\,.$$

In den Chromverbindungen andererseits liegt die normale Rhodanidgruppe vor, da durch eine ähnliche Behandlung das —SCN in dem Komplex durch — Cl ersetzt wird:

$$\left[Cr{(NH_3)_5 \atop SCN}\right] \xrightarrow{Cl_2} \left[Cr{(NH_3)_5 \atop Cl}\right]Cl_2 + NH_3 + CO_2 + H_2SO_4\,.$$

Disubstituierte Komplexe.

In Übereinstimmung mit der WERNERschen Vorstellung von der Gleichwertigkeit der Koordinationsstellen hat sich gezeigt, daß Komplexionen vom Typus $[CoA_5B]$, in denen A z. B. NH_3 und B entweder ein neutrales Molekül, wie H_2O, oder ein Säureradikal ist, nur in einer Form vorkommen, wenn nicht gerade Salzisomerie vorliegt. Die Substitution einer 2. Gruppe, die zu einem Komplex vom Typus $[CoA_4XY]$ führt, ergibt die Möglichkeit des Auftretens von *Stereoisomerie*, wobei aus der Zahl der gebildeten Isomeren die räumliche Anordnung der Gruppen hervorgehen müßte. Von den drei möglichen Anordnungen der sechs äquivalenten Punkte (Abb. 27) sollte sowohl die ebene, seckseckige (1) als auch die trigonale prismatische (2) Anordnung zu drei Isomeren des

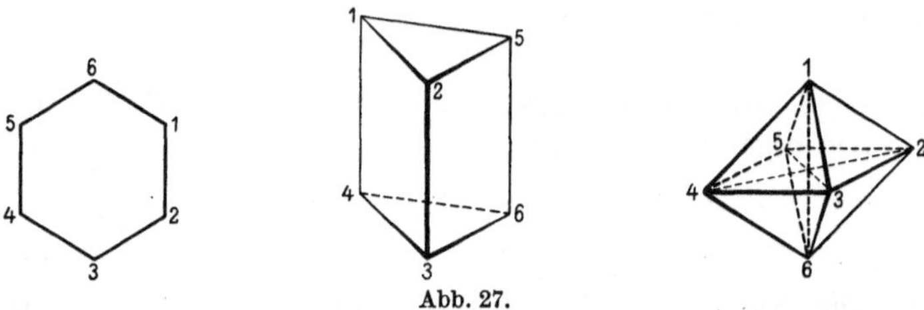

Abb. 27.

$[CoA_4XY]$-Komplexes führen, in dem X und Y die relativen Stellungen 1,2, 1,3 bzw. 1,4 einnehmen. Eine regelmäßige oktaedrische Anordnung (3) liefert zwei disubstituierte Produkte — 1,2 und 1,6 — und nur zwei dreifach substituierte Formen $[CoA_3X_3]$ (Abb. 28). Die experimentellen Untersuchungen zeigen in jedem Fall das Auftreten von je zwei stereoisomeren Formen und bestätigen vollauf die WERNERsche Theorie der oktaedrischen Anordnung des sechsfach koordinierten Komplexes:

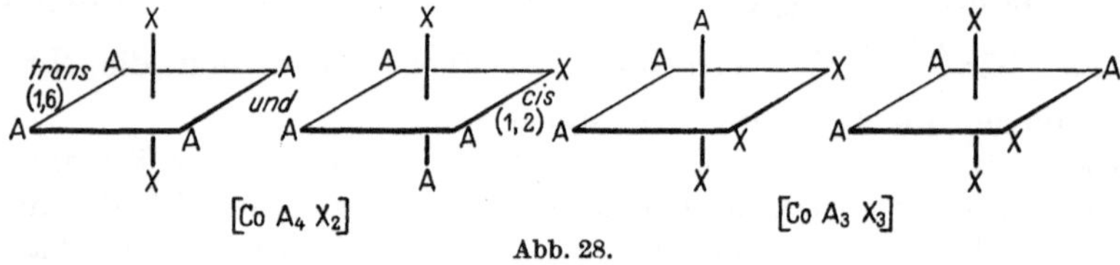

Abb. 28.

Cis-trans-Isomerie in Diacido-tetramminkomplexen.

Die Oxydation von Kobalt(II)-salzen in Gegenwart von Ammoniumcarbonat führt zur Entstehung eines Salzes, das nach seinen Reaktionen ein Carbonato-tetramminkobalt(III)-salz, $\left[Co{(NH_3)_4 \atop CO_3}\right]X$, ist; dieses Salz reagiert leicht mit Säuren, wobei die Carbonato-Gruppe durch andere Säureradikale ersetzt wird:

$$[Co(NH_3)_4CO_3]NO_3 + 2HX \rightarrow [Co(NH_3)_4X_2]NO_3 + H_2O + CO_2 .$$

Auf diese Weise wird durch die Einwirkung von salpetriger Säure ein gelbbraunes Salz, $[Co(NH_3)_4(NO_2)_2]NO_3$, das Flavokobalt(III)-nitrat gebildet, das eine Äquivalentleitfähigkeit, Λ_{1024} von 101 besitzt. Ein isomeres Salz, das Croceokobalt(III)-nitrat, entsteht bei der Oxydation von Kobalt(II)-Salzen in Gegenwart von Natriumnitrit oder bei der Einwirkung von Natriumnitrit und Essigsäure auf $[Co(NH_3)_5NO_2](NO_3)_2$. Dieses Croceosalz ist gelborange gefärbt; Λ_{1024} beträgt 88. Daß sowohl das Flavo- als auch das Croceosalz Nitroverbindungen sind, ergibt sich aus ihrer Beständigkeit gegenüber Säuren. Da beide Salze in zwei Ionen dissoziieren, müssen daher ihre Unterschiede durch Stereoisomerie bedingt sein.

Dieselbe Art von Isomerie zeigt sich bei den Dinitro-diäthylendiamin-kobalt(III)-salzen, aus deren Reaktionen hervorgeht, daß man bei allen disubstituierten Komplexen zwei isomere Reihen darstellen kann. Äthylendiamin,

$$NH_2\cdot CH_2CH_2\cdot NH_2 \text{ (abgekürzt en)},$$

kann bei der Komplexbildung die Stelle von zwei Molekülen Ammoniak einnehmen; seine Komplexverbindungen ähneln weitgehend den Amminen. Im allgemeinen wird durch die Einführung von Äthylendiamin die Beständigkeit der Verbindungen vergrößert. Die Beziehungen zwischen den stereoisomeren Verbindungsreihen gehen aus dem folgenden Reaktionsschema hervor:

$\left[Co\begin{matrix}en_2\\(NO_2)_2\end{matrix}\right]X$ *braun, Flavoreihe*

↓ konz. HNO_3

$\left[Co\begin{matrix}en_2\\(NO_3)_2\end{matrix}\right]NO_3$ $\left[Co\begin{matrix}en_2\\(CO_3)\end{matrix}\right]NO_3$

↓ H_2O in der Wärme (links); ↙ verd. HNO_3 (aus dem Carbonatosalz)

$\left[Co\begin{matrix}en_2\\(H_2O)_2\end{matrix}\right](NO_3)_3$ *leuchtend rot* $\xrightarrow{KOH}$ $\left[Co\begin{matrix}en_2\\(H_2O)\\OH\end{matrix}\right](NO_3)_2$ $\xrightarrow[HNO_3]{verd.}$ $\left[Co\begin{matrix}en_2\\(H_2O)_2\end{matrix}\right](NO_3)_3$ *rötlichbraun*

↓ $NaNO_2 + AcOH$ (beide Seiten)

$\left[Co\begin{matrix}en_2\\(ONO)_2\end{matrix}\right]NO_3$ *rotbraun, Nitritoverbindung* $\left[Co\begin{matrix}en_2\\(ONO)_2\end{matrix}\right]NO_3$ *gelbrot, Nitritoverbindung*

↓ ↓

$\left[Co\begin{matrix}en_2\\(NO_2)_2\end{matrix}\right]NO_3$ *braun, Flavoreihe* $\left[Co\begin{matrix}en_2\\(NO_2)_2\end{matrix}\right]NO_3$ *gelb, Croceoreihe*

Die Bestimmung der Konfiguration.

Die Bestimmung der Konfiguration stereoisomerer Reihen beruht auf der Tatsache, daß Gruppen mit zwei Funktionen, wie Äthylendiamin oder das Oxalation (die von G. T. Morgan nach dem griechischen χηλή, Krebsschere, als Chelatgruppen bezeichnet werden), aus Erwägungen über Molekulargrößen nur *cis*- oder 1,2-Stellungen umfassen können.

Wenn man annimmt, daß während der Reaktion keine intramolekulare Änderung in der Konfiguration erfolgt, so muß demnach das Isomere, welches mit einer Chelatgruppe reagieren kann oder das durch Ersatz einer derartigen Gruppe gebildet wird, zur *cis*-Reihe gehören.

Die Anwendung dieser Überlegungen auf die isomeren Dichlorotetramminkobalt(III)-salze ist in den folgenden Reaktionsreihen zusammengefaßt:

$$\left[Co\begin{matrix}(NH_3)_4\\ CO_3\end{matrix}\right]Cl \xrightarrow{\text{verd. } HCl} \left[\begin{matrix}(NH_3)_4\\ Co(H_2O)\\ Cl\end{matrix}\right]Cl_2$$

$\downarrow$ verd. H_2SO_4 $\qquad\qquad$ $\downarrow$ $H_2SO_4 + HCl$

$$\left[Co\begin{matrix}(NH_3)_4\\ (H_2O)_2\end{matrix}\right](SO_4)_{1\cdot 5} \xrightarrow[HCl]{\text{konz. } H_2SO_4 +} \left[Co\begin{matrix}(NH_3)_4\\ Cl_2\end{matrix}\right]SO_4H$$

$\downarrow$ NH_3 $\qquad\qquad$ $\downarrow$ $BaCl_2$

$$\left[\begin{matrix}(NH_3)_4\\ Co(H_2O)\\ OH\end{matrix}\right]SO_4 \qquad\qquad \left[Co\begin{matrix}(NH_3)_4\\ Cl_2\end{matrix}\right]Cl$$

grün, Praseosalz

trans-Reihe

$\downarrow$ Erhitzen auf 100°

$$\left[(NH_3)_4Co\begin{matrix}OH\\ OH\end{matrix}Co(NH_3)_4\right](SO_4)_2$$

$\downarrow$ konz. HCl, —12°

konz. HCl, langsame Umwandlung (→ *trans*-Reihe)

$$\left[Co\begin{matrix}(NH_3)_4\\ (H_2O)_2\end{matrix}\right]Cl_3 + \left[Co\begin{matrix}(NH_3)_4\\ Cl_2\end{matrix}\right]Cl \xrightarrow{H_2O} \left[\begin{matrix}(NH_3)_4\\ Co(H_2O)\\ Cl\end{matrix}\right]Cl_2$$

blauviolett, Violeosalz

konz. HCl, —180° (vom Carbonatosalz)

cis-Reihe

In diesem Falle handelt es sich bei der Bestimmung der Konfiguration um den zweikernigen Komplex $\left[(NH_3)_4Co\begin{matrix}OH\\ OH\end{matrix}Co(NH_3)_4\right](SO_4)_2$. Genau wie bei den Aquopentamminsalzen der Verlust von Wasser zum Eintritt eines Säureradikals in den koordinierten Komplex führt, entsteht durch die Entwässerung eines *cis*-Hydroxo-aquosalzes, wie $\left[\begin{matrix}(NH_3)_4\\ Co(H_2O)\\ OH\end{matrix}\right]SO_4$, ein mehrkerniger Komplex. Wir können annehmen, daß das so gebildete *Diol-octammin-dikobalt(III)-sulfat* eine ganze analoge Konstitution besitzt wie die Äthylendiaminverbindungen und daß der Rest $(NH_3)_4Co\begin{matrix}OH\\ OH\end{matrix}$ als Chelatgruppe wirkt und zwei Koordinationsstellen um das zweite Kobaltatom besetzt. Prinzipiell unterscheidet sich diese Gruppe nicht von einer der anderen schon besprochenen Chelatgruppen, so daß das Violeochlorid, das man durch Spaltung des zweikernigen Komplexes erhält, zu der *cis*-Reihe gehören muß. Die Beobachtung ist wichtig, daß die Einwirkung von konzentrierter Salzsäure auf Carbonatotetramminkobalt(III)-chlorid, außer unter extremen Bedingungen, eine Änderung der Konfiguration herbeiführt; alkoholische Salzsäure ergibt eine Mischung von Violeo- und Praseochlorid, während das Violeochlorid selbst in Gegenwart von Salzsäure einer langsamen Umwandlung in die Praseoverbindung unterliegt.

Die Gültigkeit dieser stereochemischen Ableitungen von der Oktaedertheorie ist nicht auf das Kobalt beschränkt, wie ihre Erweiterung auch auf isomere Reihen der sechsfach koordinierten Verbindungen des Chroms, Platins und Iridiums zeigt. Bei den Reaktionen dieser Verbindungen findet man dieselben Verhältnisse der *cis-trans*-Isomerie, wie sie für die Kobaltammine beschrieben wurden.

So werden bei der Einwirkung von Äthylendiamin auf Kaliumrhodanochromat(III) zwei Verbindungen mit der Zusammensetzung $Cr\left[\begin{smallmatrix}en_2\\(SCN_2)\end{smallmatrix}\right]CNS$ gebildet, die auf Grund der unten angegebenen Reaktionsfolgen zu den *cis*- bzw. *trans*-Reihen gehören[6].

$[Cr(SCN)_6]K_3$ —en→ $\left[Cr\begin{smallmatrix}en_2\\(SCN)_2\end{smallmatrix}\right]SCN$ *rötlichorange* (cis) und —en→ $\left[Cr\begin{smallmatrix}en_2\\(SCN)_2\end{smallmatrix}\right]SCN$ *gelborange* (trans)

$[Cr\,en_3](SCN)_3$ —Erhitzen→ $\left[Cr\begin{smallmatrix}en_2\\(SCN)_2\end{smallmatrix}\right]SCN$ *gelborange*

cis: $\left[Cr\begin{smallmatrix}en_2\\(SCN)_2\end{smallmatrix}\right]SCN$ *rötlichorange* —Cl_2↓ ↑KCNS— $\left[Cr\begin{smallmatrix}en_2\\Cl_2\end{smallmatrix}\right]Cl$ *violett*

trans: $\left[Cr\begin{smallmatrix}en_2\\(SCN)_2\end{smallmatrix}\right]SCN$ *gelborange* —Cl_2↓— $\left[Cr\begin{smallmatrix}en_2\\Cl_2\end{smallmatrix}\right]Cl$ *grün*

$[Cr\,en_3]Cl_3$ —Erhitzen→ $\left[Cr\begin{smallmatrix}en_2\\Cl_2\end{smallmatrix}\right]Cl$ *violett*

$\left[Cr\begin{smallmatrix}en_2\\Cl_2\end{smallmatrix}\right]Cl$ *violett* —Eindampfen mit $HgCl_2$→ $\left[Cr\begin{smallmatrix}en_2\\Cl_2\end{smallmatrix}\right]Cl$ *grün*

$\left[Cr\begin{smallmatrix}en_2\\Cl_2\end{smallmatrix}\right]Cl$ *violett* —$K_2C_2O_4$→ $\left[Cr\begin{smallmatrix}en_2\\C_2O_4\end{smallmatrix}\right]Cl$

$\left[Cr\begin{smallmatrix}en_2\\Cl_2\end{smallmatrix}\right]Cl$ *grün* —$K_2C_2O_4$→ keine Bildung eines Oxalatosalzes

violett —HO↓ ↑Erhitzen— $\left[Cr\begin{smallmatrix}en_2\\(H_2O)_2\end{smallmatrix}\right]Cl_3$ *orangerot*

grün ↓↑ $\left[Cr\begin{smallmatrix}en_2\\(H_2O)_2\end{smallmatrix}\right]Cl_3$ *bräunlichorange* —spontane Umwandlung in Lösung→ $\left[Cr\begin{smallmatrix}en_2\\(H_2O)_2\end{smallmatrix}\right]Cl_3$ *orangerot*

orangerot —Pyridin↓ ↑HCl— $\left[\begin{smallmatrix}en_2\\Cr(H_2O)\\OH\end{smallmatrix}\right]Cl_2$ *weinrot* —Erhitzen↓— $\left[en_2\,Cr\begin{smallmatrix}OH\\OH\end{smallmatrix}Cr\,en_2\right]Cl_4$ —HCl→ *violett*

bräunlichorange —Pyridin↓ ↑HCl— $\left[\begin{smallmatrix}en_2\\Cr(H_2O)\\OH\end{smallmatrix}\right]Cl_2$ *fleischfarben* —Erhitzen↓— Keine Bildung eines Diolsalzes

cis-Reihe ***trans-Reihe***

Man sieht, daß die tiefer gefärbte Reihe sowohl zur Entstehung des Diol-mehrkernigen Salzes als auch zu einem Oxalatderivat führt. Daraus geht unzweideutig hervor, daß es sich bei dieser Reihe um 1,2-Verbindungen handelt. Gleichzeitig ergibt sich die Möglichkeit zur Beobachtung eines Konfigurationswechsels. Man sieht, daß sich das *trans*-Diaquosalz in Lösung freiwillig in die *cis*-Verbindung umwandelt und

[6] PFEIFFER: Ber. dtsch. chem. Ges. 1904, **37**, 4205.

daß beim Eindampfen des *cis*-Dichlorokomplexes mit Quecksilber(II)-chlorid die entgegengesetzte Umwandlung erfolgt. Dieser Wechsel kommt zweifellos durch die große Unlöslichkeit des *trans*-Dichloro-diäthylendiaminchrom(III)-quecksilber(II)-chlorids zustande. In Abwesenheit von Quecksilberchlorid können die beiden Dichlorokomplexe mit Salzsäure oder im festen Zustand auf 160° erhitzt werden, ohne daß ein Anzeichen einer gegenseitigen Umwandlung zu bemerken ist. Interessant sind auch die verschiedenen Möglichkeiten bei der Entfernung von Äthylendiamin aus dem Triäthylendiamin-chrom(III)-chlorid bzw. -rhodanid.

Triacido-triamminkomplexe.

In den vorhergehenden Abschnitten wurden die Acidopentammin- und die Diacido-tetramminverbindungen besprochen. Wenn nun ein drittes Säureradikal an Stelle eines Ammoniakmoleküls in den Koordinationskomplex eingeführt wird, so muß offensichtlich eine nichtdissoziierbare Verbindung entstehen. Dies ist auch tatsächlich der Fall. Eins der Produkte, die man durch Oxydation von Kobalt(II)-salzen in Gegenwart von Ammoniak und Natriumnitrit erhält, ist eine gelbbraune, wenig lösliche Verbindung, welche das Trinitrotriamminkobalt, $\left[Co{(NH_3)_3 \atop (NO_2)_3}\right]$, darstellt. In Übereinstimmung mit dieser Formel ist dieser Stoff gegen Essigsäure beständig und zeigt in wäßriger Lösung eine Äquivalentleitfähigkeit $\Lambda_{1024} = 1{,}6$. Selbst dieses geringe elektrische Leitvermögen kann durch Verunreinigungen mit irgendwelchen Elektrolyten verursacht sein. Man kann auch Verbindungen darstellen, die in dem Komplex an Stelle der Nitrogruppe andere Säureradikale enthalten; auch diese erweisen sich in allen Fällen als Nichtelektrolyte.

Nach der Oktaedertheorie sollen derartige trisubstituierte Komplexe in zwei geometrisch isomeren Formen vorkommen können. Man weiß, daß dies auch in einigen Fällen so ist, wenn auch die Konfiguration der Isomeren nicht immer mit Sicherheit bestimmt werden konnte.

$$\left[Co{(NH_3)_3 \atop (NO_2)_3}\right] \xrightarrow{HCl} \underset{(I)}{\left[\begin{matrix}(NH_3)_3\\ Co(H_2O)\\ Cl_2\end{matrix}\right]Cl} \xrightarrow{H_2C_2O_4} \underset{(II)\ \textit{indigoblau}}{\left[\begin{matrix}(NH_3)_3\\ CoC_2O_4\\ Cl\end{matrix}\right]}$$

$$\xrightarrow{H_2O} \underset{(III)}{\left[\begin{matrix}(NH_3)_3\\ CoC_2O_4\\ H_2O\end{matrix}\right]Cl} \xrightarrow{NH_3} \left[\begin{matrix}(NH_3)_3\\ CoC_2O_4\\ OH\end{matrix}\right] \xrightarrow{HCl} \underset{(IV)\ \textit{rotviolett}}{\left[\begin{matrix}(NH_3)_3\\ CoC_2O_4\\ Cl\end{matrix}\right]}$$

Wenn Trinitrotriamminkobalt mit Salzsäure behandelt wird, so entsteht eine tiefblaue, stark lichtbrechende Verbindung (I), aus der man eine indigoblaue Oxalatoverbindung (II) darstellen kann und die, wie andere Chloroverbindungen, in Lösung einer Hydratation unterliegt (die man häufig als Aquotisation bezeichnet) (III). Aus der Aquo-oxalatoverbindung (III) kann man eine Chloro-oxalatoverbindung (IV) zurückgewinnen, wobei das so dargestellte Salz aber rotviolett gefärbt und isomer mit (II) ist. Nach WERNER ist die Dichloroverbindung (I) die *trans*-Form, woraus sich die Konfiguration des tiefblauen Chloro-oxalatosalzes ergibt.

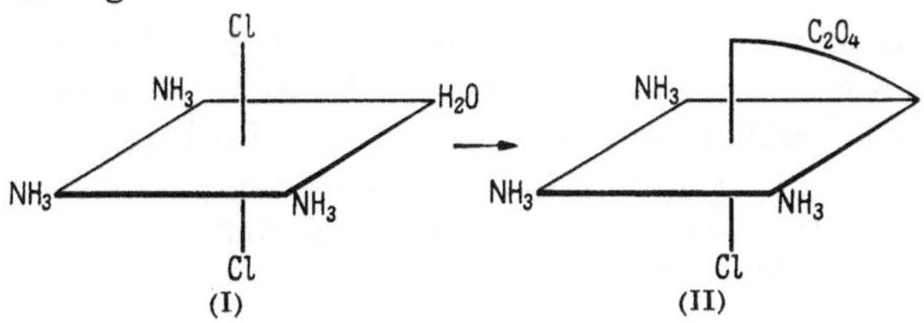

Innere Komplexsalze.

Die eben betrachteten nichtelektrolytischen Komplexe entstehen, wenn die gleiche Zahl von Neutralgruppen und Anionen an ein Metallion gebunden sind. Wenn die Neutralgruppe und das Säureradikal in demselben Molekül vereinigt sind — wie es z. B. beim Glycin, $NH_2 \cdot CH_2COOH$, der Fall ist — dann zeigen die so gebildeten Verbindungen eine außerordentlich große Beständigkeit; in Wasser sind sie meist wenig, in organischen Lösungsmitteln hingegen sehr gut löslich. Derartige komplexe Nichtelektrolyte bezeichnet man als *innere Komplexsalze.* Solche Verbindungen spielen eine Rolle bei vielen spezifischen analytischen Reagenzien, bei den Beizenfarbstoffen und vielen anderen Reaktionen; sie besitzen daher eine große praktische Bedeutung.

Kobaltoxyd reagiert mit Glycinlösungen und bildet dabei eine Mischung von zwei Verbindungen, welche die Zusammensetzung $[Co(NH_2 \cdot CH_2COO)_3]$ besitzen und bemerkenswert beständig sind. Sie sind unverändert in konzentrierter Schwefelsäure löslich; ihre wäßrigen Lösungen zeigen praktisch keine elektrische Leitfähigkeit, und auf Grund kryoskopischer Messungen ergibt sich, daß sie in Lösung undissoziiert vorliegen. Sie stellen demnach zwei geometrische Isomere des Triglycinkobalts dar, die sich auch nach der Theorie vorhersagen lassen:

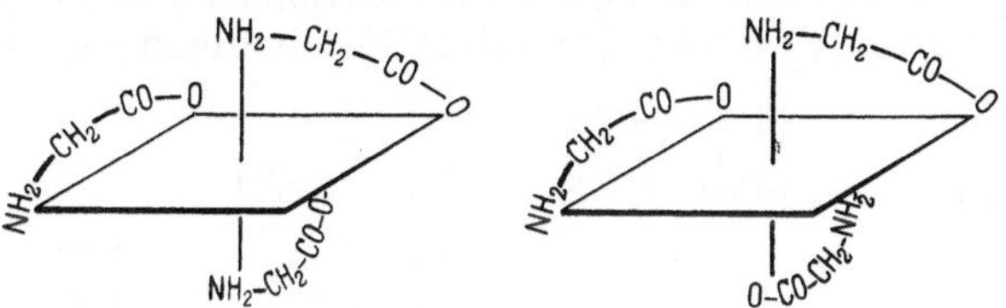

Glycin bildet auch mit anderen Metallen innere Komplexsalze; so entsteht mit Kupfer (Koordinationszahl 4) die Verbindung $\left[Cu\left(\begin{matrix}\swarrow NH_2CH_2\\ \quad\ |\\ \nwarrow O—CO\end{matrix}\right)_2\right]$.

Eine zweite, besonders wichtige Gruppe von inneren Komplexsalzen entsteht aus der Enolform von β-Diketonen, z. B. aus Acetylaceton.

Die Enolgruppe ist salzbildend, und die Ketogruppe wird dem Metall koordiniert:

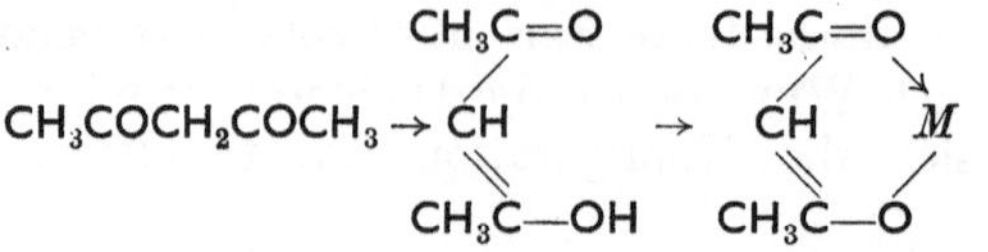

(= M Acac)

Die Acetylacetonate sind typische Nichtelektrolyte. Sie sind in Wasser praktisch unlöslich, aber leicht löslich in Benzol. Viele besitzen einen niedrigen Schmelzpunkt und sind sogar leicht flüchtig.

[Cr $Acac_3$] im Vakuum sublimierbar.
[Al $Acac_3$] Schmp. 192°; Sdp. 314°.
[Be $Acac_2$] Sdp. 270°.

Die Reaktion von Oxyanthrachinonfarbstoffen — wie z. B. Alizarin — mit Zinn, Aluminium, Chrom und anderen Metallbeizen beruht ebenfalls auf innerer Komplexsalzbildung. Die Hydroxylgruppe in 1-Stellung ist salzbildend, und die benachbarte Carbonylgruppe ist dem Metall koordiniert, so daß man den Aluminium-Alizarinlack folgendermaßen formulieren kann (I).

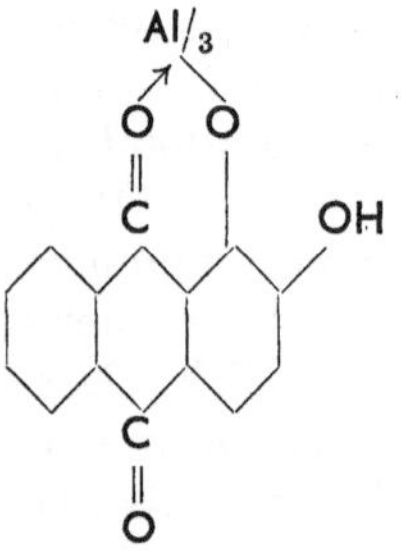

(I)

Die Möglichkeit zur Bildung von inneren Komplexsalzen ist stets dann vorhanden, wenn Säure und Gebergruppen (wie Amino-, Thiol- oder Carbonylgruppen) in demselben Molekül in geeigneter Weise angeordnet sind, d. h. in 1,4- oder 1,5-Stellungen zueinander stehen. Es ist eine merkwürdige und vollkommen ungeklärte Erscheinung, daß die Gegenwart gewisser Atomgruppen die Eigenschaft zur Bildung von inneren, für bestimmte Metalle mehr oder weniger spezifischen Komplexsalzen hervorrufen kann, d. h. das von dem betreffenden Metall gebildete Komplexsalz ist vor allen anderen durch seine größere Beständigkeit, und, als Folge davon, durch seine Unlöslichkeit in Wasser ausgezeichnet.

Das bekannteste Beispiel ist die Atomgruppierung (II), die in diesem Sinne für Nickel spezifisch ist und die Dialkylglyoximverbindungen (III) bildet. Dabei ist interessant, daß o-Chinondioxim (IV) keine derartigen Verbindungen gibt, obgleich nach der Reduktion zu dem entsprechenden Cyclohexanderivat (V) wieder eine stabile Nickelverbindung gebildet wird.

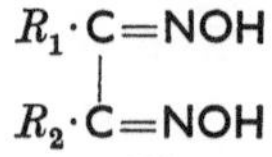

(II)

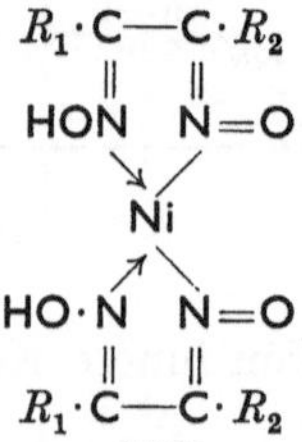

(III)

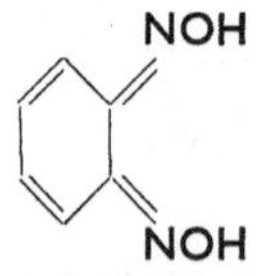

(IV)

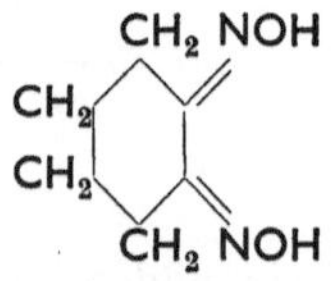

(V)

Die Gruppe VI ist spezifisch für Kobalt; sie ist besonders wirksam, wenn sie einen Teil einer Ringstruktur bildet, wie es im α-Nitroso-

β-naphthol (Oximform) der Fall ist (VII). Ebenso ist die Gruppierung (VIII), die im Cupferron, $C_6H_5 \cdot N(OH) \cdot NO$, vorliegt, in gewisser Weise spezifisch auf Eisen.

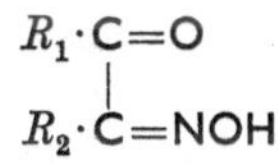

$R_1 \cdot C{=}O$ | $R_2 \cdot C{=}NOH$ (VI)

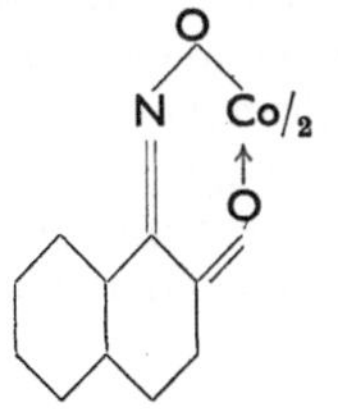

(VII) [Strukturformel: N, O, Co/$_2$, O]

$R_1 \cdot N{-}OH$ | $N{=}O$ (VIII)

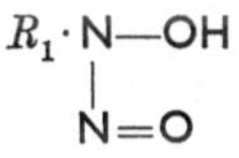

In den bisher betrachteten Fällen war die Zahl der Acidogruppen in dem inneren Komplexsalz so groß wie die Wertigkeit des Zentralatoms. Wenn dies nicht der Fall ist, wird der Komplex selbst ein Ion sein. Verbindungen dieser Art wurden von WERNER als *innere Komplexsalze zweiter Ordnung* bezeichnet.

So hat das vierwertige Silicium die Koordinationszahl 6. Es bildet daher mit drei Molekülen Acetylaceton einen Komplex, in welchem eine Wertigkeit des Siliciums nicht abgesättigt ist, da nur drei Acidogruppen innerhalb des Komplexes angeordnet sind. Das ganze ist daher ein einheitliches, Silicium enthaltendes komplexes Kation (IX). Ebenso liefert Bor (mit der Koordinationszahl 4 und der Wertigkeit 3) durch Koordination mit Acetylaceton ein komplexes Kation (X).

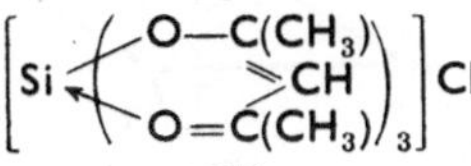

$\left[Si \leftarrow \left(\begin{matrix} O{-}C(CH_3) \\ \geqslant CH \\ O{=}C(CH_3) \end{matrix} \right)_3 \right] Cl$ (IX)

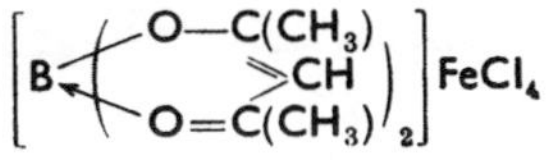

$\left[B \leftarrow \left(\begin{matrix} O{-}C(CH_3) \\ \geqslant CH \\ O{=}C(CH_3) \end{matrix} \right)_2 \right] FeCl_4$ (X)

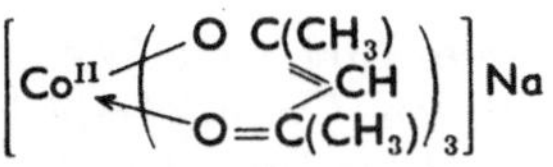

$\left[Co^{II} \leftarrow \left(\begin{matrix} O\ C(CH_3) \\ \geqslant CH \\ O{=}C(CH_3) \end{matrix} \right)_3 \right] Na$ (XI)

Das Umgekehrte tritt auf bei den Acetylacetonverbindungen des zweiwertigen Kobalts (Koordinationszahl 6). Das zur Vervollständigung der Koordinationsschale erforderliche dritte Molekül Acetylaceton verleiht dem ganzen Komplex (XI) den Charakter eines Anions.

In einigen Fällen können innere Komplexsalze zweiter Art gebildet werden, wenn die Koordinationsschale nur teilweise durch Acetylaceton besetzt ist. So erhält man durch die Einwirkung von Acetylaceton auf Natriumnitritokobaltat(III) und Kaliumchloroplatinat(II) die Salze (XII) bzw. (XIII).

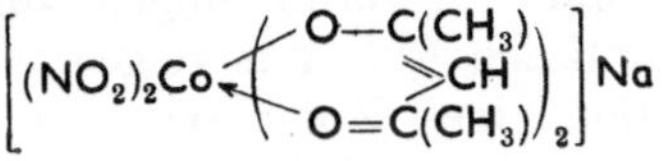

$\left[(NO_2)_2Co \leftarrow \left(\begin{matrix} O{-}C(CH_3) \\ \geqslant CH \\ O{=}C(CH_3) \end{matrix} \right)_2 \right] Na$ (XII)

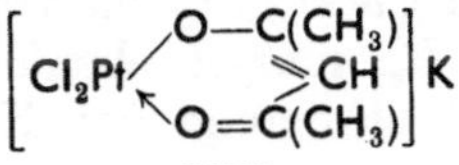

$\left[Cl_2Pt \begin{matrix} O{-}C(CH_3) \\ \geqslant CH \\ \nwarrow O{=}C(CH_3) \end{matrix} \right] K$ (XIII)

$\left[Cu \leftarrow \left(\begin{matrix} O{=}C \cdot O \\ | \\ O{-}CH \end{matrix} \right)_2 \right]^{4-}$ mit CH | $CHOH \cdot CO \cdot O$ (XIV)

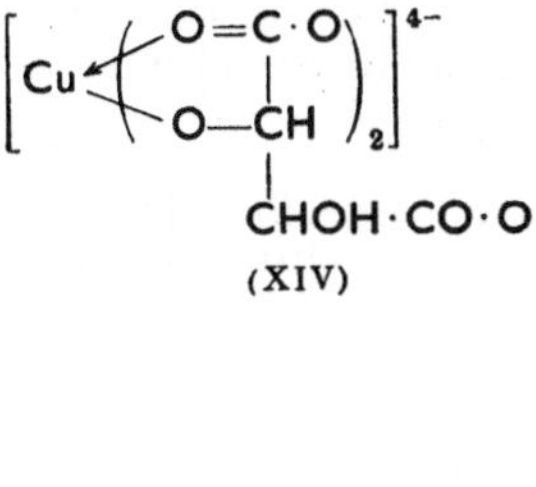

Das Bestreben der organischen Oxysäuren, derartige innere Komplexe zu bilden, erklärt die Wirkung der Weinsäure, Citronensäure usw., welche die Reaktionen der Schwermetalle maskieren. In der FEHLINGschen Lösung ist das Kupfer in dieser Weise in Form des Kupfertartrations (XIV) gebunden, während Eisen bei Gegenwart von Citronensäure in einem zweikernigen Anion, $[Fe_2(C_6H_4O_7)_3]^{6-}$, vorliegt. Diese komplexen Anionen sind in neutralen und ammoniakalischen Lösungen beständig, so daß keine freien Eisen(III)- oder Kupfer(II)-Ionen nachgewiesen werden können.

Optische Isomerie.

Die oktaedrische Anordnung der sechsfach koordinierten Komplexe bedingt nicht nur das Auftreten einer geometrischen Isomerie, wie es in den vorhergehenden Abschnitten besprochen wurde, sondern führt auch zu einer Spiegelbildisomerie und damit zu einer optischen Aktivität.

Die *trans*-Form einer Verbindung $[Co\,en_2AB]$ (I) besitzt eine Symmetrieebene und ist demzufolge nicht aufspaltbar. Die *cis*-Form (IIa) läßt sich indessen mit ihrem Spiegelbild ((IIb) nicht zur Deckung bringen, so daß bei ihr eine Aufspaltung in optische Isomeren möglich sein müßte.

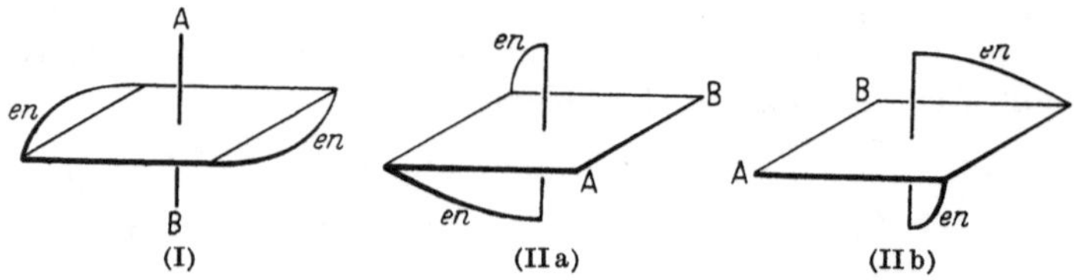

(I) (IIa) (IIb)

Diese Möglichkeit wurde 1911 von WERNER[7] experimentell verwirklicht. WERNER spaltete den $[Co\,en_2(NH_3)Cl]^{2+}$-Komplex durch seine d-Bromcamphersulfonate und fand für das Bromid $[Co\,en_2(NH_3)Cl]Br_2$ eine spezifische Drehung $[\alpha]_C = \pm 43°$.

Die molekulare Unsymmetrie verschwindet nicht, wenn $A = B$ ist (III). Als Bestätigung hierfür fand WERNER[8], daß die Violeosalze, $[Co\,en_2Cl_2]X$, und die Flavosalze, $[Co\,en_2(NO_2)_2]X$, aufgespalten werden können, wodurch die nach anderen Verfahren durchgeführten Konfigurationsbestimmungen bestätigt werden konnten. In allen Fällen erwiesen sich diejenigen Salzreihen, die man auf Grund ihrer Reaktionen als *trans*-Verbindungen bezeichnet hatte, als nicht aufspaltbar. Zum Zustandekommen der Unsymmetrie ist es nicht einmal notwendig, daß zwei Chelatgruppen vorhanden sind. *cis*-Verbindungen vom Typ $[Co\,en A_2B_2]$ müssen ebenfalls eine optische Aktivität zeigen.

Die Bestimmung der Konfiguration eines Komplexions auf indirektem Wege setzt die Annahme voraus, daß in keiner Stufe des Substitutionsvorganges irgendeine Konfigurationsänderung erfolgt. Diese Annahme ist keineswegs allgemein zutreffend. So kann das ERDMANNsche Salz, $Co[(NO_2)_4(NH_3)_2]NH_4$, in eine Oxalatoverbindung des oben

[7] WERNER: Ber. dtsch. chem. Ges. 1911, **44**, 1887.
[8] WERNER: Ber. dtsch. chem. Ges. 1911, **44**, 2445, 3279.

besprochenen Typs, $[Co(NO_2)_2(C_2O_4)(NH_3)_2]NH_4$ überführt werden. Wenn diese sich unmittelbar von einem *trans*-Tetranitrodiammin (IV) herleiten würde, könnte keine optische Isomerie auftreten; wenn es sich aber um ein Derivat einer *cis*-Verbindung handeln sollte (V),

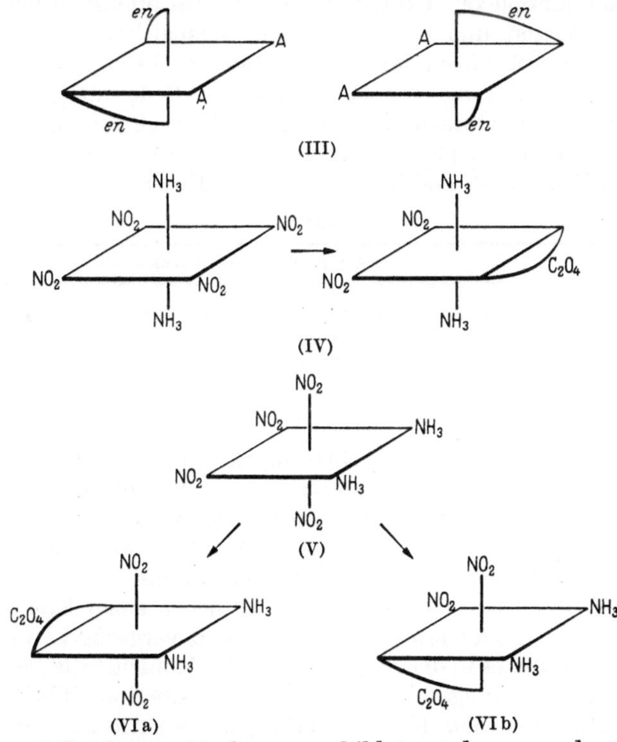

müßten zwei Oxalatoverbindungen gebildet werden, von denen die eine (VIa) eine Symmetrieebene besitzt und die andere (VIb) in optische Isomere aufspaltbar sein müßte. SHIBATA berichtet, daß sich das vom ERDMANNschen Salz ableitende Oxalatodinitrodiammin in optische Isomere aufspalten ließe, und schließt daraus auf eine *cis*-Konfiguration des ERDMANNschen Salzes (V). Demgegenüber sind die Ergebnisse der Röntgenuntersuchungen nur mit einer *trans*-Struktur (VI) des ERDMANNschen Salzes vereinbar, so daß während der Substitutionsreaktion ein Konfigurationswechsel stattgefunden haben muß:

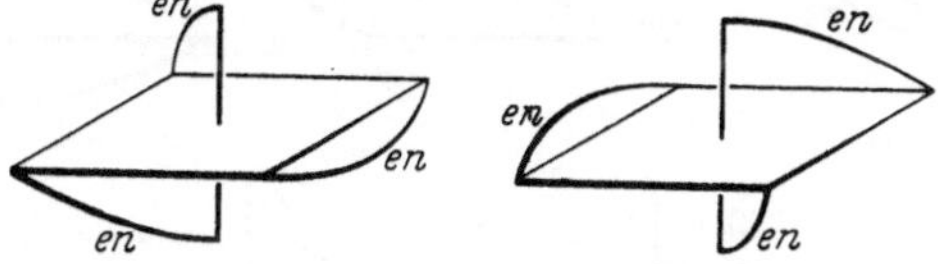

Der sichtbarste Erfolg und deutlichste Beweis des Oktaedermodells soll schließlich an der Aufspaltung der Komplexe vom Typus $[Co\,en_3]^{3+}$ gezeigt werden, in denen keine Asymmetrie irgendeines Atomes vorliegt, sondern nur im ganzen Molekül „ungerade“ Symmetrieelemente vorkommen, und zwar in Form trigonaler Symmetrieachsen, die durch die Mittelpunkte der Oktaederflächen gehen. In Übereinstimmung mit den Forderungen der Theorie fand WERNER[9], daß $[Co en_3]Br_3$ in Antipoden aufgespalten werden kann, für die $[M]_D = 600°$ ist.

Die Trioxalatokomplexe, $[Co(C_2O_4)_3]M_3$, müssen offensichtlich dieselbe Symmetrie besitzen und daher ebenfalls aufspaltbar sein. Da diese beiden Formen mit vielen Metallen beständige Verbindungen bilden, so war ihre Aufspaltung von entscheidender Bedeutung, als es sich darum handelte, die Oktaederkonfiguration der sechsfach koordinierten Verbindungen dieser Elemente festzustellen und zu beweisen. Die dabei gewonnenen Ergebnisse sind in der folgenden Tabelle zusammengestellt.

Tabelle 2.

	Aufgespaltene Verbindungen mit M^n =
$[M^n(C_2O_4)_3]R_{6-n}$ . .	Cr^{III}, Fe^{III}, Co^{III}, Al^{III}, Rh^{III}, Ir^{III}, Pt^{IV}
$[M^n en_3]X_n$.	Co^{III}, Pt^{IV}, Cr^{III}, Rh^{III}, Ir^{III}, Zn^{II}, Cd^{II}
$[M$ Dipyridyl$_3]X_2$. .	Fe^{II}, Ni^{II}, Ru^{II}
$\left[As\left(\begin{smallmatrix}O\\O\end{smallmatrix}C_6H_4\right)_3\right]R$	As^{V}

Außerdem sind zahlreiche Verbindungen vom Typ $[M en_2AB]$, und zwar besonders Kobalt- und Iridiumverbindungen, aufgespalten worden. Zu diesem Typus gehört auch die Verbindung $[Ru(C_2O_4)_2(C_5H_5N)(NO)]K$, durch deren Spaltung die oktaedrische Konfiguration des sechsfach koordinierten Rutheniums bewiesen werden konnte.

Beim Einführen eines Asymmetriezentrums in einen Komplex wird die Möglichkeit zur Isomeriebildung bedeutend vergrößert, und es entstehen Fälle, für die es in der Stereochemie des Kohlenstoffs kein Gegenstück gibt. Ein derartiger Fall, der von WERNER[10] ausführlich untersucht wurde, ist das Salz $[CoenPn(NO_2)_2]Br$, wo das Zeichen Pn Propylendiamin, $NH_2 \cdot CH_2\overset{*}{C}H(CH_3) \cdot NH_2$, bedeutet. Da dieses selbst ein asymmetrisches Kohlenstoffatom (*) enthält, so kann es entweder in seiner *d*- oder *l*-Form in die Verbindung eintreten. Der *trans*-Komplex, der selbst nicht asymmetrisch ist, kann dann entweder mit *d*- oder mit *l*-Pn gebildet werden, während zwei verschiedene Reihen von *cis*-Isomeren auftreten sollten:

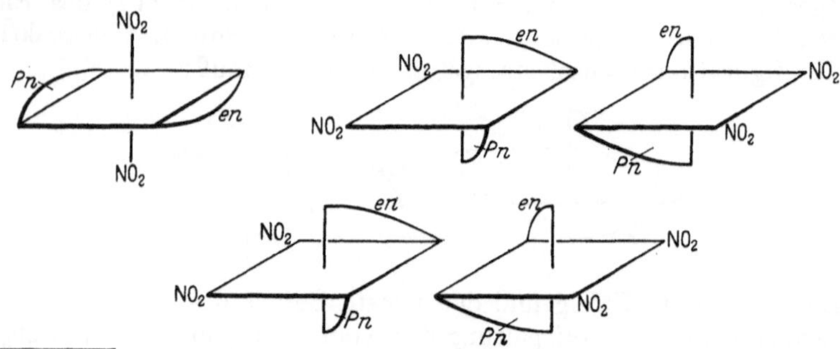

[9] WERNER: Ber. dtsch. chem. Ges. 1912, 45, 121.
[10] WERNER: Helv. chim. Acta 1918, 1, 5.

trans $\begin{cases} d\text{-Pn} \\ l\text{-Pn} \end{cases}$	*α-cis* $\begin{cases} \begin{cases} d\text{-Kobalt } d\text{-Pn} \\ d\text{-Kobalt } l\text{-Pn} \end{cases} \\ \begin{cases} l\text{-Kobalt } d\text{-Pn} \\ l\text{-Kobalt } l\text{-Pn} \end{cases} \end{cases}$	*β-cis* $\begin{cases} \begin{cases} d\text{-Kobalt } d\text{-Pn} \\ d\text{-Kobalt } l\text{-Pn} \end{cases} \\ \begin{cases} l\text{-Kobalt } d\text{-Pn} \\ l\text{-Kobalt } l\text{-Pn} \end{cases} \end{cases}$	

Sämtliche vorhergesagten aktiven Isomeren, partiellen und vollständigen Racemate konnten isoliert werden.

Bei zweikernigen Komplexen (s. oben S. 106 und auch S. 104) ist es möglich, daß in dem Molekül zwei asymmetrische Zentren vorhanden sind. Wenn diese Asymmetriezentren strukturell gleich sind, so sollte außer dem rechts- und linksdrehenden Isomeren eine innerlich kompensierte oder Mesoform auftreten. Man findet also genau dieselben Verhältnisse, wie man sie schon bei den aktiven Kohlenstoffverbindungen von der Weinsäure her kennt. Diese Voraussage seiner Theorie konnte WERNER[11] experimentell durch die Spaltung von $\left[en_2Co{<}^{NH_2}_{NO_2}{>}Co\,en_2\right]X_4$ verwirklichen. Wenn man das Bromid dieses Komplexes mit dem Silbersalz der *d*-Bromcamphersulfonsäure behandelt, so erhält man das entsprechende Bromcamphersulfonat, das man in drei verschieden gut lösliche Anteile spalten kann. Die mittlere Fraktion erwies sich als das Bromcamphersulfonat des inaktiven Mesokomplexes (VII). Das wird dadurch bestätigt, daß sich Löslichkeit und Hydratationsgrad der Salze des Mesoisomeren stark von den entsprechenden Eigenschaften der aus äquimolekularen Mengen der *d*- und *l*-Formen dargestellten Racemate unterscheiden (VIIIa und b).

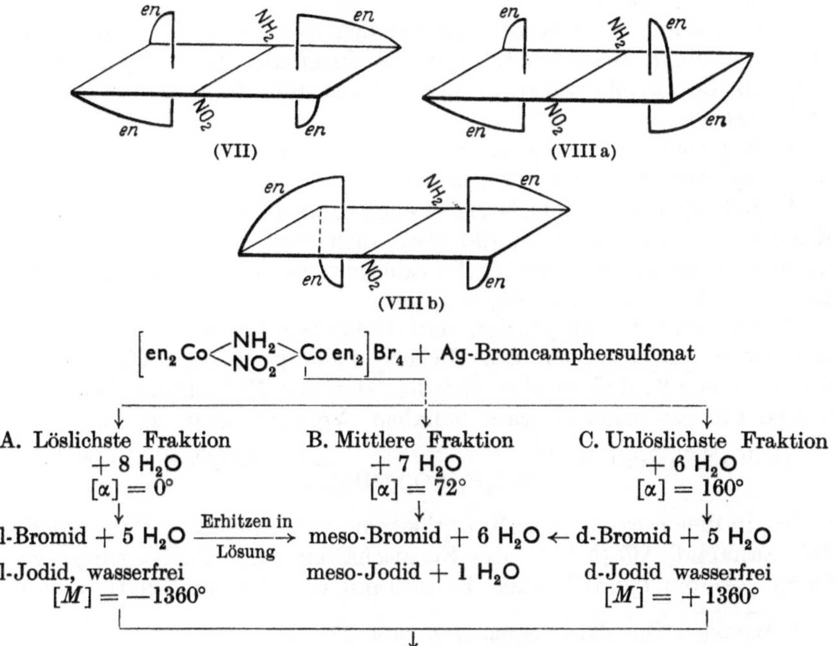

[11] WERNER: Ber. dtsch. chem. Ges. 1913, **46**, 3674.

Rein anorganische optisch-aktive Verbindungen.

In allen bisher betrachteten Fällen zeigte sich die optische Aktivität an solchen Komplexen, die koordinierte Kohlenstoffverbindungen — Äthylendiamin, den Oxalatrest usw. — enthielten. Wenn auch die vollständige Erfüllung aller Voraussagen, die auf der Annahme der Oktaederstruktur beruhen, keinen Zweifel mehr an der räumlichen Anordnung des koordinierten Komplexes und an dem Zustandekommen der molekularen Asymmetrie lassen kann, so war es trotzdem verständlicherweise wünschenswert, optisch-aktive Verbindungen mit rein anorganischem Charakter darzustellen. Bisher sind nur zwei derartige Verbindungen gespalten worden, und zwar die erste von WERNER im Jahre 1914 und die zweite 1933 von F. G. MANN.

WERNER[12] konnte die Spaltung des Hexol-dodecammin-tetrakobalt(III)-Ions, $\left[Co\left(\begin{smallmatrix}HO\\HO\end{smallmatrix}>Co(NH_3)_4\right)_3\right]^{6+}$, durchführen. Die mehrkernigen Verbindungen dieser Reihe, die man durch Einwirkung von Ammoniak auf Chloro-aquo-tetramminkobalt(III)-salze, $\left[Co(NH_3)_4\begin{smallmatrix}H_2O\\Cl\end{smallmatrix}\right]X_2$, erhalten kann, sind im Grunde den Triäthylendiamin-kobalt(III)-salzen, $[Co\,en_3]X_3$, analog. Das schwere $\left[(NH_3)_4Co<\begin{smallmatrix}OH\\OH\end{smallmatrix}\right]$ ordnet sich einfach als Chelatgruppe um das Kobaltzentralatom an. Die Spaltung der Verbindung erfolgte durch Bromcamphersulfonsäure, wobei optisch sehr beständige *d*- und *l*-Formen mit dem hohen Drehungswert $[M]_D = \pm 47{,}600°$ entstehen.

Die Verbindung von MANN gehört zu dem allgemeinen Typ $[M\,en_2AB]$ und bietet einige besonders interessante Merkmale. MANN[13] wies darauf hin, daß die Chelatgruppen in zwei Klassen eingeteilt werden können, und zwar in

a) diejenigen, die alle sechs Koordinationsstellen einnehmen können, wie Äthylendiamin oder der Oxalatrest;

b) diejenigen, die wohl alle vier Stellen in einem vierfach koordinierten Komplex besetzen können, die aber auch nur vier Stellen ausfüllen können, wenn sie in einem Sechserkomplex eingeführt werden; hierzu gehört beispielsweise Dimethylglyoxim.

TSCHUGAIEFF[14] hat gezeigt, daß Dimethylglyoxim zwar sämtliche vier Koordinationsstellen des Nickels, Palladiums oder Platins vollständig ausfüllt, daß es aber mit den Metallen Kobalt und Rhodium, welche die Koordinationszahl 6 haben, Verbindungen der Art

$$[Co(C_4H_7N_2O_2)_2(NH_3)_2]Cl \qquad [Co(C_4H_7N_2O_2)_2(NO_2)_2]NH_4$$
$$[Rh(C_4H_7N_2O_2)_2(NH_3)_2]Cl$$

bildet, in denen es nur vier Koordinationsstellen besetzt. MANN zeigte, daß Sulfamid, $SO_2(NH_2)_2$, die Eigenschaften einer Chelatgruppe von diesem zweiten Typus besitzt. Es wird mit Rhodium und Platin koordi-

[12] WERNER: Ber. dtsch. chem. Ges. 1914, **47**, 3087.

[13] MANN: J. chem. Soc. 1933, 412.

[14] TSCHUGAIEFF: Z. anorg. allg. Chem. 1905, **46**, 144. Ber. dtsch. chem. Ges. 1906, **39**, 2692; 1907, **40**, 3498; 1908, **41**, 2226.

niert, fungiert dabei als zweibasische Säure, $[SO_2(NH)_2]H_2$, und bildet die Komplexsalze

$$[Rh(SO_2N_2H_2)_2(H_2O)_2]Na \quad \text{und} \quad [Pt(SO_2N_2H_2)_2(OH)(NH_3)]Na.$$

Man könnte den Grund dafür, daß die Chelatgruppen nicht imstande sind, alle sechs Koordinationsstellen auszufüllen, vielleicht in der überwiegenden Beständigkeit der *trans*-Verbindung (IX) suchen. Diese ist nicht asymmetrisch und dürfte sich nicht in optische Isomeren aufspalten lassen. Es hat sich jedoch gezeigt, daß die Rhodiumverbindung mit Hilfe von α-Phenyl-äthylamin in optisch isomere Formen aufgespalten werden kann, die die Drehung $[M]_{5780} = \pm 31—34°$ besitzen; daraus ergibt sich, daß in Wirklichkeit vorwiegend die *cis*-Form (X) gebildet wird.

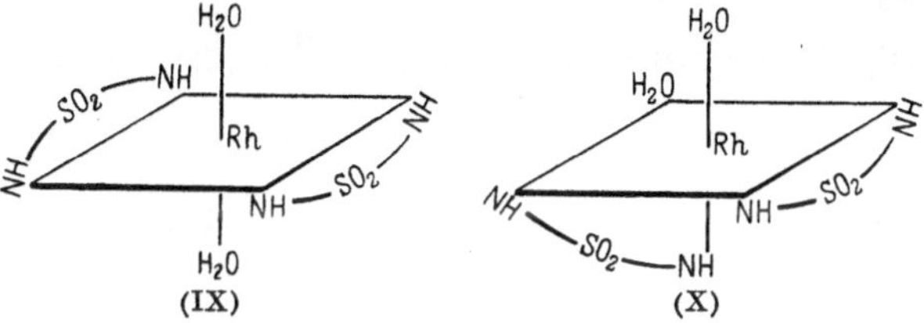

Die optische Beständigkeit des Komplexes, der in Lösung keine Neigung zum Racemisieren zeigte, ist besonders in Anbetracht der Unbeständigkeit bemerkenswert, die man gewöhnlich bei Anwesenheit von Wassermolekülen innerhalb der Koordinationsschale beobachtet.

Stereochemie vierfach koordinierter Komplexe.

Für die räumliche Anordnung von vier Gruppen rund um ein Koordinationszentrum kommen hauptsächlich zwei Möglichkeiten in Frage: Eine Tetraederkonfiguration, wie sie durch die Verteilung der Valenzen beim Kohlenstoff dargestellt wird, oder eine ebene, quadratische Anordnung. Aus den sich daraus ergebenden Folgerungen forderte WERNER beim Aufstellen seiner Koordinationstheorie, daß die Ammine des zweiwertigen Platins eine ebene Konfiguration besitzen sollten. Diese Hypothese, die zwar allgemein angenommen wird, ist bis in die neueste Zeit hinein keiner genauen Nachprüfung unterzogen worden.

Einige Jahre lang nahm man an, daß ein zweites bewiesenes Beispiel für eine Verteilung der Valenzen in einer ebenen Anordnung beim Tellur vorkäme. VERNON[15] erhielt das Dimethyltellurdijodid, $(CH_3)_2TeJ_2$, und die entsprechende Base in zwei offenbar monomeren Formen, deren Beziehungen zueinander in den folgenden Reaktionen ausgedrückt sind:

$$Te + CH_3J \xrightarrow{80°} \underset{\substack{\alpha\text{-Dijodid} \\ \textit{rot}}}{(CH_3)_2TeJ_2} \xrightarrow{Ag_2O} \underset{\alpha\text{-Base}}{(CH_3)_2Te(OH)_2} \xrightarrow{\text{Erhitzen im Vakuum}}$$

$$\longrightarrow \underset{\beta\text{-Base}}{(CH_3)_2TeO} \xrightarrow{HJ} \underset{\substack{\beta\text{-Dijodid} \\ \textit{grün}}}{(CH_3)_2TeJ_2}$$

Unter der Annahme, daß die Valenzen in einer Ebene lägen, erklärte VERNON diese Ergebnisse dahingehend, daß sie das Auftreten von cis-(β)-

[15] VERNON: J. chem. Soc. 1920, **86**, 897; 1921, **105**, 687.

und trans-(α)-Isomeren anzeigten. LOWRY u. a. wiesen darauf hin, daß der Unterschied zwischen den α- und β-Reihen größer wäre, als man für geometrische Isomeren erwarten sollte. Endlich zeigte DREW[16], daß die β-Base und das β-Dijodid in Wirklichkeit dimer sind und daß das Dijodid ein Salz oder eine Doppelverbindung der Form $(CH_3)_3TeJ \cdot CH_3TeJ_3$ ist. Die dimere β-Base reagiert mit einer beschränkten Menge Jodwasserstoffsäure und liefert dabei eine Mischung von $(CH_3)_3TeJ$ und $CH_3TeO \cdot OH$, die beide isoliert werden können. Die letztgenannte Verbindung wiederum bildet mit Jodwasserstoff Methyltelluroniumtrijodid, CH_3TeJ_3, das sich mit Kaliumjodid zu einem Doppelsalz vereinigt oder mit Trimethyltelluroniumjodid wieder das VERNONsche β-Dijodid ergibt:

$$(CH_3)_2Te(OH)_2 \xrightarrow{95^\circ} (CH_3)_3TeOTe(CH_3)O \xrightarrow{HJ} (CH_3)_3TeJ + CH_3TeOOH$$

$$CH_3TeOOH \xrightarrow{HJ} CH_3TeJ_3$$

$$CH_3TeJ_3 \xrightarrow{KJ} K[CH_3TeJ_4]$$

$$CH_3TeJ_3 \xrightarrow{(CH_3)_3TeJ} [(CH_3)_3Te][CH_3TeJ_4]$$

Es steht daher mit Sicherheit fest, daß um vierfach koordiniertes Tellur tatsächlich eine tetraederförmige Gruppenverteilung vorliegt.

Die Stereochemie des Platins.

Die wichtigsten Erkenntnisse über die Beziehungen zwischen den Amminen des zweiwertigen Platins sind in der folgenden Tabelle anschaulich dargestellt. Bei der Einwirkung von Ammoniak auf Kalium- oder Ammoniumchloroplatinat(II) werden unmittelbar drei Verbindungen

Tabelle 3.

Verbindung	Λ	Zahl der Ionen
K_2PtCl_4	268	3
$K[PtCl_3(NH_3)]$	107	2
β-$PtCl_2(NH_3)_2$	1,2	nicht dissoziiert
α-$PtCl_2(NH_3)_2$	22	nicht dissoziiert
$[Pt(NH_3)_3Cl]Cl$	116	2
$[Pt(NH_3)_4]Cl_2$	261	3

gebildet, nämlich: eine grüne, unlösliche, höchst charakteristische Verbindung, die als MAGNUS-Salz (IV) bekannt ist; ein lösliches Kalium- oder Ammonium-ammino-trichloroplatinat (I), das gewöhnlich als COSSAsches Salz bezeichnet wird, und schließlich eine gelbe, unlösliche, kristalline Verbindung (II) mit derselben Bruttoformel wie das MAGNUS-Salz, welche das α-Diamminplatin(II)-chlorid darstellt. Dies löst sich in einem Überschuß von Ammoniak, wobei Tetramminplatin(II)-chlorid (III) entsteht; bei vorsichtiger Behandlung mit Ammoniak — z. B. beim Kochen von (II) mit Kaliumcyanat, das infolge Hydrolyse langsam Ammoniak frei macht — kann man die Zwischenverbindung (VI),

[16] DREW, H. D. K.: J. chem. Soc. 1929, 560.

das Chloro-triamminplatin(II)-chlorid, erhalten. Die Natur dieser Verbindungen und der Übergang von den Tetracidoverbindungen über den Nichtelektrolyten Diammindichlorplatin(II) zu den Tetramminsalzen ist an Hand der Äquivalentleitfähigkeiten der gelösten Salze zu erkennen.

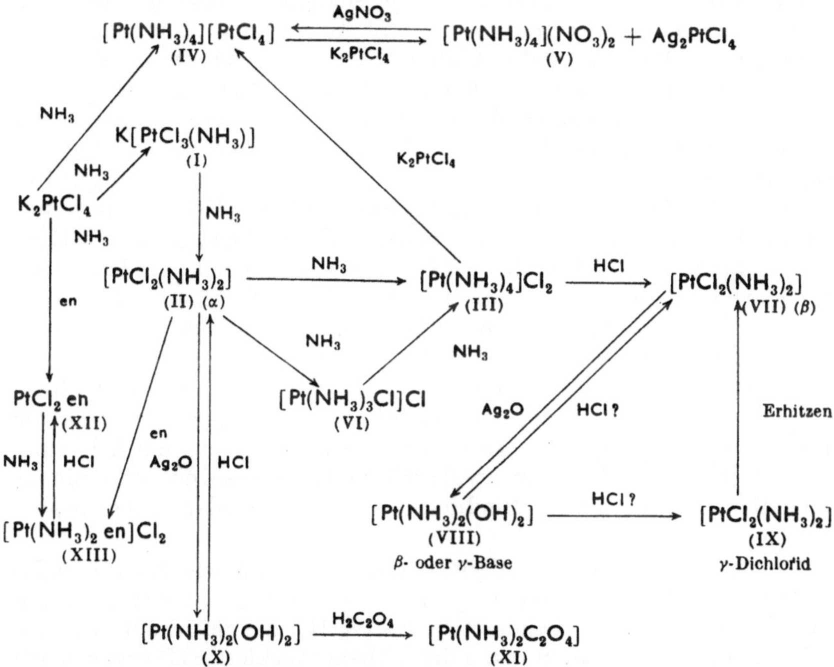

Die Konstitution des MAGNUS-Salzes (IV) folgt aus der Tatsache, daß es quantitativ durch die Reaktion äquimolekularer Mengen von Tetramminplatin(II)-chlorid (III) und Kaliumchloroplatinat(II) gebildet wird. Eine Bestätigung dafür und ein Beweis, daß während der Reaktion keine intramolekulare Umwandlung stattfindet, ergibt sich daraus, daß beim Verreiben der Verbindung (IV) mit Silbernitrat Silberchloroplatinat(II) gebildet wird und in Lösung das Salz (V) entsteht, wie daraus hervorgeht, daß bei weiterer Behandlung mit Chloroplatinat(II) die Verbindung (IV) zurückgebildet wird. Wenn man Tetramminplatin(II)-chlorid (III) mit Salzsäure kocht, so verliert es zwei Moleküle Ammoniak. Dabei erfolgt keine Rückbildung des α-Diammins (II), sondern es entsteht eine zweite Verbindung (VII) mit derselben Bruttoformel, die viel schwächer löslich ist und andere physikalische und chemische Eigenschaften aufweist und die als β-Diamminplatin(II)-chlorid bezeichnet wird. Die Nomenklatur dieser Verbindungen ist verwirrend und wechselnd: Das α-Diammin ist teilweise als PEYRONES Chlorid bekannt oder wird auch Platosemidiamminchlorid oder α-Diamminchlorid genannt; das β-Diammin wurde als REISET-Chlorid, Platosamminchlorid und als β-Diammin-chlorid bezeichnet. Die in diesem Buch angewandte Normenklatur ist die in der chemischen

Literatur[17] gebräuchliche, wobei DREW WARDLAW und Mitarbeiter[18], die umgekehrten Bezeichnungen für die Diaminchloride und ihre Derivate benutzen.

Unter der Annahme, daß die α- und β-Diammine als *cis-trans*-Isomere miteinander in Beziehung stehen, ergibt sich die Festlegung ihrer Konfigurationen ganz einfach auf Grund ihrer Reaktionen. Das α-Diammin reagiert mit Silberoxyd unter Bildung einer Base (X), die bei der Einwirkung von Oxalsäure ein α-Diamminoxalat (XI) ergibt. Das β-Chlorid (VII) reagiert in entsprechender Weise mit Silberoxyd, wobei eine zweite Base (VIII) gebildet wird. Während aber die Einwirkung von Salzsäure auf die α-Base (X) zur Rückbildung des ursprünglichen α-Chlorids (II) führt, entsteht hierbei aus der Base (VIII) nach DREW, WARDLAW und Mitarbeitern[18] ein neues, unbeständiges γ-Chlorid (IX), das leicht in das β-Chlorid (VII) zurückverwandelt werden kann. Das Vorkommen des γ-Chlorids ist von anderen Forschern[19] bestritten worden; seine physikalischen und chemischen Eigenschaften sind auch nicht überzeugend von denen des α-Chlorids unterschieden. Wenn diese Verbindung tatsächlich vorkommt, so läßt sich ihr Auftreten nur schwer mit der ebenen Anordnung der koordinierten Gruppen in Einklang bringen, nach der ja nur zwei geometrische Isomere möglich sind, es sei denn, man führt eine willkürliche Hypothese ein und nimmt an, daß zwei benachbarte Bindungen sich voneinander unterscheiden können.

Bei der Einwirkung von Äthylendiamin auf Kaliumchloroplatinat(II) entsteht eine Diamminverbindung (XII), die mit Ammoniak reagiert und dabei ein gemischtes Tetrammin bildet (XIII), das mit der durch Einwirkung von Äthylendiammin auf das α-Diamminchlorid (II) gewonnenen Verbindung identisch ist. Im Vergleich hierzu reagiert das β-Chlorid (VII) nicht mit Äthylendiamin, ebensowenig wie die β-(oder γ-)Base (VIII) mit Oxalsäure. Hieraus ergibt sich der Beweis dafür, daß das α-Diammin das *cis*-Chlorid, $^{NH_3}_{NH_3}{>}Pt{<}^{Cl}_{Cl}$, ist, während die β-Verbindung *trans*-Konfiguration, $^{NH_3}_{Cl}{>}Pt{<}^{Cl}_{NH_3}$, besitzt. Dieser Festlegung der Stereoisomeren wird durch die Beobachtung von PINKARD, SAENGER und WARDLAW[20] ein weiterer Nachdruck verliehen; diese fanden, daß Äthylendiamin tatsächlich mit gemischten β-Diamminen — z. B. mit β-$[Pt(NH_3)(NH_2OH)Cl_2]$ — reagiert; bei dieser Reaktion werden aber die ursprünglich mit dem Platin koordinierten Gruppen vollständig entfernt und es entsteht $[Pt\,en_2]Cl_2$.

Eine ähnliche geometrische Isomerie, wie sie hier für die Ammine beschrieben wurde, tritt auch bei anderen Platinverbindungen vom Typus $PtCl_2X_2$ auf, wobei besonders die Thioätherverbindungen oder

[17] Vgl. JENSEN, K. A.: Z. anorg. allg. Chem. 1935, **225**, 123; MELLOR, D. P.: Chem. Rev. 1943, **33**, 137.

[18] DREW, WARDLAW u. a.: J. chem. Soc. 1932, 988.

[19] Vgl. ROSENBLATT u. SCHLEEDE: Ber. dtsch. chem. Ges. 1933, **66**, 472. — JENSEN, K. A.: Z. anorg. allg. Chem. 1936, **229**, 252.

[20] PINKARD, SAENGER u. WARDLAW: J. chem. Soc. 1933, 1056.

Sulfine[21], $(R_2S)_2PtCl_2$, zu erwähnen sind. Die Übereinstimmung der chemischen Beweise bezüglich der Struktur der Sulfine mit der für die Ammine abgeleiteten ist insofern von besonderer Bedeutung, als zwei unabhängige Methoden der physikalischen Beweisführung für die Konfiguration dieser Verbindungen herangezogen werden können.

Die Ergebnisse der Röntgenuntersuchungen der Kristallstruktur stützen nicht nur die Annahme, daß die Valenzen in einer Ebene angeordnet sind, sondern ebenso die auf dem betrachteten chemischen Wege erhaltene Erkenntnis über die Festlegung der einzelnen Stellen in der Konfiguration. So fand DICKENSON[22], daß das Platinatom und die Halogene im K_2PtCl_4 genau in einer Ebene liegen; eine entsprechende Anordnung der Ammoniakmoleküle liegt, wie COX[23] zeigte, im $[Pt(NH_3)_4]Cl_2$ vor. Dies gilt zwar für diese symmetrischen komplexen Ionen (wenigstens im festen Zustande), doch kann man daraus nicht ohne weiteres folgern, daß auch bei sämtlichen substituierten Komplexen eine ebene Konfiguration vorhanden sein muß. COX, SAENGER und WARDLAW[24] haben jedoch an Hand von Röntgenuntersuchungen gezeigt, daß das Molekül des β-Disulfins eine Symmetrieebene senkrecht zu einer zweizähligen Symmetrieachse besitzen muß, eine Forderung, die sich nur mit einer ebenen *trans*-Anordnung der Gruppen vereinbaren läßt. Dieses Ergebnis stimmt vollständig mit den chemischen Beweisen für die β-Reihe überein. Eine entsprechende Bestätigung für die α-Reihe fehlt, nur haben dieselben Autoren gezeigt, daß in diesem Falle eine niedrigere molekulare Symmetrie vorhanden ist.

Ein zweites physikalisches Beweisverfahren für die Konfiguration der Platin(II)-Komplexe bilden Dipolmessungen. JENSEN[25] fand, daß die β-tertiären Phosphin- und Arsinderivate, $(R_3As)_2PtCl_2$ und $(R_3P)_2PtCl_2$, kein Dipolmoment besitzen. Das kann nur der Fall sein, wenn jedes Paar von Pt—Cl-, Pt—As- oder Pt—P-Bindungen in einer Geraden liegt, d. h. also, wenn der Komplex wieder eine *trans*-Konfiguration besitzt. Die α-Komplexe haben, wie man auch erwarten sollte, ein hohes Dipolmoment. Die tertiären Phosphin- und Arsinverbindungen wurden statt der Sulfine gewählt, weil die AsR- oder PR_3-Gruppe (R = Äthyl, Butyl usw.), wenn sie pyramidenförmig angeordnet ist, ein resultierendes Moment längs der Richtung der Koordinationsbindung besitzen muß. Das sich bei der SR_2-Gruppe in den Sulfinen ergebende Moment muß irgendeinen Winkel zu der Koordinationsbindung bilden; der ganze Komplex wird dann — unter der sehr wahrscheinlichen Annahme einer freien Drehbarkeit um die Koordinationsbindung — ein Moment besitzen, selbst wenn die Gruppen in einer ebenen trans-Konfiguration angeordnet sind; eine Parallele dazu findet man bei dem resultierenden Dipolmoment des Hydrochinon-dimethyläthers, p-$CH_3 \cdot O \cdot C_6H_4 \cdot OCH_3$.

---

[21] BLOMSTRAND: J. pract. Chem. 1888, **38**, 352. — TSCHUGAEV: Z. anorg. allg. Chem. 1913, **82**, 420. — DREW, WARDLAW u. a.: J. chem. Soc. 1933, 1294. — COX, WARDLAW u. a.: J. chem. Soc. 1934, 182. — JENSEN: Z. anorg. allg. Chem. 1935, **225**, 97, 115. — DREW u. WYATT: J. chem. Soc. 1934, 56.

[22] DICKENSON: J. Amer. chem. Soc. 1922, **44**, 774, 2404.

[23] COX: J. chem. Soc. 1932, 1912, 2527; 1933, 1089.

[24] COX, SAENGER u. WARDLAW: J. chem. Soc. 1934, 1012.

[25] JENSEN: Z. anorg. allg. Chem. 1936, **229**, 225.

Wie man sieht, ist also in bezug auf die β- oder trans-Verbindungen des Platins der Konstitutionsbeweis mit vollständiger Sicherheit erbracht. Der Fall der α-Isomeren ist nicht so schlüssig bewiesen, und von einigen Forschern ist die Ansicht vertreten worden, daß der Unterschied ihrer Eigenschaften von denen der β-Reihe zur Rechtfertigung der Annahme einer Struktur- statt einer geometrischen Isomerie ausreiche. Es drängt sich aber sofort die Erkenntnis auf, daß die dichte Nachbarschaft der negativen Atome bereits zur Erklärung der erheblich größeren Reaktionsfähigkeit und des stärkeren elektrolytischen Leitvermögens derartiger Verbindungen genügt.

Von einigen Chemikern wurde entgegen der WERNERschen Hypothese hartnäckig die Annahme aufrecht erhalten, daß die Konfiguration der Platin(II)-Komplexe tetraedrisch und nicht eben wäre, oder aber, daß beide, sowohl die tetraedrische als auch die ebene Form, möglich wären. Der Beweis, welcher endlich zur Festlegung der ebenen Konfiguration führte, soll nun geprüft werden. So hat REIHLEN[26] behauptet, daß in der von RAMBERG und TIBERG dargestellten Platin(II)-Verbindung des Äthylen-bis-thioglykoläthers eine ebene Anordnung der beiden miteinander verbundenen Chelatringe (XII) eine starke Spannung in dem mittleren Ring **B** hervorrufen würde, die nur ausbliebe, wenn die beiden Ringe **A** und **C** rechtwinklig angeordnet sind, wie es bei einer tetraedrischen Verteilung der Platinvalenzen der Fall ist (XIII).

CH_2—CH_2 (B); CH_2—S→Pt←S—CH_2; A, C; CO—O—Pt—O—CO

(XII)

CH_2; CH_2 B S—CH_2; CO—O→Pt←; A, C; CH_2—S, O—CO

(XIII)

Ein sehr elegantes Verfahren zur Bestätigung der ebenen Anordnung der Platin(II)-Komplexe, das an die von LADENBURG auf das Benzolproblem angewandten Methoden erinnert, wurde von TSCHERNIAEV[27] ausgearbeitet. In jedem ebenen Komplex [Pt $ABCD$], der vier verschiedene Substituenten enthält, sollte es drei isomere Anordnungen der koordinierten Gruppen geben:

A		B		A		B		A		C
	Pt				Pt				Pt	
D		C		C		D		D		B

In einer Tetraederstruktur ist natürlich nur eine Anordnung möglich.

TSCHERNIAEV ging aus von dem *cis*-Dihydroxylamino-platin(II)-nitrit (XIV) und erhielt daraus durch Einwirkung von Ammoniak und Pyridin die Diamminverbindungen (XV) und (XVI). Wenn diese Verbindungen nacheinander mit Salzsäure und Pyridin behandelt werden, so werden sie in die Diammine (XVII) und (XVIII) und dann in die isomeren Triammine (XIX) und (XX) umgewandelt. Das dritte

[26] REIHLEN: Liebigs Ann. Chem. 1926, **448**, 312; 1931, **489**, 42.

[27] TSCHERNIAEV: Ann. Inst. Platine Mét. préc. 1928, **6**, 55. Chem. Zbl. 1929, I, 1204.

Isomere (XXI) wurde aus *trans*-Ammino-pyridino-platin(II)-chlorid (XXII) erhalten. Eine der Nitritogruppen reagiert mit Hydroxylaminchlorhydrat, wobei ein Chlorion in den Komplex eintritt (XXIII). Die Verbindung (XXIII) wird dann durch Einwirkung von Hydroxylamin in das gewünschte dritte Isomere (XXI) umgewandelt.

(XIV) NH_2OH, NH_2OH → Pt ← NO_2, NO_2

NH_3 ↙ ↘ C_5H_5N

(XV) NH_2OH, NH_2O — Pt — NH_3, NO_2 (XVI) NH_2OH, NH_2O — Pt — C_5H_5N, NO_2

↓ HCl ↓ HCl

(XVII) Cl, NH_2OH — Pt — NH_3, NO_2 (XVIII) Cl, NH_2OH — Pt — C_5H_5N, NO_2

↓ C_5H_5N ↙ NH_3

(XIX) $[C_5H_5N, NH_2OH \rightarrow Pt \leftarrow NH_3, NO_2]Cl$ (XX) $[NH_3, NH_2OH \rightarrow Pt \leftarrow C_5H_5N, NO_2]Cl$ (XXI) $[NH_3, NO_2 \rightarrow Pt \leftarrow NH_2OH, C_5H_5N]Cl$

↗ NH_2OH

$$\underset{\text{(XXII)}}{\overset{NH_3,\ NO_2}{}\text{Pt}\overset{NO_2,\ C_5H_5N}{}} + NH_2OH\cdot HCl \rightarrow \underset{\text{(XXIII)}}{\overset{NH_3,\ NO_2}{}\text{Pt}\overset{Cl,\ C_5H_5N}{}} + N_2O + 2\,H_2O$$

Es wurde versucht, die Frage durch Überlegungen hinsichtlich der Möglichkeit des Auftretens optisch aktiver Formen beim Einführen unsymmetrischer Chelatgruppen zu klären. In einem ebenen Modell müssen dann Komplexe vom Typus [Pt $(a—b)_2$], in denen $a—b$ eine unsymmetrische Chelatgruppe ist, in zwei Formen vorkommen, von denen keine aufspaltbar sein dürfte und die als *cis-trans*-Isomere zueinander in Beziehung stehen müßten. In dem tetraedrischen Modell wären keine geometrischen Isomere möglich, aber der Komplex müßte in die optisch enantiomorphen Formen (XXIV) und (XXV) aufgespalten werden können.

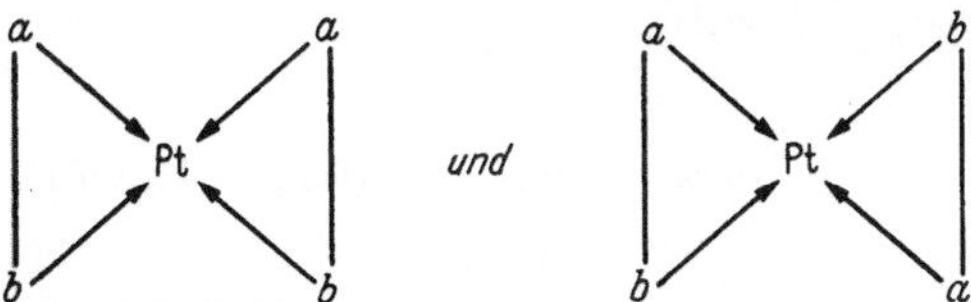

Eine dritte Möglichkeit, die an sich weniger wahrscheinlich ist, besteht in einer pyramidenförmigen Verteilung der Valenzen. Danach müßten zwei geometrische Isomeren, (XXVI) und (XXVII), gebildet werden, von denen die eine — entsprechend der ebenen *trans*-Form — ebenfalls optische Isomerie aufweisen sollte.

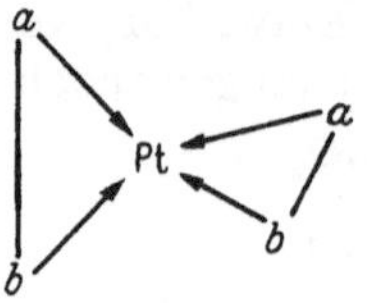

(XXIV) 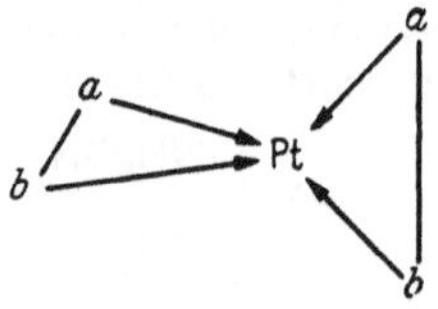 (XXV)

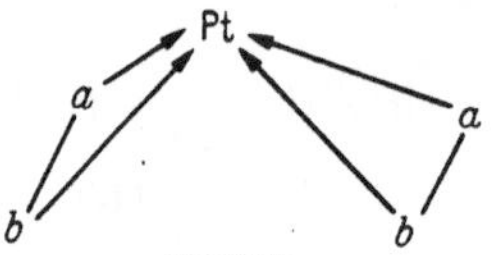

(XXVI) (XXVIIa) (XXVIIb)

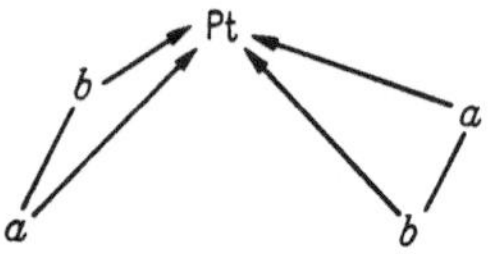

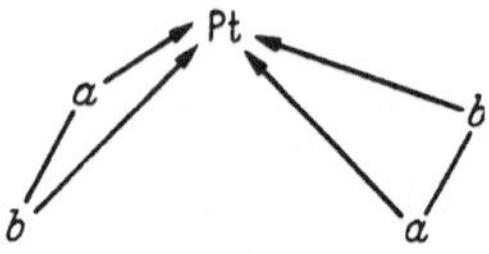

Es sind verschiedene Fälle der angeführten Aufspaltung von vierfach koordinierten Verbindungen der Platinmetalle beschrieben worden. REIHLEN[28] erklärte die Bromcamphersulfonate der Reihe XXVIII aufgespalten zu haben, wenn auch keine aktiven Salze einer inaktiven Säure erhalten werden konnten. Eine ähnliche Behauptung stellte ROSENHEIM und GERB[29] bezüglich des Salicylato-palladat(II)-Anions (XXIX) auf. Bemerkenswert ist allerdings die geringe optische Beständigkeit derartiger Verbindungen; unter dem Gesichtspunkt auch noch anderer Beweise ist es daher nicht möglich, eine Tetraederkonfiguration anzunehmen.

JENSEN[30], der ohne Erfolg die Beobachtungen von REIHLEN zu erweitern versuchte, gelangte zu der Ansicht, daß die anomale Drehung der Bromcamphersulfonatlösungen dadurch erklärt werden könne, daß sich die Chelatringe der Struktur (XXVIII) öffnen und in Lösung die Verbindung (XXX) gebildet würde. Diese wird natürlich zerstört, wenn das gelöste Bromcamphersulfonat in ein Salz einer inaktiven Säure überführt wird.

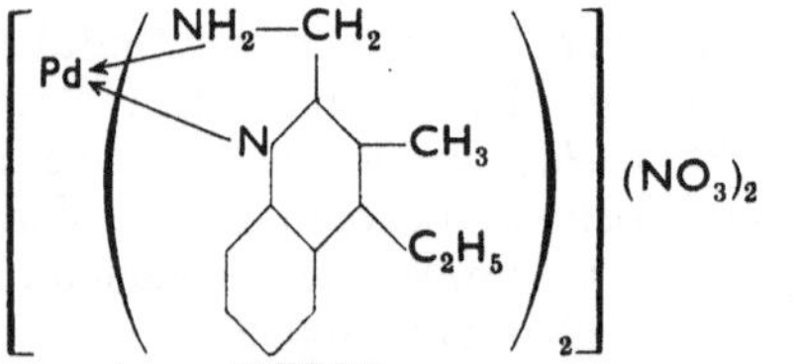

(XXVIII) 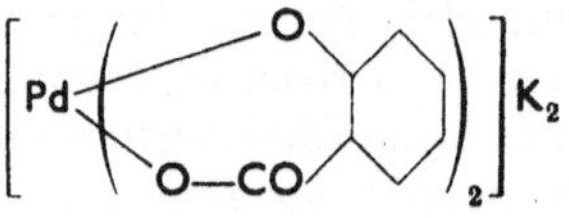 (XXIX)

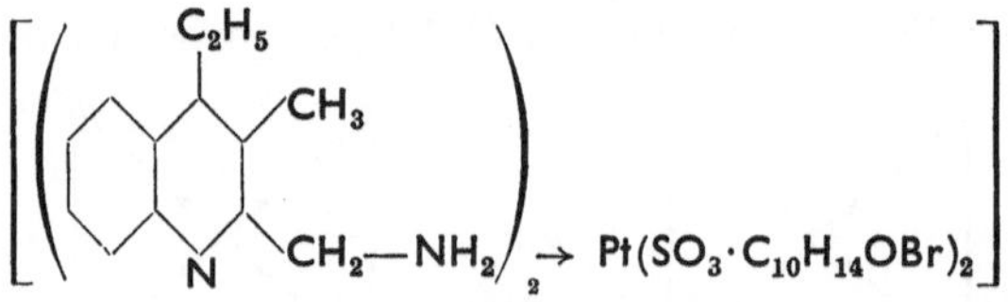

(XXX)

[28] REIHLEN: Liebigs Ann. Chem. 1931, **489**, 42; 1935, **519**, 80; 1935, **520**, 256.
[29] ROSENHEIM u. GERB: Z. anorg. allg. Chem. 1933, **210**, 289.
[30] JENSEN: Z. anorg. allg. Chem. 1938, **241**, 115.

DREW[31] benutzte Isobutylendiamin, $NH_2 \cdot CH_2C(CH_3)_2 \cdot NH_2$, als unsymmetrische Chelatgruppe und fand, daß die beiden vorhergesagten geometrischen Isomere von $[Pt\,(a\text{—}b)_2]X_2$ dargestellt werden können. Beide Isomeren können nicht aufgespalten werden. Wenn man nun eins der Moleküle a—b durch zwei verschiedene Gruppen mit einwertiger Funktion *c* und *d* ersetzt, dann ergeben sich für die Konfiguration des so gebildeten Komplexes $\left[{}^{a}_{b}Pt\,(c)(d)\right]$ folgende Möglichkeiten:

a) Wenn sowohl eine tetraedrische als auch eine ebene Form vorkommen, dann müssen zwei Isomere auftreten, unabhängig davon, ob die Chelatgruppe unsymmetrisch ist, wie beim Isobutylendiamin, oder symmetrisch wie beim Äthylendiamin.

b) Wenn eine ebene Konfiguration vorliegt, so gibt es nur eine Verbindung, wenn *a—b* symmetrisch ist, hingegen sind zwei Isomere möglich, wenn *a—b* unsymmetrisch ist; in keinem Fall sind die Verbindungen aufspaltbar[31].

c) Wenn eine tetraedrische Konfiguration vorliegt, dann ist nur eine Form möglich, welche sich aufspalten läßt, wenn *a—b* unsymmetrisch ist, die hingegen bei einem symmetrischen *a—b* nicht aufspaltbar ist.

Als Chelatgruppen benutzte DREW Isobutylendiamin und Äthylendiamin, als Gruppen mit einwertiger Funktion (c und d) Ammoniak und Äthylamin.

$$K_2PtCl_4 \longrightarrow K[PtCl_3 \cdot NH_3] \longrightarrow [PtCl_2(NH_3)(C_2H_5NH_2)]$$

en ↙ ↓ Jb

$$\left[\begin{matrix}Aet\,NH_2\searrow & & \swarrow NH_2CH_2\\ & Pt & |\\ NH_3\nearrow & & \nwarrow NH_2CH_2\end{matrix}\right]Cl_2 \qquad \left[\begin{matrix}Aet\,NH_2\searrow & & \swarrow NH_2CH_2\\ & Pt & |\\ NH_3\nearrow & & \nwarrow NH_2C(CH_3)_2\end{matrix}\right]Cl_2 \qquad \left[\begin{matrix}Aet\,NH_2\searrow & & \swarrow NH_2C(CH_3)_2\\ & Pt & |\\ NH_3\nearrow & & \nwarrow NH_2CH_2\end{matrix}\right]Cl_2$$

Nur eine Form — Zwei isomere Formen isoliert

Die experimentellen Ergebnisse, die in den oben dargestellten Reaktionen zusammengefaßt sind, stimmen vollkommen mit der Annahme überein, daß nur die ebene Anordnung möglich ist.

Endlich haben MILLS und QUIBELL[32] den endgültigen Beweis erbracht, indem sie eine Verbindung mit zwei Chelatgruppen aufspalteten; bei einer derartigen Verbindung kann dann keine Spiegelbildisomerie auftreten, wenn die Chelatringe in zueinander senkrechten Ebenen angeordnet sind. Isobutylendiamin reagiert mit Kaliumchloroplatinat(II) und bildet Isobutylendiamin-platin(II)-chlorid (XXXI), aus dem man durch Einwirkung von *meso*-Stilbendiamin das gemischte Tetrammin (XXXII) erhalten kann.

$$K_2PtCl_4 \longrightarrow \begin{matrix}(CH_3)_2C\text{—}NH_2\searrow & \\ | & PtCl_2\\ CH_2NH_2\nearrow & \end{matrix} \longrightarrow \begin{matrix}(CH_3)_2C\text{—}NH_2\searrow & & \swarrow NH_2CH\cdot C_6H_5\\ | & Pt & |\\ CH_2NH_2\nearrow & & \nwarrow NH_2CH\cdot C_6H_5\end{matrix}$$

(XXXI) (XXXII)

---

[31] DREW: J. chem. Soc. 1934, 221; 1937, 1549.

[32] MILLS u. QUIBELL: J. chem. Soc. 1935, 839.

Wenn die Anordnung der Platinvalenzen tetraedrisch ist, so muß das Tetrammin die molekulare Konfiguration besitzen, die schematisch von vorne und von der Seite in (XXXIII) und (XXXIV) dargestellt ist. Diese hat, wie man sehen kann, eine mittlere Symmetrieebene und kann nicht zur Entstehung einer optischen Isomerie führen. Wenn aber die beiden Chelatringe in einer Ebene liegen, so ist das Molekül unsymmetrisch, wie aus den Formelbildern (XXXV) und (XXXVI) hervorgeht.

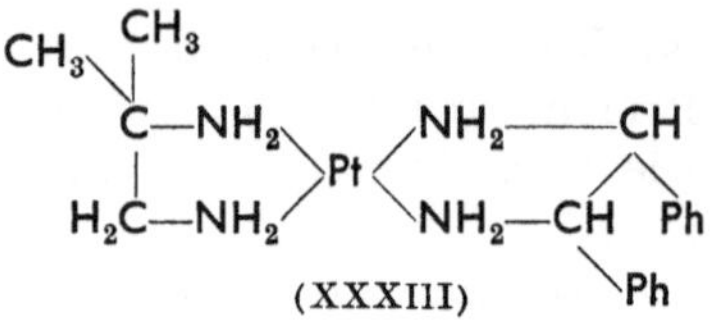

(XXXIII) 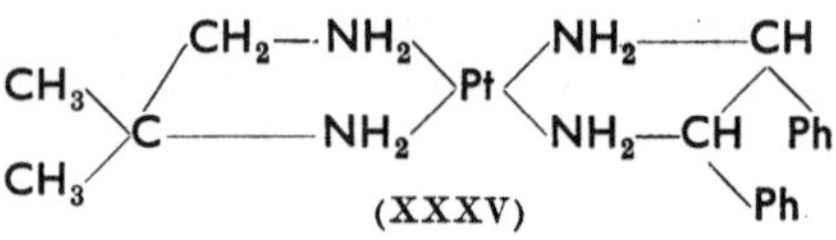 (XXXV)

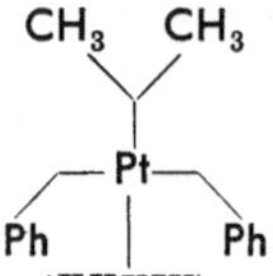

(XXXIV) 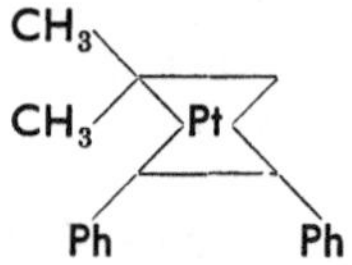 (XXXVI)

Das Tetrammin wurde von MILLS und QUIBELL in die beständigen enantiomorphen Formen aufgespalten, für die $[M]_{5461} = \pm 48{,}5°$ ist. Da einfache Komplexe wie $[Pt\,en\,Ib]Cl_2$ (Ib = Isobutylendiamin) niemals aufgespalten werden konnten, so besteht kein Beweis für die an sich schon unwahrscheinliche pyramidenförmige Konfiguration. Die ebene Verteilung der rund um das Zentralatom angeordneten Gruppen in den komplexen Verbindungen des zweiwertigen Platins kann man daher als endgültig gesichert betrachten.

Die Stereochemie anderer Elemente mit vierfacher Koordination.

Die Stereochemie des Palladiums. Auf Grund der chemischen Ähnlichkeit zwischen Platin und Palladium sollte man erwarten, daß Palladium ebenfalls eine ebene Anordnung der Valenzen besitzt. Dies ist auch tatsächlich der Fall. Die allgemeinen Reaktionen von Palladium(II)-Verbindungen mit Ammoniak und Thioäthern stimmen gut mit den für Platin beschriebenen überein, wenn auch in den meisten Fällen nur eines der möglichen Paare von Isomeren gebildet wird, nämlich — außer mit Chelatgruppen — das β- oder *trans*-Isomere, wie aus den Reaktionen dieser Verbindungen und aus dem Isomorphismus von $(Aet_2S)_2PdCl_2$ mit β-$(Aet_2S)_2PtCl_2$ hervorgeht. Die Untersuchungen der Palladium(II)-Verbindungen wird indessen dadurch kompliziert, daß leicht intramolekulare Rückverwandlungen stattfinden; so reagiert $(NH_3)_2PdCl_2$, obwohl es zweifellos eine *trans*-Verbindung ist, leicht mit Kaliumoxalat und bildet $[NH_3)_2PdC_2O_4]$, das unbedingt eine *cis*-Konfiguration haben muß. Ebenso ist, wie bereits betont wurde, $(Aet_2S)_2PdCl_2$ isomorph mit β-$(Aet_2S)_2PtCl_2$; es reagiert aber mit $AetS \cdot C_2H_4 \cdot AetS$ unter Bildung der Chelatverbindung $C_2H_4{<}^{(AetS)}_{(AetS)}PdCl_2$. In einigen Fällen wurde das Vorkommen der *cis*-

und trans-Isomeren sichergestellt. WARDLAW, SHARRATT und PINKARD[33] erhielten *cis*- und *trans*-Formen von Diglycinpalladium.

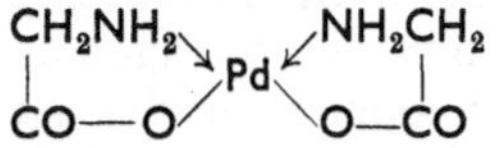

$$\begin{matrix} CH_2NH_2 \searrow & & \swarrow NH_2CH_2 \\ | & Pd & | \\ CO-O \nearrow & & \nwarrow O-CO \end{matrix} \quad \text{und} \quad \begin{matrix} CH_2NH_2 \searrow & & \nearrow O-CO \\ | & Pd & | \\ CO-O \nearrow & & \nwarrow NH_2CH_2 \end{matrix}$$

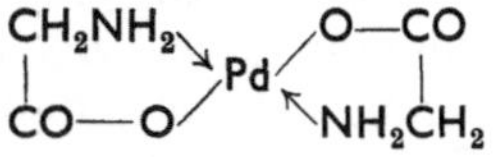

MANN[34] hat sowohl die *cis*- als auch die *trans*-Formen von $(NH_3)_2Pd(NO_2)_2$ dargestellt, während GRUNBERG und SCHULMANN[35] neuerdings das bis dahin unbekannte α-Diammin-palladium(II)-chlorid, $(NH_3)_2PdCl_2$, erhalten konnten.

Die Stereochemie des Nickels. Die Komplexchemie des Nickels zeigt wie die des Palladiums eine gewisse Ähnlichkeit mit der des Platins. So bilden alle drei Metalle mit Dialkylglyoximen charakteristische innere Komplexe; ebenso sind die hydratisierten Doppelcyanide, z. B. $Ba[M(CN)_4] \cdot 4\,H_2O$ — $M = Ni$, Pd oder Pt — sämtlich isomorph. Anscheinend wurde zuerst von PAULING[36] aus theoretischen Erwägungen, die später betrachtet werden sollen, eindeutig darauf hingewiesen, daß Nickel in seinen vierfach koordinierten Verbindungen ebenfalls eine ebene Anordnung besitzt. TSCHUGAIEFF[37] hatte bereits zwei ineinander umwandelbare Verbindungen des Nickels mit Methylglyoxim erhalten, und SUGDEN[38] isolierte kurz nach der Voraussage von PAULING zwei Formen der Verbindung von Nickel mit Benzyl-methylglyoxim (XXXVII), die sich ebenfalls leicht ineinander umwandeln und vermutlich als *cis*- und *trans*-Isomere zueinander in Beziehung stehen. Diese Vermutung stützt sich auf eine große Zahl physikalischer Beweise. Die komplexen Dithiooxalate $K_2\left[\begin{matrix} CO\cdot S \searrow & & \swarrow S\cdot CO \\ | & M & | \\ CO\cdot S \nearrow & & \nwarrow S\cdot CO \end{matrix}\right]$, in denen $M = Ni$, Pd oder Pt ist, sind vollständig isomorph, und COX, WARDLAW und WEBSTER[39] haben durch Röntgenuntersuchungen bewiesen, daß das Anion der Nickelverbindungen streng in einer Ebene liegt. Dieselben Autoren[40] haben auch gezeigt, daß die Salicylaldoximverbindungen (XXXVIII) ebene *trans*-Strukturen besitzen.

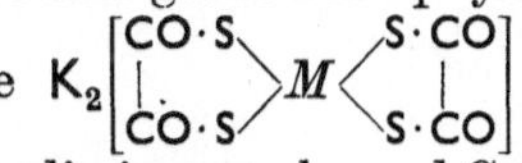

Die Verbindung $[NiBr_3(Aet_3Pt)_2]$[41], mit dreiwertigem Nickel, besitzt eine völlig andersartige sterische Konfiguration. Diese Verbindung muß scheinbar richtig mit der ungewöhnlichen Koordinationszahl 5 dargestellt werden, da eine Formulierung als zweikerniger Komplex (s. dort) mit sowohl zwei- als auch dreiwertigem Nickel nicht mit dem in organischen Lösungsmitteln gefundenen Molekulargewicht in Einklang gebracht werden kann. Weiterhin deutet die magnetische Suszeptibilität der

---

[33] WARDLAW, SHARRATT u. PINKARD: J. chem. Soc. 1934, 1012.
[34] MANN: J. chem. Soc. 1935, 1642.
[35] GRUNBERG u. SCHULMANN: C. R. Acad. Sci. URSS 1933, 218.
[36] PAULING: J. Amer. chem. Soc. 1931, **53**, 1367.
[37] TSCHUGAIEFF: J. russ. physic. chem. Soc. 1910, **42**, 1466; Chem. Zbl. 1911, I, 871.
[38] SUGDEN: J. chem. Soc. 1932, 246.
[39] COX, WARDLAW u. WEBSTER: J. chem. Soc. 1935, 1475.
[40] COX, WARDLAW u. WEBSTER: J. chem. Soc. 1935, 459.
[41] JENSEN, K. A., u. B. NYGAARD: Acta chem. scand. 1949, **3**, 474.

Verbindung auf das Vorhandensein eines unpaarigen Elektrons, wie man es bei einem Komplex mit dreiwertigem Nickel erwarten sollte (s. S. 168). Für ein derartiges Molekül gibt es zwei Konfigurationsmöglichkeiten: die trigonal-bipyramidale (XXXIX) oder die tetragonal-pyramidale (XL). Es ist nun bekannt, daß das Dipolmoment der Aet_3P-Metallbindung groß ist, so daß sämtliche Anordnungsmöglichkeiten der Gruppen nach der Struktur (XXXIX) entweder zu sehr hohen Dipolmomenten oder aber zu dem Moment Null führen müssen. Da für $[NiBr_3(Aet_3P)_2]$ ein kleines Dipolmoment gefunden wurde, das jedoch nicht Null ist, glauben JENSEN und NYGAARD, daß die Konfiguration des 5fach koordinierten Komplexes durch die Form (XL) dargestellt werden könne und daß die einigen anderen AB_5-Molekülen — z. B. $Fe(CO)_5$ — zugeordnete Struktur auf einem Irrtum beruhe. Einige theoretische Gründe rechtfertigen die Annahme, daß die gebildete Struktur von den Quantenzahlen der d, s und p-Bahnen abhängen, die als $[dsp^3]$- oder $[d^3sp^2]$-Zwitterbahnen (vgl. Kapitel III) bei der Komplexbildung beteiligt sind.

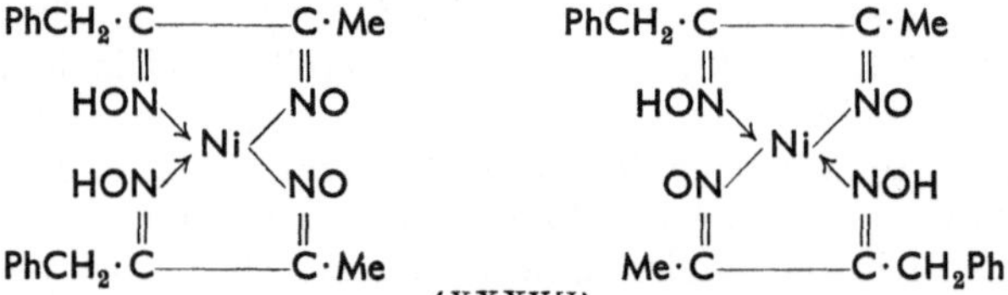

(XXXVII)

α-Form, Schmp. 168°.
β-Form, Schmp. 75—77°.

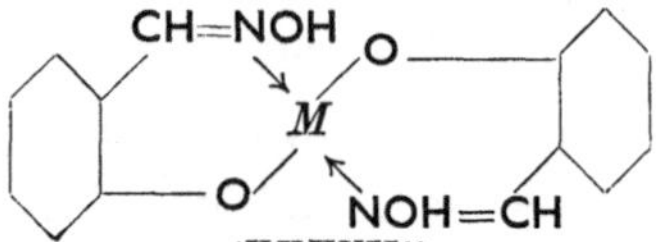

(XXXVIII)

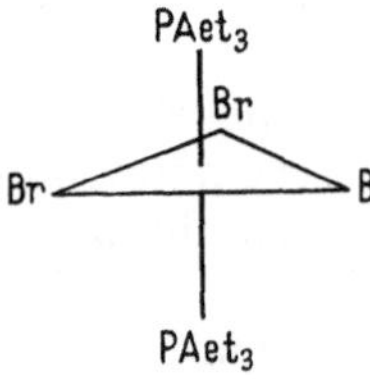

(XXXIX a) 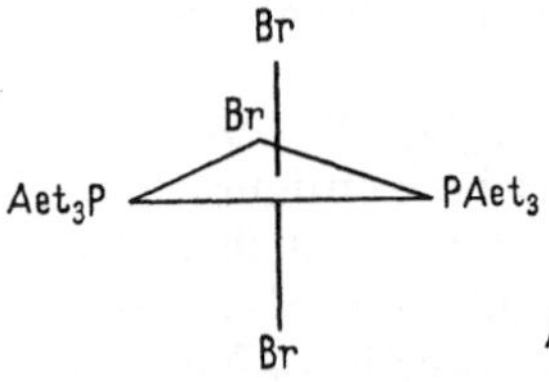 (XXXIX b) 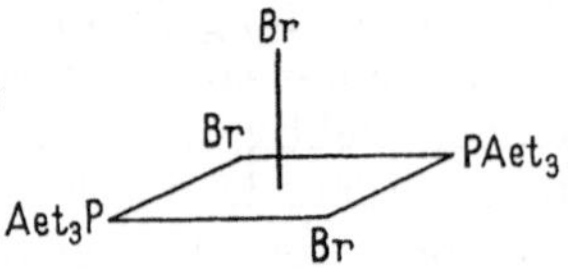 (XL)

Die Stereochemie des Kupfers. Eine Zeitlang nahm man an, daß Kupfer zu den Elementen gehört, die eine tetraedrische Konfiguration besitzen, da MILLS und GOTTS[42] ein Strychninsalz der Kupfer(II)-benzoylbrenztraubensäure (XLI) erhalten haben, das Mutarotation zeigte. Sie waren nicht imstande, das Strychnin zu entfernen, ohne daß eine vollständige Racemisierung eintrat; aus Analogie zu dem Verhalten des entsprechenden Berylliumkomplexes, der zweifellos tetra-

[42] MILLS u. GOTTS: J. chem. Soc. 1926, 3121.

edrisch ist und ebenfalls Mutarotation zeigt, schloß man jedoch, daß die Kupferverbindung aufgespalten worden ist. Eine Aufspaltung ist nur möglich, wenn die Valenzen um das Kupferatom tetraedrisch gerichtet sind [vgl. (XXIV) und (XXV), oben]. Aus der Kristallstruktur von $CuSO_4 \cdot 5\,H_2O$, die von BEEVERS und LIPSON[43] bestimmt wurde, ergab sich, daß in dem hydratisierten Ion $[Cu(H_2O)_4]^{2+}$ die Wassermoleküle mit dem Kupferatom in einer Ebene liegen, und danach wurde gezeigt[44], daß andere Kupferkomplexe, wie die Salicylaldoximverbindung und das Pikolinat, ebenfalls ebene Anordnungen besitzen. Dasselbe gilt auch für innere Komplexsalze, wie Benzoylacetonat, die eng mit der von MILLS und GOTTS untersuchten Verbindung verwandt sind. Es scheint demnach mit Sicherheit festzustehen, daß die Schlußfolgerungen der beiden letztgenannten Autoren irrig ist und daß das Kupfer in seinen vierfach koordinierten Verbindungen stets eine ebene Konfiguration besitzt. In keinem Fall ist eine geometrische Isomerie unter den Kupferverbindungen bekannt. So kommt $CuCl_2(C_5H_5N)_2$ in nur einer, und zwar der *trans*-Form vor.

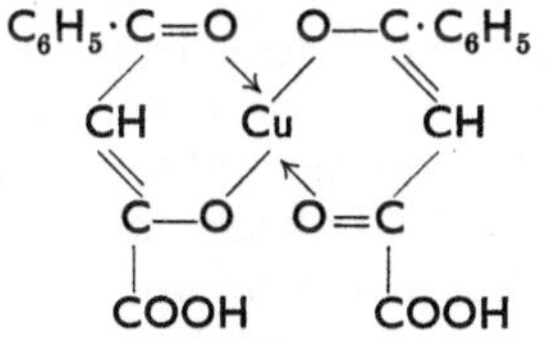

(XLI)

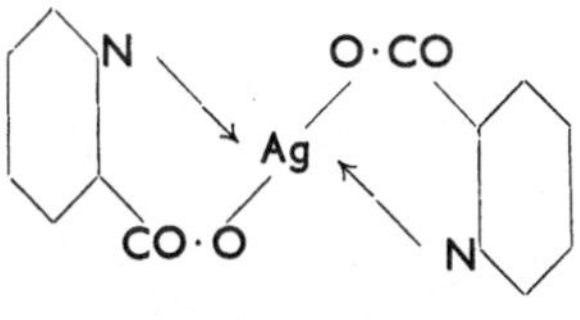

(XLII)

Wie man erwarten sollte, hat zweiwertiges Silber dieselbe Konfiguration wie zweiwertiges Kupfer, wie am Silber(II)-Pikolinat (XLII) gezeigt wurde[45]. Dieselbe ebene Anordnung des Komplexes findet sich auch beim dreiwertigen Gold im $KAuBr_4$[46] und im Diäthyl-gold(III)-bromid,

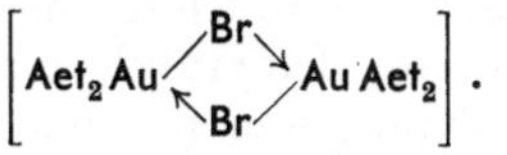

$$\left[Aet_2Au \begin{matrix} \nearrow Br \searrow \\ \nwarrow Br \swarrow \end{matrix} Au\,Aet_2\right].$$

Danach scheint also für die Metalle der Platin-Nickel- und Kupfer-Silbergruppe im zweiwertigen Zustand die ebene Konfiguration die normale Form zu sein. Es muß aber betont werden, daß die jeweils auftretende Konfiguration von der Wertigkeit des Metalls abhängt. So findet man beim vierwertigen Platin im $(CH_3)_3PtCl$ eine tetraedrische Anordnung[47], ebenso beim einwertigen Kupfer im $\left[Cu\left(S = C{<}^{CH_3}_{NH_2}\right)_4\right]Cl$ und im $K_3[Cu(CN)_4]$[48]. Dasselbe gilt offensichtlich für Zinn und Blei, deren vierwertige Verbindungen tetraedrisch angeordnet sind, während im zweiwertigen Zustand eine ebene Konfiguration vorhanden ist[49].

[43] BEEVERS u. LIPSON: Proc. Roy. Soc. 1934 A, **146**, 570.
[44] COX u. a.: J. chem. Soc. 1935, 731; 1936, 775.
[45] COX, WARDLAW u. WEBSTER: J. chem. Soc. 1936, 775.
[46] COX u. WEBSTER: J. chem. Soc. 1936, 1635.
[47] COX u. WEBSTER: Z. Kristallogr., Mineralogie, Petrogr. A 1935, **90**, 561.
[48] COX, WARDLAW u. WEBSTER: J. chem. Soc. 1936, 775.
[49] COX, SHORTER u. WARDLAW: Nature 1937, **139**, 72.

Der interessanteste Fall tritt indessen bei einigen Verbindungen des zweiwertigen Kupfers auf, wie z. B. beim $(C_2H_5)_3As \cdot CuJ$, in denen die Koordinationszahl offenbar 2 beträgt. Verbindungen mit der Koordinationszahl 2 werden von einwertigem Silber gebildet, und es konnte gezeigt werden, daß im $K[Ag(CN)_2]$ das Komplexion $[Ag(CN)_2]^-$ in einer Geraden liegt. Die Komplexe des zweiwertigen Kupfers gehören hingegen nicht zu diesem Typus; sie haben sich vielmehr auf Grund von Molekulargewichtsbestimmungen als vierfache Polymere erwiesen[50], $[Aet_3As \cdot CuJ]_4$. Die Verbindung polymerisiert, um so die beständige höchste Koordinationsstufe einzunehmen, und bietet daher ein Beispiel von der Art und Weise, wie die Chemie der metallischen Elemente von dem Bestreben und der Notwendigkeit beherrscht wird, daß die beständigste Koordinationszahl erreicht wird. Im Falle dieser Kupfer(II)-Verbindungen ergibt sich aus der Kristallstruktur der festen Stoffe, daß die vier Kupferatome in den Ecken eines regelmäßigen Tetraeders angeordnet sind, und zwar so, daß jedes Kupferatom selbst tetraedrisch von drei Jodatomen — von denen jedes noch zwei anderen Kupferatomen zugeordnet ist — und einem Arsinmolekül umgeben wird (XLIII).

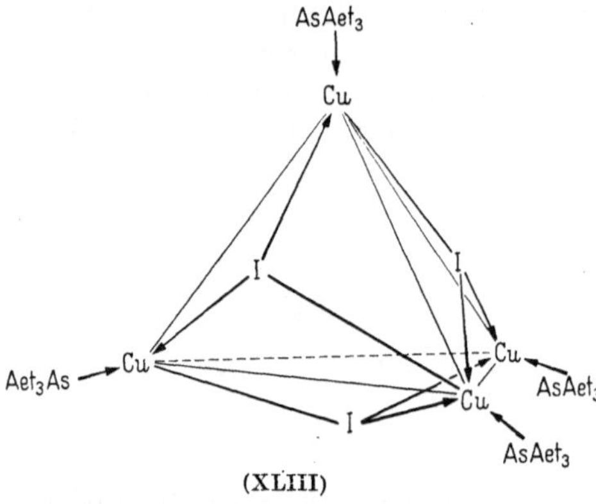

(XLIII)

Dasselbe Bestreben, vierfach koordinierte Komplexe zu bilden, trifft man auch bei anderen Kupfer(I)-Komplexen. So bildet Kupfer(I)-jodid ein Ammin von der Form $[(NH_3)_3CuJ]$, das leicht Ammoniak verliert (Biltz und Stollenwerk[51]). Amine mit einem größeren Koordinationsvermögen, wie beispielsweise Dipyridyl, ergeben beständige Verbindungen von demselben Typus, und mit den bereits erwähnten Arsin- und Phosphinverbindungen werden leicht monomere Formen mit der Koordinationszahl 4 gebildet. Wenn diese Stoffe die Alkylphosphingruppe verlieren, so entstehen mehrkernige Verbindungen, wobei die Koordinationszahl aufrechterhalten bleibt.

$$[R_3P \cdot CuJ]_4 + 4\,\text{Dipy} \rightarrow \left[\text{DipyCu}\begin{matrix} \swarrow PR_3 \\ \searrow J \end{matrix}\right] \rightarrow \left[\text{DipyCu}\begin{matrix} \nearrow J \searrow \\ \searrow J \swarrow \end{matrix}\text{CuDipy}\right].$$

Bereits in der Literatur erwähnte Verbindungen, wie das von Arbusow beschriebene $CuJ \cdot 2\,P(C_2H_5)_3$, müssen zweifellos ebenso formuliert werden:

$$\left[\begin{matrix} Aet_3P \searrow \\ Aet_3P \nearrow \end{matrix} Cu \begin{matrix} \nearrow J \searrow \\ \nwarrow J \swarrow \end{matrix} Cu \begin{matrix} \swarrow PAet_3 \\ \nwarrow PAet_3 \end{matrix}\right].$$

[50] Mann, Purdie u. Wells: J. chem. Soc. 1936, 1503.
[51] Biltz u. Stollenwerk: Z. anorg. allg. Chem. 1921, 119, 97.

Die Stereochemie anderer Metalle. Ein anderes Beispiel für eine Polymerisation, die durch die Notwendigkeit zur Einnahme einer beständigen Koordinationszahl zustande kommt, ist das Diäthylcyangold, Aet_2AuCN[52]. Wenn diese Verbindung monomer wäre, so würde sie die Koordinationszahl 3 besitzen und wäre koordinativ ungesättigt. Da bei dreiwertigem Gold die beständige Anordnung eine ebene ist und da die CN-Gruppe mit beiden Enden koordiniert werden kann, ist es möglich, daß die höchste Koordinationsstufe durch vierfache Polymerisation (XLIV) erreicht wird. In Übereinstimmung damit zeigt die Verbindung in Lösung tatsächlich ein Molekulargewicht, daß der vierfach aggregierten Form entspricht.

Die Konfiguration der meisten vierfach koordinierten Elemente ist — außer in den oben angeführten Fällen — tetraedrisch. Überraschenderweise gehört dazu auch zweiwertiges Kobalt, wenigstens in einigen seiner Verbindungen. Powell und Wells[53] haben gezeigt, daß beim $Cs_3CoCl_5 (= Cs_2CoCl_4 + CsCl)$ das Kobalt in dem Anion $[CoCl_4]^{2-}$ den Mittelpunkt eines aus Chlorionen gebildeten Tetraeders bildet. Andererseits liegt ein Beweis dafür vor[54], daß aus dimensionalen Gründen der beständigen violetten α-Form von $CoCl_2 \cdot (C_5H_5N_2)$ eine ebene Konfiguration zugrunde liegen muß. Dipyridinokobalt(II)-chlorid kann man durch Erhitzen der α-Form auf 110° oder durch Kristallisation aus organischen Lösungsmitteln bei höherer Temperatur auch in einer unbeständigen, blauen β-Form erhalten. Diese beiden Formen wurden von einigen Autoren[55] ohne jede experimentelle Begründung als *cis*- und *trans*-Formen eines ebenen Komplexes aufgefaßt. Eine andere Anschauung, daß nämlich die eine der beiden Formen ein Salz von der Art $[CoPyr_4][CoCl_4]$ ist, läßt sich schwer mit dem in Lösung gefundenen monomeren Molekulargewicht der β-Form sowie der monomeren, ebenen trans-Natur der α-Form und mit den beobachteten magnetischen Suszeptibilitäten der Verbindungen in Einklang bringen[56]. Die Natur der β-Verbindung bleibt danach ungeklärt. Es steht jedoch fest, daß zweiwertiges Kobalt sowohl in ebener als auch in tetraedrischer Konfiguration auftreten kann, je nach der Natur des ganzen Komplexes und der gebundenen Gruppen.

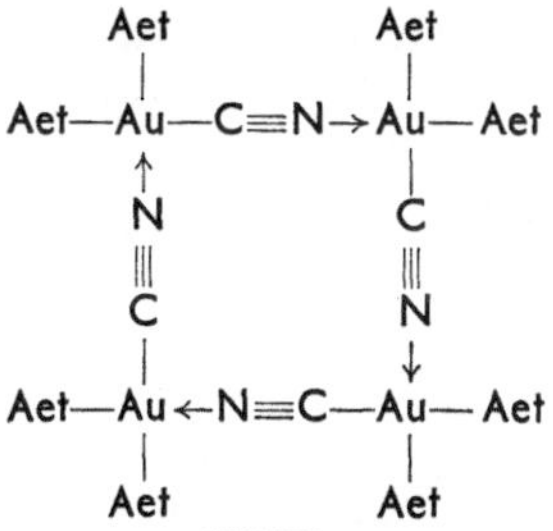

```
        Aet              Aet
         |                |
Aet—Au—C≡N→Au—Aet
         ↑                |
         N                C
         |||              |||
         C                N
         |                ↓
Aet—Au←N≡C—Au—Aet
         |                |
        Aet              Aet
```

(XLIV)

Der Beweis für die tetraedrische Konfiguration der meisten Elemente gründet sich auf der Kristallstruktur von Komplexsalzen, wie beispielsweise bei der Reihe $K_2[M(CN)_4]$, bei der M = Zn, Cd oder Hg sein kann, oder auf der optischen Spaltung von Verbindungen, die zwei

[52] Gibson u. a.: J. chem. Soc. 1935, 1024.
[53] Powell u. Wells: J. chem. Soc. 1935, 359.
[54] Cox, Wardlaw u. a.: J. chem. Soc. 1937, 1556.
[55] Vgl. Biltz u. Fetkenheuer: Z. anorg. allg. Chem. 1914, **89**, 97.
[56] Barkworth u. Sugden: Nature 1937, **139**, 374.

Chelatringe enthalten. So spalteten MILLS und GOTTS[57] benzoylbrenztraubensaures Zink und Beryllium (s. oben XLI) und BOËSEKEN[58] Disalicyl-borsäure (XLV). Eine Bestätigung der Tetraederstruktur von Berylliumkomplexen ergibt sich aus dem Bau des basischen Berylliumacetats, $Be_4O(O \cdot COCH_3)_6$. Wie die anderen sog. ,,basischen Berylliumsalze" der Fettsäuren ist diese interessante Verbindung in organischen Lösungsmitteln löslich, schmilzt bei niedriger Temperatur und läßt sich unzersetzt destillieren. Sie muß demzufolge eine reine Kovalenzstruktur besitzen. Es wurde gezeigt[59], daß sich die Berylliumatome in dem basischen Acetat in einer regelmäßigen tetraedrischen Anordnung um das zentrale Sauerstoffatom befinden und weiterhin koordinativ mit den sechs Acetatgruppen verbunden sind, so daß jedes Berylliumatom selbst vierfach koordiniert ist (XLVI). Es sei erwähnt, daß das Sauerstoffzentralatom ebenfalls der Mittelpunkt einer vierfachen tetraedrischen Koordination ist.

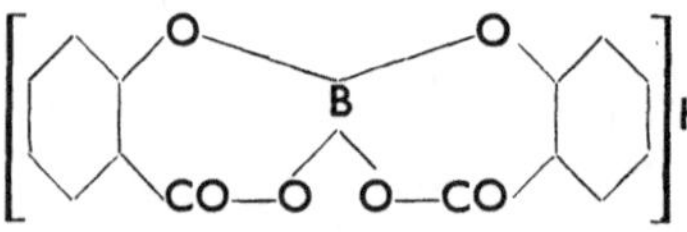

(XLV)

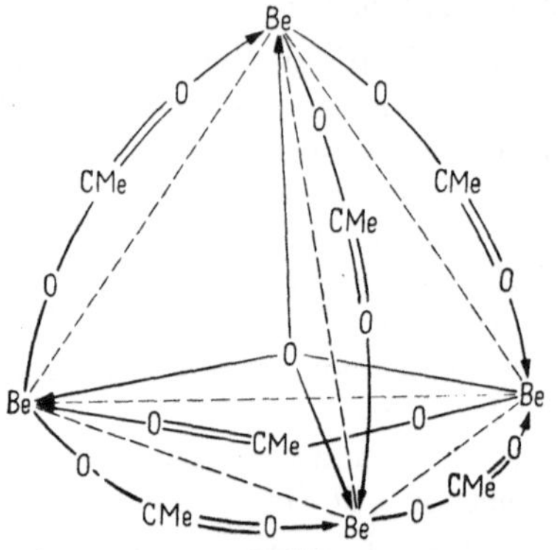

(XLVI)

Diese Erscheinung, die man häufiger beobachtet, wird uns später noch im Zusammenhang mit den kristallinen (festen) und pseudokristallinen (flüssigen) Formen des Wassers und bei der Bildung von Hydroxylbindungen in Hydraten und Hydroxyden interessieren.

Es erhebt sich nun die wichtige Frage, ob diese charakteristischen Konfigurationen unveränderlich sind oder ob auch das Auftreten von anderen Formen möglich ist. Theoretische Richtlinien hierzu fehlen, jedoch scheint das vorliegende experimentelle Material Beispiele dafür zu bieten, daß sowohl ,,ebene" Elemente tetraedrische Komplexe bilden, als auch umgekehrt die entgegengesetzte Erscheinung auftreten kann.

F. G. MANN[60] untersuchte im Jahre 1926 die Bildung von Komplexverbindungen durch $\beta\beta'\beta''$-Triaminotriäthylamin, $N(CH_2CH_2NH_2)_3$, und fand dabei, daß dieses mit Nickel- und Platin(II)-jodid Verbindungen bildet, in denen es als vierzähnige Gruppe auftritt und alle vier Koordinationsstellen besetzt. Hierdurch entsteht ein sehr interessantes Problem, da deutlich festgestellt werden konnte, daß diese Elemente normalerweise eine ebene Konfiguration besitzen. Das Triaminotriäthylamin kann nun aber nicht alle vier Stellen in einer quadratischen ebenen Anordnung umfassen; es läßt sich aber wohl, ohne daß allzu große Spannungen

[57] MILLS u. GOTTS: J. chem. Soc. 1926, 3121.
[58] BOËSEKEN, J. J.: Proc. Acad. Sci., Amsterdam 1924, **27**, 174.
[59] BRAGG, W. H., u. G. T. MORGAN: Proc. Roy. Soc. 1923 A, **104**, 437.
[60] MANN, F. G.: J. chem. Soc. 1926, 482.

auftreten, einer Tetraederstruktur anpassen (XLVII). Anscheinend können also die „ebenen“ Elemente unter dem Zwang von Gruppen mit hohem Koordinationsvermögen dazu veranlaßt werden, die andere Struktur einzunehmen.

Das Umgekehrte muß für die Phthalocyaninverbindungen des Berylliums, Zinks, Magnesiums und anderer „tetraedrischer“ Elemente gelten[61], da nicht nur das gesamte Skelett des Moleküls streng in einer Ebene liegt (XLVIII), sondern

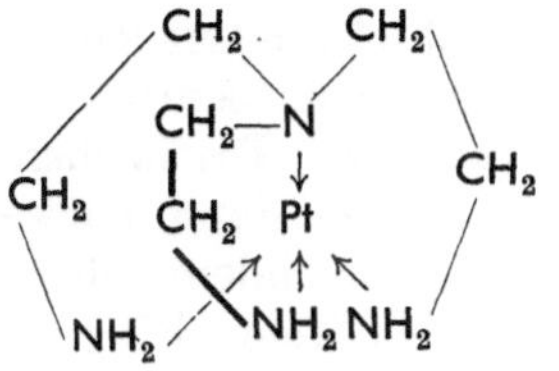

(XLVII)

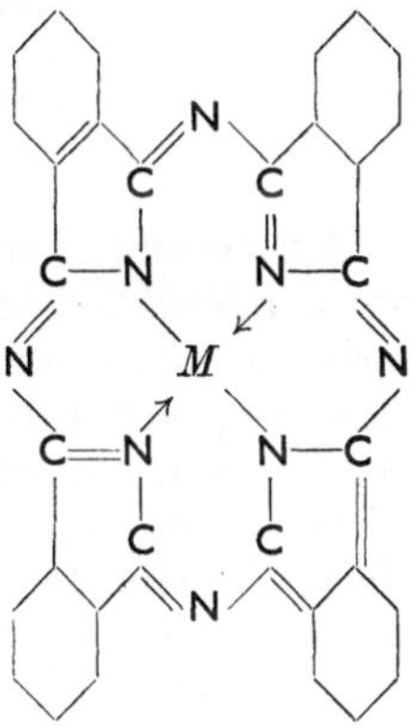

(XLVIII)

auch durch Röntgenuntersuchungen erwiesen wurde[62], daß diese kristallinen Verbindungen dieselbe Struktur besitzen wie die Phthalocyanine des Nickels und Kupfers. In einigen Fällen — z. B. bei den Magnesiumverbindungen — nimmt das Metall leicht zwei Moleküle Wasser oder Lösungsmittel auf und geht so in den sechsfach koordinierten Zustand über, wodurch die durch die Phthalocyaningruppe hervorgerufene quadratisch-ebene Konfiguration stabilisiert wird.

Ringgröße und Chelatbildung.

Aus dem vorhergehenden Abschnitt ging die Art und Weise hervor, in der die Chelatbildung ganz allgemein die Beständigkeit von Koordinationsverbindungen verändert. Wenn ein Molekül mit zwei zur Koordinationsbildung fähigen Gruppen — wie z. B. ein Diamin, $NH_2 \cdot (CH_2)_n \cdot NH_2$, oder eine Aminosäure, $NH_2(CH_2)_nCOOH$ — als Chelatgruppe fungieren soll, so muß — genau wie im Falle der Kohlenstoffringe in der organischen Chemie — geometrisch eine Ringbildung mit geringer Spannung möglich sein. Eine derartige Chelatbildung wird dann besonders begünstigt, wenn sich die Gruppen in 1,4- oder in 1,5-Stellung befinden.

Wenn gesättigte Ringe — d. h. Ringe, die lediglich Einfachbindungen enthalten — entstehen, wie bei der Koordination der Diamine, so sind die fünfgliedrigen Ringe, wie sie beispielsweise von Äthylendiamin gebildet werden (I), am beständigsten. Drew[63] konnte dies objektiv beweisen; er fand, daß Äthylendiamin — weniger leicht 1,3-Propylendiamin (II) — mit Platin Koordinationsverbindungen bildet, wohingegen die höheren Polymethylendiamine nur amorphe, schlecht definierte

[61] Linstead u. a.: J. chem. Soc. 1936, 1719, sowie frühere Arbeiten.

[62] Linstead u. Robertson: J. chem. Soc. 1936, 1736. — Robertson: J. chem. Soc. 1935, 615; 1936, 1195.

[63] Drew u. Tress: J. chem. Soc. 1933, 1335.

Produkte liefern, bei denen die beiden Aminogruppen eines jeden Moleküls des Diamins wahrscheinlich mit verschiedenen Metallatomen verbunden sind.

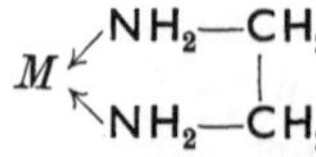

$$M\genfrac{}{}{0pt}{}{\swarrow NH_2-CH_2}{\nwarrow NH_2-CH_2} \quad \text{(I)} \qquad M\genfrac{}{}{0pt}{}{\swarrow NH_2-CH_2\diagdown}{\nwarrow NH_2-CH_2\diagup}CH_2 \quad \text{(II)}$$

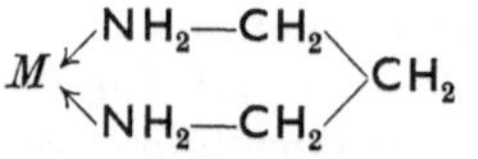

Auf besonders elegante Weise konnte MANN[64] die größere Beständigkeit der fünfgliedrigen Ringe im Vergleich zu den sechsgliedrigenRingen darlegen, und zwar indem er die Koordinationsverbindungen des 1,2,3-Triaminopropans, $NH_2CH_2CH(NH_2)CH_2NH_2$, untersuchte. Dieses kann so reagieren, daß nur zwei Koordinationsstellen besetzt werden und die dritte Aminogruppe zur Salzbildung fähig ist. Die in dieser Weise mit Platin(IV)-chlorid gebildete Verbindung ist dann entweder unsymmetrisch (III) oder symmetrisch (IV), je nachdem, ob durch Chelatbildung bevorzugt ein fünf- oder sechsgliedriger Ring gebildet wird. MANN spaltete die Verbindung in optische Isomere und bestätigte damit die Struktur (III) mit einem fünfgliedrigen Chelatring.

Dieselben Betrachtungen lassen sich auf die inneren Komplexsalze anwenden.

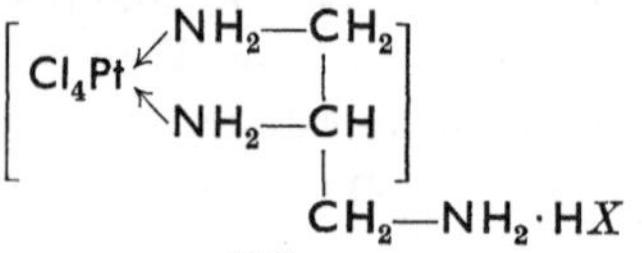

$$\left[Cl_4Pt\genfrac{}{}{0pt}{}{\swarrow NH_2-CH_2}{\nwarrow NH_2-CH}\right]CH_2-NH_2\cdot HX \quad \text{(III)} \qquad \left[Cl_4Pt\genfrac{}{}{0pt}{}{\swarrow NH_2-CH_2\diagdown}{\nwarrow NH_2-CH_2\diagup}CH\right]NH_2\cdot HX \quad \text{(IV)}$$

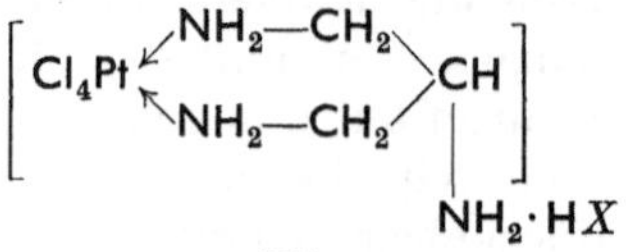

PFEIFFER[65] zeigte, daß von den Aminosäuren $NH_2(CH_2)_nCOOH$ diejenigen, bei denen $n = 1$ oder 2 ist, zur Entstehung von fünf- bzw. sechsgliedrigen Ringen führen, wobei sie lediglich als Chelatgruppen wirken. Wenn es sich aber um starke Säuren handelt, so fand er[66], daß dann sterische Überlegungen nicht mehr entscheidend sind und Komplexsalze eines anderen Typs entstehen. So bilden die *o*-, *m*- und *p*-Aminobenzolsulfonsäuren sämtlich Kupfersalze von der Formel $(NH_2\cdot C_6H_4\cdot SO_3)_2Cu\cdot 4\,H_2O$, die auf Grund ihrer Farbe in naher Beziehung zu der einfachen Anilinverbindung $(C_6H_5SO_3)_2Cu(NH_2C_6H_5)_2$ stehen. Offensichtlich erfolgt in diesen Fällen die Koordination nur durch die Aminogruppe, wobei eine den Betaïnen entsprechende Struktur entsteht:

$$({}^-SO_3\cdot C_6H_4\cdot NH_2 \rightarrow Cu^{2+} \leftarrow NH_2\cdot C_6H_4\cdot SO_3{}^-).$$

Die sterische Beziehung zwischen Säure- und Aminogruppen ist dann unerheblich.

Merkwürdig ist folgende Beobachtung: Während die gesättigten 1,2-Diamine (z. B. Äthylendiamin oder 1,2-Diaminocyclohexan) sämtlich

---

[64] MANN: J. chem. Soc. 1926, **129**, 2681.

[65] PFEIFFER: Liebigs Ann. Chem. 1933, **503**, 84; J. pract. Chem. 1933, [II], **136**, 321.

[66] PFEIFFER: Z. anorg. allg. Chem. 1936, **230**, 97. — Vgl. LEY: Ber. dtsch. chem. Ges. 1924, **57**, 1700.

als Chelatgruppen fungieren, scheint o-Phenylen gewöhnlich nur eine Koordinationsstelle ausfüllen zu können[67].

Bei der Entstehung von Chelatringen mit Doppelbindungen ist die Bildung von Sechsringen begünstigt. So entstehen bei den β-Diketonen leicht Komplexsalze aus der Enolform.

Die Bildung größerer Ringe ist nicht vollständig ausgeschlossen: Es wurden Verbindungen beschrieben[68, 69], (V) und (VI), die den Rest der Bernsteinsäure oder Sulfonyl-diessigsäure enthalten und in denen sieben- und achtgliedrige Ringe vorliegen.

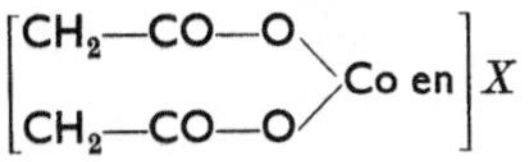

$$\left[\begin{matrix} CH_2—CO—O \\ CH_2—CO—O \end{matrix}\!\!\!>\!Co\ en\right]X \qquad \left[SO_2\!\!<\!\!\begin{matrix} CH_2—CO—O \\ CH_2—CO—O \end{matrix}\!\!\!>\!Co\ en_2\right]X$$

(V) 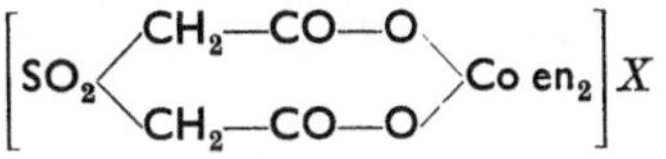 (VI)

Dreizähnige und vierzähnige Gruppen.

Außer den zahlreichen bifunktionellen „zweizähnigen" oder „chelaten" Gruppen kennt man einige wenige Verbindungen, die drei — also dreizähnige Gruppen — oder selbst vier — vierzähnige Gruppen — Stellen in der Koordinationsschale auszufüllen vermögen.

Als typische dreizähnige Gruppen können das bereits erwähnte Tripyridyl und $\alpha\beta\gamma$-Triaminopropan genannt werden[70]; diese vereinigen sich mit sechsfach koordinierten Metallen zu beständigen Verbindungen vom Typus $[M\ \text{Tripy}_2]X_n$ und $[Co\{C_3H_5(NH_2)_3\}_2]X_3$. In diesen Verbindungen ist die koordinierte Gruppe wahrscheinlich in den 1,2,6-Stellungen längs einer Oktaederkante (VII) gebunden und nicht in den benachbarten 1,2,3-Stellungen, die eine Oktaederfläche begrenzen; das ergibt sich aus der Tatsache, daß dieselben dreizähnigen Gruppen leicht drei Koordinationsstellen in einem ebenen, vierfach koordinierten Komplex, wie im [Pt Tripy Cl]Cl besetzen können; es läßt sich zeigen, daß eine derartige Struktur tatsächlich nur dann spannungsfrei ist, wenn das Platinatom und das ganze Tripyridylmolekül in einer Ebene liegen.

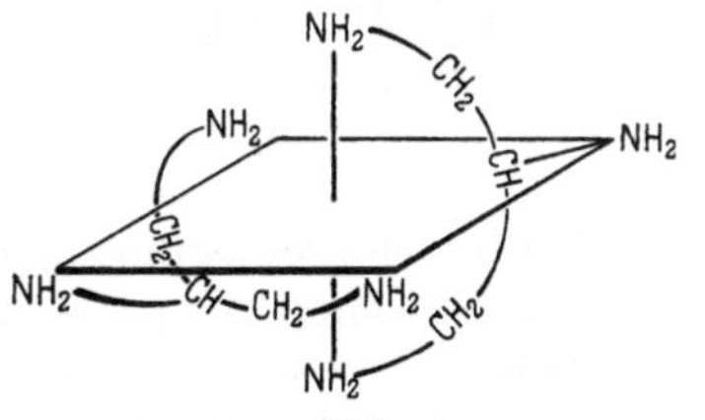

NH₂ CH₂ NH₂ NH₂ CH CH₂ NH₂ CH CH₂ NH₂ CH₂ NH₂

(VII)

Eine Bildung von inneren Komplexsalzen durch dreizähnige Gruppen ist ebenfalls bekannt; derartige Verbindungen entstehen beispielsweise aus Diäthanolamin, $NH(CH_2CH_2OH)_2$, und zweiwertigem Kobalt (VIII).

Es sind nur wenige vierzähnige Gruppen bekannt, da zu einer solchen Koordination besondere geometrische Voraussetzungen erforderlich sind, wenn eine spannungsfreie Struktur entstehen soll. Über das Verhalten

[67] Hieber, Schliessmann u. Ries: Z. anorg. allg. Chem. 1929, **180**, 89. — Hieber u. Wagner: Liebigs Ann. Chem. 1925, **444**, 249.

[68] Duff, J. C.: J. chem. Soc. 1921, **119**, 385.

[69] Duff, J. C.: J. chem. Soc. 1921, **119**, 1982. — Slater-Price u. Brazier: J. chem. Soc. 1915, **107**, 1367.

[70] Pope, W. J., u. F. G. Mann: Proc. Roy. Soc. 1925, A, **109**, 444; J. chem. Soc. 1926, 2675, 2681; 1927, 1224.

von $\beta\beta'\beta''$-Triamino-triäthylamin als tetraedrische vierzähnige Gruppe wurde bereits berichtet (S. 132); diese Gruppe tritt ebenfalls in Sechserkoordinationsstrukturen auf, z. B. bei den Kobalt(III)-Verbindungen (IX)[71].

(VIII)

(IX)

Ein weiteres Beispiel eines Tetramins, das infolge der Biegsamkeit seiner molekularen Konfiguration als vierzähnige Gruppe auftreten kann, findet man im Triäthylentetramin, $NH_2 \cdot C_2H_4 \cdot NH \cdot C_2H_4 \cdot NH \cdot C_2H_4 \cdot NH_2$. Dieses bildet einen Dichlorotetramminkobalt(III)-Komplex[72]; aus Analogie zu den bekannten Isomeren des $[CoCl_2en_2]^+$-Kations faßt man die Verbindung als ein *cis*-Isomeres, (IXa) oder — weniger wahrscheinlich — (IXb), auf. Das Tetramin ist nun imstande, sich um vier, in einer Ebene liegende Koordinationsstellen herumzulegen; JONASSEN und CULL[73] konnten nämlich die MAGNUSschen Salze [Pt Trien][$PtCl_4$] und [Pd Trien][$PdCl_4$] darstellen.

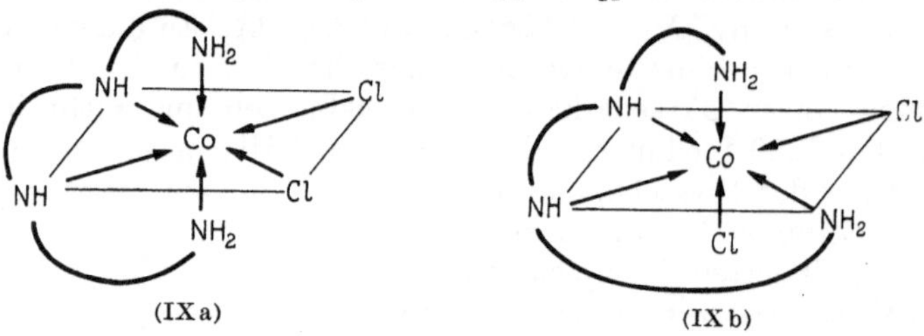

(IXa) (IXb)

Von besonderer Bedeutung sind vierzähnige Verbindungen, in denen die prosthetischen Gruppen in räumlichen Stellungen sind, die zu einer viereckigen, ebenen Konfiguration passen. Dies kann der Fall sein, wenn sie sich entweder in einer großen Ringstruktur befinden oder wenn ein Resonanzvorgang in dem organischen Skelett des Liganden eine streng ebene Konfiguration des Ganzen bedingt und ihr eine große Beständigkeit verleiht.

Zu der ersten Gruppe gehören die Metallderivate des Porphyringerüstes, die eine so bedeutende Rolle bei den Lebensvorgängen im Pflanzen- und Tierreich spielen. Chlorophyll (X) und das Hämin des Blutes enthalten innere Magnesium- und Eisenkomplexsalze von Porphyrinderivaten. Die Oxydations-Reduktionseigenschaften der Eisen-

[71] POPE, W. J., u. F. G. MANN: J. Soc. chem. Ind., Chem. and Ind. 1925, **44**, 834. — JAEGER u. KOETS: Z. anorg. allg. Chem. 1928, **170**, 347.

[72] BASOLO, F.: J. Amer. chem. Soc. 1948, **70**, 2631.

[73] JONASSEN u. CULL: J. Amer. chem. Soc. 1949, **71**, 4097.

Porphyrinderivate und verwandter Verbindungen scheinen den verwickelten Erscheinungen der biologischen Oxydation zugrunde zu liegen. Im Porphyrin und in den schon früher besprochenen Phthalocyaninen bilden die koordinierten Gruppen eine streng ebene Struktur, die gerade die Abmessungen besitzt, daß ein Metallion hineinpaßt. Ein derartiger Aufbau ist sehr beständig. Einige der Metallphthalocyanine lassen sich bei hoher Temperatur sublimieren; bei der Kupferverbindung ist der Komplex im Dampfzustand noch bei 500° beständig.

Eine gleich große Beständigkeit findet man bei Derivaten der vierzähnigen Gruppen, die mehr zum zweiten Typus gehören. So bilden die Äthylendiiminderivate von *o*-Hydroxoaldehyden (z. B. Salicylaldehyd) und *β*-Diketonen einige bemerkenswert beständige innere Komplexsalze. Beispielsweise läßt sich das Kupfersalz des bis-Acetylacetonäthylendiimin[74] (XI) bis fast zur Rotglut erhitzen, ohne daß eine Zersetzung erfolgt.

(X)

(XI)

An anderer Stelle wurde bereits das Koordinationsvermögen von Di- und Tripyridyl erwähnt, die als neutrale Gruppen und nicht als innere Komplexe bildende Stoffe wirken. Die große Beständigkeit der von ihnen gebildeten komplexen Kationen steht zweifellos mit der durch einen Resonanzvorgang bestimmten ebenen Konfiguration in Zusammenhang. G. T. Morgan und F. H. Burstall[75] isolierten durch Pyrolyse von Pyridin noch einige höher kondensierte Verbindungen, zu denen das „Tetrapyridyl" (Tetrapy) (XII) gehört, das mit den Metallen der Übergangsreihen Koordinationsverbindungen bilden kann. So entsteht mit Silbernitrat $[Ag\,Tetrapy]NO_3$; im Gegensatz zu $[Ag\,Dipy_2]NO_3$ wird diese Verbindung nicht durch Peroxysulfat zu einem Salz des zweiwertigen Silbers oxydiert. Die zweiwertigen Metalle Fe^{II}, Co^{II}, Ni, Cu,

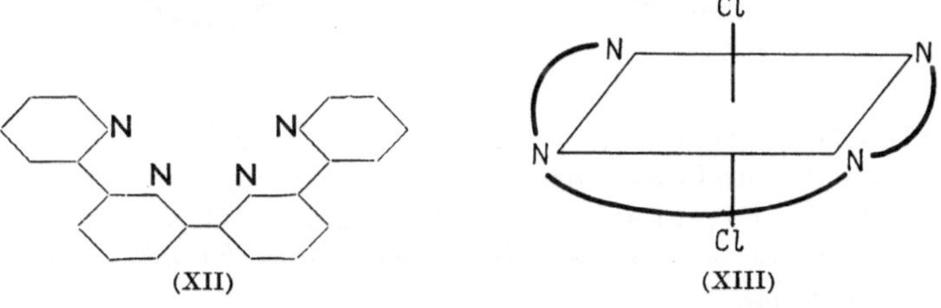

(XII) (XIII)

[74] Morgan, G. T., u. Main Smith: J. chem. Soc. 1925, **127**, 2030.
[75] Morgan, G. T., u. F. H. Burstall: J. chem. Soc. 1938, 1672.

Zn bilden alle Verbindungen der Zusammensetzung [M Tetrapy]$X_2 \cdot n\ H_2O$; der fleischfarbene Kobalt(III)-Komplex wird sehr leicht zu dem graugrünen [Co Tetrapy Cl_2]Cl · 3 H_2O oxydiert. Das Kation dieser Verbindung muß der *trans*-Form (XIII) entsprechen, da das Tetrapyridylmolekül in einer Ebene liegt und sich um vier in einer Ebene liegende Koordinationsstellen herumlegt.

Sechszähnige Gruppen.

Einige bemerkenswerte vielzähnige Gruppen wurden von Dwyer und Lions[76] beschrieben, die organische Verbindungen mit sechs prosthetischen Gruppen darstellten (zwei sauren und vier neutralen, elektronenliefernden Gruppen), die sämtlich räumlich so angeordnet waren, daß sie in die Koordinationssphäre eines einzelnen Zentralatoms eintreten können. Das Salicylaldehydderivat (XIV), das mit SH_2 bezeichnet werden soll, bildet mit den zweiwertigen Metallen (Zn, Cu, Co und Ni) innere Komplexsalze der Form [MS]. Es handelt sich dabei um Nichtelektrolyte, die in organischen Lösungsmitteln wie Chloroform, löslich sind. Der orangerote Kobaltkomplex [CoS] · 3 H_2O wird durch Luft zu einem intensiv dunkelgrün gefärbten Kobalt(III)-Komplex oxydiert, von dem sich eine Reihe von Salzen der Form [CoS]X isolieren lassen. Dwyer und Lions fanden, daß dieser Komplex mit *d*-Bromcamphersulfonsäure in beständige optische Isomere mit außerordentlich hoher molekularer Drehung aufgespalten werden könne. So beträgt $[M]_{5461}^{20}$ bei $[CoS]^+$ $\pm 50{,}160°$ und für das entsprechende Derivat des α-Hydroxo-β-Naphthaldehyds 73,00°. Es ergibt sich also eindeutig, daß sich der Chelatrest in der durch (XVa) und (XVb) wiedergegebenen Weise um

OH HO
CH=N N=CH
C_2H_4 C_2H_4
S S
CH_2—CH_2
(XIV)

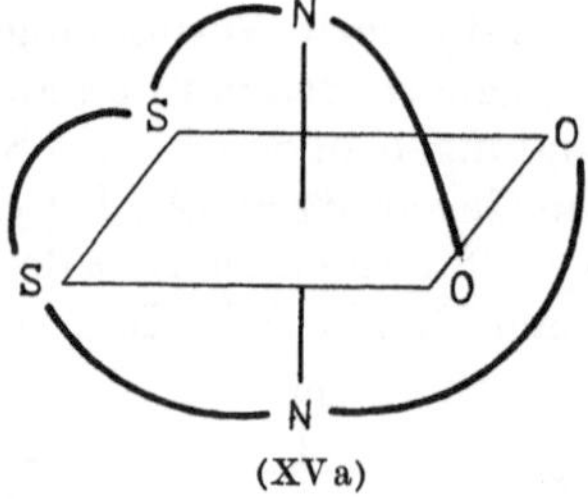

(XVa)

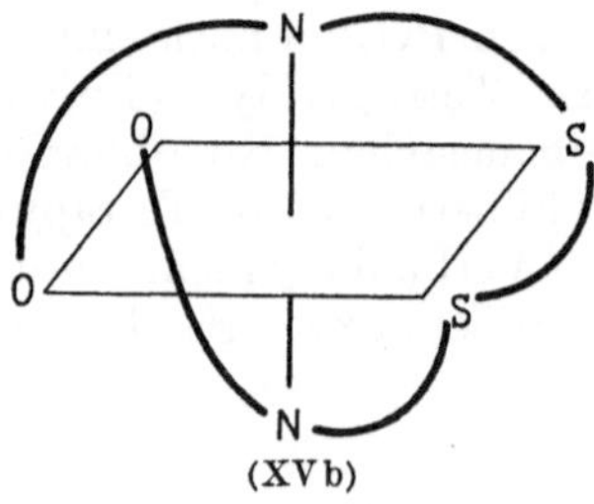

(XVb)

das Zentralatom herumlegt, wobei sich die O- und S-Atome in *cis*-Stellung befinden und das ganze Radikal eine rechts- bzw. linksgängige Spirale darstellt. Es gibt auch noch einige wenige andere Verbindungen, die in einer genau so interessanten Weise sechs Koordinationsstellen einnehmen können.

---

[76] Dwyer u. Lions: J. Amer. chem. Soc. 1950, **72**, 1545.

Mehrkernige Komplexsalze.

Bei der Besprechung der Stereochemie der Kobaltammine wurde bereits die Gruppe der mehrkernigen Komplexe erwähnt. In diesen Verbindungen sind die Koordinationsschalen von zwei oder mehreren Metallatomen dadurch verbunden, daß sie eine oder mehrere „Brücken"-gruppen — wie die —OH-Gruppen in den schon besprochenen Salzen — gemeinsam haben. Es ist klar, daß im Falle der sechsfach koordinierten Komplexe zwei Koordinationsoktaeder eine Ecke, eine Kante oder eine Fläche gemeinsam haben, je nach dem, ob eine, zwei oder drei — aber nicht mehr als drei — Brücken vorhanden sind. Von allen diesen drei Klassen sind Verbindungen bekannt; sie sollen im folgenden Absatz besprochen werden.

Jedes neutrale Molekül oder Anion, das selbst koordinativ ungesättigt ist, kann als Brückengruppe auftreten. Es muß nachdrücklich darauf hingewiesen werden, daß der Unterschied in den Funktionen, die das Zentralatom und die koordinierten Gruppen im Komplex ausüben, in gewisser Weise willkürlich festgelegt und eine Sache der Übereinkunft ist. Das Ammoniakmolekül besetzt eine Stelle in der Koordinationsschale, weil dadurch das Koordinationsmaximum 4 des Stickstoffs erreicht wird; die alte Annahme von der engen Beziehung zwischen den Amminen und Ammoniumsalzen, die von JÖRGENSEN betont wurde, war in diesem Sinne zutreffend. Ebenso beträgt die gewöhnliche Koordinationszahl des Sauerstoffs 3, wie man es bei den Oxoniumsalzen, $[R_3O]X$, findet, so daß ein Wassermolekül nur eine Koordinationsbindung, $H_2O \rightarrow M$, eingehen kann. Wenn aber ein Wasserstoffatom entfernt wird und eine Amido- oder Hydroxoverbindung, $M—NH_2$ bzw. $M—OH$ entsteht, so werden die Stickstoff- und Sauerstoffatome koordinativ ungesättigt und erhalten die Fähigkeit, zusätzliche Koordinationsbindungen mit anderen Metallatomen einzugehen. Sie wirken dabei als Brücken zur Bildung mehrkerniger Komplexe, z. B.:

$$\left[\begin{matrix} H_2O \\ (NH_3)_4 \end{matrix} Co—NH_2 \rightarrow Co \begin{matrix} Cl \\ (NH_3)_4 \end{matrix}\right] Cl_4; \qquad \left[en_2\,Co \begin{matrix} OH \searrow \\ \\ OH \nearrow \end{matrix} Co\,en_2\right] Cl_4.$$

Auch die Nitro-, $—NO_2$, Peroxo-, $—O_2—$, Oxo-, $—O—$, Sulfato-, $—O \cdot SO_2 \cdot O—$, Acetato-, $—O \cdot C(CH_3) : O$, und andere Gruppen treten bei der Brückenbildung auf und ergeben Verbindungen von der Art, wie sie durch die Formulierungen (I), (II) und (III) wiedergegeben sind. Die etwas verwickelte Chemie dieser mehrkernigen Kobalt- und Chromamminverbindungen wurde ausführlich von WERNER[77] ausgearbeitet.

$$\left[en_2\,Co \begin{matrix} NH_2 \searrow \\ \\ NO_2 \nearrow \end{matrix} Co\,en_2\right] Cl_4, \qquad \left[(NH_3)_4Co \begin{matrix} NH_2 \searrow \\ \\ SO_4 \diagup \end{matrix} Co(NH_3)_4\right] (NO_3)_3,$$

(I) (II)

$$[(NH_3)_3Co—O_2—Co(NH_3)_5](NO_3)_4.$$

(III)

[77] WERNER: Liebigs Ann. Chem. 1910, **375**, 1.

Mehrkernige Halogenide.

Außer in den soeben besprochenen Gruppen, die als Bindeglieder in mehrkernigen Kobaltamminen dienen, treten Halogenatome als Brückengruppen in vielen Verbindungen der Übergangsmetalle, besonders der Platingruppe, auf. Die Bildung mehrkerniger Komplexe mit Cl- (oder Br-) und OH-Brücken stellt tatsächlich in vielen Zweigen der anorganischen Chemie ein ziemlich bedeutendes Strukturprinzip dar.

Bei den einfachen Halogeniden liegt dieses Prinzip der Bildung der dimeren Halogenide des Golds, Aluminiums, Eisens und möglicherweise auch Chroms und anderer Metalle zugrunde, die sämtlich dem Typus M_2X_6 angehören. Die Molekulargröße der Aluminium- und Eisenhalogenide wurde beispielsweise durch Dampfdichtemessungen ermittelt. Das Molekulargewicht von Goldbromid wurde in Benzollösung bestimmt[78]. Alle diese Verbindungen haben sich auf Grund ihrer Flüchtigkeit, geringen elektrischen Leitfähigkeit und ihrer Löslichkeit in organischen Lösungsmitteln als Nichtelektrolyte erwiesen. Aus der Kristallstruktur des Aluminiumbromids[79] und aus Elektronenbeugungsmessungen an Aluminiumhalogeniden in der Dampfphase[80] geht hervor, daß die Verbindungen als Brückenkomplexe (I) formuliert werden müssen, die erst durch einen vorwiegend chemischen Vorgang einer Hydratation und Spaltung in ihre Elektrolytformen umgewandelt werden:

$$\begin{matrix}Cl & & Cl & & Cl\\ & M & & M & \\ Cl & & Cl & & Cl\end{matrix} \rightarrow \begin{matrix}Cl & & Cl\\ & M & \\ Cl & & OH_2\end{matrix} \rightarrow [M(H_2O)_6]Cl_3.$$

(I)

Bei einem geeigneten Verhältnis zwischen der Koordinationszahl des Metalles und der Formel der stöchiometrischen Einheit, kann der Vorgang der Brückenbildung durch die Halogene weiter verlaufen, so daß riesengroße, vielkernige Komplexe entstehen, die als Strukturbausteine in den Kristallen der betreffenden Verbindungen enthalten sind.

So befinden sich im Palladium(II)-chlorid, $[PdCl_2]_\infty$, die Palladiumatome jeweils im Mittelpunkt einer quadratisch-ebenen Anordnung von Chloratomen, wobei sie durch Chlorbrücken miteinander verbunden sind. Eine derartige Struktur entspricht den räumlichen Erfordernissen und der Wertigkeit des Palladiums. Im festen Zustand liegen daher Riesenketten mit der Bruttozusammensetzung $PdCl_2$ vor (II), die nach folgendem Schema reagieren oder durch Einwirkung polarer Moleküle gelöst werden:

$$\ldots \begin{matrix}Cl & & Cl & & Cl & \\ & Pd & & Pd & & Pd\\ Cl & & Cl & & Cl & \end{matrix} \quad (II)$$

$$\rightarrow \ldots \begin{matrix}Cl & & Cl & & Cl & & Cl & & X\\ & Pd & & Pd & & Pd & & Pd & \\ Cl & & Cl & & Cl & & Cl & & X\end{matrix}$$

$$\rightarrow \ldots \begin{matrix}Cl & & Cl & & Cl & \\ & Pd & & Pd & & Pd\\ Cl & & Cl & & Cl & \end{matrix} + \begin{matrix}Cl & & X\\ & Pd & \\ Cl & & X\end{matrix} \quad \text{usw.}$$

---

[78] Burawoy u. Gibson: J. chem. Soc. 1935, 217.

[79] Renes u. MacGillivray: Recueil. Trav. chim. Pays-Bas 1945, **64**, 276.

[80] Palmer u. Elliot: J. Amer. chem. Soc. 1938, **60**, 1309, 1852.

wo $X = H_2O$, Cl^- usw. sein kann. Im allgemeinen handelt es sich bei den so stabilisierten Bruchstücken um nur ein- oder zweikernige Komplexe.

Die gleiche Art „anorganischer Hochpolymer"-Strukturen findet man auch als komplexe Anionen in einer Reihe von Doppelhalogeniden. So besitzen die Metalle Zn, Cd, Hg und Sn gewöhnlich die Koordinationszahl 6, die in den Doppelsalzen $K_2[MCl_4]$ durch Halogenbrücken unter Bildung von Koordinationsoktaedern (III) erreicht wird.

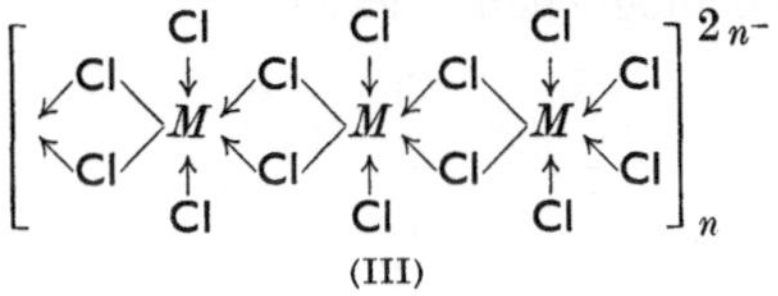

$$\left[\begin{array}{c} \text{Cl} \quad \text{Cl} \quad \text{Cl} \\ \swarrow\text{Cl}\searrow \downarrow \swarrow\text{Cl}\searrow \downarrow \swarrow\text{Cl}\searrow \downarrow \swarrow\text{Cl} \\ M \qquad M \qquad M \\ \nwarrow\text{Cl}\nearrow \uparrow \nwarrow\text{Cl}\nearrow \uparrow \nwarrow\text{Cl}\nearrow \uparrow \nwarrow\text{Cl} \\ \text{Cl} \quad \text{Cl} \quad \text{Cl} \end{array}\right]_n^{2n-}$$

(III)

Vergleichbare, allerdings verdoppelte Ketten, bei denen der geschilderte Aufbau nach dem Prinzip gemeinsamer Halogenatome komplizierter ist, liegen in den $[CdCl_3]^-$- und $[HgCl_3]^-$-Anionen vor. Solche komplexen Anionen treten daher nur in den festen kristallinen Salzen auf. Beim Lösen in Wasser müssen die Doppelhalogenide dieses Typs entweder in ihre Komponenten aufgespalten werden, oder sie bilden solvatisierte komplexe Anionen, die von denen in den kristallinen Salzen grundsätzlich verschieden sind. Dieses Verhalten steht im Gegensatz zu dem von Verbindungen wie $K_2[PtCl_4]$ usw., bei denen aus stereochemischen Gründen dieselben diskreten Komplexanionen sowohl in Lösung als auch als Strukturelemente der kristallisierten Salze vorliegen können.

Die Reaktionen von $PdCl_2$ und $PtCl_2$ führen zu verschiedenen Typen komplexer Halogenide, die als mehrkernige Strukturen formuliert werden müssen. Die erste Stufe beim Abbau der $[MCl_2]_\infty$-Riesenkomplexe findet man vermutlich in den von verschiedenen Aminen gebildeten Doppelsalzen $A \cdot HCl \cdot PdCl_2$, denen man die Formulierung (IV) zuordnen kann. Bei weiterer Koordination von Cl^--Ionen entstehen die beständigen einkernigen $[PdCl_4]^{--}$-Anionen. Es gibt eine Reihe von Platin(II)-Verbindungen mit der allgemeinen Formel $PtCl_2 \cdot X$, in denen $X = PCl_3$, $P(OCH_3)_3$, PR_3, AsR_3, CO, C_2H_4 usw. bedeutet (R = Alkylrest). ROSENHEIM und LÖWEN[81] konnten für $PtCl_2 \cdot P(OCH_3)_3$, ANDERSON[82] für $PtCl_2 \cdot C_2H_4$ und MANN und PURDIE[83] für die entsprechenden Palladiumverbindungen der Alkylphosphine und -arsine nachweisen, daß diese Verbindungen tatsächlich dimer sind. Unter Außerachtlassung der geometrischen Isomerie, welche ausführlicher weiter unten besprochen werden soll, kann man sie nach einem

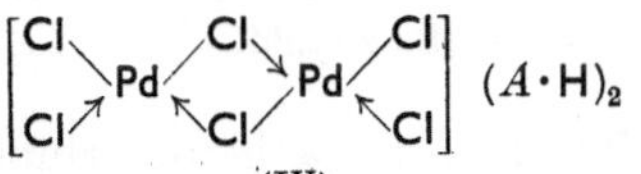

$$\left[\begin{array}{c} \text{Cl}\searrow \quad \swarrow\text{Cl}\searrow \quad \swarrow\text{Cl} \\ \text{Pd} \qquad \text{Pd} \\ \text{Cl}\nearrow \quad \nwarrow\text{Cl}\nearrow \quad \nwarrow\text{Cl} \end{array}\right] (A\cdot H)_2 \qquad \begin{array}{c} R\searrow \quad \swarrow\text{Cl}\searrow \quad \swarrow\text{Cl} \\ \text{Pt} \qquad \text{Pt} \\ \text{Cl}\nearrow \quad \nwarrow\text{Cl}\nearrow \quad \nwarrow R \end{array}$$

(IV) 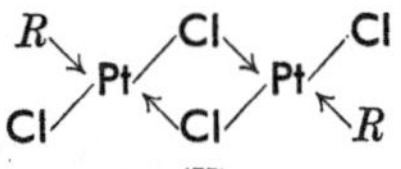 (V)

[81] ROSENHEIM u. LÖWEN: Z. anorg. allg. Chem. 1903, **37**, 394; 1905, **43**, 35.
[82] ANDERSON: J. chem. Soc. 1934, 971.
[83] MANN u. PURDIE: J. chem. Soc. 1936, 873.

allgemeinen Plan nur dann formulieren, wenn man annimmt, daß in allen diesen Verbindungen die Platin- oder Palladiumatome durch zwei Chloratome brückenartig verbunden sind (V).

Die oben beschriebenen Platin- oder Palladiumkomplexe müssen eine ebene Struktur besitzen, so daß von jeder Verbindung eine unsymmetrische Form (VI) und zwei symmetrische (VII) und (VIII) auftreten sollten. In keinem Fall sind derartige Isomere bekannt, jedoch besteht bei den Palladiumverbindungen ein bemerkenswertes Tautomeriegleichgewicht zwischen den möglichen Formen[84].

$$\begin{matrix} R & & Cl & & Cl \\ & Pt & & Pt & \\ R & & Cl & & Cl \end{matrix} \qquad \begin{matrix} R & & Cl & & R \\ & Pt & & Pt & \\ Cl & & Cl & & Cl \end{matrix} \qquad \begin{matrix} R & & Cl & & Cl \\ & Pt & & Pt & \\ Cl & & Cl & & R \end{matrix}$$

(VI) (VII) (VIII)

Die bemerkenswerte strukturelle Beweglichkeit der Palladiumverbindungen wurde an vielfältigen Reaktionen gezeigt[85]. Einige davon, so die Reaktion der Alkylphosphinverbindungen mit Dipyridyl, bestätigen eindeutig die unsymmetrische Formel, da sie Produkte ergeben, bei denen beide Alkylphosphinmoleküle an dasselbe Palladiumatom gebunden sind, z. B.:

(A) $$[(Bu_3P)_2PdCl_2PdCl_2] \xrightarrow{\text{Dipy}} [(Bu_3P)_2PdCl_2] + [PdCl_2 \cdot \text{Dipy}].$$

Auf der anderen Seite können die gleichen Verbindungen einen einwandfreien Beweis für die symmetrischen Formulierungen (VII) und (VIII) liefern. So wird die Tetrachloro-bis-butylphosphinverbindung durch Anilin folgendermaßen in die symmetrische Form aufgespalten:

(B) $$\left[\begin{matrix} Bu_3P & & Cl & & Cl \\ & Pd & & Pd & \\ Cl & & Cl & & PBu_3 \end{matrix}\right] \xrightarrow{\text{Anilin}} 2\left[\begin{matrix} Bu_3P & & Cl \\ & Pd & \\ Cl & & NH_2 \cdot C_6H_5 \end{matrix}\right]$$

NH_3 (↓); HCl oder Vakuum (↖)

$$2[(Bu_3P) \cdot Pd(NH_3)_3]Cl_2 \rightleftharpoons 2\left[\begin{matrix} Bu_3P & \\ & PdCl_2 \\ NH_3 & \end{matrix}\right]$$

Die Arsinverbindungen reagieren allgemein nur in der unsymmetrischen Form:

$$[(Bu_3As)_2PdCl_2PdCl_2] \begin{cases} \xrightarrow{KNO_2} [(Bu_3As)_2Pd(NO_2)_2] + K_2[Pd(NO_2)_4] \\ \xrightarrow{NH_3} [(Bu_3As)_2Pd(NH_3)_2]Cl_2 + [Pd(NH_3)_4]Cl_2 \\ \qquad \longrightarrow [(Bu_3As)_2PdCl_2] \end{cases}$$

Mit Äthylendiamin reagieren die Phosphin-tetrachloroverbindungen in beiden Formen, je nachdem, welches Lösungsmittel benutzt wird. In

[84] MANN u. PURDIE: J. chem. Soc. 1936, 873.

[85] Siehe z. B. MANN F. G.: Chem. Soc. Ann. Reports 1938, 35, 150.

alkoholischer Lösung verhält sich die Verbindung so, als ob die symmetrische Form vorliegt, während in Benzol Derivate der unsymmetrischen Form entstehen.

$$\left[\begin{matrix}Bu_3P & & Cl & & Cl\\ & Pd & & Pd & \\ Cl & & Cl & & PBu_3\end{matrix}\right] \xrightarrow[\text{AetOH}]{\text{en in}} \left[\begin{matrix}Bu_3P & & Cl & & en\\ & Pd & & Pd & \\ en & & Cl & & PBu_3\end{matrix}\right]Cl_2 \longrightarrow 2\,[Bu_3P\cdot Pd\,en\,Cl]Cl$$

$$\left[\begin{matrix}Bu_3P & & Cl & & Cl\\ & Pd & & Pd & \\ Bu_3P & & Cl & & Cl\end{matrix}\right] \xrightarrow[C_6H_6]{\text{en in}} \left[\begin{matrix}Bu_3P & & Cl & & en\\ & Pd & & Pd & \\ Bu_3P & & Cl & & en\end{matrix}\right]Cl_2 \longrightarrow [(Bu_3P)_2PdCl_2] + [Pden_2]Cl_2$$

Wenn man die leichte Umlagerungsfähigkeit zwischen der symmetrischen und der unsymmetrischen Form berücksichtigt, so ist es nicht verwunderlich, daß jedes Anzeichen für die geometrische Isomerie zwischen den beiden theoretisch möglichen symmetrischen Formen (VII) und (VIII) fehlt.

Dem ersten Anschein nach deutet das überwiegende Beweismaterial offenbar darauf hin, daß den Phosphin- und Arsinverbindungen die unsymmetrische Struktur entspricht. Mann und Chatt[86] fanden jedoch bei Versuchen, die unsymmetrische Form durch Verwendung geeigneter Chelat-Diarsine oder -Disulfide festzulegen, daß in allen Fällen die einkernigen Verbindungen (IX) oder (X) nicht auf Ammoniumchloropalladat(III) einwirkten. Wenn dies darauf hindeutet, daß die unsymmetrischen Verbindungen tatsächlich unbeständig sind, würde die Bildung ihrer Derivate zeigen, daß in den Lösungen ein tautomeres Gleichgewicht vorliegt, wie es nur in wirklich beweglichen Systemen der Fall sein kann.

$$\left[\begin{matrix}CH_2-AetS & & & Cl\\ | & & Pd & \\ CH_2-AetS & & & Cl\end{matrix}\right] \qquad \left[\begin{matrix}C_6H_4 & Me_2As & & & Cl\\ & & & Pd & \\ & Me_2As & & & Cl\end{matrix}\right]$$

(IX) (X)

Mann und Chatt fanden den Beweis dafür, daß diese Bedingung erfüllt ist, da das Mercaptoderivat (XI) in Lösung zu einem Gleichgewichtsgemisch der einfachen Phosphin- und der Dithiolverbindung (XII) führt[87]. Das Verhalten dieser Verbindungen kann durchaus mit der bekannten Unbeständigkeit der geometrischen Isomeren der einfacheren Palladiumkomplexe selbst in Zusammenhang stehen.

$$2\left[\begin{matrix}Bu_3P & & SAet & & Cl\\ & Pd & & Pd & \\ Cl & & Cl & & PBu_3\end{matrix}\right] \rightleftharpoons \left[\begin{matrix}Bu_3P & & Cl & & Cl\\ & Pd & & Pd & \\ Cl & & Cl & & PBu_3\end{matrix}\right] + \left[\begin{matrix}Bu_3P & & S\,Aet & & Cl\\ & Pd & & Pd & \\ Cl & & S\,Aet & & PBu_3\end{matrix}\right]$$

(XI) (XII)

---

[86] Mann u. Chatt: Nature 1938, **142**, 709.

[87] Mann u. Chatt: J. chem. Soc. 1938, 1949.

Für die analogen Verbindungen des Platins liegt jedoch noch kein Beweis für eine ähnliche Beweglichkeit vor. Möglicherweise würden diese verschiedenen Formen beim Platin als beständige Isomere auftreten, entsprechend der größeren Beständigkeit der Platin- gegenüber den Palladiumaminen.

Eine besonders interessante Gruppe mehrkerniger Halogenide wird von den niederen Halogenverbindungen des Molybdäns und Tantals gebildet. Beim Erhitzen von Molybdäntrichlorid und -tribromid in einer indifferenten Atmosphäre erfolgt eine Disproportionierung[88], bei der die sog. Dihalogenide entstehen:

$$2\,MoCl_3 \rightarrow MoCl_4 + MoCl_2\,.$$

Das so gebildete Dichlorid ist in Wasser unlöslich, wird aber von Alkalien und konzentrierter Salz- und Bromwasserstoffsäure gelöst. Ebenso ist das Chlorid in Alkohol löslich. Aus ihrem in alkoholischer Lösung ebullioskopisch bestimmten Molekulargewicht[89] geht hervor, daß den Verbindungen die dreifachen Formeln, Mo_3Cl_6 und Mo_3Br_6, zuzuschreiben sind.

Die trimere Formulierung stimmt mit den chemischen Ergebnissen überein[90], da beim Hinzufügen von Essigsäure oder Ammoniumchlorid zu den in Laugen gelösten Dihalogeniden wohldefinierte Hydroxyde gefällt werden, z. B. $Mo_3Br_4(OH)_2 \cdot 8\,H_2O$. Diese Hydroxyde sind in Säuren löslich und ergeben beispielsweise folgende Salze:

$$Mo_3Cl_4Br_2 \cdot 3 \text{ und } 6\,H_2O, \quad Mo_3Br_4SO_4 \cdot 3\,H_2O,$$
$$Mo_3Cl_4J_2 \cdot 6\,H_2O, \quad Mo_3Br_4F_2 \cdot 3\,H_2O\,.$$

Es ist klar, daß zwei von den sechs Halogenatomen beweglich sind und ionisiert werden können und daß die übrigen in einem mehrkernigen Kation gebunden sind. Ebenso ist von Bedeutung, daß alle Salze hydratisiert sind und daß nach LINDNER zwei Moleküle Wasser in dem Komplexion enthalten sind, welches man vielleicht, wie unter (XIII) angegeben, formulieren und von dem ursprünglichen „Dichlorid" (XIV) ableiten kann.

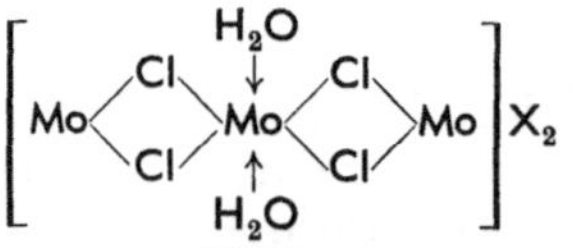

$$\left[\mathrm{Mo}\begin{matrix}\diagup Cl \diagdown \\ \diagdown Cl \diagup\end{matrix}\overset{H_2O\,\downarrow}{\underset{H_2O\,\uparrow}{\mathrm{Mo}}}\begin{matrix}\diagup Cl \diagdown \\ \diagdown Cl \diagup\end{matrix}\mathrm{Mo}\right]X_2 \qquad \left[\mathrm{Mo}\begin{matrix}\diagup Cl \diagdown \\ \diagdown Cl \diagup\end{matrix}\overset{Cl\,|}{\underset{Cl\,|}{\mathrm{Mo}}}\begin{matrix}\diagup Cl \diagdown \\ \diagdown Cl \diagup\end{matrix}\mathrm{Mo}\right]$$

(XIII) 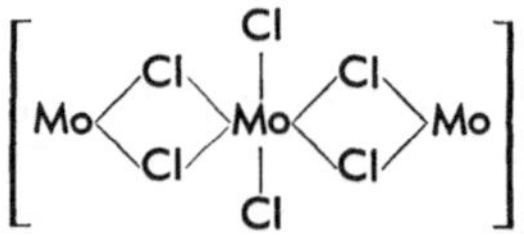 (XIV)

Beim Zusatz von Halogenwasserstoffsäure zu den alkalischen Lösungen der Chloride erhält man Verbindungen von einem zweiten Typus, nämlich die Alkalisalze dreikerniger Säuren. So wurden auf diese Weise die Salze

$$[Mo_3Cl_8]K_2 \cdot 2\,H_2O \qquad [Mo_3Cl_4Br_4]K_2 \cdot 3\,H_2O \qquad [Mo_3Cl_4J_4]K_2 \cdot 3\,H_2O$$

---

88 BLOMSTRAND: J. pract. Chem. 1857, **71**, 449; 1859, **77**, 88; 1861, **82**, 433; Ber. dtsch. chem. Ges. 1873, **6**, 1464.

89 Ber. dtsch. chem. Ges. 1898, **31**, 2009.

90 LINDNER: Ber. dtsch. chem. Ges. 1922, **55**, 1458; Z. anorg. allg. Chem. 1923, **130**, 209. — ROSENHEIM u. KOHN: Z. anorg. allg. Chem. 1910, **66**, 1.

gewonnen, während man aus der salzsauren Lösung des ursprünglichen Dichlorids die komplexe Säure

$$[Mo_3Cl_2 \cdot H_2O]H \cdot 3\,H_2O$$

und ihre Pyridin-, Äthylendiamin- und Anilinsalze erhalten kann.

LINDNER hat die angegebenen Formeln auf rein chemischer Grundlage abgeleitet. Daß diese Vorstellungen im wesentlichen richtig sind, wurde später unabhängig auf physikalischem Wege röntgenkristallographisch bestätigt. BROSSET[91] fand, daß — im Gegensatz zu dem Ergebnis ebullioskopischer Messungen — den Strukturelementen die verdoppelte Formel zukommen müsse. Sämtliche Verbindungen lassen sich dann von einem Kationenkomplex $[Mo_6Cl_8]^{4+}$ mit ungewöhnlicher stereochemischer Konfiguration herleiten. Jedes Chloratom des Komplexes ist dabei als Brücke drei Molybdenatomen zugeordnet. Die Chloratome befinden sich dabei an den Ecken eines Würfels, die Molybdänatome im Mittelpunkt jeder Würfelfläche; das Ganze bildet dann einen würfelförmigen Käfig. In diesem Modell scheinen die Metallatome zwar koordinativ ungesättigt zu sein, doch würden bei jeder der bekannten Verbindungen die Halogenatome außerhalb des mehrkernigen Komplexes zusammen mit dem Hydratwasser (oder den Hydroxylgruppen) dazu ausreichen, jedem Molybdänatom insgesamt die Koordinationszahl 5 oder 6 zu verleihen.

Auf dieser Grundlage werden die älteren chemischen Ergebnisse im Rahmen des BROSSETschen Modells in der im folgenden Schema zusammengefaßten Weise bestätigt:

$$[Mo_4Cl_8]Cl_4 \xrightarrow{HCl} [(Mo_6Cl_8)Cl_6(H_2O)_6]H_2 \xrightarrow{HCl} [(Mo_6Cl_8)Cl_8(H_2O)_4]K_2$$

$$[Mo_4Cl_8]Cl_4 \xrightarrow{KOH} [(Mo_6Cl_8)(OH)_6(H_2O)_6]K_2 \xrightarrow{HCl} [(Mo_6Cl_8)Cl_8(H_2O)_4]K_2$$

$$[(Mo_6Cl_8)(OH)_6(H_2O)_6]K_2 \xrightarrow{CH_3COOH} [(Mo_6Cl_8)(OH)_4(H_2O)_8] \cdot 8\,H_2O \xrightarrow{HX} [(Mo_6Cl_8)X_4(H_2O)_8]$$

Verwandt mit diesen Verbindungen sind die Chlorowolframsäure, $[W_3Cl_7]H \cdot 4\,H_2O$, die von HILL[92] dargestellt wurde, und die Tantalverbindungen, die zuerst CHAPIN[93] erhalten hat und die dann von LINDNER[94] wieder untersucht wurden. Die letztgenannten Verbindungen wurden hergestellt, indem man Tantalpentachlorid bei 600° mit metallischem Blei reduzierte. Wenn man die Schmelze mit Salzsäure auszieht, so erhält man eine dunkelgrüne, kristalline Verbindung, $Ta_3Cl_6 \cdot HCl \cdot 4\,H_2O$, die unterhalb von 200° nur drei Moleküle Wasser verliert. Ein Molekül Wasser gehört demnach zur Konstitution, und die Substanz ist vermutlich eine Säure mit dem Anion $[Ta_2Cl_7 \cdot H_2O]^-$ und entspricht

[91] BROSSET: Ark. Kem. Mineralog. Geol. 1946, **22** A, Nr 1.

[92] HILL: J. Amer. chem. Soc. 1916, **38**, 2383. — Vgl. LINDNER: Ber. dtsch. chem. Ges. 1922, **55**, 1458; Z. anorg. allg. Chem. 1923, 130, 209.

[93] CHAPIN: J. Amer. chem. Soc. 1910, **32**, 324.

[94] LINDNER: Ber. dtsch. chem. Ges. 1922, **55**, 1458; Z. anorg. allg. Chem. 1924, **137**, 66.

der Chloromolybdänsäure. In diesem Anion ist ein Chlor durch besondere Eigenschaften ausgezeichnet; wenn man nämlich Bromwasserstoff- oder Schwefelsäure zum Ausziehen der ursprünglichen Schmelze benutzt, so entstehen die entsprechenden Verbindungen

$$[Ta_3Cl_6Br \cdot H_2O]H \quad \text{und} \quad [Ta_3Cl_2SO_4]H_2.$$

Bei der Einwirkung von Pyridin bilden sich Salze, bei denen gleichzeitig das Wasser innerhalb des Komplexes durch Pyridin ersetzt ist, und die folgendermaßen zu formulieren sind:

$$[Ta_3Cl_7 \cdot C_5H_5N](C_5H_5NH).$$

Wenn auch diese Deutung der Reaktionen von RUFF und THOMAS[95] bestritten wird, so muß man sie wahrscheinlich doch als richtig annehmen, da sie in bester Übereinstimmung mit der Koordinationstheorie und mit den analogen Molybdänverbindungen stehen. Es ist sehr eindrucksvoll, daß die Derivate aller drei Metalle durch die Annahme eines gemeinsamen Typs, eines mehrkernigen Strukturelementes, $[A_6Cl_8]^{4+}$, gedeutet werden können.

Berlinerblau (Preußischblau).

Ein gutes Beispiel für die Art und Weise, in der das Streben nach der beständigen Koordinationszahl eine anorganische Polymerisation hervorrufen kann, findet man beim Berlinerblau und seinen verwandten Verbindungen. Die Aufklärung der mehrere Jahre hindurch umstrittenen Struktur dieser Verbindungen erfolgte durch die Röntgenanalyse.

In der Literatur sind Stoffe beschrieben, die als lösliches α-, β- und γ-Berlinerblau bezeichnet sind. Diese Verbindungen sind in Wirklichkeit alle unlöslich und unterscheiden sich nur durch die Leichtigkeit, mit der sie in kolloidale Verteilung gebracht werden können; sie besitzen sämtlich die identische Formel $R\text{Fe}[\text{Fe(CN)}_6]$, in der R ein Alkalimetall, gewöhnlich Kalium, bedeutet. Da das lösliche Berlinerblau entweder durch die Einwirkung von Eisen(II)-salzen auf Eisen(III)-cyanide oder von Eisen(III)-salzen auf Eisen(II)-cyanide gebildet wird, so kann man die Formeln entweder als $KFe^{III}[Fe^{II}(CN)_6]$ oder als $KFe^{II}[Fe^{III}(CN)_6]$ schreiben. Die hierüber vorliegenden chemischen Beweise widersprechen einander[96]. So verwandelt Natriumhydroxyd Berlinerblau in Eisen(III)-hydroxyd und Natriumcyanoferrat(II), während Ammoniumcarbonat Ammoniumcyanoferrat(III) bildet. Ebenso zweideutig ist die Darstellung des Berlinerblau aus Eisen(III)-cyanoferrat(III), $Fe^{III}[Fe^{III}[CN)_6]$, durch Reduktion entweder mit Wasserstoffperoxyd (der Cyan, aber nicht Eisen(III) reduziert) oder mit Schwefeldioxyd (durch das Fe^{3+}-Ionen, aber nicht Cyanoferrate(III) reduziert werden). Die chemische Identifizierung des Berlinerblau als Derivat des Eisen(III)-cyanoferrats(II) scheint aber dadurch sichergestellt zu sein, daß die

[95] RUFF u. THOMAS: Ber. dtsch. chem. Ges. 1922, **55**, 1466; Z. anorg. allg. Chem. 1925, **148**, 1, 19.

[96] Vgl. HOFMANN, K. A., u. a.: Liebigs Ann. Chem. 1904, **337**, 1; 1907, **352**, 54. — EIBNER u. GERSTACKER: Chemiker-Ztg. 1913, **37**, 137, 178, 195. — MULLER: Chemiker-Ztg. 1914, **38**, 281, 328. — WORINGER: J. pract. Chem. 1914, II, **89**, 51.

Bildung des löslichen Berlinerblau eine langsame Zeitreaktion ist, die durch die Ionen Fe^{2+}, $[Fe(CN)_6]^{3-}$ und $[Fe(CN)_6]^{4-}$ beschleunigt, aber durch Eisen(III)-Ionen verzögert wird. Diese letzte Wirkung kann nur dadurch zustande kommen, daß in der Gleichgewichtsreaktion

$$Fe^{3+} + [Fe(CN)_6]^{4-} \rightleftharpoons Fe^{2+} + [Fe(CN)_6]^{3-}$$

Cyanoferrat(II) aus dem Gleichgewicht entfernt wird.

Eine Durchsicht der Literatur über die Cyanoferrate(II) ergibt, daß man außer dem löslichen Berlinerblau und dem weißen, unlöslichen Eisen(II)-cyanoferrat(II), $R_2Fe[Fe(CN)_6]$, andere Schwermetallverbindungen auf Grund ihrer Farbe und Unlöslichkeit von den echten Salzen

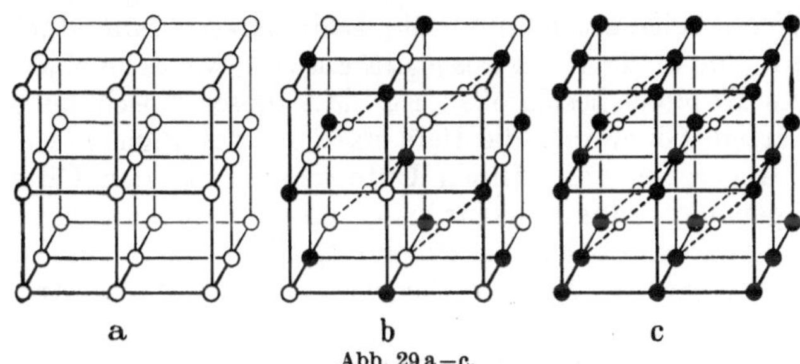

Abb. 29 a—c.

unterscheiden muß. Die einfachen Cyanoferrat(II)-Verbindungen — z. B. die Alkalisalze und $Ca_2Fe(CN)_6$ — sind gelbe, ziemlich gut lösliche Verbindungen, ebenso wie die Cyanoferrat(II)-derivate der komplexen Ammine, welche Mischfarben besitzen. Als typisches Beispiel für die Schwermetallcyanoferrat(II)-Verbindungen kann das braune, unlösliche Kupfersalz gelten, das gewöhnlich als $Cu_2Fe(CN)_6 \cdot 7$ oder 10 H_2O formuliert wird (HATCHETTs Braun). Daß diese Verbindung kein einfaches Salz ist, ergibt sich sowohl aus ihren Reaktionen als auch aus ihrer Farbe. Wenn man diese Verbindung beispielsweise mit Lösungen von Erdalkalicyanoferraten(II) kocht, erhält man die gut kristallisierenden Salze $R[CuFe(CN)_6]$, (R = Ca, Sr oder Ba), während mit verdünntem, wäßrigem Ammoniak das Ammin $Cu_2Fe(CN)_6 \cdot 4\,NH_3 \cdot H_2O$ oder $[Cu(NH_3)_4][CuFe(CN)_6] \cdot H_2O$ gebildet wird. Das ursprüngliche Kupfercyanoferrat(II) sollte man demnach als $[Cu(H_2O)_4][CuFe(CN)_6] \cdot 3$ oder 6 H_2O formulieren, d. h. als ein Salz des mehrkernigen, komplexen Anions $[CuFe(CN)_6]^{2-}$, das man mit dem Komplex des Eisen(II)-cyanoferrats(II), oder des Berlinerblau, vergleichen kann.

Die Natur des komplexen Anions im Berlinerblau wurde durch KEGGINs Röntgenanalyse aufgedeckt[97]. Man kann bei allen diesen Verbindungen annehmen, daß sie sich von der Struktur des Eisen(III)-cyanoferrats(III) oder Berlinergrün, $Fe[Fe(CN)_6]$, ableiten. Dieses besitzt ein würfelförmiges Kristallgitter mit einer 5,1 Å großen Elementarzelle. Ein Würfel mit acht Elementarzellen ist in Abb. 29a dargestellt, und im Vergleich dazu das lösliche Berlinerblau (29b) und das Eisen(II)-cyanoferrat(II) (29c). Im Berlinerblau, bei dem die

[97] KEGGIN: Nature 1936, **137**, 577.

Kantenlänge des Elementarwürfels $a = 10{,}2$ Å beträgt, ist das Wesentliche des Skeletts erhalten geblieben, nur ist von den Eisenatomen jedes zweite zur Eisen(II)-Stufe reduziert worden, wodurch die Größen der Elementarzellen verdoppelt sind. Ein Ion eines Alkalimetalls ist in jeden zweiten kleinen Würfel eingefügt und führt so zur Formel $KFeFe(CN)_6$. Im Eisen(II)-cyanoferrat(II) sind alle Eisenatome zur Eisen(II)-Stufe reduziert. Die Zellgröße beträgt wieder 5,1 Å, und in jedem Würfelchen befindet sich ein Alkalimetallion, wie es die Formel $K_2FeFe(CN)_6$ erfordert (Abb. 29c). Die Eisenatome des Berlinerblau können nicht als Eisen(II)- und Eisen(III)-Ionen unterschieden werden. Es ist vielmehr wahrscheinlich so, daß die Eisenatome gleichwertig sind und der Wertigkeitszustand und die Ladungsverteilung durch einen Resonanzvorgang in der Weise ausgeglichen wird, wie es an einer anderen Stelle dieses Kapitels beschrieben ist. Mit dieser Anschauung stehen der bronzeartige Glanz und die tiefe Färbung des Pigments im vollen Einklang. Abgesehen von kleinen Unterschieden in den Gittergrößen findet man genau dieselbe Struktur in den Kupfer(II)-cyanoferraten(III), MCuFe(CN)$_6$, und im Ruthenium-Purpur[98], MFeRu(CN)$_6$; in allen Fällen wird das in zweiwertiger Form vorliegende Eisen Atom für Atom durch das zweite Metall ersetzt.

Die Lage der Cyanidgruppen wurde durch Röntgenanalyse nicht festgestellt; sie läßt sich aber durch folgende Betrachtungen mit Sicherheit festlegen, wobei man zu der wichtigen Annahme der *Überkomplexbildung* gelangt. Die Überkomplexbildung entsteht dadurch, daß die $(CN)^-$-Gruppe als Koordinationseinheit, wie wir bereits gesehen haben, an beiden Enden, also sowohl mit dem Kohlenstoff- als auch mit dem Stickstoffatom, koordinativ gebunden werden kann. Bei den Cyanoferrat(II)-Verbindungen läßt sich durch Alkylierung beweisen, daß die Kohlenstoffatome an das Eisenzentraltom gebunden sind. Der Stickstoff jeder Cyanidgruppe kann dann mit einem anderen Schwermetallatom (d. h. mit einem Kation) koordiniert werden und auf diese Weise eine Koordinationsstelle besetzen.

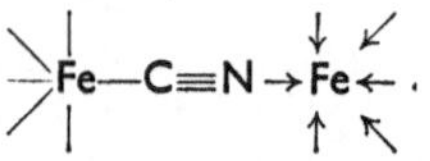

$$\rangle Fe{-}C{\equiv}N \rightarrow Fe \leftarrow .$$

Jedes $[Fe(CN)_6]$-Anion wird dann von sechs daran gebundenen Kationen umgeben und jedes Kation wiederum von sechs $[Fe(CN)_6]$-Gruppen. Das Ganze baut ein riesiges, dreidimensionales Netzwerk auf, das mit dem von Keggin gefundenen identisch ist. Die Vereinigung von Eisen(III)-cyanidionen mit Eisen(III)-Kationen ergibt dann Berlinergrün; aus Eisen(II)-cyanid und Eisen(III)- oder Eisen(II)-Jonen entstehen Anionen mit überkomplexem Charakter, deren Strukturelemente man als $[Fe^{III}[Fe^{II}(CN)_6]]^-$ bzw. $[Fe^{II}[Fe^{II}(CN)_6]]^{2-}$ formulieren kann. Die erste Form kann man nach dem Vorschlag von Davidson[99] als Berliner Säure bezeichnen; die löslichen Berlinerblauverbindungen sind

[98] Howe, J. L.: J. Amer. chem. Soc. 1898, 18, 981.
[99] Davidson: J. chem. Educat. 1937, 14, 238, 277.

dann die Berlinate. Die Einwirkung eines Überschusses von Eisen(III)-Ionen auf Cyanoferrat(II)-Verbindungen kann man besser durch die Annahme einer Bildung eines Eisen(III)-Berlinates, $Fe[Fe[Fe(CN)_6]]_3$, als durch die übliche Schreibweise eines echten Eisen(III)-cyanoferrats(II), $Fe_4[Fe(CN)_6]_3$, darstellen, ebenso ergibt die Einwirkung von Eisen(II)-Ionen auf Cyanoferrat(III) kein echtes Eisen(II)-cyanoferrat(III), sondern wohl eher die entsprechende Verbindung $Fe[Fe[Fe(CN)_6]]_2$; auf diese Weise läßt sich die Bildung der alkalifreien Berlinerblau-Verbindungen erklären.

In den Schwermetall-Cyanoferrat(II)-Verbindungen liegen genau vergleichbare heterometallische Überkomplexe vor; so hat beispielsweise die Kupferverbindung die Zusammensetzung $R_2[Cu[Fe(CN)_6]]$. Wenn aber das zweite Metallatom eine Koordinationszahl besitzt, die kleiner ist als 6, so kann der Überkomplex nicht ganz so einfach zusammengesetzt sein. Beispielsweise reagiert Zinkcyanoferrat(II), dem die Formel $Zn_2[Fe(CN)_6]$ zukommen soll, mit Kaliumcyanoferrat(II) und bildet die Verbindung $K_2Zn_3[Fe(CN)_6]_2$. Die Wertigkeit des Zinks beträgt 2, seine Koordinationszahl 4. Somit können im Durchschnitt zwei Cyanoferrat(II)-Reste mit drei Zinkatomen einen Überkomplex bilden, $[Zn_3[Fe(CN)_6]_2]^{2-}$; daraus ergibt sich für die Formel des gewöhnlichen Zinkcyanoferrat(II): $Zn[Zn_3[Fe(CN)_6]_2]$. Das gleiche gilt für den Aufbau der Kupfer(I)-cyanoferrat(II)-Verbindungen, und auf dieselbe Weise führt Silbercyanoferrat(II) zur Entstehung von $KAg_3[Fe(CN)_6]$. Da die Koordinationszahl des Silbers gewöhnlich 2 beträgt, so hat der Überkomplex hier die Formel $[Ag_3[Fe(CN)_6]]^-$, und das normale Silbersalz, $Ag_4[Fe(CN_6)]$, muß wahrscheinlich als $Ag[Ag_3[Fe(CN)_6]]$ formuliert werden.

Die Bildung derartiger Überkomplexe bietet einen Anhalt zum Verständnis einer Reihe von Anomalien, die bei den komplexen Cyaniden der Nichteisenmetalle auftreten. Hierauf wiesen schon früher Reihlen und Zimmermann[100] hin, wenn auch diese Verfasser die fraglichen Strukturen von einer falschen Grundlage aus zu formulieren versuchten. So entsteht bei der Einwirkung eines Unterschusses von Alkalicyanid auf Mangan(II)-salze eine grüne, unlösliche Verbindung mit der Bruttoformel $KMn(CN)_3$. Aus Analogie zum Eisen(II)-kaliumcyanoferrat(II) kann man diese Verbindung nun als $K_2[Mn[Mn(CN)_6]]$ auffassen, wodurch sofort ihre große Unlöslichkeit verständlich wird. Die Verbindung $NaZn(CN)_3 \cdot 2{,}5\ H_2O$ kann man wahrscheinlich ebenso formulieren. In den Strömholmschen Salzen[101], $R_4Fe(CN)_6 \cdot 3\ Hg(CN)_2$, liegt möglicherweise — wie es Strömholm vorschlug — das mehrkernige Anion

$$\left[Fe\left\langle\begin{matrix}CN\searrow \\ CN\nearrow\end{matrix}Hg\left\langle\begin{matrix}CN \\ CN\end{matrix}\right.\right)_3\right]^{4-}$$

vor, das eine Zwischenstellung zwischen einem einfachen komplexen Cyanid und den oben besprochenen Überkomplexstrukturen einnimmt.

---

[100] Reihlen u. Zimmermann: Liebigs Ann. Chem. 1927, **451**, 75.

[101] Strömholm: Z. anorg. allg. Chem. 1914, **84**, 208.

Mehrkernige Verbindungen und anomale Wertigkeit.

In den bisher betrachteten Fällen besaßen die als Koordinationszentren fungierenden Metalle stets dieselbe Wertigkeitsstufe. Wenn man aber die Bildung mehrkerniger Komplexe durch zwei Atome verschiedener Wertigkeit in Betracht zieht, so lassen sich die in dem vorhergehenden Abschnitt besprochenen und angewandten Grundregeln auch auf einige Fälle anormaler Wertigkeit und zu deren Erklärung ausdehnen.

Es sind z. B. eine Reihe von Verbindungen des scheinbar dreiwertigen Platins und Palladiums bekannt, in denen die Koordinationszahl des Metalls offenbar 5 beträgt. Zu dieser Verbindungsklasse gehören Jörgensens $(NH_3)(C_2H_5NH_2)PtBr_3$[102] und die entsprechenden Verbindungen $(NH_3)(C_5H_5N)PtCl_3$ und $(NH_3)_2PdCl_3$[103], welche durch vorsichtige Oxydation der dazugehörigen Diamminplatin(II)-salze entstehen. Diese Verbindungen stellen zweifellos nichtelektrolytische Komplexe dar und besitzen auffallend tiefe Färbungen, die genannte Palladiumverbindung ist z. B. schwarz. Drew, Pinkard, Wardlaw und Cox[103] schlugen versuchsweise die Formulierung (I) vor, bei der eine Bindung von Metall zu Metall besteht. Es scheint jedoch eine allgemeine Regel zu sein, daß zwischen Metallatomen niemals Kovalenzbindungen gebildet werden. Eine derartige Formulierung kann man vermeiden, wenn man nach dem Vorschlag von Mann[104] die Strukturen (II) und (III) annimmt, in denen ein vierwertiges und ein zweiwertiges Metall durch Cl-Brücken miteinander verbunden sind. Die Zustände der beiden Atome unterscheiden sich nur dadurch, daß das eine zwei Elektronen mehr besitzt als das andere; in einem solchen Fall kann ein „Resonanz"-Zustand auftreten, bei dem die Verteilung der Elektronendichte statistisch ausgeglichen ist. Wo sich eine derartige Möglichkeit aus der Gegenwart verschiedenwertiger Atome desselben Elementes ergibt — z. B. im Pb_3O_4, Mo_3O_8, Berlinerblau usw. — entsteht häufig eine intensive Färbung. Die Dreiwertigkeit des Platins und Palladiums ist somit nur formal. Eine Stütze für die hier aufgeführten Ansichten besteht darin, daß die verwandten Verbindungen $[enPtCl_3]$ und $[(NH_3)_3(AetNH_2)PtCl_3]$ nicht nur bei der Oxydation der entsprechenden

```
        Cl  Cl                          Cl        Cl
   Pyr↘ |   |  ↙Pyr                Pyr↘ |  ╱Cl↘  |  ↙Pyr
       Pt—Pt                           Pt        Pt
Cl·NH3↗ |   |  ↖NH3·Cl             NH3↗ |  ╲Cl↗  |  ↖NH3
        Cl  Cl                          Cl        Cl
         (I)                                (II)

              Cl        Cl
         NH3↘ |  ╱Cl↘   |  ↙NH3
              Pd        Pd
         NH3↗ |  ╲Cl↗   |  ↖NH3
              Cl        Cl
                  (III)
```

[102] Jörgensen: J. pract. Chem. 1886, **33**, 489.
[103] Drew, Pinkard, Wardlaw u. Cox: J. chem. Soc. 1932, 1013, 1898.
[104] Mann: J. chem. Soc. 1936, 873.

Platin(II)-salze, sondern auch durch direkte Vereinigung von $[en\,PtCl_2]$ mit $[en\,PtCl_4]$ und von $[(NH_3)(AetNH_2)PtCl_2]$ mit $[(NH_3)(AetNH_2)PtCl_4]$ entstehen[105]

Ein weiterer Fall, bei dem wahrscheinlich eine derartige Struktur vorliegt, ist das rote WOLFRAMsche Salz, $(AetNH_2)_4PtCl_3 \cdot 2\,H_2O$, welches man durch milde Oxydation von $[Pt(AetNH_2)_4Cl_2 \cdot 2\,H_2O$ erhält. REIHLEN und FLOHR[106] fanden, daß dieselbe Verbindung aus einer Lösung auskristallisiert, die $[Pt(AetNH_2)_4]Cl_2$ und $[Pt(AetNH_2)_4Cl_2]Cl_2$ in äquimolekularen Verhältnissen enthält, während die Lösung des WOLFRAMschen Salzes die charakteristischen Reaktionen dieser beiden Stoffe zeigt; sie kamen zu dem Schluß, daß das WOLFRAMsche Salz nur eine Gitterverbindung der Platin(II)- und -(IV)-Komponenten wäre. DREW und TRESS[107] zeigten, daß das Salz in Lösung tatsächlich weitgehend oder vollständig aufgespalten ist und daß nur zwei Drittel des Chlors ionisiert sind. Wahrscheinlich kommt die Verbindung nur im festen, kristallisierten Zustand vor und kann durch die Formulierung (IV) in derselben Weise wie die anderen Verbindungen des „dreiwertigen" Platins durch koordinative Vereinigung von vierwertigem und zweiwertigem Platin dargestellt werden.

$[(AetNH_2)_2(AetNH_2)Pt(\mu\text{-}Cl)_2Pt(AetNH_2)(AetNH_2)_2]\,Cl_4 \cdot 4\,H_2O$ (IV)

$Pr_2Au(Br) \leftarrow NH_2 \cdot C_2H_4 \cdot NH_2 \rightarrow Au(Br)Pr_2$ (V)

Erhitzen ↓

$Pr_2Au(Br) \leftarrow NH_2 \cdot C_2H_4 \cdot NH_2 \rightarrow Au\,Br$ (VI)

Eine Goldverbindung, die zweifellos sowohl einwertiges als auch dreiwertiges Gold in koordinierter Bindung enthält, wurde von GIBSON[108] beschrieben. Die *n*-Propyl-Gold(III)-Verbindung (V) verliert beim Erhitzen ihrer Chloroform- oder Benzollösung zwei Propylreste (in Form von Hexan); das Reaktionsprodukt kann nur durch die Formulierung (VI) wiedergegeben werden. Das Gold (I)-Atom hat in dieser Verbindung wie im $K[Au(CN)_2]$ die Koordinationszahl 2.

Unter gewissen Bedingungen kann die Gegenwart von zwei sich in ihrer Wertigkeit und stereochemischen Anordnung unterscheidenden Koordinationszentren zur Entstehung von neuen Isomerietypen führen. MELLOR, BURROWS und MORRIS[109] glaubten, daß hierin die Erklärung für die Entstehung eines Verbindungspaares läge, das durch Einwirkung von Diphenylmethylarsin auf Kupferchlorid erhalten wurde. Nach den chemischen Analysen wurde sowohl der blauen als auch der braunen Form dieselbe Formel (VII) einer Verbindung mit gleichzeitig ein- und

[105] DREW u. a.: J. chem. Soc. 1935, 1246.
[106] REIHLEN u. FLOHR: Ber. dtsch. chem. Ges. 1934, 67, 2010.
[107] DREW u. TRESS: J. chem. Soc. 1935, 1244.
[108] GIBSON: J. chem. Soc. 1935, 219.
[109] MELLOR, BURROWS u. MORRIS: Nature 1938, 141, 414.

zweiwertigem Kupfer zugeordnet. Da das zweiwertige Kupfer eine viereckig-ebene, das einwertige eine tetraedrische Konfiguration besitzt, könnte ein derartiger zweikerniger Komplex in den beiden isomeren Formen (VIII) und (IX) vorkommen.

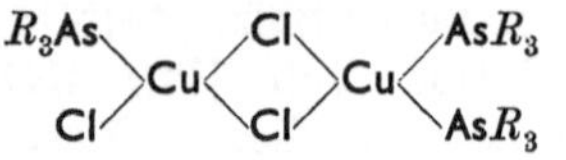

(VII)

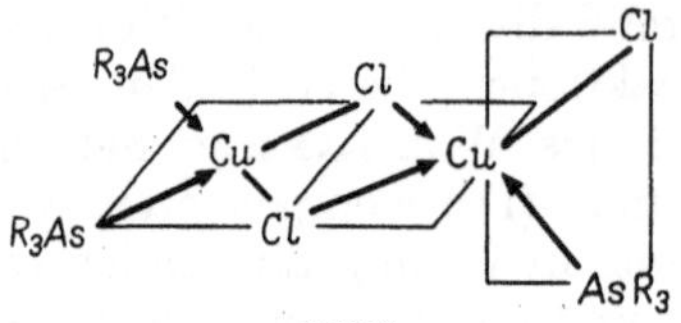

(VIII) 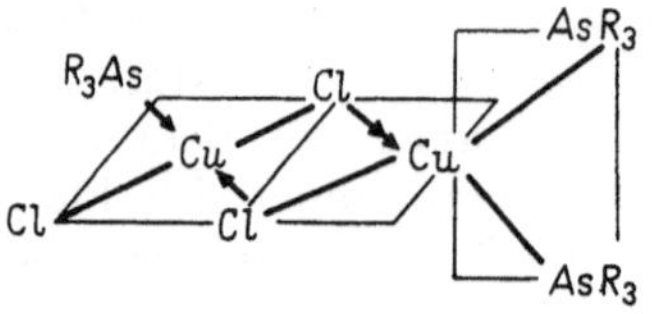 (IX)

Eine ausführlichere Untersuchung der Chemie dieser Stoffe[110] hat jedoch gezeigt, daß es sich bei diesen beiden Formen weder um Isomere noch um mehrkernige Komplexe handelt, sondern daß sie das Kupfer(I)- (X) bzw. Kupfer-(II)-chlorid (XI) des gleichen komplexen Kupfer(II)-Kations darstellen.

$[Cu(O{=}As(CH_3)(C_6H_5)_2)_4][CuCl_2]_2$
(X)

$[Cu(O{=}As(CH_3)(C_6H_5)_2)_4][CuCl_3]_2$
(XI)

Die analytischen Unterschiede zwischen den Formen (VII), (X) und (XI), die in reinem Zustand nicht erfaßt werden konnten, sind verhältnismäßig gering. Derartige Fälle, sowie auch die vermutete Isomerie des Dimethyltellurjodids (S. 117), zeigen deutlich, daß die wichtigen chemischen Gesichtspunkte stets erst sehr kritisch geprüft werden müssen, bevor man sie als vollen Beweis für irgendwelche vermuteten Fälle einer Stereoisomerie ansehen kann.

Das Wesen der Koordinationsbindung.

In den vorhergehenden Abschnitten wurde der Ausdruck Koordination soweit wie möglich ohne Bezugnahme auf irgendeine spezielle Valenzvorstellung und ohne Unterscheidung zwischen der Wirkung der echten chemischen Valenzen und der ungerichteten elektrostatischen Anziehungskräfte benutzt. Es wurde nur die von Biltz vorgenommene Einteilung der Salzammoniakate in zwei Gruppen erwähnt, von denen ein typisches Beispiel das Hexamminkobalt(III)-chlorid einerseits und das Ammoniakat des Kobalt(II)-chlorids andererseits ist. Der deutlichste Unterschied zwischen diesen beiden Gruppen ist folgender: Während die Ammoniakate und die mit ihnen verwandten Verbindungen (die Biltz als *normale* Komplexe bezeichnet) reversibel in ihre Komponenten dissoziieren, zeigen Hexamminkobalt(III)-chlorid und ähnliche Komplexe unterhalb einer bestimmten Temperatur keinen Ammoniakdissoziationsdruck; erst oberhalb dieser Temperatur erfolgt eine vollständige,

[110] Nyholm, R. S.: J. chem. Soc. 1951, 1767.

irreversible Aufspaltung, wobei Ammoniak teilweise zu Stickstoff oxydiert wird.

$$[Co(NH_3)_6]Cl_2 \rightleftharpoons CoCl_2 + 6\,NH_3$$
$$3\,[Co(NH_3)_6]Cl_3 \rightarrow 3\,CoCl_2 + 3\,NH_4Cl + {}^1/_2\,N_2 + 14\,NH_3.$$

Einige Beweispunkte, die auf Betrachtungen der größenmäßigen und stereochemischen Verhältnisse sowie optischer und magnetischer Ergebnisse beruhen, lassen sich zusammenfassen und zeigen, daß bei den *Durchdringungskomplexen* der koordinierte Komplex durch echte gerichtete chemische Valenzen zusammengehalten wird, und es ist vielleicht statthaft, die beiden von BILTZ geforderten Gruppen durch die Wirkung von chemischen bzw. elektrostatischen Bindungskräften zu erklären.

Bevor wir versuchen, diesen Punkt näher zu beweisen, wollen wir vorteilhafterweise diejenigen Faktoren betrachten, die für die Bildung von Komplexverbindungen günstig sind, und dabei besonders die Ionenradien und die Möglichkeit des Übergangs von rein elektrostatischen zu rein homöopolaren Bindungen behandeln.

Nach der Theorie von FAJANS über die Verzerrung von Ionen ist die Deformierung dann am stärksten, wenn kleine Kationen mit hoher Ionenladung auf große polarisierbare Anionen einwirken. Kleine Gestalt und hohe Ladung begünstigen also die Komplexbildung, bei der ja, an Stelle der Anionen, polarisierbare Moleküle mit einem Dipol, wie Ammoniak oder Wasser, der Wirkung des positiv geladenen Zentralions ausgesetzt sind. Weiterhin geht im allgemeinen die Festigkeit, mit der die einwertigen negativen Ionen in dem Koordinationskomplex gebunden sind, parallel der Reihenfolge ihrer Polarisierbarkeiten, also $Cl < Br < CN$ und NO_2.

Auf der Grundlage der FAJANSschen Theorie kann man daher annehmen, daß im Grenzfall ein Koordinationskomplex durch elektrostatische Kräfte zusammengehalten wird. Wenn die polarisierende Wirkung des zentralen Kations zunimmt, kann ein Zustand erreicht werden, bei dem die wechselseitige Verzerrung so groß ist, daß die elektrostatische in eine Kovalenzbindung übergeht. Wir haben dieses Beispiel an den mehrwertigen Metallen erläutert und finden es besonders beim Kobalt, bei dem die zwei- und dreiwertigen Zustände als Beispiele für die beiden Arten von Komplexbildung dienen können. Man kann erwarten, daß der Übergang von der einen Bindungsart zu der anderen in der chemischen Beständigkeit, dem optischen Verhalten, den interatomaren Abständen und in anderen konstitutionsbedingten Eigenschaften der entstehenden Verbindung zum Ausdruck kommt.

Es muß aber darauf hingewiesen werden, daß die koordinierenden Eigenschaften der Ionen nicht allein durch das Ionenpotential bestimmt werden, durch das man den Verzerrungseffekt von FAJANS quantitativ messen kann. Wenn dies nämlich der Fall wäre, dann müßte das Eisen(III)-Ion genau so zur Komplexbildung geneigt sein wie das Kobalt(III)-Ion, während das Aluminiumion dasjenige unter den dreiwertigen Ionen sein sollte, das am leichtesten Komplexverbindungen eingeht. Ebenso müßte das Kupfer(I)-Ion eine ebenso geringe Neigung zur Komplexbildung zeigen wie das Natrium. Diese Folgerungen widersprechen dem tatsächlichen chemischen Verhalten. Es ergibt sich also, daß noch ein spezieller Faktor hinzukommen muß, der den Metallen der Übergangsreihe ihre Eigenschaft verleiht, mit neutralen Molekülen oder Anionen über das durch ihr Ionenpotential bedingte Verhältnis hinaus Komplexe zu bilden. Nach der quantenmechanischen Theorie der Valenz könnte dieser Faktor darin bestehen, daß geeignete Bahnen (gewöhnlich *d*-Bahnen) zur Ausbildung einer starken, räumlich gerichteten Kovalenzbindung verfügbar sein müssen. Im zweiten Kapitel wurde der Begriff „Zwitterbildung" (die Entstehung einer Anzahl gleichwertiger Bindungen) erläutert. Der Beweis, daß derartige Bindungen tatsächlich für das Zustandekommen von Koordinationsverbindungen verantwortlich sind, wird weiter unten besprochen.

a) Beweise durch Betrachtungen der größenmäßigen Zusammenhänge. Biltz und seine Schule haben gezeigt, daß die Molvolumina fester Verbindungen bei niederen Temperaturen als additive Funktionen behandelt werden können. Das Gesamtmolvolumen von $[Co(NH_3)_6]Cl_2$ und von $[Co(NH_3)_6]Cl_3$ ist indessen praktisch gleich, und man kann den Beweis erbringen, daß dies einer Kontraktion (d. h. einem kleineren wahren Molvolumen) des Ammoniaks im Luteokobalt(III)-chlorid zuzuschreiben ist. In den substituierten Kobaltamminen ist die Kontraktion geringer, aber doch noch deutlich wahrnehmbar.

Der Grund für die deutliche Kontraktion des Ammoniaks in dem Luteokobalt(III)-salz ergibt sich aus den röntgenographisch gemessenen interatomaren Abständen:

$[Co(NH_3)_6]Cl_2$	Co—N = 2,5 Å	Radius von Co^{2+} 0,92 Å
$[Co(NH_3)_6]Cl_3$	Co—N = 1,9 Å	Radius von Co^{3+} 0,66 Å.

Man sieht, daß eine beträchtliche Verkürzung des Co—N-Abstandes erfolgt ist; diese Kürzung muß zur Bildung einer echten chemischen Bindung zwischen den beiden Atomen führen. Der Co—N-Abstand in dem Hexamminkobalt(III)-Ion ist tatsächlich ungefähr gleich der Summe der Radien der Kovalenzbindungen von Kobalt und Stickstoff.

b) Optische Beweisführung. Aus dem starken Einfluß, den die Koordination auf die Farbe von Salzen ausübt, kann man sofort ersehen, daß die Bindung koordinierter Gruppen die Elektronenbahnen des Zentralatoms verändert. Es ist allgemein bekannt, daß „edelgasähnliche" Ionen farblos sind, d. h. daß sie im sichtbaren Gebiete keine selektive Absorption besitzen. Die farbigen Ionen der Übergangsmetalle bewirken eine selektive Absorption im sichtbaren und nahen ultravioletten Gebiet, die aber — im Vergleich zu der sehr starken Extinktion beispielsweise vieler Farbstoffe — nur sehr schwach ist und allgemein „verbotenen" Übergängen zugeschrieben wird, d. h. einer verhältnismäßig seltenen Anregung von Elektronen ohne Änderung der azimutalen Quantenzahl. Bei den scharfen Spektren der seltenen Erden spielen dabei die abgeschirmten 4*f*-Niveaus eine Rolle; bei den Metallen der Übergangsreihen gehen die Spektren auf die Wechselwirkung mit unvollständig besetzten *d*-Niveaus zurück, die, nach den herrschenden Vorstellungen, gerade bei der Ausbildung von Kovalenzen einer Koordination beteiligt sind, so daß irgendeine Veränderung hier mit ziemlicher Wahrscheinlichkeit deutliche Abwandlungen im Absorptionsspektrum zur Folge haben werden. Die Wirkung der beständigen Koordination zeigt sich, wenn man die rote Farbe des $[Ni\ Phenanthrolin_3]^{2+}$-Ions oder die scharlachrote des Dimethylglyoximnickels mit der hellgrünen der dissoziierbaren $[Ni(H_2O)_6]^{2+}$- oder $[Ni(NH_3)_6]^{2+}$-Ionen vergleicht. Ebenso kann man die rosafarbenen Hydrate und Ammoniakate des zweiwertigen Kobalts der gelben Farbe von $[Co(NH_3)_6]^{3+}$ oder $[Co(NO_2)_6]^{3-}$ gegenüberstellen.

Eine zweite Linie der optischen Beweisführung ergibt sich aus ramanspektroskopischen Untersuchungen. Die Farbe vieler anorganischer Komplexverbindungen macht die Beobachtung der charakteristischen Frequenzverschiebungen des Ramanspektrums unmöglich. Bei einigen wenigen Verbindungen — so für die komplexen Cyanide $K_3[M^{III}(CN)_6]$ (M = Co, Cr oder Rh) und für die Ammine $[Cu(NH_3)_4]X_2$ und $[Zn(NH_3)_6]X_2$ — konnten jedoch in Lösung Ramanverschiebungen beobachtet werden. Sie sind den charakteristischen Schwingungsfrequenzen einer Kovalenzbindung zuzuschreiben. Die Größe dieser Verschiebungen (300—600 cm^{-1}) ist deutlich kleiner als im Falle typischer Einzelbindungen.

c) Magnetische Beweisführung. Im Kapitel V haben wir gesehen, daß die Gegenwart eines unpaarigen Elektrons in einem Atom oder Molekül ein magnetisches Moment hervorrufen und so zum Auftreten von Paramagnetismus führen muß. Es hat sich gezeigt, daß wenigstens für die Metalle der ersten Übergangsreihe das Prinzip der maximalen Multiplizität von HUND gültig ist, so daß man die magnetischen Momente der entsprechenden Ionen aus den resultierenden Elektronenspins berechnen kann. Umgekehrt muß bei der Bildung von Komplexverbindungen jede Änderung des magnetischen Momentes der Ionen mit einer Änderung in der Zahl der einzeln besetzten Elektronenbahnen verbunden sein; es muß also ein Auffüllen der Elektronenbahnen stattgefunden haben.

Wenn man die Suszeptibilitäten der einfachen und der Komplexsalze der Übergangsmetalle vergleicht (Tabelle 4), so ergibt sich die überraschende Tatsache, daß gerade diejenigen Verbindungen des sechsfach

Tabelle 4.

Verbindung	μ_A, BOHRsche Magnetonen	Verbindung	μ_A, BOHRsche Magnetonen
$FeCl_2$	5,23	$[Co(N_2H_4)_2]Cl_2$	4,93
$[Fe(NH_3)_6]Cl_2$	5,25	$[Co(NH_3)_6]Cl_3$	diamagnetisch
$[Fe\text{-}Dipyridyl_3)Cl_2$	diamagnetisch	$[Co(NH_3)_4CO_3]Cl$	diamagnetisch
$Fe_2(SO_4)_3$	5,86	$Co_2(CO)_8$	diamagnetisch
$K_3[Fe(CN)_6]$	etwa 2	$NiCl_2$	3,42
$K_4[Fe(CN)_6]$	diamagnetisch	Ni-Dimethylglyoxim	diamagnetisch
$Fe(CO)_5$	diamagnetisch	$Ni(CO)_4$	diamagnetisch
$CoCl_2$	5,04		

koordinierten dreiwertigen Kobalts und zweiwertigen Eisens und die des vierfach koordinierten Nickels diamagnetisch sind, die man auf Grund ihrer chemischen Eigenschaften in die Gruppe der Durchdringungskomplexe einreihen kann. In diesen Verbindungen haben die zunächst nach dem Prinzip von HUND auf die 3 *d*-Bahnen verteilten Elektronen eine vollständig paarige Anordnung erreicht, und man kann nur den Schluß ziehen, daß die verfügbar gewordenen Bahnen für die direkte kovalente Bindung der koordinierten Gruppen oder Ionen benutzt werden. Somit ergibt sich eine scharfe Trennungslinie zwischen diesen Verbindungen und den in chemischer Hinsicht weniger beständigen „normalen" Komplexsalzen, bei denen der gesamte Paramagnetismus des Zentralions unverändert erhalten ist. Hierbei können nur ganz geringe Wechselwirkungen zwischen dem Elektronensystem des Zentralatoms und dem der gebundenen Gruppen stattfinden; die Bindungskräfte besitzen demnach einen vorwiegend oder vollständig elektrostatischen Charakter.

Die Anschauung, daß die Koordination eine elektrostatische Erscheinung ist, läßt sich wahrscheinlich auf alle hydratisierten Kationen (möglicherweise mit Ausnahme der Hexaquochrom(III)- und -kobalt(III)-Ionen, $[Cr(H_2O)_6]^{3+}$ und $[Co(H_2O)_6]^{3+}$) anwenden, wie es sich aus den schönen und erfolgreichen Versuchen von MAGNUS[111], GARRICK[112] u. a.[113] ergeben hat, die die Hydratationswärmen und die beständigen Koordinationszahlen auf rein physikalischer Grundlage berechnet haben. Selbst bei den Hydraten und losen Ammoniakaten stellt jedoch die rein elektrostatische Bindung anscheinend einen Grenztypus dar, und es ist wahrscheinlich, daß die Koordinationsbindung in vielen Fällen eine Bindung „gebrochener Ordnung" ist und eine Zwischenstellung zwischen einer rein physikalischen und einer echten chemischen Bindung einnimmt.

d) Stereochemische Beweisführung. Die Stereochemie der Koordinationsverbindungen erfordert zweifellos die Annahme, daß diese durch die Wirkung gerichteter Valenzkräfte gebildet werden. Die Wirkung elektrostatischer Kräfte ist ihrer Natur nach ungerichtet, so daß die Konfiguration, die durch eine Anhäufung derartig zusammengehaltener Teilchen gebildet wird — z. B. eines hydratisierten Metallions — durch die Symmetrie beherrscht und nur durch die gegenseitige Abstoßung der gebundenen Ionen oder Dipole hervorgerufen wird. Je nachdem, ob vier oder sechs Gruppen um das Zentralatom angeordnet sind, wird daher eine tetraedrische oder oktaedrische Konfiguration entstehen. Es hat sich jedoch gezeigt, daß solche Atome, deren Koordinationsverbindungen am beständigsten mit der Koordinationszahl 4 sind, keine tetraedrische, sondern eine ebene Anordnung besitzen; in dieser Tatsache kommt die Wirkung gerichteter Valenzkräfte zum Ausdruck.

Ein weiterer zwingender Beweis ergibt sich aus der Beständigkeit der Stereoisomeren. In einigen Fällen kennt man das Auftreten stereo-

---

[111] MAGNUS: Z. anorg. allg. Chem. 1922, **124**, 289.
[112] GARRICK: Philos. Mag. J. Sci. 1930, [VII], **9**, 131.
[113] Vgl. BERNAL u. FOWLER: Trans. Faraday Soc. 1933, **29**, 1049.

isomerer Zwischenverbindungen beim Ablauf chemischer Reaktionen; im allgemeinen aber bilden die *cis*- und *trans*-Reihen von sowohl sechsfach als auch vierfach koordinierten Verbindungen beständige und vollkommen verschiedene Formen. Weiterhin zeigen die optisch-aktiven Komplexsalze in vielen Fällen wenig oder gar keine Neigung, sich von selbst zu racemisieren. Dies sollte aber besonders bei ebenen vierfach koordinierten Verbindungen der Fall sein und scheint darauf hinzudeuten, daß 1. die Koordinationsbindung beträchtliche gerichtete Eigenschaften aufweist und daß 2. das Gleichgewicht in Lösung

$$[MX_n]^{m+} \rightleftharpoons M_{\text{aq}}^{m+} + nX$$

zwischen den Komplexionen, dem freien Zentralion (in Wirklichkeit handelt es sich um ein hydratisiertes Ion, also einen Aquokomplex) und den koordinierten Molekülen oder Anionen, X, sehr weit auf der linken Seite liegt. Nur so läßt sich die Beständigkeit von geometrischen und optischen Isomeren gegenüber einer Isomerierung und Racemisierung erklären. Diese Beständigkeit wurde am klarsten am Beispiel des Verhaltens der tris-Orthophenanthrolin-Rutheniumsalze gezeigt: Dwyer und Gyarfas[114] haben festgestellt, daß die optischen Isomere des orangefarbenen Ru^{II}-Salzes, $[Ru\,Phenan_3]X_2$, mit Cernitrat zu den blauen Ru^{III}-Verbindungen, $[Ru\,Phenan_3]X_3$, oxydiert werden können, ohne daß eine Racemisierung erfolgt. Nach dem Reduzieren des optisch-aktiven Ru^{III} findet man tatsächlich wieder die ursprüngliche Drehung der Ru^{II}-Verbindung.

Isotopenaustauschversuche mit Komplexsalzen.

Wenn sich in der Lösung eines Komplexsalzes nach der oben angegebenen allgemeinen Gleichung ein Gleichgewicht einstellt, liegt diesem ein Austauschmechanismus zwischen den M-Atomen oder X-Gruppen des Komplexions und den freien, aus der Lösung stammenden M-Ionen und X-Molekülen (oder -Anionen) zugrunde. Im allgemeinen sind derartige Vorgänge nicht nachweisbar, doch kann man ihren Ablauf durch Verwendung von Ionen, die mit Isotopen — z. B. radioaktiven Isotopen des Zentralions M — gekennzeichnet sind, verfolgen. Die Beständigkeit einer Reihe von Koordinationskomplexen ist nun tatsächlich von diesem Gesichtspunkt aus untersucht worden. Meistens stimmen die Ergebnisse mit denen auf Grund anderer gewonnener Erkenntnisse überein, in einigen Punkten bestehen jedoch noch Widersprüche.

So wurde beobachtet[115], daß zwischen Eisen(II)-Ionen und den $[Fe\,Phenan_3]^{++}$- und $[Fe\,Dipy_3]^{++}$-Ionen mit meßbarer Geschwindigkeit ein Austausch erfolgt, ein Ergebnis, das im Gegensatz zu stehen scheint zu der Beständigkeit der optischen Isomere derselben Komplexe gegenüber einer Racemisierung. Wie weiterhin gefunden wurde, unterliegen Manganacetylacetonat, $[Mn\,Acac_2]$[116], Zinkacetylacetonat, $[Zn\,Acac_2]$,

[114] Dwyer u. Gyarfas: Nature 1949, **163**, 918.
[115] Ruben, Kamen, Allen u. Nahinsky: J. Amer. chem. Soc. 1942, **64**, 2297.
[116] Drehmann: Z. physikal. Chem. 1943, B, **53**, 227.

und andere komplexe Zinkverbindungen[117] einer schnellen Austauschreaktion mit dem nicht komplex gebundenen radioaktiven Ion. Es besteht jedoch die Möglichkeit, daß sich in dem Pyridin, das als Lösungsmittel für die zu den Austauschversuchen verwendeten Verbindungen benutzt wird, die Chelatringe geöffnet haben und Pyridin in den Komplex eingetreten ist. In diesem Falle würden die gefundenen Ergebnisse kein wahres Bild von dem Beständigkeitsverhältnis der Komplexe ergeben. In wäßrigen Lösungen der Chromkomplexsalze läßt sich das System besser untersuchen; hier erfolgt eine Reaktion zwischen dem Hexaquokation $[Cr(H_2O)_6]^{3+}$ und dem zu untersuchenden Komplex. MENKER und GARNER[118] haben gezeigt, daß unter diesen Umständen kein Austausch zwischen den $[Cr(CNS)_6]^{3-}$- oder $[Cr(C_2O_4)_3]^{3-}$-Ionen nachzuweisen ist, was mit der optischen Beständigkeit der letztgenannten Verbindung in Einklang steht. Eine langsame Austauschreaktion, mit einem halben Umsatz von etwa zwei Tagen, findet dagegen beim $[Cr(CN)_6]^{3-}$ statt.

Mit besonderer Gründlichkeit wurde das Verhalten der Hexammin-kobalt(III)-Komplexe untersucht[119]; es zeigte sich, daß bei gewöhnlicher Temperatur mit anderen in der Lösung vorhandenen Kobaltatomen, $[Co(H_2O)_6]^{3+}$- oder $Co^{2+} \cdot$ aq-Kationen — kein Austausch erfolgt. Eine langsame und meßbare Einwirkung (5%ige Umwandlung in 400 Std) findet man aber beim $[Co(NH_3)_6]^{++}$-Ion. Dies könnte das Ergebnis einer reversiblen Dissoziation sein, wahrscheinlich ist es jedoch so, daß die wichtigste Stufe dieses Vorganges, ein Elektronenübergang, sich direkt an dem Komplexion abspielt:

$$[Co(NH_3)_6]^{++} + [Co^*(NH_3)_6]^{3+} \rightleftharpoons [Co(NH_3)_6]^{3+} + [Co^*(NH_3)_6]^{++}.$$

Für diese Vorstellung spricht der erwähnte Austausch des Eisens zwischen den sonst außerordentlich beständigen $[Fe(CN)_6]^{4-}$- und $[Fe(CN)_6]^{3-}$-Ionen sowie die im vorhergehenden Abschnitt erwähnte Oxydation des $[Ru\ Phenan_3]^{2+}$-Komplexes ohne Verlust seiner optischen Aktivität.

Versuche mit markierten Liganden wurden zur Untersuchung zwischen den komplexen Cyano-Anionen und dem radioaktiven $^{14}CN^-$-Ion durchgeführt. Bei den komplexen Eisencyaniden, $[Fe(CN)_6]^{3-}$ und $[Fe(CN)_6]^{3+}$, findet praktisch kein Austausch und somit auch keine nachweisbare Dissoziation statt. Bei $[Ag(CN)_2]^-$ und $[Ni(CN)_4]^{--}$ nimmt man ein höheres Austauschverhältnis an, als man nach den durch elektrometrische Messungen bekannten Beständigkeitskonstanten dieser Ionen erwarten sollte.

CALVIN und DUFFIELD[120] sind der Ansicht, daß die sorgfältige Untersuchung der Isotopenaustauschgeschwindigkeit ein ziemlich empfindliches Mittel zum Vergleich des Koordinationsvermögens verschiedener

[117] LEVENTHAL u. GARNER: J. Amer. chem. Soc. 1949, **71**, 227.
[118] MENKER u. GARNER: J. Amer. chem. Soc. 1949, **71**, 371.
[119] HOSHOWSKY, S. A., O. G. HOLMES u. K. J. MCCALLUM: Canad. J. Res. 1949, B, **27**, 258.
[120] CALVIN u. DUFFIELD: J. Amer. chem. Soc. 1946, **68**, 557.

Liganden gegenüber irgendeinem Metall darstellt. So können die Austauschgeschwindigkeiten von Kupferderivaten des Salicylaldehydäthylendiimins zu dem Reduktionspotential der Komplexe in Beziehung gesetzt werden (siehe dort, weiter unten). Die feinen Einflüsse, die von Resonanzänderungen in der organischen Struktur herrühren, kommen in den Unterschieden zwischen (I) (Zeit des halben Austausches, $T =$ 37 Std) und (II) ($T = 2{,}1$ Std) zum Ausdruck.

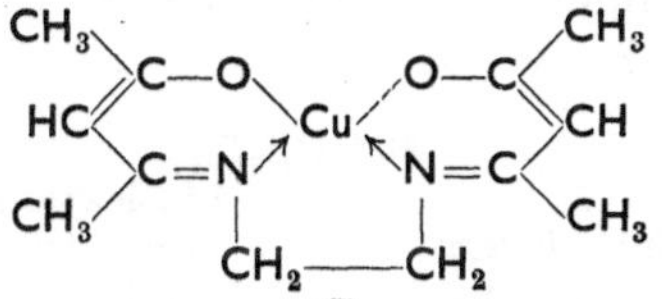

(I) 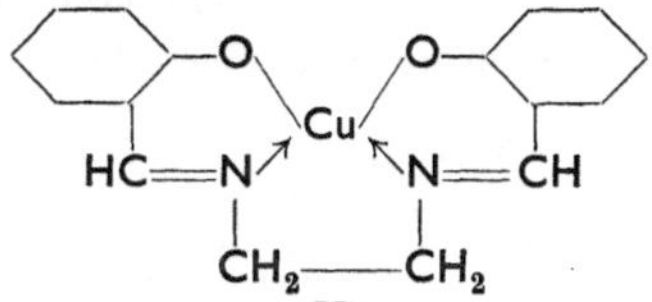 (II)

Theorien über die Koordinationsbindung.

Die ersten Versuche, die Koordination im Rahmen der Elektronentheorie der Valenz zu deuten, unternahm SIDGWICK[121]. Alle Moleküle oder Ionen, die von Metallatomen koordiniert werden können, zeigen das gemeinsame und charakteristische Merkmal, daß sie mindestens ein „einsames Paar“ von Elektronen besitzen; eine Betrachtung der mehrkernigen Komplexverbindungen zeigt, daß die Zahl der Koordinationsbindungen, die von irgendeiner koordinierten Gruppe gebildet werden kann, niemals größer ist als die Zahl der vorhandenen „einsamen Paare“. SIDGWICK stellte danach die Hypothese auf, daß die Koordinationsbindung ein spezieller Fall der semipolaren Bindungsart wäre, bei der die koordinierte Gruppe als Donator und das Zentralatom als Akzeptor fungieren:

$$\begin{matrix} & \mathrm{H} & \\ \mathrm{H}: & \ddot{\mathrm{N}} & : \\ & \ddot{\mathrm{H}} & \end{matrix} + M \rightarrow \begin{matrix} & \mathrm{H} & \\ \mathrm{H}: & \ddot{\mathrm{N}} & :M. \\ & \ddot{\mathrm{H}} & \end{matrix}$$

Die Anwendung dieser Theorie erwies sich als fruchtbar. Es ergab sich, daß die Bildung der beständigen Komplexverbindungen in einigen Fällen dem Erfordernis entsprach, daß das Zentralatom dieselbe „effektive Atomnummer“ einnahm wie das zunächst stehende Edelgas, wobei sich eine plausible formale Erklärung der Beständigkeit und der Eigenschaften derartiger Verbindungen ergab. So sind in den Ionen des Hexamminkobalt(III)-chlorids und anderer Kobaltammine und in dem Cyanoferrat(II)-Ion enthalten:

$[Co(NH_3)_6]^{3+}$		$[Fe(CN)_6]^{4-}$	
Co^{3+}	24 Elektronen	Fe^{2+}	24 Elektronen
$6\,NH_3$ liefern	12 Elektronen	$6\,CN^-$ liefern	12 Elektronen
Insgesamt: Effektive Atomnummer . . .	36	Insgesamt: Effektive Atomnummer . . .	36

Weiterhin kann, wie in Kapitel XIV besprochen wird, die Systematik der interessanten Gruppe von Metallcarbonylen auf dieser Grundlage

[121] SIDGWICK: Electronic Theory of Valency, S. 109ff., 163ff., 204ff.

erklärt werden, daß nämlich die Bildung der „Edelgaskonfiguration" den Verbindungen ihre Beständigkeit verleiht. Besonders eindrucksvoll ist es, daß die Verbindungen, bei denen diese Bedingung erfüllt ist, ausnahmslos diamagnetisch sind.

Daß das Erreichen dieser Konfiguration allein nicht das beherrschende Moment ist, ergibt sich indessen aus der Tatsache, daß bei den gleich beständigen, vierfach koordinierten Verbindungen des Nickels, Platins und Golds die effektive Atomnummer um zwei kleiner ist als die des nächsten Edelgases [Kr = 36, Rn = 86]:

$K_2Ni(CN)_4$

Ni^{2+}	26 Elektronen
$4\ CN^-$ liefern	8 Elektronen
Insgesamt: Effektive Atomnummer . . .	34

$Pt(NH_3)_2Cl_2$

Pt^{2+}	76 Elektronen
$2\ NH_3$ liefern	4 Elektronen
$2\ Cl^-$ liefern	4 Elektronen
Insgesamt: Effektive Atomnummer . . .	84

$KAuBr_4$

Au^{3+}	76 Elektronen
$4\ Br^-$ liefern	8 Elektronen
Insgesamt: Effektive Atomnummer . .	84

Diese Verbindungen sind ebenfalls diamagnetisch. SIDGWICK und BOSE versuchten schon frühzeitig, den Paramagnetismus der komplexen Ionen mit dem Unterschied zwischen der effektiven Atomnummer der Metallatome (die wie in den obigen Beispielen berechnet wurden) und der Atomnummer des Edelgases in Beziehung zu bringen, indem sie diesen Unterschied als gleich der Zahl der unpaarigen Elektronen ansahen. Die Regel von SIDGWICK und BOSE, die den gleichen Wert wie das Prinzip der größtmöglichen Multiplizität von HUND besitzt, gibt richtige Ergebnisse für die Komplexsalze des Kupfers, Chroms und sechsfach koordinierten Nickels; man muß aber ad hoc geschaffene Hypothesen einführen, um den Diamagnetismus der gerade besprochenen, vierfach koordinierten Verbindungen mit ebener Anordnung zu erklären. Die erfolgreiche Anwendung der Regel mögen die folgenden Beispiele erläutern:

$[Cu(NH_3)_4]^{2+}$

Cu^{2+}	27 Elektronen
$4\ NH_3$ liefern	8 Elektronen
Insgesamt: Effektive Atomnummer . .	35
36 — effektive Atomnummer. . . .	= 1 unpaariges Elektron
μ_A berechnet	1,73 BOHRsche Magnetonen
μ_A gefunden	1,82 BOHRsche Magnetonen

[Ni-Dipyridyl$_3$]$^{2+}$

Ni^{2+}	26 Elektronen
3 Dipyridyl	12 Elektronen
Insgesamt: Effektive Atomnummer . . .	38
Effektive Atomnummer — 36 . . .	= 2 unpaarige Elektronen
μ_A berechnet	2,83 BOHRsche Magnetonen
μ_A gefunden . . . . etwa	2,8 BOHRsche Magnetonen

Die Voraussetzung für die Beständigkeit und den Diamagnetismus von Komplexverbindungen besteht zwar in der Ausbildung einer geschlossenen Elektronenschale; das Erreichen einer Edelgaszahl als solches kann jedoch nicht das wesentliche Kriterium bilden. Dies ergibt sich auch aus der Gleichwertigkeit der Koordinationsbindungen; z. B. sind für den Aufbau des Co^{3+}-Ions zu einem kryptonähnlichen Atom nicht die Bahnen für die zwölf vollständig äquivalenten Elektronen vorhanden.

Zwei andere Einwendungen sind gegen die oben ausgeführte Theorie der einfachen Elektronenpaarbindung erhoben worden.

a) Die Theorie bedingt eine unwahrscheinliche Anhäufung von negativer Ladung auf dem Zentralatom. So beträgt in dem $[Co(NH_3)_6]^{3+}$-Ion die absolute Ladung des Kobaltatoms $+3-6 = -3$ Einheiten, während jedes NH_3 eine Ladung von $+1$ besitzt.

b) Das „einsame“ Elektronenpaar, wie es im Wasser, Ammoniak und in anderen neutralen, koordinierten Gruppen vorliegt und das sich für die Bildung von Koordinationsbindungen als verantwortlich erwies, ist das $2\,s^2$-Paar. Ein vollständiges Unterniveau wie dieses besitzt keine bindenden Eigenschaften und könnte die angenommene Bindung nicht bilden[122]. Zur Anregung eines Elektrons des s^2-Paares würde indessen eine beträchtliche Energie erforderlich sein, so daß man diese Möglichkeit nicht als den ersten Schritt zum Zustandekommen einer Koordinationsbildung annehmen kann.

Die Antwort auf den zweiten Einwurf kann man aus einer Betrachtung des einfachsten Falles der Koordination, nämlich der Bildung des Ammoniumions, entnehmen:

$$\begin{array}{c} \mathrm{H} \\ \mathrm{H} + :\mathrm{N}:\mathrm{H} \\ \mathrm{H} \end{array} \longrightarrow \begin{array}{c} \mathrm{H} \\ \mathrm{H}:\mathrm{N}:\mathrm{H} \\ \mathrm{H} \end{array}$$

Das gebildete Ammoniumion hat die gleiche Zahl von Elektronen wie das Methan und besitzt zweifellos dieselbe Struktur. Die Wasserstoffatome sind vollkommen gleichwertig, und jeder Unterschied zwischen den ursprünglichen *s*- und *p*-Elektronen des Stickstoff- bzw. Kohlenstoffatoms ist verschwunden. Jede Bahn nimmt an den ursprünglich vorhandenen *s*- und den drei *p*-Bahnen teil, so daß vier $[sp^3]$-Zwitterbahnen gebildet werden. Auf diese paßt gerade ein Elektronenpaar, das zu einem Wasserstoffatom gehört, so daß vier vollkommen gleichwertige Bindungen entstehen. Diese Anschauung, die man für den Fall des Methans allgemein annimmt, muß auch für das Ammonium gültig sein; es besteht nur der Unterschied, daß die Koordination des Ammoniaks an ein Metallion statt an ein Wasserstoffion erfolgt, aber sonst sind die Verhältnisse völlig gleich. Es handelt sich ebenfalls nicht um die direkte Abgabe des $2\,s^2$-Elektronenpaares, sondern vielmehr um die Neugestaltung der Bahnen des Stickstoffatoms und die Bildung von $[sp^3]$-Zwitterbindungen. Die Valenzwinkel in den NH_3- und H_2O-Molekülen sind beträchtlich größer als der 90°-Winkel zwischen den Achsen

[122] HUNTER u. SAMUEL: J. chem. Soc. 1934, 1180; Chem. and Ind. 1935, 635

der p-Wellenfunktionen. COULSON wies darauf hin, daß dies nur teilweise der abstoßenden Wirkung zwischen den Wasserstoffatomen zugeschrieben werden könne; eine andere Vorstellung ist die, daß in diesen Molekülen schon eine wenigstens teilweise Zwitterbildung der 2 s- und 2 p-Bahnen stattgefunden hat. Das „einsame Elektronenpaar" ist dann nicht ein s^2-Paar; seine Wellenfunktion besitzt dann bereits etwas von den richtenden Eigenschaften, die zur Bildung einer Bindung mit guter „Überlappung" notwendig ist, und es ist nicht mehr erforderlich, als notwendige Vorstufe zur Bildung einer Koordinationsbindung anzunehmen, daß erst ein Elektron angeregt werden muß. Auf Grund der verschiedenen Elektronenaffinitäten des Metallions und des Wasserstoffs sind diese Bindungen nicht mehr gleichwertig. Bei Ionen von großer Elektronenaffinität — z. B. bei schweren Ionen mit höherer Wertigkeit, wie Pt^{4+} — kann die Stärke der Metall-Stickstoffbindung die Festigkeit der Wasserstoff-Stickstoffbindungen so stark überwiegen, daß die Dissoziation in Metallamid und Wasserstoffion (a) leichter erfolgt als die Dissoziation in Metallion und Ammoniak (b).

$$(M{-}NH_3)^+ \rightleftharpoons (MNH_2) + H^+ \qquad (a)$$

$$(M{-}NH_3)^+ \rightleftharpoons M^+ + NH_3 \qquad (b)$$

PAULING hat aus quantenmechanischen Überlegungen eine Theorie der Komplexverbindungen der Übergangsmetalle aufgestellt, welche zur Entwicklung der SIDGWICKschen Elektronenpaarbindungstheorie führte[123]. Bei den schwereren Atomen überlappen sich, wie wir in Kapitel II gesehen haben, die Energieniveaus zwischen den verschiedenen Hauptquantengruppen bis zu einem gewissen Grade. In der ersten Übergangsreihe werden z. B. die 4 s^2-Bahnen gefüllt, bevor eine der 3 d-Schalen begonnen wird, und die wechselnde Wertigkeit der Übergangsmetalle zeigt, daß sich die 3 d- und 4 s-Niveaus in ihrer Energie nur wenig voneinander unterscheiden können. Wenn ein derartiger Zustand besteht, kann nach der Ansicht von PAULING die normale Quantelung aufhören, und es können neue Zwitterbahnen gebildet werden. Es ist möglich, auf diese Weise vier oder sechs gleichwertige Bahnen zu erhalten, je nach der Zahl der unbesetzten Bahnen, die für die Zwitterbildung verfügbar sind.

Die HUNDsche Regel der maximalen Multiplizität, die besagt, daß zunächst möglichst viele Bahnen einzeln besetzt werden, ehe eine paarige Anordnung der Elektronen erfolgt, gilt wenigstens für die erste Übergangsreihe. Der auffallende Wechsel von Paramagnetismus zu Diamagnetismus bei der Bildung von Komplexionen läßt erkennen, daß eine neue Verteilung der Elektronen stattfindet und eine vollständig paarige Anordnung erfolgt. Auf diese Weise werden einige Bahnen leer und zur Zwitterbildung verfügbar.

PAULING fand, daß, wenn sechs Bindungsfunktionen — zwei d-, eine s- und drei p-Bindungsfunktionen — verfügbar sind, sechs neue, einander

---

[123] SIDGWICK: J. Amer. chem. Soc. 1931, 53, 1367, 3225.

äquivalente Bahnen gebildet werden können, die nach den Ecken eines regelmäßigen Oktaeders gerichtet sind. Bei vier Bindungsfunktionen können zwei bestimmte Konfigurationen entstehen, was von den symmetrischen Eigenschaften der entsprechenden Bahnen abhängt. Von drei *d*- und einer *s*-Bahn oder von drei *p*- und einer *s*-Bahn können vier gleichwertige Bindungen mit tetraedrischer Anordnung auftreten. Wenn indessen eine *d*-Bahn verfügbar ist, so kann sie mit einer *s*- und zwei

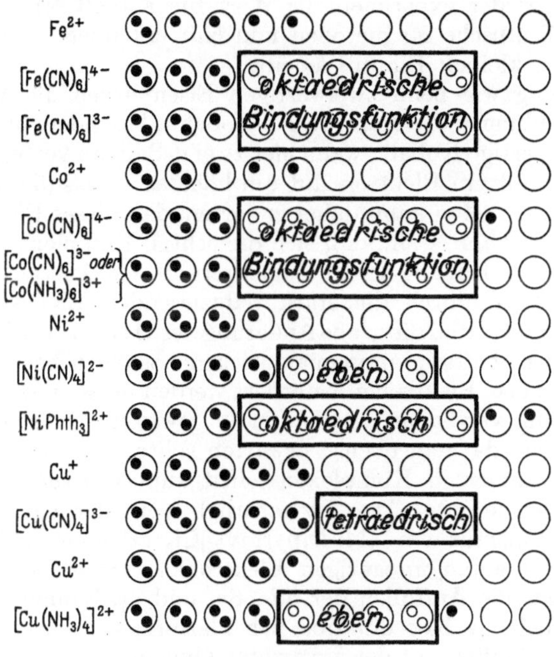

Abb. 30.

p-Bahnen vereinigt werden und vier neue Bindungen ergeben, die in einer Ebene liegen und nach den Ecken eines Quadrates gerichtet sind. Jede dieser so gebildeten neuen Bahnen kann zwei Elektronen aufnehmen, die man — im Rahmen der Theorie von SIDGWICK — dadurch erhalten kann, daß sie entweder einem negativen Ion, wie CN^-, oder einem „Einzelpaar“ eines neutralen Moleküls, wie Ammoniak, gemeinsam sind. Es ist besonders zu erwähnen, daß jede dieser Reihe von Zwitterbahnen eine geschlossene Konfiguration darstellt und daß die Schalen unterhalb der komplexbildenden Zwitterbahnen sämtlich vollständig aufgefüllt sind, so daß daher der entstehende Komplex diamagnetisch sein muß. Auf diese Weise konnte PAULING den Diamagnetismus von vierfach koordiniertem Nickel vorhersagen.

Die Anwendung dieser Theorie erklärt die experimentellen Tatsachen durchaus befriedigend, wie man aus der Abb. 30 entnehmen kann. Wenn in dem Eisen(II)-Ion die Elektronen in den drei niedrigsten *d*-Niveaus vollständig paarig angeordnet sind, so werden zwei d-Bahnen für die Vereinigung mit den 4 s- und 4 p-Bahnen verfügbar. Dann können sechs neue, oktaedrisch angeordnete Bindungen gebildet werden und, wie man sieht, zu einer vollständig geschlossenen Konfiguration führen. Damit ist das $[Fe(CN)_6]^{4-}$-Ion diamagnetisch. Das Eisen(III)-Ion hat anfangs ein Elektron weniger, so daß das durch denselben Vorgang entstehende Komplexion paramagnetisch ist, wobei $\mu_A = 1{,}73$ Bohrsche Magnetonen betragen sollte; der experimentelle Wert für $K_3[Fe(CN)_6]$ beträgt ungefähr zwei Bohrsche Magnetonen und läßt erkennen, daß das Bahnmoment einen kleinen Einfluß ausübt.

Ganz analog wie beim zweiwertigen Eisen liegen die Verhältnisse bei den Verbindungen des dreiwertigen Kobalts; besonders interessant ist aber das zweiwertige Kobalt; wenn hier zwei d-Bahnen verfügbar werden sollen, dann muß ein Elektron auf ein höheres — das (5 s-) — Niveau befördert werden. Man kann daher erwarten, daß dieses Elektron leicht ionisiert werden kann, d. h., daß sich die echten Komplexverbindungen des zweiwertigen Kobalts leicht zum dreiwertigen Zustand oxydieren lassen. Dies wird durch die stark reduzierenden Eigenschaften des $K_4[Co(CN_6)]$ und durch die große Änderung des Oxydations-Reduktionspotentials des Kobalts in ammoniakalischen Lösungen bestätigt. Diese Annahme, daß erst Elektronen befördert werden müssen, damit Bahnen für die Bindung verfügbar werden, ist in gewisser Hinsicht ein Nachteil der Theorie, da man ebenso erwarten sollte, daß Nickel in seinen sechsfach koordinierten Komplexen leicht zum vierwertigen Zustand oxydiert werden könnte. Dies ist natürlich nicht der Fall, wenn auch der Paramagnetismus von $[Ni\ \text{Dipyridyl}_3]Cl_2$ erkennen läßt, daß die beiden vorhergesagten unpaarigen Elektronen vorhanden sind. Beim Platin, wo dasselbe Auffüllen der $5d$-, $6s$- und $6p$-Bahnen stattfindet, tritt eine sechsfache Koordination der Platin(II)-Verbindungen selten auf; sie ist gewöhnlich mit der erwarteten Oxydation zur Vierwertigkeit verbunden.

Es läßt sich zeigen, daß im Falle der vierfach koordinierten Verbindungen durch paarige Anordnung der d-Niveaus des Ni^{2+} eine d-Bahn für die Bildung eines diamagnetischen Komplexes mit ebener Anordnung verfügbar wird. Beim Cu^{2+} kann dieselbe Anordnung durch Beförderung eines Elektrons erfolgen (obgleich dreiwertiges Kupfer unbekannt ist — vergleiche den vorhergehenden Abschnitt — wird dreiwertiges Gold nur in vierfach koordinierten, ebenen Komplexen angetroffen, worauf Gibson hingewiesen hat). Der ebene Kupfer(II)-Komplex hat noch ein unpaariges Elektron und ist somit paramagnetisch.

Bei dem Kupfer(I)-Ion, Cu^+, und dem Zinkion, Zn^{2+}, die beide die gleiche Zahl von Elektronen besitzen, sind die $3d$-Niveaus aufgefüllt. Es kann demnach eine Zwitterbildung nur mit den $4s$- und den $4p$-Bahnen erfolgen, wobei diamagnetische, vierfach koordinierte Komplexe mit tetraedrischer Anordnung entstehen müssen. Da weiterhin das neutrale Nickelatom (im $3d^{10}$-Zustand) dieselbe Zahl von Elektronen wie Cu^+ und Zn^{2+} besitzt, so sollte Nickeltetracarbonyl, $Ni(CO)_4$, dieselbe Elektronenzahl wie das $[Zn(CN)_4]^{--}$-Ion haben. Seine Struktur sollte daher tetraedrisch sein, was sich auch tatsächlich als zutreffend erwiesen hat.

In dem Cr^{6+}-Ion endlich ist das $3d$-Niveau vollkommen unbesetzt. Bei der Bildung von Bindungen kommen als niedrigste Bahnen für die Zwitterbildung die $3d$- und $4s$-Niveaus in Frage, so daß eine $[sd^3]$-Zwitterbildung stattfindet; Derivate des sechswertigen Chroms wie das Chromation CrO_4^{2-} besitzen demnach eine tetraedrische Konfiguration.

Die Beziehung zwischen den bindenden Elektronen in Koordinationsverbindungen und der Quantelung des Zentralatoms kann man also in einer Weise formulieren, die mit der quantenmechanischen Theorie der Valenz in Einklang steht. Die Theorie ist jedoch noch nicht vollständig und gibt keine befriedigende Erklärung für die Bildung und ungewöhnlichen Eigenschaften einiger Gruppen von Koordinationsverbindungen. Hierzu gehören beispielsweise Komplexe, die von den Olefinen gebildet werden, z. B. $[PtCl_2 \cdot C_2H_4]_2$[124] und $K[PtCl_3 \cdot C_6H_5CH : CH_2]$[125], sowie solche mit Kohlenoxyd, z. B. $[PtCl_2 \cdot CO]_2$, und die Metallcarbonyle (s. Kapitel XIV) sowie schließlich PF_3-Komplexe, z. B. $[PtCl_2(PF_3)_2]$[126]. Bei der Koordination von Molekülen, wie z. B. NH_3, kommt als einziger Mechanismus die Bildung einer σ-Bindung mit dem einsamen Elektronenpaar in Frage. CHATT hat jedoch die Ansicht vertreten, daß bei den erwähnten Ausnahmegruppen — und möglicherweise noch in größerem Umfang — eine Art semipolarer Doppelbindung gebildet werden kann, mit einer Wechselwirkung zwischen den ausgefüllten d-Bahnen des Metallatoms und leeren d-Bahnen des gebundenen Moleküls (also z. B. PF_3) oder zwischen d-Bahnen des Metalls und in den Liganden bereits bestehenden π-Bindungen.

Die Koordinationstheorie befindet sich also noch in einem Entwicklungszustand. Ganz unabhängig davon, ob die jetzt geltenden Anschauungen von der chemischen Bindung richtig sind oder nicht, hat die Vorstellung von der Komplexbildung ihren eigenen Wert, da sie, wie es schon WERNER auffaßte, als ein einheitliches Prinzip durch das gesamte Gebiet der anorganischen Chemie einen sehr weiten Bereich umfaßt. Diese Betrachtungsweise wird an Hand einiger typischer Beispiele in den noch folgenden Abschnitten dieses Kapitels behandelt.

Die Stabilisierung von Wertigkeitsstufen durch Komplexbildung.

Besonders interessante Gesichtspunkte über die Komplexbildung ergeben sich aus der Art und Weise, in der die Bindung stark koordinierender Gruppen zur Stabilisierung eines Wertigkeitszustandes führen kann, von dem man sonst keine beständigen Derivate kennt; d. h. also, daß das Oxydations-Reduktionspotential grundlegend geändert werden kann.

---

[124] ANDERSON: J. chem. Soc. 1934, 971; CHATT u. HART: Chem. and Ind. 1949, 146; HEL'MAN: „Complex Compounds of Platinum with Unsaturated Molecules" Soviet Acad. Sci. 1945.

[125] ANDERSON: J. chem. Soc. 1936, 1042.

[126] CHATT, J.: Nature 1950, 165, 637.

Kobalt. Ein geläufiges und eindrucksvolles Beispiel dieser Erscheinung findet man bei den Kobaltamminen. Kobalt läßt sich elektrolytisch zum dreiwertigen Zustand oxydieren und bildet dann das Sulfat $Co_2(SO_4)_3 \cdot 18\ H_2O$ und die sehr beständigen Alaune, z. B. $CsCo(SO_4)_2 \cdot 12\ H_2O$. Ebenso konnte das Fluorid, CoF_3, dargestellt werden. Alle diese Verbindungen wirken auf Grund der Leichtigkeit, mit der das Kobalt in den zweiwertigen Zustand zurückkehrt, stark oxydierend. Bei Gegenwart von Ammoniak sind die relativen Beständigkeiten des $[Co(NH_3)_6]^{3+}$ und $[Co(NH_3)_6]^{2+}$ gerade umgekehrt, so daß bereits atmosphärischer Sauerstoff bei Zimmertemperatur eine Oxydation des zweiwertigen Zustandes bewirkt. Dieselbe stabilisierende Wirkung ergibt sich auch bei der Koordination von Anionen, wie man an den stark reduzierenden Eigenschaften des Kaliumkobalt(II)-cyanids ersehen kann. Die Größe dieses Effektes kommt in der starken Verschiebung des Oxydations-Reduktionspotentials zum Ausdruck.

Die Stabilisierung von höheren Wertigkeitsstufen des Kobalts durch Komplexbildung ist so groß, daß das Auftreten von vierwertigen Kobaltverbindungen möglich wird; eine Reihe derartiger Derivate sind unter den μ-Peroxo-mehrkernigen Kobaltamminen bekannt, die man durch atmosphärische Oxydation ammoniakalischer Kobaltlösungen erhält, z. B.

$$\left[(NH_3)_4Co^{III}\begin{matrix} NH_2 \\ O_2 \end{matrix}Co^{IV}(NH_3)_4\right](NO_3)_4$$ [127].

In diesen Verbindungen ist ein Kobaltatom formal dreiwertig, während das andere vierwertig ist; wie in anderen derartigen Fällen kann man annehmen, daß die Zustände der beiden Atome durch einen Resonanzvorgang ausgeglichen und gleichwertig werden. Die Verbindungen sind durch ihre tiefe Färbung ausgezeichnet.

Nickel. Aus der Diskussion über das Wesen der Koordinationsbindung in einem vorhergehenden Abschnitt geht schon hervor, daß die Beständigkeit sechsfach koordinierter Verbindungen des dreiwertigen Kobalts im Zusammenhang steht mit der Auffüllung aller Elektronenniveaus bis und einschließlich der zur Bildung der Koordinationskomplexe benutzten oktaedrischen Zwitterbahnen. In gleicher Weise können beim Nickel Wertigkeitsstufen stabilisiert werden, die über oder auch unter der üblichen Zweiwertigkeit des Metalls liegen; so gibt es formal *ein-* und *nullwertiges* Nickel in Form komplexer Cyano-Anionen. Bei der Reduktion von $K_2[Ni(CN)_4]$ mit Natriumamalgam entsteht eine rote Lösung, die, wie BELUCCI und CORELLI zeigten[128], einwertiges Nickel enthält, während die Verbindung $K_2[Ni(CN)_3]$ selbst erst in neuerer Zeit in reinem Zustand erhalten wurde[129]. Dieses Komplexsalz ist sehr beständig, allerdings gegen Oxydation ziemlich empfindlich. Das durch Ansäuern seiner Lösung erhaltene einfache (oder vielleicht autokomplexe) $NiCN$ disproportioniert

[127] WERNER: Liebigs Ann. Chem. 1910, **375**, 15.
[128] BELUCCI u. CORELLI: Atti R. Accad. Naz. Lincei Rend. 1913, **22**, 485; Gazz. chim. ital. 1919, **49**, II, 70.
[129] EASTES, J. N., u. W. M. BURGESS: J. Amer. chem. Soc. 1942, **64**, 1187.

jedoch zu Nickel und Nickel(II)-cyanid. Bemerkenswert ist, daß $K_2[Ni(CN)_3]$ diamagnetisch ist[130], wobei allerdings nicht feststeht, ob die Verbindung zweiwertiges Nickel mit einer Ni—Ni-Bindung enthält, oder ob das Nickel tatsächlich in zwei diamagnetischen Valenzzuständen als Ni(II) + Ni (0) vorliegt. Es wurde nun gefunden, daß die Reduktion in Lösungen von flüssigem Ammoniak noch weiter gehen kann und zu $K_4[Ni(CN)_4]$ führt, das sich eindeutig von formal nullwertigem Nickel ableitet: Diesen formalen Wertigkeitszustand findet man auch in dem schon lange bekannten Nickelcarbonyl, $Ni(CO)_4$ (s. Kapitel XIV). Im $Ni^0[(CN)_4]^{4-}$-Anion müssen die CN^--Gruppen durch $[sp]^3$-Zwitterbahnen außerhalb einer vollständigen M-Schale gebunden sein. Damit hat das Ion die gleiche Elektronenanordnung wie das $[Zn(CN)_4]^{--}$-Anion und besitzt zweifellos eine tetraedrische Konfiguration, im Gegensatz zu den ebenen vierfach koordinierten Verbindungen des zweiwertigen Nickels, z. B. $[Ni(CN)_4]^{--}$.

Dreiwertiges Nickel ist, wie bereits erwähnt wurde (S. 128), in geeigneten Komplexverbindungen so weit stabilisiert, daß $[NiBr_3(Aet_3P)_2]$ direkt durch Einwirkung von Brom auf $[NiBr_2(Aet_3P)_2]$ entsteht[131].

Zweiwertiges Nickel bildet, wie schon besprochen, vierfach koordinierte ebene Komplexe unter Beteiligung von $[dsp^2]$-Bahnen, während bei sechsfach koordinierten Komplexen zwei Elektronen auf höhere Niveaus befördert werden müßten. Bei den homologen Elementen Platin und Palladium wird als Folge davon der vierwertige Zustand in den sechsfach koordinierten Komplexen stabilisiert mit einer $d^6[d^2sp^3]^2$-Elektronenkonfiguration. Neuerdings wurde gezeigt[132], daß Liganden mit einer ausreichend starken Neigung zur Bildung von Kovalenzbindungen mit Nickel in analoger Weise zu Koordinationsverbindungen des vierwertigen Nickels führen können.

Dies ist der Fall bei organischen Thio-Säuren und ähnlichen Verbindungen. So wird $Ni(S \cdot CS \cdot C_6H_5)_2$ in stark alkalischer Lösung in Gegenwart von Sulfidionen leicht oxydiert.

$$\underset{\text{(I)}}{\left[C_6H_5 \cdot C\langle{}^{S}_{S}\rangle Ni \langle{}^{S}_{S}\rangle C \cdot C_6H_5\right]} + 2\,S^{2-} \rightarrow \underset{\text{(II)}}{\left[\left(C_6H_5 \cdot C\langle{}^{S}_{S}\rangle\right)_2 \overset{II}{Ni}\langle{}^{S}_{S}\right]^{4-}}$$

$$\xrightarrow[\text{mit Luft}]{\text{Oxydation}} \underset{\text{(III) dunkelbraun}}{\left[\left(C_6H_5 \cdot C\langle{}^{S}_{S}\rangle\right)_2 \overset{IV}{Ni}\langle{}^{S}_{S}\right]^{2-}} \rightarrow$$

$$\underset{\text{(IV) violett}}{\left[\left(C_6H_5 \cdot C\langle{}^{S}_{S}\rangle\right)_2 \overset{IV}{Ni}\langle{}^{S}_{S}\rangle \overset{IV}{Ni}\left(\langle{}^{S}_{S}\rangle C \cdot C_6H_5\right)_2\right]}$$

Der Anionenkomplex (II) mit zweiwertigem Nickel gibt seine angeregten Elektronen leicht ab und bildet das komplexe Anion (III) mit

[130] MELLOR, D. P., u. D. P. CRAIG: J. Proc. Roy. Soc., New South Wales 1943, **76**, 281.
[131] JENSEN, K. A., u. B. NYGAARD: Acta chem. scand. 1949, **3**, 474.
[132] HIEBER, W., u. R. BRÜCK: Naturwissenschaften 1949, **36**, 312.

vierwertigem Nickel. Wenn kein äußerer Akzeptor für die Elektronen vorhanden ist, aber Gruppen vorliegen, die nullwertiges Nickel stabilisieren können (z. B. Kohlenmonoxyd), unterliegt (II) einem inneren Oxydations-Reduktionsprozeß, z. B.

$$4\left[\overset{\text{II}}{\mathrm{Ni}}\left(\mathrm{S_2C\cdot C_6H_5}\right)_2\right] + 4\,\mathrm{SH^-} + 8\,\mathrm{CO} \rightarrow$$
$$\text{(I)}$$

$$2\,\mathrm{Ni^0(CO)_4} + \left[\left(\mathrm{C_6H_5\cdot CS_2}\right)_2\overset{\text{IV}}{\mathrm{Ni}}\mathrm{S_2}\overset{\text{IV}}{\mathrm{Ni}}\left(\mathrm{S_2C\cdot C_6H_5}\right)_2\right] + 2\,\mathrm{C_6H_5CS_2^-} + \mathrm{H_2S}$$
$$\text{(IV)}$$

NYHOLM[133] fand eine ähnliche Stabilisierung des vierwertigen Nickels durch Chelatbildung mit di-tertiären Arsinen. So verbindet sich o-$(CH_3)_2As \cdot C_6H_4 \cdot As(CH_3)_2$ leicht mit zweiwertigem Nickel unter Bildung der roten, diamagnetischen ebenen Komplexsalze $[Ni(\mathrm{Diars})_2]X_2$. Das Chlorid dieser Reihe (V) läßt sich durch Chlor zu einer gelbbraunen Verbindung oxydieren, die sich — im Gegensatz zu den Ni^{III}-Derivaten von JENSEN — durch ihre Ionisationsweise und magnetische Suszeptibilität als oktaedrischer Ni^{III}-Komplex (VI) erwiesen hat. Durch ausreichend starke Oxydationsmittel läßt sich dieser wiederum zu tiefblaugrünen Verbindungen oxydieren, die die genaue Zusammensetzung, leichte Reduzierbarkeit und den Diamagnetismus aufweisen, den man bei einer Verbindung des vierwertigen Nickels erwarten sollte (VII), mit einer den Komplexen des dreiwertigen Nickels entsprechenden Elektronenkonfiguration.

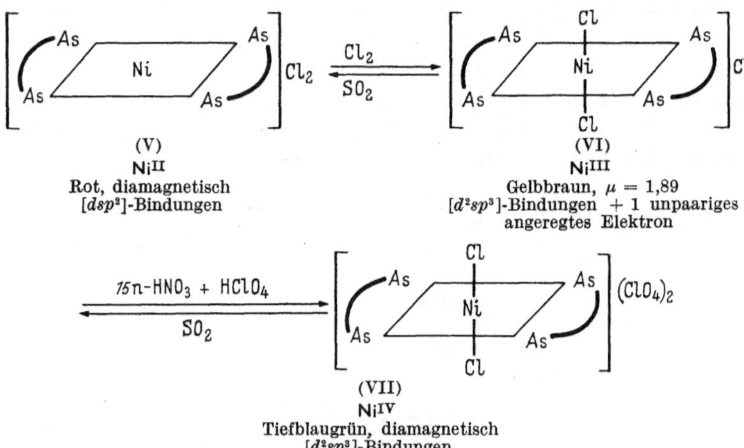

(V) Ni^{II} Rot, diamagnetisch [dsp^2]-Bindungen

(VI) Ni^{III} Gelbbraun, $\mu = 1{,}89$ [d^2sp^3]-Bindungen + 1 unpaariges angeregtes Elektron

(VII) Ni^{IV} Tiefblaugrün, diamagnetisch [d^2sp^3]-Bindungen

Kupfer. Sowohl die höheren als auch die niedrigeren Wertigkeitsstufen des Kupfers können durch geeignete Koordinationsgruppen stabilisiert werden. So ist die Unbeständigkeit des Kupfer(II)-jodids und Kupfer(II)-cyanids bekannt und wird in der analytischen Chemie benutzt. Das Jodid, $[Cu\,en_2]J_2 \cdot 1$ oder $2\,H_2O$ ist dagegen beständig und

[133] NYHOLM: J. chem. Soc. 1951, 1767.

zeigt kein Bestreben, in den Cu^{I}-Zustand zurückzukehren[134]. Im Falle des entsprechenden Cyanids ist die Stabilisierung des zweiwertigen Zustandes nicht so vollständig, so daß man eine Verbindung $[Cu\,en_2][Cu(CN)_2]_2$ erhalten kann, die zugleich ein Derivat des ein- und zweiwertigen Kupfers ist. Die Bildung dieser Verbindung kann man der konkurrierenden Wirkung der Stabilisierung des Kupfer(I)-Zustandes in dem komplexen Anion zuschreiben. Ebenso läßt sich das $[Cu\,en_2]$-Kation nicht mit Hypophosphit reduzieren (man vergleiche dazu die leichte Reduzierbarkeit des Kupfer(II)-Ions!), sondern bildet ein beständiges Salz, $[Cu\,en_2](H_2PO_2)_2$.

Die Koordination von Acetonitril[135], Thiocarbamid[136] oder Äthylenthiocarbamid[137] stabilisiert umgekehrt den Kupfer(I)-Zustand, so daß die Nitrate, Sulfate und Acetate der komplexen Kupfer(I)-Ionen gebildet werden:

$$[Cu(NC\cdot CH_3)_4]NO_3; \quad [Cu\{SC(NH_2)_2\}_2]NO_3;$$

$$\left[Cu\left\{SC\begin{matrix}NH-CH_2\\ |\\ NH-CH_2\end{matrix}\right\}_4\right]NO_3 \quad [Cu\{SC(NH_2)_2\}_3]_2SO_4;$$

$$\left[Cu\ SC\begin{matrix}NH-CH_2\\ |\\ NH-CH_2\end{matrix}\right]OAc.$$

Die komplexen Kupfer(I)-thiosulfate[138], in denen — wie bei den Thiocarbamidverbindungen — das Kupfer mit dem Schwefel koordiniert ist, zeigen gleichfalls eine auffallende Beständigkeit:

$$Na[Cu(S_2O_3)] + 1{,}5\ H_2O; \quad (NH_4)_5[Cu(S_2O_3)_3].$$

Silber. Einwertiges Silber wird ebenfalls durch Koordination mit Schwefelverbindungen stabilisiert, und zwar in der Weise, daß die Verbindungen mit Äthylenthiocarbamid (abgekürzt Aeti) ein Chlorid und Bromid, $[Ag\,Aeti_3]Cl$, $[Ag\,Aeti_2]Br$, ergeben, die nicht lichtempfindlich sind[138]. Der zweiwertige Zustand wird leicht durch Koordination — vor allem mit Pyridinderivaten — stabilisiert. BARBIERI[139] erhielt im Jahre 1912 durch Oxydation von Silbernitrat mit Peroxysulfat in Gegenwart von Pyridin die Verbindung $[Ag(Pyr)_4]S_2O_8$, während das entsprechende Nitrat durch elektrolytische Oxydation dargestellt werden kann. Die komplexen Silber(II)-Kationen, die *o*-Phenanthrolin[140] und Dipyridyl[141] enthalten, $[Ag\,Phth_2]^{2+}$ und $[Ag\,Dipy_2]^{2+}$, sind sehr beständig; es sind zahlreiche Salze dieser Kationen dargestellt worden. Ein inneres Komplexsalz, das Silberpicolinat, wurde bereits erwähnt (S. 129), und zwar wurde gezeigt, daß es eine ebene Konfiguration besitzt.

---

134 MORGAN, G. T., u. BURSTALL: J. chem. Soc. 1926, 2018, 2027; 1927, 1259.
135 MORGAN, H. H.: J. chem. Soc. 1923, 2901.
136 ROSENHEIM u. LOEWENSTAMM: Z. anorg. allg. Chem. 1903, **34**, 62. — KOHLSCHÜTTER: Ber. dtsch. chem. Ges. 1903, **36**, 1151; Liebigs Ann. Chem. 1906, **349**, 232.
137 MORGAN, u. BURSTALL: J. chem. Soc. 1928, 143.
138 SPACU u. MURGULESCU: Chem. Zbl. 1930, I, 32422; II, 535; 1931, I, 1426.
139 BARBIERI: Gazz. chim. ital. 1912, **42**, 7; Ber. dtsch. chem. Ges. 1927, **60**, 2424.
140 HIEBER u. MÜHLBAUER: Ber. dtsch. chem. Ges. 1928, **61**, 2149.
141 SUGDEN: J. chem. Soc. 1932, 161.

Mangan. Die Reduktion von Alkalicyanomanganaten mit Aluminium (oder DEVARDAscher Legierung) und Alkali liefert Derivate des einwertigen Mangans, $R_5[Mn(CN)_6]$.

Dreiwertiges Mangan liegt in unbeständiger Form in den Halogeniden MnF_3, $MnCl_3$ [142] und in den roten Alaunen $RMn(SO_4)_2 \cdot 12\ H_2O$ vor; es ist aber bemerkenswert, daß Acetylaceton innere Komplexsalze nur mit dreiwertigem Mangan bildet[143]. Analog liegen die Verhältnisse beim Eisen, das sich mit β-Diketonen nur im dreiwertigen Zustand verbindet. Auch in den Cyanomanganat(III)-Verbindungen, $R_2[Mn(CN)_6]$, den beständigsten der drei komplexen Cyanide des Mangans, ist das dreiwertige Mangan stabilisiert.

Eisen. Die Eisen(II)-Stufe, die in den einfachen Salzen leicht durch atmosphärischen Sauerstoff oxydiert werden kann, wird durch Koordination mit Dipyridyl oder α-Phenanthrolin erheblich stabilisiert, so daß die Salze $[Fe\,Phth_3]X_2$ und $[Fe\,Dipy_3]X_2$ viel beständiger sind als die Eisen(III)-Verbindungen und als Redox-Indikatoren[144] bei oxydimetrischen Titrationen Verwendung finden. Die Größe der Verschiebung des Oxydations-Reduktionspotentials Fe^{II}/Fe^{III} ist für einige Komplexverbindungen aus der beigegebenen Tabelle 5 zu ersehen. Die ausgesprochen selektive Wirkung der koordinierten Gruppen zeigt sich

Tabelle 5. *Einfluß der Koordination auf die Oxydations-Reduktionspotentiale.*

System	Oxydations-Reduktions-potential in Volt
Co^{2+}/Co^{3+}	$+1,8$
$[Co(CN)_6]^{4-}/[Co(CN)_6]^{3-}$	$-0,8$
Fe^{2+}/Fe^{3+}	$+0,74$
$[Fe(CN)_6]^{4-}/[Fe(CN)_6]^{3-}$	$+0,49$
$[FePhth_3]^{2+}/[FePhth_3]^{3+}$	$+1,14$
$[FeDipy_3]^{2+}/[FeDipy_3]^{3+}$	etwa $+1,1$
$[FeNitro\text{-}Phth_3]^{2+}/[FeNitro\text{-}Phth_3]^{3+}$	$+1,25$

daran, daß die zweizähnigen Chelatgruppen α-Pyridylhydrazin[145] (I) und α-Pyridylpyrrol[146] (II) ebenso auch β-Diketone die Beständigkeit der dreiwertigen Stufe des Eisens erhöhen.

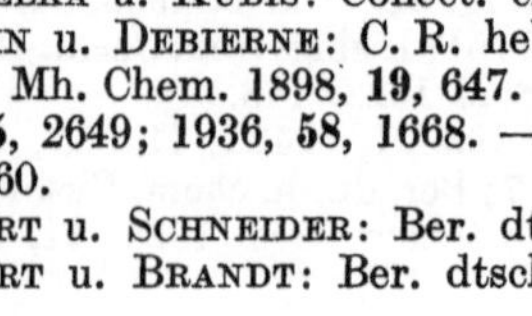

(I) 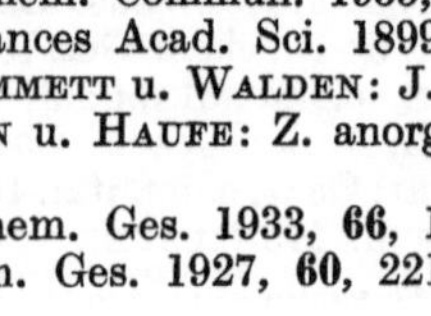 (II)

[142] KŘEPELKA u. KUBIS: Collect. czech. chem. Commun. 1935, **7**, 105.

[143] URBAIN u. DEBIERNE: C. R. hebd. Séances Acad. Sci. 1899, **129**, 302.

[144] BLAU: Mh. Chem. 1898, **19**, 647. — HAMMETT u. WALDEN: J. Amer. chem. Soc. 1933, **55**, 2649; 1936, **58**, 1668. — SIMON u. HAUFE: Z. anorg. allg. Chem. 1936, **230**, 160.

[145] EMMERT u. SCHNEIDER: Ber. dtsch. chem. Ges. 1933, **66**, 1875.

[146] EMMERT u. BRANDT: Ber. dtsch. chem. Ges. 1927, **60**, 2211.

Die Beständigkeit von Komplexsalzen.

In den letzten Jahren haben eine Reihe von Forschern die Faktoren zu ermitteln versucht, die die Beständigkeit von Koordinationskomplexen bestimmen, und den Einfluß einer Änderung von Zentralatom oder Liganden auf die Beständigkeit des Komplexes festzustellen.

Pfeiffer, Thielert und Glaser[147] haben durch Untersuchungen des Ersatzes des zweiwertigen Metallions M_A^{++} eines inneren Komplexsalzes mit bis-Salicylaldehydäthylendiimin [z. B. (I)] durch ein anderes zweiwertiges Metallion M_B^{++} einen qualitativen Einblick gewonnen. Bei diesen Reaktionen, die wegen der geringen Löslichkeit dieser Verbindungen in Wasser in anderen Lösungsmitteln (wie Pyridin) durchgeführt wurden, handelt es sich in Wirklichkeit nicht um einen einfachen Ersatz, sondern um ausgesprochene Austauschreaktionen:

O M O
CH=N N=CH
CH₂—CH₂

(I)

Die Lage des Gleichgewichtes hängt daher von der relativen Beständigkeit der $[M\mathrm{Pyr}_6]^{++}$- und $[M\,\mathrm{Sal\text{-}en}_3]$-Komplexe ab; Pfeiffer kam zu dem Ergebnis, daß für die Beständigkeit der inneren Komplexsalze folgende Reihenfolge gilt:

$$\mathrm{Cu^{II}} > \mathrm{Ni^{II}} > \mathrm{Fe^{III}} > \mathrm{Zn^{II}} > \mathrm{Mg^{II}}.$$

Diese Reihenfolge wurde durch neuere Arbeiten bestätigt.

Ein mehr quantitatives Ergebnis erhielt man durch Betrachtung der Gleichgewichte, die bei der Bildung eines inneren Komplexsalzes von dem soeben erwähnten Typ (I) nacheinander durchlaufen werden. Wenn man mit $\mathrm{H}X$ ein Äquivalent des komplexbildenden Moleküls bezeichnet, ergeben sich in der Lösung folgende Reaktionen:

$$\mathrm{H}X \rightleftharpoons \mathrm{H}^+ + X^- \quad \ldots\ldots (1)$$
$$M^{2+} + X^- \rightleftharpoons MX^+ \quad \ldots\ldots\ldots (2)$$
$$MX^+ + X^- \rightleftharpoons [M_{X_2}] \quad \ldots\ldots\ldots (3)$$

Die H^+- und M^{++}- (oder MX^+-)-Ionen konkurrieren also miteinander um die Vereinigung mit dem Anion X^-. Wenn durch Neutralisation Wasserstoffionen aus der Lösung entfernt werden, wird die Pufferwirkung des Systems X^-—$\mathrm{H}X$ grundlegend geändert, da X^--Ionen auf Grund der Reaktionen (2) und (3) verschwinden. Es ist nun tatsächlich möglich, eine potentiometrische Titration eines Systems mit bekannten Konzentrationen an dem Metallion M^{++}, den Komplexbildnern $\mathrm{H}X$ und überschüssiger freier Säure durchzuführen und an Hand der Neutralisationskurve genau zu ermitteln, in welcher Weise sich die Konzentration der in dem Komplexsalz gebundenen X^- Ionen während des Neutralisationsvorganges ändert.

---

[147] Pfeiffer, Thielert u. Glaser: J. pract. Chem. 1939, 152, 145.

In Systemen mit stufenweisen Gleichgewichten gibt es keine direkte Methode zur Ableitung der gewünschten Beständigkeitskonstanten aus den experimentellen Daten; die Analyse von Systemen mit aufeinanderfolgenden Gleichgewichten und das Verfahren zur Auswertung dieser Messungen wurde von BJERRUM[148] und anderen Forschern ausgearbeitet und von CALVIN[149], MELLOR[150] u. a. zur Untersuchung der von dem jeweiligen Metall und der Struktur der Komplexbildner abhängigen Faktoren benutzt, die die Bildung von Komplexverbindungen bestimmen.

Eine zweite quantitative Behandlungsweise des Problems beruht auf der die Komplexbildung begleitenden Verschiebung des Oxydations-Reduktionspotentials, auf die bereits im vorhergehenden Abschnitt hingewiesen wurde. Bei der Reduktion eines Komplexions an einer Quecksilbertropfelektrode (d. h. bei einer polarographischen Reduktion) lassen sich die Oxydations-Reduktionspotentiale der aufeinanderfolgenden Stufen feststellen[151]. So fanden CALVIN und BAILES[152] bei der Reduktion einer Reihe innerer Komplexsalze des Kupfers, daß zwei „Wellen" festzustellen sind, die die Stufen $Cu^{++} \rightarrow Cu^{+}$ und $Cu^{+} \rightarrow Cu^{0}$ (Amalgam) kennzeichnen. Die erste Welle entspricht einem von der Natur des Komplexsalzes abhängigen Potential, das gegenüber dem Cu^{++}—Cu^{+} Potential in einfachen Kupferlösungen negativer und in einigen Fällen irreversibel ist. Die zweite Welle ist demgegenüber stets reversibel und zeigt das gleiche in einfachen Kupferlösungen beobachtete Potential. CALVIN und BAILES schlossen daraus, daß in jedem Fall bei der zweiten Stufe die gleiche Einheit — nämlich ein einfaches (solvatisiertes) Cu^{+}-Ion — reduziert wird. Damit entspricht die erste Welle einer Aufspaltung des Komplexes mit gleichzeitiger Überführung eines Elektrons auf das Kupfer(II)-Ion. Diese beiden Vorgänge lassen sich formal trennen. So können für einen Kupferkomplex $[CuX_2]$ — z. B. den oben erwähnten $[Cu\,Sal\text{-}en_2]$-Komplex (I) —, der wegen seiner geringen Löslichkeit in Wasser in einem nichtwäßrigen Lösungsmittel (Pyridin) untersucht wird, die Kathodenreaktionen durch folgende drei Gleichungen dargestellt werden:

$$\begin{array}{lll} A\,(1) & [Cu^{II}X_2] + m\,Pyr & \rightarrow [Cu\,Pyr_m]^{++} + 2X^- \\ A\,(2) & [Cu\,Pyr_m]^{++} + e & \rightarrow [Cu\,Pyr_n]^{+} + (m-n)\,Pyr \\ B & [Cu\,Pyr_n]^{+} + e & \rightarrow Cu^0(Hg) + n\,Pyr \end{array}$$

Die Stufe A (2) liegt bei dem auch für einfache Kupfer(II)-salze gefundenen Halbwellenpotential (+0,05 Volt in den verwendeten 50%-Wasser-Pyridinlösungen). Die beobachtete Verschiebung der zweiten Stufe zeigt dann direkt und quantitativ die bei der Reaktion A (1) auftretende Änderung der freien Energie an. Im Falle von beständigeren Komplexen kann diese Verschiebung so groß sein, daß die Reduktion

[148] BJERRUM, J.: Metal Ammine Formation in Aqueous Solutions. Kopenhagen 1941; BJERRUM, J., u. R. ANDERSON: Kgl. Danske Vidensk. Selsk. 1945, **22**, 1.

[149] z. B. CALVIN, M., u. K. W. WILSON: J. Amer. chem. Soc. 1945, **67**, 2003.

[150] MELLOR, D. P., u. D. E. MALEY: Austral. J. sci. Res. 1949, A, **2**, 92.

[151] Vgl. z. B. KOLTHOFF, I. M., u. J. J. LINGANE: Polarography, Interscience Publishers. New York 1941.

[152] CALVIN, M., u. R. H. BAILES: J. Amer. chem. Soc. 1946, **68**, 949.

irreversibel verläuft, wobei zwei Elektronen überführt werden und die Stufe B leichter als ihre Vorstufe $Cu^{2+} \rightarrow Cu^{+}$ durchlaufen wird.

Die erhaltenen Ergebnisse lassen klar erkennen, daß die Struktur der Chelatgruppe die Beständigkeit des inneren Komplexsalzes in verschiedener Weise beeinflußt, und zwar, indem sie auf die elektronenabgebenden Eigenschaften der Stammsäure HX einwirkt, oder indem sie die Resonanzverhältnisse in den Doppelbindungssystemen der Chelatgruppen verändert, oder aber — und das ist das wichtigste —, indem starre Strukturen mit passenden stereochemischen Eigenschaften entstehen. Als Beispiel hierfür kann ein Vergleich einiger unten aufgeführter Halbwellenpotentiale dienen.

Ganz ähnliche Ergebnisse wurden mit Kobaltamminen erhalten[153]. Die erste Reduktionsstufe, $Co^{III} \rightarrow Co^{II}$ hängt wieder von der Konstitution der Ammine ab und gestattet einen Vergleich der Beständigkeit verschieden koordinierter Komplexe (Tabelle 6):

Tabelle 6.

$[Co(NH_3)_6]^{3+}$	E_2 (erste Stufe)	—0,437 Volt
$[Co(NH_3)_5(NO_2)]^{++}$		—0,264 „
$[Co(NH_3)_4(NO_2)_2]^{+}$	*trans*	—0,207 „
	cis	—0,043 „
$[CO(NH_3)_3(NO_2)_3]$		—0,026 „
$[Co(NH_3)_2(NO_2)_4]^{-}$		—0,070 „
$[Co(NH_3)_5(H_2O)]^{3+}$		—0,474 „
$[Co(NH_3)_3(H_2O)_3]^{3+}$		—0,249 „

Während die Verschiebung des Redoxpotentials ein deutliches Maß für den Einfluß der Struktur der koordinierten Moleküle bietet, liefert die potentiometrische Titration ein Mittel zum Vergleich der Beständigkeit von Verbindungen, die mit denselben Komplexbildnern aber verschiedenen Zentralkationen gebildet werden. Es hat sich klar erwiesen[154, 155, 156], daß die Reihenfolge der Beständigkeit in erster Annäherung unabhängig von den beteiligten Liganden stets die gleiche ist:

$$Pd > Cu > Ni > Co > Zn > Cd > Fe > Mn > Mg$$

und daß diese Reihenfolge mit den früheren qualitativen Ergebnissen von PFEIFFER in Einklang steht. Beim Vergleich der zweiwertigen Ionen der ersten Übergangsreihe beobachtet man deutlich einen gleichmäßigen Abfall, wobei man unerwartet die größte Beständigkeit der Koordinationskomplexe zweiwertiger Metalle beim Kupfer findet.

a) Cu^{2+} (in wäßrigem Pyridin) Cu^{+} (in wäßrigem Pyridin) $E = +0{,}05$ V.

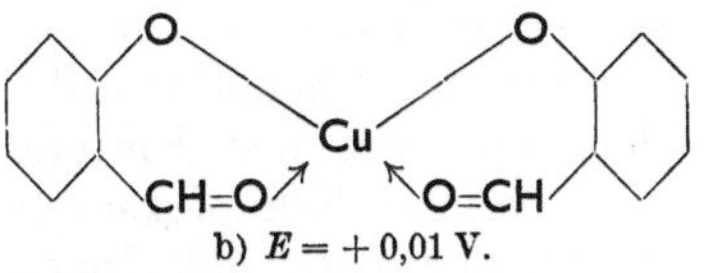

b) $E = +0{,}01$ V.

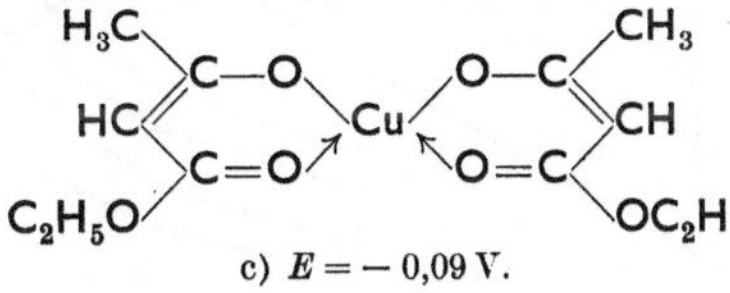

c) $E = -0{,}09$ V.

[153] WILLIS, J. B., J. A. FRIEND u. D. P. MELLOR: J. Amer. chem. Soc. 1945, **67**, 1680.

[154] MELLOR, D. P., u. L. E. MALEY: Nature 1947, **159**, 370; 1948, **161**, 436; s. a. MELLOR, D. P., u. D. E. MALEY, Austral. J. sci. Res. 1949, A, **2**, 92.

[155] CALVIN, M., u. N. C. MELCHIOR: J. Amer. chem. Soc. 1948, **70**, 3270.

[156] IRVING, H., u. R. J. P. WILLIAMS: Nature 1948, **162**, 746.

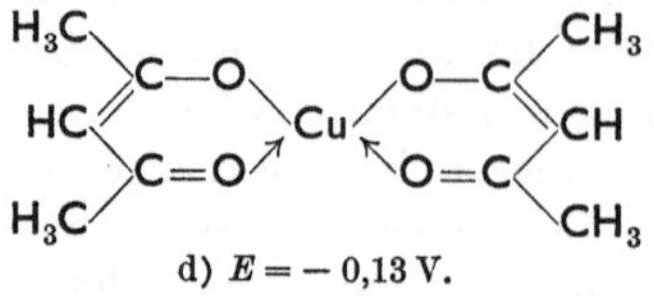

d) $E = -0{,}13$ V.

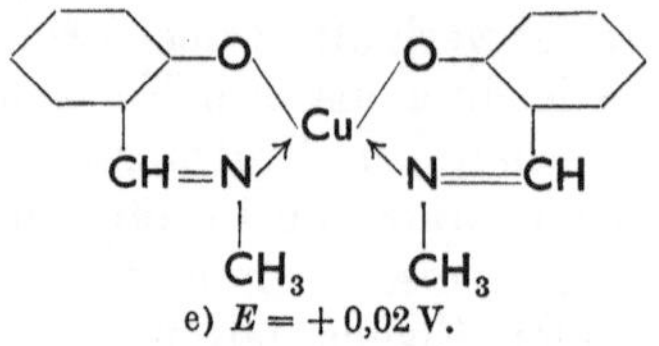

e) $E = +0{,}02$ V.

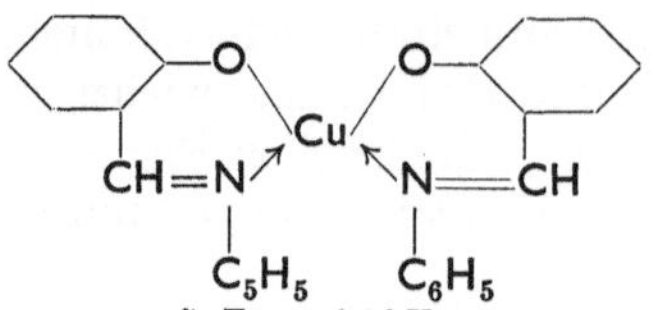

f) $E = -0{,}12$ V.

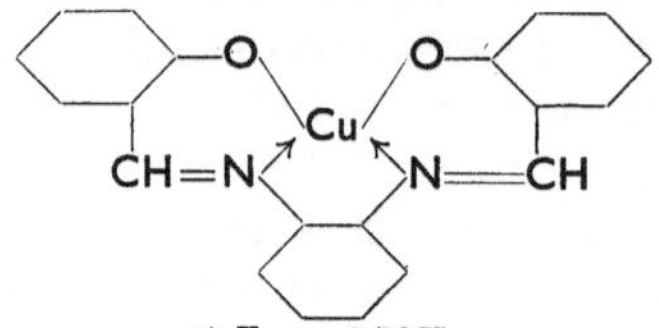

g) $E = -0{,}76$ V.

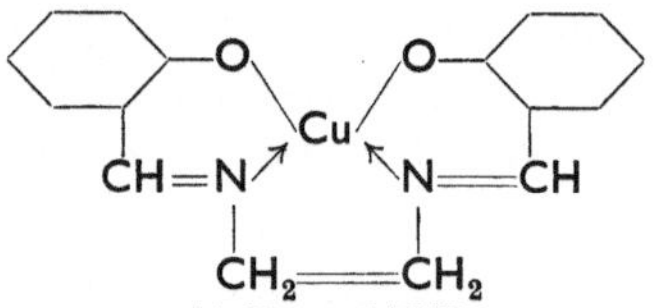

h) $E = -0{,}75$ V.

In Abb. 31 (die auf IRVING und WILLIAMS zurückgeht) kommt das sehr klar zum Ausdruck. Wenn man Ionen verschiedener Wertigkeit vergleicht, ändert sich die Reihenfolge grundlegend; die maximale Beständigkeit liegt dann fraglos beim dreiwertigen Kobalt. Es ist noch nicht völlig klar, mit welcher Eigenschaft des Zentralatoms diese Reihenfolge in Zusammenhang zu bringen ist: Es besteht annähernd eine Parallele mit dem erwähnten Ionisationspotential der zweiten Stufe, so daß darin möglicherweise die Eigenschaften des Metalls, Elektronen der Koordinationsgruppen aufzunehmen, zum Ausdruck kommen.

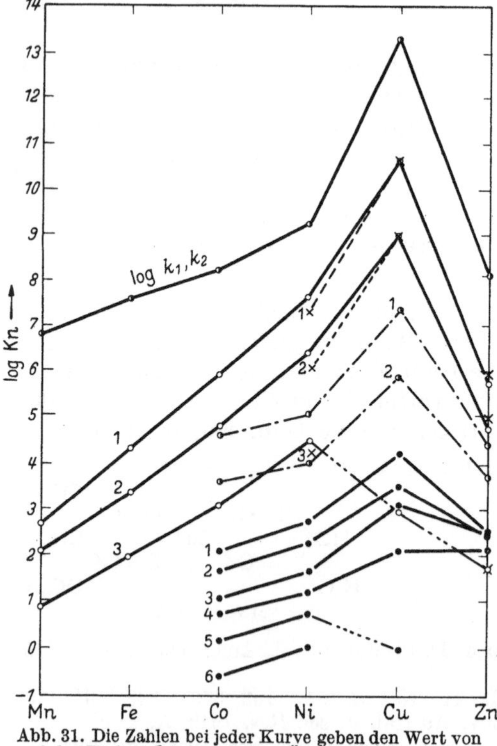

Abb. 31. Die Zahlen bei jeder Kurve geben den Wert von n als log K_n für: ● Ammoniak; ○ Äthylendiamin; × Propylendiamin; ◑ Salicylaldehyd.

Die Ergebnisse sind für die spezifische Funktion organischer Reagenzien in der analytischen Chemie von Bedeutung. Bei der Bildung eines inneren Komplexsalzes konkurrieren die M^{n+}-Ionen mit den H^+-Ionen um die Vereinigung mit dem X^--Anion. Je beständiger daher ein Komplex ist, desto höher kann die Wasserstoffionenkonzentration, bei der er noch in nachweisbarer Menge erhalten bleibt, d. h. desto höher ist die Wasserstoffionenkonzentration (um so niedriger der p_H-Wert), bei der er durch ein nichtwäßriges Lösungsmittel gefällt oder extrahiert werden kann. Die niedrigsten p_H-Werte, bei denen die zweiwertigen Metalle der ersten Übergangsreihe durch 8-Oxychinolin oder Chinaldinsäure gefällt oder bei denen sie mit Dithizon extrahiert werden können, liegen daher in einer Reihe, die genau den Zahlen der Abb. 31 entspricht, wobei der niedrigste p_H-Wert (d. h. die größte Beständigkeit des Komplexes) beim zweiwertigen Kupfer gefunden wird.

Sauerstoffübertragende Komplexverbindungen.

Bereits in einem früheren Abschnitt wurden die Eisen-Porphyrinverbindungen erwähnt, die sich reversibel mit Sauerstoff verbinden können und als Sauerstoffüberträger in biologischen Systemen dienen. Neuerdings wurde eine Reihe synthetischer innerer Komplexsalze mit einem vierzähnigen Skelett entdeckt, die reversibel molekularen Sauerstoff aus der Luft aufnehmen können.

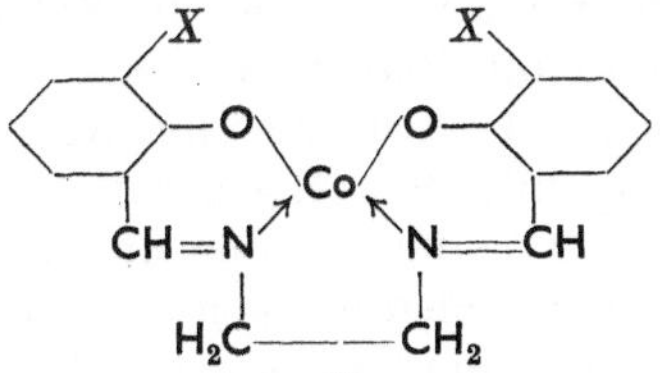

(I) 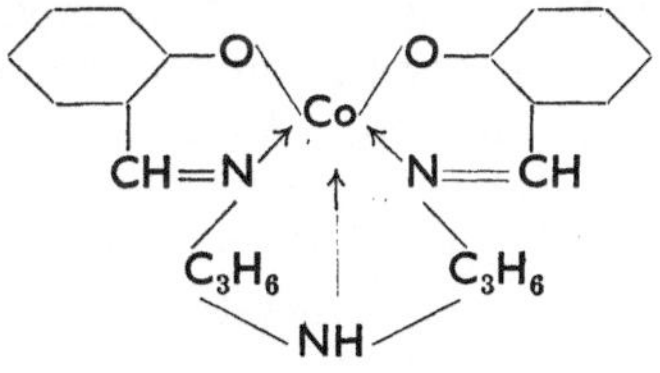 (II)

PFEIFFER[157] beobachtete 1933, daß die rote Verbindung von Kobalt mit Salicylaldehyd-äthylendiimin [(I), $X = \mathrm{H}$] an der Luft schwarz würde, und TSUMAKI[158] zeigte, daß dies durch eine Sauerstoffabsorption bedingt wäre. In ausgedehnten Untersuchungen haben CALVIN und Mitarbeiter[159] festgestellt, daß ein derartiges Verhalten typisch ist für die von PFEIFFER entdeckten Gruppen von Kobaltverbindungen („Salcomine") und daß die Verbindung mit dem Sauerstoff (z. B. hinsichtlich des Dissoziationsdruckes) durch geringe Modifizierung in den organischen Strukturen wesentlich geändert wird; der Einfluß dieser Gruppen besteht wahrscheinlich darin, daß sie auf die elektronenabgebenden Eigenschaften der an das Metall gebundenen Atome einwirken.

Es hat sich gezeigt, daß bei den eigentlichen Salcominen (I) ein Sauerstoffatom auf zwei Kobaltatome kommt. Die Absorption von Sauerstoff erfolgt nicht nur in Lösung, sondern auch im festen kristallinen Zustand. Für das Stammsalcomin [(I), $X = \mathrm{H}$] beträgt der Dissoziationsdruck bei 25° etwa 50 mm, bei der 3-Fluorverbindung ist der Komplex beständiger, so daß sich bei 25° nur ein Sauerstoffdruck von 2 mm ergibt. Die Verbindungen lassen sich wiederholt oxydieren und

---

157 PFEIFFER: Liebigs Ann. 1933, **503**, 84.
158 TSUMAKI: Bull. Soc. Chem. Japan 1938, **13**, 252.
159 CALVIN, M., R. H. BAILES u. W. K. WILMARTH: J. Amer. chem. Soc. 1946, **68**, 2254, 2267.

desoxydieren, doch erfolgt dabei eine gewisse oxydierende Zersetzung, so daß diese Stoffe kein praktisch brauchbares Mittel zur Abtrennung des Sauerstoffs aus der Luft darstellen.

Magnetische Messungen zeigen, daß die Verbindungen vom Typus (I) ein unpaariges Elektron besitzen, wie es für ebene, kovalente Komplexe des zweiwertigen Kobalts zu erwarten ist. Die Suszeptibilität nimmt proportional der absorbierten Sauerstoffmenge ab und ist bei vollständiger Absorption (also für $Co : O_2 = 2:1$) praktisch Null. Die Verbindungsbildung mit dem paramagnetischen Sauerstoffmolekül (vgl. Kapitel III) erfolgt also in der Weise, daß seine beiden unpaarigen Elektronen gleichzeitig zwei Molekülen des Kobaltkomplexes zugeordnet werden, es bleibt als Sauerstoffmolekül erhalten und dissoziiert nicht in Sauerstoffatome.

Verbindungen, die sich von Salicylaldehyd und Propylentriamin ableiten [z. B. (II)] beteiligen sich mit einem Sauerstoffmolekül je Kobaltmolekül. Diese Komplexe müssen eine pyramidale Konfiguration besitzen. Magnetische Untersuchungen lassen erkennen, daß es sich vorwiegend um Ionenbindungen mit drei unpaarigen Elektronen handelt. Ihr leichtes Kristallisationsvermögen deutet darauf hin, daß die Moleküle in einem Gitterwerk angeordnet sind und die Vereinigung mit Sauerstoff zeigt, daß eine Seite der käfigartigen Struktur für eine Reaktion mit dem Gas offen ist. Die Verbindung mit dem Sauerstoffmolekül erfolgt dadurch, daß zwei Elektronen des Kobalts mit den unpaarigen Elektronen des Sauerstoffatoms den Komponenten gemeinsam zugeordnet werden, da bei vollständiger Oxydation die magnetische Suszeptibilität auf den für Komplexe mit einem unpaarigen Spin charakteristischen Wert absinkt.

Kristallwasser.

Die Bildung von Salzhydraten zeigt eine gewisse Analogie zu der Bildung der Ammoniakate, und WERNER wandte daher seine Theorie auf die Formulierung der Hydrate an[160]. Eine vollkommen befriedigende Einteilung ist jedoch im Rahmen der Koordinationstheorie allein nicht möglich; die Sammlung von tieferen Einblicken in die Struktur kristalliner Körper hat zu Erkenntnissen geführt, nach denen man eine vollständigere Einteilung entwickeln kann. Es erscheint demnach so, daß in dem allgemeinen Begriff Kristallwasser ungefähr fünf Untergruppen enthalten sind, die in ungefährer Reihenfolge der Abnahme ihrer Bindungsfestigkeiten im folgenden aufgeführt sind:

1. *Konstitutionswasser*, das in Form von Hydroxylgruppen vorliegt.

2. *Koordiniertes Wasser*, das als neutrale Komponente in Amminen und Acidokomplexen fungiert oder sämtliche Koordinationsstellen in Aquokationen besetzt.

3. *Anionen-Wasser*, das im festen Zustand mit dem Anion assoziiert ist, mit dem es durch Hydroxylbindungen verknüpft ist.

---

[160] Vgl. WERNER: Neuere Anschauungen auf dem Gebiete der anorganischen Chemie 1923. — WEINLAND: Komplexverbindungen 1924, S. 18f.

4. *Gitter-Wasser*, das sind Wassermoleküle, die bestimmte Stellen in der Kristallstruktur besetzen, aber keine Aquokationen bilden oder als Anionen-Wasser im engeren Sinne fungieren. Bei den hoch hydratisierten Salzen einiger Sauerstoffsäuren — z. B. $Na_2SO_4 \cdot 12\ H_2O$ — und bei den Heteropolysäuren (Kapitel VII) werden Strukturen aufgebaut, deren Hohlräume mit Wassermolekülen ausgefüllt werden können Diese sind aneinander und an die Sauerstoffatome der Anionen durch Wasserstoff- oder Hydroxylbindungen gebunden und besitzen häufig die gleiche räumliche Anordnung wie die Wassermoleküle im Eis.

5. *Zeolith-Wasser.* Bei einigen hochhydratisierten Verbindungen führt die Entwässerung statt zu einem monovarianten System mit zwei festen Phasen (Hydrat und Entwässerungsprodukt) zu einem divarianten System. Derartiges Wasser kann entweder willkürlich in dem Kristallgitter angeordnet sein oder einen gewissen Ordnungszustand aufweisen.

Konstitutionswasser. Die Rolle, die das Wasser in den Sauerstoffsäuren der amphoteren und schweren Elemente spielt, soll später behandelt werden. Bei den Oxydhydraten der zwei- und dreiwertigen Metalle handelt es sich um echte Hydroxyde, wie man sie z. B. in den wichtigen Typen $M^{II}(OH)_2$ — $M = Ni$, Mg, Fe, Zn und andere zweiwertige Kationen — und $M^{III}O \cdot OH$ (z. B. $FeO \cdot OH$, $AlO \cdot OH$, $MnO \cdot OH$ usw.) findet. Die meisten dieser Verbindungen besitzen Schichtgitterstrukturen mit Lagen von Hydroxylionen (oder Oxyd- und Hydroxylionen), zwischen denen die Kationen angeordnet sind. Ein Teil des in den basischen Salzen vorliegenden Wassers ist in der gleichen Weise gebunden. Die Beziehung dieser Strukturen zu den Koordinationsverbindungen wird in einem späteren Abschnitt untersucht.

Koordiniertes Wasser: Aquokationen. Das häufige Auftreten von einigen definierten Gruppen von Kristallwasser — z. B. vier oder sechs Moleküle je Metallatom — führt sofort zu der Annahme, daß eine Bindung innerhalb eines komplexen Kations vorliegt. So bilden die zweiwertigen Metalle eine große Zahl von Salzen, die Metall und Wasser im Verhältnis 1 : 6 enthalten und bei denen man annehmen muß, daß sie das gemeinsame Kation $[M(H_2O)_6]^{2+}$ enthalten. Als Beispiel hierfür kann die große Zahl der zu diesem Typus gehörenden Kobaltsalze gelten:

$$[Co(H_2O)_6]Cl_2;\quad —Br_2;\quad —J_2;\quad —(ClO_3)_2;\quad —(BrO_3)_2;\quad —(JO_3)_2;\quad —(NO_3)_2;$$
$$—SO_3;\quad —SO_4;\quad —CO_3;\quad —SnCl_6;\quad —PtCl_6;\quad —S_2O_6;\quad —S_2O_3.$$

Die gleichen Aquokationen werden von Ni, Zn, Cd, Fe, Mg, Ca, Sr und bei den dreiwertigen Metallen von Al, Cr, Fe, Mn, Tl und anderen Elementen gebildet. In entsprechender Weise kommen Tetraquokationen, $[M(H_2O)_4]$, in den Salzen des Kupfers — z. B. $[Cu(H_2O)_4]SO_4 + H_2O$, $—(ClO_3)_2$, $—Br_2$, $—SiF_6—$, des Berylliums — $[Be(H_2O)_4]SO_4$, $—(ClO_4)_2$ — und in einigen anderen Fällen, z. B. bei den Elementen Cr^{II}, Mn, Fe^{II}, Co und Ni, vor.

Bei den Schwermetallen steht die Fähigkeit zur Bildung von Aquokationen mit den kleinen Ionenradien und dem hohen Komplexbildungsvermögen dieser Elemente in Einklang; aber auch die Alkalimetalle scheinen sich mit Wasser vereinigen zu können; so kann man bei den Verbindungen $Na_3PO_4 \cdot 12\,H_2O$, $Na_3AsO_4 \cdot 12\,H_2O$, $NaBO_2 \cdot 4\,H_2O$, $Na_3Cr(CNS)_6 \cdot 12\,H_2O$, $NaNH_4HPO_4 \cdot 4\,H_2O$ usw. das Auftreten eines $[Na(H_2O)_4]^+$-Kations annehmen.

Bei den Verbindungen, denen man die $[M(H_2O)_6]$-Kationen zuordnet, konnte man eine oktaedrische Gruppierung der Wassermoleküle um das Metallatom auf röntgenkristallographischem Wege bestätigen. Es steht mit Gewißheit fest, daß dieselben Kationen in Lösung ebenfalls hydratisiert sind, und einige Verfahren zur Bestimmung von Ionengewichten — z. B. die Dialysenmethode — liefern Ergebnisse, die in vielen Fällen auf das Vorhandensein von sechsfach oder vierfach koordinierten Hydraten hindeuten. Wie aber wohl bekannt ist, liefern die verschiedenen Verfahren zur Bestimmung der Hydratation von Ionen in Lösung stark voneinander abweichende Ergebnisse.

Ganz allgemein entsprechen die Aquokationen eher den reversibel dissoziierenden Salzammoniakaten, wie $CoCl_2 \cdot 6\,NH_3$, als den eigentlichen Amminen, wie z. B. $[Co(NH_3)_6]Cl_3$, da sie einen bestimmten Wasserdampf-Dissoziationsdruck haben und ihre Entwässerung längs einer unstetigen, isothermen oder isobaren Kurve verläuft. Nur bei einigen wenigen Verbindungen, so bei den Hydraten des Chrom(III)-chlorids, ist die Bindungsfestigkeit des Wassers mit der des Ammoniaks in den Kobaltamminen vergleichbar, so daß Ionisationsisomerie auftritt. So gibt es drei Isomere von $CrCl_3 \cdot 6\,H_2O$. Auf Grund seiner Äquivalentleitfähigkeit in Lösungen, der Reaktionsfähigkeit seines gesamten Chlors und aus der Art und Weise, wie die Verbindungen — und ihre Derivate — sich bei der Entwässerung verhalten, geht hervor, daß es sich bei dem grauvioletten Hexahydrat um ein Hexaquochrom(III)-salz, $[Cr(H_2O)_6]Cl_3$ handelt. Das gleiche Kation liegt in anderen Chrom(III)-salzen und deren Lösungen vor. Das dunkelgrüne Chrom(III)-chlorid, das man aus heißen Lösungen erhält, ist ein Dichlorotetraquosalz, $[CrCl_2(H_2O)_4]Cl \cdot 2\,H_2O$. Die gleichen Diacido-tetraquo-Kationen findet man in den durch Erhitzen anderer Chromsalze erhaltenen Lösungen. Ein drittes Chlorid, bei dem zwei Drittel des Chlors so gebunden ist, daß es sofort durch Silbernitrat gefällt wird, $[CrCl(H_2O)_5]Cl_2 \cdot H_2O$, wurde zuerst 1906 von BJERRUM erhalten.

Es wurde auch festgestellt[161], daß die Rubidiumalaune des Kobalts und Rhodiums, $Rb[CO(H_2O)_6](SO_4)_2 \cdot 6\,H_2O$ und $Rb[Rh(H_2O)_4](SO_4)_2 \cdot 6\,H_2O$, ebenso wie wahrscheinlich auch das hydratisierte Kobaltsulfat, $Co_2(SO_4)_3 \cdot 18\,H_2O$, diamagnetisch sind. Das freie Co^{3+}-Kation müßte vermutlich vier unpaarige Elektronen besitzen und wäre dann mit Bestimmtheit paramagnetisch. In den angegebenen Verbindungen ist daher das Wasser offensichtlich durch die gleiche Art von Kovalenzen gebunden, wie sie in den eigentlichen Kobaltamminen vorliegen.

Mit dieser Vorstellung stimmt die Beobachtung von HUNT und TRAUBE[162] überein, daß die Cr^{3+}-Kationen in den Lösungen der Chrom(III)-salze sechs Wassermoleküle so fest binden, daß sie gegen

[161] BOMMER, H.: Z. anorg. allg. Chem. 1941, **246**, 275.
[162] HUNT u. TRAUBE: J. chem. Physics 1950, **18**, 757.

andere freie Wassermoleküle des Lösungsmittels (die durch Anreicherung mit $H_2{}^{18}O$ markiert wurden) nur sehr langsam ausgetauscht werden; die Zeit bis zum Austausch der Hälfte liegt bei etwa 40 Std. Dadurch ist das Vorliegen eines wohldefinierten $[Cr(H_2O)_6]^{3+}$-Komplexes mit sehr niedriger Dissoziationskonstante bewiesen. Bei dem Co^{++}-Kation werden demgegenüber die Wassermoleküle der Hydrathülle sehr schnell mit freien Wassermolekülen aus der Lösung gemischt.

Häufiger ist der Fall, daß das Wasser nur sehr lose in dem Koordinationskomplex gebunden ist. In Aquopentamminen, in denen Wasser nur einen Liganden eines stabilen Moleküls bildet, wird es charakteristischerweise reversibel und ziemlich leicht durch Anionengruppen in dem Komplex ersetzt, z. B.

$$[Co(NH_3)_4Cl_2]Cl \rightleftharpoons \left[Co(NH_3)_4{}^{H_2O}_{Cl}\right]Cl_2 \rightleftharpoons [Co(NH_3)_4(H_2O)_2]Cl_3.$$

Weiterhin steht fest, daß koordiniertes Wasser bis zu einem gewissen Grade dissoziieren kann und ein Hydroxokomplex entsteht:

$$[Co(NH_3)_5H_2O]^{2+} \rightleftharpoons [Co(NH_3)_5(OH)]^{2+} + H^+.$$

Die Lösungen der Aquo-pentamminkobalt(III)-salze sind deutlich sauer; bei Zusatz von Alkali entstehen sofort die alkalisch reagierenden Hydroxosalze. In den Verbindungen der schweren Platinmetalle ist der saure Charakter der Komplexe verstärkt; so reagiert das Hydroxosalz $[Ru(NO)(NH_3)_4OH]Br_2$, das man durch Einwirkung von Ammoniak und Kaliumbromid auf $K_2[Ru(NO)Cl_5]$ erhält, neutral[163], während sich die entsprechenden Aquosalze $[Ru(NO)(NH_3)_4H_2O]X_3$ nur unter der Einwirkung von starken Säuren bilden und leicht in die Hydroxosalze zurückverwandelt werden. Ebenso ist nur Salzsäure imstande, aus dem Platin(IV)-dihydroxo-tetrammin-Komplex, $[Pt(NH_3)_4(OH)_2]SO_4$, ein Aquo-hydroxosalz zu bilden:

$$[Pt(NH_3)_4(H_2O)(OH)]Cl_3$$ [164].

Offensichtlich sind die koordiniertes Wasser enthaltenden Verbindungen vor allem Säuren in dem von Brönsted definierten Sinne. Im Grunde besteht indessen in dem Koordinationskomplex zwischen den Funktionen des Wassers und des Ammoniaks kein Unterschied, nur ist die „Säurestärke" beim koordinierten Ammoniak bedeutend geringer als beim Wasser. So bilden beispielsweise die Platinammine leicht Hydroxosalze, von denen die Verbindung $\left[Pt{}^{(NH_3)_4}_{(OH)_2}\right]Cl_2$ viel beständiger ist als das Aquo-hydroxo-salz, $\left[Pt \begin{matrix}(NH_3)_4\\ H_2O\\ OH\end{matrix}\right]Cl_3$. In Übereinstimmung mit diesem Verhalten sind die Amido-Ammine des vierwertigen Platins ebenfalls beständig, wie z. B. das Salz $\left[Pt \begin{matrix}(NH_3)_4\\ NH_2\\ Cl\end{matrix}\right]Cl_2$,

[163] Werner: Ber. dtsch. chem. Ges. 1907, 40, 2614.

[164] Carlgreen u. Cleve: Z. anorg. allg. Chem. 1892, 1, 65. — Werner: Ber. dtsch. chem. Ges. 1907, 40, 4093.

das direkt durch Einwirkung von OH^--Ionen auf $\left[Pt^{(NH_3)_5}_{Cl}\right]Cl_3$ entsteht[165]. Das Kation $[Pt(NH_3)_6]^{4+}$ ist eine Säure im BRÖNSTEDschen Sinne und in ihrer Stärke mit dem Aquopentamminkobalt(III)-Ion vergleichbar; eine 0,001 n-Lösung von $[Pt(NH_3)_6]Cl_4$ zeigt einen p_H-Wert von 5,9[166]. Im Falle des Kobalts und zweiwertigen Platins sind zwar keine Ammin-komplexe bekannt, doch haben Untersuchungen des Austausches von Wasserstoffisotopen zwischen Wasser und den Amminen des Kobalts, Iridiums, zweiwertigen Platins und Palladiums gezeigt, daß Reaktionen der Art

$$[Co(NH_3)_6]^{3+} + H_2O \rightleftharpoons [Co(NH_3)_5NH_2]^{++} + H_3O^+$$
$$[Pt(NH_3)_4]^{2+} + H_2O \rightleftharpoons [Pt(NH_3)_3NH_2]^{+} + H_3O^+$$

durchaus üblich sind[167].

Die starke Ähnlichkeit zwischen den eigentlichen Aquokomplexen und dem Verhalten des Wassers (und Ammoniaks) in den Amminen kommt bei der Bildung von $[Cr(H_2O)_4(OH)_2]_2SO_4$ zum Ausdruck[168]. Dieses Salz entsteht bei der Einwirkung von Pyridin auf Chromalaun oder bei der Zugabe von Natriumsulfat zu Chrom(III)-acetat, das auf Grund der Hydrolysereaktion

$$[Cr(H_2O)_6](O\cdot COCH_3)_3 \rightleftharpoons [Cr(H_2O)_4(OH)_2]O\cdot COCH_3 + 2\,CH_3CO_2H$$

im verdünnten Zustand schon grün gefärbte Lösungen gibt.

In geringerem Umfang ist diese Art von Säuredissoziation eine allgemeine Eigenschaft von Salzhydraten in Lösung. REIFF[169] hat gezeigt, daß sich die Acidität wäßriger Lösungen von Metallhalogeniden im Rahmen ihrer Dissoziation als Aquosäuren deuten läßt, z. B.

$$[ZnCl_2(H_2O)_2] + H_2O \rightleftharpoons [ZnCl_2(H_2O)(OH)]^+ + H_3O^+$$

Zwar lassen sich allgemein keine Metallsalze derartiger Säuren isolieren, doch wurden in vielen Fällen mit Cineol oder Dioxan (Dx) gebildete Oxoniumsalze dargestellt, z. B.

$$[MCl_2(H_2O)(OH)](HDx)\quad (M = Cu,\ Ni,\ Co,\ Mn).$$

Damit ergibt sich ein Mechanismus für typische Hydrolysereaktionen, besonders für die Hydrolyse von Metallsalzen mit hoher Wertigkeit und hohem Ionenpotential. Das Kation in der Lösung ist von einer Hülle von Wassermolekülen umgeben. Wenn, wie beim Zr^{4+}, das Polarisationsvermögen des Kations groß genug ist, kann der gelöste Aquokomplex eine starke Säure sein. Das Gleichgewicht ist dann zugunsten der Hydroxoform (der BRÖNSTEDTschen Base) mit ihren starken

---

[165] TSCHUGAEV: Z. anorg. allg. Chem. 1924, **137**, 1, 401; C. R. hebd. Séances Acad. Sci. 1915, **160**, 840; **161**, 699. — GRÜNBERG, A.: Z. anorg. allg. Chem. 1924, **138**, 333; 1930, **193**, 193.

[166] Vgl. GRÜNBERG u. FAERMANN: Z. anorg. allg. Chem. 1930, **193**, 223ff., Acad. Sci. U.R.S.S. Mendeléef Jubilee 1936, 479.

[167] ANDERSON, SPOOR u. BRISCOE: J. chem. Soc. 1943, 361; ANDERSON, SPOOR, BRISCOE u. COBB: J. chem. Soc. 1943, 367.

[168] WERNER: Ber. dtsch. chem. Ges. 1908, **41**, 3451.

[169] REIFF: Z. anorg. allg. Chem. 1932, **208**, 321.

elektrostatischen (oder selbst kovalenten) Bindungen zwischen dem Metall und den OH^--Gruppen verschoben, z. B.

$$[M(H_2O)_n]^{4+} + H_2O \rightleftharpoons [M(H_2O)_{n-1}OH]^{3+} + H_3O^+$$
$$\rightleftharpoons [M(H_2O)_{n-2}(OH)_2]^{++} + 2\,H_3O^+, \text{ usw.}$$

(M = Zr, Hf, Th usw.; n = 6 oder wahrscheinlich 8).

Folgereaktionen, die in einem späteren Abschnitt besprochen werden, können zur Kondensation und Aggregation der basischen Kationen führen.

Wenn es, wie es bei den Halogeniden vom Nichtmetalltypus der Fall ist, keine Aquokationen gibt, besteht eine wesentliche Vorstufe zu der Hydrolyse in einer koordinativen Wasseranlagerung; darauf folgt eine intramolekulare Abspaltung von Halogenwasserstoff; bei diesem zweiten Schritt bildet die Dissoziation des koordinierten Wassers als Säure den hauptsächlich wirksamen Mechanismus. Dies soll am Beispiel der Hydrolyse von Zinn(II)-chlorid erläutert werden:

$$SnCl_4 \xrightarrow[\text{von } H_2O]{\text{Aufnahme}} \underset{\text{(I)}}{\left[Sn\genfrac{}{}{0pt}{}{Cl_4}{(H_2O)_2}\right]} \underset{}{\overset{\text{Ionisation}}{\rightleftharpoons}} \underset{\text{(Ia)}}{\left[Sn\genfrac{}{}{0pt}{}{Cl_4}{(OH)_2}\right]H_2} \xrightarrow[\text{von } HCl]{\text{Abspaltung}} \underset{\text{(II)}}{\left[Sn\genfrac{}{}{0pt}{}{Cl_3}{(OH)_2}\right]H}$$

$$\xrightarrow[\text{von } H_2O]{\text{Aufnahme}} \underset{\text{(III)}}{\left[\begin{matrix}Cl_3\\ Sn(H_2O)_2\\ OH\end{matrix}\right]} \rightleftharpoons \underset{\text{(IIIa)}}{\left[Sn\genfrac{}{}{0pt}{}{Cl_3}{(OH)_3}\right]H_2} \longrightarrow \cdots\cdots \underset{\text{(IV)}}{[Sn(OH)_6]H_2}$$

$$\text{(IIIa)} \xrightarrow{\text{Cineol}} \underset{\text{(V)}}{\left[Sn\genfrac{}{}{0pt}{}{Cl_3}{(OH)_3}\right](C_{10}H_{16}O\cdot H)_2}$$

Da das unmittelbar nach der Entfernung des Halogenwasserstoffs entstehende Produkt (II) koordinativ ungesättigt ist, wird sofort wieder Wasser aufgenommen; dieser Vorgang wiederholt sich so lange, bis die Hydrolyse vollständig ist (IV). Im Falle des Zinn(IV)-chlorids kennt man sowohl die anfänglich auftretende Additionsverbindung

$$SnCl_4 \cdot 5\,H_2O\ [= \text{(I)} + 3\,H_2O],$$

als auch das als erste Stufe der Hydrolyse gebildete Produkt

$$SnCl_3(OH) \cdot 3\,H_2O\ [= \text{(III)} + H_2O].$$

Die nach dem obigen Mechanismus zu erwartende saure Natur dieser letzten Verbindung wird durch die Salzbildung mit Cineol (V) bestätigt[170].

An einem derartigen Hydrolysemechanismus kovalenter Halogenide wird sofort der grundlegende Unterschied zwischen diesen Halogeniden und den elektrovalenten Halogensalzen, den eigentlichen Metallhalogeniden, klar. Für die letzteren Verbindungen ist charakteristisch, daß bei der Auflösung in Wasser ein Aquokation gebildet wird, z. B.

$$CoCl_2 + aq \rightarrow [Co(H_2O)_6]^{++} + 2\,Cl^-.$$

[170] PFEIFFER u. ANGERN: Z. anorg. allg. Chem. 1929, **183**, 189.

Ebenso wird sofort die Sonderstellung verständlich, die Schwefelhexafluorid und Tetrachlorkohlenstoff unter den Nichtmetallhalogeniden einnehmen, da bei diesen Verbindungen das Koordinationsmaximum des Zentralatoms ohnehin bereits erreicht ist, so daß der erforderliche anfängliche Anlagerungsschritt gar nicht erst erfolgt. Wolframhexachlorid ist hingegen wieder hydrolysierbar, da das Koordinationsmaximum des Wolframs 8 beträgt (wie man an der Verbindung $K_4[W(CN)_8]$ sieht). Eine Hydrolysenbeständigkeit kann man wieder beim OsF_8 erwarten, wo ebenfalls die Wasseranlagerung ausgeschlossen ist, da die maximale Koordination schon vorher erreicht ist.

Sauerstoffsäuren.

Die eben entwickelten Gesichtspunkte gestatten es, die Sauerstoffsäuren im Rahmen einer allgemeinen Theorie zu behandeln. Man kann die Sauerstoffsäuren ganz grob in drei Hauptgruppen einteilen:

a) *Einfache Sauerstoffsäuren*, die von den leichten, stark elektronegativen Elementen gebildet werden. Die Zusammensetzung dieser Sauerstoffsäuren wird vorwiegend direkt durch die Wertigkeit des Zentralatoms bestimmt. Das Bestreben zur Bildung echter Orthosäuren ist nur wenig ausgeprägt.

b) *Komplexe Sauerstoffsäuren*, die von den schwereren, schwach elektronegativen oder amphoteren Elementen, wie Tellur, Jod und Antimon, gebildet werden. Ihre Zusammensetzung ergibt sich aus dem Bestreben und der Notwendigkeit, die Koordinationssphäre des Zentralatoms zu vervollständigen. Zu dieser Gruppe gehören die von den amphoteren Metallhydroxyden gebildeten Salze.

c) *Polysäuren*, die von den Elementen der V. und VI. Nebengruppe des Periodischen Systems, nämlich V, Nb, Ta, Mo, W und U, gebildet werden. Sie werden im einzelnen in einem späteren Kapitel besprochen.

Die zweite Gruppe, die hier als komplexe Sauerstoffsäuren bezeichnet wurde, ist deshalb von Wichtigkeit, weil hier schon frühzeitig ein Zusammenhang zwischen der Chemie der Koordinationskomplexe und den durch Hauptvalenzen gebildeten Verbindungen festgestellt wurde. Zu dieser Gruppe gehören die Sauerstoffsäuren des Sn^{IV}, Pb^{IV}, Pt^{IV}, Sb^{V}, Te^{VI} und J^{VII}. Die Alkaliplumbate und -stannate enthalten sämtlich drei Moleküle Wasser — z. B. $Na_2O \cdot SnO_2 \cdot 3\,H_2O$ — das sie nur bei einer Temperatur beträchtlich oberhalb von 100° verlieren, womit gleichzeitig eine Zersetzung des Salzes verbunden ist[171]. Es sind keine Salze dargestellt worden, die weniger als 3 H_2O enthalten; Salze mit einem höheren Wassergehalt — z. B. $BaO \cdot SnO_2 \cdot 7\,H_2O$ — geben dieses überschüssige Wasser leicht bis zu der angegebenen Menge ab. Die Salze müssen sich also von einem Anion $[Sn(OH)_6]^{2-}$ herleiten, in dem die Koordinationsschale des Zinns mit 6 aufgefüllt ist; die Entfernung des Konstitutionswassers führt zum vollständigen Zusammenbruch des komplexen Anions. Die gleichen Betrachtungen

[171] BELUCCI u. PARRAVANO: Z. anorg. allg. Chem. 1905, **45**, 142.

lassen sich auf die Plumbate, Platinate usw. anwenden, welches Salze der folgenden Säuren sind:

$$[Sn(OH)]_6H_2 \quad [Pb(OH)_6]H_2 \quad [Pt(OH)_6]H_2$$
$$[Sb(OH)_6]H \quad [TeO_6]H_6 \quad [JO_6]H_5$$

Wie es im Falle der Tellur- und Perjodsäure klar zu ersehen ist, besitzen die Säuren eine verschiedene Basizität. Die Zusammensetzung der Salze ändert sich hauptsächlich mit der Größe (dem Ionenradius) des betreffenden Kations. Die größtmögliche Basizität findet man häufig bei den Silbersalzen, z. B. im Ag_6TeO_6 und Ag_5JO_6; die großen Alkaliionen bilden gewöhnlich saure Salze, wie z. B. $K_2\left[Te{(OH)_4 \atop O_2}\right]$ und $Na_3\left[J{(OH)_2 \atop O_4}\right]$. Normalerweise treten zwar diese Säuren mit der Koordinationszahl 6 auf, jedoch sind andere Formen nicht ausgeschlossen, wie man aus dem Vorkommen der Metaperjodsäure, HJO_4 und Mesoperjodsäure, $H_4J_2O_9$, ersehen kann.

Die enge Beziehung zwischen den Sauerstoffsäuren und denjenigen Verbindungen, die man gewöhnlich als Koordinationsverbindungen auffaßt, wird besonders durch die nahezu lückenlose Reihe von Übergängen zwischen $H_2[PtCl_6]$ und $H_2[Pt(OH)_6]$ betont, die von MIOLATI[172] ausgearbeitet wurde und aus dem folgenden zu ersehen ist.

a) Beim Erhitzen von hydratisierterHexachloroplatinsäure, $H_2[PtCl_6] \cdot 6\,H_2O$, auf 98° bei 100 mm Druck verliert die Verbindung ein Molekül Salzsäure, und es bleibt eine Verbindung von der Form $PtCl_4 \cdot HCl \cdot H_2O$ zurück, die in Wasser löslich ist und deren Äquivalentleitfähigkeit in wäßriger Lösung ($\Lambda = 393$) etwa so groß ist wie die der Oxalsäure. Die Verbindung verhält sich wie eine zweibasische Säure, und man muß ihr die Formel $\left[Pt{Cl_5 \atop OH}\right]H_2$ zuschreiben. In Übereinstimmung damit erhält man aus den Lösungen die Barium- und Silbersalze

$$\left[Pt{Cl_5 \atop OH}\right]Ba \cdot 4\,H_2O \quad \text{und} \quad \left[Pt{Cl_5 \atop OH}\right]Ag_2.$$

b) Das Hydrat des Platinchlorids selbst, $PtCl_4 \cdot 5\,H_2O$, bildet eine stark saure wäßrige Lösung, die zur Neutralisation zwei Äquivalente Natriumhydroxyd erfordert. Die Verbindung reagiert somit als Dihydroxosäure,

$$\left[Pt{Cl_4 \atop (OH)_2}\right]H_2 \cdot 3\,H_2O,$$

und bildet als solche beim Zusatz von Silbernitrat das gelbe Silbersalz

$$\left[Pt{Cl_4 \atop (OH)_2}\right]Ag_2.$$

c) Diese Dihydroxosäure reagiert mit einer kleinen Menge Ammoniak unter Bildung von Ammoniumchloroplatinat und einer neuen Verbindung mit der Bruttoformel $PtCl_2(OH)_2 \cdot 2\,H_2O$:

$$2\,[PtCl_4(OH)_2]H_2 + 2\,NH_3 = (NH_4)_2PtCl_4 + PtCl_2(OH)_2 \cdot 2\,H_2O.$$

---

[172] MIOLATI: Z. anorg. allg. Chem. 1900, **22**, 445; 1901, **26**, 209; 1903, **33**, 251.

Da die wäßrige Lösung dieser Verbindung sauer reagiert, so muß man sie als Tetrahydroxosäure, $\left[Pt\begin{smallmatrix}Cl_2\\(OH)_4\end{smallmatrix}\right]H_2$, auffassen; sie bildet die Silber-, Blei- und Quecksilbersalze $\left[Pt\begin{smallmatrix}Cl_2\\(OH)_4\end{smallmatrix}\right]Ag_2$, Pb, Hg.

d) Die Erdalkalihydroxyde reagieren im Sonnenlicht mit den entsprechenden Chloroplatinaten und bilden Salze einer Pentahydroxochloroplatinsäure:

$$2[PtCl_6]Ba + 5\,Ba(OH)_2 = 2\left[Pt\begin{smallmatrix}Cl\\(OH)_5\end{smallmatrix}\right]Ba + 5\,BaCl_2 + 5\,H_2O\,.$$

Aus den Erdalkalisalzen kann man durch direkte Umsetzung die Schwermetallsalze herstellen.

e) Der Endzustand der fortschreitenden Substitution wird in der Platinsäure selbst erreicht, deren gut kristallisierte Alkalisalze man durch Einwirkung von Alkalien auf Natriumchloroplatinat erhält. Aus diesen Salzen, die drei Moleküle Konstitutionswasser enthalten — z. B. $K_2O \cdot PtO_2 \cdot 3\,H_2O$ — erhält man durch Einwirkung von Essigsäure hydratisiertes Platinoxyd, $PtO_2 \cdot 4\,H_2O$. Die Zusammensetzung dieser Salze stimmt so mit den Erfordernissen der Koordinationsformel $[Pt(OH)_6]R_2$ überein.

So ist die folgende Reihe

(I) $[PtCl_6]H_2$; (II) $\left[Pt\begin{smallmatrix}Cl_5\\H_2O\end{smallmatrix}\right]H$ oder $\left[Pt\begin{smallmatrix}Cl_5\\OH\end{smallmatrix}\right]H_2$;

(III) $\left[Pt\begin{smallmatrix}Cl_4\\(H_2O)_2\end{smallmatrix}\right]$ oder $\left[Pt\begin{smallmatrix}Cl_4\\(OH_2)\end{smallmatrix}\right]H_2$;

(IV) $\left[Pt\begin{smallmatrix}Cl_2\\(OH)_2\\(H_2O)_2\end{smallmatrix}\right]$ oder $\left[Pt\begin{smallmatrix}Cl_2\\(OH)_4\end{smallmatrix}\right]H_2$;

(V) $\left[Pt\begin{smallmatrix}Cl\\(OH)_3\\(H_2O)_2\end{smallmatrix}\right]$ oder $\left[Pt\begin{smallmatrix}Cl\\(OH)_5\end{smallmatrix}\right]H_2$;

(VI) $\left[Pt\begin{smallmatrix}(OH)_4\\(H_2O)_2\end{smallmatrix}\right]$ oder $[Pt(OH)_6]H_2$

mit sämtlichen Übergängen und Zwischenstufen bekannt.

Die in diesem Abschnitt entwickelte Theorie der Sauerstoffsäuren läßt sich auch auf die Salzbildung der Hydroxyde von amphoteren Metallen anwenden. Die Löslichkeit der Hydroxyde der Übergangselemente in Alkalilaugen ist längst bekannt. Die Reindarstellung der so gebildeten Salze ist mit einigen experimentellen Schwierigkeiten verbunden; eine Zeitlang hat daher die Ansicht bestanden, daß die Erscheinung eher auf einer kolloidalen Peptisation als auf einer echten Salzbildung beruhe. SCHOLDER und HENDRICK[173] konnten aber durch genaue Untersuchungen unter Anwendung der Phasenregel die Existenz von Hydroxozinkaten beweisen; mit seinen Mitarbeitern hat SCHOLDER[174] Hydroxozinkate, -cadmate, -plumbate(II), -stannate(II), -kobaltate(II), -kuprate(I) und -ferrate(III) in reiner kristalliner Form erhalten. Die

[173] SCHOLDER u. HENDICK: Z. anorg. allg. Chem. 1939, **241**, 76.

[174] SCHOLDER: Z. anorg. allg. Chem. 1933, **215**, 355; **216**, 138, 159, 176; 1934, **217**, 214; **220**, 411.

Verbindungen enthalten stets so viel festgebundenes (konstitutionelles) Wasser, wie ihrer Formulierung als Hydroxokomplex entspricht. In einer Reihe von Fällen, so bei den Anionen des Hydroxoantimonats(V), $[Sb(OH)_6]^-$, Hydroxoantimonats(III), $[Sb(OH)]_4^-$, und Germanats, $[Ge(OH)_6]^{--}$, hat BRINTZINGER[175] durch Dialysemessungen die Ionengewichte bestimmt. In allen Fällen stimmte der gefundene Wert mit dem Molekulargewicht überein, das sich bei der Formulierung des Salzes als Hydroxokomplex ergeben würde.

Aus den Lösungen der Alkalizinkate kann man so je nach den Bedingungen Salze vom Typus $Na[Zn(OH)_3]\cdot 3\,H_2O$ und $Na[Zn(OH)_4]\cdot 2\,H_2O$ gewinnen. Durch doppelte Umsetzung mit Barium- und Strontiumhydroxyd bilden sich Salze mit der Koordinationszahl 6, z. B. $Ba_2[Zn(OH)_6]$.

Dreiwertiges Eisen und Chrom sollen in den Ferriten[176] und Chromiten die Koordinationszahl 8 erreichen und die isomorphen Verbindungen

$$Na_5[M(OH)_8]\cdot 4\,H_2O \text{ und } Na_4\left[M{(OH)_7 \atop H_2O}\right]\cdot 2\text{—}3\,H_2O$$

bilden, sowie den einfacheren Typus $Na_3[Cr(OH)_6]$. Die Stannite und Plumbite sind von besonderem Interesse, da HANTZSCH[177] versuchte, aus Analogie zum Kohlenstoff die Formulierung dieser Verbindungen als Gegenstück zu den Formiaten, $H\cdot M{<}{O \atop O\cdot Na}$, zu begründen. SCHOLDER[178] fand, daß bei den Alkalisalzen als einziger Typ die Verbindung $Na[Sn(OH)_3]$ auftritt, während von den Erdalkalien sowohl die Trihydroxosalze — z. B. $Ba[Sn(OH)_3]_2$ — als auch bei höheren Temperaturen ein Anhydro-Salz mit der Zusammensetzung $Ba[(HO)_2Sn\cdot O\cdot Sn(OH)_2]$ entsteht. Die Beziehung zwischen den in Lösung gebildeten und den durch Schmelzprozesse entstandenen Hydroxosalzen zeigt sich klar bei der Zersetzung der Stannite. Das wasserfreie Bariumsalz, $Ba[Sn(OH)_3]_2$, verliert bei 90—100° ein halbes Molekül Wasser je Zinnatom, wobei Umwandlung in das Anhydrosalz erfolgt. Dieses verliert bei 110—150° ein weiteres halbes Molekül Wasser, was der zweiten Reaktionsstufe entspricht, während bei Temperaturen oberhalb von 200° sehr langsam das restliche halbe Wassermolekül verschwindet, wobei $BaSnO_2$ entsteht:

$$\begin{array}{ll} 90\text{—}100°: & Ba[Sn(OH)_3]_2 \rightarrow Ba[(HO)_2Sn\cdot O\cdot Sn(OH)_2] + H_2O; \\ 110\text{—}150°: & Ba[(HO)_2Sn\cdot O\cdot Sn(OH)_2] \rightarrow Ba(OH)_2 + 2\,SnO + H_2O; \\ \text{über } 200°: & Ba(OH)_2 + SnO_2 \rightarrow BaSnO_2 + H_2O. \end{array}$$

Bei der Oxydation der kochenden Lösungen von $Na_2[Fe(OH)_4]$ in hochkonzentriertem (60%igem) Natriumhydroxyd entsteht ein rotes Natriumferrit, $NaFeO_2$, das mit dem durch Schmelzen von Eisen(III)-oxyd und Natriumhydroxyd erhaltenen identisch ist. Die Oxydation in

[175] BRINTZINGER: In Fiat Review of German Science 1939—1945, Inorganic Chemistry, (Bd. 25), Teil III, S. 8.

[176] SCHOLDER: Z. angew. Chem. 1936, **49**, 255.

[177] HANTZSCH: Z. anorg. allg. Chem. 1902, **30**, 289.

[178] SCHOLDER: Z. anorg. allg. Chem. 1933, **216**, 176.

verdünnteren Laugen (50%igen) führt zur Bildung eines offensichtlich isomeren grünen $NaFeO_2$, das sich von dem anderen dadurch unterscheidet, daß es durch verdünnte Alkalien zersetzt wird[179].

Während die Auflösung von Aluminiumhydroxyd in Alkalihydroxyden zweifellos im Grunde in ganz analoger Weise verläuft, scheint es sich bei den bisher charakterisierten Verbindungen um Komplexe zu handeln. Von verschiedenen Forschern wurde eine größere Zahl von kristallinen Alkalisalzen gewonnen[180]: Alle diese Verbindungen enthalten Konstitutionswasser, keine gehört aber zu dem einfachen, oben betrachteten Hydroxo-Anionen-Typus. Sie besitzen nach SCHOLDER und BRINTZINGER hohe Ionengewichte und müssen wahrscheinlich als kondensierte Oxo-Hydroxosalze aufgefaßt werden.

Das Ergebnis der Aufklärung des Aufbaus der komplexen Sauerstoffsäuren erscheint zwar vollkommen eindeutig, doch haben sich bei der Bestimmung der Kristallstruktur der typischen Salze Natriumstannat, $Na_2[Sn(OH)_6]$, und Kaliumplatinat, $K_2[Pt(OH)_6]$ unerwartete Resultate ergeben[181]. Die Verbindungen erwiesen sich isomorph mit dem Brucit, d. h. es handelt sich um Schichtgitterstrukturen, deren Aufbau durch Einfügen von Sn^{4+}- und Na^+- (bzw. Pt^{4+}- und K^+-) Ionen in die oktaedrischen Zwischenräume zwischen den Doppelschichten von OH^--Ionen zustande kommt. Früher hatte man sich den Aufbau dieser Schichten durch eine oktaedrische Anordnung von $[M(OH)_6]^{2-}$-Anionen um die Alkaliionen vorgestellt; in Wirklichkeit scheint es jedoch so zu sein, daß in den festen Salzen kein wesentlicher Unterschied zwischen den Kräften besteht, die zwischen den OH^--Gruppen und den beiden Kationenarten wirksam sind. Die Erklärung liegt vielleicht in den schwachen Bindungskräften in diesen Komplexionen. In Lösung sind die Alkalikationen von einer Hydrathülle umgeben, wodurch ihre polarisierende Wirkung vermindert wird; das Anion selbst liegt dann als dissoziierte Form eines Aquokomplexes vor. Die kristalline Verbindung wird nicht — wie es auch in vielen anderen Fällen vorkommt — direkt aus den in Lösung vorliegenden Ionenarten aufgebaut, sondern es lagern sich Anionen und nicht hydratisierte Kationen an das wachsende Kristallgitter an. Wenn das komplexe Anion groß und stark polarisierbar ist — wie es für die vorliegenden Beispiele zutrifft — können bereits die nicht hydratisierten Alkalikationen eine ausreichende Polarisationswirkung ausüben, um eine Struktur entstehen zu lassen, bei der die Selbständigkeit der Hydroxo-Anionen verlorengegangen ist und diese nicht mehr als freie Individuen vorhanden sind.

Bei dieser Beziehung zwischen sehr schwach gebundenen Komplexionen und den sich von ihnen ableitenden kristallinen Verbindungen handelt es sich nicht um eine Einzelerscheinung. Während z. B. die Elemente der IV. Gruppe des Periodischen Systems, Si, Ti, Zr und

---

179 SCHOLDER: Z. angew. Chem. 1936, **49**, 255.

180 Vgl. BRINTZINGER: In FIAT-Review of German Science 1939—1945, Inorganic Chemistry (Bd. 25) Teil III, S. 8.

181 BJÖRLING: Arkiv. Kemi Mineralog. Geol. 1941, **15** B, Nr. 2.

Hf, Hexaflurokomplexe bilden, denen ein komplexes $[MF_6]^{2-}$-Anion zugrunde liegt, hat sich gezeigt, daß die größten und am schwächsten polarisierenden vierwertigen Ionen K_2ThF_6 und K_2UF_6 Kristallgitter bilden, die die gleiche Struktur wie CaF_2 besitzen, während $BaThF_6$ und $BaUF_6$ mit LaF_3 isomorph sind. Im festen Zustand liegt also kein Komplexion vor, so daß die Verbindungen eigentlich als $[K_{\frac{2}{3}}M_{\frac{1}{3}}]F_2$ bzw. $[Ba_{\frac{1}{2}}M_{\frac{1}{2}}]F_3$ zu formulieren sind. Ebenso liegt in der kristallinen Hochtemperaturmodifikation von $NaYF_4$ nicht das sehr schwache $[YF_4]^-$-Komplexion vor; die Verbindung müßte als $[Na_{\frac{1}{2}}Y_{\frac{1}{2}}]F_2$ formuliert werden[182].

Basische Salze.

Die wohldefinierten basischen Salze der zweiwertigen Metalle, z. B.

Atacamit	$CuCl_2 \cdot 3\,Cu(OH)_2$
Malachit	$CuCO_3 \cdot 3\,Cu(OH)_2$
Basisches Zinknitrat	$Zn(NO_3)_2 \cdot 3\,Zn(OH)_2$
Basisches Kobaltkarbonat . . .	$CoCO_3 \cdot 3\,Co(OH)_2$,

enthalten sämtlich normales Salz und Hydroxyd in einem einfachen Verhältnis, und zwar sehr häufig (wie auch in den angegebenen Fällen) im Verhältnis 1:3. Die Menge des in allen basischen Salzen analytisch gefundenen Wassers ist stets ausreichend groß, daß das Oxyd in der besprochenen Weise in hydratisierter Form formuliert werden kann. Wo nach der Literatur Anzeichen für das Vorhandensein von Ausnahmen zu dieser Regel vorliegen, müssen die fraglichen Verbindungen wahrscheinlich noch genauer charakterisiert werden.

Nach WERNER[183] deuten diese Tatsachen darauf hin, daß man für alle derartigen basischen Salze im Rahmen der Koordinationstheorie eine gemeinsame Strukturgrundlage finden könnte. Diese Anschauung ist zwar überholt, enthält jedoch einige sehr eindrucksvolle Punkte, die auch heute noch einer Betrachtung wert sind. Kurz zusammengefaßt kann man sagen, daß nach WERNER die Metallhydroxyde in den basischen Salzen die gleiche Rolle spielen, wie die Di-ol-Gruppen in mehrkernigen Kobaltamminen (I), so daß man das basische Kupfersalz durch die in (II) dargestellte Formulierung wiedergeben kann.

$$\left[(NH_3)_4Co\begin{matrix}OH\searrow\\ OH\nearrow\end{matrix}\right] \qquad \left[Cu\left(\begin{matrix}\swarrow HO\\ \nwarrow HO\end{matrix}Cu\right)_3\right]X_2$$

(I) (II)

Es ist dabei aber zu beachten, daß bei dieser Vorstellung mit der Annahme diskreter Kationenkomplexe nur das eine der beiden Metallatome koordinativ gesättigt ist. Außerdem läßt sie auch die Ursache für die extreme Schwerlöslichkeit der basischen Salze (im Vergleich zu anderen komplexen Halogeniden, Sulfaten usw.) nicht ohne weiteres erkennen.

---

182 HUND, F.: Z. anorg. allg. Chem. 1950, **261**, 106.
183 WERNER: Ber. dtsch. chem. Ges. 1907, **40**, 4441.

Neuere Arbeiten, besonders die von FEITKNECHT[184], über den Aufbau basischer Salze zweiwertiger Metalle, haben zu einer anderen und genaueren Vorstellung geführt, die einen tieferen Einblick in die Zusammenhänge gibt, die zwischen den Strukturgrundlagen des freien Koordinationskomplexes und denen des Kristallgitters bestehen.

Die Hydroxyde der zweiwertigen Metalle kristallisieren im hexagonalen System und bilden Schichtgitter vom Cadmiumjodidtypus, d. h. die Hydroxyde bilden Schichten von Sauerstoffatomen, in deren Zwischenräumen die Metallatome so eingefügt sind, daß jedes zwischen sechs Sauerstoffatomen liegt. Jede Schicht stellt dann ein Riesenmolekül des Hydroxyds dar, wodurch die Unlöslichkeit der Hydroxyde bedingt ist. In einem späteren Kapitel wird die Bedeutung einer dieser Verbindungen aus der Gruppe von Hydroxyden, und zwar des Brucits, $Mg(OH)_2$, für die Struktur der Silikate und Tone behandelt.

FEITKNECHT hat festgestellt, daß in den basischen Salzen die Hydroxydstruktur in ihrer Grundlage erhalten bleibt, so daß in den basischen Zinksalzen Schichten von Hydroxyden vorliegen, die mit Schichten durchsetzt sind, die Metallionen und Säureanionen enthalten. Die Zwischenräume zwischen den Schichten können verschieden groß sein, und die Zwischenschichten besitzen meistens eine ungeordnete Struktur. Es entsteht so die Möglichkeit, daß leicht Metallsalze in wechselndem Verhältnis in die Zwischenschichten eintreten und auf diese Weise nicht stöchiometrisch zusammengesetzte Verbindungen gebildet werden. Nach der Arbeit von FEITKNECHT scheint es aber so zu sein, daß diese Doppelschicht-Gitterstruktur metastabil ist und stets danach strebt, eine Verbindung von der Form des Grenztypus $MX_2 \cdot 3\,M(OH)_2$ zu bilden. Der Struktur dieser Grenzsalze liegen beinahe die ursprünglichen Hydroxyde zugrunde. Wie vorher sind die Metallatome in die Zwischenräume einer von Hydroxylionen gebildeten Doppelschicht hineingepaßt. Bei einem isomorphen Ersatz (s. Kapitel IV) von einem Viertel der Hydroxylgruppen durch Chlor oder andere einwertige Ionen entsteht ein etwas erweitertes Hydroxydgitter von der Zusammensetzung $M(OH)_{1,5}X_{0,5}$ oder $MX_2 \cdot 3\,M(OH)_2$. Dieses ist anscheinend die charakteristische Struktur der basischen Salze. Wie bei den Hydroxyden ist jede Schicht ein Riesenmolekül. Das Auftreten von Verbindungen mit stark wechselnden Verhältnissen von Normalsalz zu Hydroxyd, die Unlöslichkeit der basischen Salze und ihr verschiedener Wassergehalt können auf diese Weise erklärt werden.

In dieser Strukturart kann man eine logische Erweiterung der WERNERschen Auffassung sehen; durch gemeinsame Sauerstoffatome erreichen sämtliche Metallatome, und nicht nur ein einziges Zentralatom des Komplexes, ihren höchsten Koordinationszustand. Es ergibt sich daraus eine Art anorganischer Polymerisation; dabei stellt jede makromolekulare Schicht des Kristallgitters einen unendlich großen mehrkernigen Komplex dar.

---

[184] FEITKNECHT: Helv. chim. Acta 1933, **16**, 427, 1302; 1903, **13**, 22; 1935, **18**, 28, 40; 1936, **19**, 448, 467, 831. Angew. Chem. 1939, **52**, 202.

In den letzten Jahren kam erneut Licht in die Vorgänge, durch die derartige Strukturen aus freien, einzelnen Kationen aufgebaut werden können. Blei bildet eine gut bekannte Reihe basischer Salze, die häufig als $Pb(OH)X$ formuliert und nach dem Modell von WERNER als dimer aufgefaßt werden (III); außerdem kommt eine zweite Reihe vor, nämlich $PbX_2 \cdot 2\,Pb(OH)_2$ (IV). Im allgemeinen zeichnen sich die basischen Salze durch ihre Unlöslichkeit aus; WEINLAND, STROH und PAUL[185] berichten aber, daß sie von beiden Reihen dieser basischen Bleisalze unbeständige lösliche Perchlorate und Chlorate erhalten haben. Sie zeigten durch Messung der elektrischen Leitfähigkeit, daß in beiden Fällen ein zweiwertiges Kation vorliegt:

$$\left[\mathrm{Pb}\begin{matrix}\swarrow\mathrm{HO}\diagdown\\ \nwarrow\mathrm{HO}\diagup\end{matrix}\mathrm{Pb}\right]X_2 \qquad \left[\mathrm{Pb}\begin{matrix}\diagup\mathrm{OH}\searrow\\ \diagdown\mathrm{OH}\nearrow\end{matrix}\mathrm{Pb}\begin{matrix}\swarrow\mathrm{HO}\diagdown\\ \nwarrow\mathrm{HO}\diagup\end{matrix}\mathrm{Pb}\right]X_2$$

(III) (IV)

In anderen Fällen spielen als Vorstufen der Fällung von Metallhydroxyden oder basischen Salzen aufeinanderfolgende, reversible stabile oder metastabile Gleichgewichte eine Rolle, die die Hydrolyse- und Aggregationsvorgänge bestimmen. GRANÉR und SILLÉN[186] zeigten, daß man bei der Abscheidung basischer Wismutsalze aus Lösungen von Wismutsalzen die Neutralisationskurven deuten und die beteiligten aufeinanderfolgenden Reaktionen quantitativ ermitteln könne. Die gewonnenen Ergebnisse stimmen sehr gut mit der Vorstellung überein, daß bei Verringerung der Wasserstoffionenkonzentration auf Grund von Hydrolysereaktionen unter Bildung von Sauerstoffbrücken zwischen Bi^{3+}-Ionen mehrkernige Kationen aufgebaut werden:

$$\begin{aligned} 2\,Bi^{3+} + H_2O &\rightleftharpoons [Bi_2O]^{4+} + 2\,H^+ \\ Bi^{3+} + [Bi_2O]^{4+} + H_2O &\rightleftharpoons [Bi_3O_2]^{3+} + 2\,H^+ \\ \vdots \qquad \vdots \qquad \vdots \quad &\qquad \vdots \qquad \vdots \\ Bi^{3+} + [Bi_nO_{n-1}]^{(n+2)+} + H_2O &\rightleftharpoons [Bi_{n+1}O_n]^{(n+3)+} + 2\,H^+ \end{aligned}$$

Wenn diese aufeinanderfolgenden Gleichgewichte durch Entfernung von Wasserstoffionen aus der Lösung verschoben werden, entstehen hochmolekulare kationische Komplexe des oben formulierten Typs. Die Größe der Gleichgewichtskonstanten der jeweiligen Zwischenreaktionen bestimmt den Einfluß der einzelnen Glieder zwischen dem ersten Hydrolysenprodukt und dem Riesenkomplex als Endstufe, wobei sich die Zusammensetzung mit dem Fortschreiten des Prozesses stetig der Grenzformel $[BiO^+]_\infty$ nähert. Durch die Sauerstoffbrücken werden die Atome des polymeren Kations in einer Schichtstruktur angeordnet, die man tatsächlich als Strukturelement einer Reihe von SILLÉN untersuchter basischer Wismutsalze, wie $BiOCl$, und basischer Doppelsalze findet[187].

---

[185] WEINLAND, STROH u. PAUL: Ber. dtsch. chem. Ges. 1922, **55**, 2706; Z. anorg. allg. Chem. 1923, **129**, 243.

[186] GRANÉR u. SILLÉN: Acta chem. scand. 1947, **1**, 631.

[187] BANNISTER u. HEY: Mineralog. Mag. J. mineralog. Soc. 1935, **24**, 1949; SILLÉN: Naturwissenschaften 1942, **30**, 318; LAGERKRANTZ u. SILLÉN: Arkiv. Kemi 1948, **35** A, No. 20.

Diese Art eines Ablaufs von Hydrolysereaktionen ist ziemlich verbreitet. So konnte an Hand potentiometrischer Titrationen von Uranylsalzen mit Alkali gezeigt werden[188], daß sich bei Verringerung der Wasserstoffionenkonzentration Formen von Polykationen bilden, deren Größe in dem Maße zunimmt, wie die Wasserstoffionenkonzentration absinkt, z. B.

$$2\,UO_2^{2+} + H_2O \rightleftharpoons [U_2O_5]^{2+} + 2\,H^+$$

$$[U_2O_5]^{2+} + UO_2^{2+} + H_2O \rightleftharpoons [U_3O_8]^{2+} + 2\,H^+ \text{ usw.}$$

Der Hydrolysemechanismus der vierwertigen Kationen (z. B. Zr^{4+}, Hf^{4+}, Th^{4+}) ist nur wenig untersucht worden, obgleich bekannt ist, daß die Aquokationen dieser Elemente $[M(H_2O)_n]^{4+}$ sehr starke Säuren sind. Nach Lundgreen und Sillén[189] sind auch bei diesem Vorgang mehrkernige Kationen beteiligt. Wenn die Hydrolyse ebenso wie bei den basischen Wismutsalzen in der Weise erfolgt, daß in der Lösung die Bausteine vorgebildet werden, die beim Kristallisieren des basischen Salzes auf das wachsende Kristallgitter abgeschieden werden, kann man den Vorgang wahrscheinlich folgendermaßen formulieren:

$$Th^{4+} + 2\,H_2O \rightleftharpoons [Th(OH)_2]^{2+} + 2\,H^+$$

$$[Th(OH)_2]^{2+} + Th^{4+} + 2\,H_2O \rightleftharpoons \left[Th\begin{matrix} OH \searrow \\ OH \nearrow \end{matrix} Th\begin{matrix} OH \\ OH \end{matrix}\right]^{4+} + 2\,H^+$$

$$\vdots \qquad \vdots \qquad \vdots \qquad \vdots \qquad \vdots$$

$$[Th_n(OH)_{2n}]^{2n+} + Th^{4+} + 2\,H_2O \rightleftharpoons [Th_{n+1}(OH)_{2n+2}]^{(2n+2)+} + 2\,H^+$$

Bei den so formulierten basischen Kationen würde es sich um eindimensionale Komplexe handeln, die lineare anorganische Polymere darstellen. Lundgren und Sillén gründen die Annahme eines derartigen Mechanismus auf der Beobachtung, daß solche lineare Kationenkomplexe als Bauelement in dem basischen Thoriumsalz, $[Th(OH)_2]CrO_4 \cdot 2\,H_2O$, vorliegen.

Es sei noch erwähnt, daß es sich bei den besprochenen Kondensationsvorgängen nur um einfache Zusammenstöße zwischen den reagierenden, hydratisierten Ionen und nicht — wie es früher dargestellt wurde — um komplizierte und kinetisch unwahrscheinliche Vorkommnisse handelt. Die wichtigste Reaktion jeder Stufe hängt von der sauren Natur des Aquokomplexes ab. Diese Überlegungen vermitteln nicht nur eine neue und zusammenhängende Vorstellung von der Natur der basischen Salze, sondern betonen auch nachdrücklich das Vorkommen und die Bedeutung von Zwischenstufen zwischen den freien einkernigen Wernerschen Komplexen und der unendlich großen Atomanordnung der fertigen kristallinen Struktur.

---

188 Faucherre: C. r. hebd. Séances Acad. Sci. 1948, **227**, 1367; Longsworth: MDDC Report No. 911 (USA. Atomic Energy Commission); Sutton: J. chem. Soc. 1949, S. 275.

189 Lundgreen u. Sillén: Naturwissenschaften 1949, **36**, 345.

Siebentes Kapitel.

Polysäuren und Silikate.

Einführung.

In dem vorhergehenden Kapitel wurde gezeigt, daß sich die Sauerstoffsäuren bis zu einem gewissen Grade in drei Gruppen einteilen lassen:

a) Die Sauerstoffsäuren der leichteren Nichtmetalle, z. B. HNO_3, H_2SO_4. Der Aufbau dieser Säuren wird vorwiegend durch die Wertigkeit des Zentralatoms bestimmt; es besteht wenig Neigung zur Bildung von wahren Orthosäuren oder Salzen.

b) Die Sauerstoffsäuren, welche sich von den schwächer elektronegativen und amphoteren Elementen ableiten, sind in ihrer Konstitution durch die Koordinationszahl ihrer Zentralatome bestimmt. Daher sind — entsprechend der Koordinationszahl 6 für Zinn, Antimon, Jod, Platin und Tellur — die Sauerstoffsäuren dieser Elemente durch die Formulierungen $[Sn(OH)_6]H_2$, $[SbO_6]H_7$, $[TeO_6]H_6$, $[JO_6]H_5$, $[Pt(OH)_6]H_2$ richtig wiedergegeben. Im Fall der Antimon-, Tellur- und Perjodsäure kann die Basizität der Säure verschieden sein und von der Natur und dem Volumen des betreffenden Kations abhängen. Auf diese Weise können die amphoteren Metallhydroxyde und Amide in ihrer Säurefunktion als Hydroxo- oder Amidokomplexe betrachtet werden, die Zinkate z. B. als $X_2[Zn(OH)_4]$.

c) Die schwachen Säuren der amphoteren Metalle der V. und VI. Nebengruppe des Periodischen Systems sind dadurch gekennzeichnet, daß sie leicht kondensieren und Anionen bilden, die verschiedene Moleküle des Säureanhydrids enthalten. So werden im Falle des Molybdäns die Molybdate in alkalischer Lösung durch die Formel R_2MoO_4 dargestellt, während in sauren Lösungen kompliziertere Anionen gebildet werden; in der älteren Literatur wurde die Darstellung von Salzen des Typs $R_2O \cdot nMoO_3 \cdot aq$ beschrieben, wobei — abhängig vom Säuregrad und der Konzentration der Lösung — $n = 1$, 2, 2,4, 3, 4, 8, 10 und 16 ist.

Derartig kondensierte Säuren, die nur eine einzige Art von Säureanhydrid enthalten, werden als *Isopolysäuren* bezeichnet. Dieselben Säureanhydride besitzen die Fähigkeit, mit anderen Säuren — z. B. mit Phosphor- oder Kieselsäure — zusammenzutreten und *Heteropolysäuren* zu bilden. Kieselsäure selbst zeigt zwar das Bestreben, feste Silikate zu bilden, die sich von höher kondensierten Anionen ableiten; diese hochmolekularen Formen können aber nicht unter die Isopolysäuren eingereiht, sondern müssen in eine Klasse für sich gestellt werden, da — wie in den späteren Abschnitten gezeigt wird — der Struktur der Silikate ein vollständig anderer Plan gegenüber dem Aufbau der Iso- und Heteropolysäuren zugrunde liegt.

Die Heteropolysäuren.

Geschichtlich hat sich die Erklärung und Klassifizierung der Isopolysäuren nach der Theorie über die Heteropolysäuren entwickelt und sich auf dieser aufgebaut. Es ist daher vorteilhaft, diese Verbindungen zunächst zu besprechen und die Isopolysäuren im Lichte der neueren Arbeiten zu behandeln.

Die Heteropolysäuren werden durch die Vereinigung einer wechselnden Zahl von Säureanhydridmolekülen — am häufigsten WO_3, MoO_3 oder V_2O_5 — mit einer zweiten Säure gebildet, die nach der neueren Anschauung als Bildner des Zentralatoms oder Zentralions des ganzen komplexen Anions betrachtet werden muß. Die Fähigkeit, das Zentralatom von Polysäuren zu bilden, ist, wie in Tabelle 1 gezeigt wird, unter den Metalloiden und amphoteren Elementen weit verbreitet und selbst bei echten Metallen zu finden.

Die Salze der Polysäuren werden im allgemeinen aus den bis zu einer geeigneten Wasserstoffionenkonzentration angesäuerten Lösungen der Komponenten erhalten. Die weniger beständigen Polysäuren können durch Wasser zersetzt werden; alle Polysäuren werden durch Hydroxylionen fortschreitend abgebaut und durch starke Alkalien vollständig zerstört.

Tabelle 1. *Elemente, die als Zentralatom bei der Polysäurebildung fungieren können.*

Gruppe	Element
I	H, Cu
II	Be
III	B, Al
IV	C, Si, Ge, Sn, Ti, Zr, Ce, Th
V	N, P, As, Sb, V, Nb, Ta
VI	Cr, Mo, W, U, S, Se, Te
VII	Mn, J
VIII	Fe, Co, Ni, Rh, Os, Ir, Pt

Wechselnde Zahlen von WO_3-, MoO_3- oder V_2O_5-Molekülen können sich mit der Stammsäure verbinden, z. B. 8,5, 9, 10,5, 11 und 12 WO_3 mit einem PO_4^{3-}-Ion in den phosphorwolframsauren Salzen. Indessen gibt es zwei Klassen, die auf Grund ihrer häufigen Wiederkehr von besonderer Bedeutung für die Aufklärung der Polysäuren sind. Dies sind die Säuren mit 6 und 12 MoO_3-, WO_3- oder $\frac{V_2O_5}{2}$-Gruppen auf jedes Anion der Stammsäure, z. B.

6-Polysäuren: $3\,(NH_4)_2O \cdot Ce_2O_3 \cdot 12\,MoO_3 \cdot 20\,H_2O$
$4\,K_2O \cdot Fe_2O_3 \cdot 12\,WO_3 \cdot 23\,H_2O$

12-Polysäuren: $H_3PO_4 \cdot 12\,MoO_3 \cdot aq$
$H_3AsO_4 \cdot 12\,MoO_3 \cdot aq$
$4\,R_2O \cdot SiO_2 \cdot 12\,WO_3 \cdot aq$
$4\,R_2O \cdot SnO_2 \cdot 12\,MoO_3 \cdot aq$
$7\,(NH_4)_2O \cdot P_2O_5 \cdot 12\,V_2O_5 \cdot 26\,H_2O$.

Die bevorzugte Verbindung mit 6 oder 2×6 Molekülen Säureanhydrid führte zu der Einteilung der Polysäuren unter dem Gesichtspunkt der WERNERschen Theorie, wie nacheinander von MIOLATI, COPAUX und ROSENHEIM[1] entwickelt wurde. Nach der Anschauung von ROSENHEIM leitet sich die Polysäure, die von einem Element X (mit der Wertigkeit n) als Zentralatom gebildet wird, von einer hypothetischen Form $H_{12-n}[XO_6]$ der Stammsäure ab. Die Sauerstoffatome dieses Komplexes können teilweise oder vollständig durch Säurereste — z. B. MoO_4 — oder durch Pyrosäuregruppen — Mo_2O_7 — ersetzt werden. Auf diese Weise

[1] Eine sehr ausführliche Besprechung der Polysäuren unter diesem Gesichtspunkt von ROSENHEIM befindet sich in ABEGGS Handbuch, Bd. IV, Teil I, II, S. 977 bis 1065. 1921.

können zwei „Grenzreihen“ formuliert werden: $H_{12-n}[X(MoO_4)_6]$ und $H_{12-n}[X(Mo_2O_7)_6]$. 6-Polysäuren, die ROSENHEIM diesem Typus zuordnet, werden z. B. erhalten, wenn für X eines der Elemente J, Te, Fe, Cr, Al, Co, Ni, Rh, Cu, Mn oder H_2 gesetzt wird; 12-Polysäuren für P, As, Si, Ti, Ge, Sn, Zr, Th, Ce, B und H_2 (Tabelle 2).

Tabelle 2. ROSENHEIM*sche Formulierungen.*

Zentral-atom	Wertigkeit	Stammsäure	Heteropolysäure
J	7	$H_5[JO_6]$	$H_5[J(MoO_4)_6]$
Te	6	$H_6[TeO_6]$	$H_6[Te(MoO_4)_6]$
P	5	$H_7[PO_6]$	$H_7[P(Mo_2O_7)_6]$
Si	4	$H_8[SiO_6]$	$H_8[Si(Mo_2O_7)_6]$
B	3	$H_9[BO_6]$	$H_9[B(W_2O_7)_6]$

Als zwangsläufige Folgerung der ROSENHEIMschen Theorie müssen die Polysäuren eine sehr hohe Basizität besitzen; die höchstmögliche Basizität wird jedoch sehr selten erreicht; dies ist z. B. der Fall bei dem Guanidinsalz

$$(CN_3H_5\cdot H)_7[P(Mo_2O_7)_6]\cdot 8\ H_2O,$$

in dem Silbersalz der 1-Phosphorsäure-10-Molybdänsäure,

$$7\ Ag_2O\cdot P_2O_5\cdot 20\ MoO_3\cdot 24\ H_2O,$$

das ROSENHEIM formuliert als

$$Ag_7\left[P{(Mo_2O_7)_5 \atop O}\right]\cdot 12\ H_2O,$$

in dem Salz der 1-Borsäure-12-Wolframsäure,

$$18\ HgO\cdot B_2O_3\cdot 24\ WO_3\cdot 24\ H_2O \quad \text{oder} \quad Hg_9[B(W_2O_7)_6]_2\cdot 24\ HO_2,$$

und in dem Salz der 1-Kieselsäure-10-Wolframsäure,

$$4\ BaO\cdot SiO_2\cdot 10\ WO_3\cdot 22\ H_2O \quad \text{oder} \quad Ba_4\left[Si{(W_2O_7)_5 \atop O}\right]\cdot 22\ H_2O,$$

das MARIGNAC dargestellt hat. Im allgemeinen können die Salze der Polysäuren in das ROSENHEIMsche Schema nur als saure Salze eingeordnet werden. Da die Salze meist stark hydratisiert sind und einen Teil des Wassers sehr fest halten, ist eine derartige Anschauung mit ihrem chemischen Verhalten nicht unvereinbar. COPAUX zeigte, daß die bevorzugte Basizität gewöhnlich um vier geringer ist, als sich aus der Formel maximal ergeben würde.

Weitgehende Ähnlichkeiten in den physikalischen und chemischen Eigenschaften bestehen zwischen den 6-Heteropolysäuren und den sog. Parawolframaten und Paramolybdaten einerseits und zwischen den 12-Heteropolysäuren und den Metawolframaten und den Metamolybdaten andererseits. So zeigen die Salze der Metawolframsäure dasselbe ausgeprägte Kristallisationsvermögen und dieselbe Kristallstruktur wie die Salze der 1-Kieselsäure-12-Wolframsäure, Phosphorsäure-12-Wolframsäure oder Borsäure-12-Wolframsäure. Die Ähnlichkeit erstreckt sich sogar selbst bis zu dem Aufbau der Elementarzellen der Kristalle hinab.

In chemischer Hinsicht zeigt sich die Ähnlichkeit in der guten Löslichkeit in sauerstoffhaltigen Lösungsmitteln (Wasser, Alkohol, Äther), in der Bildung von Ätheraten, die wahrscheinlich als schlecht definierte Oxoniumsalze aufzufassen sind, ferner in der Eigenschaft, Eiweiß zu koagulieren und unlösliche Alkaloidsalze zu bilden. Zur Erklärung dieser nahen Beziehungen reihte COPAUX die Isopolysäuren in das MIOLATI-ROSENHEIMsche Schema als Derivate von hypothetischen „Aquaten" der Form $R_{10}[H_2O_6]$ ein. Danach wäre die Metawolframsäure als $H_{10}[H_2(W_2O_7)_6]\cdot aq$ zu formulieren. Ebenso ähneln die Hexapolysäuren sehr stark der Parawolfram- bzw. Paramolybdänsäure, besonders darin, daß sie beide leicht durch Hydroxylionen direkt in normale Wolframate und Molybdate, R_2WO_4 und R_2MoO_4, abgebaut werden. Nach ROSENHEIM sind z. B. die Salze der l-Aluminium- und l-Chrom-6-molybdänsäure, $3\,R_2O\cdot M_2O_3\cdot 12\,MoO_3\cdot 20\,H_2O$, ganz analog den komplexen Oxalaten dieser Metalle, $R_3[M(C_2O_4)_3]$, in denen der Komplex die Basizität der Stammsäure zeigt und nur sehr locker gebunden ist, so daß er alle Reaktionen auf das Molybdation gibt.

Obgleich die ROSENHEIMsche Theorie dem Zweck diente, die große Zahl der dargestellten Heteropolysäuren zu vergleichen und zu ordnen, so blieb sie doch vorwiegend hypothetisch und ohne experimentelle Begründung. Besonders hat die wichtige Gruppe der 12-Polysäuren die Annahme des $Mo_2O_7^{2-}$- und $W_2O_7^{2-}$-Ions zur Voraussetzung. Es gibt aber außer der Analogie zu den Bichromaten keinen Beweis für die Existenz dieser Ionen, ebenso nimmt der alkalische Abbau keineswegs den Verlauf, den die Existenz eines Pyrowolframat- und Pyromolybdations erwarten ließe. Weiterhin können die beobachteten Basizitäten der Säuren, die Menge des gefundenen Konstitutionswassers und die korrigierte Formulierung der Polyvanadatkomplexe (s. unten) nur schwer mit der Theorie in Übereinstimmung gebracht werden. Die neuen Arbeiten sind daher nach zwei Hauptrichtungen hin durchgeführt worden, nämlich: die Untersuchung der zur Polysäurebildung führenden Aggregations- und Desaggregationsprozesse und weiter die Anwendung der stereochemischen Strukturlehre, wie sie von der kristallographischen Chemie her entwickelt wurde. Es ist immer noch schwierig, die Ergebnisse dieser beiden Arbeitsrichtungen zu einer befriedigenden Erklärung der Tatsachen zusammenzufassen.

Der Mechanismus der Bildung von Polyanionen.

Zur Untersuchung der Aggregations- und Desaggregationsprozesse von Iso- und Heteropolysäuren wurde eine Vielzahl physikalisch-chemischer Methoden herangezogen. Hierzu gehören vor allem die direkte Bestimmung der Ionengewichte der verschiedenen Ionenarten, kryoskopische Messungen zur Ermittlung der bei der schrittweisen Aggregation erfolgenden Änderung der Zahl der Ionen und stöchiometrische Untersuchungen der Kondensationsreaktionen in Abhängigkeit von der Wasserstoffionenkonzentration. Man muß zu der Feststellung kommen daß kein einziges derartiges System bisher vollständig aufgeklärt wurde, daß aber gewisse grundlegende chemische Prinzipien, von denen die Polysäurebildung bestimmt wird, ziemlich klar erkannt sind.

Die systematische Untersuchung der Kondensationsreaktionen und die Erkennung ihres grundsätzlichen, allgemeinen Charakters geht im wesentlichen auf G. JANDER und seine Schule[2] zurück. Seine Arbeiten beruhen weitgehend auf der direkten Bestimmung von Molekulargewichten durch Messung der Diffusionsgeschwindigkeit von Ionen in Gegenwart eines großen Überschusses an Fremdelektrolyten (gewöhnlich $NaNO_3$) zur Schaffung einer einheitlichen Ionenatmosphäre. Es wurde dann die Annahme gemacht, daß der beobachtete Diffusionskoeffizient D zu dem Molekular- bzw. Ionengewicht M nach einer dem GRAHAMschen Gesetz entsprechenden Formel $D \cdot z \cdot M =$ konst. in Beziehung steht, in dem z die die relative Viscosität der Lösung bedeutet, d. h. $z = \frac{\eta \text{ Lösung}}{\eta \text{ Wasser}}$. Es hat sich jedoch gezeigt, daß derartige Diffusionsmessungen keine ganz genauen quantitativen Daten liefern können und daß man die Ergebnisse stets nur in Zusammenhang mit anderen Beweisen werten kann. Insbesondere kann die von RIECKE (1890) auf Lösungen angewandte einfache Form des Diffusionsgesetzes, das zwar für kolloide Teilchen gilt, bei der Diffusion von Molekülen einer echten Lösung keine ganz exakten Werte ergeben. Bei einer Lösung handelt es sich um ein hoch kondensiertes System, bei dem Größe und Form eines diffundierenden Moleküls sowie die Ionenladungen zweifellos bis zu einem gewissen Grade in den Diffusionskoeffizienten eingehen. Weiterhin muß man die Bestimmungen als Relativmessungen betrachten, da es sich bei ihnen um den Vergleich von Diffusionsgeschwindigkeiten mit einem Ion bekannten Ionengewichtes handelt. Man ist also auf bestimmte Annahmen über den Hydratationsgrad und die tatsächlich diffundierende Masse des Bezugions und über die Hydratation der Polysäureionen selbst angewiesen. Alle diese Faktoren beschränken die Brauchbarkeit der Diffusionsmessungen, so daß die JANDERschen Arbeiten aus diesem Grunde einer Kritik unterzogen wurden[3]. Nichtsdestoweniger liefern sie einen wesentlichen Beitrag zu dem Bild, das man sich heute über das Gebiet der Polysäuren machen kann. Es geht wesentlich schneller und ist experimentell einfacher, wenn man an Stelle von Diffusionskoeffizienten Dialysekoeffizienten ermittelt. Derartige Messungen wurden von BRINTZINGER[4] und JANDER[5] durchgeführt, mit Ergebnissen, die im allgemeinen mit denen der Diffusionsmessungen übereinstimmen. Die Auswertung der Dialysemessungen ist allerdings auch nicht von den oben erwähnten Schwierigkeiten der Diffusionsmessungen frei; durch die Eigenschaften der Membran kann darüber hinaus noch eine zusätzliche Unsicherheit auftreten.

---

[2] Eine Zusammenfassung: G. JANDER, Kolloid Beih., 1934, **41**, 1, 297; 1942, **54**, 1.

[3] SOUCHAY, P.: Bull. Soc. chim. France, 1947, **14**, 914.

[4] BRINTZINGER: Z. anorg. allg. Chem. 1935, **224**, 97.

[5] JANDER u. SPANDAU: Z. physik. Chem. 1939, **185**, 325; 1941, **188**, 65; JANDER u. EXNER: Z. physik. Chem. 1942, **190**, 195.

Trotz dieser Schwierigkeiten kommt den durch Diffusionsmessungen erhaltenen Ergebnissen mehr als nur eine qualitative Bedeutung zu. Die in Isopolysäuresystemen erhaltenen Ergebnisse sind schematisch in Abb. 32 wiedergegeben. Es handelt sich in dem speziellen Fall um Wolframatlösungen, doch verhalten sich die Molybdate und Vanadate im Grunde genommen ähnlich. In dem Diagramm sind Messungen der freien Diffusion und Dialysemessungen[6] sowie Messungen der Eigendiffusion in Wolframatlösungen mit Hilfe radioaktiver Kennzeichnung[7] zusammengefaßt. Im ersten Fall erfolgt trotz gleichbleibender Wasserstoffionenkonzentration die Diffusion längs eines Konzentrations-

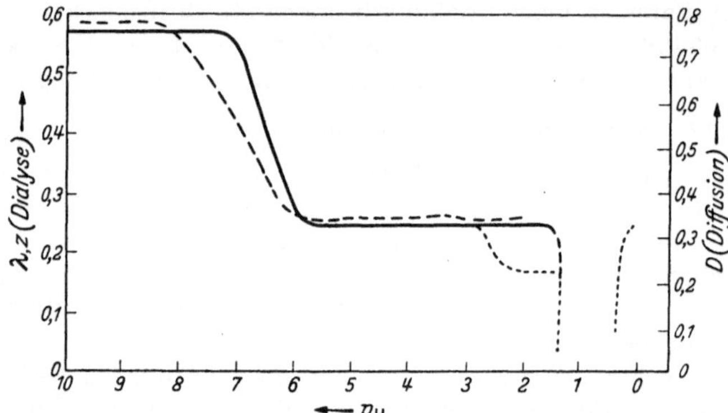

Abb. 32. Dialyse- und Diffusionskoeffizienten (gestrichelte Linie) in Natriumwolframatlösungen.

gefälles, wobei sämtliche umkehrbaren Gleichgewichtszustände durchlaufen werden. Bei dem Vorgang der Eigendiffusion beziehen sich die Messungen auf die Beweglichkeit markierter Wolframatanionen in einer chemisch einheitlichen Umgebung mit jeweils vollständiger Gleichgewichtseinstellung. Eine Erhöhung der Wasserstoffionenkonzentration hat die in Abb. 32 wiedergegebene Wirkung auf den Diffusionskoeffizienten. Ganz allgemein gibt es Bereiche der Wasserstoffionenkonzentration, in denen ein einheitlicher Diffusionskoeffizient darauf hindeutet, daß sich praktisch sämtliche Wolframatanionen im gleichen Aggregationszustand befinden. Die Umwandlung einer Aggregationsstufe in eine andere verläuft über ein bis zwei p_H-Einheiten, bei einer Wasserstoffionenkonzentration, die durch die Gleichgewichtskonstante einer Kondensationsreaktion wie z. B.

$$n\mathrm{WO_4}^{--} + 2\,m\mathrm{H}^+ \rightleftharpoons [\mathrm{W}_n\mathrm{O}_{4\,n-m}]^{(2n-2m)-} + m\,\mathrm{H_2O}$$

bestimmt wird. Nach den Zahlenangaben von JANDER und EXNER hat der Dialysekoeffizient zwischen $p_H = 14$ und $p_H = 8$ einen konstanten Wert. Er fällt dann ab, um im Gebiet verdünnter Wolframatlösungen zwischen $p_H = 6$ und $p_H = 1{,}5$ wieder konstant zu bleiben. In konzentrierten Lösungen liegt ein — allerdings strittiger — Beweis für einen zweiten Übergang vor, der punktiert in dem obigen Dia-

[6] JANDER u. EXNER: Z. physik. Chem. 1942, **190**, 195.
[7] SADDINGTON, K., u. J. S. ANDERSON: J. chem. Soc. 1949, 381.

gramm eingetragen ist. Bei einer Wasserstoffionenkonzentration in der Nähe von $p_H = 1$ ist der isoelektrische Punkt erreicht. Derartige Lösungen sind unbeständig, ergeben einen niedrigen und wechselnden Wert für den Diffusionskoeffizienten und liefern mehr oder weniger schnell Niederschläge von Wolframsäure. Bei noch höherer Wasserstoffionenkonzentration ist es jedoch möglich, Lösungen — allerdings metastabilen Charakters — zu erhalten, bei denen die Diffusionskoeffizienten nochmals ansteigen, ein deutlicher Beweis, daß Wolframverbindungen in ionenförmigem Verteilungszustand vorliegen[8].

Der bei diesen Umwandlungen wirksame physikalische Vorgang besteht darin, daß fortlaufend negative Ionen (unter Austritt von Wasser) in dem Maße zusammentreffen, wie ihre negativen Ladungen durch Wasserstoffionen neutralisiert werden. Dabei führen nur die ersten Stufen dieses Prozesses zur Bildung stabiler Formen, die über einen gewissen Bereich äußerer Bedingungen beständig sind und als kristallisierte Salze isoliert werden können. In dem Maße, wie das Verhältnis von Ionengewicht zu Ionenladung steigt, fällt das Potential der Ionen, und die Möglichkeit einer Aggregation nimmt zu. Es gibt dann einen sehr schnellen Übergang von den Bedingungen, unter denen Polyanionen beständig sind, zu den Existenzbedingungen negativer Kolloide. Beim isoelektrischen Punkt wird der Quotient schließlich unendlich groß, und es erfolgt eine Ausfällung. Wenn der isoelektrische Punkt überschritten ist, kann es zu einer Vorzeichenänderung der Ladung und Bildung komplexer Kationen mit anschließender Aufspaltung in den ionendispersen Zustand kommen.

In beständigen Lösungen liefern Diffusionsmessungen ganz eindeutig den Beweis, daß nacheinander definierte Kondensationsstufen auftreten. Der Aggregationsgrad läßt sich für jede einzelne Stufe angenähert ermitteln; aus den bereits oben dargelegten Gründen läßt sich aber nicht immer zwischen verschiedenen Reaktionsmöglichkeiten unterscheiden. Den für das Ionengewicht ermittelten Werten liegen, wenn sie nach der Riecke schen Formel berechnet wurden, gewisse Annahmen über das Bezugsion zugrunde, wie oben ausgeführt wurde; während also mit Sicherheit festgestellt werden kann, daß ein dem $Cr_2O_7^{--}$-Ion entsprechendes $W_2O_7^{--}$-Ion nicht auftritt, kann es sich in saurer Lösung sowohl um eine sechs- als auch um eine siebenfache Aggregation handeln. Jander ist der Ansicht, daß eine andere Form mit etwa doppeltem Ionengewicht in konzentrierten Lösungen in einem p_H-Gebiet unter 3 auftritt. Zur weiteren Diskussion der Ergebnisse ist es erforderlich, kurz die Chemie der Wolframate und Molybdate zu betrachten.

Die bekannten Metallmolybdate und -wolframate, die in der älteren Literatur lediglich nach dem Verhältnis MoO_3 (bzw. WO_3) zu Metalloxyd eingeteilt wurden, lassen den Eindruck entstehen, daß es eine große Zahl von Polysäuren geben muß. Das Verhältnis $R_2O : XO_3$ gibt jedoch keinen unmittelbaren Einblick in den wahren molekularen Aufbau, und die Zahl definierter Polysäuren ist tatsächlich wesentlich kleiner, als

[8] Vgl. Buchholz, E.: Z. anorg. allg. Chem. 1940, **244**, 149, 168.

man zunächst annehmen möchte. Wie bereits erwähnt wurde, hängt die in den Lösungen auftretende Anionenart von der Wasserstoffionenkonzentration ab. Daraus folgt, daß den Salzen, die aus einem stabilen Gleichgewicht innerhalb eines p_H-Bereiches kristallisieren, der durch einen konstanten Diffusionskoeffizienten charakterisiert ist, mit ziemlicher Wahrscheinlichkeit ein gemeinsames kondensiertes Anion zugrunde liegt. Unterschiede im Verhältnis $R_2O : XO_3$ können durch die Bildung saurer Salze bedingt sein; bisher ist über die Neutralisationskurven freier Polysäuren noch wenig bekannt. Viele Salze enthalten konstitutionell gebundenes Wasser, das nicht entfernt werden kann, ohne daß es zu einer Zersetzung kommt. Man kann es jedoch nicht ohne weiteres als unmöglich ausschließen, daß es sich bei einigen der dargestellten Verbindungen um metastabile Formen handelt; diese brauchen dann nicht den Polyanionen zu entsprechen, die in den Lösungen vorherrschen, aus denen sie kristallisiert wurden. Weiterhin gibt es noch eine wesentliche analytische Schwierigkeit, die darin besteht, daß sich verschiedene Formulierungsmöglichkeiten der Salze (insbesondere bei den Alkalisalzen) in ihrer Zusammensetzung nur so wenig voneinander unterscheiden, daß es nicht möglich ist, ohne genaueste analytische Untersuchungen eindeutig das Vorliegen der einen oder anderen Form sicherzustellen.

Die Molybdate.

Die in der Literatur beschriebenen Molybdate[9, 10] lassen sich in folgende Nomenklaturgruppen einteilen:

Die normalen Molybdate, $R_2O \cdot MoO_3 \cdot aq$. Ihre Alkalisalze werden aus neutralen oder alkalischen Lösungen erhalten und sind nur wenig hydrolysiert. Die K-, Li- und NH_4-Salze lassen sich in wasserfreier Form darstellen.

Die Dimolybdate. Die aus wäßriger Lösung erhaltenen Dimolybdate sind sämtlich hydratisiert — z. B. $Na_2O \cdot 2\,MoO_3 \cdot 4$, 5 oder 6 H_2O — und nur innerhalb eines engen Bereiches um $p_H = 6$ herum beständig. Sie werden gewöhnlich, aber vollkommen willkürlich, wie die Dichromate formuliert. Die neueren Arbeiten[11] lassen es zweifelhaft erscheinen, ob sie überhaupt existieren, da sich nach der Art der beschriebenen Darstellungsweise — wenigstens in einigen Fällen — herausgestellt hat, daß es sich um Mischungen von normalen und Paramolybdaten handelt. Wasserfreie Dimolybdate, wie $Na_2Mo_2O_7$, lassen sich aus Schmelzen erhalten[12], wobei aber kein $Mo_2O_7^{2-}$-Ion als unabhängige Gruppe auftritt, vielmehr liegt es in den Kristallen als unendlich großes Kettenanion mit ziemlich komplizierter Struktur[13] vor und kann nicht in Lösung

[9] Vgl. JANDER, JAHR u. HEUKESHOVEN: Z. anorg. allg. Chem. 1930, **194**, 383.

[10] GUITER, H.: Bull. Soc. chim. France 1942, **9**, 622; C. R. hebd. Séances Acad. Sci. 1943, **216**, 769; 1945, **220**, 146. CARPENI, G.: Bull. Soc. chim. France, 1947, **14**, 492.

[11] LINDQVIST, I.: Nova Acta Regiae Soc. Sci. Upsaliensis 1950 (iv), **15**, No 1.

[12] HOERMANN, F.: Z. anorg. allg. Chem. 1928, **177**, 145.

[13] LINDQVIST, I.: Acta chem. scand. 1950, **4**, 1066.

gehen, ohne daß es durch einen Hydrationsvorgang in kleinere Bausteine aufgespalten wird.

Die Paramolybdate. Diese sind die in Lösung am beständigsten Polymolybdate. Ihre gesättigten Lösungen zeigen einen p_H-Wert von etwa 4,5. KLASON[14] formulierte sie, als ob sie sich von $H_6[Mo_3O_{12}]$, SAND und EISENLOHR[15], als ob sie sich von $H_{10}[Mo_{12}O_{41}]$ ableiteten, und das Ergebnis der ROSENHEIMschen Arbeiten wurde lange Zeit als Beweis für die Formulierung $5 R_2O \cdot 12 MoO_3 \cdot aq$ angesehen[16], z. B. $5 Na_2O \cdot 12 MoO_3 \cdot 38 H_2O$ mit einem Verhältnis $Na_2O : MoO_3 : H_2O = 1 : 2{,}40 : 7{,}60$. Indessen stimmt auch eine andere früher von DELAFONTAINE[17] vorgeschlagene Formulierung $3 R_2O \cdot 7 MoO_3 \cdot aq$ (die zu $3 Na_2O \cdot 7 MoO_3 \cdot 22 H_2O$ mit einem Verhältnis von $Na_2O : MoO_3 : H_2O = 1 : 2{,}33 : 7{,}33$ führt) mit den analytischen Daten überein. Die wirkliche Formulierung der Verbindungen soll später noch diskutiert werden.

Die Trimolybdate, $R_2O \cdot 3 MoO_3 \cdot aq$, bilden sich, wenn man Alkalilösungen mit Molybdänoxyd sättigt. Der p_H-Wert der gesättigten Lösungen beträgt 4,4. Sie kristallisieren auch aus Paramolybdatlösungen in Gegenwart von Essigsäure.

Die Metamolybdate, $R_2O \cdot 4 MoO_3 \cdot aq$, entstehen, wenn konzentrierte Alkalimolybdatlösungen mit 1,5 Mol Salzsäure behandelt werden. Sie sind sämtlich hydratisiert und behalten selbst noch oberhalb von 120° etwas Wasser.

Die Oktomolybdate, $R_2O \cdot 8 MoO_3 \cdot aq$, erhält man aus konzentrierten Alkalimolybdatlösungen durch Zusatz von 1,75 Mol Salzsäure. Sie bilden eine stark hydratisierte, schön kristalline isomorphe Gruppe, verlieren aber unter gleichzeitiger Zersetzung leicht ihr Kristallwasser. Nach der Anschauung von ROSENHEIM wurden sowohl die Meta- als auch die Oktomolybdate als Salze der 12-Molybdänsäure, $H_{10}[H_2(Mo_2O_7)_6]$, aufgefaßt.

Die Dekamolybdate, $R_2O \cdot 10 MoO_3 \cdot aq$, entstehen aus konzentrierten Alkalimolybdatlösungen und Salzsäure. Im Gegensatz zu den Meta- und Oktomolybdaten ist bei ihnen die Fähigkeit zur Eiweißfällung nur schwach ausgeprägt. Vielleicht ist noch von Bedeutung, daß das Salz $(NH_4)_2O \cdot 10 MoO_3 \cdot 4 H_2O$ als gelb beschrieben wird[10], während die eigentlichen Molybdate farblos sind.

LINDQVIST[11, 51] hat mit ziemlicher Sicherheit nachgewiesen, daß die Meta- und Oktomolybdate sich von einer Oktomolybdänsäure, $H_4[Mo_8O_{26}]$, ableiten, wenn auch noch stärker kondensierte Molybdatanionen in Form ihrer Salze vorkommen und auch in den Dekamolybdaten, 16-Molybdaten usw. vorliegen können.

Wie Diffusionsmessungen zeigten, entsprechen die Aggregationsgleichgewichte in Molybdatlösungen etwa den in Abb. 32 dargestellten Verhältnissen. Es liegen Andeutungen für die Existenz von — höchstens — zwei komplexen Anionen in Lösung vor: Ein Anion, dem man

---

14 KLASON: Ber. dtsch. chem. Ges. 1901, **34**, 153.
15 SAND u. EISENLOHR: Z. anorg. allg. Chem. 1907, **52**, 68, 87.
16 ROSENHEIM: Z. anorg. allg. Chem. 1916, **96**, 141.
17 DELAFONTAINE: J. prakt. Chem. 1865, **95**, 141.

ein Ionengewicht von etwa 900 zuordnen kann und das von JANDER als Hexamolybdation gedeutet wird, sowie wahrscheinlich — wenn auch nicht sicher — ein Anion mit dem doppelten Molekulargewicht im p_H-Bereich zwischen 1,5 und 1,0.

Die Bildung von Paramolybdaten kann mit der Existenz von sechs- oder siebenfach aggregierten Polymolybdationen zwischen $p_H = 6$ und $p_H = 1,5$ im Zusammenhang stehen. Es besteht jetzt kein Zweifel mehr darüber, daß es sich bei den Paramolybdaten um Heptamolybdate mit einem $[Mo_7O_{24}]^{6-}$-Anion handelt. GARELLI und TETTAMANZI[18] stellten gemischte Paramolybdate des Ammoniums und Triäthanolamins dar und lieferten dabei einen klaren analytischen Beweis zugunsten der älteren Heptamolybdatformulierung. Neuerdings hat LINDQVIST[19] unter Verwendung der sehr wirkungsvollen Technik der Trennung durch Ionenaustauscher sehr genaue Analysen von Natrium- und Ammoniumparamolybdaten durchgeführt, die eindeutig auf die Formulierung $R_6[Mo_7O_{24}] \cdot aq$ hindeuten. Diese Schlußfolgerung wurde durch Röntgenuntersuchungen der Elementarzellengröße und Dichte von Ammoniumparamolybdat vollauf bestätigt. In Atomgewichtseinheiten ergibt sich für das Gewicht der Elementarzelle 4958 ± 20, was unter der wahrscheinlichen Annahme, daß eine Elementarzelle aus vier Molekülen besteht, einem Molekulargewicht von $M = 1240 \pm 5$ entsprechen würde. Der ROSENHEIMschen Formulierung $(NH_4)_5H_5[H_2(MoO_4)_7] \cdot H_2O$ käme ein Molekulargewicht von 1057, der Heptamolybdatformulierung von 1236 zu; nur die letzte Formulierung steht mit den experimentellen Ergebnissen in Einklang[20].

Die Formulierung der kristallinen Paramolybdate wäre damit sichergestellt. Es muß nun noch nachgewiesen werden, daß das $[Mo_7O_{24}]^{6-}$-Anion als solches in Lösung auftritt. JANDER vertritt die Ansicht, daß Leitfähigkeitstitrationen auf die Bildung eines Hexamolybdations — entsprechend Gleichung (a) — hindeuten, möglicherweise unter intermediärem Auftreten eines Trimolybdations, $[Mo_3O_{11}]^{4-}$

(a) $$6\,MoO_4^{--} + 7\,H^+ \rightleftharpoons [HMo_6O_4]^{5-} + 3\,H_2O.$$

Danach würde die Bildung des Paramolybdats 1,167 H^+-Ionen je MoO_4^{--}-Ion oder 58,3% der dem gesamten Molybdat entsprechenden Säure verbrauchen. Die Reaktion (b) erfordert 1,143 H^+-Ionen je MoO_4^{--}-Ion oder 57,1% der zur Gesamtneutralisation erforderlichen Säuremenge.

(b) $$7\,MoO_4^{--} + 8\,H^+ \rightleftharpoons [Mo_7O_{24}]^{6-} + 4\,H_2O.$$

Die Ergebnisse der konduktometrischen Titrationen gestatten es nicht, zwischen diesen beiden Reaktionsmöglichkeiten zu unterscheiden. BYÉ[21] hat die stöchiometrischen Verhältnisse dieser Aggregationsstufe mit Hilfe einer „thermometrischen Titration" untersucht, einer kryo-

[18] GARELLI u. TETTAMANZI: Atti Acad. Sci. Torino 1935, **70**, 382; Chem. Abs. 1935, **29**, 7864.

[19] LINDQVIST: Acta chem. scand. 1948, **2**, 88.

[20] STURTEVANT, J.: J. Amer. chem. Soc. 1937, **59**, 630.

[21] BYÉ: Bull. Soc. chim. France 1942, **9**, 517.

skopischen Methode, bei der eine Lösung von Natriummolybdat in geschmolzenem $Na_2SO_4 \cdot 10\ H_2O + Na_2SO_4$ bei dessen Umwandlungstemperatur mit Schwefelsäure titriert wird. Unter diesen Bedingungen kommt in der Depressionsänderung der Umwandlungstemperatur direkt der durch eine Aggregationsänderung bedingte Wechsel der Zahl der Anionen zum Ausdruck. Nach BYÉ sind die erhaltenen Ergebnisse so genau und reproduzierbar, daß man zwischen den beiden Reaktionen (a) und (b) unterscheiden und die letztere als zutreffend ansehen kann. Man muß den ganzen Fragenkomplex jedoch noch als ungeklärt ansehen. Es ist nicht unmöglich, daß es sich, wie es JANDER annimmt, bei den in Lösung vorherrschenden Formen um Hexamolybdationen handelt, daß aber die Paramolybdate durch eine weitere Reaktion

(c) $$[HMo_6O_{21}]^{5-} + MoO_4^{--} + H^+ \rightleftharpoons [Mo_7O_{24}]^{6+} + H_2O$$

entstehen. Dabei könnte das Gleichgewicht in Lösung zwar weit auf der linken Seite der angegebenen Gleichung liegen, aber an den Oberflächen der sich bildenden Kristalle nach der Seite des Heptamolybdats verschoben werden.

Wenn man die Konstitution der Paramolybdate als aufgeklärt betrachtet, könnte man die Di-, Tri- und Tetramolybdate als saure Paramolybdate formulieren. Es ist ungewiß, ob man eine derartige Annahme mit den analytischen Ergebnissen in Einklang bringen kann, und es ist durchaus möglich, daß sich einige dieser Verbindungen tatsächlich von Hexa- oder Oktomolybdatanionen herleiten. Der Aufbau der MoO_3-reicheren Verbindungen ist unklar. Die Untersuchungen von BYÉ liefern keine Anhaltspunkte für die Bildung von 12-Molybdatanionen; in Anbetracht der Tatsache, daß der isoelektrische Punkt der Molybdänsäure bei $p_H = 0{,}9$ liegt[22], erscheint es möglich, daß es sich — zumindest bei den gelben Dekamolybdaten — um Molybdenylverbindungen handelt, die kationisches Molybdän in Form von $[MoO_2]^{++}$- oder $[MoO]^{4+}$-Gruppen enthalten.

Die Wolframate.

Wie bei den Molybdaten sind zahlreiche Wolframate beschrieben worden, die sich in dem Verhältnis $R_2O : WO_3$ voneinander unterscheiden. Von diesen heben sich jedoch drei Gruppen als wohl definierte Formen von großer Bedeutung hervor: Die normalen Wolframate, R_2WO_4, die aus alkalischer Lösung kristallisieren, die Parawolframate, $5\ R_2O \cdot 12\ WO_3 \cdot aq$ oder $3\ R_2O \cdot 7\ WO_3 \cdot aq$, die sich aus schwach sauren Lösungen abscheiden, und die Metawolframate, $R_2O \cdot 4\ WO_3$, die beim Lösen von Wolframsäure in Natriumwolframat entstehen oder unter besonderen Bedingungen aus stark angesäuerten Na_2WO_4-Lösungen kristallisieren. COPAUX[23] zeigte, daß die Metawolframate mit den Phospho- und Silicowolframaten, also mit den typischen 12-Heteropolysäuren, isomorph sind; danach muß man sie zweifellos als $3\ R_2O \cdot 12\ WO_3 \cdot aq$ auffassen.

---

[22] CARPENIE, G.: Bull. Soc. chim. France 1947, **14**, 496.
[23] COPAUX: Ann. Chimie 1909, **17**, 217; 1912, **25**, 22.

Die Parawolframate sind jedoch nicht mit den Paramolybdaten isomorph, so daß kein Grund für eine analoge Formulierung besteht. Sorgfältige analytische Arbeiten haben neuerdings den deutlichen Beweis erbracht, daß im Natriumparawolframat ein Verhältnis $Na_2O : WO_3$ von 1 : 2,40 vorliegt, was der Formulierung $5\,Na_2O \cdot 12\,WO_3 \cdot 28\,H_2O$ entsprechen würde[24, 25]. Aus Abb. 32 geht hervor, daß in dem weiten Bereich, in dem feste Parawolframate im Gleichgewicht mit den Lösungen vorliegen, diese ein sechs- oder siebenfach aggregiertes Wolframation enthalten müssen. Röntgenuntersuchungen[24] der triklinen Natriumparawolframatkristalle zeigen, daß das Gewicht der Elementarzelle nicht mit der Formulierung $3\,Na_2O \cdot 7\,WO_3 \cdot 16\,H_2O$ vereinbar ist, aber genau zwei Molekülen $5\,Na_2O \cdot 12\,WO_3 \cdot 28\,H_2O$ entsprechen würde. Da jedoch die Diffusionsmessungen auf Ionengewichte von 1300—1500 hindeuten, kann es sich nicht um ein 12-Wolframation handeln. Man kann vielleicht annehmen, daß die Elementarzelle des Kristalls vier Moleküle $Na_5H[W_6O_{21}]$ und 54 Wassermoleküle enthält, von denen 2 Moleküle konstitutionell gebunden sind.

Die Formulierung des Parawolframations gründet sich auf physikalisch-chemische Untersuchungen der Kondensationsreaktion, wobei SOUCHAY[26] die Ansicht von JANDER und HEUKESHOVEN[27] bestätigt, daß sich das Parawolframation nach der Reaktion (d) bildet.

$$6\,WO_4^{2-} + 7\,H^+ \rightleftharpoons [HW_6O_{21}]^{5-} + 3\,H_2O. \tag{d}$$

Es konnte mit ziemlicher Wahrscheinlichkeit festgestellt werden, daß bei höherer Wasserstoffionenkonzentration eine weitere Reaktion mit 2 H^+-Ionen je Hexawolframation verläuft. Im Gegensatz zur Reaktion (d) handelt es sich hierbei um einen langsamen Vorgang, der zum Teil für die Änderungen der Eigenschaften und die Alterung angesäuerter Wolframatlösungen verantwortlich ist. Da Diffusions- und kryoskopische Messungen zeigen, daß der Aggregationsgrad bei diesem Vorgang keine Änderung erfährt, kann die Reaktion nur durch die Gleichung (e)

$$[HW_6O_{21}]^{5-} + 2\,H^+ \rightleftharpoons [H_3W_6O_{21}]^{3-} \tag{e}$$

dargestellt werden[28].

Die von SOUCHAY als Pseudo-Metawolframation bezeichnete Form $[H_3W_6O_{21}]^{3-}$ ist als von dem Parawolframation strukturell vollkommen verschieden aufzufassen und nicht nur als intermediäre Dissoziationszwischenstufe einer ziemlich schwachen Säure anzusehen. Da das Ion — wenigstens in mäßig verdünnten Lösungen — bis zu einer ziemlich hohen Wasserstoffionenkonzentration beständig ist, geht möglicherweise die zur Bildung von Heteropolywolframaten führende Reaktion mit anderen Säuren auf diese Form zurück.

Die angegebenen Reaktionen lassen jedoch noch keine vollständige Klärung der Eigenschaften im Bereich der Parawolframatlösungen zu.

---

[24] SADDINGTON, K. u. R. CAHN: J. chem. Soc. 1950.

[25] VALLANCE, R. H.: J. chem. Soc. 1931, 1421. — SOUCHAY, P.: Ann. Chimie 1943, 18, 61.

[26] SOUCHAY, P.: Ann. Chimie 1943, 18, 61.

[27] JANDER u. HEUKESHOVEN: Z. anorg. allg. Chem. 1930, 187, 60.

[28] SOUCHAY, P.: Ann. Chimie 1943, 18, 169.

Während frisch auf einen p_H-Wert von 6 angesäuerte Lösungen sofort mit Wasserstoffperoxyd reagieren, tritt bei gealterten Lösungen oder solchen, die aus kristallisiertem Parawolframat bereitet wurden, nur eine langsame Reaktion ein[29]. SOUCHAY[26] vertritt die Ansicht, daß dies auf ein Gleichgewicht in der Lösung zwischen zwei Arten von Hexawolframationen hindeutet, die strukturell oder hinsichtlich ihrer Hydratation voneinander verschieden sind. Er unterscheidet zwischen einem „Parawolframat A", das sich durch schnelle Reaktion zwischen WO_4^{--}- und H^+-Ionen bildet und gegenüber Wasserstoffperoxyd unmittelbar reaktionsfähig ist, und einem „Parawolframat B", das als Anion in den kristallinen Salzen vorliegt und in Lösungen nach seiner Umwandlung in die Parawolframat A-Form reagiert.

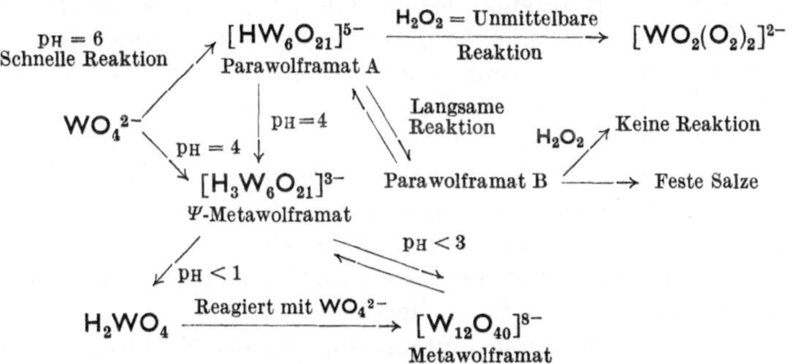

Es ist noch unklar, ob sich die Hexa- und Metawolframationen ineinander umwandeln können, wie es JANDER annimmt, da sich herausgestellt hat[28], daß das $[W_{12}O_{40}]^{8-}$-Ion in Lösung bis zum $p_H = 6$ beständig ist und wahrscheinlich direkt zum einfachen Wolframation abgebaut wird. Die Darstellungsbedingungen der Metawolframate sind stets so, daß man ganz allgemein eine Reaktion von vorübergehend gebildetem freien Wolframoxydhydrat mit einer der in der Lösung vorliegenden Formen annehmen könnte.

Die in Wolframatlösungen auftretenden Reaktionen sind somit verwickelter als man bei Anwendung irgendwelcher physikalisch-chemischer Methoden erwarten sollte; es ist möglich, daß ähnlich komplexe Verhältnisse in Molybdatlösungen durch eine größere Unbeständigkeit verdeckt werden. Man ist selbstverständlich schon immer zu der Einsicht gekommen, daß stöchiometrische Bruttogleichungen wie (b) und (d) nicht den tatsächlichen Reaktionsmechanismus wiedergegeben. Die Reaktionen müssen vielmehr in kinetisch einfachen Stufen ablaufen, wobei es sich wahrscheinlich um aufeinanderfolgende Reaktionen einfacher Ionen handelt, die in sehr niedriger Gleichgewichtskonzentration neben höher aggregierten Anionen vorliegen. Das Auftreten langsamer Alterungsprozesse und die Isolierung von Salzen, die sich nicht von den in Lösungen vorherrschenden Polysäuretypen ableiten, kann man als Folge der in Wirklichkeit sehr verwickelten Reaktionsabläufe ansehen.

[29] JAHR, K. F.: Naturwissenschaften 1941, **29**, 510.

Die Polyvanadate.

Wenn man feststellen muß, daß über die Konstitution der Wolframat- und Molybdatsysteme noch keine endgültige Klarheit erzielt wurde, so liegt die Chemie der Vanadinsäure noch völlig im Dunkeln. Es ist schon lange bekannt, daß es Alkali- und Silbervanadate mit einem Verhältnis $R_2O : V_2O_5 = 3:1$, $2:1$ und $1:1$ gibt, die den Ortho-, Pyro- und Metaphosphaten entsprechen. Diese Ähnlichkeit ist jedoch im wesentlichen formal; während die Phosphorsäuren aufeinanderfolgende Hydratationsstufen des Phosphorpentoxyds darstellen und die Polyphosphorsäuren in Lösungen irreversibel zum Orthophosphat hydrolysieren, bestehen zwischen den Vanadinsäuren reversible, durch Änderung der Wasserstoffionenkonzentration verschiebbare Gleichgewichte. Man muß diese Verbindungen also als aufeinanderfolgende Stufen eines Kondensationsvorganges auffassen, der mit der Fällung von V_2O_5 endet. Dieser Vorgang verläuft deutlich jenseits der Metavanadatstufe. Wenn man zu einer farblosen Lösung von Natriumvanadat, Na_3VO_4, Säuren zugibt, so entsteht vorübergehend eine unbeständige rotbraune Farbe, die in gelborange übergeht. Da der p_H-Wert derartig angesäuerter Lösungen erst nach einer gewissen Zeit einen konstanten Wert annimmt, ist es klar, daß die Reaktion über eine unbeständige Zwischenverbindung läuft. Aus den angesäuerten Lösungen wurden Salze mit verschiedenen Verhältnissen von $R_2O : V_2O_5$ isoliert[30].

Bei umfassenden früheren Untersuchungen des Systems kam DÜLLBERG[31] zu dem Schluß, daß der Reihe nach Di-, Tri- und Hexavanadate gebildet würden. Es steht fest, daß es sich bei dem ersten Schritt, etwa bei einem p_H-Wert von 11, um die Reaktion

$$2\,VO_4^{3-} + 2\,H^+ \rightleftharpoons [V_2O_7]^{4-} + H_2O$$

handelt. Diffusionsdaten deuten darauf hin[32], daß — entsprechend der Bildung von Metavanadaten und der orangefarbenen Polyvanadate — noch zwei weitere Kondensationsvorgänge bei den p_H-Werten 9 und 7 stattfinden. Die Metavanadate wurden verschiedentlich als $R_3[V_3O_9]$[31, 33] und als $R_4[H_2V_4O_{13}]$[32] formuliert. Ein eindeutiger Beweis für diese Formulierung konnte nicht erbracht werden, doch würde die erste, die mit dem Molekulargewicht der mutmaßlichen Ester der Metavanadinsäure in Einklang stehen würde, für die orangefarbenen Vanadate die Formulierung $R_4[V_6O_{17}]$ ergeben[33]. Eine Reihe von Salzen, die aus sauren Vanadatlösungen erhalten wurden, lassen sich befriedigend auf dieser Grundlage deuten, z. B. $2\,Na_2O \cdot 3\,V_2O_5 \cdot 16\,H_2O$ als $Na_4[V_6O_{17}] \cdot 16\,H_2O$ oder $Na_2O \cdot 2\,V_2O_5 \cdot 9^2/_3\,H_2O$ als $Na_3H[V_6O_{17}] \cdot 14\,H_2O$[34]. Es wurde aber auch die Existenz von Vanadaten mit $R_2O : V_2O_5$-Verhältnissen von 4:5, 3:5 und 2:5 sichergestellt[35]; elektrometrische Messungen

[30] FRIEDHEIM: Ber. dtsch. chem. Ges. 1890, **23**, 1530, 2600; Z. anorg. allg. Chem. 1894, **5**, 437. — ROSENHEIM: Z. anorg. allg. Chem. 1912, **98**, 223.
[31] DÜLLBERG: Z. physik. Chem. 1903, **45**, 129.
[32] JANDER u. JAHR: Z. anorg. allg. Chem. 1933, **212**, 1.
[33] SOUCHAY, P., u. G. CARPENI: Bull. Soc. chim. France 1946, **13**, 160.
[34] ROSENHEIM, PIECK u. PINSKER: Z. anorg. allg. Chem. 1916, **96**, 139.
[35] JANDER u. JAHR: Z. anorg. allg. Chem. 1933, **211**, 49.

wurden in der Weise gedeutet[36], daß sie die Bildung eines als $[H_3V_5O_{16}]^{4-}$ vorliegenden Pentavanadations in den orange gefärbten Lösungen voraussetzten. Der Schwerpunkt des Beweismaterials für die in saurer Lösung vorliegenden Typen deutet zwar wahrscheinlich auf eine Formulierung als Hexavanadat, doch liegen direkte Beweise dafür nicht vor.

Jenseits des isoelektrischen Punktes des Vanadinpentoxyds ($p_H = 1$) erfolgt zweifellos eine Bildung von Vanadylkationen, $[VO_2]^{++}$. Höchstwahrscheinlich enthalten die verschiedenen hellgefärbten, in der Literatur als Vanadate beschriebenen Verbindungen mit hohem V_2O_5-Gehalt in Wirklichkeit Vanadylkationen.

Die Bildung von Heteropolysäuren.

Die in den vorstehenden Abschnitten beschriebenen Arbeiten geben einige Deutungsversuche der zur Isopolysäurebildung führenden Vorgänge wieder. Es sollte möglich sein, diese Deutungen auf Mischungen von Lösungen auszudehnen, aus denen man Salze der Heteropolysäuren erhält. Da diese Verbindungen stets aus sauren Lösungen dargestellt werden, hat es den Anschein, als ob Phosphorsäure, Kieselsäure usw. entweder mit einem bereits vorliegenden Isopolysäureion oder mit den in geringer Konzentration vorhandenen, sich mit den Isopolysäuren im Gleichgewicht befindlichen einfachen Ionen in Reaktion treten.

Über den Aufbau der Heteropolysäurelösungen liegt noch nicht sehr viel Beweismaterial vor. Diffusions- und Dialysemessungen[37] zeigen ganz eindeutig, daß — abgesehen vielleicht von ganz konzentrierten Lösungen — die Anionen der 12-Polysäuren in Typen dissoziiert sind, die etwa das gleiche Ionengewicht besitzen, wie man es bei gleicher Wasserstoffionenkonzentration in reinen Molybdat- oder Wolframatlösungen findet. Jander und Souchay stimmen darin überein, daß die Bildung und der Abbau beispielsweise des 12-Wolframatophosphations als Reaktion zwischen dem Phosphation und Pseudometawolframation, $[H_3W_6O_{21} \cdot aq]^{3-}$, dargestellt werden kann; das würde darauf hindeuten, daß als einziges Heteropolysäureanion in Lösung ein 6-Wolframatophosphation auftritt, das in keinem kristallinen Salz bekannt ist.

$$[PO_4 \cdot 12\,WO_3]^{3-} + 3\,H_2O \rightleftharpoons [H_3W_6O_{21}]^{3-} + [PO_4 \cdot W_6O_{18}]^{3-} + 3\,H^+$$
$$[PO_4 \cdot W_6O_{18}]^{3-} + 3\,H_2O \rightleftharpoons [H_3W_6O_{18}]^{3-} + H_2PO_4^- + H^+.$$

Diese beiden Gleichgewichte würden bei zunehmender Acidität stark verschoben werden, was damit übereinstimmen würde, daß die Salze und die Drechsel-Ätherkomplexe der Heteropolysäuren nur aus stark sauren Lösungen dargestellt werden können.

Die Bildung von Polysäuren der 1:6-Reihe paßt offenbar ebenso wie die Darstellung der sog. 1:9-Verbindungen in das gleiche Reaktionsschema, wobei die letztgenannten Verbindungen durch die doppelte

---

[36] Britton u. Robinson: J. chem. Soc. 1932, 1955. — Britton u. Welford: J. chem. Soc. 1940, 761.

[37] Jander u. Witzmann: Z. anorg. allg. Chem. 1933, **214**, 145. — Jander: Z. physik. Chem. 1940, **187**, 149. — Jander u. Exner: Z. anorg. allg. Chem. 1942, **190**, 195.

Formulierung, z. B. $Na_6[(PO_4)_2 \cdot 18\,WO_3] \cdot aq$ dargestellt zu werden pflegen. Demgegenüber läßt sich aber die Bildung von 1:11- (oder möglicherweise 2:22-) Reihen, zu welchem Typus beispielsweise das Salz $7\,K_2O \cdot P_2O_5 \cdot 22\,WO_3 \cdot aq$ gehört, nicht mehr durch eine Reaktionsfolge mit vorgebildeten Hexawolframatbausteinen in jeder Stufe erklären. Den Säuren dieser Reihe kommt insofern eine Bedeutung zu, als festgestellt wurde[38], daß sie die ersten Abbauprodukte der 12-Wolframatophosphate und anderer Säuren vom 1:12-Typus darstellen. Wenn dies zutrifft, würde es bedeuten, daß an den beschriebenen Reaktionen einfache WO_4^{--}- und MoO_4^{--}-Ionen beteiligt sind.

Die Struktur der Polysäuren.

Als allgemeine Schlußfolgerung ergibt sich aus vorstehender Diskussion, daß die Polysäuren durch eine Folge reversibler Reaktionen vom Typus der „Sauerstoff-Brückenbildung" entstehen, dem wir bereits früher (Kapitel VI) begegnet sind. Bei diesen Aggregationsvorgängen sind die Anionen mit sechs Molybdän-, Wolfram- und möglicherweise auch Vanadinatomen bemerkenswert, da sie sich durch eine besondere Beständigkeit auszeichnen und Struktureinheiten bilden können, die direkt in den Salzkristallen auftreten oder weitere Kondensationsprozesse eingehen können. Die physikalisch-chemischen Untersuchungen liefern keinen Anhalt dafür, daß das $M_2O_7^{--}$-Ion, das nach der ROSENHEIM-MIOLATIschen Theorie eine Sonderstellung einnimmt, in irgendeiner Stufe in nennenswerter Konzentration vorliegt; trotzdem tritt es zweifellos als Zwischenstufe bei den Aggregationsvorggängen auf.

Die gegenwärtige Vorstellung von dem Aufbau der Polysäuren hat ihren historischen Ursprung in der Theorie von PFEIFFER[39], nach der Komplexe mit höherer Koordinationszahl sich leichter um ein mehratomiges Zentralion als um ein Zentralatom anordnen. Unter Benutzung der ROSENHEIM-MIOLATIschen Ansichten, daß Polysäuren sich von hypothetischen Säuren $H_{12-n}[XO_6]$ ableiten, gelangte PFEIFFER zu der Auffassung, daß um das $[XO_6]$-Ion WO_3- oder MoO_3-Moleküle koordinativ in einer zweiten Schale angeordnet wären, so daß sich z. B. die Formulierung $H_7[PO_6(WO_3)_{12}]$ ergibt. In diesem Sinne sind auch die auf den Röntgenuntersuchungen der Kristallstrukturen beruhenden stereochemischen Vorstellungen auf die Theorie der 12-Polysäuren zuerst von PAULING und dann sehr erfolgreich von KEGGIN angewandt worden.

Es wurde — hauptsächlich von W. L. BRAGG und seiner Schule — gezeigt, daß die Strukturen der Silikate und ähnlicher komplexer Kristalle sich aus positiven Ionen (z. B. Al^{3+}, Ca^{2+}, Si^{4+}) und negativen Ionen (z. B. O^{2-}, OH^-) aufbauen können, die so angeordnet sind, daß jedes positive Ion von negativen Ionen in regelmäßiger, geometrischer Anordnung umgeben ist. Die *Koordinationszahl* des positiven Ions in

---

[38] MALAPRADE: Ann. Chimie 1929, **11**, 104. — SOUCHAY: Ann. Chimie 1945, **20**, 73.

[39] PFEIFFER: Z. anorg. allg. Chem. 1918, **105**, 26.

diesem kristallographischen Sinne, wie es V. M. GOLDSCHMIDT[40] auffaßt hängt nur von dem Verhältnis des Radius des positiven Ions, r_A, zu dem des negativen Ions, r_B, ab (Tabelle 3).

Für die mit Sauerstoff koordinierten metallischen Ionen sind die GOLDSCHMIDTschen Koordinationszahlen 4 und 6 bevorzugt (Tabelle 4), so daß man sich die entstehenden Strukturen aus Sauerstofftetraedern oder -oktaedern aufgebaut vorstellen kann; die Kanten, Ecken und Flächen dieser Formen sind so angeordnet, daß sich die richtige Bruttozusammensetzung und die richtige Symmetrie ergibt.

Tabelle 3.

Grenzverhältnisse der Radien r_A/r_B	Koordinationszahl	Geometrische Anordnung
—	2	linear
0,15	3	dreieckig
0,22	4	tetraedrisch
0,41	4	quadratisch
0,41	6	oktaedrisch
0,73	8	würfelförmig

Tabelle 4. *Koordinationszahlen der Ionen in den Oxyden.*

Ion	Radienverhältnis	GOLDTSCHMIDTsche Koordinationszahl	
		vorhergesagt	beobachtet
B^{3+} . . .	0,20	3 oder 4	3 und 4
Be^{2+} . .	0,25	4	4
Si^{4+} . .	0,37	4	4
Al^{3+} . .	0,41	4 oder 6	4 und 6
Mg^{2+} . .	0,47	6	6
Ti^{4+} . .	0,55	6	6
Sc^{3+} . .	0,60	6	6
Mo^{6+} . .	0,53	6	6
Zr^{4+} . .	0,62	6	6 und 8

Aus der Tabelle 4 geht hervor, daß um ein Mo^{6+}- oder W^{6+}-Ion für ein Sauerstoffoktaeder Platz ist. PAULING[41] schlug demzufolge vor, anzunehmen, daß in den 12-Polysäuren 12 solcher Mo_6-Oktaeder dadurch miteinander verbunden sind, daß jedes drei Ecken mit dem benachbarten Oktaeder gemeinsam hat. Jedes behält dann drei unbesetzte Ecken. Um diese abzusättigen, nimmt PAULING[41] an, daß Wasserstoffionen aufgenommen werden (ein Teil des Kristallwassers wird dann Konstitutionswasser), wodurch eine beständige, neutrale $M_{12}O_{18}(OH)_{36}$-Gruppe entsteht (Abb. 33a und b). In Abb. 33b sind die Oktaeder schematisch durch kleine Kreise dargestellt. Im Mittelpunkt der so gebildeten Struktur ist Platz für ein tetraedrisches Ion XO_4. Die gesamte Basizität des Anions ist dann 8—n, wobei n die Wertigkeit des Atoms X bedeutet. Nach COPAUX und ROSENHEIM gibt PAULING den Metamolybdaten und Metawolframaten ein $[H_2O_4]^{6-}$-Zentralion als Grundlage. Die sich daraus ergebenden Formeln sind dann:

Metamolybdate	$X = H_2$	$H_6[H_2O_4 \cdot Mo_{12}O_{18}(OH)_{36}]$
Salze der 1-Borsäure-12-Molybdänsäure . .	$X = B$	$H_5[BO_4 \cdot Mo_{12}O_{18}(OH)_{36}]$
Salze der 1-Kieselsäure-12-Molybdänsäure .	$X = Si$	$H_4[SiO_4 \cdot Mo_{12}O_{18}(OH)_{36}]$

Die Basizitäten stimmen mit den experimentellen Werten überein. Es zeigt sich indessen, daß es keine Säuren oder Salze geben dürfte,

[40] GOLDSCHMIDT, V. M.: Ber. dtsch. chem. Ges. 1927, **60**, 1263.
[41] PAULING: J. Amer. chem. Soc. 1929, **51**, 2868.

die weniger als 18 Moleküle Konstitutionswasser enthalten; dies stimmt nicht mit den bekannten Tatsachen überein. So fanden SCROGGIE und CLARK[42], daß 1-Kieselsäure-12-Wolframsäure, die bei 100° getrocknet ist, einschließlich der vier ionisierbaren Wasserstoffatome acht Moleküle H_2O enthält, so daß ihre Bruttoformel $H_{16}SiW_{12}O_{46}$ lautet. Sechs Moleküle dieses sehr fest gebundenen Wassers — aber nicht mehr — können durch Entwässern entfernt werden, ohne daß die Polysäure

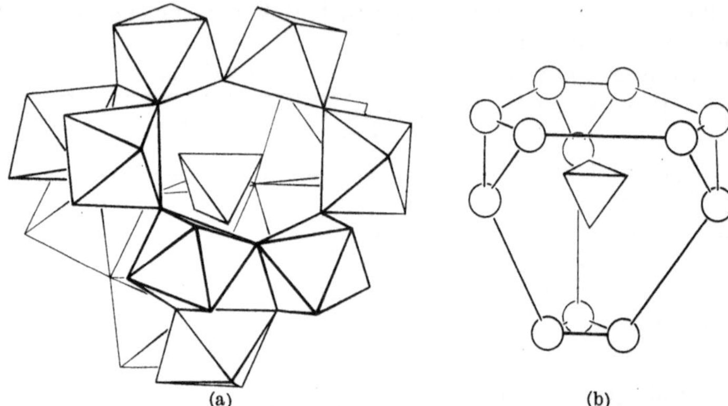

Abb. 33 a u. b. Die Struktur des 1-Kieselsäure-12-Wolframsäure- und verwandter Ions nach PAULING. 12 gegeneinander verdrehte Oktaeder sind dadurch miteinander verbunden, daß sich die Ecken in der angegebenen Weise berühren. Die entstehende Struktur wird, wie schematisch in b gezeigt ist, zusammengehalten. Die vollständige Struktur hat die Zusammensetzung $[SiO_4W_{12}O_{18}(OH)_{36}]^{4-}$.

zerstört wird; es ergibt sich eine Verbindung $H_4SiW_{12}O_{40}$, die als wasserfreie Säure betrachtet werden muß. Diese Form des Anions, $[RM_{12}O_{40}]$, scheint tatsächlich ganz allgemein die niedrigste Stufe zu sein, die durch Entwässerung der 12-Polysäuren erhalten werden kann. Es gibt auch von den 12-Heteropolysäuren Salze, die im wasserfreien Zustand dargestellt werden können, z. B.

$K_3PW_{12}O_{40}$ . . . . $K_3PMo_{12}O_{40}$
$(NH_4)_3AsW_{12}O_{40}$ . . $K_3HSiMo_{12}O_{40}$
$Tl_3HSiW_{12}O_{40}$ . . . $(NH_4)_3HMnMo_{12}O_{40}$
$(NH_4)_3HTiMo_{12}O_{40}$

Die Existenz dieser Form des Anions setzt sowohl die ROSENHEIMsche als auch die PAULINGsche Theorie außer Kraft; sie ergab aber die Grundlage zu einer ähnlichen Struktur, die von KEGGIN aufgestellt wurde. Der eigentliche Beitrag von PAULING bestand in der Vorstellung, daß man das Anion einer Polysäure als abgeschlossene Einheit mit typischer Oxyd-Koordinationsstruktur auffassen könne. Das allgemeine Aufbauprinzip der Trioxyde MoO_3 und WO_3 sowie aller komplexen Zwischenoxyde von Wolfram und Molybdän besteht darin, daß sich MO_6-Oktaeder mit gemeinsamen Ecken und Kanten berühren[43].

[42] SCROGGIE u. CLARK: Proc. Nat. Acad. Sci. USA 1929, **15**, 1. — Siehe auch ROSENHEIM: Z. anorg. allg. Chem. 1934, **220**, 73. — KAHANE: Bull. Soc. chim. France 1931, IV, **49**, 557.

[43] MAGNELI, A.: Ark. Kem. Mineralog., Geolog. 1946, No 24 A; Acta chem. scand. 1948, **2**, 501.

KEGGIN[44] baut wie PAULING das Polysäureanion auf einer Koordinationsstruktur auf. Ein tetraedrisches XO_4-Ion als Zentrum ist von MoO_6- oder WO_6-Oktaedern umgeben. Jedes Eckatom dieser XO_4-Gruppe wird von drei Oktaedern berührt (Abb. 34a), von denen ebenfalls jedes ein Sauerstoffatom mit jedem seiner zwei Nachbarn gemeinsam hat. Die vier Mo_3O_{13}-Gruppen, die man so erhält, werden durch sich berührende Ecken verbunden (Abb. 34b) und ergeben ein Anion der Form $[XM_{12}O_{40}]^{8-n}$. Die Anordnung derartiger Anionen im Kristall läßt weite

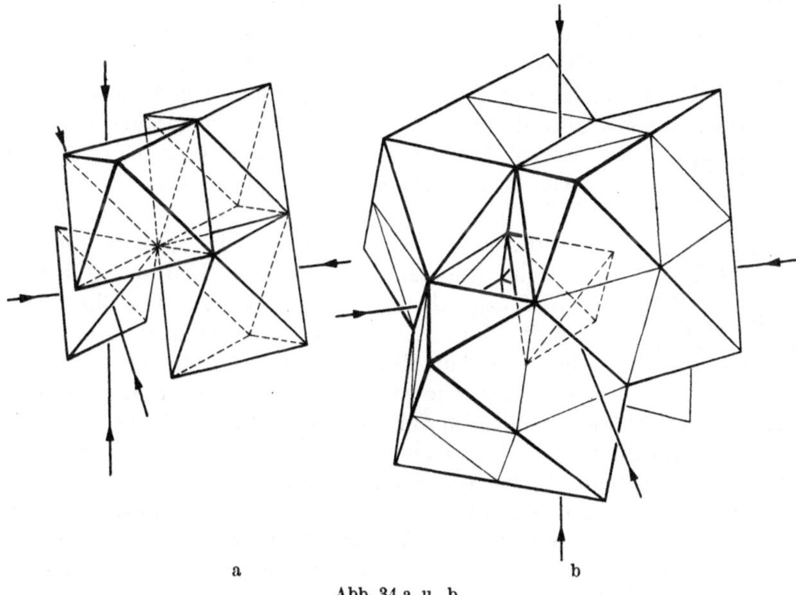

Abb. 34 a u. b.

Zwischenräume offen, die ausgefüllt werden können und so die Existenz von wasserreichen Hydraten, beispielsweise $H_3[PW_{12}O_{40}] \cdot 29\ H_2O$, zulassen. Dieses Hydrat verliert leicht sein Wasser bis zu $H_3[PW_{12}O_{40}] \cdot 5\ H_2O$. In den Salzen treten in den durch drei von diesen Wassermolekülen angefüllten Zwischenraum drei Kationen; dadurch findet die bevorzugte Bildung von Salzen des Typus $K_3H[SiMo_{12}O_{40}]$ ihre Erklärung, die man selbst in den Fällen beobachtet, in denen man einen vollständigen Ersatz der Wasserstoffatome erwarten sollte[45].

Unabhängig davon, ob die vier inneren Sauerstoffatome mit zentralen XO_4-Gruppen in Berührung stehen oder nicht, ist die äußere Hülle der KEGGINschen Struktur in sich selbst vollständig. Man benötigt daher nicht die künstliche Annahme, daß sich die Metawolframate von einem $[H_2O_4]^{6-}$-Ion ableiten; man kann die Metawolframsäure vielmehr als $H_8[W_{12}O_{40}]$ auffassen.

[44] KEGGIN: Proc. Roy. Soc. 1934, A, **144**, 75.

[45] BRADLEY, A. J., u. J. W. ILLINGWORTH: Proc. Roy. Soc. 1936, A, **157**, 113.

Diese Auffassung von KEGGIN ist durch Röntgenuntersuchungen an zahlreichen 12-Polysäuren und ihren Salzen[46] erhärtet worden, so daß die Struktur dieser Verbindungen mit einem hohen Grad von Wahrscheinlichkeit als gesichert gelten kann. Für andere Polysäurereihen — z. B. mit 9, 10 oder 11 MoO_3 oder WO_3 je Zentralion — sind keine Strukturbeweise veröffentlicht worden. Wahrscheinlich ist es zulässig, sie als zweikernige Strukturen aufzufassen, bei denen 6, 4 oder 2 vollständige MO_6-Oktaeder gemeinsam zwei anionischen Hüllen zugeordnet sind[47].

Dieselben Prinzipien lassen sich auf das Problem der 6-Polysäuren anwenden. Nach ROSENHEIMs Formulierung sind die 6-Polysäuren nach dem Typus $R_n[X(MO_4)_6]$ aufgebaut; in ihnen liegen die W^{6+}- und Mo^{6+}-Ionen im Mittelpunkt von aus Sauerstoffionen gebildeten Tetraedern. Wie aber die Tabelle 6 erkennen läßt und wie es auch für die 12-Polysäuren zutrifft, ist das W^{6+}- und Mo^{6+}-Ion normalerweise mit sechs Sauerstoffatomen koordiniert. Die einzige geometrische Anordnung, die diese Bedingung für die $[XM_6O_{24}]$-Gruppe erfüllt, ist in Abb. 35 dargestellt; hier sind sechs MO_6-Oktaeder in einem hexagonalen Ring so angeordnet, daß sich zwei Ecken mit je zwei der benachbarten Oktaeder berühren[48]. Der zentrale Hohlraum der entstehenden $[M_6O_{24}]^{12-}$-Struktur gibt gerade Raum für ein Oktaeder, so daß das übrigbleibende Kation X^{n+} auf die gleiche Weise sechsfach koordiniert eingeführt werden kann. Die Basizität des so gebildeten Anions beträgt, wie bei ROSENHEIMs Formulierung, 12—n, wobei n die Wertigkeit des Elements X bedeutet. In dieser Struktur spielt somit das XO_6-Oktaeder dieselbe Rolle wie das zentrale XO_4-Tetraeder in der KEGGINschen Struktur bei den 12-Polysäuren.

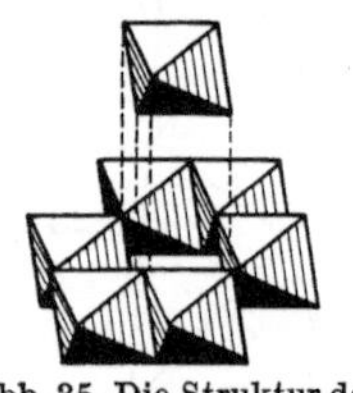

Abb. 35. Die Struktur des $[TeMo_6O_{24}]^{6-}$-Ions.

Es ist bemerkenswert, daß diejenigen Elemente, die als Zentralatome der Heteropolysäuren fungieren, in ihren Sauerstoffsäuren oder Oxydhydraten die Koordinationszahl 6 aufweisen, also $H_7[JO_6]$, $H_6[TeO_6]$ bzw. $FeO \cdot OH$, $Al(OH_3)$.

EVANS[49] fand, daß die in Abb. 35 wiedergegebene Struktur, die auf Grund stereochemischer Überlegungen für die 6 Polysäuren vorgeschlagen wurde, unmittelbar das Anion des Kalium- und Ammoniumsalzes der 1-Tellur-6-Molybdänsäure darstellt.

Da sich für die Paramolybdate die Zusammensetzung $R_6[Mo_7O_{24}]$ als richtig herausgestellt hat, könnte man die Verbindungen im Grunde genommen auch als 6-Polysäuren auffassen, bei denen als Zentralatom

[46] ILLINGWORTH, J. W., u. J. F. KEGGIN: J. chem. Soc, 1935, 575. — SANTOS, J. A.: Proc. Roy. Soc. 1935, A, **150**, 309. — KRAUS, O.: Z. Kristallogr., Kristallgeometr., Kristallphysik, Kristallchem. 1935, **91**, 402; 1936, **93**, 379.

[47] Vgl. PAULING: Diese Vorstellung wurde tatsächlich für das 18-Wolframato-2-Phosphat bestätigt. (B. DAWSON, unveröffentlicht.)

[48] ANDERSON, J. S.: Nature 1937, **140**, 850.

[49] EVANS: J. Amer. chem. Soc. 1948, **70**, 1291.

ebenfalls Molybdän fungiert und der Komplex als $R_6[Mo \cdot Mo_6O_{24}]$ formuliert werden müßte. LINDQVIST[50] zeigte, daß das $[Mo_7O_{24}]$-Anion zwar in derselben Weise wie die besprochenen Strukturen aufgebaut ist, daß es aber die in Abb. 36a wiedergegebene Struktur besitzt, die sich in der Art der Berührung der einzelnen Oktaeder von den anderen Strukturen unterscheidet. Im Zusammenhang mit dem, was über die Alterungsvorgänge in Lösungen gesagt wurde, ist vielleicht die Tatsache von Bedeutung, daß man in den Salzen der 1-Tellur-6-Molybdänsäuren und den Paramolybdaten zwei Typen einer 6-Polysäurestruktur antrifft, die durch hydrolytisches Aufspalten eines Sauerstoffbrückenpaares ineinander umgewandelt werden können.

Die Oktomolybdate enthalten ein analog aufgebautes komplexes Anion[51] (Abb. 36c). Bei der Konfiguration dieses Anions ist es jedoch

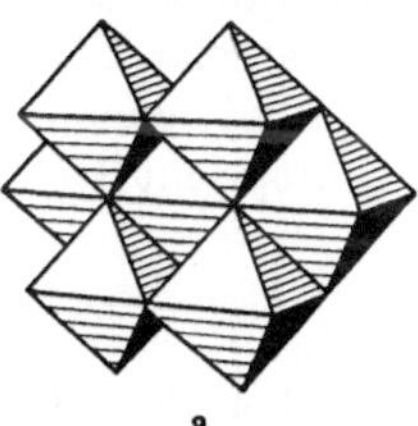
a

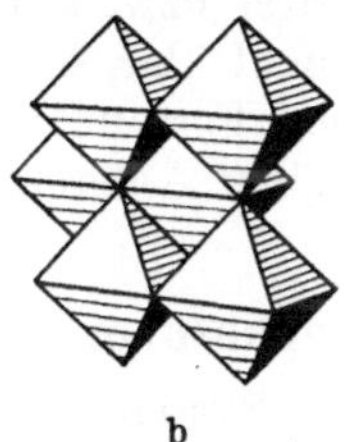
b

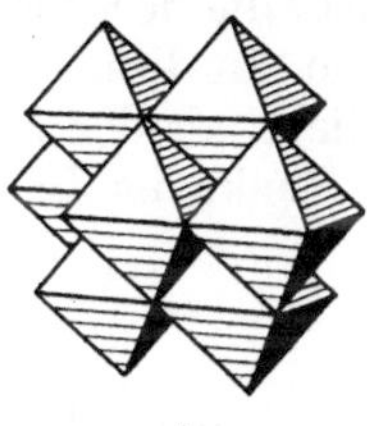
c

Abb. 36a—c.

nicht möglich, daß es durch unmittelbare Kondensation einer MoO_4^{2-}-Gruppe mit dem Paramolybdation entsteht. Es handelt sich also nicht um aufeinanderfolgende Kondensationsstufen. Sehr eindrucksvoll ist es jedoch, daß beide Formen durch Kondensationsprozesse aus dem gleichen Hexamolybdatbaustein (Abb. 36b) entstehen könnten, der zwar in einem kristallinen Salz noch nicht nachgewiesen wurde, für dessen Vorhandensein in Lösung aber deutliche Anhaltspunkte vorliegen.

JAHR[52] hat gezeigt, daß die jetzt experimentell bestätigte dichte Struktur der Abb. 35 sich auch auf die 12-Polysäuren übertragen ließe, wenn die vier M_3O_{13}-Gruppen leicht verschoben würden, so daß sich die Kanten der Oktaeder und nicht die Oktaederspitzen berühren. Es ist nicht klar, wieweit eine derartige Änderung mit den röntgenographisch ermittelten Daten von KEGGIN in Einklang steht. Wenn die Vorstellung richtig ist, ergäbe sich als interessante Folgerung, daß dieselbe Grundeinheit, die in sauren Lösungen vorliegt (wenn man die plausible Annahme macht, daß man die formale Schreibweise $[HM_6O_{21}]^{5-}$ durch $[HM_6O_{18}(OH)_6]^{5-}$, eine Formulierung mit Konstitutionswasser, ersetzen darf) sowohl in den 6- als auch in den 12-Polysäuren als Strukturelement auftritt.

Es ist durchaus möglich, daß die Frage der Basizität der Polysäuren mit der Aufspaltbarkeit von Sauerstoffbrücken infolge Hydratation in

[50] LINDQVIST, I.: Ark. Kemi 1950, **2**, 325.
[51] LINDQVIST, I.: Ark. Kemi 1950, **2**, 349.
[52] JAHR: Naturwissenschaften 1941, **29**, 528. — O'DANIELL: Z. Kristallogr., Mineralogie, Petrogr. 1942, **104**, 225.

Zusammenhang steht. Wie die Dinge liegen, wird den 12-Polysäuren durch das KEGGINsche Käfigmodell die Basizität des Zentralatoms aufgedrängt. Das erklärt aber nicht die hohen Basizitäten, die man bei einigen Silber-, Quecksilber-, Guanidin- und anderen Salzen beobachtet hat. Wenn es sich hierbei um basische Salze handeln würde, wäre es erstaunlich, daß ihre Zusammensetzung so oft mit den nach der ROSENHEIMschen Theorie geforderten Basizitäten übereinstimmt. Das eindeutig charakterisierte Eisen(III)-salz der Kiesel-12-Wolframsäure, $Fe_5H[SiW_{12}O_{40}]_2 \cdot 52\ H_2O$ [53], läßt sich kaum anders als mit einem achtbasischen Anion formulieren. Diese Basizität kann nur erreicht werden, wenn es sich bei einigen Wassermolekülen um Konstitutionswasser handelt, z. B. $Fe_5H[SiW_{12}O_{40}(OH)_4]_2 \cdot 48\ H_2O$. Es wurde weiterhin festgestellt, daß die 1-Phosphor-12-Wolframsäure zwei Äquivalenzpunkte aufweist, die der Zugabe von drei bzw. sieben Alkaliäquivalenten entsprechen. In diesem Falle ist nicht klar, ob die Basizität vier Einheiten höher liegt, als der KEGGINschen Formulierung entspricht, oder ob der zweite Punkt der Beendigung einer Abbaureaktion entspricht [38, 54].

Die Polyphosphorsäuren.

In den oben besprochenen Systemen entstehen bei der Bildung kondensierter Säuren in allen Fällen diskrete Anionen. Im Gegensatz dazu beruht das Aufbauprinzip der Silikate — wenn auch nicht ausschließlich, so doch vorwiegend — auf der Kondensation von $[SiO_4]$-Gruppen in unendlicher Wiederholung, wie in einem späteren Abschnitt gezeigt wird. Die Chemie der Silikate handelt vom festen Zustand und nicht von Lösungsgleichgewichten. Die Sauerstoffsäuren der V. Gruppe des Periodischen Systems nehmen nun eine Zwischenstellung zwischen diesen beiden Gruppen von Polysäuresystemen ein; die Arbeiten der letzten Jahre haben gezeigt, daß die Phosphorsäuren, und wahrscheinlich auch die Arsensäuren, einen Zwischenzustand zwischen den beiden extremen Verbindungsklassen darstellen [55].

Daß es drei Hydratationsstufen des Phosphorpentoxyds gibt, die die Ortho-, Pyro- und Metaphosphate bilden, wurde erstmalig 1833 von THOMAS GRAHAM erkannt und richtig gedeutet [56]. GRAHAM zeigte, daß bei der Entwässerung von Dinatriumhydrogenphosphat und Natriumdihydrogenphosphat Pyro- bzw. Metaphosphat erhalten würde. FLEITMANN und HENNEBERG [57] und andere Forscher nach ihnen beschrieben, daß beim Erhitzen von Gemischen aus Natriummeta- und -pyrophosphat Natriumsalze höher aggregierter Polyphosphorsäuren — z. B. $Na_5P_3O_{10}$, $Na_6P_4O_{13}$ und $Na_{12}P_{10}O_{31}$ — entstünden. Die Existenz dieser Verbindungen war lange Zeit umstritten, jetzt scheint aber mit ziemlicher

---

[53] KRAUS, O.: Naturwissenschaften 1939, **27**, 740.

[54] NIKITINA: J. Gen. Chem. Russ. 1940, **10**, 779, behauptet, $Na_7[PW_{12}O_{42}] \cdot aq$ dargestellt zu haben.

[55] TOPLEY, B.: Quart. Rev. (Chem. Soc. London) 1949, **3**, 345.

[56] GRAHAM, THOMAS: Philos. Trans. Roy. Soc. London 1833, **123**, 253.

[57] FLEITMANN u. HENNEBERG: Liebigs Ann. Chem. 1848, **65**, 324.

Sicherheit festzustehen[58, 59], daß bei der thermischen Analyse des Systems $NaPO_3 + Na_4P_2O_7$ als einzige Verbindung das Tripolyphosphat nachzuweisen ist. Dieses bildet sich mit bemerkenswerter Geschwindigkeit[60] durch Reaktion im festen Zustand nach

$$NaPO_3 + Na_4P_2O_7 \rightleftharpoons Na_5P_3O_{10},$$

zersetzt sich aber peritektisch bei etwa 620°.

Bei der Umwandlung der Phosphorsäuren ineinander handelt es sich um irreversible Hochtemperaturreaktionen und nicht um reversible Säuren-Basen-Beziehungen, wie sie im vorhergehenden Abschnitt diskutiert wurden. Strukturell verlaufen jedoch die ersten Kondensationsstufen ganz normal durch Verbindung von Koordinationspolyedern mit gemeinsamen Sauerstoffatomen. Wenn man die Anionen als

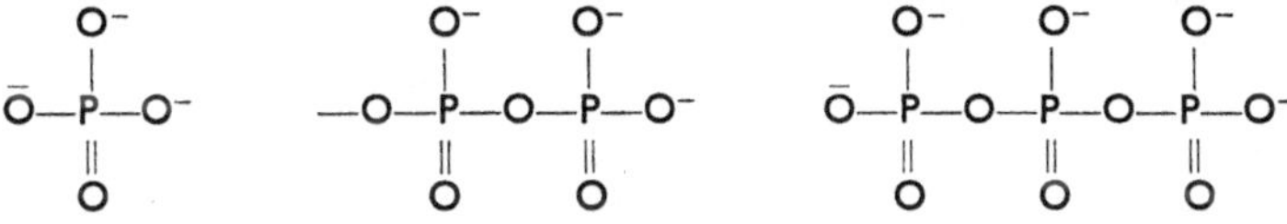

formuliert, erkennt man, daß sie sich nach dem bereits besprochenen Prinzip durch gemeinsame Sauerstoffatome zwischen tetraedrischen PO_4^{3-}-Gruppen aufbauen. In allen Fällen verhält sich ein Wasserstoffatom je Phosphoratom als stark saurer Wasserstoff, während die übrigen Wasserstoffatome nur schwach dissoziiert sind. Diese Eigenschaft zeigt sich deutlich bei der potentiometrischen Titration und an der Bildung saurer Pyro- und Triphosphate, wie $Na_2H_2P_2O_7$ und $Na_3H_3P_3O_{10}$.

Die Metaphosphate lassen sich nicht ohne weiteres in das Schema derartiger Kondensationsprozesse einordnen. Sie bieten ein derartig vielfältiges Bild, daß es überhaupt erst in den allerletzten Jahren möglich war, ihre Bildung und Struktur aufzuklären. Während es sich bei den Ortho-, Pyro- und Triphosphorsäuren um klar definierte chemische Formen handelt, hängen die physikalischen Eigenschaften und chemischen Reaktionen der Metaphosphorsäure und ihrer Salze — und damit auch ihr Molekularaufbau — weitgehend von der Natur des Ausgangsmaterials, den Darstellungsbedingungen sowie einer späteren Nachbehandlung bei höherer Temperatur ab, so daß man auf die Existenz verschiedener Verbindungen mit der gleichen Bruttoformel $(HPO_3)_n$ schließen muß. In Tabelle 5 sind die Beziehungen zwischen den wichtigsten Metaphosphatarten, wie sie sich aus den Arbeiten von Patridge, Hicks und Smith[59], Thilo und Raetz[61] und früheren Veröffentlichungen anderer Forscher ergeben, zusammengestellt.

Die Entwässerung von Natriumdihydrogenphosphat liefert in wechselnder Menge gleichzeitig zwei Produkte mit derselben Bruttoformel $NaPO_3$. Hierbei handelt es sich auf der einen Seite um ein

[58] Andress, K. R., u. K. Wüst: Z. anorg. allg. Chem. 1938, **237**, 113; 1939, **241**, 196.

[59] Partridge, E. P., V. Hicks u. G. W. Smith: J. Amer. chem. Soc. 1941, **63**, 454.

[60] Schwarz, T.: Z. anorg. allg. Chem. 1895, **9**, 249. — Huber, H.: Z. anorg. allg. Chem. 1936, **230**, 133.

[61] Thilo u. Raetz: Z. anorg. allg. Chem. 1949, **258**, 33.

Tabelle 5.

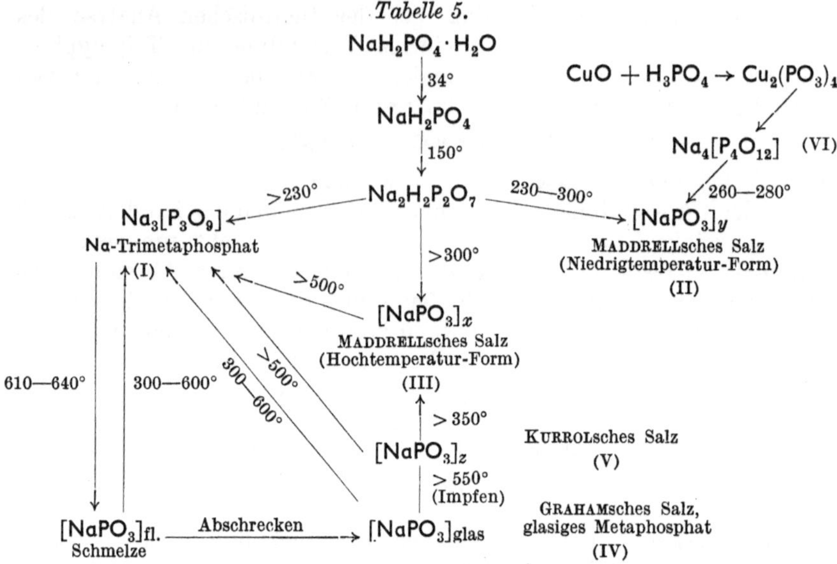

lösliches Salz (I) und auf der anderen Seite um eine unlösliche Verbindung, die noch am wenigsten aufgeklärte Metaphosphatform, die nach ihrem Entdecker als MADDRELLsches Salz bezeichnet wird[62]. In der Zwischenzeit hat sich herausgestellt, daß es zwei Formen des MADDRELLschen Salzes gibt (II) und (III), die bei tiefer bzw. hoher Temperatur entstehen. Beide Typen sind gegenüber dem löslichen Salz (I) thermodynamisch unbeständig. Bei dieser löslichen Form (I), welche als Endprodukt beim Tempern sämtlicher Natriummetaphosphate bei 550—600° entsteht, handelt es sich eindeutig um Natriumtrimetaphosphat, $Na_3[P_3O_9]$, wie durch kryoskopische Messungen[63], Bestimmungen des Ionengewichts[64] und durch seine Hydrolyse nachgewiesen werden konnte, die zunächst zu $Na_3H_2P_3O_{10}$ und dann zu einem äquimolekularen Gemisch von Ortho- und Pyrophosphat führt:

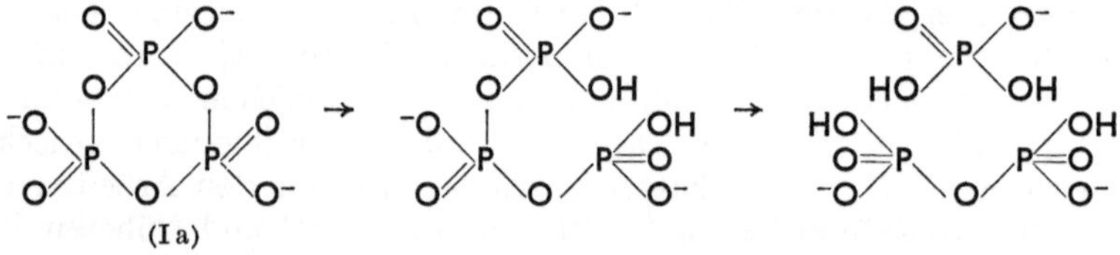

(I a)

Die für das Anion angegebene Ringform (I a) steht mit der Tatsache in Einklang, daß frisch bereitete Lösungen der freien Säure Titrationskurven ergeben, die starken einbasischen Säuren entsprechen würden: Sämtliche Wasserstoffatome sind gleichwertig und gleich stark sauer. In der Kristallstruktur des Strychninmetaphosphats konnte das Vorhandensein eines derartigen ringförmigen $[P_3O_9]^{3-}$-Ions nachgewiesen

[62] MADDRELL: Liebigs Ann. Chem. 1847, **61**, 53.
[63] NYLEN, P.: Z. anorg. allg. Chem. 1936, **229**, 30.
[64] TEICHERT, W., u. K. RINMAN: Acta chem. scand. 1948, **2**, 225.

werden. Sämtliche Trimetaphosphate (auch die des Ca, Sr, Ba, Ag und Pb) sind wasserlöslich.

Es gibt noch eine zweite kristalline, wasserlösliche Metaphosphatform, die man durch Einwirkung von Phosphorsäure auf Schwermetalloxyde erhält[65] und die man früher als Dimetaphosphate bezeichnete. In Wirklichkeit handelt es sich, wie durch kryoskopische Messungen bewiesen wurde[63, 66], um Tetrametaphosphate (VI), die das ringförmige Anion (VI a) enthalten; dieses fand man in der Kristallstruktur des Aluminiumsalzes, $Al_4[P_4O_{12}]_3$. Die Hydrolyse von Natriumtetrametaphosphat führt zu einem Gemisch von Pyro- und Orthophosphat; nach THILO und RAETZ[67] erfolgt aber bei vorsichtiger Hydrolyse unter Verwendung der theoretisch erforderlichen Menge von Alkali zunächst eine Aufspaltung des ringförmigen Anions unter Bildung eines Salzes der unbeständigen Tetraphosphorsäure

```
  O⁻     O⁻
  |      |
O=P──O──P=O
  |      |
  O      O
  |      |
O=P──O──P=O
  |      |
  O⁻     O⁻
```

(VI a)

$$Na_4[P_4O_{12}] + 2\,NaOH \rightleftharpoons Na_6[P_4O_{13}] \rightarrow Na_4P_2O_7 + Na_2H_2P_2O_7 .$$

Natriumtetrametaphosphat zersetzt sich bei 260—280° und wandelt sich direkt in MADDRELLsches Salz um.

Das GRAHAMsche Salz.

Sämtliche Natriummetaphosphatformen schmelzen bei 610—620° und bilden eine viskose Flüssigkeit. Diese besitzt ein starkes Lösevermögen für Metalloxyde, die sie unter Bildung ihrer Orthophosphate aufnimmt. Die Schmelzen zeigen nur eine geringe Neigung zur Kristallisation, beim schnellen Abkühlen erstarren sie zu einer glasigen Masse, die als GRAHAMsches Salz bekannt ist. Wie GRAHAM feststellte, ist dieses Glas in Wasser löslich und hydrolysiert in wäßriger Lösung bei gewöhnlicher Temperatur nur langsam. Die Lösungen besitzen die Eigenschaft, mit Calcium- und anderen zweiwertigen Kationen Komplexverbindungen (bisher noch unbekannter Konstitution) zu bilden, die die Fällung der Karbonate verhindern. Aus diesem Grunde hat das GRAHAMsche Salz eine ausgedehnte Anwendung zur Behandlung von Kesselspeisewasser gefunden; das in der letzten Zeit beobachtete wissenschaftliche Interesse an der Chemie der Metaphosphorsäuren geht größtenteils auf diese technologische Bedeutung des GRAHAMschen Salzes zurück.

Auf Grund eines unzureichenden Beweismaterials kam FLEITMANN (1849) zu dem Schluß, daß es sich bei dem GRAHAMschen Salz um Natriumhexametaphosphat, $Na_6[P_6O_{18}]$, handele, und diese Bezeichnung hat sich bis heute erhalten. Nun besitzt aber der von PASCAL (1923) beschriebene mutmaßliche Äthylester der Hexametaphosphorsäure Eigenschaften (Unlöslichkeit in Äther, teilweise Löslichkeit in Chloroform),

[65] FLEITMANN: Pogg. Ann. 1849, **78**, 233, 338. — WARSCHAUER: Z. anorg. allg. Chem. 1903, **36**, 137.
[66] BONNEMAN-BEMIA: Ann. Chimie 1941, **15**, 457.
[67] THILO u. RAETZ: Z. anorg. allg. Chem. 1950, **260**, 255.

die darauf hindeuten, daß man bei der Darstellung ein Gemisch hochmolekularer Metaphosphorsäureester erhalten hat. Einen endgültigen Beweis für die Konstitution des GRAHAMschen Salzes erhielt man erst, als LAMM und MALMGREEN[68] durch Sedimentationsmessungen und KARBE und JANDER[69] mit Dialyse- und Diffusionsbestimmungen zeigten, daß es sich bei der Verbindung um ein hochpolymeres Natriummetaphosphat, $[NaPO_2]_n$ handelt, bei dem sich n — nach KARBE und JANDER — im Bereich von 34—90 bewegt. Hinsichtlich des Polymerisationsgrades bestehen noch Unklarheiten, auf jeden Fall nimmt er jedoch mit der Temperatur, von der die Schmelze abgeschreckt wird, zu, z. B. von $n = 16$, wenn das Material von 650° abgeschreckt wird, bis $n = 35$ beim Abschrecken von 900°[64].

Beim Tempern oberhalb von 550° wird das GRAHAMsche Salz — besonders wenn es mit dem Endprodukt geimpft wird — teilweise in eine röntgenographisch faserige, asbestähnliche Substanz umgewandelt, die auch ein typisches Faserdiagramm ergibt und nach ihrem Entdecker als KURROLsches Salz bezeichnet wird[70]. Das Salz ist in Wasser unlöslich, quillt aber — besonders wenn ein- oder zweiwertige Ionen in der Lösung vorhanden sind — zu einem Gel. Die Beziehungen zwischen dem KURROLschen Salz und dem GRAHAMschen und MADDRELLschen sind noch nicht völlig aufgeklärt. Seine Bildungsweise würde darauf hindeuten, daß es sich im wesentlichen um eine kristallin-geordnete Form des GRAHAMschen Salzes handelt, dessen Molekulargröße sich nicht stark von diesem zu unterscheiden braucht. Da das MADDRELLsche noch unlöslicher ist als das KURROLsche Salz, kann man vielleicht annehmen, daß es eine noch höhere Polymerisationsstufe darstellt.

Die morphologische Ähnlichkeit zwischen dem KURROLschen Salz und den typischen faserigen Metasilikaten lassen eine analoge Struktur vermuten. Genau wie die Struktur der Metasilikate auf langkettigen Anionen beruht (VII), könnten die Anionen in den hochmolekularen Metaphosphaten aus vielen in (VIII) dargestellten Einheiten aufgebaut sein.

$$-\left[-O-\overset{\displaystyle O^-}{\underset{\displaystyle O}{\overset{|}{\underset{|}{Si}}}}- \right]_n^{2n-}- \qquad -\left[-O-\overset{\displaystyle O}{\underset{\displaystyle O}{\overset{\|}{\underset{|}{P}}}}- \right]_n^{n-}-$$

(VII) (VIII)

Die Unterschiede in Löslichkeit und Schmelzpunkten lassen sich zum Teil durch die geringere Ionenladung in der Struktureinheit der Metaphosphate erklären. Während jedoch die Metasilikatketten unendlich lang sind und nur in der Struktur kristalliner Stoffe auftreten, umfassen die Metaphosphatketten im GRAHAMschen Salz offenbar nur 16—40 oder bis 100 Glieder. Die beiden Enden der Kette müssen demzufolge durch

[68] LAMM u. MALMGREEN: Z. anorg. allg. Chem. 1940, **245**, 103.
[69] KARBE u. JANDER: Kolloid Beih. 1942, **54**, 1.
[70] TAMMANN, G.: J. prakt. Chem. 1892, [II], **45**, 417.

geeignete Gruppen (z. B. —OH) abgeschlossen sein. Wir gelangen damit zu der Formulierung (IX) als Typus für die im GRAHAMschen und KURROLschen Salz vorliegenden Phosphorsäuren. Diese Formulierung entspricht eher den Polyphosphorsäuren der Reihe $H_4P_2O_7$, $H_5P_3O_{10}$ usw., als daß man sie als ein Polymeres einer Metaphosphorsäure auffassen kann.

$$HO-\underset{HO}{\overset{O}{\overset{\|}{\underset{|}{P}}}}-\left(-O-\underset{HO}{\overset{O}{\overset{\|}{\underset{|}{P}}}}-\right)_n-O-\underset{HO}{\overset{O}{\overset{\|}{\underset{|}{P}}}}-OH$$

$$14 < n < 100$$

(IX)

Wenn die Annahme zutrifft, daß nur ein Wasserstoff je Phosphoratom stark sauer ist, ergibt sich, daß auf $n + 2$ stark saure Gruppen durch die Endgruppen zwei schwach saure Gruppen in dem Molekül vorhanden sein müssen. Unter diesem Gesichtspunkt würde das Verhältnis der schwach sauren Gruppen, wie man es durch genaue potentiometrische Titrationen ermitteln könnte, ein Maß für die Kettenlänge ergeben. Derartige Messungen sind durchgeführt worden[71]; im Lichte der erwähnten Vorstellung über den Aufbau der hochmolekularen Metaphosphate läßt sich daraus auf eine Kettenlänge von 70 bis 100 Gliedern beim GRAHAMschen Salz schließen, was also der gleichen Größenordnung, wie sie sich aus anderen Daten ergeben hat, entsprechen würde.

Diese Überlegungen erklären die Eigenschaften der Metaphosphate in Lösungen. Man muß jedoch noch die bei höheren Temperaturen und im Schmelzzustand stattfindenden Vorgänge etwas genauer beleuchten und in diesem Zusammenhang die Natur der die bei Anwendung linearer polymerer Formelketten abschließenden Endgruppen berücksichtigen. Der Schlüssel zum Verständnis dieses Problems liegt in der Beobachtung[72], daß die Metaphosphatschmelzen niemals vollständig wasserfrei sind. Selbst bei 700° enthalten sie noch genügend Wasser — fraglos konstitutionelles und kein freies Wasser —, daß Endgruppen für die Polyphosphatketten gebildet werden können. Der bei höheren Temperaturen verlaufende Vorgang des Kettenwachstums beruht auf einer fortschreitenden Austreibung von Wasser. Beim Tempern werden schließlich sämtliche Formen in Trimetaphosphat überführt, was nicht nur dadurch bedingt ist, daß diese Form die thermodynamisch beständigste ist, sondern weil das Trimetaphosphat die Endstufe des Entwässerungsprozesses darstellt. Die Kristallisation von $Na_3[P_3O_9]$ ist mit einem Verlust von Wasser verbunden, so daß sämtliche zu dieser Stufe führenden Reaktionen irreversibel sind. Die Aufnahme und Abgabe von Wasser im festen Zustand oder in der Schmelze verleiht dem System eine gewisse Beweglichkeit; ein Abbruch der Ketten kann entweder zur Bildung der stabilen ringförmigen $[P_3O_4]^{3-}$-Gruppe oder — durch Vereinigung mehrerer Kettenbruchstücke — zu einer Verlängerung der Ketten führen. Auf diese Weise kann beim Tempern von KURROLschem Salz oder Tetrametaphosphat sowohl Trimetaphosphat als aber auch MADDRELLsches Salz entstehen.

---

[71] RUDY u. SCHLOESSER: Ber. dtsch. chem. Ges. 1940, **73**, 484. — SAMUELSON: Svensk. kem. Tidskr. 1944, **56**, 343.

[72] HUBER u. KLUMPNER: Z. anorg. allg. Chem. 1943, **251**, 213.

Die Polymetarsenate.

Im Vergleich zu den Metaphosphaten wurde die Bildung von Polysäuren beim Arsen bisher nur wenig untersucht. Aus den vorliegenden Arbeiten geht jedoch klar hervor, daß zwischen dem Phosphat- und Arsensystem ein großer Unterschied in der Beständigkeit und Reaktionsfähigkeit besteht.

Bei der Entwässerung von Natriumdihydrogenarsenat entstehen nacheinander einfache Polyarsenate und Polymetarsenate, jedoch sind definierte Metaarsenatformen nicht charakterisiert worden.

$$NaH_2AsO_4 \cdot 2\,H_2O \xrightarrow{50^\circ} NaH_2AsO_4 \xrightarrow{90^\circ} Na_2H_2As_2O_7 \xrightarrow{135^\circ} Na_3H_2As_3O_{10}$$

$$NaH_2AsO_4 \cdot 2\,H_2O \longrightarrow Na_3H_2As_3O_{10}$$

$$Na_3H_2As_3O_{10} \xrightarrow{230^\circ} [NaAsO_3]_x \xrightarrow[615^\circ]{} \text{Schmelze}$$

Die Entwässerungsprodukte reagieren mit Wasserdampf, wobei durch Hydratation rückläufig die gleichen Stufen wie bei der Entwässerung nachgewiesen werden können. Wenn man Metaarsenat mit der theoretisch erforderlichen, in Äther gelösten Wassermenge behandelt, wird $Na_3H_2As_3O_{10}$ zurückgebildet[73]. Beim Auflösen irgendeines der Polyarsenate erfolgt stets eine schnelle und vollständige Hydrolyse. Offensichtlich wird die As—O—As-Brücke in den Polyarsensäuren viel leichter getrennt als die entsprechende Bindung in den Polyphosphorsäuren. Nach Ansicht von THILO beruht das darauf, daß Arsen seine Koordinationszahl von 4 auf 6 erhöhen kann. Mit dieser Vorstellung steht der außerordentlich stark hygroskopische Charakter der Arsensäure in Einklang, die bei gewöhnlicher Temperatur als $H_3AsO_4 \cdot {}^1/_2\,H_2O$ und unterhalb —30° als $H_3AsO_4 \cdot 2\,H_2O$ oder $H[As(OH)_6]$ vorliegt.

Die leichte Hydrolysierbarkeit der Polyarsenatketten wurde von THILO und PLAETSCHKE[74] zur Aufklärung des Aufbaues linearer Polyphosphate herangezogen, da sich gezeigt hatte, daß Schmelzgemische von NaH_2PO_4 und NaH_2AsO_4 mit weniger als 20 Mol.-% Arsenat als homogene Produkte feine Nadeln der Zusammensetzung $[Na(As, P)O_3]_x$ ergeben. Mit der Zusammensetzung ändern sich die Röntgendiagramme und Dichten dieser Stoffe in einer Weise, daß man bei fortschreitendem Ersatz des Phosphors durch Arsen eher einen Zusammenhang mit dem MADDRELLschen als mit dem KURROLschen Salz annehmen sollte. Während MADDRELLsches Salz völlig unlöslich ist, nimmt die Löslichkeit in kaltem Wasser ständig zu, je mehr Phosphor durch Arsen ersetzt wird. Es erfolgt eine schnelle Auflösung mit anschließender Hydrolyse der As—O—As- und As—O—P-Bindungen, so daß eine frisch bereitete Lösung mit Silbernitrat zwar einen weißen Niederschlag von $[Ag(As,P)O_3]_x$ gibt, der sich jedoch schnell verfärbt und in braunes Ag_3AsO_4 und gelbes Ag_3PO_4 übergeht. Es liegen Anzeichen für die Annahme vor, daß in den getemperten Kristallen AsO_4-Tetraeder in regelmäßiger

---

[73] THILO, E., u. I. PLAETSCHKE: Z. anorg. allg. Chem. 1950, **260**, 315.

[74] THILO, E. u. I. PLAETSCHKE: Z. anorg. allg. Chem. 1950, **260**, 297.

Anordnung in die Anionenketten eingebaut sind. So kann man bei der Darstellung unter Verwendung eines Verhältnisses $As : P = 1 : 2$ einen großen Teil des Phosphors als Pyrophosphat erhalten. Wenn man dies in Zusammenhang mit dem bekannten Verhalten der Polyphosphatketten betrachtet, kommt man zu dem Schluß, daß in dem kettenförmigen Polyanion benachbarte Phosphoratome in folgender Reihenfolge vorliegen:

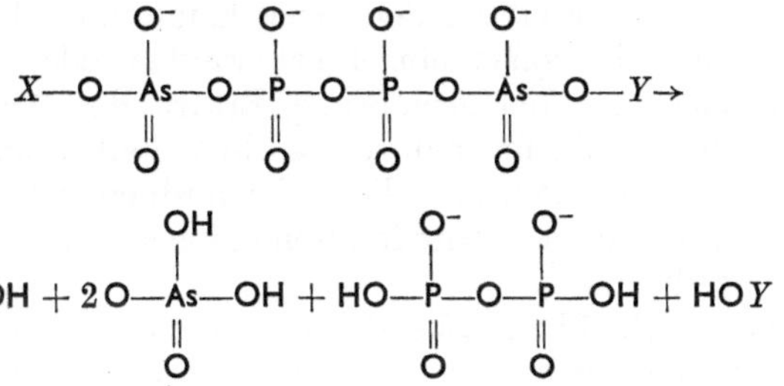

$$\begin{array}{ccccccccccccc} & & O^- & & O^- & & O^- & & O^- & & & & \\ & & | & & | & & | & & | & & & & \\ X & —O— & As & —O— & P & —O— & P & —O— & As & —O— & Y & \rightarrow & \\ & & \| & & \| & & \| & & \| & & & & \\ & & O & & O & & O & & O & & & & \end{array}$$

$$\begin{array}{cccccccc} & & OH & & & O^- & & O^- & \\ & & | & & & | & & | & \\ XOH + 2\,O— & & As & —OH + HO— & & P & —O— & P & —OH + HOY \\ & & \| & & & \| & & \| & \\ & & O & & & O & & O & \end{array}$$

Es liegt kein Beweis für die Bildung echter Metarsenate, also z. B. von Verbindungen wie $Na_3[As_3O_9]$ vor. Beim Tempern von Gemischen mit einem Verhältnis $P : As > 4 : 1$ entsteht $Na_3[P_3O_9]$, ohne daß in der Struktur Metarsenat enthalten ist.

Die Silikate.

Die komplizierte Zusammensetzung der natürlich vorkommenden Silikatgesteine war ein Problem, das sich durch chemische Verfahren alleine als vollkommen unlösbar erwies. Die Anwendung der röntgenkristallographischen Methoden hat jedoch einige wichtige Grundlagen offenbart, auf denen die Strukturen der Silikate beruhen.

Unter den Hindernissen, die der Erforschung der Silikatstrukturen entgegenstanden, bestand früher vor allem die Schwierigkeit, den Verbindungen richtige und kennzeichnende Molekülformeln zuzuordnen. Diese Schwierigkeit hat verschiedene Gründe. In erster Linie besteht bei den natürlich vorkommenden Stoffen eine gewisse Unsicherheit hinsichtlich ihrer Homogenität und Reproduzierbarkeit; dadurch wird die Möglichkeit beschränkt, lediglich auf analytischer Grundlage eine Entscheidung über die Formulierung zu treffen, da sich die analytischen Daten für derartig komplizierte Stoffe mit mehreren verschiedenen Molekülformeln vereinbaren lassen. Zweitens wird, wie allgemein bekannt ist, die Frage durch den isomorphen Ersatz der einzelnen Elemente untereinander, im Sinne des Gesetzes von MITSCHERLICH, erschwert. So können Magnesium, Calcium, zweiwertiges Eisen und andere zweiwertige Metalle sich gegenseitig in mehr oder weniger starkem Maße ersetzen ebenso Al^{3+} und Fe^{3+} oder OH^- und F^-. Bei einem derartigen Ersatz bleibt die Zahl der Ionen jeder Wertigkeitsart unverändert, wenn auch hinsichtlich der richtigen Zuordnung von Elementen mit wechselnder Wertigkeit Schwierigkeiten entstehen können. Es gibt aber auch eine zweite Art von isomorphem Ersatz, den man häufig antrifft und der einen sehr weitgehenden Einfluß ausübt, wobei die ganze Formulierung der Verbindung geändert wird. Diese Erscheinung spielt beim Aufbau von Silikatstrukturen eine außerordentlich große Rolle. Wie unten ausführlich behandelt werden soll, führt beispielsweise die Ähnlichkeit der Ionenradien zwischen Aluminium und Silicium zu der Möglichkeit, daß das Silicium in dem Anion Atom für Atom durch Aluminium ersetzt wird. Die Wertigkeit des Anions wird dadurch um eine Einheit erhöht; dieser Zuwachs muß durch einen entsprechenden Anstieg der gesamten Kationenladung kompensiert werden. Dies kann dadurch erfolgen, daß entweder zusätzlich Kationen eingeführt werden oder daß ein Vorgang, wie beispielsweise der isomorphe Ersatz des Natriums durch Calcium, stattfindet. Wenn man in solchen Fällen auf Grund der Analysen den Verbindungen eine Formel zuordnen will, so muß man wissen, wie die einzelnen Elemente in ihren anionischen und kationischen Funktionen verteilt sind.

Es ist deshalb nicht überraschend, daß sich auf Grund von Röntgenuntersuchungen in einigen Fällen geänderte Formulierungen ergaben. Diese Untersuchungen haben auch die Erkenntnis vertieft, daß solche Silikatformulierungen nicht den Charakter des einzelnen bestimmten Moleküls kennzeichnen, sondern vielmehr die atomare Zusammensetzung derjenigen einfachsten Strukturelemente wiedergeben, aus denen sich das ganze dreidimensionale Gefüge der Silikatkristalle aufbaut.

Strukturprinzipien der Silikate[75].

Man kann annehmen, daß die Struktur der Silikate in allen Fällen auf der Bildung von Koordinationsgittern beruht, bei denen große Anionen um kleine Kationen angeordnet sind. Dabei muß man sich vorstellen, daß das Silicium in Form eines Si^{4+}-Ions vorliegt; die Anionen sind im allgemeinen O^{2-}-Ionen. Da diese eine viel größere Gestalt besitzen als irgendeines der anderen in Frage kommenden positiven Ionen (Tabelle 6), so bestimmen sie die Größen und das allgemeine Skelett der ganzen Struktur. Nach W. L. Bragg beträgt der Zwischenraum zwischen den Sauerstoffionen ein und derselben Strukturgruppe stets 2,6—2,8 Å; der zwischen benachbarten Sauerstoffatomen verschiedener Gruppen ist ungefähr gleich groß. Daher kann man im Falle der einfacheren Silikate die Struktur als eine dicht gepackte Anhäufung von Sauerstoffionen ansehen, bei der die verhältnismäßig kleinen Silicium- und anderen Kationen so in die Zwischenräume eingefügt sind, daß jedes mit der geeigneten Zahl von Sauerstoffionen koordiniert ist (koordiniert im kristallographischen Sinne). Die Koordinationszahl eines Kations in einer solchen Struktur wird lediglich durch das Radienverhältnis des Zentralkations und der umgebenden Anionen beherrscht, ganz entsprechend der von V. M. Goldschmidt ausgearbeiteten Beziehung, die kurz vorher in diesem Kapitel betrachtet wurde[76] (s. Tabellen 3 und 4 oben).

[75] Siehe W. L. Bragg: Trans. Faraday Soc. 1929, **25**, 291. The Structure of the Silicates, Julius Springer. Proc. Roy. Soc. 1927, 121; und besonders: Atomic Structure of Minerals. Oxford 1937.

[76] Goldschmidt, V. M.: Ber. dtsch. chem. Ges. 1927, **60**, 1263.

Beim Vergleich der Tabelle 6 mit den Tabellen 3 und 4 kann man feststellen, daß Silicium die Koordinationszahl 4 besitzt und somit stets im Mittelpunkt einer tetraedrischen Anordnung von Sauerstoffatomen angetroffen werden muß. Magnesium wird entsprechend immer oktaedrisch koordiniert sein. Beim Aluminium ist hingegen auf Grund seines Radius entweder eine Koordination mit vier oder mit sechs

Tabelle 6. *Ionenradien, wie sie gewöhnlich in Silikatmineralien enthalten sind.*

Ionenart	Å	Ionenart	Å	Ionenart	Å
Be^{2+}	0,39	Mg^{2+}	0,71	K^{+}	1,33
Si^{4+}	0,50	Fe^{2+}	0,83	O^{2-}	1,40
Al^{3+}	0,55	Ca^{2+}	0,98	OH^{-}	1,40
Fe^{3+}	0,67	Na^{+}	0,98	F^{-}	1,33

Sauerstoffatomen möglich. Es ergibt sich somit, daß das Aluminium beim isomorphen Ersatz des Siliciums innerhalb der tetraedrischen Einheiten bzw. des Magnesiums innerhalb des Oktaeders eine zweifache Rolle spielen kann.

Vom chemischen Gesichtspunkt aus ist das Anion des ganzen Gitters eine Anhäufung von Sauerstoffionen, mit denen die zwischen ihnen liegenden Siliciumionen (und in den Aluminosilikaten die Aluminiumionen) koordiniert sind; das Anion wird durch die Zahl der Sauerstoffatome in diesen Bauelementen charakterisiert, woraus sich auch seine Formel ergibt; die Basizität der Verbindung wird durch die unkompensierte Ionenladung bestimmt. Die Sauerstoffionen können verschiedenen Koordinationspolyedern gemeinsam angehören, so daß bei der Formulierung der Silikate die folgenden möglichen Typen entstehen können:

A. Silikate mit *diskreten Anionen.*
   1. Orthosilikate. SiO_4^{4-}.
   2. Kompliziertere Einheiten. $Si_2O_7^{6-}$, $Si_3O_9^{6-}$ · $Si_6O_{18}^{12-}$.

B. Silikate mit *einfach oder doppelt gekoppelten Anionen.*
   1. Ketten von miteinander verbundenen SiO_4-Tetraedern. SiO_3^{2-}, $Si_4O_{11}^{6-}$.
   2. Schichten, die durch kreuzweise Bindung von Ketten entstehen. $Si_2O_5^{2-}$.

C. *Dreidimensionale Netzwerke*, die durch kreuzweise Bindung von übereinanderliegenden Schichten gebildet werden.

A. 1. Orthosilikate.

Die Struktur der Orthosilikate baut sich, wie bereits angedeutet wurde, aus voneinander unabhängigen SiO_4^{4-}-Tetraedern auf (Abb. 37). Die Sauerstoffatome dieser kompakten Tetraeder sind den metallischen Kationen koordiniert; jedes Sauerstoffatom gehört dann gleichzeitig zu verschiedenen Kationenpolyedern. Aus der Möglichkeit, daß eine derartige Verknüpfung mit gemeinsamen Sauerstoffatomen auf verschiedene Weise zustande kommen kann, ergibt sich das Auftreten von verschiedenen, bestimmten Orthosilikatstrukturen.

So sind im Olivin, $(Mg, Fe)_2SiO_4$, die Magnesiumionen so zwischen den SiO_4-Tetraedern verteilt, daß jedes Magnesiumion sich zwischen sechs Sauerstoffatomen befindet. Jeder Sauerstoff ist dann direkt mit einem Siliciumatom verbunden und gemeinsam drei Magnesiumatomen koordiniert. PAULING[77] hat eine Regel aufgestellt, die die Bildung derartiger Koordinationsgitter beherrscht und besagt, daß in beständigen Strukturen die Ladung auf jedem Anion gleich und entgegengesetzt der Summe der elektrostatischen Valenzbindungen ist, die es von den zugehörigen Kationen des Polyeders erreichen. So erstreckt sich von einem Magnesiumion (Ladung $+2$), das in einem Oktaeder koordiniert ist, eine elektrostatische Valenzbindung von der Stärke $^1/_3$ nach jedem Sauerstoffion. In der Olivinstruktur betragen demnach die Elektrovalenzen, die jedes Sauerstoffion erreichen 3

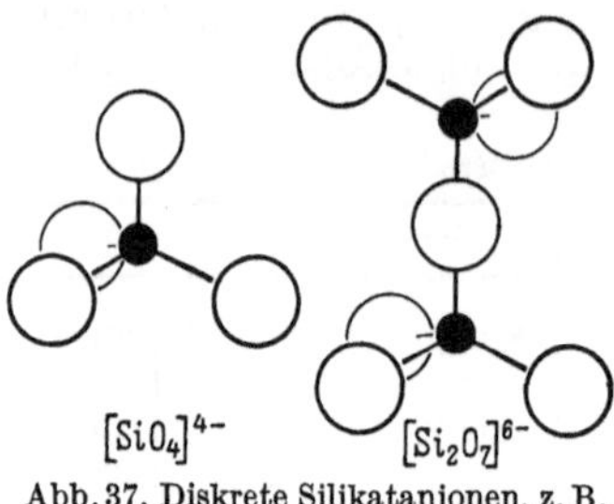

Abb. 37. Diskrete Silikatanionen, z. B. das Orthosilikatanion.

$$\left.\begin{array}{l}\text{von 3 } Mg^{2+}\text{-Ionen } 3 \cdot {}^1/_3 = +1 \;.\;.\;.\;.\;.\;.\;.\;.\;.\;.\;. \\ \text{von dem zentralen } Si^{4+}\text{-Ion jedes Tetraeders } +1 \;.\;.\end{array}\right\} = +2 \text{ insgesamt,}$$

die die Eigenladung von -2 Einheiten auf jedem Sauerstoffion ausgleichen.

Verschiedene andere Silikatgesteine bauen sich auf der Struktur des Olivins auf. So besteht beispielsweise die Chondrodit-Gruppe[78] $Mg(OH, F)_2 \cdot n Mg_2SiO_4$, wobei $n = 1$, 2, 3 oder 4 ist, aus Schichten der Olivinstruktur, welche mit Schichten von OH-Ionen oder F-Ionen — die beide nahezu die gleiche Größe besitzen — durchsetzt sind. Die OH- und F-Ionen bilden nicht einen Teil des Siliciumtetraeders; sie sind aber so gelagert, daß sie — zusammen mit den Sauerstoffen der SiO_4-Gruppen — Oktaeder bilden, welche die Magnesiumionen umgeben. Die Strukturen der verschiedenen Mineralien dieser Gruppe gehören alle diesem Typus an und leiten sich dadurch voneinander ab, daß die relativen Lagen der Olivin- und OH-Schichten geändert sind.

Im Phenakit, Be_2SiO_4, und Willemit, Zn_2SiO_4, ergibt sich eine vollkommen andere Struktur, da die Metallionen hier tetraedrisch koordiniert sein müssen. Jedes Sauerstoffatom ist dann einem Siliciumtetraeder und zwei MO_4-Tetraedern gemeinsam. Wie man leicht einsehen kann, ist die PAULINGsche Regel wieder bestätigt.

A. 2. Kompliziertere Bausteine.

Die Einführung von größeren, selbständigen (diskreten) Anionen ergibt verwickeltere Strukturen. Von diesen ist die $(Si_6O_{18})^{12-}$-Einheit, die man beispielsweise im Beryll, $Be_3Al_2Si_6O_{18}$, findet, besonders wichtig. Genau wie alle diese komplizierteren Strukturen sich auf SiO_4-Tetraedern

[77] PAULING: J. Amer. chem. Soc. 1929, **51**, 1010.
[78] Siehe W. L. BRAGG: Trans. Faraday Soc. 1929, **25**, 291.

mit gemeinsamen Ecken gründen, kann die Si_6O_{18}-Einheit, die aus sechs ringförmig gebundenen SiO_4-Tetraedern besteht (Abb. 38), in die Struktur der höher kondensierten, schichtartigen und dreidimensionalen Silikatstrukturen eintreten. Im Beryll werden diese Ringe dadurch zusammengehalten, daß ihre Sauerstoffatome dem Metallkation

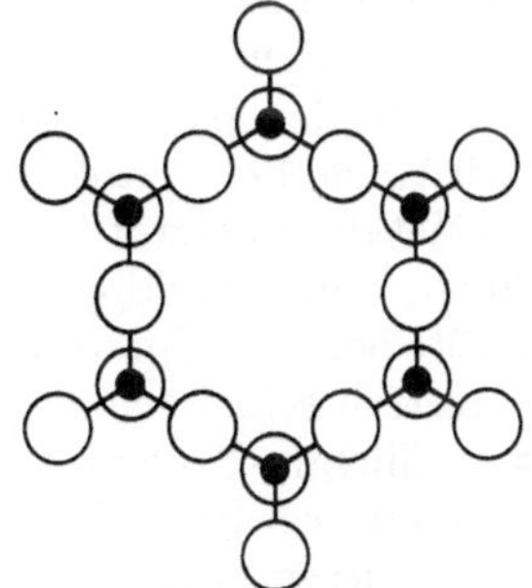

Abb. 38. Die im Beryll vorliegende $(Si_6O_{18})^{12-}$-Strukturgruppe.

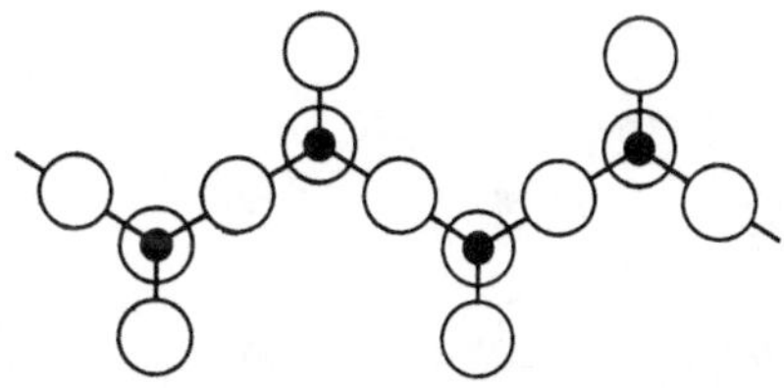

Abb. 39. Kettenförmige Metasilikat-$(SiO_3)^{2-}$-Gruppe.

koordiniert sind. Die Si_6O_{18}-Gruppen in den verschiedenen Schichten sind so verteilt, daß breite Kanäle zu dem Mittelpunkt der übereinanderliegenden Si_6O_{18}-Sechsecke gebildet werden, wobei die Kanäle ungefähr so groß sind, daß ein Sauerstoffatom hineinpaßt. Es ist interessant, diese offene Struktur mit der Durchlässigkeit gegenüber kleinen Gasmolekülen zu vergleichen, also z. B. mit dem allgemein bekannten Einschluß von Helium durch Beryll.

B. 1. Metasilikate.

Das Metasilikatanion, SiO_3^{2-}, entsteht dadurch, daß sich SiO_4-Tetraeder zu einer endlosen Kette miteinander verbinden (Abb. 39). Zwei Sauerstoffatome gehören jeweils nur einer Tetraedergruppe an, und zwei sind zwei benachbarten Siliciumatomen gemeinsam. Die entstehende Kette kann unendlich lang sein und erstreckt sich tatsächlich durch den ganzen Kristall. Ein derartiges Makroanion findet man im Diopsid,

$$MgCa(SiO_3)_2.$$

Das Amphibolmineral Tremolit, das früher als $H_2Ca_2Mg_5(SiO_3)_8$ formuliert wurde, besitzt eine dem Diopsid nahe verwandte Kristallstruktur. Der Hauptunterschied besteht darin, daß die Länge der *b*-Achse des Kristalls doppelt so groß ist. WARREN hat gezeigt, daß man Tremolit richtig als $(HO)_2Ca_2Mg_5(Si_4O_{11})_2$ mit einem $Si_4O_{11}^{6-}$-Anion formulieren muß. Dieses Anion wird dadurch gebildet, daß zwei Diopsidketten kreuzweise miteinander verbunden sind; diese Bindung erfolgt durch weiteres Berühren von Tetraederecken (Abb. 40).

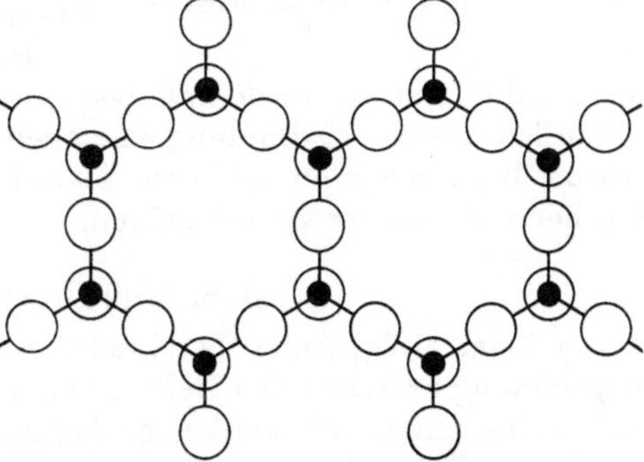

Abb. 40. Kreuzweise gebundene $(Si_4O_{11})^{6-}$-Gruppen.

In diesen Metasilikaten tritt die wichtige Beziehung zwischen der Kristallstruktur und den physikalischen Eigenschaften deutlich in Erscheinung. Die Ketten sind in allen Fällen parallel zur *c*-Achse des Kristalls angeordnet und durch Koordination ihrer Sauerstoffatome an Calcium- oder Magnesiumionen seitlich aneinander gebunden. Die entstehende Struktur zeigt eine mechanische Schwäche in den parallel zu den Ketten verlaufenden Richtungen, da ein Bruch längs dieser Ketten nur über die Metall-Sauerstoffbindungen verläuft. Rechtwinklig zu den Ketten müßte bei einer Spaltung ein Bruch der Ketten selbst erfolgen und die starken Silicium-Sauerstoffbindungen getrennt werden. Übereinstimmend mit dieser Vorstellung zeigen die Kristalle ein stark ausgeprägtes Spaltvermögen parallel zu den *c*-Achsen. Die Mineralien besitzen häufig eine Fasernatur, die besonders gut im Asbest, einer Form des Amphibols, in Erscheinung tritt. Prinzipiell besteht natürlich kein Unterschied zwischen der Art der elektrostatischen Bindung zwischen Silicium und Sauerstoff und der zwischen den metallischen Kationen und Sauerstoff. Da Silicium, mit einer Koordinationszahl von 4, vierwertig ist, so hat jede Si—O-Bindung die Stärke einer Einheit (vgl. S. 222). Die Ca—O- oder Mg—O-Bindungen besitzen nur die Bindungsstärke $^1/_3$, da das zweiwertige Metall die Koordinationszahl 6 hat. Es ist deshalb bequem, wenn auch im gewissen Sinne willkürlich, die Si—O-Bindung als angenähert so stark wie die homöopolaren Bindungsarten und die Metall-Sauerstoffbindungen als entsprechend schwächer zu betrachten.

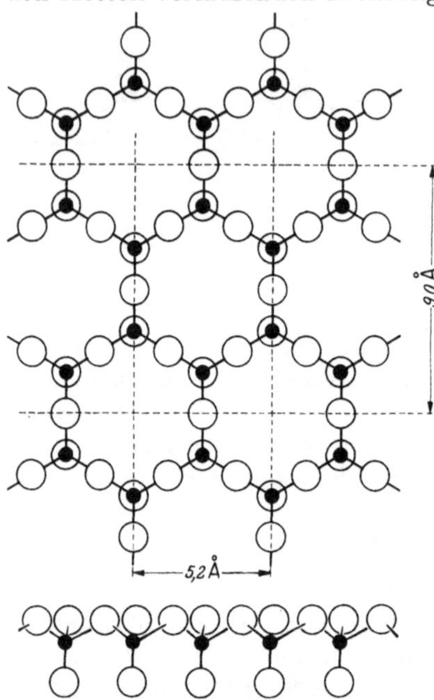

Abb. 41. Die Bildung eines schichtartigen Silicium-Sauerstoffnetzwerks. Die untere Abbildung stellt einen Querschnitt durch die Schicht dar.

B. 2. Schichtstrukturen.

Der beim Si_4O_{11}-Anion beschriebene Vorgang der kreuzweisen Bindungsbildung zwischen den Reihen von SiO_4-Tetraedern kann noch eine Stufe weiter entwickelt werden, so daß ganze Schichten von aneinandergebundenen Tetraedern entstehen. Jede Schicht baut sich so aus Si_6O_{18}-Ringen auf, die sich in endloser Folge wiederholen (Abb. 41), und besitzt eine pseudohexagonale Symmetrie. Das ganze Plättchen mit der Gesamtzusammensetzung $(Si_2O_5)^{2-}$ stellt ein Riesenanion dar. Derartige Silicium-Sauerstoffschichten, die durch die oben besprochenen starken Valenzkräfte zusammengehalten werden, besitzen eine große mechanische Festigkeit. Parallele Schichten werden lockerer durch die schwächeren, bei den Kationen wirksamen elektrostatischen Bindungen zusammengehalten; die Kationen müssen zwischen den Schichten gelagert sein. Die Silicium-Sauerstoffschichten sollten demnach mit ausgesprochenen Spaltebenen des Kristalls übereinstimmen und die Silikate von diesem Strukturtypus umgekehrt eine gut entwickelte Spaltbarkeit in Plättchen aufweisen. Wenn man, wie es in Abb. 41 geschehen ist, die bekannten interatomaren Abstände berücksichtigt, so gelangt man zu Zwischenräumen für die Elementarzelle, die mit den beobachteten Abständen der Spaltebenen von Glimmer, Talk und solchen verwandten Mineralien übereinstimmen, die eine ausgesprochene Spaltbarkeit und eine pseudohexagonale Symmetrie aufweisen. Der große dritte Hauptabstand von der Größenordnung 20 Å, der sich zwischen den Spaltebenen befindet, entspricht den schwachen Bindungen zwischen den Schichten.

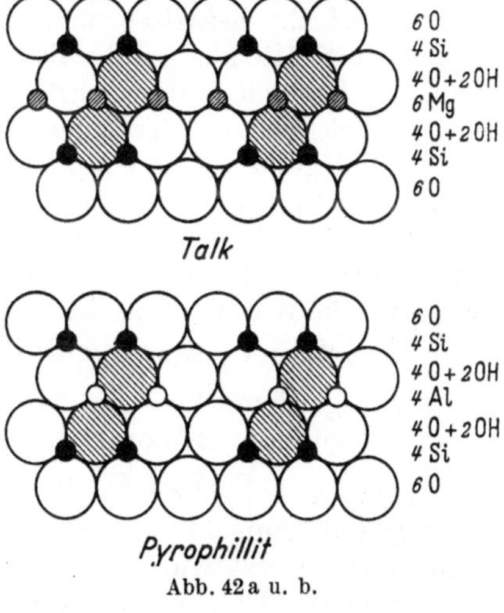

Abb. 42 a u. b.

Aluminosilikate.

Ein derartiges einfaches Skelett erklärt zwar die markantesten Eigenschaften der glimmerartigen Strukturen, läßt sich aber nicht direkt im einzelnen auf die Mineralien dieser Gruppe anwenden. Bei diesen handelt es sich nicht um einfache Silikate, sondern um Aluminosilikate, in die Aluminium durch einen isomorphen Ersatz des Siliciums in den Aufbau der aus gebundenen SiO_4-Tetraedern bestehenden Schichten eintritt. Nach PAULINGs[79] Ansicht kann man sich vorstellen, daß den Aluminosilikaten und Tonmineralien ein einheitlicher Bauplan zugrunde liegt; in diesen Strukturen sollen Lagen von $Si_2O_5^{2-}$-Schichten (die man den einzelnen Schichten der β-Christobalitstruktur als äquivalent betrachten muß), von Brucit-, $Mg(OH)_2$, und von Hydrargillit- oder Gibbsitschichten, $Al(OH)_3$, übereinandergepackt sein; dabei besteht die Möglichkeit, daß jede Schicht durch den Vorgang eines isomorphen Ersatzes verändert ist. Alle diese besprochenen Schichtstrukturen besitzen ungefähr die gleichen Größen; das kommt daher, daß die passende Zahl von Si^{4+}-, Mg^{2+}- oder Al^{3+}-Ionen in die Zwischenräume einer Doppelschicht von dicht gepackten O^{2-}- oder OH^--Ionen eingefügt werden. So kann beispielsweise ein Teil des Siliciums durch Aluminium ersetzt sein, während sechs Magnesiumatome ihrerseits wieder vier Aluminiumatome ersetzen können. Die Schichten bauen sich dann durch Verteilung gemeinsamer Sauerstoffatome auf, wie es in den schematischen Darstellungen der Abb. 42 gezeigt ist.

Auf diese Weise stellte PAULING für Talk, $3\,MgO \cdot 4\,SiO_2 \cdot H_2O$, die in Abb. 42a wiedergegebene Struktur auf. Schichten von Brucit werden

[79] PAULING: Proc. Nat. Acad. Sci. USA 1928, **14**, 603; 1930, **16**, 123.

in der Weise zwischen zwei Lagen von Christobalit eingefügt, daß sämtliche benachbarten Schichten jeweils gemeinsame Sauerstoffatome besitzen. Auf diese Weise entstehen zusammengesetzte Schichten, die man als ... $O_6Si_4 \cdot O_4(OH)_2 \cdot Mg_6 \cdot O_4(OH)_2 \cdot Si_4 \cdot O_6$ ... darstellen kann. Im Pyrophillit, $Al_2O_3 \cdot 4\,SiO_2 \cdot H_2O$, (Abb. 42b) ersetzen vier Aluminiumatome das Magnesium des Talks. Die Gleichwertigkeit der positiven und negativen Ionen der zusammengesetzten Schicht bleibt dabei unverändert, während der Ersatz des Magnesiums durch Aluminium $^1/_3$ der Stellen in der Mittelschicht ungefüllt läßt. Die Gesamtzusammensetzung ergibt sich dann durch die Formulierung ... $O_6 \cdot Si_4 \cdot O_4(OH)_2 \cdot Al_4 \cdot O_4(OH)_2 \cdot Si_4 \cdot O_6$ ... In diesen beiden Strukturen ist jede zusammengesetzte Schicht elektrisch neutral, so daß die zwischen den Schichten wirksamen Kräfte klein sind. Als Folge davon besteht wenig Widerstand, wenn eine Ebene über die nächste gleitet, wie man an der außerordentlich großen Weichheit des Talks erkennen kann.

Im Phlogopit, $K_2O \cdot 6\,MgO \cdot Al_2O_3 \cdot 6\,SiO_2 \cdot H_2O$, ist ein Teil des Siliciums isomorph durch Aluminium ersetzt, wodurch jede zusammengesetzte Schicht eine anionische Ladung trägt. Demzufolge wird eine entsprechende Zahl von Alkalimetallionen zwischen den Schichten eingelagert. Die Konstitution des Phlogopits stellt sich demzufolge dar als

$$\ldots K_2 \ldots O_6 \cdot Si_3Al \cdot O_4(OH)_2 \cdot Mg_6 \cdot O_4(OH)_2 \cdot Si_3Al \cdot O_6 \ldots K_2 \ldots$$

Muskovit, gewöhnlicher Glimmer, besitzt eine analoge Struktur, nur ist das Magnesium isomorph durch Aluminium ersetzt:

$$\ldots K_2 \ldots O_6 \cdot Si_3Al \cdot O_4(OH)_2 \cdot Al_4 \cdot O_4(OH)_2 \cdot Si_3Al \cdot O_6 \ldots K_2 \ldots$$

Wenn das Silicium in den Christobalitschichten Atom für Atom durch Aluminium ersetzt wird, findet eine Zunahme der Anionenwertigkeit statt; in genau derselben Weise steigt die Kationenladung, wenn in den Brucitschichten ein isomorpher Ersatz des Magnesiums durch Aluminium erfolgt. Chlorit baut sich nach PAULING so auf, daß glimmerartige anionische mit brucitartigen, kationischen Schichten durchsetzt sind (Abb. 43a).

Sehr interessant sind die bei der fortschreitenden Änderung der Struktur auftretenden Abwandlungen der Eigenschaften. Es wurde bereits darauf hingewiesen, daß Talk und Pyrophillit mit elektrisch neutralen Schichten äußerst weich sind (Härte 1—2) und sich ebenso gut spalten lassen wie Graphit. Im Glimmer sind die geladenen Schichten elektrostatisch durch die dazwischenliegenden Kaliumionen gebunden und spalten so weniger leicht (Härte 2—3). Endlich sind in den brüchigen Glimmern die anionischen Schichten fester durch doppelt geladene Ca^{2+}-Ionen gebunden, so daß sich infolgedessen die Härte auf 3,5—6 erhöht und das Ganze brüchig wird.

Dieser Theorie der Glimmergruppe fehlt noch die strenge experimentelle Stütze, wie man sie bei den einfachen Silikatstrukturen durch die BRAGGsche Einteilung findet. Sie stellt aber durchaus eine bequeme und einheitliche Grundlage zum Vergleich der chemischen Zusammensetzung und der höchst charakteristischen Eigenschaften dieser Mineralien mit ihren Kristallstrukturen dar und steht mit den Ergebnissen der Röntgenuntersuchungen in Einklang. Man kann sie als logische Entwicklung der allgemeinen, sich aus den BRAGGschen Arbeiten ergebenden Grundlagen betrachten, da sie sich, wie alle Silikatstrukturen, von einer dicht gepackten Anordnung von Sauerstoffionen ableitet.

Einen chemischen Beweis, der gut mit den PAULINGschen Gesichtspunkten übereinstimmt, liefert die Arbeit von THILO über die Reaktion von Pyrophillit, $Al_2O_3 \cdot 4\,SiO_2 \cdot H_2O$, mit Metalloxyden und -chloriden bei hohen Temperaturen[80]. THILO fand, daß beim Erhitzen von Pyrophillit mit Magnesiumoxyd oder -chlorid auf 700—1000° Wasser oder Salzsäure aus den vorliegenden Hydroxylgruppen in Freiheit gesetzt wird und daß für je zwei Aluminiumatome ein Magnesium in die Verbindung eintritt, ohne daß irgendwelche auffallenden Änderungen in der allgemeinen Struktur und den Eigenschaften wahrnehmbar sind.

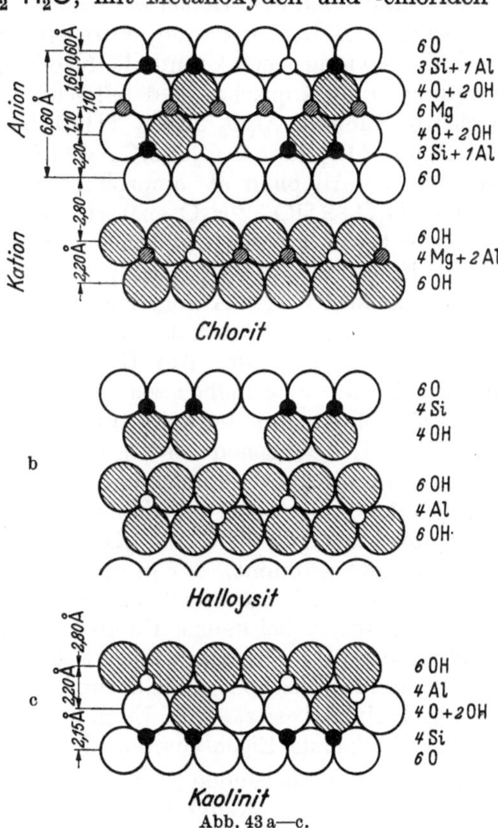

Abb. 43 a—c.

$$(HO)_2Al_2Si_4O_{10} + MgCl_2 \rightarrow Al_2O_3 \cdot 4\,SiO_2 \cdot MgO + 2\,HCl.$$

Es wurde oben gezeigt, daß die Pyrophillitstruktur zu der des Talks dadurch in Beziehung steht, daß sechs Mg^{2+}-Ionen durch vier Al^{3+}-Ionen ersetzt sind, so daß in der Mittelschicht von jeder zusammengesetzten Lage gerade zwei freie Stellen für jeweils vier Aluminiumatome vorhanden sein sollten. Diese Erwartung steht mit der Beobachtung von THILO in Einklang und deutet darauf hin, daß jedes zweiwertige Ion, das normalerweise sechsfach koordiniert und ungefähr so groß wie das Mg^{2+}-Ion ist, auf dieselbe Weise eingeführt werden kann, nicht hingegen Ionen, die normalerweise vierfach koordiniert sind. Dies konnte experimentell bestätigt werden. Zweiwertiges Eisen oder Kobalt können leicht in genau der gleichen Weise wie das Magnesium eingeführt werden. Beim Erhitzen von Pyrophillit mit Zinkoxyd oder Zinkchlorid bricht indessen die ganze Struktur zusammen, und es bildet sich Zinkspinell, $ZnAl_2O_4$, und Zinkorthosilikat, Zn_2SiO_4, wo in beiden Fällen das Zink vierfache Koordination einnehmen kann. Nach der GOLDSCHMIDTschen

[80] THILO: Z. anorg. allg. Chem. 1933, **212**, 369.

Regel über das Radienverhältnis sollten Ca^{2+} und Cd^{2+} nur in achtfach koordinierte Gruppen eintreten und nicht in der Lage sein, sich an der Pyrophillitstruktur zu beteiligen. Auch das wurde experimentell bestätigt, da Calcium- und Cadmiumchlorid nicht auf Pyrophillit einwirken.

Die Tonmineralien[81]. Besonders fruchtbar haben sich die PAULINGschen Anschauungen auf dem Gebiet der tonbildenden Mineralien erwiesen. Die Isolierung und Identifizierung einzelner chemischer Arten ist hier besonders schwierig, doch konnte die Kaolinitgruppe, vor allem durch Anwendung mikroskopischer und optischer Untersuchungsverfahren, zunächst in Kaolinit, $Al_2O_3 \cdot 2\,SiO_2 \cdot 2\,H_2O$, in Halloysit, $Al_2O_3 \cdot 2\,SiO_2 \cdot 2$ bis $4\,H_2O$, und Allophan, $Al_2O_3 \cdot n\,SiO_2 \cdot m\,H_2O$, unterteilt werden. Von diesen hat sich der Allophan als amorph erwiesen, während die Zusammensetzung $Al_2O_3 \cdot 2\,SiO_2 \cdot 2\,H_2O$ späterhin drei optisch verschiedenen Arten zugeordnet wurde, dem eigentlichen Kaolinit, dem Nakrit und dem Dickit. Eine zweite wichtige Gruppe von Tonen, die Bentonite, die durch eine stark ausgeprägte Absorptionsfähigkeit und ein hohes Quellungsvermögen ausgezeichnet sind, enthalten als vorwiegenden Bestandteil den Montmorillonit. Auf Grund der analytischen Daten wurde Montmorillonit ursprünglich als $MgO \cdot Al_2O_3 \cdot 5\,SiO_2 \cdot n\,H_2O$ formuliert, wobei das Magnesium teilweise durch Natrium, Calcium oder Kalium ersetzt ist. Wie wir sehen werden, mußte diese Formel später auf Grund röntgenographischer Untersuchungen eine Abänderung erfahren. Ein zweites Bentonitmineral ist der höchst kolloidale Beidellit, der ursprünglich als $Al_2O_3 \cdot 3\,SiO_2 \cdot n\,H_2O$ formuliert wurde und der ebenfalls in Tonböden vorkommt. Der in blättrigen Kristallen auftretende Pyrophillit gehört auch zu den Tonmineralien. Es gibt eine Gruppe von Tonbestandteilen, bei denen Aluminiumoxyd vollständig oder teilweise durch dreiwertiges Eisenoxyd ersetzt ist; so besteht eine vollständig isomorphe Reihe zwischen Beidellit und Nontronit, $Fe_2O_3 \cdot 3\,SiO_2 \cdot n\,H_2O$. Im allgemeinen besitzen die Eisen-Tonmineralien weniger stark ausgeprägte kolloidale Eigenschaften als die reinen Aluminiummineralien.

Nach den vorliegenden Röntgenuntersuchungen an Tonen liefern Montmorillonit und Pyrophillit — abgesehen von den Abständen der c-Achse — identische Beugungsbilder. Die großen Abstände der c-Achsen, die den Zwischenräumen zwischen den Schichten der Pyrophillitstruktur entsprechen, zeigen bei der Entwässerung des Montmorillonits ein interessantes und charakteristisches Verhalten. Montmorillonit nimmt eine beträchtliche Menge Wasser auf, das zwischen den pyrophillitartigen Schichten eingelagert sein muß. Der Abstand zwischen diesen Schichten hängt lediglich von der Menge des durch die Struktur gebundenen Wassers ab, so daß bei der Entwässerung ein Schrumpfen längs der c-Achse stattfindet. Dasselbe in einer Richtung erfolgende Anschwellen und Schrumpfen in Abhängigkeit vom Wassergehalt beobachtet man auch beim Nontronit.

---

[81] Einen Überblick über das Gebiet vgl. C. E. MARSHALL: Sci. Progr. 1936, **119**, 422.

Aus der Identität ihrer Beugungsbilder ergibt sich, daß die einzelnen Schichten von Pyrophillit und Montmorillonit gleichartig zu formulieren sind als $Al_2O_3 \cdot 4\,SiO_2 \cdot H_2O \cdot m\,H_2O$. Diese „ideale“ Formel weicht von der ab, die sich aus den chemischen Analysendaten ergibt; aber HOFMANN, ENDELL und WILM[82] nehmen an, daß das Aluminium teilweise in der bereits besprochenen Art durch Magnesium ersetzt werden kann und daß andere Basen aufgenommen werden können. Weiterhin geht aus den Arbeiten von THILO klar hervor, daß beim Pyrophillit durch Reaktion mit den Hydroxylgruppen weitere Magnesiumionen in die Hydrargillitschicht eingelagert werden können.

Beidellit muß nach den Röntgenuntersuchungen dieselbe ideale Formel besitzen. Diese Ergebnisse lassen nicht erkennen, welche Unterschiede an dem verschiedenartigen optischen und physikalischen Verhalten der Mineralien schuld sind, ebensowenig, ob sie als echte und definierte Verbindungen aufzufassen sind.

Im Halloysit liegen abwechselnd Schichten von hydratisierter Kieselsäure, $Si_2O_3(OH)_2$, und von Hydrargillit, $Al(OH)_3$, vor, so daß die ideale Formel $Al_2O_3 \cdot 2\,SiO_2 \cdot 4\,H_2O$ ist. Bei 50° werden zwei Moleküle Wasser je Formeleinheit abgegeben, aber der so entstehende Metahaloysit unterscheidet sich vom Kaolinit, Nakrit und Dickit, welche dieselbe Summenzusammensetzung besitzen. Wie man aus dem schematischen Diagramm (Abb. 43b und c) ersehen kann, würde sich der Kaolinit dadurch vom Halloysit ableiten, daß zwischen den Schichten des Gibbsits und der hydratisierten Kieselsäure Wasser entfernt ist.

Vieles in bezug auf die Struktur der Tone ist zwar noch unbekannt, doch haben sich Anhaltspunkte zum Verständnis einiger ihrer noch nicht geklärten physikalischen Eigenschaften ergeben. Die Schichtgitterstruktur bricht — wie sich aus dem in einer Richtung erfolgenden Anschwellen des Montmorillonits ergibt — durch den Eintritt von Wasser in Plättchen zusammen, die theoretisch im Grenzfall Makromoleküle von einer Schichtendicke sein müßten. Auf jeden Fall bilden sich dünne, schuppige Teilchen, auf denen die thixotropen Eigenschaften der Tonstreifen beruhen, während die Leichtigkeit, mit der die übereinanderliegenden elektrisch neutralen Schichten gegeneinander verschoben werden können, außerdem eine leichte Formbarkeit bedingt. Der hydrophile Charakter der Tone und ihr Schrumpfen beim Trocknen kann wiederum mit der Art und Weise in Zusammenhang gebracht werden, mit der verschiedene Mengen von Wasser zwischen den Ebenen eingelagert werden können, wodurch es zu einer Ausdehnung des ganzen Gitters in einer Richtung kommt.

C. Dreidimensionale Netzwerke.

Wenn der Vorgang der Zuordnung und des Besitzes gemeinsamer Sauerstoffatome so weit fortgesetzt wird, daß jede Schicht mit den benachbarten Schichten oben und unten verbunden ist, so erhält man

---

[82] HOFMANN, ENDELL u. WILM: Z. Kristallogr., Kristallogeometr., Kristallphysik, Kristallchem. 1933, **86**, 340.

ein Netzwerk, in dem jedes Sauerstoffatom zwei tetraedrischen SiO_4-Gruppen gemeinsam ist. Das ganze Netzwerk hat dann die Zusammensetzung SiO_2 und bildet ein Riesenkieselsäuremolekül. Die drei Hauptkristallformen der Kieselsäure — Christobalit, Tridymit und Quarz — gehen auf diesen Strukturtyp zurück[83]. Christobalit und Tridymit sind genau in der beschriebenen Weise aufgebaut und unterscheiden sich nur in der Art voneinander, wie die kreuzweise Bindung zustande kommt. Im Quarz ist die regelmäßige Anordnung etwas verzerrt, so daß Spiralen von O—Si—O—Si—O—-Ketten rund um dreizählige Schraubenachsen liegen (Abb. 44).

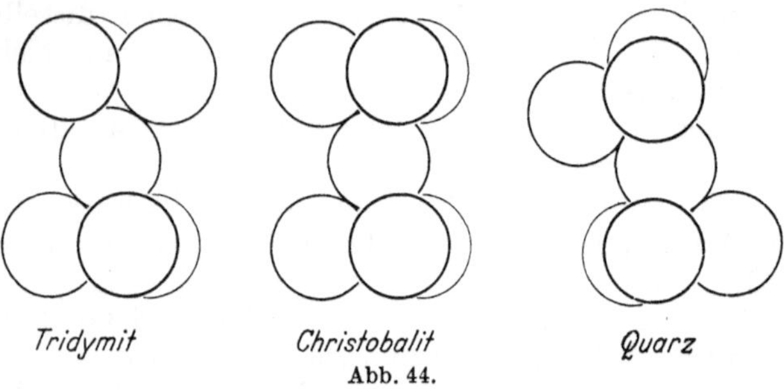

Abb. 44.

Feldspate, Zeolithe usw. Das dreidimensionale Silicium-Sauerstoff-Gitterwerk ist elektrostatisch neutral; aber wie in den bereits betrachteten Strukturen können die Si^{4+}-Ionen, um die die Sauerstofftetraeder zentriert sind, durch Al^{3+}-Ionen ersetzt werden. Da jede derartige Substitution zu einer unausgeglichenen Anionenladung führt, müssen positive Ionen eingefügt werden, um die elektrische Neutralität aufrecht zu erhalten. Nach MACHATSCHKI[84] ist dies das Wesentliche in der Struktur der Feldspate und Zeolithe.

Das entstehende Netzwerk enthält, wie man aus den vorhergehenden Abschnitten verstehen wird, Ringe von Tetraedern (mit einer Summenformel, die dem Verhältnis $Al + Si : O = 1 : 2$ entsprechen würde). Der Aufbau der Struktur erfolgt durch gegenseitige Berührung der Tetraederspitzen, so daß eine ausgedehnte, hoch symmetrische, wabenförmige Struktur entsteht, bei der sich breite Kanäle durch die Ringe ziehen und in der große Hohlräume vorhanden sind. Auf diese Art von offenem Gitterwerk beruhen die charakteristischen Eigenschaften der Aluminosilikate vom Feldspattypus, einschließlich der Zeolithe und der Ultramarine. Die beiden auffallendsten allgemeinen Eigenschaften dieser Stoffklassen bestehen darin, daß sie einen Basenaustausch ausüben können, sowie in der Fähigkeit der hydratisierten Stoffe, Wasser abzugeben oder sich wieder zu hydratisieren, ohne daß irgendeine Änderung der optischen oder kristallographischen Eigenschaften stattfindet. Mit „Basenaustausch“ bezeichnet man in diesen Substanzen den beim einfachen Behandeln mit einem Salz des betreffenden Metalls erfolgenden

[83] GIBBS, R. E.: Proc. Roy. Soc. 1925, A, **109**, 405; 1926, **110**, 443; 1927, **113**, 351.

[84] MACHATSCHKI: Zbl. Mineral., Geol., Paläont. 1928, A, 97.

Ersatz einer kationischen Komponente durch eine andere. Wenn man beispielsweise einen Natriumzeolith, wie Analcim, $NaAlSi_2O_6 \cdot H_2O$, mit einer Lösung eines Salzes von irgendeinem anderen Metall — z. B. Silbernitrat — behandelt, so wird das Natrium durch eine äquivalente Menge des zweiten Kations ersetzt, und es ergibt sich in dem betrachteten Fall ein Silberzeolith. Die fraglichen Reaktionen sind umkehrbar und führen zu einem Gleichgewichtszustand.

Die Möglichkeit eines derartigen Basenaustausches muß mit der offenen Gitterwerkstruktur des Kristalls zusammenhängen, in deren Kanäle die Kationen hinunterwandern können. Daher ist ein Ersatz eines Kations durch ein anderes sehr leicht möglich und kann stattfinden, ohne daß der Charakter oder die Größen des Kristallgitters geändert werden.

Die Diffusion des Wassers in die Hohlräume des Kristallgitters hinein kann auch durch die Kanäle der Struktur hindurch erfolgen; da die Wassermoleküle in der Struktur keine wesentliche Rolle spielen, kann die Wasseraufnahme und -abgabe erfolgen, ohne daß eine zweite feste Phase entsteht. Ein teilweise entwässerter Zeolith bildet daher vom Standpunkt der Phasenregel ein divariantes System, der Dissoziationsdruck ist vom Wassergehalt abhängig. Wie zu erwarten, besitzen die entwässerten Zeolithe ein beträchtliches Absorptionsvermögen für Gase, mit Ausnahme von Wasserdampf. Bei diesen Absorptions- und Desorptionsvorgängen müssen die Gase durch Kanäle von buchstäblich molekularen Dimensionen hindurchtreten, deren Durchmesser durch die Kristallstruktur selbst bestimmt werden. Hierdurch erhalten einige Zeolithe — besonders Chabazit und Mordenit — die bemerkenswerte Eigenschaft, als molekulare Siebe zu wirken, die nur für bestimmte Gase durchlässig sind[85].

So konnte Barrer zeigen, daß Chabazit und Gmelinit, bei denen der engste Querschnitt der Zwischenkanäle bei 4,9—5,6 Å liegt, Methan und Äthan schnell und gerade Paraffine noch langsam aufnehmen, daß aber Paraffine mit verzweigten Ketten und aromatische Kohlenwasserstoffe nicht adsorbiert werden. Ein natriumreicher Mordenit mit engeren Kanälen (4,0—4,9 Å) nimmt keine höheren Kohlenwasserstoffe als Äthan auf, wobei Methan und Äthan nur langsam, demgegenüber aber Stickstoff, Sauerstoff und kleinere Moleküle schnell adsorbiert werden. Wird durch einen Basenaustauschprozeß im Mordenit Natrium durch Barium ersetzt, so verringert sich der Querschnitt der Kanäle auf 3,8—4,0 Å. Derartige Mordenite können Stickstoff, Argon und kleinere Moleküle, aber kein Methan und Äthan adsorbieren. Bei dem Adsorptionsvorgang spielt die Diffusion der Gasmoleküle durch den festen Körper eine Rolle, so daß die Selektivität durch die Aktivierungsenergie dieses Vorganges, die für die einzelnen Moleküle verschieden ist, bedingt ist. Wenn man bei geeigneten Temperaturen arbeitet, läßt sich die selektive Adsorption dazu benutzen, sonst schwierige Trennungen von Gasgemischen vorzunehmen; so ist eine quantitative Trennung des

[85] Vgl. den zusammenfassenden Überblick von R. M. Barrer: Quart. Rev. (chem. Soc., London) 1949, 3, 293.

n-Heptans von *iso*-Oktan möglich. Es sei erwähnt, daß glasförmige Silikate — Quarz- und Pyrexglas — eine molekulare Siebwirkung besitzen und bei mittleren Temperaturen nur für Helium durchlässig sind.

Synthetische Zeolithkörper. Dieselbe Erscheinung des Basenaustausches üben auch einige synthetische Silikatmassen aus, besonders diejenigen, die unter dem Namen „Permutit" hergestellt und bekanntlich zur Enthärtung von Wasser benutzt werden. In diesem Falle unterliegen die in dem Wasser vorhandenen Calciumsalze einem Basenaustausch mit einem Natriumzeolith, wobei gelöstes Calcium durch Natrium ersetzt wird. Da die Konzentration des Calciums in der Wasserenthärtungsmasse bei fortschreitendem Austausch zunimmt, regeneriert man die Substanz durch Behandlung mit Natriumchlorid.

$$Na_2O \cdot Al_2O_3 \cdot n\,SiO_2 \cdot m\,H_2O + CaSO_4 \rightarrow CaO \cdot Al_2O_3 \cdot n\,SiO_2 \cdot m\,H_2O + Na_2SO_4 \ldots \text{Enthärtung}$$

$$CaO \cdot Al_2O_3 \cdot n\,SiO_2 \cdot m\,H_2O + 2\,NaCl \rightarrow Na_2O \cdot Al_2O_3 \cdot n\,SiO_2 \cdot m\,H_2O + CaSO_4 \ldots \text{Regenerierung.}$$

Auf Grund ihrer chemischen Eigenschaften kann man annehmen, daß sich diese künstlichen Basenaustauschzeolithe, die Aluminosilikate von der allgemeinen Form $Na_2O \cdot Al_2O_3 \cdot n\,SiO_2 \cdot m\,H_2O$ sind, auf einer ähnlichen Strukturform aufbauen wie die natürlichen Zeolithe. In dem Maße, wie der Gehalt an Kieselsäure zunimmt, ändern sich die physikalischen Eigenschaften; die leichte Basenaustauschmöglichkeit geht verloren und die Stoffe werden brüchig und glasig, wenn n größer als 3 ist. Die silikatreichen Substanzen, z. B. die, bei denen $n = 3$ oder 4 und $m = 4$ ist, scheinen sich von der einbasischen Verbindung $Na_2O \cdot Al_2O_3 \cdot 2\,SiO_2 \cdot 2\,H_2O$ dadurch abzuleiten daß sich diese mit ungefähr stöchiometrischen Mengen von Ortho- oder Metakieselsäure vereinigt oder diese einschließt. Sie werden bei der Hydrolyse mit 10%igem Natriumhydroxyd unter Druck zu den Stammsubstanzen Natriummetasilikat und Kieselsäure abgebaut. Während die siliciumreichen Stoffe normale Basenaustauschreaktionen ausüben, z. B.

$$Na_2O \cdot Al_2O_3 \cdot 3\,SiO_2 \cdot 4\,H_2O + 2\,NH_4Cl \rightleftharpoons 2\,NaCl + (NH_4)_2O \cdot Al_2O_3 \cdot 3\,SiO_2 \cdot 4\,H_2O,$$

stehen die angenommenen Stammsubstanzen in einem anomalen Austausch mit dem Ammoniumion[86]. Anstatt des Ammoniumzeoliths mit der analogen Formel entsteht ein neuer Typ, $0{,}5\,(NH_4)_2O \cdot Al_2O_3 \cdot 2\,SiO_2 \cdot 2{,}5\,H_2O$. Die gleichen Ergebnisse erhält man beim Basenaustausch mit Hydrazinsalzen. Der so erhaltene neue Strukturtypus übt einen normalen Austausch mit den Lösungen von Neutralsalzen aus und bildet beispielsweise die Verbindungen $0{,}5\,K_2O \cdot Al_2O_3 \cdot 2\,SiO_2 \cdot 2{,}5\,H_2O$ und $0{,}5\,Tl_2O \cdot Al_2O_3 \cdot 2\,SiO_2 \cdot 2{,}5\,H_2O$; mit Alkalien entsteht jedoch wieder ein Salz der ursprünglichen Reihe. Bei Anwesenheit von Ammoniak werden beim Basenaustausch mit Neutralsalzen die neuen Kationen aufgenommen, ohne daß das Ammonium verdrängt wird; Kaliumsalze ergeben so die Verbindung $0{,}5\,K_2O \cdot Al_2O_3 \cdot 2\,SiO_2 \cdot 2{,}5\,H_2O \cdot NH_3$; wenn man ein halbes

---

[86] Gruner u. Hirsch: Z. anorg. allg. Chem. 1931, **202**, 337. — Gruner: Z. anorg. allg. Chem. 1931, **202**, 358.

Molekül Wasser in dem Rest besonders unterscheidet, so kann man die Verbindung als

$$0{,}5\ K_2O \cdot 0{,}5\ (NH_4)_2O \cdot Al_2O_3 \cdot 2\ SiO_2 \cdot 2\ H_2O$$

formulieren.

Die Hydrazinverbindung der neuen Reihe

$$0{,}5\ (N_2H_5)_2O \cdot Al_2O_3 \cdot 2\ SiO_2 \cdot 2{,}5\ H_2O$$

läßt sich mit Wasserstoffperoxyd oxydieren, wobei die Verbindung $Al_2O_2 \cdot 2\ SiO_2 \cdot 3\ H_2O + H_2O_2$ gebildet wird; diese enthält Wasserstoffperoxyd, das beim Ersatz durch Schwefeldioxyd zur Entstehung der Verbindung $Al_2O_3 \cdot 2\ SiO_2 \cdot 3\ H_2O \cdot SO_2$ führt. In derselben lose gebundenen Form kann man Wasser oder Ammoniak einführen. Wenn diese Verbindungen mit Wasser auf 125° erhitzt werden, so verlieren sie Schwefeldioxyd oder Wasserstoffsuperoxyd, und das entstehende Produkt $Al_2O_3 \cdot 2\ SiO_2 \cdot 3\ H_2O$ ist vollkommen kationenfrei. Die so gewonnenen Stoffe unterliegen keinen Basenaustauschreaktionen mit Neutralsalzen. Ätznatron reagiert aber mit ihnen und bildet die Natriumverbindung $Na_2O \cdot Al_2O_3 \cdot 2\ SiO_2 \cdot 2\ H_2O$. Das überzählige Wassermolekül in der basenfreien Verbindung enthält somit den Wasserstoff, der durch Kationen ersetzt werden kann, und die basenfreie Verbindung ist die Stammsubstanz einer Reihe von Verbindungen, die sich auf der Struktureinheit $[Al_2Si_2O_{10}H_4]^{2-}$ aufbaut. Die ganze Reaktionsfolge kann man dem nachstehenden Schema entnehmen.

$$[Al_2Si_2H_4O_{10}]Na_2 \xrightarrow{NH_4Cl} [Al_2Si_2H_4O_{10}]^{NH_4}_{H}$$

$$[Al_2Si_2H_4O_{10}]Na_2 \xrightarrow{KCl} [Al_2Si_2H_4O_{10}]K_2 \qquad [Al_2Si_2H_4O_{10}]K_2 \xrightarrow{NaOH} [Al_2Si_2H_4O_{10}]Na_2$$

$$[Al_2Si_2H_4O_{10}]^{NH_4}_{H} \xrightarrow{KOH} [Al_2Si_2H_4O_{10}]K_2 \qquad [Al_2Si_2H_4O_{10}]^{NH_4}_{H} \xrightarrow{KCl} [Al_2Si_2H_4O_{10}]^{K}_{H}$$

$$[Al_2Si_2H_4O_{10}]^{K}_{H} \xrightarrow{NH_4OH} [Al_2Si_2H_4O_{10}]^{NH_4}_{K}$$

$$[Al_2Si_2H_4O_{10}]Na_2 \xrightarrow{N_2H_5Cl} [Al_2Si_2H_4O_{10}]^{N_2H_5}_{H} \xrightarrow{H_2O_2} [Al_2Si_2H_4O_{10}]H_2 \ \ldots\ H_2O_2(SO_2,\ NH_3,\ \text{usw.})$$

Ein weiterer Beweis für die den Verbindungen zugrunde liegende Struktur ergibt sich aus folgenden Überlegungen. Die wäßrigen Suspensionen der Natriumverbindung reagieren infolge von Hydrolyse alkalisch. Wenn man das so freiwerdende Alkali in der Weise titriert, daß die Lösung sich stets im alkalischen Gebiet befindet, so kann man zeigen, daß genau ein Drittel des Natriums hydrolytisch abgespalten wird und ein Rückstand von der Zusammensetzung $^2/_3\ Na_2O \cdot Al_2O_3 \cdot 2\ SiO_2 \cdot 2^1/_3\ H_2O$ übrig bleibt. Das würde bedeuten, daß die Gesamtformel verdreifacht werden muß; danach kann man die Natriumverbindung als $[Al_6Si_6H_{12}O_{30}]Na_6$ formulieren, das zu

$$[Al_6Si_6H_{12}O_{30}]Na_4H_2$$

hydrolysiert. Auf rein chemischer Grundlage gelangt man so zu dem Schluß, daß in diesen Verbindungen die typischen Basenaustauscheigenschaften mit einer Einheit verknüpft sind, die insgesamt zwölf Aluminium- und Siliciumatome enthält. Dabei ergibt sich sofort eine direkte Analogie zu denjenigen natürlich vorkommenden Zeolithen und verwandten Verbindungen, bei denen genau dasselbe dodekaedrische Strukturelement, das sich in endloser Folge durch den Kristall hindurch wiederholt, für die Ausübung der zeolithischen Eigenschaften verantwortlich ist. In den künstlichen Zeolithen ist die Größe des Anions wahrscheinlich begrenzt, so daß die Beziehung

$$(\text{Zahl der Sauerstoffatome je Einheit}) = 2 \cdot (\mathsf{Al}\text{-Atome} + \mathsf{Si}\text{-Atome}),$$

die für das vollständige Aluminosilikatnetz gültig ist, nicht mehr zutrifft.

Die Ultramarine. Zu den interessantesten Aluminosilikatmineralien gehört das blaue, schwefelhaltige Natriumaluminosilikat, das als Ultramarin bezeichnet wird. Die Fragen nach der Konstitution und nach dem Ursprung der tiefen Färbung einer derartigen Verbindung sind noch nicht vollständig gelöst, wenn auch, wie wir sehen werden, in den letzten Jahren viel getan ist, um ihre Struktur zu klären.

Das tiefblaue Mineral Lazurit, das im Mittelalter Lapis lazuli genannt wurde, war schon lange als Halbedelstein bekannt und geschätzt. Das Mineral ist oft mit Stücken von Pyrit durchsetzt, welchen die Alten irrtümlicherweise für Goldflitter hielten, so daß PLINIUS (im Jahre 70) und bereits andere lange vor ihm den Lazurit mit dem tiefblauen Nachthimmel und der Unzahl glitzernder Sterne verglich. Der bereits in der Bibel erwähnte und von THEOPHRASTUS beschriebene Saphir ist mit dem Lapis lazuli identisch. Vom Mittelalter an wurde Lapis lazuli als Stein für Mosaiks und als höchst wertvolles Pigment aus dem Orient nach Europa importiert; da es von weither eingeführt wurde, bezeichnete man es als „Azurrum ultramarinum", d. h. das Blaue von jenseits des Meeres. Die wertvollsten Lazuritvorkommen lagen in Asien, besonders bei Badakshan in Afghanistan. Von dort aus wurden die Steine über Persien oder Bockhara und Rußland nach den europäischen Märkten gebracht. MARCO POLO beschrieb im Jahre 1271 das Verfahren, nach dem das Pigment aus dem Stein extrahiert wurde.

Der Wert, den das Ultramarin als Pigment besaß, führte zu vielen Versuchen, es künstlich herzustellen. Nach den chemischen Analysen des Ultramarins von CLÉMENT und DÉSORMES im Jahre 1806 wurde in Frankreich für ein wirtschaftlich durchführbares Verfahren zur Herstellung des synthetischen Ultramarins ein Preis ausgesetzt. Der Preis wurde 1828 von GUIMET gewonnen, und sämtliches Ultramarin des Handels ist heutzutage künstlichen Ursprungs. Durch geeignete Wahl des Herstellungsverfahrens ist es möglich, Ultramarine jeder Schattierung von weiß oder blaßblaugrün bis rot oder violett herzustellen.

Prinzipiell besteht die Herstellung des Ultramarins darin, daß man Kaolin unter Ausschluß von Luft mit Schwefel oder Natriumsulfat und kohlenstoffhaltigen Reduktionsmitteln auf Rotglut erhitzt. Dabei entsteht eine gelbgrüne Masse, die an der Luft wieder erhitzt wird; die Färbung vertieft sich und wird endlich dunkelblau. Die löslichen Natriumsalze werden dann ausgelaugt, wobei das Pigment zurückbleibt. Die drei Hauptvariationsmöglichkeiten des Verfahrens sind a) das Sulfatverfahren, bei dem Kaolin (oder Töpfertone, die ungefähr die Zusammensetzung des Kaolins besitzen) mit Natriumsulfat und Holzkohle erhitzt werden; b) der Soda-Sulfatprozeß, bei dem eine Mischung von Kaolin mit Natriumsulfat, Natriumkarbonat, Schwefel und Teer benutzt wird, und c) das Sodaverfahren, das endlich eine Mischung des Silikats mit Natriumkarbonat, Schwefel, Kolophonium und Teer verwendet. Diese Abwandlungen des Verfahrens sind in der Reihenfolge ihrer zunehmenden Farbtiefe und des Alkali- bzw. Schwefelgehaltes der Produkte aufgeführt.

Die Zusammensetzung der Ultramarine ist sehr wechselnd und niemals stöchiometrisch; nach R. HOFFMANN erhält man jedoch je nach dem angewandten Verfahren Produkte mit folgenden „idealen" Zusammensetzungen:

Sulfatprozeß	Sulfat-Sodaprozeß	Sodaprozeß
$Na_{10}Al_6Si_6O_{24}S_2$ *weiß*	$Na_{12}Al_6Si_6O_{24}S_3$ *weiß*	$Na_{14}Al_6Si_6O_{24}S_4$ *weiß*
$Na_8Al_6Si_6O_{24}S_2$ *grün*	$Na_2Al_6Si_6O_{24}S_3$ *grün*	$Na_{10}Al_6Si_6O_{24}S_4$ *grün*
$Na_6Al_6Si_6O_{24}S_2$ *blau*	$Na_7Al_6Si_6O_{24}S_3$ *blau*	$Na_8Al_6Si_6O_{24}S_4$ *blau*

Dem Lapis lazuli selbst kommt dagegen die Formel $Na_{10}Al_6Si_6O_{24}S_6$ zu. Man kann auch Ultramarine mit einer tieferen Färbung erhalten, in denen das Verhältnis von Al : Si ungefähr 1:1,5 beträgt. Diese sind gegen die Einwirkung von Alaunlösungen bedeutend widerstandsfähiger und werden durch Alaun viel weniger leicht entfärbt als diejenigen Ultramarine, bei denen das Verhältnis Al : Si = 1:1 ist.

Wie bei den Zeolithen ist das Alkali im Ultramarin durch andere Basen ersetzbar[87]. So reagiert die blaue Natriumverbindung mit Silbernitrat und gibt ein gelbes Silberultramarin, von dem sich durch Einwirkung von Metallsalzen Ultramarine verschiedener anderer Metalle darstellen lassen. Wie bei den Zeolithen ist der Grad, bis zu dem Austausch stattfinden kann, sehr verschieden; er hängt von der Konzentration der Lösungen, der Erhitzungsdauer und ähnlichen Faktoren ab. Das Wesentliche ist jedoch, daß es dabei keine Rolle spielt, ob man Natrium-Ultramarine mit hohem oder solche mit niedrigem Siliciumgehalt verwendet; die entstehenden Silberultramarine enthalten nach JAEGER stets das Verhältnis Al : Si = 1:1. Diese Beobachtung bedeutet eine wesentliche Stütze für die HOFFMANNsche Formulierung des Aluminosilikatskeletts.

Ultramarin ist gegenüber Alkalien ziemlich beständig, während Säuren unter Ausscheidung von Schwefel und Entwicklung von Schwefelwasserstoff den schwefelhaltigen Teil des Moleküls zerstören. Die Menge des entwickelten Schwefelwasserstoffs gibt den sog. „Reduktionsgrad" des Schwefels an. Wasser unter Druck löst bei 300° Natriumsulfid und hinterläßt einen farblosen Rückstand. Ein langsamer Säureabbau erfolgt durch Äthylenchlorhydrin, das beim Siedepunkt Alkali entfernt,

[87] Eine zusammenfassende Darstellung findet man bei F. M. JAEGER: Trans. Faraday Soc. 1929, 25, 320.

ohne daß ein Verlust von Schwefel oder eine Änderung des Reduktionsgrades des Schwefels erfolgt. Während dieses Vorganges ändert sich die Färbung nach rosa und endlich zu weiß. Bei genügend langer Einwirkung wird praktisch das ganze Alkali entfernt und schließlich das Kristallgitter zerstört[88]. Wenn man das teilweise extrahierte Material mit verschiedenen Reagenzien behandelt, kann man eine Wiederaufnahme des Alkalis herbeiführen; das weiße Produkt färbt sich durch Einwirkung einer wäßrigen Lösung von Natriumsulfid grün und beim Schmelzen mit Natriumsulfid blaßblau. Natriumhydroxyd ruft eine gelbe Färbung hervor und bewirkt eine gewisse Zersetzung, da Natriumpolysulfid gelöst wird. Beim Schmelzen mit Natriumnitrat unterhalb von 550° können bis zu 12,5% Natrium aufgenommen werden, ohne daß ein Verlust von Schwefel eintritt; die Farbe geht dabei in ein intensives Gelbgrün über. Wenn nun der Überschuß von Natriumnitrat entfernt wird, so bildet das Produkt beim Erhitzen unter begrenztem Luftzutritt, ein tiefblaues, kristallines Ultramarin; diese Umwandlung erfolgt nicht, wenn es im reinen Stickstoff oder im reinen Sauerstoff erhitzt wird; es scheint also für die Färbung ein bestimmter Oxydationsgrad erforderlich zu sein, was mit der Annahme übereinstimmt, daß die Farbe auf unvollständig oxydierten Schwefelverbindungen beruht (s. unten S. 240).

Die Farbe des Ultramarins wird auch durch Schmelzen mit Natriumformiat zerstört, wobei ein weißes Reduktionsprodukt entsteht, das mehr Natrium enthält und bei der Behandlung mit Säuren doppelt soviel Schwefelwasserstoff ergibt wie Ultramarin. Röntgenuntersuchungen zeigen, daß hierbei das Ultramarin-Kristallgitter unverändert erhalten bleibt. Reagenzien, die das überschüssige Alkali entfernen — z. B. Äthylenchlorhydrin, Chlorwasserstoff, heißes Wasser — stellen die blaue Färbung ebenfalls wieder her; ebenso tritt die Farbe wieder auf, wenn die Substanz in Luft oder im Vakuum über 200° erhitzt wird. Der Farbwechsel beim Erhitzen ist demnach nicht an einen Oxydationsvorgang gebunden.

Ebenso wird bei der Chlorierung von Ultramarin bei 400° Alkali entfernt, wobei farblose Produkte entstehen. Wenn der Prozeß unterbrochen wird, bevor eine Zerstörung des Kristallgitters stattfindet, so erhält man ein farbloses Produkt, das seine blaue Färbung beim Schmelzen mit Alkali wieder erhält. Es scheint demnach so zu sein, daß das Alkali im Ultramarin beweglicher ist als der Schwefel und daß sowohl ein Überschuß als auch ein Mangel an Alkali die Färbung zerstören kann.

Von Leschewski und Möller[89] sind Versuche unternommen worden, die Form, in der der Schwefel vorliegt, festzustellen. Wasserstoff reduziert Ultramarin bei 400° und gibt dabei ein blaßblaues Produkt, welches das Ultramarin-Kristallgitter beibehält. Während der Reduktion geht wenig Schwefel verloren, aber der Reduktionsgrad nimmt zu, z. B. stieg bei einem Ultramarin mit einem Schwefelgehalt von 7,8% der sulfidische

---

[88] Leschewski u. Möller: Z. anorg. allg. Chem. 1932, **209**, 369; 1934, **220**, 317.

[89] Leschewski u. Möller: Z. anorg. allg. Chem. 1933, **212**, 420; 1932, **209**, 377. Ber. dtsch. chem. Ges. 1932, **65**, 250.

Schwefel von 0,9 auf 6%. Oberhalb von 400° wird mehr Schwefel abgeschieden als Schwefelwasserstoff gebildet, wobei wieder eine Farbvertiefung auftritt. Der umgekehrte Vorgang, die Oxydation mit Sauerstoff bei 500°, verringert den Reduktionsgrad des Schwefels, zerstört aber weder das Kristallgitter noch die Färbung. Abwechselnde Oxydation und Reduktion mit Sauerstoff bzw. Wasserstoff liefert abwechselnd dunkelblaue und lichtblaue Produkte.

Die Eigenschaften der Ultramarine deuten darauf hin, daß sie mit natürlich vorkommenden Mineralien mit Basenaustauschwirkung verwandt sein müssen, und zwar — wie Brögger und Backström im Jahre 1890 feststellten — besonders mit dem Sodalith, $Na_8Al_6Si_6O_{24}Cl_2$, dem Nosean oder Hauyn, $Na_4(Na_2, Ca)Al_6Si_6O_{24}(SO_4)_2$, und dem Cancrinit, $(Na_2, Ca)_5Al_6Si_6O_{24}(CO_3)_2$. Alle diese Mineralien wurden als Additionsverbindungen eines Natriumaluminosilikats mit $NaCl$, Na_2SO_4 (oder $CaSO_4$) bzw. Na_2CO_3 aufgefaßt. Ultramarin scheint somit in der gleichen Weise durch Anlagerung von Natriumpolysulfid an dasselbe Stammaluminosilikat gebildet zu sein. Nach einer anderen Auffassung wurde Nephelith als Stammverbindung dieser Gruppe aufgefaßt. Die Beziehung zwischen den verschiedenen Stoffen ergibt sich dann aus den beiden folgenden Formulierungsreihen (bei denen die Formeln zur Vereinfachung halbiert sind):

$$\left\{Al(SiO_4)_3\right\}\begin{matrix}Na_2\\ Al\\ Al\ldots Cl\end{matrix} \qquad \left\{Al(SiO_4)_3\right\}\begin{matrix}Na_2\\ Ca\\ Al\\ Al\ldots SO_4Na\end{matrix} \qquad \left\{Al(SiO_4)_3\right\}\begin{matrix}Na_4\\ Al\\ Al\ldots S_3Na\end{matrix}$$

Sodalith — Hauyn — Ultramarin

oder

$$\left\{Al(SiO_4)_3\right\}\begin{matrix}Na_3\\ \\ Al_2\end{matrix} \qquad \left\{Al(SiO_4)_3\right\}\begin{matrix}Na_3\\ \\ Al_2\ldots NaCl\end{matrix} \qquad \left[\left\{Al(SiO_4)_3\right\}\begin{matrix}Na_3\\ \\ Al_2\end{matrix}\right]_2\ldots 2\,NaS_2$$

Nephelith — Sodalith — Ultramarin

Die Analogie zu den Zeolithen stützt sich auf die Beobachtung von Singer und Gruner[90] bei der Einwirkung von Alkalisulfiden auf synthetische Zeolithe. Dabei bilden sich blaue Stoffe, und zwar ist die Färbung im Falle der Erdalkaliverbindungen besonders tief. Im Gegensatz zu den echten Ultramarinen sind die Stoffe nicht sehr beständig. Schwefel kann durch Waschen unter Entfärbung der Substanz entfernt werden; durch Trocknen bei 100° oder bei gewöhnlicher Temperatur wird Schwefelwasserstoff entwickelt. Die Menge des aufgenommenen Schwefels wechselt zwischen drei und vier Atomen je Einheit der Formel $Na_6[Al_6Si_6H_{12}O_{30}]$ (s. oben die Grunersche Formulierung der künstlichen Zeolithe). Da bei der Behandlung mit Alkalisulfid das Säureäquivalent der Substanzen unverändert bleibt, so ergibt sich, daß S^{2-} oder SH^--Ionen als solche aufgenommen werden, wenn auch eine Oxydation von Natriumsulfid zu Polysulfiden möglich ist. Daß irgendeine derartige Oxydation stattfindet und mit der Ausbildung der Farbe im Zusammenhang steht, sieht man daran, daß bei der Behandlung von vollständig

[90] Singer u. Gruner: Z. anorg. allg. Chem. 1932, **204**, 232, 247.

entgastem Zeolith mit Natriumsulfid in einer Stickstoffatmosphäre ein farbloses Produkt gebildet wird, das genau zwei Atome Schwefel je Molekül $Na_6[Al_6Si_6H_{12}O_{30}]$ enthält. Man nimmt an, daß der Schwefel durch direkten Ersatz von OH^-- durch SH^--Gruppen in das Molekül eingeführt wird und sich so der Komplex $[Al_6Si_6H_{10}O_{28}(SH)_2]^{6-}$ bildet. Der Verlust des Schwefels beim Trocknen beruht dann auf Hydrolyse:

$$[Al_6Si_6H_{10}O_{28}(SH)_2]^{6-} + 2\,H_2O \rightleftharpoons [Al_6Si_6H_{10}O_{28}(OH)_2]^{6-} + 2\,H_2S.$$

In Gegenwart von Luft wird Natriumhydrogensulfid leicht zu Polysulfid oxydiert, so daß durch die Reaktion von Zeolith bei Luftzutritt ohne Schwierigkeiten S_2H^-- oder S_2^{2-}-Gruppen eingeführt werden können. Blaue Stoffe von größerer Beständigkeit, die mit den echten Ultramarinen näher verwandt sind, erhält man durch Einwirkung von Natriumsulfidlösungen unter Druck bei Temperaturen oberhalb von 200°. Diese katalysieren, wie die echten Ultramarine, die Reaktion von Jod mit Natriumazid; sie ergeben gut definierte Röntgendiagramme, die identisch oder wenigstens sehr ähnlich sind mit denjenigen, die man von den echten Ultramarinen erhält.

Der röntgenographische Beweis über die Konstitution des Ultramarins wurde zuerst von JAEGER erbracht[91], der zeigte, daß die Pulverdiagramme sämtlicher Ultramarine, unabhängig von ihrer Färbung und chemischen Konstitution, untereinander und mit den Diagrammen des Noseans und Hauyns identisch sind. Sodalith gab indessen vollkommen andere Beugungsbilder[92] und darf daher nicht in der oben beschriebenen Weise mit Nosean und Ultramarin in eine Gruppe gestellt werden. Ein Wechsel der Kationen im Ultramarin — z. B. Ersatz von Natrium durch Silber — verursachte nur Änderungen in den relativen Intensitäten der verschiedenen Beugungen, ohne daß irgendeine merkbare Änderung in den Abständen auftrat. Ein kleiner Einfluß auf die Größen der Struktur besteht darin, daß durch das Einfügen eines kleineren Kations (z. B. beim Ersatz von Natrium durch Lithium) eine geringe Schrumpfung des Aluminosilikatskeletts verursacht wird. Der Schwefel des Ultramarins kann durch Selen ersetzt werden, ohne daß die Struktur beeinflußt wird oder eine Änderung der relativen Intensitäten erfolgt.

Die Struktur der Verbindungen beruht auf einem körperzentrierten Würfelgitter mit 9,13 Å Kantenlänge. Die Elementarzelle enthält 24 Sauerstoffatome, 6 Silicium- und 6 Aluminiumatome. Die beobachtete Symmetrie dieses $[Al_6Si_6O_{24}]^{6-}$-Bauelementes erfordert, daß es eine regelmäßige oktaedrische Einheit in dem dreidimensionalen (Si, Al)—O-Gitterwerk mit den für die Zeolithe charakteristischen breiten Kanälen und Hohlräumen bildet. JAEGER konnte die Lage der Kationen oder der Schwefelatome in dieser Struktur nicht feststellen und nahm an, daß diese durch die Gitter wandern und willkürlich irgendwelche

---

[91] JAEGER, F. M.: Trans. Faraday Soc. 1929, **25**, 320; Proc. Acad. Amsterdam 1927, **30**, 249.

[92] Siehe PAULING: Proc. Nat. Acad. Sci. USA 1930, **16**, 453.

Stellen besetzen könnten. Neuere Strukturuntersuchungen zeigen indessen, daß eine derartige Annahme nicht erforderlich ist.

Nach PODSCHUS, LESCHEWSKI und HOFMANN[93] muß die oben angegebene ideale Formel für die Ultramarine und verwandte Verbindungen geändert werden, da in jeder Elementarzelle nur für acht große Kationen wie Na^+ Platz ist. Ein höherer Natriumgehalt läßt sich nur mit der Annahme gemischter Natriumsalze erklären. In den Ultramarinen selbst sind stets nur weniger als acht Natriumatome vorhanden; eine typische, von den genannten Autoren analysierte Substanz besaß die Zusammensetzung $Na_{6,63}Al_{5,87}Si_{6,12}O_{24}S_{2,45}$ mit der Summe $Al + Si = 12$, wie es die Theorie erfordert. In der Kristallstruktur ist Platz für acht Kationen, und man nimmt an, daß die Natriumionen statistisch über die verfügbaren Stellen verteilt sind. Der Schwefel liegt wahrscheinlich in Form von S_2-Gruppen vor, die sehr wohl Polysulfidionen vorstellen können. Sie sind zu oktaedrischen Gruppen angeordnet und besetzen den Mittelpunkt und die Ecken der würfelförmigen Elementarzelle. Von diesen Gruppen sind wieder nicht mehr als zwei von den sechs möglichen Stellen besetzt, und Überlegungen hinsichtlich des tatsächlich für die Besetzung durch den Schwefel verfügbaren Raumes machen es unwahrscheinlich, daß irgendeine größere Polysulfidgruppe als S_3^{2-} auftreten kann.

Aus dem vorhergehenden Absatz geht hervor, daß die Ultramarine strukturell in enger Beziehung zu den Zeolithen stehen; jetzt muß nur noch der Ursprung ihrer Farbe besprochen werden. Die auf chemischem Wege gewonnenen Ergebnisse zeigen, daß die Färbung mit der Gegenwart bestimmter Mengen von Alkali und Schwefel verknüpft ist; von diesem liegt ein Teil in Form von Sulfidionen, der Rest als Polysulfid vor. Ältere Theorien[94] schreiben die blaue Farbe dem Auftreten von kolloidem Schwefel zu. Derartig gefärbte Produkte, die kolloidalen Schwefel enthalten, bilden sich aus Eisen(III)-chlorid und Natriumthiosulfat oder beim Zusatz von Schwefel zu geschmolzenem Natrium- oder Kaliumchlorid. Geschmolzenes Kaliumrhodanid besitzt ebenfalls eine blaue Farbe.

Durch Schmelzen von Borax mit Natriumsulfid oder Schwefel erhält man Stoffe, von denen man annahm, daß sie mit den Ultramarinen verwandt wären[95]. Während des Schmelzens entstehen gelbe, rote und dunkelbraune Färbungen, die beim Zusatz von Borsäure dunkler werden und in grün übergehen. Wenn man die höheren Polyborate — z. B. $Na_2B_{10}O_{16}$ — im gelösten Zustand mit Schwefelwasserstoff behandelt und anschließend schmilzt, so erhält man blaue Schmelzen. Die Färbung vertieft sich, wenn die Produkte in Schwefelkohlenstoffdampf erhitzt werden. In diesen sog. „Borultramarinen" kann die Borsäure teilweise durch die Oxyde des Aluminiums oder Siliciums ersetzt werden, während an Stelle des Schwefels Selen treten kann, wobei sich rosa bis braune

---

[93] PODSCHUS, LESCHEWSKI u. HOFMANN: Z. anorg. allg. Chem. 1936, **228**, 305.

[94] HOFMANN, K. A.: Ber. dtsch. chem. Ges. 1905, **38**, 2482. — OSTWALD, Wo., u. AUERBACH: Kolloid-Z. 1926, **38**, 336; s. auch Z. anorg. allg. Chem. 1929, **183**, 37.

[95] Z. anorg. allg. Chem. 1929, **183**, 37.

Färbungen ergeben, oder Tellur, welches zur Entstehung von grauen oder schwarzen Produkten führt. Hydratisiertes Natriumsulfid bildet mit Natriumphosphat und Phosphorpentoxyd eine analoge himmelblaue Schmelze. Alle diese Färbungen treten aber nur vorübergehend auf und sind unbeständig. Ihre Entstehung wird möglicherweise durch hochdispersen kolloidalen Schwefel hervorgerufen; Wo. OSTWALD und AUERBACH versuchten diese Hypothese auf die echten Ultramarine auszudehnen und brachten Unterschiede in der Farbe mit verschiedenen Dispersionsgraden des kolloidalen Schwefels in Zusammenhang. Ihre Annahme ist jedoch nicht zutreffend; PODSCHUS, LESCHEWSKI und HOFMANN sind der Ansicht, daß die Kristallstruktur jede Möglichkeit des Auftretens von kolloidalen Teilchen ausschließt; wie gezeigt wurde, ist der Schwefel in den Verbindungen ganz und gar nicht flüchtig und gegen Oxydation in Nitratschmelzen bis 550° beständig. Der wahre Ursprung der intensiv blauen Färbung der Ultramarine ist somit noch ungeklärt, wenn auch mit Sicherheit ein Zusammenhang mit dem Vorkommen von polysulfidischem Schwefel besteht.

Die Bildung natürlicher und künstlich hergestellter Silikate.

Die Strukturchemie der Silikate beruht fast vollständig auf der Vielfältigkeit der Verbindungen, die die natürlich vorkommenden Silikate darbieten. Diese sind bemerkenswert, einerseits wegen der in ihnen vorliegenden verwickelten Strukturprinzipien und andererseits wegen ihrer vollkommenen Kristallisationseigenschaften. Es war die hauptsächliche Aufgabe der Mineralogen, die Bedingungen zu ermitteln, unter denen die verschiedenen Silikatklassen gebildet wurden; die dabei gewonnenen Erkenntnisse zeigen, daß die Folge von Kernbildung und Wachstum verschiedener Strukturen eines komplexen Systems durch bestimmte Prinzipien bestimmt wird.

Man nimmt an, daß die Mineralien ursprünglich aus einer flüssigen Silikatschmelze oder einem Magma stammen. Chemisch gesehen, war dies ein Mehrkomponentensystem mit Silicium-, Aluminium-, Calcium-, Magnesium-, Eisen-, Natrium- und Kaliumoxyd als Hauptkomponenten und mit zahlreichen Nebenbestandteilen. Besonders enthielt es eine geringe Menge Wasser, das — wenigstens im mittleren Temperaturbereich — wahrscheinlich in der gleichen Weise gebunden war wie das in einer Metaphosphatschmelze festgehaltene Wasser (s. oben). Bei hohen Temperaturen schieden sich feste Verbindungen ab, die kein Wasser enthielten, so daß der Wassergehalt in der flüssigen Phase mit zunehmender Verfestigung anstieg. Demzufolge stieg der Wasserdampfpartialdruck des Systems, und der Charakter der flüssigen Phase änderte sich fortlaufend von einer beweglichen Schmelze über eine hochviskose, der Einwirkung von Wasserdampf oberhalb des kritischen Punktes unterworfenen Flüssigkeit und im kritischen Gebiet und darunter schließlich zu einer wäßrigen Lösung.

Unter diesen Bedingungen wiesen die abgeschiedenen festen Substanzen eine regelmäßige Entwicklung auf. Mit steigender Temperatur und zunehmender Verfestigung änderte sich nicht nur das Verhältnis von sauren zu basischen Oxyden (dem Übergang von basischen zu sauren Gesteinen entsprechend), sondern es wurden nacheinander die in diesem Kapitel beschriebenen Strukturtypen durchlaufen. Als erste schieden sich aus dem natürlichen Magma nicht Silikate, sondern Schwermetalloxyde ab (Magnetit, Chromit usw.); bei den ersten kristallisierenden Silikaten handelt es sich um Orthosilikate (z. B. Olivin), denen bei tieferen Temperaturen die Metasilikate (Pyroxene [Augit]) folgten. Der Ordnungsvorgang zwischen Schmelze und Kristallwachstum führte damit zunächst zu Strukturen mit isolierten Anionengruppen und dann zu großen ausgedehnten eindimensionalen Strukturen. Die Bildung dreidimensionaler Netzwerkstrukturen — Quarz, Aluminiumsilikatstrukturen vom Feldspattyp — und von Aluminiumsilikaten mit Schichtstruktur (Glimmer) stellte die dritte Stufe bei der Kristallisation der Silikate dar; sie verlief unter Bedingungen, bei denen der in nun schnell steigender Konzentration vorhandene Wasserdampf an den Oberflächenreaktionen flüssig-fest teilnehmen konnte und so als Mineralisierungsmittel wirkte. In den Endstufen der Kristallisation lag eine überkritische wäßrige Lösung aller unter diesen Bedingungen löslichen Komponenten vor. Während die vorhergehenden Stufen vorwiegend zu Verbindungen führten, die auf dichten Ionenpackungen beruhen (entsprechend den dichten Packungen in den Schmelzen, aus denen die Kristallisation erfolgte), entstanden unter den Bedingungen der sog. hydrothermalen Kristallisation die komplizierten offenen Strukturen der Zeolithe und verwandter Körper. Bei ihnen handelt es sich um Produkte von Reaktionen zwischen der Lösungsphase und den vorher bereits auskristallisierten Aluminosilikaten. Wie zu erwarten, besteht ein regelmäßiger fortlaufender Übergang zwischen den vollständig wasserfreien Silikaten, die sich bei den höchsten Temperaturen abscheiden, bis zu denen, bei denen Wasser und OH^--Ionen in zunehmendem Maße unmittelbar an der Struktur beteiligt sind. Die wichtige Gruppe der Tonmineralien schließlich ist sekundären Ursprungs und entsteht bei gewöhnlicher Temperatur durch Einwirkung schwacher Säuren (CO_2 und Humussäuren) auf Aluminosilikate wie Feldspat und Glimmer. Ihre wichtigen physikalischen Eigenschaften sind deutlich das Ergebnis ihrer Bildung auf Grund topochemischer Prozesse. Auf den chemischen Mechanismus ihrer Bildung kann hier nicht näher eingegangen werden, da dies eine ausführliche Besprechung erfordern würde.

Auf Grund der technologischen Bedeutung der Silikatsysteme wurden verschiedene Punkte ihrer Chemie gründlich untersucht. Die Schmelzdiagramme einfacher binärer Systeme zeigen, daß neben der flüssigen Phase sowohl Ortho- als auch Metasilikate beständig sind, während Feldspate und Glimmer aus ternären Systemen kristallisieren[96]. Die starke Viskosität der geschmolzenen Silikate deutet auf eine direkte Parallele mit der in Phosphatschmelzen erfolgenden Polyanionenbildung hin.

[96] Siehe die Zusammenfassung von R. M. BARRER: Discuss. Faraday Soc. 1949, No 5, 331.

Bei Reaktionen zwischen Kieselsäure und Metalloxyden in fester Phase, die von den Diffusionsvorgängen bestimmt werden, entstehen in allen Fällen als erstes Reaktionsprodukt Orthosilikate[97], die anscheinend mit Kieselsäure zu Metasilikaten reagieren können. In analoger Weise geht im ternären Gemisch $CaO + Al_2O_3 + 2\,SiO_2$ der Bildung von Gehlenith, $Ca_2Al_2SiO_7$, einem Aluminosilikat, das sich durch Substitution von diskreten $Si_2O_7^{6-}$-Anionenstrukturen ableitet, die Bildung des Anorthit, eines dreidimensionalen Feldspatnetzwerkes, $CaAl_2Si_2O_8$ voraus. Es besteht hier ein gewisses Anzeichen für eine Parallele mit der Reihenfolge der Bildung aus der Schmelze, es ist aber nicht bekannt, ob dies eine Folge der beteiligten Diffusionsvorgänge ist oder ob es dadurch bedingt ist, daß die Strukturen mit zunehmend komplexem Aufbau sich hinsichtlich Kernbildung und Wachstum unterschiedlich verhalten.

Die laboratoriumsmäßige Untersuchung der Hydrothermprozesse hat die Bedeutung des Wasserdampfs bei der Kristallisation von Silikaten gezeigt. Silicagel und geschmolzene glasige Kieselsäure lassen sich schnell zu Quarz rekristallisieren, und man kann, wie Barrer[98] und Mitarbeiter zeigten, natürlich vorkommende Zeolithe aus reaktionsfähigen Formen der entsprechenden Oxyde — z. B. durch Reaktion von Silica- und Aluminiumoxydgel mit Alkali- oder Erdalkalisalzen — synthetisch darstellen. Zu den durch Hydrothermreaktionen gewonnenen Silikaten gehören Feldspate wie Albit, die Schichtstruktur von Talk und die hydratisierten Metasilikat-Kettenstruktur des Serpentins[99].

Es liegen deutliche Beweise dafür vor, daß Kieselsäure in Gegenwart von Wasserdampf die Gasphase durchläuft. Ein derartiges Verhalten ist nicht auf Kieselsäure beschränkt, da auch ein so schwer schmelzbares Oxyd wie Berylliumoxyd bei 1250° im Dampfstrom merklich flüchtig ist[100]. Auch bei einigen Metalloxyden der Übergangsreihen läßt sich eine ähnliche Flüchtigkeit nachweisen. Allgemein bekannt ist, daß sich Borsäure, $B(OH)_3$, als solche unmittelbar verflüchtigen läßt; erklären läßt sich diese Erscheinung der Überführung in die Dampfphase wahrscheinlich durch den Pseudohalogencharakter des OH^--Ions und seine hohe Polarisierbarkeit. Die in Frage kommenden Elemente bilden flüchtige oder ziemlich flüchtige Chloride, die als freie Moleküle einen Kovalenzcharakter besitzen. An den Oxydoberflächen erfolgt eine starke Chemosorption von Wasserdampf, der zweifellos teilweise in Form von OH^--Gruppen an der Oberfläche gehalten wird, z. B.:

$$Be^{++} + O^{--} + H_2O \rightleftharpoons Be^{++} + 2\,OH^-.$$

Die Hydroxyde dieser Elemente sind bei höheren Temperaturen unbeständig, so daß sie im allgemeinen durch Umkehr der obigen Reaktion

[97] Jander, W., u. J. Wuhrer: Z. anorg. allg. Chem. 1936, **226**, 225. — Jander, W., u. E. Hofmann: Z. anorg. allg. Chem. 1933, **218**, 211. — Hild, J., u. W. Trömmel: Z. anorg. allg. Chem. 1933, **215**, 333.

[98] Barrer, R. M.: J. chem. Soc. 1948, **127**, 2158; ebenso Bibliographie in Discuss. Faraday Soc.

[99] Jander, W., u. J. Wuhrer: Z. anorg. allg. Chem. 1938, **235**, 273. — Jander, W., u. R. Fett: Z. anorg. allg. Chem. 1939, **242**, 145.

[100] Hutchison, C. A., u. J. G. Malm: J. Amer. chem. Soc. 1949, **71**, 1338.

Wasser abgeben. Wenn ein Be^{++}-Ion in unmittelbare Nachbarschaft von 2 OH^--Ionen kommt, ist andererseits die Vorstellung erklärlich, daß von der Oberfläche ein kovalentes $Be(OH)_2$-Molekül verdampft. Dieses kann in der Gasphase eine beständige Einheit bilden, während es durch Auftreffen auf eine Oberfläche unter Rückbildung des Oxyds leicht zersetzt wird. Nach dieser Vorstellung werden Beryllium- und Siliciumoxyd als $Be(OH)_2$ bzw. $Si(OH)_4$ verdampft, wobei das letzte nur in der Gasphase auftritt.

Achtes Kapitel.

Wasserstoff und die Hydride.

Das Interesse des Chemikers am Wasserstoff wurde in den letzten Jahren durch zwei Entdeckungen von außerordentlicher Bedeutung wieder geweckt, und zwar durch die Feststellung des Auftretens von Spinisomerie des Wasserstoffmoleküls, als deren Folge Ortho- und Parawasserstoff vorkommen, und zweitens durch die Existenz von Wasserstoffisotopen. Diese beiden Abschnitte sollen in diesem Kapitel für sich zusammengefaßt werden, bevor das weitere Gebiet der Darstellung und Eigenschaften der Hydride und einiger anderer verwandter Verbindungen behandelt wird.

Ortho- und Parawasserstoff.

Das Auftreten zweier verschiedener Formen von molekularem Wasserstoff, die als Ortho- und Parawasserstoff bezeichnet werden, rührt von der Tatsache her, daß in einem Wasserstoffatom der Kern sich wie ein Kreisel dreht, wobei sein Kreismoment $\frac{h}{4\pi}$ ist[1]. Wenn zwei derartige Kerne sich vereinigen und ein Molekül bilden, so können die Spins entweder gleich oder entgegengesetzt gerichtet sein. Wenn sie gleich gerichtet sind, wie in dem folgenden Diagramm, so nennt man sie unsymmetrisch und das entstehende Molekül Orthowasserstoff, wenn sie entgegengesetzt gerichtet sind, so nennt man sie symmetrisch, und das Molekül heißt Parawasserstoff. Diese Art von Spinisomerie tritt auch bei anderen symmetrischen Molekülen auf, deren Kerne ein Spinmoment besitzen; sie kommt auch beim Deuterium vor, aber wir wollen diese Besprechung auf den Wasserstoff beschränken, da abgesehen vom Deuterium bei keinem der anderen isomeren Molekülpaare irgendein nachweisbarer chemischer Unterschied besteht.

Ortho- und Parawasserstoff unterscheiden sich in ihrer inneren Molekularenergie, und zwar ist diese bei der symmetrischen Paraform geringer als in der Orthoform. Diese Energiedifferenz macht sich durch Unterschiede in der Intensität des Bandenspektrums von molekularem Wasserstoff bemerkbar, was zuerst im Jahre 1924 von Mecke beobachtet

[1] Einen Überblick über die physikalischen Grundlagen dieses Gebietes findet man bei A. Farkas: Orthohydrogen, Parahydrogen und Heavy Hydrogen (Cambridge University Press 1935).

wurde und zu der daraufhin folgenden Entwicklung dieses Gebietes führte. Der Energieunterschied verursacht auch eine Temperaturabhängigkeit der relativen Verhältnisse von Ortho- und Paraform. Beim absoluten Nullpunkt würde Parawasserstoff in reiner Form vorliegen, weil er die geringste innere Energie besitzt; beim Temperaturanstieg würde der Anteil der Orthoform zunehmen. So hat sich auf Grund theoretischer Erwägungen zeigen lassen, daß sich bei sehr hohen Temperaturen die Grenzverhältnisse der beiden Formen zueinander (Ortho : Para) wie 3:1 verhalten. Die Tabelle 1 zeigt, wie sich die Zusammensetzung des Gleichgewichtsgemisches mit der Temperatur ändert.

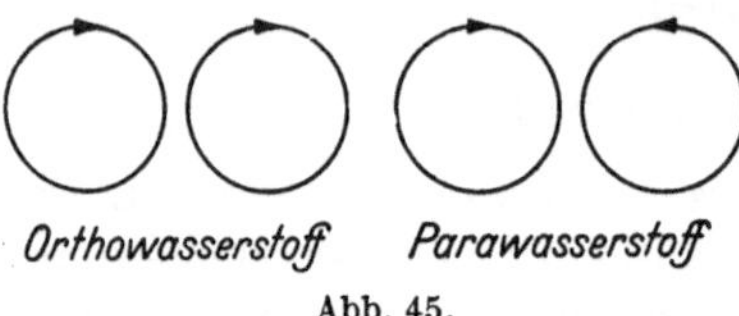

Abb. 45.

Die Gleichgewichte können sowohl theoretisch berechnet als auch experimentell bestimmt werden.

Das Wärmeleitvermögen und die spezifischen Wärmen der beiden Formen sind voneinander verschieden, und man kann diese Eigenschaften dazu benutzen, die Zusammensetzung eines Gemisches zu bestimmen. Das Gleichgewichtsverhältnis von Ortho- zu Paraform stellt sich bei einer Temperaturänderung nicht ohne weiteres von selbst ein, sondern nur dann, wenn man irgendeinen Katalysator benutzt. BONHOEFFER und HARTECK[2] zeigten durch Messungen der Wärmeleitfähigkeit bei geringen Drucken, daß sich unter gewissen Bedingungen das Gleichgewicht innerhalb eines Jahres noch nicht eingestellt hatte. Wenn man aber gewöhnlichen Wasserstoff bei 20° abs. in Berührung mit aktiver Kohle läßt, so war das Gleichgewicht sofort erreicht, und das abgesaugte Gas bestand aus Parawasserstoff mit einem Reinheitsgrad von 99,7%. Dieser Parawasserstoff konnte eine Woche lang bei Zimmertemperatur in Glasgefäßen aufbewahrt werden, ohne daß eine merkliche Umwandlung erfolgte.

Tabelle 1.

Temperatur ° abs.	Para-H_2 %	Ortho-H_2 %
20	99,82	0,18
40	88,61	11,39
80	48,39	51,61
120	32,87	67,13
273	25,13	74,87
∞	25,00	75,00

Das Gleichgewichtsgemisch, welches ungefähr 25% Parawasserstoff enthält, bildet sich auf einem der folgenden Wege zurück:

1. Durch Behandlung mit Metallkatalysatoren (z. B. Fe oder Pt);
2. beim Durchtritt durch eine elektrische Entladungszone;
3. durch Zusatz von atomarem Wasserstoff;
4. durch Erhitzen auf Temperaturen von 800° oder mehr.

Es sei darauf hingewiesen, daß eine Anreicherung von Orthowasserstoff über das Verhältnis des Gleichgewichtsgemisches 3:1 hinaus nicht möglich ist. Demzufolge kann man auch die physikalischen Eigenschaften der beiden Formen nicht miteinander vergleichen, wohl aber ist ein Vergleich zwischen der Paraform und gewöhnlichem Wasserstoff möglich.

[2] BONHOEFFER u. HARTECK: Naturwissenschaften 1929, 17, 182.

Parawasserstoff und gewöhnlicher Wasserstoff weisen einen deutlichen Unterschied im Dampfdruck auf, wie man an den in Tabelle 2 aufgeführten Werten bei den Temperaturen 13,95° abs. und 20,39° abs. erkennen kann; diese Temperaturen sind der Tripel- bzw. Siedepunkt des gewöhnlichen Wasserstoffs.

Der Schmelzpunkt der reinen Paraform liegt bei 13,83° abs. Die magnetischen Eigenschaften der beiden Formen unterscheiden sich ebenfalls. Im Parawasserstoff heben die Kernspins einander auf, so daß das magnetische Moment des Moleküls Null ist, während im Orthowasserstoff die Spins sich verstärken und das Moment für die Orthoform, das man aus den für Ortho-Paragemischen gemessenen Werten extrapolieren kann, ungefähr doppelt so groß ist wie das Moment eines Protons. Der durch den Kernspin verursachte Magnetismus muß jedoch kleiner sein als durch Vorgänge in der Hülle hervorgerufene Effekte.

Tabelle 2.

Temperatur ° abs.	Dampfdruck mm Normaler Wasserstoff	Dampfdruck mm Parawasserstoff
13,95	53,9	57,0
20,39	760,0	787,0

Die Tatsache, daß das Wärmeleitvermögen und die Wärmekapazitäten der beiden Wasserstoffarten verschieden sind, wurde schon erwähnt. Verschiedene Forscher haben daraufhin Verfahren ausgearbeitet,

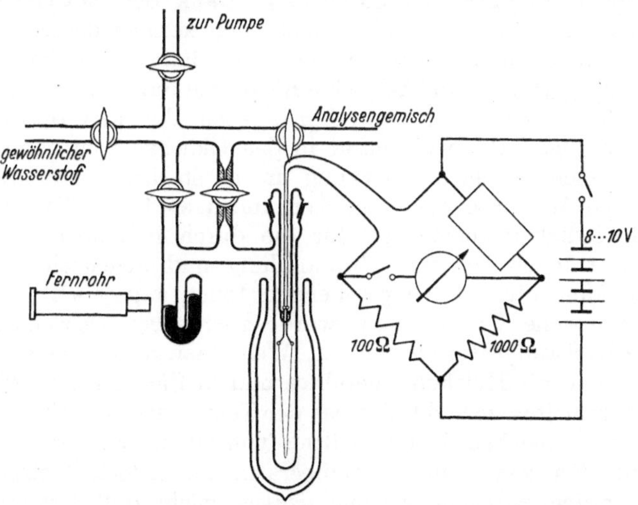

Abb. 46. Apparatur zur Analyse von Ortho-Parawasserstoffgemischen. (Aus A. FARKAS: Orthohydrogen, Parahydrogen und Heavy Hydrogen.)

um diese Unterschiede zur Analyse von Ortho-Paragemischen zu benutzen. Die Form der verwendeten Apparatur ist in Abb. 46 gezeigt.

Die Leitfähigkeitszelle, die in flüssige Luft oder in flüssigen Wasserstoff getaucht ist, enthält einen dünnen Draht, der durch eine kleine Batterie auf 160—180° abs. geheizt wird und den einen Abschnitt einer WHEATSTONschen Brücke bildet. Sein elektrischer Widerstand ist ein Maß für seine Temperatur, die durch die Wärmeleitfähigkeit des den Draht umgebenden Gases bestimmt wird. Bei konstantem Druck und konstantem Heizstrom erreicht der Draht im normalen Wasserstoff eine höhere Temperatur als im Parawasserstoff, weil die Paraform eine größere Wärmeleitfähigkeit besitzt. Wenn man so zuerst die Zelle mit gewöhnlichem Wasserstoff und mit reinem Parawasserstoff eicht, ist es möglich, unbekannte Gemische der beiden Wasserstofformen zu analysieren, da eine lineare Beziehung zwischen der Leitfähigkeit und dem Gehalt an Parawasserstoff in der Mischung besteht. In besonderen Fällen wurden bei der Anwendung des Verfahrens verschiedene Änderungen benutzt. So werden gewöhnlich die Messungen bei einem Druck von 20—40 mm ausgeführt, während A. FARKAS[3] ein Verfahren entwickelt hat, bei dem er mit einer Zelle von 2 cm^3 Inhalt und einem Gasdruck von 0,05 mm Quecksilber arbeitet.

Die katalytischen Eigenschaften verschiedener Stoffe in bezug auf die gegenseitige Umwandlung von Ortho- und Parawasserstoff sind ausführlich untersucht worden. Die thermische Umwandlung bei 800 bis 1000° ist eine homogene Reaktion, und man nimmt an, daß sie über die Bildung von Wasserstoffatomen auf Grund einer thermischen Dissoziation des Wasserstoffs verläuft. Es hat sich gezeigt, daß einige paramagnetische Stoffe die Umwandlung katalysieren. So wirken Sauerstoff, Stickoxyd und Stickstoffdioxyd, welche sämtlich paramagnetisch sind, aktivierend (L. FARKAS und SACHSSE[4]). Dank der Entwicklung bequemer und zuverlässiger Analysenmethoden können derartige Untersuchungen leicht durchgeführt werden. Viele diamagnetische Gase, wie N_2, N_2O, CO_2, NH_3, HJ und SO_2, sind nicht imstande, eine Umwandlung hervorzurufen. Es hat sich weiterhin ergeben, daß in Lösungen paramagnetische Ionen Parawasserstoff in das Gleichgewichtsgemisch umwandeln können, wobei die Wirkung um so stärker ist, je größer die magnetischen Momente der fraglichen Ionen sind. In Tabelle 3 sind die Geschwindigkeitskonstanten für die durch halbmolare Lösungen verschiedener Ionen bewirkte Umwandlung und gleichzeitig die magnetischen Momente der entsprechenden Ionen angegeben[5].

Die heterogene Umwandlung wurde zuerst bei Verwendung von Holzkohle als Katalysator beobachtet. Wenn man gewöhnlichen Wasserstoff durch ein mit Holzkohle gefülltes und in flüssiger Luft gekühltes Rohr hindurchleitet, so stellt sich das der Temperatur der flüssigen Luft entsprechende Gleichgewichtsverhältnis von Ortho- zu Parawasserstoff sofort ein. Bei gewöhnlicher Temperatur ist jedoch Holzkohle als Katalysator nicht wirksam, was man daraus ersieht, daß Parawasserstoff bei Zimmertemperatur in Berührung mit Holzkohle aufbewahrt werden kann, ohne daß der dem Gleichgewicht entsprechende Anteil der Orthoform gebildet wird. Platinschwarz hingegen ist bei Zimmertemperatur ein guter Katalysator, während es bei der Temperatur der flüssigen Luft unwirksam ist. Der Einfluß der Temperatur auf die Aktivität

[3] FARKAS, A.: Z. physik. Chem. 1933, B, **22**, 344.

[4] FARKAS, L., u. SACHSSE: Z. physik. Chem. 1933, B, **23**, 1, 19.

[5] Die Daten sind der Arbeit von FARKAS: Orthohydrogen, Parahydrogen und Heavy Hydrogen, S. 84, entnommen.

verschiedener Katalysatoren ist ziemlich verwickelt. Wie bereits erwähnt wurde, ist Holzkohle bei Zimmertemperatur nicht aktiv, wohl dagegen bei tiefen Temperaturen; ihre Aktivität steigt allmählich bei Temperaturen oberhalb 200° an. Natriumchlorid und Kupferpulver zeigen ebenfalls ein Minimum der Aktivität bei Zimmertemperatur. TAYLOR und DIAMOND[6] haben die katalytische Aktivität von verschiedenen Oxyden (z. B. Cr_2O_3, Gd_2O_3, Nd_2O_3, V_2O_3, V_2O_5, CeO_2, ZnO, La_2O_3) bei 86° abs. untersucht und gezeigt, daß die paramagnetischen Oxyde bei dieser Temperatur eine stärkere katalytische Wirksamkeit entfalten. Es wurde auch beobachtet, daß die Katalysatoren für die Ortho-Parawasserstoffumwandlung durch einige Stoffe vergiftet werden können.

Tabelle 3.

Ion	Magnetisches Moment in Magnetonen	k in $\frac{\text{Liter}}{\text{Mol . min}}$
Zn^{++} . .	0	0
Cu^{++} . .	1,9	1,15
Ni^{++} . .	3,2	1,95
Co^{++} . .	5,1	5,56
Fe^{++} . .	5,3	6,05
Mn^{++} . .	5,8	8,05

Die Umwandlung von Parawasserstoff durch atomaren Wasserstoff in ein Gleichgewichtsgemisch wurde direkt von GEIB und HARTECK[7] nachgewiesen. Durch Desorption von in flüssiger Luft oder flüssigem Wasserstoff gekühlter Holzkohle wurde ein an Parawasserstoff reicher Wasserstoff dargestellt; dieses Gemisch wurde einem Wasserstoffstrom zugeleitet, welcher ein Entladungsrohr passiert hatte und deshalb freie Wasserstoffatome mit sich führte (vgl. S. 287). Dabei wurde eine teilweise Umwandlung bis zum Ortho-Para-Gleichgewichtsgemisch beobachtet; zur Analyse wurden bei diesen Messungen das bereits beschriebene Verfahren benutzt. Indem man die Reaktionen $p\text{-}H_2 + H = o\text{-}H_2 + H$ bei verschiedenen Temperaturen durchführte, konnte man die Aktivierungsenergie dieses Prozesses zu 7250 ± 250 cal ermitteln. Diese Erscheinung, daß atomarer Wasserstoff die Umwandlung von Ortho- und Parawasserstoff zustande bringen kann, ist zur Messung der stationären Konzentration von Wasserstoffatomen bei photochemischen Reaktionen zwischen Wasserstoff und Chlor benutzt worden[8]. Dasselbe Prinzip wurde von FARKAS und HARTECK zur Bestimmung der Konzentration von Wasserstoffatomen bei der photochemischen Zersetzung von gasförmigem Ammoniak durch Licht von Wellenlängen unter 2000 Å benutzt. Es bestehen andere Gründe zu der Annahme, daß der primäre photochemische Vorgang in diesem Falle die Reaktion $NH_3 + h\nu = NH_2 + H$ ist; die Tatsache aber, daß das der Photolyse unterworfene System die Umwandlung von Ortho- in Parawasserstoff hervorrufen kann, ist ein direkter Beweis dafür, daß tatsächlich Wasserstoffatome auftreten (natürlich nur, wenn sich zeigen läßt, daß Radikale wie NH und NH_2 nicht dieselbe Wirkung ausüben können wie atomarer H). CREMER, CURRY und POLANYI[9] haben dasselbe Verfahren benutzt, um die Reaktionsfähigkeit einfacher Moleküle (z. B. CCl_4, $CHCl_3$, CH_2Cl_2, CH_3Cl) mit atomarem Wasserstoff zu untersuchen.

[6] TAYLOR u. DIAMOND: J. Amer. chem. Soc. 1933, 55, 2613.
[7] GEIB u. HARTECK: Z. physik. Chem. 1931, BODENSTEIN-Festband, 849.
[8] GEIB u. HARTECK: Z. physik. Chem. 1931, B, 15, 116.
[9] CREMER, CURRY u. POLANYI: Z. physik. Chem. 1933, B, 23, 445.

Deuterium und seine Verbindungen.

Daß ein schweres Isotop des Wasserstoffs existiert, wurde sofort nach der Entdeckung einer Diskrepanz in den Atomgewichtswerten vermutet. Der von ASTON gefundene Wert für das Atomgewicht des Wasserstoffs bezogen auf $O = 16{,}000$ betrug $1{,}00778 \pm 0{,}00015$. Dieser Wert wurde im Jahre 1927 auf massenspektroskopischem Wege bestimmt und steht gut mit dem chemisch gefundenen Wert 1,00780 in Einklang. Im Jahre 1929 zeigten indessen GIAUQUE und JOHNSTON durch bandenspektroskopische Untersuchungen an Sauerstoff, daß dieser kein Reinelement ist, sondern sich aus Isotopen mit den Massen 17 und 18 zusammensetzt. Das Atomgewicht des Sauerstoffs ergab sich zu 16,0035, wenn man es nach der relativen Häufigkeit dieser Isotopen berechnet. Bezieht man aber die Berechnung des chemischen Atomgewichtes von Wasserstoff nicht auf das System $O = 16{,}000$ sondern auf $O = 16{,}0035$, so ergibt sich ein Wert von 1,00799, der deutlich höher ist als der von ASTON auf physikalischem Wege gefundene. Diese Unstimmigkeit wurde mit der Annahme erklärt, daß gewöhnlicher Wasserstoff einen schwereren Bestandteil mit der Masse 2 enthält, und zwar etwa im Verhältnis 1:4500[10].

Diese Annahme wurde schnell nachgeprüft und ihre Richtigkeit durch Untersuchungen des beim Verdampfen von flüssigem Wasserstoff übrigbleibenden Rückstandes bewiesen; ebenso ergab sich auf massenspektroskopischem Wege eine Bestätigung. Für den Chemiker aber blieb immer noch ein großes Problem bestehen, wie man nämlich das neue Wasserstoffisotop in ausreichender Menge zur Untersuchung seiner chemischen Reaktionen darstellen könnte. Theoretisch waren selbstverständlich viele Methoden möglich, die praktisch alle versucht wurden. Hierzu gehört die fraktionierte Destillation von Wasser zu dem Zweck, auf diese Weise D_2O von H_2O und HDO zu trennen. Die Unterschiede in den Siedepunkten sind nur sehr klein, jedoch wurde trotzdem von verschiedenen Forschern in den Endfraktionen eine Anreicherung an D_2O beobachtet. Ebenso wurde die Destillation anderer Deuteriumverbindungen (z. B. CH_4—CD_4-Gemischen) untersucht, wobei man ebenso wie bei dem fraktionierten Ausfrieren von gewöhnlichem Wasser und wie bei der fraktionierten Desorption des Wasserstoffs von Tierkohle bei der Temperatur der flüssigen Luft zu positiven Ergebnissen gelangte. Die Wasserstoffisotope lassen sich auch teilweise trennen, wenn man sie durch Palladium diffundieren läßt; ebenso konnte bei der Benutzung der Diffusionsapparatur von HERTZ (vgl. S. 23) eine kleine Menge reinen Deuteriums erhalten werden.

Die oben beschriebenen Verfahren sind fast ausnahmslos sehr mühselig, und der erzielte Trennungserfolg ist nur gering. Die Darstellung von reinem Deuterium in größeren Mengen wurde erst möglich, als sich auf Grund einer Beobachtung von WASHBURN und UREY[11] ergab, daß bei der Elektrolyse von Wasser der Rückstand an Deuteriumoxyd

---

[10] BIRGE u. MENZEL: Physic. Rev. 1931, 37, 1669.
[11] WASHBURN u. UREY: Proc. Nat. Acad. Sci. USA 1932, 18, 496.

angereichert wird. In industriellen Elektrolyseanlagen wurden verschieden starke Anreicherungen beobachtet; der Anreicherungsgrad war nicht davon abhängig, ob die Elektrolyse im sauren oder alkalischen Gebiet durchgeführt wurde. Kleine Anreicherungen findet man auch bei manchen aus natürlichen Quellen stammenden Wässern; sie können leicht durch bevorzugte Verdampfung, bevorzugte Diffusion oder irgendwelche anderen Gründe erklärt werden.

Die durch die Elektrolyse von Wasser erfolgten Anreicherungen an Deuterium kann man aus den folgenden Zahlen (Tabelle 4) ersehen, die sich auf die Elektrolyse von Natriumhydroxydlösungen beziehen, zu deren Herstellung man aus Elektrolysezellen des Handels stammendes Wasser verwendet hat; die Elektrolyse erfolgte zwischen Schichtelektroden aus Nickel; die Rückstände wurden von Zeit zu Zeit destilliert, um sie von dem angesammelten Alkali zu befreien. Die Zahlen in der letzten Spalte zeigen die in jeder Stufe des Vorganges enthaltene Flüssigkeitsmenge an. Das während des letzten Teiles der Elektrolyse entwickelte Gas wurde verbrannt und wieder in den Prozeß zurückgeführt; es bestand aus einer Deuterium-Wasserstoffmischung, die eine beträchtliche Menge von Deuterium enthielt. Die Zahlen sind einer Arbeit von TAYLOR, EYRING und FROST entnommen[12].

Tabelle 4.

Elektrolysenstufe	Dichte des Produktes $d_{4°}^{20°}$	Prozentualer Anteil an schwerem Wasserstoff	Elektrolysiertes Volumen in Litern
1	0,998	—	2750
2	0,999	0,5	410
3	1,001	2,5	52
4	1,007	8	10,15
5	1,031	30	2,00
6	1,098	93	0,420
7	1,104	99	0,082

Die elektrolytische Gewinnung von reinem Deuteriumoxyd wird nunmehr handelsmäßig durchgeführt. Die Dichten von D_2O und H_2O unterscheiden sich ungefähr um 10%; Dichtemessungen bieten daher ein bequemes Mittel zur Bestimmung der Zusammensetzung einer gegebenen Probe. Die Dichte ist allerdings dann kein genaues Maß für die Zusammensetzung, wenn man sich nicht überzeugt hat, daß bei der Elektrolyse keine Anreicherung in bezug auf das schwere Sauerstoffisotop erfolgt ist. Dies kann man dadurch prüfen, daß man das Wasser durch mehrmalige Behandlung mit Ammoniumchlorid, das infolge einer Austauschreaktion das Deuterium entfernt (diese Reaktion ist weiter unten beschrieben), „normalisiert" und feststellt, ob die Dichte des zurückbleibenden Wassers der des gewöhnlichen Wassers entspricht.

Physikalische Eigenschaften von Deuterium und seinen Verbindungen.

Deuterium und seine Verbindungen unterscheiden sich in ihren physikalischen Eigenschaften deutlich von den entsprechenden Wasserstoffverbindungen. Dies erkennt man klar am Beispiel der in der Tabelle 5 aufgeführten Daten[13] der Schmelz- und Siedepunkte sowie der latenten Schmelz- und Verdampfungswärmen der Moleküle H_2, HD und D_2.

[12] TAYLOR, EYRING u. FROST: J. chem. Physics 1933, **1**, 823.
[13] CLUSIUS: Z. Elektrochemie angew. physik. Chem. 1938, **44**, 15.

Tabelle 5.

	H_2	HD	D_2
Schmp °C	—259,2	—256,5	—254,5
Sdp. °C	—252,7	—	—249,5
Latente Schmelzwärme g. cal.	28,0	37	47,0
Latente Verdampfungswärme g. cal.	219,7	263	302,3

Ähnliche Unterschiede findet man auch bei den Verbindungen des Deuteriums; von diesen kommt dem Deuteriumoxyd ein besonderes Interesse zu, weil es als Ausgangsmaterial zur Darstellung der meisten Deuteriumverbindungen dient. D_2O ist wie Wasser eine assoziierte Flüssigkeit. Die Tabelle 6 zeigt die Unterschiede in einigen wichtigen physikalischen Eigenschaften der beiden Verbindungen.

Tabelle 6.

Eigenschaften	H_2O	D_2O
Siedepunkt	100°	101,4°
Schmelzpunkt	0°	3,8°
Spezifisches Gewicht bei 20°	0,9982	1,1059
Temperatur der maximalen Dichte	4,08°	11,22°
Verdampfungswärme in cal/Mol	9700	9960
Dielektrizitätskonstante	82	80,5
Viskosität bei 20°	10,09	12,6
Brechungsindex	1,33300	1,32844
Oberflächenspannung bei 20° in Dyn/cm	72,75	67,8

Die Ionenbeweglichkeiten sind im D_2O kleiner als im H_2O, doch ist dies wahrscheinlich durch die höhere Viskosität des D_2O bedingt. Die meisten Salze sind in D_2O etwas schlechter löslich als in Wasser, ebenso sind die Solvatationswärmen kleiner. Auch die Dissoziationsdrucke und Umwandlungstemperaturen der Salzhydrate und -deuterate zeigen geringe Unterschiede.

Ähnliche Unterschiede zwischen den Schmelz- und Siedepunkten findet man auch bei anderen Deuteriumverbindungen und deren Wasserstoffanalogen, wobei allerdings, wie schon an den wenigen in Tabelle 7 aufgeführten Beispielen zu erkennen ist, die Werte für die Deuteriumverbindung nicht immer höher liegen.

Tabelle 7.

Verbindung	Schmelzpunkt °C	Siedepunkt °C	Verbindung	Schmelzpunkt °C	Siedepunkt °C
NH_3	— 77,8	—33,3	CH_4	—182,6	
ND_3	— 73,5	—31,0	CD_4	—184,0	
H_2S	— 85,5		C_6H_6	5,5	80,1
D_2S	— 86,0		C_6D_6	6,6	79,2
HCl	—110,9	—85,0	HCN	— 14	25,3
DCl	—114,9	—81,5	DCN	— 12	25,9

Darstellung und Reaktionen von Deuteriumverbindungen.

Deuterium kann man aus Deuteriumoxyd durch Elektrolyse und durch jedes andere Verfahren, das Wasserstoff liefern würde, erhalten. Eine große Zahl von Deuteriumverbindungen sind durch die gleichen Reaktionen dargestellt worden, wie sie allgemein zur Darstellung der analogen Wasserstoffverbindungen benutzt werden. So kann man beispielsweise Deuterium durch direkte Reaktion mit den Halogenen vereinigen; weiter reagiert Deuteriumoxyd direkt mit Säureanhydriden (SO_3, P_2O_5) unter Bildung der entsprechenden Deuterosäuren. In analoger Weise ergeben Oxyde wie Na_2O und CaO mit Deuteriumoxyd $NaOD$ und $Ca(OD)_2$; aus den salzartigen Metallsulfiden, -nitriden, -phosphiden und -arseniden entstehen bei der Behandlung mit Deuteriumoxyd oder einer Deuteriumsäure die den entsprechenden Hydriden analogen Verbindungen. Die Zahl der Beispiele ließe sich beliebig vermehren.

Austauschreaktionen. Ein völlig anderer Weg zur Darstellung von Deuteriumverbindungen besteht in dem Austausch von Wasserstoff gegen Deuterium unter geeigneten experimentellen Bedingungen. Bei höherer Temperatur reagiert Deuterium mit H_2 unter Bildung von HD; ebenso erfolgt ein teilweiser Austausch des Wasserstoffs in Molekülen wie NH_3, H_2O und CH_4. Diese Reaktionen verlaufen oft auch bei niedrigeren Temperaturen, wenn man geeignete Hydrierungskatalysatoren, wie Palladium oder Nickel, verwendet.

Auch in ionenhaltigen Flüssigkeiten verlaufen die Austauschreaktionen sehr schnell. Beim Lösen von $NaOH$ in D_2O erfolgt eine schnelle Ionenreaktion, und man erhält aus der Lösung ein Gemisch von $NaOD$. Ein ähnlicher, wenn auch nicht so auffallender Austausch findet statt, wenn ein Ammoniumsalz in Deuteriumoxyd (oder ein Deuteriumammoniumsalz in normalem Wasser) gelöst wird, z. B.

$$NH_4Br + D_2O \rightleftharpoons NH_3DBr + HDO.$$

Diese Reaktion zeigt die in Lösung erfolgende Dissoziation des Ammoniumions in H^+ und NH_3 sowie die Gleichwertigkeit aller vier Wasserstoffatome, da bei fortlaufender Behandlung des Ammoniumsalzes NH_4X mit D_2O als Endprodukt ND_4X entsteht.

Ein schneller Deuteriumaustausch erfolgt auch mit in Wasser gelösten Aminen (z. B. $NH_2CH_3 \cdot HCl$) und sogar — allerdings in etwas langsamerer Reaktion — mit Verbindungen wie Hexamminkobalt(III)-chlorid, $[Co(NH_3)_6]Cl_3$, Triäthylendiaminkobalt(III)-chlorid, $Co[C_2H_4(NH_2)_2]_3Cl_3$ oder Tetramminplatin(II)-chlorid, $Pt(NH_3)_4Cl_2$. Die Geschwindigkeit des Austauschvorganges wurde gemessen, indem man durch geeignete Reagenzien zu verschiedenen Zeitpunkten das Salz aus der Lösung ausfällte — z. B. Tetramminplatin(II)-chlorid als Magnus-Salz, $[Pt(NH_3)_4]PtCl_4$ — und in dem zurückbleibenden Lösungsmittel die Konzentrationsänderung des Deuteriumoxyds feststellte. Man nimmt an, daß die Amminkationen zu einem kleinen Bruchteil einer Säuredissoziation unterliegen und daß die dissoziierte Form mit schwerem Wasser reagiert und den Austauschkreislauf bildet, z. B.

$$[Co(NH_3)_6]^{3+} \rightleftharpoons [Co(NH_3)_5NH_2]^{2+} + H^+$$
$$[Co(NH_3)_5NH_2]^{2+} + D_2O \rightleftharpoons [Co(NH_3)_5NH_2D]^{3+} + OD^-$$
$$H^+ + OD^- \rightleftharpoons HOD.$$

Dieser Mechanismus entspricht völlig der Dissoziationsweise des Wassers in den Koordinationskomplexen:

$$[Co(NH_3)_5(H_2O)]^{3+} \rightleftharpoons [Co(NH_3)_5(OH)]^{2+} + H^+.$$

Für die Deuterierung organischer Verbindungen[14] stehen verschiedene Methoden zur Verfügung. Die direkten katalytischen Austauschreaktionen mit Deuterium selbst wurden bereits erwähnt. Bei der Zugabe von Deuteriumoxyd zu ungesättigten Verbindungen verlaufen die gleichen Reaktionen wie im Falle des Wassers. Aceton unterliegt in alkalischer Lösung einer Austauschreaktion mit Deuteriumoxyd, die, wie man annimmt, auf der Reaktion des Ketons in seiner Enolform, $CH_3C(OH){=}CH_2$, beruht. Auch Nitromethan reagiert in Gegenwart von Alkali mit Deuteriumoxyd; hier nimmt man ebenfalls an, daß die Reaktion auf die Enolform, $CH_2N(OH)O$, zurückgeht. Durch diesen Austausch wird Deuterium in die Alkylgruppe eingeführt; durch Reduktion des Reaktionsproduktes, CD_3NO_2, zu CD_3NH_2 und anschließende weitere Behandlung mit Deuteriumoxyd kann man die vollständig deuterierte Verbindung CD_3ND_2 erhalten. Die erwähnten Beispiele, die willkürlich aus der sehr umfangreichen Literatur über dieses Gebiet entnommen wurden, sollen dazu dienen, die Bedeutung der Austauschreaktionen auf diesem Gebiet zu erläutern.

Das Tritium.

Das Tritium (^3H oder T), das radioaktive Wasserstoffisotop mit der Masse 3,0169, wurde 1934 von Oliphant, Harteck und Rutherford[15] als ein beim Deuteronenbeschuß von Deuteriumverbindungen wie D_3PO_4 und $(ND_4)_2SO_4$ anfallendes Produkt entdeckt. Dabei handelt es sich um folgende Kernreaktion: $d + d = t + p$. Es gibt jetzt verschiedene andere Methoden zur Darstellung des neuen Isotops, von denen die bequemste in der Bestrahlung von Lithium oder Lithiumverbindungen mit langsamen Neutronen besteht, die von einem Kernreaktor (S. 507) oder bei einer Cyclotronreaktion erhalten wurden. Der Vorgang läßt sich folgendermaßen formulieren:

$$^6Li + n = {^4He} + {^3H}.$$

Das dabei entstehende Tritium läßt sich vom Helium durch Reaktion mit metallischem Uran unter Bildung der Verbindung U^3H_3 und deren

---

[14] Einen ausführlicheren Überblick über dieses Gebiet gibt Sidgwick: The Chemical Elements and their Compounds (Clarendon Press, Oxford, 1950), Bd. I, S. 52.

[15] Oliphant, Harteck u. Rutherford: Nature 1934, **133**, 412.

anschließende Zersetzung bei 500° trennen, oder man oxydiert es zu ^3H_2O und gewinnt es in dieser Form. Eine andere bequeme Quelle für kleine Tritiummengen hat man im Beryllium, das zur Herstellung von Neutronen, nach $^9Be(d, n)^{10}Be$, im Cyclotron mit Deuteronen beschossen wurde. Hierbei entsteht das Tritium durch die Sekundärreaktion $^9Be + d = 2\,^4He + ^3H$. Ein Teil des gebildeten Tritiums wird während des Beschusses als Gas frei, das in dem Metall zurückbleibende T kann durch Erhitzen im Vakuum ausgetrieben und dann oxydiert werden. Als primäres Produkt entsteht bei allen diesen Reaktionen der Tritiumkern, auch Triton genannt, der bei den Darstellungsbedingungen aber leicht Elektronen aufnehmen und freie Tritiumatome und -moleküle bilden kann. Tritonen entstehen auch bei vielen anderen Kernreaktionen, z. B. $^{12}C(n, t)\,^{10}B$; $^{14}N(d, t)^{13}N$; $^{63}Cu(d, t)^{62}Cu$.

Tritium zerfällt unter Emission von β-Teilchen geringer Energie (maximal 18,3 $\pm$ 0,2 Kev., im Mittel 5,69 $\pm$ 0,06 Kev.) und hat eine Halbwertszeit von 12,46 $\pm$ 0,2 Jahren. Als Zerfallsprodukt entsteht das Heliumisotop ^3He. Wegen der geringen Energie der β-Teilchen besteht eine Schwierigkeit beim Nachweis im GEIGER-MÜLLER-Zähler, da die Strahlen nicht durch das Fenster des Zählers hindurchdringen können. Daher muß das Tritium als Gas in das Innere des Zählers gebracht werden, oder aber man registriert die beim Auftreffen der β-Teilchen auf einen Naphthalinfilm entstehenden Lichtimpulse mit Hilfe eines Sekundärelektronenverstärkers.

Infolge der kurzen Lebensdauer des Tritiums ist ein natürliches Vorkommen ausgeschlossen; ASTON konnte zeigen, daß frühere Berichte über derartige Nachweise auf einer Verwechslung der Ionen $(D_2H)^+$ und $(DT)^+$ bei den massenspektroskopischen Untersuchungen beruhten.

Rein chemische Untersuchungen mit Tritium wurden bisher nur in sehr beschränktem Umfange durchgeführt. So wurde das Gleichgewicht $HT + H_2O \rightleftharpoons H_2 + HTO$ untersucht[16]. Die Unterschiede zwischen den physikalischen Eigenschaften von Wasserstoff und Tritium sind wahrscheinlich größer als im Falle Wasserstoff-Deuterium; dasselbe gilt für die entsprechenden Verbindungen, von denen allerdings erst wenige beschrieben sind. In der Chemie wird Tritium wahrscheinlich hauptsächlich zur Markierung bestimmter wasserstoffhaltiger Gruppen benutzt[17]. Die Verwendung von Deuterium zu diesem Zweck wurde bereits erwähnt. Hierbei erfolgt die Bestimmung des Deuteriumgehaltes der Verbindungen massenspektroskopisch, durch Dichtemessungen oder mit ähnlichen Methoden. Im Falle des Tritiums werden bei diesen Versuchen unmittelbar β-Strahlenzähler verwendet, wenn man Austauschreaktionen oder das Verhalten von mit Tritium markierten Gruppen in organischen Molekülen untersuchen will. Die Benutzung der Radioaktivität des Tritiums gestattet es, wesentlich kleinere Mengen genau zu bestimmen, als dies im Falle des Deuteriums möglich ist.

---

[16] BLACK u. TAYLOR: J. chem. Physics 1943, 11, 395.

[17] Siehe KAMEN: Radioactive Tracers in Biology (Academic Press Inc., New York, 1947).

Die Hydride*.

Die Verbindungen der Elemente mit Wasserstoff lassen sich in drei ziemlich gut voneinander unterschiedene Gruppen einteilen, nämlich in die flüchtigen Hydride, die salzartigen Hydride und die Einlagerungshydride. Die Verbindungen der ersten Gruppe besitzen Kovalenzbindungen. Es handelt sich um Derivate der folgenden Elemente: Zu der zweiten Gruppe gehören die Hydride der Alkali- und Erdalkalimetalle und möglicherweise auch die des Lanthans, Cers, Praseodyms und Neodyms. Hierbei handelt es sich um feste Stoffe mit Ionengitter. In der letzten Gruppe der Hydride stehen Elemente wie Titan, Zirkonium, Thorium, Vanadium und Uran. Es sei erwähnt, daß es nicht immer möglich ist, zwischen den salzartigen und Einlagerungshydriden ganz eindeutig zu unterscheiden. Über einige Fälle, bei denen noch Unklarheiten darüber bestehen, wird weiter unten berichtet.

Tabelle 8.

Gruppe				
III	IV	V	VI	VII
B	C	N	O	F
[Al]	Si	P	S	Cl
Ga	Ge	As	Se	Br
[In]	Sn	Sb	Te	J
	Pb	Bi	Po	

Die Hydride des Bors.

Die Bildung von Hydriden des Bors durch Einwirkung von Säuren auf Magnesiumborid ist schon ungefähr 60 Jahre lang bekannt; aber die Abtrennung und Untersuchung der einzelnen Hydride wurde erst möglich, als ein besonderes Arbeitsverfahren von STOCK und seinen Mitarbeitern[18] entwickelt wurde. Die Schwierigkeiten beim Arbeiten mit diesen Verbindungen sind durch ihre Flüchtigkeit sowie ihre Empfindlichkeit gegen Luft, Feuchtigkeit und Hahnenfett bedingt.

Tabelle 9.

Hydrid	Schmelzpunkt °C	Siedepunkt °C
B_2H_6	—165,5	—92,5
B_4H_{10}	—120	18
B_5H_9	— 46,6	48
B_5H_{11}	—123	63
B_6H_{10}	— 65	Dampfdruck bei 0°: 7,2 mm
$B_{10}H_{14}$	— 99,7	213

Die Schmelz- und Siedepunkte der zur Zeit bekannten Borhydride sind in der Tabelle 9 zusammengestellt. Außerdem gibt es eine Anzahl

* Eine neuere Übersicht über dieses Gebiet findet man bei E. WIBERG: Neuere Ergebnisse der präparativen Hydrid-Forschung. Angew. Chem. 1953, 65, 16.

[18] Die Arbeiten von STOCK über dieses Gebiet sind in seiner Monographie „The Hydrides of Boron and Silicon“ Cornell University Press 1933, zusammengefaßt. Dort sind auch die einzelnen Arbeitsverfahren ausführlich beschrieben; ein umfangreiches Literaturverzeichnis ist in dem Werk ebenfalls enthalten.

weniger gut definierter fester Hydride des Bors, die in einem späteren Abschnitt beschrieben werden.

Für die Darstellung dieser Hydride sind drei experimentelle Verfahren möglich[19], nämlich

1. die Reaktion von Magnesiumborid mit wäßrigen Säuren,
2. die Reaktionen von Bortrichlorid oder -tribromid mit Wasserstoff im elektrischen Entladungsrohr und anschließende Zersetzung des dabei gebildeten Halogenderivats (B_2H_5Cl oder B_2H_5Br),
3. Reduktion eines Borhalogenids mit Lithiumaluminiumwasserstoff.

Jetzt wird zur Darstellung des Diborans allgemein das dritte Verfahren, das die beiden anderen verdrängt hat, benutzt. Die Zersetzung von Magnesiumborid durch Säuren (HCl oder H_3PO_4) liefert als Hauptprodukt in ziemlich geringer Ausbeute Tetraboran, B_4H_{10}, neben kleinen Mengen von B_5H_9, B_6H_{10}, $B_{10}H_{14}$, CO_2, PH_3 sowie Siliciumwasserstoffen. Die letzten drei Verbindungsgruppen stammen von Verunreinigungen der Ausgangsmaterialien her. Es entsteht kein Diboran, B_2H_6, wahrscheinlich, weil diese Verbindung sehr schnell durch Wasser oder wäßrige Säuren zersetzt wird.

Bei dem zweiten Verfahren, das von BURG und SCHLESINGER entwickelt wurde, wird ein Gemisch von Bortrichlorid oder Bortribromid und Wasserstoff bei einem Druck von 5—10 mm durch ein elektrisches Entladungsrohr zwischen mit Wasser gekühlten Kupferelektroden hindurchgepumpt. Das aus dem Entladungsrohr austretende Gas enthält H_2, HCl (bzw. HBr) etwas B_2H_6, BCl_3 (bzw. BBr_3) und B_2H_5Cl (bzw. B_2H_5Br). Das Gasgemisch wird in einem mit flüssiger Luft gekühlten U-Rohr kondensiert; die Halogenwasserstoffe und das B_2H_6 werden im Vakuum bei etwa —120° von dem BCl_3 bzw. BBr_3 und B_2H_5Cl abdestilliert; der aus BCl_3 (bzw. BBr_3) und B_2H_5Cl (oder B_2H_5Br) bestehende Rückstand wird bei einer Temperatur von 0° gehalten, wobei nach der Gleichung

$$6\,B_2H_5Cl = 5\,B_2H_6 + 2\,BCl_3$$

eine Disproportionierung erfolgt.

Die Darstellung von Diboran durch Reduktion von Bortrichlorid mit Lithiumaluminiumwasserstoff (vgl. S. 263) verläuft mit fast theoretischer Ausbeute nach:

$$3\,LiAlH_4 + 4\,BCl_3 = 3\,LiCl + 3\,AlCl_3 + 2\,B_2H_6.$$

Man läßt auf den in gekühltem Äther gelösten Lithiumaluminiumwasserstoff eine ätherische Lösung von Bortrichlorid einwirken und leitet dabei langsam trocknen Stickstoff durch die Reaktionsapparatur.

Ein zu großer Ätherverlust mit dem die Apparatur verlassenden Gas, aus dem das Diboran durch flüssigen Stickstoff kondensiert wird, wird durch Verwendung eines festen Kohlendioxyd enthaltenden Kaltfinger-Rückflußkühlers vermieden. Bortrifluorid reagiert in ganz entsprechender Weise.

---

[19] Arbeiten mit einem Überblick über dieses Gebiet und Literaturangaben s. BELL u. EMELÉUS: Quart. Rev. chem. Soc., (London) 1948, 2, 132. — SCHLESINGER u. BURG: Chem. Reviews 1942, 31, 1.

Gegenseitige Umwandlung der Borwasserstoffe ineinander.

Die Umwandlung der Borwasserstoffe ineinander und insbesondere die Darstellung der höheren Hydride aus dem bequem zugänglichen Diboran hat nach der Entdeckung der Methode zur Darstellung des Diborans mit Lithiumaluminiumwasserstoff eine besondere Bedeutung gewonnen. Zwischen den verschiedenen Hydriden scheint eine verwickelte Reihe von Gleichgewichten zu bestehen, die durch die Temperatur und die Gegenwart von zugesetztem Wasserstoff bestimmt werden[20]. Beim Durchleiten von Diboran durch ein auf 100—120° erhitztes Rohr entstehen beispielsweise als Hauptprodukte B_4H_{10} und B_5H_{11}. Das Hydrid B_4H_{10} gibt auf der anderen Seite in mäßiger Ausbeute B_2H_6, wenn es auf ungefähr die gleiche Temperatur erhitzt wird, während bei der thermischen Zersetzung von B_5H_{11} bei 100° nebeneinander H_2, B_2H_6, B_4H_{10}, B_5H_9 und $B_{10}H_{14}$ entstehen. In diesem Falle wird die Ausbeute an B_2H_6 und B_4H_{10} durch Zugabe eines großen Überschusses von Wasserstoff vergrößert.

Nichtflüchtige Borhydride.

Außer den in Tabelle 9 aufgeführten Formen sind keine flüchtigen Borhydride bekannt; wohl sind dagegen verschiedene nichtflüchtige feste Hydride durch Erhitzen flüchtiger Verbindungen hergestellt worden. So ergibt Diboran beim Erhitzen auf 120° einen farblosen Film eines in Schwefelkohlenstoff unlöslichen Hydrids von der ungefähren Zusammensetzung $[BH_{1,5}]_x$. Beim weiteren Erhitzen wird dieses Hydrid in einen gelben unlöslichen Stoff verwandelt. Wenn man B_4H_{10} erhitzt, so entsteht ein gelbes unlösliches Hydrid neben einem farblosen festen Hydrid, das in Schwefelkohlenstoff löslich ist und ein Molekulargewicht von ungefähr 140 ($\equiv B_{12}$) besitzt. Bei Zimmertemperatur zerfällt die Verbindung von selbst unter Bildung eines gelben kristallinen Hydrids, das auf Grund kryoskopischer Messungen in Benzol die Formel $B_{26}H_{36}$ haben muß. Über die Beziehungen zwischen diesen verschiedenen festen Hydriden ist noch wenig bekannt, so daß dieses interessante Gebiet zweifellos weitere Untersuchung und Aufklärung verdient.

Allgemeine Eigenschaften der Borwasserstoffe.

Einige Reaktionen sind typisch für alle Borwasserstoffe; man findet sie bei sämtlichen Verbindungen dieser Gruppe. So werden alle Borwasserstoffe bei Rotglut in Bor und Wasserstoff gespalten, so daß man die thermische Zersetzung des Diborans zur Herstellung von reinem Bor benutzen kann. Mit Sauerstoff gemischt explodieren sie beim Erhitzen oder durch Funkenzündung, wobei in Gegenwart von überschüssigem Sauerstoff Bortrioxyd und Wasser entstehen. Es wurde festgestellt, daß einige der höheren Borane selbstentzündlich sind. Sämtliche Borwasserstoffe werden durch Wasser hydrolysiert, B_2H_6 sehr schnell ($B_2H_6 + 6\,H_2O = 2\,H_3BO_3 + 6\,H_2$), B_4H_{10} und B_5H_{11} mit mäßiger

[20] Siehe z. B. Clarke u. Pease: J. Amer. chem. Soc. 1951, **73**, 2132.

Geschwindigkeit und B_5H_9, B_6H_{10} und $B_{10}H_{14}$ nur sehr langsam. Sehr leicht erfolgt Hydrolyse mit wäßrigem Alkali, was eine bequeme analytische Methode ergibt, da jede Bor-Wasserstoffbindung in dem Molekül ein Molekül Wasserstoff liefert. Alle Borhydride reagieren mit den Halogenen, wobei verschiedene Substitutionsprodukte gebildet werden. Diboran reagiert mit Halogenwasserstoffen in Gegenwart des entsprechenden Aluminiumhalogenids unter Bildung des einfach halogenierten Derivats (z. B. B_2H_5Cl) und Wasserstoffs. Die anderen Borane verhalten sich wahrscheinlich ähnlich.

Bei der reversiblen Reaktion zwischen Diboran und Bortrimethyl entstehen Methylderivate des Diborans. Andere Boralkyle reagieren mit Diboran ganz entsprechend, doch wurde die Methode noch nicht zur Darstellung von Alkylderivaten anderer Borwasserstoffe benutzt, ebenso sind auch die Reaktionen mit anderen Organometallverbindungen noch nicht untersucht worden. Bei der Methylierung von Diboran entstehen folgende Produkte, wie man durch Charakterisierung der bei der Hydrolyse gebildeten Methylborsäuren feststellen konnte: $CH_3 \cdot BH_2 \cdot BH_3$, $(CH_3)_2 \cdot BH \cdot BH_3$, $(CH_3)_2 \cdot BH \cdot BH_2(CH_3)$ und $(CH_3)_2 \cdot BH \cdot BH(CH_3)_2$. Die symmetrische Verbindung $CH_3 \cdot BH_2 \cdot BH_2CH_3$ entsteht nicht durch direkte Alkylierung; man erhält sie aber bei der Behandlung des Monomethylderivats mit Dimethyläther:

$$2\,CH_3BH_2 \cdot BH_3 + 2\,(CH_3)_2O = 2\,(CH_3)_2O \cdot BH_3 + CH_3BH_2 \cdot BH_2CH_3 .$$

Die bemerkenswerte Tatsache, daß nicht mehr als vier Wasserstoffatome im Diboran durch Alkylgruppen ersetzt werden können, ohne daß es zu einem Zusammenbruch der B—B-Bindung kommt und Bortrialkyl gebildet wird, ist ein wichtiger Beweispunkt für die Brückenstruktur des Diborans und wird an anderer Stelle besprochen.

Die Reaktion von Diboran mit Ammoniak.

Das Ammoniakat des Diborans, das man am besten erhält, wenn man bei —120° Diboran mit Ammoniak reagieren läßt, ist eine weiße feste Verbindung, die in flüssigem Ammoniak eine elektrisch leitende Lösung ergibt. Bei der Reaktion dieser Lösung mit Natrium bei —77° reagiert ein Mol der Verbindung mit einem Äquivalent Natrium, wobei ein Äquivalent Wasserstoff frei wird und als Endprodukt das Salz $NaB_2H_6NH_2$ entsteht. Dies sieht man als Beweis dafür an, daß die aus Ammoniak und Diboran entstandene Verbindung je Molekül ein NH_4^+-Ion enthält, so daß man die Verbindung jetzt als $NH_4^+(H_3B \cdot NH_2 \cdot BH_3)^-$ formuliert.

Die Ammoniakate von B_2H_6, B_4H_{10} und B_5H_9 verlieren beim Erhitzen auf 200° im Vakuum Wasserstoff; es entsteht dabei Borazol, $B_3N_3H_6$ (Sdp. 55°). Die Verbindung erhält man auch beim gleichzeitigen Erhitzen von Diboran und Ammoniak. Sie ist erstaunlich beständig. Elektronenbeugungsmessungen haben die Ringform (I) bestätigt.

Borazol reagiert in der Kälte jeweils mit 3 Mol HCl, HBr, H_2O und CH_3OH, ganz entsprechend einer ungesättigten Verbindung; dabei entstehen Additionsverbindungen, von denen die Chlorverbindung als typisches Beispiel wiedergegeben ist (II). Beim Erhitzen der Chlorverbindung wird Wasserstoff abgespalten, und es entsteht die Verbindung (III)[21]. Methylsubstituierte Diborane (s. oben) bilden ebenfalls Diammoniakate, die beim Erhitzen auf 180—200° Aminodimethylborin,

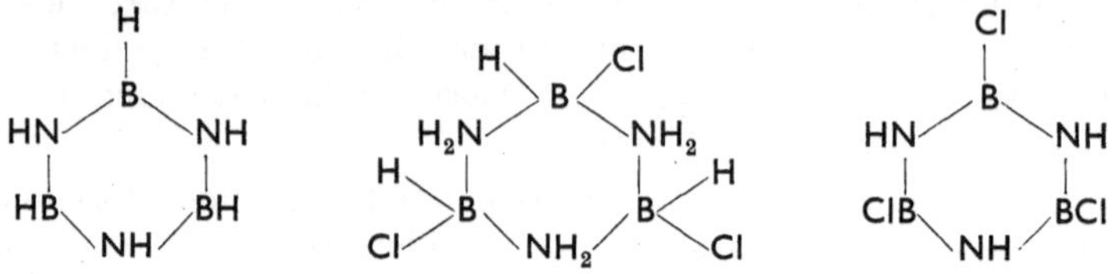

H B HN NH HB BH NH (I)

H Cl B H_2N NH_2 H B B H Cl NH_2 Cl (II)

Cl B HN NH ClB BCl NH (III)

$B(NH_2)(CH_3)_2$, $B_3N_3H_6$ und die drei methylsubstituierten Borazole, $CH_3B_3N_3H_5$, $(CH_3)_2B_3N_3H_4$ und $(CH_3)_3B_3N_3H_3$ ergeben, bei denen die Methylgruppen an das Bor gebunden sind. Die Verbindungen entstehen auch beim Erhitzen von Methylboranen mit Ammoniak. Borazole mit Methylgruppen, die an die Stickstoffatome gebunden sind, erhält man beim Erhitzen von B_2H_6 mit NH_3 und CH_3NH_2 auf 200°. Mit Phosphorwasserstoff reagiert Diboran unter Bildung der Verbindung $B_2H_6 \cdot 2\,PH_3$; es liegen aber keine Anhaltspunkte dafür vor, daß beim Erhitzen ein Phosphoranaloges des Borazols gebildet wird.

Derivate des Borinradikals.

Dichtemessungen des Diborans lassen keine Dissoziation in BH_3-Radikale erkennen. In einer Reihe von Verbindungen des Diborans sind jedoch Derivate dieses Radikals bekannt. Beispielsweise entsteht aus Diboran mit Trimethylamin die beständige Koordinationsverbindung $H_3B \leftarrow N(CH_3)_3$ (Sdp. 171°), in der die Akzeptoreneigenschaften des Bors deutlich in Erscheinung treten. Entsprechende Reaktionen verlaufen zwischen Trimethylamin und alkylierten Diboranen. Diboran reagiert auch mit Kohlenmonoxyd unter Bildung von Borincarbonyl (Sdp. —64°)

$$B_2H_6 + 2\,CO \rightleftharpoons 2\,BH_3CO\,.$$

Das Carbonyl ist bei 100° weitgehend dissoziiert und reagiert bei Zimmertemperatur mit Trimethylamin unter Bildung von CO und $BH_3 \cdot N(CH_3)_3$. Ein wenig beständiges Koordinationsprodukt, $H_3B \leftarrow O(CH_3)_2$, entsteht aus Diboran und Dimethyläther. Auch Substitutionsderivate des Borinradikals sind bekannt. So entsteht bei der Reaktion mit Acetaldehyd Diäthoxyborin:

$$4\,CH_3CHO + B_2H_6 = 2\,BH(OC_2H_5)_2\,.$$

Ein weiteres Beispiel ist das N-Dimethylaminoborin, $(CH_3)_2NBH_2$, das durch Reaktion von Diboran mit Dimethylamin entsteht. Die Rolle, die das Borinradikal bei der gegenseitigen Umwandlung der Borwasser-

[21] STOCK, WIBERG u. MARTINI: Ber. dtsch. chem. Ges. 1930, **63**, 2927. — WIBERG u. BOLZ: Ber. dtsch. chem. Ges. 1940, **73**, 209.

stoffe ineinander spielt, ist noch nicht völlig klar; es ist jedoch sehr wahrscheinlich, daß es bei diesen Reaktionen und auch bei Reaktionen wie der Polymerisation von Acetylen und Äthylen in Gegenwart von Diboran beteiligt ist.

Die Struktur der Borwasserstoffe.

Bei sämtlichen Borwasserstoffen besteht ein Elektronenmangel, d. h. es fehlen den Verbindungen zwei Valenzelektronen an der zur Bildung von Zweielektronenbindungen erforderlichen Elektronenmindestzahl. Beim Diboran sind beispielsweise nur 12 Elektronen für die Bindungsbildung verfügbar, von denen 6 von den beiden Boratomen und 6 von den Wasserstoffatomen stammen, während 14 Elektronen erforderlich sind, um der Vorstellung von zwei Valenzelektronen je Kovalenzbindung zu genügen.

Jetzt wird allgemein für das Diboran nicht mehr die dem Äthan entsprechende Struktur (II), sondern eine Struktur vom Typus (I) angenommen, bei der die Bindung der beiden Boratome über 2 Wasserstoffbrücken erfolgt.

```
H\  1·14A. /H\        /H
   \      /    \     /
    B         (105° B 120°)        H\      /H
   /      \    /     \             H—B—B—H
H/ 1·18A.  \H/        \H           H/      \H

            (I)                        (II)
```

Der einzige überzeugende chemische Beweis für eine derartige Brückenstruktur liegt in der Tatsache, daß höchstens 4 (je zwei an jedes Boratom gebundene) Wasserstoffatome durch Alkylgruppen ersetzt werden können, ohne daß die B—B-Bindung aufgespalten wird. Bei jedem Versuch, mehr als vier Methylgruppen in das Molekül des Diborans einzuführen, entsteht Bortrimethyl. Zwei Wasserstoffatome unterscheiden sich deutlich von den übrigen und halten, wie man annimmt, das Molekül zusammen.

Elektronenbeugungsmessungen an Diboran wurden ursprünglich durch eine Äthan-analoge Struktur gedeutet; sie lassen sich aber auch mit einer Brückenstruktur mit den im obigen Formelbild angegebenen Daten in Einklang bringen. Untersuchungen des Ramanspektrums des flüssigen Diborans[22] und des Ultrarotspektrums der gasförmigen Verbindung[23] stützen ebenfalls die Auffassung von der Brückenstruktur. Größere Unterschiede sollte man in den Spektren der Strukturen (I) und (II) erwarten; tatsächlich können auch die beobachteten Ergebnisse nur durch eine Brückenstruktur gedeutet werden, die bezüglich ihrer charakteristischen Frequenzen vieles mit dem Äthylen gemeinsam hat.

[22] Anderson u. Burg: J. chem. Physics 1938, 6, 586.

[23] Stitt: J. chem. Physics 1941, 9, 780. — Price: J. chem. Physics 1947, 15, 614. — Bell u. Longuet-Higgins: Proc. Roy. Soc. 1945, 183, A, 357.

Messungen der spezifischen Wärmen bei tiefer Temperatur[24] zeigen — übereinstimmend mit den anderen Ergebnissen — daß die Drehbarkeit um die B—B-Bindungen behindert ist.

Eine Zeitlang standen zwei Möglichkeiten, die Elektronenverteilung des Diborans zu formulieren, zur Diskussion, einerseits als Ionenform, $[H^{++}B_2H_4^{--}]$, andererseits durch Formeln mit Ein-Elektronenbindungen. In beiden Fällen ist die nicht ausreichende Zahl von Elektronen berücksichtigt, doch entsprechen die physikalischen Eigenschaften des Diborans nicht denen eines Ionenmoleküls, und in verflüssigter Form leitet es den elektrischen Strom nicht. Beim Vorhandensein von Ein-Elektronenbindungen würde die Verbindung paramagnetisch sein, während Diboran in Wirklichkeit diamagnetisch ist. Bei der Brückenstruktur wäre eine Resonanz zwischen den folgenden vier Formen — (I)—(IV) — möglich[25]:

```
H   H     H     H     H   H       H     H   H
 \ /     /       \     \ /         \     \ /
  B     B         B     B           B+    B−
 /     / \       / \     \         /     / \
H     H   H     H   H     H       H     H   H
    (I)              (II)             (III)

        H   H     H        H   H   H
         \ /     /          \     /
          B−    B+          −B══B−
         / \     \          /     \
        H   H     H        H   H   H
          (IV)                (V)
```

Eine weitere Möglichkeit ist eine Doppelbindungsstruktur mit Protonen (V), die erstmalig von PITZER[26] vorgeschlagen wurde; hierbei sind zwei Protonen zwischen den π-Elektronen der Doppelbindung gelagert, die sich rechtwinklig zu der Ebene des übrigen Moleküls erstrecken.

Die Strukturen der übrigen Borwasserstoffe sind noch unklar. Die Beziehung zwischen B_2H_6 und B_4H_{10} geht aus der Darstellung des letzteren aus B_2H_5J und Natrium hervor. Weiteres chemisches Tatsachenmaterial liegt darüber nicht vor. Es ist nicht einmal bekannt, wieviel Alkylgruppen in diesen Hydriden substituiert werden können, ohne daß das Stammolekül zusammenbricht, obgleich dies das einfachste Mittel zur Feststellung der vorhandenen Zahl von Wasserstoffbrücken wäre. PITZER hat für alle Hydride Formeln vorgeschlagen, die sich darauf gründen, daß hypothetische Borinradikale (wie BH_3, $BH_2 \cdot BH_2$ und $BH_2 \cdot BH \cdot BH_2$) durch Wasserstoffbrücken miteinander verbunden sind, doch sind diese Formeln rein spekulativ.

Neuere Röntgenuntersuchungen über die Struktur von Einkristallen von B_5H_9 und $B_{10}H_{14}$ geben die ersten direkten Erkenntnisse über die Moleküle der höheren Borwasserstoffe[27]. Im Pentaboran bilden die

---

[24] STITT: J. chem. Physics 1940, 8, 891.

[25] Eine ausführlichere Besprechung findet man bei BELL u. EMELEUS: Quart. Rev. (chem. Soc., London) 1948, 2, 132.

[26] PITZER: J. Amer. chem. Soc. 1945, 67, 1126. Siehe auch WIBERG: FIAT Review of German Science, Inorganic Chemistry, Teil I, 1948, S. 127.

[27] DULMAGE u. LIPSCOMB: J. Amer. chem. Soc. 1951, 73, 3539. — KASPER, LUCHT u. HARKER: Acta Crystallogr. 1950, 3, 436.

Boratome eine tetragonale Pyramide, unter deren Grundfläche sich vier Wasserstoffatome befinden, von denen jedes an zwei Boratome gebunden ist. Die übrigen fünf Wasserstoffatome sind einzeln an Boratome gebunden, wie es oben dargestellt wurde. Im Dekaboran bilden die Boratome zwei symmetrische fünfeckige Pyramiden mit einer gemeinsamen Kante. Zehn Wasserstoffatome sind an einzelne Boratome gebunden, während vier Wasserstoffatome Brücken bilden.

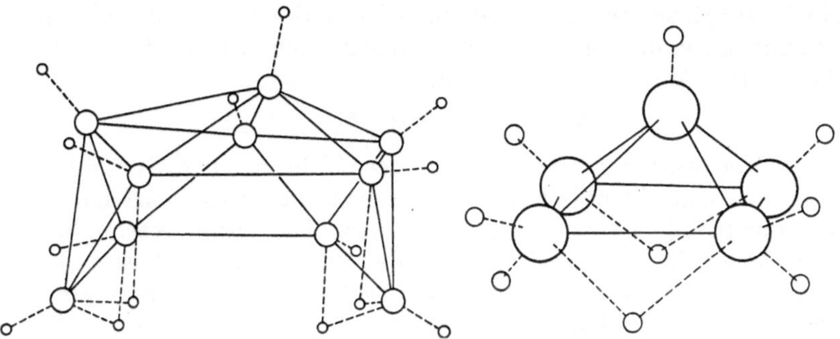

Interessant bei diesen Untersuchungen ist die Tatsache, daß sich die Lage der Wasserstoffatome aus der Elektronendichteverteilung bestimmen läßt. Die Untersuchungen werden zweifellos auch auf die anderen Hydride ausgedehnt werden. Darüber hinaus ist zu erwarten, daß Strukturbestimmungen mit Hilfe von Neutronenbeugungsmessungen eine weitere Bestätigung des molekularen Aufbaus ergeben werden. Es sind jetzt Verfahren entwickelt worden, bei denen aus der Brechung eines Neutronenstrahls Strukturparameter bestimmt werden können; diese Methode hat den Vorteil, daß die Feststellung der Lage von leichten Atomen wie Wasserstoff und Deuterium mit größerer Genauigkeit möglich ist, als bei Verfahren, die auf Untersuchungen der Röntgen- oder Elektronenbeugung beruhen. Es hat sich gezeigt, daß die Ergebnisse von Elektronenbeugungsuntersuchungen beim Pentaboran mit der oben angegebenen Struktur übereinstimmen.

Metall-Borwasserstoffverbindungen.

Es sind jetzt eine Reihe von Verbindungen bekannt, bei denen die Gruppe BH_4 an ein Metall gebunden ist. Bei den bisher dargestellten Verbindungen dieser Klasse handelt es sich um Verbindungen des Li, K, Na, Be, Ca, Mg, Al, Ga, Ti, Zr, Hf, Th und U. Als erste wurde die Aluminiumverbindung, $Al(BH_4)_3$, dargestellt[28]; sie bildet sich durch Reaktion von Aluminiummethyl mit Diboran bei 80° und ist selbstentzündlich.

$$Al(CH_3)_3 + 2\ B_2H_6 = Al(BH_4)_3 + B(CH_3)_3.$$

Man kann bei diesen Verbindungen deutlich zwei verschiedene Gruppen unterscheiden, und zwar mit ionischem bzw. kovalentem Charakter, wofür im folgenden einige Beispiele angeführt sind.

[28] SCHLESINGER, SANDERSON u. BURG: J. Amer. chem. Soc. 1939, **61**, 536.

Borwasserstoff-verbindungen, Ionentypus	Kovalente flüchtige Borwasserstoff-verbindungen
$LiBH_4$	$Al(BH_4)_3$
$NaBH_4$	$Ti(BH_4)_3$
KBH_4	$U(BH_4)_4$
$Th(BH_4)_4$	

Eine allgemeine Darstellungsmethode für diese Verbindungsklasse besteht in der Reaktion von Metallalkylen mit Diboran. Unter geeigneten Bedingungen entstehen die Verbindungen auch bei der Reaktion von Diboran mit Metallhydriden, z. B.

$$2\,LiH + B_2H_6 = 2\,LiBH_4.$$

Die Borwasserstoffverbindungen des Lithiums und Natriums besitzen ein orthorhombisches bzw. flächenzentriertes Würfelgitter, in denen das $(BH_4)^-$-Ion als Baustein vorliegt. Die Lithiumverbindung ist an trockener Luft beständig, wird aber durch kaltes Wasser schnell hydrolysiert. Die Natriumverbindung läßt sich aus kaltem Wasser umkristallisieren und bildet ein Dihydrat, doch wird sie durch heißes Wasser zersetzt. Sie ist in Äther sowie Dioxan unlöslich, kann aber in wäßriger Lösung als Reduktionsmittel, z. B. für Zucker, benutzt werden, wofür Lithiumaluminiumhydrid nicht geeignet ist. Natriumborwasserstoff ist ein milderes Reduktionsmittel als die Lithiumverbindung.

Neuerdings hat sich gezeigt, daß die Röntgendiagramme der Verbindungen, die STOCK bei der Reduktion von Natrium- und Kaliumamalgam mit Diboran erhielt und denen er die Formeln $Na_2B_2H_6$ und $K_2B_2H_6$ zuschrieb, identisch mit $NaBH_4$ und KBH_4 sind[29]. Sehr wahrscheinlich sind also die Schlußfolgerungen der früheren Arbeiten nicht zutreffend.

Die kovalenten Metall-Borwasserstoffverbindungen enthalten wahrscheinlich Wasserstoffbrücken. Im Berylliumborwasserstoff nimmt man z. B. eine Resonanz zwischen der Kovalenz- und Ionenstruktur an:

$$H_2B(\mu\text{-}H)_2Be(\mu\text{-}H)_2BH_2 \qquad [H_2\bar{B}H_2]^- \quad Be^{++} \quad [H_2\bar{B}H_2]^-$$

Die Unterschiede in dem Ionencharakter lassen sich bei diesen Verbindungen durch die Annahme erklären, daß die Ionenform an diesem Resonanzvorgang verschieden stark beteiligt ist.

Die Hydride des Aluminiums, Galliums und Indiums.

Die Folgen der zu geringen Elektronenbesetzung, wie man sie bei den Borwasserstoffen findet, sollte man auch bei den anderen Hydriden der III. Gruppe erwarten, wodurch diese Verbindungen ein besonderes Interesse gewinnen. Aluminiumwasserstoff, AlH_3, kennt man nur als nichtflüchtiges, festes Polymeres oder aber in ätherischer Lösung.

[29] KASPER, MCCARTY u. NEWKIRK: J. Amer. chem. Soc. 1949, 71, 2583.

Die Verbindung entsteht durch Einwirkung von Lithiumwasserstoff auf eine ätherische Lösung von Aluminiumchlorid[30]:

$$3\,LiH + AlCl_3 = AlH_3 + 3\,LiCl.$$

Zunächst bleibt der gebildete Aluminiumwasserstoff in Lösung, doch nach und nach scheidet sich ein weißer fester Stoff, $(AlH_3)_x$ ab, von dem sich der Äther nicht vollständig entfernen läßt, ohne daß Zersetzung erfolgt. Eine feste Wasserstoffverbindung der gleichen Zusammensetzung wurde von Stecher und Wiberg[31] beschrieben. Wenn man ein Gemisch von Aluminiumtrimethyl mit einem großen Überschuß an Wasserstoff durch ein Glimmentladungsrohr leitet, enthalten die gebildeten Reaktionsprodukte dimere Verbindungen vom Typus $Al_2(CH_3)_{6-m}H_m$ und einen festen $(AlH_3)_x$. Wahrscheinlich sind die nach diesen beiden Verfahren gewonnenen Hydride $(AlH_3)_x$ miteinander identisch. Die Verbindung ist im Vakuum bis 100° beständig. Oberhalb dieser Temperatur zersetzt sie sich in Al und H_2. Aluminiumwasserstoff reagiert mit Diboran unter Bildung von $Al(BH_4)_3$ und wahrscheinlich auch $AlH(BH_4)_2$ und $AlH_2(BH_4)$. Die Struktur des festen Aluminiumwasserstoffs ist unbekannt, wahrscheinlich enthält er aber in derselben Weise wie Diboran über Wasserstoffbrücken miteinander verbundene Aluminiumatome.

Lithiumaluminiumwasserstoff, die den Metallborwasserstoffverbindungen entsprechende Form, entsteht in ätherischer Lösung bei der Reaktion zwischen Lithiumwasserstoff und Aluminiumchlorid:

$$4\,LiH + AlCl_3 = LiAlH_4 + 3\,LiCl.$$

Es handelt sich um eine weiße feste Verbindung, die durch Einwirkung von Wasser leicht unter Wasserstoffentwicklung hydrolysiert wird. Die Verbindung ist in Äther mäßig löslich (29 g/100 g); sie hat sich in diesem Lösungsmittel als sehr wertvolles Reduktionsmittel erwiesen, wofür im folgenden einige typische Reduktionsbeispiele organischer und anorganischer Moleküle aufgeführt sind:

$$\begin{aligned} SiCl_4 &\rightarrow SiH_4 \\ SnCl_4 &\rightarrow SnH_4 \\ SnMe_2Cl_2 &\rightarrow SnMe_2H_2 \\ ZnMe_2 &\rightarrow ZnH_2 + LiAlMe_2H_2 \\ BCl_3 &\rightarrow B_2H_6 \end{aligned}$$

$$\left.\begin{array}{l}\text{Aldehyde}\\ \text{Ketone}\\ \text{Ester}\\ \text{Säuren}\end{array}\right\} \rightarrow \text{Alkohole}$$
$$\text{Nitrile} \rightarrow \text{Amine}$$

Der große Vorteil bei der Verwendung von Lithiumaluminiumwasserstoff als Reduktionsmittel besteht darin, daß er Olefindoppelbindungen nur reduziert, wenn sie als Substituenten an der einen Seite eine Phenylgruppe, auf der anderen Seite eine reduzierfähige Gruppe (z. B. $-C{=}O$, $-NO_2$) enthalten.

Man kann auch andere Verbindungen von diesem Typus darstellen, z. B. $NaAlH_4$, $Ca(AlH_4)_2$, $Ti(AlH_4)_4$, $Sn(AlH_4)_4$, $In(AlH_4)_3$, $Tl(AlH_4)_2$. Diese Verbindungen sind jedoch nicht alle beständig; beispielsweise zerfällt die Zinnverbindung oberhalb —40° in Aluminiumwasserstoff,

---

[30] Finholt, Bond u. Schlesinger: J. Amer. chem. Soc. 1947, **69**, 1199.
[31] Stecher u. Wiberg: Ber. dtsch. chem. Ges. 1942, **75**, 2003.

Zinnwasserstoff und dessen Zersetzungsprodukte[32]. Die Titanverbindung zersetzt sich bei Zimmertemperatur ebenfalls unter Bildung von Titan, Aluminium und Wasserstoff. Wie die Zinnverbindung entsteht sie durch Einwirkung des Metallhalogenids auf Lithiumaluminiumwasserstoff in ätherischer Lösung[33]. Aluminiumwasserstoff bildet mit Aluminiumchlorid leicht die flüchtige Verbindung $AlH_3 \cdot AlCl_3$[34]. Das Reaktionsvermögen dieser Verbindung entspricht etwa dem des $LiAlH_4$; es besteht aber der Vorteil, daß das Produkt nicht mit Lithiumsalzen verunreinigt ist, da es aus Halogeniden von Metallen dargestellt wird, deren Hydride nicht in Äther löslich sind.

Gallium bildet ein wohl definiertes Hydrid der Zusammensetzung Ga_2H_6[35]. Zur Darstellung leitet man Wasserstoff und Galliumtrimethyl durch ein elektrisches Entladungsrohr, wobei man ein Gemisch fester und flüssiger Produkte erhält, aus dem sich Tetramethyldigallan, $Ga_2(CH_3)_4H_2$, isolieren läßt. Dieses reagiert quantitativ mit Triäthylamin nach der Gleichung

$$3\,Ga_2(CH_3)_4H_2 + 4\,N(C_2H_5)_3 = 4\,Ga(CH_3)_3 \cdot N(C_2H_5)_3 + Ga_2H_6.$$

Der Siedepunkt des Hydrids ergibt sich durch Extrapolation zu 139°, doch zersetzt es sich bereits bei 130° in Gallium und Wasserstoff. Man kann mit ziemlicher Sicherheit annehmen, daß die Struktur des Galliumwasserstoffs der des Diborans völlig analog ist und daß er sich bei vielen Reaktionen wie Diboran verhält. Es gibt auch Galliumverbindungen, die dem Lithiumaluminiumwasserstoff entsprechen (z. B. $LiGaH_4$, $Tl(GaH_4)_3$[36].

Durch Reaktion von Indiumtrichlorid mit Lithiumaluminiumwasserstoff in ätherischer Lösung bei —70° erhält man die unbeständige Verbindung $In(AlH_4)_3$ oder — bei Anwendung eines Überschusses des Indiumchlorids — $InCl_2(AlH_4)$. Wenn man diese Reaktion bei Zimmertemperatur durchführt, scheidet sich eine feste weiße Substanz ab, bei der es sich wahrscheinlich um polymerisierten Indiumwasserstoff handelt[37].

Die Hydride des Siliciums, Germaniums, Zinns und Bleis.

Die Silane.

Silicium ähnelt bei der Bildung seiner Wasserstoffverbindungen dem Kohlenstoff; wie beim Kohlenstoff gibt es beim Silicium eine Reihe flüchtiger Hydride, die als Silane bezeichnet werden und die den gesättigten Kohlenwasserstoffen entsprechen. Die Formeln und Siedepunkte der Silane sind in der folgenden Tabelle im Vergleich mit den entsprechenden Kohlenwasserstoffen dargestellt (Tabelle 10).

[32] WIBERG u. BAUER: Z. Naturforsch. 1951, 6b, 392.
[33] WIBERG u. USÓN: Z. Naturforsch. 1951, 6b, 392.
[34] WIBERG u. SCHMIDT: Z. Naturforsch. 1951, 6b, 333.
[35] WIBERG u. JOHANNSEN: Angew. Chem. 1942, 55, 38.
[36] WIBERG u. SCHMIDT: Angew. Chem. 1951, 6b, 171, 335; s. auch Ref. 30.
[37] WIBERG u. SCHMIDT: Angew. Chem. 1951, 6b, 172.

Es besteht noch keine Klarheit darüber, ob Si_4H_{10} aus einem Gemisch von Isomeren besteht, was beim Si_5H_{12} und Si_6H_{14} zweifellos der Fall ist. Eine vollständige Trennung konnte mit den geringen verfügbaren Materialmengen bisher noch nicht durchgeführt werden.

Durch Zugabe von 20%iger Salzsäure zu Magnesiumsilicid (Mg_2Si) erhält man ein Gemisch dieser Siliciumwasserstoffe mit der ungefähren Zusammensetzung: $SiH_4 = 40\%$, $Si_2H_6 = 30\%$, $Si_3H_8 = 15\%$, $Si_4H_{10} = 10\%$ und etwa 5% höhere Hydride. Zur Trennung des Gemisches und zur Charakterisierung der einzelnen Verbindungen benutzt man die gleiche Apparatur wie beim Arbeiten mit den Boranen. Ein anderes Verfahren zur Darstellung dieser Verbindungen besteht darin, daß man

Tabelle 10.

Hydrid	Siedepunkt °C	Kohlenwasserstoff	Siedepunkt °C
SiH_4	—111,9	CH_4	—161,3
Si_2H_6	— 14,5	C_2H_6	— 88,7
Si_3H_8	52,9	C_3H_8	— 44,5
Si_4H_{10}	109	n-C_4H_{10}	0,5
Si_5H_{12}, Si_6H_{14} .	>100		

gepulvertes Magnesiumsilicid zu einer Lösung von Ammoniumbromid in flüssigem Ammoniak gibt, die als Säure wirkt (vgl. S. 479). Die bei weitem beste Methode zur Darstellung von SiH_4 und Si_2H_6 ist die Reduktion des entsprechenden Chlorids mit Lithiumaluminiumwasserstoff.

Wenn auch die Siliciumwasserstoffe wesentlich reaktionsfähiger sind als die Kohlenwasserstoffe, so besteht doch kein Grund, daran zu zweifeln, daß die Strukturen der Siliciumwasserstoffe denen der entsprechenden Kohlenwasserstoffe ganz analog sind. Die Verbindungen sind zwar gegenüber Wasser beständig, werden aber durch verdünnte Alkalien unter Wasserstoffentwicklung zersetzt, z. B.:

$$SiH_4 + 2\,NaOH + H_2O = Na_2SiO_3 + 4\,H_2.$$

Sämtliche Silane lassen sich leicht oxydieren, Monosilan entzündet sich in Sauerstoff bei 100°, und die höheren Glieder der Reihe werden zunehmend leichter entzündlich. Die Entflammungstemperaturen liegen wesentlich niedriger als bei den Kohlenwasserstoffen. Auch ihre thermische Beständigkeit ist kleiner und nimmt mit steigendem Molekulargewicht ab. Sämtliche Silane zerfallen bei etwa 500° in Silicium und Wasserstoff, während bei niedrigeren Temperaturen ein dem Krackvorgang bei Kohlenwasserstoffen analoger Prozeß stattfindet, den man beispielsweise mit

$$Si_5H_{12} = 2\,(SiH)_x + Si_2H_6 + SiH_4$$

formulieren kann. Die Silane wirken sämtlich als starke Reduktionsmittel. Sie reagieren bei Zimmertemperatur explosionsartig mit Chlor und Brom; die mono- und dihalogenierten Silane stellt man am besten durch Einwirkung von Halogenwasserstoff auf das jeweilige Hydrid bei 100° her, wobei das entsprechende Aluminiumhalogenid als Katalysator benutzt wird:

$$SiH_4 + HJ \xrightarrow{AlJ_3} SiH_3J + H_2$$
$$SiH_3J + HJ \longrightarrow SiH_2J_2 + H_2.$$

Bei dieser Reaktion entsteht nur wenig von dem trihalogenierten Derivat, Silicochloroform, $SiHCl_3$, das man aber leicht durch Einwirkung von Chlorwasserstoff auf gepulvertes Silicium bei 350° erhält; das dabei gebildete Gemisch von Siliciumtetrachlorid und Silicochloroform kann durch Destillation unter Verwendung einer wirksamen Destillierkolonne getrennt werden.

Zinkdimethyl reagiert unter vermindertem Druck mit $SiHCl_3$ und SiH_2Cl_2, unter Bildung der gemischten Verbindungen $SiH_3(CH_3)$ und $SiH_2(CH_3)_2$. Bei der Hydrolyse dieser Verbindungen mit Alkali wird nur der Silicium enthaltende Rest angegriffen. SiH_3Cl reagiert auch mit Wasser unter Bildung des Siliciumanalogen des Dimethyläthers:

$$2\,SiH_3Cl + H_2O = (SiH_3)_2O + 2\,HCl.$$

Bei der Reaktion zwischen Ammoniak und überschüssigem SiH_3Cl entsteht $N(SiH_3)_3$, das Siliciumanaloge des Trimethylamins, das mit HCl unter Bildung von SiH_3Cl reagiert, da es keine basischen Eigenschaften besitzt:

$$N(SiH_3)_3 + 4\,HCl = 3\,SiH_3Cl + NH_4Cl.$$

Bei der entsprechenden Reaktion mit Methylamin entsteht $NCH_3(SiH_3)_2$, das durch Chlorwasserstoff in der gleichen Weise zersetzt wird. Mit Dimethylamin entsteht $N(CH_3)_2SiH_3$, das ein unbeständiges quaternäres Salz bildet, während Trimethylamin die beständige feste quaternäre Verbindung $N(CH_3)_3SiH_3Cl$ ergibt; diese Verbindung läßt sich gut zum Einführen der Silylgruppe (SiH_3) verwenden[38] und reagiert mit Alkoholen unter Bildung von Silyl-Alkyläthern, z. B.

$$N(CH_3)_3SiH_3Cl + C_2H_5OH = SiH_3OC_2H_5 + N(CH_3)_3HCl.$$

Neuerdings haben BURG und Mitarbeiter[39] gezeigt, daß Trisilylamin ähnliche Koordinationseigenschaften wie Trimethylamin besitzt. So entsteht z. B. mit Bortrichlorid anfänglich die Verbindung $(SiH_3)_3NBCl_3$, die jedoch bei —80° SiH_3Cl abspaltet und $(SiH_3)_2NBCl_2$ bildet. Trisilylamin gibt mit Monobromdiboran $(SiH_3)_2NBH_2$, das unter Bildung von $(SiH_3)_2NB_2H_5$ weiter reagiert. Diese und andere ähnliche Reaktionen lassen erkennen, daß dieses Gebiet noch stark entwicklungsfähig ist. Eine weitere verwandte Substanz, die eine genauere Untersuchung verdient, ist die Verbindung $[(C_2H_5)_3Si]_2NK$, die bei der Reaktion zwischen $(C_2H_5)_3SiH$ und Kaliumamid in flüssigem Ammoniak entsteht[40]. Es bestehen weiterhin Anzeichen dafür, daß der Silylrest auch Analoge

[38] EMELÉUS u. MILLER: J. chem. Soc. 1939, 819.
[39] BURG u. KULJIAN: J. Amer. chem. Soc. 1950, **72**, 3103.
[40] KRAUS u. NELSON: J. Amer. chem. Soc. 1934, **56**, 195.

der Organometallverbindungen (z.B. SiH_3ZnJ) bilden kann, wobei diese Möglichkeit jedoch noch nicht vollständig erforscht ist[41].

Bei der Zersetzung von Monosilan bei der elektrischen Entladung entsteht ein fester Rückstand, dessen Zusammensetzung zwischen $SiH_{1,2}$ und $SiH_{1,4}$ schwankt. Eine ähnliche Verbindung erhält man, wenn man Monosilan in Gegenwart von Quecksilber durch Bestrahlung mit Quecksilberresonanzstrahlung zersetzt. Diese Verbindungen sind nicht flüchtig und in keinem Lösungsmittel löslich, ohne daß eine Reaktion erfolgt, so daß ihre Molekulargewichte nicht bestimmt werden können. In Alkalien lösen sie sich unter Wasserstoffentwicklung. Wenn man Calciummonosilicid ($CaSi$) mit an Chlorwasserstoff gesättigtem absolutem Alkohol oder mit Eisessig behandelt, entsteht ein hellbrauner fester Stoff mit der Bruttozusammensetzung $(SiH_2)_x$, der selbstentzündlich ist. Die Verbindung wird durch Mineralsäuren unter Wasserstoffentwicklung hydrolysiert ($SiH_2 + 2\ H_2O = SiO_2 + 3\ H_2$). Ein wesentliches Merkmal dieser Hydrolyse besteht darin, daß keine Siliciumwasserstoffe gebildet werden, während die Zersetzung der entsprechenden Germaniumverbindungen, GeH_2 (s. weiter unten) Germanium(II)-chlorid, Wasserstoff und ein Gemisch der entsprechenden Hydride liefert. Beim Erhitzen von $(SiH_2)_x$ auf 380° findet ein Krackprozeß statt, bei dem eine Reihe gesättigter Siliciumwasserstoffe entstehen.

Die Hydride des Germaniums.

In ganz ähnlicher Weise wie beim Silicium findet man beim Germanium eine Fähigkeit zur Hydridbildung, wobei auch die Darstellungsverfahren etwa die gleichen sind. Im folgenden sind die bekannten flüchtigen Verbindungen aufgeführt.

Tabelle 11.

Hydrid	Schmelzpunkt °C	Siedepunkt °C
GeH_4 . . .	—165	— 90
Ge_2H_6 . .	—109	29
Ge_3H_8 . .	—105,6	110,5

Durch Einwirkung von verdünnter Salzsäure auf Magnesiumgermanid, Mg_2Ge, erhielten DENNIS, COREY und MOORE[42] ein Gemisch dieser Hydride. Die Trennung dieses Gemisches wurde mit den gleichen Methoden durchgeführt, wie sie von den Arbeiten mit den Bor- und Siliciumwasserstoffen her bekannt sind. Monogerman wurde durch Zersetzung von Magnesiumgermanid mit einer Lösung von Ammonium-bromid in flüssigem Ammoniak dargestellt; das einfachste Verfahren zu seiner Darstellung besteht jedoch darin, daß man eine ätherische Lösung von Germaniumtetrachlorid mit Lithiumaluminiumwasserstoff reduziert.

Das polymerisierte Hydrid, $(GeH_2)_x$ ist eine gelbe amorphe Substanz, die entsteht, wenn man Calciumgermanid mit Säuren zersetzt.

$$CaGe + 2\ HCl = CaCl_2 + GeH_2\,.$$

Die drei Germaniumwasserstoffe zersetzen sich thermisch bei niedrigeren Temperaturen als die Siliciumwasserstoffe. Sie sind weniger

[41] EMELÉUS, MADDOCK u. REID: J. chem. Soc. 1941, 353.
[42] DENNIS, COREY u. MOORE: J. Amer. chem. Soc. 1924, **46**, 657.

leicht entzündlich, wobei sie von Monogerman zum Trigerman zunehmend leichter oxydierbar sind. Von Wasser werden sie nicht angegriffen; Monogerman wird auch durch 33%ige Alkalilösung nicht zersetzt; hierin besteht ein wesentlicher Unterschied zwischen dem Monosilan und seinem Germaniumanalogen. Digerman entwickelt demgegenüber bei der Behandlung mit Alkalien Wasserstoff. Vom Monogerman sind zahlreiche halogenierte Derivate dargestellt worden, von denen eine der interessantesten das Germaniumchloroform, $GeHCl_3$, ist. Es entsteht als farblose Flüssigkeit, wenn man bei 40° Chlorwasserstoff auf Germanium(II)-chlorid einwirken läßt[43]; dieses wird dargestellt, indem man Germaniumtetrachlorid bei 350° über Germanium leitet[44].

Der Aufbau der Germaniumhydride bietet kein besonderes Interesse, da er mit ziemlicher Sicherheit der Konstitution der Silane entspricht. Die Verbindung $(GeH_2)_x$ ist demgegenüber wegen des gut ausgeprägten zweiwertigen Zustandes des Germaniums interessant. Es liegt kein Beweis dafür vor, daß die Verbindung in monomerer Form vorliegt, so daß man zu der Annahme kommt, daß das feste Hydrid ein kettenförmiges Polymeres ist. Es zersetzt sich thermisch bei 120 bis 220° in ein Gemisch von H_2, GeH_4, Ge_2H_6 und Ge_3H_8[45]. Die Verbindung reagiert mit Brom und bildet dabei Germaniumtetrabromid und Bromwasserstoff. Mit einer wäßrigen Lösung von Natriumhydroxyd entsteht Monogerman und Wasserstoff neben einer Lösung von Natriumgermanit, Na_2GeO_2. Im trocknen Zustand reagiert $(GeH_2)_x$ explosionsartig mit Sauerstoff.

Zinnwasserstoff.

Diese interessante Verbindung ist ein Gas; sein Siedepunkt liegt bei —52°. Analysen und Molekulargewichtsbestimmungen ergeben für den Zinnwasserstoff die Formel SnH_4. Das Hydrid wurde zuerst von PANETH und Mitarbeitern[46] durch Zersetzung einer Zinn-Magnesiumlegierung mit verdünnten Säuren dargestellt oder dadurch, daß Zinn in verdünnter Schwefelsäure durch Zugabe von Magnesiumpulver reduziert wurde; schließlich kann man es auch durch kathodische Reduktion von Zinnsalzlösungen mit reinen Bleielektroden gewinnen. Alle diese Verfahren ergeben nur geringe Ausbeuten, so daß wahrscheinlich die Reduktion von Zinn(IV)-chlorid mit Lithiumaluminiumwasserstoff das beste Verfahren zur Gewinnung des Hydrids in größerer Menge darstellt[47].

Zinnwasserstoff oder Monostannan (wie er auch genannt wird) zersetzt sich bei steigender Temperatur langsam in Zinn und Wasserstoff; bei 150° erfolgt schnelle Zersetzung. Es liegen keine Anzeichen für die Bildung höherer Hydride des Zinns vor. Zinnwasserstoff wird von

---

[43] DENNIS, ORNDORFF u. TABERN: J. physic. Chem. 1926, **30**, 1049.
[44] DENNIS u. HUNTER: J. Amer. chem. Soc. 1929, **51**, 1151.
[45] ROYEN u. SCHWARZ: Z. anorg. allgem. Chem. 1933, **215**, 295.
[46] PANETH u. Mitarb.: Ber. dtsch. chem. Ges. 1919, **52**, 2020; 1922, **55**, 769.
[47] FINHOLT, BOND, WILZBACH u. SCHLESINGER: J. Amer. chem. Soc. 1947, **69**, 2692.

15%iger Natronlauge nicht angegriffen. Ebenso ist er gegen die Einwirkung von Kupfersulfat oder Eisen(III)-chloridlösungen beständig. Er wird jedoch von Silbernitrat oder Quecksilber(II)-chloridlösungen vollständig absorbiert.

Bleiwasserstoff.

Die Bildung eines flüchtigen Hydrids des Bleis wurde zuerst von PANETH und NÖRRING[48] beschrieben. Wenn man Wasserstoff aus einer Magnesiumbleilegierung mit einem Gehalt an radioaktivem Blei (ThB) untersucht, so findet man, daß eine geringe Menge einer flüchtigen Bleiverbindung mitgeführt wird, die man auf Grund der Radioaktivität des dem inaktiven Blei in der Legierung zugesetzten Bleiisotops nachweisen kann. Später wurde ein elektrolytisches Verfahren zur Darstellung entwickelt, das meßbare wenn auch sehr kleine Ausbeuten ergab. Das Hydrid konnte durch flüssige Luft kondensiert werden und gab beim Wiederverdampfen eine sichtbare Bleiabscheidung, als man es durch ein erhitztes Rohr leitete. Die Verbindung zersetzte sich bei Zimmertemperatur und wurde nicht analysiert oder durch physikalisch-chemische Messungen charakterisiert. Es ist jedoch sehr wahrscheinlich, daß es sich bei dieser Verbindung um ein Hydrid PbH_4 handelt, dessen Beständigkeit geringer als die des Zinnwasserstoffs sein sollte. Bisher sind noch keine Versuche über die Reduktion von Bleitetrachlorid mit Lithiumaluminiumwasserstoff durchgeführt worden.

Die Hydride der V. Gruppe.

Die flüchtigen Hydride, die von den Elementen der V. Gruppe gebildet werden, sind zum größten Teil so gut bekannt, daß eine ausführliche Beschreibung ihrer Darstellung und ihrer Eigenschaften nicht erforderlich ist. *Stickstoff* bildet fünf Wasserstoffverbindungen, und zwar

$$N_3H,\ N_2H_4,\ NH_3,\ N_4H_4 \text{ und } N_5H_5.$$

Die erste Verbindung, die *Stickstoffwasserstoffsäure*, ist ein saurer Stoff, während N_4H_4 und N_5H_5, *Ammoniumazid* bzw. *Hydrazinazid* keine eigentlichen Hydride sind. Die chemischen Reaktionen des *Ammoniaks* sind gut und allgemein bekannt; die interessanten Eigenschaften des verflüssigten Ammoniaks als Lösungsmittel wollen wir im Kapitel XVII besprechen; dort soll gezeigt werden, daß sich flüssiges Ammoniak in chemischer Hinsicht so verhält, als ob es in H^+ und NH_2^--Ionen dissoziiert. Das H^+ befindet sich mit dem neutralen Ammoniak und dem Ammoniumion im Gleichgewicht ($NH_3 + H^+ \rightleftharpoons (NH_4)^+$), während das NH_2^--Ion das Gegenstück zu dem Hydroxylion in wäßriger Lösung darstellt und Amide von der Form $M^{I}NH_2$ bildet, die den Hydroxyden $M^{I}OH$ in wäßriger Lösung entsprechen.

Die flüchtigen *Wasserstoffverbindungen des Phosphors* besitzen die Formeln PH_3und P_2H_4. Die erste dieser beiden Verbindungen ist sehr

[48] PANETH u. NÖRRING: Ber. dtsch. chem. Ges. 1920, **53**, 1693; Z. Elektrochem. Angew. physik. Chem. 1920, **26**, 452.

gut bekannt, wenn auch, wie nebenbei bemerkt werden soll, einige Derivate, wie die teilweise halogenierten Phosphine, noch nicht dargestellt werden konnten. Die physikalischen Eigenschaften von P_2H_4 sind erst in neuerer Zeit an sorgfältig gereinigten Präparaten untersucht worden[49].

Auf Grund neuerer Untersuchungen ist das Vorkommen fester Hydride des Phosphors sehr ungewiß. Früher nahm man an, daß bei der Zersetzung von Metallphosphiden durch Wasser und bei anderen Reaktionen, die zur Entstehung von Phosphinen führen, sowie auch bei der Zersetzung von P_2H_4 ein unlösliches, gelbes Hydrid von der Form $(P_2H)_x$ gebildet würde. Das Molekulargewicht dieser Verbindung wurde durch Schmelzpunktserniedrigung des gelben Phosphors bestimmt und entspricht der Formel $P_{12}H_6$. Das Hydrid dissoziiert in der Hitze zu gelbem Phosphor und zu Phosphorwasserstoff. Es entzündet sich an der Luft bei ungefähr 120° und bildet mit alkoholischen Alkalilösungen eine rote Lösung. Aus dieser Tatsache schloß man, daß wenigstens ein Wasserstoffatom in dem Molekül sauer wäre.

Diese Schlußfolgerungen sind neuerdings von ROYEN und HILL[50] widerlegt worden; die Autoren stellten fest, daß der bei der Zersetzung von P_2H_4 entstehende gelbe Stoff eine wechselnde Zusammensetzung besaß und sich bei der Röntgenuntersuchung als amorph erwies. Die Verbindung entwickelt zwar beim Erhitzen leicht Phosphin; es bildet sich jedoch kein Wasserstoff, bis die Zersetzungstemperatur des Phosphins selbst erreicht ist. Diese Verfasser betrachten das feste Hydrid als Adsorptionskomplex von Phosphin und einer gelben, amorphen Form des Phosphors; die Lösung der Substanz in alkoholischer Alkalilösung wird dann als Peptisierung erklärt. Ebenso wurden die in der Literatur beschriebenen Methyl- und Phenylderivate des $P_{12}H_6$ nicht als Verbindungen, sondern als Adsorbate von Methyl- und Phenylphosphin an gelben amorphen Phosphor aufgefaßt. Man kann in diesem Zusammenhang hinzufügen, daß die Folgerungen von ROYEN und HILL ziemlich überzeugend sind, daß sie aber nicht für sämtliche möglichen Darstellungsverfahren des festen „Hydrids“ gelten können.

Die Hydride des Arsens, Antimons und Wismuts.

Die flüchtigen Hydride des Arsens und Antimons brauchen hier nicht näher beschrieben zu werden, da sie beide sehr gut bekannt sind. Aus der Stellung des Wismuts im Periodischen System kann man erwarten, daß das Hydrid dieses Elementes sehr unbeständig ist und nur mit großen Schwierigkeiten nachgewiesen werden kann. Seine Bildung wurde zuerst von PANETH unter Benutzung des radioaktiven Indikatorverfahrens bewiesen[51]. Eine Legierung von Magnesium und Thorium C, einem radioaktiven Isotop des Wismuts, wurde in verdünnter Salzsäure gelöst; es zeigte sich, daß der entwickelte Wasserstoff mit einem kondensierbaren Gas gemischt war, da die radioaktiven Eigenschaften des Thorium C

[49] ROYEN u. HILL: Z. anorg. allg. Chem. 1936, **229**, 97.

[50] ROYEN u. HILL: Z. anorg. allg. Chem. 1936, **229**, 369; 1938, **235**, 324.

[51] PANETH: Ber. dtsch. chem. Ges. 1918, **51**, 1704. Z. Elektrochem. angew. physik. Chem. 1918, **24**, 298.

besaß. Späterhin wurde das Hydrid durch Auflösen einer Magnesium-Wismutlegierung in Säure dargestellt; bei diesem Vorgang wurde das Auftreten einer flüchtigen Verbindung beobachtet, die sich bei Temperaturen oberhalb von 150° unter Abscheidung von Wismut schnell zersetzte. Diese Verbindung konnte nicht in einer zur Untersuchung ihrer physikalischen Eigenschaften ausreichenden Menge hergestellt werden; der Siedepunkt wurde durch Extrapolieren aus den für die anderen Hydride der Reihe bestimmten Werten zu +22° ermittelt[52].

Die Bildung eines festen Arsenwasserstoffes von der Form $(As_2H_2)_x$ ist schon seit den Zeiten von DAVY bekannt. WEEKS und DRUCE[53] stellten die Verbindung in guter Ausbeute dar, indem sie eine Lösung von Arsentrichlorid in Salzsäure zu einer ätherischen Lösung von Zinn(II)-chlorid hinzugaben.

$$2\,AsCl_3 + 4\,SnCl_2 + 2\,HCl = As_2H_2 + 4\,SnCl_4.$$

Das Hydrid scheidet sich bei dieser Reaktion als braunes, amorphes Pulver ab. MONTIGNIE[54] hat einige Reaktionen dieser Verbindung untersucht. Sie ist in kaltem Wasser unlöslich, wird aber durch kochendes Wasser unter Wasserstoffentwicklung zersetzt ($As_2H_2 + 3\,H_2O = As_2O_3 + 4\,H_2$). Das Hydrid zerfällt bei Zimmertemperatur langsam in Arsen und Wasserstoff und besitzt stark reduzierende Eigenschaften. Mit heißem Natrium reagiert das Hydrid nach der Gleichung

$$As_2H_2 + 6\,Na = 2\,AsNa_3 + H_2.$$

Trotz dieser scheinbar eindeutigen Beweisführung bestehen immer noch Zweifel über die Natur dieser Verbindung. Ihre Struktur und ihr Molekulargewicht sind noch vollständig unklar. Das gleiche gilt für ein zweites festes Hydrid, das bei der Oxydation von Arsenwasserstoff mit einer Lösung von Zinn(II)-chlorid in Salzsäure entstehen soll ($4\,AsH_3 + 5\,SnCl_4 = As_4H_2 + 10\,HCl + 5\,SnCl_2$).[55]

Die Hydride der VI. Gruppe.

Die Hydride des Schwefels.

Neben der bekannten Verbindung H_2S bildet Schwefel die Wasserstoffverbindungen H_2S_2, H_2S_3, H_2S_4, H_2S_5 und H_2S_6. Diese Verbindungen entstehen sämtlich bei der Zersetzung von Polysulfiden durch Säuren. Wenn man durch Zugabe von Schwefel zu einer Lösung von Natriumsulfid eine Natriumpolysulfidlösung herstellt und dann in Salzsäure gießt, die auf —10° gekühlt ist, scheidet sich ein Öl ab. Dieses Öl kann man abtrennen, trocknen und unter vermindertem Druck destillieren, wobei man zwei definierte Verbindungen, H_2S_2 und H_2S_3, erhält. In neuerer Zeit sind die drei übrigen Verbindungen in reinem Zustand ebenfalls auf diese Weise durch besondere Destillationsverfahren

---

[52] Vgl. PANETH: Radio Elements as Indicator. Cornell University Press 1928.

[53] WEEKS u. DRUCE: Chem. News. 1924, **129**, 31. Recueil trav. Chim. Pays-Bas 1925, **44**, 970.

[54] MONTIGNIE: Bull. Soc. chim. France 1935, **2**, 1020.

[55] MOSER u. BRUKL: Mh. Chem. 1924, **45**, 25.

gewonnen worden[56]. Die Verbindung H_2S_5 wurde auch durch Zersetzung von Ammoniumpentasulfid mit wasserfreier Ameisensäure erhalten. Alle Wasserstoffpolysulfide sind ziemlich unbeständige, gelbe Flüssigkeiten, die sich leicht in Schwefelwasserstoff und Schwefel zersetzen. Diese Zersetzung wird durch Spuren von Alkali katalysiert. Beständige Lösungen erhält man in Lösungsmitteln wie Benzol, Chloroform, Schwefelkohlenstoff und Äther, so daß man die Molekulargewichte der Verbindungen durch kryoskopische Messungen in diesen Lösungsmitteln bestätigen kann. Alle Wasserstoffpolysulfide haben die Fähigkeit, Schwefel zu lösen. Mit einigen organischen Substanzen bilden sie definierte kristalline Verbindungen; hierzu gehören die Verbindungen mit Brucin ($C_{21}H_{22}N_2O_2 \cdot H_2S_6$), mit Strychnin ($C_{23}H_{26}N_2O_4 \cdot H_2S_6$), mit Benzaldehyd ($C_6H_5CHO \cdot H_2S_3$) und mit Chinon ($C_6H_4O_2 \cdot H_2S_5$).

Die Struktur der Wasserstoffpolysulfide ist noch ziemlich ungeklärt. Es besteht aber Grund zu der Annahme, daß die Verbindungen Ketten von aneinandergebundenen Schwefelatomen mit endständigen Wasserstoffatomen enthalten, die einen sauren Charakter besitzen. Bei der kristallinen Verbindung BaS_3 haben Röntgenstrukturbestimmungen ergeben, daß sie das Ion $(S—S—S)^{2-}$ mit einem Valenzwinkel 103° enthält. Röntgenbeugungen und ramanspektroskopische Untersuchungen haben die strukturelle Ähnlichkeit zwischen H_2S_2 und H_2O_2 ergeben. Untersuchungen an organischen Polysulfiden haben ebenfalls für die Verbindungen R_2S_2 und R_2S_3 — in denen R ein organisches Radikal bedeutet — das Vorliegen kettenförmiger Schwefelatome gezeigt. Es steht jedoch noch nicht fest, ob die S_4-, S_5- und S_6-Gruppen gerade oder verzweigte Ketten bilden.

Die Hydride des Selens und Tellurs.

Im Gegensatz zum Schwefel ist vom Selen und Tellur bis jetzt nur je eine Wasserstoffverbindung dargestellt worden. Das im Jahre 1817 entdeckte Hydrid H_2Se ist ein Gas, dessen Siedepunkt bei —41,2° liegt und das man bequem durch Zersetzung von Aluminiumselenid mit Wasser darstellen kann. Wasserstoff und Selen reagieren bei Temperaturen oberhalb von 250° unter Bildung einer gewissen Menge von Selenwasserstoff. Zum Unterschied von Schwefelwasserstoff wird Selenwasserstoff durch feuchten Sauerstoff leicht zersetzt, wobei Selen ausgeschieden und Wasser gebildet wird. Mit Selendioxyd und Schwefeldioxyd reagiert er nach folgenden Gleichungen:

$$2\,H_2Se + SeO_2 = 2\,H_2O + 3\,Se$$
$$2\,H_2Se + SO_2 = 2\,H_2O + S + 2\,Se.$$

Die wäßrige Lösung des Selenwasserstoffs ist eine stärkere Säure als Schwefelwasserstofflösung. Selenwasserstoff reagiert mit Metallsalzen in Lösungen unter Abscheidung von Seleniden, die jedoch im allgemeinen mit freiem Selen verunreinigt sind. Polyselenwasserstoffverbindungen sind zwar unbekannt, jedoch kennt man Polyselenide vom Typus

[56] FEHER u. BANDLER: Z. Elektrochem. Angew. physik. Chem. 1941, **47**, 844. Z. anorg. allg. Chem. 1947, **253**, 170; **254**, 170, 289.

$M_2^ISe_x$, bei denen man für x Werte bis zu 5 annehmen kann; weiterhin wurden beständige organische Derivate wie Benzyldiselenid dargestellt.

Tellurwasserstoff, H_2Te, ist ein Gas, dessen Siedepunkt bei —0,6° liegt; er ist weniger beständig als die Selenverbindung, da er endotherm ist und eine Bildungsenergie von —35000 cal benötigt, während die von Selenwasserstoff bedeutend geringer ist (ungefähr —18000 cal). Durch feuchte Luft wird das Hydrid sofort unter Abscheidung von Tellur zersetzt. Ebenso ist es sehr empfindlich gegen Halogene; wenn man es mit Chlor, Brom oder Jod mischt, so entsteht der entsprechende Halogenwasserstoff. Die Unbeständigkeit des Tellurwasserstoffs kommt auch in der Tatsache zum Ausdruck, daß er Eisen(III)- zu Eisen(II)-salzen oder Quecksilber(II)- zu Quecksilber(I)-salzen reduziert, wobei elementares Tellur abgeschieden wird.

Poloniumhydrid.

Nach seiner Stellung im Periodischen System war die Bildung eines Hydrids des Poloniums zu erwarten; diese wurde tatsächlich beobachtet, als man zum Nachweis einer flüchtigen Verbindung die Radioaktivität des Poloniums selbst als Indikator benutzte. Das Hydrid entsteht zusammen mit Wasserstoff, wenn man Polonium auf eine Magnesiumfolie niederschlägt und anschließend die Folie in Säure löst. Bei diesem Versuch zeigte sich, daß das beim Lösen des Metalls entwickelte Gas radioaktiv war. Durch Abkühlung des Wasserstoffstromes konnte der radioaktive Bestandteil bei —80° ausgefroren werden; bei Erhöhung der Temperatur ließ er sich wieder verdampfen. Die Menge des gewonnenen Hydrids war äußerst klein und betrug ungefähr 10^{-13} bis 10^{-16} g. Die Formel konnte daher noch nicht bestimmt werden; nach der Stellung des Poloniums im Periodischen System sollte man erwarten, daß der Verbindung die Formel PoH_2 zukommt.

Einlagerungshydride.

Eine Reihe von Übergangsmetallen besitzen die bemerkenswerte Eigenschaft, beim Erhitzen auf mäßige Temperaturen ziemlich große Mengen Wasserstoff zu absorbieren. Dabei werden Einlagerungshydride gebildet, deren Verwandtschaft mit anderen Einlagerungsverbindungen wie Boriden, Carbiden und Nitriden darin besteht, daß das Gitter der Stammetalle durch die Verbindungsbildung keine Änderung erfährt, sondern lediglich geweitet wird, um den Wasserstoff aufzunehmen; dies läßt sich sowohl durch Röntgenuntersuchungen als auch durch Dichtemessungen feststellen. Die Wasserstoffaufnahme ist reversibel; in allen Fällen kann der Wasserstoff durch Abpumpen bei ausreichend hohen Temperaturen wieder entfernt werden. Wasserstoff besitzt wie die anderen Elemente, die Einlagerungsverbindungen bilden, ein verhältnismäßig kleines Atom ($r = 0{,}37$ Å).

Das bekannteste Beispiel für die geschilderte Erscheinung ist die Absorption von Wasserstoff durch Palladium. Ein Teil des Metalles kann bis zu 900 Volumenteile Wasserstoff aufnehmen. Das Metall absorbiert in fein verteiltem Zustand besser als in massiver Form; die Sättigungsmenge sinkt mit steigender Temperatur. Es erfolgte eine Ausdehnung des Metallgitters, wobei das elektrische Leitvermögen zurückgeht, aber immer noch die Merkmale metallischer Leitfähigkeit beibehalten werden. An einer Palladiumkathode elektrolytisch abgeschiedener Wasserstoff wird ebenfalls absorbiert; das auf diese Weise mit Wasserstoff beladene Metall besitzt stark reduzierende Eigenschaften. Es fällt beispielsweise metallisches Quecksilber aus einer Quecksilberchloridlösung und reduziert dreiwertiges Eisen zum zweiwertigen Zustand.

Betrachtet man andere Fälle, so findet man, daß beim Thorium die Wasserstoffabsorption bei 400° beginnt; wenn man es danach von den hohen Temperaturen in Wasserstoff abkühlt, erhält man ein Produkt der ungefähren Zusammensetzung ThH_2[57].

Tabelle 12.

Hydrid	Bildungswärme in cal je Mol H_2	Hydrid	Bildungswärme in cal je Mol H_2
$LaH_{2,76}$.	40090	LiH . .	43200
$CeH_{2,69}$.	42260	NaH . .	33200
$PrH_{2,85}$.	39520	CaH_2 . .	46600
$TiH_{1,73}$.	31100	SrH_2 . .	42200
$ZrH_{1,98}$.	38900	BaH_2 . .	40960
$TaH_{0,78}$.	schwach positiv		
$PdH_{0,6}$.	9280		

Ähnlich verhält sich Zirkonium, während Titan und Tantal Produkte der Zusammensetzung $TiH_{1,73}$ und $TaH_{0,76}$ ergeben[58]. Beides sind schwarze, an der Luft beständige Pulver. Metallisches Vanadium absorbiert Wasserstoff bei Zimmertemperatur; das dabei entstehende Produkt, das an der Luft leicht oxydiert wird, besitzt etwa die Formel $VH_{0,6}$[59]. Cer, Lanthan und Praseodym absorbieren beim Erhitzen ebenfalls Wasserstoff. Die Formeln der dabei entstehenden Produkte entsprechen etwa den Werten $CeH_{2,8}$, $PrH_{2,7}$ und $LaH_{2,8}$; auch hierbei ist zu berücksichtigen, daß die Menge des aufgenommenen Wasserstoffs von den experimentellen Bedingungen abhängt und daß die angegebenen Formeln nicht unbedingt den Sättigungsendwerten zu entsprechen brauchen.

Sieverts und Mitarbeiter haben die Bildungswärmen einer Reihe dieser Hydride untersucht und dabei gezeigt, daß diese in der Mehrzahl der Fälle positiv und in einigen Fällen größenordnungsmäßig mit den Werten für die salzartige Hydridbildung vergleichbar sind. Dies ist auch aus der obenstehenden Tabelle zu ersehen. Die Daten für die Bildungswärmen beziehen sich auf die Vereinigung von einem Mol Wasserstoff mit dem Metall. Diese Bildungswärmen wurden in einigen Fällen durch direkte Messung der Verbrennungswärmen festgestellt und in anderen durch calorimetrische Bestimmung der Lösungswärme des Metalls und seines Hydrids in einem geeigneten Lösungsmittel, z. B. in einer Säure, ermittelt.

---

[57] Sieverts, Gotta u. Halberstadt: Z. anorg. allg. Chem. 1930, **187**, 155.

[58] Sieverts u. Roell: Z. anorg. allg. Chem. 1926, **153**, 289. — Sieverts u. Gotta: Z. anorg. allg. Chem. 1930, **187**, 155; 1931, **199**, 384.

[59] Huber, Kirschfeld u. Sieverts: Ber. dtsch. chem. Ges. 1926, **59**, 2891.

Die dabei für einige Hydride gefundenen hohen Werte deuten darauf hin, daß zwischen der chemischen Bindungsart in einem Stoff, wie z. B. Lanthanhydrid, und der des Calciumhydrids nur ein kleiner Unterschied besteht. Aus diesem Grunde sind in der obigen Tabelle auch einige für salzartige Hydride typische Daten aufgenommen.

Es wurden sowohl an den salzartigen als auch an den anderen Hydriden Dichtebestimmungen durchgeführt[60]. Diese Messungen zeigen deutlich, daß die salzartigen Hydride stets eine größere Dichte besitzen als das Metall, von dem sie sich ableiten; im zweiten Fall erfolgt hingegen bei der Aufnahme von Wasserstoff durch das Metall eine Abnahme der Dichte. Zur näheren Erläuterung dieser Erscheinung ist in der nebenstehenden Tabelle die bei der Hydridbildung aus den Metallen erfolgende prozentuale Änderung der Dichte angegeben.

Tabelle 13.

Hydrid	Δd bei der Hydrid-bildung %	Hydrid	Δd bei der Hydrid-bildung %
$TiH_{1,73}$.	—15,5	LiH . .	+52,8
$ZrH_{1,92}$.	—13,2	NaH . .	+44
$TaH_{0,76}$.	— 9,1	CaH_2 . .	+10
$CeH_{2,69}$.	—17,5	BaH_2 . .	+20
$VH_{0,56}$.	— 6,7		

Eine Nachprüfung der Untersuchungen an einigen Einlagerungshydriden in den letzten Jahren hat gezeigt, daß sowohl die Geschwindigkeit, mit der der Wasserstoff von einem Metall aufgenommen wird, als auch die Menge des absorbierten Gases durch Benutzung von reinen Metallen und von reinem Wasserstoff vergrößert werden können. Beim Titan wurde beispielsweise eine stöchiometrische Verbindung TiH_2 dargestellt[61]. Durch diese Entdeckung werden zwar die aus früheren Arbeiten gewonnenen Ergebnisse nicht vollständig wertlos, sie läßt aber deutlich erkennen, wie wichtig das Problem der Bestimmung des Charakters der Valenzkräfte in diesen Verbindungen ist. Der im folgenden behandelte Fall des Uranwasserstoffs ist typisch für die Entwicklungsrichtung der gegenwärtigen Untersuchungen.

Uranwasserstoff.

Beim Erhitzen von metallischem Uran in einer Wasserstoffatmosphäre auf 250—350° wird das Gas schnell absorbiert, und es entsteht ein schwarzes Pulver der Zusammensetzung UH_3. Ganz entsprechend verläuft die Reaktion mit Deuterium. Bei niedrigerer Temperatur erfolgt ebenfalls eine Absorption, wenn man den Wasserstoffdruck erhöht. Bei 450° verliert die Verbindung Wasserstoff unter Bildung von fein verteiltem, höchst reaktionsfähigem metallischem Uran[62].

Dem ersten Anschein nach könnte man den Uranwasserstoff für eine Einlagerungsverbindung halten; Röntgenuntersuchungen zeigen jedoch, daß die feste Substanz eine Struktur besitzt, die von den drei Formen des

[60] Sieverts u. Gotta: Z. Elektrochem. angew. physik. Chem. 1926, **32**, 102. Z. anorg. allg. Chem. 1930, **187**, 155.

[61] Gibb u. Kruschwitz: J. Amer. chem. Soc. 1950, **72**, 5365. — Gibb, McSharry u. Braydon: J. Amer. chem. Soc. 1951, **73**, 1751.

[62] Spedding u. a.: Nucleonics 1949, **4**, 17, 43.

metallischen Urans völlig verschieden ist[63]. Das Hydrid besitzt ein Würfelgitter ($a = 6{,}631$ Å bei UH_3 und 6,620 Å bei UD_3), in dem die Bindung zwischen den Metallatomen kaum ins Gewicht fällt. Das Hydrid besitzt aber in seinem elektrischen Leitvermögen die Eigenschaften eines Metalls; RUNDLE nahm an, daß bei der Ausbildung der Struktur Metall-Wasserstoffbindungen eine große Rolle spielen und daß die Wasserstoffatome Brücken von Metall zu Metall bilden. RUNDLE hat die Struktur im Rahmen von „Halb-Bindungen" mit Elektronenmangel beschrieben, von einem Typus, den man auch zur Deutung der Strukturen von gewissen Einlagerungscarbiden, -nitriden und Metalloxyden benutzt[64]. Diese Vorstellung erklärt einerseits die Uran-Uran-Abstände in der Verbindung und läßt andererseits befriedigende Lagen für die genaue Zahl der Wasserstoffatome zu[65].

Uranwasserstoff ist pyrophor und auch sehr reaktionsfähig gegenüber einer Reihe der üblichen Reagenzien. Er wirkt als starkes Reduktionsmittel und scheidet aus Silbernitrat nach der Gleichung

$$2\,UH_3 + 12\,AgNO_3 + 2\,H_2O = 12\,Ag + 2\,UO_2(NO_3)_2 + 8\,HNO_3 + 3\,H_2$$

Silber ab. Kupfersulfat und Quecksilber(II)-chlorid werden ebenfalls zum Metall reduziert. Das Hydrid hat sich auch als bequemes Zwischenprodukt zur Darstellung drei- und vierwertiger Uranverbindungen erwiesen. Wenn man beispielsweise bei 250—300° HCl über UH_3 leitet, entsteht UCl_3, während bei der Reaktion mit HF das Tetrafluorid UF_4 gebildet wird.

Andere Metallhydride.

Kupferhydrid.

Die Bildung eines Hydrids des Kupfers der Zusammensetzung CuH ist schon einige Zeit bekannt. Es wurde durch Einwirkung von Natriumhypophosphit auf eine mäßig verdünnte Lösung von Kupfersulfat bei 70° hergestellt. Das Produkt, das man erhält, wenn diese Reaktion bei gewöhnlicher Temperatur durchgeführt wird, ist mit Kupfer(I)-oxyd und Kupfer(II)-phosphat verunreinigt. Bei höherer Temperatur wird aber nur Kupferhydrid gebildet. Das Hydrid ist ein unbeständiger, rotbrauner Stoff, dessen Wasserstoffgehalt im trocknen Zustand immer etwas unterhalb des der Formel CuH entsprechenden Wertes liegt[66]. Beim Erhitzen im trocknen Zustand zersetzt es sich oberhalb von 60° in Kupfer und Wasserstoff. Es entzündet sich in Chlor und liefert bei Behandlung mit verdünnter Salzsäure, aber nicht bei der Einwirkung von Wasser, Wasserstoff. Die Bildungswärme wurde von SIEVERTS und GOTTA[67] gemessen, indem sie erst CuH in einer Lösung von Kupfer(II)-chlorid in Salzsäure und dann Kupfer

[63] J. Amer. chem. Soc. 1947, **69**, 1719.
[64] RUNDLE: Acta crystallogr. 1948, **1**, 180.
[65] Siehe auch PAULING u. EWING: J. Amer. chem. Soc. 1948, **70**, 1660.
[66] HÜTTIG u. BRODKORB: Z. anorg. allg. Chem. 1926, **153**, 235.
[67] SIEVERTS u. GOTTA: Liebigs Ann. Chem. 1927, **453**, 289.

in demselben Lösungsmittel lösten und die Differenz der Lösungswärmen ermittelten. Der so gemessene Wert betrug —5120 cal je Mol.

Die Natur des Kupferhyhrids ist noch nicht mit voller Sicherheit aufgeklärt. Metallisches Kupfer besitzt ein geringes Adsorptionsvermögen für Wasserstoff, und es ist sehr zweifelhaft, ob die so dargestellte Verbindung in irgendwelcher Beziehung zu den Adsorptionsprodukten steht, die man von dem Metall erhalten kann. Eine Einordnung in die Gruppe der salzartigen Hydride erscheint im Hinblick auf die negative Bildungswärme kaum gerechtfertigt. Nach Röntgenuntersuchungen[68] liegt im Kupferhydrid ein ähnliches flächenzentriertes Würfelgitter vor wie im Kupfer selbst, nur sind — wahrscheinlich durch den Eintritt von Wasserstoff in das Gitter — die Kupferatome weiter voneinander entfernt. Kupferwasserstoff gehört vielleicht in die gleiche Gruppe wie die von WEICHSELFELDER dargestellten Hydriden des Nickels, Kobalts, Eisens und Chroms, die im nächsten Abschnitt beschrieben werden; der vollständige Beweis für eine endgültige Entscheidung hierüber liegt jedoch zur Zeit noch nicht vor.

Die Hydride des Nickels, Kobalts, Eisens und Chroms.

WEICHSELFELDER[69] fand, daß beim Durchleiten von Wasserstoff durch eine Aufschwemmung von gepulvertem, wasserfreiem Nickelchlorid in einer ätherischen Lösung von Phenylmagnesiumbromid vier Wasserstoffatome je Nickelatom aufgenommen würden; es schied sich ein schwarzer Niederschlag ab, der beim Behandeln mit Wasser, Alkohol oder verdünnten Säuren Wasserstoff entwickelte. Im trocknen Zustand ergab sich für den schwarzen Stoff eine Formel, die der Zusammensetzung NiH_2 entsprach. Man nimmt an, daß das Anfangsprodukt dieser Reaktion Nickeldiphenyl, $Ni(C_6H_5)_2$, ist und daß dieses mit Wasserstoff unter Bildung von Nickelhydrid und Benzol weiter reagiert.

$$NiCl_2 + 2\,C_6H_5MgBr = Ni(C_6H_5)_2 + MgBr_2 + MgCl_2$$
$$Ni(C_6H_5)_2 + 2\,H_2 = 2\,C_6H_6 + NiH_2.$$

Die Reaktion zwischen wasserfreiem Kobaltchlorid und Phenylmagnesiumbromid entspricht ganz der obigen Gleichung, wenn auch in diesem Falle die Absorption des Wasserstoffs langsamer erfolgt. Die Analyse dieses Produkts entspricht der Formel CoH_2. In derselben Weise konnte mit wasserfreiem Eisen(II)-chlorid das Hydrid FeH_2 dargestellt werden; mit Eisen(III)-chlorid hingegen verlief die Absorption bedeutend heftiger. Es entstand ein schwarzer Niederschlag, der beim Trocknen Wasserstoff abgab. Die Analysenwerte deuten darauf hin, daß in diesem Fall das Hydrid FeH_6 gebildet wird. In einer ätherischen Lösung von Phenylmagnesiumbromid gelöstes wasserfreies Chrom(III)-chlorid absorbiert ebenfalls langsam Wasserstoff. Das dabei gebildete Produkt besitzt die Zusammensetzung CrH_3. Es ist möglich, daß durch Reduktion von Metallderivaten mit Lithiumaluminiumwasserstoff und

---

[68] HÜTTIG u. BRODKORB: Z. anorg. allg. Chem. 1926, **153**, 242.
[69] WEICHSELFELDER: Liebigs Ann. Chem. 1926, **447**, 64.

ähnlich stark wirksamen Reduktionsmitteln auch noch andere feste Metallhydride dargestellt werden können.

Gegenwärtig liegen noch keine Anhaltspunkte über die wahre Natur dieser Hydride vor. Ihre Darstellungsverfahren lassen keine Analogie zu den Hydriden der seltenen Erden und verwandter Stoffe erkennen, noch besteht irgendein Grund zu der Annahme, daß z. B. das nach der Reaktion von WEICHSELFELDER dargestellte Chromhydrid mit den bei der Adsorption von Wasserstoff durch metallisches Chrom gewonnenen Produkten im Zusammenhang steht. Solange noch die wesentlichen Daten, wie Bildungswärmen und Gitterabmessungen, derartiger Verbindungen nicht bekannt sind, besteht keine Aussicht, der Möglichkeit ihrer richtigen Einordnung näherzukommen.

Die Hydride des Zinks, Cadmiums, Berylliums und Magnesiums.

Ein Zinkhydrid der Zusammensetzung ZnH_2 wurde durch Einwirkung von Dimethylzink auf eine ätherische Lösung von Lithiumaluminiumwasserstoff erhalten[70]:

$$Zn(CH_3)_2 + 2\,LiAlH_4 = ZnH_2 + 2\,LiAlH_3CH_3.$$

Die Verbindung ist auch durch eine analoge Reaktion aus Zinkjodid dargestellt worden[71]. Oberhalb 80° zerfällt sie in Zink und Wasserstoff. Das auf die gleiche Weise aus Dimethylcadmium gewonnene Cadmiumhydrid unterliegt schon bei 0° einer sehr schnellen Zersetzung. Bei beiden Verbindungen handelt es sich um weiße, nicht flüchtige feste Substanzen, die in Äther unlöslich sind und durch Wasser langsam zersetzt werden. Ihre Strukturen sind noch nicht bestimmt worden.

Das Hydrid BeH_2 wurde durch Reaktion von Lithiumaluminiumwasserstoff in ätherischer Lösung mit Dimethylberyllium[70] oder mit Berylliumchlorid gewonnen[72]. Seine Beständigkeit entspricht etwa der des ZnH_2. Beide Verbindungen reagieren mit Diboran unter Bildung der entsprechenden Metallborwasserstoffe. Das gleiche Verfahren wurde auch für die Darstellung des Magnesiumwasserstoffs, MgH_2[70] angewandt, der auch durch thermische Spaltung von Dimethylmagnesium im Vakuum bei 175° erhalten wurde[73]:

$$Mg(C_2H_5)_2 = MgH_2 + 2\,C_2H_4.$$

Dabei entsteht gleichzeitig die Verbindung MgC_2H_4. Das Hydrid zerfällt bei 280—300° in Magnesium und Wasserstoff und reagiert mit Diboran unter Bildung von $Mg(BH_4)_2$. Eine vollständige Synthese des MgH_2 in 60%iger Ausbeute ist auch durch Reaktion von Magnesium mit Wasserstoff in Gegenwart von Magnesiumjodid bei 570° unter einem Druck von 200 at. möglich[74]. WIBERG vertritt die Ansicht, daß sich

[70] BARBARAS, DILLARD, FINHOLT, WARTIK, WILZBACH u. SCHLESINGER: J. Amer. chem. Soc. 1951, **73**, 4585.

[71] WIBERG, HENLE u. BAUER: Z. Naturforsch. 1951, **6**b, 393.

[72] WIBERG u. BAUER: Z. Naturforsch. 1951, **6**b, 171.

[73] WIBERG u. BAUER: Z. Naturforsch. 1950, **5**b, 396.

[74] WIBERG, GOELTZER u. BAUER: Z. Naturforsch. 1951, **6**b, 394.

die Struktur des Magnesiumwasserstoffs auf Wasserstoffbrücken zwischen den Metallatomen gründet, wie man es auch für den polymeren Aluminiumwasserstoff annimmt; in beiden Fällen liegt jedoch kein unmittelbarer Beweis für diese Anschauung vor.

Neuntes Kapitel.

Freie Radikale mit kurzer Lebensdauer[1].

Organische freie Radikale.

Der Begriff des chemischen Radikals ist im Jahre 1832 von LIEBIG und WÖHLER geprägt worden; es wurden damit Atomgruppen bezeichnet, die in einer Reihe von Verbindungen unverändert vorliegen und erhalten bleiben und die durch andere Elemente oder Radikale ersetzt werden können. Diese Vorstellung wurde durch die Arbeiten von KOLBE (1849) über die Elektrolyse von Natriumacetat gestützt; man nahm an, daß hierbei „freies Methyl" gebildet würde; eine weitere Bestätigung ergab sich aus der von FRANKLAND durch Einwirkung von Zink auf Äthyljodid durchgeführten Darstellung von „freiem Äthyl". Wir wissen jetzt, daß diese Substanzen Doppelradikale sind und daß dasselbe für BUNSENs „freies Kakodyl" und ebenso für das von GAY-LUSSAC entdeckte „freie Cyan" gilt. Die Einstellung der Chemiker zu diesen ersten Experimenten bestand darin, daß sie wohl das Vorhandensein von Radikalen in chemischen Verbindungen zuließen, deren Isolierung jedoch für unmöglich hielten. Tatsächlich ergab sich erst im Jahre 1900 der erste direkte Beweis für das Auftreten freier Radikale, als GOMBERG Triphenylmethyl, $C(C_6H_5)_3$, darstellte.

Man konnte feststellen, daß sich Triphenylmethyl wie eine stark ungesättigte Verbindung verhielt. So reagierte es leicht mit Sauerstoff unter Bildung von

$$(C_6H_5)_3C—O—O—C(C_6H_5)_3;$$

ebenso war es imstande, bei 0° Halogene anzulagern. Aus Bestimmungen des Molekulargewichtes in verschiedenen Lösungsmitteln ergab sich, daß die Substanz aus einem Gleichgewichtsgemisch von Triphenylmethyl und Hexaphenyläthan bestand. Der Isolierung von Triphenylmethyl folgten eine große Reihe von Untersuchungen, bei denen viele ähnliche Stoffe dargestellt wurden und als deren Ergebnis der Beweis erbracht war, daß „freie langlebige Radikale" als chemische Individuen auftreten können.

Es war das Postulat aufgestellt worden, daß freie Radikale wie Methyl, CH_3, und Äthyl, C_2H_5, als Zwischenverbindungen bei chemischen Reaktionen vorkämen; der erste direkte Beweis ihres vorübergehenden Auftretens geht auf die Arbeiten von PANETH und HOFEDITZ zurück.

[1] Eine Besprechung der physikalisch-chemischen Gesichtspunkte dieses Themas s. „Atomic and Free Radical Reactions", von E. W. R. STEACIE (American Chemical Society Monograph No 102, 1946). Siehe auch BAWN: J. chem. Soc. 1949, 1042.

Bei diesen Untersuchungen wurde der mit reinem Wasserstoff oder Stickstoff als Trägergas gemischte Dampf vom Bleitetramethyl bei einem Gesamtdruck von 1,5—2,0 mm Quecksilber durch ein erhitztes Quarzrohr gepumpt. Durch Verwendung hochleistungsfähiger Pumpen erhielt man sehr hohe Strömungsgeschwindigkeiten. Ein kleiner Teil des Quarzrohres wurde mit einem Bunsenbrenner erhitzt. Dadurch erfolgte eine Zersetzung des Bleialkyls, so daß sich direkt hinter der erhitzten Zone Blei abschied. Das von der heißen Stelle fortströmende Gas war sehr reaktionsfähig; es war imstande, kalte Spiegel von Blei, Zink, Wismut oder Antimon aufzulösen; beim Antimon erfolgte sogar noch eine Auflösung des Metalls, wenn sich der Spiegel in einer Entfernung bis zu

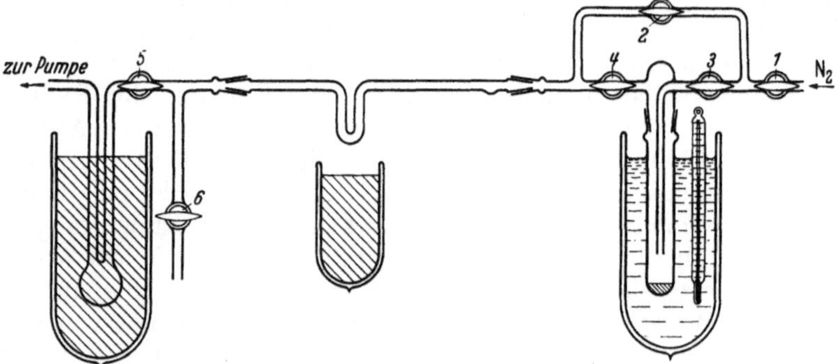

Abb. 47. Apparatur zur Darstellung von freiem Methyl aus Bleitetramethyl.

30 cm von der erhitzten Stelle befand. Die Reaktion mit dem Spiegel führte zur Bildung des entsprechenden Metallmethyls. Das reaktionsfähige Gas mußte demnach freies Methyl gewesen sein, das sich nach der Gleichung

$$Pb(CH_3)_4 = Pb + 4\,CH_3$$

gebildet hatte. Dieses Verfahren zur Darstellung des freien Methylradikals ist in der obenstehenden Zeichnung erklärt (Abb. 47).

Man ließ reinen trocknen Wasserstoff über die Oberfläche von auf —70 bis —80° abgekühltes Bleitetramethyl strömen; durch geeignete Regulierung der Hähne 2, 3 und 4 konnte man ein Gemisch von Wasserstoff und Bleitetramethyl unter einem Druck von 1,5—2 mm Quecksilber durch die Apparatur leiten. Ein kleiner Abschnitt des Quarzrohres *B* wurde mit einem Bunsenbrenner oder durch eine elektrische Heizspirale erhitzt, so daß sich an dieser Stelle das Bleialkyl zersetzte und eine Abscheidung von Blei entstand. Man ließ diesen Bleispiegel abkühlen und erhitzte dann ein zweites Stück des Quarzrohres, und zwar rechts von der ersten Stelle. Während sich an der erhitzten Stelle ein zweiter Bleispiegel abschied, konnte man beobachten, daß der erste sich auflöste. Dieser Versuch beweist, daß bei der Zersetzung des Metallalkyls ein das Blei angreifender Stoff entsteht.

Dieser Stoff, welcher tatsächlich freies Methyl ist, wird auch durch Zersetzung anderer Metallmethyle gebildet. Bei der Zersetzung des

Wismutmethyls entstand beispielsweise eine Substanz, die Bleispiegel auflöste; das bei der Zersetzung des Bleimethyls gebildete Produkt konnte wiederum Wismutspiegel auflösen. Antimon- und Zinkspiegel wurden ebenfalls zur Auflösung gebracht, und im Falle des Zinks konnte nachgewiesen werden, daß die bei der Auflösung des Spiegel gewonnene Verbindung Dimethylzink ist. Danach wurden auch zahlreiche andere nach diesem Verfahren entstandene Methylderivate identifiziert, so daß das Auftreten des freien Methylradikals unter diesen Versuchsbedingungen unzweideutig erwiesen ist.

Die Konzentration des freien Methyls in dem Gasstrom kann man nach der Zeit beurteilen, die zur Auflösung eines Spiegels bestimmter Stärke erforderlich ist. Je weiter sich der Spiegel von der erhitzten Zone befindet, desto mehr Zeit ist zu dem Auflösungsvorgang nötig. PANETH fand, daß bei Benutzung von Wasserstoff als Trägergas die aus Tetramethylblei gebildeten Methylradikale durch folgende Reaktionen verschwanden:

$$CH_3 + H_2 = CH_4 + H$$
$$CH_3 + CH_3 = C_2H_6.$$

Bei geringer Konzentration der Radikale und bei höherer Temperatur wird weniger Äthan und dafür mehr Methan gebildet. Wenn man als Trägergas Helium statt Wasserstoff verwendet, so ist, wie man auch erwarten sollte, die Bildung von Methan vollkommen ausgeschlossen und die Lebensdauer des Radikals bedeutend erhöht. Unter Benutzung von Helium als Trägergas und bei gleichzeitigem Erhitzen des Quarzrohres kann die Halbwertszeit des Methyls auf 0,1 sec erhöht werden.

Die Lebensdauer dieser freien Radikale drückt man durch die Zeit aus, in der eine bestimmte Konzentration auf die Hälfte ihres Wertes gesunken ist, wobei die Konzentration in der oben beschriebenen Weise durch die zur Auflösung eines Standardspiegels benötigte Zeit bestimmt wird. Experimentell läßt sich eine derartige Bestimmung ganz leicht durchführen. Der Spiegel wird hergestellt, indem man die zu untersuchende Substanz sorgfältig verdampft, bis ein Film gebildet ist, der in seiner Undurchsichtigkeit und Ausdehnung einem als Bezugselement dienenden Spiegel gleichkommt. Dieser Vergleichsvorgang ähnelt dem Vergleich der bei der MARSHschen Arsenprobe benutzten Spiegel. Derartige Spiegel werden dann in mehreren Versuchen in verschiedenen Abständen von der erhitzten Zone hergestellt; dabei wird für jede Entfernung die Zeit gemessen, die bis zum Verschwinden des Spiegels vergeht. Das Reziproke dieser Zeiten ist ein Maß für die Konzentration des gebildeten Radikals. Die Halbwertszeit läßt sich berechnen, wenn man die Strömungsgeschwindigkeit und die Abstände der Spiegel von der erhitzten Zone kennt.

Das soeben beschriebene experimentelle Verfahren wurde von PANETH und LAUTSCH[2] dazu erweitert, die Entstehung von freiem Äthyl bei der thermischen Spaltung von Bleitetraäthyl nachzuweisen und auch dieses zu identifizieren. Darüber hinaus durchgeführte Versuche, auf

[2] PANETH u. LAUTSCH: Ber. dtsch. chem. Ges. 1931, **64**, 2702.

diese Weise Radikale wie Propyl und Butyl darzustellen, indem man von den entsprechenden Metallalkylen ausging, schlugen fehl und lieferten stets nur Methyl- und Äthylradikale; daraus geht hervor, daß diese höheren Radikale, wenn sie überhaupt gebildet werden, sofort oder kurz nach ihrer Entstehung in einfachere Radikale zerfallen. Mit diesem experimentellen Verfahren ist es natürlich nicht möglich, Radikale festzustellen, die bereits Verbindungen eingegangen sind oder anderweitig reagiert haben, bevor sie bei der größtmöglichen Strömungsgeschwindigkeit an den Metallspiegel gelangen konnten. FREY und HEPP konnten aber die vorübergehende Bildung von freiem Butyl bei der thermischen Zersetzung von Quecksilberdibutyl bei 350—450° nachweisen[3], wobei allerdings keine Derivate des Radikals isoliert werden konnten. Die Zersetzungsprodukte des Quecksilberalkyls sind sehr sorgfältig analysiert worden; man kam dabei zu der Annahme, daß sich das Radikal wahrscheinlich nach der Gleichung

$$CH_3CH_2 \cdot CH_2CH_2 = CH_2{=}CH_2 + CH_3CH_2$$

zersetzt. Diese Gleichung stimmt auch mit den Anschauungen von RICE über den Mechanismus der thermischen Spaltung organischer Verbindungen überein; hierüber wollen wir im nächsten Abschnitt berichten. Das Benzylradikal, $C_6H_5CH_2$, konnte auch nachgewiesen werden: Es entsteht beim Erhitzen des Dampfes von Zinntetrabenzyl. Man fand, daß das Benzyl Selen-, Tellur- und Quecksilberspiegel angreift; im Falle des Quecksilbers konnte die dabei gebildete Verbindung als Dibenzylquecksilber identifiziert werden, während man mit der entsprechenden Selenverbindung ein Produkt erhielt, aus der sich Dibenzylselen isolieren ließ[4]. Die Lebensdauer von Benzyl in einem kalten Rohr ist bedeutend kürzer als die des Methyls; im erhitzten Rohr ergab sich aber nahezu dieselbe Halbwertszeit, nämlich $6 \cdot 10^{-3}$ sec.

PANETH und LOLEIT[5] benutzten die Methyl- und Äthylradikale zur Darstellung von zwei Antimonverbindungen, die vordem noch nicht dargestellt worden sind, und zwar handelt es sich um Antimonkakodyl und die analoge Äthylverbindung. Die von dem Methylradikal (Me) und dem Äthylradikal (Aet) mit Arsen-, Antimon- und Wismutspiegeln gebildeten Verbindungen sind in der folgenden Tabelle aufgeführt.

	Radikal	Trialkyl	Dialkyl	Andere Produkte
Arsen . . .	Me	$AsMe_3$	$(AsMe_2)_2$	$(AsMe)_5$?
	Aet	$AsAet_3$	$(AsAet_2)_2$	$(AsAet)_5$?
Antimon . .	Me	$SbMe_3$	$(SbMe_2)_2$	
	Aet	$SbAet_3$	$(SbAet_2)_2$	
Wismut . .	Me	$BiMe_3$	$(BiMe_2)_2$	
	Aet	$BiAet_3$		

Die Verbindungen wurden durch Einwirkung der Radikale auf die kalten Spiegel gewonnen. Eine Ausnahme bildete $(SbAet_2)_2$ und $(BiMe_2)_2$, die beträchtlich weniger leichtflüchtig sind als die übrigen und bei deren Darstellung der Spiegel erhitzt werden mußte.

[3] FREY u. HEPP: J. Amer. chem. Soc. 1933, 55, 3357.
[4] PANETH u. LAUTSCH: J. chem. Soc. 1935, 380.
[5] PANETH u. LOLEIT: J. chem. Soc. 1935, 366.

Darstellung freier Radikale durch thermische Spaltung organischer Verbindungen.

Der Beweis, daß bei der thermischen Spaltung organischer Verbindungen freie Radikale gebildet werden, wurde durch die Arbeiten von F. O. Rice[6] erbracht. Die Dämpfe organischer Verbindungen, wie z. B. von Kohlenwasserstoffen, Ketonen, Aldehyden, Aminen und Äthern, wurden durch ein auf 700—1000° erhitztes Quarzrohr geleitet. Nachdem das Gas den Ofen verlassen hatte, traf es auf eine kalte Quecksilberoberfläche. Die dabei entstehenden Quecksilberalkyle wurden abdestilliert und in einer Falle mit flüssiger Luft kondensiert. Bei der darauffolgenden Behandlung mit einer alkoholischen Lösung von Quecksilber(II)-bromid bildeten sich Alkylquecksilberbromide vom Typus RHgBr. Diese Derivate des Quecksilberbromids können nötigenfalls durch fraktioniertes Sublimieren voneinander getrennt und auf Grund ihrer Schmelzpunkte identifiziert werden. Die für diese Versuche benutzte Apparatur ist in Abb. 48 gezeigt. Durch Erhitzen des Gefäßes A wurde das Quecksilber an dem mit Wasser gekühlten Rohr B kondensiert. Das Hauptheizrohr und das Rohr, an dem sich das Quecksilber befand, bestanden aus Quarz.

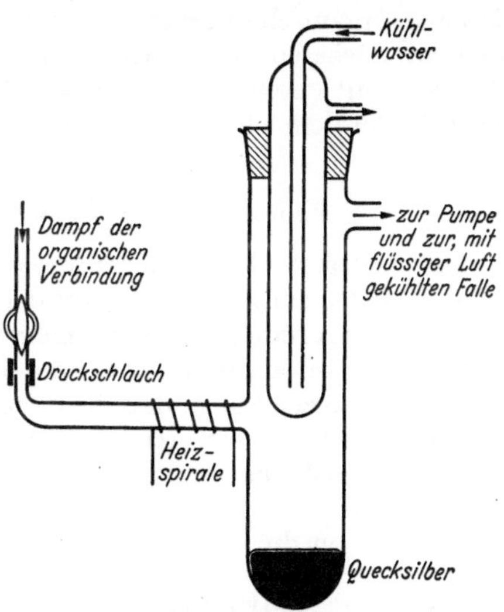

Abb. 48. Apparatur zum Identifizieren freier Radikale, die durch thermische Spaltung organischer Verbindungen entstehen.

Dieses Verfahren zur Durchführung der thermischen Zersetzung organischer Verbindungen lieferte verhältnismäßig große Ausbeuten an Radikalen; jedoch konnten auf diese Weise lediglich freies Methyl- und freies Äthyl als Radikale nachgewiesen werden. Die Sachlage kann man mit Rices eigenen Worten folgendermaßen kennzeichnen: „Wir versuchten sehr sorgfältig die Bildung von Propyl und höheren Radikalen festzustellen, konnten aber keinerlei Beweise ihres Vorkommens erbringen. Die höheren Alkylquecksilberbromide sind bedeutend stärker flüchtig als die Methyl- und Äthylverbindungen und müßten demnach, selbst in kleinen Mengen, leicht nachzuweisen sein.“

Die große Zahl der von Rice und seinen Mitarbeitern untersuchten Verbindungen und die verhältnismäßig große Menge von Substanz, die bei ihrem Verfahren verwendet werden konnte, hätte sicher die Anwesenheit von höheren Radikalen angezeigt, wenn diese entstanden wären. Man muß daraus schließen, daß Radikale wie Propyl oder Butyl, wenn sie überhaupt entstehen, bei den für die Versuche von Paneth und Rice

[6] Vgl. F. O. Rice: Trans. Faraday Soc. 1934, **30**, 152.

benötigten hohen Temperaturen in Methyl und Äthyl gespalten werden. Das führt natürlich zu dem Versuch, sich Methoden zuzuwenden, welche diese höhermolekularen Radikale bei niedriger Temperatur ergeben, um so zu verhindern, daß sie sich sofort nach ihrer Bildung zersetzen. Ein solches Verfahren bestände darin, daß man die organischen Stoffe im Dampfzustand durch ein Entladungsrohr leitet. Einige derartige Vorversuche sind von RICE und WHALEY[7] durchgeführt worden, haben aber außer der Tatsache, daß bei der Entladung freie Radikale entstehen, keine genaueren Ergebnisse geliefert. Ein zweites Verfahren zur Darstellung von Radikalen bei niedriger Temperatur besteht darin, daß man organische Verbindungen durch Einwirkung von Licht zersetzt. In dem nächsten Abschnitt wird gezeigt, daß dieses Verfahren von PEARSON mit gutem Erfolg angewandt wurde und daß auf diesem Wege die Zahl der dem Chemiker bekannten freien Radikale vermehrt werden konnte.

Photochemische Darstellung freier Radikale.

Daß bei photochemischen Prozessen freie Radikale gebildet werden, schloß man zunächst aus der Natur der bei der photochemischen Spaltung auftretenden Produkte. Wenn man beispielsweise die Zersetzung von Methyl-äthylketon durch Licht von Wellenlängen unterhalb von 3100 Å untersucht, so zeigt sich, daß die dabei gebildeten Produkte größtenteils aus einer Mischung von Äthan, Propan und Butan in ungefähr gleichem Verhältnis bestehen und daß daneben eine äquivalente Menge von Kohlenmonoxyd gebildet wird[8]. Das sieht man als Beweis dafür an, daß das Keton durch Licht nach folgendem Schema zersetzt wird:

$$2\,\begin{matrix}CH_3\\CH_3\end{matrix}\!\!>\!CO \begin{matrix}\nearrow CH_3 + C_2H_5CO \rightarrow CH_3 + C_2H_5 + CO\\ \searrow C_2H_5 + CH_3CO \rightarrow CH_3 + C_2H_5 + CO\end{matrix}\Big\} \rightarrow \begin{matrix}CH_3\cdot CH_3\\ + CH_3\cdot C_2H_5\\ + C_2H_5\cdot C_2H_5\\ + CO\end{matrix}$$

Diese Reaktion ist typisch für viele andere, bei denen man das Auftreten freier Radikale vermutet. Unter diesen soll die Bildung von freiem Methylen, CH_2, und von freiem Methin, CH, erwähnt werden. Man nahm an, daß sich freies Methylen als Zwischenprodukt bei der photochemischen Spaltung von Diazomethan, CH_2N_2, und von Keten, CH_2CO, bildet[9], während Methin, CH, bei der photochemischen Zersetzung von Acetylen entsteht[10].

Der erste direkte Beweis über die Bildung freier Radikale bei photochemischen Reaktionen wurde von PEARSON erbracht, der zu diesem Zweck die Arbeitsweise von PANETH etwas abänderte[11]. Die von PEARSON zur Untersuchung der Photolyse von Aceton benutzte Apparatur ist in der nachstehenden Zeichnung abgebildet. Das Aceton

[7] RICE u. WHALEY: J. Amer. chem. Soc. 1934, 56, 1311.
[8] NORRISH u. APPLEYARD: J. chem. Soc. 1934, 874.
[9] KIRKBRIDGE u. NORRISH: J. chem. Soc. 1933, 119. — NORRISH, CRONE u. SALTMARSH: J. chem. Soc. 1933, 1533.
[10] NORRISH: Trans. Faraday Soc. 1934, 30, 111.
[11] PEARSON: J. chem. Soc. 1934, 1718.

wurde bei J eingefroren und darauf die Apparatur leer gesaugt. Dann stellte man in dem Quarzrohr durch Erhitzen des Metalls (Te, Sb oder Pb) in B bei C einen Metallspiegel geeigneter Größe her. Anschließend wurde Acetondampf mit einem Druck von ungefähr 0,5—2,5 mm schnell durch das Quarzrohr gepumpt, wobei man einen kleinen Abschnitt des Rohres durch eine geeignet abgeschirmte Quecksilberdampflampe belichtete. Die bei der photochemischen Zersetzung gebildeten freien Radikale konnten auf den Metallspiegel bei C einwirken und lösten diesen, wie sich zeigte, tatsächlich auf. Die dazu benötigte Zeit war um so länger je mehr der Abstand des Spiegels von der bestrahlten Stellevergrößert wurde. Die bei der Einwirkung der freien Radikale auf den Spiegel gebildeten flüchtigen Produkte konnten zusammen mit unverändertem

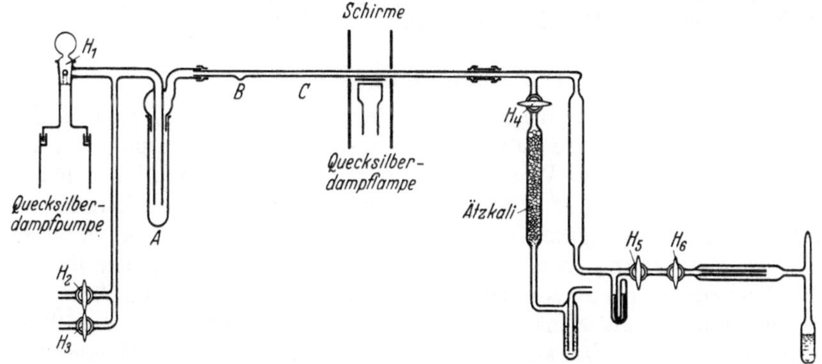

Abb. 49. Apparatur zur Untersuchung photochemisch dargestellter freier Radikale.

den Versuchen mit Aceton ließ sich zeigen, daß sich durch Aceton und Spaltprodukten der Photolyse in A gesammelt werden. Bei Einwirkung der freien Radikale auf Tellur Dimethyltellurid gebildet hatte. Selbstverständlich wurden Kontrollversuche durchgeführt, um festzustellen, daß die Auflösung des Spiegels nicht durch unzersetzten Acetondampf hervorgerufen wird.

Nach diesem experimentellen Verfahren ist es auch möglich, auf dem üblichen Wege die Lebensdauer von bei der photochemischen Zersetzung gebildeten freien Radikalen zu messen. Dies wurde von Pearson an den aus Aceton hergestellten Radikalen durchgeführt, wobei sich ergab, daß die Halbwertszeit ungefähr $5 \cdot 10^{-3}$ sec betrug; dieser Wert stimmt ungefähr mit den Ergebnissen der Versuche von Paneth überein. Dasselbe Verfahren wurde erfolgreich auf die Untersuchungen anderer Radikale angewandt. Hierbei stellte sich heraus, daß ihm eine größere Anwendungsmöglichkeit zukommt als den Verfahren, bei denen man Radikale durch thermische Spaltung von Metallalkylen oder von organischen Verbindungen darstellt; dies ist darauf zurückzuführen, daß die Radikale bei der Photolyse bei Zimmertemperatur hergestellt werden können und demzufolge ihre Beständigkeit und die Möglichkeit ihrer Existenz vergrößert ist.

Anschließend an die Arbeiten über die Photolyse von Aceton konnten PEARSON und PURCELL[12] bei der Spaltung von Dimethyl- bzw. Diäthylketon auftretenden Radikale als Methyl und Äthyl identifizieren, indem sie die gebildeten Produkte mit Tellur-, Quecksilber- und Arsenspiegeln reagieren ließen. Ebenso bewiesen sie zum ersten Male, daß das normale Propylradikal entsteht[13], wenn man Di-*n*-propylketon mit ultraviolettem Licht bestrahlt; die dabei entstehenden Radikale konnten durch ihre bei der Einwirkung auf Quecksilber stattfindende Reaktion identifiziert werden. Das gebildete Quecksilberalkyl wurde in das Quecksilberalkylbromid umgewandelt, wobei sich zeigte, daß dieses mit Quecksilber-α-propylbromid identisch ist. Die neuen Arbeiten aus demselben Laboratorium führten bei Benutzung dieser photochemischen Technik zur Identifizierung von Phenyl, C_6H_5, Benzyl, $C_6H_5CH_2$, tertiärem Butyl, $C(CH_3)_3$, Acetyl, CH_3CO, und Benzoyl, C_6H_5CO.

Das Ammoniumradikal.

Es ist ausführlich diskutiert worden, ob das Ammoniumradikal, NH_4, im freien Zustande auftritt. Schon seit langem weiß man, daß bei der Elektrolyse von in Wasser oder verflüssigtem Ammoniak gelösten Ammoniumsalzen unter Verwendung einer Quecksilberelektrode ein merkwürdiges „Amalgam“ gebildet wird[14]. Dasselbe Produkt entsteht bei der Einwirkung von Ammoniumsalzen auf die Amalgame von Alkalimetallen. Diese Amalgame besitzen ein aufgeblähtes Aussehen und werden oft als Schäume bezeichnet. Es konnte mit Gewißheit festgestellt werden, daß sie nur Quecksilber, Stickstoff und Wasserstoff enthalten und daß bei ihrem freiwilligen Zerfall die beiden letztgenannten Elemente in einem Verhältnis entstehen, das der Bildung des Ammoniums entspricht. Der dabei entwickelte Wasserstoff befindet sich im Status nascendi. Elektrochemische Messungen stützen ebenfalls die Annahme, daß an einer Quecksilberkathode ein definiertes Radikal wie NH_4 gebildet wird und sich mit dem Quecksilber verbindet; Messungen von Gefrierpunktserniedrigungen einer Reihe von Amalgamen erhärten gleichfalls die Anschauung, daß eine Lösung von Ammonium in Quecksilber vorliegt. Die von alkylsubstituierten Ammoniakverbindungen gebildeten Amalgame sind beständiger als die aus Ammoniumsalzen erhaltenen.

Der Beweis für das vorübergehende Auftreten von Ammonium erscheint somit ziemlich überzeugend erbracht zu sein, wenn er auch noch nicht zwingend ist. Die Verhältnisse liegen somit ähnlich wie seinerzeit bei der Frage nach der Existenz von Alkylradikalen, als der einzige experimentelle Beweis auf den Ergebnissen der Elektrolyse von Fettsäuren beruhte. Aller Wahrscheinlichkeit nach wird es notwendig sein, bei der Untersuchung des „Ammonium“ das Amalgamverfahren zu verlassen, ehe man weitere Aussagen über die Existenz des Radikals machen kann. Augenblicklich liegt auch noch kein Beweis dafür vor, daß in der Gasphase vorübergehend Ammoniumradikale gebildet werden.

[12] PEARSON u. PURCELL: J chem. Soc. 1935, 1151.
[13] PEARSON u. PURCELL: J. chem. Soc. 1936, 253.
[14] JOHNSTON u. UBBELOHDE: J. chem. Soc. 1951, 1731.

Atomarer Wasserstoff.

Um atomaren Wasserstoff in einer zu seiner Untersuchung geeigneten Form darzustellen, stehen zwei Verfahren zur Verfügung. Das erste besteht darin, daß man molekularen Wasserstoff bei einem Druck von ungefähr 1 mm Quecksilber durch ein elektrisches Entladungsrohr strömen läßt. Bei der Entladung wird der Wasserstoff teilweise in Atome aufgespalten, die unter gewissen Bedingungen so lange beständig sind, daß sie aus der Entladungszone abgesaugt und untersucht werden können. Das zweite Verfahren beruht auf der Tatsache, daß bei sehr hohen Temperaturen Wasserstoffmoleküle in Atome dissoziieren. Wenn man einen Wasserstoffstrom gegen ein erhitztes Wolframfaserwerk leitet, so zeigt sich, daß Wasserstoffatome gebildet werden. Diese Methode wurde von LANGMUIR zu Schweißzwecken entwickelt und wird ausführlicher unten besprochen.

Die Darstellung von atomarem Wasserstoff bei der elektrischen Entladung wurde zuerst von WOOD[15] beschrieben, der Wasserstoff durch ein Entladungsrohr leitete und die Entladung durch die Sekundärseite eines Transformators anregte. Er fand, daß das ausströmende Gas stark reduzierende Eigenschaften besitzt, die auch noch in einiger Entfernung von der Entladungszone bestehen bleiben. Dieser Abstand hing ab von der Pumpgeschwindigkeit, dem Druck, dem Rohrdurchmesser und der Natur der Rohrwände. Die Bildung von Wasserstoffatomen direkt in der Entladungszone läßt sich durch das Linienspektrum des Wasserstoffs nachweisen, das deutlich von dem Bandenspektrum unterschieden ist. Das Linienspektrum rührt von Wasserstoff*atomen* her, während das Bandenspektrum durch Wasserstoff*moleküle* hervorgerufen wird. Der deutlichste Beweis besteht darin, daß einige dieser Wasserstoffatome von der Entladungszone fortgeführt werden. Ihre Beständigkeit ist deshalb so groß, weil die Reaktion $H + H = H_2$ exotherm ist, und zwar mit einem Wert von 101 Kilocalorien, so daß das neu gebildete Wasserstoffmolekül genügend Energie zu seiner eigenen Dissoziation besitzt, außer wenn seine Bildung durch einen Dreierstoß oder an den Gefäßwänden zustande kommt. Ein drittes Teilchen beim Zusammenstoß oder die Nähe einer festen Oberfläche bietet den Wasserstoffmolekülen die Möglichkeit, ihre hohe Bildungsenergie abzugeben, wodurch das neu gebildete Molekül stabilisiert wird. Wenn die Energie nicht in irgendeiner Weise abgegeben werden kann, so führt der Zusammenstoß zweier Wasserstoffatome nicht zu einer Vereinigung.

Der Zusammentritt der Wasserstoffatome wird durch verschiedene Stoffe katalysiert. Wenn man z. B. ein Stück Platinfolie in den Gasstrom bringt, so daß das Gas, welches die Entladungszone verläßt, darauf trifft, wird es schnell durch die bei der Vereinigung der Wasserstoffatome an der metallischen Oberfläche auftretende Hitze zur Weißglut gebracht. Die katalytische Wirkung der Metalle nimmt ab in der Reihenfolge Pt, Pd, W, Fe, Cr, Ag, Cu, Pb[16]. Zu den bisher untersuchten

[15] WOOD: Philos. Mag. J. Sci. 1922, [VI], **44**, 538.
[16] BONHOEFFER: Erg. exakt. Naturwiss. 1927, 219.

Reaktionen von atomarem Wasserstoff gehören die mit Phosphor, Arsen und Antimon; diese Elemente werden dabei sämtlich in ihre Hydride verwandelt. Stickstoff ist gegenüber atomarem Wasserstoff vollständig indifferent; bei der Einwirkung von atomarem Wasserstoff auf Stickstoff entsteht kein Ammoniak. Wenn man hinter der Entladungszone Schwefel in den Gasstrom bringt, so bildet sich sehr leicht Schwefelwasserstoff. Von der Reaktionsgeschwindigkeit kann man sich eine Vorstellung machen, wenn man weiß, daß 6 mg Schwefel im Verlauf von 5 min zu Schwefelwasserstoff umgesetzt werden. Chlor, Brom und Jod sind durch atomaren Wasserstoff ebenfalls in ihre Hydride verwandelt worden.

Aus qualitativen Untersuchungen geht hervor, daß atomarer Wasserstoff mit einer Reihe von Metalloxyden, -sulfiden und -halogeniden reagiert. So werden beispielsweise die Oxyde und Chloride des Kupfers, Bleis, Wismuts und Quecksilbers leicht reduziert, was bei denen des Aluminiums, Magnesiums, Chroms und Zinks nicht der Fall ist. Cadmium- und Kupfersulfid wurden gleichfalls zum freien Metall reduziert, ebenso wie die Nitrate und Sulfate von Blei und Kupfer. Bariumsulfat ließ sich durch atomaren Wasserstoff zu Bariumsulfid reduzieren. Diese Reaktionen wurden ohne äußere Wärmezufuhr durchgeführt, allerdings war es nicht zu vermeiden, daß infolge der Vereinigung von Wasserstoffatomen an der Oberfläche des zu reduzierenden Stoffes lokale Temperaturerhöhungen auftraten[17].

Auch die Reaktionen zwischen einigen organischen Verbindungen und atomarem Wasserstoff sind ausführlich untersucht worden. Bei der Reaktion mit Kohlenwasserstoffen findet gleichzeitig Hydrierung, Dehydrierung und Abbruch der Kohlenstoffkette statt. Bei monohalogenierten Kohlenwasserstoffen besteht wahrscheinlich die Hauptreaktion in der Bildung eines Moleküls Halogenwasserstoff, z. B.

$$\mathrm{CH_3}X + \mathrm{H} = \mathrm{CH_3} + \mathrm{H}X.$$

Darüber hinaus sind andere kompliziertere Reaktionen untersucht worden. So wird beispielsweise Ölsäure schnell hydriert; weiterhin haben UREY und LAVIN[18] gezeigt, daß atomarer Wasserstoff Azoxybenzol folgendermaßen reduzieren kann:

Azoxybenzol → Azobenzol → Hydrazobenzol → Anilin.

Die Darstellung von atomarem Wasserstoff durch Bestrahlung eines Gemisches von molekularem Wasserstoff und Quecksilberdampf mit einer Quecksilberstrahlung von der Wellenlänge 2537 Å ist im Zusammenhang mit Problemen, wie z. B. der photochemischen Polymerisation von Kohlenwasserstoffen genau untersucht worden. Eine breitere Darstellung der mehr physikalischen Grundlagen dieser Arbeit kann hier nicht gegeben werden[19].

---

[17] BONHOEFFER: Z. physik. Chem. 1924, **113**, 99. — BONHOEFFER u. BOEHM: Z. physik. Chem. 1926, **119**, 385.

[18] UREY u. LAVIN: J. Amer. chem. Soc. 1929, **51**, 3286.

[19] Siehe K. F. BONHOEFFER u. P. HARTECK: Grundlagen der Photochemie. Dresden: Theodor Steinkopff 1933.

Das Verfahren von LANGMUIR zur Darstellung von atomarem Wasserstoff durch thermische Spaltung von molekularem Wasserstoff[20] ist bisher wahrscheinlich die einzige direkte technische Anwendung atomarer Gase. Deshalb soll das Verfahren hier etwas ausführlicher behandelt werden. Die Grundlage der Methode besteht darin, daß man einen Wasserstoffstrom durch einen Lichtbogen (20 A bei 300—800 V) bläst; der Lichtbogen wird zwischen Wolframelektroden in einer Wasserstoffatmosphäre erzeugt. Man kann den Dissoziationsgrad des Wasserstoffs berechnen und findet dabei, daß bei 3000° 9,03% und bei 5000° 94,7% dissoziiert sind. Wenn man diesen atomaren Wasserstoff enthaltenden

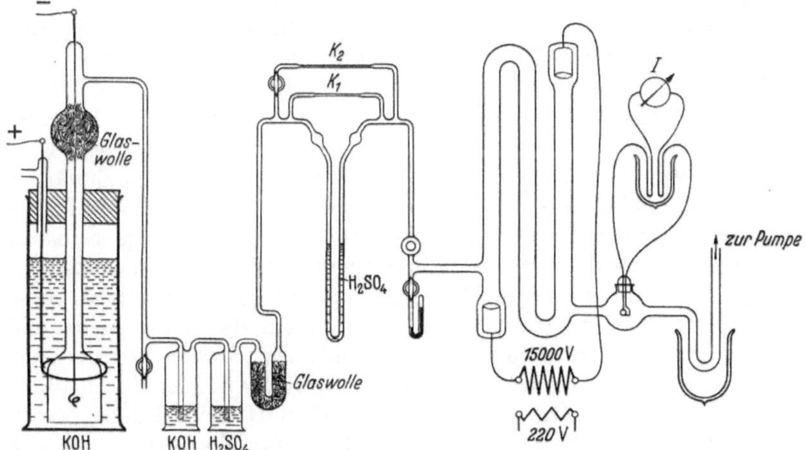

Abb. 50. Apparatur zur Untersuchung der Reaktionen von atomarem Wasserstoff mit Metallen.

Gasstrom auf eine einige Zentimeter von dem Lichtbogen entfernte Metalloberfläche richtet, so erfolgt auf Grund der katalytischen Vereinigung der Atome eine intensive lokale Erhitzung. Auf diese Weise kann man einige der widerstandsfähigsten Stoffe zum Schmelzen bringen. So konnten Wolfram, Tantal und Thoriumdioxyd auf diese Weise geschmolzen werden. Das Verfahren wird zum Schweißen benutzt und besitzt dabei den großen Vorteil, daß der Wasserstoff eine Schutzatmosphäre bildet, so daß ein Angriff der Schweißfläche durch Oxydation ausgeschlossen ist.

PIETSCH hat in neuerer Zeit die Reaktion zwischen atomarem Wasserstoff und einigen Metallen untersucht, wozu er die schematisch in Abb. 50 gezeichnete Apparatur benutzte[21]. Die zu untersuchenden Metalle wurden in dem auf der rechten Seite des Entladungsrohres gezeichneten Kugelrohr befestigt und so der Einwirkung des atomaren Wasserstoffs ausgesetzt. Es ergab sich, daß sich eine Silberfolie im Verlauf von 2 Std mit einem weißen Film bedeckt. Wenn man dieses Produkt mit Wasser behandelt, so entsteht Silberhydroxyd, und es entwickelt sich ein Gas,

---

[20] Vgl. LANGMUIR: Gen. electr. Rev. 1926, **29**, 153.
[21] PIETSCH: Z. Elektrochem. angew. physik. Chem. 1933, **39**, 577.

das man für Wasserstoff hielt. Gepulvertes Silber ergab bei 250—350° eine weiße Substanz, die wahrscheinlich aus einer Mischung von Silberhydrid und unverändertem Silber bestand und deren Wasserstoffdissoziationsdruck sich von $3{,}5 \cdot 10^{-2}$ mm bei 289° auf 72 mm bei 1173° änderte. Infolge der Reaktion und der Vereinigung der Wasserstoffatome an seiner Oberfläche erhitzt sich das Untersuchungsmetall, doch kann man die Stärke der Erhitzung regeln, wenn man die Entladungsbedingungen, den Druck und damit die Konzentration an Wasserstoffatomen in dem Gasstrom verändert. Kupfer und Gold ergaben ähnliche Resultate wie Silber, die gebildeten Hydride werden jedoch bedeutend leichter durch Hitze zersetzt, so daß man eine geringere Konzentration an atomarem Wasserstoff benutzen muß, um eine Überhitzung des Metalls zu vermeiden. Beryllium wurde ebenfalls angegriffen. Gallium bedeckt sich bei 100—170° mit einem Film des Hydrids, und im Falle des Indiums fand eine Reaktion zwischen dem Element im Dampfzustand und atomarem Wasserstoff statt, bei dem eine blaue Lumineszenz beobachtet wurde und ein weißgraues Hydrid aus dem Gasstrom ausgefroren werden konnte. Dieses Hydrid zersetzt sich beim Erwärmen und scheidet dabei an den Glaswandungen Indium ab. Metallisches Tantal wurde durch atomaren Wasserstoff in eine brüchige Substanz umgewandelt, über der sich ein definierter Wasserstoffdissoziationsdruck ausbildete. Wenn man die Bedeutung dieser präparativen Arbeiten richtig beurteilen will, so muß man bedenken, daß zwar keine definierten Verbindungen abgetrennt und analysiert werden konnten, daß jedoch die Beobachtungen mit kleinen Mengen des Stoffes durchgeführt wurden. Zweifellos kann atomarer Wasserstoff Hydride bilden, welche direkt mit gewöhnlichem Wasserstoff nicht entstehen. Dies ist z. B. beim Silber, Beryllium, Gallium und Indium der Fall. PIETSCH ist der Ansicht, daß die durch atomaren Wasserstoff gebildeten Hydride einen salzartigen Charakter besitzen, jedoch trifft das möglicherweise nicht allgemein zu. So ist beispielsweise beim Tantal die Bildung einer Einlagerungsverbindung ebenso wahrscheinlich.

Aus atomarem Wasserstoff und Quecksilberdampf konnte ebenfalls ein Quecksilberhydrid hergestellt werden[22]. Man leitete Quecksilberdampf durch ein Mantelrohr und vermischte ihn mit einem Wasserstoffstrom, der atomaren Wasserstoff enthielt; die Vermischungsstelle wurde durch flüssige Luft gekühlt. An der gekühlten Oberfläche schied sich ein schwarzer Stoff ab, der sich aber bei —125° bis —100° zu Quecksilber und Wasserstoff zersetzte. Aus der Menge des entwickelten Wasserstoffs und des zurückbleibenden Quecksilbers konnte man schließen, daß die Abscheidung zu 70% aus einem Hydrid HgH und zu 30% aus metallischem Quecksilber bestand.

Verschiedene andere interessante bei niedrigen Temperaturen erfolgende Anlagerungsreaktionen von atomarem Wasserstoff sind beschrieben worden. Diese Anlagerungen verlaufen wahrscheinlich deshalb leichter bei niederer Temperatur, weil dann die kinetische Energie der

[22] GEIB u. HARTECK: Ber. dtsch. chem. Ges. 1932, **65**, 1550.

Reaktionsteilnehmer gering ist. Wasserstoffatome, die man für sich im elektrischen Entladungsrohr herstellt und mit molekularem Sauerstoff mischt, ergeben bei der Temperatur des flüssigen Wasserstoffs eine quantitative Ausbeute an Wasserstoffperoxyd[23]. Dieses Produkt ist jedoch nicht die gewöhnliche Form des Wasserstoffperoxyds; beim Erwärmen auf —80° setzt nämlich eine heftige exotherme Reaktion ein, die von einem teilweisen Zerfall in Wasser und Sauerstoff begleitet wird und gewöhnliches Wasserstoffperoxyd zurückläßt.

Stickoxyd und atomarer Wasserstoff reagieren bei der Temperatur der flüssigen Luft unter Bildung eines explosiven Stoffes der Zusammensetzung $(HNO)_n$[24]. Dieses Produkt scheidet sich bei der Temperatur der flüssigen Luft als hellgelber Niederschlag ab; es konnten 250 mg hergestellt werden, und es scheint sich um dasselbe Produkt zu handeln, das man bei der Einwirkung von atomarem Sauerstoff auf Ammoniak erhält. Bei Temperaturerhöhung färbt sich der Niederschlag weiß, und bei —95° erfolgt eine Umwandlung unter teilweiser Zersetzung in Distickstoffmonoxyd und in Spuren von Wasserstoff und Stickoxyd. Die Substanz wurde analysiert, indem man den Dampf an einer glühenden Platinspirale zersetzte. Es wurde dabei das Verhältnis $H : N : O = 1:1:1$ gefunden. Man nahm an, daß das bei niederer Temperatur beständige Produkt eine Additionsverbindung wäre, die jedoch bei —95° untersalpetrige Säure, $H_2N_2O_2$, und Nitramid, NH_2NO_2, ergab; diese beiden Stoffe konnten auf Grund ihrer qualitativen Reaktionen identifiziert werden. Die Umwandlung bei —95° wurde von einer geringfügigen Zersetzung in die obenerwähnten Produkte begleitet.

Wasserstoffatome reagieren mit Cyanwasserstoff bei niedrigen Temperaturen und bilden einen Stoff mit der Formel H_3CN, der sich beim langsamen Erhitzen zersetzt und dabei Ammoniak, Methylamin und verschiedene Kondensationsprodukte liefert. Schwefeldioxyd bildet ebenfalls eine Additionsverbindung der Zusammensetzung $H_2S_2O_2$, welche bei höherer Temperatur zu SO_2 und H_2S zersetzt wird[25].

Harteck hat ein neues Verfahren zur Darstellung von atomarem Wasserstoff, Sauerstoff und Stickstoff bei Gasdrucken bis zu 20 mm beschrieben[26]. Das Prinzip besteht darin, daß man in der Entladungsapparatur ein Gasgemisch mit einem Neonpartialdruck von 15—20 mm und einem Wasserstoffdruck in der Größe von 0,3 mm zirkulieren läßt. Das Edelgas ermöglicht es, die Entladung bei bedeutend höherem Druck durchzuführen als es sonst möglich wäre, während die Dissoziation des Wasserstoffs in Atome durch den Entladungsvorgang ganz normal verläuft. Der besondere Vorteil des Verfahrens besteht darin, daß es möglich ist, das atomaren Wasserstoff enthaltende Gas durch Flüssigkeiten und Lösungen hindurchzuleiten. Auf diese Weise konnte man

[23] Geib u. Harteck: Ber. dtsch. chem. Ges. 1932, **65**, 1551.
[24] Harteck: Ber. dtsch. chem. Ges. 1933, **66**, 423.
[25] Geib u. Harteck: Trans. Faraday Soc. 1934, **30**, 131.
[26] Harteck: Z. Elektrochem. angew. physik. Chem. 1936, **42**, 536.

zeigen, daß Lösungen von Silbersulfat oder -nitrat zu metallischem Silber reduziert werden. Kupfer(II)-chlorid liefert Kupfer und Salzsäure, Quecksilber(II)-chlorid ergibt Quecksilber(I)-chlorid und Salzsäure, während Wasserstoffperoxyd zu Wasser umgesetzt wird.

Atomarer Sauerstoff.

Atomaren Sauerstoff kann man darstellen, indem man molekularen Sauerstoff bei einem Druck von ungefähr 1 mm durch ein elektrisches Entladungsrohr strömen läßt. Die Apparatur ähnelt der, welche man zur Untersuchung von atomarem Wasserstoff benutzt; das die Entladungszone verlassende Gas besteht aus einem Gemisch von molekularem und atomarem Sauerstoff[27]. Die Vereinigung der Atome wird durch verschiedene Stoffe katalysiert, und Metalle wie Platin können bei der Einwirkung des mit atomarem Sauerstoff beladenen Gases durch die bei der Vereinigung der Atome entstehende Hitze zum Schmelzen gebracht werden. Die Lebensdauer der Atome hängt ab von dem Durchmesser des Rohres, durch welches das Gas strömt, von der Natur der Rohrwände, von der Gegenwart indifferenter Gase und von dem Sauerstoffdruck.

Ein anderes Verfahren zur Darstellung von atomarem Sauerstoff besteht darin, daß man mit einem Licht bestrahlt, dessen Wellenlänge in das Gebiet der kontinuierlichen Absorption des Sauerstoffs fällt, d. h. mit einer Wellenlänge unter 1900 Å. Eine derartige Strahlung erhält man durch eine (kondensierte) Funkenentladung zwischen Aluminiumelektroden in Luft oder durch Verwendung einer neuartigen Xenonentladungslampe[28]. Diese Lampe sendet die Linien des Xenons von 1495 und 1295 Å aus; dieser Wellenlänge entsprechen Energien von 193 bzw. 219 kcal. In beiden Fällen erfolgt eine Dissoziation der Sauerstoffmoleküle in Atome.

Atomarer Sauerstoff entsteht auch mit Sicherheit in einem gewöhnlichen Ozonisierungsapparat als Zwischenprodukt bei der Darstellung von Ozon. Zur Vereinigung zweier Atome zu einem Sauerstoffmolekül und zum Zusammentritt eines Atoms und eines Moleküls zur Bildung von Ozon ist ein Dreierstoß oder die Gegenwart einer festen Oberfläche erforderlich. Nach Untersuchungen von KISTIAKOWSKY[29] sind die einzelnen Moleküle als Partner bei einem derartigen zur Ozonbildung führenden Dreierstoß verschieden stark wirksam, und zwar ergeben sich für die Wirksamkeiten folgende relative Zahlenwerte:

O_2	CO_2	CO	N_2	Ar
1	0,8	0,62	0,28	0,13.

Die Aktivierungsenergie der Reaktion $O + O_2 = O_3$ beträgt nur 4 kcal, somit hat man in der Reaktion von im elektrischen Entladungsrohr hergestellten Sauerstoffatomen mit Sauerstoffmolekülen ein bequemes

[27] HARTECK u. KOPSCH: Z. physik. Chem. 1931, B, 12, 327.
[28] GROTH: Z. Elektrochem. angew. physik. Chem. 1936, 42, 533.
[29] KISTIAKOWSKY: Z. physik. Chem. 1925, 117, 337.

Mittel, um hohe Konzentrationen an Ozon zu erhalten. Beim Arbeiten mit atomarem Sauerstoff im Entladungsrohr kann eine zufällige Bildung von flüssigem Ozon leicht zu schweren Explosionen führen.

Über die Reaktionen mit atomarem Sauerstoff sind umfangreiche Untersuchungen durchgeführt worden[30]. Als Endprodukt bei der Reaktion mit Wasserstoff entsteht, wie man auch erwarten sollte, Wasser, wenn auch in bezug auf den Mechanismus seiner Bildung noch einige Unsicherheit besteht. Schwefelwasserstoff und Schwefelkohlenstoff reagieren unter niederen Drucken beide mit atomarem Sauerstoff, wobei eine blaue Luminescenz auftritt und S, SO_2, SO_3, H_2SO_4, H_2O, CO und CO_2 gebildet werden. Die Reaktion von Sauerstoffatomen mit Kohlenmonoxyd verläuft bei Zimmertemperatur sehr langsam. Chlorwasserstoff und Bromwasserstoff werden unter Bildung der freien Halogene zersetzt. Bei allen Kohlenwasserstoffen erfolgt ein mehr oder weniger langsamer Angriff, wobei die Reaktion von einer Luminescenzerscheinung begleitet ist, deren Spektrum OH-, CH- und manchmal auch CC-Banden zeigt.

Wie beim atomaren Wasserstoff konnten beim Sauerstoff im atomaren Zustand bei tiefen Temperaturen ebenfalls Additionsreaktionen beobachtet werden. So bildet Acetylen einen Stoff, dessen Zusammensetzung sich ungefähr der Formel $C_2H_2O_2$ nähert und der sich bei Temperaturen über —90° zersetzt und dabei hauptsächlich Wasser, Ameisensäure und Glyoxal ergibt. Benzol lagert bei —80° drei Sauerstoffatome je Molekül an, aber der gebildete Stoff zersetzt sich bei höherer Temperatur. Ammoniak reagiert mit Sauerstoffatomen, wobei ein explosives Produkt, wahrscheinlich HNO oder NH_3O, entsteht. Es gibt noch viele Möglichkeiten auf diesem Untersuchungsgebiet. Das Verfahren, dem atomaren Gas Helium mit einem verhältnismäßig hohen Druck als Träger zuzusetzen, in der Weise, wie es für das Arbeiten mit atomarem Wasserstoff beschrieben wurde, erscheint auch im Falle des Sauerstoffs außerordentlich vielversprechend. Dieser Kunstgriff ermöglicht die Untersuchung von Reaktionen zwischen Sauerstoffatomen und Flüssigkeiten.

Atomares Chlor und Brom.

Das Auftreten von freien Chloratomen als Zwischenstufe bei chemischen Reaktionen ist schon jahrelang bekannt, und zwar besonders im Fall der photochemischen Vereinigung von Wasserstoff und Chlor, für die NERNST folgende Kettenreaktion vorgeschlagen hat:

$$\begin{aligned} Cl_2 + h\nu &= Cl + Cl \\ Cl + H_2 &= HCl + H \\ H + Cl_2 &= HCl + Cl \end{aligned}$$

Die Chloratome werden in diesem Fall durch die photochemische Dissoziation des Chlors erzeugt, und in dem Maße, wie die Reaktion vorschreitet, wird eine kleine, aber definierte Konzentration an Atomen im

[30] Vgl. GEIB: Ergebn. exakt. Naturwiss. 1935, 44.

Reaktionsgemisch vorhanden sein. Ähnlich liegt der Fall bei der thermischen Reaktion von Natriumdampf und Chlor, wo man annimmt, daß die Reaktion über die Anfangsstufe:

$$Na + Cl_2 = NaCl + Cl$$

verläuft. Wenn man zu dem Reaktionsgemisch in der Dunkelheit Wasserstoff oder Methan zufügt, so kann man die Bildung von Chlorwasserstoff oder von Methylchlorid schon unterhalb derjenigen Temperatur beobachten, die zur direkten thermischen Chlorierung erforderlich ist, wiederum ein indirekter Beweis für das Vorhandensein von atomarem Chlor. Diese Verfahren sind aber nicht zur Untersuchung der Reaktionen von atomarem Chlor geeignet. Selbst wenn man zur Bestrahlung des Chlors eine Wellenlänge verwendet, durch die das Gas in Atome gespalten wird (d. h. $\lambda\lambda <$ etwa 4785 Å), so findet sehr schnell eine Wiedervereinigung der Atome statt; wenn man nicht gerade sehr geringe Drucke und sehr große Reaktionsgefäße benutzt, ist die Geschwindigkeit der Wiedervereinigung so groß und sind die Atome so unbeständig, daß eine Untersuchung ihrer Reaktionen nicht möglich ist. Bei der Verwendung von niedrigen Drucken wird die Vereinigung durch Dreierstöße in der Gasphase sehr stark herabgesetzt, während man durch die Wahl großer Reaktionsgefäße dafür sorgen kann, daß die Geschwindigkeit der Vereinigung der Chloratome an den Wänden verringert wird.

Die Darstellung von atomarem Chlor bei der elektrischen Entladung wurde zuerst von RODEBUSH und KLINGELHOEFER[31] durchgeführt, die einen Chlorstrom von einem Druck unter 1 mm Hg einer elektrodenlosen Entladung aussetzten. Dabei wurde das katalytische Verhalten verschiedener Stoffe, die die Vereinigung der Chloratome beschleunigen, untersucht; die Untersuchung erfolgte in der Weise, daß man die Kugel eines Thermometers mit den fraglichen Stoffen belegte; man brachte dann das Thermometer in das die Entladungszone verlassende Gas und beobachtete den Temperaturanstieg. Silber und Kupfer erwiesen sich als gute Katalysatoren, wurden aber schnell angegriffen, wobei sich auf ihrer Oberfläche eine Chloridschicht bildete. Nickel und Retortenkohle zeigten ebenfalls gute katalytische Eigenschaften, während an den Oberflächen von Glas, Natriumchlorid, Kaliumchlorid und Platin nur in geringem Maße eine Vereinigung stattfindet. Wenn man im Dunkeln ein Gemisch von molekularem und atomarem Chlor in Wasserstoff bringt, so setzt, wie man beobachten konnte, eine sehr schnelle Reaktion unter Bildung von Chlorwasserstoff ein. Dieser Versuch ergibt eine direkte Bestätigung des NERNSTschen Mechanismus der photochemischen Reaktion von Wasserstoff und Chlor.

SCHWAB und FRIESS[32] benutzten zur Erzeugung von atomarem Chlor eine Glimmentladung in Chlor bei einem Druck von < 1 mm. In derselben Weise wie bei der Darstellung des atomaren Wasserstoffs ließen sie Chlor schnell durch ein Quarzentladungsrohr von 23 mm Weite und

[31] RODEBUSH u. KLINGELHOEFER: J. Amer. chem. Soc. 1933, **55**, 130.
[32] SCHWAB u. FRIES: Z. Elektrochem. angew. physik. Chem. 1933, **39**, 586.

230 cm Länge strömen, das mit wassergekühlten Eisenelektroden versehen war. Nach dem Verlassen der Entladungszone enthielt das Gas eine geringe Konzentration an Chloratomen, die — infolge der Vereinigung der Gasatome an den Rohrwänden — mit steigender Entfernung von der Entladungsstelle abnahm. In der Entladungszone selbst konnte das Linienspektrum des Chlors beobachtet werden, wodurch die Anwesenheit freier Chloratome bewiesen war. Die Strömungsgeschwindigkeit des Chlors durch das Entladungsrohr betrug ungefähr 400 cm/sec und die Zeit, in der die Aktivität des Chlors auf die Hälfte gesunken war, lag in der Größe von $3 \cdot 10^{-3}$ sec. Die relative Konzentration in jedem einzelnen Zeitpunkt konnte ermittelt werden, indem man ein Thermoelement in das Gas einführte und den Temperaturanstieg feststellte.

Die chemischen Reaktionen von atomarem Chlor sind nicht sehr ausführlich untersucht worden. Es hat sich jedoch gezeigt, daß Schwefel und roter Phosphor langsam mit dem aus Chlor und Chloratomen bestehenden Gemisch reagieren. Kupfer und Chromtrioxyd reagierten schneller, und metallisches Zinn wurde sehr heftig angegriffen, wobei ein beträchtlicher Temperaturanstieg erfolgte. Atomares Chlor reagiert auch mit Methan, Chloroform und Kohlenmonoxyd.

Schwab[33] hat unter Verwendung einer ähnlichen Technik, wie sie bei den Untersuchungen mit atomarem Chlor benutzt wurde, Versuche mit atomarem Brom durchgeführt. Das Verfahren bestand darin, daß man einen Strom von Bromdampf bei einem Druck von 0,1 mm durch eine elektrische Entladungszone leitete. Bei der Entladung wurde das Linienspektrum des Broms beobachtet, was darauf hindeutet, daß Bromatome vorhanden sind, deren Menge auf 10—40% des in der Entladungszone vorhandenen Broms geschätzt wird. Eine weitere Untersuchung der Reaktionen des atomaren Broms wurde indessen durch die Tatsache verhindert, daß sich die Bromatome an den Wänden bei jedem Stoß wieder zu Brommolekülen vereinigen. Es war daher unmöglich, das Gas mit den freien Atomen aus der Entladungszone zu entfernen und mit ausreichenden Atomkonzentrationen Versuche in der Art anzustellen, wie sie bei dem atomarem Wasserstoff, Sauerstoff und Chlor durchgeführt wurden.

Andere kurzlebige Radikale.

Das Hydroxylradikal. Eine Reihe anderer freier Radikale läßt sich unter Bedingungen erhalten, bei denen bisher eine ins einzelne gehende Untersuchung über die Eigenschaften der gebildeten Radikale nicht möglich war. Das interessanteste Beispiel ist wohl das Hydroxylradikal, OH; dieses wurde schon lange mit einer Reihe von Emissionsbanden in Zusammenhang gebracht, die in dem bei Entladungen in Wasserdampf beobachteten Spektrum oder in den Flammenspektren von in Luft oder in Sauerstoff brennendem Wasserstoff oder Wasserstoffverbindungen enthalten sind; die stärkste Bande dieses Spektrums liegt

[33] Schwab: Z. physik. Chem. 1934, B, 27, 452.

bei ungefähr 3064 Å. Das Hydroxylradikal entsteht auch bei der thermischen Dissoziation von Wasserdampf oberhalb von 1000°. Bonhoeffer und Reichardt[34] haben im Ultravioletten das Absorptionsspektrum des auf 1000—1600° erhitzten Wasserdampfes gemessen und unter diesen Bedingungen die OH-Banden im Absorptionsspektrum beobachtet. Der Partialdruck des freien Hydroxyls betrug bei ihren Experimenten bei 1600° 8 mm und bei 1150° 0,3 mm Quecksilber.

Die Bildung freier Hydroxylradikale bei der elektrischen Entladung in Wasserdampf, die sich an der Emission von OH-Banden erkennen läßt, wurde von Oldenberg[35] durch Photographieren des Absorptionsspektrums des Gases in einem derartigen Entladungsrohr direkt nach Ausschaltung der elektrischen Entladung bestätigt. Die OH-Radikale konnten durch ihr Absorptionsspektrum bis zu 0,4 sec nach der Unterbrechung der Entladung nachgewiesen werden. Diese Beobachtung zeigt, daß sie eine Lebensdauer haben, die ungefähr der des atomaren Wasserstoffs entspricht, und deutet ferner darauf hin, daß es möglich sein müßte, ihre Reaktionen zu untersuchen, indem man Wasserdampf mit hoher Geschwindigkeit und geringem Druck durch eine elektrische Entladungszone strömen läßt.

Urey und Lavin versuchten, die chemischen Reaktionen freier Hydroxylradikale zu untersuchen, die sie erhielten, indem sie Wasserdampf durch ein Entladungsrohr streichen ließen und dieselbe Technik wie bei der Untersuchung des atomaren Wasserstoffs anwandten[36]. Sie fanden, daß das aus dem Entladungsrohr austretende Gas reaktionsfähiger als atomarer Wasserstoff war, obgleich zweifellos auch Wasserstoffatome vorhanden waren. Beim Vermischen mit Äthylen bildete sich beispielsweise eine Spur von Acetaldehyd. In einer späteren Arbeit wiesen Lavin und Stewart[37] darauf hin, daß ein ungefähr proportionaler Zusammenhang zwischen der Menge des beim Durchtritt des Wasserdampfes durch die Entladungszone gebildeten Wasserstoffperoxyds und der Intensität der OH-Emissionsbanden in der Entladungszone besteht.

Eine der größten Schwierigkeiten bei der Untersuchung des freien Hydroxylradikals liegt darin, daß man es nicht erhalten kann, ohne daß gleichzeitig andere Radikale gebildet werden. Wenn man es aus Wasserdampf darstellt, so ist es mit atomarem Wasserstoff vermischt, und Rodebush[38] zeigte, daß das Hydroxyl, selbst wenn es anfangs frei von anderen Produkten ist, eine Oberflächenreaktion $OH + OH = H_2O + O$ eingehen kann, die zur Bildung von atomarem Sauerstoff führt.

Das freie Iminradikal, NH, liefert charakteristische Emissionsbanden; diese findet man im Spektrum von unter niedrigem Druck in einem elektrischen Entladungsrohr befindlichen Ammoniak oder Stickstoff-

---

[34] Bonhoeffer u. Reichardt: Z. physik. Chem. 1928, **139**, 75.
[35] Oldenberg: J. physic. Chem. 1937, **41**, 293.
[36] Urey u. Lavin: J. Amer. chem. Soc. 1929, **51**, 3290.
[37] Lavin u. Stewart: Proc. Nat. Acad. Sci. USA 1929, **15**, 829.
[38] Rodebush: J. physic. Chem. 1937, **41**, 283.

Wasserstoffgemischen. Die Kenntnis der chemischen Reaktionen dieses Stoffes ist jedoch besonders unvollständig. LAVIN und BATES stellten das Radikal her, indem sie Ammoniak bei geringem Druck durch ein Entladungsrohr hindurchströmen ließen[39]. Wenn man zu dem von der Entladungszone abströmenden Gas Äthylen zusetzt, so entsteht eine gelbe Luminescenz, und es scheidet sich ein weißer, fester Stoff ab, der sich allmählich in ein Öl und dann in eine schwarze, feste Substanz umwandelt. Beim Zusatz von Sauerstoff zu dem Gas tritt eine blaugrüne Luminescenz auf, wobei sich die Bildung von Stickstoffoxyden nachweisen läßt. Wenn man Metallteile in den Gasstrom bringt, so wird der aktive Stoff zerstört; Zink- und Chromoxyd, durch die die Vereinigung von Wasserstoffatomen bewirkt wird, üben jedoch keinen Einfluß auf das aus dem Ammoniak gebildete Gas aus. Daher steht die Aktivität vermutlich nicht mit der Gegenwart von atomarem Wasserstoff in Zusammenhang; vielmehr ist wahrscheinlich das Iminradikal der wirksame Bestandteil. Bei diesem Problem sollte es möglich sein, den vorliegenden experimentellen Beweis zu ergänzen und die Frage nach der Existenz des Iminradikals auf eine sichere Grundlage zu stellen.

Aktiver Stickstoff.

Aktiver Stickstoff wird dargestellt, indem man Stickstoff bei einem Druck unter 1 mm Hg einer Funkenentladung aussetzt; man führt unter Verwendung eines Funkeninduktors eine kondensierte Entladung durch, wobei in den Stromkreis zwischen dem Induktor und der eigentlichen Entladungsstelle eine Funkenstrecke in Serie geschaltet ist. Nach einem anderen Verfahren läßt man auf den Stickstoff eine hochfrequente elektrodenlose Entladung einwirken. Auf jeden Fall zeigt sich, daß beim Abschalten der elektrischen Entladung an der Entladungszone und deren Nähe eine schwache gelbliche Luminescenz eine Zeitlang bestehen bleibt. Wenn man Stickstoff durch das Entladungsrohr leitet, so sendet das Gas nach Passieren der Entladungszone ein gelbes Glimmlicht aus, dessen Beständigkeit vollständig durch die Versuchsbedingungen (Druck, Temperatur, anwesende Fremdgase und Eigenschaften der Gefäßwände) bestimmt ist; in großen, an der Innenseite mit Metaphosphorsäure ausgekleideten Kolben zeigte sich, daß die Strahlung 6 Std oder noch länger erhalten bleibt[40]. Selbstverständlich wird sie gegen Ende dieser Zeit außerordentlich schwach.

Dieser leuchtende Stickstoff erwies sich als ungewöhnlich reaktionsfähig und wurde als aktiver Stickstoff bezeichnet. Es ist jedoch zweifelhaft, ob man diese aktive Form direkt als kurzlebiges freies Radikal bezeichnen kann. Der aktive Stickstoff steht aber durch seine Reaktionsfähigkeit in so naher Beziehung zu Stoffen wie atomarem Wasserstoff oder zu den freien Alkylradikalen, daß seine Besprechung in diesem Zusammenhang unbedingt gerechtfertigt ist. Die ersten systematischen Untersuchungen an aktivem Stickstoff wurden von Lord RAYLEIGH[41]

[39] LAVIN u. BATES: Proc. Nat. Acad. Sci. USA 1930, **16**, 804.
[40] RAYLEIGH: Proc. Roy. Soc. 1935, A, **151**, 567.
[41] RAYLEIGH: Proc. Roy. Soc. 1911, A, **85**, 219.

durchgeführt. Die dabei verwendete Apparatur ist in der untenstehenden Zeichnung abgebildet. Man ließ Stickstoff, den man in dem Kolben *A* durch Erhitzen mit einer flüssigen Kalium-Natriumlegierung *B* auf 300° gereinigt hatte, durch den Sperrhahn *F* in das Entladungsrohr eintreten. Die Wirkung des Sauerstoffzusatzes zu dem Stickstoff konnte durch die feine Kapillare *H* untersucht werden. Die Entladung fand bei *E* zwischen zwei Platinelektroden statt; die chemischen Reaktionen des aktiven Stickstoffs konnten in dem Kolben *J* beobachtet werden, der je nach der Art des vorliegenden Problems geändert und den Verhältnissen angepaßt werden konnte. Das Manometer *G* diente dazu, den Druck in der Apparatur anzuzeigen. Dieser ließ sich durch Änderung der Stellung des Hahnes *F* regulieren.

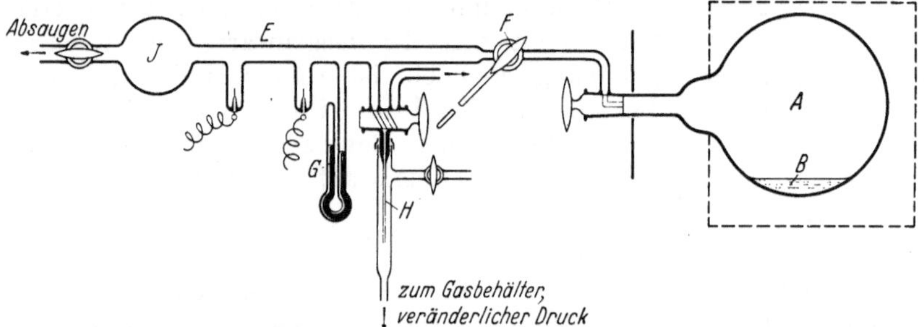

Abb. 51. Apparatur zur Darstellung von aktivem Stickstoff.

Die chemischen Reaktionen des aktiven Stickstoffs wurden größtenteils quantitativ untersucht. Mit gelbem Phosphor bildet sich ein Phosphornitrid neben einer gewissen Menge von rotem Phosphor. Arsen ergab ein Nitrid, das man durch Kochen mit Natriumhydroxyd an der Bildung von Ammoniak nachweisen konnte. Aus Schwefelchlorid, Schwefelwasserstoff oder Schwefelkohlenstoff und aktivem Stickstoff entstand eine blaue feste Substanz, die man für Schwefelstickstoff, $(NS)_x$, hielt. Schwefelkohlenstoff bildete neben dem Schwefelstickstoff einen brauen Stoff, der als polymerisiertes Kohlenstoffmonosulfid aufgefaßt werden kann. Einige Metalle wurden durch aktiven Stickstoff in ihre Nitride umgewandelt; so bildeten Quecksilber, Zink, Cadmium und Natrium sämtlich Nitride, welche qualitativ nachgewiesen werden konnten. Mit Stickoxyd reagierte aktiver Stoff unter Bildung von Stickstoffdioxyd und Stickstoff. Die Absorption von aktivem Stickstoff durch Phosphor wurde von STRUTT (Lord RAYLEIGH) zur Feststellung der Konzentration an aktivem Stickstoff in dem die Entladungszone verlassenden Gas benutzt; dabei ergab sich ein Gehalt von ungefähr 0,5%. Der genaue Wert hängt natürlich von den jeweiligen Bedingungen ab.

WILLEY entdeckte, daß das Leuchten des aktiven Stickstoffs durch Metalle wie Platin, Eisen und Silber katalytisch unterdrückt wird[42]. Bei der Untersuchung der Reaktionen von aktivem Stickstoff mit einigen

---

[42] WILLEY: J. chem. Soc. 1927, 2188.

Gasen fanden WILLEY und RIDEAL, daß Reaktionen stattfinden konnten, deren Zustandekommen ungefähr eine Energie von 50000 cal je Mol erfordert. So wurde beispielsweise Jodwasserstoff leicht zersetzt. Die kritische, zu seiner Zersetzung erforderliche Energiemenge beträgt 45700 cal. Bromwasserstoff (kritische Energie 50000 cal) wurde weniger leicht zersetzt) und Chlorwasserstoff (kritische Energie 90000 cal wurde von aktivem Stickstoff überhaupt nicht angegriffen. Diese Beobachtungen liefern ein Maß für die in dem aktiven Gas verfügbare Energiemenge.

Die Wirksamkeit des aktiven Stickstoffs war nicht nur auf die Möglichkeit des Zustandekommens chemischer Reaktionen beschränkt, sondern führte auch zur Entstehung von Spektren, die auftraten, ohne daß chemische Umwandlungen erfolgten. So ergab beispielsweise der Zusatz von Joddampf eine schöne blaue Luminescenz, während die Dämpfe der Quecksilber- und Zinnhalogenide zur Emission des Bandenspektrums der Moleküle HgCl und SnCl veranlaßt wurden. In diesen Fällen trat keine chemische Reaktion ein. Die Bildung des Nitrides mit Natrium andererseits war von der Anregung des Linienspektrums des Metalls begleitet, und bei vielen Kohlenstoffverbindungen entstanden die Cyanbanden. Andere Stoffe, darunter Wasserstoff und Kohlendioxyd, wirkten lediglich verdünnend und schwächend auf das Leuchten.

Die Darstellung von aktivem Stickstoff wird durch die Anwesenheit von ungefähr 0,1% Verunreinigungen, wie Sauerstoff oder Methan, katalysiert, jedoch ließ sich feststellen, daß das Nachleuchten auch in chemisch reinem Stickstoff erfolgte[43]. Das von dem aktiven Stickstoff herrührende Leuchten kann durch Erhitzen auf 300° zerstört werden. Es hat sich gezeigt, daß aktiver Stickstoff den elektrischen Strom leitet, d. h., daß er Ionen enthält. Dies hat sich jedoch als ein Sekundäreffekt erwiesen, der durch das Einführen von Elektroden in den Gasstrom hervorgerufen wird, und es ist ziemlich sicher, daß geladene Teilchen bei den chemischen Reaktionen des aktiven Gases keine Rolle spielen[44].

Die Natur des aktiven Stickstoffs war Gegenstand einer ausführlichen Diskussion. Das gelbe Leuchten zeigt ein Bandenspektrum, das aus einem Teil der in der ersten positiven Gruppe des Stickstoffs auftretenden Banden besteht. Die Intensität der Banden im roten, gelben und grünen Gebiet ist beträchtlich verstärkt. Dieses Spektrum rührt von einer Lichtemission durch angeregte Stickstoffmoleküle her.

STRUTT nahm an, daß das Leuchten durch die Abgabe der bei der Wiedervereinigung zweier Stickstoffatome in bimolekularer Reaktion freiwerdenden Energie verursacht würde[45]. SPONER[46] war späterhin der Ansicht, daß die Leuchtwirkung durch die chemiluminescente Vereinigung zweier Stickstoffatome in Gegenwart eines Stickstoffmoleküls hervorgerufen wird, also:

$$N + N + N_2 = N_2 + N_2^* \text{ } (\rightarrow \text{Strahlung}).$$

---

[43] BAKER u. STRUTT: Ber. dtsch. chem. Ges. 1914, **47**, 2283.
[44] WILLEY u. SPRINGFELLOW: J. chem. Soc. 1932, 142.
[45] STRUTT: Proc. Roy. Soc. 1912, A, **86**, 263.
[46] SPONER: Z. Physik 1925, **34**, 622.

Das Molekül N_2^* ist das energiereiche Molekül, welche die Strahlung aussendet. Diese Deutung sieht man auch jetzt noch im wesentlichen als richtig an. Allerdings muß die SPONERsche Theorie wegen der Tatsache, daß die bei der Wiedervereinigung der Stickstoffatome freiwerdende Energie nicht zur Erklärung einiger wesentlicher Erscheinungen im Spektrum des Nachleuchtens ausreicht, eine gewisse Änderung erfahren[47].

Wenn man den gegenwärtigen Stand des sich dem Chemiker durch den aktiven Stickstoff darbietenden Problems zusammenfaßt, so muß man zugeben, daß die Frage nach dem Zustandekommen der Luminescenz nicht ausreichend geklärt ist. Die systematischen Untersuchungen der Reaktionen des aktiven Gases sind noch sehr unvollständig. Die vorliegenden Erkenntnisse beruhen weitgehend auf qualitativer Grundlage; über die Natur des aktiven Stickstoffs besteht noch keine endgültige Klarheit; wahrscheinlich enthält jedoch das chemisch reaktionsfähige Gas metastabile Stickstoffatome und ebenso metastabile, energiereiche Moleküle. Der größte Teil der Ergebnisse spricht gegen die Annahme eines aktivierten Moleküls N_3, das dem Ozon entsprechen würde. WILLEY[48] hat gezeigt, daß Stickstoff aktive Eigenschaften besitzen kann und trotzdem kein sichtbares Leuchten zu zeigen braucht, eine Tatsache, die vermuten läßt, daß die Luminescenz des aktiven Stickstoffs eine Sekundärerscheinung ist, die von der hohen, ihm durch die elektrische Entladung erteilten Energie herrührt.

Zehntes Kapitel.

Nichtmetalloxyde und verwandte Verbindungen.

Oxyde und Sauerstoffsäuren des Bors.

Außer der gut und allgemein bekannten Verbindung Bortrioxyd und den sich von ihr ableitenden Säuren sind verschiedene Suboxyde und -säuren des Bors beschrieben worden, die sämtlich reduzierende Eigenschaften besitzen. So entsteht bei der Reaktion zwischen Bor und Zirkondioxyd bei 1800° ein unbeständiges Oxyd mit der Bruttoformel BO[1]. Diese Verbindung gehört wahrscheinlich zu dem gleichen Typ, wie das bei hoher Temperatur durch Reduktion von SiO_2 gebildete Oxyd SiO[2]; in beiden Fällen ist jedoch die Chemie der Verbindungen nicht im einzelnen untersucht worden.

Auch zwei weitere Suboxyde, B_2O_2 und B_4O_5, sind beschrieben worden[3], ohne daß sie allerdings genau charakterisiert sind. Beide kann

---

[47] Eine ausführliche Besprechung der physikalischen Grundlagen dieses Gebietes findet man bei E. J. B. WILLEY: Collisions of the Second Kind. Their Role in Physics and Chemistry. Edward Arnold 1937.

[48] WILLEY: J. chem. Soc. 1927, 2831.

[1] ZINTL, MORAWIETZ u. GASTINGER: Z. anorg. allg. Chem. 1940, **245**, 8.

[2] ZINTL: Z. anorg. allg. Chem. 1940, **245**, 1.

[3] TRAVERS u. RAY: Proc. Roy. Soc. 1913, **87**, 163. — RAY: J. chem. Soc. 1914, 2162; 1918, 803; 1922, 1088. — RAY: Quart. J. Indian. Chem. Soc. 1924, **1**, 125. S. a. WIBERG: Z. anorg. allg. Chem. 1930, **191**, 49. — STOCK: Hydrides of Boron and Silicon 1933.

man als Derivate der Hydrolysenprodukte des Magnesiumborids, Mg_3B_2, auffassen, bei dessen Hydrolyse mit Wasser unter Wasserstoffentwicklung zwei saure Stoffe entstehen. Die eine Verbindung, $H_{12}B_4O_6$, wurde in Form ihres Ammoniumsalzes, $(NH_4)_2B_4H_{10}O_6$, isoliert und ergibt beim Erhitzen zunächst $H_2B_4O_6$ und dann B_4O_5. Die zweite, die man als Kaliumsalz, $K_2B_2H_4O_2$, erhalten hat, liefert B_2O_2. Die Existenz dieser beiden Suboxyde ist noch nicht vollständig sichergestellt, wenn auch kein Zweifel daran besteht, daß sowohl bei der Hydrolyse von Magnesiumborid als auch bei der Reaktion von Borwasserstoffen mit Wasser oder Alkali Verbindungen mit reduzierenden Eigenschaften entstehen. Stock beschreibt beispielsweise ein Kaliumhypoborat, $K_2B_2H_6O_2$, das er bei der Reaktion von B_4H_{10} mit KOH erhielt:

$$B_4H_{10} + 4\,KOH = 2\,K_2B_2H_6O_2 + H_2 .$$

Ebenso sind die entsprechenden Natrium-, Rubidium- und Caesiumsalze dargestellt worden; zu der gleichen Verbindung gelangt man auch durch Reaktion von Diboran mit festem oder wäßrigem Alkali. Die Salze dieses Typs besitzen ein stark ausgeprägtes Reduktionsvermögen.

Bei der Hydrolyse des Borsubchlorids, B_2Cl_4, entsteht, ohne daß Wasserstoff entwickelt wird, eine Lösung mit reduzierenden Eigenschaften, die der Säure $B_2(OH)_4$ zugeschrieben werden[4]. Der Methylester der Verbindung, $B_2(OCH_3)_4$, wurde durch Behandeln der Chlorverbindung $B(OCH_3)_2Cl$ mit Natriumamalgam erhalten; bei der Hydrolyse entsteht die freie Säure und ein weißer fester Stoff, der in Wasser löslich ist.

Kohlensuboxyd.

Kohlensuboxyd, C_3O_2, ist bei Zimmertemperatur ein Gas. Sein Siedepunkt liegt bei 6° und sein Schmelzpunkt bei —111,3°. Es besitzt einen stechenden Geruch und ist giftig. In einigen älteren Arbeiten wurde die Darstellung eines Stoffes beschrieben, den die einzelnen Verfasser für Suboxyde des Kohlenstoffs hielten[5]; die Verbindung C_3O_2 konnte jedoch erstmalig von Diels und Wolf[6] identifiziert werden; diese erhielten das Oxyd durch Erhitzen eines Gemisches von Diäthylmalonsäureester mit einem großen Überschuß von Phosphorpentoxyd auf 300°.

$$CH_2(COOC_2H_5)_2 = C_3O_2 + 2\,H_2O + 2\,C_2H_4 .$$

Das Suboxyd bildet sich auch, wenn man andere Ester der Malonsäure oder Malonsäure selbst mit Phosphorpentoxyd erhitzt; es läßt sich durch fraktionierte Destillation leicht in reinem Zustand darstellen. Gewöhnlich erhält man geringe Ausbeuten, was, wenigstens zum größten Teil, durch die Leichtigkeit bedingt ist, mit der sich das Oxyd beim Erhitzen polymerisiert. Außerdem stehen noch verschiedene andere Verfahren zur Darstellung des Suboxyds zur Verfügung[7]. Bei der thermischen Zersetzung von Diacetylweinsäureanhydrid ergibt sich eine

[4] Stock, Brandt u. Fischer: Ber. dtsch. chem. Ges. 1925, 58, 643.
[5] Vgl. Reyerson u. Kobe: Chem. Reviews 1930, 7, 479.
[6] Diels u. Wolf: Ber. dtsch. chem. Ges. 1906, 39, 689.
[7] Reyerson u. Kobe: Chem. Reviews 1930, 7, 479.

mäßige Ausbeute, während nach vorliegenden Berichten Kohlenmonoxyd im Ozonisierungsapparat in das Suboxyd und in Kohlendioxyd zersetzt wird[8].

$$4\,CO = C_3O_2 + CO_2.$$

Beim Erhitzen von Kohlensuboxyd ergeben sich zwei Reaktionen, von denen die erste eine Polymerisation und die zweite einen Zersetzungsvorgang darstellen. Die Zersetzungsreaktion verläuft bei 200° nach der Gleichung

$$C_3O_2 = CO_2 + C_2.$$

Die Anfangsprodukte dieser Reaktion sind Kohlendioxyd und eine gasförmige Substanz, die KLEMENC, WECHSBERG und WAGNER als *Dicarbon* bezeichneten[9]. Das Absorptionsspektrum des bei 200° zersetzten Kohlensuboxyds wurde photographiert, wobei man die Swan-Banden des Kohlenstoffs beobachtete. Diese Banden in einem Absorptionsspektrum rühren bestimmt davon her, daß das Molekül C_2 in der Gasphase Licht absorbiert. Ein weiterer Beweis für die oben angegebene Art des Zerfalls des Suboxyds besteht darin, daß bei der Zersetzung des Suboxyds — Sauerstoffausschluß vorausgesetzt — Kohlendioxyd, aber nicht Kohlenmonoxyd gebildet wird. Weiterhin entsteht in den erhitzten Gefäßen, in denen die Zersetzung erfolgt, eine feste Abscheidung von Graphit.

Wenn es bei Zimmertemperatur in trocknen Glasapparaturen aufbewahrt wird, ist gasförmiges Kohlensuboxyd verhältnismäßig beständig. Beim Erhitzen polymerisiert es jedoch schnell, und durch die Gegenwart der polymeren Form wird die Polymerisation bei Zimmertemperatur katalysiert. Flüssiges Kohlensuboxyd polymerisiert leicht zu einem dunkelroten wasserlöslichen festen Produkt[10]. Wenn man dieses Polymere auf 37° erhitzt, so verliert es Kohlendioxyd und bildet einen festen Stoff, der nur teilweise in Wasser löslich ist. In diesem Zusammenhang sei erwähnt, daß Kohlensubsulfid, das Schwefelanaloge des Suboxyds, das man beim Durchleiten von Schwefelkohlenstoff durch ein auf 600° erhitztes Glasrohr erhält, beim Erwärmen auf 120° ebenfalls zu einem festen Stoff polymerisiert.

Die chemischen Reaktionen des gasförmigen Kohlensuboxyds sind von außerordentlich großem Interesse. So explodiert das Oxyd, wenn es mit Sauerstoff vermischt und angezündet wird; bei dieser Reaktion entsteht Kohlendioxyd. Die Einwirkung von kaltem Wasser führt zu Malonsäure, und mit Ammoniak wird Malonamid, $CH_2(CONH_2)_2$, gebildet. Mit trocknem Chlorwasserstoffgas entsteht Malonylchlorid:

$$C_3O_2 + 2\,HCl = CH_2(COCl)_2.$$

Außerdem sind die Reaktionen des Kohlensuboxyds mit zahlreichen organischen Verbindungen untersucht worden.

Über die Konstitution dieses Oxyds kann kaum ein Zweifel bestehen. Seine Dampfdichte und sein Molekulargewicht stimmen mit der Formel

---

[8] OTT: Ber. dtsch. chem. Ges. 1925, 58, 772.

[9] KLEMENC, WECHSBERG u. WAGNER: Z. physik. Chem. 1934, A, 170, 97.

[10] DIELS u. WOLF: Ber. dtsch. chem. Ges. 1906, 39, 689.

C_3O_2 überein. In der letzten Zeit sind die Bindungslängen im gasförmigen Zustand durch Elektronenbeugungsmessungen untersucht worden, wobei sich ergab, daß die C—O- und C—C-Abstände 1,18 bis 1,20 bzw. 1,27—1,30 Å betragen[11]. Das Molekül ist linear (O=C=C=C=O), wenn aber die Bindungen gewöhnliche Doppelbindungen wären, so würden die Abstände 1,28 bzw. 1,33 Å betragen. Diese Unstimmigkeit wird durch die Annahme eines Resonanzvorganges in dem Molekül des Suboxyds erklärt.

Pentakohlenstoffdioxyd, C_5O_2, das sich nach KLEMENC und WAGNER[12] in geringer Ausbeute als sekundäres Polymerisationsprodukt von C_3O_2 bei 200° bildet, ist eine verhältnismäßig beständige Verbindung. Ihr Siedepunkt ist zu 105 ± 3° angegeben. DIELS[13] hat die Existenz dieses Oxyds bestritten, auch von anderen Forschern konnte es nicht bestätigt werden. Merkwürdigerweise wurde von KLEMENC und WAGNER die Bildung des Pentakohlenstoffdioxyds nur beobachtet, wenn sie von einem Kohlensuboxyd ausgingen, das durch Zersetzung von Malonsäure dargestellt war: Über zweihundert Versuche, die mit einem aus Diacetylweinsäure gewonnenen Kohlensuboxyd durchgeführt wurden, lieferten keine Spur von Pentakohlenstoffdioxyd. Dadurch könnte man zu der Vermutung kommen, daß es sich bei dem angeblichen neuen Oxyd um eine Verunreinigung handelt, die bei der Darstellung des Suboxyds entsteht; es ist im Augenblick nicht möglich, eine endgültige Entscheidung hierüber zu treffen.

Die Oxyde des Stickstoffs.

Die bis zur Zeit bekannten Oxyde und Sauerstoffsäure des Stickstoffs besitzen folgende Formeln:

N_2O	$H_2N_2O_2$	Untersalpetrige Säure
NO		
N_2O_3	HNO_2	Salpetrige Säure
$NO_2(N_2O_4)$		
N_2O_5	HNO_3	Salpetersäure
NO_3	HNO_4	Peroxysalpetersäure

Distickstoffmonoxyd, Stickoxydul, besitzt ein lineares Molekül[14]. Auf Grund des Bindungsabstandes in dem Molekül schließt man auf eine Resonanz zwischen den beiden Strukturen $^{-}\!:\!N\!=\!\overset{+}{N}\!=\!\ddot{O}\!:$ und $:\!N\!\equiv\!\overset{+}{N}\!-\!\underset{..}{\ddot{O}}\!:^{-}$. Das Oxyd entsteht zwar durch Zersetzung der untersalpetrigen Säure, kann aber nicht in dem Sinne als dessen Säureanhydrid gelten, daß sich bei seiner Behandlung mit Wasser die Säure oder ihre Salze bilden.

[11] BOERSCH: Mh. Chem. 1935, **65**, 311. — PAULING u. BROCKWAY: Proc. Nat. Acad. Sci. USA 1933, **19**, 860. Siehe auch THOMPSON u. HEALEY: Proc. Roy. Soc. 1936, **157**, 331. — THOMPSON: Trans. Faraday Soc. 1941, **37**, 249. — LORD u. WRIGHT: J. chem. Physics 1937, **5**, 642.
[12] KLEMENC u. WAGNER: Ber. dtsch. chem. Ges. 1937, **70**, 1880.
[13] DIELS: Ber. dtsch. chem. Ges. 1938, **71**, 1197.
[14] SCHOMAKER u. SPURR: J. Amer. chem. Soc. 1942, **64**, 1184.

Stickstoffmonoxyd. Das Molekül besitzt eine ungerade Zahl von Elektronen und ist paramagnetisch. Der interatomare N—O-Abstand beträgt 1,14 Å, liegt also zahlenmäßig zwischen den Strukturen $N{=}O$ (1,18 Å) und $N{\equiv}O$ (1,06 Å). Die Struktur der Verbindung kann als $:N\overset{\cdot}{\equiv}O:$ oder als Resonanzzwitter zwischen den Formen $^{+}{:}\dot{N}{-}\ddot{O}{:}^{-}$, $:\dot{N}{=}\ddot{O}:$ und $^{-}{:}\ddot{N}{=}\dot{O}{:}^{+}$ dargestellt werden. In chemischer Hinsicht besitzt das Oxyd einen ungesättigten Charakter, wie man an der Bildung der Nitrosylhalogenide (z. B. $NOCl$) erkennt; diese werden als kovalent aufgefaßt. Das ungeradzahlige Elektron kann auf der anderen Seite auch unter Bildung des Nitrosyl- oder „Nitrosonium"-Kations $(NO)^{+}$ abgegeben werden. Es sind verschiedene Nitrosylsalze bekannt, z. B. $NOClO_4$ und $NOBF_4$ (die mit NH_4ClO_4 und NH_4BF_4 isomorph sind) sowie $NOHSO_4$ (Bleikammerkristalle)[15]. Bei der Koordination von Nitrosylgruppen in Komplexen (z. B. in den Nitrosylcarbonylen) werden drei Elektronen an das Zentralmetallatom abgegeben (s. S. 412).

Distickstofftrioxyd, Stickstoffsesquioxyd, N_2O_3. Die Verbindung existiert wahrscheinlich nur im festen Zustand. Das Produkt, das man durch gemeinsames Kondensieren und Verfestigen einer äquimolekularen Mischung von NO und NO_2 erhält, besitzt bei —103° einen scharf definierten Schmelzpunkt. Die Farbe der Schmelze ändert sich mit steigender Temperatur von blau nach grün, was, wie man annimmt, auf einer zunehmenden Dissoziation in NO und NO_2 beruht. Im Dampfzustand ist das Molekül fast vollständig dissoziiert[16]. Die Struktur des N_2O_3 ist durch physikalische Methoden nicht aufgeklärt. Chemisch verhält sich die Verbindung als Säureanhydrid und gibt mit Wasser die unbeständige salpetrige Säure und mit Alkalien Nitrite. Wahrscheinlich kommt ihr die Struktur $O{=}N{-}O{-}N{=}O$ zu. Wenn man NO_2 mit dem Isotop ^{15}N anreichert und es mit NO mischt, dessen Stickstoff das normale Isotopenverhältnis aufweist, so findet ein schneller Austausch statt, der durch die beiden Dissoziationsmöglichkeiten der unten angegebenen symmetrischen Struktur erklärt wird[17]:

$$^{14}NO + {}^{15}NO_2 \rightleftharpoons O{-}{}^{14}N{-}O{-}{}^{15}N{-}O \rightleftharpoons {}^{14}NO_2 + {}^{15}NO\,.$$

Stickstoffdioxyd. Obgleich dieses Oxyd sehr gut bekannt ist, ist seine Struktur erstaunlicherweise noch nicht mit Sicherheit aufgeklärt. Die monomere Form NO_2, ein Molekül mit ungeradzahligen Elektronen, ist paramagnetisch. Bei Abgabe eines Elektrons entsteht das Nitroniumion, $NO_2{}^{+}$, das man in der konzentrierten salpetrigen Säure, in verschiedenen gut definierten kristallinen Salzen (z. B. NO_2ClO_4, NO_2PF^6, $(NO_2)_2SnF_6$, NO_2AuF_4)[18] und auch im festen Distickstoffpentoxyd ($NO_2{}^{+}NO_3$, s. unten) antrifft. Das NO_2-Molekül ist nicht linear. Nach spektroskopischen Messungen liegt sein Valenzwinkel bei 110—120°[19],

---

[15] Klinkenberg: Rec. Trav. Chim. Pays Bas 1937, **56**, 749.
[16] Purcell u. Cheesman: J. chem. Soc. 1932, 826.
[17] Liefer: J. chem. Physics 1940, 8, 301.
[18] Woolf u. Emeléus: J. chem. Soc. 1950, 1050.
[19] Sutherland u. Penney: Nature 1935, **136**, 146.

während Elektronenbeugungsmessungen einen Wert von 132 ± 2° mit einem N—O-Abstand von 1,20 Å[20] ergeben (die theoretischen Werte für N—O liegen bei 1,36 und für N=O bei 1,15 Å). PAULING hat die Struktur als Resonanz zwischen den unten angegebenen Formen a und b wiedergegeben.

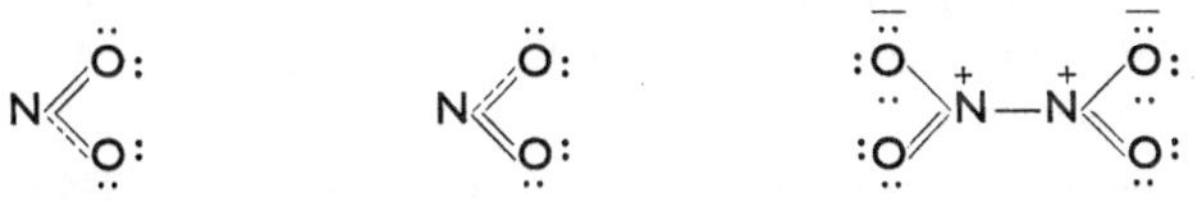

a b c

Aus Röntgenuntersuchungen der festen Verbindung und aus spektroskopischen Messungen wurde die Struktur (c) für die dimere Verbindung, N_2O_4, abgeleitet[21], wobei allerdings auch eine Struktur, bei der zwei Sauerstoffatome die Stickstoffatome brückenartig verbinden, nicht ausgeschlossen ist. Chemisch gesehen, verhält sich Stickstoffdioxyd als gemischtes Anhydrid der salpetrigen und Salpetersäure.

Distickstoffpentoxyd, das als weißer kristalliner Stoff durch Destillation von Salpetersäure mit Phosphorpentoxyd gewonnen wird, verhält sich chemisch als Anhydrid der Salpetersäure. Im festen Zustand wurden im Gitter die Ionen NO_2^+ und NO_3^- mit N—O-Abständen von 1,15 bzw. 1,24 Å für das Kation bzw. Anion gefunden[22]. In der Dampfphase nimmt man die Struktur $O_2N—O—NO_2$ an, doch ist der N—O—N-Valenzwinkel noch nicht klar. Das feste Oxyd sublimiert leicht ohne zu schmelzen. Die in der Dampfphase erfolgende Dissoziation in NO_2 und O_2 ist als klassisches Beispiel einer monomolekularen Reaktion bekannt.

Stickstofftrioxyd wurde von SCHWARZ und ACHENBACH[23] als weißer fester Stoff beschrieben, der oberhalb —140° in NO_2 und O_2 zerfällt. Sie erhielten es, indem sie NO_2 und O_2 im Verhältnis 1:20 bei einem Druck von 1 mm durch ein U-förmiges Entladungsrohr leiteten, dessen unterer Teil mit flüssiger Luft gekühlt wurde. Diese Arbeit wurde jedoch von KLEMENC und NEUMANN[24] einer Kritik unterworfen, so daß jetzt gewisse Zweifel bestehen, ob die Verbindung tatsächlich unter diesen Bedingungen entsteht. Einige Forscher haben in den Absorptionsspektren von Mischungen von Ozon mit NO_2 oder N_2O_5 einige neue Banden festgestellt. LOWRY und Mitarbeiter[25] fanden beispielsweise, daß beim Mischen eines kleinen Anteils von Stickstoffpentoxyd mit einer

---

[20] MAXWELL u. MOSLEY: J. chem. Physics 1940, 8, 738. — CLAESSON, DONOHUE u. SCHOMAKER: J. chem. Physics 1948, **16**, 207.

[21] HENDRICKS: Z. Physik 1931, **70**, 699. — SUTHERLAND: Proc. Roy. Soc. 1933, **141**, 342.

[22] GRISON, ERIKS u. DE VRIES: Acta Cryst. 1950, **3**, 290.

[23] SCHWARZ u. ACHENBACH: Ber. dtsch. chem. Ges. 1935, **68**, 343.

[24] KLEMENC u. NEUMANN: Z. anorg. allg. Chem. 1937, **232**, 216.

[25] LEMON u. LOWRY: J. chem. Soc. 1936, 1409. — LOWRY u. SEDDON: J. chem. Soc. 1937, 1461; 1938, 626. — Siehe auch WARBURG u. LEITHÄUSER: Ann. Phys. 1906, **20**, 743; 1907, **23**, 209. — SCHUMACHER u. SPRENGER: Z. physikal. Chem. 1928, **136**, 77; 1929, **140**, 281; 1929, B, **2**, 267. — SPRENGER: Z. Elektrochem. 1931, **37**, 674.

kleinen Menge Ozon ein blaues Gas entsteht, das sich bei 100° unter Lumineszenzerscheinungen zersetzt. Sehr wahrscheinlich wird unter diesen Bedingungen in der Gasphase NO_3 gebildet, das aber sehr unbeständig ist. Die Lösung des Gases in Wasser zeigt stark oxydierende Eigenschaften, die nicht durch eine Wasserstoffperoxydbildung bedingt sind. Man kann also zu der Schlußfolgerung kommen, daß das Oxyd NO_3 keine Peroxydbindungen enthält und nicht das Anhydrid der Peroxysalpetersäure ist.

Untersalpetrige Säure. Für die Darstellung dieser Säure gibt es verschiedene Verfahren. So kann man beispielsweise Natriumnitrit mit Natriumamalgam reduzieren; auf diese Weise erhält man das Pentahydrat $Na_2N_2O_2 \cdot 5\,H_2O$, das sich im Vakuum entwässern läßt; die dabei verlaufende Hauptreaktion kann folgendermaßen formuliert werden:

$$2\,NO_2^- + 4\,Na + 2\,H_2O = N_2O_2^{--} + 4\,Na^+ + 4\,OH^-.$$

Die freie Säure erhält man als weißes kristallines Pulver, wenn man die durch Zersetzung des Silbersalzes mit ätherischem Chlorwasserstoff erhaltene Lösung eindampft:

$$Ag_2N_2O_2 + 2\,HCl\ (\text{in Äther}) = 2\,AgCl + H_2N_2O_2\ (\text{in Äther}).$$

Die Verbindung zersetzt sich beim Aufbewahren oder beim Erhitzen und bildet Stickstoff, verschiedene Stickstoffoxyde und Wasser. Sie löst sich in Wasser, wobei salpetrige Säure entsteht. Die Salze der untersalpetrigen Säure sind beständiger und wirken — ebenso wie die freie Säure selbst — stark reduzierend.

Die untersalpetrige Säure ist eine schwache zweibasische Säure; die Werte für ihre erste und zweite Dissoziationskonstante bei 25° liegen bei $k_1 = 9 \cdot 10^{-8}$ bzw. $k_2 = 1{,}0 \cdot 10^{-11}$ [26]. Es wurden sowohl saure als auch normale Salze hergestellt. Die Molekulargewichte der Ester (z. B. $(C_2H_5)_2N_2O_5$) entsprechen der doppelten Formel; das Molekül läßt sich als H—O—N=N—O—H formulieren, wahrscheinlich ist es jedoch nicht linear und befinden sich die OH-Gruppen in trans-Stellung, da die Ester in Lösung ein sehr kleines Moment zeigen[27].

Nitrohydroxylaminsäure. Die zweibasische Säure, $H_2N_2O_3$, kennt man nur in Form ihrer Salze. Das Natriumsalz wurde beispielsweise im Jahre 1896 von ANGELI[28] durch Einwirkung von Hydroxylaminchlorhydrat auf Natriumäthylat und Äthylnitrat in alkoholischer Lösung dargestellt. Auch Salze anderer Metalle sind bekannt. Sie werden alle leicht oxydiert und liefern beim Ansäuern Stickoxyd. Das theoretische Anhydrid der Säure wäre N_2O_2, doch steht sie in Wirklichkeit in keinem Zusammenhang mit irgendeinem Stickstoffoxyd; auch ihre Struktur ist noch unbekannt.

Salpetrige Säure. Die salpetrige Säure kommt nur in Lösung vor, und auch dann wandelt sie sich leicht in Salpetersäure und Stickoxyd um. Einen direkten Beweis für die Strukturformel der Verbindung

---

[26] LATIMER u. ZIMMERMANN: J. Amer. chem. Soc. 1939, **61**, 1550.
[27] HUNTER u. PARTINGTON: J. chem. Soc. 1933, 309.
[28] ANGELI: Gazzetta 1896, **26**, II, 17.

gibt es nicht; ihr chemisches Verhalten — insbesondere die Bildung von Nitro- (A—NO_2) und Nitrito- (A—O—N=O) Derivaten — deuten darauf hin, daß ein tautomares Gleichgewicht zwischen den Formen a und b vorliegt. Das Nitrition besitzt eine dreieckige Struktur.

H—O—N=O (a)

O←N(H)=O (b)

Abb. 52 a—c.

Salpetersäure. Elektronenbeugungsmessungen[29] haben für das Molekül der Salpetersäure im Dampfzustand eine ebene Konfiguration mit den in dem Strukturbild c wiedergegebenen Abmessungen ergeben. Das Nitration besitzt ebenfalls eine ebene, den Borat- und Karbonationen entsprechende Struktur, im Gegensatz zu den Sulfit- und Chlorationen, die eine pyramidenförmige Struktur aufweisen.

Reine Salpetersäure ionisiert nach folgender Gleichung:

$$2\,HNO_3 \rightleftharpoons H_2NO_3^+ + NO_3^-$$

(vgl. S. 491), wobei aber das $H_2NO_3^+$-Ion die Neigung zeigt, folgendermaßen zu dissoziieren:

$$H_2NO_3^+ \rightleftharpoons NO_2^+ + H_2O\,.$$

Es liegen deutliche Beweise dafür vor, daß die nitrierende Wirkung von Gemischen aus Salpeter- und Schwefelsäure durch das Nitroniumkation, $(NO_2)^+$, bedingt ist[30].

Oxyde und Sauerstoffsäuren des Phosphors[31].

In der folgenden Zusammenstellung sind die Formeln der Oxyde des Phosphors und die wichtigsten Sauerstoffsäuren (mit Ausnahme der an anderer Stelle beschriebenen Peroxysäuren H_3PO_5 und $H_4P_2O_8$) aufgeführt!

Tabelle 1.

Oxyde	Sauerstoffsäuren	
(P_4O)		
(P_2O)	H_3PO_2 . .	Unterphosphorige Säure
P_4O_6	H_3PO_3 . .	Phosphorige Säure
$(PO_2)_n$	$H_4P_2O_6$ . .	Unterphosphorsäure
P_2O_5	H_3PO_4 .	Orthophosphorsäure
	HPO_3 . .	Metaphosphorsäure
(P_2O_6)	$H_4P_2O_7$.	Pyrophosphorsäure

Die Existenz der beiden ersten Oxyde (P_4O und P_2O), von denen man früher annahm, daß sie bei der langsamen Oxydation von Phosphor in ätherischer Lösung entstünden, gilt jetzt als sehr ungewiß. Die beiden Oxyde P_4O_6 und P_4O_{10}, die bei der langsamen bzw. freien Verbrennung

[29] Maxwell u. Mosley: J. chem. Physics 1940, 8, 738.
[30] Goddard, Hughes u. Ingold: Nature 1946, 158, 480.
[31] Eine Besprechung der Polyphosphorsäure findet man auf S. 212.

von Phosphor entstehen, sind die Anhydride der beiden Hauptreihen der Sauerstoffsäuren des Phosphors. Wie unten gezeigt wird, sind sie strukturell mit dem tetraedrischen P_4-Molekül verwandt. Im P_4O_6-Molekül werden je zwei Phosphoratome durch ein Sauerstoffatom brückenförmig verbunden, im P_4O_{10} ist dann zusätzlich noch ein Sauerstoffatom an jedes Phosphoratom gebunden[32]. Diese Erkenntnisse wurden durch Elektronenbeugungsmessungen im Dampfzustand gewonnen. Schwefel reagiert mit P_4O_6 unter Bildung von $P_4O_6S_4$, das strukturell dem P_4O_{10} entspricht, wobei die vier zusätzlichen Sauerstoffatome durch Schwefel ersetzt sind.

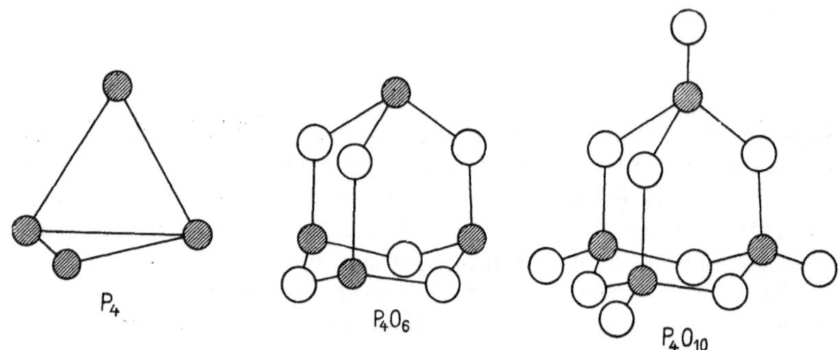

Abb. 53. Molekularstruktur von P_4, P_4O_6 und P_4O_{10} nach Elektronenbeugungsmessungen.

Das Oxyd $(PO_2)_n$ entsteht als wohldefinierte hochkristalline (offenbar kubische) Verbindung, wenn man P_4O_6 in einem zugeschmolzenen Rohr auf 200—250° erhitzt. Die Dampfdichte ist nicht bestimmt, und die Struktur der Verbindung ist nicht bekannt. Das Oxyd reagiert mit Wasser; dabei entsteht etwas Phosphorwasserstoff und ein Gemisch von Metaphosphorsäure und phosphoriger Säure:

$$2\,PO_2 + 2\,H_2O = H_3PO_3 + HPO_3\,.$$

Phosphortrioxyd, PO_3, wurde dargestellt, indem man ein Gemisch von Phosphorpentoxyd und Sauerstoff bei einem Druck von etwa 1 mm durch ein mit Eis gekühltes Entladungsrohr leitete[33]. An den gekühlten Wandungen des Rohres schied sich dabei ein blauviolettes Produkt ab, das als Gemisch von Phosphorpentoxyd und PO_3 identifiziert werden konnte. Die wäßrige Lösung wirkt stark oxydierend; für die Verbindung wurde die allerdings nicht bewiesene Struktur $O_2P—O—O—PO_2$ vorgeschlagen, nach der sie als Anhydrid der Perdiphosphorsäure aufgefaßt werden müßte.

Die Chemie der Sauerstoffsäuren des Phosphors ist allgemein bekannt; ihre Strukturen sind aber in mancher Hinsicht sehr interessant. Die unterphosphorige Säure, H_3PO_2, deren Salze neben Phosphorwasserstoff beim Erhitzen von Phosphor mit wäßrigem Alkali entstehen, kann

[32] Hampson u. Stosick: J. Amer. chem. Soc. 1938, **60**, 1814.

[33] Schenk u. Platz: Naturwiss. 1936, **24**, 651. — Schenk u. Rehaag: Z. anorg. allg. Chem. 1937, **233**, 403.

als kristalline feste Verbindung (Schmp. 26,5°) gewonnen werden. Die stark reduzierend wirkende Säure ist einbasisch. Weiterhin hat sich gezeigt, daß Magnesium- und Nickelhypophosphit eine tetraedrische Struktur besitzen und daß beim Lösen des Salzes KH_2PO_2 in Deuteriumoxyd kein Austausch der Wasserstoffatome erfolgt. Daraus wurde die unten wiedergegebene Struktur abgeleitet:

$H\left[O_2PH_2\right]$ — Unterphosphorige Säure

$H_2\left[O_2PHO\right]$ — Phosphorige Säure

$(HO)_2OP{-}PO(OH)_2$ — Unterphosphorsäure

Die phosphorige Säure, H_3PO_3, ist eine zweibasische Säure. Sie entsteht bei der Hydrolyse von Phosphortrichlorid und kann auch in kristalliner Form gewonnen werden.

Die Struktur des in den Salzen vorliegenden Phosphitions ist durch Röntgenuntersuchungen noch nicht sichergestellt, auf Grund der Basizität der Säure ist aber die oben angegebene Formulierung die wahrscheinlichste.

Die Unterphosphorsäure, deren Salze man am bequemsten durch sorgfältig geregelte Reaktion zwischen einer Natriumhypochloritlösung mit rotem Phosphor darstellt, erhält man durch Zersetzung ihres Bleisalzes mit Schwefelwasserstoff. Die Säure kristallisiert aus wäßriger Lösung mit zwei Molekülen Wasser, die im Vakuum über Phosphorpentoxyde abgespalten werden. Die dimere Formulierung der Verbindung ergibt sich aus der Tatsache, daß die Hypophosphate diadiamagnetisch sind, eine Verbindung der Form H_2PO_3 aber ein Molekül mit ungeraden Elektronen besitzen und daher paramagnetisch sein würde. Die Säure ist vierbasisch; auch das Molekulargewicht des Äthylesters steht mit der dimeren Formulierung $(C_2H_5)_4P_2O_6$ in Einklang. Die Struktur der Säure liegt noch nicht mit Sicherheit fest, entspricht aber wahrscheinlich der oben angegebenen Formulierung. Die Bildung von Natriumphosphit bei der Reaktion von alkalischem Wasserstoffperoxyd mit P_2J_4 deutet darauf hin, daß die Phosphoratome direkt aneinander gebunden sind, und die Tatsache, daß die Hypophosphate nur ein verhältnismäßig schwaches Reduktionsvermögen besitzen, sprechen gegen das Vorhandensein von P—H-Bindungen in dem Molekül.

Die Oxyde und Sauerstoffsäuren des Schwefels.

Die bisher bekannten Oxyde des Schwefels sind in der folgenden Tabelle zusammengefaßt, wobei neben jedem Oxyd die Formel derjenigen Säure angegeben ist, als deren Anhydrid man es, wenigstens theoretisch, auffassen kann.

Einige dieser Säuren sind im freien Zustande unbekannt, konnten aber durch wohldefinierte Salze oder andere Derivate charakterisiert werden. Die beiden Oxyde SO und SO_4 sind erst in allerletzter Zeit entdeckt worden und verdienen besondere Aufmerksamkeit. Die übrigen Oxyde sind schon viele Jahre lang bekannt, und nur im Falle des Heptoxyds, S_2O_7, kann man sagen, daß noch einige Zweifel an seiner Identität bestehen.

Schwefelmonoxyd, SO. Schwefelmonoxyd wurde zum ersten Male im Jahre 1933 von SCHENK[34] dargestellt, indem sie ein Gemisch von Schwefeldampf und Schwefeldioxyd bei einem Druck zwischen einigen Millimetern und einigen Zentimetern Quecksilber einer elektrischen Entladung aussetzten. Das Gas, welches das Entladungsrohr verließ, wurde durch ein mit flüssiger Luft gekühltes U-Rohr geleitet, in dem sich eine orangerote Abscheidung bildete.

Beim Schmelzen zersetzt sich diese Abscheidung langsam und bildet Schwefel und Schwefeldioxyd im Verhältnis 1:1. Man erhält Schwefelmonoxyd auch, indem man Schwefeldioxyd einer elektrischen Entladung aussetzt, sowie bei der vorsichtigen Verbrennung von Schwefel und der thermischen Zersetzung von Thionylbromid (bei 520°) oder von Thionylchlorid (bei 900°); weiterhin entsteht es bei der Reaktion von Thionylchlorid mit Zinn(II)-chlorid oder mit Metallen wie Zinn, Natrium oder Antimon. Bei einigen dieser Verfahren erhält man allerdings nur geringe Ausbeuten.

Tabelle 2.

Oxyd	Säure	
SO	H_2SO_2	Sulfoxylsäure
	$H_2S_2O_3$	Thioschwefelsäure
S_2O_3	$H_2S_2O_4$	Dithionige Säure
SO_2	H_2SO_3	Schweflige Säure
SO_3	H_2SO_4	Schwefelsäure
S_2O_7	$H_2S_2O_8$	Peroxydischwefelsäure
SO_4	H_2SO_5	Peroxymonoschwefelsäure

Bei allen diesen Reaktionen kann man das Monoxyd leicht durch sein charakteristisches Absorptionsspektrum bei den Wellenlängen 2488—3396 Å nachweisen. Diese Banden findet man, wenn man das Absorptionsspektrum des bei einem der oben angegebenen Methoden entstandenen gasförmigen Produktes photographiert. Ihre Intensität dient als Maß für die Menge des vorhandenen Monoxyds; auf diese Weise konnte auch gezeigt werden, daß das Oxyd in trocknen Glasgefäßen bei Zimmertemperatur mehrere Tage beständig ist, daß es sich aber bei 100° schnell zersetzt. Es ist die Ansicht geäußert worden[35], daß diese Banden auf das metastabile S_2-Molekül zurückzuführen wären; SCHENK[36] konnte aber nachweisen, daß sie niemals in Abwesenheit von Sauerstoff zu beobachten sind. Es bestehen jedoch immer noch einige Zweifel, von welchem Molekül die Banden tatsächlich hervorgerufen sind, so daß diese Frage unbedingt noch geklärt werden müßte.

Das Monoxyd reagiert leicht mit Metallen unter Sulfidbildung; mit Chlor und Brom entstehen die entsprechenden Thionylhalogenide. Bei der Einwirkung einer Funkenentladung auf das Monoxyd entsteht Schwefeldioxyd; bei der Einwirkung von Wasser bei 0° bildet sich Schwefel, Schwefelwasserstoff und Schwefeldioxyd. Es liegen gewisse Anzeichen dafür vor, daß die sich im Entladungsrohr bei der Herstellung

[34] SCHENK: Z. anorg. allg. Chem. 1933, **211**, 150.
[35] CORDES: Z. Physik 1937, **105**, 251.
[36] SCHENK: Z. Physik 1937, **105**, 271.

des Monoxyds bildende orangerote Abscheidung ein Gemisch polymerer Stoffe darstellt und es sich dabei nicht um festes Schwefelmonoxyd handelt[37]. Der Beweis über die Natur dieser Verbindungen ist noch unvollständig und wenig überzeugend. Es ist möglich, daß es sich um Polyschwefeloxyde handelt, die kurze Ketten von Schwefelatomen enthalten, und daß das Schwefelmonoxyd ein Zerfallprodukt dieser Verbindung ist.

Dischwefeltrioxyd, S_2O_3. Das blaugrüne Oxyd S_2O_3 entsteht, wenn man zu flüssigem Schwefeltrioxyd trocknen Schwefel hinzugibt. Das überschüssige Schwefeltrioxyd kann man dekantieren — S_2O_3 wird von SO_3 nicht gelöst — und in seinen letzten Spuren durch einen Kohlendioxydstrom entfernen. Das Oxyd zersetzt sich bei Zimmertemperatur langsam zu Schwefel, Schwefeldi- und -trioxyd. Bei seiner Reaktion mit Wasser entsteht freier Schwefel neben Schwefelsäure, schwefliger Säure sowie Tri, Tetra- und Pentathionsäuren. Nach seiner Formel sollte Dischwefeltrioxyd das Anhydrid der unterschwefligen Säure sein, man kann aber weder diese Säure noch ihre Salze aus S_2O_3 erhalten. Wegen der leichten Zersetzlichkeit des Oxyds kann seine Dampfdichte nicht bestimmt werden; da bisher auch kein Lösungsmittel bekannt ist, in dem es ohne zu reagieren gelöst wird, muß man die Struktur der Verbindung vorläufig noch als völlig unbekannt ansehen.

Dischwefelheptoxyd und Schwefeltetroxyd. Die Verbindung S_2O_7 wurde erstmalig im Jahre 1878 von BERTHELOT durch Einwirkung einer dunklen elektrischen Entladung auf ein Gemisch von Schwefeldioxyd mit überschüssigem Sauerstoff dargestellt. Es bilden sich ölige Tropfen, die bei ungefähr 0° kristallisieren, wozu allerdings zu sagen ist, daß MEYER, BAILLEUL und HENKEL[38] feststellten, daß das von BERTHELOT beschriebene Produkt nur bei Verwendung eines Überschusses an Schwefeltrioxyd gebildet würde. Beim Versuch, die Arbeiten zu wiederholen, gelangte MAISIN[39] zu einem Produkt, dem er die Formel S_3O_{11} zuordnete.

Schwefeltetroxyd wurde von SCHWARZ und ACHENBACH[40] auf ähnliche Weise dargestellt.

Ein Gemisch von Schwefeldioxyd und Sauerstoff im Verhältnis 1:10 wurde bei einem Gesamtdruck von 0,5 mm Hg einer Glimmentladung ausgesetzt. Das sich dabei bildende Produkt wurde in flüssiger Luft ausgefroren. Der sich beim Kühlen abscheidende weiße Stoff konnte leicht durch Erwärmen im Sauerstoffstrom auf —30° von Schwefeldioxyd und ozonisiertem Sauerstoff getrennt werden, welche beide bei dieser Temperatur verdampfen. Nach sechsstündiger Dauer der Entladung gewinnt man einen weißen festen Rückstand von einigen 100 mg. Die Analyse des weißen Stoffes wurde in der Weise durchgeführt, daß man Kaliumjodid durch einen Tropftrichter zu der Verbindung

[37] SCHENK: Z. anorg. allg. Chem. 1941, **248**, 297. — Z. physikal. Chem. 1942, B, **51**, 113.

[38] MEYER, BAILLEUL u. HENKEL: Ber. dtsch. chem. Ges. 1922, **55**, 2923.

[39] MAISIN: Bull. Soc. chim. Belg. 1928, **37**, 326.

[40] SCHWARZ u. ACHENBACH: Z. anorg. allg. Chem. 1934, **219**, 271.

hinzufügte und das ausgeschiedene Jod titrimetrisch bestimmte. Es ergab sich ein Verhältnis von SO_3 zu aktivem Sauerstoff von 1:1; auf Grund von Bestimmungen der Gefrierpunktserniedrigung in Schwefelsäure entsprach das Molekulargewicht der Formel SO_4.

Schwefeltetroxyd schmilzt bei 3°. Oberhalb 3° verliert es Sauerstoff und bildet S_2O_7. Mit wäßrigem Alkali entstehen Salze der Peroxydischwefelsäure[41], jedoch konnte bei der Einwirkung von Wasser weder die Bildung von $H_2S_2O_8$ noch von H_2SO_5 nachgewiesen werden. Andererseits soll Schwefelheptoxyd bei der Einwirkung von Wasser etwas Peroxydischwefelsäure bilden. SO_4 und S_2O_7 wirken beide als starke Oxydationsmittel. So wird beispielsweise Anilin von SO_4 zu zu Nitrobenzol oxydiert:

$$C_6H_5NH_2 + 3\,SO_4 = C_6H_5NO_2 + 2\,SO_3 + H_2SO_4 .$$

Der Beweis für die Existenz des SO_4 ist zwar noch keineswegs vollständig aber immerhin schlüssiger, als dies bei dem Heptoxyd der Fall ist. Möglicherweise handelt es sich beim S_2O_7 um ein Gemisch von SO_4 und SO_3, was aber noch nicht entschieden werden kann.

Gemischte Oxyde des Selens, Tellurs und Schwefels. Löst man Selen im flüssigen Schwefeltrioxyd, so scheidet sich ein grüner fester Stoff ab, von dem die Hauptmenge des überschüssigen Schwefeltrioxyds abgegossen werden kann, während sich die letzten Spuren durch Verdampfen im Vakuum entfernen lassen. Der grüne Stoff besitzt die Summenformel $SeSO_3$. Beim milden Erhitzen zersetzt er sich in Selen und Schwefeltrioxyd, jedoch soll er bedeutend beständiger sein als S_2O_3.

Die auf analoge Weise dargestellte Tellurverbindung $TeSO_3$ ist wesentlich beständiger. Beim Erhitzen im Vakuum auf 180° zerfällt sie in Tellurmonoxyd und Schwefeldioxyd.

Nach SCHENK[42] besteht kein Anzeichen dafür, daß Selenmonoxyd bei der thermischen Zersetzung von $SeSO_3$ oder aber bei anderen Verfahren, wie beim Durchleiten von Selen und Selendioxyd durch ein elektrisches Entladungsrohr, entsteht.

Oxyde des Selens.

Selen bildet zwei Oxyde, SeO_2 und SeO_3. *Selendioxyd*, SeO_2, entsteht bei der Oxydation von Selen in Luft oder Sauerstoff oder beim Erhitzen des Elementes mit Salpetersäure; es bildet feine, weiße nadelförmige Kristalle, die mit Wasser die Säure H_2SeO_3 ergeben. Die *selenige Säure* ist viel beständiger als die schweflige Säure und kann durch Eindunsten ihrer wäßrigen Lösung im Vakuum über Schwefelsäure als kristalliner fester Stoff abgetrennt werden. Die Kristalle geben leicht Wasser ab und werden zum Dioxyd zurückverwandelt. Die Säure läßt sich nur von starken Oxydationsmitteln wie Kaliumpermanganat zu Selensäure oxydieren und unterscheidet sich darin von der leicht oxydierbaren schwefligen Säure.

---

[41] FICHTER u. MARITZ: Helv. Chim. Acta 1939, **22**, 792.

[42] SCHENK: Z. anorg. allg. Chem. 1937, **233**, 401.

Interessant ist das Gitter des Selendioxyds. Dieses enthält lange Ketten von der im folgenden dargestellten Form, die durch schwächere Gitterkräfte zusammengehalten werden.

```
       O      O      O      O
       |      |      |      |
 \   /Se\   /Se\   /Se\   /Se\
  \O/    \O/    \O/    \O/    \
```

Schwefeldioxyd existiert in Einzelmolekülen, während Tellurdioxyd, das dimorph ist, Ionenkristalle bildet.

Viele Jahre lang waren sämtliche Versuche zur Darstellung des Selentrioxyds vergeblich, bis es — gemischt mit dem Dioxyd — durch Einwirkung einer Hochfrequenzentladung auf ein Gemisch von Selen und Sauerstoff bei einem Druck von 15—20 mm erhalten wurde[43]. Das so gewonnene Produkt enthält etwa 20—36% Trioxyd und ergibt beim Behandeln mit Wasser die entsprechende Mischung von Selenit- und Selenationen. Die Tatsache, daß kein Monoxyd des Selens bekannt ist, wurde bereits erwähnt.

Oxyde des Tellurs.

Tellurmonoxyd. Tellur bildet die Oxyde TeO, TeO_2 und TeO_3. Tellurmonoxyd, TeO, entsteht bei der Zersetzung des Oxyds $TeSO_3$, das sich aus Schwefeltrioxyd und Tellur im Vakuum bei 180° bildet. Trotz der Behauptung von Damiens[44], daß das Produkt die Eigenschaften einer Mischung von Tellur und Tellurdioxyd besäße, entsprechen die analytischen Daten genau der Formel TeO, und die Verbindung (ein schwarzes Pulver) entfärbt in der Kälte sofort Permanganat[45]. Beim Erhitzen im Vakuum wird es in Te und TeO_2 umgewandelt. Eine sich von diesem Oxyd ableitende niedere Säure ist bisher nicht dargestellt worden.

Tellurdioxyd, TeO_2, entsteht beim Verbrennen von Tellur in Luft oder Sauerstoff, bei der Oxydation von Tellur mit Salpetersäure, beim Zersetzen von Telluriten mit Säuren oder beim Erhitzen von basischen Salzen des Tellurs (s. unten). Das Tellurdioxyd ist ein kristalliner fester Stoff, der im Gegensatz zu den analogen Schwefel- und Selenverbindungen in kaltem Wasser nur sehr wenig löslich ist (1:150000). Es läßt sich leicht zu Tellur reduzieren. Das Oxyd besitzt amphotere Eigenschaften. So löst es sich beispielsweise in Salzsäure unter Bildung des Tetrachlorids. Mit Salpetersäure erhält man unter gewissen Bedingungen ein basisches Nitrat von der Form $2\,TeO_2 \cdot HNO_3$, mit Schwefelsäure entsteht das basische Sulfat $2\,TeO_2 \cdot SO_3$; beide werden durch Wasser unter Bildung des Dioxyds zersetzt.

Tellurige Säure, eine sehr schwache Säure, ist unbeständig und verliert unter Abscheidung von Tellurdioxyd schnell Wasser, wenn man sie

---

[43] Rheinboldt, Hessel u. Schwenzer: Ber. dtsch. chem. Ges. 1930, **63**, 84, 1865.

[44] Damiens: C. R. hebd. Séances Acad. Sci. 1924, **179**, 829.

[45] Doolan u. Partington: J. chem. Soc. 1924, **125**, 1402.

durch Zugabe von stärkeren Säuren aus Telluriten in Freiheit setzt. Andererseits handelt es sich bei den Telluriten um verhältnismäßig beständige Salze. Einige von ihnen leiten sich von H_2TeO_3 ab, man kennt aber auch Salze von kondensierten Säuren wie $H_2Te_2O_5$ und $H_2Te_4O_9$.

Tellursäure unterscheidet sich sehr stark von Schwefel- und Selensäure. Löst man Tellursäure unter Zugabe von Chlorsäure in Königswasser, so kann man aus der Lösung die Verbindung H_6TeO_6 erhalten, die sich aus Wasser umkristallisieren läßt und die Orthoform — die beständigste Form — der Säure darstellt. Sie ist eine schwache, sechsbasische Säure, von der man normale und saure Salze kennt. Nach Röntgenuntersuchungen konnte festgestellt werden, daß die sechs OH-Gruppen oktaedrisch um das Telluratom angeordnet sind. Die Säure ist im kalten Wasser nur wenig, in heißem Wasser dagegen leicht löslich. Beim Erhitzen auf 140° im geschmolzenen Rohr wandelt sich die Orthosäure in die polymere, als Allotellursäure bezeichnete Form, $(H_2TeO_4)_n$, um. Die Allosäure ist eine sirupöse, mit Wasser mischbare Flüssigkeit und wird durch überschüssiges Wasser in die Orthoform zurückverwandelt. Sie ist stärker als die Orthosäure; alle beide werden leicht zu Tellur reduziert. Tellurate, die sich von H_2TeO_4 oder komplexeren höher kondensierten Säuren ableiten, erhält man, wenn man Tellurite mit Kaliumnitrat schmilzt oder wenn man in eine alkalische Telluritlösung Chlor einleitet. Mit wenigen Ausnahmen (z. B. K_2SO_4, K_2SeO_4, K_2TeO_4) sind die Tellurate nicht mit den Sulfaten und Selenaten isomorph. Wenn man die Tellurate mit einer starken Säure behandelt, bildet sich Orthotellursäure.

Tellurtrioxyd entsteht beim Erhitzen von H_6TeO_6 auf 360°. Bei höheren Temperaturen bildet sich Tellurdioxyd und Sauerstoff. Das Oxyd ist in kaltem Wasser unlöslich, geht aber beim Kochen langsam in die Orthosäure über; es wirkt als Oxydationsmittel und löst sich in konzentrierter Salzsäure unter Chlorentwicklung. Mit heißen konzentrierten Alkalien entstehen Tellurate.

Oxyde und Sauerstoffsäuren der Halogene.

Die folgende Zusammenstellung enthält die gut definierten Oxyde und Sauerstoffsäuren der Halogene. Wie später noch gezeigt wird, lassen sich eine Reihe von Sauerstoffsäuren, deren Salze zwar bestens

F_2O, F_2O_2	
Cl_2O, ClO_2, $ClO_3(Cl_2O_6)$	$HClO$, $HClO_2$, $HClO_3$
Cl_2O_7, (ClO_4)	$HClO_4$
Br_2O, BrO_2, Br_3O_8	$HBrO$, $HBrO_2$, $HBrO_3$
JO_2, J_4O_9, J_2O_5	HJO_3, HJO_4, $H_4J_2O_9$, H_5JO_6

charakterisiert werden konnten, nicht im reinen Zustand darstellen. Verhältnismäßig neu ist die Kenntnis über die Existenz von Oxyden des Fluors und Broms. Für die Existenz von Sauerstoffsäuren des Fluors oder deren Salze liegen bisher noch keine schlüssigen Beweise vor.

Die Oxyde des Fluors. Im Jahre 1927 entdeckten LEBEAU und DAMIENS[46], daß das Fluor ein Oxyd bildet. Sie fanden, daß bei der Elektrolyse von geschmolzenem Kaliumbifluorid unterhalb von 100° in Gegenwart von Wasser eine Sauerstoffverbindung des Fluors entsteht, der die Formel F_2O zugeschrieben wurde und die weniger reaktionsfähig war als Fluor selbst. Zwei Jahre später[47] beschrieben dieselben Verfasser die Darstellung von Fluormonoxyd in 70%iger Ausbeute nach einem Verfahren, bei dem Fluor mit einer Geschwindigkeit von 1 Liter je Stunde durch eine 2%ige wäßrige Natriumhydroxydlösung hindurchstrich und das Gas durch ein gerade unterhalb der Flüssigkeitsoberfläche endendes Platinrohr eingeleitet wurde. Dabei verlief folgende Reaktion:

$$2\,F_2 + 2\,NaOH = 2\,NaF + F_2O + H_2O\,.$$

Die Bedingungen für die Darstellung sind etwas schwierig. Der Siedepunkt des Fluormonoxyds liegt bei 144,8°[48]. Die Verbindung ist schwach endotherm, aber im Gegensatz zum Chlormonoxyd nicht explosiv. Immerhin ist Fluormonoxyd noch sehr reaktionsfähig und wird beim Erhitzen fast von allen Metallen unter Bildung der entsprechenden Fluoride und Oxyde zersetzt. Mit Phosphor entsteht Phosphoroxyfluorid, während sich bei der Behandlung mit Schwefel ein Gemisch von Schwefeldioxyd und Schwefeltetrafluorid ergibt. Beim Mischen mit Wasserstoff und Zünden durch einen Funken explodiert das Oxyd heftig, ebenso beim Erhitzen mit Chlor, wenn auch die Reaktion, bei der Chlormonofluorid entsteht, niemals vollständig verläuft. Fluormonoxyd ist in Wasser etwas löslich (6,8 cm^3 je 100 cm^3 bei 0°) und gehorcht dabei dem HENRYschen Gesetz. Die Lösung wirkt stark oxydierend, zeigt aber keine sauren Eigenschaften. Ebenso ist es nicht möglich, durch Einwirkung des Gases auf Alkalilösungen Hypofluorite darzustellen. Demgegenüber entsteht aber bei der Fluorierung von Methylalkohol oder Kohlenmonoxyd mit Silberfluorid und Fluor die Verbindung CF_3OF[49], die man als Fluoralkylhypofluorit auffassen kann. Diese Verbindung ist ein stark oxydierend wirkendes Gas (Sdp. —95°), das bis 450° thermisch beständig ist.

Das zweite Oxyd des Fluors, F_2O_2, entsteht, wenn ein Gemisch von Fluor und Sauerstoff durch ein Quarzrohr mit zwei eingeschmolzenen Elektroden geleitet und das strömende Gasgemisch einer elektrischen Entladung ausgesetzt wird, wobei man das Rohr mit flüssiger Luft kühlt[50]. An den gekühlten Flächen scheidet sich dann die Verbindung als gelber fester Niederschlag ab, der aber nur bis —100° beständig ist und oberhalb dieser Temperatur in Fluor und Sauerstoff zerfällt. Die Bruttoformel der Verbindung hat sich durch Dampfdichtebestimmungen unterhalb —100° zu F_2O_2 ergeben. Über die Reaktionen dieses Oxyds weiß man nichts, ebenso ist seine Struktur noch unbekannt.

---

[46] LEBEAU u. DAMIENS: C. R. hebd. Séances Acad. Sci. 1927, **185**, 652.
[47] LEBEAU u. DAMIENS: C. R. hebd. Séances Acad. Sci. 1929, **188**, 1253.
[48] RUFF u. MENZEL: Z. anorg. allg. Chem. 1931, **198**, 39.
[49] KELLOGG u. CADY: J. Amer. chem. Soc. 1948, **70**, 3986.
[50] RUFF u. MENZEL: Z. anorg. allg. Chem. 1933, **211**, 204.

Sauerstoffsäuren des Fluors. Unterfluorige Säure und Fluorsäure sind bisher noch nicht dargestellt worden. Es ist möglich, daß die Darstellung des Fluormonoxyds über die Hydrolyse des als unbeständige Zwischenstufe gebildeten Natriumhypofluorits verläuft:

$$2\,NaFO + H_2O = 2\,NaOH + F_2O\,.$$

Wenn man eine 50%ige Kaliumhydroxydlösung bei —50° mit Fluor behandelt, das gebildete Produkt eindampft und wiederholt schmilzt, so zeigt es immer noch reduzierende Eigenschaften, die möglicherweise auf eine Fluoratbildung zurückgehen[51]. Weiterhin wird berichtet, daß bei der Elektrolyse einer geschmolzenen Mischung von Kaliumhydroxyd und Kaliumfluorid in einer als Kathode dienenden Silberschale unter Verwendung eines Graphitstabes als Anode ein Stoff entsteht, der beim Lösen in Wasser und Ansäuern mit Salpetersäure einen Silber und Fluor enthaltenden Niederschlag liefert. Möglicherweise bestand dieser Niederschlag aus unlöslichem Silberfluorat. Diese Versuche wurden aber nicht fortgesetzt und können zur Zeit noch nicht als beweiskräftig angesehen werden.

Die Oxyde des Chlors. Chlormonoxyd (Sdp. 2°) wird normalerweise dargestellt, indem man Chlor über trocknes, auf 300° erhitztes Quecksilber leitet:

$$2\,HgO + 2\,Cl_2 = HgCl_2 \cdot HgO + Cl_2O\,.$$

Das Monoxyd reagiert mit Wasser unter Bildung von unterchloriger Säure, die man im freien Zustand aber nur in Form ihres Hydrats, $HClO \cdot 2\,H_2O$ (Schmp. —36°), kennt[52]. Das Chlormonoxyd ist wegen seines starken Oxydationsvermögens und seiner hochexplosiven Natur bekannt.

Chlordioxyd (Sdp. 11°) ist eines der Produkte, die bei der Zersetzung von Chloraten mit konzentrierter Schwefelsäure entstehen. Die Verbindung ist endotherm, und das gasförmige Produkt der erwähnten Zersetzungsreaktion explodiert sehr leicht. Auch flüssiges Chlordioxyd ist ein gefährlich explosives Material. In beständigerer Form erhält man es im Gemisch mit Kohlendioxyd, wenn man Kaliumchlorat durch Erhitzen mit Oxalsäure und Wasser reduziert. Chlordioxyd ist in Wasser löslich, man kann das Hydrat $ClO_2 \cdot 8\,H_2O$ isolieren. Wenn die wäßrige Lösung nicht dem Licht ausgesetzt wird, kann man aus der Lösung das gasförmige Chlordioxyd unverändert zurückgewinnen. Bei Lichtzutritt werden jedoch HCl und $HClO_4$ gebildet, während bei Einwirkung von Alkalien die entsprechenden Chlorate und Chlorite entstehen. Mit verdünntem Fluor reagiert ClO_2 unter Bildung von ClO_2F (Sdp. —6°), das beständiger als Chlordioxyd ist[53].

Das Chlordioxydmolekül besitzt eine ungerade Zahl von Elektronen und ist paramagnetisch. Elektronenbeugungsmessungen haben ergeben, daß das Molekül dreieckig ist, der O—Cl—O-Valenzwinkel beträgt 135° und ist etwas größer als der Cl—O—Cl-Winkel im Cl_2O. Der

[51] Dennis u. Rochow: J. Amer. chem. Soc. 1933, **55**, 2431.
[52] Secoy u. Cady: J. Amer. chem. Soc. 1940, **63**, 1036.
[53] Schmitz u. Schumacher: Z. anorg. allg. Chem. 1942, **249**, 238.

Cl—O-Abstand ergab sich zu etwa 1,53 Å, gegenüber 1,68 Å im Cl_2O, was auf einen Doppelbindungscharakter in den beiden gleichwertigen Cl—O-Bindungen des ClO_2 hindeutet.

Das Oxyd Cl_2O_6 erhält man am besten, indem man ozonisierten Sauerstoff mit einem zweiten, chlordioxydhaltigen Sauerstoffstrom mischt, das entstehende Produkt ausfriert und fraktioniert[54]. Das Oxyd ist eine Flüssigkeit, deren Siedepunkt sich durch Extrapolation zu 203° ergeben hat. Das kryoskopisch ermittelte Molekulargewicht des in Tetrachlorkohlenstoff gelösten Oxyds liegt um 10% niedriger, als es der Formel Cl_2O_6 entsprechen würde. Die Flüssigkeit ist diamagnetisch, während ClO_3 paramagnetisch sein müßte; die bei den magnetischen Messungen beobachteten Werte sind aber mit der Anwesenheit eines geringen Anteils von ClO_3 vereinbar. Wahrscheinlich erfolgt im Dampfzustand weitgehend eine Dissoziation in ClO_3, das aber leicht in Chlor und Sauerstoff zerfällt. Wenn man den Dampf mit Wasserdampf mischt und abkühlt, findet man als Hauptprodukte Chlorsäure und Überchlorsäure. Mit flüssigem Wasser erfolgt eine explosionsartige Reaktion

$$2\,ClO_3 + H_2O = HClO_3 + HClO_4 .$$

Dichlorheptoxyd, das Anhydrid der Überchlorsäure, kann man durch Entwässerung von reiner Überchlorsäure mit Phosphorpentoxyd bei Temperaturen von —10° oder tiefer und anschließende Destillation im Vakuum erhalten. Dichlorheptoxyd ist ein farbloses Öl, dessen Siedepunkt sich durch Extrapolation zu 80° ergibt. Mit Wasser bildet es langsam Überchlorsäure zurück. Es explodiert durch Stoß, ist aber beständiger als die anderen Chloroxyde. Aus dem Ramanspektrum geht hervor, daß das Molekül zwei ClO_3-Gruppen enthält, die durch eine Sauerstoffbrücke miteinander verbunden sind; der Cl—O—Cl-Winkel beträgt 128°[55]. Das Dipolmoment in Tetrachlorkohlenstofflösung beträgt $0{,}72 \pm 0{,}02\,D$, was ebenfalls mit der Vorstellung eines gewinkelten Moleküls in Einklang steht.

Die Existenz von Chlortetroxyd, ClO_4, ist äußerst zweifelhaft. Silberperchlorat ist in verschiedenen organischen Lösungsmitteln löslich; es ist möglich, daß in indifferenten Lösungsmitteln — wie Äther — mit Jod folgende Reaktion verläuft:

$$J_2 + 2\,AgClO_4 = 2\,AgJ + 2\,ClO_4 .$$

Es scheidet sich dabei Silberjodid ab, und die ätherische Lösung reagiert mit Wasser unter Bildung von Überchlorsäure und gibt mit Metallen wie Zink, Magnesium, Zinn, Wismut und Silber die entsprechenden Perchlorate[56]. Diese Reaktionen sind durch die Annahme zu deuten, daß bei dem oben angegebenen Vorgang $JClO_4$ entsteht.

Die Oxyde des Broms. Die drei Bromoxyde Br_2O, Br_3O_8 und BrO_2 sind alle erst verhältnismäßig spät dargestellt worden. Das erste dieser

[54] Goodeve u. Richardson: J. chem. Soc. 1937, 294.
[55] Fonteyne: Natuurwet. Tijds. 1938, **20**, 275.
[56] Gomberg: J. Amer. chem. Soc. 1923, **43**, 398.

Oxyde, Br_2O, erhielt man in der Weise, daß man Bromdampf bei 50—60° auf besonders dargestelltes und getrocknetes Quecksilberoxyd einwirken ließ[57]. Diese Methode ähnelt der Darstellung des Chlormonoxyds durch Einwirkung von Chlor auf Quecksilberoxyd, ergab aber nur sehr niedrige Ausbeuten, wobei das Produkt nicht im reinen Zustand isoliert wurde. Reines Br_2O wurde vielmehr erstmalig von SCHWARZ und WIELE[58] durch Zersetzung von BrO_2 im Vakuum bei Zimmertemperatur erhalten. Es zeigte sich, daß es schon bei —16° unter Sauerstoffentwicklung zerfiel. Bei der Einwirkung von Wasser und Alkalien auf das Oxyd bestand die Hauptreaktion in der Bildung von unterbromiger Säure bzw. Hypobromit, wobei im zweiten Falle auch etwas Bromat entsteht.

Bromdioxyd, BrO_2, wurde dargestellt, indem ein Gemisch von Bromdampf und Sauerstoff bei niedrigem Druck durch ein U-förmiges Entladungsrohr geleitet wurde, dessen unterer Teil mit flüssiger Luft gekühlt wurde[59]. Das Oxyd zersetzt sich oberhalb —40°, wobei eines der Zerfallprodukte das oben erwähnte Br_2O war. Nach den vorliegenden Veröffentlichungen neigt das BrO_2 — wie auch das Br_2O — in weit geringerem Maße zu einer explosionsartigen Zersetzung wie die entsprechenden Chlorverbindungen. Bei der Reaktion von BrO_2 mit wäßrigen Alkalilösungen entstehen Bromate, Bromite, Hypobromite und Bromide.

Das Oxyd Br_3O_8 bildet sich als weiße kristalline Masse bei der Reaktion von überschüssigem Ozon mit Bromdampf bei —5 bis 10°[60]. Bei —80° ist es verhältnismäßig beständig und läßt sich bei etwas höheren Temperaturen ohne Explosion in Brom und Sauerstoff zersetzen. Diese Zersetzung wurde zur Analyse der Verbindung benutzt. Das Oxyd ist in Wasser leicht löslich; die oxydierenden Eigenschaften der gebildeten Lösung werden durch die Annahme gedeutet, daß zunächst $H_4Br_3O_{10}$ — für dessen Bildung allerdings keine anderen Beweise vorliegen — entsteht, das sich folgendermaßen zersetzt:

$$H_4Br_3O_{10} = 2\,HBrO_3 + H_2BrO_4$$
$$2\,H_2BrO_4 = HBr + HBrO_3 + H_2O + 2\,O_2\,.$$

Das Molekulargewicht von Br_3O_8 wurde kryoskopisch nicht bestimmt; auch hinsichtlich seiner Struktur liegen noch keine Anhaltspunkte vor.

Die Oxyde des Jods. Es gibt drei Jodoxyde, J_2O_4, J_4O_9 und J_2O_5. Alle drei sind feste Stoffe, deren Reaktionen mit denen der Oxyde der anderen Halogene wenig gemeinsam haben. Das niedrigste Oxyd, dessen Molekulargewicht zwar nicht bekannt ist, das man aber allgemein als J_2O_4 zu formulieren pflegt, erhält man als körniges gelbes Pulver bei der Einwirkung von heißer konzentrierter Schwefelsäure auf Jodsäure[61].

57 ZINTL u. RIENÄCKER: Ber. dtsch. chem. Ges. 1930, **63**, 1098.
58 SCHWARZ u. WIELE: J. prakt. Chem. 1939, II, **152**, 157.
59 SCHWARZ u. SCHMEISSER: Ber. dtsch. chem. Ges. 1937, **70**, 1163.
60 LEWIS u. SCHUMACHER: Z. anorg. allg. Chem. 1929, **182**, 182.
61 BAHL u. PARTINGTON: J. chem. Soc. 1935, 1258.

Das erste Produkt dieser Reaktion ist eine Mischung der beiden Sulfate $J_2O_3 \cdot H_2SO_4$ und $J_2O_4 \cdot H_2SO_4$. Man nimmt an, daß beim Behandeln dieser Mischung mit Wasser folgende Reaktionen stattfinden:

$$J_2O_4 \cdot H_2SO_4 = J_2O_4 + H_2SO_4 \text{ und}$$
$$J_2O_3 \cdot H_2SO_4 + 2\,HJO_3 = 2\,J_2O_4 + H_2SO_4 + H_2O\,.$$

Das Oxyd J_2O_4 ist in kaltem Wasser nur wenig löslich. Es löst sich jedoch in heißem Wasser unter Bildung von Jodsäure und Jod.

Bei der Reaktion des Oxyds mit Salzsäure entsteht Chlor:

$$J_2O_4 + 8\,HCl = 2\,JCl + 3\,Cl_2 + 4\,H_2O\,.$$

Beim Erhitzen auf 130° zerfällt das Oxyd in Jodpentoxyd und Jod. Für das J_2O_4 wurde eine Formulierung als basisches Jodat des dreiwertigen Jods vorgeschlagen, $(JO)JO_3$.

Das Oxyd J_4O_9 entsteht als gelber Stoff, wenn man unter vorsichtiger Erwärmung ozonisierten Sauerstoff auf Jod einwirken läßt. Die Reaktion verläuft in der Gasphase. Das entstehende Reaktionsprodukt ist hygroskopisch und liefert bei der Aufnahme von Feuchtigkeit ein Gemisch von Jod und Jodsäure, eine Reaktion, die mit der Formulierung der Verbindung als Jodat des dreiwertigen Jods in Einklang steht:

$$3\,J(JO_3)_3 + 9\,H_2O = 3\,J(OH)_3 + 9\,HJO_3$$
$$3\,J(OH)_3 = 2\,HJO_3 + HJ + 3\,H_2O$$
$$5\,HJ + HJO_3 = 3\,H_2O + 3\,J_2\,.$$

Das Oxyd wird bei 120° schnell thermisch zersetzt, wobei Jodpentoxyd, Jod und Sauerstoff entstehen.

Jodpentoxyd erhält man, wenn man Jod mit rauchender Salpetersäure am Rückflußkühler kocht. Mit Wasser bildet es Jodsäure. Man kann auch Jodsäure bei etwa 200° zum Pentoxyd dehydratisieren. Das Jodpentoxyd ist eine weiße kristalline Substanz, die als starkes Oxydationsmittel wirkt.

Sauerstoffsäuren des Chlors, Broms und Jods. Ein allgemeiner Vergleich der Halogensauerstoffsäuren zeigt, daß die drei Säuren vom Typus HXO nur in wäßriger Lösung bekannt sind. Ihre Stärke und Beständigkeit nimmt von $HClO$ zu HJO ab. Unterjodige Säure wandelt sich in Lösung schnell in Jodsäure um, ebenso gehen ihre Salze, die nicht isoliert werden können, in Jodate über. Die Hypobromite $NaBrO \cdot 5\,H_2O$ und $KBrO \cdot 3\,H_2O$ sind neuerdings durch Anlagerung von Brom an $NaOH$ bzw. KOH-Lösungen, die auf 0° gekühlt waren, dargestellt worden. Es zeigte sich, daß sie sich schon bei 0° in Bromid und Bromat zersetzen[62].

Die einzige Sauerstoffsäure vom Typus HXO_2, deren Existenz in Lösung mit Sicherheit bewiesen ist, ist die Verbindung $HClO_2$. Auch eine Reihe ihrer Salze wurde dargestellt. Von allen drei Halogenen sind Säuren vom Typus HXO_3 bekannt, wobei allerdings die Säuren $HClO_3$ und $HBrO_3$ nicht im reinen Zustand erhalten werden können. Die Beständigkeit nimmt in diesem Falle von der Chlorsäure zur

[62] FIAT Review of German Science, Inorganic Chemistry, Teil I, 172.

Jodsäure zu. Sehr gut bekannt sind die Salze dieses Säuretyps; ihre Ionen besitzen eine Pyramidenstruktur, bei der die Halogenatome über der Ebene der drei Sauerstoffatome angeordnet sind.

Auch die Überchlor- und Überjodsäure sowie ihre Salze sind gut bekannt, doch sind noch keine Perbromate ($M^{I}BrO_4$) dargestellt worden. Die Zusammensetzung der Perjodate ist etwas verwickelter als die der Perchlorate, die sich alle von der Form $HClO_4$ ableiten. Die übliche Form der Überjodsäure besitzt die Zusammensetzung H_5JO_6 und kommt als Natriumperjodat im Chilesalpeter vor. Es handelt sich um eine fünfbasische Säure, die saure Salze bildet. Man erhält sie, indem man Jod in Natronlauge löst und Chlor hindurchleitet; dabei scheidet sich das Salz $Na_2H_3JO_6$ ab. Dieses Natriumsalz wird in Wasser suspendiert und mit Silbernitrat behandelt; das sich abscheidende $AgJO_5$ wird in wäßriger Suspension durch Chlor zersetzt; nach dem Abfiltrieren des Silberchlorids und Eindunsten der Lösung über konzentrierter Schwefelsäure erhält man zerfließliche weiße Kristalle der Zusammensetzung H_5JO_6[63]. Beim Erhitzen im Vakuum auf 100° entsteht unter Wasserverlust über die Zwischenstufen $H_4J_2O_9$ die Metasäure HJO_4[64]. Beim Erhitzen auf 140° verliert HJO_4 Sauerstoff, und es entsteht Jodsäure:

$$2\,[JO(OH)_5] \xrightarrow[80^\circ]{-H_2O} H_4J_2O_9 \xrightarrow[100^\circ]{} JO_3(OH) \xrightarrow[140^\circ]{} HJO_3.$$

Überjodsäure bildet mit den Molybdat- und Wolframatanionen Heteropolyanionen.

Elftes Kapitel.

Die neueste Chemie der Nichtmetalle[1].

Verbindungen der Edelgase.

Die Frage, ob die Edelgase Verbindungen bilden, ist noch sehr umstritten. BOOTH und WILLSON[2] führten eine thermische Analyse des Systems Argon-Bortrifluorid durch und schlossen aus der Beobachtung einer Reihe von Maxima in der Gefrierpunktskurve, daß im Temperaturbereich von —127 bis —133° folgende Verbindungen vorlägen: $ArBF_3$, $Ar \cdot 2\,BF_3$, $Ar \cdot 3\,BF_3$, $Ar \cdot 6\,BF_3 \cdot Ar \cdot 8\,BF_3$ und $Ar \cdot 16\,BF_3$. Später haben jedoch WIBERG und KARBE[3] versucht, diese Beobachtungen auf Krypton und Xenon auszudehnen, bei denen man

[63] VANINO: Präparative Chemie, Bd. I, 66.

[64] PARTINGTON u. BAHL: J. chem. Soc. 1934, 1088.

[1] Wenn man einen Überblick über die neuen Beiträge auf diesem Gebiet geben will, ist es unmöglich, auch nur den Hauptteil der wichtigsten Arbeiten, die etwa in den letzten 20 Jahren erschienen sind, zu erwähnen. Die ausgewählten Abschnitte bieten nach Ansicht der Verfasser ein besonderes Interesse für die gegenwärtige Forschung oder versprechen wesentliche Erkenntnisse bei weiterer Untersuchung.

[2] BOOTH u. WILLSON: J. Amer. chem. Soc. 1935, 57, 2273.

[3] WIBERG u. KARBE: Z. anorg. Chem. 1948, 256, 307.

beständigere Verbindungen erwarten sollte; sie stellten dabei fest, daß sich keines der drei Edelgase im flüssigen Zustand mit Bortrifluorid mischte, und schlossen daraus, daß sich keine Edelgasverbindungen bilden und daß die früheren Beobachtungen auf einem Irrtum beruhen. Sie konnten auch die Beobachtungen von NIKITIN[4] nicht bestätigen, daß zwischen Xenon und Schwefeldioxyd, Schwefelwasserstoff, Dimethyläther und Methylalkohol eine Verbindungsbildung erfolge. Es wurde über eine Verbindung $Xe \cdot C_2H_5OH$ mit einem Dissoziationsdruck von 1 Atm. bei 0° berichtet[5], deren Existenz bisher nicht bezweifelt wurde.

Die Existenz der Hydrate der Edelgase kann offenbar als eindeutig bewiesen gelten, lediglich über ihre Zusammensetzung bestehen noch einige Unklarheiten. DE FORCRAND[6] gibt für die Hydrate folgende Schmelzpunkte und Dissoziationsdrucke an:

Tabelle 1.

	$Ar \cdot xH_2O$	$Kr \cdot 5\,H_2O$	$Xe \cdot xH_2O$
Schmelzpunkt	8°	13°	24°
Dissoziationsdruck (0°)	98 Atm.	15,5 Atm.	1,3 Atm.

Die Existenz der Kryptonverbindung wurde von TAMMANN und KRIGE[7] sichergestellt; auch die Deuterate $Kr \cdot 6\,D_2O$ und $Xe \cdot 6\,D_2O$ sind dargestellt worden[8]. Alle diese Verbindungen kommen nur im festen Zustand vor; man nimmt an, daß es sich bei ihnen um VAN DER WAALSsche Kristallaggregate handelt, die den festen Hydraten des Methans und Methylbromids entsprechen[9]. Von Zeit zu Zeit ist über die Bildung von Edelgasverbindungen von Metallen — wie Quecksilber, Wolfram und Platin — berichtet worden. Gewöhnlich wurden diese Verbindungen durch Funkentladung in den entsprechenden Edelgasen in Gegenwart des betreffenden Metalls erhalten. Nach dieser Behandlung enthalten die Metalle zweifellos beträchtliche Mengen des Edelgases, das aber wahrscheinlich an das fein verteilte Metall adsorbiert ist, da es sich leicht wieder entfernen läßt und eine Änderung der Metallgitterstruktur nicht nachgewiesen werden konnte.

Zweckmäßigerweise soll an dieser Stelle eine neue Gruppe von Molekülverbindungen, die sog. Clatherate-(Einschluß-)Verbindungen, erwähnt werden, von denen verschiedene Edelgasatome enthalten[10]. Das

[4] NIKITIN: Z. anorg. allg. Chem. 1936, **227**, 81. — J. Chim. gen. 1939, **9**, 1167, 1176. — C. R. Acad. Sci. U.R.S.S. 1939, **24**, 562, 565.
[5] NIKITIN: C. R. Acad. Sci. U.R.S.S. 1940, **29**, 571.
[6] DE FORCRAND: C. R. hebd. Séances. Acad. Sci. 1923, **176**, 355; 1925, **181**, 15.
[7] TAMMANN u. KRIGE: Z. anorg. allg. Chem. 1925, **146**, 179.
[8] GODCHOT, CAUQUIL u. CALAS: C. R. hebd. Séances Acad. Sci. 1936, **202**, 759.
[9] SIDGWICK: The Chemical Elements and their Compounds (Oxford University Press, 1950), Bd. I, S. 9. Strukturbestimmungen s. CLAUSSEN: J. chem. Phys. 1951, **19**, 259, 662, 1425.
[10] POWELL: J. chem. Soc. 1948. **61**, 571, 815. — POWELL u. RAYNER: Nature 1949, **163**, 566.

der Bildung dieser Verbindungen zugrunde liegende Prinzip besteht darin, daß zwei Stoffe zusammenkristallisieren und daß dabei die Moleküle des einen im festen Zustand eine Reihe von „Käfigen" bilden, in die die Moleküle des zweiten Gases hineinpassen, aus denen sie aber nicht ohne weiteres wieder herauskommen.

Zu den Verbindungen, die bei ihrer Kristallisation derartige Käfige aufbauen können, gehören aromatische Nitroverbindungen, Chinol und Harnstoff. Wenn diese Verbindungen mit einer zweiten unter Bildung einer Clatherate-Verbindung zusammen kristallisieren, bilden sie im allgemeinen nicht ihre normale Kristallform. Die Abmessungen der gebildeten Käfige begrenzen auch die Dimensionen (besonders die Länge) der Moleküle, die als zweite Verbindungskomponente fungieren können.

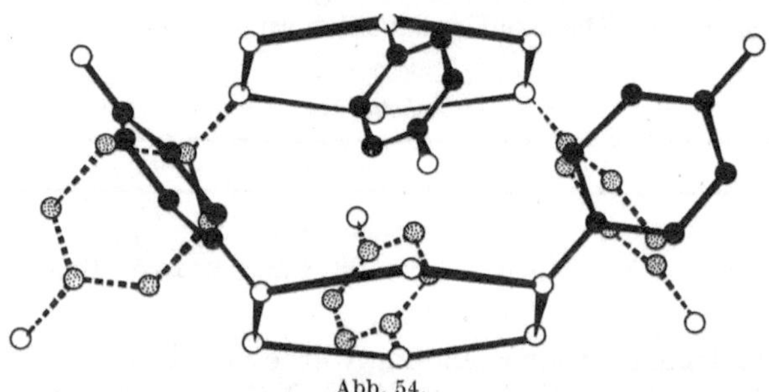

Abb. 54.

Betrachten wir als Beispiel die von Chinol gebildeten Verbindungen, zu denen auch einige mit den Edelgasen gehören, so finden wir, daß als zweite Komponente jedes der folgenden Moleküle auftreten kann: H_2S, SO_2, HCl, HBr, HCN, CO_2, C_2H_4, Ar, Kr, Xe; diese Moleküle besitzen alle die richtige Größe, um sich der Struktur anzupassen. Jedes Molekül ist gesondert in einem Käfig eingeschlossen, wie es in der Abb. 54 als Beispiel dargestellt ist. In dieser Abbildung erkennt man die Atomzentren der sechs Chinolmoleküle, die jedes Argonatom umgeben. Wenn man den tatsächlich von den Atomen des Gitterwerks besetzten Raum berücksichtigt, ist der Einschlußvorgang noch wesentlich verwickelter. Die Chinolmoleküle werden durch Wasserstoffbindungen zusammengehalten.

Die entstandene Argonverbindung besitzt die ungefähre Zusammensetzung $(C_6H_6O_2)_3Ar$; es ist ein kristalliner fester Stoff, dessen Argondampfdruck praktisch Null ist. Das Argon wird nur frei, wenn die Wasserstoffbindungen der Chinolstruktur durch Erhitzen oder durch Einwirkung eines Lösungsmittels auseinandergehen. Infolge der sehr kleinen Öffnungen kann das Argonmolekül den Käfig nicht verlassen, da es bei einem Durchtritt durch diese Spalte auf sehr starke Abstoßungskräfte treffen würde.

Einige Verbindungen des Siliciums.

Die Halogenide des Siliciums unterscheiden sich in ihren Eigenschaften, insbesondere durch ihre leichtere Hydrolysierbarkeit, beträchtlich von denen des Kohlenstoffs. Es wurden verschiedene Siliciumhalogenide dargestellt, die zwei verschiedene Halogenatome im gleichen Molekül enthalten (z. B. $SiFCl_3$, $SiClBr_3$, $SiBrJ_3$, $SiJCl_3$). Von der homologen Reihe Si_nCl_{2n+2} sind Glieder bis $n = 4$ bekannt, während unsere Kenntnisse über die Derivate der anderen Halogene nicht so umfassend sind und gewisse Anzeichen dafür sprechen, daß beispielsweise das höchste Siliciumfluorid die Verbindung Si_2F_6 ist.

Silicium zeigt deutlich die Neigung, auch bedeutend stärker komplexe Chloride zu bilden. Wenn man z. B. ein Gemisch von dampfförmigem Siliciumtetrachlorid mit Argon auf 1000—1100° erhitzt, gelangt man zu den Verbindungen $Si_{10}Cl_{22}$ und $Si_{25}Cl_{52}$, deren Molekulargewichte in Benzollösung bestimmt wurden[11]. Wenn man statt Argon Wasserstoff verwendet, entsteht die Verbindung $Si_{10}Cl_{20}H_2$. Beim Erhitzen auf 300° liefern diese Chloride ein Gemisch verschiedener Produkte, unter denen sich auch ein hoch polymerisiertes Monochlorid $(SiCl)_n$ befindet[12]. Analog entsteht durch Cracken von Si_2J_6 ein Monojodid $(SiJ)_n$[13]. Diese Monohalogenide sind starke Reduktionsmittel. Die erwähnten Verbindungen werden alle leicht hydrolysiert. Strukturell bauen sie sich wahrscheinlich aus langen Ketten von Siliciumatomen auf, wobei die Monohalogenide Doppelbindungen enthalten; über das Ergebnis von Röntgenuntersuchungen liegen allerdings noch keine Veröffentlichungen vor. Die Bildung dieser Verbindungen eröffnet neue und höchst interessante Gesichtspunkte für die Chemie des Siliciums. Es gibt eine große Zahl von Oxychloriden und Oxybromiden des Siliciums[14], von der als höchstes Glied die Verbindung $Si_7O_6Cl_{16}$ identifiziert wurde; die Verbindungen enthalten Si—O—Si-Bindungen und unterscheiden sich daher in ihrer Struktur grundsätzlich von den Halogeniden.

Siloxen und verwandte Verbindungen.

Bei der Hydrolyse von Siliciumhalogeniden und ihrer Alkyl- oder Arylsubstitutionsprodukte entstehen sehr interessante Stoffe, von denen einige (die Silikone) jetzt eine größere technische Bedeutung besitzen (s. unten). Das diesen Verbindungen gemeinsame Strukturmerkmal besteht darin, daß zwischen den Molekülen der zunächst gebildeten Hydrolyseprodukte eine *inter*molekulare Wasserabspaltung erfolgt ist und größere Moleküle mit Si—O—Si-Bindungen entstanden sind:

$$\geqq Si{-}OH + HO{-}Si \leqq \;\rightarrow\; \geqq Si{-}O{-}Si \leqq$$

Die analogen Kohlenstoffverbindungen hydrolysieren nicht so leicht, und eine etwaige Wasserabspaltung verläuft bei den Kohlenstoffverbindungen *intra*molekular.

---

[11] SCHWARZ u. MECKBACH: Z. anorg. allg. Chem. 1937, **232**, 241. — FIAT Review of German Science, Inorganic Chemistry Teil I, S. 260.

[12] SCHWARZ u. THIEL: Z. anorg. allg. Chem. 1938, **235**, 247. Siehe auch HERTWIG u. WIBERG: Z. Naturforsch. 1951, **6** b, 336.

[13] SCHWARZ u. GREGOR: Z. anorg. allg. Chem. 1939, **241**, 1. — SCHWARZ u. PFLUGMACHER: Ber. dtsch. chem. Ges. 1942, **75**, 1062.

[14] SCHUMB u. KLEIN: J. Amer. chem. Soc. 1937, **59**, 261. — SCHUMB u. HOLLOWAY: J. Amer. chem. Soc. 1941, **63**, 2753.

Bei der Hydrolyse von Siliciumtetrachlorid mit anschließender Wasserabspaltung entsteht Kieselsäure, die man als dreidimensionale Anhäufung von Siliciumatomen, die in der oben beschriebenen Weise durch Sauerstoffbrücken miteinander verbunden sind, auffassen kann. Bei der Reaktion von Silicochloroform mit eiskaltem Wasser entsteht das unbeständige Anhydrid der Silicoameisensäure:

$$2\,SiHCl_3 + 3\,H_2O = (H \cdot SiO)_2O + 6\,HCl.$$

In entsprechender Weise bilden Hexachlordisilan, Si_2Cl_6, und Oktochlortrisilan, Si_3Cl_8, bei vorsichtiger Hydrolyse Silicooxalsäure bzw. Silicomesooxalsäure; beides sind polymerisierte feste Substanzen, deren Strukturen noch unbekannt sind, die aber wahrscheinlich ebenfalls über Sauerstoffbrücken miteinander verbundene Siliciumatome enthalten.

Eng verwandt mit der Struktur dieser Verbindungen ist das Siloxen und seine Derivate, die von KAUTSKY und Mitarbeitern[15] gründlich untersucht wurden. Wenn man Calciumsilicid, $CaSi_2$, mit einem Gemisch von Salzsäure und Alkohol behandelt, so wird Wasserstoff entwickelt, und es bleibt ein weißer, fester Rückstand übrig, der die Bruttoformel Si_2H_2O besitzt und von KAUTSKY als Siloxen bezeichnet wurde. Er entzündet sich von selbst an der Luft und ist ein starkes Reduktionsmittel. Man schreibt dem Siloxen die unten angegebene Ringformel (I) zu. Calciumsilicid ist ein kristalliner Stoff, der ein Schichtgitter besitzt, bei dem die Calciumatome in Schichten zwischen Lagen von gebundenen Siliciumatomen angeordnet sind. Bei der Einwirkung der Säure werden die Metallatome aus dem Verband gelöst, und es hinterbleiben die Siliciumschichten, bei denen sich Wasserstoff- und Sauerstoffatome auf den Flächen der Schichten befinden. Die Struktur (I) muß man sich also in unendlicher Wiederholung senkrecht zur Papierebene ausgedehnt vorstellen, wobei wahrscheinlich noch weiter die einzelnen Strukturbausteine durch Sauerstoffbrücken miteinander verbunden sind. Diese Strukturvorstellung ist spekulativ und nicht durch Röntgenuntersuchungen untermauert.

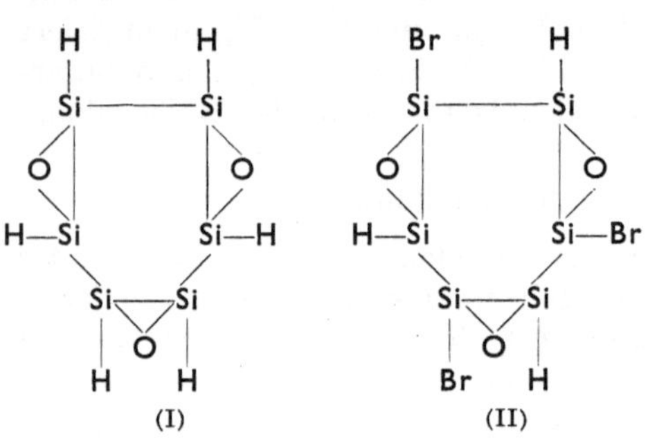

(I) (II)

Siloxen reagiert mit Halogenen, wobei die Wasserstoffatome der Struktur (I) teilweise oder vollständig durch Halogenatome ersetzt werden[16]. Die Reaktionsprodukte enthalten ein neues Strukturelement, wie es als Beispiel in (II) dargestellt ist. Die Halogenderivate werden durch Wasser in die stark gefärbten Oxyverbindungen umgewandelt. Die Farbe dieser Verbindungen vertieft sich mit zunehmender Zahl von

[15] KAUTSKY u. HERZBERG: Ber. dtsch. chem. Ges. 1924, **57**, 1665.
[16] KAUTSKY u. HIRSCH: Z. anorg. allg. Chem. 1928, **170**, 1.

Hydroxylgruppen von gelb nach schwarz. Beim Behandeln der Hydroxylderivate mit Säuren wird eine Säuregruppe (z. B. Cl, Br, CH_3COO) in den Siloxenkern eingeführt. Durch Einwirkung von Ammoniak oder von Aminen auf die halogenierten Siloxene entstehen ebenfalls eine Reihe von Amino- und Alkylaminoderivaten[17]. Bei vollständiger Chlorierung des Siloxens erhält man die Verbindung $(SiCl_3)_2O$, bei Bromierung das entsprechende Bromderivat, $(SiBr_3)_2O$.

Bei der Oxydation von Siloxen mit Luft oder Kaliumpermanganat entsteht eine sehr interessante Chemieluminescenz. Beim Siloxen und seinen Derivaten handelt es sich um flockenartige Stoffe, die ein hohes Adsorptionsvermögen besitzen. Wenn ein Fluorescenzfarbstoff, wie beispielsweise Rhodamin, an das ursprüngliche Siloxen oder ein teilweise oxydiertes Produkt des Siloxens adsorbiert wird, entsteht bei einer anschließenden Oxydation mit Permanganat eine Luminescenz, deren Spektrum mit dem Fluorescenzspektrum des verwendeten Farbstoffs identisch ist. Offenbar wird hierbei die Energie des Oxydationsvorganges auf den Farbstoff übertragen und dazu benutzt, die Fluorescenz in den adsorbierten Molekülen anzuregen.

Die Silikone.

Die Bezeichnung Silikone benutzt man für eine Gruppe von Organo-Siliciumverbindungen, die sich durch Hydrolyse und anschließende intermolekulare Wasserabspaltung von Alkyl- oder Arylsiliciumhalogeniden ableiten. Sie sind daher mit den im vorigen Abschnitt beschriebenen Verbindungen verwandt, doch ist ihre Struktur viel besser bekannt. Ihre Entdeckung ist eng mit den klassischen Arbeiten von KIPPING und seiner Schule verknüpft, die aber ein wesentlich breiteres Gebiet der Organo-Siliciumchemie umfassen[18]. Wenn man die Silikone besprechen will, muß man zunächst darauf eingehen, wie die Organo-Siliciumhalogenide dargestellt und hydrolysiert werden, und dann die Charakterisierung und Eigenschaften der kondensierten Hydrolyseprodukte behandeln.

Die intermediären Alkyl- und Arylsiliciumhalogenide kann man nach folgenden Methoden darstellen:

1. Durch Reaktion eines Siliciumhalogenids mit einem Metallalkyl (z. B. $SiCl_4 + Hg(C_6H_5)_2 = Si(C_6H_5)Cl_3 + Hg(C_6H_5)Cl$.

2. Darstellung unter Benutzung von Grignard-Lösungen (z. B. $SiCl_4 + Mg\mathit{Me}J \rightarrow Si\mathit{Me}Cl_3$, $Si\mathit{Me}_2Cl_2$ und $Si\mathit{Me}Cl_3$).

3. Durch Reaktion eines Aryl- oder Alkylhalogenids mit einer Cu-Si- oder Ag-Si-Legierung.

---

[17] Vgl. KAUTSKY: Ber. dtsch. chem. Ges. 1931, **64**, 1610.

[18] Die Arbeiten von Professor KIPPING sind in seiner Bakerian-Vorlesung vor der Royal Society (Proc. Roy. Soc., 1937, **159**, 193) zusammengefaßt. Einen ausführlicheren Überblick über die Chemie der Silikone gibt ROCHOW, An Introduction to the Chemistry of the Silicones (JOHN WILEY and SONS, Inc., New York: CHAPMAN u. HALL, Ltd., London, 1951), (deutsch: s. auch HARDY u. MEGSON: Quart. Rev. Chem. Soc. 1948, **2**, 25).

4. Durch Reaktion von Silicium und Alkylhalogeniden mit Zn oder Al.

Die beiden ersten Methoden sowie eine Reihe Variationsmöglichkeiten davon besitzen vorwiegend wissenschaftliches Interesse. Demgegenüber könnte das GRIGNARD-Verfahren weitgehend angewandt und zur Herstellung der Zwischenverbindungen im größeren Maßstab benutzt werden; es besitzt nur den Nachteil, daß man stets ein Gemisch verschiedener Produkte erhält. Bei der Darstellung der Methylsiliciumchloride, denen eine besondere Bedeutung zukommt, erhält man beispielsweise die folgenden Verbindungen: $MeSiCl_3$ (Sdp. 66°), Me_2SiCl_2 (Sdp. 70°), Me_3SiCl (Sdp. 57,6°) und — unter geeigneten Bedingungen — Me_4Si (Sdp. 26°). Die Trennung dieser Produkte erfordert eine sehr schwierige und sorgfältige Fraktionierung.

Eine direkte Synthese der Organosiliciumhalogenide wurde erstmalig von ROCHOW im Jahre 1945 durchgeführt[19], was am Beispiel der Methylsiliciumchloride erläutert werden soll. Dampfförmiges Methylchlorid wird bei etwa 300° über eine Kupfer-Siliciummischung geleitet. Diese Mischung erhält man, indem man die gepulverten Elemente — mit einem Gehalt von 10% Cu — mischt, preßt und in einer Wasserstoffatmosphäre bei 1000° zusammensintert. Als Hauptprodukte bei dieser Reaktion entstehen Me_2SiCl_2 und $MeSiCl_3$.

Man nimmt an, daß an diesem Reaktionsablauf intermediär gebildetes Kupfermethyl beteiligt ist:

$$MeCl + 2\,Cu = CuCl + CuMe$$
$$Si + CuCl = SiCl + Cu$$
$$SiCl + Me = MeSiCl$$

oder
$$SiCl + CuMe = MeSiCl + Cu$$

oder
$$SiCl + CuCl = SiCl_2 + Cu$$

Diese Annahme wird auch durch anderes experimentelles Beweismaterial gestützt. Wenn man beispielsweise Methylchloriddampf bei niedrigem Druck mit hoher Strömungsgeschwindigkeit bei 250° über Kupfer und anschließend über einen Bleispiegel leitet, bildet sich hinter der erhitzten Zone ein Kupferspiegel, und der Bleispiegel wird — als $PbMe_4$ — aufgelöst. Wenn man Methylchloriddampf über einen erhitzten Kupfer- und Siliciumfilm leitet, die nebeneinander auf einer Glasplatte abgeschieden sind, wird das Silicium nur angegriffen, wenn sich die Platte in einer Stellung befindet, bei der der Methylchloridstrom unmittelbar vorher über das Kupfer geleitet wurde[20].

Die Reaktion mit Kupfer-Silicium verläuft auch mit anderen Alkylmonohalogeniden sowie auch mit Halogeniden, die mehr als ein Chloratom enthalten. Methylenchlorid liefert beispielsweise zwei Produkte:

$Cl_3\cdot Si\cdot CH_2\cdot SiCl_3$ und $H_2C\langle\begin{matrix} Si(Cl_2)—CH_2 \\ Si(Cl_2)—CH_2 \end{matrix}\rangle SiCl_2$

[19] ROCHOW: J. Amer. chem. Soc. 1945, **67**, 963.
[20] HURD u. ROCHOW: J. Amer. chem. Soc. 1945, **67**, 963.

Die Reaktion läßt sich auch auf die Darstellung von Vinyl- und Alkylchlorsilanen anwenden[21]. Bei der Bildung von Arylsiliciumhalogeniden nach dieser Methode wird Silber als Katalysator vorgeschlagen, ebenso wirken Metalle wie Nickel, Zinn, Antimon, Mangan und Titan, wobei allerdings gegenwärtig noch nicht feststeht, ob diesen Reaktionen der gleiche Mechanismus zugrunde liegt.

Nach dem vierten Verfahren werden Alkyl- und Siliciumhalogenide bei 300—500° dampfförmig über fein verteiltes Zink oder Aluminium geleitet. In diesem Fall nimmt man an, daß sich als Zwischenprodukt ein Metallalkylhalogenid bildet, z. B.

$$2\,\mathrm{Al} + 3\,\mathit{Me}\mathrm{Cl} = \mathit{Me}\mathrm{AlCl_2} + \mathit{Me}_2\mathrm{AlCl}$$
$$\mathit{Me}\mathrm{AlCl_2} + \mathrm{SiCl_4} = \mathit{Me}\mathrm{SiCl_3} + \mathrm{AlCl_3}.$$

Es gibt auch Methoden, bei denen man Siliciumtetrachlorid unmittelbar mit Kohlenwasserstoffen reagieren läßt. So reagiert z. B. Äthylen unter hohem Druck in Gegenwart von Metallchloriden oder -oxychloriden mit Siliciumtetrachlorid[22]:

$$\mathrm{CH_2 : CH_2 + SiCl_4 = Cl \cdot CH_2 \cdot CH_2 \cdot SiCl_3}.$$

Es wäre sehr wertvoll, wenn man diese Art der Synthese weiterentwickeln und Verbindungen wie $\mathit{Me}_2\mathrm{SiCl_2}$ auf diese Weise herstellen könnte, da man dann Zwischenstufen wie Methylchlorid umgehen könnte.

Die Hydrolysegeschwindigkeit von Aryl- und Alkylsiliciumhalogeniden ist größer als die des Siliciumtetrachlorids, die Hydrolyse muß aber unter sehr sorgfältig geregelten Bedingungen vorgenommen werden. Man erhält als Hydrolyseprodukte Silanole (z. B. $\mathit{Me}_3\mathrm{SiCl} \rightarrow$ Trimethylsilanol, $\mathit{Me}_3\mathrm{Si(OH)}$, Sdp. 98,6°), die leicht zu den entsprechenden Disiloxanen ($2\,R_3\mathrm{SiOH} \rightarrow R_3\mathrm{Si \cdot O \cdot Si}R_3$) kondensieren. Wenn in dem Molekül zwei Halogenatome vorhanden sind, entstehen wegen der Leichtigkeit, mit der die Hydrolyseprodukte Wasser abspalten, oft kompliziertere Stoffe. Dimethylsiliciumdichlorid liefert z. B. ein farbloses Öl mit der Bruttozusammensetzung $\mathrm{C_2H_6SiO}$, das ungefähr gleiche Mengen von geradkettigen Diol-Polymeren vom Typus $\mathrm{HO \cdot Si}\mathit{Me}_2(\mathrm{OSi}\mathit{Me}_2)_n\mathrm{OSi}\mathit{Me}_2\mathrm{OH}$ und von flüchtigen ringförmigen Polymeren mit 3—9 Einheiten im Ring enthält. (Nebenbei sei bemerkt, daß die Bezeichnung „Silikone" sich ursprünglich auf diese Verbindungsgruppe bezog, unter der Annahme, daß es sich um ketonanaloge Verbindungen handele, die durch intramolekularen Wasseraustritt entstanden wären.) Im folgenden sind typische Beispiele für Ring- und Kettenpolymere wiedergegeben:

$$R_2\mathrm{Si(OH)_2} \rightarrow \mathrm{HO}\cdot\underset{R}{\overset{R}{\mathrm{Si}}}\mathrm{—O—}\underset{R}{\overset{R}{\mathrm{Si}}}\mathrm{—}\ldots\mathrm{—O—}\underset{R}{\overset{R}{\mathrm{Si}}}\mathrm{—OH}$$

$$4\,R_2\mathrm{Si(OH)_2} \rightarrow R_2\mathrm{Si}\begin{cases}\mathrm{O—Si}R_2\mathrm{—O}\\ \mathrm{O—Si}R_2\mathrm{—O}\end{cases}\mathrm{Si}R_2$$

---

[21] HURD: J. Amer. chem. Soc. 1945, **67**, 963.

[22] SHTETTER: Russ. Pat. 44934, 1935. Siehe HARDY u. MEGSON: Quart. Rev. (Chem. Soc., London) 1948, **2**, 28.

Bei der Hydrolyse von trifunktionellen Organosiliciumverbindungen ($RSiX_3$) entstehen bedeutend stärker komplexe feste Produkte, bei denen die Ketten infolge der drei im ursprünglichen Hydrolysat vorhandenen, an die Siliciumatome gebundenen OH-Gruppen kreuzweise miteinander verbunden sind, wie es im folgenden dargestellt ist:

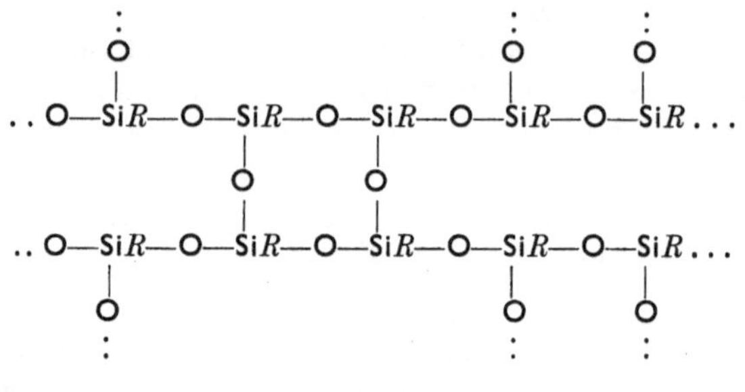

```
          :                             :        :
          O                             O        O
          |                             |        |
.. O—SiR—O—SiR—O—SiR—O—SiR—O—SiR...
                   |          |
                   O          O
                   |          |
.. O—SiR—O—SiR—O—SiR—O—SiR—O—SiR...
       |                             |        |
       O                             O        O
       :                             :        :
```

Bei den Verbindungen mit aromatischen Derivaten wird das Wasser im allgemeinen nicht so leicht abgespalten; man kann zwar das Diol, $Me_2Si(OH)_2$, nicht isolieren, erhält aber leicht das entsprechende Phenylderivat, $Ph_2Si(OH)_2$, das jedoch durch Erhitzen kondensiert wird.

In der Praxis werden die charakteristischen Kondensationsarten der drei Silicoltypen oft miteinander kombiniert. Wenn man beispielsweise $R_2Si_2Cl_2$ vor der Hydrolyse mit einer kleinen Menge von R_3SiCl mischt, wird das Kettenwachstum durch das R_3SiOH beschränkt, da es nur eine funktionelle Gruppe enthält, z. B.

$$HO\cdot SiR_2—O—\ldots—SiR_2OH + (OH)SiR_3 \rightarrow HOSiR_2—O\ldots SiR_2—O—SiR_3.$$

Ganz entsprechend kann man $SiCl_4$ oder eine Verbindung vom Typus $RSiCl_3$ zufügen, um zu einer beschränkten Menge von Kreuzbindungen zu gelangen. Der Kondensationsprozeß verläuft bei Zimmertemperatur nicht immer im vollen Umfang, so daß durch Erhitzen des zunächst entstehenden Produktes gewöhnlich noch Wasser abgespalten wird und ein stärker komplexes Silikon entsteht. Man kann auch durch vorsichtige Oxydation zu dem gleichen Ergebnis gelangen, da für jede auf diese Weise entfernte Alkyl- oder Arylgruppe die Möglichkeit einer neuen Si—O—Si-Bindung entsteht.

Ein weiteres wichtiges Aufbauprinzip besteht darin, daß bei Zugabe von etwas Schwefelsäure zu einem kondensierten Silikon die Neigung besteht, daß die $\geqslant$Si—O—Si$\leqslant$-Bindungen aufgespalten werden; dieser Prozeß geht wahrscheinlich über die Bildung unbeständiger Ester — $\geqslant Si—HSO_4$ — die hydrolysiert werden und wieder polymerisierte Moleküle bilden. Wenn man auf diese Weise ein Gemisch gerader und ringförmiger Polymere von Me_2SiCl_2 — gemischt mit etwas $Me_3Si—O—SiMe_3$ — behandelt, werden die ringförmigen Polymere aufgespalten und bilden lineare Polymere mit $—SiMe_3$-Endgruppen.

Die Silikone haben eine gewisse Anwendung gefunden für wasserabweisende Stoffe, als Gleit- und Schmiermittel, Harze und Gummi, und werden auch in hydraulischen Systemen benutzt. Ihre wasserabweisenden Eigenschaften verdanken sie der Tatsache, daß ein Oberflächenfilm der äußeren Atmosphäre ein Kohlenwasserstoffgitter darzubieten strebt. Die weiteren Eigenschaften, die die Silikone bei der Verwendung als Schmiermittel und Harzen wertvoll machen, sind ihre hohe thermische Beständigkeit, ihre geringe Flüchtigkeit und, in einigen Verwendungsfällen, ihr gutes elektrisches Isoliervermögen. Auch die gummiartigen Silikone, zu deren Herstellung die Komponenten in solch geeignetem Verhältnis vermischt werden, daß gerade das erforderliche Maß von Vernetzung entsteht, besitzen die oben angegebenen Eigenschaften und behalten ihre Elastizität bei wesentlich niedrigeren Temperaturen als natürlicher Gummi. Flüssige Silikone, bei denen der Kondensationsgrad beschränkt wurde, kann man in einem sehr weiten Bereich ihrer molekularen Größe und ihrer Viskosität herstellen. Sie sind thermisch sehr beständig, und ihre Viskosität ändert sich nur wenig mit der Temperatur. Sie besitzen die meisten der erwähnten Eigenschaften und werden unter anderem in hydraulischen Systemen, Stoßdämpfern und zum Bau elektrischer Kondensatoren verwendet.

Die Schwefelstickstoffverbindungen.

Stickstoff bildet mit Schwefel eine Reihe von Verbindungen, die außerordentlich interessante Strukturprobleme bieten. Am besten bekannt davon ist die Verbindung N_4S_4, die gewöhnlich als Stickstoffsulfid bezeichnet wird, obgleich ihre Reaktionen eher der Auffassung eines Schwefelnitrids entsprechen würden. Man kann die Verbindung direkt aus Schwefel und Ammoniak erhalten ($10\,S + 4\,NH_3 = 4\,N_4S_4 + 6\,H_2S$), stellt sie aber am besten durch Reaktion von Ammoniak mit Schwefelchlorid ($S : Cl = 1 : 3 - 4$) in Benzol her[23]. Die Verbindung bildet organgefarbene Kristalle, die in der Nähe des Schmelzpunktes (178°) sublimieren. N_4S_4 ist endotherm und kann beim Erhitzen oder durch Schlag explodieren. Es ist in Benzol und Schwefelkohlenstoff löslich; in diesen beiden Lösungsmitteln wurde auch sein Molekulargewicht bestimmt.

Die Struktur von N_4S_4 war einige Zeit stark umstritten. Bei der alkalischen Hydrolyse der Verbindung entsteht Ammoniak und nicht Schwefelwasserstoff.

$$N_4S_4 + 6\,NaOH + 3\,H_2O = Na_2S_2O_3 + 2\,Na_2SO_3 + 4\,NH_3.$$

Unter milderen Hydrolysebedingungen entstehen Salze von anderen Säuren des Schwefels[24]. Gerade diese Reaktion läßt eher auf das Vorliegen eines Nitrids als eines Sulfids schließen. Bei der Reduktion entsteht kein Hydrazin, was darauf hindeutet, daß die Stickstoffatome in dem Molekül wahrscheinlich nicht aneinander gebunden sind. Möglicherweise sind auch die Schwefelatome nicht direkt gebunden, da der gesamte Schwefel bei der Reaktion mit sekundären Alkylaminen in

[23] Einzelheiten für dieses und andere Darstellungsverfahren findet man bei Yost u. Russell: Systematic Inorganic Chemistry of the Fifth-and-Sixth Group Nonmetallic Elements (New York, Prentice-Hall, Inc. 1944).

[24] Goehring: Ber. dtsch. chem. Ges. 1947, 80, 110.

Thiodiamin überführt wird, $Alk_2N—S—NAlk_2$. Dieses Tatsachenmaterial kommt am besten in der ringförmigen Strukturformel (I) zum Ausdruck. Die chemischen Gesichtspunkte wurden durch Elektronenbeugungsmessungen[25] bestätigt, nach denen sich ein N—S-Abstand von 1,62 Å ergibt; die Kovalenzradien für die Bindungen N—S und N=S ergeben sich rechnerisch zu 1,74 bzw. 1,54 Å. Daraus geht hervor, daß alle Bindungen gleichwertig sind und eine Zwischenstellung zwischen einfachen und Doppelbindungen einnehmen. Den Ring der Struktur (I) muß man sich als nicht in einer Ebene liegend vorstellen.

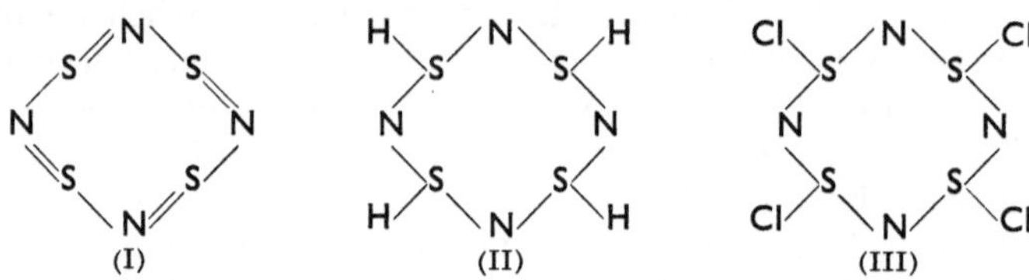

(I) (II) (III)

Vom N_4S_4 gibt es eine Reihe interessanter Reaktionen, die interessantesten sind die Reduktion zu $N_4S_4H_4$ (II) mit Zinn(II)-chlorid in einem Gemisch von Benzol und Alkohol sowie die Reaktion mit Chlor in Schwefelkohlenstoffsuspension unter Bildung von $N_4S_4Cl_4$ (III). Sehr wahrscheinlich erfolgt in diesen Fällen eine Anlagerung an die Schwefelatome, da beispielsweise die Wasserstoffderivate gegen ziemlich starke Alkalien beständig sind, was bei Anwesenheit von N—H-Gruppen sehr unwahrscheinlich wäre; weiterhin liefern sie mit Formaldehyd die Verbindung $(NS \cdot CH_2OH)_4$, während man bei einer Bindung des Wasserstoffs an den Stickstoff die Verbindung $SN \cdot CH_2NS$ erwarten sollte, da Diäthylamin mit dem gleichen Reagens $(C_2H_5)_2N \cdot CH_2 \cdot N(C_2H_5)_2$ ergibt.

Beim Kochen von N_4S_4 mit Acetylchlorid am Rückflußkühler entsteht Thiotrithiacylchlorid, N_3S_4Cl. Diese Verbindung ist ein Salz, das die $(N_3S_4)^+$-Gruppe enthält; durch doppelte Umsetzung kann man daraus auch andere Salze erhalten (z. B. $N_3S_4NO_3$, N_3S_4J, $N_3S_4HSO_4$).

Beim Sublimieren von N_4S_4 mit Schwefel bei 125° gelangt man zu einer Schwefel-Stickstoffverbindung der Formel NS_2[26]; diese Verbindung, eine rote Flüssigkeit, ist möglicherweise ein Analogon des NO_2; allerdings ist ihre Struktur bisher noch nicht aufgeklärt. Auch die unbeständige Verbindung N_2S_5, die man durch Erhitzen von N_4S_4 mit Schwefelkohlenstoff auf 100° erhält, könnte vielleicht dem N_2O_5 entsprechen, wobei auch in diesem Fall kein Beweis für die Struktur vorliegt. Eine Stickstoff-Selenverbindung $(N_4Se_4)_x$ erhält man durch Einwirkung von trocknem Ammoniak auf in Benzol gelöstes Methyl- oder Äthylselenit[27]. Die höchst explosive Verbindung ist im einzelnen noch nicht untersucht worden. Die Tellurverbindung Te_3N_4 entsteht bei längerer Einwirkung von flüssigem Ammoniak auf Tellurbromid[28] und ist ebenfalls unbeständig.

---

[25] Lu u. Donohue: J. Amer. chem. Soc. 1944, **66**, 818.
[26] Usher: J. chem. Soc. 1925, 730.
[27] Strecker u. Schwarzkopf: Z. anorg. allg. Chem. 1934, **221**, 193.
[28] Strecker u. Mahr: Z. anorg. allg. Chem. 1934, **221**, 199.

Phosphornitrilchloride und verwandte Verbindungen[29].

Bei den Phosphornitrilchloriden handelt es sich um eine Gruppe von Verbindungen der Zusammensetzung $(PNCl_2)_n$; sie können nach verschiedenen Methoden dargestellt werden, die älteste ist die Reaktion von gasförmigem Ammoniak mit Phosphorpentachlorid. Dieses Verfahren liefert allerdings nur geringe Ausbeuten; bessere Ergebnisse erhält man, wenn man Phosphorpentachlorid und Ammoniumchlorid im Bombenrohr auf 120° erhitzt oder wenn man diese beiden Komponenten in Tetrachloräthan (Sdp. 146,3°) löst, am Rückflußkühler kocht, das Lösungsmittel abdestilliert und den Rückstand fraktioniert. Eine entsprechende Reaktion verläuft zwischen Phosphorpentabromid und Ammoniumbromid.

Bei diesen Reaktionen entsteht ein Gemisch verschiedener Produkte. Als Hauptkomponenten erhält man das trimere $(PNCl_2)_3$, (Schmp. 114°, Sdp. 127°/13 mm) und das tetramere $(PNCl_2)_4$ (Schmp. 123,5°, Sdp. 188°/13 mm); in kleineren Mengen kann man auch die Verbindungen $(PNCl_2)_5$, $(PNCl_2)_6$ und $(PNCl_2)_7$ isolieren. Diese Polymere sind sämtlich in Benzol löslich, was auch zur Molekulargewichtsbestimmung benutzt wurde. Bei der Trennung der Polymeren durch fraktionierte Destillation geht ein Teil des Materials durch weitere Polymerisation verloren, so daß die Anwendbarkeit der Destillationsmethode zur Trennung nur begrenzt ist; möglicherweise lassen sich jedoch noch andere Methoden entwickeln, mit denen man höhere Polymere isolieren kann. Die monomere und dimere Form der Verbindung sind nicht dargestellt worden. Bei 250—350° gehen die Phosphornitrilchloride in ein unlösliches gummiartiges Polymeres über, das in Benzol reversibel quillt. Die beim Dehnen des gummiartigen Polymeren beobachtete Änderung des Röntgenbeugungsdiagramms ist ähnlich wie beim Naturkautschuk. Diese Erscheinung ist wahrscheinlich durch die Orientierung langkettiger Polymere (II) in Richtung der Dehnungsrichtung bedingt.

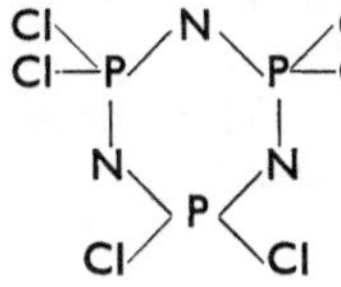

(I) 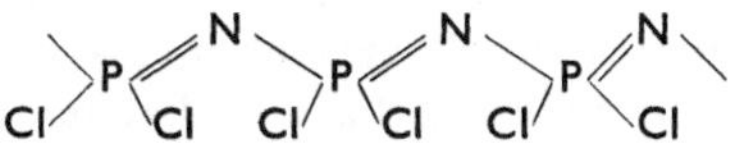 (II)

Elektronenbeugungsmessungen haben gezeigt[30], daß das trimere $(PNCl_2)_3$ eine Struktur besitzt, die aus einem ebenen Ring besteht (I), während das tetramere einen nicht ebenen Ring bildet. Die Strukturen dieser beiden Verbindungen wurden auch durch Röntgenanalyse untersucht. Als wichtigster Punkt ergab sich dabei die Tatsache, daß die Bindungslängen aller P—N-Bindungen die gleichen sind, was darauf hindeutet, daß in diesen Molekülen, genau wie beim Benzol, eine

[29] Einen ausführlichen Überblick über dieses Gebiet bei AUDRIETH, STEINMAN u. TOY: Chem. Reviews 1943, **32**, 109.

[30] BROCKWAY u. BRIGHT: J. Amer. chem. Soc. 1943, **65**, 1551.

Resonanz auftritt. Die Bindungslänge der P—N-Bindungen entspricht einem 50%igen Doppelbindungscharakter. Wahrscheinlich sind auch Ionenstrukturen an dem Resonanzvorgang beteiligt.

Die Phosphornitrilchloride sind gegen Hydrolyse ziemlich widerstandsfähig, sie reagieren aber in ätherischer Lösung mit Wasser unter Ersatz von Cl- durch OH-Gruppen. Stärker wirkende Hydrolysemittel ergeben Ammoniak und Phosphorsäure. Bei der Hydrolyse des Trimeren in ätherischer Lösung entstehen die beiden Verbindungen $P_3N_3Cl_4(OH)_2$ und $P_3N_3(OH)_6$, mit saurem Charakter, die wohldefinierte Salze (z. B. $Ag_6P_3N_3O_6$) ergeben. Durch Reaktion mit Ammoniak können die Halogenatome teilweise oder vollständig durch NH_2-Gruppen ersetzt werden, wobei Produkte wie $P_3N_3Cl_4(NH_2)_2$ entstehen. Eine entsprechende Reaktion beobachtet man bei Einwirkung von Aminen; Anilin ergibt beispielsweise bei der Reaktion mit der trimeren Form die Verbindung $P_3N_3(NHPh)_6$.[31] Analog reagieren auch Alkohole und Phenole:

$$\text{—PCl}_2\text{—N—} + 2\,R\text{OH} = \text{—P(O}R)_2\text{N—} + 2\,\text{HCl}.$$

Bei der trimeren und tetrameren Verbindung erfolgt in Gegenwart von Aluminiumchlorid mit Benzol eine FRIEDEL-CRAFTSsche Kondensation; dabei entstehen Produkte, bei denen Phenylgruppen an die Phosphoratome gebunden sind. Einen ähnlichen Reaktionsverlauf findet man bei der Einwirkung von Grignardlösung und Organometallverbindungen. Phenylmagnesiumbromid liefert mit dem Tetrameren zwei isomere Tetraphenylderivate, bei denen die vier substituierten Gruppen sich an benachbarten und gegenüberliegenden Phosphoratomen befinden[32]. Es wurde auch über die Bildung von zwei isomeren Octaphenylderivaten berichtet, aber kein Grund zur Erklärung gefunden, warum in diesem Falle eine Isomerie vorliegt.

SCHMITZ-DUMONT und Mitarbeiter[33] haben den Austausch von Chlor gegen Fluor untersucht und dabei festgestellt, daß mit milden Reagenzien, wie Bleifluorid, leicht ein Austausch möglich ist. Eines der interessantesten Ergebnisse dieser Arbeit ist die Bildung der Verbindung $P_4N_4Cl_2F_6$, eines Derivates des Tetrameren, als eines der Reaktionsprodukte bei der Reaktion zwischen PbF_2 und dem trimeren $P_3N_3Cl_6$.

Die Darstellung des Fluors.

Während der letzten 25 Jahre haben sich die Verfahren zur Darstellung von elementarem Fluor weitgehend entwickelt. Die Darstellung des Fluors nach der ursprünglichen Methode von MOISSAN erfolgte unter Benutzung einer Platin- oder Kupferzelle mit Platin-Iridiumelektroden und eines Elektrolyten, der aus wasserfreiem Fluorwasserstoff und Kaliumfluorid im Molverhältnis etwa 12:1 bestand. Dieses Verfahren, bei dem man die Zelle zur Vermeidung einer zu starken Verdampfung

[31] BODE, BUTOW u. LIENAU: Ber. dtsch. chem. Ges. 1948, **81**, 547.

[32] BODE u. THAMER: Ber. dtsch. chem. Ges. 1943, **76**, 121.

[33] SCHMITZ-DUMONT u. KULKENS: Z. anorg. allg. Chem. 1938, **238**, 189. — SCHMITZ-DUMONT u. BRASCHES: Z. anorg. allg. Chem. 1939, **243**, 113.

des Fluorwasserstoffs auf —30° kühlen muß, ist jetzt vollständig verlassen worden. An seiner Stelle werden jetzt zwei verschiedene Arten von Zellen verwendet[34]:

1. Zelle für einen mittleren Temperaturbereich, die bei 70—100° mit einem Elektrolyten der Zusammensetzung KF·2—3 HF arbeitet.

2. Hochtemperaturzelle, mit der bei 250—270° unter Verwendung eines Elektrolyten der Zusammensetzung KF·HF gearbeitet wird.

Es wurden eine größere Zahl derartiger Zellen sowohl für die Laboratoriumsarbeit als auch für technische Zwecke beschrieben. Als Baumaterialien wurden unter anderen Kupfer, Nickel und Magnesium verwendet; mit beiden Elektrolyten kann auch in einer Zelle aus weichem Stahl gearbeitet werden. Für die im mittleren Temperaturbereich betriebene Zelle kann man die Anode aus Nickel, oder besser Kohlenstoff, und die Kathode aus Stahl herstellen, während man in den Hochtemperaturzellen Graphitanoden und Stahl- oder Kupferkathoden verwendet. Die folgende Abbildung (Abb. 55) zeigt den Bau einer für den Laboratoriumsgebrauch geeigneten Zelle für mittlere Temperaturen.

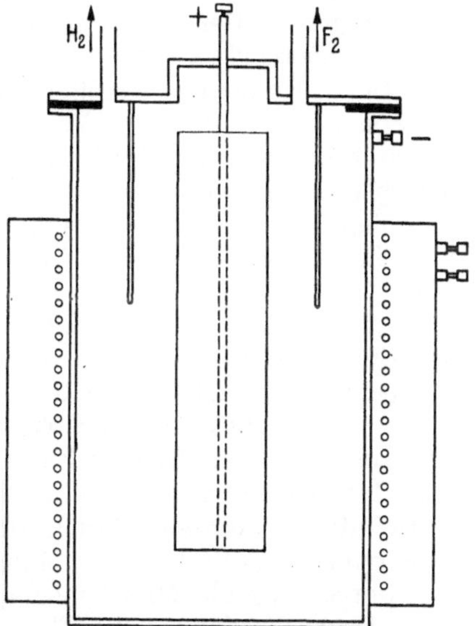

Abb. 55. Elektrisch geheizte Fluorzelle für mittleres Temperaturgebiet mit Kohlenanode.

Die Schwierigkeiten beim Arbeiten mit Fluor im Laboratorium sind nicht so groß, wie man im allgemeinen annimmt, wenn man auch wegen der starken Reaktionsfähigkeit des Elementes sehr sorgfältig vorgehen muß. Viele organische Substanzen brennen in Fluor, und man muß unbedingt die Berührung mit Fett vermeiden. Mit Metallen wie Stahl, Kupfer und Nickel findet bei gewöhnlicher Temperatur keine nachweisbare Reaktion statt, so daß man diese Materialien zum Bau von Apparaten und Leitungen benutzen kann. Unter der Voraussetzung, daß das Gas frei von Fluorwasserstoff ist, findet auch nur eine geringe Reaktion mit Pyrexglas und geschmolzener Kieselsäure statt. Die Flußsäure führt zu folgendem Reaktionskreislauf, durch den bei Anwesenheit von Fluorwasserstoff ein ständiger Angriff erfolgt:

$$SiO_2 + 4\,HF = SiF_4 + 2\,H_2O;\ 2\,H_2O + 2\,F_2 = 4\,HF + O_2.$$

Fluorwasserstoff kann man durch Kühlen des Gases auf etwa —80° entfernen; bei dieser Temperatur ist Fluor — mit einem Sdp. von —188° — noch flüchtig, während Fluorwasserstoff (Sdp. 19,5°)

[34] Einen Überblick über die laboratoriumsmäßige und technische Darstellungsmöglichkeit des Fluors bei LEECH: Quart. Rev. (Chem. Soc., London) 1949, 3, 22.

kondensiert wird. Man kann den Fluorwasserstoff auch mit Natriumfluorid entfernen, durch das er unter Bildung des sauren Fluorids $NaF \cdot HF$ gebunden wird, während mit Fluor keine Reaktion eintritt.

Die Fluoride des Kohlenstoffs.

Die Kohlenstofffluoride bilden eine große Gruppe von Verbindungen, die in ihrer Struktur und bis zu einem gewissen Grade in ihren physikalischen Eigenschaften den Kohlenwasserstoffen entsprechen. Sie werden zusammenfassend als Fluorkohlenstoffe bezeichnet, wobei die den gesättigten Kohlenwasserstoffen analogen Verbindungen sehr reaktionsträge sind. Die einfachste Verbindung dieser Art, CF_4, wurde im unreinen Zustand schon 1890 von MOISSAN dargestellt, in reiner Form jedoch erstmalig von LEBEAU und DAMIENS im Jahre 1926 erhalten[35]. Vier Jahre später stellten RUFF und KEIM[36] durch direkte Reaktion von Fluor mit Kohlenstoff die Verbindungen CF_4, C_2F_4, C_2F_6 und C_3F_8 her. Bei dieser Reaktion entstehen in kleinen Mengen auch höhere Homologe der Reihe C_nF_{n+2}. Die Reaktion von Fluor mit Graphit bei 200° liefert das Einlagerungsfluorid $(CF)_n$ (vgl. S. 461); dieses zerfällt bei höherer Temperatur ebenfalls in ein Gemisch verschiedener Fluorkohlenstoffe.

Die Darstellung höherer Kohlenstofffluoride durch direkte Reaktion von Kohlenwasserstoffen mit Fluor ist unbefriedigend, da die Reaktionen sehr stark exotherm sind und es daher meist zu einem teilweisen oder vollständigen Zusammenbruch des Kohlenstoffskeletts des Kohlenwasserstoffmoleküls kommt. Man muß daher die Reaktion mäßigen, was durch folgende Mittel möglich ist:

1. Durch Verdünnen des Fluors mit Stickstoff, Kühlen und Durchführung der Reaktion in einem verhältnismäßig indifferenten Lösungsmittel wie Tetrachlorkohlenstoff.

2. Durch katalytische Fluorierung. Hierbei wird gewöhnlich der dampfförmige Kohlenwasserstoff im Gemisch mit durch Stickstoff verdünntem Fluor in einem Reaktionsrohr, das, je nach der zu untersuchenden Reaktion, mit Gold oder Silber überzogene Kupfergaze enthält, auf 100—300° erhitzt.

3. Indem man die organische Verbindung, die fluoriert werden soll, über Kobalt(III)-fluorid leitet, das auf 100—300° erhitzt ist. Das Kobalt(III)-fluorid wird vorher in dem Reaktionsgefäß durch Behandlung von Kobalt(II)-fluorid mit Fluor hergestellt und kann auf die gleiche Weise für eine neue Behandlung mit Kohlenwasserstoffen regeneriert werden. Bei dem erwähnten Vorgang findet folgende Hauptreaktion statt: $>CH_2 + 4\,CoF_3 = >CF_2 + 2\,HF + 4\,CoF_2$. Das katalytische Verfahren verläuft wahrscheinlich ebenfalls über die intermediäre Bildung von Gold- bzw. Silberfluorid.

Diese Methoden wurden mit Erfolg zum Ersatz von Wasserstoff durch Fluor auf eine große Zahl aliphatischer und aromatischer Verbindungen angewandt. Es gibt außerdem noch eine Reihe weiterer Ver-

---

[35] LEBEAU u. DAMIENS: C. R. hebd. Séances Acad. Sci. 1926, **182**, 1340.
[36] RUFF u. KEIM: Z. anorg. allg. Chem. 1930, **192**, 249.

fahren, um teilweise fluorierte Verbindungen herzustellen, von denen das wichtigste die SWARTSsche Reaktion ist. Bei dieser Methode werden organische Halogenverbindungen in Gegenwart eines Antimon(V)-halogenids mit Antimontrifluorid behandelt, in einigen Fällen auch mit Fluorwasserstoff und Antimontrifluorid. Als Beispiel für diese Reaktionen seien die Umwandlungen von CCl_4 in CCl_3F, CCl_2F_2 und $CClF_3$ sowie von $C_6H_5CCl_3$ in $C_6H_5CF_3$ erwähnt. Man kann das Verfahren auch zur Herstellung gemischter Halogenide anderer Elemente (z. B. $SiClF_3$ usw. und $POClF_2$ usw.) benutzen.

Die Siedepunkte der Kohlenstoff-Fluorverbindungen liegen dicht bei denen der entsprechenden Kohlenwasserstoffe, wie die Gegenüberstellung für die aliphatischen Reihen C_nH_{2n+2} und C_nF_{2n+2} zeigt:

Tabelle 2.

	$n =$							
	1	2	3	4	5	6	8	16
Fluorverbindung. .	—128°	—78°	—38°	—0,5°	22°	51°	104°	240°
Wasserstoffverbindung . . .	—161°	—88°	—44°	—0,5°	36°	68°	125°	286°

Das inerte Verhalten der Fluor-Kohlenstoffverbindungen ermöglicht ihre Verwendung als Lösungs- und Schmiermittel sowie als Isolationsmaterial. Die gemischten Chlor-Fluor-Kohlenwasserstoffe, die nach der SWARTSschen Reaktion hergestellt und gewöhnlich als Freone bezeichnet werden, finden weitgehende Verwendung in der Kältetechnik. Sie besitzen einen geeigneten Bereich der Siedepunkte (z. B. CF_2Cl_2 —30°) gute thermodynamische Eigenschaften, sind nicht giftig und wirken nicht korrodierend. Mit diesen Verbindungen verwandt ist das technisch wichtige Polytetrafluoräthylen $(C_2F_4)_n$, ein weißer fester Stoff, der als gutes elektrisches Isoliermittel wirkt und gegenüber chemischen Einflüssen sehr widerstandsfähig ist. So wird die Verbindung beispielsweise von kochendem Königswasser nicht angegriffen und ist daher für Armaturen in chemischen Anlagen gut geeignet. Man erhält die Verbindung, indem man das Freon $CHClF_2$ bei 800° krackt ($2\,CHClF_2 = C_2F_4 + 2\,HCl$) und das monomere Tetrafluoräthylen in Gegenwart einer wäßrigen Peroxysulfatlösung unter Druck polymerisiert.

Die Chemie der organischen Fluorverbindungen bietet viele außerordentlich interessante Einzelheiten, die aber im Rahmen dieses Buches nicht behandelt werden können. Es sollen nur zwei Punkte erwähnt werden, die die deutlichen Unterschiede zwischen der Chemie der Kohlenwasserstoffe und der Fluorkohlenstoffverbindungen erkennen lassen. Einerseits handelt es sich um das Amin $N(CF_3)_3$, eines der bei der Fluorierung von Trimethylamin mit Kobaltfluorid entstehenden Produktes; die Verbindung ist völlig reaktionsträge und besitzt keine basischen Eigenschaften. Die zweite interessante Verbindung ist CF_3J, das sich wie eine Verbindung mit positivem Jod verhält und bei der Hydrolyse CF_3H und nicht CF_3OH ergibt. Vom CF_3J hat man auch organometallische Verbindungen wie $HgCF_3J$, $Hg(CF_3)_2$, $P(CF_3)_3$ und $As(CF_3)_3$ darstellen können.

Fluorverbindungen der Elemente der Gruppe Vb.

Die anomale Art des Verhaltens der Kohlenstofffluoride trifft man bis zu einem gewissen Grade auch bei den Fluoriden anderer Nichtmetalle. Die Fluoride des Bors (BF_3, Sdp. —101°) und Siliciums (SiF_4, Sdp. —96°, Si_2F_6, Sdp. —19°) brauchen nicht besonders erwähnt zu werden, da sie in ihren Eigenschaften den anderen Halogeniden ähneln, außer daß sie die Säuren HBF_4 und H_2SiF_6 bilden und daß sie flüchtiger sind als die anderen Halogenide dieser Elemente.

Stickstofftrifluorid (Sdp. —119°), das erstmalig 1928 durch Elektrolyse von geschmolzenem wasserfreiem NH_4HF_2 bei 125° hergestellt wurde[37], ist wegen seiner geringen Reaktionsfähigkeit bemerkenswert. Es bleibt bei Berührung mit Wasser unverändert, lediglich bei der Funkenentladung mit Wasserdampf setzt folgende Reaktion ein:

$$2\,NF_3 + 3\,H_2O = 6\,HF + N_2O_3.$$

Stickstofftrifluorid wird von Alkalien und Säuren nicht angegriffen und kann mit Metallen auf mäßige Temperaturen erhitzt werden, ohne daß eine Reaktion erfolgt. Ein Gemisch des Trifluorids mit Wasserstoff explodiert durch Funkenzündung unter Bildung von Stickstoff und Fluorwasserstoff. Dieses Verhalten steht im scharfen Gegensatz zu dem unbeständigen Charakter des Stickstofftrichlorids, das sich mit Wasser unter Bildung von Ammoniak und unterchloriger Säure zersetzt. Das Fluorid ist exotherm mit einer Wärmetönung von 53 kcal, während Stickstofftrichlorid endotherm ist (110,8 kcal).

Bei der elektrolytischen Darstellung von Stickstofftrifluorid entstehen kleine Mengen von NH_2F und NHF_2, die beide sehr reaktionsfähig sind. Es soll sich auch noch ein drittes Produkt, NF_2, bilden, das aber nicht eindeutig nachgewiesen werden konnte.

Ein weiteres Stickstofffluorid, N_2F_2, entsteht durch Zersetzung von N_3F[38]; Elektronenbeugungsmessungen haben gezeigt, daß der Verbindung die Konstitution F—N=N—F zukommt; ihr chemisches Verhalten ist bisher noch nicht genau untersucht worden. Es handelt sich hierbei zweifellos um ein Gebiet, auf dem noch vieles erforscht werden muß, zumal, wenn man die Beziehungen zur Fluorierung aliphatischer Amine einbezieht, bei der nicht nur chemisch indifferente Verbindungen wie $N(CF_3)_3$, $N(CF_3)_2F$ und $N(CF_3)F_2$, sondern auch Stickstofftrifluorid selbst entsteht.

Die Verbindungen Nitrosylfluorid, NOF, und Nitrylfluorid, NO_2F, ähneln sehr stark den entsprechenden Chloranalogen. Fluor bildet darüber hinaus noch eine weitere Verbindung, NO_3F, zu der es kein Chloranaloges gibt; diese Verbindung wird häufig als Fluornitrat bezeichnet. Erstmalig wurde sie von CADY[39] durch Einwirkung von Fluor auf 3-n-Salpetersäure erhalten; jetzt stellt man sie durch Fluorierung von reiner Salpetersäure oder Metallnitraten dar. NO_3F ist ein

[37] RUFF, FISCHER u. LUFT: Z. anorg. allg. Chem. 1928, **172**, 417.
[38] BAUER: J. Amer. chem. Soc. 1947, **69**, 3104.
[39] CADY: J. Amer. chem. Soc. 1934, **56**, 2635.

explosives Gas (Sdp. —45,9°), und seine Darstellung ist eine der gefährlichsten Operationen der anorganischen Chemie. Die Verbindung greift trocknes Glas oder Quarz nicht an, wird aber durch Wasser in Sauerstoff, Fluormonoxyd, Salpetersäure und Fluorwasserstoff gespalten. Die Reaktion mit 2%igem wäßrigem Natriumhydroxyd verläuft nach der Gleichung

$$2\,NO_3F + 2\,NaOH = 2\,NaNO_3 + F_2O + H_2O.$$

Die durch Elektronenbeugungsmessungen bestimmte Struktur von NO_3F zeigt eine gewisse Ähnlichkeit mit der Struktur der Salpetersäure; die drei Sauerstoffatome liegen auch hier in der gleichen Ebene wie das Stickstoffatom. Das untenstehende Diagramm zeigt die Struktur unter Angabe der Bindungslängen in Angström-Einheiten.

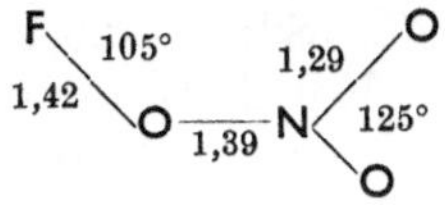

F 105° 1,29 O
1,42 O 1,39 N 125°
O

Die Fluoride des Phosphors, Antimons und Wismuts brauchen nicht näher erläutert zu werden. Phosphor bildet eine Reihe von Fluoriden (PF_3, PF_5 und POF_3), die in vieler Hinsicht den entsprechenden Chloriden ähneln; lediglich sind PF_3 und POF_3 widerstandsfähiger gegen Hydrolyse, und im PF_3 sind die Donatoreneigenschaften weniger stark ausgeprägt als im PCl_3. Eine dem P_2Cl_4 und P_2J_4 analoge Fluorverbindung ist nicht dargestellt worden.

Arsen und Antimon bilden im drei- und im fünfwertigem Zustand reaktionsfähige Fluoride; demgegenüber ist ein Arsenpentachlorid nicht bekannt, während man $SbCl_5$ leicht erhalten kann. Im Falle des Wismuts ist das Pentafluorid, das man durch Einwirkung von Fluor auf das Trifluorid erhält, das einzig bekannte Pentahalogenid. Es ist ebenfalls reaktionsfähig und wird als Hilfsmittel zur Fluorierung organischer Verbindungen angesehen.

Fluorverbindungen der Elemente der Gruppe VIb.

Die Sauerstofffluoride sind an anderer Stelle besprochen (S. 315). Schwefel, Selen und Tellur bilden sowohl Hexafluoride, zu denen es bei den anderen Halogeniden dieser Elemente keine Parallelen gibt, als auch niedere Fluoride. Die Formeln und Siedepunkte dieser Verbindungen sind in der folgenden Übersicht zusammengestellt:

Tabelle 3.

	Sdp. °C		Sdp. °C		Sdp. °C
SF_6	—63,8	SeF_6	—46,6	TeF_6	—38,9
S_2F_{10}	29	SeF_4	93		
SF_4	—40				
S_2F_2	—38,4				

Die drei Hexafluoride entstehen bei der Verbrennung der Elemente in Fluor, wobei sich gleichzeitig in kleinen Mengen die Dekafluoride,

S_2F_{10}, Te_2F_{10} und wahrscheinlich auch Se_2F_{10}, bilden. Die Beständigkeit des Schwefelhexafluorids entspricht etwa der des Stickstofffluorids. Es wird von Wasser, Säuren, Alkalien und einer großen Zahl von Metallen und Nichtmetallen nicht angegriffen. Selbst Natrium reagiert mit dieser Verbindung erst weit oberhalb seines Schmelzpunktes. Die Selen- und Tellurhexafluoride sind etwas reaktionsfähiger und reagieren beispielsweise beide bei Zimmertemperatur mit Quecksilber. Bei der Tellurverbindung, die durch Wasser hydrolysiert wird, ist die größere Reaktionsfähigkeit verständlich, da das Kovalenzmaximum des Elements 8 beträgt und im Hexafluorid nicht erreicht wird. Von den Dekafluoriden ist als einzigstes das S_2F_{10} näher untersucht worden; es scheint genau so reaktionsträge zu sein wie SF_6. Eine sehr interessante Erweiterung hat dieses Gebiet durch die Darstellung des Trifluormethylschwefelpentafluorids, CF_3SF_5 (Sdp. —20,4°), erfahren, das bei der Fluorierung von CH_3SH mit Kobalt(III)-fluorid entsteht[40]. Es war zu erwarten, daß CH_3SH in der gleichen Weise, wie CH_3OH bei der Fluorierung CF_3OF[41] ergibt, zu CF_3SF führen würde, aber offenbar bestätigt sich auch in diesem Falle die Neigung des Fluors zur Erreichung der höchsten Kovalenz. Soweit bekannt, ist das substituierte Hexafluorid genau so reaktionsträge wie das Hexafluorid selbst: Beide Verbindungen sind gute Isolatoren, und das Hexafluorid wurde zur Herstellung von Hochspannungsgeneratoren benutzt.

Die niederen Fluoride des Schwefels, Selens und Tellurs sind sämtlich reaktionsfähig und ähneln ganz allgemein den anderen Halogeniden. Lediglich hinsichtlich der Schwefelverbindungen bestehen noch einige Unklarheiten, die wohl auf die Tatsache zurückzuführen sind, daß sich die Verbindungen bei der Berührung mit Glas zersetzen; es steht jedoch mit ziemlicher Sicherheit fest, daß die Verbindungen SF_4 und S_2F_2 existieren. Bisher sind die einzigen niederen Selen- und Tellurfluoride, für deren Existenz Beweise vorliegen, die Verbindungen SeF_4 und TeF_4, doch ist es sehr wahrscheinlich, daß in einiger Zeit noch weitere Verbindungen dargestellt werden können.

Verbindungen der Halogene untereinander[42].

Von den Verbindungen, die die Halogene miteinander bilden, gibt es vier Typen, und zwar AB, AB_3, AB_5 und AB_7. Zur Zeit sind noch keine Interhalogenverbindungen bekannt, die mehr als zwei verschiedene Halogene enthalten; dies beobachtet man aber in den eng mit diesen Verbindungen verwandten Polyhalogenidionen (s. unten). Die Formeln und Siedepunkte der bekannten Verbindungen sind in Tabelle 4 zusammengestellt.

Diese Verbindungen erhält man alle durch direkte Reaktion der Elemente miteinander. Chlor und Fluor reagieren beispielsweise, wenn

[40] SILVEY u. CADY: J. Amer. chem. Soc. 1950, **72**, 3624.

[41] KELLOG u. CADY: J. Amer. chem. Soc. 1948, **70**, 3986.

[42] Neuere Zusammenfassungen über dieses Gebiet bei BOOTH u. PINKSTON: Chem. Reviews 1947, **41**, 421, und SHARPE: Quart. Rev. (Chem. Soc., London) 1950, **4**, 115.

Tabelle 4.

Typus AB	Typus AB_3	Typus AB_5	Typus AB_7
ClF (—100°) BrF (20°) $BrCl$ (5°) JCl (97,4°) JBr (116°)	ClF_3 (12°) BrF_3 (127°) JCl_3 (Zers.)	BrF_5 (40°) JF_5 (97°)	JF_7 (4°)

man sie im äquimolekularen Verhältnis durch ein auf 200° erhitztes Nickelrohr leitet. Bei Verwendung von überschüssigem Fluor bildet sich bei 200° das Trifluorid. In ähnlicher Reaktion entsteht durch Sättigung von Brom mit Fluor bei 10° das Bromfluorid. Wenn man einen mit Bromdampf beladenen Stickstoffstrom mit Fluor zusammenbringt, findet eine exotherme Reaktion statt, bei der sich als Hauptprodukt Bromtrifluorid bildet. Bei Anwendung von überschüssigem Fluor ergeben die gleichen Reaktionspartner bei 200° Brompentafluorid. Jod verbrennt in Fluor unter Bildung des Pentafluorids; wenn man das Pentafluorid im Rückfluß mit strömendem Fluor in einem auf 200° erhitzten Rohr reagieren läßt, erhält man das Heptafluorid, JF_7. Reines Brommonochlorid ist nur bei verhältnismäßig niedrigen Temperaturen beständig. Andererseits sind die Mono- und Trichloride sowie das Monobromid des Jods, die alle durch Zusammenmischen der Elemente in den entsprechenden Verhältnissen gewonnen werden können, wesentlich beständiger.

Obgleich die Fluor enthaltenden Interhalogenverbindungen alle höchst reaktionsfähig sind, wurden ihre Reaktionen im einzelnen nicht untersucht. Als Beispiel der Reaktionsfähigkeit sei erwähnt, daß die meisten Metalle und Nichtmetalle in Chlor- und Bromtrifluorid explosionsartig verbrennen, wobei im allgemeinen die gleichen Endprodukte entstehen, die man auch bei der Reaktion von elementarem Fluor mit dem betreffenden Metall erhält. Die Halogenfluoride reagieren auch heftig mit organischen Verbindungen und Wasser, wobei im Falle des Chlorfluorids die Verbindung $ClOF$ erhalten wurde. Thionylchlorid ergibt mit Bromtrifluorid oder Jodpentafluorid Thionylchlorofluorid, $SOClF$. Kohlenmonoxyd liefert mit Chlormonofluorid Carbonylchlorofluorid, während aus Jodpentafluorid und Kohlenmonoxyd Carbonyljodofluorid, $COJF$, entsteht. Die Bildung von Bromtetrafluoriden (z. B. $KBrF_4$) aus Bromtrifluorid und Metallfluoriden der entsprechenden Säuren (z. B. $SbBrF_6$, $AuBrF_6$) ist an anderer Stelle erwähnt (vgl. S. 489). Jodpentafluorid liefert ganz entsprechende Verbindungen (z. B. KJF_6, $JSbF_{10}$). Bekannter als diese Beispiele sind die Reaktionen der Interhalogenverbindungen, die kein Fluor enthalten: Diese Verbindungen sind bedeutend weniger reaktionsfähig als die Fluorhalogenide.

Die Strukturen der Interhalogenverbindungen.

Es liegen jetzt deutlich Beweise dafür vor, daß einige der Interhalogenverbindungen bis zu einem gewissen Grade einen Ionencharakter besitzen. So liegen die spezifischen Leitfähigkeiten von Jodmono- und

-trichloridschmelzen in der Größenordnung von 10^{-3} Ohm^{-1} cm^{-1}; auch ergeben die Lösungen der Verbindungen in einigen organischen Lösungsmitteln elektrisch leitende Lösungen. Man nimmt an, daß die Verbindungen nach den Gleichungen

$$2\,JCl \rightleftharpoons J^+ + JCl_2^-$$
$$2\,JCl_3 \rightleftharpoons JCl_2^+ + JCl_4^-$$

ionisieren. In analoger Weise dissoziiert Bromtrifluorid und Jodpentafluorid ($2\,BrF_3 \rightleftharpoons BrF_2^+ + BrF_4^-$; $2\,JF_5 \rightleftharpoons JF_4^+ + JF_6^-$). Im flüssigen Zustand ist diese Dissoziation keinesfalls vollständig, so daß man die Verbindungen für die meisten Zwecke als kovalent mit einem mehrwertigen Halogenatom in dem Molekül behandeln kann. Auf Grund von Ramanmessungen und der Ultrarotspektren ist man zu der Auffassung gekommen, daß Jodpentafluorid eine tetragonale und Jodheptafluorid eine pentagonale Pyramidenstruktur bilden. Das Molekül des Chlortrifluoridmoleküls besitzt wahrscheinlich eine ebene Struktur. Gewisse Anzeichen deuten darauf hin, daß die Verbindung im flüssigen Zustand assoziiert ist. Interessant sind auch die Beziehungen zwischen den Interhalogenverbindungen und den Polyhalogeniden, die sämtlich Ionengitter mit Anionen wie J_3^-, JBr_2^-, $JBrCl^-$ und JCl_2^- besitzen. Die Bildung der Polyhalogenide beschränkt sich auf Metalle, die große Kationen haben, also die Alkalimetalle und Ammoniumionen sowie die Ionen von substituierten Ammoniumverbindungen; die Beständigkeit der Alkalipolyhalogenide nimmt mit der Größe der Metallionen zu. Das grundsätzliche Darstellungsverfahren der Polyhalogenide besteht in der Anlagerung von Halogen- oder Interhalogenverbindungen an die entsprechenden Metallhalogenide, z. B. $KJ \rightarrow KJ_3$; $KCl + JCl_3 \rightarrow KJCl_4$; $CsF + JCl_3 \rightarrow CsJCl_3F$. Die wasserfreien Säuren, von denen sich diese Polyhalogenide ableiten, können nicht dargestellt werden; man erhält aber die Verbindung $HJCl_4 \cdot 4\,H_2O$, wenn man Chlor in eine Suspension von Jod in konzentrierter Salzsäure einleitet. Die Kenntnis über die Strukturen dieser Verbindungsklasse ist noch sehr unvollständig; im Falle des $(JCl_4)^-$ und $(JCl_2)^-$ nimmt man an, daß die äußeren Schalen des Jods zwölf bzw. zehn Elektronen enthalten. Das $(JCl_4)^-$-Ion bildet dann ein Oktaeder, in dem die nicht gemeinsamen Elektronenpaare in *trans*-Stellungen angeordnet sind. In gleicher Weise bildet $(JCl_2)^-$ eine trigonale Doppelpyramide, bei der die drei äußeren Stellungen von nicht gemeinsamen Elektronenpaaren besetzt sind.

Die basischen Eigenschaften des Jods.

Im Kapitel XI wurden bereits die basischen Eigenschaften des Jods erwähnt, und zwar bei der Besprechung des Oxyds J_2O_4, das man wahrscheinlich als basisches Jodat, $O{=}J{-}JO_3$, formulieren kann. Ebenso kann man das Oxyd J_4O_9 als Jodjodat, $J(JO_3)_3$, auffassen. Die Neigung des Jods zur Kationenbildung kommt auch bei einigen Interhalogenverbindungen, verschiedenen Jodsalzen und einer Reihe organischer Derivate zum Ausdruck.

Jod bildet ein Acetat, $J(CH_3CO_2)_3$, und ein Phosphat, JPO_4. Das Acetat erhält man, wenn man eine Lösung von Jod in Essigsäureanhydrid mit rauchender Salpetersäure oxydiert und das überschüssige Lösungsmittel im Vakuum bei 40—50° abdestilliert.

Bei der Elektrolyse einer Jodacetatlösung in Essigsäureanhydrid unter Verwendung eines versilberten Platinnetzes als Kathode scheidet sich an der Kathode Silberjodid in einer dem FARADAYschen Gesetz entsprechenden Menge ab. Danach dürfte kaum ein Zweifel bestehen, daß das Jod in derartigen Verbindungen als dreiwertiges Kation auftreten kann. Wenn man bei der obigen Darstellung die Essigsäure durch chlorierte Essigsäure ersetzt, so entstehen Jodmono-, -di- und -trichloracetate, $J(CH_2ClCOO)_3$, $J(CHCl_2COO)_3$ und $J(CCl_3COO)_3$. Das kristalline Phosphat JPO_4 erhält man aus einem Gemisch von Jod, Phosphorsäure, Essigsäureanhydrid und rauchender Salpetersäure. Es wird leicht entsprechend der Gleichung

$$5\,JPO_4 + 9\,H_2O = J_2 + 3\,HJO_3 + 5\,H_3PO_4$$

hydrolysiert. Das hydratisierte Perchlorat, $JClO_4 \cdot 2\,H_2O$, stellt man durch Lösen von Jod in wasserfreier Überchlorsäure und anschließende Oxydation mit Ozon her.

Die Beständigkeit der einwertigen Jodsalze nimmt durch Koordination mit Pyridin und anderen organischen Basen zu[43]. Ein Perchlorat von der Form $[J(Pyr)_2]ClO_4$ wurde durch Einwirkung von Jod auf in Chloroform gelöstes $[Ag(Pyr)_2]ClO_4$ dargestellt; außerdem erhielt man eine Reihe ähnlicher Verbindungen, vor allem

$[J(Pyr)_2]X$, wobei X = Nitrat ist;
$[J(Pyr)]X$, wobei X = Nitrat, Acetat oder Benzoat ist.

Von demselben Typus kennt man auch Verbindungen, in denen Pyridin durch andere Basen — wie Picolin — ersetzt ist. Bei der Elektrolyse dieser Verbindungen wurde festgestellt, daß das Jod zur Kathode wandert. Entsprechende Salze werden auch von Brom gebildet, darunter die Verbindungen $[Br(Pyr)_2]NO_3$ und $[Br(Pyr)_2]ClO_4$. Zahlreich sind die organischen Derivate, in denen man Jod als basisch oder zumindest mehrwertig vorliegend ansehen kann[44]. Sie enthalten ein oder zwei an Jod gebundene organische Radikale; zu diesen Verbindungen gehören Jod-Chlorverbindungen sowie Jodoso-, Jodoxy- und Jodoniumverbindungen. Ein typisches Beispiel aus der ersten Gruppe ist die durch Reaktion von Chlor mit Jodbenzol entstehende Verbindung $C_6H_5JCl_2$. Auch entsprechende Fluoride vom Typus RJF_2 sind bekannt. Das Dichlorid bildet bei der Behandlung mit Alkali die Jodosoverbindung $Ar—J{=}O$, die beim Erhitzen in das Jodid und eine fünfwertige Jodoxyverbindung disproportioniert:

$$2\,ArJO \rightarrow ArJ + ArJO_2.$$

[43] CARLSOHN: Ber. dtsch. chem. Ges. 1935, 68, 2209.

[44] Siehe SIDGWICK: The Chemical Elements and their Compounds (Oxford University Press, 1950), Bd. II, S. 1245.

Die (JO)-Gruppe findet man im basischen Jodsulfat, das entsteht, wenn man Jod in konzentrierter Schwefelsäure löst.

Bei den Jodoniumverbindungen handelt es sich um Salze mit dem Kation $(Ar_2J)^+$; in diesem besitzt das Jod ein vollständiges Elektronenoktett. Viele dieser Verbindungen sind in Wasser löslich; ihre wäßrigen Lösungen leiten den elektrischen Strom. Es sind Komplexsalze wie z. B. $[Ar_2J]_2PtCl_6$, $[Ar_2J]_2HgCl_4$ und $[Ar_2J]AuCl_4$ bekannt; freie Basen vom Typus Ar_2JOH sind stark alkalisch.

Die Pseudohalogene.

Der Ausdruck „Pseudohalogene" wurde von BIRCKENBACH und KELLERMANN[45] auf einige einwertige negative anorganische Radikale angewandt, die in ihren physikalischen und chemischen Eigenschaften eine Ähnlichkeit mit den Halogenen aufweisen. Die wichtigsten Radikale dieser Gruppe sind die Cyanide, Rhodanide, Acidodithiokarbonate, Selenocyanate, Tellurocyanate, Cyanate und Azidreste. Die vier ersten aus dieser Gruppe konnten tatsächlich selbst in freier Form im dimeren Zustand isoliert werden; die übrigen sind sämtlich in Form ihrer Derivate bekannt[46].

Die Chemie der Pseudohalogene ist zum größten Teil nicht erst in neuerer Zeit entwickelt worden. Dicyan beispielsweise wurde 1815 von GAY-LUSSAC durch Erhitzen von Quecksilber- oder Silbercyanid dargestellt, und während des neunzehnten Jahrhunderts blieb das Interesse an diesen und verwandten Verbindungen bestehen. Die starke Ähnlichkeit dieser Gruppen mit den Halogenen erkennt man deutlich an ihren Wasserstoffverbindungen; diese sind einbasische Säuren, die unlösliche Blei-, Silber- und Quecksilber(I)-salze ergeben; weiterhin zeigen die dimeren Radikale selbst, soweit sie bisher dargestellt wurden, in ihren Reaktionen eine allgemeine Ähnlichkeit mit den Halogenen. Um die Analogie zwischen den Formeln der Halogenverbindungen und denen der entsprechenden Pseudohalogenide zu zeigen, kann man als Beispiel für derartige Verbindungen Carbonylazid, $CO(N_3)_2$[47], und Sulfurylazid, $SO_2(N_3)_2$[48], anführen. Eine andere interessante Reaktion, aus der die Beziehung zwischen den Pseudohalogenen und den Halogenen hervorgeht, erfolgt zwischen Mangandioxyd und Rhodanwasserstoffsäure; wie sich gezeigt hat, entsteht bei dieser Reaktion eine kleine Menge Rhodan. Diese Reaktion und die Reaktion zwischen Braunstein und Chlorwasserstoffsäure verlaufen nach folgenden Gleichungen:

$$4\,HSCN + MnO_2 = 2\,H_2O + Mn(SCN)_2 + (SCN)_2$$
$$4\,HCl + MnO_2 = 2\,H_2O + MnCl_2 + Cl_2.$$

Dicyan, $(CN)_2$, ist das am leichtesten zugängliche Pseudohalogen; seine allgemeinen Reaktionen sind so gut bekannt, daß sie im einzelnen

[45] BIRCKENBACH u. KELLERMANN: Ber. dtsch. chem. Ges. 1925, **58**, 786, 2377.

[46] Siehe WALDEN u. AUDRIETH: Chem. Reviews 1928, **5**, 339; aus dieser Arbeit stammt auch vorwiegend das in diesem Abschnitt enthaltene Material.

[47] CURTIUS u. HEIDENREICH: Ber. dtsch. chem. Ges. 1894, **27**, 2684.

[48] CURTIUS u. SCHMIDT: Ber. dtsch. chem. Ges. 1922, **55**, 1571.

hier nicht erwähnt zu werden brauchen. Dicyan ist eine bei —25° siedende Flüssigkeit. Seine Hydrolyse, die zu den interessantesten Reaktionen der Verbindung gehört, verläuft nach folgendem Schema:

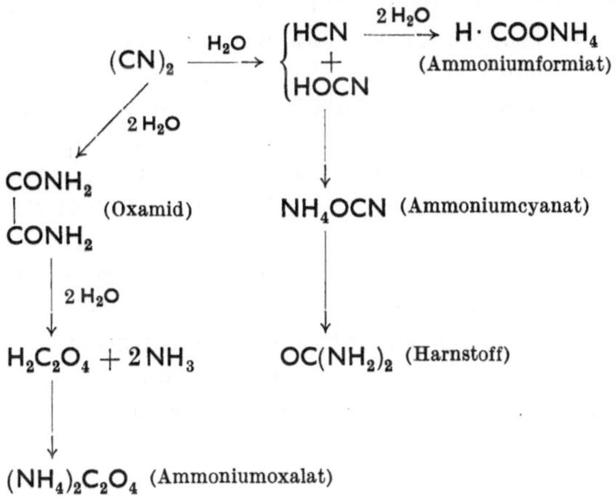

Oxycyan, $(CNO)_2$. BIRCKENBACH und KELLERMANN[49] versuchten vergeblich, durch Elektrolyse einer Lösung von Kaliumcyanat in Methylalkohol Oxycyan zu isolieren; die nach der Elektrolyse an der Anode befindliche Lösung schied aus Kaliumjodidlösung Jod aus und löste Kupfer, Zink und Eisen, ohne daß eine Gasentwicklung erfolgte. Das freie Oxycyan ging auch eine Sekundärreaktion mit dem als Lösungsmittel benutzten Methylalkohol ein. In einer früheren Arbeit beschrieb LIDOV[50] Oxycyan als ein dem Kohlendioxyd ähnelndes Gas. Er gab an, es auf den drei folgenden Wegen erhalten zu haben: a) durch Reaktion von Bromcyan mit Silberoxyd; b) durch Reduktion von Stickstoffdioxyd mit Kohlenstoff bei 150°; c) durch Einwirkung von Wasserstoffperoxyd, Kupfer(II)-oxyd oder Natriumhypobromit auf Kaliumcyanat, gemäß der Gleichung:

$$4\,KOCN + 2\,O = (OCN)_2 + 2\,K_2CNO_2.$$

Diese Arbeiten sind jedoch nicht wiederholt worden, und es ist sehr unwahrscheinlich, daß Oxycyan eine derartige gasförmige Verbindung ist.

Rhodan, $(SCN)_2$. Dieser Stoff wurde zuerst von SÖDERBÄCK[51] durch Einwirkung von Jod oder besser von Brom auf eine ätherische Lösung von Silberrhodanid dargestellt.

$$2\,Ag(SCN) + Br_2 = 2\,AgBr + (SCN)_2.$$

Die entstehende Lösung von Rhodan scheidet aus Jodiden Jod ab, oxydiert Kupfer vom einwertigen zum zweiwertigen Zustand und reagiert direkt mit Metallen unter Bildung von Rhodaniden. Festes

[49] BIRCKENBACH u. KELLERMANN: Ber. dtsch. chem. Ges. 1925, **58**, 786.
[50] LIDOV: Chem. Abstr. 1912, **6**, 2368, 2369, 3093, 3094.
[51] SÖDERBÄCK: Liebigs Ann. Chem. 1919, **419**, 217.

Rhodan erhält man, wenn man den Äther abdampft und die Flüssigkeit auf —70° kühlt. Die Verbindung schmilzt bei —2 bis —3° zu einem gelben Öl und polymerisiert bei Zimmertemperatur irreversibel zu einem unlöslichen, ziegelroten, amorphen Stoff. Rhodan konnte auch durch Elektrolyse von Rhodaniden dargestellt werden, die man dabei am vorteilhaftesten in Methylalkohol löst[52]. Die bei der Elektrolyse alkoholischer Kalium- oder Ammoniumrhodanidlösungen entstehende Anodenflüssigkeit ergibt beim Abdampfen des Alkohols unreines Rhodan. In diesen Lösungen neigt das Rhodan zur Polymerisation. Durch Wasser wird es unter Bildung von Rhodan- und Cyanwasserstoffsäure zersetzt.

Unter den anderen, den Halogenreaktionen analogen Reaktionen des Rhodans, ist die Bildung eines unbeständigen Nitrosylrhodanids, $NO(SCN)$, bei der Einwirkung von Äthylnitrit auf Rhodanwasserstoffsäure und die direkte Anlagerung von Rhodan an ungesättigte Kohlenwasserstoffe[53] zu erwähnen. So findet mit Äthylen folgende Reaktion statt:

$$C_2H_4 + (SCN)_2 = C_2H_4(SCN)_2.$$

Rhodan reagiert mit Ammoniak und bildet die unbeständige Verbindung $SCN \cdot NH_2$[54], während mit Aminen den Chloraminen entsprechende Derivate entstehen:

$$(SCN)_2 + 2\,NHR_2 = (NCS)NR_2 + NHR_2 \cdot HSCN.$$

Selenocyan, $(SeCN)_2$. Diese Verbindung konnte durch Elektrolyse einer Lösung von Kaliumselenocyanat in Methylalkohol (Birckenbach und Kellermann[55]) oder durch Zersetzen von Bleitetraselenocyanat[56] dargestellt werden. Das Elektrolysenverfahren ist jedoch zur Darstellung der reinen Verbindung ungeeignet, da sehr leicht Selen abgeschieden wird; man muß sich daher bei der Reindarstellung einem Verfahren zuwenden, das auf der Zersetzung von in Äther gelöstem Silberselenocyanat mit Jod beruht. Die Reaktion zwischen diesen beiden Stoffen führt zu einem Gleichgewichtszustand, bei dem nur 80% des Jods als Silberjodid vorliegen. Man verwendet daher einen Überschuß von Silberselenocyanat und muß die Temperatur unter 10° halten, um eine Zersetzung zu vermeiden. Der Vorgang verläuft nach der Gleichung

$$2\,AgSeCN + J_2 = 2\,AgJ + (SeCN)_2.$$

Selenocyan ist ein gelbes, kristallines Pulver, das im getrockneten Zustand beständig ist und sich in Benzol, Chloroform und Tetrachlorkohlenstoff löst. Die Bestimmung des Molekulargewichtes in Benzollösung ergibt, daß der Verbindung die dimere Formel $(SeCN)_2$ zukommt. Selenocyan hydrolysiert sehr leicht, wobei man folgenden Hydrolyseverlauf annimmt:

$$2\,(SeCN)_2 + 3\,H_2O = H_2SeO_3 + 3\,HSeCN + HCN.$$

---

[52] Kerstein u. Hoffmann: Ber. dtsch. chem. Ges. 1924, **57**, 491.
[53] Kaufmann: Ber. dtsch. pharmaz. Ges. 1923, **33** 139.
[54] Lecher, Witter u. Speer: Ber. dtsch. chem. Ges. 1923, **56**, 1104.
[55] Birckenbach u. Kellermann: Ber. dtsch. chem. Ges. 1925, **58**, 786, 2377.
[56] Kaufmann u. Kögler: Ber. dtsch. chem. Ges. 1926, **59**, 178.

Beim Erhitzen einer Lösung von Selenocyan in Schwefelkohlenstoff unter Rückfluß findet Polymerisation statt, und beim Abkühlen scheidet sich die kristalline Verbindung $Se_3(CN)_2$ ab.

Tellurocyan, $(TeCN)_2$, wurde bisher noch nicht dargestellt, obgleich WALDEN und AUDRIETH[57] annehmen, daß man es sowohl bei der Elektrolyse seines Kaliumsalzes in Methylalkohol als auch bei der Reaktion zwischen Kaliumtellurocyanat und Bleitetraacetat in Aceton erhalten kann.

Der folgende Vergleich der Halogensalze des vierwertigen Bleis mit einigen der entsprechenden Pseudohalogenverbindungen zeigt die starke Ähnlichkeit zwischen diesen beiden Gruppen.

PbF_4	Fest; verliert bei hohen Temperaturen Fluor.
$Pb(OCN)_4$	Sirupartige Flüssigkeit; bei Zimmertemperatur kurze Zeit beständig.
$PbCl_4$	Öl. Schmp. —15°. Sehr leicht zersetzlich.
$PbBr_4$	Bei Zimmertemperatur sofortige Zersetzung in $PbBr_2$ und Br_2.
$Pb(SCN)_4$	„ „ „ „ „ $Pb(SCN)_2$ und $(SCN)_2$.
PbJ_4	„ „ „ „ „ PbJ_2 und J_2.
$Pb(SeCN)_4$	„ „ „ „ „ $Pb(SeCN)_2$ und $(SeCN)_2$.

Azidodithiokohlenstoffdisulfid, $(SCSN_3)_2$, ist ein sehr unbeständiger, weißer kristalliner Stoff, der zuerst im einzelnen von BROWNE, HOEL, SMITH und SWEZEY[58] untersucht wurde. Sein Kaliumsalz, $KSCSN_3$, entsteht bei der Reaktion einer Lösung von Kaliumazid und Schwefelkohlenstoff bei 40°. Das freie Pseudohalogen erhält man durch Behandeln dieser Kaliumsalzlösung mit Oxydationsmitteln wie Eisen(III)-chlorid oder Wasserstoffperoxyd.

Azidodithiokohlenstoffdisulfid ist in Wasser bei 25° bis zu 3 Teilen auf 10000 löslich. Es ist sehr unbeständig und neigt beim Stoß zu heftigen Explosionen. Bei Zimmertemperatur zersetzt es sich von selbst, wobei wahrscheinlich folgende Reaktion stattfindet:

$$(SCSN_3)_2 = 2\,N_2 + 2\,S + (SCN)_2\,.$$

Bei der Reaktion mit verdünnten wäßrigen Alkalien bei —10° nimmt man folgenden Verlauf an:

$$(SCSN_3)_2 + 2\,KOH = KSCSN_3 + KOSCSN_3 + H_2O\,.$$

Diese Gleichung entspricht der Bildung von Chlorid und Hypochlorit aus Chlor und kalten Alkalilaugen. Die gebildete Sauerstoffverbindung neigt zur Zersetzung, bei der eine neue, dem Chlorat entsprechende Verbindung entsteht:

$$3\,KOSCSN_3 = 2\,KSCSN_3 + KO_3SCSN_3\,.$$

Die Azide. Das Azidradikal ist weder im freien Zustand noch in dimerer Form bekannt. Man findet es jedoch in einer Reihe von Verbindungen, in denen es in seinen Eigenschaften ganz den reinen Halogen- und Pseudohalogenanalogen entspricht. Die Stickstoffwasserstoffsäure

[57] WALDEN u. AUDRIETH: Chem. Reviews 1928, 5, 339.
[58] BROWNE, HOEL, SMITH u. SWEZEY: J. Amer. chem. Soc. 1923, 45, 2541.

erhält man in Form ihres Natriumsalzes durch Einwirkung von Distickstoffmonoxyd auf Natriumamid bei 190°. Das dabei freiwerdende Wasser zersetzt einen Teil des Amids zu Natriumhydroxyd:

$$NaNH_2 + N_2O = NaN_3 + H_2O$$
$$(NaNH_2 + H_2O = NaOH + NH_3).$$

Die freie Stickstoffwasserstoffsäure kann man durch Destillation des Natriumsalzes mit Schwefelsäure (im Verhältnis 1:1) und Entwässern des Destillats mit Calciumchlorid gewinnen. Stickstoffwasserstoffsäure ist eine endotherme (62 kcal), bei —37° siedende Flüssigkeit, die sehr explosionsgefährlich ist. Ihre Säurestärke ist etwas größer als die der Essigsäure ($K_{25°} = 2{,}8 \cdot 10^{-5}$). Die Löslichkeiten der Metallazide in Wasser entsprechen etwa denen der jeweiligen Halogenide. So sind beispielsweise die Silber-, Quecksilber(I)-, Kupfer(I)- und Thallium(I)-salze unlöslich, die Alkaliazide demgegenüber gut in Wasser löslich. Viele Schwermetallazide explodieren durch Schlag, Quecksilberazid wird als Detonator oder Initialzünder verwendet. Die Azide der Alkalimetalle sind andererseits verhältnismäßig beständig. Der Azidrest kann in die Strukturen von basischen Salzen — z. B. $Cu(OH)N_3$ — sowie auch von Komplexsalzen aufgenommen werden; in diesem Fall kann er als Azid eines Komplexions, z. B. $[Cu(NH_3)_4](N_3)_2$; $[Cu(en)_2](N_3)_2$, oder als Gruppe innerhalb des Komplexes fungieren, z. B. $[Cu(NH_3)_2(N_3)_2]$; $K_2[Cu(N_3)_4]$.

Das Azidion besitzt in den Ionenkristallen eine lineare, symmetrische Struktur; der N—N-Abstand beträgt 1,15 ± 0,02 Å. Ammoniumazid ist mit dem sauren Ammoniumfluorid, $NH_4[F—H—F]$, isomorph. In den kovalenten Aziden und in der Stickstoffwassersäure selbst liegt demgegenüber eine unsymmetrische Struktur vor. Im folgenden sind die durch Elektronenbeugungsmessungen an Methylazid und Stickstoffwasserstoffsäure ermittelten Werte wiedergegeben:

H_3C—N (1,47 Å); N—N (1,24 Å); N—N (1,10 Å); ∠ 120°

N—N (1,14 Å); N—N (1,25 Å); N—H (1,01 Å); ∠ 116°

Polyhalogenide und verwandte Verbindungen.

Es sind verschiedene Verbindungen bekannt, in denen man neben dem Pseudohalogen gleichzeitig ein Halogen antrifft oder in denen zwei Pseudohalogengruppen in einem Molekül enthalten sind. Das Auftreten derartiger Verbindungen bietet eine wesentliche Stütze dafür, daß man die Pseudohalogene mit den Halogenen zusammen in eine Gruppe einordnet, was durch eine Reihe von Beispielen belegt werden soll.

Caesiumdijodcyan, CsJ_2CN, kann man beispielsweise durch Reaktion von Caesiumjodid und Jodcyan in wäßriger Lösung darstellen[59]. Ammoniumtrirhodanid, $NH_4(SCN)_3$, hat sich ebenfalls unterhalb von —6° als beständig erwiesen und läßt sich mit einem Polyjodid wie KJ_3

[59] MATHEWSON u. WELLS: Amer. chem. J. 1903, **30**, 431.

vergleichen[60]. Es bestehen auch Anzeichen dafür, daß unter gewissen Bedingungen die Verbindungen $K(SCN)_3$, $K(SeCN)_3$, $K(SCN)J_2$ und $K(SCN)_2J$ auftreten können.

Zu den Verbindungen der Halogene mit den Pseudohalogenen gehören Chlorazid oder Chlorstickstoff, ClN_3, und das Brom- und Jodanaloge sowie die Halogenide des Cyans und das Mono- und Trichlorid des Rhodans. Die Formeln dieser Verbindungen entsprechen denen der einfacheren Interhalogenverbindungen, wobei allerdings, wie auch zu erwarten ist, für die höher zusammengesetzten fluorhaltigen Verbindungen (z. B. JF_5 und JF_7) kein Gegenstück bekannt ist.

Chlorazid, ClN_3[61], Bromazid, BrN_3[62], und Jodazid, JN_3[63], sind alle außerordentlich explosiv. Die Cyanhalogenide sind gut bekannte Verbindungen. Chlorcyan ist eine niedrig siedende Flüssigkeit, die bei der Einwirkung von Chlor auf Cyanwasserstoffsäure oder auf Cyanide entsteht. Das Bromid, eine feste Verbindung, erhält man in ganz analoger Weise. Das Jodid ist gleichfalls fest und bildet sich ebenfalls durch Einwirkung einer ätherischen Jodlösung auf Quecksilbercyanid.

Die Reaktion von Chlorcyan mit Alkalien verläuft nach der unten angegebenen Gleichung und entspricht der Reaktion mit den Halogenen

$$CNCl + 2\,KOH = KCNO + KCl + H_2O.$$

Beim Aufbewahren polymerisieren die Halogenide zu den trimeren Formen $(CNCl)_3$, $(CNBr)_3$ und $(CNJ)_3$. Der ersten Verbindung, dem Cyanurchlorid, wird die unten abgebildete Ringform zugeschrieben. Rhodanchlorid, $SCNCl$, ist ein weißer kristalliner Stoff, der bei der Vereinigung von Rhodan und Chlor in Chloroform entsteht. BROWNE und GARDNER[64] erhielten auch einen Beweis für die Bildung der Verbindungen $Cl(SCSN_3)$, $Br(SCSN_3)$ und $Br_3(SCSN_3)$, die bei der Einwirkung der Halogene auf Azidodithiokohlenstoff entstehen sollen.

```
          Cl
          |
          C
        /   \\
       N     N
       ||    |
  Cl—C      C—Cl
        \\  //
          N
```

Auch untereinander bilden die Pseudohalogene einige gut definierte Verbindungen. So reagiert beispielsweise Bromcyan mit einer gut gekühlten wäßrigen Lösung von Natriumazid und liefert dabei Cyanazid, das durch Extrahieren mit Äther als kristalliner Stoff gewonnen werden kann.

$$CNBr + NaN_3 = NaBr + CNN_3.$$

Cyanrhodanid, $CN(SCN)$, und Cyanselenocyanat, $CN(SeCN)$, sind ebenfalls dargestellt worden und erwiesen sich als gut definierte kristalline Stoffe. Neuerdings wurde auch Cyanazidodithiokarbonat erhalten[65]. Es entsteht in guter Ausbeute beim Zusatz vom Bromcyan zu einer

[60] KERSTEIN u. HOFFMANN: Ber. dtsch. chem. Ges. 1924, **57**, 491.
[61] RASCHIG: Ber. dtsch. chem. Ges. 1908, **41**, 4194.
[62] SPENCER: J. chem. Soc. 1925, **127**, 216.
[63] HANTZSCH: Ber. dtsch. chem. Ges. 1900, **33**, 522.
[64] BROWNE u. GARDNER: J. Amer. chem. Soc. 1927, **49**, 2759.
[65] AUDRIETH u. BROWNE: J. Amer. chem. Soc. 1930, **52**, 2799.

kalten wäßrigen Lösung von Natriumazidodithiokarbonat, wobei folgende Reaktion stattfindet:

$$NaSCSN_3 + CNBr = NaBr + CN \cdot SCSN_3.$$

Diese Verbindung ist ein weißer kristalliner Stoff, der sich bei Zimmertemperatur langsam zersetzt und beim Erhitzen zur Explosion neigt.

Zwölftes Kapitel.

Die Peroxyde und Peroxysäuren.

Sowohl die Metallperoxyde als auch die Peroxysäuren kann man am besten als Derivate des Wasserstoffperoxyds auffassen. Das Wasserstoffperoxyd ist im reinen Zustand eine ölige, bei —1,7° erstarrende Flüssigkeit, die als schwache Säure fungiert und deren Dissoziationskonstante — $[H^+][HO_2^-]$ — bei 20° bei $1{,}55 \cdot 10^{-12}$ liegt, so daß seine Wasserstoffionenkonzentration etwa 12mal so groß ist wie die des reinen Wassers. In anderer Hinsicht ähnelt es — abgesehen natürlich von seinem endothermen Charakter und seiner Unbeständigkeit — sehr stark dem Wasser. Die Dielektrizitätskonstante des Wasserstoffperoxyds bei 0° beträgt 89,2, die des Wassers im Vergleich dazu 84,4.

Wegen seiner Beziehung zu den Peroxyverbindungen ist die Struktur des Wasserstoffperoxyds besonders wichtig. Am wahrscheinlichsten ist die von PENNEY und SUTHERLAND[1] vorgeschlagene Konfiguration, bei der in dem H—O—O—H-Molekül keine freie Drehbarkeit um die —O—O-Bindung besteht; die Wasserstoffatome sind in senkrecht zueinander liegenden Ebenen angeordnet. Diese Konfiguration steht mit dem Ramanspektrum von H_2O_2, HDO_2 und D_2O_2 in Einklang[2]. Ebenso stimmt sie mit Beobachtungen der Kristallstruktur der Verbindungen $CO(NH_2)_2 \cdot H_2O_2$ überein[3], bei der das Harnstoffmolekül seine normale Konfiguration besitzt und der —O—O—H-Winkel 106° und der Abstand zwischen den beiden Sauerstoffatomen 1,46 Å beträgt[4].

Bei der folgenden Besprechung der Metallperoxyde und Peroxysäuren kommt die strukturelle Beziehung zum Wasserstoffperoxyd deutlich zum Ausdruck. Die Peroxyde enthalten im festen Zustand Peroxydionen (entweder O_2^--Ionen oder O_2^{2-}-Ionen), und in den Peroxysäuren ist ein oder beide Wasserstoffatome der Stammsubstanz durch Säuregruppen ersetzt. Es werden eine Reihe von Peroxyverbindungen besprochen werden, die sich von schwach elektropositiven Metallen ableiten und in gewissem Sinne eine Zwischenstellung zwischen diesen beiden Hauptgruppen einnehmen.

---

[1] PENNEY u. SUTHERLAND: Trans. Faraday Soc. 1934, **30**, 898. J. chem. Phys. 1934, **2**, 492.

[2] FEHER: Ber. dtsch. chem. Ges. 1939, **72**, 1778.

[3] LU, HUGHES u. GIGUERE: J. Amer. chem. Soc. 1941, **63**, 1507.

[4] Eine neuere Bestimmung der Kristallstruktur des H_2O_2 bestätigt diese Konfiguration. (ABRAHAMS, COLLIN u. LIPSCOMB: Acta crystallogr. 1951, **4**, 15).

Die Peroxyde.

Die am besten bekannten Peroxyde sind die der Alkali- und Erdalkalimetalle, aber auch Kupfer, Silber, Magnesium, Zink, Cadmium und Quecksilber bilden Verbindungen, die zu der gleichen Klasse gehören. Es gibt vier Hauptgruppen von Peroxyden:

1. Verbindungen, die dadurch entstehen, daß beide Wasserstoffatome des Wasserstoffperoxyds durch Metalle ersetzt sind, wobei Verbindungen vom Typus $M^{I}{}_2O_2$ oder $M^{II}O_2$ entstehen. Es sind feste Stoffe mit Ionenstruktur, die das Ion O_2^{--} enthalten.

2. Verbindungen vom Typus $M^{I}O_2$, die von stark elektropositiven Elementen mit großen Ionenradien gebildet werden; sie enthalten das O_2^--Ion (z. B. KO_2).

3. Verbindungen vom Typus $M^{I}{}_2O_3$. Es gibt entsprechende Kalium-, Rubidium- und Caesiumverbindungen; ihre Identität ist noch nicht völlig klar.

4. Hydrogenperoxyde vom Typus M^{I}—O—O—H, die sich vom Wasserstoffperoxyd durch Ersatz nur eines Wasserstoffatoms ableiten (Beispiel: NaO_2H).

Die Formeln der gegenwärtig bekannten echten Peroxyde sind in der untenstehenden Tabelle zusammengestellt; sie sind zwar nicht in allen Fällen strukturell bewiesen, doch geben alle aufgeführten Verbindungen beim Behandeln mit Säuren Wasserstoffperoxyd. Wesentlich ist die Feststellung, daß die Metallatome in allen echten Peroxyden ihre normale Wertigkeit besitzen. Häufig wird der Ausdruck „Peroxyd" auf Verbindungen wie PbO_2 und MnO_2 angewandt, bei denen es sich jedoch um keine echten Peroxyde handelt, deren Oxydationswirkung vielmehr auf die hohe Wertigkeitsstufe des betreffenden Metalls zurückgeht. Diese Verbindungen enthalten in ihrer Struktur normale O^{--}-Ionen und liefern bei der Behandlung mit Säuren kein Wasserstoffperoxyd.

Li_2O_2						
Na_2O_2		NaO_2			$MgO_2 \cdot xH_2O$	
K_2O_2	K_2O_3	KO_2	CaO_2	CaO_4	ZnO_2	
Rb_2O_2	Rb_2O_3	RbO_2	SrO_2	SrO_4	CdO_2	CuO_2
Cs_2O_2	Cs_2O_3	CsO_2	BaO_2	BaO_4	Hg_2O_2	Ag_2O_2
$(NH_4)_2O_2$					HgO_2	

Die Beständigkeit der Metallperoxyde nimmt ab, je weniger elektropositiv das Metall ist (z. B. von den Alkalimetallen zu Kupfer und Quecksilber), sie hängt aber teilweise auch von der Ionengröße ab. So werden die Erdalkaliperoxyde mit wachsendem Kationenradius, vom Calcium zum Barium, beständiger.

Zur Darstellung der Peroxyde stehen drei allgemeine Verfahren zur Verfügung, nämlich:

1. Erhitzen von Metallen in Luft oder Sauerstoff;
2. Einwirkung von Sauerstoff auf die Lösungen der Metalle in verflüssigtem Ammoniak;
3. Einwirkung von Wasserstoffperoxyd auf Metallhydroxyde oder Metallsalze. Dieses dritte Verfahren führt auch zur Entstehung von Hydrogenperoxyden, MO_2H.

Die Alkaliperoxyde.

Bei der Verbrennung der freien Alkalimetalle in überschüssigem Sauerstoff entstehen als Endprodukte die Oxyde Li_2O_2, Na_2O_2, KO_2, RbO_2 und CsO_2; der Sauerstoffgehalt in den beständigsten Oxyden steigt somit mit dem Atomgewicht und — was charakteristischer ist — mit dem Ionenradius des Metalls an. Die Monoxyde des Natriums (Na_2O) und die der schweren Elemente dieser Gruppe entstehen nur, wenn für die Reaktion zu wenig Sauerstoff vorhanden ist. Man beobachtet eine fortschreitende Farbvertiefung von Li_2O_2 (weiß) über KO_2 (orangerot) bis CsO_2 (dunkelbraun). Im Falle des Kaliums, Rubidiums und Cäsiums ist die Beständigkeit der Peroxyde so groß, daß die Verbindungen direkt bei der Einwirkung von Sauerstoff auf die Metallhydroxyde entstehen[5]. Kaliumhydroxyd ergibt bei 375° und 100 Atm. Druck eine Ausbeute von 70% KO_2; Cäsiumhydroxyd bildet unter den gleichen Bedingungen 95% CsO_2. Beim Erhitzen in Sauerstoff auf 500° bei 300 Atm. wird auch das Oxyd Na_2O_2 in NaO_2 umgewandelt[6].

Verbindungen vom Typus $M^I{}_2O_2$.

Mit Ausnahme der Lithiumverbindung kann man die Alkaliperoxyde dieser Gruppe durch vorsichtige Oxydation der entsprechenden Metalle oder ihrer Monoxyde oder durch Oxydation des in flüssigem Ammoniak gelösten Metalls darstellen. Lithiumperoxyd, Li_2O_2, erhält man durch thermische Zersetzung der Verbindung $Li_2O_2 \cdot H_2O$, die man durch Reaktion von Lithiumhydroxyd mit alkoholischem Wasserstoffperoxyd darstellen kann.

Natriumperoxyd, Na_2O_2, wird technisch im Drehofen durch Oxydation des Metalls in zwei Stufen hergestellt; bei der ersten Stufe entsteht vorwiegend das Monoxyd, das in der zweiten Stufe bei höherer Temperatur in das Peroxyd umgewandelt wird. Bei der Einwirkung von konzentrierten Mineralsäuren auf alkoholische Lösungen von Natriumperoxyd entsteht das Hydrogenperoxyd NaO_2H, das mit Wasserstoffperoxyd leicht die Anlagerungsverbindung $NaO_2H + 0{,}5\ H_2O_2$ ergibt. Das Hydrogenperoxyd ist bedeutend unbeständiger als das Natriumperoxyd und wird bei gewöhnlicher Temperatur langsam zersetzt.

Kaliumdioxyperoxyd, K_2O_2, kann bei sorgfältig geregelter Oxydation von Kalium (z. B. durch Oxydation von Kalium mit der berechneten Menge Luft bei 300° oder durch vorsichtige Oxydation von Kalium in flüssigem Ammoniak bei —50°) erhalten werden. In gleicher Weise kann man die entsprechenden Peroxyde des Rubidiums und Caesiums darstellen. Die Strukturen der Verbindungen sind durch Röntgen-

---

[5] FISCHER u. PLOETZER: Z. anorg. allg. Chem. 1925, **75**, 1.

[6] STEPHANON, SCHECHTER, ARGERSINGER u. KLEINBERG: J. Amer. chem. Soc. 1949, **71**, 1819. Bei der Reaktion von Alkalihydroxyden mit Ozon entstehen paramagnetische Verbindungen vom Typus MO_3 (WHALEY u. KLEINBERG: J. Amer. chem. Soc. 1951, **73**, 79). ZHDANOV u. ZVONKOVA (Zhur. Fiz. Khim. 1951, **25**, 100) schließen aus Röntgenuntersuchungen, daß KO_3 das dem N_3^- ähnelnde O_3^--Ion enthält.

analyse nicht untersucht. Man nimmt an, daß sie O_2^{--}-Ionen enthalten, wie sie bei den Erdalkaliperoxyden nachgewiesen werden konnten, übereinstimmend auch mit der Tatsache, daß bei der Hydrolyse Wasserstoffperoxyd entsteht.

Verbindungen vom Typus MO_2.

Die Bildung von NaO_2 wurde bereits erwähnt. Leichter entstehen die entsprechenden Peroxyde des Kaliums, Rubidiums und Caesiums; KO_2 entsteht z. B., wenn Kalium mit überschüssigem Sauerstoff verbrannt oder mit Kaliumnitrat geschmolzen wird. Es bildet sich auch bei der Oxydation der niederen Oxyde mit Sauerstoff bei höheren Temperaturen oder bei längerer Einwirkung von Sauerstoff auf eine Lösung von Kalium in flüssigem Ammoniak. Diese Oxyde werden auch als Superoxyde bezeichnet.

KO_2 und K_2O_2 unterscheiden sich durch ihre Reaktion mit Wasser, da im ersten Falle neben Wasserstoffperoxyd auch Sauerstoff entwickelt wird:

$$2\,KO_2 + 2\,H_2O = 2\,KOH + H_2O_2 + O_2$$
$$K_2O_2 + 2\,H_2O = 2\,KOH + H_2O_2.$$

Es steht jetzt mit Sicherheit fest, daß die Verbindungen als M^IO_2 und nicht als $M^I{}_2O_4$ formuliert werden müssen. Die Verbindungen sind mit Calciumcarbid isomorph[7] und enthalten O_2^{--}- an Stelle der C_2^{--}-Ionen. Die Verbindungen sind paramagnetisch, wie es nach der einfachen Formel — die eine ungerade Zahl von Elektronen ergibt ($K = 19$; $O_2 = 16$) — aber nicht bei einer Verbindung mit der verdoppelten Formulierung, M_2O_4, zu erwarten ist.

Verbindungen vom Typus M_2O_3.

Verbindungen von diesem Typus erhält man als Zwischenstufen bei der Oxydation von in flüssigem Ammoniak gelösten Alikalimetallen. Bei der Oxydation von Kalium in flüssigem Ammoniak beobachtet man einen deutlichen Farbumschlag, der der Bildung des K_2O_3 entspricht.

$$\underset{\text{(blau)}}{\text{K in fl. }NH_3} \longrightarrow \underset{\text{(weiß)}}{K_2O_2} \longrightarrow \underset{\text{(rot)}}{K_2O_3} \underset{\text{Erhitzen im Vakuum auf 480°}}{\overset{\longrightarrow}{\longleftarrow}} \underset{\text{(orange)}}{KO_2}$$

Man kann das K_2O_3 als Gitterverbindung $2\,KO_2 \cdot K_2O_2$ formulieren; es verhält sich chemisch wie ein Gemisch der beiden Oxyde[8]. Eine Entscheidung darüber, ob es sich um eine definierte Verbindung handelt, könnte die Röntgenstrukturanalyse bringen, doch liegen bisher noch keine diesbezüglichen Untersuchungen vor.

---

[7] TEMPLETON u. DAUBEN: J. Amer. chem. Soc. 1950, **72**, 2251. HELMS u. KLEMM: Z. anorg. allg. Chem. 1939, **241**, 97. KASSATOCHKIN u. KOTOW: J. chem. Phys. 1936, **4**, 458.

[8] KRAUS u. WHITE: J. Amer. chem. Soc. 1926, **48**, 1786. HELMS u. KLEMM: Z. anorg. allg. Chem. 1939, **241**, 97.

Erdalkaliperoxyde.

Es gibt die Erdalkaliperoxyde CaO_2, SrO_2 und BaO_2, deren Beständigkeit in der angegebenen Reihenfolge zunimmt. Bariumperoxyd entsteht, wenn man bei 400° Luft oder Sauerstoff über Bariummonoxyd leitet. Oberhalb 500° besitzt Bariumperoxyd einen erheblichen Dissoziationsdampfdruck, so daß das umkehrbare Gleichgewicht zwischen den beiden Oxydformen die Grundlage des Brin-Verfahrens zur Gewinnung von Sauerstoff aus der Luft bildete. Strontiumperoxyd entsteht nicht so leicht durch Erhitzen von Strontiummonoxyd in Luft oder Sauerstoff; durch Einwirkung von Sauerstoff unter einem Druck von 100 Atm. werden bei 400° nur 15—16% Peroxyd gebildet. Sowohl BaO_2 als auch SrO_2 erhält man jedoch durch Einwirkung von Sauerstoff auf die in flüssigem Ammoniak gelösten Metalle; in geringer Ausbeute kann man nach diesem Verfahren auch CaO_2 herstellen, das sich bei der Einwirkung von Sauerstoff auf CaO nicht bildet. Aus den Lösungen von Erdalkalisalzen oder -hydroxyden kann man mit Wasserstoff- oder Natriumperoxyd die Peroxydoktohydrate aller drei Erdalkalimetalle (z. B. $CaO_2 \cdot 8\ H_2O$) fällen; bei der Entwässerung dieser Hydrate entstehen die wasserfreien Peroxyde. Die Calciumverbindung findet Verwendung als Bleichmittel und für antiseptische Zwecke.

Bariumperoxyd besitzt — wie wahrscheinlich auch CaO_2 und SrO_2 — eine Calciumcarbidstruktur und enthält das O_2^{--}-Anion. Es besteht also eine strukturelle Ähnlichkeit mit KO_2, was nicht besonders überraschend ist, da die Ionenradien von Kalium und Barium etwa gleich groß sind ($Ba^{++} = 1{,}35$ Å; $K^{+} = 1{,}33$ Å) und die interatomaren Abstände in den O_2^{-}- und O_2^{--}-Ionen 1,28 bzw. 1,31 Å betragen. Die Ionenradien des Calciums (0,99 Å) und Strontiums (1,13 Å) unterscheiden sich so stark von denen des Bariums und Kaliums, daß dadurch — zumindest qualitativ — die geringere Beständigkeit ihrer Peroxyde erklärlich ist, die in den höheren Dissoziationsdrucken der Verbindungen zum Ausdruck kommen.

Bariumperoxyd bildet mit Wasserstoffperoxyd die Additionsverbindung $BaO_2 \cdot H_2O_2$. Beim Aufbewahren nimmt diese Verbindung — besonders, wenn sie ultraviolettem Licht ausgesetzt wird — eine dunklere Farbe an. Es wurde die — allerdings durch keine Strukturbeweise begründete — Vermutung ausgesprochen, daß sich unter den geschilderten Bedingungen die Verbindung BaO_4 mit O_4^{--}-Ionen bilden würde; ebenso nimmt man die Bildung eines Oxyds CaO_4 an.

Andere Metallperoxyde.

Während die Alkali- und Erdalkalimetalle wohldefinierte Peroxyde bilden, gibt es von den schwächer elektropositiven Metallen Peroxyverbindungen mit noch unklarer Konstitution. Wenn man beispielsweise Magnesiumsalzlösungen mit Natriumperoxyd behandelt, so entstehen verschiedene Gemische von Magnesiumhydroxyd und Magnesiumperoxydhydrat. Aus alkalischen Magnesiumsulfatlösungen wird durch Wasserstoffperoxyd ein Peroxyd der Zusammensetzung $MgO \cdot MgO_2 \cdot xH_2O$

gefällt. Über die Strukturen dieser Verbindungen ist nichts bekannt. Sie liefern leicht Wasserstoffperoxyd und werden teilweise handelsmäßig für medizinische Zwecke hergestellt.

Auch Zink und Cadmium bilden ähnlich schlecht definierte Verbindungen. Zinkperoxyd mit einem Gehalt von 86% ZnO_2 wurde von EBLER und KRAUSE[9] durch Einwirkung von ätherischem Wasserstoffperoxyd auf Zinkäthyl oder Zinkamid erhalten:

$$2\,Zn(C_2H_5)_2 + 3\,H_2O_2 = 4\,C_2H_6 + 2\,ZnO_2 + H_2O + {}^1/_2\,O_2.$$

Diese Reaktion läßt sich auch zur Darstellung der Peroxyde des Magnesiums und Cadmiums anwenden. Auch vom Zink und Cadmium erhält man Verbindungen mit peroxydischem Wasserstoff, wenn man ihre Hydroxyde mit Wasserstoffperoxyd behandelt. Beschrieben wurde auch die Bildung eines Quecksilberperoxyds, HgO_2, durch Einwirkung von 30%igem Wasserstoffperoxyd auf Quecksilber, Quecksilberoxyd oder alkoholische Quecksilberchloridlösung. Die Verbindung ist wenig beständig, entwickelt bei Berührung mit Wasser Wasserstoffperoxyd und explodiert durch Schlag oder beim schnellen Erhitzen.

Es liegt kein klarer Beweis darüber vor, ob ein Peroxyd des Silbers existiert. Bei der durch Einwirkung von Ozon auf Silber oder durch anodische Oxydation von Silber sowie durch Reaktion von Kaliumperoxysulfat mit Silbernitrat gebildeten Verbindung der Zusammensetzung AgO kann es sich um ein Oxyd des zweiwertigen Silbers oder ein Peroxyd des einwertigen Silbers handeln. Ein Peroxyd von einwertigem Silber würde O_2^{--}-Ionen enthalten und wäre diamagnetisch; KLEMM fand, daß AgO schwach paramagnetisch wäre[10], während sich nach SUGDEN[11] auf gleiche Weise dargestellte Präparate als diamagnetisch erwiesen. Möglicherweise existieren beide Formen, sowohl ein Peroxyd der niederen Wertigkeitsstufe als auch ein Oxyd des zweiwertigen Silbers; doch bedarf diese Frage noch einer genaueren Untersuchung.

Peroxyverbindungen einiger Übergangselemente.

Peroxyverbindungen des Titans, Zirkons, Hafniums und Cers.

Die sehr schwach elektropositiven Metalle der Titan-, Vanadium- und Chromgruppe führen zur Bildung einer Reihe von Peroxyverbindungen, die eine Übergangsstufe darstellen zwischen den eigentlichen Peroxyden und den Peroxysäuren.

Wenn man die ammoniakalischen Lösungen der Titanyl-, Zirkonium-, Hafnium- und Cer(3)-salze mit Wasserstoffperoxyd zersetzt, so erhält man stets Verbindungen von der allgemeinen Form $MO_3 \cdot 2\,H_2O$. Die Beständigkeit dieser Verbindungen nimmt mit steigendem Atomgewicht der Metalle zu. Nach SCHWARZ und GIESE[12] enthalten diese Verbindungen

---

[9] EBLER u. KRAUSE: Z. anorg. allg. Chem. 1911, **71**, 150.
[10] KLEMM: Z. anorg. allg. Chem. 1931, **201**, 32.
[11] SUGDEN: J. chem. Soc. 1932, **161**.
[12] SCHWARZ u. GIESE: Z. anorg. allg. Chem. 1928, **176**, 209.

eine Peroxygruppe im Molekül und können — als Beispiel der Fall der Titanverbindung — folgendermaßen formuliert werden:

$$\begin{matrix}HO\\HO\end{matrix}\!>\!Ti\!<\!\begin{matrix}OH\\OH\end{matrix} + H_2O_2 \rightarrow \begin{matrix}HO\\HO\end{matrix}\!>\!Ti\!<\!\begin{matrix}OOH\\OH\end{matrix} + H_2O.$$

Dieses Titanperoxydhydrat löst sich in Gegenwart von Wasserstoffperoxyd in Kaliumhydroxyd, und man kann aus dieser Lösung ein Kaliumperoxytitanat, $K_4TiO_8 \cdot 6\,H_2O$, gewinnen. Dieses Salz (I) leitet sich wahrscheinlich von der hypothetischen Ortho-peroxysäure ab. Zirkonperoxydhydrat bildet ein ganz entsprechendes Salz, während die stärker elektropositiven Elemente Hafnium und Thorium keine derartigen Derivate liefern.

$$K_4\left[\begin{matrix}-O-O\\-O-O\end{matrix}\!>\!Ti\!<\!\begin{matrix}O-O-\\O-O-\end{matrix}\right] \qquad \begin{matrix}O\\|\\O\end{matrix}\!>\!Th\!<\!\begin{matrix}O-O\\O\end{matrix}\!>\!Th\!<\!\begin{matrix}O\\|\\O\end{matrix}$$

(I) (II)

Thoriumsalzlösungen geben bei Zusatz von Wasserstoffperoxyd einen Niederschlag der Zusammensetzung $Th_2O_7 \cdot 4\,H_2O$, dem man auf Grund seines Gehalts an peroxydischem Sauerstoff die Struktur (II) zuordnet. Diese berücksichtigt aber nicht das in dem Molekül bereits vorhandene Wasser, so daß sowohl —OH- als auch —O—O—H-Gruppen vorhanden sein können.

Die geschilderten Reaktionen verlaufen in alkalischer Lösung, während man in saurer Lösung ganz andere Produkte erhält. Die bei der Zugabe von Wasserstoffperoxyd zu angesäuerten Titansalzlösungen entstehende Gelbfärbung ist als analytischer Nachweis allgemein bekannt. Diese Gelbfärbung beobachtet man unabhängig von der verwendeten Säure, und Jahr und Mitarbeiter[13] haben neuerdings gezeigt, daß sie durch die Bildung eines $(TiO_2 \cdot aq)^{2+}$-Ions bedingt ist:

$$(TiO \cdot aq)^{2+} + H_2O_2 \rightleftharpoons (TiO_2 \cdot aq)^{2+} + H_2O.$$

Aus Lösungsgemischen von K_2SO_4, H_2SO_4 und $TiOSO_4$ kann man bei der Verwendung von überschüssigem Wasserstoffperoxyd die Verbindung $K_2SO_4 \cdot (TiO_2)SO_4 \cdot 3\,H_2O$ isolieren. Früher hatte man angenommen, daß das Titan in dieser Verbindung als Peroxy-disulfatotitanat-Anion, $K_2(TiO_2)(SO_4)_2$, vorliegt, während man heute der Ansicht ist, daß es sich um ein $(TiO_2)^{2+}$-Kation handelt. Die Beziehung zwischen diesem Kation und den in alkalischen Lösungen vorliegenden Peroxy-Anionen kann man durch folgende Gleichung wiedergeben:

$$(TiO_2 \cdot aq \cdot)^{2+} + 3\,H_2O_2 \rightleftharpoons [Ti(O_2)_4 \cdot aq]^{4-} + 6\,H^+.$$

Übereinstimmend nimmt man an, daß das Verschwinden der gelben Farbe des $(TiO_2 \cdot aq)^{2+}$-Ions durch Fluoridionen auf der Bildung des beständigen, farblosen $(TiF_6)^{2-}$-Ions beruht. Die Zirkonylsalze verhalten sich in saurer Lösung gegenüber Wasserstoffperoxyd wie die Titanylsalze.

Vanadium, Niob und Tantal ähneln in ihrem Verhalten gegenüber Wasserstoffperoxyd grundsätzlich den Übergangselementen der vierten

[13] Jahr u. Mitarb.: FIAT Review of German Science, Inorganic Chemistry, Teil III, 1948, 170.

Gruppe. Durch Einwirkung eines Überschusses von Wasserstoffperoxyd auf Alkaliniobat- und -tantalatlösungen entstehen die Salze Na_3NbO_8 und Na_3TaO_8[14]. Diese Salze enthalten — ebenso wie die entsprechenden Salze mit anderen Kationen — ein $M^{V}(—O—O)_4$-Anion. Es sind noch einige weitere Peroxydderivate dieser beiden Elemente beschrieben worden, ihre Zusammensetzung ist aber noch nicht geklärt.

Schon lange ist bekannt, daß saure Vanadatlösungen mit Wasserstoffperoxyd eine Rotfärbung ergeben. Man nimmt an, daß diese Farbe ganz analog durch die entsprechenden Peroxyanionen und -kationen entsteht, wie sie im Falle der Titanlösungen schon beschrieben wurden. Ihre Bildung kann man durch folgende Gleichung wiedergeben[12]:

$$(VO\cdot aq)^{3+} + H_2O_2 \rightleftharpoons \underset{\text{(dunkelrot)}}{(VO_2\cdot aq)^{3+}} + H_2O$$

$$(VO_2\cdot aq)^{3+} + H_2O_2 + 2\,H_2O \rightleftharpoons \underset{\text{(gelb)}}{[VO_2(O\cdot O)_2\cdot aq]^{3-}} + 6\,H^+$$

In schwach alkalischen oder schwach sauren, Wasserstoffperoxyd enthaltenden Vanadatlösungen liegt das gelbe Anion vor, während in stark sauren Lösungen das rote Kation gebildet wird.

Es sind verschiedene definierte Peroxyvanadate isoliert worden. Wenn man z. B. zu einer Lösung von Vanadiumpentoxyd in konzentriertem Wasserstoffperoxyd Kaliumhydroxyd zugibt, kristallisiert das Salz $KH_2[VO_2(O_2)_2]H_2O$; $Na_3V(O_2)_4$ kann man aus einer Wasserstoff- und Natriumperoxyd enthaltenden Lösung von Natriumorthovanadat erhalten.

Die Peroxychromverbindungen.

Die bekannteste Peroxyverbindung des Chroms ruft die tiefe blaue Färbung hervor, die bei der Behandlung einer angesäuerten Chromatlösung mit Wasserstoffperoxyd entsteht. Die für die blaue Farbe verantwortliche Verbindung — CrO_5 — ist sehr unbeständig und konnte nicht isoliert werden. Sie ist aber leicht in Äther löslich, wahrscheinlich unter Bildung der unbeständigen Koordinationsverbindung $(C_2H_5)_2O \rightarrow CrO_5$. Bei der Zugabe von Pyridin und anderen organischen Basen zu der ätherischen Lösung entstehen beständigere, kristalline Koordinationsverbindungen, wie z. B. $C_5H_5N \rightarrow CrO_5$.

Durch Untersuchung der ätherischen Lösung sowie der Koordinationsverbindungen wurden Formel und Struktur des CrO_5 ziemlich genau festgelegt[15]. Eine Zeitlang nahm man an, daß es sich um eine Verbindung der Zusammensetzung $HCrO_5$ handelt; durch die im folgenden wiedergegebenen Reaktionen der Verbindung mit verdünnten Säuren, mit Silbernitrat und Kaliumpermanganat konnte diese Vermutung aber als nicht zutreffend bewiesen werden:

$2\,CrO_5 \xrightarrow{\text{verd. Säure}} Cr_2O_3 + 7\,O$; Entwicklung von 3,5 Atomen O je Cr-Atom;

$CrO_5 \xrightarrow{AgNO_3} CrO_3 + 2\,O$; Entwicklung von 2 Atomen O je Cr-Atom;

$CrO_5 \longrightarrow 2\,H_2O_2$, entsprechend 4 Äquivalenten $KMnO_4$ je Cr-Atom.

---

[14] Z. anorg. allg. Chem. 1928, **173**, 297.

[15] SCHWARZ u. GIESE: Ber. dtsch. chem. Ges. 1932, **65**, 871.

Bei der Formulierung $HCrO_5$ würden sich folgende Mengenverhältnisse ergeben:

$2\,HCrO_5 \xrightarrow{\text{verd. Säure}} Cr_2O_3 + H_2O + 6\,O$; Entwicklung von 3 Atomen O je Cr-Atom;

$2\,HCrO_5 \xrightarrow{AgNO_3} 2\,CrO_3 + H_2O + 3\,O$; Entwicklung von 1,5 Atomen O je Cr-Atom;

$2\,HCrO_5 \longrightarrow$ 2 Äquivalente $KMnO_4$ je Cr-Atom.

Aus der Reaktion mit Permanganat geht hervor, daß in dem Molekül zwei O_2-Gruppen vorhanden sein müssen, so daß man der Verbindung die Struktur (I) zuordnen und die Pyridinverbindung mit der Struktur (II) formulieren kann.

(I) $O{=}Cr(O{-}O)(O{-}O)$

(II) $Pyr \rightarrow Cr(O{-}O)(O{-}O)$ mit $O{=}$ an Cr

(III) $K_2\left[O{-}Cr(O_2)(O_2){-}O{-}O{-}Cr(O_2)(O_2){-}O\right]$

Wenn man eine ätherische Lösung von CrO_5 mit alkoholischem Wasserstoffperoxyd behandelt, die außerdem noch Kaliumhydroxyd enthält, entsteht ein blaues Salz der Zusammensetzung $KCrO_6 \cdot H_2O$. Man kennt auch das wasserfreie Thalliumsalz, $TlCrO_6$. Diese Salze enthalten 2,5 Peroxygruppen je Chromatom. Aus diesem Grunde und da das Kaliumsalz diamagnetisch ist, während ein Molekül nach der einfachen Formulierung eine ungerade Zahl von Elektronen besitzen und daher paramagnetisch sein müßte, schreibt man der Verbindung die verdoppelte Formel (III) zu.

Eine andere Reihe von Peroxychromaten vom Typus $M^{I}{}_3CrO_8$, die sämtlich rot gefärbt sind, erhält man bei der Reaktion von stark alkalischen Wasserstoffperoxydlösungen mit löslichen Chromaten. Diese Salze enthalten 3,5 Peroxygruppen je Chromatom und sind mit den Peroxyvanadaten vom Typus $M^{I}{}_3VO_8$ isomorph. Man kann sie mit verdoppelter Formel als Derivate des sechswertigen Chroms formulieren (IV).

(IV) $M^{I}{}_6\left[(O_2)_2 Cr(O_2)(=O){-}O_2{-}Cr(O_2)(=O)(O_2)_2\right]$

(V) $(O)(O_2)(O)Cr \leftarrow (NH_3)_3$

Einem weiteren Typ eines Peroxydderivats des Chroms begegnet man in der Verbindung $CrO_4 \cdot 3\,NH_3$, die entsteht, wenn ammoniakalische Chromatlösungen bei 0° mit Wasserstoffperoxyd versetzt, auf 50° erwärmt und dann abgekühlt werden. Man kann zur Darstellung auch das rote Ammoniumperoxychromat, $(NH_4)_3CrO_8$, bei 40° mit einer 10%igen Ammoniaklösung behandeln. Die Verbindung gibt mit Wasser eine braune Lösung, aus der man durch Zugabe von Kaliumcyanid die Verbindung $CrO_4 \cdot 3\,KCN$ erhält. Die Struktur dieser Verbindungen ist nicht bekannt. Die einfachste Formulierung würde auf der Annahme beruhen, daß das Chrom wie in der Struktur (V) sechswertig ist und daß der Cyanverbindung ein Anion von der Form $[Cr(CN)_3O_2(O_2)]^{3-}$ zukommt.

Die Peroxyverbindungen des Molybdäns, Wolframs und Urans.

Ebenso wie Chrom bilden diese drei Elemente leicht Peroxyverbindungen, wobei die Verhältnisse durch die Neigung dieser Elemente, Polysäuren zu bilden, noch unübersichtlicher werden. Lösungen von normalen Molybdaten (z. B. K_2MoO_4) werden bei Zugabe von Wasserstoffperoxyd intensiv rot gefärbt. Dieser Farbwechsel geht auf zwei Reaktionen zurück[16], zunächst erfolgt die Bildung eines gelbe Lösungen ergebenden einwertigen Ions $(HMoO_6\cdot aq)^-$, darauf entsteht das rotgefärbte zweiwertige Ion $[Mo(O_2)_4\cdot aq]^{--}$; dieses Ion wird durch Zugabe von überschüssigem Wasserstoffperoxyd gebildet:

$$[MoO_4\cdot aq]^{--} + 2\,H_2O_2 \rightleftharpoons [HMoO_6\cdot aq]^- + H_2O + OH^-$$
$$[MoO_4\cdot aq]^{--} + 4\,H_2O_2 \rightleftharpoons [Mo(O_2)_4\cdot aq]^{--} + 4\,H_2O\,.$$

In sauren Molybdatlösungen entstehen Polymolybdänsäuren, die ebenfalls Peroxyverbindungen bilden können.

Es sind verschiedene Salze dargestellt worden, die die angegebenen Ionen enthalten. So hat JAHR aus einer Kaliummolybdatlösung, die ein Äquivalent Säure je Mol Molybdat enthielt, das Salz $K[HMoO_6]\cdot 2\,H_2O$ und aus stärker alkalischen Lösungen die explosive Verbindung $K_2[Mo(O_2)_4]$ erhalten[12], die auch entsteht, wenn man Kaliummolybdat zu eiskaltem Wasserstoffperoxyd hinzufügt. Es wurden auch die entsprechenden Natrium- und Ammoniumsalze sowie die Salze einiger Metallammine (z. B. $[Zn(NH_3)_4]^{++}$ dargestellt.

Die Wolframate verhalten sich gegenüber Wasserstoffperoxyd ganz ähnlich wie die Molybdate; es sind Derivate der beiden Säuren $H[HWO_6]$ und $H_2[W(O)_2]_4$ bekannt. Wie bei dem entsprechenden Peroxymolybdation besteht noch keine Klarheit darüber, wie das $[HWO_6]^-$-Ion zu formulieren ist. Die Peroxywolframate vom Typus $M^I_2[W(O_2)_4]$, die bei der Reaktion von normalen Wolframaten, $M^I_2WO_4$, mit 30%igem Wasserstoffperoxyd entstehen, sind etwas beständiger als die entsprechenden Peroxymolybdate. Auch die Polywolframate liefern verschiedene Polyperoxywolframate, deren Konstitution aber unbekannt ist.

Wasserstoffperoxyd reagiert mit Uranylsalzen, wobei eine gelbe Verbindung der Zusammensetzung $UO_4\cdot 2\,H_2O$ gefällt wird, die erstaunlich beständig ist und erst beim Erhitzen auf 100° Sauerstoff abgibt. Die Struktur dieser Verbindung ist noch nicht endgültig sichergestellt. Sie läßt sich nicht entwässern, ohne daß Zersetzung erfolgt. Das Verhältnis von aktivem Sauerstoff zu Uran beträgt 1:1, woraus folgt, daß die Verbindung nur eine einzige Peroxygruppe enthält. Da das Wasser zur Konstitution gehört, muß es teilweise oder vollständig in Form von OH-Gruppen vorliegen. Bei der Behandlung mit Basen

[16] JAHR u. LOTHER: Ber. dtsch. chem. Ges. 1938, **71**, 894, 903, 1127.

entstehen nicht unmittelbar Salze, lediglich die frisch gefällte Verbindung gibt bei der Behandlung mit Alkalien und Wasserstoffperoxyd Peroxyuranate.

Bei gleichzeitiger Einwirkung von Alkalien und Wasserstoffperoxyd auf Uranylsalze entstehen Peroxyuranate, die mehr als ein Atom aktiven Wasserstoff je Uranatom enthalten. Es sind verschiedene Reihen von Salzen bekannt, für die es aber in keinem einzigen Fall zuverlässige Strukturbeweise gibt. Die Haupttypen dieser Verbindungen sind: $R_2U_2O_{10} \cdot nH_2O$; $R_2UO_6 \cdot nH_2O$; $R_2U_2O_{13} \cdot nH_2O$ und $R_4UO_8 \cdot nH_2O$; wahrscheinlich besitzen diese Verbindungen bestimmte Strukturmerkmale, die auch bei den Peroxymolybdaten und -wolframaten auftreten.

Die Peroxysäuren des Schwefels.

Im Jahre 1832 machte FARADAY die Beobachtung, daß bei der Elektrolyse von ziemlich konzentrierten Schwefelsäurelösungen an der Anode weniger Sauerstoff entwickelt wurde, als der theoretisch berechneten Menge entsprach. Zwanzig Jahre später fand MEIDINGER, daß sich bei einer derartigen Elektrolyse eine stark oxydierend wirkende Lösung bildet. BRODIE machte dann erstmalig 1864 darauf aufmerksam, daß diese Lösung eine Peroxyschwefelsäure und nicht freies Wasserstoffsuperoxyd enthielt, da sie Permanganat nicht entfärbte.

Es gibt zwei Peroxysäuren des Schwefels, die Peroxydischwefelsäure, $H_2S_2O_8$ (die auch als MARSHALLsche Säure bezeichnet wird), und die Peroxymonoschwefelsäure (CAROsche Säure), H_2SO_5. Im reinen Zustand sind beides feste kristalline Stoffe mit einem Schmelzpunkt von 65 bzw. 45°. Es sind zahlreiche Peroxydisulfate bekannt, doch ist es fraglich, ob von der Peroxymonoschwefelsäure tatsächlich Salze in reiner Form erhalten wurden. Die freien Säuren selbst wurden von D'ANS und FRIEDERICH[17] hergestellt, indem sie langsam die berechnete Menge wasserfreies Wasserstoffperoxyd zu gut gekühlter Chlorsulfonsäure hinzugaben:

$$H_2O_2 + ClSO_3H = HO_2SO_3H + HCl$$
$$2\,H_2O_2 + ClSO_3H = SO_3H \cdot O_2 \cdot SO_3H + 2\,HCl\,.$$

Aus dieser Darstellungsweise geht gut die Beziehung der Säure zu Wasserstoffperoxyd hervor. Die Peroxydischwefelsäure ist zweibasisch, die sauren Wasserstoffatome befinden sich in den beiden HSO_3-Gruppen. Die CAROsche Säure andererseits ist einbasisch, da der von der —O—O—H-Gruppe herrührende Wasserstoff zur Salzbildung zu schwach sauer ist. WILLSTÄTTER und HAUENSTEIN[18] konnten das Benzolderivat des Kaliumsalzes der CAROschen Säure herstellen und zeigten, daß die Benzoylierung an der Hydroperoxydgruppe erfolgt, da bei der sauren Hydrolyse in ätherischer Lösung Benzoylperoxyd entsteht.

$$O_2S\begin{cases}OOH\\OK\end{cases} \xrightarrow{C_6H_5COCl} O_2S\begin{cases}OOCOC_6H_5\\OK\end{cases} \longrightarrow O_2S\begin{cases}OH\\OH\end{cases} + HOO\cdot COC_6H_5\,.$$

[17] D'ANS u. FRIEDERICH: Ber. dtsch. chem. Ges. 1910, **43**, 1880.
[18] WILLSTÄTTER u. HAUENSTEIN: Ber. dtsch. chem. Ges. 1909, **42**, 1849.

Durch Röntgenuntersuchungen am Ammonium- und Caesiumperoxydisulfat[19] konnten die letzten Unklarheiten über die Struktur der Peroxydischwefelsäure beseitigt werden; es ergab sich, daß das S_2O_8-Ion aus zwei SO_4-Tetraedern aufgebaut ist, die durch eine Bindung zwischen zwei Sauerstoffatomen miteinander verbunden sind.

Das elektrolytische Verfahren wird auch zur technischen Herstellung von Peroxydisulfaten benutzt. Hierbei wird im allgemeinen eine konzentrierte Lösung von Kalium- oder Ammoniumsulfat in verdünnter Schwefelsäure in einer unterteilten Zelle bei hoher anodischer Stromdichte elektrolysiert. Beim WEISSENSTEIN-Verfahren wird als Anode ein dünner Platinstreifen verwendet, der auf einen Tantalstab geschweißt ist; dieser bedeckt sich schnell mit einer nichtleitenden Oxydschicht, wodurch dann die hohe Stromdichte an der Platinoberfläche erreicht wird. Sowohl das Ammonium- als auch das Kaliumperoxydisulfat ist in Wasser nur wenig löslich. Durch Einwirkung von Fluor auf Lösungen von Kaliumhydrogensulfat gelangt man ebenfalls zu Peroxydisulfat; dieses Verfahren wird aber technisch nicht angewandt.

Sehr interessant ist die Hydrolyse der Peroxydisulfate. Unmittelbar nach dem Ansäuern reagieren Peroxydisulfatlösungen wie die Säure $H_2S_2O_8$, doch ändert sich das Oxydationsvermögen der Lösungen sehr schnell, so daß die Lösung die charakteristischen Merkmale der CAROschen Säure zeigt, und schließlich — noch einen Schritt weiter — entsteht Wasserstoffperoxyd:

$$H_2S_2O_8 + H_2O = H_2SO_4 + H_2SO_5$$
$$H_2SO_5 + H_2O = H_2SO_4 + H_2O_2.$$

Die stufenweise Hydrolyse von Peroxydischwefelsäure zu CAROscher Säure und Wasserstoffperoxyd bildet die Grundlage eines technisch wichtigen Verfahrens zur elektrolytischen Darstellung von Wasserstoffperoxyd: Der entweder aus verdünnter Schwefelsäure oder Ammoniumhydrogensulfat bestehende Elektrolyt wird aus der Elektrolysierzelle, in der sich Peroxydisulfat gebildet hat, in einen hochleistungsfähigen Vakuumverdampfer geleitet, in dem die Peroxysäure hydrolysiert wird. Es destilliert dabei Wasserstoffperoxyd ab, und der regenerierte Elektrolyt wird kontinuierlich zur Elektrolyse zurückgeleitet. Bei der elektrolytischen Oxydation kann man mit einer Stromausbeute von mindestens 85% arbeiten; bei der Destillation tritt — durch Zersetzung und unvollständige Destillation des Peroxyds — ein Verlust von nur etwa 5% auf. Das Verfahren ist der Darstellung des Wasserstoffperoxyds aus Bariumperoxyd überlegen, da man das Produkt in einer einzigen Stufe in 30—35%iger Lösung erhält und es wegen seines hohen Reinheitsgrades gut haltbar ist.

Die Peroxydischwefelsäure ist ebenso wie die Peroxymonoschwefelsäure und die Salze dieser beiden Säuren ein sehr gutes Oxydationsmittel. Die Verbindungen unterscheiden sich vom Wasserstoffperoxyd dadurch, daß sie nicht mit Permanganat reagieren. H_2SO_5 scheidet aus einer Kaliumjodidlösung sofort, $H_2S_2O_8$ nur langsam Jod ab. Im

[19] MOONEY u. ZACHARIASEN: Phys. Reviews 1933 (II), 44, 327.

Unterschied zum Bariumsulfat ist Bariumperoxydisulfat in Wasser löslich. Die Oxydationswirkung von Peroxydisulfat wird durch Silbersalze katalysiert, was wahrscheinlich auf einer intermediären Bildung von AgO beruht. Bei Anwesenheit von Spuren von Silber wird Ammoniak in konzentrierten Lösungen oxydiert:

$$3\,(NH_4)_2S_2O_8 + 8\,NH_3 = 6\,(NH_4)_2SO_4 + N_2.$$

Silberionen bewirken ebenfalls einen Selbstzerfall von Ammoniumperoxydisulfat:

$$8\,(NH_4)_2S_2O_8 + 6\,H_2O = 7\,(NH_4)_2SO_4 + 9\,H_2SO_4 + 2\,HNO_3.$$

Thiosulfate werden durch überschüssige Peroxydisulfate zu Tetrathionaten oder bei einem Überschuß von Thiosulfat zu Trithionaten oxydiert. Viele Metalle werden von Peroxydisulfatlösungen aufgelöst, ohne daß irgendeine Gasentwicklung erfolgt; dabei werden die Sulfate oder — im Falle der amphoteren Elemente wie Chrom und Arsen — die entsprechenden Sauerstoffsäuren gebildet:

$$(NH_4)_2S_2O_8 + Cu \rightarrow (NH_4)_2SO_4 + CuSO_4.$$

Die Peroxykarbonate und Peroxysäuren der Gruppe IVb.

Bei der Elektrolyse konzentrierter Kaliumkarbonatlösungen bei —10° mit hohen Stromdichten verläuft an der Anode eine Reaktion, die der Bildung der Peroxydisulfate entspricht. Es entsteht dabei ein hellblaues Kaliumperoxykarbonat, $K_2C_2O_6$, dessen Bildung am einfachsten durch die Reaktion

$$2\,KCO_3^- = K_2C_2O_6 + 2\,e^-$$

erklärt wird[20]. Auf analoge Weise kann man auch ein Rubidiumsalz herstellen, während infolge der geringen Löslichkeit des Natrium- und Ammoniumkarbonats eine elektrolytische Darstellung dieser beiden Peroxysalze nicht möglich ist. Wahrscheinlich besitzen das Kaliumperoxykarbonat und das -oxydisulfat die analogen, unten wiedergegebenen Strukturen:

$$\begin{matrix} KO & & & & & & OK \\ & \rangle C & - O - & O - & C \langle & & \\ O & & & & & & O \end{matrix} \qquad \begin{matrix} O & & & & & & O \\ O & \Rightarrow S & - O - & O - & S \Leftarrow & & O \\ KO & & & & & & OK \end{matrix}$$

Lösungen, die vermutlich die gleichen Peroxykarbonate enthalten, gewinnt man durch Einwirkung von Fluor bei —15° auf Alkalikarbonatlösungen[21], wofür folgende Reaktionsmöglichkeit besteht:

$$2\,Na_2CO_3 + F_2 = Na_2C_2O_6 + 2\,NaF.$$

Kaliumperoxydikarbonat wird beim gelinden Erhitzen unter Bildung von Kohlensäure und Sauerstoff zersetzt. Durch eiskaltes Wasser wird

---

[20] Vgl. aber PARTINGTON u. FATHALLAH: J. chem. Soc. 1950, 1934. Diese Arbeit enthält einen vollständigen Literaturüberblick über die Peroxykarbonate und neue Untersuchungen, die eine Reihe von Widersprüchen in früheren Arbeiten klären.

[21] FICHTER u. BLADERGROEN: Helv. chim. Acta 1927, **10**, 566.

es langsam hydrolysiert; infolge seines starken Oxydationsvermögens macht es aus neutralen Kaliumjodidlösungen sofort Jod frei:

$$2\,K_2C_2O_6 = 2\,K_2CO_3 + 2\,CO_2 + O_2$$
$$K_2C_2O_6 + 2\,H_2O = 2\,KHCO_3 + H_2O_2.$$

Eine andere Form von Peroxykarbonaten mit einer andersartigen Anordnung der Peroxygruppe im Molekül erhielten WOLFFENSTEIN und PELTNER[22], indem sie Kohlendioxyd auf hydratisiertes Natriumperoxyd oder auf eine Lösung von Natriumperoxyd in absolutem Alkohol einwirken ließen. Über die bei diesen und einer Reihe ähnlicher Reaktionen tatsächlich gebildeten Produkte bestehen in der Literatur ziemliche Widersprüche, doch scheint es so zu sein, daß im wesentlichen zwei Verbindungen entstehen, $Na_2C_2O_6$ und $NaHCO_4$, von denen die erste mit dem elektrolytisch dargestellten Perdikarbonat isomer ist. Die Strukturen dieser Verbindungen sind noch nicht bestimmt worden, wahrscheinlich kann man sie aber folgendermaßen formulieren:

$$(M^IO)(O{=})C{-}O{-}C({=}O)(O{-}O{-}M) \quad \text{und} \quad O{=}C(O{-}O{-}H)(OM^I)$$

PARTINGTON und FATHALLAH[23] haben weiterhin die Existenz von Peroxykarbonaten vom Typus $Na_2CO_4 \cdot 1{,}5\,H_2O$ nachgewiesen, denen man die Struktur $O{=}C(OM^I)(OOM^I)$ zuordnen kann; sie haben nachgewiesen, daß einige dieser Verbindungen mit Kristallwasserstoffperoxyd kristallisieren. Man trifft die Bildung der Verbindung Na_2CO_4 beispielsweise bei der Reaktion von Phosgen mit Natriumperoxyd:

$$2\,Na_2O_2 + COCl_2 = Na_2CO_4 + 2\,NaCl + {}^1/_2\,O_2.$$

Von den anderen Elementen der Gruppe IV b bilden nur Zinn und Germanium Salze echter Peroxysäuren. Wasserstoffperoxyd reagiert mit Zinnsäure unter Bildung von Peroxyzinnsäure, $H_2Sn_2O_7 \cdot 3\,H_2O$, von der sich die Salze $Na_2Sn_2O_7 \cdot 3\,H_2O$ und $K_2Sn_2O_7 \cdot 3\,H_2O$ ableiten[24]. Diese entstehen bei der Einwirkung von Wasserstoffperoxyd auf Metastannate.

Die Lösungen von Natrium- und Kaliummetagermanaten ergeben in entsprechender Weise die Verbindungen $Na_2Ge_2O_7 \cdot 4\,H_2O$ und $K_2Ge_2O_7 \cdot 4\,H_2O$, wenn sie bei 0° mit 30%igem Wasserstoffperoxyd behandelt werden. Diese Salze sind wenig löslich; aus der Mutterlauge des Natriumsalzes kann man ein zweites Natriumperoxymetagermanat, Na_2GeO_5, isolieren. Vermutlich kann man den Salzen folgende Strukturen zuordnen, wobei aber nachdrücklich betont werden soll, das diese Strukturen noch nicht ausreichend fundiert sind.

$$(NaOO)(O{=})Ge{-}O{-}Ge({=}O)(OONa) \quad \text{und} \quad O{=}Ge(OONa)(OONa)$$

[22] WOLFFENSTEIN u. PELTNER: Ber. dtsch. chem. Ges. 1908, **41**, 280.
[23] PARTINGTON u. FATHALLAH: J. chem. Soc. 1950, 1934.
[24] SCHWARZ u. GIESE: Ber. dtsch. chem. Ges. 1930, **63**, 781.

Blei und Silicium bilden wahrscheinlich keine echten Peroxysäuren; die Silikatperoxyhydrate werden in einem anderen Abschnitt behandelt.

Peroxysalpeter- und -phosphorsäuren.

Distickstoffpentoxyd reagiert mit wasserfreiem Wasserstoffperoxyd bei niedrigen Temperaturen, wobei man annimmt, daß eine Peroxysalpetersäure gebildet wird[25]:

$$N_2O_5 + H_2O_2 = HNO_3 + HNO_4.$$

Die Verbindung verliert schon bei niedriger Temperatur Sauerstoff; die Peroxysäure konnte weder im reinen Zustand isoliert werden, noch wurden irgendwelche Salze von ihr dargestellt. Das bei der ursprünglichen Reaktion entstehende Produkt kann bis zu einem gewissen Grade durch Zugabe von Wasser oder Eisessig stabilisiert werden; unter günstigen Bedingungen erhält man bei der Darstellung Produkte, die — bezogen auf die Sauerstoffentwicklung bei vollständiger Zersetzung sowie auf das Oxydationsvermögen — 70 bis 80% der theoretischen Ausbeute an Peroxysalpetersäure enthalten.

FICHTER und BRUNNER[26] beschrieben die Bildung von Peroxynitraten durch Einwirkung von Fluor auf 20%ige Lösungen von Natriumnitrit; es wurden aber keine definierten Verbindungen isoliert, so daß diese Reaktion noch weiter untersucht werden muß. Nach GLEU[27] entstehen Salze einer peroxysalpetrigen Säure, $HOO \cdot NO$, durch Einwirkung von Ozon auf Alkaliazide.

Es sind zwei Peroxyphosphorsäuren bekannt, die strukturell den Peroxyschwefelsäuren entsprechen:

```
   OH              OH      OH
   |               |       |
O=P—O—O—H       O=P—O—O—P=O
   |               |       |
   OH              OH      OH
```

Die Struktur wurde aber in keinem Fall durch Röntgenanalyse bestätigt. Lösungen von H_3PO_5 hat man zunächst durch Lösen von Phosphorpentoxyd in 30%igem Wasserstoffperoxyd erhalten[28]:

$$P_2O_5 + 2\,H_2O_2 + H_2O = 2\,H_3PO_5.$$

Es ist möglich, die heftige Reaktion zu mäßigen, indem man als Lösungsmittel für das Wasserstoffperoxyd statt Wasser Acetonitril verwendet. Die Bildung von Peroxyphosphaten durch anodische Oxydation wurde erstmalig von FICHTER[29] durch Elektrolyse einer konzentrierten Kalium-

[25] D'ANS u. FRIEDERICH: Z. anorg. allg. Chem. 1911, **73**, 344. — Z. Electrochem. 1911, **17**, 850. — FIAT Review of German Science, Inorganic Chemistry, Teil I, 1948, 197.

[26] FICHTER u. BRUNNER: Helv. chim. Acta 1929, **12**, 305.

[27] GLEU: Z. anorg. allg. Chem. 1929, **179**, 233; 1935, **223**, 305. Vgl. SCHMEDLIN u. MASSINI: Ber. dtsch. chem. Ges. 1910, **43**, 1162.

[28] D'ANS u. FRIEDERICH: Ber. dtsch. chem. Ges. 1910, **43**, 1880. — SCHMEDLIN u. MASSINI: Ber. dtsch. chem. Ges. 1162. — TOENNIES: J. Amer. chem. Soc. 1937, **59**, 555.

[29] FICHTER: Helv. chim. Acta 1928, 11, 323.

hydrogenphosphatlösung bei gleichzeitig hoher Kaliumfluoridkonzentration verwirklicht. Durch Eindunsten und Kristallisieren wurde Kaliumperoxydisulfat isoliert und durch entsprechende Umsetzungen die Barium-, Zink-, Blei- und Silbersalze dargestellt. Kaliumperoxydisulfat ist auch in festem Zustand beständig. Seine Lösungen oxydieren Anilin zu Nitroso- und Nitrobenzol. In stark saurer Lösung wird Peroxydiphosphorsäure zur Peroxymonophosphorsäure hydrolysiert, eine genaue Parallele zur Umwandlung von Peroxydischwefelsäure in CAROsche Säure.

Peroxyhydrate.

In vielen Fällen hat sich gezeigt, daß Salze, die in Gegenwart von Wasserstoffperoxyd kristallisieren, Kristallwasserstoffperoxyd enthalten. Man bezeichnet diese Verbindungen häufig als Peroxyhydrate. Ein typisches Beispiel für derartige Peroxyhydrate ist die Borverbindung $NaBO_2 \cdot H_2O_2 \cdot 3\ H_2O$, die unter verschiedenen Bedingungen aus alkalischen Boraxlösungen in Gegenwart von Wasserstoff- oder Natriumperoxyd kristallisiert. Technisch wird die Verbindung durch Elektrolyse einer Natriumkarbonat enthaltenden Boraxlösung hergestellt. (In diesem Zusammenhang sei erwähnt, daß keine echten Peroxyperborate auf elektrolytischem Wege dargestellt werden konnten.) Die oft als Natriumperborat bezeichnete Verbindung findet weitgehend Anwendung zur Herstellung von Waschpulvern, Bleichmitteln und auch zu Desinfektionszwecken. Die echten Peroxyborate, $NH_4BO_3 \cdot 0{,}5\ H_2O$ und $KBO_3 \cdot 0{,}5\ H_2O$, erhält man durch Fällen der entsprechenden wasserstoffperoxydhaltigen Metaboratlösungen mit Alkohol, während Natriumperoxyborat, $NaBO_3$, durch Einwirkung von Borsäure auf Natriumhydrogenperoxyd, NaO_2H, dargestellt wird.

Ähnliche Wasserstoffperoxyd-Anlagerungsverbindungen kennt man von einigen Peroxykarbonaten, -phosphaten, -silikaten, aber auch von Verbindungen, bei denen keine Peroxysäurebildung vorliegt. Hierzu gehören Verbindungen wie $Na_2SO_4 \cdot 9\ H_2O \cdot H_2O_2$, $KF \cdot H_2O_2$, $(C_2H_5)_3N \cdot 4\ H_2O_2$ und $CO(NH_2)_2 \cdot H_2O_2$.[30] Im Falle der Karbonate sind die Verhältnisse noch etwas unklar, da unter bestimmten Bedingungen bei der Zugabe von Wasserstoffperoxyd zu Karbonatlösungen echte Peroxykarbonate entstehen, die ihrerseits wieder die Fähigkeit zur Bildung von Peroxyhydraten besitzen. Mit Sicherheit steht fest, daß Verbindungen von der Art $K_2CO_4 \cdot H_2O_2 \cdot 1{,}5\ H_2O$ existieren, zweifelhaft dabei ist jedoch, ob es sich dabei um Peroxyhydrate der normalen Alkalikarbonate handelt[31].

Wenn man Natriummetasilikat in 30%igem Wasserstoffperoxyd löst, entsteht das Peroxyhydrat $Na_2SiO_3 \cdot H_2O_2 \cdot H_2O$. Mit anderen Silikaten wurden verschiedene ähnliche Anlagerungsverbindungen dargestellt. Es ist jedoch noch unklar, ob sich darunter echte Peroxysilikate befinden.

Auch eine Reihe von Peroxyhydraten der Alkaliphosphate sind beschrieben worden.

---

[30] MACHU: Wasserstoffperoxyd und die Perverbindungen, S. 306.
[31] Siehe PARTINGTON u. FATHALLAH: J. chem. Soc. 1950, 1934.

Dreizehntes Kapitel.

Neuere Chemie der Metalle.

Ionenaustauschharze.

Die Bedeutung des Ionenaustausches in Mineralien und die Verwendung synthetischer Zeolithe zur Wasserenthärtung ist den Chemikern schon lange bekannt. In den letzten Jahren hat diese Erscheinung aber noch weiter an Bedeutung gewonnen, besonders im Zusammenhang mit der Trennung der bei der Uranspaltung entstehenden Produkte und bei der Darstellung der Transurane; aus diesem Grunde soll dieses Gebiet an dieser Stelle kurz behandelt werden.

Bei den natürlich vorkommenden und den synthetischen, kieselsäurehaltigen Kationenaustauschverbindungen handelt es sich größtenteils um Aluminiumsilikate mit offener Struktur, die den Ionen einen leichten Ein- und Austritt zu dem Gitter gestattet. Einige Stoffe dieser Art wurden an anderer Stelle beschrieben (s. S. 230). Es ist nun auch möglich, organische Harze herzustellen, die ähnliche Eigenschaften besitzen und bei denen darüber hinaus sowohl ein Austausch von Anionen als auch von Kationen erfolgen kann. Diese Entwicklung geht vor allem auf die Arbeiten von ADAMS und HOLMES[1] zurück, die zeigten, daß einige aus Phenol und Formaldehyd hergestellte Harze die Fähigkeit zum Ionenaustausch besitzen. Die gleichen Eigenschaften findet man in Phenol-Aldehydharzen, die stark saure Gruppen — wie $—SO_3H$ oder $—CO_2H$ — enthalten. In diesen Harzen, bei denen es sich um harte körnige Substanzen handelt, entsteht durch die Art der kreuzweisen Bindung in gleicher Weise wie bei den Zeolithen eine offene Struktur; die sauren Gruppen bilden dabei Stellen der Struktur, an die sich die Kationen anlagern können.

In entsprechender Weise erhält man Harze, die als Anionenaustauscher geeignet sind; am wirkungsvollsten sind jedoch Harze, die man durch Kondensation aromatischer Amine (z. B. *m*-Phenylendiamin) mit Formaldehyd erhält. In diesen Harzen werden die Anionen durch schwach basische Gruppen ($—NH_2$ und $—N{=}H$-Gruppen) gebunden. Die Molekularstruktur muß dabei möglichst offen sein, um den Anionen einen ungehinderten Zu- und Austritt zu ermöglichen.

Die Wirkungsweise der beiden Harztypen beruht auf den Unterschieden in der Affinität verschiedener Ionen gegenüber dem gleichen Bindungszentrum. Vielleicht lassen sich die Verhältnisse am einfachsten am Beispiel der Entmineralisierung von Wasser erläutern, bei der zunächst die Kationen durch einen Austauscher entfernt werden, der als Austauschkation H^+ enthält und Ionen wie Ca^{++} und Mg^{++} aufnimmt und dafür Wasserstoffionen abgibt. Darauf werden durch einen basischen Austauscher die Anionen (z. B. CO_3^{--} und SO_4^{--}) entfernt, wobei schließlich ein Produkt mit dem Reinheitsgrad von gewöhnlichem destilliertem Wasser entsteht.

[1] ADAMS u. HOLMES: J. Soc. chem. Ind. 1935, 1 T; Br. Pat. 450, 308—9 (1934). DUNCAN u. LISTER: Quart. Rev. (Chem. Soc., London) 1948, **2**, 307; s. auch J. Amer. chem. Soc. 1947, **69**, 2709—2881.

Die Faktoren, durch die die unterschiedlichen Affinitäten der Kationen eines Gemisches gegenüber dem gleichen Austauschharz bestimmt werden, sind sehr vielseitig. Wichtig ist die Kationenwertigkeit; in der Regel werden höherwertige Ionen leichter adsorbiert und weniger leicht wieder abgegeben als Ionen mit geringerer Wertigkeit. Bei Ionen der gleichen Wertigkeitsstufe sind die Unterschiede in der Affinität oft nur sehr gering, so daß zu ihrer Trennung ein mehrstufiges Verfahren angewandt werden muß. Man kann das Problem in zweierlei Weise lösen. Einerseits kann man das zu trennende Gemisch unter Bedingungen durch eine Austauschkolonne hindurchleiten, unter denen sich die verschiedenen Ionen in getrennten Zonen der Kolonne anreichern. Es ist in diesem Falle nicht nötig, daß irgendeines der Ionen aus der Kolonne — bei der es sich meist um ein senkrechtes, mit dem Harz beschicktes Rohr handelt — austritt. Dieses Verfahren wird gewöhnlich bei der chromatographischen Analyse verwandt und beruht mehr auf einer Adsorption als auf einem Ionenaustausch. Man kann in diesem Fall die Kolonne in bestimmte Abschnitte zerschneiden und auf diese Weise den Inhalt der verschiedenen Zonen trennen.

Bei der zweiten, häufiger benutzten Trennungsmethode wird selektiv eluiert. Es werden zunächst alle Komponenten an das Basenaustauschharz in der Kolonne adsorbiert; wenn man dann ein neues Reagens durch die Kolonnen schickt, werden die Ionen verschieden stark ausgewaschen und erscheinen unter gleichen Strömungsbedingungen zeitlich voneinander getrennt am Ende der Kolonne. Zum Eluieren benutzt man häufig Lösungen, die mit einer einzelnen oder sämtlichen adsorbierten Ionen Komplexe bilden können. Dies soll an den Arbeiten über die Trennung der Produkte der Uranspaltung erläutert werden: Zu diesen Spaltprodukten gehören Isotope des Zirkons und Niobs, die sich durch Auswaschen mit 0,5%iger Oxalsäurelösung leicht von den unter den Spaltprodukten befindlichen zwei- und dreiwertigen Ionen trennen lassen, da Oxalsäure nur mit den beiden genannten Elementen stabile Komplexe bildet. Entsprechend lassen sich die seltenen Erden selektiv eluieren und durch Zitrationen trennen, mit denen sie offenbar schlecht definierte Komplexe bilden. Diese Trennung wird ausführlicher im folgenden Abschnitt behandelt, in dem die Isolierung des zu den seltenen Erden gehörenden Elementes Promethium behandelt wird.

Promethium.

Die Suche nach dem natürlichen Vorkommen des noch fehlenden Elementes der seltenen Erden mit der Atomnummer 61 wurde mit großer Sorgfalt und Gründlichkeit durchgeführt. Das Element liegt in der Reihe der seltenen Erden zwischen dem Neodym (60) und Samarium (62), und man hätte erwarten sollen, daß es auf jeden Fall bei einem der sorgfältig entwickelten Kristallisationsverfahren entdeckt worden wäre. Mehrfach wurde behauptet, daß das Element entdeckt worden sei, doch es ist sehr fraglich, ob dies für irgendeinen dieser Fälle tatsächlich zutrifft[2].

[2] Siehe: Chem. Soc. Ann. Repts. 1935, **32**, 139. — BALLON: Phys. Reviews 1948, **73**, 630.

Die Behauptungen über die Entdeckung des Elementes gehen zurück auf angebliche neue Linien im Emissionsspektrum von Material, das bei der fraktionierten Kristallisation von Gemischen der seltenen Erden erhalten wurde, oder auf Linien im Röntgenspektrum, die dem Element 61 zugeschrieben wurden, sowie schließlich auf neue Absorptionsbanden der Lösungen.

Man weiß jetzt, daß Isotope des Elementes 61, dem man den Namen Promethium gegeben hat, unter Verwendung eines Cylotrons in Kernreaktionen hergestellt werden können oder daß sie bei der Spaltung von ^{235}U entstehen. Es bestehen noch Zweifel, welche Kerne zu den einzelnen Aktivitäten, die dem Promethium zugeschrieben werden, gehören[3]; mit Sicherheit stehen folgende Verhältnisse fest:

Tabelle 1.

Isotop	Halbwertszeit und Zerfall	Darstellungsart
^{147}Pm	3,7 Jahre, β^-	^{147}Nd, Spaltprodukt (2,6% Ausbeute)
^{148}Pm	5,3 Tage, β^-, γ	^{148}Nd (p, n)
^{149}Pm	47 Std, β^-, γ	U (n, s*)
^{153}Pm	< 5 min, β^-	U (n, s*)
^{156}Pm	< 5 min, β^-	U (n, s*)

* s = Spaltvorgang.

Die verhältnismäßig großen Mengen an Promethium, die bei der Spaltung entstehen, bilden eine geeignete Quelle zur Herstellung wägbarer Mengen für chemische Untersuchungen. Zu den Spaltprodukten des Urans gehören jedoch über 30 Isotope des Yttriums und der seltenen Erden, vom Lanthan bis einschließlich Europium. Dabei erhebt sich sofort die schwierige Frage, wie man diese verschiedenen Elemente trennen kann. Mit den üblichen, auf den Unterschieden in Löslichkeit und Basizität beruhenden Methoden wäre dies eine praktisch unlösbare Aufgabe; glücklicherweise haben jedoch die neuen Austauschharze die Trennungs- und Identifizierungsmöglichkeiten wesentlich vereinfacht. Die Trennung durch Ionenaustausch sind auch besonders für radioaktive Substanzen geeignet, da sie nur verhältnismäßig wenig Manipulationen benötigen und damit nicht die das Arbeiten erschwerende Notwendigkeit besteht, das Untersuchungspersonal von den Strahlungseinflüssen abzuschirmen. Die Grundlagen, auf denen das Verfahren beruht, wurden bereits auseinandergesetzt, so daß nur noch einzelne, für den speziellen Fall des Promethiums wesentliche Punkte erwähnt zu werden brauchen.

Als Austauschharz wurde ein sulfoniertes Phenol-Formaldehydharz (Amberlit IR) verwandt[3]. Die Reihenfolge beim Eluieren der seltenen Erden wurde zuerst an einer größeren Zahl von Versuchen mit radioaktivem Y, La, Ce, Pr und Eu sowie inaktivem Sm und Nd erprobt. Es wurde dabei festgestellt, daß die Elemente in umgekehrter Reihenfolge ihrer Atomnummer eluiert werden, so daß man unbekannte Isotope aus

[3] MARINSKY, GLENDENIN u. CORYELL: J. Amer. chem. Soc. 1947, **69**, 2785.

einer Eluierungskurve einer Gruppe seltener Erden hätte identifizieren können. Als nächstes wurden die Aktivitäten, die in dem Gemisch der als Zerfallsprodukte auftretenden seltenen Erden beobachtet wurden, untersucht. Dann wurde Cer als schwerlösliches Cer(III)-jodat und Yttrium, Samarium und Europium durch Digerieren mit Kaliumkarbonat entfernt. Schließlich wurde der Rückstand mit einem Lanthanträger gemischt, an der Harzaustauschkolonne adsorbiert und beim p_H 2,75 mit 5%iger Ammoniumzitratlösung eluiert. Die aufeinanderfolgenden Fraktionen des Eluats wurden gesammelt und die in ihnen gemessenen Aktivitäten in Abhängigkeit des Eluatvolumens aufgetragen. Dabei ergab sich nebenstehende Kurve.

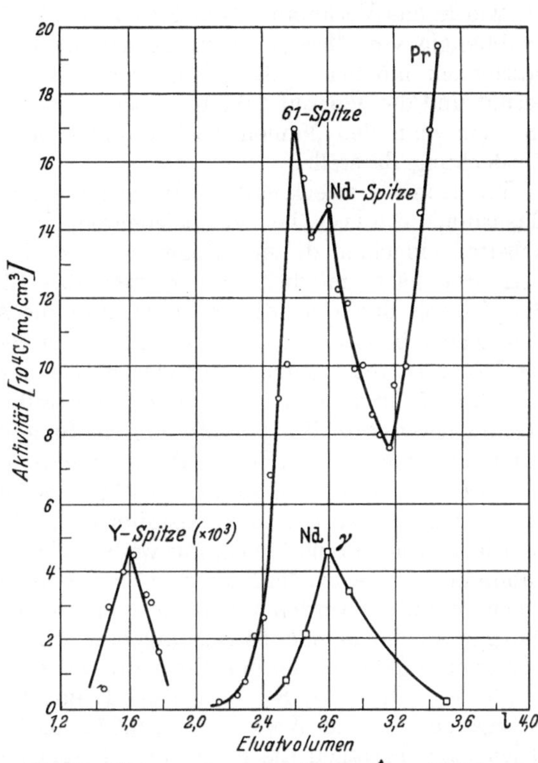

Abb. 56. Eluierungskurve der intermediären Fraktion der seltenen Erden.

Die Vorversuche hatten gezeigt, daß das Gemisch im wesentlichen 3 Zerfallsprodukte enthielt: Pm, Nd und Pr. Die erste Aktivitätsspitze konnte als dem Isotop ^{91}Y zugehörig identifiziert werden ($T = 57$ Tage). Aus der Reihenfolge der Eluierung folgte dann, daß die anderen dem Pm, Nd und Pr entsprachen.

Bisher ist über die Chemie des Promethiums noch wenig veröffentlicht worden. Mit ziemlicher Sicherheit steht jedoch fest, daß es sich von den anderen seltenen Erden nicht wesentlich unterscheidet und daß es lediglich dreiwertig auftritt. Es wurden die K- und L-Röntgenspektren aufgenommen, deren Auswertung keinen Zweifel an der Identität des neuen Elementes läßt[4].

Technetium.

Die erste wohlbegründete Behauptung, das noch fehlende Element mit der Atomnummer 43 isoliert zu haben, wurde 1925 von Noddack, Tacke und Berg[5] im Rahmen von Röntgenemissionsuntersuchungen

[4] Burkhart, Peed u. Spitzer: Phys. Review **1949**, **75**, 86; **76**, 143.

[5] Noddack, Tacke u. Berg: S.-B. preuß. Akad. Wiss. 1925, 400. — Naturwissenschaften 1925, **13**, 567. — Tacke: Z. angew. Chem. 1925, **38**, 1157.

von Platinerzkonzentraten (Columbit, Tantalit und Gadolinit und verschiedener anderer Materialien) aufgestellt. Zu gleicher Zeit wurde das Element 75 gefunden, und die beiden Elemente wurden als Masurium und Rhenium bezeichnet. Die weitere Entwicklung war jedoch sehr unterschiedlich; während die Entdeckung des Rheniums vollauf bestätigt werden konnte und sein chemisches Verhalten jetzt gut bekannt ist, wurde das Vorkommen des Masuriums in der Natur niemals wieder unabhängig von diesem ersten Bericht nachgewiesen. So erscheint es tatsächlich möglich, daß die ursprüngliche Arbeit auf einem Irrtum beruht und die neueren Arbeiten über radioaktive Isotope des Elements 43, dem man den Namen Technetium gegeben hat, auch seine erste Entdeckung darstellen.

Es erscheint zweckmäßig, zunächst die mutmaßliche Isolierung des Masuriums etwas näher zu beleuchten, bevor wir auf die neueren Arbeiten eingehen, da sich zeigen wird, daß es mit den angewandten Verfahren hätte möglich sein müssen, das Element zu isolieren. Als Beispiel soll daher an dieser Stelle kurz die Aufarbeitung eines Ural-Platinerzes beschrieben werden. Die beim Behandeln von etwa 80 g des Minerals mit Königswasser gewonnene Lösung wurde zur Trockne eingedampft und der Rückstand zur Vertreibung aller sublimierbaren Stoffe entweder in Wasserstoff oder in Sauerstoff stark geglüht. Das Sublimat schied sich in Zonen ab, die den verschiedenen Flüchtigkeiten der einzelnen Komponenten entsprachen; es bestand hauptsächlich aus den Oxyden des Rutheniums, Osmiums und Arsens. Außerdem erhielt man jedoch noch eine kleine, aus weißen Nadeln bestehende Menge des Sublimats; diese Nadeln konnten im Sauerstoffstrom bei 400° von neuem sublimiert werden und wurden von Schwefelwasserstoff geschwärzt. Die gewonnene Menge betrug ungefähr 1 mg, und es wurden mit ihr Röntgenuntersuchungen der Elemente 43 und 75 durchgeführt.

Die K_{α_1}-, K_{α_2}- und K_{α_3}-Linien des Elements 43 wurden identifiziert; es ergaben sich die Wellenlängen 0,672, 0,675 und 0,601 Å. Im Vergleich dazu betragen die nach dem MOSELEYschen Gesetz errechneten Werte 0,6734, 0,6779 und 0,600 Å. Es herrscht also keine vollkommene Übereinstimmung zwischen den berechneten und gefundenen Daten, so daß man jetzt mit ziemlicher Wahrscheinlichkeit annehmen kann, daß die Linien durch eine Überlappung mit dem stärker komplexen L-Spektrum eines in dem Material vorhandenen anderen Elementes entstanden sind. Die höchste bisher erzielte Anreicherung an Element 43 ist in einem sulfidischen Konzentrat aus Columbit mit ungefähr 0,2 bis 0,1% angegeben[6], im reinen Zustand wurde bisher keine Verbindung isoliert.

Die künstliche Darstellung des Elements 43 durch Kernreaktionen wurde experimentell erstmalig von PERRIER und SEGRÉ verwirklicht[7]. Dabei wurde im Cyclotron mit einer Molybdänplatte gearbeitet, die mit Deuteronen und sekundären Neutronen beschossen wurde. Das Material

[6] NODDACK, W. u. I.: Metallbörse 1926, **16**, 2129. — Chem. Soc. Ann. Repts. 1935, **32**, 143.

[7] PERRIER u. SEGRÉ: J. Chem. Phys. 1937, **5**, 712; 1939, **7**, 155.

wurde eine genügend lange Zeit sich selbst überlassen, daß alle entstandenen Aktivitäten mit kurzer Lebensdauer zerfallen konnten; nach sechs Wochen zeigte die Molybdänplatte noch eine starke Radioaktivität mit vorwiegend langsamer β-Strahlung.

Unter diesen Bedingungen könnten aus Molybdän als künstlich radioaktive Elemente entstehen: Zirkonium, Niob, Molybdän und Technetium. Von diesen würde Zirkonium durch schnelle Neutronen, Molybdän und Niob durch Neutronen oder Deuteronen und Technetium durch Deuteronen gebildet. Außerdem wäre noch die Möglichkeit offen, daß die Aktivität auf Verunreinigungen zurückgeht. Das Prinzip, die Ursache der Aktivität zu bestimmen, bestand darin, daß man zu bestimmten Anteilen einer Lösung des behandelten Molybdäns in Königswasser milligrammweise inaktives Niob, Rhenium, Mangan und Zirkonium zugab und dann dieses inaktive Material mit den üblichen analytischen Methoden trennte. Es wurde dann festgestellt, daß bei der Trennung die Aktivität stets beim Rhenium, niemals aber beim Niob, Zirkonium oder Molybdän blieb. Daraus folgt, daß die Aktivität auf ein neues, mit dem Rhenium chemisch verwandtes Element — Technetium — zurückgeht.

Diese Versuche, den Verbleib der Aktivität zu ermitteln, wurden fortgesetzt. So blieb beim Fällen mit Schwefelwasserstoff die Aktivität beim Mangan und Rheniumsulfid, woraus hervorgeht, daß Technetium unter diesen Bedingungen ein unlösliches Sulfid bildet. Wenn man weiterhin Molybdän, das Technetium enthält, nach Zusatz von etwas inaktivem Rhenium in MoO_3 überführt und dann im Sauerstoffstrom auf 550° erhitzt, wird das als Oxyd verflüchtigte Rhenium vom Technetium begleitet. Beim Fällen von Thalliumperrhenat wurde wiederum gleichzeitig Technetium mitgefällt. Diese und eine ganze Reihe ähnlicher, mit kleinsten Materialmengen durchgeführten Versuche erwiesen die grundsätzliche Ähnlichkeit der beiden zur VII. Gruppe des Periodischen Systems gehörigen Elemente.

Wie man jetzt weiß, können durch geeignete Kernreaktionen mindestens sechs radioaktive Isotope des Technetium hergestellt werden. Das von PERRIER und SEGRÉ untersuchte Isotop war das ^{97}Tc mit einer Halbwertszeit von 88 Tagen. Für chemische Untersuchungen am besten geeignet ist ^{99}Tc, das β-aktiv ist und eine Halbwertszeit von $9{,}4 \cdot 10^5$ Jahren besitzt. Dieses Isotop erhält man bei der Bestrahlung von Molybdän mit Neutronen im Pile.

$$^{98}Mo \xrightarrow{(n,\gamma)} {}^{99}Mo \xrightarrow[67\text{ Std}]{\beta} {}^{99}Tc \xrightarrow[9{,}4\cdot 10^5\text{ Jahre}]{\beta} {}^{99}Ru \text{ (stabil)}.$$

Dasselbe Isotop bildet sich auch in einer Ausbeute von 6,2% bei der Spaltung von ^{235}U. Damit besitzt man ein Verfahren zur Herstellung wägbarer Mengen von Technetium. Die Trennung wird dadurch erschwert, daß in dem Uran andere hochaktive Spaltprodukte vorhanden sind und man deshalb bei der Durchführung der Trennung für eine sehr starke Abschirmung sorgen muß. Das die Mischung der Spaltprodukte enthaltende Uran wird zunächst in Salzsäure gelöst, worauf das gebildete UCl_4 mit Wasserstoffperoxyd zu UO_2Cl_2 oxydiert wird. Der wesentliche Schritt zur Abtrennung des Technetiums besteht in der Zugabe von Platinchlorid und Durchleiten von Schwefelwasserstoff bei 90°. Dabei wird Platinsulfid (PtS_2) mit den säureunlöslichen Sulfiden anderer Spaltprodukte (einschließlich Tc_2S_7) gefällt. Der Niederschlag der Sulfide wird abgetrennt, in ammoniakalischem Wasserstoffperoxyd gelöst und die Lösung unter Zugabe von Brom zur Trockne eingedampft. Der trockne Rückstand wird mit 18-n-Schwefelsäure destilliert, wobei Technetium als Tc_2O_7 abdestilliert. Um das Technetium im reinen Zustand zu erhalten, wird die Fällung als Sulfid und die Schwefelsäuredestillation mehrfach wiederholt.

Die Kenntnisse über die Chemie des Technetium sind vorerst noch lückenhaft[8]. Das Metall wurde durch Reduktion von Tc_2S_7 mit Wasserstoff dargestellt; es besitzt ein hexagonales Gitter mit dichtester Packung und ist mit Rhenium, Ruthenium und Osmium isomorph. Die Untersuchung des Röntgenemissionsspektrums zeigte eine Übereinstimmung mit den nach dem MOSELEYschen Gesetz vorhergesagten Wellenlängen. Im positiv siebenwertigen Zustand ist Technetium offenbar beständiger als Mangan, aber weniger beständig als Rhenium.

Wenn man metallisches Technetium in Sauerstoffatmosphäre auf 400—600° erhitzt, entsteht ein hellgelbes kristallines Oxyd (Schmp. 119,5°), das als Tc_2O_7 identifiziert werden konnte. Das Oxyd ist sehr hygroskopisch und löst sich in Wasser unter Bildung einer fleischfarbenen Lösung mit den charakteristischen Merkmalen einer starken Säure. Beim langsamen Eindunsten der Säurelösung über Schwefelsäure scheiden sich rotschwarze hygroskopische Kristalle der Säure $HTcO_4$ ab. Das Ammoniumsalz dieser Säure, NH_4TcO_4, ist an Luft bis 100° beständig. Das Pertechnetation zeigt eine starke Ultraviolettabsorption mit Maxima bei 2470 und 2890 Å, die noch den Nachweis bis zu 10^{-8} g Tc gestatten. Technetium bildet ein dunkelbraunes, in Säuren unlösliches Sulfid, das beim Erhitzen in Chlor wahrscheinlich ein flüchtiges Chlorid ergibt. Der einzige Beweis für das Auftreten niederer Wertigkeitsstufen ist die Tatsache, daß die Niederschläge von MnO_2 und $Mn(OH)_2$ in Gegenwart starker Reduktionsmittel Technetium enthalten. Wenn größere Mengen des Elementes verfügbar sind, dürfte unsere Kenntnis über sein chemisches Verhalten schnelle Fortschritte machen.

Protaktinium.

Als MENDELEJEFF zuerst das Periodische System aufstellte, befand sich unter den noch fehlenden Elementen das vor dem Uran stehende Element, das MENDELEJEFF als Eka-Tantal bezeichnete. Dieses Element trägt jetzt den Namen Protaktinium (Pa) und wurde unabhängig von HAHN und MEITNER im Jahre 1917 und von SODDY und CRANSTON im Jahre 1918 entdeckt. Protaktinium wurde als Stamm-

[8] Siehe FRIEDLANDER u. KENNEDY: Introduction to Radiochemistry (John Wiley u. Sons, Inc., New York 1949), S. 270. — BOYD, COBBLE, NELSON u. SMITH (unveröffentlichte Beobachtungen).

substanz des Aktiniums ermittelt, in das es durch Abgabe eines α-Teilchen übergeht. Dieses Isotop, ^{231}Pa, hat eine Halbwertszeit von $3{,}2\cdot 10^4$ Jahren; es gibt noch andere Isotope, von denen ^{233}Pa ($T =$ 27,4 Tage) besonders interessant ist: Es ist ein Glied der 4 n + 1-Reihe (s. S. 509) und entsteht durch α-Zerfall aus ^{237}Nb ($T = 2{,}2\cdot 10^6$ Jahre). Eine bequemere Quelle hat man im Thorium, das beim Beschuß mit langsamen Neutronen folgende Reaktion ergibt:

$$^{232}\mathrm{Th} \xrightarrow{(n,\gamma)} {}^{233}\mathrm{Th} \xrightarrow[\text{23 min}]{\beta} {}^{233}\mathrm{Pa} \xrightarrow[\text{27,4 Tage}]{\beta} {}^{233}\mathrm{U} \xrightarrow[1{,}6\cdot 10^9\ \text{Jahre}]{\alpha} {}^{229}\mathrm{Th}.$$

In dem β-aktiven Isotop ^{233}Pa besitzt man ein sehr wertvolles Material zur Untersuchung des chemischen Verhaltens des Elementes mit Hilfe der Markierungsmethode, da es leichter zugänglich und gefahrloser zu handhaben ist als das natürliche ^{231}Pa. Die Chemie und besonders die Wertigkeitszustände des Protaktiniums sind im Zusammenhang mit der Aufklärung der Beziehung zu den Aktiniden besonders interessant.

Uranmineralien enthalten ungefähr 8 g Protaktinium auf 10 g Radium. Die Reindarstellung des Elementes in wägbaren Mengen glückte zum ersten Male im Jahre 1927 A. v. GROSSE[9], der 2 mg reines Pa_2O_5 aus Pechblende isolierte, während es GRAUE und KÄDING[10] im Jahre 1934 durch Aufarbeiten von 5,5 t Joachimsthaler Radiumrückstände gelang, 0,5 g Protaktinium in Form des Salzes K_2PaF_7 zu gewinnen. Ungefähr zu derselben Zeit konnten v. GROSSE und AGRUSS weitere 0,1 g des Oxyds darstellen[11]. Als Ausgangsmaterial wurde ein Pechblenderückstand benutzt, der ungefähr folgende Hauptbestandteile enthielt:

SiO_2	60%	Al_2O_3	5%	MgO	0,5%
Fe_2O_3	22%	MnO	1%	Ti	0,3%
PbO	8%	CaO	0,6%	Zr + Hf	0,1%

Der Protaktiniumgehalt des Materials betrug 300 mg Pa_2O_5 je metrische Tonne, was einer Konzentration von 1:3000000 entspricht. Die reichsten Pechblenden enthalten ungefähr 200 mg je Tonne. Die drei Hauptschritte bei der im großen Maßstabe durchgeführten Extraktion sind folgende:

1. Zweistündiges Auslaugen mit heißer 25%iger Salzsäure bei 95°. Dadurch wird das Eisen ebenso wie die stärker basischen Oxyde und die Hauptmenge des Bleis entfernt. Der Rückstand besteht aus Kieselsäure und kleinen Mengen der weniger basischen Oxyde, wie vor allem Zirkon- und Titanoxyd. Der Gehalt an Protaktinium in diesem Rückstand beträgt etwa 1:2000000.

2. und 3. Der Rückstand wird darauf mit Natriumhydroxyd geschmolzen, das gebildete Natriumsilikat aus der Schmelze ausgelaugt und die Lösung dann mit Salzsäure angesäuert. Dabei verteilt sich das Protaktinium zwischen der gefällten Kieselsäure — die ungefähr 70% enthält — und der sauren Lösung, in der sich der Rest befindet.

[9] v. GROSSE, A.: Nature 1927, **120**, 621. Ber. dtsch. chem. Ges. 1928, **61**, 233.
[10] GRAUE u. KÄDING: Z. angew. Chem. 1934, **47**, 650.
[11] v. GROSSE, u. AGRUSS: J. Amer. chem. Soc. 1934, **56**, 2200.

Durch Zusatz von Phosphorsäure und einem Zirkoniumsalz wurde das Protaktinium aus der Lösung zusammen mit dem Zirkonium als Phosphat gefällt. Die gleichzeitige Fällung des Zirkoniums und Protaktiniums verläuft unter diesen Bedingungen quantitativ. Vor dieser Fällung muß ein Überschuß von Wasserstoffperoxyd hinzugefügt werden, um das Titan in Peroxytitansäure zu überführen und so zu vermeiden, daß es mit dem Zirkonium zusammen gefällt wird. Der koagulierte Kieselsäurerückstand wurde mit 20%igem Natriumhydroxyd behandelt, der Rückstand in Salzsäure gelöst; aus der Lösung wurde wie vorher das Protaktinium zusammen mit Zirkonium als Phosphat gefällt. Wenn man von 1000 kg Rückstand ausging, so erhielt man auf dem beschriebenen Wege 4,9 kg Zirkoniumphosphat, die 250 mg Protaktinium in einer Konzentration von 1:20000 enthielten. Nach Entfernung der Phosphor- und Kieselsäure wurde diese Konzentration auf 1:5000 erhöht; die Ausbeute betrug etwa 75%.

In dem auf obigem Wege in großem Maßstabe gewonnenen Material kann man laboratoriumsmäßig durch fraktionierte Kristallisation des Zirkonoxychlorids aus Salzsäure eine weitere Anreicherung erzielen, und zwar erfolgt diese in der Lösung. Man kann auch durch fraktionierte Fällung als Zirkoniumphosphat zu einer Anreicherung gelangen. Wenn die Konzentration an Protaktinium ungefähr den Wert von 10% erreicht hat, läßt sich die Hauptmenge des Zirkoniums durch Sublimieren des Chlorids entfernen und aus der sauren Lösung das Protaktiniumpentoxyd mittels Wasserstoffperoxyd ausfällen[12].

Die Abtrennung des Protaktiniums aus den Konzentraten kann weitgehend vereinfacht werden, wenn man es an einen MnO_2-Niederschlag adsorbiert und anschließend mit Hilfe eines Austauschharzes vom Mangan trennt. Man kann es vom Mangan auch trennen, indem man es in den Kupferronkomplex überführt und durch darauffolgende Extraktion mit organischen Lösungsmitteln aus diesem Komplex löst[13]. Diese neueren Trennungsmethoden sind mit Spurenmengen von ^{233}Pa nach dem Verfahren der radioaktiven Kennzeichnung ausgearbeitet, es ist aber kein Grund einzusehen, warum sie nicht auch im größeren Maßstabe zur Isolierung des natürlichen Isotops ^{231}Pa anwendbar sein sollten.

Das Protaktiniumpentoxyd erwies sich auf Grund seiner Reaktionen als ein basisches Oxyd, während die Pentoxyde des Tantals, Niobs und Vanadiums sauren oder amphoteren Charakter besitzen. Wenn man beispielsweise eine tantalhaltige Zirkon-Protaktiniummischung mit Kaliumkarbonat schmilzt, so geht wenigstens ein Teil des Tantals in Lösung, während das Protaktinium im Rückstand verbleibt. Protaktiniumpentoxyd wird durch Wasserstoffperoxyd in schwefelsaurer Lösung gefällt, nicht hingegen Tantalpentoxyd. Die Oxyde der beiden Elemente lösen sich leicht in Flußsäure und werden aus dieser Lösung durch Ammoniak wieder ausgefällt. Wenn man das Pentoxyd bei 550°

---

[12] v. Grosse u. Agruss: J. Amer. chem. Soc. 1934, **56**, 2200.
[13] Maddock u. Miles: J. chem. Soc. 1949, S. 253.

mit Kohlenoxychlorid behandelt, so wird es in das Pentachlorid überführt.

$$Pa_2O_5 + 5\,COCl_2 = 2\,PaCl_5 + 5\,CO_2\,.$$

Das Halogenid sublimiert dabei in fast farblosen Nadeln, die bei 301° schmelzen und etwas unterhalb dieser Temperatur zu sublimieren beginnen. Das kristalline, komplexe Fluorid, K_2PaF_7, wurde durch Lösen des Oxydes in Flußsäure und Zusatz von Kaliumfluorid dargestellt; die Verbindung entspricht dem Fluotantalat, K_2TaF_7.

Metallisches Protaktinium ist nach zwei Verfahren gewonnen worden[12]. Bei dem ersten wurde das Pentoxyd auf eine Kupferscheibe gebracht und im Hochvakuum mit Elektronen beschossen, wobei nach Abspaltung von Sauerstoff eine glänzende, teilweise gesinterte luftbeständige Metallmasse zurückblieb. Außerdem erhielt man das Metall durch Zersetzung des Dampfes von Protaktiniumchlorid, -bromid oder -jodid an einem hoch erhitzten Wolframfaden.

Neuere Untersuchungen über die Chemie des Protaktiniums[14] haben ergeben, daß die Zusammensetzung des angeblichen Pentoxyds wahrscheinlich genau genommen der Formel $PaO_{2,25}$ oder Pa_4O_9 entspricht. Wenn man die Substanz in Sauerstoff bei 1100° glüht, entsteht das Pentoxyd, während sich beim Erhitzen in Wasserstoff auf 1600° das Oxyd PaO_2 bildet. Das Dioxyd wird durch Fluorwasserstoff in ein Tetrafluorid PaF_4 überführt, das sich mit Barium bei 1500° zum Metall reduzieren läßt. Das Oxyd PaO entsteht als Oberflächenverunreinigung auf dem Metall und besitzt eine Kochsalzstruktur. Beim Erhitzen des Metalls in Wasserstoffatmosphäre auf 250—300° entsteht das Einlagerungshydrid PaH_3, das dem UH_3 ähnelt. Diese letzten, mit Mikrogrammengen des Elementes durchgeführten Untersuchungen haben die Bildung eines flüchtigen Chlorids bestätigt, das wahrscheinlich die Zusammensetzung $PaCl_5$ besitzt und durch Wasserstoff bei 500° zu $PaCl_4$ reduziert wird. Die Tetrahalogenide des Protaktiniums scheinen denen des Thoriums, Urans, Neptuniums und Plutoniums zu ähneln. Das Pentoxyd wird durch Schwefelwasserstoff in die Verbindung $PaOS$ umgewandelt, die den Verbindungen $ThOS$, UOS und $NpOS$ entspricht. Einen unabhängigen Beweis für die Bildung eines unlöslichen Tetrafluorids lieferten Boussière und Haissinsky[15].

Astatin.

Es ist zweckmäßig, an dieser Stelle die Darstellung und Chemie des neuentdeckten Halogens Astatin zu besprechen, das zwar kein Metall ist, dessen Bildungsweise und radioaktive Eigenschaften aber in sehr enger Beziehung zu den schweren radioaktiven Elementen stehen. Es ist ziemlich sicher, daß Astatin in der Natur nicht in Mengen vorkommt, die für chemische Untersuchungen irgendwelche Bedeutung besitzen.

---

[14] Sellers, Fried, Elson u. Zachariasen: XII. Int. Congr. Pure Appl. Chem., New York 1951, Abstr. 376.

[15] Bouissières u. Haïssinsky: J. chem. Soc. 1949, S. 256. — C. R. hebd. Seances Acad. Sci. 1948, **226**, 573.

Demgegenüber gibt es aber kurzlebige Isotope des Astatins als Glieder von Zweigen der Uran- und Aktiniumzerfallsreihe. Die chemischen Untersuchungen, über die bisher berichtet wurde, sind jedoch mit einem mit Hilfe des Cyclotrons hergestellten Material durchgeführt worden. Die beiden Isotope ^{210}At, das aus ^{209}Bi durch eine (α; 3 n)-Reaktion hergestellt und durch K-Einfang zerfällt (T = 8,3 Std), und ^{211}At, ein α- und γ-Strahler (T = 7,5 Std), der durch die Reaktion ^{209}Bi (α; 2 n) entsteht, sind die langlebigsten; das zweite Isotop ist zum Studium der Chemie des Astatins besser geeignet.

Das Isotop ^{211}At wurde durch Beschuß von Wismut mit 21—29 MeV-Heliumionen hergestellt[16]. Die Bedingung, Teilchen aus diesem Energiebereich zu verwenden, muß sorgfältig eingehalten werden, da bei einer höheren Energie als 28 MeV durch eine (α; 3 n)-Reaktion auch ^{210}At entsteht, bei dessen Zerfall durch K-Einfang zu ^{210}Po eine unerwünschte Verunreinigung entsteht. Astatin wird von dem ursprünglichen Wismut abgetrennt, indem man es im Vakuum von dem geschmolzenen Wismut verflüchtigt und in einem mit flüssigen Stickstoff gekühlten Rohr kondensiert. Das so gesammelte Material wird in einem Tropfen Salpetersäure gelöst und mit destilliertem Wasser in eine Vorratsflasche gespült. Die Untersuchungen über die Chemie des Astatins in Lösung muß wegen der hohen spezifischen Aktivität des ^{211}At (T = 7,5 Std) in äußerst verdünnten Lösungen durchgeführt werden. Eine 1-molare Lösung würde $1{,}54 \cdot 10^{16}$ α-Teilchen/cm³/sec emittieren, die zu einer schnellen Zersetzung des Wassers führen würden. Die meisten Untersuchungen wurden daher mit 10^{-11}- bis 10^{-15}-molaren Lösungen vorgenommen.

Die Ähnlichkeit des Astatins mit den Halogenen zeigt sich daran, daß es zwar stark von Silber gebunden wird, aber von einer Glasoberfläche schon bei Zimmertemperatur merklich flüchtig ist. In wäßriger Lösung scheint es als freies Halogen vorzuliegen; man kann es mit Tetrachlorkohlenstoff oder Benzin aus der wäßrigen Lösung ausschütteln. Wenn man diesen Vorgang verfolgen will, braucht man nur die Verteilung der α-Aktivität zwischen diesen beiden Phasen zu bestimmen. Diese Methode ist bedeutend empfindlicher als irgendeines der üblichen physikalischen und analytischen Verfahren, so daß man mit ganz kleinen Mengen des Halogens arbeiten kann.

Das elementare Astatin wird durch Hypochlorit- oder Peroxysulfatlösungen zum AtO_3^--Ion oxydiert: Durch Untersuchungen der Ionenwanderung in der oxydierten Lösung, wobei die Bewegungsrichtung des Astatins durch Messung seiner Aktivität verfolgt wurde, konnte festgestellt werden, daß es unter diesen Bedingungen zur Anode wandert. Weiterhin ergab sich, daß beim Fällen von Silberjodat aus der oxydierten Lösung Astatin mitgefällt wird. Es liegen auch Anhaltspunkte dafür vor, daß schwächere Oxydationsmittel (z. B. Brom) zum AtO^- oxydieren; der Beweis dafür aber ist nicht so klar wie im Falle des AtO_3^-. Bei der Reduktion mit Schwefeldioxyd entsteht das Astatidion, At^-, das bei

[16] Corson, Mackenzie u. Segrè: Phys. Reviews 1940, II, **57**, 459; **58**, 672. Johnson, Leininger u. Segrè: J. chem. Phys. 1949, **17**, 1.

der Elektrolyse zur Anode wandert und mit Silberjodid vollständig mitgefällt wird. Es liegen bisher keine Beweise vor, daß es ein Astatinkation gibt oder daß das Element Reaktionen eingeht, die denen des positiven Jods entsprechen; man muß aber dabei berücksichtigen, daß die experimentellen Untersuchungen nur in einem verhältnismäßig beschränkten Rahmen durchgeführt werden können und daß es bei der kurzen Halbwertszeit unwahrscheinlich ist, daß man jemals größere Mengen des Elementes zur Verfügung haben wird. Die grundsätzliche Ähnlichkeit im Verhalten des Astatins mit den Halogenen ist jedoch durch die oben geschilderten Versuchsarbeiten eindeutig bewiesen und wird zweifellos in der Zukunft noch an weiteren Beispielen gezeigt werden.

Francium.

Es liegen sehr viele Untersuchungen vor mit dem Ziel, das jetzt als Francium bekannte schwerste Alkalimetall auf Grund eines natürlichen Vorkommens zu isolieren. Da die Löslichkeit der Alaune in der Reihe der Alkalimetalle vom Natrium bis Caesium fortlaufend kleiner wird, wäre z. B. zu erwarten, daß das gesuchte Element einen Alaun bildet, dessen Löslichkeit kleiner ist, als die des Caesiumalauns. Doch in allen Fällen fraktionierter Kristallisation von Alaungemischen aus caesiumreichen Mineralien, wobei die Endfraktionen der Kristallisation auf ihre Röntgenspektren und Radioaktivität untersucht wurden, konnte kein oder wenigstens kein schlüssiger Beweis für das Vorhandensein des Elementes gefunden werden.

Alle drei klassischen Zerfallreihen enthalten in ihren Hauptzweigen α-aktive Isotope des Radiums ($Z = 88$) und führen zu einem Radonisotop ($Z = 86$), so daß das Element 87 nicht entsteht. Es würde aber durch β-Zerfall eines Radonisotops oder durch α-Zerfall eines Aktiniumisotops ($Z = 89$) gebildet werden. Nach den bisherigen Feststellungen wurden bei Radonisotopen nur α-Aktivitäten festgestellt, während PANETH 1914 beobachtete, daß das Isotop ^{227}Ac der Aktiniumreihe, das hauptsächlich unter Entsendung von β-Teilchen zerfällt, in geringem Umfang auch α-Teilchen emittiert. Man wußte damals noch nicht, daß es sich dabei um den Eigenzerfall des Aktiniums selbst handelt, das man nur schwer ohne andere radioaktiven Stoffe erhält; dies wurde erst in neuerer Zeit klargestellt, als Mlle. PEREY[17] deutlich nachweisen konnte, daß ^{227}Ac, wie unten angegeben, auf zweierlei Weise zerfällt:

$$
\begin{array}{ccccccc}
 & & & \overset{\alpha}{\nearrow}\ (1{,}2\%) \quad {}^{223}\mathrm{Fr} \quad (21\ \mathrm{min})\ \overset{\beta}{\searrow} & & & \\
{}^{231}\mathrm{Pa} & \xrightarrow[3{,}2\cdot 10^{4}\ \mathrm{Jahre}]{\alpha} & {}^{227}\mathrm{Ac}\ (22\ \mathrm{Jahre}) & & {}^{223}\mathrm{Ra} & \xrightarrow{\alpha} & {}^{219}\mathrm{Rn} \longrightarrow \\
 & & & (98{,}8\%)\ \underset{\beta}{\searrow} \quad {}^{227}\mathrm{Th} \quad \underset{\alpha}{\nearrow}\ (18{,}9\ \mathrm{Tage}) & & &
\end{array}
$$

Das Franciumisotop hat eine Halbwertszeit von 21 min. Das Untersuchungsverfahren bestand darin, eine gereinigte Aktiniumlösung solange

[17] PEREY: J. Physique Radium 1939, **10**, 435. — PEREY u. LACOIN: J. Physique Radium 1939, **10**, 439. — PEREY: J. Chim. hpysique 1946, **43**, 155.

zerfallen zu lassen, bis die 21 min-Aktivität einen fast konstanten Wert erreicht hat, und dann festzustellen, mit welchem der Trägerelemente sie zusammen gefällt wird. Es zeigte sich, daß die Aktivität nicht beim CeO_2, PbS und $BaCO_3$ blieb. Wenn man aber zu der aktiven Lösung ein lösliches Caesium- oder Rubidiumsalz hinzugab und dann fällte (als unlösliches Perchlorat, Pikrat, Hexachloroplatinat, Chlorobismutat, $M^I{}_2BiCl_5 \cdot 2{,}5\ H_2O$, oder als Chlorostannat) wurde die Substanz mit der 21 min-Aktivität — ganz oder teilweise — mit den Alkalimetallen mitgefällt. Es besteht zwar wenig Aussicht, das neue Element oder seine Salze in wägbaren Mengen zu isolieren; immerhin konnte aber klar gezeigt werden, daß es in seinen Fällungsreaktionen eine deutliche Ähnlichkeit mit den beiden schwersten Alkalimetallen aufweist. Wie bei dem bereits besprochenen Astatin gestattet es die außerordentlich große Empfindlichkeit der radioaktiven Nachweismethoden, derartige Feststellungen mit bedeutend kleineren Materialmengen durchzuführen, als man sie für die üblichen mikrochemischen Nachweisreaktionen benötigt.

Andere Isotope des Franciums wurden künstlich hergestellt. Beispielsweise kommt das Isotop ^{221}Fr als Produkt des α-Zerfalls des ^{225}Ac in der neuen $(4n + 1)$-Reihe vor (vgl. S. 509). Es zerfällt unter α-Strahlenemission ($T = 4{,}8$ min) und bildet das kurzlebige α-aktive Astatinisotop ^{227}Ac ($T = 0{,}02$ sec). Wichtiger jedoch ist die Bildung von ^{227}Ac durch Neutronenbestrahlung des Radiums.

$$^{226}Ra \xrightarrow{(n,\gamma)} {}^{227}Ra \xrightarrow{\beta} {}^{227}Ac.$$

Das auf diese Weise hergestellte Aktinium läßt sich viel leichter von anderen radioaktiven Elementen befreien, als dies bei den Produkten möglich ist, die man bei der Aufarbeitung des natürlich vorkommenden Elementes erhält. Der Zerfall des so gewonnenen ^{227}Ac liefert ein bequemes Mittel zur Herstellung von Material für die weitere Untersuchung des neuen Alkalimetalls.

Polonium.

Es sind jetzt zahlreiche Isotope des Poloniums bekannt, die alle radioaktiv sind, α-Strahlung emittieren und — mit Ausnahme des ^{210}Po mit einer Halbwertszeit von 140 Tagen — nur kurzlebig sind. Das Isotop ^{210}Po, das man auch als Radium F bezeichnet, ist ein Glied der Uranzerfallsreihe und zerfällt zu dem stabilen Endprodukt ^{206}Pb. Ein künstliches Isotop, ^{209}Po, ein Glied der $(4\,n + 1)$-Zerfallsreihe, hat eine Halbwertszeit von etwa 200 Jahren. Die zur Zeit vorliegenden Ergebnisse über die Chemie des Elementes wurden jedoch mit ^{210}Po erhalten.

Polonium wurde im Jahre 1898 von Madame Curie als Bestandteil der Joachimsthaler Pechblende entdeckt. Zu seiner Gewinnung wird die Pechblende durch Rösten mit Natriumkarbonat aufgeschlossen; der Karbonatüberschuß wird dann durch Auslaugen mit warmem Wasser entfernt. Beim Behandeln mit verdünnter Schwefelsäure löst sich das Uran, und es bleibt ein Rückstand übrig, der Blei, Calcium, Barium, Radium und zahlreiche Schwermetalle enthält, unter denen sich auch das Polonium befindet. Der nächste Schritt der Aufarbeitung besteht darin, daß man den Rückstand mit Salzsäure behandelt; dabei bleibt das Radium in Form des unlöslichen Sulfats zurück. Beim Einleiten von Schwefelwasserstoff in die salzsaure Lösung werden die Sulfide des Poloniums, Wismuts, Kupfers, Bleis, Antimons und Arsens gefällt; aus dem Filtrat der Schwefelwasserstoffällung erhält man durch Oxydation mit Chlor und durch Zusatz von Ammoniak einen dritten aktiven Niederschlag, der neben den seltenen Erden Aktinium enthält. Die weitere Anreicherung an Polonium wird durch die Tatsache sehr erleichtert, daß sich das Element aus seiner Lösung quantitativ auf einen eingetauchten Silber-, Kupfer- oder Nickelstab niederschlägt. Polonium besitzt nämlich ein sehr niedriges Abscheidungspotential.

Die Trennung der Poloniumkonzentrate läßt sich bequemer durchführen, wenn man vom Radium D, einem Bleiisotop, das eine Zwischenstufe der radioaktiven Zerfallsreihe Radium—Polonium darstellt, ausgeht.

Die Umwandlung läßt sich durch folgende Zerfallsgleichung wiedergeben:

$$^{210}_{82}\mathrm{Pb}\,(\mathrm{RaD}) \xrightarrow[22\text{ Jahre}]{} {}^{210}_{83}\mathrm{Bi} \xrightarrow[5{,}0\text{ Tage}]{} {}^{210}_{84}\mathrm{Po}.$$

Das aus Uranmineralien isolierte Blei enthält Radium D, das sich beim Aufbewahren an Polonium anreichert; nach einiger Zeit kann man das Element entweder durch Elektrolyse oder in der Weise abtrennen, daß man es auf ein Metall (z. B. Ag) niederschlägt. Der aktive Niederschlag, den man in alten Emanationsröhren findet, ist ebenfalls eine bequem zugängliche Quelle zur Darstellung von Radium D oder Polonium; dieser Niederschlag kann ebenfalls in Säure gelöst werden, worauf das Polonium auf einen eingetauchten Metallstreifen abgeschieden wird.

Polonium kann auch durch Bestrahlen von Wismut mit Neutronen erhalten werden, die man in größerem Ausmaß in Atompiles verfügbar hat. Dabei verläuft die Kernreaktion $^{209}\mathrm{Bi}\,(n;\,\gamma) \rightarrow {}^{210}\mathrm{Bi} \xrightarrow[5\text{ Tage}]{} {}^{210}\,\mathrm{Po}$. Das in Form von Kügelchen verwendete Wismutoxyd wird nach der Bestrahlung in Salzsäure gelöst. Zu der sauren Lösung gibt man Tellurchlorid; durch Behandeln mit Zinn(II)-chlorid wird elementares Tellur gefällt, das das gesamte Polonium enthält. Der Niederschlag ist nicht erheblich mit Wismut verunreinigt. Er wird unter Zugabe eines Oxydationsmittels in Salzsäure gelöst; aus der entstehenden Lösung wird mit Hydrazin oder Schwefeldioxyd Tellur gefällt. Unter diesen Bedingungen fällt das Polonium nicht mit, sondern bleibt in Lösung und kann in der üblichen Weise auf einem Metallstreifen abgeschieden werden. Mit diesem Verfahren läßt sich Material für makrochemische Untersuchungen des Elementes und seiner Verbindungen gewinnen.

Der Hauptanteil unserer noch unvollständigen Kenntnis über die Chemie des Poloniums wurde bisher durch Versuche mit ganz kleinen Mengen gewonnen. In seinen chemischen Eigenschaften ähnelt das Polonium in mancher Hinsicht dem Tellur und Wismut. Das Sulfid ist weniger löslich als Wismut- und Bleisulfid und flüchtiger als Wismutsulfid. Die Poloniumverbindungen werden auch leicht hydrolysiert. Polonium bildet ein unlösliches Hydroxyd und ein flüchtiges Hydrid (s. S. 273). In 10^{-8} bis 10^{-9}-n-Lösungen beträgt das für die Elektrode Po/Po^{4+} berechnete Normalpotential + 0,77 Volt; Polonium liegt somit in der Spannungsreihe zwischen Tellur und Silber[18].

Ein großer Teil der Erkenntnisse wurde durch Anwendung des Prinzips des Isomorphismus gewonnen, nach dem man aus der isomorphen Kristallisation des Poloniums mit einem Salz bekannter Zusammensetzung auf die Bildung einer Poloniumverbindung gleicher Zusammensetzung schließen kann. Es ist notwendig, hierbei zwischen Adsorption und echter Isomorphie zu unterscheiden. Betrachten wir z. B. eine Lösung von Polonium und Tellur in Salzsäure, zu der man zur Fällung des Tellurs Zinn(II)-chlorid hinzufügt. Es zeigt sich, daß über einen bestimmten Bereich der Säurekonzentration und für verschiedene Werte von Po : Te das Verhältnis

$$\frac{\text{Po : Te im Niederschlag}}{\text{Po : Te in der Mutterlauge}} = \text{const.}$$

ist. Dies kann man als einen Fall von Isomorphie auffassen, bei dem Polonium in das Tellurgitter eingebaut wird. Wenn man andererseits zu einer sauren Poloniumlösung Bariumchlorid gibt und mit Schwefelsäure Bariumsulfat fällt, wird die Menge des mitgefällten Poloniums um so kleiner, je saurer die Lösung ist. Hierbei handelt es sich um eine Adsorption. Man kann zwischen diesen beiden Erscheinungen nicht immer ganz klar unterscheiden, und derartige Beweise müssen immer sehr kritisch betrachtet werden. Bei allen diesen Untersuchungen wird die Poloniumkonzentration durch direkte Messung der Aktivität in der festen und gelösten Phase bestimmt.

Die auf diesem Wege gewonnenen Erkenntnisse ermöglichten es, die Formeln einiger Poloniumverbindungen mit ziemlicher Sicherheit aufzustellen. So konnte man Natriumtellurid erhalten, indem man eine Lösung von Natriumdithionit, $Na_2S_2O_4$, auf poloniumhaltiges Tellur einwirken ließ. Die Verteilung des Poloniums zwischen dem kristallinen Natriumtellurid und der Mutterlauge war konstant und zeigte an, daß sich eine Verbindung Na_2Po gebildet hatte, die mit dem Tellurid isomorph ist[19]. In Ergänzung zu dieser Arbeit konnte gezeigt werden, daß Poloniumdibenzyl, $Po(CH_2C_6H_5)_2$, und Tellurdibenzyl, $Te(CH_2C_6H_5)_2$, ebenfalls isomorph sind und daß es vom Polonium auch ein flüchtiges Methylderivat, $Po(CH_3)_2$, gibt. Ebenso liegen auch Anzeichen dafür vor, daß Polonium ein flüchtiges Carbonyl bildet[20].

Die Arbeit von Guillot[21] führte zu der Erkenntnis, daß das Polonium auch im dreiwertigen oder vierwertigen Zustand auftreten kann.

---

[18] Coche, Faraggi, Avignon u. Haïssinsky: J. Physique Radium 1949, **10**, 312.

[19] Chlopin u. Samartseva: C. R. Acad. Sci. URSS 1934, **4** 433.

[20] Curie u. Lecoin: C. R. hebd. Séances Acad. Sci. 1931, **192**, 1453.

[21] Guillot: C. R. hebd. Séances Acad. Sci. 1930, **190**, 127, 590. — J. Chim. physique Rev. gén. Colloides 1931, **28**, 14, 92.

Beim Zusatz von Natriumdithiocarbamat zu einer wismutsalzhaltigen Lösung entsteht ein Niederschlag, von dem man annimmt, daß er aus dem Dithiocarbamat des dreiwertigen, sechsfach koordinierten Poloniums besteht. In der Verbindung $(NH_4)_2[POCl]_6 \cdot H_2O$ soll das Polonium im vierwertigen Zustand vorliegen und mit der entsprechenden Iridiumverbindung isomorph sein. Ebenso ist die Verbindung $(NH_4)_2[PoCl_6]$ mit den entsprechenden Komplexsalzen $(NH_4)_2[PbCl_6]$, $(NH_4)_2[TeCl_6]$ und $(NH_4)_2[SnCl_6]$ isomorph, wenn gleichzeitig ein Überschuß von Chlor vorliegt, und mit $(NH_4)_2[PtCl_6]$ sogar in Abwesenheit von Chlor. Polonium soll in diesen Fällen vierwertig sein. Das Acetylacetonat des Poloniums ist von SERVIGNE[22] untersucht worden; SERVIGNE fand, daß das Hydroxyd in Acetylaceton löslich ist. Das nach dem Abdampfen gewonnene Produkt löst sich in Chloroform, Benzol, Alkohol oder Aceton. Beim fraktionierten Kristallisieren der gemischten Acetylacetonate des Thoriums, Aluminiums und Poloniums zeigt sich, daß sich das Polonium beim Thorium anreichert, eine Tatsache, die wieder darauf hindeutet, daß das Polonium auch unter diesen Bedingungen wahrscheinlich vierwertig ist. Das elektrochemische Verhalten des Poloniums stimmt gleichfalls mit dem Vorhandensein von zwei Wertigkeitsstufen überein, wobei das Element mit großer Leichtigkeit von dem einen in den anderen Zustand übergeht.

Gewisse, aber unvollständige Einblicke in das Wesen der Poloniumkomplexe erhält man durch Untersuchungen der Ionenwanderung. In stark verdünnten sauren Lösungen (z. B. 0,05-*n* HCl oder HNO_3) wandert fast das gesamte Polonium zur Kathode, während es in 0,2-*n* HCl oder 2-*n* HNO_3 zur Anode geht. Ähnlich liegen die Verhältnisse in schwefelsaurer Lösung. Es sei nochmals betont, daß diese Versuche mit kleinsten Mengen durchgeführt wurden; sie zeigen aber trotzdem deutlich, daß eine Komplexbildung erfolgt, wobei wahrscheinlich Ionen wie $[Po(NO_3)_6]^{--}$ und $[(PoCl_6)]^{--}$ entstehen. Mit makroskopischen Poloniummengen wurden auch schon einige Untersuchungen durchgeführt[23]. Hierzu gehört eine Bestimmung der Kristallgitterstruktur des Elementes selbst, das durch Abscheidung aus verdünnter salpetersaurer Lösung von Poloniumnitrat auf einen Platinstreifen gewonnen wurde. Aus einer plötzlichen Änderung des elektrischen Widerstandes bei etwa 100° kann man auf das Auftreten von zwei allotropen Modifikationen schließen. Das Metall schmilzt bei etwa 240—255°.

Die Transurane[24].

Zur Zeit sind folgende Transuranelemente bekannt:

93	Neptunium	Np	96	Curium	Cm
94	Plutonium	Pu	97	Berkelium	Bk
95	Americium	Am	98	Californium	Cf

[22] SERVIGNE: C. R. hebd. Séances Acad. Sci. 1933, **196**, 264.

[23] MAXWELL: J. chem. Phys. 1949, **17**, 1288.

[24] Siehe LISTER: Quart. Rev. (Chem. Soc., London) 1950, **4**, 20. Die Daten sind dieser Quelle entnommen, die nähere Einzelheiten über die Chemie der Transurane enthält.

Die Methoden, nach denen sich einige Isotope der Transurane darstellen lassen, werden später besprochen (S. 508); an dieser Stelle soll nur die Chemie der Transurane, soweit sie bisher erforscht werden konnte, behandelt werden. Der interessanteste Punkt dabei, der sich zwangsläufig aus der Tatsache ergibt, daß diese Elemente eine Erweiterung des Periodischen Systems von MENDELEEF darstellen, ist die Frage, ob die Transurane einen Teil einer neuen Gruppe von Übergangselementen — analog den drei gut bekannten Gruppen — bilden, oder ob es sich bei ihnen um eine neue, den seltenen Erden analoge Gruppe handelt. Das vorliegende physikalische und chemische Tatsachenmaterial spricht für die zweite Auffassung.

Eine strukturelle Analogie zwischen den Transuranen und den seltenen Erden würde bedingen, daß in den Transuranen einige 5 f-Bahnen besetzt sein müssen, wie es in den seltenen Erden hinsichtlich der 4 f-Bahnen der Fall ist. Die natürliche Stelle, bei der dieser Vorgang einsetzen sollte, wäre Thorium, da das vorhergehende Element, das Aktinium, keine Elektronen auf seiner 4 f-Schale hat. Aus spektroskopischen Daten weiß man aber, daß den vier Valenzelektronen des Thoriums die Konfiguration $6d^2\,7s^2$ zukommt. Für das Protaktinium ist die Konfiguration unbekannt, und dem Uran kann die Konfiguration $5f^3\,6d^1\,7s^2$ zugeordnet werden[25]. Man kann daher a priori annehmen, daß bei den folgenden Elementen fortschreitend die $5f$-Schale aufgefüllt wird und daß sie beim Curium halbbesetzt ist, daß es also damit dem Gadolinium entsprechen würde.

Die Absorptionsspektren der Verbindungen der Transurane ähneln den Spektren der seltenen Erden, in denen die Ionen gefärbt und außergewöhnlich scharfe Absorptionsbanden aufweisen, die durch Elektronenübergänge in den $4f$-Niveaus bedingt sind. Die Schärfe kommt daher, daß diese Niveaus vor einer Verzerrung durch die Felder der umgebenden Moleküle durch $5s$- und $5p$-Elektronen abgeschirmt sind. Eine genaue Parallele dieser Erscheinung beobachtet man beim Uran und den darauf folgenden Elementen. Besonders scharfe Bande findet man bei den Absorptionsspektren der wenigen bisher untersuchten festen kristallinen Verbindungen der Transurane.

Die magnetischen Eigenschaften der Transuranionen können mit dem Vorhandensein von $5f$-Elektronen in Einklang stehen, da eine deutliche Ähnlichkeit zwischen ihren magnetischen Momenten und denen der Ionen der seltenen Erden besteht, wenn man sich auf die gleiche Zahl der über die Edelgasschale hinausgehenden Elektronen bezieht. Dies erkennt man an den folgenden Daten, bei denen die Momente in BOHRschen Magnetonen angegeben sind.

Auf Grund von Röntgenstrukturbestimmungen einer Reihe von Transuranverbindungen sind jetzt die Ionenradien aller Transurane, mit Ausnahme von Curium, mit ziemlicher Sicherheit bekannt. Die Ionenradien werden in dieser Reihe ständig kleiner, eine Parallele zu der Lanthanidenkontraktion in der Reihe der seltenen Erden. Die Größe

[25] KIESS, HUMPHREYS u. LAUN: J. Res. nat. Bur. Standards 1946, **37**, 57.

Tabelle 2.

Ion	Zahl der Elektronen, die über die Elektronenzahl der Rn-Schale hinausgehen	Magnetisches Moment	Ion	Zahl der Elektronen, die über die Elektronenzahl der Xe-Schale hinausgehen	Magnetisches Moment
NpO_2^{2+}	1	2,40	Ce^{3+}	1	2,39
NpO_2^{+}	2	2,96	Pr^{3+}	2	3,46
PuO_2^{2+}	2	2,95			
U^{4+}	2	2,91			
U^{3+}	3	3,20	Nd^{3+}	3	3,52
Np^{4+}	3	3,03			
Pu^{4+}	4	1,85			
Pu^{3+}	5	0,91	Sm^{3+}	5	1,58
Am^{3+}	6	0,8			

eines Ions wird durch die Lage seiner äußersten Elektronen bestimmt; im Falle der seltenen Erden nimmt man an, daß die Kontraktion durch einen zunehmenden Abfall der effektiven Kernladung (= Kernladung abzüglich der abschirmenden Wirkung der anderen Elektronen) bedingt ist. Daraus ergibt sich, daß die abschirmende Wirkung eines Außenelektrons in der $4f$-Schale kleiner ist als die eines Außenelektrons in den äußeren Bahnen und daß demzufolge die äußeren Elektronen zunehmend stärker angezogen werden, wenn man vom Cer zum Cassiopeium übergeht und daß sich daraus eine Kontraktion des Ionenradius ergibt.

Tabelle 3. *Kontraktion der Ionendurchmesser bei den seltenen Erden und Transuranen.*

Radius des dreiwertigen Ions in Å:	Ac	Th	Pa	U	Np	Pu	Am
	1,11	—	—	1,04	1,02	1,01	1,00
	La	Ce	Pr	Nd	Pm	Sm	Eu
	1,04	1,02	1,00	0,99	—	0,98	0,97
Radius des vierwertigen Ions in Å:		Th	Pa	U	Np	Pu	Am
		0,95	—	0,89	0,88	0,86	0,85

Man sieht, daß die Transurane eine ganz ähnliche Kontraktion aufweisen, was mit dem bevorzugten Auffüllen der $5f$-Bahnen der Reihe in Einklang steht.

Die Chemie der Transurane. Die Wertigkeitsstufen der gegenwärtig bekannten Transurane sind zusammen mit denen der entsprechenden Erden in Tabelle 4 zusammengestellt.

Am auffallendsten in dieser Tabelle ist die Tatsache, daß die Elemente zwischen Aktinium und Curium sämtlich in höheren Wertigkeitsstufen als im dreiwertigen Zustand auftreten können. Beim Thorium ist der vierwertige Zustand die beständigste Wertigkeitsstufe, und erst in neuerer Zeit sind zwei- und dreiwertige Jodide dargestellt worden. Die Wertigkeitsformen des Protaktiniums sind noch ziemlich unbestimmt, die beständigste Stufe dürfte der fünfwertige Zustand sein. Uran ist am stabilsten in sechswertiger Form, und in den folgenden Elementen werden die niederen Wertigkeitsstufen immer beständiger,

Tabelle 4. *Wertigkeitsstufen der Transurane und seltenen Erden.*

Element	Ac	Th	Pa	U	Np	Pu	Am	Cm	Bk	Cf
Wertigkeit	3	4 3 2	5 4	6 5 4 3	6 5 4 3	6 5 4 3	6 5 4 3 2	3	4 3	3

Element	La	Ce	Pr	Nd	Pm	Sm	Eu	Gd	Tb	Dy
Wertigkeit	3	4 3	5 ? 4 3	3	3	3 2	3 2	3	4 3	3

bis man beim Curium, dem Analogon des Gadoliniums mit der Konfiguration $5f^7$ — soweit bisher bekannt ist — als einzigen Wertigkeitszustand nur die dreiwertige Form findet. Americium ist dadurch interessant, daß man hier einen eindeutigen Beweis für die Existenz in zweiwertiger Form gefunden hat (s. unten). Die einzigen über das Berkelium und Californium vorliegenden Veröffentlichungen geben die oben angeführten Wertigkeitsstufen an. Die — im Vergleich zu den seltenen Erden — höheren Wertigkeitsformen können der Tatsache zugeschrieben werden, daß die $5f$-Elektronen weniger fest gebunden sind als die $4f$-Elektronen. Dies wurde von Bohr bereits im Jahre 1922 vorausgesagt.

Die Transurane sind alle unedle Metalle, die in wäßriger Lösung einfache hydratisierte Ionen ergeben. In dieser Hinsicht unterscheiden sie sich grundsätzlich von den Platinmetallen mit ihrem edlen Charakter und der Eigenschaft, daß sie nicht zur Bildung einfacher Kationen neigen. Die Ionen und Sauerstoffionen, deren Vorkommen in Lösung bekannt ist, sind in der folgenden Tabelle zusammengestellt:

		UO_2^{2+}	NpO_2^{2+}	PuO_2^{2+}	AmO_2^{2+}	
		UO_2^{+}	NpO_2^{+}	PuO_2^{+}		
	Th^{4+}	U^{4+}	Np^{4+}	Pu^{4+}		
Ac^{3+}		U^{3+}	Np^{3+}	Pu^{3+}	Am^{3+}	Cm^{3+}
					Am^{2+}	

Die Chemie der Lösungen des Aktiniums ist nur wenig untersucht, es ist aber ziemlich sicher, daß in den Lösungen normalerweise ein hydratisiertes Ac^{3+}-Ion vorliegt. Thorium bildet eine Reihe beständiger Salze wie $Th(NO_3)_4$. Das Trijodid wird durch Wasser unter Wasserstoffentwicklung zersetzt. Protaktinium ist bisher wenig bekannt, es bestehen aber Anzeichen für das Auftreten in vier- und fünfwertiger Form.

Die beständigste Reihe von Uransalzen leitet sich von dem Uranylion, UO_2^{++}, ab, das man beispielsweise in der bekanntesten Verbindung, dem Uranylnitrat, $UO_2(NO_3)_2 \cdot 6\,H_2O$, findet. Bei der elektrolytischen Reduktion von Lösungen, die Uranylionen enthalten, entsteht zunächst das instabile UO_2^{+}-Ion, das leicht in U^{VI} und U^{IV} disproportioniert; bei weiterer Reduktion bilden sich U^{4+} und U^{3+}.

Beim Neptunium findet man eine entsprechende Reihe von Ionen, doch ist das NpO_2^+-Ion beständiger, und die Oxydation von Np^{IV} zu Np^{VI} erfordert wesentlich stärkere Oxydationsmittel als die Oxydation von U^{IV} zu U^{VI}. Im Plutonium setzt sich diese Reihe fort; das vierwertige Plutonium ist die stabilste Form, während die Beständigkeit des PuO_2^+-Ions zwischen der von UO_2^+ und NpO_2^+ liegt. Diese Beständigkeitsverhältnisse erkennt man gut an den Oxydations-Reduktionspotentialen M—HCl, bezogen auf die Normal-Wasserstoffelektrode. Je weniger negativ das Potential ist, desto beständiger ist die Oxydationsstufe des fraglichen Systems.

Tabelle 5.

System	U Volt	Np Volt	Pu Volt
III/IV	+0,63	—0,14	—0,97
IV/V	—0,55	—0,74	—1,13
V/VI	—0,06	—1,14	—0,91

Die Stellung des Americium ist noch unklar. In alkalischer Lösung wird es von Natriumhypochlorit oxydiert, es ist aber ungewiß, ob dabei Am^{IV} oder Am^{V} entsteht. Gut bekannt ist demgegenüber das Oxyd AmO_2. Natriumamalgam reduziert Am^{III}, wobei sehr wahrscheinlich Am^{II} entsteht, da das Americium in reduzierter Form mit den Sulfaten des zweiwertigen Europiums und Samariums zusammen gefällt wird. Ein Beweis für das Auftreten von sechswertigem Americium ergibt sich aus der Synthese von $Na(AmO_2)(CH_3COO)_3$.

Verbindungen der Transurane. Obgleich im allgemeinen stets nur kleine Mengen von Transuranen verfügbar waren, hat die Aufklärung der Chemie der Transuranverbindungen beachtliche Fortschritte gemacht. Das beruht weitgehend auf der erfolgreichen Anwendung der mikrochemischen Arbeitstechnik und auf der Röntgenstrukturbestimmung als Mittel zur Charakterisierung der Verbindungen.

Neptunium, Plutonium und Americium entstehen alle im metallischen Zustand, wenn ihre Tri- oder Tetrafluoride bei 1200° mit Bariumdampf reduziert werden. Die freien Elemente ähneln dem metallischen Uran. Die bisher bekannten Oxyde sind in der folgenden Tabelle aufgeführt:

UO	NpO	PuO	AmO	
		Pu_2O_3		(Cm_2O_3)
		Pu_4O_7		
UO_2	NpO_2	PuO_2	AmO_2	
U_4O_9				
U_3O_8	Np_3O_8			
UO_3				

Es ist möglich, daß die Verhältnisse bei den Oxyden der Transurane in Wirklichkeit noch verwickelter sind, als es in der Tabelle angegeben ist; auf jeden Fall trifft dies für das Uran zu, wie neuere Arbeiten über das System $U—O_2$ gezeigt haben. Die Monoxyde entstehen bei kräftiger Reduktion der höheren Oxyde. Die einzelnen Glieder der

Monoxydgruppe sind isomorph und gehören zum Natriumchloridtypus. Pu_2O_3 bildet sich, wenn PuO_2 auf 1700° erhitzt wird. Auch die einzelnen Dioxyde sind isomorph; ihre Kristallform entspricht dem Flußspattypus. Mit Ausnahme von UO_2 entstehen sie als Produkte beim Glühen der anderen Oxyde an der Luft oder bei der Zersetzung von Salzen — wie z. B. der Nitrate — an der Luft. Das Oxyd UO_3 nimmt offenbar eine Sonderstellung ein und läßt die höhere Beständigkeit des sechswertigen Zustandes beim Uran erkennen.

Neptunium-, Plutonium- und Americiumtri- und -tetrahydroxyd werden durch Zugabe von Alkalien zu den Lösungen der entsprechenden drei- bzw. vierwertigen Salze gefällt; $U(OH)_3$ und $Np(OH)_3$ werden leicht oxydiert. Im sechswertigen Zustand besitzen Np, Pu und Am saure Eigenschaften; sie ähneln dabei dem Uran; bei der Zugabe von Ammoniak zu einer Uranylsalzlösung entsteht Ammoniumdiuranat, $(NH_4)_2U_2O_7$, oder komplexere Ionen (vgl. Dichromate und Polychromate). Ein deutlicher Unterschied zwischen den Uranyl- und Plutonyllösungen besteht in der Reaktion mit Wasserstoffperoxyd: Beim Uran entsteht ein Peroxyd $UO_4 \cdot 2\,H_2O$ (s. S. 357), während Plutonyllösungen durch Wasserstoffperoxyd zum vierwertigen Plutonium reduziert werden und Peroxyverbindungen dieser Wertigkeitsstufe entstehen, die den Peroxyderivaten des vierwertigen Thoriums entsprechen.

Die Abnahme der Beständigkeit in den höheren Wertigkeitsstufen der Transuranreihe kommt deutlich bei den Halogeniden zum Ausdruck. Uran bildet sowohl ein Hexafluorid als auch ein Hexachlorid, und beim Plutonium erscheint es zweifelhaft, ob ein Hexafluorid existiert. Ebenso sind die Tetrahalogenide des Urans und Neptuniums gut bekannt, doch konnte vom Plutonium nur das Tetrafluorid erhalten werden. Trihalogenide konnten von allen Transuranen charakterisiert werden. Es gibt auch eine Reihe komplexer Halogenide des Urans, Neptuniums und Plutoniums. Die übrigen Verbindungen dieser Elemente passen sich diesem Bilde an; verschiedene sind noch unbekannt, doch dürften diese Lücken schnell geschlossen werden. Die größte Unsicherheit bei der Chemie der Verbindungen der Transurane liegt gegenwärtig in der Frage, welche höheren Wertigkeitsstufen des Americiums definierte Verbindungen ergeben und welche Verbindungen die erst in allerletzter Zeit entdeckten Elemente Berkelium und Californium bilden.

Vierzehntes Kapitel.

Metallcarbonyle, -nitrosyle und verwandte Verbindungen.

Die Gruppe der Metallcarbonyle nimmt in der Chemie der Metalle eine besonders interessante Stellung ein. Die Carbonyle sind durch außergewöhnliche physikalische Eigenschaften — z. B. durch ihre leichte Flüchtigkeit — ausgezeichnet, und ihre Konstitution bot vom Standpunkt der Valenztheorien aus ein schwieriges und widerspruchsvolles Problem, da sie selbst und ihre Derivate eine besondere Klasse von Verbindungen zu bilden scheinen, bei denen keine „Hauptvalenzen“

wirksam sind. Die Carbonyle nehmen auch deshalb unter den Komplexverbindungen eine einzigartige Stellung ein, weil ihre Zusammensetzung nicht durch das Streben nach der beständigen Koordinationszahl der fraglichen Metalle, sondern vorwiegend durch die Tendenz zur Bildung abgeschlossener Elektronenschalen bestimmt wird.

Eine große Zahl moderner Arbeiten, die hauptsächlich von HIEBER und seiner Schule ausgingen, haben gezeigt, daß man die Fähigkeit, Carbonyle und die mit ihnen verwandten Carbonylhalogenide zu bilden, wie aus folgendem Schema hervorgeht, bei den Elementen der Übergangsreihen der VI. Gruppe bis einschließlich der Gruppe Ib des Periodischen Systems findet. Die Formeln und physikalischen Eigenschaften aller bekannten Carbonyle sind in Tabelle 1 zusammengestellt:

V	Cr	Mn	Fe	Co	Ni	Cu	Zn
Nb	Mo		Ru	Rh	Pd	Ag	Cd
Ta	W	Re	Os	Ir	Pt	Au	Hg

Die ——— umrahmten Metalle bilden Carbonyle;
die ·········· gestrichelt umrahmten Metalle bilden Carbonylhalogenide.

Diese Verbindungsklasse wurde 1888—1890 entdeckt, als MOND und LANGER bei einer Untersuchung über den katalytischen Einfluß von Nickel auf die Reaktion $2\,CO \rightleftharpoons C + CO_2$ feststellten, daß Kohlenmonoxyd, das über reduziertes Nickel geleitet wurde, mit einer grünlichen, stark leuchtenden Flamme brennt[1]. Wenn man das Gas durch ein erhitztes Rohr leitete, so schied sich metallisches Nickel in Form eines Spiegels ab; beim Abkühlen des Gases in einer Kältemischung konnte das Nickelcarbonyl $Ni(CO)_4$ als farblose Flüssigkeit gewonnen werden. Wie MOND, HIRTZ und COWAP[2] später fanden, vereinigt sich reduziertes Kobalt unter hohen Drucken zwar ebenfalls mit Kohlenmonoxyd, jedoch tritt bei gewöhnlichem Druck keine Carbonylbildung ein, so daß durch Umwandlung des Nickels in das Carbonyl eine vollständige Trennung von Kobalt und Nickel erreicht werden kann. Dieser Weg zur Reinigung des Nickels wurde von MOND auf ein technisches Verfahren übertragen und bei der Extraktion, Reinigung und Trennung des Nickels vom Kupfer in den aus Sudbury (Ontario) stammenden sulfidischen Erzen angewandt. Auf das unter bestimmten Bedingungen reduzierte rohe Metall ließ man Kohlenmonoxyd einwirken. Das gebildete Nickelcarbonyl wird durch einen zirkulierenden Gasstrom in Zersetzungsapparate geleitet, deren Temperatur auf 180—200° gehalten wird; hier scheidet sich das Metall auf Scheiben aus reinem Nickel ab, die einen Durchmesser von 2—5 mm besitzen und in dauernder Bewegung gehalten werden. Das so abgeschiedene Nickel ist vollkommen frei von Kobalt, enthält aber wegen der gleichzeitigen Bildung von Eisencarbonyl 0,25% Eisen.

BERTHELOT und gleichzeitig MOND und QUINCKE[3] fanden im Jahre 1891, daß reduziertes Eisen ebenfalls Kohlenmonoxyd absorbiert und

[1] MOND u. LANGER: J. chem. Soc. 1890, **57**, 749.
[2] MOND, HIRTZ u. COWAP: J. chem. Soc. 1910, **97**, 798.
[3] M. BERTHELOT: C. r. hebd., Séances Acad. Sci 1891, **112**, 1343. — L. MOND u. F. QUINCKE: J. chem. Soc. 1891, **95**, 604.

Tabelle 1. *Carbonyle und Carbonylhydride.*

Cr (24)	Mn (25)	Fe (26)	Co (27)	Ni (28)
$Cr(CO)_6$, subl., rhombisch, farblos	$Mn_2(CO)_{10}$ subl., zers. 110°, goldgelb, monoklin	$Fe(CO)_5$, Schmp. —20°, Sdp. +103°, gelb $Fe_2(CO)_9$, zers. 100°, gelb, triklin $Fe_3(CO)_{12}$, zers. 140°, grün, monoklin	$Co_2(CO)_8$, Schmp. 51°, orange-rot $Co_4(CO)_{12}$, zers. 60°, schwarz, kristallin	$Ni(CO)_4$ Schmp. —25°, Sdp. +43°, farblos
		$Fe(CO)_4H_2$, Schmp. —70°, farblos	$Co(CO)_4H$, Schmp. —26°, gelb	
Mo (42)	**Tc (43)**	**Ru (44)**	**Rh (45)**	**Pd (46)**
$Mo(CO)_6$, subl., rhombisch, farblos	—	$Ru(CO)_5$, Schmp. —22°, farblos $Ru_2(CO)_9$, orange, monoklin $Ru_3(CO)_{12}$, grüne Nadeln	$Rh_2(CO)_8$, orange, krist., Schmp. 76° (zers.) $[Rh(CO)_3]_n$, rot, krist. $[Rh_4(CO)_{11}]_m$, schwarz	—
			$Rh(CO)_4H$, Schmp. —10°, hellgrün	
W (74)	**Re (75)**	**Os (76)**	**Ir (77)**	**Pt (78)**
$W(CO)_6$, subl., rhombisch, farblos	$Re_2(CO)_{10}$, farblos, Schmp. 177°, subl., monoklin	$Os(CO)_5$, farblos, Schmp. —15°; $Os_2(CO)_9$, leuchtend gelb, subl., Schmp. 224°	$Ir_2(CO)_8$, gelb-grün, kristallin., subl.; $[Ir(CO)_3]_x$, kanariengelb, zers. 210°, rhomboedrisch	
	$Re(CO)_5H$(?)	$Os(CO)_4H_2$	$Ir(CO)_4H$	

ein Eisencarbonyl, $Fe(CO)_5$, bildet. Während jedoch aktives, durch Reduktion des Oxalats oder Hydroxyds bei Temperaturen unterhalb von 300° gewonnenes Nickel heftig mit Kohlenmonoxyd reagiert, ist Eisen in dieser Beziehung bedeutend weniger reaktionsfähig. Nach MITTASCH[4] hängt die Reaktionsfähigkeit weitgehend von der Gegenwart geringfügiger Verunreinigungen des Gases oder Metalls ab; reines Eisen ist beispielsweise ebenso reaktionsfähig wie Nickel; die Reaktion wird durch die Gegenwart kleiner Sauerstoffmengen schon stark gehemmt, durch Spuren von Schwefel demgegenüber wesentlich begünstigt. Da bei der Reaktion eine starke Volumenabnahme erfolgt, so wird die Bildung der Metallcarbonyle durch Anwendung höherer Drucke gefördert. Bei hohen Drucken ist auch tatsächlich die Einwirkung von Kohlenmonoxyd selbst auf massives Eisen ziemlich beträchtlich; daher bildet sich in Gasflaschen oder Zylindern, in denen sich Kohlenmonoxyd oder ein technisches, Kohlenmonoxyd enthaltendes Gasgemisch — z. B. technischer Wasserstoff — unter Druck befindet, stets Eisencarbonyl. Eisenpentacarbonyl wird jetzt in größerem Maßstabe technisch aus Eisen dargestellt, das man durch Reduktion von Eisenoxyd mit Wasserstoff bei 500° gewonnen hat und auf das man bei 180—200° unter 50 bis 200 Atm. Druck Kohlenmonoxyd einwirken läßt. Unter den gleichen Bedingungen wurden — besonders in Gegenwart von Schwefel als Reaktionsbeschleuniger — auch die Carbonyle von Kobalt, Molybdän und Wolfram im technischen Maßstab hergestellt.

Eisenpentacarbonyl wurde früher als Antiklopfmittel verwendet; gegenwärtig liegt jedoch seine hauptsächliche technische Bedeutung darin, daß es ein Ausgangsstoff zur Darstellung von sehr reinem Eisen ist. Bei der Zersetzung von Eisencarbonyl an heißen Oberflächen besteht die Neigung zur Bildung eines inhomogenen, mit Kohlenstoff verunreinigten Produktes, während bei der Zersetzung in der Gasphase — bei der man den Dampf durch einen Spalt treten läßt, der durch Bestrahlung auf 200—250° erhitzt wird — ein außerordentlich fein verteiltes Eisen entsteht, das man als „Carbonyleisen“ bezeichnet und das bis auf einen ganz geringen Oxyd- und Kohlenstoffgehalt sehr rein ist. Das fein verteilte Material ist sehr gut zur Herstellung von Magnetkernen und für katalytische Zwecke geeignet. Die geringen Verunreinigungen kann man fast vollständig entfernen, wenn man das Eisen mit der erforderlichen Menge reinen Eisenoxyds im Induktionsofen schmilzt; das dazu erforderliche Eisenoxyd stellt man ebenfalls durch Oxydation von Eisencarbonyl her. Auf diese Weise kann der Kohlenstoffgehalt unter 0,0007% und der Sauerstoffgehalt unter 0,01% herabgesetzt werden.

Chemische Reaktionen der Metallcarbonyle.

Die Vielfältigkeit der Reaktionen der Metallcarbonyle verleihen dieser Verbindungsgruppe ein besonderes Interesse. Die Carbonyle sind höchst reaktionsfähig und führen zur Entstehung einer Reihe

[4] MITTASCH: Z. angew. Chem. 1928, **41**, 827.

vollkommen neuer Klassen von Metallverbindungen. Trotzdem bestehen, abgesehen von den neuesten, hauptsächlich auf HIEBER und Mitarbeiter zurückgehenden Untersuchungen, die einzigen beschriebenen Reaktionen der Carbonyle nur in Zersetzungen durch verschiedene Reagenzien wie Halogene, Oxydationsmittel usw. Bei den früheren Untersuchungen hatte man die außerordentliche Empfindlichkeit der Zwischenprodukte besonders gegenüber Oxydationsmitteln nicht berücksichtigt. Erst durch die Anwendung einer besonderen experimentellen Technik, die von SCHLENK zunächst zur Untersuchung höchst reaktionsfähiger organischer freier Radikale benutzt wurde und bei der man in einer trocknen, vollkommen sauerstofffreien Atmosphäre arbeitet, war es möglich, eine Klärung der Chemie der Metallcarbonyle herbeizuführen. Sehr wesentlich ist die Feststellung von DEWAR und JONES, daß die grüne Lösung des Eisentetracarbonyls in Pyridin schnell rot und nur bei der vollständigen Oxydation des Eisens durch Luft schließlich farblos wird. Die Verfasser zogen aber nicht den naheliegenden Schluß, daß der Farbwechsel mit dem Auftreten eines Zwischenproduktes in Zusammenhang steht. Bei den neueren Arbeiten über die Carbonyle hat das Eisencarbonyl wegen seiner mannigfaltigen Reaktionen eine besondere Rolle gespielt; diese Reaktionsfähigkeit kann man im wesentlichen der Tatsache zuschreiben, daß das Eisen im $Fe(CO)_5$ und wahrscheinlich auch in den kondensierten Carbonylen $Fe_2(CO)_9$ und $Fe_3(CO)_{12}$ die Koordinationszahl 5 besitzt und somit koordinativ ungesättigt ist.

Einige typische Reaktionen von Eisenpentacarbonyl sind in der folgenden Tabelle (Tabelle 2) kurz zusammengefaßt.

Tabelle 2.

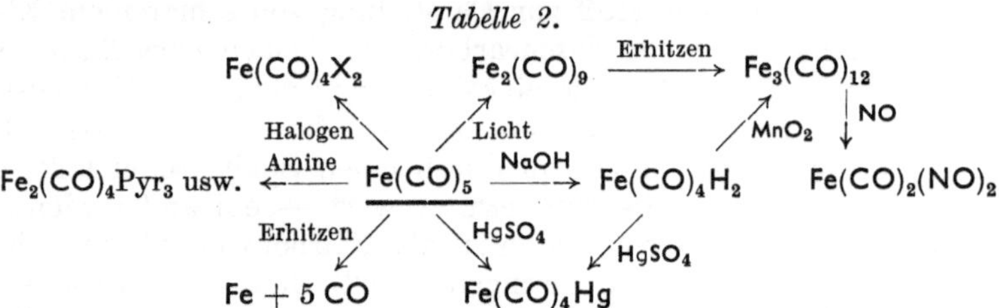

In Tabelle 2 sind die wichtigsten Typen der in diesem Kapitel besprochenen Carbonylderivate aufgeführt. Die Carbonyle selbst sowie die aminsubstituierten Carbonyle bieten einige interessante Strukturprobleme, da sie offenbar zu der Klasse von Verbindungen rein „sekundärer Valenz“ gehören. Die Nitrosylcarbonyle bilden den Übergang zwischen der Chemie der Metallcarbonyle und den schon länger bekannten Nitrosylkomplexen des Eisens, Rutheniums und anderer Metalle, genau so wie die Eisencarbonylhalogenide des Eisens usw. zu der gut fundierten Koordinationschemie der Platinmetalle in Beziehung stehen. In den folgenden Abschnitten dieses Kapitels wird besonderer Nachdruck auf die Rolle gelegt, die Verbindungen vom Mischvalenztypus, wie die Carbonylhalogenide, bei der direkten Synthese der Carbonyle und bei den Disproportionierungsvorgängen spielen, die bei den indirekten Synthesen beteiligt sind.

Metallcarbonylhalogenide.

Mit Ausnahme der Metalle der VI. Gruppe bilden alle Elemente, von denen es Carbonyle gibt, auch Carbonylhalogenide (Tabelle 3). Darüber hinaus findet man diese Verbindungen auch beim Palladium, Platin und den Edelmetallen.

Tabelle 3. *Metallcarbonylhalogenide und verwandte Verbindungen.*

Mn —	$Fe(CO)_5X_2$ $Fe(CO)_4X_2$ $[Fe(CO)_3Br_2]_3$ $Fe(CO)_2X_2$ $Fe(CO)_2J$ $K_3[Fe(CN)_5CO]$	$Co(CO)J_2$ $K_2[Co(CN)_3CO]$	Ni — $K_2[Ni(CN)_3CO]$	$Cu(CO)X$
	$Ru(CO)_2X_2$ $Ru(CO)Br$	$[Rh(CO)_2X]_2$	$[Pd(CO)Cl_2]_n$ $H[Pd(CO)Cl_3]$	$Ag_2SO_4 \cdot CO$
$Re(CO)_5X$	$Os(CO)_4X_2$ $Os(CO)_3X_2$ $Os(CO)_2X_2$ $[Os(CO)_4X]_2$	$Ir(CO)_3X$ $Ir(CO)_2X_2$	$Pt(CO)_2Cl_2$ $[Pt(CO)X_2]_2$ $H[Pt(CO)X_3]$	$Au(CO)Cl$

Es ist ziemlich wahrscheinlich, daß auch noch andere Verbindungen dieser Gruppe entdeckt werden, da beispielsweise die Kobaltverbindung $Co(CO)J_2$ erst neuerdings isoliert wurde[5]. Für die Existenz der entsprechenden Nickelverbindungen gibt es nur indirekte Beweise, obgleich das komplexe Cyanid, $K_2[Ni(CN)_3CO]$ genauestens charakterisiert werden konnte[6]. Bemerkenswert ist, daß die Beständigkeit der Carbonylhalogenide des Pd, Pt, Cu und Au, also der Metalle, die keine Carbonyle bilden, in der Reihenfolge Chlorid $>$ Bromid $>$ Jodid abnimmt, während sich bei den carbonylbildenden Metallen Beständigkeit und Flüchtigkeit in umgekehrter Richtung ändern.

Die gebräuchlichste Methode zur Darstellung von Metallcarbonylhalogeniden besteht in der direkten Vereinigung von Kohlenmonoxyd mit wasserfreien Metallhalogeniden. So fand SCHÜTZENBERGER[7] im Jahre 1869, daß Platinschwamm bei 250° mit einem Gemisch von Kohlenmonoxyd und Chlor reagiert; dabei entsteht ein blaßgelbes, kristallines Sublimat, aus dem er die drei Verbindungen $PtCl_2 \cdot CO$, $PtCl_2(CO)_2$ und $2\,PtCl_2 \cdot 3\,CO$ isolieren konnte. Die gleichen Produkte erhält man bei der Einwirkung von Kohlenmonoxyd auf die Platinchloride. Durch thermische Zersetzung der höheren Carbonylchloride erhält man das gelbe $PtCl_2 \cdot CO$ in reiner Form; die Verbindung zersetzt sich erst bei 300°, bildet aber schon bei 150° mit Kohlenmonoxyd die Verbindung $PtCl_2(CO)_2$, die monomer und ein Nichtelektrolyt ist. Das

---

[5] SCHULTEN, H.: Z. anorg. allg. Chem., 1939, **243**, 145.
[6] MANCHOT, W., u. H. GALL: Ber. dtsch. chem. Ges. 1926, **59**, 1060.
[7] SCHÜTZENBERGER: Ann. Chimic 1871, **15**, 100; **21**, 250.

Monocarbonylchlorid ist analog zu anderen Verbindungen der Platin(II)-chloride vom Typus $PtCl_2 \cdot X$ (vgl. Kap. VI, S. 141) wahrscheinlich dimer. Beide Verbindungen lagern in Tetrachlorkohlenstofflösung Ammoniak an und bilden Ammine, die man wahrscheinlich als $[Pt(CO)_2(NH_3)_2]Cl_2$ und $[PtCl(CO)(NH_3)_2]Cl$ formulieren kann. Das Kohlenmonoxyd in den Carbonylhalogeniden kann durch Phosphortrichlorid, nicht aber durch Amine ersetzt werden:

$$[PtCl_2(CO)]_2 + 2\,PCl_3 \rightarrow 2\,CO + [PtCl_2(PCl_3)]_2.$$

Gegen Wasser sind alle diese Stoffe sehr empfindlich, sie reagieren aber mit Wasser völlig anders als die Carbonylhalogenide des Eisen (s. unten).

$$[PtCl_2(CO)_2] + H_2O \rightarrow Pt + 2\,HCl + CO_2 + CO.$$

Sie lösen sich ohne Zersetzung in Salzsäure, wobei die komplexe Säure $H[PtCl_3 \cdot CO]$ entsteht; man kann die Säure in Form ihrer Salze gewinnen, die wie die Stammcarbonylchloride durch Wasser leicht zersetzt werden.

Mit Brom- und Jodwasserstoffsäure bilden sich die entsprechenden Carbonylbromide und -jodide[8]. Sie zeigen eine geringere thermische Beständigkeit, jedoch eine höhere Beständigkeit gegen chemische Zersetzung, z. B. durch Wasser.

$PtCl_2CO$	$PtBr_2CO$	PtJ_2CO
gelb, unzersetzt flüchtig, Schmp. 195°, hygroskopisch, durch Wasser sofortige Zersetzung.	orangerot, schwer flüchtig, Schmp. 181°, hygroskopisch, durch Wasser ebenfalls Zersetzung.	rot, nicht flüchtig, beim Erhitzen Zersetzung Schmp. 140°, durch Wasser tritt nicht ohne weiteres Zersetzung ein.

Bemerkenswert ist das Verhalten des Palladiums, das eine Zwischenstellung einnimmt zwischen dem Nickel, von dem man keine Carbonylhalogenide kennt, und dem Platin, das die oben betrachteten Verbindungen bildet. Palladium(II)-chlorid ergibt bei der Einwirkung von Kohlenmonoxyd unter der Katalyse von Methanoldampf bei gewöhnlicher Temperatur nur die Verbindung $PdCl_2 \cdot CO$, reagiert aber bei höheren Temperaturen nicht mit Kohlenoxyd[9]. Palladium(II)-carbonylchlorid ist gegen Wasser bedeutend unempfindlicher als die Platinverbindungen, jedoch ist das Kohlenmonoxyd nur lose gebunden und läßt sich durch Brom- oder Jodwasserstoffsäure vollständig ersetzen. Wie beim Platin löst sich die Verbindung in Salzsäure unter Bildung von $H[PdCl_3 \cdot CO]$; die Salze dieser Säure werden außerordentlich leicht durch Wasser zersetzt.

Die Bildung von Verbindungen mit grundsätzlich ähnlichen Eigenschaften wurde für die Chloride des Golds[10], Iridiums[11] und Osmiums[12]

[8] Mylius, F., u. F. Foerster: Ber. dtsch. chem. Ges. 1891, 24, 2424, 3751.
[9] Manchot, W., u. J. König: Ber. dtsch. chem. Ges. 1926, 59, 883.
[10] Manchot, W., u. H. Gall: Ber. dtsch. chem. Ges. 1925, 58, 2175. — Kharasch, M. S., u. H. S. Isbell: J. Amer. chem. Soc. 1930, 52, 2918.
[11] Manchot, W., u. H. Gall: Ber. dtsch. chem. Ges. 1925, 58, 232.
[12] Manchot, W.: Ber. dtsch. chem. Ges. 1925, 58, 229.

beschrieben. Soweit diese Verbindungen nicht bei den neueren Untersuchungen über die Platincarbonyle selbst behandelt wurden, ist über ihre Chemie nur wenig bekannt. Sie sind im Vergleich mit den Carbonylhalogeniden der Metalle der ersten Übergangsreihe in der Tabelle 3 zusammengestellt. Man erkennt deutlich die Tendenz zur Bildung von Verbindungen, in denen entweder in monomerer Form (z. B. $[Re(CO)_5X]$, $[Os(CO)_4X_2]$ und $[Ir(CO)_3X]$) oder in zweikernigen Komplexen (wie $[Os(CO)_3X_2]_2$ und $[Rh(CO)_2X]_2$) die beständigen Koordinationszahlen 6 und 4 — wahrscheinlich mit quadratisch ebener Konfiguration — erreicht werden.

Eisencarbonylhalogenide. Im Gegensatz zu den Carbonylhalogeniden der Platinmetalle stellt man die Eisencarbonylhalogenide am besten durch Einwirkung der Halogene auf Eisenpentacarbonyl dar; auf diese Weise sind die Verbindungen auch entdeckt worden[13]. Bei der Reaktion entstehen zunächst unbeständige Anlagerungsverbindungen vom Typus $Fe(CO)_5X_2$, die — selbst bei tiefer Temperatur — unter Bildung der Tetracarbonylhalogenide zerfallen (Tabelle 4). Die letztgenannten Verbindungen sind so beständig, daß sie durch direkte Vereinigung von wasserfreien Eisen(II)-halogeniden mit Kohlenmonoxyd unter Druck entstehen[14]; im Falle des $Fe(CO)_4J_2$ beträgt der Dissoziationsdruck bei Zimmertemperatur etwa 6 Atm.

Tabelle 4.

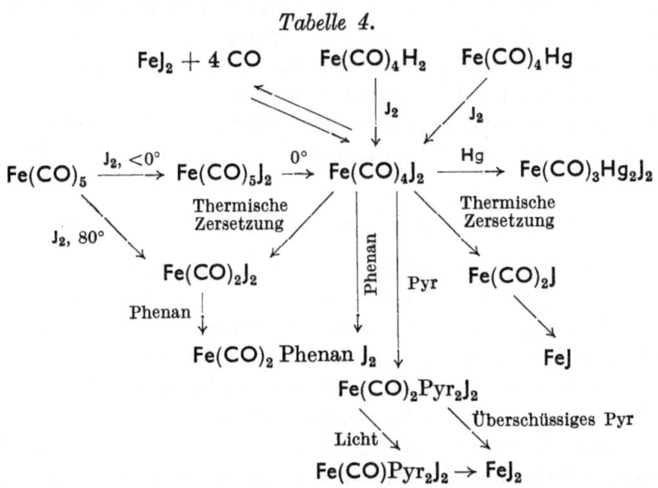

Alle diese Verbindungen sind in organischen Lösungsmitteln lösliche Nichtelektrolyte. Durch Wasser werden sie vollständig zu Eisen(II)-halogenid und Kohlenoxyd zersetzt:

$$Fe(CO)_4J_2 + aq \rightarrow [Fe(H_2O)_6]J_2 + 4\,CO\,.$$

---

[13] HIEBER, W., u. G. BADER: Ber. dtsch. chem. Ges. 1928, **61**, 1717. — Z. anorg. allg. Chem. 1931, **190**, 193; **201**, 329.

[14] HIEBER, W.: Z. Elektrochem. angew. physik. Chem. 1937, **43**, 390. — HIEBER, W., u. H. LAGALLY: Z. anorg. allg. Chem. 1940, **245**, 305.

Eine im Grunde ähnliche Zersetzung erfolgt durch Einwirkung von überschüssigem Pyridin oder anderen Aminen, wobei der Ersatz des Kohlenoxyds schrittweise erfolgen kann. In dem Maße, wie fortlaufend CO-Gruppen durch Pyridin, Phenanthrolin o. ä. ersetzt werden, nimmt die thermische Beständigkeit des Komplexes zu.

Die Bildungsreaktion von $Fe(CO)_4J_2$ aus Eisen(II)-jodid und Kohlenmonoxyd ist reversibel: Die Verbindung läßt sich zwar im Vakuum sublimieren, zersetzt sich aber beim Erhitzen. Zu den bei diesem Vorgang auftretenden und identifizierten Zwischenprodukten[15] gehört ein niederes Carbonyljodid, $Fe(CO)_2J_2$, und eine Verbindung des einwertigen Eisens, $Fe(CO)_2J$, die teilweise durch die koordinierten CO-Gruppen stabilisiert ist und bei deren thermischer Zersetzung das sehr unbeständige rote FeJ entstehen soll. Diese Reaktionsmöglichkeiten sind in Tabelle 4 schematisch zusammengestellt.

Eisencarbonyl-Schwefelverbindungen.

Es können auch andere negative Atome oder Gruppen in das Eisencarbonyl eintreten, wobei Verbindungen entstehen, die den Carbonylhalogeniden entsprechen. Von diesen kommt den Verbindungen, die sich bei den Reaktionen von Eisencarbonylen (besonders $Fe_3(CO)_{12}$) mit organischen Schwefelverbindungen bilden, ein besonderes Interesse zu, da sie Hinweise auf mögliche Zwischenstufen bei den später noch zu behandelnden Synthesereaktionen geben. Darüber hinaus bilden sie die Verbindung zwischen der Chemie des Eisencarbonyls und der der Nitrosyl-Schwefelverbindungen des Eisens, die schon lange unter den Namen der roten und schwarzen ROUSSINschen Salze bekannt sind[16].

Thiophenol liefert mit Eisentetracarbonyl das Tricarbonylmercaptid $Fe(CO)_3SC_6H_5$:

$$\tfrac{1}{3}\,Fe_3(CO)_{12} + HSC_6H_5 \rightarrow Fe(CO)_3SC_6H_5 + CO + \tfrac{1}{2}\,H_2.$$

Diese Verbindung, die in organischen Lösungsmitteln in monomerer Form auftritt, zeichnet sich durch eine bemerkenswerte Beständigkeit aus[17]. Im Gegensatz zu den meisten Carbonylverbindungen wird sie durch Luftsauerstoff nicht angegriffen; sie reagiert auch nicht mit Stickoxyd; selbst konzentrierte Schwefelsäure und alkalisches Perhydrol üben keine Wirkung aus. Von Chlorwasserstoff wird die Verbindung bei 100—140° unter Bildung von Eisen(II)-chlorid zersetzt. Aus Kobalttetracarbonyl erhält man die entsprechende Verbindung $Co(CO)_3SC_6H_5$.

Andere Mercaptane reagieren in der gleichen Weise, doch sind die analogen Äthylmercaptide in Lösung dimer (I). Man kann diesen Verbindungen die Ester der roten ROUSSINschen Salze, z. B. $Fe_2(NO)_4(SAet)_2$ (II), an die Seite stellen. Diese beiden Verbindungsklassen stehen, wie

[15] HIEBER, W., u. H. LAGALLY: Z. anorg. allg. Chem. 1940, **245**, 295.

[16] HOFMANN u. WIEDE: Z. anorg. allg. Chem. 1895, **9**, 295. — GMELIN-KRAUT: Eisen, B, S. 471—477. — MANCHOT: Ber. dtsch. chem. Ges. 1926, **59**, 2445; 1927, **60**, 2175; 1928, **61**, 2393; 1929, **62**, 681. — Liebigs Ann. Chem. 1927, **459**, 47; 1928, **465**, 304; 1929, **470**, 255, 251.

[17] HIEBER, W., u. G. SPACU: Z. anorg. allg. Chem. 1937, **233**, 353.

man sieht, in genau derselben Beziehung zueinander wie $Fe(CO)_5$ zu $Fe(CO)_2(NO)_2$ oder wie $Fe(CO)_3$Phth zu $Fe(NO)_2$Phth; es nehmen stets zwei Moleküle Stickoxyd die Stelle von drei Molekülen Kohlenoxyd ein.

$$(CO)_3Fe\langle S(Aet), S(Aet)\rangle Fe(CO)_3 \quad \text{(I)} \qquad (NO)_2Fe\langle S(Aet), S(Aet)\rangle Fe(NO)_2 \quad \text{(II)}$$

Wie man auf Grund ihrer Beständigkeiten erwarten sollte, können die Carbonylmercaptide nicht in ROUSSINsche Salze umgewandelt werden. Organische Disulfide, z. B. $C_6H_5\cdot S\cdot S\cdot C_6H_5$, verhalten sich wie Pseudohalogene; die S—S-Bindungen werden aufgespalten, und es entstehen die gleichen Verbindungen wie mit Thiophenolen[18]. Auch in diesen Fällen können — wie bei den Carbonylhalogeniden — die CO-Gruppen teilweise durch Amine ersetzt werden, z. B.

$$Fe(CO)_3\cdot SR \xrightarrow{\text{Phenanthrolin}} 2\,CO + \begin{matrix} RS \searrow \\ OC \nearrow \end{matrix} Fe\ (\text{Phenan}).$$

Carbonyle der Platinmetalle.

Die in Tabelle 1 angegebenen Daten lassen eine starke Ähnlichkeit hinsichtlich der Bildung von Carbonylen und ihrer Derivate in den senkrechten Reihen Fe—Ru—Os und Co—Rh—Ir erkennen; doch bestehen innerhalb dieser Gruppen deutliche Unterschiede im Reaktionsvermögen. Während z. B. Rhodium so reaktionsfähig ist, daß es sich unter Druck direkt mit Kohlenmonoxyd verbindet, findet beim Osmium und Iridium keine Reaktion statt; die Carbonyle aller angegebenen Metalle wurden daher über die Metallhalogenide dargestellt.

Die Möglichkeit zu derartigen Reaktionen wurde von W. MANCHOT und W. J. MANCHOT[19] bei der Darstellung von Rutheniumpentacarbonyl, $Ru(CO)_5$, aufgedeckt. Rutheniumjodid, RuJ_3, reagiert selbst bei gewöhnlicher Temperatur mit Kohlenmonoxyd und bildet das Carbonyljodid $Ru(CO)_2J_2$. In Gegenwart eines Akzeptors für das Halogen, wie fein verteiltes Silber, verläuft diese Reaktion bei 170° nicht nur quantitativ zu Ende, sondern der Ersatz des Halogens kann noch weitergehen, und es entsteht Rutheniumpentacarbonyl. Unter diesen Bedingungen werden eine ganze Reihe aufeinanderfolgender Gleichgewichtsreaktionen vollständig nach rechts verschoben:

$$2\,RuJ_3 + 4\,CO \rightarrow 2\,Ru(CO)_2J_2 + J_2$$

$$Ru(CO)_2J_2 \underset{J_2}{\overset{CO\,+\,Ag}{\rightleftharpoons}} Ru(CO)_nJ \underset{J_2}{\overset{CO\,+\,Ag}{\rightleftharpoons}} Ru(CO)_5.$$

Die Reaktion verläuft zwar schon bei gewöhnlichem Druck, man stellt aber das Pentacarbonyl am besten durch Erhitzen von RuJ_3 mit Kohlenmonoxyd und Silber unter Druck her (z. B. bei 170° und 250 Atm.).

[18] HIEBER, W., u. C. SCHARFENBERG: Ber. dtsch. chem. Ges. 1940, **73**, 1012.
[19] MANCHOT, W., u. W. J. MANCHOT: Z. anorg. allg. Chem. 1936, **226**, 385.

Die Carbonyle des Eisens und Rutheniums sind einander sehr ähnlich. Rutheniumpentacarbonyl ist wie Eisenpentacarbonyl lichtempfindlich und bildet bei der Einwirkung von Licht unter Abgabe von einem halben Mol CO das Enneacarbonyl, $Ru_2(CO)_9$, das — im Gegensatz zu den Verhältnissen beim Eisen — auch durch Erhitzen von $Ru(CO)_5$ auf 50° entsteht.

In ganz analoger Weise wurden die Osmiumcarbonyle $Os(CO)_5$ und $Os_2(CO)_9$ aus Osmiumhalogeniden dargestellt[20]. Bei dieser Reaktion entstehen ebenfalls als Zwischenstufen die Carbonylhalogenide, und es genügt schon, zur Bindung der Halogene den Autoklaven mit Kupfer oder Silber auszukleiden. In diesem Falle lassen sich die aufeinanderfolgenden Reaktionsstufen experimentell nachweisen, da das zunächst gebildete $[Os(CO)_4J_2]$ bei 120° mit Silberpulver reagiert und $[Os(CO)_4J]_2$ bildet. Noch leichter erhält man Osmiumcarbonyl durch eine ungewöhnliche Reaktion aus Osmiumtetroxyd:

$$OsO_4 + 9\,CO \rightarrow Os(CO)_5 + 4\,CO_2.$$

Vermutlich wird bei dieser Reaktion eine Art Oxocarbonyl gebildet, doch sind derartige Verbindungen noch nicht isoliert worden.

Die Rhodiumcarbonyle[21], $[Rh(CO)_4]_2$, $[Rh(CO)_3]_x$ und $[Rh_4(CO)_{11}]_y$, und die Iridiumcarbonyle[22], $[Ir(CO)_4]_2$ und $[Ir(CO)_3]_x$, ähneln formal den Kobaltverbindungen, doch ist über ihr chemisches Verhalten nicht viel bekannt. Sie werden nach den gleichen, bereits besprochenen Verfahren hergestellt.

Die in Tabelle 1 aufgeführten Verbindungen deuten darauf hin, daß man zwischen den Hexacarbonylen, $[M(CO)_6]$, der Metalle der VI. Gruppe, und den Pentacarbonylen, $[M(CO)_5]$, sowie den Tetracarbonylhalogeniden, $[M(CO)_4J_2]$, der Eisen-Ruthenium-Osmiumgruppe, bei den Metallen der VII. Gruppe das Auftreten dimerer Pentacarbonyle, $[M(CO)_5]_2$, sowie von Pentacarbonylhalogeniden, $[M(CO)_5X]$, erwarten sollte. Vom Mangan, das sich wie sonst auch hierin von den anderen Elementen unterscheidet, scheint es kein Carbonyl zu geben. Demgegenüber bildet Rhenium Verbindungen mit den vorhergesagten Zusammensetzungen und Eigenschaften[23]. Die Rheniumcarbonylhalogenide sind so beständig, daß man sie durch Hochdrucksynthese aus den Halogenverbindungen des Rheniums — z. B. $ReCl_5$ oder $K_2(ReBr_6)$ usw. — herstellen kann. Das Jodid entsteht schon bei gewöhnlichem Druck, wenn man $K_2[ReJ_6]$ in Kohlenoxydatmosphäre erhitzt; in Gegenwart von Kohlenmonoxyd kann metallisches Rhenium sogar den Halogeniden der Übergangsmetalle das Halogen entziehen:

$$2\,Re + NiCl_2 + 14\,CO \rightarrow 2\,[Re(CO)_5Cl] + Ni(CO)_4.$$

[20] Hieber, W., u. H. Stallmann: Z. Elektrochem. angew. physik. Chem. 1943, **49**, 288. — Ber. dtsch. chem. Ges. 1942, **75**, 1472. — Vgl. auch W. Manchot u. J. König: Ber. dtsch. chem. Ges. 1925, **58**, 229.

[21] Z. anorg. allg. Chem. 1943, **251**, 96.

[22] Z. anorg. allg. Chem. 1940, **245**, 321.

[23] Hieber, W., u. H. Schulten: Z. anorg. allg. Chem. 1939, **243**, 164. — Hieber, W., R. Schuh u. H. Fuchs: Z. anorg. allg. Chem. 1941, **248**, 243, 256.

Im Falle des Rheniums sind die Carbonylhalogenide so beständig, daß sie mit keinem der bekannten Mittel in das Rheniumcarbonyl selbst überführt werden können. Man erhält das Carbonyl jedoch durch Einwirkung von Kohlenmonoxyd auf die Oxyde, Sauerstoffsalze — z. B. Re_2O_7 oder $KReO_4$ — oder das Sulfid des Rheniums, Re_2S_7.

Das dimere Carbonyl,

$$(CO)_4Re\overset{CO}{\underset{CO}{}}Re(CO)_4,$$

entspricht hinsichtlich seiner Beständigkeit und geringen Reaktionsfähigkeit den gesättigten Hexacarbonylen des Chroms und seinen Verwandten. Es wird weder durch Alkalien noch durch konzentrierte Mineralsäuren zersetzt und läßt sich, obgleich es nicht sehr flüchtig ist, im Kohlenoxydstrom bei 200° sublimieren. In seinen Reaktionen ähnelt die Verbindung insofern dem Eisenpentacarbonyl, als sie mit gasförmigen Halogenen beständige Carbonylhalogenide bildet, während Amine wie Pyridin oder Phenanthrolin einen teilweisen Ersatz des Kohlenmonoxyds bewirken.

Aus der Rolle, die die Carbonylhalogenide bei der Synthese der Carbonyle der Platinmetalle spielen, kann man vermuten, daß derartige Reaktionen auch bei den Metallen der Eisengruppe anzutreffen sind, zumal man in Patentbeschreibungen verschiedene Hinweise auf die katalytische Wirkung von Jod und Schwefel bei der Bildung von Metallcarbonylen findet. Bei den Metallen der Eisengruppe, die echte Ionenverbindungen bilden, eignen sich jedoch nicht alle Verbindungen zur Carbonylhochdrucksynthese. So bilden CoF_2 (Rutilstruktur) und CoO (Kochsalztyp) kein Kobaltcarbonyl, während das Sulfid (Nickelarsenidgittertyp) und das Jodid (Cadmiumjodid-Schichtgitterstruktur) in reichlicher Ausbeute Kobaltcarbonyl ergeben[24]. Die Reaktion erfolgt also bei Verbindungen stark polarisierbarer, zur Bildung von Carbonylhalogeniden fähiger Nichtmetalle mit vorwiegend homöopolarem Charakter. Bei Kobaltjodid erhält man in quantitativer Ausbeute auch dann Kobaltcarbonyl, wenn keine unmittelbare Berührung mit der Kupfer- oder Silberauskleidung des Autoklaven erfolgt, was darauf hindeutet, daß als Zwischenstufe ein flüchtiges Kobaltcarbonyljodid entsteht. Diese Zwischenverbindung wurde von Schulten isoliert[25]; er fand, daß sich unter hohem Kohlenoxyddruck bei gewöhnlicher Temperatur $Co(CO)J_2$ als dunkelbraune, feste Substanz bildet. In ganz entsprechender Weise reagieren die Eisen- und Nickelhalogenide, nur ist die Verbindung $Fe(CO)_4J_2$ so beständig, daß ihre Umwandlung in Eisenpentacarbonyl als Endstufe nur sehr unvollständig verläuft.

Diese Arbeiten geben einen gewissen Einblick in den Mechanismus, nach dem die Metalle mit Kohlenmonoxyd reagieren. Bei der direkten Reaktion erfolgt zunächst eine Chemosorption des Kohlenmonoxyds; wenn aber die Oberfläche (z. B. durch Spuren von Sauerstoff) völlig vergiftet oder das Carbonyl selbst zu stark adsorbiert ist, wird die

---

[24] Hieber, W., H. Schulten u. R. Marin: Z. anorg. allg. Chem. 1939, **240**, 261.
[25] Schulten, H.: Z. anorg. allg. Chem. 1939, **243**, 145.

Reaktion stark behindert oder unmöglich gemacht. Jod und ähnliche Elemente können dabei katalytisch wirken, indem sie sich an einem Kreislauf mehrerer Reaktionen beteiligen, wobei elementares Jod gebildet wird, das bei jeder Stufe in das Carbonyljodid verwandelt wird, aus dem wiederum Carbonyl entsteht und Jod zurückgebildet wird. Eine ähnliche katalytische Rolle spielt zweifellos auch Schwefel bei technischen Carbonylprozessen. Man hat durch gleichzeitige Einwirkung von Kohlenmonoxyd und Schwefelwasserstoff auf Eisen ein rotviolettes, gut kristallisiertes Eisencarbonylsulfid, $Fe_3S_2(CO)_8$ isolieren können[26], dem wahrscheinlich die unter (I) angegebene Formulierung zukommt. Ebenso wurde eine entsprechende Selenverbindung dargestellt.

$$\begin{array}{c} CO \\ (CO)_3Fe\cdot S\cdot Fe\cdot S\cdot Fe(CO)_3 \\ CO \end{array}$$

(I)

Bei der katalytischen Wirkung von Schwefel und Selen findet der Kreislauf der katalytischen Reaktionen auf der Oberfläche des Metalls statt; es ist dabei nicht notwendig, daß größere Mengen der Zwischenverbindung gebildet werden, und tatsächlich beobachtet man die günstigsten Bedingungen, wenn die vorhandenen Schwefelmengen verhältnismäßig klein sind.

Indirekte Bildung von Metallcarbonylen.

Die Carbonyle der Metalle der Eisengruppe sowie die der VI. Gruppe werden durch Reaktionen hergestellt, die sich grundsätzlich von den eben besprochenen unterscheiden. Das gemeinsame Kennzeichen dieser in wäßrigen oder nichtwäßrigen Lösungsmitteln durchgeführten Prozesse besteht darin, daß eine Disproportionierungsreaktion stattfindet, bei der eine unbeständige Koordinationsverbindung, die sich von einer niederen Wertigkeitsstufe des Metalls ableitet, in eine beständige Verbindung eines höheren Wertigkeitszustandes und die in den Metallcarbonylen vorliegende nullwertige Form disproportioniert.

Als erste derartige Reaktion soll in diesem Zusammenhang die Darstellung von Carbonylen in nichtwäßrigen Lösungsmitteln durch eine Grignardreaktion erwähnt werden. Dieses Verfahren stellt die einzig laboratoriumsmäßig angewandte Methode zur Darstellung der Hexacarbonyle des Molybdäns und Wolframs dar, wenn auch R. L. Mond durch sorgfältige Reduktion von Molybdänoxychlorid das Metall in einem so stark reaktionsfähigen Zustand erhielt, daß es bei hohem Druck langsam mit Kohlenoxyd reagierte und ein Molybdäncarbonyl gebildet wurde. Job fand im Jahre 1926, daß die langsame Reaktion zwischen Kohlenmonoxyd und dem Grignardreagens durch Salze der Übergangsmetalle, besonders durch wasserfreies Chrom(III)-chlorid, beschleunigt würde. Man erhält bei dieser Reaktion ein ziemlich verwickeltes Gemisch organischer Verbindungen, aus dem sich in geringer

[26] Hieber, W.: In FIAT Review of German Science, 1939—1946, Inorganic Chemistry, Teil II, S. 116.

Ausbeute eine ätherlösliche Chromverbindung isolieren ließ, die sich als Chromcarbonyl, $Cr(CO)_6$ erwies. Daran anschließend stellten A. JOB und J. ROUVILLOIS[27] auf die gleiche Weise Wolframhexacarbonyl, $W(CO)_6$, her.

Der Mechanismus dieses Verfahrens ist noch nicht aufgeklärt, doch liegt der Schlüssel zur Klärung der Verhältnisse wahrscheinlich in den Arbeiten von HEIN über die Chromphenylverbindungen[28], Organometallverbindungen, die bei der Einwirkung von Phenylmagnesiumbromid auf Chromtrichlorid entstehen. Die Arbeiten von HEIN ergaben, daß neben den sich vom fünfwertigen Chrom ableitenden Organo-Chromhalogeniden durch Disproportionierung des Chrom(III)-chlorids Chrom(II)-chlorid und eine Verbindung des anscheinend einwertigen Chroms gebildet werden. HIEBER und ROMBERG[29] fanden, daß nur in der letzten Stufe der Reaktion mit Kohlenmonoxyd, also bei der Hydrolyse der Grignard-Anlagerungsprodukte, Chromcarbonyl entsteht. Die Anfangsreaktion des Kohlenmonoxyds besteht daher wahrscheinlich in der Bildung einer Additionsverbindung mit dem hypothetischen einwertigen Chrom, oder, wie es HIEBER annimmt, mit den Chromarylen, also z. B. mit Verbindungen vom Typus $Cr(CO)_2R_4$. Bei der Zersetzung mit Säuren bildet diese Verbindung neben anderen Produkten Cr^{3+} und $Cr(CO)_6$:

$$3\,Cr(CO)_2R_4 + 6\,H^+ \rightarrow Cr(CO)_6 + 2\,Cr^{3+} + 12\,R + 3\,H_2 \rightarrow \text{organ. Produkte.}$$

Die Zwischenverbindungen ließen sich noch nicht charakterisieren, so daß der von HIEBER angegebene Mechanismus hypothetisch ist; man beobachtet jedoch ganz allgemein bei der sauren Hydrolyse substituierter Carbonyle derartige Dismutationsprozesse.

An der Grignardreaktion beteiligen sich nur nichtpolare Halogenide ($CrCl_3$, $MoCl_5$, WCl_6); beständige Komplexsalze reagieren nicht, selbst wenn sie Nichtelektrolyte sind; vielleicht ist bei ihnen das Metallatom für den Anfangsschritt einer Koordination mit Kohlenmonoxyd blockiert. Ob Organometallverbindungen des Molybdäns und Wolframs existieren, die den Chromphenylverbindungen entsprechen würden, ist noch unbestimmt[30].

Die Hexacarbonyle sind farblose kristalline Stoffe, die viel beständiger sind als die Carbonyle des Eisens und Nickels. Sie werden an der Luft nicht oxydiert und lassen sich unzersetzt sublimieren; eine Abscheidung von Chrom aus Chromcarbonyl ist erst bei Temperaturen oberhalb von 140° wahrnehmbar. Auch in chemischer Hinsicht sind die Verbindungen ziemlich beständig. Chromcarbonyl ist gegen Brom unempfindlich, wird aber von Chlor oder Salpetersäure zersetzt. Die Molybdänverbindung ist weniger widerstandsfähig, jedoch immer noch beständiger als die Carbonyle der Eisengruppe.

---

[27] JOB, A., u. J. ROUVILLOIS: C. R. hebd. Séances Acad. Sci. 1926, **183**, 392; 1928, **187**, 564. — Bull. Soc. Chim. 1927, **41**, 1041.

[28] HEIN: Ber. dtsch. chem. Ges. 1921, **54**, 1905, 2708; 1924, **57**, 8, 899; 1926, **59**, 362, 751; 1927, **60**, 679, 749, 2388; 1928, **61**, 730, 2255; 1929, **62**, 1151. Eine Zusammenfassung befindet sich in J. prakt. Chem. 1931, **132**, 59. Siehe auch KLEMM u. NEUBER: Z. anorg. allg. Chem. 1936, **227**, 261.

[29] HIEBER u. ROMBERG: Z. anorg. allg. Chem. 1935, **221**, 321.

[30] Vgl. HEIN, F.: Angew. Chem. 1936, **49**, 761. — J. prakt. Chem. 1939, **153**, 160.

Bildung von Nickelcarbonyl in wäßriger Lösung.

Die bei der Grignard-Synthese von Job auftretende Disproportionierung hat eine Parallele in der Bildung von Nickelcarbonyl aus Kohlenoxyd-Komplexverbindungen. Diese Reaktionen beruhen auf der Verschiebung des Oxydations-Reduktionspotentials und verlaufen über folgende typische Stufen

$$2\,Ni^{I} \rightarrow Ni^{II} + Ni^{0}$$
$$2\,Ni^{II} \rightarrow Ni^{IV} + Ni^{0}.$$

Entsprechende, zur Bildung von Eisenpentacarbonyl führende Reaktionen wurden nicht beobachtet. Zwar nehmen die Eisen(II)-salze einiger organischer Thiosäuren Kohlenmonoxyd auf (im Falle des Xanthogenats bis zu 2 Mol je Fe^{II}-Atom), doch ist die einzige Carbonylanlagerungsverbindung, die isoliert wurde, der Cysteinkomplex

$$K_2\left[(CO)_2Fe\left(\begin{matrix} S\text{---}CH_2 \\ \nwarrow NH_2\text{---}CH\text{---}COO^- \end{matrix}\right)_2\right].$$

Wie die Nickelsalze reagieren auch die Kobaltsalze, doch entsteht statt des dimeren Kobaltcarbonyls das monomere Kobaltcarbonylhydrid; diese Reaktion soll jedoch in einem späteren Kapitel besprochen werden.

W. Manchot und H. Gall[31] beobachteten als erste, daß in Natronlauge suspendiertes Nickelsulfid oder -cyanid Kohlenmonoxyd absorbieren und Nickelcarbonyl bilden. Sie nahmen an, daß der erste Schritt in der Bildung eines Carbonylkomplexes des einwertigen Nickels besteht, der dann einer Disproportionierung unterliegt:

$$2\,NiX_2 + 2\,n\,CO \rightarrow 2\,Ni(CO)_nX + X_2$$
$$(X = \text{—CN, —SH, —SCH}_3 \text{ usw., } X_2 \text{ durch Alkali absorbiert})$$
$$2\,Ni(CO)_nX + (4 - 2\,n)CO \rightarrow Ni(CO)_4 + NiX_2.$$

Mit diesem Schema übereinstimmend, absorbiert das zuerst von Belucci[32] dargestellte komplexe Cyanid des einwertigen Nickels, $K_2[Ni(CN)_3]$, Kohlenoxyd und bildet den vierfach koordinierten Komplex $K_2[Ni(CN)_3(CO)]$[33]. Dieser läßt sich aus der Lösung in flüssigem Ammoniak isolieren, während er in wäßriger Lösung sehr leicht mit Wasserstoffionen nach einer der beiden Gleichungen

$$4\,[Ni(CN)_3(CO)]^{--} + 2\,H^+ \rightarrow 3\,[Ni(CN)_4]^{--} + Ni(CO)_4 + H_2$$
oder $$2\,[Ni(CN)_3(CO)]^{--} + 2\,H^+ \rightarrow [Ni(CN)_4]^{--} + Ni(CN)_2 + 2\,CO + H_2$$

reagiert.

Bei derartigen Reaktionen spielen Schwefelverbindungen eine wichtige spezifische Rolle. Nickelsalze organischer Thiosäuren — z. B. Xanthogenate, Thiosalicylate, Thioacetate und Thioglykolate — absorbieren in alkalischer Lösung Kohlenmonoxyd und reagieren in der oben beschriebenen Weise. Das gleiche gilt auch für die Nickelammin-

[31] Manchot, W., u. H. Gall: Ber. dtsch. chem. Ges. 1929, **62**, 678; ebenso A. A. Blanchard, J. R. Rafter u. W. B. Adams: J. Amer. chem. Soc. 1934, **56**, 16.

[32] Belucci: Z. anorg. allg. Chem. 1914, **86**, 88.

[33] Manchot, W., u. H. Gall: Ber. dtsch. chem. Ges. 1926, **59**, 1060.

salze einiger anorganischer Thiosäuren, wie z. B. $[Ni(NH_3)_6][MoS_4]$. In der Regel werden je Nickelatom zwei Moleküle Kohlenoxyd aufgenommen, während im Endzustand nur die Hälfte des zur Reaktion gebrachten Nickels als Carbonyl nachgewiesen werden kann. Von HIEBER und BRÜCK[34] wurde gezeigt, daß — wenigstens in einigen Fällen — die Reaktionen dadurch möglich sind, daß die Verbindungen des vierwertigen Nickels durch die Thioverbindungen so weit stabilisiert werden, daß die zweiwertigen Nickelverbindungen schon durch Luftsauerstoff oxydiert werden (vgl. Kap. VI, S. 167). So bildet Nickel(II)-thiobenzoat mit Sulfidionen ein komplexes Thioanion mit der Koordinationszahl 6, das leicht zu einer Nickel(IV)-Verbindung oxydiert wird:

$$\left[\left(C_6H_5\cdot C\langle S_2\rangle\right)_2 Ni\langle S_2\rangle\right]^{4-} \xrightarrow{\text{Oxydation}} \left[\left(C_6H_5\cdot C\langle S_2\rangle\right)_2 Ni\langle S_2\rangle\right]^{2-} \rightarrow$$

$$\left[\left(C_6H_5\cdot C\langle S_2\rangle\right)_2 Ni\langle S_2\rangle Ni\left(\langle S_2\rangle C\cdot C_6H_5\right)_2\right]$$

Wird das Oxydationsmittel durch Kohlenoxyd ersetzt, erfolgt durch Disproportionierung Umwandlung der halben Nickelmenge in den Ni^{IV}-Komplex, während die andere Hälfte in Nickelcarbonyl überführt wird:

$$4[Ni(S\cdot CS\cdot C_6H_5)_2] + 4S^{2-} + 8CO \rightarrow$$
$$2Ni(CO)_4 + 4C_6H_5\cdot CS\cdot S^- + 4S + [(C_6H_5\cdot CS_2)_2NiS_2Ni(S_2C\cdot C_6H_5)_2].$$

Derartige Reaktionen sind nicht auf Thiokomplexe beschränkt. In ähnlicher Weise disproportioniert z. B. Nickeldimethylglyoxim in Gegenwart von Kohlenmonoxyd, doch ist in diesem Falle die Nickel(IV)-Verbindung instabil, so daß sie von Kohlenmonoxyd reduziert wird. Dementsprechend sollte das gesamte Nickel für die Umwandlung ins Carbonyl verfügbar sein, und tatsächlich wurden auch 90%ige Ausbeute beobachtet.

Eisen- und Kobaltcarbonylhydride.

HOCK und STUHLMANN[35] fanden, daß Eisenpentacarbonyl mit Lösungen von Quecksilbersalzen reagiert, wobei unter gleichzeitiger Entwicklung eines Moleküls Kohlendioxyd sehr beständige, unlösliche, quecksilberhaltige Substitutionsprodukte gebildet werden. Mit einem Molekül Quecksilbersulfat entsteht zunächst die Verbindung $Fe(CO)_4Hg$, die mit weiteren Quecksilber(II)-salzen Verbindungen vom Typus $Fe(CO)_4Hg\cdot HgX_2$ bildet. So führt die Einwirkung von Eisenpentacarbonyl auf Quecksilber(I)- oder (II)-chlorid direkt zur Bildung von $Fe(CO)_4Hg\cdot HgCl_2$:

$$Fe(CO)_5 + 2\,HgCl_2 + H_2O = Fe(CO)_4Hg\cdot HgCl_2 + 2\,HCl + CO_2$$
$$Fe(CO)_5 + 2\,Hg_2Cl_2 + H_2O = Fe(CO)_4Hg\cdot HgCl_2 + 2\,HCl + CO_2 + 2\,Hg.$$

[34] HIEBER u. BRÜCK: Naturwissenschaften 1949, **36**, 312.

[35] HOCK u. STUHLMANN: Ber. dtsch. chem. Ges. 1928, **61**, 2097; 1929, **62**, 431, 2690.

Bei tiefer Temperatur kann man in Acetonlösungen die Bildung einer Zwischenverbindung, $Fe(CO)_5 \cdot HgCl_2$, nachweisen. Diese Verbindung erleidet bei gewöhnlicher Temperatur oder in Gegenwart von Quecksilber(II)-chlorid, eine Zersetzung, bei der die obengenannten Produkte entstehen.

Quecksilbereisentetracarbonyl, $Fe(CO)_4Hg$, ist eine beständige gelbe Substanz, die sich an der Luft nicht verändert, jedoch bei 150° in Quecksilber, Eisen und Kohlenmonoxyd zersetzt wird. Es reagiert bei Zimmertemperatur mit den Halogenen und bildet Quecksilberhalogenide und die entsprechenden Eisencarbonylhalogenide (s. unten):

$$Fe(CO)_4Hg + 2\,J_2 = Fe(CO)_4J_2 + HgJ_2.$$

Zum Unterschied von den meisten Carbonylverbindungen wird es von kochendem Pyridin nicht angegriffen.

Die genaue Natur des Quecksilbereisentetracarbonyls war eine Zeitlang umstritten. Die Neigung des Quecksilbers zur Bildung organometallischer Verbindungen schien darauf hinzudeuten, daß zwischen dem Quecksilber und dem Kohlenoxyd Kovalenzbindungen bestünden. Die genaue Untersuchung zeigt nun, daß der Stoff tatsächlich ein Quecksilberderivat des merkwürdigen *Eisencarbonylhydrids* der Zusammensetzung $Fe(CO)_4H_2$ ist.

Bei der Untersuchung von Metallcarbonylen wurde schon frühzeitig festgestellt[36], daß das Eisenpentacarbonyl in alkoholischer Kalilauge gelöst werden kann, wobei eine Lösung entsteht, die sich an der Luft schnell rot färbt. FREUNDLICH und MALCHOW[37] konnten nachweisen, daß die so erhaltene Lösung stark reduzierende Eigenschaften besitzt und daß beim Ansäuern bis zu 40% durch atmosphärische Oxydation gebildetes Eisentetracarbonyl entsteht. Bei Zusatz eines milden Oxydationsmittels wie Braunstein kann man die Ausbeute an Eisentetracarbonyl bis zu 90% erhöhen. HIEBER[38] fand, daß bei der Einwirkung von Basen — z. B. von Barytlauge — auf Eisenpentacarbonyl hauptsächlich eine Hydrolysenreaktion erfolgt und Karbonat gebildet wird, und zwar in einer Menge, die bei Anwendung eines gewissen Basenüberschusses ungefähr einem Molekül je Mol Eisenpentacarbonyl entspricht. Beim Ansäuern der durch Einwirkung von Alkalien entstandenen Lösungen unter vollständigem Ausschluß von Sauerstoff wird eine neue, flüchtige, sehr unbeständige Eisenverbindung frei, nämlich das Eisencarbonylhydrid.

$$Fe(CO)_5 + 4\,OH^- = [Fe(CO)_4]^{2-} + CO_3^{2-} + 2\,H_2O$$
$$[Fe(CO)_4]^{2-} + 2\,H^+ = [Fe(CO)_4H_2].$$

Eisencarbonylhydrid ist eine blaßgelbe, flüchtige Flüssigkeit (Schmp. —70°) mit einem charakteristischen, höchst unangenehmen Geruch.

---

[36] DEWAR u. JONES: Proc. Roy. Soc. 1905, A, **76**, 558; 1906, **79**, 66.

[37] FREUNDLICH u. MALCHOW: Ber. dtsch. chem. Ges. 1923, **56**, 2264. — Z. anorg. allg. Chem. 1924, **141**, 317.

[38] HIEBER: Ber. dtsch. chem. Ges. 1931, **64**, 2832. — Z. anorg. allg. Chem. 1931, **204**, 145, 165.

Oberhalb von $-10°$ zersetzt es sich schnell, wobei freier Wasserstoff und die Zersetzungsprodukte des $Fe(CO)_4$-Restes entstehen:

$$Fe(CO)_4H_2 \rightarrow H_2 + Fe(CO)_4^*$$
$$2\,Fe(CO)_4^* \rightarrow Fe(CO)_5 + Fe(CO)_3 \text{ polymer, usw.}$$

Die Verbindung besitzt stark reduzierende Eigenschaften und läßt sich durch die Entfärbung von Methylenblau quantitativ bestimmen. Wie Quecksilbereisentetracarbonyl reagiert sie mit Jod und bildet Eisencarbonyljodid.

In wäßriger Lösung verhält sich Eisencarbonylhydrid wie eine schwache (gewöhnlich einbasische) Säure. So beobachteten FEIGL und KRUMHOLZ[39], daß bei der Hydrolyse von Eisenpentacarbonyl mit Natriummethylat das Salz $[Fe(CO)_4]HNa \cdot CH_3OH$ entsteht und daß Suspensionen von Calcium- oder Magnesiumhydroxyd unter Bildung von $[Fe(CO)_4H]_2Ca$ bzw. $[Fe(CO)_4H]_2Mg$ reagieren[40]. Mit den großen Metallamminkationen[41] bildet Eisencarbonylhydrid in beschränktem Umfang Salze, z. B. die Reihen $[Fe(CO)_4H]_2[M^{II}(NH_3)_6]$, M^{II} = Mn, Fe, Co oder Ni — und $[Fe(CO)_4H]_2[M^{II}Phth_3]$ — M^{II} = Co, Fe, Ni; Phth = *o*-Phenanthrolin. Die Salze vom letzten Typ sind unlöslich und werden aus Lösungen quantitativ gefällt.

Eisencarbonylhydrid unterscheidet sich von anderen Klassen von Carbonylderivaten dadurch, daß es durch Pyridin und andere Amine nicht zersetzt wird, sondern mit diesen beständige Salze — wie z. B. $[Fe(CO)_4](C_5H_5N \cdot H)_2$ — bildet. Die Lösungen der Verbindung in Pyridin und flüssigem Ammoniak leiten den elektrischen Strom wie ein starker Elektrolyt; aus den Lösungen in flüssigem Ammoniak kann man durch Fällen oder Eindunsten die „normalen" Salze des Eisencarbonylhydrids — z. B. $[Fe(CO)_4](NH_4)_2 \cdot 0$—$3\,NH_3$, $[Fe(CO)_4]Na_2$, $[Fe(CO)_4]Ca$ — darstellen. Diese Salze entstehen sowohl durch direkten Ersatz des Wasserstoffs durch die entsprechenden, in flüssigem Ammoniak gelösten Alkali- oder Erdalkalimetalle, als auch durch Neutralisation des gelösten Eisencarbonylhydrids mit Lösungen der Metallamide. Die schwerlöslichen Erdalkalisalze kann man auch durch doppelte Umsetzung ausfällen:

$$[Fe(CO)_4]H_2 + CaJ_2 \rightarrow [Fe(CO)_4]Ca + 2\,HJ\ (= 2\,NH_4J).$$

Eisencarbonylhydrid verhält sich also im Ammonosystem wie eine ziemlich starke Säure.

Bei sämtlichen der oben erwähnten Verbindungen handelt es sich um echte Salze; durch Einwirkung von verdünnten Säuren oder selbst durch Wasser werden sie in charakteristischer Weise unter Bildung von Carbonylhydrid zersetzt. Im Gegensatz dazu bilden die Metalle der Zink- und Kupfergruppe Verbindungen mit völlig anderen Eigenschaften, die man als mehrkernige, nichtelektrolytische Komplexverbindungen auffassen kann. Zu diesem Typus gehört das Quecksilbereisentetracarbonyl von HOCK und STUHLMANN, das man auch

[39] FEIGL u. KRUMHOLZ: Z. anorg. allg. Chem. 1933, **215**, 242.
[40] HEIN, F., u. H. POBLOTH: Z. anorg. allg. Chem. 1941, **248**, 84.
[41] HIEBER, W., u. H. FACK: Z. anorg. allg. Chem. 1938, **236**, 83.

tatsächlich durch Zugabe von Quecksilber(II)-chlorid zu Eisencarbonylhydrid fällen kann. In entsprechender Weise entstehen aus ammoniakalischen Zink- und Cadmiumlösungen die unlöslichen Verbindungen $[Fe(CO)_4][Zn(NH_3)_3]$ und $[Fe(CO)_4][Cd(NH_3)_2]$. Wie die Reaktion dieser Verbindungen mit Säuren zeigt, besteht eine klare Abstufung in den Eigenschaften dieser Reihe von Metallderivaten:

$$[Fe(CO)_4][Zn(NH_3)_3] \xrightarrow{\text{Essigsäure}} Fe(CO)_4H_2$$
$$[Fe(CO)_4][Cd(NH_3)_2] \xrightarrow{\text{Essigsäure}} Fe(CO)_4Cd \xrightarrow{HCl} Fe(CO)_4H_2$$
$$Fe(CO)_4Hg \ldots \text{ keine Reaktion mit Säuren.}$$

Eine Betrachtung der Valenzregeln, die die Konstitution der Metallcarbonyle beherrschen, d. h., daß die effektive Atomnummer des Metallatoms durch das Vorhandensein gemeinsamer Elektronen die Atomnummer eines Edelgases erreicht[42], deutet darauf hin, daß zwischen den Verbindungen $Fe(CO)_4H_2$ und $Ni(CO)_4$ eine Kobaltverbindung $Co(CO)_4H$ auftreten sollte. Ein derartiges Kobaltcarbonylhydrid ist tatsächlich bekannt; es entsteht entsprechend dem Eisencarbonylhydrid bei der alkalischen Hydrolyse von Kobalttetracarbonyl[43]:

$$3\, Co_2(CO)_8 + 4\, OH^- \rightarrow 4\, Co\,(CO)_4H + 2\, CO_3^{2-} + 2\, Co(CO)_3 \text{ (polymer).}$$

In diesem Falle ist der Vorgang durch eine Nebenreaktion etwas verwickelter:

$$3\, Co_2(CO)_8 + 4\, H_2O \rightarrow 4\, Co(CO)_4H + Co(OH)_2 + 4\, CO.$$

Wenn man zur Hydrolyse statt einer starken Base, wie Barytwasser oder Kalilauge, Ammoniak benutzt, verläuft lediglich die zweite Reaktion.

Die bei diesen Hydrolysereaktionen entstehenden verdünnten Lösungen ähneln in ihren chemischen Eigenschaften den Lösungen des Eisencarbonylhydrids. Sie reduzieren Methylenblau und ergeben bei der Oxydation mit Luftsauerstoff oder mit Braunstein Kobalttetracarbonyl.

Durch Ansäuern solcher Lösungen mit Phosphorsäure erhielten Hieber und Schulten[44] freies $Co(CO)_4H$. Sie konnten diese Verbindung als gelbe kristalline Substanz kondensieren; das Hydrid schmilzt bei —26,2° und wird bei etwas höherer Temperatur unter Wasserstoffentwicklung und Bildung von Kobalttetracarbonyl zersetzt. Mit einer alkoholischen Lösung von *o*-Phenanthrolin entsteht das Salz $[Co(CO)_4]_2(H_2\cdot \text{Phth})$.

Die Fällungsreaktionen des Kobaltcarbonylhydrids ähneln weitgehend denen des Eisencarbonylhydrids. In flüssigem Ammoniak entstehen mit elektropositiven Metallen und mit Amminkationen typische Salze, z. B. $[Co(CO)_4]Na$ und $[Co(CO)_4]_2Ca$; in wäßriger Lösung bildet sich $[Co(CO)_4]_2[M(NH_3)_6]$. Das ziemlich gut lösliche Kobalt(II)-amminsalz $[Co(CO)_4]_2[Co(NH_3)_6]$ entsteht in geringen Mengen bei der Hydro-

[42] Langmuir, I.: Science 1921, **54**, 65.
[43] Hieber, W.: Z. Elektrochem. angew. physik. Chem. 1934, **40**, 158.
[44] Hieber u. Schulten:: Z. anorg. allg. Chem. 1937, **232**, 17.

lyse von Kobaltcarbonyl mit Ammoniak, was darauf zurückzuführen ist, daß etwas Kobalt(II)-hydroxyd gelöst ist. Man kann die Verbindung auch durch direkte Einwirkung von gasförmigem Ammoniak auf Kobalttetracarbonyl erhalten.

$$3\,Co_2(CO)_8 + 12\,NH_3 \rightarrow 2\,[Co(CO)_4]_2[Co(NH_3)_6] + 8\,CO.$$

Auch mit den Metallen der Nebengruppen gibt es Verbindungen, z. B. $[Co(CO)_4]_2Cd$ und $[Co(CO)_4]_2Hg$, die — wie die analogen Derivate des Eisencarbonylhydrids — nicht salzartig sind. Sie sind wasserunlöslich, lösen sich aber in organischen Lösungsmitteln und sind in diesen Lösungen monomer.

Außer durch die Darstellung über die Hydrolyse von Kobaltcarbonyl erhält man Kobaltcarbonylhydrid auch noch aus Kobalt(II)-salzlösungen durch Reaktionen, die denen der Bildung von Nickelcarbonyl sehr ähneln. So bildet Cystein, $HS \cdot CH_2 \cdot CH(NH_2) \cdot COOH$ (abgekürzt H_2SR), mit Kobalt- und Eisen(II)-Ionen Komplexsalze vom Typus $K_2[M(SR)_2]$, die gegenüber Sauerstoff außerordentlich empfindlich sind und deren alkalische Lösungen Kohlenmonoxyd absorbieren. Während der Eisen-Cysteinkomplex die bereits erwähnte Anlagerungsverbindung bildet, wird im Kobalt-Cystein-System zwar ein Molekül CO je Kobaltatom absorbiert, doch läßt sich keine Additionsverbindung isolieren. Statt dessen erfolgt eine Disproportionierung des Komplexes, bei der als eines der gebildeten Produkte die Kobalt(II)-Verbindung $K_3[Co(SR)_3] \cdot 3\,H_2O$ entsteht. Wenn man dieses Salz zunächst mit Aceton fällt, liefert die zurückbleibende Lösung beim Behandeln mit Quecksilber- oder Silbernitrat die unlöslichen Verbindungen $[Co(CO)_4]_2Hg$ bzw. $[Co(CO)_4]Ag$.[45] Daraus ergibt sich, daß das zweite Disproportionierungsprodukt Kobaltcarbonylhydrid sein muß. Offenbar verlaufen bei diesem Vorgang folgende Reaktionen, zunächst

$$9\,[Co(SR)_2]^{--} + 8\,CO + 2\,H_2O \rightarrow 6\,[Co(SR)_3]^{3-} + Co(OH)_2 + 2\,Co(CO)_4H,$$

an die sich bei weiterer Einwirkung die Reaktion

$$[Co(SR)_3]^{3-} + 6\,CO + 7\,OH^- \rightarrow 2\,CO_3^{--} + 3\,H_2O + Co(CO)_4H + 3\,SR^{--}$$

anschließt. Diese Reaktionen führen im Endeffekt dazu, daß Cystein zurückgebildet wird, so daß schon eine geringe Menge Cystein ausreicht, eine wesentlich größere Menge Kobalt(II)-salz in das Carbonylhydrid umzusetzen[46]. Die Redoxpaare Co^{+2}/Co^{-1} und CO/CO_2 sind katalytisch gekoppelt.

Derartige Wertigkeitsdisproportionierungen sind nicht besonders selten. So findet beim Kobaltcarbonyl selbst in alkalischer Lösung mit Cystein die Reaktion $4\,Co^0 \rightarrow Co^{+3} + 3\,Co^{-1}$ statt.

$$2\,Co_2(CO)_8 + 3\,H_2SR + 3\,OH^- \rightarrow 3\,Co(CO)_4H + [Co(SR)_3]^{3-} + 4\,CO + 3\,H_2O.$$

Ähnlich verhalten sich Kobaltsulfid, -xanthogenat und andere Thiosäurekomplexe. Wenn nach der Kohlenoxydabsorption Stickoxyd einwirken kann, entsteht Kobaltnitrosylcarbonyl, $Co(CO)_3(NO)$ (s. unten, S. 407).

[45] SCHUBERT, M. P.: J. Amer. chem. Soc. 1933, 55, 4563.

[46] COLEMAN, G. W., u. A. A. BLANCHARD: J. Amer. chem. Soc. 1936, 58, 2160.

In gewissem Sinne verwandt mit diesen Vorgängen sind die Reaktionen von Kohlenmonoxyd mit den Metallamminsalzen von Eisencarbonylhydrid[47], die als Endprodukte Eisencarbonylhydrid, Eisentetracarbonyl und Nickelcarbonyl oder Kobaltcarbonylhydrid ergeben:

$$[Fe(CO)_4H]_2[Ni(NH_3)_6] \xrightarrow{+12\,CO} 3\,Ni(CO)_4 + 3\,Fe(CO)_4H_2 + Fe_3(CO)_{12}$$

$$[Fe(CO)_4H]_2[Co(NH_3)_6] \xrightarrow{+8\,CO} Fe(CO)_4H_2 + Fe_3(CO)_{12} + 2\,Co(CO)_4H_2.$$

Den beschriebenen Reaktionen kommt insofern ein besonderes Interesse zu, als sie die Darstellung von Nickel- und Kobaltcarbonylen in Lösungen gestatten. Da das Kobaltcarbonyl ziemlich schwer zugänglich ist, können sich diese Reaktionen zur Darstellung dieser Verbindung in vielen Laboratorien als sehr nützlich erweisen. Es ist noch nicht bekannt, ob sich ähnliche Methoden auch zu einer bequemen Darstellung von Carbonylen der Platinmetalle — besonders der mit dem Kobaltcarbonylen eng verwandten Rhodium- und Iridiumcarbonyle — benutzen lassen.

Die direkte Synthese von Kobaltcarbonylhydrid.

Die außerordentliche Leichtigkeit, mit der Kobaltcarbonylhydrid trotz seiner Unbeständigkeit entsteht, erkennt man daran, daß man seine Bildung bei der Hochdrucksynthese unter den verschiedensten Bedingungen beobachtet hat. HIEBER, SCHULTEN und MARIN[24] fanden, daß die bei der Synthese von Kobaltcarbonyl vom Autoklaven abgeblasenen Gase gewöhnlich eine flüchtige Kobaltverbindung enthielten, die sich durch die mit Quecksilberchloridlösungen gebildeten Fällungen von $[Co(CO)_4]HgCl$ als Kobaltcarbonylhydrid erwies. Die Verbindung entsteht nur, wenn die Reaktionsteilnehmer Spuren von Wasser enthielten, und die gebildete Menge läßt sich steigern, wenn man das zur Synthese verwendete Kobaltsulfid oder -jodid vorher etwas anfeuchtet:

$$2\,CoS + H_2O + 9\,CO + 4\,Cu \rightarrow 2\,Co(CO)_4H + CO_2 + 2\,Cu_2S.$$

Weiterhin ergab sich, daß man Kobaltcarbonylhydrid auf verschiedene Weise direkt aus den Komponenten synthetisieren kann, z. B. durch Erhitzen von Kobaltcarbonyl mit Wasserstoff und Kohlenoxyd unter Druck (a), durch gleichzeitige Einwirkung von Kohlenmonoxyd und Wasserstoff auf metallisches Kobalt (b), durch indirekte Carbonylsynthese in Gegenwart von Wasserstoff (c) oder durch Einwirkung von Kohlenmonoxyd auf das Kobalthydrid von WEICHSELFELDER[48] (d).

a $$[Co(CO)_4]_2 + H_2 \rightarrow 2\,Co(CO)_4H$$
b $$2\,Co + 8\,CO + H_2 \rightarrow 2\,Co(CO)_4H$$
c $$2\,CoS + 8\,CO + H_2 + 4\,Cu \rightarrow 2\,Co(CO)_4H + 2\,Cu_2S$$
d $$2\,CoH_2 + 8\,CO \rightarrow 2\,Co(CO)_4H_2.$$

Die Reaktion (a) ist die Umkehrung des bei gewöhnlichem Druck erfolgenden Zerfalls von Kobaltcarbonylhydrid; es ist daher eine echte reversible Reaktion.

---

[47] HIEBER, W.: Z. Elektrochem. angew. phys. Chem. 1937, **43**, 390.
[48] WEICHSELFELDER: Liebigs Ann. Chem. 1926, **447**, 64.

Derartige Hochdruckprozesse sind nicht auf Kobaltcarbonylhydrid beschränkt; auf analoge Weise können $Rh(CO)_4H$, $Ir(CO)_4H$, $Os(CO)_4H_2$ und wahrscheinlich auch $Re(CO)_5H$ dargestellt werden. Im Gegensatz dazu erhält man Eisencarbonylhydrid nur durch Hydrolysereaktionen in wäßriger Lösung; bei der Hochdrucksynthese gelangt man in diesem Fall nur zum Eisenpentacarbonyl.

Die Leichtigkeit der Bildung von Kobaltcarbonylhydrid findet man in entsprechender Weise auch bei seinen Schwermetallderivaten. Wenn man bei der Hochdrucksynthese als Halogenakzeptoren Metalle der Nebengruppe benutzt oder wenn man deren Halogenide mit Kobalt und Kohlenmonoxyd erhitzt, entsteht als Reaktionsprodukt nicht $[Co(CO)_4]_2$, sondern es werden die entsprechenden Metallderivate gebildet, die mit den aus Kobaltcarbonylhydridlösungen gewonnenen Verbindungen identisch sind. Auf diese Weise wurden die Verbindungen

	$[Co(CO)_4]Tl$ gelb
$[Co(CO)_4]_2M^{II}$	M^{II} = Zn, Cd, Hg, Sn^{II}, Pb (?) (orange)
$[Co(CO)_4]_3M^{III}$	M^{III} = Ga (?), In (rot), Tl^{III} (violett)

dargestellt[49].

Substitutionsreaktionen von Metallcarbonylen*.

Eine höchst charakteristische Eigenschaft der Metallcarbonyle besteht darin, daß das Kohlenmonoxyd durch andere neutrale Moleküle, wie z. B. Amine oder Thioäther, ersetzt werden kann. So entsteht eine Vielzahl von Verbindungen, die wie die nichtsubstituierten Carbonyle vollkommen durch Kovalenzkräfte gebunden zu sein scheinen.

Es ist zweckmäßig, zunächst das Verhalten der Eisencarbonyle zu betrachten. Übereinstimmend mit der verhältnismäßig starken Indifferenz der ein Metallatom enthaltenden Carbonyle reagiert Eisenpentacarbonyl nur träge mit irgendwelchen Substituenten. Weder Ammoniak noch Äthylendiamin bewirken unter gewöhnlichen Bedingungen eine Substitution; es entstehen vielmehr Anlagerungsverbindungen von der Form $Fe(CO)_5NH_3$ und $Fe(CO)_5en$. Die Bildung derartiger Anlagerungsverbindungen ist eine häufig auftretende Vorstufe — man vergleiche die Bildung von $Fe(CO)_5 \cdot J_2$, $Fe(CO)_5 \cdot Hg(OAc)_2$ — jedoch sind die Aminverbindungen dadurch ausgezeichnet, daß sie sich bei der Behandlung mit Säuren zu Eisentetracarbonyl (oder möglicherweise zu Eisencarbonylhydrid) und zu Eisen(II)-salz zersetzen.

Pyridin reagiert bei 80° langsam mit Eisenpentacarbonyl, wobei eine Verbindung $Fe_2(CO)_4Pyr_3$ entsteht[50]. Diese und viele andere substituierte Carbonyle absorbieren so heftig Sauerstoff, als ob sie pyrophor wären. Die Verbindung wird durch Brom vollständig zersetzt, während Jod bei —21° oder Dicyan bei 60° dieselben Verbindungen bilden, wie

* Neuere Anschauungen über den Mechanismus der Substitutionsreaktionen von Metallcarbonylen vgl. W. HIEBER, R. NAST u. J. SEDELMEIER: Angew. Chem. 1952, **64**, 465.

[49] HIEBER, W., u. U. TELLER: Z. anorg. allg. Chem. 1942, **249**, 43.

[50] HIEBER, W., u. a.: Ber. dtsch. chem. Ges. 1928, **61**, 2421; 1930, **63**, 973.

man sie auch bei der Einwirkung von Pyridin auf die Eisencarbonylhalogenide erhält, nämlich $Fe(CO)_2Pyr_2J_2$ und $Fe(CO)_2Pyr(CN)_2$. In Gegenwart von Pyridin kann das Kohlenmonoxyd auch durch andere Amine ersetzt werden, z. B. entsteht mit Ammoniak die Verbindung $Fe(CO)_3(NH_3)_2$, und Äthylendiamin ergibt $Fe_2(CO)_5en_2$. Bei der Zersetzung durch Säuren bildet diese letztgenannte Verbindung, $Fe_2(CO)_5en_2$, äquivalente Mengen von Eisenpentacarbonyl, Eisen(II)-salz und Wasserstoff; das würde darauf hindeuten, daß ihr die Konstitution $Fe(CO)_5 \cdot Fe\,en_2$ zukommt.

Die größere Reaktionsfähigkeit des Eisentetracarbonyls, $Fe_3(CO)_{12}$, führt dazu, daß bereits unter milderen Bedingungen eine Reaktion eintritt, als es beim Pentacarbonyl der Fall ist[51]. Als Anfangsprodukt entsteht dabei gewöhnlich ein Tricarbonylderivat von der Form $Fe(CO)_3 \cdot X$, bei dem X = Pyridin, o-Phenanthrolin, CH_3OH, CH_3CN usw. sein kann; seltener ist die Bildung eines Dicarbonylderivats, wie man es häufig bei den Reaktionen von Eisenpentacarbonyl beobachtet. Die weiteren Reaktionen der Substituenten können dann zu Verbindungen mit einem kleineren Verhältnis von Fe : CO führen. Bei den Substitutionsreaktionen wird stets bis zu 33—50% Eisenpentacarbonyl gebildet.

$$2\,Fe_3(CO)_{12} + 3\,Pyr \rightarrow 3\,Fe(CO)_3 \cdot Pyr + 3\,Fe(CO)_5$$
$$Fe_3(CO)_{12} + CH_3OH \rightarrow 2\,Fe(CO)_3 \cdot CH_3OH + Fe(CO)_5 + CO.$$

Die Bildung von Eisenpentacarbonyl kann darauf hindeuten, daß bei der Reaktion vorübergehend ein $Fe(CO)_4$-Radikal (dessen Existenz man bereits auf Grund photochemischer Beobachtungen vermutet hat) gebildet und daß dieses Radikal durch nascierendes Kohlenmonoxyd reduziert wird.

Die unten wiedergegebene Umgruppierung der Carbonylgruppen ist für die Reaktionen dieser Verbindungen charakteristisch, ebenso wie die Disproportionierung in Fe^{++} und Eisencarbonylhydrid bei der Zersetzung mit Säuren:

$$3\,Fe(CO)_3,\ X + 2\,H^+ \rightarrow Fe^{2+} + Fe(CO)_4H_2 + Fe(CO)_5 + 3\,X$$
$$2\,Fe(CO)_3,\ X + 2\,H^+ \rightarrow Fe^{2+} + Fe(CO)_4H_2 + 2\,CO + 2\,X.$$

Bei der Reaktion des Äthylendiaminderivates $Fe_2(CO)_4en_3$ mit Säuren entsteht im äquivalenten Verhältnis Eisen(II)-salz und Eisencarbonylhydrid; die Verbindung verhält sich also wie ein Salz von Eisencarbonylhydrid mit einem komplexen Kation $[Fe(CO)_4][Fe\,en_3]$. Hieber und Fack haben jedoch keine Salze mit den analogen komplexen Kationen $[Co\,en_3]^{++}$ und $[Ni\,en_3]^{++}$ darstellen können und schlossen daraus, daß man $Fe_2(CO)_4\,en_3$ als reine Koordinationsverbindung auffassen muß. Die meisten substituierten Carbonyle lassen sich nicht als salzartige Derivate von Eisencarbonylhydrid formulieren.

Andere Metallcarbonyle führen zur Entstehung einer ähnlichen Reihe von Derivaten. So ergibt die Einwirkung von Pyridin auf Nickelcarbonyl[52] schließlich $Ni_2(CO)_3Pyr_2$. Der Ersatz des Kohlenmonoxyds

[51] Hieber, W., u. a.: Ber. dtsch. chem. Ges. 1930, **63**, 1405; 1931, **64**, 2340.
[52] Hieber, W.: Ber. dtsch. chem. Ges. 1932, **65**, 1090.

durch Pyridin ist ein umkehrbarer Vorgang, der die Beweglichkeit des Systems Metall-CO kennzeichnet. Nickelcarbonyl bildet mit *o*-Phenanthrolin das sehr beständige $Ni(CO)_2Phth$.

Bei den Hexacarbonylen des Chroms, Molybdäns und Wolframs besteht insofern eine größere Regelmäßigkeit der gebildeten Substitutionsprodukte[53], als bei ihrer Zusammensetzung größtenteils die Koordinationszahl 6 erhalten bleibt.

$$Cr(CO)_6 \xrightarrow{Pyr} Cr(CO)_4Pyr_2 \overset{Pyr}{\rightleftarrows} Cr(CO)_3Pyr_3 + CO \xrightarrow{Phth} Cr(CO)_3 \cdot Pyr \cdot Phth.$$

Die substituierten Hexacarbonyle lassen sich durch Säure zersetzen, wobei unter gleichzeitiger Wasserstoffentwicklung Salze der dreiwertigen Metalle gebildet werden:

$$Mo(CO)_3Pyr_3 + 6\,HCl \rightarrow [MoCl_6](Pyr \cdot H)_3 + 3\,CO + 1{,}5\,H_2.$$

Ähnliche Verbindungen (z. B. $Re(CO)_3Pyr_2$, $Re(CO)_3Phth$ hat man aus Rheniumcarbonyl dargestellt; das chemische Verhalten der erst unlängst entdeckten Verbindungen muß aber erst noch erforscht werden.

Nitrosylcarbonyle und Metallnitrosylderivate.

Nitrosylcarbonyle. Bei der Reaktion zwischen den mehrkernigen Carbonylen des Kobalts und Eisens einerseits und Stickoxyd andererseits entstehen die Nitrosylverbindungen $Co(CO)_3NO$[54] und $Fe(CO)_2(NO)_2$[55] in Form von flüchtigen roten Flüssigkeiten. Die Reaktion mit Kobaltcarbonyl verläuft praktisch quantitativ gemäß der Gleichung

$$Co_2(CO)_8 + 2\,NO \rightarrow 2\,Co(CO)_3NO + 2\,CO.$$

Die Bildung von Kobaltnitrosylcarbonyl durch eine indirekte Reaktion, die wahrscheinlich über die Disproportionierung von Cyancarbonylen verläuft, wurde bereits früher erwähnt. Sowohl beim Eisenenneacarbonyl als auch bei Eisentetracarbonyl findet mit Stickoxyd eine ziemlich verwickelte Reaktion statt, bei der gleichzeitig Eisenpentacarbonyl und Nitrosylcarbonyl gebildet werden.

Man kann zeigen, daß in dieser Weise die Metalle Nickel, Kobalt und Eisen eine stufenweise Reihe von flüchtigen Verbindungen bilden,

$$Ni(CO)_4 \qquad Co(CO)_3NO \qquad Fe(CO)_2(NO)_2,$$

in denen mit abnehmender Atomnummer des Zentralatoms das Kohlenmonoxyd Schritt für Schritt durch Stickoxyd ersetzt ist. Die physikalischen Eigenschaften dieser Stoffe zeigen dementsprechend eine stetige Abstufung, die in dem Anstieg des durch die Substitution von CO durch NO hervorgerufenen Dipolmoments zum Ausdruck kommt (Tabelle 5).

[53] HIEBER, W., u. F. MUHLBAUER: Z. anorg. allg. Chem. 1935, **221**, 337. — HIEBER u. ROMBERG: Z. anorg. allg. Chem. 1935, **221**, 349.

[54] MOND, R., u. A. WALLIS: J. chem. Soc. 1922, **121**, 34.

[55] ANDERSON, J. S.: Z. anorg. allg. Chem. 1932, **208**, 238.

Tabelle 5.

	$Ni(CO)_4$	$Co(CO)_3NO$	$Fe(CO)_2(NO)_2$
Siedepunkt	43°	78,6°	[110°]
Schmelzpunkt	—23°	—1,1°	+18,4°
TROUTONsche Konstante .	21,9	22,6	24,0
Dichte bei 20°	1,31	1,47	1,56
Parachor	255,3	249,8	252,5
Nullpunktsvolumen	94,4	91,1	87,6

Wie bei den gewöhnlichen Carbonylen läßt sich auch in den Nitrosylcarbonylen das Kohlenoxyd durch andere neutrale Moleküle ersetzen, doch findet dabei kein Ersatz der Nitrosylgruppe statt[56]. Weiterhin tritt die Ähnlichkeit dieser Verbindungen mit dem Nickelcarbonyl in der Tatsache in Erscheinung, daß die zur Bildung von $Co_2(NO)_2(CO)Pyr_2$ und $Fe_2(NO)_4Pyr_3$ führende Reaktion mit Pyridin umkehrbar und unvollständig verläuft, während bei der Reaktion mit *o*-Phenanthrolin die beständigen Verbindungen $Fe(NO)_2$Phth und Co(NO)(CO)Phth entstehen. Hier zeigt ebenfalls ein Vergleich mit der Nickelverbindung $Ni(CO)_2$Phth einen schrittweisen Ersatz des Kohlenmonoxyds durch Stickoxyd unter Beibehaltung desselben Strukturtyps.

Auch Jod kann das Kohlenmonoxyd des Eisennitrosylcarbonyls ersetzen, wobei Eisen-dinitrosyl-jodid, $Fe(NO)_2J$, entsteht. Die Nitrosylcarbonyle stehen somit mit anderen Eisennitrosylverbindungen und besonders mit den „roten Salzen von ROUSSIN" $Fe(NO)_2SR$, in Zusammenhang, die sich gleichfalls von dem einwertigen Radikal $Fe(NO)_2$ — ableiten.

Neuere Arbeiten[57] haben eine ziemlich starke Ähnlichkeit zwischen der Chemie der Nitrosylverbindungen und der der Carbonyle gezeigt. $Fe(NO)_2J$ läßt sich in direkter Reaktion von Stickoxyd mit Eisen(II)-jodid oder Eisencarbonyljodid sowie auf die oben beschriebene Weise darstellen. Bei Anwesenheit von fein verteiltem Carbonyleisen als Halogenakzeptor kann man mit denselben Methoden das analoge Bromid $Fe(NO)_2Br$ und das flüchtige Trinitrosyleisenchlorid, $Fe(NO)_3Cl$, darstellen. Auch Kobalt und Nickel bilden flüchtige, kovalente Nitrosylmonohalogenide, $Co(NO)_2X$ und $Ni(NO)X$. Diese Verbindungen kann man alle durch Reaktionen darstellen, die in typischer Weise den Carbonyl-Hochdrucksynthesen mit Metallhalogeniden und Halogenakzeptoren entsprechen:

$$CoX_2 + Co + 4\,NO \rightarrow 2\,Co(NO)_2X$$
$$2\,NiJ_2 + Zn + 2\,NO \rightarrow 2\,Ni(NO)J + ZnJ_2$$
$$SnJ_4 + 2\,Co + 4\,NO \rightarrow 2\,Co(NO)_2J + SnJ_2.$$

Die Leichtigkeit, mit der diese Verbindungen gebildet werden, nimmt in der Reihenfolge $Ni < Co < Fe$ bzw. $X = Cl < Br < J$ zu, so daß $Fe(NO)_2J$ die beständigste Verbindung ist und sich am leichtesten bildet.

[56] HIEBER, W., u. J. S. ANDERSON: Z. anorg. allg. Chem. 1933, **211**, 132.

[57] HIEBER u. NAST: Z. anorg. allg. Chem. 1940, **244**, 23. — HIEBER u. MARIN: Z. anorg. allg. Chem. 1939, **240**, 241.

Die Verbindung entsteht als einziges Produkt bei der Reaktion von Stickoxyd mit Kobaltjodid in Gegenwart von metallischem Eisen:

$$CoJ_2 + 2\,Fe + 4\,NO \rightarrow Co + 2\,Fe(NO)_2J.$$

Die einmetallischen Carbonyle reagieren mit Stickoxyd ganz anders als die mehrkernigen Eisen- und Kobaltcarbonyle, denn es erfolgt nur eine Reaktion, wenn gleichzeitig eine Oxydation stattfindet. Die sehr beständigen Hexacarbonyle des Chroms, Molybdäns und Wolframs sind fast völlig inert, und die Reaktion von Eisencarbonyl ist noch nicht genau aufgeklärt. Lösungen von Nickelcarbonyl in indifferenten Lösungsmitteln reagieren demgegenüber mit Stickoxyd und bilden in geringer Menge eine blaue, amorphe Substanz; diese löst sich in Wasser, wird dabei zersetzt und besitzt die Zusammensetzung $Ni(NO)OH$[58]. Offenbar verdankt sie ihre Entstehung der zufälligen Anwesenheit von Feuchtigkeitsspuren. In Methyl- oder Äthylalkohol gelöstes Nickelcarbonyl reagiert fast quantitativ mit Stickoxyd, wobei ähnliche blaue Verbindungen der Zusammensetzung $Ni(NO)OCH_3 \cdot CH_3OH \cdot H_2O$ und $Ni(NO)OC_2H_5 \cdot H_2O$ entstehen. Diese müssen noch näher untersucht werden, doch leiten sie sich anscheinend alle von dem gleichen einwertigen $Ni(NO)$—-Radikal ab; in ihren wichtigsten chemischen Eigenschaften stimmen sie überein.

Durch Säuren werden die Verbindungen zersetzt; dabei wird das ursprünglich einwertige Metall auf Kosten der Nitrosylgruppe zum zweiwertigen Zustand oxydiert: z. B.

$$2\,Ni(NO)X + 2\,HX \rightarrow 2\,NiX_2 + H_2O + N_2O \text{ (oder } NO + {}^1/_2\,N_2).$$

Die Nickelnitrosylverbindungen reagieren mit Cyanid- und Thiosulfationen unter Bildung von Salzen mit komplexen Nitrosylanionen, z. B. $K_3[Ni(NO)(S_2O_3)_2] \cdot 2\,H_2O$ und $K_2[Ni(NO)(CN)_3]$. Die letztgenannte Verbindung ist identisch mit dem durch Einwirkung von Stickoxyd auf das $K_2[Ni(CN)_3]$ von Bellucci entstehende Salz.

Bei der Reaktion der Metallnitrosylderivate mit Aminen erfolgt entweder eine Anlagerung, wie bei der Bildung von $Ni(NO)J \cdot 2$ Phth aus $Ni(NO)J$, oder es werden Nitrosylgruppen durch Aminomoleküle ersetzt. So reagiert Eisendinitrosyljodid mit Pyridin unter Bildung von $Fe(NO)(Pyr)_6J$. In dieser Hinsicht unterscheiden sich diese Verbindungen von den Nitrosylcarbonylen, bei denen die Carbonylgruppen leicht durch neutrale Moleküle ersetzt werden können, bei denen man aber niemals einen Ersatz der Nitrosylgruppen beobachtet hat. Wenn man einen Überschuß von Aminen, die zur Bildung von sehr beständigen Komplexkationen in der Lage sind, verwendet, kann vollständige Zersetzung und intramolekulare Oxydation erfolgen. So werden die Eisennitrosylderivate durch überschüssiges Orthophenanthrolin in Salze mit dem $[Fe\,Phth_3]^{++}$-Kation umgesetzt, die Nitrosylgruppen werden bei diesem Vorgang unter Bildung von N_2O zersetzt.

[58] Anderson, J. S.: Z. anorg. allg. Chem. 1936, **229**, 357.

Die Konstitution der Metallcarbonyle.

Die Konstitution der Metallcarbonyle hat seit ihrer Entdeckung in jeder Entwicklungsstufe der Valenztheorie ein besonderes Problem dargestellt. Ihr nichtpolarer Charakter — dem ihre Flüchtigkeit zuzuschreiben ist — und der Diamagnetismus der einfachen Carbonyle und ihrer Substitutionsprodukte steht im Gegensatz zu den Eigenschaften anderer von den Übergangselementen gebildeten Verbindungsklassen. Die formale Wertigkeit der Metalle ist in den Carbonylen nicht ohne weiteres zu erkennen, doch besteht ganz offensichtlich eine einfache systematische Beziehung zwischen der Atomnummer der Metalle und der Zusammensetzung der von ihnen gebildeten einfachen Carbonyle.

Durch diese Betrachtungen verlieren die älteren spekulativen Anschauungen, nach denen man annahm, daß die Metalle bei der Carbonylbildung ihre normale Wertigkeit behielten, ihre Gültigkeit. Die jetzt herrschende Ansicht, daß das Kohlenmonoxyd in irgendeiner Form mit dem Metallatom verbunden oder koordiniert ist — wie z. B. die Ammoniakmoleküle in einem komplexen Ammin — wurde im gewissen Sinne schon 1892 von LUDWIG MOND in seinem ersten Bericht über diese Verbindungen vorausschauend zum Ausdruck gebracht.

Diese Auffassung setzt die Annahme voraus, daß die CO-Gruppen als solche im Molekül vorliegen und der gleiche Bindungscharakter wie im freien Kohlenmonoxyd erhalten ist. Der erste Punkt wird durch die Leichtigkeit bestätigt, mit der die Verbindungen Kohlenmonoxyd abspalten können, sowie durch den schrittweisen Ersatz von Carbonylgruppen durch neutrale Moleküle, wobei in einigen Fällen — wie bei den Eisencarbonylhalogeniden — jede einzelne der aufeinanderfolgenden Stufen nachgewiesen werden kann.

Auch die zweite Schlußfolgerung läßt sich durch verschiedene Beweise stützen. SUTTON und BENTLEY[59] fanden, daß Nickelcarbonyl ein Dipolmoment von Null besitzt. Daraus geht hervor, daß die M—C—O-Gruppe in einer Geraden liegen muß, da bei der freien Drehung gewinkelter Gruppen ein resultierendes Dipolmoment entstehen würde, wie man es beim $C(OAet)_4$ findet.

Eine Anordnung in einer Geraden läßt sich — wenn man von einem ketenartigen Charakter der Metall—CO-Bindung, $M{=}C{=}O$, die zu starken Kovalenzen im $Fe(CO)_5$ und $Cr(CO)_6$ führen würde, absieht — nur mit der Annahme einer dreifachen C—O-Bindung in Einklang bringen, wie sie im Kohlenmonoxyd selbst vorliegt. Aus dem Ramanspektrum geht dann auch tatsächlich das Vorhandensein einer derartigen Dreifachbindung hervor. Die stärkste Ramanlinie entspricht einer Verschiebung von 2,039 cm^{-1}, während im Vergleich dazu die Änderung im Ramanspektrum des Kohlenmonoxyds 2,155 cm^{-1} beträgt. Ein Vergleich dieser Daten mit den für Doppel- und Dreifachbindungen charakteristischen Ramanverschiebungen ergibt, daß sowohl im Kohlenmonoxyd als auch in den Carbonylen eine Dreifachbindung vorliegt[60]. Die neuen Messungen der Bindungsabstände nach dem Elektronenbeugungs-

[59] SUTTON u. BENTLEY: J. chem. Soc. 1933, 652.
[60] ANDERSON, J. S.: Nature 1932, 130, 1002.

verfahren stimmen vollkommen mit diesen Ergebnissen überein, lassen allerdings erkennen, daß es sich bei den *M*—C- und C—O-Bindungen wahrscheinlich nicht um reine Einfach- bzw. Dreifachbindungen handelt; möglicherweise liegen — besonders beim Nickelcarbonyl — Resonanzzwitter vor, bei denen auch die Ketenform wesentlich beteiligt ist.

Man kann daher die CO-Gruppe in den Carbonylen als leicht verändertes Kohlenmonoxydmolekül auffassen, das einem Zentralmetall*atom* koordiniert ist, wie andere neutrale Moleküle oder Ionen in Komplexsalzen an zentrale *Kationen* gebunden sind. Die Existenz der einfachsten Carbonylverbindung, des Borincarbonyls, $BH_3 \cdot CO$, — das völlig dem $BH_3 \cdot N(CH_3)_3$ entspricht — beweist, daß das Kohlenmonoxyd als Koordinationsgruppe in diesem Sinne auftreten kann.

Aus der Anschauung, daß das Kohlenmonoxyd koordinativ an die Zentralatome gebunden ist, ergibt sich eine wichtige, die Zusammensetzung der nur ein Metallatom enthaltenden Carbonyle beherrschende Regel. Diese Regel, auf die zuerst LANGMUIR hingewiesen hat, besagt: In den fraglichen Verbindungen ist die Zahl der Kohlenmonoxydmoleküle stets so groß, daß die effektive Atomnummer des Metalls — im Sinne der Vorstellung von SIDGWICK über die Koordinationsbindung — gerade die Atomnummer des im Periodischen Systems folgenden Edelgases erreicht (Tabelle 6).

Tabelle 6.

$Ni(CO)_4$	Effektive Atomnummer	$= 28 + 4 \times 2 = 36$
$Fe(CO)_5$	,, ,,	$= 26 + 5 \times 2 = 36$
$Cr(CO)_6$	,, ,,	$= 24 + 6 \times 2 = 36$
$Mo(CO)_6$	,, ,,	$= 42 + 6 \times 2 = 54$
$Ru(CO)_5$	,, ,,	$= 44 + 5 \times 2 = 54$

Es ist charakteristisch, daß die Elemente mit ungeraden Atomnummern, — Co, Rh, Re, Ir — keine einmetallischen Carbonyle bilden. Die geforderte Bedingung für die Beständigkeit des Moleküls kann hier nur durch Bildung weiterer Koordinationsbindungen innerhalb zweikerniger Moleküle erreicht werden.

Auch die Konfiguration der einmetallischen Carbonyle ist interessant, da die sterische Anordnung um das Zentralatom nach der PAULINGschen Anschauung die Art der beteiligten Bindungszwitterbahnen erkennen läßt.

Für die Hexacarbonyle des Chroms, Molybdäns und Wolframs wurde durch röntgenographische Untersuchungen der Kristallstruktur gezeigt, daß das Kohlenmonoxyd, wie erwartet, in oktaedrischer Koordination eng um das Metallatom koordiniert ist. Der Metall-CO-Abstand, der ein Maß für die Bindungsfestigkeit des CO ist, nimmt von Chrom zu Wolfram in stärkerem Maße zu, als es der Vergrößerung der Atomradien entspricht, was mit der deutlichen Beständigkeitsabnahme der Carbonyle übereinstimmt[61].

Im Nickelcarbonyl ergibt sich ein interessanter stereochemischer Vergleich mit anderen Nickelkomplexen; die Verbindung leitet sich

[61] RÜDORFF, E., u. U. HOFFMANN: Z. physik. Chem. B, 1935, 28, 351.

nämlich nicht von einem Ni^{2+}-Ion, sondern von einem neutralen Nickelatom mit vollständiger $3d$-Quantenschale ab. Als derartiges Derivat ist es isoelektronisch mit dem $[Zn(CN)_4]^{2-}$-Ion. Nach der Theorie von PAULING müssen die Koordinationsbindungen demnach von den $4s\,4p^3$-Zwitterbahnen herrühren; danach sollte sich eine tetraedrische Konfiguration ergeben, wie man sie tatsächlich beim $[Zn(CN)_4]^{2-}$-Ion findet. Die so vorhergesagte tetraedrische Konfiguration des Nickelcarbonyls hat sich unabhängig davon auch aus der Natur des Ramanspektrums ergeben und konnte auch von BROCKWAY und CROSS[62] durch Elektronenbeugungsmessungen an Nickelcarbonyldampf bestätigt werden.

Die gewonnenen Erkenntnisse kann man auf die nahe verwandten Nitrosylcarbonyle übertragen. Eine $(NO)^+$-Gruppe besitzt dieselbe Zahl von Elektronen wie das neutrale CO- oder wie das $(CN)^-$-Ion und kann daher durch dieselbe Struktur mit Dreifachbindungen dargestellt werden. Da das neutrale Stickoxyd ein Elektron mehr besitzt als das Kohlenmonoxyd, so kann man annehmen, daß bei der Bildung einer Metallnitrosylverbindung zunächst ein Elektron von dem NO auf das Metall übergeht, worauf eine Koordination der so gebildeten $(N{\equiv}O)^+$-Gruppe erfolgt. Die effektive Atomnummer des Metallatoms wird durch diesen Vorgang vergrößert und seine Elektrovalenz, wenn es sich um ein Ion handelt, verkleinert, und zwar beides um eine Einheit. Auf dieselbe Weise wird durch die Koordination einer $(CN)^-$-Gruppe die Elektrovalenz um eine Einheit erhöht. Daraus ist klar zu ersehen, warum die Nitrosylcarbonyle des Kobalts und Eisens zu demselben Strukturtyp gehören wie das Nickelcarbonyl; in allen Fällen wird das Zentralatom zu einem „Pseudonickelatom".

$$\left.\begin{array}{l} Ni(CO)_4 \\ Co(CO)_3NO \\ Fe(CO)_2(NO)_2 \end{array}\right\} \begin{array}{c}\text{Summe der effektiven}\\ \text{Atomnummer der Metallatome}\end{array} \left\{\begin{array}{l} = 28 + 4 \times 2 = 36 \\ = 27 + 1 \times 3 + 3 \times 2 = 36 \\ = 26 + 2 \times 3 + 2 \times 2 = 36 \end{array}\right.$$

Den gleichen einheitlichen Strukturtyp der Nickelcarbonylverbindung findet man bei den *o*-Phenanthrolinverbindungen $Ni(CO)_2$Phth, $Co(CO)(NO)$Phth und $Fe(NO)_2$Phth.

Diese sich auf die Koordination von NO-, CO- und CN-Gruppen beziehende Regel läßt sich ganz allgemein anwenden und ist nicht auf die Carbonylverbindungen beschränkt, was am Beispiel der sechsfach koordinierten Pentacyanoverbindungen einer Reihe von Metallen gezeigt werden soll (Tabelle 7).

Tabelle 7.

M—$(NO)^+$	M—(CO)	M—$(CN)^-$
$K_3[Mn(CN)_5NO]$		$K_5[Mn(CN)_6]$
$K_2[Fe(CN)_5NO]$	$K_3[Fe(CN)_5CO]$ $K_3[Fe(CN)_5NH_3]$	$K_4[Fe(CN)_6]$
$K_2[Ru(CN)_5NO]$ $K_2[RuCl_5NO]$		$K_4[Ru(CN)_6]$
$K_2[OsCl_5NO]$		$K_4[OsCl_6]$

[62] BROCKWAY und CROSS: J. chem. Physics 1935, **3**, 828.

Metallcyanyle und -isonitrile.

Aus der Gleichwertigkeit der :C:::N:⁻- und :C:::O:-Gruppe in den komplexen Cyaniden (Tabelle 6) ergibt sich sofort die Frage, ob diese Gruppen in den eigentlichen Carbonylen gegeneinander ausgetauscht werden können. Das ist tatsächlich der Fall. EASTES und BURGESS[63] fanden, daß bei der Reduktion von $K_2[Ni(CN)_4]$ mit metallischem Kalium in flüssigem Ammoniak ein Komplexsalz mit nullwertigem Nickel, $K_4[Ni(CN)_4]$, entsteht. Dieses entspricht in seiner Elektronenstruktur dem Nickelcarbonyl, wobei allerdings die $C—N^-$-Gruppen dem Komplex eine Anionenladung verleihen. Zweckmäßigerweise kann man diese Verbindung als Nickelcyanyl bezeichnen.

Elektrostatisch neutrale Analoge dieses Verbindungstyps leiten sich formal von den Isonitrilen, $R—N\rightleftarrows C$, ab; die Nitrile kommen hier nicht in Frage, da die Koordination über das Kohlenstoffatom in den Carbonylen und Cyanokomplexen erfolgt. Zu diesem Typ gehört die schon lange bekannte Verbindung $[Fe(CN)_2(CN\cdot CH_3)_4]$[64]. HIEBER und BÖCKLY[65] haben neuerdings gezeigt, daß die CO-Gruppen in den Metallcarbonylen durch Isonitrilgruppen ersetzt werden können und daß dabei recht beständige Derivate entstehen. Im Falle des Nickelcarbonyls kann man diesen Vorgang bis zur Endstufe verfolgen, bei der alle CO-Gruppen ersetzt sind; es wurde dabei Nickeltetraphenylisonitril, $[Ni(C\leftrightarrows N\cdot C_6H_5)_4]$, gewonnen, eine gelbe, außerordentlich beständige Verbindung, die sehr wohl der Vorläufer auf einem neuen Gebiet der Chemie der Übergangsmetalle sein kann.

$$Ni(CO)_4 + 3\,C \leftrightarrows N\cdot CH_3 \rightarrow Ni(CO)(C \leftrightarrows N\cdot CH_3)_3 + 3\,CO$$
$$Ni(CO)_4 + 4\,C \leftrightarrows N\cdot C_6H_5 \rightarrow Ni(C \leftrightarrows N\cdot C_6H_5)_4 + 4\,CO.$$

Nickelverbindungen der Phosphortrihalogenide.

Die Möglichkeit zur Darstellung von reinen Koordinationsverbindungen, die den Carbonylen entsprechen, ist nicht auf den Ersatz von CO durch Gruppen mit gleicher Elektronenanordnung beschränkt. CHATT[66] hat nachgewiesen, daß PCl_3 und PF_3 als Koordinationsgruppen eine gewisse Ähnlichkeit mit dem CO aufweisen und daß sie sich in mancher Hinsicht vom Ammoniak unterscheiden, dessen Koordination im Rahmen der Hypothese von gemeinsamen Elektronenpaaren befriedigend gedeutet werden kann. So bilden CO sowie auch PCl_3 mit BF_3 sehr unbeständige Verbindungen, aber außerordentlich beständige Verbindungen mit $PtCl_2$, während Ammoniak sowohl mit BF_3 als auch mit $PtCl_2$ beständige, nicht flüchtige Verbindungen ergibt. Insbesondere entstehen mit PF_3 die flüchtigen Verbindungen $[PtCl_2(PF_3)_2]$ und $[PtCl_2(PF_3)]_2$, die ausgeprägte Ähnlichkeit mit den Carbonyl-Platin(II)-chloriden aufweisen.

---

63 EASTES u. BURGESS: J. Amer. chem. Soc. 1942, **64**, 1187.

64 HARTLEY: J. chem. Soc. 1913, **103**, 1196; 1916, **105**, 331. — POWELL u. BARTINDALE: J. chem. Soc. 1945, 799.

65 HIEBER u. BÖCKLY: Z. anorg. allg. Chem. 1950, **262**, 344.

66 CHATT, J.: Nature, 1950 **165**, 637.

Es hat sich jetzt gezeigt, daß sich die Ähnlichkeit zwischen den PX_3 und CO-Gruppen auch auf die Metallcarbonyle ausdehnt. PCl_3 reagiert leicht mit Nickelcarbonyl, wobei alle CO-Gruppen ersetzt und eine gelbe, nicht flüchtige Verbindung der Form $Ni(PCl_3)_4$ entsteht[67]. Durch PF_3 erfolgt nur ein teilweiser und reversibler Ersatz von CO des Nickelcarbonyls, doch verbindet sich PF_3 direkt mit metallischem Nickel zu $Ni(PF_3)_4$; bequemer erhält man aber diese Verbindung, wenn man das PCl_3 im $Ni(PCl_3)_4$ durch Phosphortrifluorid unter Druck ersetzt.

Tetra(phosphortrifluorid)-Nickel ist eine farblose, bewegliche diamagnetische Flüssigkeit; ihr Schmelzpunkt liegt bei —55°, ihr Siedepunkt bei 70,7°, und ihre Dichte bei 25° beträgt 1,800. Es ähnelt damit in seinen physikalischen Eigenschaften dem Nickelcarbonyl, ist aber beständiger und weniger reaktionsfähig als dieses. Die Eigenschaften der koordinierten PF_3- und PCl_3-Gruppen haben sich in diesen Verbindungen so weitgehend verändert, daß nur eine langsame Hydrolyse erfolgt und $Ni(PF_3)_4$ mit Wasserdampf destilliert werden kann[68]. Es konnte nachgewiesen werden, daß die PF_3-Verbindung wie Nickelcarbonyl mit Pyridin unter teilweisem Ersatz der PF_3-Gruppen reagiert.

Auch andere Halogenide der Gruppe Vb besitzen offenbar die gleichen Koordinationseigenschaften, und WILKINSON[68] hat beobachtet, daß auch Antimontrichlorid das CO in den Metallcarbonylen ersetzen kann. Auf diese Weise wurden die Verbindungen $Ni(CO)_3SbCl_3$ und $Fe(CO)_3(SbCl_3)_2$ isoliert.

CHATT[66] hatte angenommen, daß es für eine beständige Koordination von CO, PF_3 usw. sowie wahrscheinlich auch der Olefine charakteristisch ist, daß sie nur von Übergangsmetallen mit gefüllten *d*-Bahnen gebildet werden. Hierdurch könnte eine Art Rückkoordination zwischen den gefüllten *d*-Bahnen des Metallatoms und leeren oder π-Bahnen der koordinierten Gruppe erfolgen. Dadurch würde eine π-Typ-Bindung entstehen, die zusätzlich zu der σ-Koordinationsbindung über das einsame Elektronenpaar wirksam wird, eine Vorstellung, die schon von HIEBER angedeutet wurde[69]. Größenordnungsmäßige Überlegungen deuten bis zu einem gewissen Grade auf einen Doppelbindungscharakter der Nickel-CO-Bindung im Nickelcarbonyl.

Carbonylhydride und mehrkernige Carbonyle.

Es konnte gezeigt werden[70], daß Eisen- und Kobaltcarbonylhydrid die gleiche tetraedrische Molekularkonfiguration besitzen wie $Ni(CO)_4$. Es ist aber noch nicht klar, wie der Wasserstoff in diesen Molekülen gebunden ist. EVENS und LISTER vertreten die Ansicht, daß der Wasserstoff an den Sauerstoff gebunden ist und eine $(:C:::O:H)^+$-Gruppe entsteht, die in ihrer Elektronenanordnung der $(:N:::O:)^+$- und damit der $(:C:::O:)$-Gruppierung entspricht. Aus dieser plausiblen, aber nicht

[67] IRVINE jr., J. W., u. G. WILKINSON: Science 1951, **113**, 742.
[68] WILKINSON, G.: 1951, private Mitteilung.
[69] HIEBER, W.: Angew. Chem. 1942, **55**, 25.
[70] EWENS, R. V. G., u. M. W. LISTER: Trans. Faradav Soc. 1939, **35**, 681.

streng bewiesenen Hypothese ergibt sich ganz zwangsläufig die Parallele zwischen der Bildung und Konstitution von Carbonylhydriden und Nitrosylcarbonylen.

$Ni(CO)_4$	$Co(CO)_3(NO)$	$Fe(CO)_2(NO)_2$
	$Co(CO)_3(COH)$	$Fe(CO)_2(COH)_2$.

Es besteht kein Zweifel, daß CO-Gruppen zwischen den Metallatomen mehrkerniger Carbonyle als Brücken auftreten, doch wurde die Struktur nur im Falle des $Fe_2(CO)_9$ mit einiger Vollständigkeit experimentell bestimmt[71]. In dieser Verbindung sind — wie es in der untenstehenden Struktur (I) gezeigt ist — drei CO-Gruppen als Brückenbildner an zwei Eisenatome gebunden. Der Abstand zwischen den Eisenatomen läßt sich mit einer zusätzlichen Kovalenzbindung zwischen den Eisenatomen in Einklang bringen.

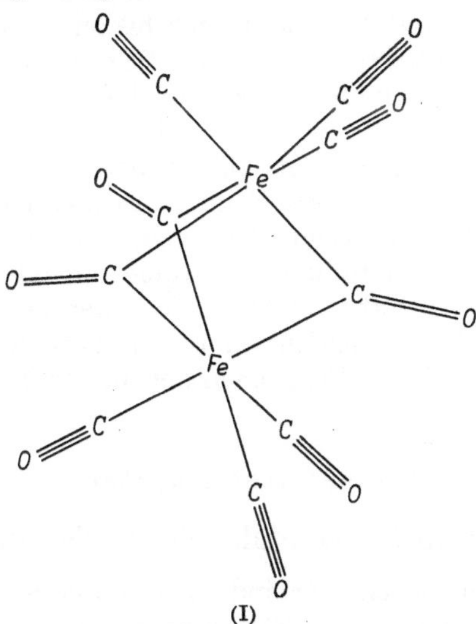

(I)

Diese Struktur läßt deutlich erkennen, daß die mehrkernigen Carbonyle zwei grundsätzlich verschiedene Arten von CO-Gruppen enthalten: Echte Metallcarbonylgruppen, $M \leftarrow C \overset{\leftarrow}{\equiv} O$, und Gruppen, die ihrem Charakter nach im wesentlichen den Carbonylgruppen der Ketone entsprechen, $\frac{M}{M}{>}C{=}O$. Es zeigt sich weiter, daß die Eisenatome im $Fe_2(CO)_9$ (und wahrscheinlich auch im $Fe_3(CO)_{18}$, bei dem man eine sterisch ähnliche Brückenstruktur annimmt) nicht null- sondern dreiwertig sein müssen. Die vorhergehenden Abschnitte dieses Kapitels haben deutlich gezeigt, daß keine Anzeichen für einen grundsätzlichen Konstitutionsunterschied zwischen den einmetallischen und mehrkernigen Carbonylen vorhanden sind.

Möglicherweise lassen sich diese Tatsachen mit der Auffassung von Elektronenlückenbindungen in Einklang bringen, wie sie schon zur

[71] Powell, H. M., u. R. V. G. Ewens: J. chem. Soc. 1939, 286.

Deutung der Struktur der mehrkernigen Metallalkyle herangezogen wurden. So haben SNOW und RUNDLE[72] gezeigt, daß Dimethylberyllium aus linearen Ketten unter Brückenbindungen über Methylgruppen aufgebaut ist:

$$\ldots \begin{matrix} CH_3 \\ CH_3 \end{matrix} \!\!> Be < \!\! \begin{matrix} CH_3 \\ CH_3 \end{matrix} \!\!> Be < \!\! \begin{matrix} CH_3 \\ CH_3 \end{matrix} \!\!> Be < \!\! \begin{matrix} CH_3 \\ CH_3 \end{matrix} \!\!> Be < \ldots$$

Die Autoren nehmen an, daß es sich bei den Brückengruppen um tetraedrische Methylgruppen handelt, bei denen eine der tetraedrischen Bindungsbahnen symmetrisch zwischen den beiden benachbarten Berylliumatomen liegt und daß eine Überlappung zwischen dieser Bahn und Bahnen der beiden Berylliumatome erfolgt. Die drei Bahnen bilden gemeinsam nur eine einzige Molekülbahn, die jedoch nur von einem Elektronenpaar besetzt ist. Es handelt sich somit um Bindungen gebrochener Ordnung; zusätzlich kann auch bis zu einem gewissen Grade eine Metallbindung vorhanden sein. Die Richtigkeit dieser Vorstellung ist nicht bewiesen; wenn man sie aber auf die mehrkernigen Carbonyle ausdehnen will, müßte man annehmen, daß eine symmetrische Überlappung zwischen einer Bahn der CO-Gruppe (der mit dem einsamen Elektronenpaar) mit einer leeren Bahn jedes Metallatoms vorliegt.

Es ergibt sich also mit ziemlicher Sicherheit die Schlußfolgerung, daß zwar die räumliche Anordnung der Atome aufgeklärt werden konnte, daß aber die Bindungsverhältnisse in den mehrkernigen Carbonylen noch unklar sind. Die Konstitution dieser Verbindungen muß man also noch zu den ungelösten Problemen der Molekularstruktur rechnen.

Fünfzehntes Kapitel.

Metalle und intermetallische Verbindungen.

Die meisten chemischen Verbindungen unterliegen den einfachen Valenzregeln, die auf Grund der Elektronentheorie der Valenz in einem früheren Kapitel auseinandergesetzt worden sind. Nach diesen Valenztheorien wird die Zusammensetzung der Verbindungen durch die Zahl der von den einzelnen Atomen gebildeten Elektronenpaar-Kovalenzbindungen oder von der Wertigkeit der aus diesen Atomen entstehenden Ionen bestimmt. Das Gesetz der konstanten Proportionen ist dann eine Folge der beständigen Art der für die chemische Verbindungsbildung verantwortlichen Valenzkräfte. Eine Untersuchung des gesamten Gebietes der chemischen Verbindungen zeigt jedoch, daß dieses allgemeine Prinzip nicht zur Erklärung jedes einzelnen Falles ausreicht und daß Ausnahmen von diesen allgemeinen Regeln vorhanden sind. So kennt man einerseits gewisse Klassen von Verbindungen wie die Nitride und Carbide der Schwermetalle oder wie die meisten intermetallischen Verbindungen, die eine Deutung im Rahmen irgendeiner rationalen Valenzregel nicht zulassen. Weiterhin zeigt eine

[72] SNOW u. RUNDLE: Acta crystallogr. 1951, 4, 348.

genauere Untersuchung, daß es Gruppen von Verbindungen gibt, für die das Gesetz der konstanten Proportionen nicht streng gültig ist. Die intermetallischen Verbindungen liefern ein besonders gutes Beispiel dafür, jedoch haben es neuere Untersuchungen immer deutlicher werden lassen, daß sich diese Erscheinung auch auf andere Verbindungsklassen erstreckt, wie z. B. auf die Sulfide und Oxyde der Übergangsmetalle, von denen man nicht erwarten sollte, daß sie von den genau stöchiometrischen Zusammensetzungen abweichen. Unsere Kenntnis über diese möglichen Verbindungskräfte zwischen den Atomen ist durch die quantenmechanische Entwicklung der Elektronentheorie so weit vertieft worden, daß wir mit Sicherheit sagen können, daß diese „Ausnahmeklassen" von Verbindungen mit in den allgemeinen Rahmen der Valenztheorie einbezogen werden können. In diesem und dem nächsten Kapitel sollen die wesentlichen Merkmale dieser intermetallischen und Einlagerungsverbindungen (s. S. 449) beschrieben und die Theorie ihrer Natur kurz und qualitativ besprochen werden[1].

Die Untersuchung der intermetallischen und der Einlagerungsverbindungen ist im wesentlichen eine Untersuchung des festen Zustandes, daher müssen diese Verbindungen notwendigerweise unter dem Gesichtspunkt ihrer Kristallstruktur besprochen werden. Hierin liegt tatsächlich der Kernpunkt des Problems in bezug auf die Gültigkeit der DALTONschen und PROUSTschen Vorstellungen über die Konstanz der chemischen Zusammensetzung. Wenn eine Verbindung in Form bestimmter Moleküle als Gas, als Flüssigkeit oder in Lösung auftreten kann, so müssen die stöchiometrischen Gesetze streng gültig sein. In den in diesem Kapitel betrachteten Fällen kann man jedoch sagen, daß die Verbindungen nur im festen Zustande vorliegen. In diesem Sinne kann eine Verbindung nur als Phase einer bestimmten und charakteristischen Struktur definiert werden, die sich im allgemeinen sehr genau einer einfachen chemischen Formel nähert, in manchen Fällen jedoch über einen größeren, wenn auch begrenzten Bereich der chemischen Zusammensetzung beständig ist. Die Anwendung dieser Vorstellung wird aus den folgenden Abschnitten mit Deutlichkeit hervorgehen.

Die systematische Untersuchung intermetallischer Verbindungen geht auf die Forschungen von HEYCOOK und NEVILLE zurück, die zum ersten Male unzweideutig in dem System Kupfer-Zinn eine Verbindungsbildung nachwiesen. In den letzten Jahren sind die Verfahren der thermischen Analyse und der mikrographischen Erforschung weitgehend ergänzt worden; hier sind vor allem die wirksamen Methoden der Röntgenkristallographie zu nennen, deren besonderer Wert darin besteht, daß sie die wichtigen Reaktionen und Umwandlungen im festen Zustand zu untersuchen gestatten. Sie bieten weiterhin ein genaueres Verfahren zur Feststellung des Beständigkeitsbereiches und damit zur Formulierung der gebildeten Phasen als die klassischen Methoden.

---

[1] Als maßgebende Monographien über dieses Gebiet und die Theorie der Metalle seien genannt: HUME-ROTHERY, W.: The Structure of Metals and Alloys. Institute of Metals 1936. — MOTT, N. F. u. H. JONES: The Theory of the Properties of Metals and Alloys. Clarendon Press, Oxford 1936.

Da von allen Elementen etwa 70 Metalle oder Halbmetalle sind, ist die Zahl der möglichen Kombinationen allein schon in binären Systemen sehr groß. Das Gebiet der Metallchemie ist noch recht unvollständig erforscht, so daß Zahl und Verschiedenheit der bekannten Verbindungen ein recht verwirrendes Bild ergeben. Es ist daher notwendig, nach grundsätzlichen Gesetzmäßigkeiten Ausschau zu halten, die es so weit wie möglich gestatten, die charakteristischen Merkmale zu allgemeinen chemischen Vorstellungen in Beziehung zu bringen.

Die Grundlagen der Theorie des metallischen Zustands.

Bei der Anwendung der Elektronentheorie der Valenz auf reine Metalle und intermetallische Verbindungen entstand schon frühzeitig die Vorstellung[2], daß es sich bei den für die Metalleigenschaften charakteristischen Anziehungskräften um eine Art homöopolare Bindung handeln müsse.

Eine derartige Vorstellung ist jedoch nicht vollständig befriedigend, da die intermetallischen Verbindungen mit den reinen Metallen diejenigen charakteristischen metallischen, optischen und elektrischen Eigenschaften besitzen, die, wie noch besprochen werden soll, ihren Ursprung in dem mehr oder weniger freien Zustand der Valenzelektronen haben. Weiterhin kristallisieren die Metalle und die intermetallischen Verbindungen gewöhnlich in Strukturen, bei denen jedes Atom von einer großen Zahl gleichmäßig voneinander entfernter Nachbaratome umgeben ist; so ist in der hexagonalen dicht gepackten Struktur und im flächenzentrierten Würfelgitter jedes Atom der Mittelpunkt einer Gruppe von zwölf gleich weit entfernten Nachbarn. Diese Zahl überschreitet bei weitem die Anzahl der verfügbaren Valenzelektronen, so daß es nicht möglich ist, von irgendwelchen lokalisierten homöopolaren Bindungen zu sprechen. Bevor wir zur Behandlung einzelner Typen intermetallischer Systeme übergehen, erscheint es zweckmäßig, kurz die Grundlagen der modernen Theorie des metallischen Zustandes zu betrachten. Eine ausführliche Besprechung der Theorie über die Metalle geht weit über den Rahmen dieses Buches hinaus, jedoch ist eine qualitative Betrachtung dieses Gebietes wertvoll, weil sie nicht nur zur Kenntnis der intermetallischen Verbindungsbildung, sondern auch zur Deutung der charakteristischen elektrischen und magnetischen Eigenschaften der Metalle beiträgt.

Die elektrischen und optischen Eigenschaften der Metalle machen die Annahme erforderlich, daß die Metalle freie Elektronen enthalten, deren Zahl mit der Anzahl der vorhandenen Atome in Zusammenhang steht. Nach der klassischen elektromagnetischen Theorie bilden die freien Elektronen ein „Elektronengas", das frei durch das von den positiven Ionen des metallischen Elementes gebildete Gitter diffundiert. Eine derartige Anschauung bietet sofort eine grundlegende Schwierigkeit, die erst durch die Anwendung der neueren quantenmechanischen

---

[2] Goldschmidt, V. M.: Z. physik. Chem. 1928, **133**, 397.

Vorstellungen überwunden werden konnte[3]. Die Energie der Elektronen in dem Elektronengas müßte notwendigerweise dem MAXWELL-BOLTZMANNschen Verteilungsgesetz gehorchen, und die grundlegende Arbeit von O. W. RICHARDSON über die thermisch erzeugten Ionen zeigte, daß die Energieverteilung der schnellsten Elektronen tatsächlich der MAXWELLschen Funktion entspricht. Wenn dies so ist, so muß andererseits jedes Elektron einen Betrag $\frac{3}{2}kT$ zu der spezifischen Wärme beitragen (k = BOLTZMANNsche Konstante), so daß die gesamte Atomwärme den Wert $\frac{9}{2}R$ erreicht. Tatsächlich gilt jedoch die DULONG-PETITsche Regel (die bekanntlich besagt, daß die Atomwärme $= 3R$ ist) sowohl für Leiter als auch für Isolatoren, die keine freien Elektronen besitzen können. So ergibt sich, daß entweder die Elektronen gar nichts zu der spezifischen Wärme beitragen, was zu der Annahme eines Elektronengases im Widerspruch steht, oder daß andererseits bedeutend weniger freie Elektronen vorhanden sind, als es die optische Theorie erfordert.

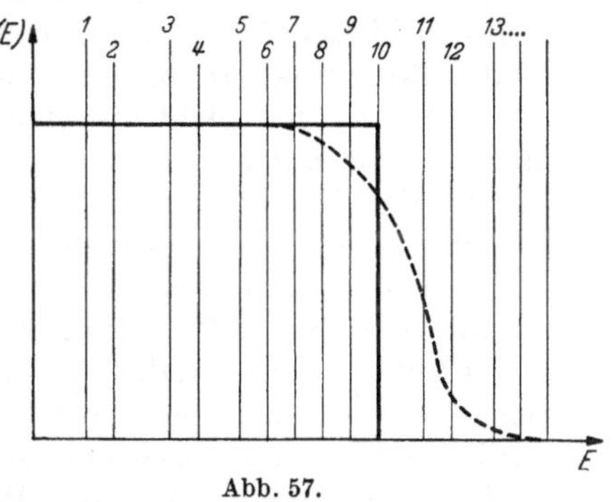

Abb. 57.

Die Lösung des sich so darbietenden Problems beruht auf den Arbeiten von SOMMERFELD, FERMI und BLOCH; wie wir sehen werden, folgt sie im wesentlichen direkt aus der Anwendung des PAULIschen Eindeutigkeitsprinzips auf die metallischen Elektronen, nach dem jeder Elektronenzustand höchstens von zwei Elektronen mit entgegengesetztem Drehimpuls (Spin) besetzt werden kann.

Der grundlegende Gedanke läßt sich schematisch zeigen, wenn man die Energieverteilung der Elektronen beispielsweise in den Atomen des Elements Neon betrachtet. Das Neonatom enthält zehn Elektronen, die durch ein geeignetes elektrisches oder magnetisches Feld in zehn diskrete Energiebahnen aufgespalten werden. Bei einer Anhäufung von Neonatomen kann man die Besetzungszahl $f(E)$ jedes dieser Zustände gegen die Energie E des Zustandes auftragen (Abb. 57). Beim absoluten Nullpunkt besitzen sämtliche Elektronen den niedrigstmöglichen Energiezustand, so daß bei Einführung des Pauliprinzips die Verteilung längs der ausgezogenen Linie verläuft. Jeder Zustand ist dann entweder vollständig aufgefüllt oder vollständig unbesetzt, $f(E) = 0$ oder 1 für jedes Niveau. Bei Temperaturen, die hoch genug sind, daß die Wärmeenergie mit der Anregungsenergie der äußersten Elektronen vergleichbar ist, können in einigen Atomen Elektronen von der 10., 9. usw. Energieschale auf die 11., 12. usw. (angeregte) Schale befördert werden. Diese statistische Energieverteilung wird dann durch

[3] Gute und brauchbare Zusammenfassungen findet man bei BECKER: Z. Elektrochem. angew. physik. Chem. 1931, **37**, 403 und U. DEHLINGER: Z. Elektrochem. angew. physik. Chem. 1932, **38**, 148.

die gestrichelte Kurve dargestellt. Wenn nicht gerade sehr große Energiemengen zur Verfügung stehen, so bleiben die Zustände der inneren Elektronen unverändert.

Diese Vorstellung kann man nun auf den metallischen Zustand übertragen. Genau wie bei dem Molekül einer Verbindung muß man auch hier die Elektronen bestimmten Molekularbahnen und nicht den Quantenschalen, die sie ursprünglich in den freien Atomen besetzten, zuordnen; unter diesen Annahmen bildet also ein Stück Metall — z. B. ein Einkristall — ein Riesenmolekül. Die Elektronen sind im allgemeinen von allen in der Einheit enthaltenen Atomen gebunden und müssen in einer sehr großen, aber bestimmten Zahl von Energiezuständen untergebracht werden, von denen jede in Übereinstimmung mit dem Pauliprinzip zwei Elektronen bindet. Wenn die Einheit N Elektronen enthält, so sind am absoluten Nullpunkt die ersten $N/2$-Zustände sämtlich doppelt besetzt.

Das Elektron hat nicht nur einen korpuskularen Charakter, sondern besitzt auch die Eigenschaften einer Wellenbewegung, wie sich beispielsweise aus der Elektronenbeugung an Oberflächen ergibt (Kapitel V). Jeder mögliche Elektronenzustand läßt sich daher im Rahmen einer Wellenfunktion beschreiben, die eine Lösung der zugehörigen SCHRÖDINGERschen Differentialgleichung ist. Wenn man für den einfachsten Fall annimmt, daß das Potential im Innern des Metalls gleichmäßig 0 ist und an seiner Grenze zu einem endlichen Wert ansteigt, so wird das Elektron durch eine stehende Welle in dem Metallkristall dargestellt. Aus der Lösung der Wellengleichung ergibt sich, daß die Wellenlänge des Elektrons in den höchsten Zuständen in der Größenordnung der Atomabstände liegt; daraus folgt, daß die Energie eines derartigen Elektrons verschiedene Elektronenvolt beträgt und die Wärmeenergie eines Atoms bei Zimmertemperatur weitgehend überschreitet ($3\,kT \sim 0{,}07$ Elektronenvolt). Übereinstimmend mit der in dieser einfachen Form entwickelten Vorstellung können einige Elektronen bei Temperaturen oberhalb des absoluten Nullpunktes auf Energieniveaus befördert werden, die höher liegen als das $N/2$-fache; die Energieverteilung zwischen diesen Elektronen wird dann angenähert durch die gestrichelte Linie von Abb. 57 dargestellt, die — für die höchsten Anregungszustände — ungefähr dem MAXWELL-BOLTZMANNschen Gesetz folgt. Nur diese Elektronen, also bei Zimmertemperatur im Vergleich zur Gesamtelektronenzahl nur eine sehr geringe Anzahl, treten bei der spezifischen Wärme des Metalls in Erscheinung, so daß der Elektronenanteil an der spezifischen Wärme notwendigerweise gering ist. Der größere Teil der spezifischen Wärme wird zur Erhöhung der Wärmeenergie der Atome verbraucht, so daß die Metalle der DULONG-PETITschen Regel gehorchen.

In einem wirklichen Metallkristall ist das Potentialfeld nicht gleichmäßig, sondern periodisch verteilt. Das Potential erreicht bei jedem positiven Ion ein Maximum und zwischen den Ionen ein Minimum. In einem derartigen Fall liefert die Lösung der Wellengleichung ein wichtiges Ergebnis. Die Energie der Elektronen kann nicht jeden Wert zwischen 0 und $E_{\max}$ einnehmen, es gibt vielmehr gewisse Diskontinuitäten oder Bänder verbotener Energien. Zwischen diesen befinden sich Bänder mit erlaubten Energiewerten.

Diese Anhäufung von Elektronenenergien beruht auf der Wellennatur des Elektrons, aus der sich — wie in Kapitel I gezeigt wurde — ergibt, daß die Elektronendichte nicht durch eine lineare Bahn lokalisiert wird; die radiale Verteilungsfunktion fällt ungefähr exponentiell auf Null ab, besitzt aber außerhalb des „klassischen" Atomradius einen bestimmbaren Wert. Bei einem s-Elektron liegt eine kugelförmige symmetrische Verteilung der Elektronendichte vor. Somit überlappen sich in einem Kristallgitter die Wellenfunktionen der äußeren Elektronen von dicht gepackten Atomen.

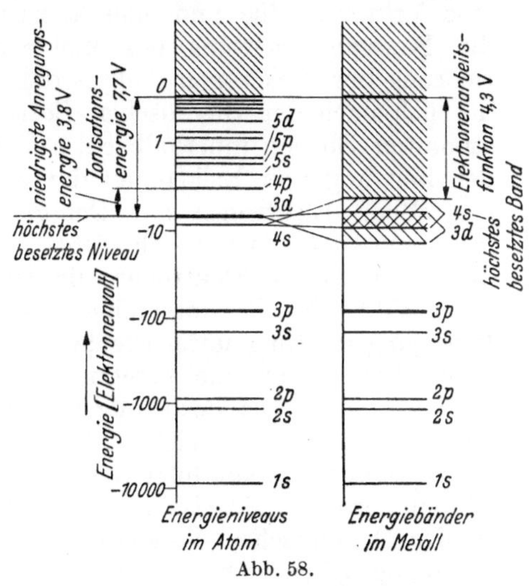

Abb. 58.

Aus der Anwendung des Pauliprinzips ergibt sich folgendes: Während im freien Atom, wo der Zustand eines Elektrons — abgesehen von seinem Spin — lediglich durch seine drei Quantenzahlen bestimmt ist, wird im Kristall jeder *Quantenzustand* des Elektrons des freien Atoms durch ein *Band* von erlaubten Elektronenzuständen ersetzt. Wie schon erwähnt wurde, hängt die Breite des Bandes von der Stärke des Überschneidens zwischen den Wellenfunktionen ab, so daß für die inneren Elektronen die Breite des Bandes außerordentlich klein ist; die K-Elektronen des Natriums streuen beispielsweise nur um $2 \cdot 10^{-19}$ Elektronenvolt. Die inneren Elektronen — z. B. die K-Elektronen — besitzen im wesentlichen dieselbe Energie wie in den freien Atomen. Bei den äußersten (Valenz-) Elektronen liegt jedoch eine starke Überlappung vor, so daß das einzelne Valenzelektron des Natriums, dessen Energie im freien Natriumatom genau durch seinen *Quantenzustand* (3 s) bestimmt ist, im Kristall des metallischen Natriums irgendeinen der vielen in dem entsprechenden 3 *s-Energieband* enthaltenen, dicht beieinanderliegenden Energiewerte einnehmen kann. Innerhalb jedes Energiebandes ändern sich die erlaubten Energiewerte nicht kontinuierlich, allerdings sind — außer wenn es sich nur um sehr wenige Atome handelt — die Zwischenräume außerordentlich klein. Für Kristalle mit endlicher Größe ist die Energiezunahme zwischen einem Wert und dem nächsten innerhalb eines Bandes kaum wahrnehmbar. Grundsätzlich entspricht jedes Energieband einem Quantenniveau des freien Atoms, und die Bänder verbotener Energie kann man mit den Energiesprüngen zwischen zwei Quantenzuständen vergleichen. Die Beziehung zwischen den Energieniveaus in den freien Kupferatomen und im Kupfermetall sind schematisch in Abb. 58 wiedergegeben.

Brillouin-Zonen.

Die Beziehung zwischen den erlaubten Elektronenenergien in einem Metall und der regelmäßigen Periodizität des Kristallgitters, durch die sie sich bewegen, kann man auch in anderer Weise ausdrücken. Aus der wellenmechanischen Natur des Elektrons ergibt sich, daß zu einem Elektron mit der Energie E eine Wellenlänge λ bzw. ihr Reziprokes, eine Wellenzahl k, gehört (vgl. Kapitel V, Elektronenbeugung). Das Elektron bewegt sich in einer bestimmten Richtung, und diese ist die Fortpflanzungsrichtung des entsprechenden Wellenpaketes; k ist daher eine Vektorengröße und charakterisiert sowohl die Energie als auch die Bewegungsrichtung des Elektrons. Für irgendeine Bewegungsrichtung der Elektronen muß es daher bestimmte Werte von k geben, die sich nach der BRAGGschen Beziehung für eine Reflexion von bestimmten Ebenen innerhalb eines Kristalls ergeben, genau wie es bei der Beugung von Elektronen der Fall ist, die auf das Kristallgitter auftreffen. Elektronen mit Energien, die durch diese Wellenzahlen bestimmt sind, können sich nicht durch das Kristall bewegen, so daß diese Zustände für Elektronen, die sich in dieser Richtung bewegen, verboten sind. Die Gesamtsumme dieser sich in ihrer Energie und ihrer Bewegungsrichtung unterscheidenden k-Zustände, die nicht ohne eine große Energiezunahme besetzt werden können, bezeichnet man als *Brillouin-Zone*. Die Beziehungen zwischen den Brillouin-Zonen zu der Kristallstruktur lassen sich im Rahmen dieses Buches nicht behandeln; kurz zusammengefaßt folgt aus der Art, wie die Grenzwerte für k bestimmt werden, daß zwischen ihnen eine unmittelbare Beziehung besteht zu der theoretischen Vorstellung eines reziproken Kristallgitters der Kristallographen. Qualitativ heißt das, daß sich für jeden Typ der Kristallstruktur die Zahl der Elektronen je Atom bestimmen läßt, die in die niedrigste Brillouin-Zone eintreten kann. Wenn wir annehmen, daß fortlaufend Elektronen in das Gitter eines Metallkristalls eingefügt werden, so nehmen die Elektronen nacheinander die Elektronenzustände in der ersten Brillouin-Zone ein. Wenn alle diese Zustände doppelt besetzt sind, so ist die Zone vollständig aufgefüllt, und alle weiter hinzukommenden Elektronen werden in eine zweite Brillouin-Zone eingeordnet, die von der ersten durch einen Energiesprung getrennt ist.

Die Theorie zeigt jedoch, daß vor dem Auffüllen der ersten Zone ein Zustand erreicht wird, wo bei der Besetzung der aufeinanderfolgenden Zustände die Energie der Elektronen schnell anzusteigen beginnt. Diese Tatsache ist außerordentlich wesentlich und zum Verständnis der Beziehung von HUME-ROTHERY von grundsätzlicher Bedeutung: In diesem Zustand tritt nämlich die Neigung der Elektronen in Erscheinung, in eine zweite Brillouin-Zone überzugehen, wenn — wie es vorkommen kann — die niedrigsten Zustände dieser Zone Energien besitzen, die kleiner sind, als die der höchsten Zustände in der ersten Zone. Andererseits kann das Kristallgitter selbst eine Umwandlung in eine solche Struktur erfahren, die in der ersten Brillouin-Zone mehr Elektronenzustände je Atom zuläßt. Diese letzte Erscheinung bewirkt die charakteristische Aufeinanderfolge der Phasen in binären Legierungen.

Metallische Leitfähigkeit und metallischer Paramagnetismus.

Es ist von Interesse, zum Abschluß dieses Abschnittes zwei der charakteristischsten Eigenschaften der Metalle unter dem Gesichtspunkt der vorstehend dargelegten Theorien zu besprechen, und zwar die elektrische Leitfähigkeit und die magnetischen Eigenschaften.

Das elektrische Leitvermögen der Metalle beruht auf der Bewegung von Elektronen durch das Kristallgitter und setzt die Möglichkeit einer derartigen Bewegung in einer bestimmten Richtung unter dem Einfluß des elektrischen Feldes voraus. Der wesentliche Unterschied zwischen Leitern und Isolatoren muß demnach darin bestehen, daß im Falle der Leiter Elektronen zum Stromtransport verfügbar sind. Es ist jedoch nicht so, daß in Isolatoren die Elektronen im Innern soviel fester gebunden sind, daß sie überhaupt nicht wandern können, da derartige Unterschiede nicht den außerordentlich großen Bereich der elektrischen Leitfähigkeit erklären würden (beispielsweise ergibt sich beim Unterschied des Leitvermögens von Silber und geschmolzenem Quarz ein Faktor von 10^{24}). Das Wesentliche liegt vielmehr darin, daß nur die Elektronen in einfach besetzten Zuständen — d. h. in unvollständig gefüllten Brillouin-Bändern — für den Stromtransport in Frage kommen. In einem aufgefüllten Brillouin-Band wird nach dem Pauliprinzip die Bewegung irgendeines Elektrons durch die entgegengesetzt gerichtete des im selben Niveau befindlichen Partners ausgeglichen, so daß insgesamt kein Stromtransport in Erscheinung tritt.

Demnach ist also ein Isolator ein fester Stoff, in dem sämtliche besetzten Brillouin-Bänder vollständig aufgefüllt sind. Andererseits muß ein Kristall mit unvollständig besetzter Brillouin-Zone eine metallische Leitfähigkeit aufweisen. Dadurch wird sofort der Grund verständlich, warum man die höchste elektrische Leitfähigkeit bei den einwertigen Metallen Kupfer, Silber und Gold antrifft. Bei N Atomen ist die erste Brillouin-Zone des kubischen Kristalls imstande, $2\,N$ Elektronen zu binden; sie enthält jedoch tatsächlich nur N Valenzelektronen. Diese Bedingung ist in Abb. 59a dargestellt. Die zweiwertigen Metalle andererseits besitzen gerade genügend Elektronen, um die erste Brillouin-Zone aufzufüllen, so daß diese Metalle die Elektrizität nicht leiten würden, wenn nur die erste Zone allein besetzt wäre. Da diese Metalle aber Leiter sind, so muß die zweite Brillouin-Zone die erste überlappen (Abb. 59b), so daß unpaarige Elektronen zur Stromleitung verfügbar sind. Ihre Zahl ist jedoch im allgemeinen geringer als bei den einwertigen Metallen, so daß also die zweiwertigen Metalle — die Erdalkalimetalle sowie Zink, Cadmium usw. — nicht so gute Leiter sind wie Kupfer, Silber, Gold und die Alkalimetalle.

In diesem Zusammenhang ist die Struktur des Diamants von Interesse. Theoretisch können in der ersten Brillouin-Zone vier Elektronen je Atom enthalten sein. Die Diamantstruktur findet man gerade bei denjenigen Elementen — Kohlenstoff, Silicium, Germanium und grauem Zinn — die außerhalb der abgeschlossenen Elektronenschale vier Valenzelektronen besitzen; die Brillouin-Zone ist demnach gerade besetzt, und da die nächste Zone — besonders beim Diamant und Quarz — bei einer bedeutend höheren Energiestufe liegt, so sind diese Stoffe vollkommene Isolatoren oder Halbleiter (Fall d in der Abb. 59). Ähnliche Betrachtungen gelten für einige intermetallische und metalloide Verbindungen, z. B. Mg_2Sn, Mg_2Pb, Mg_2Si, Mg_2Ge, Li_2S, Cu_2S, Be_2C. Diese Verbindungen kristallisieren sämtlich in der Struktur des Flußspats, bei dem es möglich sein muß, daß die erste Brillouin-Zone 8/3 Elektronen je Atom aufnimmt. Da dieses Verhältnis von Elektronen zu Atomen in sämtlichen fraglichen Verbindungen auftritt, so ist die erste

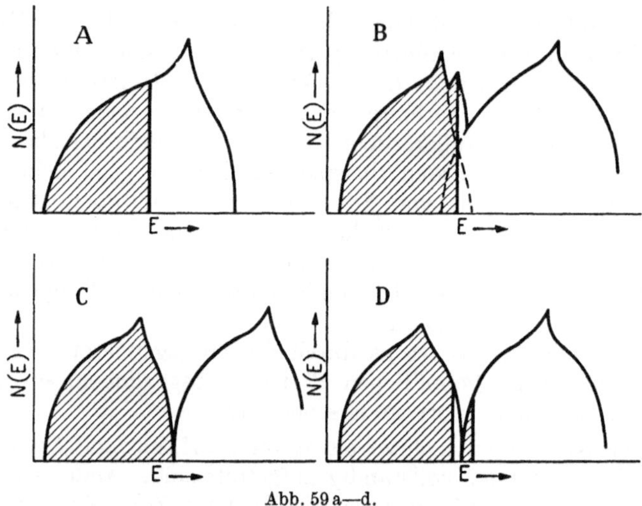

Abb. 59 a—d.

Brillouin-Zone gerade gefüllt, und der kristalline Stoff muß ein Isolator sein. Tatsächlich handelt es sich bei diesen Stoffen auch entweder um Isolatoren oder um Halbleiter. Die geschmolzenen Kristalle zeigen hingegen ein gutes Leitvermögen, da bei ihnen die zur Entstehung der besonderen Zonenbeziehungen führende geordnete Kristallstruktur zusammengebrochen ist.

Es soll nun noch eine weitere mögliche Verteilung der Brillouin-Zonen besprochen werden, und zwar die, welche zu der interessanten Eigenschaft der schon erwähnten Halbleitfähigkeit führt. Wenn die erste Brillouin-Zone gerade gefüllt ist und die zweite Zone sehr dicht daneben liegt, ohne allerdings die erste zu überlappen, so ist zum Übergang eines Elektrons über die Lücke zur zweiten Zone nur eine geringe Energie erforderlich. Eine derartige Energieaufnahme kann durch die Zufuhr von Wärme oder durch Lichtabsorption erfolgen. Beim absoluten Nullpunkt befinden sich alle Elektronen in den niedrigstmöglichen Zuständen (Abb. 59c); die erste Zone ist dabei vollständig gefüllt, so daß der Stoff einen Isolator darstellt. Bei höheren Temperaturen kann die Wärmeenergie einige Elektronen auf die nächsthöhere Zone befördern (Abb. 59d); das hat zur Folge, daß der Stoff ein geringes, bei Temperaturerhöhung zunehmendes Leitvermögen besitzt. Wenn ein ähnlicher

Elektronenübergang durch Absorption eines Lichtquants erfolgen kann, so entsteht die Erscheinung der lichtelektrischen Leitfähigkeit, wie man sie beim Selen und Kupfer(I)-oxyd findet.

Die bei den Halbleitern beobachtete Zunahme der Leitfähigkeit durch Temperaturerhöhung stellt einen Gegensatz zu den bei der metallischen Leitfähigkeit auftretenden Erscheinungen dar. Ein ideales Metallgitter würde keinen elektrischen Widerstand besitzen, da der Widerstand nach der modernen Theorie des metallischen Zustandes eine Streuungserscheinung von Elektronen an Lockerstellen in dem Kristallgitter vorstellt. Da die Wärmebewegung der Atome stark an diesen Streuungserscheinungen beteiligt ist, so muß dieser Einfluß und damit der Widerstand mit der Temperatur zunehmen. Es ist ein charakteristisches Kennzeichen der metallischen Leiter, daß ihr spezifischer Widerstand eine lineare Funktion der Temperatur ist.

Metallischer Paramagnetismus.

Im Kapitel V wurde gezeigt, daß die magnetische Suszeptibilität der von den Übergangsmetallen gebildeten Ionen, die ein oder mehrere unpaarige Elektronen enthalten, durch die Formel

$$\chi = \frac{\mu^2}{3kT}$$

wiedergegeben wird; in dieser Formel ist μ, das magnetische Moment, durch den Ausdruck $\mu = \frac{eh}{2\pi mc}\sqrt{S\,(S+1)}$ mit dem gesamten resultierenden Spin S verknüpft, wobei e und m die Elektronenladung bzw. -masse bedeuten. Der Ionen-Paramagnetismus ändert sich, wie man sieht, umgekehrt mit der Temperatur.

Der Paramagnetismus der Alkali- und Erdalkalimetalle, von Kupfer, Silber, Gold, Magnesium, Aluminium, den schwer schmelzbaren Carbiden (z. B. TiC, VC) und Nitriden ist außerordentlich schwach und temperaturunabhängig. Da die nach Abgabe der Elektronen zurückbleibenden Ionenrümpfe der Metalle, die nur aus vollständig aufgefüllten Schalen bestehen, diamagnetisch sind, so muß dieser Paramagnetismus von dem Leitungselektronengas herrühren. Diese magnetischen Eigenschaften ergeben sich aus der oben entwickelten Theorie über die Metalle.

Da bei jedem doppelt besetzten Elektronenzustand das resultierende Bahnmoment gleich Null ist, so können nur die einzeln besetzten Zustände — d. h. die äußersten unpaarigen Elektronen in unvollständigen Brillouin-Zonen — einen Beitrag zum Paramagnetismus liefern. Wenn die Energie an der oberen Grenze der Brillouin-Zone gleich der Wärmeenergie bei einer Temperatur T_1 ist und das Energiemaximum der besetzten Zustände beim absoluten Nullpunkt einer Temperatur T_2 entspricht, dann wird T_1—T_2 als FERMIsche Grenztemperatur T_0 bezeichnet; T_0 kann sehr große Werte annehmen, z. B. beim Silber 6400°. Bei jeder Temperatur T besitzen — solange T im Vergleich zu T_0 klein ist — ungefähr T/T_0 Elektronen angeregte Zustände, d. h. Zustände, deren Energie größer als T_2 ist. Jedes dieser Elektronen liefert zu dem gesamten Paramagnetismus einen Beitrag von $\frac{\mu_e^2}{3kT}$; hierin bedeutet μ_e das magnetische Moment des Elektrons (s. oben). Der gesamte Paramagnetismus ist dann $\frac{\mu_e^2}{3kT} \cdot \frac{T}{T_0} \cdot N = \frac{N\mu_e^2}{3kT_0}$ und damit temperaturunabhängig.

Die Übergangsmetalle sind durch einen bedeutend stärkeren Paramagnetismus gekennzeichnet, der in der ersten Übergangsreihe in Ferromagnetismus übergeht. Dieser hohe Paramagnetismus, der mit den unvollständig besetzten d-Schalen dieser Atome in Zusammenhang steht, ist wegen seiner Bedeutung in bezug auf die Frage von Legierungen und intermetallischen Verbindungen von Interesse. Es wurde bereits erwähnt, daß beispielsweise das Nickelatom im Gitter eine der Konfigurationen $3d^8\,4s^2$, $3d^9\,4s$ oder $3d^{10}$ besitzen kann. Es ist klar, daß jedes Elektron, das von dem $3d$- auf das $4s$-Niveau befördert wird, in der d-Schale eine „positive Lücke“ zurückläßt, die einen Beitrag zum Paramagnetismus des Ions liefert. Im Falle des Nickels und Palladiums liegen Anhaltspunkte dafür vor, daß sich, statistisch gesehen, 0,6 unbesetzte d-Zustände oder 0,6 Elektronen je Atom in den s-Zuständen befinden.

In den Legierungssystemen dieser Metalle kann man den Magnetismus direkt aus der sich ergebenden Zahl von „positiven Lücken“ in dem paramagnetischen Rumpf berechnen. So bilden in den Kupfer-Nickellegierungen die Komponenten eine vollständige Reihe von Mischkristallen. Der fortschreitende Ersatz von Nickel ($Z = 28$) durch Kupfer ($Z = 29$) besteht demnach im wesentlichen darin, daß Elektronen zum Kristallgitter hinzukommen. Diese Elektronen gehen aus energetischen Gründen zum größten Teil in das d-Band, solange in diesem noch irgendwelche „positiven Lücken“ gefüllt werden können. Bei einer Zusammensetzung von 60% Cu und 40% Ni sind in das Gitter 0,6 Elektronen je Atom eingefügt worden. Das d-Band sollte demnach an diesem Punkt besetzt sein und der Paramagnetismus verschwinden. Übereinstimmend damit nimmt der Paramagnetismus von Nickel-Kupferlegierungen mit steigendem Kupfergehalt ab, und man kann extrapolieren, daß er bei ungefähr 60% Kupfer den Wert 0 erreicht, obgleich allerdings in der Praxis die völlige Aufhebung des ursprünglichen Paramagnetismus nicht erreicht wird. Bei Legierungen von Nickel und Zink ($Z = 30$), bei denen zwei Elektronen je eingeführtes Zinkatom hinzukommen, findet man eine entsprechend stärkere Herabsetzung der Suszeptibilität; dagegen wird durch Legieren des Zinks mit Kobalt und Eisen die Zahl der „positiven Lücken“ in dem d-Band vergrößert und damit der Paramagnetismus verstärkt.

Es ist besonders interessant, daß man dieselben Gründe auf die Konstitution des Systems Palladium—Wasserstoff anwenden kann. Die paramagnetische Suszeptibilität des „Palladiumhydrids“ nimmt linear mit der Menge des absorbierten Wasserstoffs ab und verschwindet schließlich, wenn der aufgenommene Wasserstoff den Wert 0,6 Atome je Palladiumatom überschreitet. Wie bereits erwähnt wurde, weiß man, daß in dem d-Band des Palladiums ungefähr 0,55—0,6 „positive Lücken“ je Atom vorhanden sind. Die Änderung der Suszeptibilität bei der Absorption von Wasserstoff zeigt, daß das Elektron jedes zugeführten Wasserstoffatoms in das d-Band geht und der Wasserstoff als Wasserstoffion von dem Gitter aufgenommen wird. Dadurch wird das alte Problem der Konstitution des Palladiumhydrids von einem neuen Standpunkt aus erhellt und die Frage, ob die Verbindung einen salzartigen oder homöopolaren Charakter besitzt, bedeutungslos; man kann den Absorptionskomplex aus dem angeführten Grunde als typisches Legierungssystem betrachten.

Die PAULINGsche Theorie des metallischen Zustandes.

Die gerade besprochene Theorie von BLOCH-SOMMERFELD läßt sich insoweit mit der Behandlung einfacher Moleküle nach dem Verfahren der Molekülbahnen vergleichen, als man annimmt, daß die Elektronen zu allen Atomen eines Metallkristalls gehören. Oft erweist sich bei der Behandlung einfacher Moleküle eine andere Methode — die HEITLER-LONDONsche Vorstellung der Elektronenpaarbindung und Austauschkräfte — als zweckmäßiger. Nach dieser Anschauung kann man den Aufbau eines mehratomigen Moleküls völlig durch Betrachtung der Überlappung der Elektronfunktionen (d. h. gemeinsamen Elektronen) zwischen einzelnen Atompaaren behandeln, wodurch — abgesehen von einer möglicherweise auftretenden Resonanz — ein System lokalisierter Bindungen entsteht. PAULING[4] hat versucht, dieselbe Behandlungsweise auf die Probleme des metallischen Zustandes anzuwenden. Grundsätzlich sollten sich beide Behandlungsweisen auf jedes System von Atomen und Bindungen anwenden lassen, so daß sie sich auf diese Weise ergänzen würden. Tatsächlich führt das Modell mit den gemeinsamen Elektronen zu einer weit exakteren Behandlungsweise der Metallkräfte, wobei sich allerdings eine Reihe wichtiger Vorstellungen aus den PAULINGschen Arbeiten ergeben haben.

Wie schon ausgeführt wurde, ist die Zahl der nächsten Nachbarn (die Koordinationszahl) jedes Metallatoms größer als die Zahl der Valenzelektronen. Da dadurch die Bildung lokalisierter Bindungen ausgeschlossen ist, nimmt PAULING an, daß eine Resonanz erfolgt und daß durch einen Resonanzvorgang zwischen allen benachbarten, hinsichtlich ihrer Bindung gleichwertigen Atompaaren normale Kovalenzbindungen zustande kommen. Wie schon früher ausgeführt wurde (Kapitel III), sind die kanonischen Zustände so verteilt, daß nur Bindungen zwischen benachbarten Atomen von Bedeutung sind. Das würde bedeuten, daß bei einem Atom mit z Valenzelektronen und der Koordinationszahl N jede Bindung von der durchschnittlichen Bindungsordnung $n = z/N$ ist. Die Alkalimetalle, die ein Valenzelektron besitzen und in der Struktur des raumzentrierten Würfelgitters kristallisieren,

[4] PAULING: Phys. Review 1938, **54**, 899. — J. Amer. chem. Soc. 1947, **69**, 542. — Proc. Roy. Soc. 1949 A, **196**, 343.

sind von je acht nächsten Nachbaratomen und sechs weiteren etwa ebenso nahe angeordneten Atomen umgeben, so daß es sich um nur sehr schwache Bindungen zwischen den Atomen von der Ordnung $n = 1/8$ oder weniger handelt. Durch die Stärke der interatomaren Bindungen werden unmittelbar die Kohäsionseigenschaften des Metalls, z. B. Härte und Schmelzpunkt, bestimmt; wie man weiterhin von den C—C-Bindungslängen zwischen einfach, doppelt und dreifach gebundenen Kohlenstoffatomen her weiß, ändert sich die tatsächliche Länge eines kovalenzmäßig gebundenen Atoms proportional der Bindungsordnung. Daß die Alkalimetalle weich sind, niedrige Schmelzpunkte und die von allen Metallen geringste Dichte aufweisen, ergibt sich aus der Schwäche ihrer für die Kohäsion verantwortlichen Bindungen. PAULING hat umgekehrt versucht, die Bindungsordnung und damit die Verteilung der Elektronendichte aus den gemessenen interatomaren Abständen in Elementen und Legierungen abzuleiten. Da jedoch die für die Änderung des Atomradius durch die Koordinationszahl und Bindungsordnung erforderlichen Korrekturen nur rein empirisch sind, läßt es sich nicht übersehen, welche Bedeutung den aus derartigen Überlegungen resultierenden Schlußfolgerungen zukommt.

Wir wollen das Resonanzmodell für ein Alkalimetall, z. B. Natrium, betrachten. Das $3s$-Valenzelektron jedes Atoms kann mit einem benachbarten Atom in dem Kristallgitter eine Kovalenzbindung eingehen (I); es ergibt sich dann eine Resonanz dieser Bindungen um alle gleichwertigen Atompaare (II). Soweit nur die eine — $3s$- — Wellenfunktion für die Bindungsbildung verfügbar ist, kann kein Atom gleichzeitig zwei Bindungen eingehen und die Resonanzmöglichkeit ist für alle Bindungen gleich. Daß Natriumatome durch gemeinsame $3s$-Elektronen Kovalenzbindungen bilden können, wird durch die Existenz von Na_2-Molekülen im dampfförmigen Natrium bestätigt, deren Energieniveaus und Dissoziationsenergie aus spektroskopischen Daten her genau bekannt sind. Ein Vergleich ihrer Dissoziationsenergie mit der Sublimationswärme des metallischen Natriums (je Na-Atompaar) ergibt ein Maß für die Resonanzenergie des Bindungssystems in dem Metall, und zwar ist diese größer, als man nach der Zahl der auf Grund synchroner Bindungsresonanzen zulässigen, unterscheidbaren Konfigurationen erwarten sollte. Dies ließe sich durch eine völlig willkürliche Resonanz erklären, was bedingt, daß zu jedem Zeitpunkt ein Teil der Atome zwei Kovalenzbindungen bilden müßte; um dies zu ermöglichen, müßten sie mehr Elektronen aufnehmen, als in der $3s$-Bahn angeordnet werden können (III). Nach PAULINGs Ansicht ist es für die Bildung einer Metallstruktur unerläßliche Voraussetzung, daß eine äußere Elektronenbahn verfügbar ist, um in der geschilderten Weise Elektronen aufnehmen zu können. Im Falle des Natriums ist eine derartig leere Bahn verfügbar, wenn die Bindung von einer $[3s\,3p]$-Zwitterbahn und nicht von einer reinen $3s$-Bahn des Atomgrundzustandes ausgeht.

Die PAULINGsche Vorstellung, daß für die Metallbildung Zwitterbahnen eine Rolle spielen, ist sehr wesentlich. Sie stellt die Verbindung her zwischen den charakteristischen Merkmalen der Chemie der Übergangsmetalle und ihren ausgesprochen metallischen Eigenschaften. In jeder Langperiode der Periodischen Einteilung wird der Atomdurchmesser von der I. bis zur VI. Gruppe deutlich kleiner, bleibt dann zwischen der VI. Gruppe und den Edelmetallen annähernd konstant, um dann wieder anzusteigen. Härte und Schmelzpunkte ändern sich in umgekehrter Richtung, die Kohäsion erreicht ungefähr bei der VI. Gruppe ein Maximum. Nach der PAULINGschen Anschauung sind bei den Übergangsmetallen alle neun *s*-, *p*- und *d*-Bahnen (z. B. $3d^5\,4s\,4p^3$ bei der ersten Langperiode) an der metallischen Bindung beteiligt, wobei man eine Einteilung in drei Gruppen vornehmen kann: 1. eine Gruppe von $[d^n\,sp^3]$-Zwitterbindungsbahnen, die im wesentlichen den in Koordinationsbindungen vorliegenden $[d^2\,sp^3]$-*Bindungs*bahnen mit ihren starkem Bindungsvermögen entsprechen; 2. eine Gruppe von reinen *d*-Bahnen, ohne Bindungsvermögen, die innerhalb des Atoms lokalisiert sind, und 3. leere *metallische* Bahnen, an der Zahl $5-(m+n)$, die — wie oben auseinandergesetzt wurde — zum Zustandekommen einer metallischen Resonanz erforderlich sind. Nur die *m*-*Atom*bahnen liefern einen Beitrag zum Paramagnetismus des Übergangselementes, und PAULING hat sich bemüht, *m* auf Grund der magnetischen Eigenschaften des entsprechenden Übergangsmetalls in Legierungen zu bestimmen. Zahlenmäßig kann sowohl *m* als auch *n* ein Bruch sein (z. B. ordnet PAULING dem Eisen 5,78 Bindungsbahnen, 2,44 Atombahnen und 0,78 metallische Bahnen zu), was nur bedeuten würde, daß die Atome in zwei oder mehr Valenzzuständen vorliegen. Andere Beweise dafür sind schon lange vorhanden, z. B. die komplexe Struktur des α-Mangans sowie die Atomvolumen und magnetischen Suszeptibilitäten der seltenen Erdmetalle[5]. Der letztgenannte Fall läßt z. B. erkennen, daß im metallischen Cer etwa 80% der Atome als Ce^{3+} und 20% als Ce^{4+} und im Samarium 20% als Sm^{2+} und 80% als Sm^{3+} vorliegen. Innerhalb der ersten Übergangsreihe nimmt die Anzahl der Bindungselektronen stetig zu, von 1 im Kalium bis 5 im Vanadium; beim Chrom sind alle Bindungsbahnen einzeln besetzt, und es beginnt eine Besetzung der Atombahnen. Die Kohäsion hat damit ein Maximum erreicht; der hier auftretende Paramagnetismus erreicht seinen Höchstwert beim Eisen, wo sämtliche Atombahnen einzeln besetzt sind. Ein Zugang weiterer Elektronen bewirkt zunächst — im Kobalt und Nickel — einen Rückgang des Paramagnetismus, da einzeln besetzte Atombahnen nun paarig besetzt werden, und dann erfolgt, beginnend beim Kupfer, eine Abnahme der Zahl der zur Bindungsbildung verfügbaren einzeln besetzten Bahnen. Die so für Zink und Gallium abgeleiteten Metallvalenzen von 4,5 bzw. 3,5 stehen — wenn sie auch sonst nicht üblich sind — mit anderen Daten (z. B. über Elektronenverbindungen, s. unter S. 438) gut in Einklang. Bei dieser Stufe sind alle *d*-Bahnen besetzt; die Eigenschaften des Germaniums sind nur durch (sp^3)-Zwitterbahnen bedingt, man beobachtet eine starke Verringerung des Metallcharakters.

Die PAULINGsche Deutung der bei den beobachteten Metallstrukturen vorliegenden Konstitution soll an zwei Beispielen erläutert werden. Dem

[5] KLEMM, W., u. H. BOMMER: Z. anorg. allg. Chem. 1937, **231**, 138.

Atom des Zinns kann man drei mögliche Elektronenkonfigurationen zuordnen unter Benutzung von $4d$-, $5s$- und $5p$-Bahnen. Diese Konfigurationen kann man schematisch als Sn A, Sn B und Sn C darstellen:

Tabelle 1.

	4 *d*	5 *s*	5 *p*	Wertigkeit
Sn A	↑↓ ↓↑ ↓↑ ↓↑ ↓↑	↓	↓ ↓ ↓	4
Sn B	↓↑ ↓↑ ↓↑ ↓↑ ↓↑	↓↑	↓ ↓	2
Sn C	↓↑ ↓↑ ↓↑ ↓↑ ↓↑	↓↑	↓↑	0

Atome mit der Konfiguration Sn A könnten tetraedrische [sp^3]-Zwitterbahnen bilden, die vier Kovalenzbindungen ergeben und ein Kristallgitter mit Diamantstruktur aufbauen würden. Da hierfür die Zahl der Valenzelektronen ohne leere metallische Bahnen gerade ausreichen würden, könnte keine Struktur mit beweglichen Elektronen und Metalleigenschaften entstehen. Das entspricht völlig dem Verhalten des Siliciums mit der [$3s\,3p^3$]-Struktur und gilt annäherungsweise auch für das graue Zinn. Atome mit der Anordnung Sn C würden keine bindenden Eigenschaften besitzen; demgegenüber würden die zweiwertigen Zinnatome Sn B leere, für die metallische Bindung erforderliche Bahnen aufweisen. Pauling ist der Ansicht, daß im weißen Zinn überwiegend die Modifikation Sn B vorhanden ist. Diese allotrope Form zeigt eine tetraedrische Struktur mit niedriger Koordinationszahl und nicht die Kristallstruktur eines echten Metalls. Jedes Atom hat in der gleichen Ebene im Abstand von 3,016 Å vier und in benachbarten Ebenen in 3,175 Å zwei Nachbarn. Wenn Bindungen rationaler Ordnung hinsichtlich ihrer Beständigkeit begünstigt sind — wie es Pauling ohne eindeutige Begründung fordert — würde sich als Folgerung ergeben, daß jedes Atom in der Grundebene vier Bindungen der Ordnung 1/2 und in der nächsten Ebene der Struktur zwei Bindungen der Ordnung 1/4 bildet. Daraus würde sich eine mittlere Valenz von 2,5 ergeben, an der die Konfigurationen Sn A und Sn B im Verhältnis 1:3 beteiligt wären.

Metallisches Zink besitzt zwar eine hexagonale, aber keine ideale Struktur; das Achsenverhältnis c/a beträgt 1,856, während sich für eine dichteste Atompackung 1,633 ergeben würde. Jedes Zinkatom hat daher in der gleichen Ebene sechs Nachbarn im Abstand von 2,660 Å und sechs im Abstand von 2,907 Å in benachbarten Ebenen. Diese Bindungslängen entsprechen der Bildung von sechs Bindungen der Ordnung 1/2 und sechs Bindungen der Ordnung 1/4, was — nach der Vorstellung von Pauling — eine größere Beständigkeit als die Bildung von 12 Bindungen der Ordnung 3/8 bedingen würde. Die Gesamtwertigkeit — 4,5 — ist Zinkatomen mit den beiden Konfigurationen Zn A und Zn B zuzuordnen. Nach der klassischen Anschauung käme nur die Anordnung Zn C in Frage.

Tabelle 2.

	3 *d*	4 *s*	4 *p*	Wertigkeit
Zn A	↓↑ ↓↑ ↓↑ ↓ ↓	↓	↓ ↓ ↓	6
Zn B	↓↑ ↓↑ ↓↑ ↓↑ ↓	↓	↓ ↓	4
Zn C	↓↑ ↓↑ ↓↑ ↓↑ ↓↑	↓	↓	2

Die PAULINGsche Theorie hat sich als zweckmäßig erwiesen, da sie die metallischen Eigenschaften der Elemente in Beziehung bringt zu der Valenztheorie, die sich zur Behandlung der allgemeinen chemischen Probleme als geeignet erwiesen hat. Sie bietet einen erfolgreichen Weg, um — meist allerdings nur qualitativ — eine Reihe von Problemen der Chemie der intermetallischen Verbindungen aufklären zu können; unter diesem Gesichtspunkt wird sie auch in den folgenden Abschnitten dieses Kapitels von Zeit zu Zeit herangezogen werden.

Feste Lösungen, Überstrukturen und intermetallische Verbindungen.

Die Merkmale, die den Zustand einer intermetallischen Verbindung bestimmen, sind nicht so klar, wie es bei den einfachen Ionenverbindungen der Fall ist. Teilweise ist das eine Folge davon, daß sich die Atome in den Metallen gegenseitig ersetzen und austauschen können. So können beispielsweise die Atome in einem Silberkristall durch Goldatome ersetzt werden, wobei ein *Mischkristall* oder eine *feste Lösung* von Gold und Silber entsteht. Wenn die Ähnlichkeit zwischen den Atomen, wie in dem erwähnten Fall, groß genug ist, kann vollständige Mischbarkeit vorliegen; es gibt über den gesamten Bereich für jede Zusammensetzung zwischen 100% Ag und 100% Au feste Lösungen, ohne daß irgendeine neue Phase auftritt. In anderen Fällen gibt es nur über einen engen Bereich beständige feste Lösungen. Ein wesentlicher Unterschied zwischen den Metallsystemen und Ionenkristallen besteht in folgendem: Bei einer Ionenverbindung MX ist normalerweise jedes Ion von Ionen entgegengesetzter Ladung umgeben, wenn also ein X^--Ion durch ein M^+-Ion ersetzt würde, kämen somit starke elektrostatische Abstoßungskräfte zur Wirkung. In einer festen Lösung zweier Metalle A und B muß man sich vorstellen, daß beide Elemente in Form positiver Ionen vorliegen, die in ein Elektronengas eingebettet sind. Beim Ersatz eines A-Atoms durch ein B-Atom kann sich zwar die Packung in dem Kristall ändern oder es kann örtlich zu einer Änderung der Elektronendichteverteilung kommen, es machen sich jedoch keine starken elektrostatischen Wirkungen bemerkbar.

Der willkürliche, atomweise Ersatz eines Elementes durch ein anderes führt zu substituierten festen Lösungen, wie es schematisch in Abb. 60c gezeigt ist. Feste Lösungen können auch dadurch entstehen, daß Atome des gelösten Elementes zwischen den Atomen des Hauptbestandteils eingefügt werden; grundsätzlich ist das nur dann möglich, wenn die Größe der beiden Atomarten stark voneinander verschieden ist. Derartige feste Lösungen vom Einlagerungstyp (Abb. 60b) spielen, wie im nächsten Kapitel besprochen werden soll, eine Rolle bei Verbindungen zwischen Bor, Kohlenstoff usw. und den Schwermetallen.

Wenn zwei Elemente keine kontinuierliche Reihe von festen Lösungen bilden, entstehen eine oder mehrere *intermediäre Phasen*, deren Kristallstrukturen sich von denen der Ausgangselemente unterscheiden. Wie in den einfachen festen Lösungen können auch hier die beiden Atomarten ziemlich willkürlich über das Gitter verteilt sein. Dies ist beispielsweise im Kupfer-Zinksystem oberhalb 470° bei der raumzentrierten kubischen β-Phase CuZn der Fall; wenn man diese bei tieferer Temperatur tempert, setzt ein Ordnungsprozeß ein; die Kupfer- und Zinkatome nehmen Stellungen ein, die der Caesiumchloridstruktur

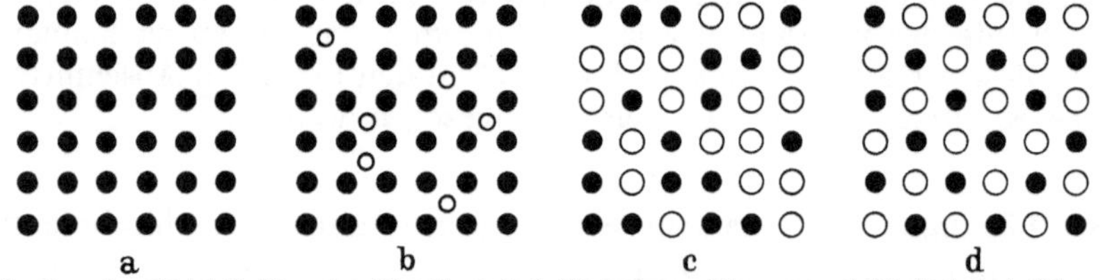

Abb. 60a—d. a Kristallgitter eines Metalls; b feste Einlagerungslösung; c substituierte feste Lösung; d Überstruktur.

entsprechen, so daß jedes Kupferatom nur Zinkatome als unmittelbare Nachbaratome hat und umgekehrt. Dadurch wird ein Übergitter gebildet. Die Beziehung zwischen der willkürlichen Anordnung und der Überstruktur kann man in der schematischen Darstellung Abb. 60c und d erkennen. Der Übergang geordnet-ungeordnet entspricht einem Phasenwechsel zweiter Ordnung, bei dem sich die latente Wärme nicht ändert, wohl aber die spezifische Wärme vergrößert wird, und der sich über einen weiten Temperaturbereich erstreckt. Derartige Umwandlungen geordnet-ungeordnet beobachtet man sowohl in intermediären Phasen (wie im β-Messing) als auch in festen Lösungen der Elemente (z. B. Cu_3Au).

Die Bildung substituierter fester Lösungen findet man zwar recht häufig, doch haben einige intermetallische Phasen Zusammensetzungen, die genau so eindeutig begrenzt sind, wie es bei den Ionenverbindungen der Fall ist. In derartigen Fällen läßt sich den Phasen ohne Schwierigkeiten eine definierte Formel zuordnen. Auch wenn eine intermediäre Phase über einen größeren Bereich der Zusammensetzung existiert, ist es grundsätzlich noch möglich, ihr eine chemische Formel zuzuordnen, die auf der Zahl der Atome beider Art in der Elementarzelle der Struktur beruht, sofern nicht ein gegenseitiger Austausch erfolgt ist oder andere Fehlordnungen vorliegen. Dies bedeutet nicht nur eine Idealisierung der analytischen Befunde, sondern die ideale Zusammensetzung kann sogar außerhalb des Existenzbereichs der Phasen liegen. So liegt im System Natrium-Blei die Verbindung $NaPb_3$ tatsächlich als Legierung vor mit jeder Zusammensetzung zwischen 27—35 Atomprozent Natrium; 4—9% der Bleiatome sind stets durch

Natrium ersetzt[6]. Die stöchiometrische Verbindung kann nicht erreicht werden; das Schmelzpunktmaximum in dem Diagramm entspricht einer Legierung mit der ungefähren Zusammensetzung Na_2Pb_5, und man hat früher lediglich auf Grund der thermischen Analyse der Phase diese Formel zugeordnet.

Die Chemie der intermetallischen Verbindungen ist nur ein Ausschnitt aus dem großen Gebiet der gegenseitigen Beziehung der Elemente zueinander. Daß sich zwei Elemente eher über eine metallische Bindung als über die Bildung einer Ionen- oder einfachen Kovalenzbindung vereinigen, hängt von einer Reihe von Faktoren ab, die sich fortlaufend und regelmäßig mit der Elektronenstruktur der Atome, wie sie sich aus der Periodischen Einteilung der Elemente ergeben, ändern. Als ein Extrem findet bei Elementen mit sehr verschiedenen elektrochemischen Eigenschaften (Ionisationspotentiale, Elektronenaffinitäten) ein Ionenaustausch statt, und es entstehen Ionenverbindungen. Wenn beide Elemente eine hohe Elektronenaffinität besitzen, können normale Kovalenzverbindungen gebildet werden. Metallische Verbindungen entstehen, allgemein gesprochen, durch Vereinigung von Atomen mit niedriger Elektronenaffinität.

Besonders interessant ist es zu ermitteln, unter welchen Bedingungen ein Übergang zwischen den Bindungstypen vorliegt und in welcher Beziehung Eigenschaften, Strukturen und Zusammensetzung der binären Verbindungen der Elemente zu den Elektronenkonfigurationen ihrer Komponenten stehen. Zweckmäßigerweise kann man eine rohe Einteilung der Elemente in drei Klassen vornehmen: Elemente der B-Gruppen mit vollständigen *d*-Niveaus, sodann die sehr stark elektropositiven Metalle, die im Periodischen System 1—2 Stellen hinter einem Edelgas stehen und sehr niedrige Ionisationspotentiale aufweisen (Alkali-, Erdalkalimetalle und auch seltene Erden) und schließlich die Übergangsmetalle mit echtem Metallcharakter aber nur teilweise aufgefüllten *d*-Niveaus. Wenn man diese Gruppen mit den Symbolen *B*, *M* und *U* bezeichnet, kann man die chemischen Beziehungen zwischen ihnen in folgende systematische Typen einteilen: *MM'*, *MB*, *MU*, *UU'*, *UB* und *BB'*. Zwischen diesen Gruppen besteht ein kontinuierlicher Übergang, doch bieten nicht alle angegebenen Typen so viel interessante Merkmale, daß ihre Behandlung in diesem Kapitel gerechtfertigt erscheint.

Der Übergang zwischen ionischen und metallischen Verbindungen. Typus *MB*.

Die Frage, ob zwischen den einzelnen Verbindungstypen eine scharfe Trennung besteht oder ob es zwischen ihnen einen allmählichen Übergang gibt, wurde von Zintl[7] und Mitarbeitern untersucht, und zwar wurden die Verbindungen, die ein und dasselbe Element der Gruppe *M* mit einer Reihe anderer Elemente durch das ganze Periodische

[6] Zintl, E., u. A. Harder: Z. physik. Chem. 1931 A, **154**, 63.

[7] Zintl: Angew. Chem. 1939, **52**, 1. — Siehe Ber. dtsch. chem. Ges. 1942, **75** A, 45.

System hindurch bildet, überprüft. Die von den beiden Alkalimetallen Lithium und Natrium sowie von Magnesium mit den Elementen der B-Gruppen gebildeten Verbindungen sind in den Tabellen 3 und 4 zusammengestellt.

Man erkennt deutlich, daß die Elemente, die 1—3 Stellen vor einem Edelgas stehen, mit stark elektropositiven Elementen zu Verbindungen führen, die sich nach den normalen Wertigkeitsregeln formulieren lassen und daß sie die für salzartige Verbindungen typischen Strukturen besitzen. Auf der anderen Seite bilden die 5—7 Stellen vor einem Edelgas stehenden Elemente eine Vielzahl von Verbindungen. Zwischen diesen

Tabelle 3. *Verbindungen von Lithium und Natrium mit den Elementen der B-Gruppe.*

	Ib	IIb	IIIb	IVb	Vb	VIb	VIIb
Li		LiZn Li_2Zn_3 $LiZn_2$ Li_2Zn_5 $LiZn_4$	LiGa		Li_3As	Li_2Se	LiBr
Li	Li_3Ag LiAg	Li_3Cd LiCd $LiCd_3$	LiIn	Li_4Sn Li_7Sn_2 Li_5Sn_2 Li_2Sn LiSn $LiSn_2$	Li_3Sb	Li_2Te	LiJ
Li		Li_6Hg Li_3Hg Li_2Hg LiHg $LiHg_2$ $LiHg_3$	Li_4Tl Li_3Tl Li_5Tl_2 Li_2Tl LiTl	Li_4Pb Li_7Pb_2 Li_3Pb Li_5Pb_2 LiPb	Li_3Bi		
Na		$NaZn_4$ $NaZn_{13}$		NaGe	Na_3As	Na_2Se	NaBr
Na		$NaCd_2$ $NaCd_5$	NaIn	$Na_{15}Sn_4$ Na_2Sn Na_4Sn_3 NaSn $NaSn_2$	Na_3Sb	Na_2Te	NaJ
Na	Na_2Au $NaAu_2$*	Na_3Hg Na_5Hg_2 Na_3Hg_2 NaHg Na_7Hg_8 $NaHg_2$ $NaHg_4$	Na_6Tl Na_2Tl NaTl	$Na_{15}Pb_4$ Na_5Pb_2 Na_2Pb NaPb $NaPb_3$			
	Legierungsartige Strukturen				Ionenartige Strukturen		
					LaF_3 oder BiF_3	CaF_2	NaCl

Tabelle 4. *Übergang von salzartigen zu intermetallischen Verbindungen beim Magnesium.*

Ib	IIb	IIIb	IVb	Vb	VIb	VIIb
		Al_3Mg_2 $Al_{12}Mg_{17}$	Mg_2Si	Mg_3P_2	MgS	$MgCl_2$
Mg_2Cu $MgCu_2$*	$MgZn$ $MgZn_2$* Mg_2Zn_{11}	Mg_5Ga_2 Mg_2Ga $MgGa$ $MgGa_2$	Mg_2Ge	Mg_3As_2	$MgSe$	$MgBr_2$
Mg_3Ag $MgAg$	Mg_3Cd $MgCd_3$	Mg_5In_2 Mg_2In $MgIn$ $MgIn_3$	Mg_2Sn	Mg_3Sb_2	$MgTe$	MgJ_2
Mg_3Au Mg_5Au_2 Mg_2Au $MgAu$	Mg_3Hg Mg_5Hg_2 Mg_2Hg Mg_5Hg_3 $MgHg$ $MgHg_2$	Mg_5Tl_2 Mg_2Tl $MgTl$	Mg_2Pb	Mg_3Bi_2		
Legierungsartige Strukturen			Salzartige Strukturen			
			CaF_2	Me_2O_3	$NaCl$ oder ZnO	TiO_2 oder Schichtgitter

beiden Formen bilden die Elemente der Gruppe IVb in gewissem Sinne einen Übergang, da viele ihrer Verbindungen sich nach den üblichen Valenzregeln formulieren lassen (Mg_2Pb, Li_4Sn), jedoch die physikalischen Eigenschaften von Metallen besitzen. Wie wir später sehen werden, gibt es trotzdem selbst in Legierungsphasen, die von den Elementen der ersten B-Gruppen gebildet werden, Beweispunkte für einen gewissen heteropolaren Charakter.

Die Tabellen 3 und 4 lassen deutlich erkennen, daß in den intermetallischen Verbindungen nicht unbedingt ein einfacher Zusammenhang zwischen der Zusammensetzung und irgendeiner der die Komponenten charakterisierenden Variablen (z. B. Wertigkeit) zu bestehen braucht. Es zeigt sich, daß man einige — meist verhältnismäßig einfache — Strukturen häufig antrifft, wie z. B. die MB_3-Strukturen des $NaPb_3$, $CaPb_3$, $BaPb_3$, $LaPb_3$, und daß diese — besonders wenn die relativen Größen der Atome gewisse geometrische Bedingungen erfüllen — die Zusammensetzung der Verbindung bestimmen; andere derartige Strukturen sind allerdings etwas stärker komplex. Wenn bei einem Atompaar X und Y das Radienverhältnis $r_X =$ etwa $1{,}25\, r_Y$ beträgt, findet man häufig eine Verbindung XY_2 mit einer Struktur, die für irgendeine der sog. LAVES-Phasen[8] typisch ist. Einige Verbindungen mit dieser Struktur sind in den Tabellen 3, 4, 5 und 6 mit

[8] SCHULZE, G. E. R.: Z. Elektrochem. angew. physik. Chem. 1939, **45**, 869.

einem Sternchen gekennzeichnet. Die Verhältnisse der Stärke des elektropositiven Charakters und der Wertigkeit der beiden Atome *X* und *Y* sind dabei von untergeordneter Bedeutung (wenigstens, wenn ein Element zur Klasse *M* gehört oder dieser benachbart ist), so daß derartig stark voneinander verschiedene Verbindungen wie KNa_2, KBi_2 und ZrW_2 zu den LAVES-Phasen gehören. Von allen Faktoren sind dabei nur die geometrischen Verhältnisse entscheidend. Auf der anderen Seite gibt es viele intermetallische Phasen, die recht verwickelte Strukturen mit sehr vielen Atomen in der Elementarzelle aufweisen, z. B. besitzt $Mg_{17}Al_{12}$ mit 58 Atomen in der Elementarzelle die gleiche Struktur wie α-Mangan und α-Chrom. Die Bildung derartiger Phasen läßt sich nicht ohne weiteres auf geometrischer Grundlage erklären, und es ist tatsächlich nicht leicht, verallgemeinernde Gesetzmäßigkeiten zur Deutung der Bindungseigenschaften zu finden, die die Elemente miteinander zusammenhalten.

Verbindungen, die die stark elektropositiven Metalle miteinander bilden. Typus *MM'*.

Die Tabellen 5 und 6 zeigen das Verhalten von Metallpaaren, deren Komponenten etwa gleich stark elektropositiv sind. In jeder dieser Gruppen scheint die Atomgröße als ausschlaggebender Faktor zu bestimmen, welche Phasen gebildet werden; bei den Beziehungen zwischen den Metallen der I. und II. Gruppe spielt jedoch wahrscheinlich das Elektronen-Atomverhältnis eine größere Rolle. Wenn die Atomradien sich nur um höchstens 10—15% unterscheiden, wie es bei K—Rb und K—Cs der Fall ist, entstehen feste Lösungen. Demgegenüber beträgt das Radienverhältnis $r_{Na}:r_K$ ungefähr 1,25, ist damit zu groß, um eine vollständige Mischbarkeit im festen Zustand zu ermöglichen, aber zur Bildung von LAVES-Phasen gerade geeignet. Lithium nimmt insofern eine Sonderstellung ein, als es selbst in flüssiger Form nicht mit den anderen Alkalimetallen mischbar ist. Die zwei- und dreiwertigen Elemente stehen, hinsichtlich der Fähigkeit sich miteinander zu verbinden, in gewissem Gegensatz zu den Alkalimetallen. Dies steht

Tabelle 5.

	Na	K	Rb	Cs	Mg	Ca	Al
Li	t. m. f. Lsgg.	n. m. —	n. m. —	n. m. —	m. $LiMg_2$	m. Li_2Ca*	m. Li_2Al $LiAl$
Na		m. Na_2K*	m. —	m. Na_2Cs	t. m. —	t. m. —	t. m. —
K			m. f. Lsgg.	m. f. Lsgg.	t. m. —	n. m. —	t. m. —

m. = mischbar, t. m. = teilweise mischbar, n. m. = im flüssigen Zustand nicht mischbar, f. Lsgg. = bildet feste Lösungen.

Tabelle 6.

	Ca	Sr	Ba	Al	La
Mg	Mg_2Ca*	Mg_3Sr Mg_4Sr Mg_2Sr*	Mg_3Ba Mg_4Ba Mg_2Ba*	$Mg_{11}Al_{12}$ MgAl Mg_2Al_3	Mg_3La Mg_2La* MgLa $MgLa_4$
Ca	—	f. Lsgg.	f. Lsgg.	$CaAl_2$* $CaAl_3$	—
Sr	—	—	f. Lsgg.	SrAl $SrAl_3$	—
Al	—	—	—	—	Al_4La Al_2La* AlLa

f. Lsgg. = bildet feste Lösungen.

offenbar mit ihren höheren Schmelzpunkten (starke Kohäsionskräfte) und ihrer geringeren elektrischen Leitfähigkeit als Folge des höheren Elektronen-Atomverhältnisses und der stärkeren Wechselwirkung zwischen den mehrwertigen Atomen und dem umgebenden Elektronengas in Zusammenhang.

Verbindungstypen *UM*, *UU'*, *UB*.

Tabelle 7 zeigt im Vergleich zu den Tabellen 5 und 6 die von Eisen (mit teilweise gefüllten *d*-Niveaus), Kupfer (am Ende der Übergangsreihe) und Zink gebildeten Verbindungen. Es ist kennzeichnend für die eigentlichen Übergangsmetalle, daß sie mit den Alkali- und Erdalkalimetallen keine Verbindungen und feste Lösungen ergeben, aber mit den Elementen in der Mitte der Langperioden vollständig mischbar sind. Aus diesen festen Lösungen können Überstrukturen entstehen; in diese Gruppe gehören die Phasen FeV, FeCr und $FeNi_2$. Im Sinne der PAULINGschen Theorie ist die Wertigkeit zwischen Vanadium oder Chrom und Nickel praktisch gleich, es hat sich lediglich die Besetzung der nichtgemeinsamen Atombahnen geändert. Da außerdem der Atomradius nur wenig verschieden ist, erfüllen diese Elemente die Voraussetzung zur leichten Bildung fester Lösungen.

Wie die Tabellen 3, 4 und 5 zeigen, ist es für die Metalle der B-Gruppen charakteristisch, daß sie sowohl mit den am stärksten positiven Metallen als auch mit den Übergangsmetallen eine große Zahl von Verbindungen bilden. Die Verbindungen der erstgenannten Gruppe sind dabei auf einen verhältnismäßig engen Bereich der Zusammensetzung beschränkt. Der intermediären Phasen in den Verbindungen, die sie untereinander (vom Typus *BB'*) und mit den Übergangsmetallen bilden, ist gemeinsam, daß sie ein sehr weites Homogenitätsbereich besitzen. Bei einer großen Zahl der intermetallischen Verbindungen vom zweiten Typus (*UB*)

Tabelle 7.

	Ia	IIa	IIIa	IVa	Va	VIa	VIIa	
Cu	—	Cu_4Ca $CuCa_4$	$CuLa$ Cu_2La Cu_3La Cu_4La	Cu_3Ti $CuTi_2$	—	—	—	—
Zn	KZn_{13}	$ZnCa_4$ $ZnCa$ Zn_4Ca $Zn_{10}Ca$	—	$ZnTi$ Zn_3Ti	—	—	Zn_3Mn Zn_7Mn	Fe_5Zn_{21} $FeZn_7$
Fe	—	—	Al_3Fe Al_5Fe_2 Al_2Fe $AlFe$ $AlFe_3$	Fe_2Ti $FeTi$	f. Lsgg. FeV	f. Lsgg. $FeCr$	f. Lsgg. $FeMn$	—
			Ib	IIb	IIIb	IVb	Vb	VIb
Cu	Cu_2Rh $CuRh$ $CuRh_2$	Cu_3Pd $CuPd$	—	$CuZn_3$ Cu_2Zn_3 Cu_5Zn_8 $CuZn$	Cu_9Ga_4 Cu_3Ga	Cu_6Sn_5 Cu_3Sn $Cu_{31}Sn_8$ Cu_5Sn	Cu_3As	Cu_2Se $CuSe$
Zn	Co_5Zn_{21} $CoZn$	Ni_5Zn_{21} $NiZn$	Zn_3Cu Zn_3Cu_2 Zn_8Cu_5 $ZnCu$	—	—	—	Zn_3As_2 $ZnAs_2$	$ZnSe$
Fe	f. Lsgg.	f. Lsgg. $FeNi_2$	—	Zn_7Fe $Zn_{21}Fe_5$ $Zn_{13}Fe$	—	Fe_2Sn $FeSn$ $FeSn_2$	Fe_2As Fe_3As_2 $FeAs$ $FeAs_2$	$FeSe$

f. Lsgg. = bildet feste Lösungen.

werden, wie zuerst von HUME-ROTHERY festgestellt wurde, Zusammensetzung und Strukturen durch das Verhältnis der Zahl von Valenzelektronen zur Gesamtzahl der Atome beider Arten bestimmt. Das hierbei zugrunde liegende Prinzip ist grundsätzlich anders, als die Faktoren, die die Zusammensetzung heteropolarer Verbindungen bestimmen; die Wichtigkeit dieser „Elektronverbindungen" rechtfertigt eine etwas ausführlichere Behandlung dieser Frage.

Die Aufeinanderfolge der HUME-ROTHERY-Phasen.

Es ist für eine Reihe von Systemen dieser *UB*-Legierungen — besonders für die Verbindungen zwischen Kupfer und Silber mit Aluminium und den Metallen der Gruppe IIb und IIIb — charakteristisch, daß sich die intermediären Phasen der einzelnen Systeme zwar weitgehend in ihrer Zusammensetzung unterscheiden, daß aber sehr häufig die gleichen Strukturen und vor allem in vielen Fällen bei der fortlaufenden Änderung der Zusammensetzung eine bestimmte gleichmäßige Aufeinanderfolge der Strukturen beobachtet wird.

Wenn zwei Metalle mit verschiedener Wertigkeit — z. B. Kupfer mit der Wertigkeit 1 und zweiwertiges Zink — über einen ausgedehnten Bereich feste Lösungen bilden, besteht die Wirkung in der Änderung der Zusammensetzung beim Ersatz von Kupfer- durch Zinkatone im wesentlichen in einer Änderung der Konzentration der Valenzelektronen. In gewissen Grenzen lassen die festen Lösungsphasen Schwankungen des Verhältnisses von Valenzelektronen zu Atomen zu. Wenn diese Grenze überschritten wird, ist möglicherweise eine andere Struktur beständiger,

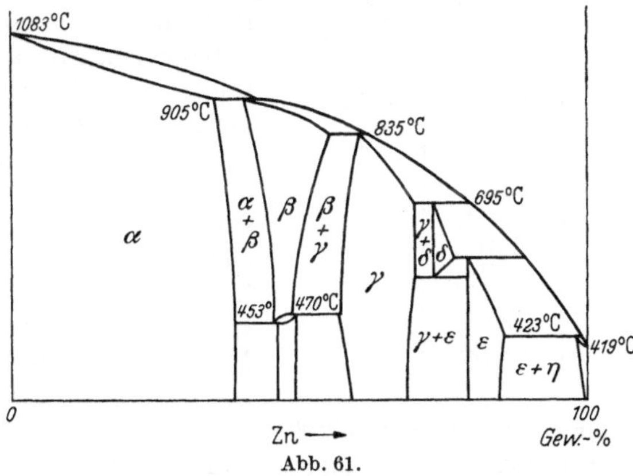

Abb. 61.

und es entsteht eine neue Phase. Wenn in Legierungssystemen, die mit den Regeln von HUME-ROTHERY in Einklang stehen, dem niedrigerwertigen Metall in steigender Menge Metall mit höherer Wertigkeit zugefügt wird, folgen die intermediären Phasen in bestimmter Reihenfolge aufeinander; einige dieser Phasen besitzen die gleiche Kristallstruktur und kommen in vielen binären Systemen vor.

Diese Aufeinanderfolge der Phasen soll am System Kupfer-Zink gezeigt werden (Abb. 61). Reines Kupfer besitzt eine flächenzentrierte, kubische Struktur; wenn man nun steigende Mengen von Zink hinzufügt, werden die Zinkatome zunächst nur die Kupferatome in dem flächenzentrierten Würfelgitter ersetzen. Wenn die Grenze dieser einfachen festen Lösung erreicht ist, so ergibt sich eine neue Phase mit einer körperzentrierten Würfelstruktur, die als β-Messing bezeichnet wird. Diese wird wiederum von einer sog. γ-Phase abgelöst, die ebenfalls zum kubischen System gehört, jedoch eine kompliziertere Struktur besitzt. Die nächste auftretende Phase, die ε-Phase, besitzt eine hexagonale dicht gepackte Struktur.

Diese Aufeinanderfolge von flächenzentriertem Würfel → körperzentriertem Würfel (β-Phase) → γ-Phase → dichtgepackter hexagonaler (ε)-Phase trifft man sehr häufig an. In einigen Fällen (s. Tabelle 8) ist die β-Messing-körperzentrierte Würfelstruktur durch eine verwandte, kompliziertere kubische Phase ersetzt, die man als β-Manganstruktur bezeichnet. Die Zusammensetzung, die man den intermetallischen Verbindungen in diesen binären Legierungen zuordnen kann, entspricht stets rationalen Formeln. In allen Fällen besitzen die intermediären Phasen einen Homogenitätsbereich, der bei vielen von ihnen recht ausgedehnt ist.

Tabelle 8.

β-Strukturen		γ-Strukturen	ε-Strukturen
β-Messing	β-Mangan		
CuZn		Cu_5Zn_8	$CuZn_3$
AgZn		Ag_5Zn_8	$AgZn_3$
AuZn		Au_5Zn_8	$AuZn_3$
AgCd			$AgCd_3$
Cu_3Al		Cu_9Al_4	
	Ag_3Al		Ag_5Al_3
Cu_5Sn		$Cu_{31}Sn_8$	Cu_3Sn
	Cu_5Si	$Cu_{31}Si_8$	Cu_3Si
CoAl			
	$CoZn_3$	Co_5Zn_{21}	
		Ni_5Zn_{21}	
		Pt_5Zn_{21}	
		Rh_5Zn_{21}	
FeAl			
NiAl			
		$Na_{31}Pb_8$	

Die Regeln von Hume-Rothery.

Während sich die Zusammensetzungen der einander entsprechenden, aufeinanderfolgenden Phasen verschiedener Systeme jeweils stark voneinander unterscheiden, ist das Verhältnis von Gesamtsumme der Valenzelektronen zur Gesamtzahl der Atome für jeden Phasentyp konstant[9]. Für die Strukturen des β-Messings und β-Mangans beträgt dieses Verhältnis 3:2. Wie man aus der obigen Tabelle ersehen kann, wird dieses Verhältnis bei allen aufgeführten Kupferlegierungen dann erreicht, wenn das Kupfer ein Valenzelektron zu der Struktur beiträgt. So haben wir im CuZn (2 Atome) $1 + 2 = 3$ Elektronen, im Cu_5Si (6 Atome) $5 + 4 = 9$ Elektronen, im Cu_3Al oder im Ag_3Al (4 Atome) 6 Elektronen.

In der γ-Phase beträgt das Verhältnis durchweg 21:13. Besonders interessant ist die Feststellung, daß die Neigung zur Erreichung der charakteristischen γ-Struktur die normalen Verbindungsverhältnisse, die man erwarten sollte, umstoßen kann. So besitzt im System Na—Pb, wo man die Bildung eines Plumbids, Na_4Pb, erwarten sollte, die tatsächlich gebildete Verbindung die Zusammensetzung $Na_{31}Pb_8$, was mit der Hume-Rotheryschen Regel in Einklang steht[10]. Die Bildung einer γ-Struktur mit dem Verhältnis von Elektronen zu Atomen = 21:13 beobachtet man selbst in ternären Legierungen, so daß in dem System Cu—Al—Zn die Legierungen Cu_6Zn_6Al und $Cu_8Zn_2Al_3$ γ-Phasen bilden. Ein ähnliches konstantes Verhältnis von Elektronen zu Atomen, 7:4, findet man in der dichtgepackten hexagonalen ε-Phase.

Man kann beobachten, daß die Regel von Hume-Rothery für die Verbindungen der β- und γ-Phase der Übergangsmetalle Fe, Co, Ni, Pd nur gelten, wenn diese Elemente der Struktur der Legierung keine Valenz-

[9] Hume-Rothery: J. Inst. Metals 1926, **35**, 295. — Philos. Mag. J. Sci. 1927 [VII], **3**, 301. — Westgren, A. F., u. G. Phragmén: Trans. Faraday Soc. 1929, **25**, 379.

[10] Stillwell, C. W., u. W. K. Robinson: J. Amer. chem. Soc. 1933, **55**, 127.

elektronen zur Verfügung stellen[11]. Dieses Verhalten in Legierungen kann man mit der Art und Weise in Zusammenhang bringen, mit der gerade diese Elemente in den Metallcarbonylen nullwertig auftreten; es läßt sich quantitativ auf Grund ihrer Atomstruktur erklären.

Die Atome der Übergangsmetalle sind so gebaut, daß sich — wenn man die erste Übergangsreihe betrachtet — das $3d$-Quantenniveau seiner Vollendung nähert. So sind für Nickel folgende drei Elektronenkonfigurationen möglich, die man — unter Auslassung der bereits vollbesetzten Schalen — durch die Symbole $3d^8\,4s^2$, $3\,d^9\,4s$ und $3d^{10}$ ausdrücken kann. In diesen Konfigurationen besitzt das Nickelatom zwei bzw. ein oder keine wirksamen Valenzelektronen. Der Grundzustand der Atome ist der $3d^9\,4s$-Zustand, jedoch liegt die Konfiguration $3d^{10}$ nur ungefähr um 1,25 Elektronenvolt höher. Die Bindungsenergie eines Nickelatoms im Metallgitter liegt in der Größenordnung von 4 Elektronenvolt, so daß es vollkommen verständlich ist, daß das Atom die $3d^{10}$-Konfiguration einnimmt, ohne daß es irgendwelche Valenzelektronen zu der Struktur beiträgt.

Es zeigt sich nun, daß diese willkürliche Annahme nicht erforderlich ist, wenn den Verhältnissen die PAULINGschen Valenzen zugrunde liegen. Diese liefern auch eine befriedigende Reihe von Elektronen : Atom-Verhältnissen für die HUME-ROTHERY-Phasen.

Es hat sich gezeigt, daß es möglich ist, die als empirische Beziehungen herausgestellten Verhältnisse von Valenzelektronenzahl:Atomzahl im Rahmen der Quantentheorie der Metalle zu deuten. In einem vorhergehenden Abschnitt wurde das verhältnismäßig hohe Energieinkrement für jedes zu einer fast vollen Brillouin-Zone kommende Elektron erwähnt. Für das flächenzentrierte Würfelgitter, d. h. für die α-Phase in Legierungssystemen, sollte das berechnete kritische Verhältnis von Elektronen:Atomen erreicht werden, wenn die erste Brillouin-Zone 1,362 Elektronen je Atom enthält; für die nahe verwandten β-Messing- und β-Manganstrukturen beträgt $n_k = 1{,}480$ Elektronen je Atom, für die komplizierte γ-Phase ist $n_k = 1{,}538$ und für die ε-Phase 1,75 Elektronen je Atom. Die HUME-ROTHERY-Verhältnisse betragen, wie es in dem vorhergehenden Abschnitt besprochen wurde, 1,50, 1,615 und 1,75 Elektronen je Atom der β-, γ- bzw. ε-Phase. Diese Verhältnisse (3:2, 21:13 und 7:4) ergeben die nächsten ganzen Zahlen, die in den verschiedenen Systemen enthalten sind; jede Phase umfaßt einen gewissen Konzentrationsbereich, da eine Bildung von festen Lösungen erfolgt. Wenn sich, wie es bei einigen Systemen der Fall ist, die Phasengrenzen nähern bis sie sich berühren, so kann man dem Verhältnis von Elektronen zu Atomen eine genauere Bedeutung zuordnen. In der Tabelle 9 sind Werte aufgeführt, die sich für einige Systeme ergeben haben und zum Vergleich dazu die theoretischen n_k-Werte für die entsprechenden Strukturen.

---

[11] EKMAN, W.: Z. physik. Chem. 1931 B, **12**, 57. — WESTGREN u. PHRAGMÉN: Trans. Faraday Soc. 1929, **25**, 379.

Man sieht, daß das unten entwickelte Schema, das zum größten Teil auf die Arbeiten von H. JONES zurückgeht, ein folgerichtiges Bild der Umwandlungen liefert.

Tabelle 9.

	Maximales Elektronen-verhältnis in der α-Phase	Unterer Grenz-wert der β-Phase	Grenzen der γ-Phase
n_k theoretisch	1,362	1,480	1,538
HUME-ROTHERY-Verhältnis	—	1,50	1,615
Cu-Zn	1,384	1,48	1,58—1,66
Cu-Sn	1,270	1,49	1,67—1,67
Ag-Cd	1,425	1,50	1,59—1,63
Cu-Si	1,420	1,49	—
Ag-Zn	1,378	—	1,58—1,63
Cu-Al	1,408	1,48	1,63—1,77

ZINTL-Phasen.

Die Arbeiten von ZINTL und seiner Schule haben ergeben, daß Legierungen der am stärksten elektropositiven Metalle mit Metallen der B-Gruppen (einschließlich Gold) einen überzeugenden Beweis für das Vorhandensein eines gemischten metallischen und heteropolaren Charakters liefern. Die Tatsache, daß eine Reihe von Verbindungen vom einfachen Typus *MB* (z. B. LiHg, MgTl, CaTl) eine Caesiumchloridstruktur besitzen, ist für sich alleine noch nicht unbedingt beweisend, da diese Struktur zwar typisch für Ionenverbindungen ist, ihr Auftreten aber auch bei den Überstrukturphasen vom Typus *UU'* der Übergangsmetalle vermutet wird. Die interatomaren Abstände in diesen Strukturen werden, unabhängig davon, ob es sich um einen rein metallischen oder teilweise Ionencharakter handelt, stets von den Größen der Atome *M* und *B* bestimmt.

Es gibt nun aber mehrere Legierungen mit der gleichen formalen Zusammensetzung MB und andere vom Typus MB_{13}, bei denen insofern ein neues Prinzip zu erkennen ist, als bei ihnen die Größenbeziehungen nur von der Natur der Atome *B* abhängen. Man kann hier annehmen, daß die *B*-Atome ein strukturelles Netzwerk aufbauen, in das die *M*-Atome passend eingelagert sind, so daß ihre Größe von untergeordneter Bedeutung ist.

Zu der erstgenannten Verbindungsgruppe gehören beispielsweise die Verbindungen LiAl, NaTl, LiZn, LiCd; sie besitzen eine einfache Struktur, bei der die *M*- und *B*-Atome abwechselnd Stellen in einem raumzentrierten Würfelgitter besetzen. Jedes Atom hat je vier Nachbarn von jeder Art; die beiden Atomarten besitzen offenbar gleiche Atomdurchmesser. In dieser Natriumthallidstruktur sind die Na- und Tl-Atome je für sich wie im Kristallgitter des Diamants oder grauen Zinns angeordnet, und die Annahme ist berechtigt, daß die Thalliumatome so zusammen gebunden sind, daß sie ein dreidimensionales Netzwerk vom Diamanttypus aufbauen. Die Alkalimetallatome liegen in den Zwischenräumen dieser Struktur, ihr scheinbarer Durchmesser wird durch das von den Thalliumatomen gebildete Gitterwerk bestimmt. An der Diamantstruktur sind vier Bindungen je Atom beteiligt; wenn ein vollständiger Elektronenübergang erfolgen würde und die Struktur aus Na^+- und Tl^--Ionen aufgebaut wäre, würde jedes der letzteren die vier zur Bildung von vier normalen Kovalenzen erforderlichen Elektronen besitzen. Es ist vielleicht nicht erforderlich, daß ein vollständiger Elektronenübergang erfolgt; es kann bis zu einem gewissen Grade auch eine metallische Bindung zwischen Na—Tl mit nicht ganzzahligen Tl—Tl-Bindungen vorliegen. In den als intensiv gefärbt beschriebenen Verbindungen LiCd und LiZn sind an einem Resonanzvorgang mindestens drei Elektronen je Zn^-- oder Cd^--Ion beteiligt. Es ist nicht klar, ob die Verbindungen einen ausgesprochenen Metallcharakter aufweisen. Die Verbindungen (Na, K, Ca, Sr, Ba)Zn_{13} und (K, Rb oder Cs)Cd_{13} besitzen komplizierte Strukturen, bestätigen aber überzeugend die ZINTLsche Anschauung, da die Abmessungen der kubischen Elementarzelle beim Übergang vom $NaZn_{13}$ zum $BaZn_{13}$ sich nur von 12,27 Å auf 12,33 Å ändern, also bei einem Übergang zu einem viel größeren Atom, wobei — im Falle, daß es sich um rein metallische Bindungen handelt — durch das zweiwertige Atom wesentlich stärkere Kräfte wirksam werden.

Dasselbe Strukturprinzip liegt auch anderen Verbindungen zugrunde. So enthält $CaZn_2$ hexagonale Schichten von Zinkatomen, die gegenüber einer Pseudographitstruktur etwas verzerrt sind, da zwischen den Zinkatomen Calciumatome angeordnet sind. Diese Struktur läßt ihren Aufbau aus Ca^{++}- und Zn^--Ionen erkennen; aus letzteren entsteht ein System trigonaler [sp^2]-Bindungen. Die Grundlage aller dieser Verbindungen ist die Vereinigung eines extrem elektropositiven Metalls mit einem Element, das eine genügend starke Elektronenaffinität besitzt, um kräftige Kovalenzbindungen entstehen zu lassen. Bei den Metallen, die Netzwerke von ZINTL-Phasen aufbauen, handelt es sich um die gleichen, die organometallische Verbindungen bilden.

Daß der Einfluß der heteropolaren Kräfte in Legierungen nicht zu vernachlässigen ist, haben Messungen der elektrolytischen Überführung ergeben. In einer derartigen festen Phase mit teilweiser Ionenbindung werden zwar die Elektronen des Metalls wegen ihrer hohen Konzentration und Beweglichkeit zwar den Hauptanteil zum Stromtransport beitragen, doch liegt auch eine gewisse Konzentration an Ionen vor. Bei einer zur Diffusion ausreichend hohen Temperatur werden beim Durchgang des elektrischen Stromes auch die Ionen wandern. Ihre Überführungszahl wird dann von der Konzentration von Atomen in Ionenform und dem Verhältnis von Ionen- zu Elektronenbeweglichkeit abhängen. Eine Legierung von einem Mischbindungstyp muß daher die Eigenschaften eines festen Elektrolyten besitzen, die aber die quantitativ vorherrschende Elektronenleitfähigkeit überlagert. Selbst in rein metallischen Systemen sind sowohl das Elektronengas als auch die positiv geladenen Atomkerne an der elektrischen Leitfähigkeit beteiligt; wenn sich in binären Legierungen die Beweglichkeiten der beiden Atomarten merklich voneinander unterscheiden, müßte man eine gewisse Konzentrationsänderung beobachten. Wie in den Systemen Pd—H[12] und Fe—C[13] und auch in den echten metallischen Systemen Pd—Au und Cu—Au[14] beobachtet wurde, trifft dies auch tatsächlich zu; allerdings sind die ionischen Überführungszahlen nur außerordentlich klein. In stärker polaren Legierungen sollte jedoch eine Ionenwanderung in beiden Richtungen erfolgen, und der Ionenanteil am Stromtransport müßte leichter der Beobachtung zugänglich sein. So sind die Ionen im Mg_3Bi_2 bei 700° zu etwa 0,1% am Stromtransport beteiligt, wobei das Wismut zur Anode wandert[15]. Das Verhältnis des Stromtransports durch die Ionen ändert sich mit der Zusammensetzung der Phase und besitzt für die stöchiometrische Verbindung ein Maximum, so daß hier also die Leitfähigkeit am kleinsten ist. In Hinblick auf die starken Unterschiede in den Beweglichkeiten der Elektronen und massiven Ionen ergibt sich aus der ionischen Überführungszahl, daß ein recht erheblicher Anteil von Elektronen unter Bildung von Bi^{n-}-Ionen (n muß nicht unbedingt 3 sein) festgelegt und nicht als frei bewegliche metallische Elektronen verfügbar ist. KUBASCHEWSKI berechnet, indem er bestimmte Annahmen zugrunde legt, daß die Bindungskräfte in diesen Verbindungen zu etwa 80—90% Ionencharakter besitzen. Bisher sind nur wenige intermetallische Verbindungen unter diesem Gesichtspunkt untersucht worden. KUBASCHEWSKI und REINARTZ haben jedoch Beweise gefunden, daß an der Leitfähigkeit der HUME-ROTHERY-β-Phase Cu_3Al ein merklicher Ionenanteil beteiligt ist.

Polyanionische Verbindungen des Bleis, Zinns und Antimons.

Einen Übergang von den intermetallischen Verbindungen, für die die gewöhnlichen Valenzregeln nicht gelten, zu dem normalen chemischen Verbindungstyp findet man bei einer interessanten Gruppe von Verbindungen, die von ZINTL und Mitarbeitern[16] untersucht wurden. Diese polyanionischen Salze bilden auch eine Brücke zu den ihrer Konstitution nach noch unbekannten Polysulfiden und Polyjodiden.

Es wurde zuerst von JOANNIS beobachtet und später von KRAUS, BERGSTRÖM und SMYTH[17] bestätigt, daß eine Lösung von Natrium in flüssigem Ammoniak metallisches Blei unter Bildung einer leitenden Lösung aufnehmen kann. Die Verfasser nehmen mit Recht an, daß

[12] COEHN, A., u. W. SPECHT: Z. Physik 1930, **62**, 1.

[13] SEITH, W., u. O. KUBASCHEWSKI: Z. Elektrochem. angew. physik. Chem. 1935, **41**, 551.

[14] JOST, W., u. R. LINKE: Z. physik. Chem. 1935 B, **29**, 127.

[15] KUBASCHEWSKI, O., u. K. REINARTZ: Z. Elektrochem. angew. physik. Chem. 1948, **52**, 75.

[16] ZINTL u. Mitarb.: Naturwiss. 1929, **17**, 782. — Z. physik. Chem. A, 1931, **154**, 1, 47; B, 1932, **16**, 183, 195, 206. — Z. anorg. allg. Chem. 1933, **211**, 113.

[17] JOANNIS, A.: C. R. hebd. Séances Acad. Sci. 1892, **114**, 587. — Liebigs Ann. Chem. 1906 [VIII], **7**, 75. — KRAUS, C. A. u. a.: J. Amer. chem. Soc. 1922, **44**, 2116, 1999, 2722; 1925, **47**, 43. — SMYTH, F. H.: J. Amer. chem. Soc. 1917, **39**, 1299. — BERGSTRÖM: J. Amer. chem. Soc. 1926, **48**, 146.

dabei eine den Polysulfiden ähnelnde Verbindung gebildet wird; die Klärung der Zusammensetzung der Substanz gelang jedoch erst durch Anwendung einer neuen, eleganten experimentellen Technik, die von ZINTL entwickelt wurde. ZINTL benutzte ein zweites Verfahren zur Bildung der Polyplumbide, und zwar die Einwirkung eines Überschusses von Natrium auf eine Lösung von Bleijodid in flüssigem Ammoniak. Der Reaktionsverlauf wurde durch konduktometrische und potentiometrische Titrationen in der Lösung in flüssigem Ammoniak untersucht; dabei ergab sich, daß nicht nur beim Blei, sondern auch bei den anderen Metallen der IV., V. und VI. Hauptgruppe, also bei den flüchtige Hydride bildenden Elementen, Anzeichen einer Polyanionenbildung nachweisbar sind. Andererseits werden von den Elementen der Gruppe I—III bei demselben Reaktionstyp mit Natrium in flüssigem Ammoniak metallische Legierungsphasen gebildet, die in flüssigem Ammoniak unlöslich sind. Die so gebildeten Verbindungen sind in Tabelle 10 zusammengefaßt.

Tabelle 10.

IV. Gruppe	V. Gruppe	VI. Gruppe
		$\mathit{Na_2S}$
		$\mathrm{Na_2S_2}$
		$\mathrm{Na_2S_3}$
		$\mathrm{Na_2S_4}$
		$\mathrm{Na_2S_5}$
		$\mathrm{Na_2S_6}$
		$\mathrm{Na_2S_7}$
	$\mathit{Na_3As}$	$\mathit{Na_2Se}$
	$\mathrm{Na_3As_3}$	$\mathrm{Na_2Se_2}$
	$\mathrm{Na_3As_5}$	$\mathrm{Na_2Se_3}$
	$\mathrm{Na_3As_7}$	$\mathrm{Na_2Se_4}$
		$\mathrm{Na_2Se_5}$
		$\mathrm{Na_2Se_6}$
$\mathrm{Na_4Sn_9}$	$\mathit{Na_3Sb}$	$\mathit{Na_2Te}$
	$\mathrm{Na_3Sb_3}$	$\mathrm{Na_2Te_2}$
	$\mathrm{Na_3Sb_7}$	$\mathrm{Na_2Te_3}$
		$\mathrm{Na_2Te_4}$
$\mathrm{Na_4Pb_7}$	$\mathit{Na_3Bi}$	
$\mathrm{Na_4Pb_9}$	$\mathrm{Na_3Bi_3}$	
	$\mathrm{Na_3Bi_5}$	

Von den aufgeführten Verbindungen sind die kursiv gedruckten in flüssigem Ammoniak nicht löslich. Sie stellen, wie bereits in einem früheren Abschnitt (S. 422) besprochen wurde, intermetallische Verbindungsphasen mit vollständig besetzten Brillouin-Zonen dar und besitzen somit einen vorwiegend homöopolaren Charakter. Die anderen Verbindungen sind jedoch löslich; sie neigen zur Bildung intensiv gefärbter Lösungen. So entspricht die Färbung einer $\mathrm{Na_3Bi_3}$-Lösung der Farbe des Permanganats, während $\mathrm{Na_4Sn_9}$ eine blutrote Lösung bildet. In einigen Fällen ist die bei der Reflexion der Lösung erscheinende Farbe komplementär zu derjenigen, die die Lösung im durchfallenden Licht zeigt. Die Lösungen in flüssigem Ammoniak sind daher wahrscheinlich keine echten Lösungen, sondern eher Sole aggregierter Polyanionen.

Der Zusatz von Bleiionen (z. B. in Form von zugefügtem Bleijodid) zu einer Polyplumbidlösung neutralisiert die Anionenladung, bis eine Aggregation erfolgt; die Reaktionen verlaufen nach folgenden Gleichungen:

$$\begin{aligned} 7\,\mathrm{Pb} + 4\,\mathrm{Na} &= 4\,\mathrm{Na^+} + [\mathrm{Pb_7}]^{4-} \\ [\mathrm{Pb_7}]^{4-} + 2\,\mathrm{Pb} &= [\mathrm{Pb_9}]^{4-} \\ [\mathrm{Pb_7}]^{4-} + 2\,\mathrm{Pb^{2+}} &= 9\,\mathrm{Pb} \\ [\mathrm{Pb_9}]^{4-} + 2\,\mathrm{Pb^{2+}} &= 11\,\mathrm{Pb} \end{aligned}$$

Übereinstimmend mit diesem typischen Schema scheidet sich bei der Elektrolyse der Lösungen mit niedrigstem Natriumgehalt das Element mit der Anionenladung an der Anode ab; Blei wird so anodisch aus Na_4Pb_9 abgeschieden, jedoch nicht aus Na_4Pb_7, das an der Anode in die höhere Verbindung umgewandelt wird. An der Kathode reagiert Natrium mit der höheren Verbindung (Na_4Pb_9), oder es erfolgt — bei Verwendung einer Bleielektrode — kathodische Auflösung.

Die Reaktion von metallischem Natrium mit Metallsalzen ist nicht zur Darstellung von Verbindungen geeignet, da eine Trennung von den gleichzeitig gebildeten Natriumhalogeniden nicht möglich ist. Dieselben polyanionischen Salze kann man jedoch mit Hilfe von flüssigem Ammoniak aus Legierungen von Natrium mit den fraglichen Metallen herauslösen. Natrium-Bleilegierungen, die man beim Erstarren in Form eines feinkörnigen Gefüges erhält, lösen sich leicht in flüssigem Ammoniak; wenn das Atomverhältnis Pb : Na in der Legierung geringer ist als 9:4, entsteht ein Gemisch von Na_4Pb_7 und Na_4Pb_9. Legierungen, bei denen Pb : Na $>$ 9:4 ist, ergeben reines Na_4Pb_9; eventuell überschüssiges Blei bleibt unverändert zurück, obgleich man durch Röntgenuntersuchungen zeigen kann, daß eine Legierung mit der Zusammensetzung Na_4Pb_{10} als homogene Metallphase existenzfähig ist. Ein ähnliches Verhalten zeigen Natrium-Antimon- und Natrium-Wismutlegierungen, bei denen der Schwermetallgehalt 75 Atomprozent beträgt.

Wenn man die nach dem im letzten Abschnitt beschriebenen Verfahren gewonnenen Lösungen in flüssigem Ammoniak verdampft, so erhält man die Legierungen als pyrophore Stoffe von metallischem Aussehen, die leicht und vollständig in flüssigem Ammoniak löslich sind. Die festen Stoffe enthalten in allen Fällen Ammoniak. Sie scheinen eine amorphe Struktur zu besitzen, jedoch erfolgt bei der Entfernung des Ammoniaks eine Umwandlung der entstehenden Legierung unter Bildung eines Atom-(Legierungs-)gitters.

Dieses Verhalten kommt gut bei den Polyantimoniden und Polybismutiden zum Ausdruck. Die niederen Verbindungen, $[Na(NH_3)_x]_3Sb_3$ und $[Na(NH_3)_x]_3Bi_3$, bilden bei Entfernung des Ammoniaks sofort die Legierungsphasen NaSb und NaBi, die man bereits von den Schmelzgleichgewichten der binären Systeme her kennt. Wie sich auf Grund der Röntgenanalyse ergibt, bilden die höheren Antimonide und Bismutide, $[Na(NH_3)_x]_3Sb_7$ und $[Na(NH_3)_x]_3Bi_{5-7}$, genau wie die Schmelzen mit weniger als 50 Atomprozent Natrium gemischte Produkte mit den zwei Phasen NaSb + Sb bzw. NaBi + Bi. Daß diese Umwandlung einer vollständigen Neuordnung des Moleküls entspricht, erkennt man an der Kristallstruktur der Legierungsphasen. NaSb besitzt in der Elementarzelle acht Atome von jedem Element, NaBi bildet ein körperzentriertes tetragonales Atomgitter und kann deshalb keinen aus mehreren Anionen bestehenden Komplex, wie z. B. Sb_3^{3-}, enthalten.

Es ist klar, daß bei der Entfernung des Ammoniaks von den Natriumionen und der damit verbundenen Abnahme der Ionengrößen, das Potential und damit die verzerrende Wirkung der Anionen — in dem von Fajans besprochenen Sinne (vgl. Kapitel III, S. 39) — soweit ansteigt daß ein vollständiger Zusammenbruch des Anions erfolgt. Nur bei sehr großen einwertigen Kationen ist die polarisierende Wirkung soweit herabgesetzt, daß die außerordentlich leicht deformierbaren Polyanionen beständig sind. Die Bildung von Polyanionen ist daher auf die Alkalimetalle beschränkt; allerdings scheinen Anhaltspunkte dafür vorzuliegen, daß auch das sehr große Tetramethylammonium in Lösung ein unbeständiges Polyplumbid bilden kann. Das Maximum einer Polyanionenbildung mit Schwermetallen wird beim Natrium erreicht, was wahrscheinlich auf die Wirkung zweier entgegengesetzt gerichteter Faktoren zurückzuführen ist.

a) Mit zunehmender Größe (K, Rb, Cs) ist das Potential der Alkaliionen zu niedrig geworden, um noch eine beständige Ammoniakatbildung zu ermöglichen; b) die Größe der nicht mit Ammoniak behafteten Kationen ist dann (selbst im Falle des Caesiums) zur Bildung von Polyplumbiden usw. zu gering. Bis zu einem gewissen Grade findet man eine Parallele zu diesem Verhalten bei den bekannten Fällen der Polyanionenbildung des Schwefels und besonders des Jods. Hier scheint ebenfalls eine minimale Kationengröße maßgebend zu sein, da nur die größten Alkalimetallionen, Rubidium und Caesium, wasserfreie Trijodide bilden. Die einzigen beständigen Kalium- und Natriumverbindungen besitzen die Zusammensetzung $KJ_3 \cdot H_2O$ bzw. $NaJ_3 \cdot H_2O$ und werden beim Entwässern genau wie die polyanionischen Salze von ZINTL bei der Entfernung des Ammoniaks zersetzt. Von den höheren Polyjodiden bildet nur Caesium ein wasserfreies Salz vom Typus CsJ_4, während die Salze vom Typus MJ_7 und MJ_9 stets entweder Konstitutionswasser oder -benzol enthalten. In dieser Hinsicht ist die Heptajodidverbindung $[Ni(NH_3)_4]J_{14}$ mit dem großen $[Ni(NH_3)_4]^{2+}$-Kation bemerkenswert[18].

Sechzehntes Kapitel.

Einige Einlagerungs- und nichtstöchiometrische Verbindungen.

Die schwerschmelzbaren Carbide, Nitride und Boride[1].

Die Carbide, Nitride und Boride der Metalle der IV., V. und VI. Gruppe des Periodischen Systems bilden eine verwandte Klasse von Verbindungen, die wegen ihres außerordentlich hohen Schmelzpunktes und wegen ihrer echten Metalleigenschaften bemerkenswert sind. Sie sind, wie wir sehen werden, mit den intermetallischen Verbindungen nahe verwandt und gehören zu den sog. Einlagerungsverbindungen (s. unten S. 449).

Alle diese Verbindungen kann man erhalten, wenn man das gepulverte Metall mit Kohlenstoff, Bor bzw. im Stickstoff- oder Ammoniakstrom auf hohe Temperaturen erhitzt, und zwar auf 2200° im Falle der Carbide, auf 1800—2000° bei den Boriden und 1100—1200° bei den Nitriden. Man erhält die Verbindungen dabei in pulverförmigem Zustande. Sie lassen sich reinigen und durch Sintern im Vakuum oder

---

[18] EPHRAIM u. MOSIMANN: Ber. dtsch. chem. Ges. 1921, 54, 385. — Vgl. auch N. S. GRACE: J. chem. Soc. 1931, 594. — ABEGG u. HAMBURGER: Z. anorg. allg. Chem. 1906, 50, 403. — BRIGGS u. GEIGLE: J. physic. Chem. 1930, 34, 2250.

[1] Einen ausgezeichneten Überblick findet man bei BECKER: Physik. Z. 1933, 34, 185.

in einer indifferenten Atmosphäre — z. B. in Argon — bei Temperaturen, die zwischen 2500° und ihrem Schmelzpunkt liegen, in feste Barren überführen. Sämtliche Verunreinigungen, die vorkommen können, sind flüchtiger als die Verbindungen selbst und werden auf diese Weise verdampft.

Ein bequemeres Darstellungsverfahren, das sich in allen Fällen anwenden läßt, besteht in der Reaktion mit Kohlenstoff oder Stickstoff in der Gasphase. Ein Metallfaden aus Tantal, Hafnium oder Wolfram — für diese Elemente ist das Verfahren besonders geeignet — wird in einer Atmosphäre von Kohlenwasserstoffdampf oder Stickstoff erhitzt. Im ersten Falle muß der Partialdruck des Kohlenwasserstoffs klein genug sein, um zu vermeiden, daß sich freier Kohlenstoff in Form von Graphit an dem heißen Draht abscheidet. Bei dieser Darstellung erhält man auf bequeme Weise die Verbindungen in Form von Fäden. Ein anderes Verfahren besteht darin, daß man eine Trägerfaser irgendeines anderen Stoffes — z. B. Platin, Kohlenstoff oder Wolfram — benutzt und diese in einem aus Toluol, Methan und einem flüchtigen Metallhalogenid bestehenden Dampfgemisch erhitzt; sämtliche in Frage kommenden Metalle bilden flüchtige Halogenverbindungen. Bei der an der Oberfläche des weißglühenden Fadens stattfindenden Reaktion scheidet sich ein Belag des gesuchten Metallcarbids ab. In derselben Weise entstehen bei Benutzung von Stickstoff Nitride und bei Verwendung von Bortribromid als Bestandteil des Dampfes die entsprechenden Boride. Man kann bei diesem Verfahren die Metallcarbide bzw. die anderen Verbindungen in Form von Einkristallen erhalten. Der zentrale Trägerfaden, an dem sich der Niederschlag abgeschieden hat, läßt sich schließlich durch Verdampfen entfernen, wenn das gesamte Maschenwerk bis nahe an den Schmelzpunkt des fraglichen Metalls erhitzt wird.

Die wichtigsten physikalischen Eigenschaften dieser Verbindungen sind in Tabelle 1 zusammengestellt. Man sieht, daß die Härte im allgemeinen zwischen der des Diamants (Härte = 10) und der des Topas (Härte = 8) liegt und daß die Carbide des Zirkoniums, Hafniums, Niobiums (NbC, Schmp. 3770° abs.) und Tantals einen höheren Schmelzpunkt besitzen als Wolfram, Rhenium oder selbst freier Kohlenstoff. Es ist tatsächlich möglich, Kohlenstoff in einem aus gesintertem Tantalcarbid bestehenden Tiegel zu schmelzen und zu verdampfen[2].

Die binären Systeme dieser hochschmelzenden Verbindungen bieten einige interessante Merkmale. Tantalcarbid und Niobiumcarbid bilden eine vollständige Reihe von festen Lösungen, die zwischen 3770 und 4150° abs. schmelzen. Tantalcarbid und Zirkoncarbid ergeben ein binäres System, das bei der Zusammensetzung $4\,TaC + ZrC$ einen Schmelzpunkt von 4215° abs. besitzt; dieses ist der höchste Schmelzpunkt, den man überhaupt kennt.

Alle diese Verbindungen sind chemisch außerordentlich indifferent. So wird Titancarbid bei 600° von Wasser oder Chlorwasserstoff nicht angegriffen; Chlor und Schwefel wirken auf Vanadincarbid erst bei

---

[2] Becker: Physik. Z. 1933, **34**, 185.

Tabelle 1.

Carbide	Schmp. °abs.	Härte	Nitride	Schmp. °abs.	Härte	Boride	Schmp. °abs.	Härte
TiC	3410	8—9	TiN	3220	8—9	TiB		9
ZrC	3805	8—9	ZrN	3255	8	ZrB	3265	9
HfC	4160							
TaC	4150		TaN	3360				
W_2C	3130*	9—10						
WC	3130	9						
Mo_2C	2600							
MoC	2840							

* Unter Zersetzung.

Rotglut ein. Oxydationsmittel wie Königswasser oder gasförmiger Sauerstoff greifen die Verbindungen bei hohen Temperaturen leichter an. In der Literatur heißt es, daß Vanadincarbid langsam von kalter Salpetersäure angegriffen wird. Die Carbide des Molybdäns und Wolframs sind etwas reaktionsfähiger als die Metalle selbst. In beiden Fällen sind zwei Carbide, Mo_2C und MoC bzw. W_2C und WC, mit Sicherheit festgestellt worden; MoC und WC zersetzen sich bei ihrem Schmelzpunkt und ergeben das niedere Carbid und Graphit.

Es ist klar, daß die Zusammensetzung dieser Stoffe wie die der intermetallischen Verbindungen nicht durch die übliche Wertigkeit des Metall- und Nichtmetallbestandteils bestimmt wird. Die Verbindungen zeigen viele Gemeinsamkeiten mit den echten Metallen; so besitzen sie eine hohe elektrische Leitfähigkeit mit einem negativen Temperaturkoeffizienten; daraus geht also hervor, daß es sich um eine echte metallische Leitfähigkeit handelt. Für die Leitfähigkeiten der Verbindungen irgendeines Metalls ergibt sich gewöhnlich folgende Reihenfolge:

$$\text{freies Metall} \gg \text{Carbid} > \text{Nitrid} > \text{Borid.}$$

Der metallische Charakter dieser Verbindungen geht soweit, daß auch die Erscheinung der Supraleitfähigkeit auftritt und man das erste Beispiel von supraleitenden Verbindungen hat. In einigen Fällen setzt die Supraleitfähigkeit bei Temperaturen ein, die höher liegen als bei irgendeinem reinen Metall, so z. B. beim Niobiumcarbid bei 10,1° abs. und beim Zirkoniumnitrid bei 9,45° abs. Endlich sind sämtliche Verbindungen schwach paramagnetisch; ihre Suszeptibilität ändert sich nur wenig mit der Temperatur. Wie bereits an einer früheren Stelle dieses Kapitels besprochen wurde, ist der Paramagnetismus des Leitungselektronengases eine charakteristische Eigenschaft des Metallgitters.

Diese Eigenschaften kommen in der Kristallstruktur der Verbindungen zum Ausdruck. In Kapitel V wurde festgestellt, daß in einem Ionengitter, z. B. im Kristallgitter der Silikate, die kleinen Metallkationen in den Hohlräumen einer dichtgepackten Struktur von großen Anionen eingefügt sind. Dasselbe gilt für die salzartigen Carbide, die in dem nächsten Abschnitt behandelt werden sollen.

Ursprünglich bestand nach HÄGG[3] die Ansicht, daß für die augenblicklich betrachteten Verbindungen das Umgekehrte gälte, daß also die Metallatome die Struktur bestimmten und die kleinen Nichtmetallatome dazwischen eingefügt wären. Aus diesem Grunde werden die Verbindungen auch häufig als *Einlagerungsverbindungen* bezeichnet. RUNDLE[4] hat gezeigt, daß diese Vorstellung eine zu große Vereinfachung darstellt. Alle Verbindungen vom Typus MX (in denen X = B, C, N oder in einigen Fällen O ist) gehören — unabhängig davon, ob das Ausgangsmetall M eine dichtgepackte Struktur besitzt oder nicht — zum Natriumchloridstrukturtyp. Weiterhin sind diese Verbindungen, selbst wenn bei der Verbindungsbildung eine erhebliche Ausdehnung der ursprünglichen Metallstruktur erfolgt, härter als die entsprechenden Metalle; sie besitzen auch einen höheren Schmelzpunkt als diese. Es müssen also, auch wenn man berücksichtigt, daß die *Metall-Metallbindungen* schwächer werden, neue *Metall-Nichtmetallbindungen* gebildet werden, die offensichtlich stärker sind. Die zur Deutung dieser Tatsachen aufgestellten Hypothesen stehen mit der PAULINGschen Anschauung über die Metallstrukturen in Zusammenhang.

Jedes in einem NaCl-Strukturtyp angeordnete Atom besitzt sechs gleichwertige Nachbarn, daraus ergeben sich offensichtlich oktaedrische Bindungsfunktionen. Bei den Atomen der ersten Kurzperiode sind jedoch nur vier beständige Bahnen für die Bindungsbildung verfügbar. Von diesen sind die p-Bahnen, wie es erforderlich ist, rechtwinklig zueinander angeordnet. RUNDLE nimmt an, daß von einem einzelnen Elektronenpaar in jeder p-Bahn durch einen Resonanzvorgang die Möglichkeit zur Bildung von zwei Bindungen besteht. Wenn alle Bahnen benutzbar wären, würden stärkere Bindungen gebildet werden können. Dies wäre durch ein Paar $[sp]$-Zwitterbahnen und zwei p-Bahnen möglich, da eine Resonanz alle Bindungen gleichwertig machen würde. Das Ganze würde dann tatsächlich ein metallisches System darstellen, bei denen die Bindungen (von der Ordnung $^2/_3$) stärker wären, als man sie in den üblichen Metallstrukturen antrifft.

Die schwer schmelzbaren Carbide finden auf Grund ihrer Härte einige technische Anwendungsmöglichkeiten. Besonders können die Carbide des Wolframs und Tantals mit den Metallen der Eisengruppe legiert werden; die Legierungen von Kobalt mit Wolframcarbid sind zur Darstellung von Hochleistungswerkzeugen geeignet.

Die salzartigen Carbide.

Die stärker elektropositiven Metalle bilden Carbide, die einem gerade entgegengesetzten Typus angehören wie die eben behandelten metallischen Verbindungen. Es sind farblose, durchsichtige, kristalline Stoffe, die die Elektrizität nicht leiten und durch Wasser oder verdünnte Mineralsäuren unter Bildung von Kohlenwasserstoffen zersetzt werden. Eine Betrachtung der bei der hydrolytischen Zersetzung entstehenden

[3] HÄGG: Z. physik. Chem. 1931, B, **11**, 433.
[4] RUNDLE: J. Amer. chem. Soc. 1947, **69**, 1327.

Produkte ergibt, daß man die salzartigen Carbide in drei Gruppen einteilen kann:

a) Carbide, die bei der Hydrolyse Methan ergeben, Be_2C, Al_4C_3;

b) Carbide, die bei der Hydrolyse Acetylen liefern, Na_2C_2, K_2C_2, CaC_2, SrC_2, BaC_2, Cu_2C_2, Ag_2C_2;

c) Carbide, die ein Gemisch von Kohlenwasserstoffen ergeben; hier sind zwei Typen zu unterscheiden, wobei die Produkte 1. hauptsächlich aus Acetylen und einigen ungesättigten Kohlenwasserstoffen bestehen, UC_2, LaC_2, NdC_2 usw., oder 2. vor allem Methan und Wasserstoff als Zersetzungsprodukte auftreten Fe_3C, Mn_3C, Ni_3C.

Die Beziehung zwischen der Hydrolysenreaktion und der Konstitution der festen Carbide ist durch die Arbeiten von STACKELBERG weitgehend geklärt worden[5].

Die salzartigen Carbide besitzen im Gegensatz zu den Einlagerungscarbiden *Ionengitter*, bei denen die metallischen Kationen in den Zwischenräumen zwischen den Kohlenstoffanionen gelagert sind. In dieser Weise hängt der salzartige Charakter von der Stärke der elektropositiven Natur des Metalls ab. So geht bei den einfachen Substitutionsprodukten des Methans, Be_2C, Al_4C_3, SiC, der Übergang vom echten Salz zum vollständig homöopolaren Charakter der Abnahme der elektropositiven Eigenschaften zwischen Beryllium und Silicium parallel.

Der zweite Faktor, der die Natur der Carbide bestimmt, ist die Größe des metallischen Kations; daneben spielt auch seine Wertigkeit eine Rolle. Die dichtgepackte Struktur der Anionen bietet für jedes Anion zwei gleichwertige „tetraedrische" Hohlräume, die von den Kationen besetzt werden können. Wenn daher zu viele Kationen erforderlich sind, so ist kein Raum verfügbar; dies ist — vom kristallographischen Gesichtspunkte aus — der Grund, warum es von den Alkalimetallen keine Methansalze wie z. B. Na_4C gibt. Die zweiwertigen Erdalkalimetalle könnten zwar ihrer Zahl nach in die Hohlräume eingepaßt werden; sie besitzen aber eine derartige Größe, daß das Anionengitter außerordentlich stark deformiert würde. Infolgedessen spaltet das Kohlenstoffgitter in einzelne C_2^{2-}-Anionen auf, und die bekannten Carbide der Erdalkalimetalle sind die Acetylenide; die Alkalikationen können in ähnlicher Weise angeordnet werden. Das Acetylenidion liegt daher als solches in dem Kristall vor, so daß bei der Hydrolyse zwangsläufig Acetylen entsteht und bei der Bromierung C_2Br_6 gebildet wird, wobei die Kohlenstoffatome aneinander gebunden bleiben:

$$CaC_2 \xrightarrow{2\,H_2O} HC{\equiv}CH + Ca(OH)_2$$
$$CaC_2 \xrightarrow{Br_2} Br_3C{-}CBr_3 + CaBr_2\,.$$

Es ist interessant, diesen Strukturtyp und diese Reaktionsart mit dem entsprechenden Silicid, $CaSi_2$, zu vergleichen. In diesem Fall entsteht durch die ausgesprochene Neigung des Siliciums, vier homöopolare

[5] STACKELBERG: Z. physik. Chem. B, 1934, **27**, 53.

Bindungen zu bilden, eine Schichtgitterstruktur, in der die Calciumionen zwischen Schichten von unlösbar gebundenen Siliciumatomen gelegen sind. Bei der Hydrolyse des Calciumsilicids erhält man daher notwendigerweise ein hochmolekulares, ungesättigtes Silan; die Bildung eines echten Silicoacetylens, Si_2H_2, ist daher durch die Struktur seines mutmaßlichen Derivats von vornherein ausgeschlossen (vgl. Kapitel XI, S. 324).

Ein Magnesiumcarbid, Mg_2C_3, das bei der Hydrolyse hauptsächlich Allylen, $CH_3 \cdot C \equiv CH$, bilden soll[6], muß eine den Acetyleniden verwandte Struktur besitzen. Dies würde darauf hindeuten, daß in dem Kristallgitter bereits C_3^{2-}-Bausteine vorliegen.

Die Carbide der seltenen Erden, des Thoriums und Urans mit der allgemeinen Zusammensetzung MC_2 enthalten ebenfalls diskrete C_2^{2-}-Anionen. Ihre Hydrolyse nimmt einen etwas anderen Verlauf als die der Acetylide, da die Metalle schließlich im dreiwertigen oder vierwertigen Zustande vorliegen. Bei der Reaktion mit Säuren wird daher Wasserstoff entwickelt; als Folge davon wird das als Anfangsprodukt gebildete Acetylen teilweise zu Äthylen, Äthan, Methan oder anderen Kohlenwasserstoffen reduziert.

Carbide der Eisengruppe.

Eisen und die mit ihm verwandten Elemente bilden Carbide, die im gewissen Sinne eine Zwischenstellung zwischen den Einlagerungsverbindungen und den salzartigen Carbiden einnehmen. Strukturell stehen sie in näherer Beziehung zu den Einlagerungsverbindungen; sie besitzen jedoch nicht die chemische Beständigkeit und den vollkommen metallischen Charakter der oben behandelten schwerschmelzenden Carbide. Diese Tatsache hängt wahrscheinlich mit dem kleineren Atomradius der Elemente aus der Eisengruppe zusammen. Eine Bildung von Einlagerungsverbindungen ohne stärkere Verzerrung des Metallgitters ist nur möglich, wenn das *Radienverhältnis von Metall zu Kohlenstoff* größer als 1,7 ist, also bei Metallen, deren Radius größer als 1,3 Å ist. Beim Eisen ($r = 1{,}26$ Å) ist der Radius gerade etwas kleiner, und die anderen Metalle haben einen Durchmesser — z. B. Mangan: $r = 1{,}18$ Å —, der noch weiter von diesem Grenzverhältnis entfernt ist. Daher besitzen die Carbide dieser Metalle, die zwar ebenfalls die metallischen Merkmale der Einlagerungsverbindungen aufweisen, Kristallstrukturen, die sich von den Strukturen der Metalle unterscheiden; auch ihre übrigen Eigenschaften sind etwas abgewandelt.

Zementit, Fe_3C, und die analogen Mangan- und Nickelcarbide haben daher Strukturen, bei denen die Kohlenstoffatome als unabhängige Einheiten in dem Gitter vorliegen. Sie werden jedoch leicht durch Säuren und Wasser gespalten. Während Mangancarbid durch Wasser unter Bildung von Methan und Wasserstoff zersetzt wird, erfolgt beim Zementit eine etwas verwickeltere Reaktion, bei der Methan, Äthan,

[6] NOVÁK: Z. physik. Chem. 1910, **73**, 513; siehe auch KNEGGEBERG: J. Amer. chem. Soc. 1943, **65**, 602.

Äthylen, Wasserstoff und selbst feste und flüssige Kohlenwasserstoffe entstehen und freier Kohlenstoff abgeschieden wird. Der Mechanismus dieser Reaktionen ist nicht bekannt. Nickelcarbid, Ni_3C, ist bedeutend unbeständiger als Zementit, während Co_3C, dessen Existenz sich zwar durch thermische Analyse des Systems Kobalt—Kohlenstoff nachweisen läßt, überhaupt nicht isoliert werden kann.

Die C_2- und C_3-Struktureinheiten, die man in den salzartigen Carbiden findet, kann man sich vorstellen, als ob sie aus Kohlenwasserstoffketten bestünden, in denen die Wasserstoffatome entfernt sind. Eine Zwischenstufe zwischen diesem letztgenannten Anion und dem Atomgitter der eigentlichen Einlagerungscarbide ist das merkwürdige Chromcarbid, Cr_3C_2. Die Kristallstruktur dieser Verbindung zeigt, daß der Kohlenstoff lange zickzackförmige Ketten in einem aus Chromatomen bestehenden Gitter bildet. Der Abstand der Kohlenstoffatome voneinander in den Ketten beträgt ungefähr 1,64 Å, ist also etwas größer als der C—C-Abstand in den Paraffinkohlenwasserstoffen. Das Ganze stellt eine Vereinigung von Chrom mit einem unendlich langen Paraffinkohlenwasserstoff-Skelett dar, bei dem der Wasserstoff fehlt. Im gewissen Sinne bildet Cr_3C_2 eine aliphatische Parallele zu den Kalium-Graphitverbindungen, die in einem späteren Abschnitt besprochen werden sollen; bei diesen handelt es sich tatsächlich um Verbindungen des Metalls mit einem unendlich ausgedehnten, kondensierten aromatischen Netzwerk.

Die Boride und Silicide.

Wie gezeigt wurde, findet man bei den Metallcarbiden, bei denen das Verhältnis von Kohlenstoff zu Metall zunehmend ansteigen kann, wobei gleichzeitig die Struktur immer stärker komplex wird, eine Parallele zu den Silikaten im System der Ionenverbindungen:

Freie Atome → Freie Gruppen → eindimensionale Ketten → Schichten.
Steigendes Verhältnis C : M ⟶.

Neuerdings wurde nun gefunden, daß die verschiedenen, bei den Boriden und Siliciden beobachteten Verbindungstypen in ähnlicher Weise eingeteilt werden können. Als Endstufe — von der es kein Analogon bei den metallischen Carbiden gibt — findet man die Boride der Erdalkalimetalle und seltenen Erden — z. B. CaB_6 — und die Silicide wie $ThSi_2$, bei denen die Nichtmetallatome ein dreidimensionales Netzwerk aufbauen, in das die Metallatome eingelagert sind. Diese Verbindungen und die hexagonalen Pseudographitschichten der Bor- und Siliciumatome in Verbindungen wie CrB_2, β-USi_2 usw. enthalten ein fortlaufendes Netz starker Bindungen durch die gesamte Struktur hindurch. Die große Härte und hohen Schmelzpunkte, die man oft bei derartigen Verbindungen beobachtet, lassen ihren *Adamantin*charakter erkennen. Beim Silicium kommt stark ausgeprägt die Neigung zum Ausdruck, in den Siliciden Schichten und Netzwerkstrukturen zu bilden, und bei der Hydrolyse der Erdalkalisilicide kann das zweidimensionale Gefüge der Siliciumatome erhalten bleiben; bei diesen Prozessen entstehen die in einem der vorhergehenden Kapitel behandelten Siloxene. Die durch direkte Vereinigung der Alkalimetalle mit Silicium entstehenden Verbindungen KSi_8 und $RbSi_8$ sind im Vergleich zu den zwischen Graphit und den Alkalimetallen gebildeten Verbindungen von Interesse (s. unten). Da die einzige bekannte Form des Siliciums Diamantstruktur besitzt, muß man annehmen, daß in diesen Alkalisiliciden das dreidimensionale Netzwerk der Siliciumatome erhalten bleibt und die Metallatome in den Zwischenräumen angeordnet sind.

Die bei der Änderung des Metall:Nichtmetall-Verhältnisses beobachtete regelmäßig fortschreitende Umwandlung des Strukturtyps erkennt man in der folgenden Zusammenstellung (Tabelle 2):

Tabelle 2.

Einzelatome	Atompaare	Ketten	Hexagonale Schichten	Dreidimensionale Netzwerke
		CrB	CrB_2	
Mo_2B		MoB	Mo_2B_5	
W_2B		WB	W_2B_5	
				CaB_6, LaB_6
U_3Si	U_3Si_2	USi	β-USi_2	α-USi_2
$FeSi$		$FeSi_2$		
				KSi_8
Fe_3C	CaC_2, LaC_2	Cr_3C_2	KC_{16}, KC_8	

Graphitverbindungen.

1. Graphit.

Die vollkommenste Entwicklung des Schichtgitter-Strukturtyps findet man beim Graphit. Dieser besteht aus Schichten von Kohlenstoffatomen, die in hexagonaler Anordnung, wie in kondensierten aromatischen Skeletten (z. B. Pyren), gebunden sind, so daß jede Schicht ein aromatisches Riesenmolekül darstellt (Abb. 62). Die Abstände der Kohlenstoffatome in jeder Schicht betragen 1,4 Å; der Abstand ist ungefähr derselbe wie zwischen den Kohlenstoffatomen aromatischer Ringsysteme. Derartige Schichten von Kohlenstoffatomen liegen übereinander; der Abstand zwischen zwei übereinanderliegenden Schichten beträgt ungefähr 3,4 Å. Der Abstand zwischen den Ebenen ist etwas veränderlich und nimmt deutlich zu, wenn die Oberfläche der Schichten sehr klein wird, d. h. bei sehr kleinen Kristalliten. Statistisch gesehen werden etwas mehr als drei Valenzen von jedem Kohlenstoffatom zu Kohlenstoff-Kohlenstoffbindungen in jeder Schicht benutzt. Die übrigen Valenzen ergeben eine Art metallischer Bindung zwischen den übereinanderliegenden Schichten, die — wie der ziemlich beträchtliche Abstand zeigt — nur lose aneinander gebunden sind.

Die charakteristischen Eigenschaften des Graphits bestehen demnach darin, daß eine metallische Leitfähigkeit und vor allem eine leichte Spaltbarkeit gegen die zwischen den Schichten wirksamen schwachen Kräfte vorhanden ist, so daß die Schichten als solche übereinander gleiten können. Aus dieser zweiten Folgerung über die Graphitstruktur ergeben sich die Eigenschaften des Graphits als Schmiermittel. Die Besonderheiten der Struktur kommen auch in den chemischen Eigenschaften des Graphits zum Ausdruck und führen zur Bildung von Verbindungen, bei denen Atome oder Radikale zwischen den Graphitschichten eingefügt sind.

Alle Arten von Kohlenstoff außer Diamant besitzen, wie sich gezeigt hat, einen graphitartigen Charakter. Die Verschiedenheit der Eigenschaften und der offensichtlich amorphe Charakter von Holzkohle rührt her von der wechselnden Größe der Kristalliteinheiten dem verschiedenen Grade, bis zu dem eine regelmäßige Ordnung in den Teilen erfolgt ist. Im feinsten Lampenruß oder im Norit sollen die Kristallite nur eine Länge von etwa 40—50 Å und eine Stärke von 10 Å besitzen, d. h. jeder Kristallit enthält nur zwei oder drei Lagen von Kohlenstoffschichten, die aus einigen hundert Ringen bestehen. In der rötlichen Form des Kohlenstoffs, die sich aus Kohlensuboxyd abscheidet, ist die Größe der Teilchen sogar noch kleiner (vgl. S. 302).

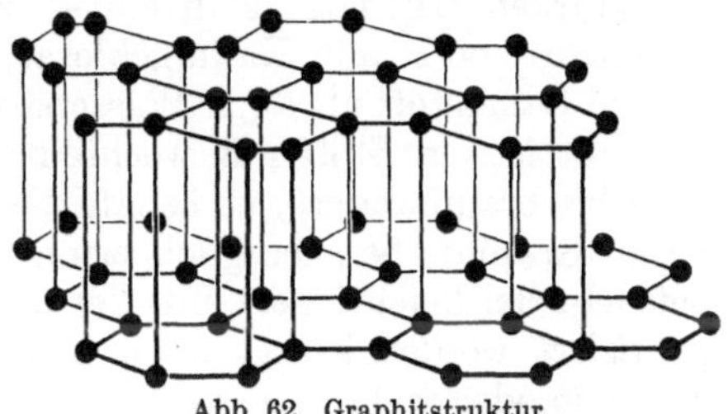

Abb. 62. Graphitstruktur.

2. Graphit-Kaliumlegierungen.

Fredenhagen[7] hat zuerst beobachtet, daß flüssiges Kalium Graphit benetzt und in dessen Struktur sofort eindringt, wobei gleichzeitig ein Anschwellen und Zerfall erfolgt. Wenn man sämtliches überschüssige Kalium im Vakuum abdampft, so bleibt eine pyrophore kupferrote Masse zurück; beim stärkeren Erhitzen bildet sich ein blauschwarzer Stoff und schließlich die ursprüngliche amorphe Holzkohle oder Graphit zurück. Es ist kennzeichnend, daß bei Verwendung von kristallinem Graphit die Kristallform vollkommen beibehalten wird; das Anschwellen erfolgt nur in Richtung senkrecht zu den Lamellen. Sowohl bei Verwendung fein verteilter Holzkohle als auch beim Graphit kann man zwei bestimmte Zustände unterscheiden, eine bronzefarbene, kaliumreiche Stufe und ein stahlblaues Produkt, das man durch teilweise Entfernung des Kaliums erhält. Fredenhagen zeigte, daß diese beiden Zustände bestimmten Dissoziationsdrucken des Kaliums entsprechen und zwei definierte Verbindungen C_8K und $C_{16}K$ darstellen. Aus diesen Verbindungen kann das Kalium mit Quecksilber ausgewaschen werden, woraus hervorgeht, daß das Metall nur lose gebunden ist. Bei dieser Behandlung wird Graphit zurückgebildet.

Die Röntgenuntersuchungen der Verbindungen ergeben, daß bei der Reaktion mit Kalium die Graphitschichten nicht verändert werden[8]. Wie bereits erwähnt, erfolgt das Anschwellen nur in einer

[7] Fredenhagen: Z. anorg. allg. Chem. 1926, 158, 249; 1929, 178, 353.
[8] Schleede u. Wellmann: Z. physik. Chem. B, 1932, 18, 1.

Richtung und hat eine Zunahme der Abstände zwischen den Lagen zur Folge; die Erscheinung wird durch den Eintritt von Kaliumatomen in die Schichten hervorgerufen. Bei der kaliumreichen Stufe, C_8K, ist ein Kaliumatom auf acht Kohlenstoffatome zwischen je zwei Graphitschichten eingefügt. In der zweiten Stufe, $C_{16}K$, sind die Kaliumatome in ähnlicher Weise angeordnet, jedoch sind sie nur abwechselnd zwischen zwei Schichten eingefügt.

3. Graphitoxyd.

Schon viele Jahre lang ist bekannt, daß Graphit beim Behandeln mit starken Oxydationsmitteln — z. B. mit Kaliumchlorat und Salpetersäure oder mit Kaliumchlorat, Salpeter- und Schwefelsäure — sowohl Sauerstoff als auch Wasserstoff aufnimmt. Das dabei gebildete Produkt ist ein Stoff mit wechselnder Farbe, die sich im Bereich von grün bis braun ändert; er behält die äußere Kristallform des ursprünglichen Graphits bei, lediglich erfolgt ein starkes Anschwellen. In Anbetracht der Leichtigkeit, mit der das Produkt von Alkalien gelöst oder peptisiert werden kann, nahm man bei früheren Untersuchungen an, daß eine oder mehrere *Graphitsäuren* gebildet würden[9]. BRODIE schrieb der Graphitsäure die Formel $C_{11}H_4O_5$ zu; andere Forscher waren jedoch der Ansicht, daß man mehrere Oxydationsstufen unterscheiden könnte, die den verschiedenen Färbungen des Produktes entsprächen.

Diese sog. Graphitsäure läßt sich mit Zinn(II)-chlorid, Schwefelwasserstoff oder Hydroxylamin zu einem Stoff reduzieren, der nach den früheren Angaben in seinen physikalischen Eigenschaften in naher Beziehung zum Graphit steht, jedoch noch Wasserstoff und Sauerstoff enthalten soll. Graphitsäure selbst zersetzt sich beim Erhitzen fast explosionsartig. Es wird kein Sauerstoff entwickelt, jedoch entsteht Kohlenmonoxyd und Kohlendioxyd, und es bleibt ein Rückstand übrig, der entweder aus amorphem Kohlenstoff oder aus einer kohlenstoffhaltigen Substanz besteht, die bedeutend ärmer an Sauerstoff ist als Graphitsäure. Dieser feste Rückstand, den BRODIE Pyrographitsäure nannte, wird leicht durch Oxydationsmittel angegriffen und bildet schließlich neben anderen Produkten Mellithsäure, $C_6(COOH)_6$. Jetzt läßt sich zeigen, daß dieser möglicherweise noch etwas Sauerstoff enthaltende Rückstand aus einem Graphit bestehen muß, der wegen der geringen Größe und des Zerfallscharakters seiner Kristallite gegenüber Oxydationsmitteln sehr reaktionsfähig ist.

Die wahre Natur der Graphitsäure und ihre chemischen Reaktionen sind im großen Maßstab durch die Arbeiten von U. HOFMANN und seiner Schule[10] aufgeklärt worden. HOFMANN und Mitarbeiter zeigten, daß die Graphitsäure genau wie die Kalium-Graphitlegierung eine Verbindung ist, bei der die Graphitschichten eine chemische Verbindung eingehen, ohne daß eine Trennung derjenigen Bindungen erfolgt, die

---

[9] Siehe z. B. MELLOR: Comprehensive Treatise, Bd. V, S. 828.

[10] HOFMANN, U., u. Mitarbeiter: Ber. dtsch. chem. Ges. 1928, **61**, 435; 1930, **63**, 1248. — Z. Elektrochem. angew. physik. Chem. 1931, **37**, 613. — Kolloid-Z. 1932, **58**, 8; **61**, 297. — Liebigs Ann. Chem. 1934, **510**, 1.

ihr Kohlenstoffskelett bilden. Die schwachen Kräfte zwischen den Schichten werden zerstört und Sauerstoff wird von den Kohlenstoffatomen durch die nicht bei den Kohlenstoff-Kohlenstoffbindungen beteiligte vierte Valenz gebunden. Als Folge davon gehen der metallische Charakter, der Glanz und die hydrophoben Eigenschaften des Graphits verloren. Graphitsäure ist hygroskopisch und wird von nichtwäßrigen Lösungsmitteln weniger leicht benetzt als Graphit; statt eines metallischen Glanzes besitzt sie eine Farbe, die sich je nach der Zusammensetzung von grün bis braun ändert.

Die ältere Graphitsäurevorstellung von BRODIE wurde schon frühzeitig widerlegt, obwohl THIELE[11] ihr die Idealformel $C_6(OH)_3$ zuordnete. Es wurde gezeigt, daß der Hauptanteil des in der Graphitsäure enthaltenen Wasserstoffs als Wasser vorliegt, eine Folgerung, zu der schon HULETT und NELSON auf Grund des Entwässerungsverlaufs der Graphitsäure gekommen waren. Die Forscher nahmen an, daß die Säure in Wirklichkeit die Zusammensetzung $C_{2,7-3}O$ besäße und an der verhältnismäßig großen Oberfläche des kolloidalen Materials Wasser adsorbiert wäre. Der Wassergehalt kann bis zu 35% schwanken; eine Änderung des Wassergehalts wird nicht nur von einem Farbwechsel begleitet, was dazu führte, daß in den älteren Arbeiten irrtümlicherweise das Auftreten von mehreren verschiedenen Verbindungen angenommen wurde, sondern es tritt auch die Erscheinung des bereits erwähnten Anschwellens in einer Richtung auf. Die Abstände zwischen den Kohlenstoffatomen in den Graphitschichten ändern sich nicht, da die Schichten erhalten bleiben; durch das Einfügen von Sauerstoffatomen werden aber die Schichten voneinander entfernt, so daß sich die Abstände von 3,4 Å auf einen Wert erhöhen, der zwischen 6 und 11 Å liegt; dieser Abstand zwischen den Schichten nimmt regelmäßig mit der Menge des in dem Stoff enthaltenen Wassers zu.

Bei Gegenwart von Alkalien verläuft das Anschwellen noch weiter und entspricht möglicherweise einer vollständigen Auflösung des Skeletts in einzelne Atomschichten. Die Viskosität der Suspension ist sehr groß, und der Graphit geht in eine kolloidale Lösung über. Es ist klar, daß jede Graphitoxydschicht ein Riesenmolekül bildet, wobei die Oxydschichten durch intermolekulare VAN DER WAALSsche Kräfte zusammengehalten werden. Der Schwellungsvorgang erreicht seine Endstufe, wenn zwischen den Schichten Platz für zwei Lagen von Wassermolekülen vorhanden ist, d. h. wenn jede Schicht auf beiden Seiten mit einem monomolekularen Wasserfilm bedeckt ist.

Das mit Alkali peptisierte Material wirkt als Kationenaustauscher, die saure Form kann bis zu 5—8 Milligrammäquivalente Alkali je Gramm Graphitsäure neutralisieren. Diese Menge ist so groß, daß sie sich nicht durch die Wirkung von —COOH- oder sauren OH-Gruppen, die an den Kanten der Graphitsäuren aus Kohlenstoff gebildet werden könnten, erklären lassen. Daraus geht hervor, daß sich reaktionsfähige Hydroxylgruppen an Stellen befinden, die von den Kanten entfernt sind. RUESS[12]

[11] THIELE: Kolloid-Z. 1931, **56**, 129; 1948, **104**, 114.
[12] RUESS: Kolloid-Z. 1945, **110**, 17.

gelang es, sorgfältig entwässertes Graphitoxyd mit Hilfe von Diazomethan zu methylieren; der Methoxylgehalt des dabei gewonnenen Produktes stimmte ungefähr mit der Aufnahmefähigkeit der Graphitsäure für die Neutralisation durch Alkali überein. Bei der Methylierung wird der Abstand zwischen den Graphitschichten noch weiter vergrößert, und zwar von 6,3 auf 8,5 Å, ein Beweis für das Vorhandensein großer Methoxylgruppen zwischen den Schichten. In entsprechender Weise wurde Graphitoxyd auch acetyliert.

Nach den Arbeiten von HOFMANN und RUESS läßt sich Graphitsäure offenbar als ein *Graphitoxyd* auffassen, bei dem das Verhältnis von $C:O$ schwanken kann, und zwar wahrscheinlich bis zu dem Grenz-

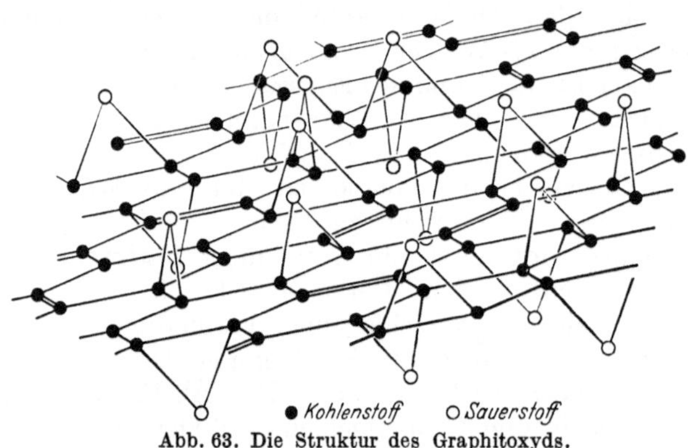

Abb. 63. Die Struktur des Graphitoxyds.

wert C_2O. Die Sauerstoffatome sind anscheinend an je zwei Kohlenstoffatome, wie im Äthylenoxyd, mit einem Abstand von 1,4 Å oberhalb oder unter den Kohlenstoffschichten gebunden (Abb. 63). Aus den Neutralisations-, Methylierungs- und Acetylierungsreaktionen folgt, daß auf je 6 Kohlenstoffatome etwa eine —OH-Gruppe in Reaktion tritt. Es steht jedoch nicht fest, ob der Sauerstoff unbedingt in zwei Formen — in einer Gruppe vom Äthylenoxydtypus und als Hydroxylsauerstoff — vorliegen muß, oder ob ein Teil der Äthylenoxydgruppen reaktionsfähig ist und leicht durch Hydrolyse aufgespalten wird. Interessant ist, daß die Zusammensetzung der Verbindung vorwiegend nichtstöchiometrisch ist. Während der Bildung oder Reduktion ändert sich die Zusammensetzung kontinuierlich, das Graphitoxyd verhält sich also vollständig als homogene Phase.

4. Graphitsalze.

Von dem eben betrachteten Graphitoxyd unterscheidet sich im gewissen Grade eine andere Klasse von Verbindungen, die Salze des Graphits mit Sauerstoffsäuren. Eine dieser Verbindungen ist schon lange Zeit bekannt, ohne daß man sich allerdings über ihre Natur völlig klar war, bis das ganze Gebiet durch die Arbeiten von HOFMANN und RÜDORFF aufgeklärt wurde. Wenn man Graphit in Gegenwart einer kleinen Menge eines starken Oxydationsmittels in Schwefelsäure suspendiert, so erfolgt ein Schwellen oder Aufblähen, wobei der Stoff gleichzeitig purpurfarben oder blau wird. Dieser „blaue Graphit" kann nur schwer isoliert werden, da er sich beim Versuch, die Schwefelsäure mit Wasser auszuwaschen, zu gewöhnlichem Graphit zurückverwandelt: es war jedoch schon lange bekannt, daß die teilweise umgewandelten Produkte geringe Mengen sehr fest gebundene Schwefelsäure enthalten. Die Bildung des „blauen Graphits" und seine anschließende Zersetzung durch Wärme wurde zur technischen Reinigung des Graphits benutzt; wir werden noch sehen, daß bei einer derartigen Behandlung die hydrophobe Natur des Materials sich ändert.

Wenn man die anhaftende Schwefelsäure aus dem „blauen Graphit" mit Phosphorsäure auswäscht, so enthält das Produkt noch bis ungefähr 0,32 g Schwefelsäure je Gramm Graphit.

Die Eigenschaften dieses Stoffes kann man durch die Annahme erklären, daß ein Graphitbisulfat mit vorwiegend salzartigem Charakter gebildet wird[13]. In gewissem Sinne ist es ein Salz, das sich von einer Zwischenstufe bei der Entstehung des Graphitoxyds ableitet, seine Bildung verläuft über die Oxydation des Graphits.

Die Rückverwandlung der Verbindung zu Graphit durch Einwirkung von Wasser ist ein Reduktionsvorgang; dabei wird zwar nicht unmittelbar Sauerstoff frei, vielmehr bleibt der Sauerstoff zum Teil als oberflächliches Oxyd gebunden, so daß der regenerierte Graphit stets 1—2% Sauerstoff enthält. Eine unmittelbare Oxydation zu Graphitoxyd erfolgt bei der Bildung des blauen Graphits. In beiden Fällen werden bei der Aufnahme von Sauerstoff hydrophile Gruppen in den Graphit eingeführt. Die Behandlung von Graphit mit Schwefelsäure unter oxydierenden Bedingungen ist daher besonders zur Darstellung von kolloidalem Graphit geeignet.

Nach der zu seiner Bildung erforderlichen Menge an Oxydationsmittel und nach seiner auf Röntgenuntersuchungen basierenden Struktur scheint die Verbindung etwa 1 HSO_4^--Ion auf 24 Kohlenstoffatome zu enthalten. Insgesamt lassen sich jedoch an Schwefelsäure etwa 1 SO_4^{--}-Ion auf 8 Kohlenstoffatome auswaschen. Danach wurde der Verbindung die Formel $[C_{24}]^+ \cdot HSO_4^- \cdot 2\ H_2SO_4$ zugeschrieben.

Tatsächlich handelt es sich bei der Verbindung um einen Vertreter einer Gruppe von *Graphitsalzen* vom Typus $[C_{24}]^+ \cdot X^- \cdot 2\ HX$, in denen X HSO_4^-, ClO_4^-, NO_3^-, $H_2PO_4^-$ oder $^1/_2\ H_2P_2O_7^{--}$ bedeutet. Alle diese Verbindungen können auf die gleiche Weise wie das Sulfat hergestellt werden[14]. Durch anodische Oxydation von Graphit in Gegenwart von wasserfreier Flußsäure kann man auch ein analoges Fluorid, $[C_{24}]^+ \cdot HF_2^- \cdot 4\ HF$ erhalten[15]. Die Bildung dieser Salze, in denen die Graphitschichten Riesenkationen darstellen, entspricht grundsätzlich der Bildung des Triphenylmethylcarboniumions, $(C_6H_5)_3C^+$, aus dem eine bedeutend geringere Resonanz aufweisenden aromatischen System des Triphenylmethylradikals, ganz analog wie die Graphitkaliumlegierung eine

[13] Z. Elektrochem. angew. physik. Chem. 1934, **40**, 511.
[14] Rüdorff, W., u. U. Hofmann: Z. anorg. allg. Chem. 1938, **238**, 1.
[15] Rüdorff, W.: Z. anorg. allg. Chem. 1947, **254**, 319.

Parallele zu den Triphenylmethylalkali-Verbindungen ist. Es ist für aromatische Systeme mit ausgedehnter Resonanz charakteristisch, daß sie sowohl Elektronen aufnehmen als auch abgeben können.

Der Säuregehalt der Graphitsalze läßt sich stufenweise herabsetzen, wenn man den blauen Graphit mit Reduktionsmitteln oder — was noch interessanter ist — mit einer Suspension von Graphit behandelt, der dabei selbst in ein Graphitsalz überführt wird. Der Quellungsgrad wird dabei verringert und entspricht genau der gebundenen Säuremenge.

Hofmann und Frenzel zeigten, daß in dem schwefelsäurereichsten Zustand des Graphitsulfats die HSO_4^--Ionen und H_2SO_4-Moleküle jeweils zwischen den einzelnen Graphitschichten eingefügt sind, wobei der Schichtabstand von 3,4 auf 7,98 Å vergrößert wird (Abb. 64).

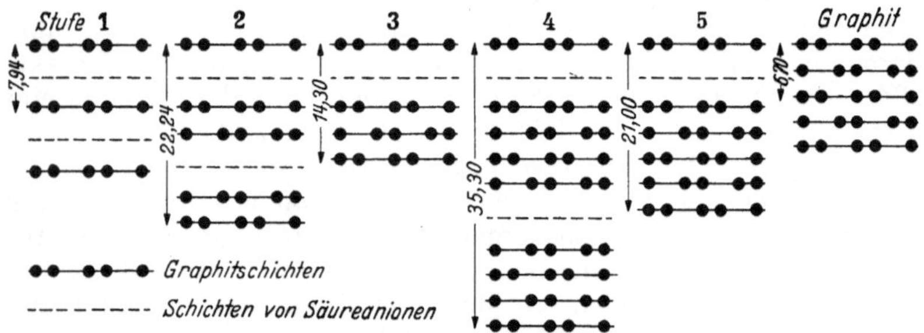

Abb. 64. Aufeinanderfolgende Stufen bei der Reduktion von Graphitperchlorat; die Reduktion von Graphitbisulfat verläuft in ähnlichen Stufen.

Im Gegensatz zum Graphitoxyd ist die bei fortschreitender Reduktion erfolgende Änderung der Zusammensetzung bei den Graphitsalzen nicht von einem statistischen Zustand der Homogenität begleitet; der Abbau verläuft über bestimmte Stufen. Die Entfernung der Schwefelsäure erfolgt in der Weise, daß die Graphitabstände und die geweiteten Zwischenräume regelmäßig angeordnet sind, wodurch bei dem Schwellungsvorgang verschiedene definierte Stufen auftreten. Bei der ersten Stufe sind zwischen allen Graphitschichten Säuregruppen eingelagert, bei der zweiten Stufe liegen diese Einlagerungen nur zwischen jeder zweiten Schicht vor, und in dieser Weise geht es, wie Abb. 64 zeigt, bei dem ganzen Reduktionsvorgang weiter. Die c-Achse des Kristalls, die die Länge der „Wiederholung" des Strukturbildes anzeigt, wird damit ständig größer; man kann den Prozeß über mindestens fünf Stufen verfolgen.

Stufe 1 $c = 15{,}96$ Å $= 2 \times 7{,}98$ HSO_4^- zwischen jedem Paar von Ebenen.
„ 2 $c = 22{,}66$ Å $= 2 \times (7{,}98 + 3{,}35)$ zwischen jedem 2. Paar von Ebenen.
„ 3 $c = 29{,}44$ Å $= 2 \times (7{,}98 + 2 \times 3{,}35)$ zwischen jedem 3. Paar von Ebenen.
„ 5 $c = 42{,}92$ Å $= 2 \times (7{,}98 + 4 \times 3{,}35)$ zwischen jedem 5. Paar von Ebenen.

Die anderen Graphitsalze verhalten sich ganz analog.

5. Kohlenstoffmonofluorid.

Bei den neuen Untersuchungen von RUFF und Mitarbeitern über die Chemie des Fluors ist das zur Darstellung benutzte Elektrolyseverfahren, wie es zuerst von MOISSAN durchgeführt wurde, dahingehend abgewandelt worden, daß das ursprünglich als Material benutzte kostbare Platin-Iridium durch Kupfergefäße und Kohleelektroden ersetzt wurde (s. Kapitel XI, S. 353). Unter diesen Bedingungen wurde häufig beobachtet, daß die Fluorentwicklung an der Anode von einem beträchtlichen Anschwellen der Kohlenstoffelektroden begleitet war und ein starker Anstieg des Widerstandes der Zelle erfolgte. Gleichzeitig traten dabei häufig Explosionen auf.

Bei der Untersuchung nach dem Ursprung dieser Erscheinungen fanden RUFF und BRETSCHNEIDER[16], daß bei ziemlich tiefen Temperaturen und vor allem bei niedrigen Drucken sowohl Graphit als auch amorpher Kohlenstoff (d. h. fein kristalliner, ungeordneter Graphit) Fluor absorbieren, ohne daß es zu einer Entzündung kommt. Man erhält aus Graphit bei Temperaturen unterhalb von 500° oder aus Norit, der Form des Kohlenstoffs mit den am wenigsten gut ausgebildeten Kristalleigenschaften, bei 280—450° ein graues, hydrophobes Produkt der Zusammensetzung CF. Die Eigenschaften dieses Kohlenstoffmonofluorids ändern sich etwas mit der Art des zu seiner Darstellung benutzten Kohlenstoffs. Nach RÜDORFF[17] ist das dadurch bedingt, daß die Reaktion vor der Erreichung der idealen Zusammensetzung fast zu einem Stillstand kommt. Eine Substanz, die bis zu der Zusammensetzung $CF_{0,998}$ gekommen war, ist durchscheinend, besitzt ein silberweißes Aussehen und hat alle quasimetallischen Eigenschaften des Graphits verloren; ihr spezifischer Widerstand ist 10^5-mal so groß wie der des Graphits; auf seiner Bildung und anschließenden Zersetzung beruhen die bei der Darstellung des Fluors beobachteten Erscheinungen. Die Verbindung zersetzt sich beim Erhitzen explosionsartig, wobei das aus Graphit gewonnene Produkt neben freiem Kohlenstoff die flüchtigen Fluoride CF_4 und C_2F_6 ergibt. Das Kohlenstoffmonofluorid, das man aus Norit gewinnt, liefert bei der Zersetzung Produkte mit einem niedrigeren mittleren Verhältnis von $C:F$ als die aus Graphit erhaltenen Produkte; unter den von RUFF und BRETSCHNEIDER identifizierten flüchtigen Produkten befindet sich auch das ungesättigte C_2F_4. Kohlenstoffmonofluorid reagiert bei 400° nicht mit Wasserstoff, woraus sich ergibt, daß das Fluor chemisch gebunden und nicht adsorbiert ist; mit Zinkstaub und Essigsäure läßt sich die Verbindung jedoch zu gewöhnlichem Kohlenstoff reduzieren.

Die geringe Reaktionsfähigkeit des Fluors in der Verbindung, ihre physikalischen Eigenschaften und ihre chemische Reaktionsträgheit im Vergleich zu den Graphitsalzen deuten darauf hin, daß die Verbindung eine völlig andere Struktur besitzt. Bei der Zusammensetzung CF wäre es möglich, daß jedes Kohlenstoffatom kovalent an das Fluor und die

---

[16] RUFF u. BRETSCHNEIDER: Z. anorg. allg. Chem. 1934, **217**, 1.
[17] RÜDORFF: Z. anorg. allg. Chem. 1947, **253**, 281.

drei benachbarten Kohlenstoffatome gebunden ist. Dabei würden alle Anzeichen eines aromatischen Charakters verloren gehen; das Kohlenstoffatom würde tetraedrische Bindungen bilden und die ursprünglich ebenen Graphitschichten würden in nichtebene Schichten von Kohlenstoffatomen übergehen, unter und über denen sich abwechselnd Fluoratome befinden würden, wie es in Abb. 65 dargestellt ist. Diese Abbildung steht grundsätzlich mit der bei der Bildung des Kohlenstoffmonofluorids beobachteten Volumenzunahme sowie mit der bei zunehmender Fluorierung erfolgenden Vergrößerung der Längen in den Zwischenräumen der Grundebenen und c-Achse in Einklang. Allerdings ist diese Konstitution noch nicht eindeutig durch Röntgenuntersuchungen bewiesen worden.

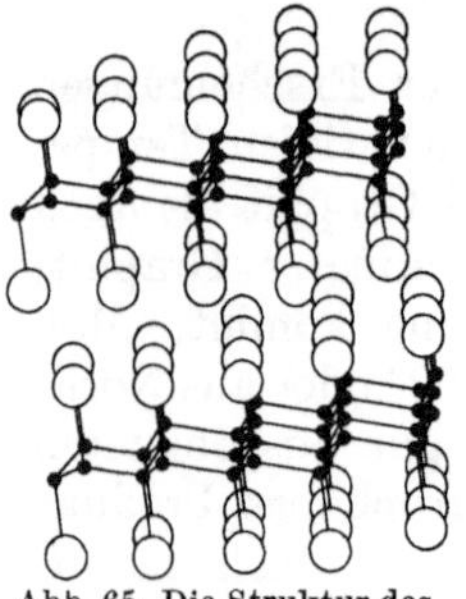
Abb. 65. Die Struktur des Kohlenstoffmonofluorids.

6. Molekülverbindungen des Graphits mit Brom und Eisen(III)-chlorid.

Graphit verhält sich also, wie gezeigt wurde, gegenüber den Alkalimetallen als Anion und gegenüber Säuren als Kation; darüber hinausvereinigt es sich auf ganz spezifische Weise mit bestimmten Molekülen. So erfolgt bei gewöhnlicher Temperatur bei Berührung mit Brom ein Anschwellen, und es werden etwa 1 Molekül Br_2 auf 16 Kohlenstoffatome aufgenommen, wobei sich gleichzeitig der c-Abstand von 3,4 auf 7,05 Å vergrößert. Nach diesen Ergebnissen kann kein Zweifel daran bestehen, daß sich das Brom zwischen den Ebenen der Graphitstruktur einlagert. Der Graphit-Bromkomplex bildet sich jedoch nur in gesättigtem Bromdampf, und das Brom wird beim Abdampfen in einem indifferenten Gasstrom leicht wieder abgegeben. Danach sieht es nicht so aus, als ob es sich um die Bildung eines salzartigen Graphitbromids handelt, vielmehr muß man annehmen, daß das Brom in Form undissoziierter Br_2-Moleküle in die Struktur eintritt.

Auch Eisen(III)-chlorid wird bei 180° von Graphit aufgenommen; man kann deutlich drei Stufen der Verbindungsbildung unterscheiden, die dem schrittweisen Abbau der Graphitsalze entsprechen. Die eisenreichste Stufe, bei der sich die $FeCl_3$-Moleküle zwischen je zwei Graphitschichten befinden, ist bis 300° beständig. Ein Teil des Eisen(III)-chlorids läßt sich durch Auswaschen entfernen; das innerhalb des Graphits gebundene Eisen(III)-chlorid ist nicht nur gegen Auslaugen beständig, sondern läßt sich auch nicht durch Behandeln mit Wasser hydrolysieren und hydratisieren; ebenso ist es nicht reduzierbar.

Wie bei den anderen Graphitverbindungen erfolgt bei der Bildung des Komplexes ein Anschwellen und eine Vergrößerung der c-Abstände. Die Abstände zwischen den Kohlenstoffatomen werden auf 9,4 Å vergrößert, so daß genügend Raum für die Einlagerung der $FeCl_3$-Moleküle entsteht. Nach den Abmessungen der Graphitstruktur und des $FeCl_3$-Moleküls würde sich als höchste $FeCl_3$-Konzentration bei unmittelbarer Berührung der Moleküle ein Verhältnis von 1 Molekül $FeCl_3$ auf

5 C-Atome ergeben, ein Verhältnis also, das mit der beobachteten Zusammensetzung der ersten Stufe, z. B. 1 $FeCl_3$ auf 5,9—9 C-Atome, nicht unvereinbar ist. Nach intensiver Auslaugung bleibt ein Rückstand der Zusammensetzung $C_{12}FeCl_3$, in dem das Eisen(III)-chlorid sehr fest gebunden ist; durch Verdampfen wird es schließlich unter Bildung der Stufe 3 bei 300° und von Graphit bei 410° abgegeben, wobei aber die Sublimationswärme (61 kcal je Mol) annähernd doppelt so groß ist wie beim freien Eisen(III)-chlorid mit 32 kcal/Mol.

Es ist darauf hingewiesen worden, daß die besprochene Verbindung mit den Anlagerungsverbindungen zwischen Eisen(III)-chlorid und aromatischen Kohlenwasserstoffen verglichen und der Polarisation der π-Elektronen der Struktur zugeschrieben werden kann. Bemerkenswert ist jedoch, daß die Bildung des Graphitkomplexes durchaus spezifisch ist und bei der Einwirkung von $CrCl_3$ und selbst von $AlCl_3$, das sehr leicht aromatische Anlagerungsverbindungen gibt, kein Anzeichen für ein Anschwellen des Graphits und eine Aufnahme dieser Moleküle bestehen.

Nichtstöchiometrische Verbindungen.

In diesem und dem vorhergehenden Kapitel haben wir gesehen, daß man bei den intermediären Phasen von Metallsystemen und bei den quasimetallischen Adamantin- und graphitartigen Verbindungen ziemlich häufig eine veränderliche Zusammensetzung beobachtet. Im allgemeinen ist man es gewohnt, diejenigen Phasen als Verbindungen anzusehen, deren Strukturen sich von denen ihrer Komponenten unterscheiden, wobei allerdings in einigen Fällen die idealisierten Formeln außerhalb des Beständigkeitsbereichs der Phasen liegen. Weniger bekannt ist, daß dieses Verhalten nicht auf den metallischen Zustand beschränkt ist, sondern daß man es auch bei Verbindungen mit vorwiegend Ionencharakter, wie bei den Metalloxyden, trifft. Jede kristalline Verbindung, die aus diskreten, in fester Phase und im Gaszustand (bzw. Lösung) gleichen Molekülen aufgebaut ist, besitzt selbstverständlich stets die gleiche Zusammensetzung. Unter der Vielzahl anorganischer Verbindungen mit Koordinationsstrukturen kann man jedoch verschiedene Verbindungen definierter Zusammensetzung als Grenzfälle ansehen, die sich von den nichtstöchiometrischen Verbindungen nicht grundsätzlich unterscheiden.

Dieser Gesichtspunkt stimmt mit den allgemeinen Schlußfolgerungen überein, die sich bei der Anwendung der statistischen Thermodynamik auf das Gleichgewicht in einem Kristallgitter ergeben haben[18]. Die Vorstellung, daß sich in einer Verbindung AB_n jedes Atom an dem ihm zugeordneten Platz des Kristallgitters befindet und daß jeder Gitterpunkt von der (theoretisch) richtigen Atomart besetzt ist, bedeutet eine Idealisierung des tatsächlichen Kristalls und stellt den Gleichgewichtszustand beim absoluten Nullpunkt dar. In Wirklichkeit ist es bei Temperaturen oberhalb des absoluten Nullpunkts infolge der thermischen Schwingungen der Atome möglich, daß Fehlstellen im Gitter auftreten;

[18] Schottky, W., u. C. Wagner: Z. physik. Chem. 1930, B, 11, 163.

man muß daher die Möglichkeit eines Austauschs zwischen den A- und B-Atomen auf ihren eigentlichen Gitterplätzen, die Anordnung beider Atomarten in Einlagerungsstellen und das Vorhandensein leerer Gitterpunkte, an denen A- oder B-Atome fehlen, berücksichtigen. In Ionenverbindungen ist aus energetischen Gründen jeder gegenseitige Austausch von A- und B-Atomen höchst unwahrscheinlich, doch spielt er, wie wir gesehen haben, in metallischen Phasen eine bedeutende Rolle. Demgegenüber sind jedoch die beiden anderen Typen von Fehlordnungen allgemein möglich; sie treten auch tatsächlich bei Vorgängen in Erscheinung — z. B. Leitfähigkeit und chemischen Reaktionen —, bei denen Diffusionsvorgänge im festen Zustand eine Rolle spielen. So besteht die wohlbegründete Annahme, daß in dem flächenzentrierten Würfelgitter des Silberbromids die Bromidionenanordnung angenähert dem Idealzustand entspricht, daß aber ein beträchtlicher Anteil der Silberionen — der beim Schmelzpunkt etwa den Wert 1% erreicht — an Einlagerungsplätzen angeordnet ist, wobei die entsprechende Zahl von Gitterstellen, die durch Silber besetzt sein müßten, frei bleiben. In anderen Fällen — z. B. beim Bleisulfid — ist die Konzentration an Einlagerungsatomen gering, doch können an den eigentlichen Gitterpunkten Leerstellen vorhanden sein, die im Idealfall durch Metall- oder Nichtmetallatome besetzt sein sollten.

Solange eine kristalline Phase die ideale stöchiometrische Zusammensetzung besitzt, muß die Zahl der Fehlstellen beider Arten gleich groß sein. So muß in festen Stoffen mit sog. FRENKEL-Fehlstellen — wie beispielsweise im Silberbromid — die Zahl der freien Kationenstellen gleich der Anzahl der eingelagerten Kationen sein. Für den anderen Grenztyp („SCHOTTKY-Fehlstellen“) muß die Zahl der leeren Kationen- und Anionenplätze einander entsprechen. Jede Ungleichheit in der Konzentration der beiden Typen von Fehlordnungen bedingt einen Überschuß der einen oder anderen Komponente. So kann in einer polaren Verbindung mit der idealen Zusammensetzung AB auf folgende Weise ein Überschuß der eingelagerten Atome B zustande kommen; a) dadurch, daß die Konzentration der eingelagerten B-Atome größer ist als die der leeren B-Stellen im Gitter (Phasentyp einer festen Einlagerungslösung); b) dadurch, daß mehr A-Stellen im Gitter frei sind als A-Atome eingelagert sind und c) dadurch, daß die Zahl der freien A-Stellen größer ist als die der B-Stellen. Bei den beiden letzten Typen muß man richtiger sagen, daß es sich um ein Fehlen von A-Atomen handelt als um einen Überschuß an B-Atomen; manchmal bezeichnet man diese Typen auch als subtraktive feste Lösungen.

Die potentielle Energie eines eingelagerten Ions ist größer als die eines Ions an seiner Gitterstelle. Das Zustandekommen einer leeren Gitterstelle kann man sich so vorstellen, daß ein Atom aus dem Inneren des Kristallgitters an eine Stelle der Kristalloberfläche überführt wurde. Bei der Bildung von Fehlstellen handelt es sich also in allen Fällen um endotherme Vorgänge. Wenn ein Kristall nun eine gewisse Menge leerer Stellen oder eingelagerter Atome enthält, so können diese auf mannigfache verschiedene Weise über die Gitter- und Einlagerungsstellen verteilt sein. Durch die Fehlstellen entsteht in dem Kristall eine gewisse willkürliche Verteilung, wodurch die Entropie S der Anordnung vergrößert wird. Berechnungen zeigen, daß durch die Bildung von Fehlstellen zwar die Gesamtenergie G ($= H—TS$) eines idealen Kristalls oberhalb des absoluten Nullpunktes größer ist als die eines Kristallgitters mit einer gewissen Anzahl von Fehlstellen. Die dem Zustand der geringsten freien Energie entsprechende Gleichgewichtskonzentration an Fehlstellen steigt exponentiell mit der Temperatur an, und da die zur Bildung der Fehlstellen aufgewandte Energie in die Exponentialfunktion eingeht, ist es verständlich, daß die Zahl der unbesetzten Gitterstellen bei verschiedenen Verbindungen außerordentlich unterschiedlich sein kann. In reinen Ionenverbindungen mit ziemlich oder sehr hohen Schmelzpunkten — wie Calciumoxyd oder Kaliumchlorid — ist die Gleichgewichtskonzentration an Fehlstellen bei gewöhnlicher Temperatur sehr klein. Aber selbst in diesen Verbindungen kann diese Konzentration bei Temperaturen in der Nähe des Schmelzpunktes der Verbindungen recht beachtliche Werte annehmen.

Die bisherigen Ausführungen beziehen sich auf Verbindungen idealer Zusammensetzung. Abweichungen von der stöchiometrischen Zusammensetzung beruhen — zum mindesten in Ionenverbindungen — auf der Möglichkeit eines Wertigkeitswechsels einer der beiden Komponenten. Wenn dies energetisch möglich ist, kann es durch eine Reaktion zwischen dem Kristall und seiner Umgebung zu einer Ungleichheit der beiden Arten von Gitterfehlstellen kommen. Wenn beispielsweise eine Verbindung MX mit dem Dampf seiner Nichtmetallkomponente X_2 in Berührung steht (z. B. Kupfer(I)-jodid in Joddampf), ist ein Mechanismus möglich, durch den leere Kationenstellen entstehen, ohne daß die Menge der eingelagerten Kationen oder der leeren Anionenstellen sich ändert; Voraussetzung dafür ist, daß das Ion M eine höhere Wertigkeitsstufe annehmen kann. So stellen sich an der Oberfläche die Gleichgewichte folgender Reaktionen ein:

$$M^+ \rightleftharpoons M^{++} + e^-$$

$$\tfrac{1}{2} X_{2\,(\text{gasf.})} + e^- \text{ (an der Oberfläche)} \rightleftharpoons X^- \text{ (an Gitterstelle)} + \text{Kationenfehlstelle.}$$

Dabei wird eine über das stöchiometrische Verhältnis hinausgehende Menge des Nichtmetalls X in das Gitter eingebaut, gleichzeitig wird die Wertigkeit einer entsprechenden Zahl von Kationen erhöht. Andererseits kann ein Überschuß an Metall entstehen, wenn der Wertigkeitszustand eines Teils der Kationen erniedrigt und X-Atome aus dem System entfernt werden:

$$\tfrac{1}{2} X_2 + M^0 \text{ (eingelagert)}$$

$$\upharpoonleft\!\downharpoonright$$

$$X^- \text{ (an Gitterstelle)} + M^+ \text{ (an Gitterstelle)}$$

$$\upharpoonleft\!\downharpoonright$$

$$\tfrac{1}{2} X_2 + M^0 \text{ (an Gitterstelle)} + \text{Anionenfehlstelle.}$$

Durch die Wertigkeitsänderung erfährt die Gesamtenergie des Systems ebenfalls eine Änderung; die gleichzeitig entstehenden Fehlstellen im

Gitter erhöhen zugleich die Entropie. Wie im vorhergehenden Fall lassen sich die Gleichgewichtsbedingungen ermitteln, und es zeigt sich, daß die Zahl der Gitterfehlstellen beider Arten vom Partialdruck des Gases X_2, mit dem der Kristall ins Gleichgewicht gebracht wird, sowie von der Temperatur abhängt. Die oben formulierten Gleichgewichte werden durch Änderung des Dampfdrucks von X_2 verschoben, und bei jeder Temperatur ist die ideale stöchiometrische Verbindung MX nur unter ganz bestimmten Bedingungen existenzfähig.

Auf Grund ihrer thermodynamischen Ableitung sollten diese Erkenntnisse ganz allgemein gültig sein. Tatsächlich findet man aber Abweichungen von der stöchiometrischen Zusammensetzung nur bei Verbindungen, die gewisse Bedingungen erfüllen. An erster Stelle dann, wenn eine Änderung der Wertigkeit erfolgt. Eine Verringerung des Wertigkeitszustandes ist bei allen Kationen, sogar bei den Kationen mit Edelgasstruktur (wie K^+ oder Ca^{++}), möglich. Man sollte erwarten, daß selbst Verbindungen der am stärksten elektropositiven Metalle — z. B. CaO — Phasen mit Metallüberschuß bilden; das mag vielleicht für Oxyde wie CaO bei sehr hohen Temperaturen zutreffen, doch liegt hierüber kein ausgiebiges Beweismaterial vor. Wenn ein Überschuß von Nichtmetall in einer Phase enthalten sein soll, muß bei einem Teil der Kationen der Wertigkeitszustand erhöht werden; aus energetischen Gründen sollte man erwarten, diesen Typus der Abweichung von der idealen Zusammensetzung hauptsächlich bei den Verbindungen der Übergangsmetalle zu finden. Weiterhin darf die in Verbindungen mit stöchiometrischer Zusammensetzung zur Bildung von Gitterfehlstellen führende Reaktion nicht zu stark endotherm sein, die Größen der Ionen dürfen sich in den beiden Wertigkeitszuständen nicht zu sehr voneinander unterscheiden, damit das Kristallgitter nicht so stark verzerrt wird, daß es schließlich zusammenbricht. Diese einschränkenden Faktoren haben zur Folge, daß man nichtstöchiometrische polare Verbindungen am häufigsten bei Verbindungen der Übergangsmetalle mit stark polarisierbaren Nichtmetallen (z. B. Schwefel) findet. Es gibt aber auch einige deutliche Beispiele unter den Oxyden der Übergangsmetalle, von denen einige Systeme unten kurz besprochen werden sollen.

Die Natur der Gitterfehlstellen, die zu dem nichtstöchiometrischen Charakter führen, kann häufig ermittelt werden, indem man die gemessene Dichte der festen Verbindung mit der auf Grund von Röntgenuntersuchungen aus der Elementarzelle berechneten Dichte vergleicht. Das üblicherweise als FeS formulierte Eisen(II)-sulfid besitzt einen Existenzbereich zwischen den Zusammensetzungen $FeS_{1,00}$ bis $FeS_{1,14}$. Wenn diese Erscheinung auf der Einlagerung zusätzlicher Schwefelatome beruht, müßte das mittlere Gewicht der Elementarzellen mit steigendem Schwefelgehalt größer werden. Gewöhnlich ändern sich in Phasen verschiedener Zusammensetzung die Abmessungen der Elementarzellen in Abhängigkeit von der Zusammensetzung, doch sollte, wenn dies möglich ist, die Dichte des Pyrrhotits mit seinem Schwefelgehalt deutlich ansteigen. Wenn die Phase andererseits — bezogen auf die stöchiometrische Zusammensetzung — zu wenig Eisen enthält, so daß der Elementarzelle in Wirklichkeit die Zusammensetzung $Fe_{1,00}S$ bis $Fe_{0,88}S$ zukommen würde, müßte die Dichte mit steigendem Schwefelgehalt zunehmend kleiner werden. Die Messungen von HÄGG und SUCKSDORF[19] lassen keinen Zweifel daran, daß die letzte Deutung die richtige ist.

Das Eisen(II)-sulfid kann als Typus für die Sulfide, Selenide und Telluride der Übergangsmetalle gelten[20]. Es handelt sich bei dieser Verbindungsklasse nicht um reine Ionenverbindungen; sie besitzen eine MX-Struktur vom NiAs-Typus oder MX_2-Strukturen vom Cadmiumjodid- oder Pyrittyp, Strukturen mit starker Polarisationswirkung; sie zeigen zum großen Teil metallische Leitfähigkeit und anomale magnetische Eigenschaften. Wie bereits erwähnt, bilden dieselben Metalle auch nichtstöchiometrische Oxyde. In diesem Zusammenhang ist es bemerkenswert, daß es kein stöchiometrisches Eisen(II)-oxyd gibt. SCHENCK und DINGMANN[21] beobachteten als erste, daß die als Eisen(II)-oxyd aufgefaßte und als Wüstit bezeichnete Verbindung, die mit Eisen oder Magnetit nur oberhalb 580° im Gleichgewicht ist, stets mindestens 5 Atomprozent Sauerstoff mehr enthält, als der Formel FeO entsprechen würde. Eine neuere sorgfältige Untersuchung des Phasengleichgewichts dieses wichtigen Systems[22] lieferte die Bestätigung, daß die Zusammensetzung des Wüstits sich bei 1400° über einen Bereich von $FeO_{1,055}$ bis $FeO_{1,19}$ erstreckt. Das stöchiometrische Oxyd ist gegenüber einem Gemisch von metallischem Eisen und $FeO_{1,055}$ thermodynamisch instabil. Wie im Falle des Eisen(II)-sulfids beruht die Abweichung von der stöchiometrischen Zusammensetzung auch in diesem Falle darauf, daß 5—15% der Kationen in dem Kristallgitter fehlen und der entsprechende Anteil von Fe^{++}- in Fe^{3+}-Ionen umgewandelt ist[23].

Der Fall des Eisen(II)-oxyds ist äußerst interessant, da hier die Änderung der Zusammensetzung unter wohldefinierten Gleichgewichtsbedingungen untersucht wurde. Es gibt noch andere Beispiele, bei denen in Systemen von Oxyden der Übergangs- und Schwermetalle zweifellos nichtstöchiometrische Verbindungen gebildet werden; weniger klar sind jedoch die Verhältnisse bei thermodynamisch stabilen Arten. Hierzu gehören die von Mangan[24], Kobalt[25], Nickel[26], Uran[27] und Blei gebildeten Oxyde. Selbst bei einem so gut bekannten Element wie dem Blei sind die Verhältnisse bei der Bildung der Zwischenoxyde, die bei der Oxydation des PbO und dem Abbau des PbO_2 entstehen, noch sehr unübersichtlich und wenig bekannt. Mit Sicherheit steht

[19] HÄGG u. SUCKSDORF: Z. physik. Chem. 1933, B, **22**, 444. — Nature 1933, **131**, 167.

[20] Zusammenfassung und Überblick in Chem. Soc. Ann. Rep. 1946, **43**, 104.

[21] SCHENCK u. DINGMANN: Z. anorg. allg. Chem. 1927, **166**, 113.

[22] DARKEN, L. S., u. R. W. GURRY: J. Amer. chem. Soc. 1945, **67**, 1398.

[23] JETTE u. FOOTE: J. chem. Physics 1932, **1**, 29.

[24] HOLTERMANN, C. B.: Ann. Chimie 1940, **14**, 121.

[25] LE BLANC, M., u. E. MÖBIUS: Z. physik. Chem. 1929, A, **142**, 151.

[26] LE BLANC, M., u. H. SACHSE: Z. Elektrochem. u. angew. phys. Chem. 1926, **32**, 58, 204. — KLEMM, W., u. E. HASS: Z. anorg. allg. Chem. 1934, **219**, 82.

[27] BILTZ, W., u. H. MÜLLER: Z. anorg. allg. Chem. 1927, **163**, 257. — ANDERSON, J. S., u. K. B. ALBERMAN: J. chem. Soc. 1949, S. 303.

allerdings fest, daß es neben dem wohldefinierten Oxyd Pb_3O_4 mit ganz eindeutiger Zusammensetzung noch mindestens zwei nichtstöchiometrische intermediäre Phasen gibt[28].

Einige dieser Verbindungen, die durch Oxydations- oder Zerfallsprozesse bei verhältnismäßig tiefen Temperaturen entstehen, können metastabil sein und in beständige, stöchiometrisch eindeutige und nichtveränderliche Oxyde zerfallen, wenn sie auf Temperaturen erhitzt werden, bei denen Diffusions- und Rekristallisationsvorgänge möglich sind. Dies ist der Fall bei den niederen Oxyden des Urans.

Feste Ionenverbindungen leiten im allgemeinen den elektrischen Strom nicht, lediglich bei höheren Temperaturen tritt infolge der Wanderung von Ionen innerhalb des Kristalls eine Ionenleitfähigkeit auf. In Verbindungen, wie Chromoxyd, Cr_2O_3, liegen zwar unpaare Elektronen in teilweise besetzten *d*-Niveaus des Übergangsmetallions vor, doch sind sogar diese Elektronen nicht beweglich. Im Rahmen des Gesamtelektronenmodells des festen Zustandes liegen Energiebeziehungen vor, wie sie in Abb. 59d (S. 424) dargestellt sind, mit einer großen Energielücke zwischen den besetzten Energieniveaus (vorwiegend Atomniveaus) und den oberen Bändern der Zustände, in denen ein Elektron von Atom zu Atom durch das Kristall wandern kann. Der Zustand des Leitvermögens entspricht einem sehr stark angeregten Zustand, die Niveaus der Leitfähigkeit einer typischen festen Ionenverbindung sind bei gewöhnlicher Temperatur leer. Das gilt nicht mehr, wenn es zu einer Abweichung von der stöchiometrischen Zusammensetzung kommt. Wenn Kationen des gleichen Elementes in verschiedenen Wertigkeitsstufen in kristallographisch gleichwertigen Stellungen nebeneinander vorhanden sind, gibt es längs einer Ionenreihe in dem Kristall Punkte, die entweder einen Überschuß an Elektronen (an den Stellen, die mit Ionen der niederen Wertigkeitsstufe besetzt sind) oder zu wenig Elektronen aufweisen (an Stellen, die mit Ionen besetzt sind, die höherwertig sind, als der eigentlichen Verbindung entspricht). So ist im Falle des $FeO_{1,05}$ längs einer Kationenreihe in dem Gitter, das man als $(Fe^{++}{}_{0,86}Fe^{3+}{}_{0,095})O^{--}$ formulieren kann, durchschnittlich jedes zehnte Kation ein Fe^{3+}-Kation, das ein „positives Loch", also einen Punkt darstellt, an dem man formal das Fehlen eines Elektrons annehmen kann. Diese Punkte anomaler Elektronendichteverteilung — in dem erwähnten Beispiel die positiven Löcher — können sich von einem Atom zum benachbarten bewegen, indem nur ein Elektron überführt wird; bei allen diesen möglichen Zuständen ist die Gesamtenergie des Systems die gleiche, sie entspricht dem energieärmsten Zustand des Systems; z. B.:

$$Fe^{++}\ Fe^{++}\ Fe^{++}\ Fe^{3+}\ Fe^{++}\ Fe^{++} \rightarrow Fe^{++}\ Fe^{++}\ Fe^{++}\ Fe^{++}\ Fe^{3+}\ Fe^{++}.$$

Zur Überschreitung der Energieschranke ist möglicherweise eine gewisse Anregungsenergie erforderlich, im allgemeinen ist aber nach der Boltz-

[28] Blanc, M. le, u. E. Eberius: Z. physik. Chem. 1932, A, **160**, 69. — Clark, G. L., u. R. Rowan: J. Amer. chem. Soc. 1941, **63**, 1305. — Byström, A.: Ark. Kemi 1945, **20**, A, Nr 11. — Katz, E.: Ann. Chimie 1950, **5**, 5.

MANNschen Verteilung der thermischen Energie bereits bei leicht erhöhter oder selbst schon bei gewöhnlicher Temperatur ein Teil der positiven Löcher beweglich. Daher ist es für die nichtstöchiometrischen Verbindungen charakteristisch, daß sie als Elektronenhalbleiter fungieren. Eine ganz geringe Abweichung von der stöchiometrischen Zusammensetzung genügt schon, um Verbindungen, die sonst den elektrischen Strom nicht leiten, eine deutliche Leitfähigkeit zu verleihen. Die beim Erhitzen von ZnO, In_2O_3 usw. auftretenden Farbwechsel sind dadurch bedingt, daß diese Verbindungen in einer Art, wie es in einem vorhergehenden Abschnitt beschrieben wurde, reversibel Sauerstoff abgeben; gleichzeitig beobachtet man dabei das Auftreten einer Halbleitfähigkeit. Selbst die schwerer schmelzbaren Oxyde, wie Aluminiumoxyd, werden bei höheren Temperaturen zu Halbleitern von diesem Typus und liefern damit den Beweis, daß die oben entwickelte Vorstellung ein brauchbares Modell für den Gleichgewichtszustand eines Kristalls mit seiner Umgebung ergibt. Mit der Theorie übereinstimmend, ändert sich das Leitvermögen eines derartigen Halbleiters in Abhängigkeit vom Partialdruck des Sauerstoffs (bzw. einer anderen ähnlichen Komponente), mit dem die Verbindung sich im Gleichgewicht befindet.

Bereits kleine Änderungen in der Zusammensetzung haben zwar bei festen, aus Ionen aufgebauten Stoffen schon diese Wirkung auf die Elektronenleitfähigkeit, doch verdienen darüber hinaus bestimmte Systeme ein besonderes Interesse, weil bei ihnen die Zahl der beweglichen Elektronen etwa der der in dem System vorhandenen Kationen entspricht. Die Eigenschaften einer derartigen Substanz müßte in gewisser Hinsicht den Metalleigenschaften ähneln. Auf Grund seiner besonderen Struktur trifft dies beispielsweise für den Spinell, Fe_3O_4, zu, dessen Leitfähigkeit der der Metalle entspricht und in einer ganz anderen Größenordnung liegt als die der Verbindungen Mn_3O_4 oder Ni_3O_4[29], die eine völlig andere Struktur aufweisen. Ein ähnlich außergewöhnliches Verhalten findet man bei gewissen Derivaten der intermediären Oxyde des Wolframs, den Wolframbronzen. Die Tatsache, daß die Wolframbronzen sehr gründlich untersucht wurden, und die Art ihrer Beziehung zu der Kristall- und allgemeinen Chemie der schweren Übergangsmetalle rechtfertigen eine ausführlichere Besprechung dieser Verbindungen.

Die Wolframbronzen und Wolframoxyde.

Von WÖHLER wurde erstmalig im Jahre 1824 festgestellt, daß bei der Reduktion von saurem Natriumwolframat mit Wasserstoff bei Rotglut eine chemisch indifferente Substanz mit metallischem, bronzeartigem Aussehen entsteht. Ähnliche Produkte sind danach von zahlreichen Forschern erhalten worden, die verschiedene Gemische von Natrium-, Kalium- oder Erdalkaliwolframaten oder -polywolframaten in Wasserstoff erhitzten oder die geschmolzenen Salze elektrolytisch

[29] VERWEY u. HAAYMANN: J. chem. Phys. 1947, 15, 174, 181.

reduzierten oder aber die Darstellung durch Reduktion von Natriumwolframat mit Natrium oder Wolfram in indifferenter Atmosphäre durchführten. Je nach den Reduktionsbedingungen unterscheiden sich die Reaktionsprodukte in Farbe und Zusammensetzung[30], sie lassen sich aber alle grundsätzlich als $R_2O \cdot nWO_3 \cdot WO_2$ formulieren, wobei $n \nless 1$.

Diese sog. Wolframbronzen sind intensiv gefärbte, außerordentlich reaktionsträge Stoffe mit halbmetallischen Eigenschaften: sie besitzen eine hohe Dichte und zeigen eine gute elektrische Leitfähigkeit.

In älteren Arbeiten wurde versucht, einen Zusammenhang zwischen den Unterschieden in der Farbe der Wolframbronzen und verschiedenen, definierten Verhältnissen von $R_2O:WO_3$ zu finden; dabei wurden beispielsweise folgende Stufen aufgestellt und vorgeschlagen:

$$\underset{\text{blau}}{Na_2W_5O_{15}} \longrightarrow \underset{\text{violett}}{Na_2W_4O_{12}} \longrightarrow \underset{\text{rot}}{Na_2W_3O_9} \longrightarrow \underset{\text{gelb}}{Na_2W_2O_5}.$$

Die Verschiedenheit der Farbe und Dichte in Abhängigkeit von der Zusammensetzung der Bronzen ändert sich jedoch ganz kontinuierlich und bietet keinen Anhalt dafür, daß bei dem Reduktionsvorgang bestimmte Stufen auftreten. HÄGG[31] hat gezeigt, daß die Verschiedenheit der Zusammensetzung tatsächlich ein wesentliches Merkmal der Verbindungen ist. Die Natriumbonzen Na_xWO_3, in denen x Werte von 0,95—0,30 annehmen kann, kristallisieren sämtlich im kubischen System; der bei kleiner werdendem x beobachteten Farbänderung geht ein Schrumpfen der Kristallzelle parallel; dadurch sind die beobachteten Dichteänderungen der Verbindungen zu erklären (Tabelle 3).

Tabelle 3.

Na_xWO_3	$x = 0{,}93$	goldgelb	$a = 3{,}850$ Å
	0,64	orangerot	3,834 Å
	0,46	rotviolett	3,825 Å
	0,32	dunkelblauviolett	3,813 Å

Offenbar ist $Na_{0,84}WO_3$ die natriumreichste Bronze, die man durch direkte Reduktion darstellen kann, da sie bei Gleichgewichtsuntersuchungen der Reduktionsvorgänge[32] neben Natriumwolframat beständig ist. Bei der Reduktion von Gemischen der Zusammensetzung $Na_2WO_4 + x\,WO_3$ entstehen Mischungen dieser Bronze mit Natriumwolframat, wenn x kleiner als 1,4 ist, während man das Gemisch bei $x = 1{,}4$—4 bei vorsichtiger Reduktion in eine niedere Bronze umwandeln kann, so daß z. B. $Na_{0,67}WO_3$ als einziges Produkt aus $Na_2WO_4 + 2\,WO_3$ entsteht. Die untere Existenzgrenze der kubischen Wolframbronzen liegt etwa bei $Na_{0,32}WO_3$.

Wenn man die Stoffe als feste Lösungen auffaßt, muß offenbar das eine Endglied der Reihe die Verbindung $NaWO_3$ mit fünfwertigem Wolfram sein. Diese Idealzusammensetzung wird man vielleicht in der

[30] Siehe MELLOR: Comprehensive Treatise, Bd. XI, S. 750. — SPIZIN u. KASCHTANOFF: Z. anorg. allg. Chem. 1925, **148**, 69; 1926, **157**, 141. — ENGELS: Z. anorg. allg. Chem. 1903, **37**, 125.

[31] HÄGG: Nature 1935, **135**, 874. — Z. physik. Chem. B, 1935, **29**, 192.

[32] DUYN, D. VAN: Recueil Trav. chim. Pays-Bas 1942, 61, 667. — SCHENCK, R., u. I. RABES: Z. anorg. allg. Chem. 1949, **259**, 201.

Praxis nie erreichen können, doch lassen sich durch Einwirkung von Natrium auf die niederen Bronzen hellgelbe Bronzen darstellen, die sich dieser Zusammensetzung schon weitgehend nähern. Die untere Grenze der festen Lösungen müßte eine nicht beständige kubische Form von WO_3 sein. Da beide Endglieder der „festen Lösungen" nicht existieren, sollte man diese Bezeichnung lieber vermeiden und die Verbindungen wie bei der Chemie der intermetallischen Phasen als nichtstöchiometrische Phasen auffassen. Die tatsächlich vorkommenden kubischen Bronzen leiten sich von der idealen Perowskitstruktur des $NaWO_3$ dadurch ab, daß einfach Natriumionen in dem Kristallgitter fehlen. Eine entsprechende Zahl von W^{5+}-Ionen werden in den sechswertigen Zustand, W^{6+}, erhoben, um die Gleichwertigkeit der gesamten Anionen- und Kationenladung aufrechtzuerhalten; auf dieser gleichzeitigen Anwesenheit von fünfwertigem und sechswertigem Wolfram beruht die tiefe Färbung der Verbindungen. Der Zusammenhang zwischen einer tiefen Färbung und der Anwesenheit des gleichen Elementes in verschiedenen Wertigkeitsstufen innerhalb derselben Verbindung ist eine bekannte Erscheinung, die an verschiedenen Stellen dieses Buches erwähnt wird.

Die Umwandlung der Bronzen in natriumärmere oder -reichere Produkte sowie der größte Teil der chemischen Reaktionen der Verbindungen beruhen auf der bemerkenswerten Beweglichkeit des Natriums in dem Kristallgitter[33]. Die Bronzen sind in Wasser unlöslich und auch sehr widerstandsfähig gegen Säuren; nur von Flußsäure werden sie leicht angegriffen. Demgegenüber lassen sie sich — schon durch Luftsauerstoff — ziemlich leicht zu Wolframaten oxydieren, z. B.:

$$4\,NaWO_3 + 4\,NaOH + O_2 \rightarrow 4\,Na_2WO_4 + 2\,H_2O.$$

Sie können ammoniakalisches Silbernitrat zu Silber reduzieren. Bei erhöhten Temperaturen reagieren sie, als ob sie den Gleichgewichten

$$Na^+ + W^{V}O_3 \rightleftharpoons Na^\circ + W^{VI}O_3 \text{ und}$$
$$Na_xWO_3 + WO_3 \rightleftharpoons Na_{x'}WO_3 \text{ (eine tiefer gefärbte Bronze)}$$

unterworfen sind. In der gleichen Weise, wie die niederen Bronzen durch die Gegenwart von freiem Natrium in Verbindungen überführt werden, die sich mehr und mehr der Zusammensetzung $NaWO_3$ nähern, ist es möglich, daß Stoffe, die Natrium binden können — wie Jod oder WO_3 selbst — den Bronzen Natrium entziehen und einen fortschreitenden Abbau zu $NaWO_3$ bewirken. Die Überführung des Natriums aus der Bronze auf den Akzeptor sowie auch der umgekehrte Weg kann über die Gasphase gehen, doch ist es möglich, daß die Reaktion wegen der hohen Diffusionsgeschwindigkeit des Natriums in dem Kristallgitter der Bronzen fortlaufend homogen durch die ganze Masse hindurch verläuft.

STRAUMANIS[33] konnte durch Verwendung von Jod zum Abbau der Bronzen die Verbindungen Na_xWO_3 fast über den gesamten Bereich von $x = 1$ bis $x = 0$ untersuchen. Hierbei ist die Struktur im wesentlichen aus WO_6 Oktaedern aufgebaut, die durch gegenseitige Berührung

[33] STRAUMANIS, M. E.: J. Amer. chem. Soc. 1949, 71, 679.

ihrer Spitzen miteinander verbunden sind, so daß ein Skelett mit der Zusammensetzung WO_3 und einer Anionenladung entsteht. Die Natriumatome sind in den Zwischenräumen dieses Skeletts angeordnet. Die Idealform $NaWO_3$ besitzt daher eine Perowskitstruktur, die typisch ist für ABO_3-Verbindungen, in denen die Ionen A, B und O^{--} die geeigneten Größenverhältnisse aufweisen. Dieses kubische Kristallgitter bleibt beständig, selbst wenn zwischen 7 und 70% der Natriumstellen leer sind; allerdings bewirkt die Entfernung des Natriums eine fortschreitende Schrumpfung. Wenn mehr als 70% Natriumionen fehlen, so ist die Verzerrung so groß, daß die kubische Symmetrie zerstört wird und man Wolframbronzen erhält, die in niedrigeren Kristallsystemen kristallisieren. Es ist klar, daß der hypothetischen unteren Grenze der Reihe die Zusammensetzung WO_3 mit nur sechswertigem Wolfram und die im ReO_3 beobachtete Struktur entsprechen würde. Es liegt eine oktaedrische Koordination der Sauerstoffatome um das Wolfram im Wolframoxyd selbst vor, und die Zellgrößen entsprechen denen des ReO_3 oder den Wolframbronzen, doch sind die WO_6-Oktaeder verzerrt, so daß WO_3 im triklinen System kristallisiert.

Es besteht durch die ganze Reihe hindurch eine gewisse Kontinuität der Strukturen; bei den Bronzen, bei denen x kleiner als etwa 0,4 ist, beobachtet man eine fortschreitende Verringerung der Symmetrie. Bei etwa $x = 0{,}2$—$0{,}3$ entsteht eine tetragonale Reihe blauer Wolframbronzen, denen man bis zu der Zusammensetzung $Na_{0,07}WO_3$ weiterhin Natrium entziehen kann, ohne daß eine neue Phase gebildet wird. Diese und die an Natrium noch ärmeren Substanzen (z. B. $Na_{0,03}WO_3$) besitzen Eigenschaften, die für ternäre Oxyde recht ungewöhnlich sind, denn sie lassen sich unzersetzt sublimieren. Ihre Beugungsbilder ähneln dem des WO_3, doch enthält ihre Struktur zweifellos Natrium und fünfwertiges Wolfram. Vielleicht kann man sie in Beziehung bringen zu den komplexen, bei der Reduktion von WO_3 und MoO_3 intermediär entstehenden Oxyden.

Man kann den W^{5+}- und W^{6+}-Ionen nicht bestimmte, verschiedene Stellen in dem Kristallgitter zuordnen, sondern muß annehmen, daß alle Wolframatome gleichwertig sind. Die überzähligen Valenzelektronen, die auf das W^{5+}-Ion zurückgehen, sind in genau derselben Weise wie die Valenzelektronen eines Metallkristalls statistisch über das Kristallgitter verteilt; dadurch kommen die metallisch-optischen Eigenschaften und das elektrische Leitvermögen der Wolframbronzen zustande. Die W^{5+}- und W^{6+}-Ionen sind demnach durch einen Resonanzvorgang gleichwertig geworden.

Die bei der Reduktion von WO_3 zu WO_2 intermediär gebildeten Oxyde waren lange Zeit umstritten. Die Wolframbronze des Grenzzustandes, $NaWO_3$, sollte sich zwar formal von einem Oxyd W_2O_5 ableiten, doch fand WÖHLER[34], daß das als W_2O_5 aufgefaßte Oxyd stets mehr Sauerstoff enthält, als dieser Formel entspricht. VAN LIEMPT[35]

[34] WÖHLER: Z. Elektrochem. angew. physik. Chem. 1932, **38**, 809, und frühere Arbeiten.

[35] LIEMPT VAN: Recueil Trav. chim. Pays-Bas 1931, **50**, 343.

ordnet ihm die Formel W_4O_{11} zu, während nach SCHENCK und RABES[32] Gleichgewichtsuntersuchungen beim Abbau von WO_3 deutlich auf die Zusammensetzung W_3O_8 hinweisen. Die Arbeiten von GLEMSER und SAUER[36] lassen erkennen, daß man diese Widersprüche teilweise in Einklang bringen und vier Oxyde unterscheiden kann, von denen wenigstens die beiden intermediären Phasen deutliche Homogenitätsbereiche aufweisen. Es handelt sich dabei um die α-Phase, WO_3, die β-Phase, $WO_{2,92}$—$WO_{2,88}$, die γ-Phase, $WO_{2,76}$—$WO_{2,65}$, und die δ-Phase, WO_2. Die γ-Phase umfaßt somit sowohl die von VAN LIEMPT als auch von SCHENCK und RABES angegebenen Zusammensetzungen. Bemerkenswert ist, daß die Zusammensetzung der intermediären Oxyde in dem entsprechenden Molybdänsystem genau definiert, wenn auch etwas ungewöhnlich ist: Mo_8O_{23}, Mo_9O_{26} und Mo_4O_{17}.

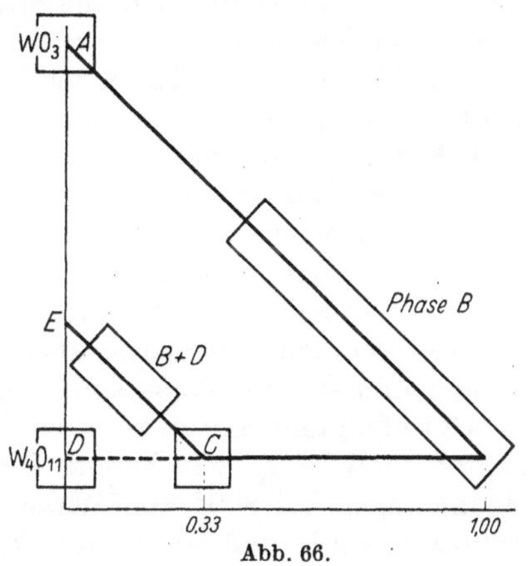

Abb. 66.

Während es sich bei den angegebenen Beispielen um stabile Oxydphasen handeln kann, bietet die Reduktion von WO_3 mit Wasserstoff einige besonders interessante Merkmale. Bei der Reduktion mit Wasserstoff oder Kohlenmonoxyd bei 800° entsteht das violette γ-Oxyd, doch fanden EBERT und FLASCH[37], daß das bei der Reduktion von Wolframoxyd mit atomarem Wasserstoff bei gewöhnlicher Temperatur gebildete Produkt ein violettes Oxyd ist, das dieselben reduzierenden Eigenschaften wie das erwähnte W_4O_{11} besitzt, das sich jedoch in seiner Kristallstruktur von diesem unterscheidet. Mit atomarem Wasserstoff bildet sich eine wasserstoffhaltige Verbindung der Zusammensetzung $W_4O_{10}(OH)_2$. Diese Verbindung stellt die erste Stufe bei der Reduktion mit atomarem Wasserstoff als direkte Anlagerung von Wasserstoff an Wolframoxyd dar.

Sehr interessant ist der thermische Abbau dieses Hydroxyds. Zwischen 100 und 500° werden genau $^2/_3$ des gebundenen Wassers verloren (Abb. 66), wodurch eine neue Phase *C* mit der Zusammensetzung $W_{12}O_{32}(OH)_2$ entsteht. Bei fortschreitender einfacher Entwässerung dieses Produktes würde W_4O_{11} (Phase *D*) entstehen, jedoch wird oberhalb von 500° freier Wasserstoff entwickelt, so daß das Endprodukt *E* ein Gemisch aus WO_3 und W_4O_{11} ist. Bei Zwischenstufen zwischen *A* und *B* tritt *B* über ein weites Bereich als homogene, aber nicht stöchiometrisch zusammengesetzte Phase auf. Bei dem Vorgang des letzten Abbaus *CE* identifizierten EBERT und FLASCH die Produkte durch Röntgenanalysen und fanden, daß sie die Phase $B + W_4O_{11}$, aber merkwürdigerweise weder die Phase *C* — mutmaßlich $W_{12}O_{32}(OH)_2$ — noch freies Wolframoxyd, WO_3, enthielten. Es wurden dabei starke

[36] GLEMSER u. SAUER: Z. anorg. allg. Chem. 1943, **257**, 144.
[37] EBERT u. FLASCH: Z. anorg. allg. Chem. 1934, **217**, 95; 1935, **226**, 65.

Zweifel hinsichtlich der Existenz von $W_{12}O_{32}(OH)_2$ als getrennte Einheit erhoben. EBERT und FLASCH betrachten aber die Phase *B* als eine Phase von Mischkristallen aus WO_3 und $W_4O_{10}(OH)_2$ und deuten die ganze Folge der Reaktionen durch die Gleichungen:

$$4\,WO_3 + 2\,H \rightarrow W_4O_{10}(OH)_2 \quad \text{(Phase } B\text{, Grenzzusammensetzung),}$$
$$3\,W_4O_{10}(OH)_2 \rightarrow W_{12}O_{32}(OH)_2 + 2\,H_2O \quad \text{(Phase } C\text{),}$$
$$\left.\begin{array}{l} W_{12}O_{32}(OH)_2 \rightarrow 3\,W_4O_{11} + H_2O \\ W_4O_{11} + H_2O \rightarrow 4\,WO_3 + H_2 \end{array}\right\} \quad \text{(Reaktion } CE\text{).}$$

Die erwähnten Tatsachen—das sehr begrenzte Auftreten der Phase *C*, der große Existenzbereich und das Wiederauftreten der Phase *B* in einem Bereich, in dem man die Bildung der Phase *C* erwarten sollte, und die Tatsache, daß längs der Reaktionslinien *CE* kein WO_3 gebildet wird — lassen diese Deutung als zweifelhaft erscheinen. Nach EBERT und FLASCH kann man die Phase *B* möglicherweise als Phase mit wechselnder Zusammensetzung $W_4O_{12} \cdot nH_2$ auffassen, wobei $n < 1$ ist. Es ist nicht ausgeschlossen, daß es sich hierbei um das genaue Wasserstoffanaloge der Wolframbronzen handelt; eine derartige Verbindung könnte ohne weiteres unterhalb von 500° durch Reduktion des Wolframs abgebaut werden, gleichzeitig aber bei höheren Temperaturen reduzierend wirken und direkt Wasserstoff abgeben.

GLEMSER und SAUER konnten diese Auffassung bestätigen und beobachten, daß WO_3, wie bereits festgestellt, unter sorgfältig geregelten Bedingungen bei 800° von Wasserstoff zwar zu den β- und γ-Oxyden reduziert wird, daß aber H_2WO_4 nicht nur leichter reduziert wird, sondern auch Reduktionsprodukte liefert, die sich in Farbe und Röntgendiagramm deutlich von den β- und γ-Oxyden unterscheiden. Sie stellten zwei mit C_1 und C_2 bezeichnete Phasen fest. Wenn man C_2 in Argonatmosphäre auf 750° erhitzt, wandelt es sich in die Phase C_1 um, die ihrerseits wieder bei 1000—1300° in das γ-Oxyd übergeht. Bei kräftiger Reduktion ergibt sowohl C_1 als auch C_2 das γ-Oxyd und schließlich WO_2. Die Zusammensetzung von C_1 und C_2 entspricht fast der des γ-Oxyds, doch enthalten beide Phasen Wasser. Ein Teil des Wassers ist sehr fest gebunden, die letzten Anteile (0,5%) lassen sich erst bei Temperaturen von etwa 1000° im Verlauf der Umwandlung in das γ-Oxyd entfernen. GLEMSER und SAUER haben versucht, diese Stoffe als identisch mit den Phasen *B* und *D* von EBERT und FLASCH anzusehen, konnten aber diese Vorstellung nicht beweisen. Das Röntgendiagramm von C_1 deutet auf eine kubische Struktur, die Größen der Elementarzellen unterscheiden sich nicht sehr von denen der Wolframbronzen ($a =$ 3,75 Å). Wenn sich das bestätigen sollte, kann man die Phase als das hypothetische kubische WO_3 auffassen, das durch Verlust von Sauerstoff und die Gegenwart von Wasserstoff stabilisiert ist. Es würde damit eine enge Beziehung zwischen einer derartigen Substanz und den Wolframbronzen bestehen, wobei man allerdings — wie in anderen Pseudo-Sauerstoffsäuresystemen (z. B. in den Silikaten) — annehmen müßte, daß der Wasserstoff in Form lokalisierter OH^--Ionen und nicht frei beweglich wie die Kationen der Wolframbronzen vorliegt.

Siebzehntes Kapitel.

Reaktionen im flüssigen Ammoniak und anderen nichtwäßrigen Lösungsmitteln.

Der Chemiker hat sich so daran gewöhnt, bei der Untersuchung von Ionenreaktionen Wasser als Lösungsmittel zu benutzen, daß er dazu neigt, die Verwendbarkeit anderer Lösungsmittel zu übersehen. Es gibt aber noch eine große Zahl von Möglichkeiten, von denen am ausführlichsten das flüssige Ammoniak untersucht wurde[1], aber auch verflüssigtes Schwefeldioxyd, wasserfreie Flußsäure, Schwefelwasserstoff, Blausäure, Bromtrifluorid und andere Stoffe wirken als ionisierende Lösungsmittel.

Wasser und die anderen erwähnten Systeme besitzen gemeinsam die Eigenschaft, daß sie im reinen Zustand zu einem gewissen Grade ionisieren und als Folge dieser Ionisation den elektrischen Strom leiten. Im folgenden sind die wahrscheinlichsten Ionisationsformen aufgeführt, die gleichzeitig als Beispiele dienen mögen:

$$2\,H_2O \rightleftharpoons (H_3O)^+ + OH^- \qquad 2\,H_2S \rightleftharpoons (H_3S)^+ + SH^-$$
$$2\,NH_3 \rightleftharpoons (NH_4)^+ + NH_2^- \qquad 2\,HCN \rightleftharpoons (H_2CN)^+ + CN^-$$
$$2\,SO_2 \rightleftharpoons (SO)^{++} + SO_3^{--} \qquad 2\,BrF_3 \rightleftharpoons (BrF_2)^+ + BrF_4^-$$
$$2\,HF \rightleftharpoons (H_2F)^+ + F^- \qquad 2\,J_2 \rightleftharpoons J^+ + J_3^-$$

In diesen Gleichungen ist das sich vom Wasser ableitende Wasserstoffion mit einem Molekül Wasser vereinigt als $(H_3O)^+$-Ion dargestellt. Das Analogon dieses Ions im flüssigen Ammoniak ist das Ammoniumion, $(NH_4)^+$, während das Gegenstück des Hydroxylions das $(NH_2)^-$-Ion ist. Im flüssigen Schwefeldioxyd fungiert das Thionylion, $(SO)^{++}$, als Kation und das $(SO_3)^{--}$-Ion als Anion. Wie wir bei der Besprechung dieser Systeme im einzelnen sehen werden, kann man Stoffe, die beim Lösen und Ionisieren das charakteristische Kation des jeweiligen Lösungsmittels ergeben, im Vergleich zu dem wäßrigen System als säureanaloge Substanzen auffassen. Wenn ein gelöster Stoff andererseits das Anion des Lösungsmittels bildet, fungiert er als Base. So sind beispielsweise Ammoniumsalze in flüssigem Ammoniak Säureanaloge, während die Metallamide in diesem System den Basen entsprechen.

	Wasser	Flüssiges Ammoniak
Säuren	$HCl \rightleftharpoons H^+ + Cl^-$	$NH_4Cl \rightleftharpoons NH_4^+ + Cl^-$
Basen	$KOH \rightleftharpoons K^+ + OH^-$	$KNH_2 \rightleftharpoons K^+ + NH_2^-$

[1] Ein großer Teil des in diesem Kapitel enthaltenen Tatsachenmaterials über das flüssige Ammoniak als Lösungsmittel stammt aus der ausgezeichneten Monographie von E. C. Franklin: The Nitrogen System of Compounds, American Chemical Society, Monograph Series No 68. Einen neueren Überblick über das Gebiet findet man in dem Buch von G. Jander: Die Chemie in wasserähnlichen Lösungsmitteln (Springer-Verlag 1949). Siehe auch Watt: Chem. Reviews 1950, **46**, 289.

Flüssiges Ammoniak.

Die lösende Wirkung des flüssigen Ammoniaks erstreckt sich auf eine außerordentlich große Zahl anorganischer Stoffe[2]. Die Alkalimetalle lösen sich außerordentlich leicht in flüssigem Ammoniak und können nach dem Abdampfen des Lösungsmittels in unveränderter Form zurückgewonnen werden. Beim Aufbewahren der Rubidium- und Caesiumlösungen bilden sich jedoch langsam die entsprechenden Amide. Auch die Erdalkalimetalle sind leicht löslich, doch besteht der nach dem Abdampfen des Lösungsmittels zurückbleibende Rückstand aus den Ammoniakaten $Ca(NH_3)_6$, $Sr(NH_3)_6$ und $Ba(NH_3)_6$. Die meisten Ammoniumsalze sind gut, die Metallamide mäßig löslich. Von den anderen Metallsalzen sind einige Chloride (z. B. $NaCl$, $BeCl_2$) in flüssigem Ammoniak löslich; in der Regel lösen sich die Bromide besser als die Chloride; die Mehrzahl der Metalljodide sind mehr oder weniger gut löslich. Die meisten Fluoride sind in flüssigem Ammoniak unlöslich, ebenso die Oxyde, Hydroxyde, Sulfate, Carbonate, Phosphate und ganz allgemein, die Sulfite. Auf der anderen Seite sind die Nitrate, Nitrite, Cyanide und Rhodanide meist löslich. Eine Reihe anorganischer Stoffe unterliegen im flüssigen Ammoniak der Hydrolyse, d. h. sie reagieren mit dem Lösungsmittel.

Auch die Löslichkeit organischer Stoffe in flüssigem Ammoniak ist ausführlich untersucht worden. Die Paraffinkohlenwasserstoffe sind bei —33° fast unlöslich, während die aromatischen Kohlenwasserstoffe eine geringe Löslichkeit aufweisen. Zu den leicht löslichen organischen Substanzen gehören einige Alkohole und Phenole, sowie Halogenderivate aliphatischer Kohlenwasserstoffe, Äther, Ester und viele Ketone, Amine, Nitroverbindungen und Sulfosäuren.

Es sollen an dieser Stelle einige Worte über die Art der Apparatur eingefügt werden, die man gewöhnlich bei der Untersuchung von Reaktionen in verflüssigtem Ammoniak benutzt[3]. Der Siedepunkt des reinen Ammoniaks liegt bei —33,5°, so daß man bei verhältnismäßig tiefen Temperaturen arbeiten muß, wenn man zu hohe Ammoniakdrucke vermeiden will. Flüssiges Ammoniak ist in Stahlflaschen im Handel erhältlich und kann in verschiedenartige Gefäße mit Vakuummantel abgelassen werden. Das flüssige Ammoniak läßt sich leicht wasserfrei erhalten, indem man es mit Natrium oder Kalium behandelt und anschließend destilliert.

Wenn man Reaktionen zwischen Lösungen im verflüssigten Ammoniak untersuchen will, so stellt man die Lösungen oft getrennt in den beiden Schenkeln eines umgekehrten U-Rohres her und mischt sie dann, indem man das U-Rohr umdreht. Das Ammoniak läßt sich erforderlichenfalls leicht durch Verdampfen von dem Reaktionsprodukt

---

[2] CADY: J. physic. Chem. 1897, 1, 707. — FRANKLIN u. KRAUS: J. Amer. chem. Soc. 1898, 20, 820. — FRANKLIN: The Nitrogen System of Compounds, American Chemical Society Monograph Series Nr. 68, S. 19—23.

[3] Eine ausführliche Beschreibung der angewandten Technik findet man bei FRANKLIN: The Nitrogen System of Compounds, American Chemical Society, Monograph Series Nr. 68, S. 317.

entfernen. Einige Reaktionen wurden auch in zugeschmolzenen Rohren unter Druck untersucht. Beim Arbeiten mit flüssigem Schwefeldioxyd (Sdp. —10,0°) lassen sich diese für Ammoniak beschriebenen Verfahren in gleicher Weise anwenden. Elektrische Leitfähigkeitsmessungen kann man in den dafür üblichen Apparaturen unter Verwendung eines geeigneten Tieftemperaturbades durchführen.

Die im flüssigen Ammoniak stattfindenden Ionenreaktionen ähneln in vieler Hinsicht denen, die in wäßriger Lösung verlaufen; es gibt jedoch einige scharfe Unterschiede, die auf die Verschiedenheiten der Löslichkeit einiger Stoffe in Wasser bzw. flüssigem Ammoniak zurückzuführen sind. Wenn man beispielsweise die Lösungen von Calciumnitrat und Natriumchlorid in flüssigem Ammoniak mischt, so entsteht ein Niederschlag von Calciumchlorid, da Calciumchlorid in flüssigem Ammoniak unlöslich ist. In derselben Weise kann man aus den ammoniakalischen Lösungen der Nitrate durch Zusatz von Natrium- oder Ammoniumchlorid die Chloride von verschiedenen anderen Metallen ausfällen. Hierbei handelt es sich um echte Ionenreaktionen. Man kann auch die Lösungen von Ammoniumbromid, -jodid, -chromat oder -borat in flüssigem Ammoniak zur Fällung einer Reihe von Metallen aus den ammoniakalischen Lösungen ihrer Nitrate benutzen. In flüssigem Ammoniak gelöstes Ammoniumsulfid ist ebenfalls ein ausgezeichnetes Fällungsmittel, mit dem man aus den Lösungen der Nitrate des Calciums, Strontiums, Bariums, Magnesiums, Zinks, Mangans, Nickels, Kobalts, Cadmiums, Bleis, Silbers, Quecksilbers, Wismuts und Kupfers die entsprechenden Sulfide fällen kann. Einige der gefällten Sulfide sind mit den aus wäßrigen Lösungen erhaltenen Fällungen identisch; im Falle des Magnesiums aber besitzt der im flüssigen Ammoniak gewonnene Niederschlag die Zusammensetzung $2\,MgS \cdot (NH_4)_2S \cdot 9\text{—}10\,NH_3$.

Lösungen von Metallen in flüssigem Ammoniak.

Die Alkalimetalle ergeben in flüssigem Ammoniak blaue Lösungen, die den elektrischen Strom gut leiten. Man nimmt an, daß in verdünnten derartigen Lösungen als positives Ion das Metallion auftritt und daß es sich bei dem negativen Ion um ein negativ geladenes Ammoniakmolekül oder um eine Gruppe dieser Moleküle handelt[4].

Die Lösungen der Alkalimetalle sind ziemlich beständig; ihre Umwandlung in Amid und Wasserstoff ($2\,M + 2\,NH_3 = 2\,MNH_2 + H_2$) wird deutlich durch gewisse Metalle und Metalloxyde (z. B. Pt, Fe, Fe_2O_3) katalysiert und auch durch Einwirkung von ultraviolettem Licht der Wellenlänge zwischen 2150 und 2550 Å stark beschleunigt[5]. Die Alkali- und Erdalkalimetalle sind auch in einigen Aminen mit niedrigem Molekulargewicht löslich, doch erfolgt in diesen Fällen leichter eine Reaktion mit dem Lösungsmittel als im Falle des flüssigen Ammoniaks, wobei Wasserstoff und das entsprechend substituierte Metallamid entstehen.

---

[4] Jander, G.: Die Chemie in wasserähnlichen Lösungsmitteln (Springer-Verlag 1944), S. 47.

[5] Ogg, Leighton u. Bergstrom: J. Amer. chem. Soc. 1933, **55**, 1754.

Die Reaktionen dieser Metallösungen in flüssigem Ammoniak sind ausführlich untersucht worden[6]; einige typische Beispiele der Reaktionen der Lösungen mit einigen Elementen sind in der folgenden Tabelle 1 zusammengestellt.

Tabelle 1.

Element	Metall	Reaktionsprodukte	Element	Metall	Reaktionsprodukte
O	Na	Na_2O_2	P	K	$KP_5 \cdot 3\,NH_3$
	Ba	BaO, BaO_2	As	K	$K_3As \cdot 3\,NH_3$
S	Li	Li_2S, $Li_2S_2 \ldots Li_2S_x$			$K_2As_4 \cdot NH_3$
			Sb	Na	Na_3Sb_{5-7}
Se	Na	Na_2Se, $Na_2Se_2, \ldots Na_2Se_6$	Pb	Na	$NaPb$, $NaPb_2$, Na_4Pb_9
Te	K	K_2Te, K_2Te_3			

Die Reaktion dieser Metalle mit Metallhalogeniden in der Lösung von verflüssigtem Ammoniak führt entweder zur Bildung des freien Metalls oder zur Entstehung einer intermetallischen Verbindung[7]. Diese intermetallischen Verbindungen entsprechen den im Kapitel V besprochenen Stoffen; ihre Konstitution wird nicht durch die normalen Wertigkeiten der fraglichen Elemente bestimmt.

Von den anderen Reaktionen dieser Metallösungen in flüssigem Ammoniak ist die Einwirkung von Kohlenmonoxyd zu erwähnen; hierbei entsteht eine Reihe unbeständiger Derivate des Hexahydrobenzols — z. B. $C_6(OK)_6$ — [8]. Mit Stickoxyd wurden die Verbindungen $NaNO$, KNO und $Ba(NO)_2$ als gallertartige Fällungen erhalten[9]. Die Formeln dieser Stoffe deuten darauf hin, daß es sich um Hyponitrite handelt, die sich von der Säure $H_2N_2O_2$ ableiten; ZINTL und HARDER[10] haben jedoch gezeigt, daß sich das Röntgendiagramm des Natriumderivats, $(NaNO)_x$, von dem des Natriumhypontritis unterscheidet.

Zur Zeit ist über die Reaktionen dieser Metallösungen in flüssigem Ammoniak mit komplizierteren anorganischen Verbindungen noch wenig bekannt. Wenn man die Natriumlösung mit Natriumnitrit behandelt, so entsteht die Verbindung Na_2NO_2. Nach einigen verhältnismäßig alten Beobachtungen von JOANNIS[11] reagiert Phosphorwasserstoff mit Kalium- und Natriumlösungen in flüssigem Ammoniak unter Bildung der Verbindungen KPH_2 und $NaPH_2$. In ähnlicher Weise reagieren Monogerman und Digerman mit einer Natriumlösung, wobei in beiden Fällen $NaGeH_3$ und Wasserstoff entstehen[12].

---

[6] Siehe FERNELIUS u. WATT (Chem. Reviews 1937, **20**, 195), die als wesentliche Grundlage dieses Abschnittes diente.

[7] KRAUS u. KURTZ: J. Amer. chem. Soc. 1925, **47**, 43. — ZINTL u. Mitarbeiter: Z. physik. Chem. 1931, A. **154**, 1.

[8] PEARSON: Nature 1933, **131**, 166.

[9] JOANNIS: Ann. Chim. Phys. 1906 [8], **7**, 84. — MENTREL: C. R. hebd. Séances Acad. Sci. 1902, **135**, 740.

[10] ZINTL u. HARDER: Ber. dtsch. chem. Ges. 1933, **66**, 760.

[11] JOANNIS: C. R. hebd. Séances Acad. Sci. 1894, **119**, 557. — Ann. Chim. Phys. 1906 [8], **7**, 101.

[12] KRAUS u. CARNEY: J. Amer. chem. Soc. 1934, **56**, 765.

Ammoniumsalze und Amide in flüssigem Ammoniak.

In flüssigem Ammoniak gelöste Salze, wie Ammoniumchlorid, vergrößern die Leitfähigkeit des reinen Lösungsmittels ($3 \cdot 10^{-8}$ Ohm^{-1} cm^{-1} bei 37°), indem sie folgendermaßen ionisieren:

$$NH_4Cl \rightleftharpoons HN_4^+ + Cl^-$$
$$NH_4^+ \rightleftharpoons NH_3 + H^+.$$

Diese Lösungen zeigen einen so stark ausgeprägten Säurecharakter, daß sie eine Reihe von Metallen unter Wasserstoffentwicklung auflösen. Metallhydroxyde und -oxyde lösen sich ebenfalls in konzentrierten Lösungen von Ammoniumnitrat in flüssigem Ammoniak. Die letzte Lösung wird als DIVERS-Flüssigkeit bezeichnet; ihre lösende Wirkung ist schon über 50 Jahre lang bekannt[13].

Metallamide, -imide und -nitride reagieren auch mit ammoniakalischen Ammoniumlösungen; wenn man diese Ammoniumlösungen als Säuren auffaßt, dann würden diese Reaktionen, für die unten einige Beispiele aufgeführt sind, im Vergleich zu dem wäßrigen System neutralisationsanaloge Reaktionen darstellen:

$$NH_4NO_3 + KNH_2 = KNO_3 + 2\,NH_3$$
$$NH_4N_3 + KNH_2 = KN_3 + 2\,NH_3$$
$$2\,NH_4J + PbNH = PbJ_2 + 3\,NH_3$$
$$3\,NH_4J + BiN = BiJ_3 + 4\,NH_3$$

Es besteht eine ganz deutliche Parallele zwischen diesen beiden Systemen, Wasser und flüssigen Ammoniak; die Amide und Imide entsprechen dabei den Hydroxyden und die Nitride den Oxyden. Die Neutralisationsreaktionen lassen sich mit Hilfe konduktometrischer Titrationen, in einzelnen Fällen auch durch Verwendung von Indikatoren, verfolgen; eine Lösung von Phenolphthalein in flüssigem Ammoniak ist beispielsweise farblos, zeigt aber beim Zusatz von Kaliumamid eine intensiv rote Färbung. Diese Farbe verschwindet, wenn man die erforderliche Menge einer Lösung von Dicyanimid hinzufügt, die als Säure fungiert ($KNH_2 + HN(CN)_2 = KN(CN)_2 + NH_3$). Guanidin, $(NH_2)_2CNH$, und Cyanamid, $NH_2(CN)$, sind in flüssigem Ammoniak ebenfalls säureanaloge Substanzen.

Durch Zusatz von Kaliumamidlösungen in flüssigem Ammoniak kann man die Metallamide, -imide und -nitride aus den ammoniakalischen Lösungen einiger Metallsalze ausfällen. Das verwendete Kaliumamid in flüssigem Ammoniak entspricht dem Kaliumhydroxyd in wäßriger Lösung. Die in einigen Fällen erfolgende Bildung eines Imids oder Nitrids an Stelle des Amids ist das Gegenstück zu der teilweisen oder vollständigen Entwässerung eines in wäßriger Lösung gefällten Hydroxyds. Beispiele für solche Reaktionen sind:

$$AgNO_3 + KNH_2 = AgNH_2 + KNO_3 \quad (\text{in } NH_3)$$
$$2\,AgNO_3 + 2\,KOH = Ag_2O + 2\,KNO_3 + H_2O \quad (\text{in } H_2O)$$
$$PbJ_2 + 2\,KNH_2 = PbNH + 2\,KJ + NH_3 \quad (\text{in } NH_3)$$
$$Pb(NO_3)_2 + 2\,KOH = Pb(OH)_2 + 2\,KNO_3 \quad (\text{in } H_2O)$$
$$BiJ_3 + 3\,KNH_2 = BiN + 3\,KJ + 2\,NH_3 \quad (\text{in } NH_3)$$

[13] FRANKLIN: J. Amer. chem. Soc. 1913, **35**, 1455. — DAVIS, OLMSTEAD u. LUNDSTRUM: J. Amer. chem. Soc. 1921, **43**, 1583. — BERGSTROM: J. phys. Chem. 1925, **29**, 160. — J. Amer. chem. Soc. 1928, **50**, 657. — DIVERS: Proc. Roy. Soc. 1875, **21**, 109.

Alkalisalze von amphoteren Amiden und Imiden.

Zinkamid löst sich in einer Lösung von Kaliumamid in flüssigem Ammoniak unter Bildung von Kaliumammonozinkat:

$$Zn(NH_2)_2 + 2\,KNH_2 = K_2[Zn(NH_2)_4].$$

Diese Reaktion ist ein klares Beispiel für ein amphoteres Verhalten im Ammonosystem, das Reaktionsprodukt entspricht dem beim Lösen von Zinkhydroxyd in wäßriger Kalilauge gebildetem Aquozinkat, $K_2[Zn(OH)_4]$. Die Ammonoverbindung ist allerdings in flüssigem Ammoniak beständig, während die Aquoverbindung leicht hydrolysiert. Ein ähnliches amphoteres Verhalten findet man bei vielen anderen Metallamiden. Bleiimid löst sich beispielsweise leicht in einer Lösung von Kaliumamid in flüssigem Ammoniak. Das dabei entstehende Produkt mit der Zusammensetzung $PbNK \cdot 2{,}5\,NH_3$ gibt Ammoniak ab und bildet nacheinander die Verbindungen $PbNK \cdot 2\,NH_3$ — oder $K[Pb(NH_2)_3]$ — und $PbNK \cdot NH_3$. Ziemlich ähnlich reagiert Aluminiumamalgam, das mit Kaliumamid die Verbindung $K[Al(NH_2)_4]$ ergibt; diese gibt im Vakuum bei 55° Ammoniak ab und geht in $K\,HN{=}\,Al(NH_2)_2]$ über. Noch interessanter ist die bei der Einwirkung von Kaliumamid in flüssigem Ammoniak auf Natriumamid beobachtete Bildung der Verbindung $NaNK_2 \cdot 2\,NH_3$, die als $K_2[Na(NH_2)_3]$ formuliert werden kann:

$$NaNH_2 + 2\,KNH_2 = K_2[Na(NH_2)_3].$$

Basische Salze.

Die Einwirkung von Wasser und die Hydrolyse normaler Salze zu basischen Salzen findet ein ganz entsprechendes Gegenstück bei der Einwirkung von Ammoniak auf einige Schwermetallsalze. Bleijodid ist beispielsweise in flüssigem Ammonik ziemlich gut löslich; aus der entstehenden Lösung kann man die Verbindung $Pb(NH_2)_2 \cdot Pb(NH_2)J$ erhalten. In gleicher Weise erhält man mit Bleinitrat die Verbindung $PbNH \cdot NH_2 \cdot PbNO_3$. Bei der Zugabe von Kaliumamid entsteht noch weiteres basisches Salz, während Ammoniumnitrat den Niederschlag auflöst, ganz entsprechend, wie man häufig mit einer Mineralsäure ein durch Wasser abgeschiedenes basisches Salz lösen kann. In diesen Verbindungen entsprechen die NH_2- und NH-Gruppen der Rolle, die OH und Sauerstoff im Aquosystem spielen.

Franklin hat diese Erkenntnis zur Deutung der bei der Einwirkung von Ammoniak auf Quecksilber(II)-halogenide entstehenden Verbindungen benutzt, die er in drei Gruppen einteilt, nämlich

1. die normalen Quecksilbersalze mit Kristallammoniakgehalt,
2. die ammonobasischen Quecksilber(II)-salze und
3. die gemischten aquobasisch-ammonobasischen Quecksilber(II)-salze.

Zu der ersten Gruppe gehören Salze wie $HgCl_2 \cdot 2\,NH_3$, $HgBr_2 \cdot 2\,NH_3$, die bei der Einwirkung von Ammoniak auf die entsprechenden Halogenide entstehen, wobei zur Vermeidung von Ammonolyse ein

Überschuß des sauren Ammoniumhalogenids vorhanden sein muß. Die ammonobasischen Quecksilbersalze gehören zu derselben Gruppe wie das unschmelzbare weiße Präzipitat $HgClNH_2$, für das eine Darstellungsmethode in der Einwirkung von flüssigem Ammoniak auf Quecksilber(II)-chlorid besteht. Viele derartige ammonobasische Salze sind beschrieben worden. Längere Behandlung des unschmelzbaren weißen Präzipitats mit Wasser oder wäßrigem Ammoniak führt zur Entstehung eines gelben, unlöslichen Stoffes, der das Chlorid der MILLONschen Base ist.

$$2\,HgClNH_2 + H_2O = HO\cdot Hg\cdot NH\cdot HgCl + NH_4Cl.$$

Diese Verbindung wird nach FRANKLIN als gemischtes aquobasisch-ammonobasisches Salz bezeichnet. Mit Wasser oder Natriumhydroxyd erfolgt unter Bildung von Quecksilber(II)-hydroxyd langsam vollständige Hydrolyse, während mit Ammoniumchlorid das unschmelzbare weiße Präzipitat zurückgebildet wird.

Nichtmetallamide.

Die Reaktion zwischen Wasser und Nichtmetallhalogeniden hat normalerweise den Ersatz des Halogens durch Hydroxylgruppen zur Folge. Eine ganz entsprechende Reaktion findet man im Ammonosystem; in einigen Fällen ist es möglich, durch Erhitzen der dabei gebildeten Amide die entsprechenden Nitride zu erhalten. Ein typisches Beispiel dafür ist die Reaktion von Siliciumtetrachlorid mit Ammoniak. Das erste Produkt dieser Reaktion, $Si(NH_2)_4$, das Analogon der Orthokieselsäure, wird beim Erhitzen schrittweise zu Si_3N_4 abgebaut, genau, wie aus $Si(OH)_4$ schließlich SiO_2 entsteht:

$$Si(NH_2)_4 \xrightarrow{0^\circ} NH{:}Si(NH_2)_2 \xrightarrow{100^\circ} NSiNH_2 \xrightarrow{900^\circ} NH(SiN)_2 \xrightarrow{1200^\circ} Si_3N_4.$$

Titantetrachlorid ergibt mit flüssigem Ammoniak das Amid $Ti(NH_2)_4$, das beim Erhitzen in das Diimid, $Ti(NH)_2$, übergeht. Ganz ähnlich verhalten sich die Germaniumhalogenide. So bildet Germaniumjodid mit flüssigem Ammoniak ein Imid von der Form $Ge(NH)_2$[14]. Wenn man dieses auf 150° erhitzt, so entsteht Germanam[15], $(GeN)_2NH$, das Analogon des Silicams, $(SiN)_2NH$, und des Cyanimids, $(CN)_2NH$. Beim Erhitzen von Germanam auf 350° entsteht das Nitrid Ge_3N_4. Aus Germanium(II)-jodid und flüssigem Ammoniak bildet sich eine Ammonogermanium(II)-säure, $Ge{=}NH$, in Form eines unlöslichen gelben Pulvers. Diese Verbindung ist das Germaniumanaloge der unbekannten *iso*-Cyanwasserstoffsäure. Zur Zeit ist jedoch praktisch nichts über das Auftreten von Salzen und Estern von irgendeiner dieser Germaniumverbindungen bekannt. Ähnlich liegen die Dinge bei der Reaktion der Zirkoniumhalogenide mit flüssigem Ammoniak: ZrJ_4 ergibt wahrscheinlich das Tetraamid[16]. Es sollten auch Amide und Imide des zwei- und vierwertigen Zinns vorkommen, doch ist das einzige gegenwärtig

[14] JOHNSON u. SIDWELL: J. Amer. chem. Soc. 1933, **55**, 1884.
[15] SCHWARZ u. SCHENK: Ber. dtsch. chem. Ges. 1930, **63**, 296.
[16] STÄHLER u. DENK: Ber. dtsch. chem. Ges. 1905, **38**, 2611.

bekannte Derivat des vierwertigen Zinns das Kaliumammonostannat(IV), $K_2[Sn(NH_2)_6]$, das bei der Reaktion

$$SnJ_4 + 6\,KNH_2 = K_2[Sn(NH_2)_6] + 4\,KJ$$

entsteht. Kaliumammonostannat(II), $K[Sn(NH_2)_3]$, entsteht bei der Behandlung von Zinn mit einer Lösung von Kaliumamid in flüssigem Ammoniak[17].

Eine Oxydation vom zweiwertigen zum vierwertigen Zustand kann man erreichen, wenn man das Kaliumammonostannat(II) mit Jodid und einem Überschuß von Kaliumamid in flüssigem Ammoniak behandelt:

$$K[Sn(NH_2)_3] + 3\,KNH_2 + J_2 = K_2[Sn(NH_2)_6] + 2\,KJ\,.$$

Phosphor(V)-chlorid reagiert mit Ammoniak unter Bildung von Phosphornitrilchlorid (vgl. S. 133), das bei weiterer Behandlung mit Ammoniak das Diamid des Phosphornitrids, $NP(NH_2)_2$, ergibt. Diese Verbindung ist eine Säure, von der zwar keine Salze bekannt, dafür aber mehrere Ester dargestellt sind. Beim Erhitzen der Verbindung entsteht Phospham, $NP:NH$. Bereits DAVY kannte diese Verbindung und stellte sie durch Erhitzen von Phosphor(V)-chlorid mit Ammoniak dar; sie ist ein weißes, umschmelzbares Pulver, das in Wasser und verdünnten Säuren unlöslich ist und von wäßriger Alkalilösung langsam angegriffen wird. Beim Erhitzen mit Wasser im zugeschmolzenen Rohr läßt sie sich zu Phosphorsäure und Ammoniak hydrolysieren.

Neben den Amino- oder Iminogruppen enthaltenden Derivaten kennt man eine Reihe von Verbindungen, in denen sowohl Hydroxyl- als auch Aminogruppen enthalten sind. Dieses sind gemischte Aquoammonophosphorsäuren; an dieser Stelle sollen zwar nicht die Eigenschaften und Bildungsweisen dieser Verbindungen besprochen werden, doch mögen folgende Formeln zur Erläuterung des Zusammenhanges zwischen diesen Verbindungen und den Phosphorsäuren erwähnt werden:

$H_2NPO(OH)_2$	Amido-orthophosphorsäure
$(H_2N)_2POOH$	Diamido-orthophosphorsäure
$(H_2N)_3PO$	Triamide-orthophosphorsäure
$(NH)(H_2N)PO$	Orthophosphorsäureamid-imid
H_2NPO_2	Amido-metaphosphorsäure.

Die Halogenide des dreiwertigen Phosphors ergeben mit Ammoniak Reaktionsprodukte, die denen des Pentachlorids ähneln. Flüssiges Ammoniak und Phosphortribromid bildet z. B. das Triamid, $P(NH_2)_3$. Dieses verliert bei 0° Ammoniak und bildet das Imid $P_2(NH)_3$. Ebenso kennt man die Säuren $HO\cdot P(NH_2)_2$, $(HO)_2P\cdot NH_2$ und $O{=}P\cdot HN_2$.

Es gibt eine Reihe interessanter Reaktionen zwischen Schwefelhalogeniden und -oxyhalogeniden mit flüssigem Ammoniak. Bei der Zugabe von Sulfurylchlorid zu flüssigem Ammoniak entsteht beispielsweise Imidosulfamid:

$$3\,NH_3 + 2\,SO_2Cl_2 = NH(NH_2SO_2)_2 + 4\,HCl\,.$$

[17] BERGSTRÖM: J. physic. Chem. 1926, **30**, 15.

Das Reaktionsprodukt wird durch verdünnte Säuren zu Sulfamid hydrolysiert:

$$NH(NH_2SO_2)_2 + 2\,H_2O = SO_2(NH_2)_2 + NH_4^+ + H^+ + SO_4^{--}.$$

Dieses, eine kristalline, wasserlösliche Substanz, bildet Metallsalze und Ester (z. B. $SO_2(NHAg)_2$. Beim Erhitzen bildet Sulfamid neben anderen Produkten Sulfimid, das trimer ist und dem wahrscheinlich die Ringformel

$$O_2S\begin{matrix}\diagup NH-SO_2\diagdown \\ \diagdown NH-SO_2\diagup\end{matrix}NH$$

zukommt. Das freie Sulfimid kennt man nur in wäßriger Lösung, wo es sich wie eine mäßig starke Säure verhält; es liefert gut ausgebildete Salze, wie z. B. $(SO_2NNa)_3$ und $(SO_2NAg)_3$. Bisher blieben Versuche, aus Schwefelhalogeniden und Ammoniak Verbindungen vom Typus $S(NH_2)_6$, $S(NH_2)_4$ oder $S(NH_2)_2$ darzustellen, erfolglos; es sind aber viele saure Verbindungen bekannt, in denen sowohl Hydroxyl- als auch Aminogruppen vorliegen[18].

Die Chemie von Lösungen in verflüssigtem Schwefeldioxyd.

Schon seit den frühzeitigen Untersuchungen von WALDEN und CENTNERSZWER[19] ist bekannt, daß wasserfreies verflüssigtes Schwefeldioxyd (Schmp. —10,02°) ein gutes Lösungsmittel für eine große Zahl anorganischer und organischer Stoffe ist. Derartige Lösungen leiten den elektrischen Strom, während reines flüssiges Schwefeldioxyd nur ein sehr geringes Leitvermögen ($1 \cdot 10^{-7}\,\text{Ohm}^{-1} \cdot \text{cm}^{-1}$ bei 0°) zeigt. In den allerletzten Jahren ist die Bearbeitung dieses Gebietes von JANDER und seinen Mitarbeitern[20] von neuem aufgenommen worden, mit dem Ergebnis, daß die Chemie des verflüssigten Schwefeldioxyds dieselbe Grundlage erhalten hat wie die im flüssigen Ammoniak. Der wahrscheinliche Ionisationsmechanismus, der die geringe aber definierte Eigenleitfähigkeit des Schwefeldioxyds bedingt ($2\,SO_2 \rightleftharpoons SO^{++} + SO_3^{--}$), wurde bereits erwähnt.

Aus Analogie zum Wasser und flüssigen Ammoniak ist zu erwarten, daß sich Stoffe, die sich unter Bildung von Thionylionen, SO^{++}, in Schwefeldioxyd lösen, in diesem Lösungsmittel als Säuren und diejenigen, die Sulfitionen ergeben, als Basen fungieren. JANDER fand, daß Thionylchlorid und andere Thionylderivate sich in flüssigen Schwefeldioxyd gut lösen und tatsächlich dessen elektrische Leitfähigkeit erhöhen. Ebenso sind eine Reihe von Sulfiten unter Erhöhung des Leitvermögens in flüssigem Schwefeldioxyd löslich. Man kann die Ionenreaktionen zwischen Thionylderivaten und Sulfiten im flüssigen Schwefeldioxyd konduktometrisch verfolgen und als Neutralisation

[18] Eine ausführliche Beschreibung dieser Produkte findet man bei D. M. YOST und H. RUSSELL: Systematic Inorganic Chemistry of the Fifth and Sixth Group Nonmetallic Elements (New York, Prentice-Hall Inc. 1944).

[19] WALDEN u. CENTNERSZWER: Ber. dtsch. chem. Ges. 1899, **32**, 2862.

[20] JANDER, G.: a. a. O.

einer Säure durch eine Base unter Bildung von Salz und Lösungsmittel identifizieren, z. B.:

$$SOCl_2 + Cs_2SO_3 = 2\,CsCl + 2\,SO_2.$$

Man vergleiche: $NH_4Cl + KNH_2 = KCl + 2NH_3$.

Die Löslichkeiten in flüssigem Schwefeldioxyd[21].

Die Löslichkeiten im flüssigen Schwefeldioxyd sind außerordentlich verschieden. So zeigen die Alkalisulfite bei 0° Löslichkeiten in der Größe von 0,02—0,05 g in 100 g Schwefeldioxyd. Tetramethylammoniumsulfit ist andererseits leicht löslich, während Barium- und Mangansulfit unlöslich sind; Thionylchlorid und Thionylacetat mischen sich mit flüssigem Schwefeldioxyd in jedem Verhältnis.

Die Alkali- und Erdalkalijodide sind in flüssigem Schwefeldioxyd mäßig löslich, die Löslichkeit der Bromide, Chloride und Fluoride wird zunehmend geringer. Eine Reihe anorganischer Salze erreichen in ihren gesättigten Lösungen in Schwefeldioxyd 10^{-2} bis 10^{-3} molare Konzentrationen. Andererseits sind viele Oxyde, Sulfide und Hydroxyde praktisch unlöslich. Im allgemeinen ist flüssiges Schwefeldioxyd ein gutes Lösungsmittel für organische Verbindungen.

Eine Reihe anorganischer Salze bilden mit Schwefeldioxyd definierte Additionsverbindungen, die den Hydraten und Ammoniakaten entsprechen. In der Regel dissoziieren diese sehr leicht ($p_{SO_2} = 1$ Atm. bei 0—50°). Einige typische Beispiele derartiger Verbindungen, über deren Struktur nur wenig bekannt ist, sind in der folgenden Tabelle zusammengestellt:

$NaJ \cdot 4\,SO_2$	$LiJ \cdot 2\,SO_2$	$LiJ \cdot SO_2$	$K(SCN) \cdot 0{,}5\,SO_2$
$KJ \cdot 4\,SO_2$	$NaJ \cdot 2\,SO_2$	$AlCl_3 \cdot SO_2$	$Rb(SCN) \cdot 0{,}5\,SO_2$
$SrJ_2 \cdot 4\,SO_2$	$SrJ_2 \cdot 2\,SO_2$	$K(SCN) \cdot SO_2$	$Cs(SCN) \cdot 0{,}5\,SO_2$
$BaJ_2 \cdot 4\,SO_2$	$BaJ_2 \cdot 2\,SO_2$		$Ca(SCN)_2 \cdot 0{,}5\,SO_2$

Einige Reaktionen im flüssigen Schwefeldioxyd.

Die Kenntnis der Löslichkeitsverhältnisse hat die Durchführung einer Reihe von Fällungsreaktionen ermöglicht. Dies erkennt man gut an folgenden Reaktionsbeispielen, die zu folgenden neuen Thionylverbindungen geführt haben:

$$2\,NH_4SCN + SOCl_2 = SO(SCN)_2 + 2\,NH_4Cl$$
$$2\,Ag(CH_3COO) + SOCl_2 = SO(CH_3COO)_2 + 2\,AgCl$$
$$2\,KBr + SOCl_2 = SOBr_2 + 2\,KCl.$$

Die Halogenide werden dabei in allen Fällen fast quantitativ gefällt. Es ist allerdings nicht möglich, das Thionylrhodanid und -acetat durch Abdampfen des Lösungsmittels in reinem Zustand zu gewinnen, da sich diese Verbindungen zu leicht zersetzen. Demgegenüber läßt sich Thionylbromid nach der obigen Reaktion in reiner Form erhalten. Ver-

[21] JANDER, G.: a. a. O. Siehe auch LAUDER u. ROSSITER: Nature 1949, **163**, 567.

suche, eine entsprechende Reaktion zur Darstellung von Thionyljodid zu benutzen, blieben erfolglos, da sich die Verbindung unter Abscheidung von Jod zersetzt.

Auch die Bildung einiger komplexer Halogenverbindungen in Schwefeldioxyd konnte beobachtet werden. So ergeben Antimon(III)-chlorid und Kaliumchlorid, die beide in Schwefeldioxyd gut löslich sind, die komplexe Verbindung K_3SbCl_6; mit Antimon(V)-chlorid entsteht auf analoge Weise die Verbindung $KSbCl_6$. Durch Zugabe von Thionylchlorid wird die Löslichkeit beider Antimonchloride in Schwefeldioxyd vergrößert. Aus der beim Titrieren einer Lösung von K_3SbCl_6 mit Thionylchlorid beobachteten Änderung der Leitfähigkeit kann man auf die Bildung der freien Säure $(SO)_3(SbCl_6)_2$ schließen:

$$2\,K_3SbCl_6 + 3\,SOCl_2 = (SO)_3(SbCl_6)_2 + 6\,KCl.$$

Im allgemeinen sind allerdings derartige Verbindungen wie $(SO)_3SbCl_6$ unbeständig, so daß sie sich nicht in freier Form isolieren lassen.

Es bestehen deutliche Anzeichen für die Bildung anderer, ähnlicher Komplexe. So wird die Löslichkeit von Kaliumchlorid in Schwefeldioxyd durch Aluminiumchlorid beträchtlich erhöht, was darauf hindeutet, daß in der Lösung ein Salz etwa vom Typus $KAlCl_4$ entsteht. Aluminiumchlorid sowie die Tetrachloride des Siliciums, Titans und Zinns sind bei Gegenwart von Thionylchlorid sämtlich in Schwefeldioxyd besser löslich. Das deutet wieder darauf hin, daß „saure" Verbindungen entstehen, die dem Thionylhexachloroantimonat entsprechen.

Es wurden in Schwefeldioxyd auch Solvolysereaktionen beobachtet. Phosphor(V)-chlorid reagiert sehr leicht unter Bildung von $POCl_3$, während andere Halogenide (z. B. $NbCl_5$) beim Erhitzen im zugeschmolzenen Bombenrohr in Reaktion treten:

$$PCl_5 + SO_2 = POCl_3 + SOCl_2$$
$$NbCl_5 + SO_2 = NbOCl_3 + SOCl_2.$$

Reaktionen von Aminen mit Schwefeldioxyd.

Viele Amine lösen sich leicht in flüssigem Schwefeldioxyd und geben Lösungen, die den elektrischen Strom leiten. Über die dabei gebildeten Ionen besteht noch keine völlige Klarheit. Ursprünglich waren WALDEN und CENTNERSZWER[22] der Ansicht, daß im Falle der tertiären Amine die Reaktion

$$R_3N + SO_2 = (R_3N)^{++} + SO_2^{--}$$

erfolgt, während BATEMAN, HIGHES und INGOLD[23] auf Grund von Molekulargewichtsbestimmungen und Leitfähigkeitsmessungen annahmen, daß es sich um $(R_3N)^+$- und SO_2^--Ionen handelt. JANDER und Mitarbeiter sind der Ansicht, daß eine Ionenverbindung der Zusammensetzung $[(R_3N)_2S{=}O]SO_3$ gebildet wird, wobei es sich um eine Base im

[22] WALDEN u. CENTNERSZWER: Z. anorg. allg. Chem. 1902, **30**, 145. — Z. physik. Chem. 1903, **43**, 385.

[23] BATEMAN, HIGHES u. INGOLD: J. chem. Soc. 1944, 243.

Schwefeldioxydsystem handeln würde, die man mit der Bildung von $(R_3NH)OH$ im Aquosystem vergleichen könnte. Die angegebene Formulierung steht mit dem beobachteten Molekulargewicht und den Leitfähigkeitsmessungen in Einklang, wenn man folgende Gleichgewichtsreaktionen annimmt[24]:

$$2\,R_3N + 2\,SO_2 \rightleftharpoons 2\,(R_3N \cdot SO_2) \rightleftharpoons (R_3N \cdot SO_2)_2$$
$$(R_3N \cdot SO_2)_2 \rightleftharpoons [(R_3N)_2SO]SO_3 \rightleftharpoons [(R_3N)SO]^{++} + SO_3^{--}.$$

Lösungen anorganischer Basen in Schwefeldioxyd reagieren mit Thionylderivaten. Beispielsweise läßt sich die Reaktion von Pyridin mit Thionylchlorid durch Leitfähigkeitstitration verfolgen; obwohl das dabei gebildete Reaktionsprodukt nicht in freier Form erhalten werden konnte, kann man wohl annehmen, daß die Reaktion der Gleichung

$$[(C_5H_5N)_2SO]SO_3 + SOCl_2 = [(C_5H_5N)_2SO]Cl_2 + 2\,SO_2.$$

entspricht. Man kann auch die Reaktion zwischen Triäthylamin und Jod in flüssigem Schwefeldioxyd konduktometrisch verfolgen, wobei Sulfat und Jod entstehen:

$$2\{[(CC_2H_5)_3N]_2SO\}SO_3 + J_2 = \{[(CC_2H_5)_3N]_2SO\}SO_4 + \{[(C_2H_5)_3N]_2SO\}J_2 + SO_2.$$

Diese Oxydationsreaktion ließe sich nicht ohne weiteres erklären, wenn in der Lösung keine Sulfitionen enthalten wären; wenn es bisher auch nicht gelungen ist, Salze wie $\{[(C_2H_5)_3N]_2SO\}SO_3$ im reinen Zustande zu isolieren, kann man doch ihr Vorhandensein in Lösung als ziemlich sicher bewiesen ansehen. Die Versuche von JANDER, die von den Aminen in Schwefeldioxyd gebildeten Verbindungen als Sulfite zu formulieren, vermitteln trotz der heftigen Kritik von INGOLD und Mitarbeitern[25] ein einheitlich geschlossenes Bild dieses Gebietes.

Amphoteres Verhalten in flüssigem Schwefeldioxyd.

Zu dem gut bekannten amphoteren Charakter von Hydroxyden, wie Aluminiumhydroxyd und Zinkhydroxyd in wäßriger Lösung, gibt es ein interessantes Gegenstück im System des flüssigen Schwefeldioxyds. Ein derartiges Beispiel findet man beim Aluminiumsulfit, das im flüssigen Schwefeldioxyd amphotere Eigenschaften erkennen läßt.

Man erhält das Sulfit als weißen Niederschlag, wenn man Tetramethylammoniumsulfit zu einer Lösung von Aluminiumchlorid in Schwefeldioxyd hinzufügt:

$$2\,AlCl_3 + 3\,[N(CH_3)_4]_2SO_3 = Al_2(SO_3)_3 + 6\,[N(CH_3)_4]Cl.$$

Beim Zusatz von überschüssigem Tetramethylammoniumsulfit löst sich der weiße Niederschlag wieder auf, wenn man ihn nicht vorher hat stehen und altern lassen, wodurch er — genau wie es beim Aluminiumhydroxyd der Fall ist — unlöslicher wird.

$$Al_2(SO_3)_3 + 3\,[N(CH_3)_4]_2SO_3 = 2\,[N(CH_3)_4]_3Al(SO_3)_3.$$

[24] JANDER, G.: a. a. O., S. 285ff.

[25] BATEMAN, HUGHES u. INGOLD: J. chem. Soc. 1944, 243.

Durch Zusatz von Thionylchlorid läßt sich Aluminiumsulfit wieder ausfällen:

$$2\,[N(CH_3)_4]_3Al(SO_3)_3 + 3\,SOCl_2 = Al_2(SO_3)_3 + 6\,[N(CH_3)_4]Cl + 6\,SO_2.$$

Ähnlich verhält sich eine Lösung von Galliumchlorid in Schwefeldioxyd[26].

Andere Systeme nichtwäßriger Lösungsmittel.

Schwefelwasserstoff.

Die Leitfähigkeit des Schwefelwasserstoffs (Sdp. —61°) ist sehr gering und beträgt bei —78,3° $3{,}7 \cdot 10^{-11}$ $Ohm^{-1}\,cm^{-1}$ [27]. Bei einer dem Wasser analogen Ionisation $(2\,H_2S) \rightleftharpoons (H_3S)^+ + (SH)^-$ würden Stoffe, die beim Lösen Wasserstoffionen ergeben, säureanaloge und Verbindungen, die $(SH)^-$-Ionen liefern, basenanaloge Substanzen sein. Eine Reihe von Säuren (z. B. HCl, HBr, H_2SO_4, CH_3COOH, CCl_3COOH) sind in Schwefelwasserstoff löslich; die Metallsulfide sind zwar im allgemeinen unlöslich, doch gibt es eine Reihe leicht löslicher aryl- und alkylsubstituierter Ammoniumsulfide und -hydrogensulfide, z. B. $NH(C_2H_5)_3SH$. Außerdem sind eine Reihe von Halogeniden (z. B. $ZnCl_2$, $HgCl_2$, $AlCl_3$, $FeCl_3$, CCl_4, $SiCl_4$, $SnCl_4$, PCl_3, $AsCl_3$, S_2Cl_2) und zahlreiche organische Substanzen gut in Schwefelwasserstoff löslich[28].

Vor einiger Zeit sind die in der Literatur verstreuten Hinweise über Lösungen in Schwefeldioxyd von JANDER zusammengestellt worden[29].

Viele der gelösten Stoffe erhöhen die elektrische Eigenleitfähigkeit des Schwefelwasserstoffs, und an Hand von Leitfähigkeitstitrationen konnte gezeigt werden, daß Neutralisationsreaktionen zwischen Säure- und Basenanalogen möglich sind. Beim Einleiten von trocknem Chlorwasserstoff aus einer Gasbürette in eine Suspension des verhältnismäßig schlecht löslichen Triäthylammoniumhydrogensulfids in Schwefelwasserstoff zeigt die Leitfähigkeitskurve einen scharfen Knick bei einer HCl-Konzentration, die dem Äquivalenzpunkt der Gleichung

$$[N(C_2H_5)_3H]SH + HCl = [N(C_2H_5)_3H]Cl + H_2S$$

entspricht. Es sind eine Reihe von Indikatoren festgestellt worden, die im Schwefelwasserstoff beim Übergang vom „sauren" ins „alkalische" Gebiet einen deutlichen Farbumschlag erkennen lassen. JANDER konnte weiterhin — allerdings nur qualitativ — auf Grund von Beobachtungen an Metallen, die bei Zimmertemperatur in zugeschmolzenen Rohren mit

---

[26] Weitere Beispiele findet man bei G. JANDER: a. a. O., S. 278ff. Die Beweise für das amphotere Verhalten sind nicht in allen Fällen ganz eindeutig und überzeugend.

[27] SATWALEKAR, BUTLER u. WILKINSON: J. Amer. chem. Soc. 1928, **50**, 258, 2160.

[28] QUAM: J. Amer. chem. Soc. 1925, **47**, 103. — BILTZ u. KEUNICKE: Z. anorg. allg. Chem. 1925, **147**, 171. — McINTOSH u. ARCHIBALD: Z. physik. Chem. 1906, **55** 152.

[29] JANDER, G.: a. a. O., S. 77. — JANDER, G. u. SCHMIDT: Wiener Chemiker-Ztg 1943, **46**, 49.

Schwefelwasserstoff in Berührung gebracht wurden, ganz analog wie im wäßrigen System eine elektrochemische Spannungsreihe aufstellen.

Es sind noch zwei weitere Analogiepunkte mit dem Aquosystem zu erwähnen. Einerseits findet man in vielen Fällen Solvolyseerscheinungen; bei den folgenden Beispielen wurde entweder bei Zimmertemperatur oder bei —78° eine Reaktion mit dem Lösungsmittel beobachtet[30]:

Verbindung	Solvolysenprodukt
Hg_2Cl_2	$Hg_2(SH)_2 + HCl$
$HgCl_2$	$HgS + HCl$
$SnCl_4$	SnS_2 (langsam)
PCl_5	$PSCl_3$
$AsCl_3$	As_2S_3
$CH_3CO(SCH_3)$	$CH_3CO(SH) + CH_3(SH)$

Für den zweiten Punkt, das amphotere Verhalten, findet man ein gutes Beispiel im Arsentrisulfid, das sich leicht in der „Base" Triäthylammoniumhydrogensulfit löst und durch Zugabe von Chlorwasserstoff wieder gefällt wird:

$$As_2S_3 + 6\,[N(C_2H_5)_3H]SH = 2\,[N(C_2H_5)_3H]_3AsS_3 + 3\,H_2S$$
$$2\,[N(C_2H_5)_3H]_3AsS_3 + 6\,HCl = 6\,[N(C_2H_5)_3H]Cl + As_2S_3 + 3\,H_2S.$$

Cyanwasserstoff.

Die Chemie in Lösungen von wasserfreier Blausäure (Sdp. 25°) ähnelt weitgehend der im Schwefelwasserstoffsystem[31]. Reine Blausäure besitzt eine geringe Leitfähigkeit ($5 \cdot 10^{-7}$ Ohm$^{-1} \cdot$ cm^{-1}), ist aber ein ausgezeichnetes Lösungsmittel. Viele der gebildeten Lösungen (z. B. viele Alkalisalze, einige Nichtmetallhalogenide und eine beschränkte Zahl organischer Stoffe) leiten den elektrischen Strom gut. Das reine Lösungsmittel ionisiert nach der Gleichung

$$2\,HCN \rightleftharpoons (H \cdot HCN)^+ + (CN)^-.$$

Nach den bereits mehrfach erwähnten Gesichtspunkten fungieren in Blausäure lösliche Säuren (z. B. H_2SO_4, HNO_3, HCl und Pikrinsäure) als „Säuren", während Verbindungen, die in Lösung Cyanidionen ergeben (z. B. Alkali- und substituierte Ammoniumcyanide) basenanaloge Stoffe darstellen. Auch in diesem Falle sind eine Reihe von Neutralisationsreaktionen konduktometrisch untersucht worden. Ebenso wurden auch im Blausäuresystem Indikatoren gefunden, die einen Farbumschlag ergeben. Auch hat man Solvolysereaktionen (z. B. $Ag_2SO_4 \rightarrow AgCN$; $RCOCl \rightarrow RCOCN$) sowie in einigen wenigen Fällen ein amphoteres Verhalten beobachtet. Wenn man beispielsweise Triäthylammoniumcyanid zu einer Lösung von Eisen(III)-chlorid in Blausäure gibt, entsteht zunächst ein Niederschlag von Eisencyanid, der sich aber in einem Überschuß der Base wieder löst:

$$FeCl_3 + 3\,[N(C_2H_5)_3H]CN = Fe(CN)_3 + 3\,[N(C_2H_5)_3H]Cl$$
$$Fe(CN)_3 + 3\,[N(C_2H_5)_3H]CN = [(C_2H_5)_3NH]_3[Fe(CN)_6].$$

[30] Ralston u. Wilkinson: J. Amer. chem. Soc. 1928, **50**, 258, 2160.

[31] Jander, G.: a. a. O., S. 120, wo man einen umfassenden Überblick über dieses Gebiet findet.

Bromtrifluorid.

Das starke Reaktionsvermögen des Bromtrifluorids (Sdp. 127°) beschränkt dessen Verwendung als Lösungsmittel auf Metall- und Nichtmetallfluoride. Im reinen Zustand beträgt die spezifische Leitfähigkeit der Verbindung bei 25° $8 \cdot 10^{-3}$ Ohm^{-1} cm^{-1}, die auf der Ionisation in BrF_2^+-Kationen und BrF_4^--Anionen beruht. Bei der Reaktion des Bromtrifluorids entsteht eine Reihe neuer säure- und basenanaloger Verbindungen, die mehr oder weniger gut löslich sind, in allen Fällen aber die Leitfähigkeit des Lösungsmittels vergrößern. Folgende Verbindungen konnten isoliert werden[32]:

Basen	Säuren
$NaF + BrF_3 = NaBrF_4$	$SnF_4 + 2\,BrF_3 = SnBr_2F_{10}$
$KF + BrF_3 = KBrF_4$	$SbF_5 + BrF_3 = SbBrF_8$
$AgF + BrF_3 = AgBrF_4$	$BiF_5 + BrF_3 = BiBrF_8$
$BaF_2 + 2\,BrF_3 = Ba(BrF_4)_2$	$NbF_5 + BrF_3 = NbBrF_8$
	$TaF_5 + BrF_3 = TaBrF_8$
	$AuF_3 + BrF_3 = AuBrF_6$

Diese Verbindungen zersetzen sich beim Erwärmen unter Abgabe von Bromtrifluorid. Es ist möglich, die Neutralisation einer derartigen Säure mit einer Base konduktometrisch zu verfolgen, z. B.:

$$AgBrF_4 + BrF_2 \cdot SbF_6 = AgSbF_6 + 2\,BrF_3.$$

Derartige Reaktionen haben sich zur Darstellung vieler komplexer Fluoride als sehr zweckmäßig erwiesen, wobei die Anwendbarkeit der Methode noch durch die Tatsache erweitert werden kann, daß es in Lösung noch über die gesamten Verbindungen hinaus viele Säure- und Basenanaloge gibt, die sich wegen ihrer zu großen Unbeständigkeit nicht im freien Zustand isolieren lassen. Beispielsweise bilden wahrscheinlich die Pentafluoride des Phosphors und Arsens in Bromtrifluorid die „Säuren" BrF_2PF_6 bzw. BrF_2AsF_6, die mit Kaliumbromtetrafluorid in folgender Weise reagieren:

$$KBrF_4 + BrF_2PF_6 = KPF_6 + 2\,BrF_3$$
$$KBrF_4 + BrF_2AsF_6 = KAsF_6 + 2\,BrF_3.$$

Offenbar können in Bromtrifluorid auch die Nitronium- und Nitrosoniumionen (NO_2^+ und NO^+) in den Basen NO_2BrF_4 und $NOBrF_4$ auftreten; durch Reaktion mit Säuren entstehen Verbindungen vom Typus NO_2BF_4, NO_2AuF_4, NO_2AsF_6, $NOBF_4$ und $NOPF_6$[33].

Wasserfreier Fluorwasserstoff.

Wasserfreie Flußsäure (Sdp. 19,5°) ist eine assoziierte Flüssigkeit mit hoher Dielektrizitätskonstante, geringer elektrischer Leitfähigkeit ($1{,}4 \cdot 10^{-5}$ Ohm^{-1} cm^{-1}) und gutem Lösevermögen. Hinsichtlich der

[32] SHARPE u. EMELÉUS: J. chem. Soc. 1948, 2135. — WOOLF u. EMELÉUS: J. chem. Soc. 1949, 2865; 1950, **164**, 1050. — SHARPE: J. chem. Soc. 1949, 2901. — WOOLF: J. chem. Soc. 1950, 1053. — GUTMANN u. EMELÉUS: J. chem. Soc. 1950, 1046.

[33] WOOLF: J. chem. Soc. 1950, 1053.

Analogie zwischen der Chemie seiner Lösungen und der im wäßrigen System gibt es gewisse Beschränkungen, doch immerhin haben sich — insbesondere als Ergebnis der Arbeiten von FREDENHAGEN und Mitarbeitern[34] — eine Reihe interessanter Gesichtspunkte ergeben.

Die Fluoride der Alkalimetalle, des Ammoniums, Silbers, Thalliums und — in geringerem Ausmaße — des Magnesiums und der Erdalkalimetalle lösen sich in Flußsäure und ergeben dabei ihre einfachen Ionen. Einige andere Salze ($NaNO_3$, $AgNO_3$, Na_2SO_4, K_2SO_4 und die Alkalichlorate, -bromate, -jodate, -perchlorate und -perjodate) lösen sich unter Bildung ziemlich beständiger, den elektrischen Strom leitender Lösungen, während die meisten anorganischen Verbindungen beim Lösen in Flußsäure zersetzt werden (beispielsweise ergeben Metallchloride in Flußsäure die entsprechenden Fluoride unter Entwicklung von Chlorwasserstoff, der in Fluorwasserstoff praktisch unlöslich ist). Daß außer den Fluoridionen auch andere Ionen im Fluorwasserstoff auftreten können, erkennt man an einigen Fällungsreaktionen, wie z. B.

$$Na_2SO_4 + 2\,AgF = Ag_2SO_4 + 2\,NaF$$
$$Ba(ClO_4)_2 + 2\,AgF = 2\,AgClO_4 + BaF_2.$$

In diesem Zusammenhang sei nebenher erwähnt, daß Flußsäure mit Metallfluoriden eine Reihe von Anlagerungsverbindungen bildet (z. B. $KF\cdot HF$; $KF\cdot 2\,HF$; $KF\cdot 3\,HF$; $NH_4F\cdot HF$). Man könnte annehmen, daß diese Verbindungen kristallwasserhaltigen Verbindungen im Aquosystem entsprechen, die Wassermoleküle als Strukturbausteine enthalten. In den erwähnten sauren Fluoriden lassen aber die wenigen durchgeführten Strukturbestimmungen das Vorliegen von $(HF_2)^-$-Ionen erkennen. Man nimmt an, daß dieses Anion auch in wäßrigen Lösungen von Fluorwasserstoff, die sich mit einfachen Fluoriden im Gleichgewicht befinden, vorkommt. Wahrscheinlich ist auch das einfache Fluoridion in wasserfreier Flußsäure bis zu einem gewissen Grade mit HF zu $(HF_2)^-$ assoziiert, was wohl auch für das Wasserstoffion zutrifft, das sich mit einem Lösungsmittelmolekül zu $(H_3F)^+$ vereinigt.

Viele organische Substanzen, einschließlich der Kohlenwasserstoffe, sind in Flußsäure unlöslich. Einige, wie die Alkylfluoride, lösen sich und bilden den elektrischen Strom nichtleitende Lösungen; viele andere aber werden entweder zersetzt oder polymerisiert. Eine weitere Gruppe schließlich, zu der Alkohole, Aldehyde, Ketone, Äther, Säuren, Säureanhydride sowie einige Stickstoffverbindungen und Kohlehydrate gehören, liefern elektrisch leitende Lösungen, in denen komplexe Kationen, die das mit einem Proton vereinigte organische Molekül enthalten, und Fluoridanionen vorhanden sind, wie es folgende Beispiele zeigen:

$$CH_3OH + HF \rightleftharpoons (CH_3OH\cdot H)^+ + F^-$$
$$CH_3CO_2H + HF \rightleftharpoons (CH_3CO_2H\cdot H)^+ + F^-$$
$$(C_2H_5)_2O + HF \rightleftharpoons (C_2H_5)_2O\cdot H^+ + F^-$$

FREDENHAGEN hat den Charakter dieser Ionen aus Messungen der molekularen Leitfähigkeit und von Siedepunktserhöhungen abgeleitet.

[34] Literaturhinweise s. JANDER, G.: a. a. O., S. 6ff.

Diese Deutung der Ursache der Leitfähigkeit wurde durch die Isolierung der Verbindungen $(C_2H_5)_2O \cdot 2\,HF$, $C_2H_5OH \cdot HF$ und $CH_3OH \cdot HF$ bestätigt, die sich wahrscheinlich als elektrisch leitend erweisen werden, wenn man sie im reinen Zustand darstellt.

Verschiedene Lösungsmittelsysteme[35].

Die in den vorhergehenden Abschnitten besprochenen allgemeinen Gesichtspunkte werden durch experimentelle Untersuchungen einer Reihe anderer Systeme, deren Dissoziationsmechanismus in der folgenden Tabelle zusammengestellt ist, ergänzt und gestützt.

Tabelle 2.

Substanz	Spezifische Leitfähigkeit $Ohm^{-1}\ cm^{-1}$	Ionisation
HNO_3	$8{,}9 \cdot 10^{-3}$	$2\,HNO_3 \rightleftharpoons (H \cdot HNO_3)^+ + NO_3^-$
J_2	$1{,}7 \cdot 10^{-4}$ bis $0{,}9 \cdot 10^{-5}$	$2\,J_2 \rightleftharpoons J^+ + J_3^-$
$(CH_3CO)_2O$	2—$5 \cdot 10^{-7}$ (25°)	$(CH_3CO)_2O \rightleftharpoons (CH_3CO)^+ + (CH_3COO)^-$
$SeOCl_2$	$2 \cdot 10^{-5}$ (25°)	$2\,SeOCl_2 \rightleftharpoons (SeOCl \cdot SeOCl_2)^+ + Cl^-$
$COCl_2$		$2\,COCl_2 \rightleftharpoons (COCl \cdot COCl_2)^+ + Cl^-$

Für diese Systeme liefern die bisher vorliegenden Untersuchungen noch kein so vollständiges Bild, wie wir es beispielsweise im Falle des Ammonosystems kennen. Die erwähnten Verbindungen können aber sämtlich als ionisierende Lösungsmittel wirken. In Salpetersäure fungieren die Metallnitrate als Basen und einige Stoffe, die unter Protonenabgabe ionisieren können, (z. B. $HClO_4$) als Säuren. Auf diese Weise ist es möglich, die Reaktion zwischen Kaliumnitrat und Überchlorsäure in Form einer konduktometrischen Titration durchzuführen:

$$KNO_3 + HClO_4 = KClO_4 + HNO_3.$$

In entsprechender Weise ist Schwefelsäure als Säure aufzufassen. Außerdem besteht die Möglichkeit einer Solvolyse, z. B.

$$Zn(CH_3CO_2)_2 + 2\,HNO_3 = Zn(NO_3)_2 \cdot CH_3CO_2H + H(CH_3CO_2)$$
$$TiCl_4 + 2\,HNO_3 = TiOCl(NO_3) + NOCl + Cl_2 + H_2O.$$

In einigen Fällen konnte auch ein amphoteres Verhalten beobachtet werden, wie z. B.

$$Cd(NO_3)_2 + x\,KNO_3 \rightleftharpoons K_x\,[Cd(NO_3)_{2+x}].$$

Im flüssigen Jod fungieren die Jodide als Basen, während die Derivate des „positiven“ Jods als Säuren auftreten. Auf diese Weise wurde eine Reihe von Neutralisationsreaktionen untersucht, z. B.:

$$KJ + JBr = KBr + J_2$$
$$BiJ_3 + 3\,JCl = BiCl_3 + 3\,J_2.$$

[35] Jander, G.: a. a. O.

Ein amphoteres Verhalten beobachtet man, wenn in flüssigem Jod gelöste Jodide mit überschüssiger „Base“ — z. B. mit Kaliumjodid — unter Bildung von Komplexen, wie z. B. $K_2[HgJ_4]$ und $K_3[BiJ_6]$ reagieren.

In Essigsäureanhydrid sind Acetylderivate säureanaloge und Acetate basenanaloge Substanzen, zwischen denen Neutralisationsreaktionen stattfinden können, wie beispielsweise

$$CH_3COCl + Na(CH_3CO_2) = NaCl + (CH_3CO)_2O$$
$$(CH_3CO)_2S + Pb(CH_3CO_2)_2 = PbS + 2\ CH_3CO)_2O.$$

In Selenoxychlorid sind verschiedene Metallchloride unter Bildung von elektrisch leitenden Lösungen löslich (z. B. $NaCl$, NH_4Cl, $FeCl_3$)[36]. Mit Zinn(IV)-chlorid entsteht die Verbindung $SnCl_4 \cdot 2\ SeOCl_2$, die man als Salz mit einem $(SeOCl)^+$-Kation als $(SeOCl)_2SnCl_6$ formulieren kann. Ähnlich wie Selenoxychlorid verhält sich Phosgen hinsichtlich seines Lösungsvermögens. Für die aus Aluminiumchlorid in Phosgen gebildete Verbindung $COCl_2 \cdot 2\ AlCl_3$ hat GERMAN[37] folgende Ionisierungsmöglichkeit vorgeschlagen:

$$COAl_2Cl_8 \rightleftharpoons CO^{++} + Al_2Cl_8^{--}$$

(doch ist es wahrscheinlicher, daß es sich um ein $AlCl_4^-$-Anion handelt). Bei der Elektrolyse der Lösungen entsteht an der Kathode Kohlenmonoxyd und an der Anode Chlor; die Lösungen können ebenfalls unter Gasentwicklung Metalle auflösen. Jodtrichlorid, Arsentrichlorid und die Chloride des Antimons und Schwefels liefern ebenfalls Lösungen, die den elektrischen Strom leiten und eine ausführliche Untersuchung verdienen.

Achtzehntes Kapitel.

Radioaktivität und Atomzerfall.

Während der Aufbau der Elektronenhülle des Atoms der experimentellen Erforschung durch physikalische und chemische Methoden zugänglich ist, beruhen unsere Kenntnisse über den Atomkern vorwiegend auf dem Studium der Radioaktivität. Bei sämtlichen Elementen von Wismut bis Uran sowie auch bei einigen leichteren Elementen gibt es natürlich radioaktive Isotope. Darüber hinaus lassen sich von allen leichteren Elementen und einer Reihe von Elementen jenseits des Urans, den sog. Transuranen, künstlich radioaktive Isotope herstellen.

Die Erscheinung der Radioaktivität umfaßt den spontanen Kernzerfall mit einer Geschwindigkeit, die für jede aktive Isotopenart charakteristisch ist. Bei der anfänglichen Entwicklung dieses Gebietes, als man nur natürlich vorkommende radioaktive Elemente untersuchen konnte, unterschied man drei Arten von Strahlen, die α-, β- und γ-Strahlung. Die α-Strahlen bestehen aus doppelt positiv geladenen

---

[36] J. Amer. chem. Soc. 1925, **47**, 2466. — SMITH: Chem. Reviews 1938, **23**, 165.
[37] GERMAN u. GAGOS: J. Phys. Chem. 1924, **28**, 965.

Heliumkernen mit einer charakteristischen Anfangsgeschwindigkeit, die von Fall zu Fall verschieden ist und in der Größenordnung von 10^9 cm/sec liegt. In jedem Medium haben die Teilchen eine bestimmte Reichweite. Sie rufen auf ihrer Bahn eine starke Ionisation hervor. Bei den β-Strahlen handelt es sich um negative Elektronen, die ebenfalls mit hoher Geschwindigkeit emittiert werden, wobei sich allerdings Teilchen der gleichen Herkunft über einen breiteren Energiebereich erstrecken. Diese Teilchen verlieren beim Durchtritt durch Materie ihre Energie nicht so leicht, rufen daher auf ihrer Bahn nur eine bedeutend geringere Ionisation hervor und besitzen eine größere Reichweite als α-Teilchen mit vergleichbarer Anfangsenergie. Die γ-Strahlung besteht aus elektromagnetischen Schwingungen mit höherer Frequenz als die der Röntgenstrahlen.

Die Charakterisierung dieser drei Strahlungsarten beruht im Falle der α- und β-Strahlen auf der direkten Bestimmung des Verhältnisses von Masse zu Ladung durch Messung ihrer Ablenkung in einem Magnetfeld, sowie auf der unmittelbaren Messung der von einer bestimmten Zahl von Teilchen getragenen Ladung und schließlich — bei α-Teilchen — auf spektroskopischen Untersuchungen, da α-Teilchen, nachdem sie ihre Energie verloren haben und dabei die erforderlichen Außenelektronen aufgenommen haben, dem Helium entsprechen. Nach der Entdeckung der künstlichen Radioaktivität — die weiter unten behandelt wird — hat sich herausgestellt, daß beim Kernzerfall noch zwei weitere Elementarteilchen auftreten. Das eine davon, das positive Elektron, entspricht dem negativen Elektron, trägt aber die entgegengesetzte Ladung, das zweite, das Neutron, entspricht in seiner Masse ungefähr dem Proton, ist aber elektrisch neutral. Weiterhin entstehen beim Zerfall einiger Kernarten noch Protonen, also Kerne des Wasserstoffatoms, sowie die entsprechenden Deuteriumanalogen, Deuteronen.

Die Zerfallstheorie.

Beim freiwilligen Kernzerfall aller radioaktiven Isotope ist die Zahl der in der Zeiteinheit zerfallenden Atome stets ein konstanter Bruchteil ($= \lambda$) der zu diesem Zeitpunkt vorhandenen Menge von Atomen (N). Das gilt für den Fall, daß N sehr groß ist, andernfalls kann man λ am besten definieren als die Wahrscheinlichkeit für den Zerfall irgendeines Atoms. Daraus ergibt sich, daß die Zahl der Atome eines unbeständigen radioaktiven Elementes, die beim Zerfall übrigbleiben, exponentiell mit der Zeit gemäß der Gleichung $N = N_0 \cdot e^{-\lambda t}$ abnimmt, in der N_0 die Zahl der ursprünglich vorhandenen Atome bedeutet. Die Größe λ wird als Zerfallskonstante bezeichnet und ist für jedes einzelne radioaktive Isotop charakteristisch. $1/\lambda$ hat die Dimension einer Zeit und stellt die statistische mittlere Lebensdauer der Atome des unbeständigen Elementes dar. Gewöhnlich benutzt man für praktische Zwecke den Begriff der Halbwertszeit, T, das ist die Zeit, in der die Aktivität auf die Hälfte ihres ursprünglichen Wertes abgesunken ist. Aus dem exponentiellen Zerfallscharakter ergibt sich $T = 0{,}69/\lambda$.

Die Werte für die Halbwertszeiten radioaktiver Isotope sind außerordentlich unterschiedlich. Bei einigen Elementen, zu denen z. B. Uran und Thorium gehören, bleibt die Aktivität praktisch konstant, d. h. ihre Halbwertszeiten sind außerordentlich lang. Die Zerfallsprodukte dieser Elemente sind nun keine beständigen Elemente, sondern ihrerseits wieder radioaktiv, und zwar sind sie in den erwähnten Beispielen kurzlebig. Diese kurzlebigen Produkte ergeben wiederum andere radioaktive Stoffe, der Vorgang verläuft in dieser Weise weiter, bis das beständige Endprodukt dieser Zerfallsreihe erreicht ist. In jeder derartigen Zerfallsreihe stellt sich ein Gleichgewicht ein, bei dem jedes Element mit der gleichen Geschwindigkeit gebildet wird wie es zerfällt. Wenn man die Zerfallskonstanten der einzelnen Glieder der Reihe mit λ_1, λ_2, λ_3 usw. und die Zahl der im Gleichgewichtszustand vorhandenen Atome mit N_1, N_2, $N_3 \ldots$ bezeichnet, so ergibt sich die Beziehung

$$\lambda_1, N_1 = \lambda_2 N_2 = \lambda_3 N_3 = \ldots$$

Die Bestimmung der Halbwertszeiten.

Die Unterschiede in den Halbwertszeiten der radioaktiven Isotope sind so groß, daß es keine experimentelle Methode gibt, die sich gleichzeitig zur Ermittlung der Halbwertszeiten aller Arten benutzen läßt. Lange Halbwertszeiten lassen sich bestimmen, indem man die Zahl der Teilchen zählt, die von einer bekannten Menge des zu untersuchenden Isotops in einer gegebenen Zeit ausgesandt werden. Daraus ergibt sich unmittelbar, welcher Anteil der vorhandenen Atome zum Zerfall gelangt. Weiterhin kann man lange Halbwertszeiten nach dem Prinzip des radioaktiven Gleichgewichtes bestimmen. In geologisch sehr alten Mineralien muß sich z. B. zwischen Uran und Radium ein Gleichgewicht eingestellt haben. Tatsächlich ist auch in Urangesteinen das Gleichgewichtsverhältnis von Ra:U stets $3{,}3 \cdot 10^{-7}:1$. Die Zerfallskonstante des Radiums ergibt sich bei der Bestimmung durch direkte Zählung der emittierten α-Teilchen zu $1{,}39 \cdot 10^{-11}$ je Sekunde, so daß nach dem Prinzip des radioaktiven Gleichgewichts folgt

$$\lambda_n = 3{,}3 \cdot 10^{-7} \cdot 1{,}39 \cdot 10^{-11} \cdot \frac{238}{226},$$

$$\text{mithin: } T = 4{,}51 \cdot 10^9 \text{ Jahre.}$$

Für mittlere Halbwertszeiten kann man die Bestimmung auf Grund des Verhältnisses der in geeigneten Zeitabständen gemessenen Teilchenemission durchführen. Die untere Grenze für diese Methode liegt bei einer Halbwertszeit von 20 min, die obere bei 1000—2000 Jahren. Man kann das Verfahren der Feststellung der Aktivitäten bei zwei verschiedenen Zeitpunkten auch noch bei Halbwertszeiten von etwas weniger als 20 min anwenden, muß aber dabei den Zerfall berücksichtigen, der während der Bestimmung bzw. Auszählung erfolgt.

Sehr kurze Halbwertszeiten lassen sich bei natürlich radioaktiven Isotopen unter Anwendung der empirischen GEIGER-NUTTALLschen Beziehung zwischen der Geschwindigkeit (bzw. Reichweite) eines

α-Teilchens und der Zerfallskonstanten des Prozesses, bei dem es emittiert wird, ermitteln. Wenn man den Logarithmus der α-Teilchenreichweite in Abhängigkeit vom Logarithmus der Zerfallskonstante aufträgt, so erhält man für jede der vier Zerfallsreihen eine Gerade. Hat man nun die Reichweite der von einem Stoff mit kleiner Halbwertszeit emittierten α-Teilchen gemessen, so kann man durch Extrapolation aus den aufgetragenen Werten der GEIGER-NUTTALLschen Beziehung der entsprechenden Zerfallsreihe zu den gesuchten Zerfallskonstanten gelangen. Eine analoge Beziehung läßt sich, wenn auch wegen des

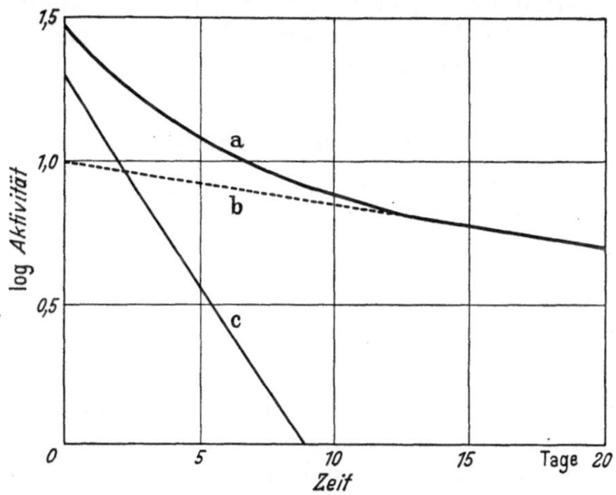

Abb. 67. *a* Aus einem Gemisch von Komponenten mit der Halbwertszeit 20 und 2 Tagen zusammengesetzte Kurve. *b* Zerfallsgerade des langlebigen Elementes. *c* Zerfall der kurzlebigen Komponente.

breiteren Bereichs der Geschwindigkeitsverteilung mit einigen Schwierigkeiten, auf β-Zerfallsprozessen anwenden.

Bei künstlich hergestellten kurzlebigen Isotopen (s. unten) wird häufig eine mechanische Anordnung benutzt. Wenn beispielsweise ein Stoff durch Beschuß mit irgendeiner Teilchenart radioaktiv gemacht ist, so befestigt man ihn auf einer rotierenden runden Scheibe. Die Bestrahlung und Teilchenzählung erfolgen an entgegengesetzten Enden eines festgelegten Durchmessers. Die Umdrehungsgeschwindigkeit wird geändert, bis die Auszählung einen maximalen Wert ergibt. Die mittlere statistische Lebensdauer ($1/\lambda$) entspricht dann der Umdrehungsgeschwindigkeit der Scheibe. Extrem kurze Halbwertszeiten bei künstlich radioaktiven Elementen wurden auch mit dem Kathodenstrahl-Oszillographen gemessen, wobei man den Zeitabstand zwischen der Unterbrechung der Bestrahlung und dem Auftreten des Zerfalls ermittelt hat. Abgesehen von den kurzlebigen Isotopen kann man im übrigen die künstlich hergestellten radioaktiven Elemente mit den gleichen Methoden wie die natürlich vorkommenden untersuchen.

Beim Studium radioaktiver Stoffe hat man es gewöhnlich mit Gemischen zu tun. Dabei kann es sich um Mischungen handeln, bei denen gleichzeitig verschiedene Arten von Strahlung emittiert werden, oder aber es liegt die gleiche Strahlungsart mit verschiedenen Halbwertszeiten vor. Unter diesen Umständen kann man einen Teil der Strahlung durch Abschirmung absorbieren und schließlich eine übrigbleibende Einzelkomponente untersuchen. Eine andere Untersuchungsmöglichkeit besteht darin, daß man die aus den einzelnen Komponenten zusammengesetzte Zerfallskurve aufnimmt und den Logarithmus der Aktivität in Abhängigkeit von der Zeit aufträgt; dabei werden die verschiedenen Zerfallsprozesse als Geraden wiedergegeben, die durch verschieden stark gekrümmte Kurven miteinander verbunden sind. Aus der jeweiligen Neigung der geradlinigen Abschnitte ergeben sich unmittelbar die Zerfallskonstanten. In Abb. 67 ist eintypisches Beispiel für ein derartiges Kurvenbild wiedergegeben.

Das Verschiebungsgesetz.

Bei den Untersuchungen über die Radioaktivität hat sich schon sehr bald herausgestellt, daß zwischen der emittierten Strahlung und der chemischen Beziehung zwischen der dem radioaktiven Zerfall unterliegenden Stammsubstanz und dem dabei gebildeten Tochterelement ein Zusammenhang besteht, den man folgendermaßen zusammenfassen kann:

a) Bei der Emission eines α-Teilchens nimmt das Atomgewicht um vier und die Kernladung um zwei Einheiten ab. Das Zerfallsprodukt ist demnach gegenüber dem Ausgangsmaterial im Periodischen System um zwei Stellen nach links verschoben.

b) Wenn ein β-Teilchen ausgesandt wird, entspricht der Verlust einer negativen Ladung des Kerns der Zunahme einer positiven Ladung, d. h. das Zerfallsprodukt ist rechts von dem Ausgangsmaterial in die nächste Gruppe des Periodischen Systems einzureihen. Das Atomgewicht hat sich bei diesem Vorgang nicht merklich geändert.

Darüberhinaus sei erwähnt, daß bei der Emission von Positronen das Zerfallsprodukt zu der links vom Ausgangsmaterial befindlichen Gruppe des Periodischen Systems gehört mit einer um eine Einheit niederen Atomnummer und daß sich bei Aufnahme oder Abgabe von Neutronen nur das Atomgewicht ändert, d.h. das Zerfallsprodukt ist in diesem Falle ein Isotop der Stammsubstanz. Diese Überlegungen spielten bei der Aufstellung und Formulierung der drei Zerfallsreihen der klassischen Radioaktivität eine große Rolle; da sich diese aber durch die Entdeckung der Transurane grundlegend geändert haben, sollen die Zerfallsreihen erst weiter unten besprochen werden.

Kernzertrümmerung und künstliche Radioaktivität.

Zertrümmerung durch α-Teilchen.

Das erste Anzeichen dafür, daß ein bis dahin als stabil angesehener Atomkern aufgespalten werden kann, ergab sich 1919 aus der Beobachtung von Rutherford, daß schnelle α-Teilchen des Ra C in Stickstoff zur Entstehung einer geringen Menge von Teilchen mit Reichweiten bis zu 40 cm (in Luft) führten. Nach der Ablenkung dieser Teilchen muß es sich um Protonen handeln, die nur aus dem Atomkern des Stickstoffs stammen können

$$^{4}_{2}He + ^{14}_{7}N = ^{17}_{8}O + ^{1}_{1}H.$$

Ähnliche Erscheinungen beobachteten RUTHERFORD und CHADWICK bei allen Elementen zwischen Bor und Kalium mit Ausnahme von Kohlenstoff und Sauerstoff[1]. Der Vorgang wurde erstmalig von BLACKETT[2] mit Hilfe der WILSONschen Nebelkammer photographisch festgehalten. Es zeigte sich, daß bei den seltenen zu einer Zertrümmerung führenden Stößen das α-Teilchen verschwand und zwei neue Bahnen entstanden, von denen die eine, die des Protons, lang und die andere, dem schwereren Produkt entsprechende, nur kurz war. Nach der heutigen Schreibweise bezeichnet man den Vorgang als (α, p)-Reaktion. Bei den erwähnten Elementen und mit den in der Natur vorkommenden α-Teilchen erfolgt die Reaktion nur sehr selten, und zwar nur etwa 20mal für je 1 Million das Medium durchdringende α-Teilchen. Die positive Kernladung wirkt der Annäherung des α-Teilchens entgegen, so daß die Wahrscheinlichkeit einer Umwandlung bei den schwereren Elementen auf Grund ihrer höheren Kernladung immer geringer wird. Bis zu einem gewissen Grade kann man diese Beschränkung überwinden, indem man Heliumionen mit Hilfe des Cyclotrons oder einer anderen Einrichtung zur Erzeugung schneller Teilchen[3] auf Energien beschleunigt, die größer sind, als die der natürlichen α-Teilchen. Die Energiegrenze für α-Teilchen natürlicher Herkunft liegt bei etwa 2—8 Millionen Elektronenvolt (MeV)[4], während „künstliche" α-Teilchen mit Energien bis über 300 MeV erhalten wurden. Mit α-Teilchen hoher Energien, wie man sie mit dem Cyclotron erhält, gelangt man zur Reaktion mit schweren Kernen, z. B. $^{75}As\ (\alpha, n)\ ^{78}Br$; $^{209}Bi\ (\alpha, 2\,n)\ ^{211}At$; $^{64}Zn\ (\alpha, p)\ ^{67}Ga$.

Kernzertrümmerung durch Protonen und Deuteronen.

Auf Grund seiner geringeren Ladung sollte man erwarten, daß ein Proton zur Überschreitung der Potentialschwelle am Atomkern eine geringere Energie benötigt als ein α-Teilchen. Daß dies tatsächlich der Fall ist, zeigten zuerst COCKROFT und WALTON im Jahre 1932[5]. Sie beschleunigten Protonen auf Energien von 125000 Elektronenvolt und beschossen damit Lithiumsalze, wobei Masseteilchen emittiert wurden. Auf Grund von Aufnahmen in der WILSONschen Nebelkammer, die

---

[1] RUTHERFORD u. CHADWICK: Phil. Mag. 1921, **42**, 809; 1922, **44**, 417.

[2] BLACKETT: Proc. Roy. Soc. 1925 A, **107**, 349.

[3] Eine Beschreibung des Cyclotrons findet man bei FRIEDLANDER u. KENNEDY: Introduction to Radiochemestry (New York: John Wiley u. Sons, Inc., 1949).

[4] Ein Elektronenvolt ist die Energie, die ein Elektron beim freien Durchlaufen eines Spannungsgefälles von einem Volt gewinnt. In der Praxis rechnet man gewöhnlich mit der Einheit von einer Million Elektronenvolt (MeV).

[5] COCKROFT u. WALTON: Proc. Roy. Soc. 1932 A, **137**, 229; 1934, **144**, 704; 1935, **148**, 225; 1936, **154**, 246, 261. Siehe auch LAWRENCE: Phys. Rev. 1932, **40**, 19; 1934, **45**, 346, 428, 608.

zwei gleichartige Teilchenspuren erkennen ließen, konnte festgestellt werden, daß es sich um die Reaktion

$$^{6}_{3}\mathrm{Li} + ^{1}_{1}\mathrm{H} = 2\,^{4}_{2}\mathrm{He}$$

handelt. Daß bei dem erwähnten Prozeß das $^{7}\mathrm{Li}$-Isotop beteiligt ist, wurde durch den unabhängigen Beschuß der Lithiumisotope bestätigt[6]. Bei dem Beschuß des $^{6}\mathrm{Li}$ wurden zwei verschiedene Teilchen beobachtet, von denen jedes die Kernladung $+2$ besitzt, was der Kernreaktion

$$^{6}_{3}\mathrm{Li} + ^{1}_{1}\mathrm{H} = ^{4}_{2}\mathrm{He} + ^{3}_{2}\mathrm{He}$$

entsprechen würde. An diese und andere frühe Versuche zur Kernzertrümmerung durch stark beschleunigte Teilchen schloß sich eine intensive Erforschung des neuen Gebietes an, wobei andere Reaktionsmöglichkeiten entdeckt wurden, von denen die wichtigsten mit Beispielen in der Tabelle 1 zusammengestellt sind.

Wie man sieht, handelt es sich bei der Mehrzahl dieser Reaktionen um den Beschuß leichter Kerne. Ein weiterer Punkt, die Bildung instabiler Produkte bei Kernreaktionen, wird im einzelnen später besprochen. Die Protonenherstellung z. B. durch (α, n)-Reaktionen ist für viele neue Forschungsarbeiten von Bedeutung und wird im folgenden Abschnitt behandelt.

Tabelle 1.

Reaktionstyp	Beispiel	Beispiele für Kerne, die stabile Produkte liefern	Beispiele für Kerne, die unbeständige Produkte liefern
(α, p)	$^{19}_{9}\mathrm{F} + ^{4}_{2}\mathrm{He} = ^{22}_{10}\mathrm{Ne} + ^{1}_{1}\mathrm{H}$	$^{10}\mathrm{B}$, $^{14}\mathrm{N}$, $^{19}\mathrm{F}$, $^{23}\mathrm{Na}$, $^{24}\mathrm{Mg}$, $^{27}\mathrm{Al}$, $^{28}\mathrm{Si}$	$^{7}\mathrm{Li}$, $^{25}\mathrm{Mg}$, $^{26}\mathrm{Mg}$, $^{40}\mathrm{Ca}$
(α, n)	$^{23}_{11}\mathrm{Na} + ^{4}_{2}\mathrm{He} = ^{26}_{13}\mathrm{Al} + ^{1}_{0}n$	$^{7}\mathrm{Li}$, $^{9}\mathrm{Be}$, $^{26}\mathrm{Al}$	$^{6}\mathrm{Li}$, $^{10}\mathrm{B}$, $^{14}\mathrm{N}$, $^{19}\mathrm{F}$, $^{26}\mathrm{Mg}$, $^{27}\mathrm{Al}$, $^{31}\mathrm{P}$, $^{39}\mathrm{K}$
(p, α)	$^{14}_{7}\mathrm{N} + ^{1}_{1}\mathrm{H} = ^{11}_{6}\mathrm{C} + ^{4}_{2}\mathrm{He}$	$^{6}\mathrm{Li}$, $^{7}\mathrm{Li}$, $^{9}\mathrm{Be}$, $^{19}\mathrm{F}$, $^{23}\mathrm{Na}$, $^{26}\mathrm{Mg}$	$^{14}\mathrm{N}$
(p, γ)	$^{12}_{6}\mathrm{C} + ^{1}_{1}\mathrm{H} = ^{13}_{7}\mathrm{N} + \gamma$	$^{9}\mathrm{Be}$, $^{19}\mathrm{F}$	$^{12}\mathrm{C}$
(d, α)	$^{12}_{6}\mathrm{C} + ^{2}_{1}\mathrm{H} = ^{10}_{5}\mathrm{B} + ^{4}_{2}\mathrm{He}$	$^{6}\mathrm{Li}$, $^{9}\mathrm{Be}$, $^{11}\mathrm{B}$, $^{12}\mathrm{C}$, $^{14}\mathrm{N}$, $^{19}\mathrm{F}$, $^{23}\mathrm{Na}$, $^{27}\mathrm{Al}$	$^{24}\mathrm{Mg}$
(d, n)	$^{9}_{4}\mathrm{Be} + ^{2}_{1}\mathrm{H} = ^{10}_{5}\mathrm{B} + ^{1}_{0}n + \gamma$	$^{2}\mathrm{H}$, $^{9}\mathrm{Be}$, $^{11}\mathrm{B}$, $^{23}\mathrm{Na}$, $^{27}\mathrm{Al}$	$^{10}\mathrm{B}$, $^{14}\mathrm{N}$
(d, p)	$^{10}_{5}\mathrm{B} + ^{2}_{1}\mathrm{H} = ^{11}_{5}\mathrm{B} + ^{1}_{1}\mathrm{H}$	$^{10}\mathrm{B}$, $^{12}\mathrm{C}$, $^{14}\mathrm{N}$	$^{7}\mathrm{Li}$, $^{9}\mathrm{Be}$, $^{11}\mathrm{B}$, $^{23}\mathrm{Na}$, $^{27}\mathrm{Al}$, $^{2}\mathrm{H}$

Das Neutron.

Beim Beschuß von Beryllium mit α-Teilchen des Poloniums beobachtete CHADWICK[7], daß eine Strahlung mit großem Durchdringungsvermögen entsteht, die auf ihrer Bahn keine Ionisation bewirkt, aber

[6] OLIPHANT, SHIRE u. CROWTHER: Proc. Roy. Soc. 1934 A, **146**, 922.
[7] CHADWICK: Proc. Roy. Soc. 1932 A, **136**, 692; 1933, **142**, 1.

aus Wasserstoff, Lithium, Kohlenstoff und anderen Elementen Protonen freimacht. Auf Grund von Überlegungen über die Erhaltung der Energie und des Impulses dieser Prozesse konnte gezeigt werden, daß sich die Erscheinung nicht mit der Vorstellung einer echten Strahlung vereinbaren ließ, sondern zu ihrer Deutung die Annahme einer neuen Teilchenart mit der Masse 1 und der Ladung 0 erforderte, *des Neutrons*. Das Neutron wird aus Beryllium nach der Kernreaktion

$$^{9}_{4}\mathrm{Be} + ^{4}_{2}\mathrm{He} = ^{12}_{6}\mathrm{C} + ^{1}_{0}n$$

hergestellt. Wenn man die Massen und Energien der verschiedenen Teilchen berücksichtigt, so läßt sich zeigen, daß das gebildete Neutron eine maximale kinetische Energie von 7,8 MeV besitzt, entsprechend einer Geschwindigkeit von $3{,}9 \cdot 10^9\ \mathrm{cm \cdot sec^{-1}}$. Der Berylliumbeschuß liefert ungefähr 30 Neutronen auf je eine Million α-Teilchen. Beim Beschuß von Lithium, Bor, Fluor, Natrium, Magnesium, Aluminium und Phosphor entstehen ebenfalls Neutronen. Bei einigen Elementen kann der Zerfall auf zwei verschiedene Arten verlaufen, z. B.

$$^{23}_{11}\mathrm{Na} + ^{4}_{2}\mathrm{He} \begin{cases} \nearrow\ ^{26}_{12}\mathrm{Mg} + ^{1}_{1}\mathrm{H} \\ \searrow\ ^{26}_{13}\mathrm{Al} + ^{1}_{0}n \end{cases}$$

Eine zweite Bildungsweise von Neutronen besteht in einer Art photoelektrischen Kerneffekts[8] am Kern des Deuteriums und Berylliums:

$$^{2}_{1}\mathrm{H} + h\nu = ^{1}_{1}\mathrm{H} + ^{1}_{0}n$$
$$^{9}_{4}\mathrm{Be} + h\nu = ^{8}_{4}\mathrm{Be} + ^{1}_{0}n$$

Als Anregungsstrahlung bei der ersten Reaktion wirken die γ-Strahlen des Th e" ($E_{max} = 2{,}62$ MeV), jedoch nicht die γ-Strahlung der Aktiniumzerfallsprodukte ($E_{max} = 0{,}8$ MeV). Eine Energiebilanz dieser Reaktion ermöglicht es, die Masse des Neutrons mit einiger Genauigkeit festzustellen. Das gebildete Proton nimmt ungefähr 0,25 MeV der kinetischen Energie auf und für das Neutron der gleichen Masse kann man mit demselben Betrag rechnen. Für den Zertrümmerungsvorgang sind daher etwa 2,12 MeV verbraucht, die einer Masse von 0,0022 Atomgewichtseinheiten entsprechen. Wenn man für Deuterium und Wasserstoff die Massen 2,0144 bzw. 1,0082 einsetzt, so ergibt sich die Masse des Neutrons zu 1,0084.

Neutronen entstehen weiterhin beim Beschuß einer Reihe von Elementen mit schnellen Protonen und Deuteronen sowie bei der Kernspaltung. Einigen derartigen Beispielen werden wir später begegnen. Da das Neutron auf seinem Weg keine Ionisierung hervorruft, muß man zu seinem Nachweis andere Sekundäreffekte heranziehen, also z. B. die bei der Reaktion

$$^{10}\mathrm{B} + ^{1}n = ^{7}\mathrm{Li} + ^{4}\mathrm{He}$$

emittierten α-Teilchen untersuchen und messen. Diese Reaktion beobachtet man beispielsweise, wenn Neutronen in eine mit Bortrifluorid

---

[8] Chadwick u. Goldhaber: Proc. Roy. Soc. 1935 A, **151**, 479.

gefüllte Ionisationskammer gelangen. Die Bestimmung der Neutronenstrahlung erfolgt in der Weise, daß man die in einer geeigneten Metallfolie (z. B. Indium oder Gold) hervorgerufene Aktivität mißt. Diese ist dem Neutronenstrom proportional. Wenn man den von dem Neutronenstrahl getroffenen Querschnitt des Folienmaterials kennt, so erhält man einen Wert für die auf die Flächeneinheit des Metalls auftreffenden Neutronen.

Künstliche Radioaktivität.

α-Teilchenbeschuß. Im Jahre 1934 wurde von Madame I. CURIE und M. JOLIOT[9] eine neue Erscheinung von grundlegender Bedeutung entdeckt, nämlich die Tatsache, daß in einigen Fällen unbeständige Isotope der leichten Elemente als Folge eines Beschusses mit α-Teilchen entstehen können und daß diese metastabilen Kerne in einer Art zerfallen, die völlig dem Zerfall der schweren radioaktiven Elemente entspricht. Bei diesen Untersuchungen wurde beobachtet, daß beim α-Teilchenbeschuß von Bor und Aluminium neben Protonen und Neutronen positive Elektronen emittiert werden. Das positive Elektron oder *Positron*, ein Teilchen von der Masse eines Elektrons aber mit der positiven Ladung 1, wurde erstmalig im Jahre 1932 nachgewiesen; es zeigte sich bei diesen Untersuchungen, daß es zugleich mit einem Elektron bei der Einwirkung stark durchdringender kosmischer Strahlung entsteht. Auch durchdringende γ-Strahlung kann bei der Absorption in Materie zur Bildung von Positronen führen; offenbar wird dabei ein Quant γ- bzw. kosmischer Strahlung in ein Paar positive und negative Elektronen umgewandelt. Die für diesen Vorgang erforderliche Energie ergibt sich aus der Masse der beiden Elektronen zu 1,02 Millionen Elektronenvolt. Im Gegensatz zu dem negativen Elektron ist das Positron allgemein kurzlebig. Wenn die Energie eines Elektrons auf einen niedrigen Wert abgesunken ist, so kann es durch Zusammenstoß mit einem Elektron verschwinden, wobei zwei Strahlungsquanten entstehen.

Bei den durchgeführten Untersuchungen erreichte die Emission der Positronen während der Bestrahlung einen Grenzwert. Wenn man den α-Strahler entfernte, so hörte die Emission der Protonen und Neutronen auf, während noch weiter Positronen ausgesandt wurden; die Positronenemission nahm exponentiell mit der Zeit ab. Der Vorgang besaß also alle Merkmale der Bildung und des Zerfalls eines kurzlebigen radioaktiven Elementes. Da die von den α-Teilchen unmittelbar bewirkte Umwandlung in der Abgabe entweder eines Protons oder eines Neutrons bestehen kann, so ist es klar, daß im letzten Falle ein unbeständiges Teilchen entstehen muß, das anschließend ein Positron verliert. Das Endprodukt ist dann identisch mit dem, das man direkt durch (α, *p*)-Reaktion erhält. So gibt es im Falle des Aluminiums die beiden folgenden Möglichkeiten, entweder

$$^{27}_{13}\mathrm{Al} + {}^{4}_{2}\mathrm{He} \rightarrow {}^{30}_{14}\mathrm{Si} + {}^{1}_{1}\mathrm{H}$$

[9] CURIE, I., u. M. JOLIOT: C. R. hebd. Séances Acad. Sci. 1934, **198**, 254, 559, 2089. — J. Chim. Physique 1934, **31**, 611.

oder

$$^{27}_{13}\mathrm{Al} + ^{4}_{2}\mathrm{He} \rightarrow ^{30}_{15}\mathrm{P} + ^{1}_{0}n,$$

woran sich die Reaktion

$$^{30}_{15}\mathrm{P} \rightarrow ^{30}_{14}\mathrm{Si} + e^{+}$$

anschließt. Bei dem erwähnten Beispiel beträgt der Anteil der zweiten Reaktion etwa 5% des Gesamtzerfalls. Das radioaktive Phosphorisotop besitzt eine Halbwertszeit von 3,2 min.

Auf chemischem Wege konnte nachgewiesen werden, daß die Radioaktivität auf ein Isotop des Phosphors zurückging. Wenn man die bestrahlte Aluminiumfolie in Salzsäure löste, so war der entwickelte Wasserstoff Träger der Aktivität, die wahrscheinlich als Phosphorwasserstoff zur Wirkung gelangte. Löst man die bestrahlte Folie in einem Gemisch von Salzsäure und Salpetersäure und fügt Natriumphosphat als Träger hinzu, so bleibt bei Zugabe von Zirkoniumsalz die Aktivität quantitativ bei dem Zirkonphosphatniederschlag. In entsprechender Weise ließ sich zeigen, daß die beim Bor hervorgerufene Aktivität auf ein Stickstoffisotop zurückgeht:

$$^{10}_{5}\mathrm{B} + ^{4}_{2}\mathrm{He} \begin{cases} \nearrow ^{13}_{6}\mathrm{C} + ^{1}_{1}\mathrm{H} \\ \searrow ^{13}_{7}\mathrm{N} + ^{1}_{0}n; \quad ^{13}_{7}\mathrm{N} \xrightarrow{11\,\mathrm{min}} ^{13}_{6}\mathrm{C} + e^{+}. \end{cases}$$

Bei bestrahltem Bornitrid, das nach der Bestrahlung schnell in heißem Alkali gelöst wurde, ließ sich die gesamte Positronenaktivität mit dem entweichenden Ammoniak abtrennen. Die Bildung von kurzlebigen radioaktiven Elementen durch (α, n)-Umwandlungen ist seitdem auch bei anderen Elementen nachgewiesen worden (vgl. S. 508).

Auch als Produkt von (α, p)-Reaktionen können radioaktive Isotope entstehen, wobei das gebildete Atom eine um eine Einheit größere Atomnummer besitzt als das ursprüngliche Element. So ergibt sich beim $^{7}\mathrm{Li}$ folgende Umwandlung:

$$^{7}_{3}\mathrm{Li} + ^{4}_{2}\mathrm{He} \rightarrow ^{10}_{4}\mathrm{Be} + ^{1}_{1}\mathrm{H}; \quad ^{10}_{4}\mathrm{Be} \rightarrow ^{10}_{5}\mathrm{B} + e^{-}.$$

Auf diese Weise gebildete metastabile Kernarten verwandeln sich so durch eine β-Strahlenumwandlung in beständige Arten zurück. Da jedes Isotop eines Mischelementes beim Beschuß unabhängig reagiert, so müssen derartige Elemente recht verwickelte Wirkungen ausüben und positive und negative Elektronen mit verschiedenen Zerfallsgeschwindigkeiten aussenden. Magnesium besitzt beispielsweise nach der Bestrahlung zwei β-Aktivitäten und eine Positronenaktivität, die durch die folgenden Vorgänge gekennzeichnet sind:

$$^{24}_{12}\mathrm{Mg} + ^{4}_{2}\mathrm{He} \rightarrow ^{27}_{14}\mathrm{Si} + ^{1}_{0}n; \quad ^{27}_{14}\mathrm{Si} \xrightarrow{7\,\mathrm{min}} ^{27}_{13}\mathrm{Al} + e^{+}$$

$$^{25}_{12}\mathrm{Mg} + ^{4}_{2}\mathrm{He} \rightarrow ^{28}_{13}\mathrm{Al} + ^{1}_{1}\mathrm{H}; \quad ^{28}_{13}\mathrm{Al} \xrightarrow{2{,}1\,\mathrm{min}} ^{28}_{14}\mathrm{Si} + e^{-}$$

$$^{26}_{12}\mathrm{Mg} + ^{4}_{2}\mathrm{He} \rightarrow ^{29}_{13}\mathrm{Al} + ^{1}_{1}\mathrm{H}; \quad ^{29}_{13}\mathrm{Al} \xrightarrow{11\,\mathrm{min}} ^{29}_{14}\mathrm{Si} + e^{-}.$$

Künstliche Radioaktivität durch Beschuß mit Protonen und Deuteronen. Anschließend an die Arbeiten von CURIE und JOLIOT über die Bildung radioaktiver Elemente durch α-Teilchenumwandlungen hat sich ergeben, daß andere Formen von Kernreaktionen ebenfalls zur Entstehung metastabiler Arten führen können. Die Tabelle 1 enthält Beispiele für derartige durch hoch beschleunigte Protonen und Deuteronen hervorgerufene Umwandlungen. Diese Reaktionen werden noch näher erläutert werden. Die in der Erscheinung der künstlichen Radioaktivität zum Ausdruck kommende Unbeständigkeit ist für den jeweils vorliegenden Kern in besonderer Weise charakteristisch. Der gebildete unbeständige Kern wird, auch wenn er auf verschiedenen Wegen entstanden ist, stets die gleichen Zerfallscharakteristiken aufweisen. Im allgemeinen handelt es sich bei dem Zerfall einer künstlich hergestellten Art um einen einzigen Vorgang, es gibt aber auch Fälle, wo es — genau wie bei den natürlich radioaktiven Zerfallsreihen — für den gleichen Kern verschiedene Zerfallsmöglichkeiten gibt.

Die Methoden, die zur chemischen Charakterisierung der für die beobachtete Radioaktivität verantwortlichen Kernarten angewandt werden, sind oft sehr interessant und sollen an einigen Beispielen erläutert werden. Zunächst wollen wir die durch Beschuß von Kohlenstoff mit Neutronen hervorgerufene Reaktion betrachten, wie sie durch die Gleichung (1) wiedergegeben wird:

$$^{12}_{6}\mathrm{C} + ^{1}_{1}\mathrm{H} = ^{13}_{7}\mathrm{N} + \gamma \tag{1}$$

$$^{10}_{5}\mathrm{B} + ^{4}_{2}\mathrm{He} = ^{13}_{7}\mathrm{N} + ^{1}_{0}n \tag{2}$$

$$^{12}_{6}\mathrm{C} + ^{2}_{1}\mathrm{H} = ^{13}_{7}\mathrm{N} + ^{1}_{0}n \tag{3}$$

$$^{13}_{7}\mathrm{N} = ^{13}_{6}\mathrm{C} + e^{+}\ (T = 11\ \mathrm{min}) \tag{4}$$

Das gleiche Isotop entsteht nach den beiden Reaktionen (2) oder (3) und zerfällt gemäß Gleichung (4). Bei der Darstellung nach Reaktion (3) wurde der radioaktive Stickstoff charakterisiert, indem man die oberste Schicht des beschossenen Kohlenstoffmaterials abkratzte, in einem Helium-Luftgemisch verbrannte, Kohlendioxyd und Sauerstoff chemisch absorbierte und das Restgas über Calcium leitete. Das gebildete Calciumnitrid zeigte die oben angegebene Positronenaktivität mit der Halbwertszeit von 11 min, die beim Behandeln des Nitrids mit Wasser auf das entwickelte Ammoniak überging.

In entsprechender Weise ergibt der Deuteronenüberschuß von Bor über eine (d, n)-Umwandlung radioaktiven Kohlenstoff:

$$^{10}_{5}\mathrm{B} + ^{2}_{1}\mathrm{H} = ^{11}_{6}\mathrm{C} + ^{1}_{0}n$$

$$^{11}_{6}\mathrm{C} = ^{11}_{5}\mathrm{B} + e^{+}\ (T = 20\ \mathrm{min}).$$

Wenn man sämtliche Gase von dem bestrahlten Bortrioxyd durch Erhitzen austreibt und mit Kohlendioxyd mischt, so bleibt die Radioaktivität in dem Kohlendioxyd erhalten, das man mit Kaliumhydroxyd absorbieren kann. Die Absorption des radioaktiven Bestandteiles verlief bei diesen Versuchen nicht vollständig, da ein kleiner Teil des von dem bestrahlten Trägermaterial abgetriebenen Kohlenstoffs als Kohlenmonoxyd vorlag. Dieser Anteil ließ sich abtrennen, indem man nichtaktives Kohlenmonoxyd als Trägergas zufügte, mit heißem Kupferoxyd oyxdierte und die gebildete Kohlensäure mit Alkali absorbierte. Viele ähnliche Beispiele für chemische Identifizierungsmethoden findet man sowohl in den ersten Veröffentlichungen über dieses Gebiet als auch in neueren Arbeiten über die Charakterisierung der Spaltprodukte (s. unten).

Bestrahlung mit Neutronen. Es wurde bereits darauf hingewiesen, daß die starken abstoßenden Kräfte zwischen den beschossenen Atomkernen und den positiv geladenen Teilchen die umwandelnde Wirkung der α-Teilchen, Protonen und Deuteronen auf die leichteren Elemente beschränken. Bei dem eine hohe Energie besitzenden Neutron treten solche Abstoßungserscheinungen nicht auf, da es ungeladen ist. Es kann demzufolge sogar in die Kerne der schwersten Elemente eindringen und dort Umwandlungen hervorrufen.

Nach der Entdeckung der Neutronen hat sich durch Anwendung der WILSONschen Nebelkammer zeigen lassen, daß beim Zusammenstoß verschiedener Elemente mit Neutronen die Kerne unter Abgabe eines α-Teilchens zerstört werden. Beim Stickstoff erfolgt beispielsweise eine (n, α)-Umwandlung:

$$^{14}_{7}\mathrm{N} + {}^{1}_{0}n \rightarrow {}^{11}_{5}\mathrm{B} + {}^{4}_{2}\mathrm{He}.$$

FERMI fand, daß man drei Arten von Kernreaktionen unterscheiden könne, die durch Neutronen hervorgerufen werden:

$$(n, \alpha)\ {}^{27}_{13}\mathrm{Al} + {}^{1}_{0}n \rightarrow {}^{24}_{11}\mathrm{Na} + {}^{4}_{2}\mathrm{He};\ {}^{24}_{11}\mathrm{Na} \xrightarrow{15\,\mathrm{Std}} {}^{24}_{12}\mathrm{Mg} + e^- \quad (1)$$

$$(n, p)\ {}^{27}_{13}\mathrm{Al} + {}^{1}_{0}n \rightarrow {}^{27}_{12}\mathrm{Mg} + {}^{1}_{1}\mathrm{H};\ {}^{27}_{12}\mathrm{Mg} \xrightarrow{10\,\mathrm{min}} {}^{27}_{13}\mathrm{Al} + e^- \quad (2)$$

$$(n, \gamma)\ {}^{27}_{13}\mathrm{Al} + {}^{1}_{0}n \rightarrow {}^{28}_{13}\mathrm{Al} + \gamma;\ {}^{28}_{13}\mathrm{Al} \xrightarrow{2{,}3\,\mathrm{min}} {}^{28}_{14}\mathrm{Si} + e^- \quad (3)$$

Bei Neutronen mit hoher kinetischer Energie werden die Reaktionstypen (1) und (2) bevorzugt, während Einfangreaktionen vom Typus (3) leichter mit langsamen Neutronen verlaufen. FERMI und Mitarbeiter machten die wichtige Entdeckung, daß Neutronen beim Durchtritt durch gewisse Medien (z. B. Wasser, Paraffin, Wachs, reinen Graphit), bei denen die Wahrscheinlichkeit des Auftretens von Kernreaktionen außerordentlich klein ist, bis hinab zu Geschwindigkeiten in der Größenordnung der Wärmebewegung verlangsamt werden können. Der Energieverlust der Neutronen in diesen Medien ist durch elastische Stöße bedingt. Langsame Neutronen werden von den meisten Atomkernen leicht aufgenommen, wobei ein Kern entsteht, der mit dem einfangenden Atom isotop ist, dessen Masse aber um eine Einheit größer ist — Reaktion vom Typus (3) —. Selbst bei den schweren Atomen, die auch schnelle Neutronen aufnehmen können, wird die Wahrscheinlichkeit von (n, γ)-Umwandlungen bei Verwendung langsamer Neutronen beträchtlich erhöht. Der Einfang von langsamen Neutronen bietet eine Reihe theoretischer Probleme. Der bei den verschiedenen Elementen im Kern für den Zusammenstoß verfügbare Raum ist bei den einzelnen Elementen sehr unterschiedlich. Weiterhin werden in einigen Fällen bevorzugt langsame Neutronen aufgenommen, deren Geschwindigkeit innerhalb eines gewissen spezifischen Bereiches liegt (sog. Resonanzenergie).

Von 60 Elementen, die FERMI[10] einen Neutronenbeschuß unterwarf, lieferten 40 radioaktive Produkte, die sämtlich β-aktiv waren. Nach diesen ersten Untersuchungen ist das Gebiet ausführlich durchforscht worden.

Den üblichen laboratoriumsmäßigen Neutronenquellen liegen die Reaktionen

$$\mathrm{Ra} + \mathrm{Be}\,[{}^{9}\mathrm{Be}\,(\alpha, n)\,{}^{12}\mathrm{C}] \tag{1}$$

$$^{124}\mathrm{Sb} + \mathrm{Be}\,[{}^{9}\mathrm{Be}\,(\gamma, n)\,2\,{}^{4}\mathrm{He}] \tag{2}$$

zugrunde. Neutronenbestrahlungen, sowohl mit schnellen als auch mit langsamen Neutronen lassen sich leicht in einem Kernreaktor durchführen, in dem hohe Neutronenströme verfügbar sind (s. unten).

Die BOHRsche Theorie der Kernreaktionen.

Man nimmt an, daß der Atomkern ein zusammengesetztes System ist, das Protonen und Neutronen enthält, und daß er hinsichtlich seiner energetischen Beziehungen, die grundsätzlich denen bei den Außenelektronen ähneln, eine komplexe Struktur besitzt. Die meisten in der Natur vorkommenden Isotope haben beständige Kerne, während bei einigen — nämlich den radioaktiven — die innere Energieverteilung mit einer bestimmten Wahrscheinlichkeit in einen unbeständigen Zustand übergehen kann und so zu der Erscheinung des radioaktiven Zerfalls führt. Es ist nicht erstaunlich, daß durch einen Teilchenbeschuß die gleiche Unbeständigkeit hervorgerufen werden kann. BOHR nimmt an, daß das Teilchen, das auf den Kern auftritt, diesem eine zusätzliche Energie verleiht und sich mit ihm zu einem zusammengesetzten Kern verbindet, dessen Lebensdauer 10^{-12} bis 10^{-14} sec beträgt. In dieser Zeit erfolgt eine Verteilung der zusätzlichen Energie, der Kern wird dadurch „angeregt".

Die BOHRsche Theorie läßt die Möglichkeit zu, daß der angeregte Kern auf verschiedene Weise zerfallen kann, was auch tatsächlich sehr häufig beobachtet wurde. Wenn beispielsweise Aluminium mit schnellen Neutronen beschossen wird, erfolgt zunächst die Umwandlung $^{27}\mathrm{Al} \rightarrow {}^{28}\mathrm{Al}$, und für den angeregten ^{28}Al-Kern bestehen folgende Zerfallsmöglichkeiten

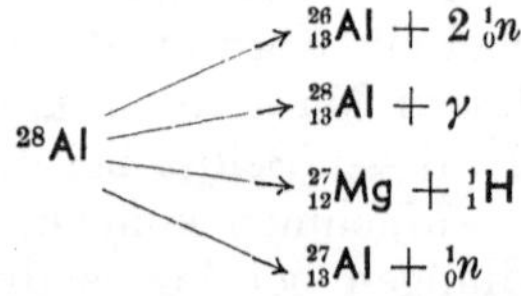

Bei der Bearbeitung dieses Gebietes sind bedeutende Fortschritte bei den Versuchen erzielt worden, Voraussagen über die mehr oder weniger große Wahrscheinlichkeit der miteinander konkurrierenden Reaktionen machen zu können, was vorwiegend von den Anregungsenergien abhängt. Bei hohen Anregungsenergien werden noch verwickeltere Zersetzungs-

[10] FERMI: Proc. Roy. Soc. 1934 A, **146**, 483; 1935, **149**, 522.

reaktionen unter Emission von zwei oder mehr Teilchen beobachtet [z. B. (α, $2n$), (α, n, p), (α, $3n$)]. Beim Beschuß mit Teilchen sehr hoher Energie, die im Cyclotron hergestellt wurden, verlaufen noch stärker komplexe Reaktionen, die große Veränderungen der Kernmasse zur Folge haben. Diese als Kernspaltung bezeichnete Erscheinung soll an den folgenden, einer neueren Arbeit von SEABORG und Mitarbeitern[11] entnommenen Beispielen gezeigt werden:

$$^{118}\mathrm{Sn}\,(p, 7n, 10\,\alpha)^{72}\mathrm{Ga}$$
$$^{107}\mathrm{Ag} \rightarrow {}^{61}\mathrm{Co} + {}^{45}\mathrm{Sc} + 2n.$$

Die erste Reaktion wird durch Protonen mit sehr hoher Energie ($>$ 230 MeV) ausgelöst und liefert sieben Neutronen und zehn α-Teilchen. Bei der zweiten, die durch Protonen mittlerer Energie zustande kommt, handelt es sich um eine Spaltung. Diese Untersuchungen eröffnen im Rahmen der Kernreaktionen sofort ein völlig neues Gebiet.

Neutronenbestrahlung von Uran.

Die Tatsache, daß beim Neutroneneinfang mit anschließendem β-Zerfall ein Element entsteht, dessen Atomnummer um eine Einheit größer ist als die des Ausgangsatoms, veranlaßten FERMI und Mitarbeiter, unter diesem Gesichtspunkt das Uran zu untersuchen, in der Erwartung, daß auf diese Weise ein Element mit der Atomnummer 93 dargestellt werden könnte. Die ersten Versuche ließen in einer mit langsamen Neutronen bestrahlten Uranprobe vier verschiedene β-Aktivitäten erkennen, die neuen Transuranelementen zugeordnet wurden. Bei der Fortsetzung der Arbeiten zeigte sich, daß die Zahl der entstehenden Aktivitäten sogar noch größer ist. Nachdem kurze Zeit eine gewisse Verwirrung über die Deutung dieser Ergebnisse bestand, konnte — vorwiegend auf Grund der Arbeiten von HAHN — festgestellt werden, daß es sich bei den Beobachtungen um eine völlig neue Erscheinung — eine Kernspaltung — handelt.

Das natürlich vorkommende Uran enthält drei Isotope, $^{234}\mathrm{U}$ (0,006%), $^{235}\mathrm{U}$ (0,7%) und $^{238}\mathrm{U}$ (99,3%). Das erstgenannte Isotop liegt in nur so geringer Menge vor, daß es für die folgenden Überlegungen keine wesentliche Rolle spielt. Bei der zweiten Komponente, $^{235}\mathrm{U}$, erfolgt eine Kernspaltung, während $^{238}\mathrm{U}$ langsame Neutronen einfangen und Transuranelemente aufbauen kann. Bei den Spaltprozessen entstehen neben schnellen Neutronen zwei leichtere Atomkerne. Als Beispiel für diesen Vorgang sei die Formulierung folgender typischer Spaltreaktion angeführt:

$$^{235}_{92}\mathrm{U} + {}^{1}_{0}n = {}^{92}_{36}\mathrm{Kr} + {}^{141}_{56}\mathrm{Ba} + 2\text{—}3\,{}^{1}_{0}n + 175\ \mathrm{MeV}.$$

Bei diesen Spaltungsvorgängen entstehen Kerne mit Atomnummern zwischen 30 (Zn) und 63 (Eu) und Massenzahlen zwischen 72 und 162. Die Spaltprodukte sind selbst unbeständige Kerne, in denen im allgemeinen gegenüber dem für eine Kernbeständigkeit erforderlichen

[11] BATZEL u. SEABORG: Phys. Rev. 1950, **79**, 528.

Verhältnis von Masse zu Ladung ein Massenüberschuß vorhanden ist. Das bedingt eine β-Teilchenemission des anfänglich entstehenden Produktes, ein Vorgang, durch den die Ladung des Kerns ohne Änderung seiner Masse vergrößert wird. Im folgenden ist eine typische Spaltkette

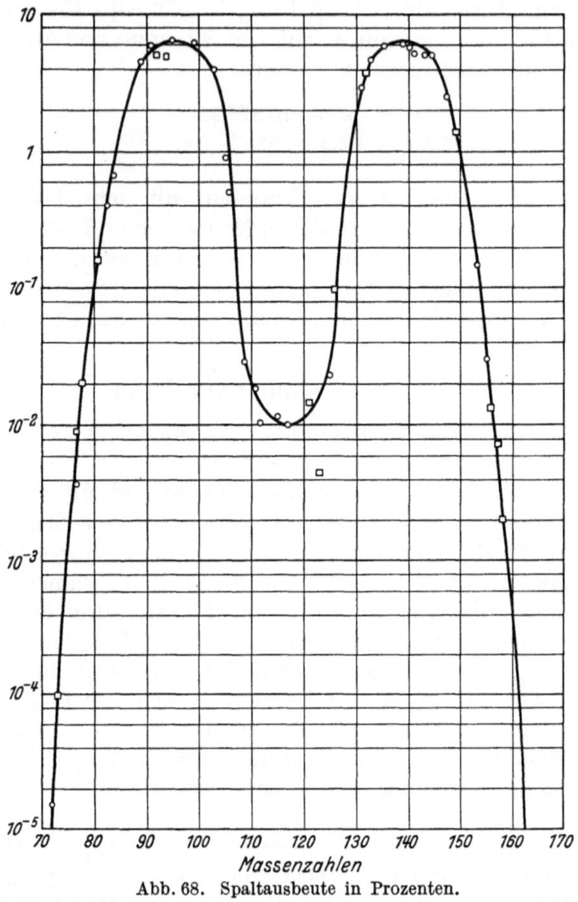

Abb. 68. Spaltausbeute in Prozenten.

dargestellt, bei der ein Antimonisotop in vier Stufen zu einem stabilen Caesiumisotop zerfällt:

$$ {}^{133}_{51}\mathrm{Sb} \xrightarrow[10\,\mathrm{min}]{\beta} {}^{133}_{52}\mathrm{Te} \xrightarrow[60\,\mathrm{min}]{\beta} {}^{133}_{53}\mathrm{J} \xrightarrow[22\,\mathrm{Std}]{\beta} {}^{133}_{54}\mathrm{Xe} \xrightarrow[53\,\mathrm{Tage}]{\beta} {}^{133}_{55}\mathrm{Cs}. $$

Abb. 68 zeigt die Ausbeutekurve für die Spaltung von ^{235}U. Sie läßt zwei gut definierte Maxima bei den Massenzahlen 95 und 139 erkennen, die bevorzugt auftretenden Spaltprodukte liegen in diesen beiden Gebieten. Eine Reihe der bei den Spaltvorgängen entstandenen Isotope sind auch durch Cyclotronenbeschuß geeigneter Trägersubstanzen erhalten worden; das ist eine große Hilfe bei der Charakterisierung der vorliegenden Kernarten. Viele davon konnten jedoch unmittelbar durch die üblichen analytisch-chemischen Methoden abgetrennt und identifiziert werden. Beispielsweise treten bei den Spaltprozessen Isotope des Kryptons und Xenons auf, die auf Grund ihres chemisch indifferenten Verhaltens abgetrennt und mit dem Massenspektrographen nachgewiesen werden konnten. Die Halogene Brom und Jod lassen sich aus dem Gemisch der Spaltprodukte mit Lösungsmitteln extrahieren. Barium und Strontinium können als Sulfate, Silber als Chlorid und eine große Zahl von Elementen (Mo, Ru, Rh, Pd, Cd, In und Sn) als Sulfide gefällt und abgetrennt werden. Wieder andere Elemente (As, Sb, Sn, Se, Ge) werden in Form ihrer Halogenide verflüchtigt. Die Mengen, mit denen man es bei diesen Trennungsverfahren zu tun hat, sind gewöhnlich sehr klein. Um das Arbeiten zu erleichtern, ist es am besten, vor der Durchführung der Trennung einige Milligramm einer nichtaktiven Verbindung des gesuchten Elementes hinzuzufügen. Zwei bei dem Spaltvorgang gebildete Isotope, das Technetiumisotop $^{99}_{43}Tc$ mit einer Halbwertzeit von $9{,}4 \cdot 10^5$ Jahren und das Promethiumisotop $^{147}_{61}Pm$ mit einer Halbwertszeit von 3,7 Jahren, erhält man in Ausbeuten von 6,2 bzw. 2,6%, so daß man damit eine wertvolle Materialquelle zur Untersuchung der noch wenig bekannten Chemie dieser Elemente besitzt (vgl. S. 365 und 367).

Auch Isotope anderer Elemente unterliegen einer Kernspaltung. Hierzu gehören ^{239}Pu und ^{233}U, die durch Beschuß mit langsamen Neutronen gespalten werden können, sowie ^{238}U und ^{232}Th, bei denen man mit stark beschleunigten Neutronen arbeiten muß.

Die Transurane.

Der zweite beim Beschuß von natürlich vorkommendem Uran mit langsamen Neutronen stattfindende Vorgang besteht in einem Neutroneneinfang mit anschließendem β-Zerfall, wobei die Isotope des Neptuniums und Plutoniums, ^{239}Np bzw. ^{239}Pu, entstehen:

$$^{238}U\ (n,\gamma) \rightarrow {}^{239}U \xrightarrow[23\ \text{min}]{\beta} {}^{239}Np \xrightarrow[2{,}3\ \text{Tage}]{\beta} {}^{239}Pu \xrightarrow[2{,}1 \cdot 10^4\ \text{Jahre}]{} {}^{235}U\,.$$

Dieser Vorgang kann mit den bei der Spaltung von ^{235}U gebildeten Neutronen stattfinden, wenn diese auf genügend geringe Geschwindigkeiten abgebremst sind, um von ^{238}U eingefangen zu werden. Diese Voraussetzung ist in dem sog. Atommeiler oder Atombrenner (Atompile) erfüllt; der Atommeiler besteht aus einer Reihe von Stangen aus reinem Uran, die in einer Reihe von Kanälen angeordnet sind, die sich durch eine große Masse von reinem Graphit oder Deuteriumoxyd erstrecken. Diese beiden Stoffe besitzen die Eigenschaft, die Geschwindigkeit der Neutronen stark herabzusetzen, ohne sie in nennenswertem Maße einzufangen. In geringem Umfang findet ein spontaner Zerfall des ^{238}U statt. Die dabei entstehenden schnellen Neutronen werden durch das umgebende Medium abgebremst und bewirken dann entweder eine Spaltung des ^{235}U, wodurch erneut Neutronen entstehen, oder vereinigen sich mit ^{238}U unter Bildung von Neptunium und Plutonium. Unter geeigneten Bedingungen kommt es daher zu einer Kernkettenreaktion. Das spaltbare Isotop wird aufgebraucht, und es beginnt eine Anreicherung der Spaltprodukte und von Plutonium in dem Uran. Das Plutonium selbst trägt zu dem Spaltvorgang bei, ohne daß es allerdings jemals die Konzentration des ^{235}U erreicht.

Nach einer gewissen Zeit stören die angereicherten Spaltprodukte, von denen einige leicht Neutronen aufnehmen, das empfindliche Neutronensystem. Die Uranstäbe werden dann herausgenommen und zur Abtrennung des Plutoniums chemisch aufgearbeitet. Beim Arbeiten mit dem Atommeiler sind noch zwei Punkte von großer Bedeutung. Erstens ist es notwendig, die große, bei dem Spaltvorgang entstehende Wärmemenge von dem System abzuführen, was mit gasförmigen oder flüssigen Kühlmitteln geschieht. Zweitens ist es wegen des starken Neutronenstroms und der intensiven Radioaktivität der Spaltprodukte zum Schutze des Bedienungspersonals erforderlich, rings um den Meiler einen kräftigen Absorptionsschutz vorzusehen.

Die Transurane Neptunium und Plutonium können auch durch Cyclotron-Reaktionen erhalten werden. Beide entstehen beispielsweise als Folge eines Deuteronenbeschusses von ^{238}U (1):

$$^{238}U\,(d, 2\,n) \rightarrow {}^{238}Np \xrightarrow[2{,}0\text{ Tage}]{} {}^{238}Pu \xrightarrow[50\text{ Jahre}]{} {}^{234}U \qquad (1)$$

$$^{238}U\,(n, 2\,n) \rightarrow {}^{237}U \xrightarrow[8{,}0\text{ Tage}]{} {}^{237}Np \xrightarrow[2\cdot 10^{6}\text{ Jahre}]{} {}^{233}Pa \qquad (2)$$

Der zweite, sich im Meiler abspielende Vorgang ist besonders interessant, da er ein verhältnismäßig langlebiges, und daher für chemische Untersuchungen geeignetes Neptuniumisotop liefert.

Americium (95) und Curium (96) entstehen auch bei Cyclotronenreaktionen, von denen zwei (3) und (4) als Beispiel angeführt sind.

$$^{238}U\,(\alpha, n) \rightarrow {}^{241}Pu \xrightarrow[1\text{ Jahr}]{} {}^{241}Am \xrightarrow[500\text{ Jahre}]{} {}^{237}Np \qquad (3)$$

$$^{239}Pu\,(\alpha, n) \rightarrow {}^{242}Cm \xrightarrow[5\text{ Monate}]{} {}^{238}Pu \qquad (4)$$

Americium und Curium entstehen beide im Atommeiler als Sekundärprodukte von (n, γ)-Reaktionen, wie folgendes Schema zeigt:

$$^{239}Pu\,(n, \gamma) \rightarrow {}^{240}Pu \xrightarrow[6000\text{ Jahre}]{\alpha} {}^{236}U$$

$$\swarrow (n, \gamma)$$

$$^{241}Pu \xrightarrow[1\text{ Jahr}]{\beta} {}^{241}Am \xrightarrow[500\text{ Jahre}]{}$$

$$\swarrow n, \gamma$$

$$^{242}Am \xrightarrow{\beta} {}^{242}Cm \xrightarrow{\alpha} {}^{238}Pu \rightarrow$$

Über die Entdeckung der Transurane Berkelium (97) und Californium (98) berichtete SEABORG im Jahre 1950[12]. Beim Beschuß von

[12] THOMPSON, STREET, GHIORSO u. SEABORG: Phys. Rev. 1950, 78, 298. — THOMPSON, CUNNINGHAM u. SEABORG: J. Amer. chem. Soc. 1950, 72, 2798.

^{241}Am mit Heliumionen im Cyclotron bildet sich durch (α, 2 *n*)-Reaktion das Berkeliumisotop ^{243}Bk, das durch Elektroneneinfang mit ungefähr einem 1%igen α-Zerfallszweig mit einer Halbwertszeit von 4,8 Std zerfällt. In entsprechender Weise entsteht das Californiumisotop ^{242}Cf durch Beschuß des Curiumisotops ^{246}Cm mit Heliumionen als α-aktives Isotop mit einer Halbwertszeit von 45 min.

Die radioaktiven Zerfallsreihen.

Die Entdeckung der Transurane ergab beträchtliche Änderungen für die klassischen radioaktiven Zerfallsreihen. Da eine α-Strahlung eine Massenänderung um vier Einheiten bedingt, so würden alle möglichen Massenzahlen durch vier Zerfallsreihen erfaßt, die man durch die Massen $4n$, $4n+1$, $4n+2$ und $4n+3$ ausdrücken kann. Bis vor kurzem waren nur drei Reihen bekannt, nämlich die Thoriumreihe ($4n$), die Uran- ($4n+2$) und die Aktiniumreihe ($4n+3$). Die vierte, die ($4n+1$)-Reihe, wurde erst jetzt aufgefunden. Sie ist deshalb besonders interessant, weil keines ihrer Glieder in der Natur vorkommt. Isotope von Transuranen findet man in allen vier Reihen. Infolge von Verzweigungen haben sich die Reihen als verwickelter erwiesen, als man früher angenommen hat.

In den Tabellen 2 und 3 sind die vier Zerfallsreihen in ihrer jetzigen Form dargestellt. Die waagerechten Reihen geben einen Zerfall unter α-Strahlung, die diagonalen eine β-Teilchenemission wieder. Bei der Darstellung der Reihen sind einige Seitenzweige der Hauptreihen mit künstlich hergestellten Isotopen ausgelassen worden.

Tabelle 2. *Die 4 n- und (4 n + 1)-Zerfallsreihen.*

	81 Tl	82 Pb	83 Bi	84 Po	85 At	86 Rn	87 Fr	88 Ra	89 Ac	90 Th	91 Pa	92 U	93 Np	94 Pu	95 Am	96 Cm
$4n$-Reihe								228		232		236				
							224		228		232		236			
		212		216		220		224		228		232		236		240
	208		212													
		208		212												
		beständig														
$(4n+1)$-Reihe										233		237		241		
											233		237		241	
								225		229		233				
	209		213		217		221		225							
		209		213												
			209													
			beständig													

Tabelle 3. *Die* $(4n+2)$- *und* $(4n+3)$-*Zerfallsreihen.*

	81 Tl	82 Pb	83 Bi	84 Po	85 At	86 Rn	87 Fr	88 Ra	89 Ac	90 Th	91 Pa	92 U	93 Np	94 Pu	95 Am	96 Cm
$(4n+2)$-Reihe										234		238				
													238		242	
		214		218		222		226		230		234		238		242
	210		214		218											
		210		214												
			210													
		206		210												
$(4n+3)$-Reihe												239				
													239			
										231		235		239		
							223		227		231		235			
		211		215		219		223		227						
	207		211													
		207		211												
			207		211											

Die natürliche Radioaktivität der leichteren Elemente.

Von einigen leichteren Elementen gibt es natürlich vorkommende Isotope, die radioaktiv sind. Diese interessante Erscheinung wurde zuerst beim Kalium beobachtet, worauf dann später noch einige andere Beispiele gefunden wurden, die in Tabelle 4 zusammengestellt sind.

Tabelle 4. *Natürlich radioaktive Isotope der leichteren Elemente.*

Isotop	Zerfall	Halbwertszeit	Stabiles Zerfallsprodukt
^{40}K	β, K[13]	$4{,}5 \cdot 10^{8}$ Jahre	^{40}Ca, ^{40}Ar
^{87}Rb	β	$6{,}0 \cdot 10^{10}$ Jahre	^{87}Si
^{152}Sm	α	$2{,}5 \cdot 10^{11}$ Jahre	^{148}Nd
^{176}Cp	β, K	$2{,}4 \cdot 10^{10}$Jahre	^{176}Hf, ^{176}Yb
^{187}Re	β	$4 \cdot 10^{12}$ Jahre	^{187}Os

[13] Der Buchstabe K bezeichnet den Einfang eines K-Elektrons durch einen Kern. Wenn der entstehende Kern sich in einem angeregten Zustand befindet, erfolgt eine Emission von γ-Strahlung. Die den K-Einfang begleitende charakteristische Strahlung besteht jedoch in einer Aussendung von Röntgenstrahlen beim Auffüllen der in der K-Schale entstandenen Leerstelle.

Radioaktive Elemente als Indikatoren.

Die Verwendung abgetrennter oder angereicherter nichtradioaktiver Isotope als Indikatoren wurde bereits früher erwähnt (S. 28), wobei schon darauf hingewiesen wurde, daß nur eine begrenzte Zahl von Isotopen (die des H, C, N, O, S) für diesen Zweck verfügbar sind. Die Benutzung radioaktiver Isotope hat die Anwendung des gleichen Prinzips in wesentlich größerem Maßstabe ermöglicht, da es fast von sämtlichen Elementen geeignete radioaktive Isotope gibt. Die einzigen Begrenzungen des Verfahrens liegen bei den wenigen Fällen, wo es keine aktiven Isotope oder — wie es beim Sauerstoff und Fluor der Fall ist — keine Isotope mit geeigneter Halbwertszeit gibt, sowie in der Schwierigkeit, die sehr weiche Strahlung einiger Isotope, z. B. von ^{14}C und ^{35}S, zu messen.

Die Isotope natürlich vorkommender radioaktiver Elemente sind selbstverständlich als Indikatoren brauchbar, und tatsächlich wurden auch die ersten Untersuchungen auf diesem Gebiet mit ihnen durchgeführt[14]. Einige der am günstigsten zu verwendenden künstlichen radioaktiven Isotope findet man in Tabelle 5.

Tabelle 5. *Gewöhnlich als Indikatoren verwendete radioaktive Isotope.*

Isotop	Zerfall	Halbwertszeit	Isotop	Zerfall	Halbwertszeit
^{3}H	β^-	12 Jahre	^{35}S	β^-	87,1 Tage
^{11}C	β^+	20,5 min	^{45}Ca	β^-	152 Tage
^{14}C	β^-	5100 Jahre	^{55}Fe	K-Einfang	4 Jahre
^{22}Na	β^+	3,0 Jahre	^{82}Br	β^-, γ	34 Std
^{24}Na	β^-, γ	14,8 Std	^{131}J	β^-, γ	8,0 Tage
^{32}P	β^-	14,3 Tage	^{203}Hg	β^-	43 Tage

In einigen seltenen Fällen sind die radioaktiven Indikatoren in reiner Form (trägerfrei) verfügbar, häufiger sind sie mit einer gewissen Menge inaktiven Isotopenmaterials (als Träger) gemischt, und zwar entweder, weil eine Trennung nicht möglich ist, oder weil sich die kleinen Mengen, mit denen man es zu tun hat, auf diese Weise leichter handhaben lassen. Die zur Abtrennung der Indikatoren nach ihrer Bildung zur Verfügung stehenden Methoden sind unterschiedlich, und zwar gibt es folgende beiden Möglichkeiten:

a) *Der Indikator ist mit dem Trägerelement isotop.* Dies ist der Fall bei Isotopen, die durch (n, γ)-, $(n, 2n)$- oder (d, p)-Reaktionen entstehen. Die (n, γ)-Reaktionen sind für die Herstellung radioaktiver Indikatoren besonders wichtig, da sie die übliche Reaktion ist, wenn im Atommeiler eine Bestrahlung von Material mit langsamen Neutronen erfolgt.

b) *Das Bestrahlungsprodukt ist mit dem Trägerisotop nicht isotop.* Das trifft zu für (n, p)- und (n, d)-Umwandlungen im Atommeiler und eine Reihe von Cyclotronenreaktionen.

Bei der ersten Gruppe ist eine Anreicherung des aktiven Isotops nur möglich, wenn der Szilard-Chalmers-Effekt benutzt werden kann.

[14] Paneth: Chem. Soc. (Quart. Rev.) 1948, **2**, 93. — Siehe auch Friedlander u. Kennedy: Introduction to Radiochemistry (New York, John Wiley and Sons Inc., 1949).

Dieser Effekt beruht auf dem in einem Kern beim Ausstoßen eines α- oder β-Teilchens oder eines Photons auftretenden Rückstoß. Bei der Bestrahlung von Äthyljodid mit Neutronen wird der ^{127}J-Kern durch Neutroneneinfang in ^{128}J umgewandelt. Die Rückstoßenergie der auf diese Weise reagierenden und einen γ-Strahl aussendenden Atome liegt in der Größe von 20—100 MeV und ist mehr als ausreichend, um die C—J-Bindung aufzuspalten. Das aktive Jod scheidet sich ab, und da eine Verbindung oder ein Austausch mit dem inaktiven Äthyljodid nicht erfolgt, kann man es durch Zugabe einiger Milligramm von inaktivem Jod als Trägermaterial abtrennen, reduzieren und als Silberjodid fällen. Man kann das Halogen auch durch Extrahieren mit einem Lösungsmittel gewinnen.

Tabelle 6. *Anwendung des* SZILARD-CHALMERS-*Effekts zur Isotopentrennung durch* (n, γ)-*Reaktionen.*

Bestrahlte Substanz	Produkt	Bemerkungen
CCl_4	^{38}Cl	Verwendung eines Trägers oder Extraktion mit Lösungsmitteln und anderen Reagenzien.
C_2H_5Br	^{82}Br	
Chlorate . . .	^{38}Cl,	Die Produkte lassen sich als Halogenidionen abtrennen.
Bromate . . .	^{82}Br,	
Jodate	^{128}J	
Phosphate. . .	^{32}P	Ungefähr die Hälfte der Aktivität liegt als P^{III} vor
Permanganate .	^{56}Mn	Der größte Teil der Aktivität läßt sich als MnO_2 abscheiden.
AsH_3	^{76}As	Abtrennung der Aktivität aus der Gasphase an geladenen Elektroden.

Wenn das in Frage kommende aktive Isotop mit dem Trägermaterial nicht isotop ist, kann man die üblichen Trennnungsmethoden benutzen. Die absolute Menge des gesuchten radioaktiven Materials ist gewöhnlich klein, so daß es zweckmäßig ist, etwas inaktives Trägermaterial zuzufügen. Wenn der Träger mit dem gesuchten Element isotop ist, vereinfacht es die Arbeitsweise, da die Menge des zu handhabenden Materials größer wird. Sehr oft benutzt man jedoch nichtisotope Träger, um damit kleine Mengen des radioaktiven Materials in Fällungsreaktionen mit abzuscheiden. Durch inaktives Kupfersulfid werden beispielsweise kleine Mengen von Blei, Quecksilber oder Wismut mitgefällt.

Zur Isolierung radioaktiver Isotope, insbesondere zur Trennung von Spaltprodukten, werden oft Ionenaustauschkolonnen benutzt. Zur Lösung der vielen schwierigen Probleme auf diesem Gebiet arbeitet man auch mit Extraktion mit Lösungsmitteln, fraktionierter Verflüchtigung mit elektrolytischen Trennungen.

Anwendung radioaktiver Indikatoren.

Die Möglichkeit radioaktive Elemente als Indikatoren zur Untersuchung des Verlaufes chemischer Reaktionen oder physikalischer Prozesse zu benutzen, beruht auf der Tatsache, daß man zum Nachweis radioaktiver Stoffe außerordentlich empfindliche Methoden zur Verfügung hat. Wenn man zum Nachweis ein Elektroskop verwendet, so kann man nach PANETH noch 1 mg Thorium durch seine α-Teilchenaktivität feststellen. Da die Emissionsgeschwindigkeit der α- oder β-Teilchen radioaktiver Elemente sich umgekehrt mit der Lebensdauer ändert, können noch 10^{-17} g des kurzlebigen Thorium C auf diese Weise nachgewiesen werden. Bei Verwendung noch empfindlicherer und quantitativer Verfahren — z. B. des GEIGER-Zählers, der die Emission einzelner α- oder β-Teilchen anzeigt — läßt sich dieser ungeheuer kleine Wert noch weiter herabsetzen. Durch Zusatz eines radioaktiven Isotops zu einem normalen Element erhält man also ein außerordentlich empfindliches Verfahren zur Untersuchung des chemischen und physikalischen Verhaltens des betreffenden Stoffes.

An diesem Verfahren hat man deshalb ein besonderes Interesse, weil es ein Mittel zur Untersuchung normaler Elemente mit Hilfe ihrer radioaktiven Isotope bildet. Wenn man die natürlichen radioaktiven Elemente benutzt, kann man Thallium durch Zusatz von AcC'' ($T =$ 4,76 min), Blei durch Zusatz von RaD ($T = 16$ Jahre) oder ThB ($T =$ 10,6 Std) und Wismut mit RaE ($T = 4{,}85$ Tage) oder ThC ($T = 60{,}5$ min) untersuchen. Die Entdeckung der künstlichen Radioaktivität hat dieses Gebiet bedeutend erweitert, da auf diese Weise auch die leichteren Elemente einbezogen werden können.

Ein Beispiel für die Anwendung radioaktiver Indikatoren ist die Entdeckung des Wismutwasserstoffs. Wenn man Magnesiumspiralen der Einwirkung von Thoriumemanation aussetzt, so werden sie mit Thorium B und Thorium C, also Isotopen des Bleis bzw. Wismuts, beladen. Wenn man ein derartig präpariertes Metall in Säure löst, so wird, wie PANETH zeigen konnte, die Radioaktivität des Thorium C mit den entwickelten Gasen fortgeführt; dies beruht auf der Bildung einer flüchtigen Wismutverbindung, bei der es sich mutmaßlich um BiH_3 handelt. Wenn man das Gas durch ein erhitztes Rohr leitet, so wird das radioaktive Gas zersetzt, und das Wismutisotop scheidet sich an der erhitzten Zone ab, genau wie die Arsen- und Antimonspiegel bei der MARSHschen Probe. Anschließend an diese Feststellung, daß Wismuthydrid erhalten werden kann, wenn man eine Magnesium-Wismutlegierung in Säuren löst, konnten PANETH und WINTERNITZ[15] das bis dahin unbekannte BiH_3 aus gewöhnlichem Wismut darstellen.

Hinsichtlich der Benutzung des radioaktiven Indikatorenverfahrens bei Isotopen, die nicht in der Natur vorkommen, ist zu erwähnen, daß das chemische Verhalten der Transurane sowie die Chemie des Technetiums, Promethiums und Astatins weitgehend mit diesen Methoden aufgeklärt werden konnten. Dasselbe gilt für Polonium und Francium. Über diese Fälle hinaus handelt es sich um ein sehr umfangreiches Gebiet, aus dem wir nur einige Beispiele erwähnen können.

---

[15] PANETH u. WINTERNITZ: Ber. dtsch. chem. Ges. 1918, **51**, 1728.

Anwendung in der analytischen Chemie.

Radioaktive Indikatoren lassen sich sehr gut zum Nachweis der Vollständigkeit analytischer Trennungen benutzen. Bei der Fällung von Aluminium mit *8*-Oxychinolin läßt sich beispielsweise durch Zusatz einer kleinen Menge radioaktiven Berylliums leicht zeigen, daß der Niederschlag mit Beryllium verunreinigt ist, wenn die Fällung beim p_H 6 erfolgt, daß unterhalb dieses p_H-Wertes aber keine Verunreinigung mehr vorliegt. In gleicher Weise läßt sich die Entfernung der letzten Arsenspuren aus Germanium bei der Destillation von $GeCl_4$ verfolgen, wenn man kleine Mengen eines radioaktiven Arsenisotops benutzt. Wenn man sich den großen Bereich der verfügbaren aktiven Isotope vorstellt, so drängen sich sofort viele andere Anwendungsmöglichkeiten bei ähnlichen Problemen sowie auch bei der Untersuchung des Auswaschens von Fällungen und der Löslichkeit schwer löslicher Niederschläge auf.

In einigen Fällen ist es möglich, geringe Mengen von Verunreinigungen in einem Material nachzuweisen, indem man es mit Neutronen oder anderen Teilchen unter Bedingungen bestrahlt, bei denen die Verunreinigung selektiv in ein radioaktives Isotop umgewandelt wird. Der Erfolg des Verfahrens hängt davon ab, daß die Verunreinigung bei der verwendeten Kernreaktion in ihrem Atomkern günstige Bedingungen für die Neutronenaufnahme besitzt und daß die von der Verunreinigung herrührende Aktivität in den Fällen, in denen gleichzeitig eine Aktivierung von Verunreinigung und Hauptkomponenten erfolgt, gut unterscheidbar ist. Die Methode wurde unter anderem zum Nachweis von Gallium in Eisen, Kupfer in Nickel, Eisen in Kobalt und Hafnium in Zirkonium benutzt. Die bei der Neutronenbestrahlung von Natrium entstehende Aktivität ist ebenfalls so charakteristisch, daß man sie in einigen Fällen zum Nachweis dieses Elementes benutzen kann.

Als weiteres Beispiel für die Anwendbarkeit radioaktiver Indikatoren in der analytischen Chemie soll noch die Isotopenverdünnungsmethode erwähnt werden, die sich als zweckmäßig erweist, wenn man einen bestimmten Bestandteil aus einer komplexen Mischung bestimmen will, den man zwar in reinem Zustand, aber nicht quantitativ, isolieren kann. Das Verfahren wurde besonders bei biochemischen Untersuchungen benutzt, z. B. zur Erfassung einer bestimmten Aminosäure in einem Aminosäurengemisch, wobei in diesem Falle mit einem an ^{15}N angereicherten Material gearbeitet wird. Das Prinzip der Methode soll am Beispiel der Bestimmung des Natriums in einer komplexen Mischung erläutert werden. Zu dem Gemisch wird eine Menge Salz mit einer bekannten auf das Isotop ^{24}Na zurückgehenden Aktivität zugefügt. Wenn die Aktivität des zugegebenen Materials bekannt ist — z. B. durch Auszählen der Teilchen je Zeiteinheit im Zählrohr — kann man nach dem Mischen eine kleine Menge der Probe abtrennen und die jetzt infolge der Verdünnung mit dem inaktiven Material geringere Aktivität auszählen. Die Abnahme der Aktivität stellt ein direktes Maß für die Menge des vorhandenen inaktiven Salzes dar, wenn man annimmt, daß ein vollständiger Isotopenaustausch stattgefunden hat.

Aufklärung von Reaktionsmechanismen.

Die Untersuchung von Reaktionsmechanismen stellt wahrscheinlich die wichtigste Anwendungsmöglichkeit radioaktiver Indikatoren dar. Ein sehr einfaches Beispiel besteht in dem Austausch von Brom bei der Zugabe von inaktivem Brom zu einer Lösung von Natriumbromid, das zur „Markierung" etwas radioaktives Brom (als ^{82}Br; $T = 34$ Std) enthält. Diese Erscheinung läßt sich erklären, wenn man annimmt, daß sich bei der Zugabe von Brom zu Wasser folgendes Gleichgewicht einstellt:

$$Br_2 + H_2O \rightleftharpoons Br^- + H^+ + HOBr.$$

Der Austausch kann dann über das Bromidion erfolgen. Weiterhin könnte man annehmen, daß der Austausch über die Reaktion $Br^- + Br_2 \rightleftharpoons Br_3^-$ verläuft. So erfolgt in Tetrachlorkohlenstoff ein schneller Austausch zwischen Br_2 und $AsBr_3$ oder $SnBr_4$. Ein sehr schneller Austausch in wäßriger Lösung findet statt zwischen dem Bromidion und den $(PtBr_4)^{--}$ bzw. $(PtBr_6)^{--}$-Ionen sowie zwischen dem Jodid- und dem $(HgJ_4)^{--}$-Ion, woraus hervorgeht, daß die Lösungen dieser Komplexe kleine Mengen freier Halogenidionen enthalten.

Zahlreiche mit Sauerstoffsäureanionen durchgeführte Austauschversuche haben interessante negative Ergebnisse gezeitigt. So erfolgt beispielsweise kein Austausch von radioaktivem Phosphor zwischen H_3PO_3 und H_3PO_4 oder von Arsen zwischen $HAsO_2$ und H_3AsO_4. Bei den Ionen SO_3^{--} und $S_2O_3^{--}$ kommt es in wäßriger Lösung bei 100° schnell zu einem Austausch des Schwefels, während bei 100° zwischen S^{--} und SO_4^{--}, SO_3^{--} und SO_4^{--} sowie zwischen H_2SO_3 und HSO_4^- kein Austausch stattfindet. Bei Zimmertemperatur ist ein sehr schneller Manganaustausch zwischen MnO_4^- und MnO_4^{--} festzustellen.

Auf demselben Prinzip beruht die Anwendung des radioaktiven Jodisotops auf den Mechanismus der WALDENschen Umkehrung. Optisch aktives sekundäres Octyljodid wird von Natriumjodid in Acetonlösung mit meßbarer Geschwindigkeit racemisiert. Beim radioaktiven Natriumjodid — das man durch Beschuß von Natriumjodid mit Neutronen erhält — konnten HUGHES, TOPLEY und Mitarbeiter[16] einen Austausch zwischen dem radioaktiven Jod des Salzes und dem des Octyljodids nachweisen. Die Austauschreaktion wurde nach einer vorherbestimmten Zeit durch Zusatz von gestoßenem Eis unterbrochen und das Octyljodid mit Tetrachlorkohlenstoff extrahiert. Danach wurde das organische und anorganische Jod als Silberjodid gefällt und die Verteilung des radioaktiven Jods zwischen den beiden Anteilen in der üblichen Weise durch Messung der Intensitäten beider Aktivitäten bestimmt. Es war somit möglich, die Austauschgeschwindigkeit des Jods zwischen den Jodionen und dem Alkyljodid festzustellen. Diese Reaktionsgeschwindigkeit stimmte innerhalb von 10% mit der Geschwindigkeit der Racemisierung von aktivem Octyljodid überein. Daraus kann man schließen, daß bei der Racemisierung derselbe Austauschmechanismus wirksam ist.

[16] HUGHES, TOPLEY u. Mitarb.: J. chem. Soc. 1935, 1525.

Ein anderes interessantes Beispiel ist der Racemisierungsmechanismus des optisch aktiven Oxalatochromat(III)-Ions, $[Cr(C_2O_4)_3]^{3-}$. Die Racemisierung verläuft in wäßriger Lösung ziemlich schnell als Reaktion erster Ordnung. Es konnte festgestellt werden, daß die geschwindigkeitsbestimmende Stufe in einer Ionisation nach der Gleichung

$$[Cr(C_2O_4)_3]^{3-} \rightleftharpoons [Cr(C_2O_4)_2]^{-} + [C_2O_4]^{--}$$

besteht.

Eine andere Erklärungsmöglichkeit beruht auf der Annahme einer intramolekularen Umwandlung. Wenn die Racemisierung in einer Lösung stattfindet, die Oxalationen mit einem kleinen Anteil des Isotops ^{11}C enthält, so gelangt keine Aktivität in den Chromkomplex, also ein ziemlich schlüssiger Beweis gegen die Annahme des Reaktionsmechanismus über die Ionisierung.

Andere physikalisch-chemische Anwendungsmöglichkeiten.

Ein gutes Beispiel für die Anwendung der Indikatortechnik auf Untersuchungen über die Ionenwanderung liefern die mit Astatin durchgeführten Versuche (s. S. 373), bei denen sich gezeigt hat, daß das Element stets ein Anion bildet. Derartige Markierungsmethoden wurden auch zur Bestimmung der Diffusionskoeffizienten bekannter Ionen in Lösung (z. B. Na^+ und J^-) benutzt.

Auch für Diffusionsmessungen in festen Stoffen wurden radioaktive Indikatoren verwendet. Für Bestimmungen der Selbstdiffusion (d. h. für die Wanderung von Atomen oder Molekülen fester Stoffe in festen Medien) stehen überhaupt keine anderen Methoden zur Verfügung. Als Beispiel sei eine Arbeit über die Diffusion von Wismut in Wismutkristallen unter Verwendung des natürlichen Wismutisotops Th C erwähnt. Es hat sich dabei gezeigt, daß die Diffusionsgeschwindigkeit von der Wanderungsrichtung gegenüber den Kristallachsen abhängt. Ähnliche Untersuchungen wurden bei Gold, Silber und Kupfer durchgeführt. Beim Gold ist es beispielsweise möglich, eine Oberfläche einer Goldscheibe mit Resonanzneutronen zu bestrahlen und auf diese Weise auf oder zumindest sehr nahe an der Oberfläche eine Schicht herzustellen, die radioaktive Goldatome enthält. Man kann nun die Geschwindigkeit ermitteln, mit der die Aktivität bei verschiedenen Temperaturen in das Metall eindringt und die gewonnenen Ergebnisse zur Berechnung der Diffusionskoeffizienten benutzen.

Es lassen sich auch die spezifischen Oberflächen gewisser fester Stoffe untersuchen. Wenn man beispielsweise eine bestimmte Gewichtsmenge festes Bleisulfat mit einer gesättigten, das Bleiisotop Th B enthaltenden Bleisulfatlösung in Berührung läßt, so erfolgt ein kinetischer Austausch des Bleis zwischen Lösung und fester Phase, wobei die Aktivität der Lösung abnimmt. Für den Gleichgewichtszustand gilt folgende Beziehung:

$$\frac{\text{Th B an der Oberfläche}}{\text{Th B in Lösung}} = \frac{\text{Pb an der Oberfläche}}{\text{Pb in Lösung}}$$

Die Mengen auf der linken Seite der Gleichung kann man durch Feststellung der Aktivitäten im Anfangszustand und in der Lösung im Gleichgewichtszustand ermitteln (gewöhnlich durch Zählung im Zählrohr je Volumeneinheit gemessen). Da es sich um eine gesättigte Lösung handelt, ist deren Bleigehalt ebenfalls bekannt. Auf diese Weise lassen sich das absolute Gewicht und die Zahl der Bleiatome an der Oberfläche der festen Substanz bestimmen. Da das Volumen jedes Bleisulfatmoleküls bekannt ist, kann man unter der Annahme würfelförmiger Moleküle die Oberfläche der festen Substanz je Gewichtseinheit berechnen. Die Methode wurde auch bei anderen festen Stoffen angewandt (z. B. $BaSO_4$ und $SrSO_4$), wobei sie im Falle des Strontiumsulfats auch durch entsprechende Messungen mit radioaktivem Schwefel in dem Anion ergänzt wurden.

Radioaktive Indikatoren wurden noch zur Untersuchung des Verteilungskoeffizienten in Lösungsmitteln (z. B. die Verteilung von $GaCl_3$ zwischen wäßriger Salzsäure und Äther) benutzt. Der Dampfdruck von rotem Phosphor wurde durch Verwendung des β-aktiven ^{32}P-Isotops ($T = 14{,}3$ Tage) bestimmt.

Anwendung auf biologischen Gebieten[17].

Es ist unmöglich, einen vollständigen Überblick über dieses Gebiet zu geben. Die Tatsache, daß radioaktive Kohlenstoff-, Phosphor- und Schwefelisotope bequem zugänglich sind, läßt ohne weiteres die Anwendungsmöglichkeiten dieser Methode erkennen. Dazu kommen Isotope von Elementen wie Calcium, Eisen, Jod und Natrium und schließlich einer Reihe von Elementen, die als Spurenelemente bei gewissen biologischen Vorgängen eine Rolle spielen. Eines der interessantesten Probleme, das sich in diesem Zusammenhang ergab, bestand in der Synthese einer Vielzahl von Verbindungen mit radioaktivem Kohlenstoff im Molekül zur Untersuchung biologischer Fragen. Es sei schließlich noch daran erinnert, daß auch nichtradioaktive Isotope in angereicherter Form von Wasserstoff, Kohlenstoff, Stickstoff, Sauerstoff und Schwefel verfügbar sind und in der gleichen Weise verwendet werden können wie die radioaktiven Indikatoren; allerdings ist man dabei — mit Ausnahme des Deuteriums — auf das Arbeiten mit dem Massenspektrographen angewiesen.

Die Bestimmung des Alters von Mineralien.

Zur Bestimmung des Alters von Mineralien auf Grund ihrer Radioaktivität sind vier Methoden entwickelt worden. Die erste beruht auf der Messung der Farbintensität pleochromer Halos, die in Quarz, Glimmer und ähnlichen Mineralien vorhanden sind und auf die Entfärbung des Minerals durch α-Strahlen aus kleinen Mengen radioaktiven Materials zurückgehen. Die Reichweite der α-Teilchen beträgt nur wenige

[17] Siehe Kamen: Radioactive Tracers in Biology (Academic Press Inc., New York 1947).

tausendstel Zentimeter, die Halos erscheinen unter dem Mikroskop als eine Reihe konzentrischer Ringe, von denen jeder die während geologischer Zeiträume erfolgte Einwirkung von α-Teilchen bestimmter Reichweite wiedergibt. Die Altersbestimmung beruht auf einer Schätzung der Strahlungsmenge, die zur Erzielung eines bestimmten Entfärbungsgrades erforderlich ist. Der Methode wird im allgemeinen keine große Genauigkeit zugeschrieben.

Das zweite Verfahren gründet sich auf die Messung der sehr kleinen in uran- und thoriumhaltigen Mineralien enthaltenen Heliummenge. Das Helium geht mit ziemlicher Sicherheit auf α-Teilchen zurück, und im Granit sowie in ähnlichen Gesteinen dichter Struktur bleibt es meist erhalten, so daß man aus der Gasmenge die zu seiner Bildung erforderliche Zeit berechnen kann. Aus einem Gramm Uran, das sich mit seinen Zerfallsprodukten im Gleichgewicht befindet, entstehen im Jahr etwa 10^{-7} cm³ Helium, die Bildungsgeschwindigkeit aus Thorium ist nur knapp ein Drittel so groß. Bei der Berechnung entspricht daher das Thorium einem Drittel seines Gewichtes an Uran. Man muß also das Helium im Gestein sowie sein Uran- und Thoriumgehalt bestimmen. Wenn man das Uranäquivalent (unter Berücksichtigung des Thoriumgehaltes) mit $(\mathsf{U} + 0{,}3\,\mathsf{Th})$ bezeichnet, so ergibt sich das Alter des Gesteins zu

$$10^7 \cdot \frac{\mathsf{He}\ (\text{cm}^3 \text{ je Gramm Gestein})}{\mathsf{U} + 0{,}3\,\mathsf{Th}} \text{ Jahren.}$$

In der folgenden Tabelle (Tabelle 7) sind einige Ergebnisse, die man an Gesteinen verschiedener geologischer Epochen gewonnen hat, zusammengestellt. Meist wird man annehmen können, daß etwas Helium verlorengegangen ist, so daß das nach dieser Methode bestimmte Alter einen unteren Grenzwert darstellt.

Tabelle 7.

Geologisches Alter des Gesteins	Mineral	Herkunft	Alter in Millionen Jahren
Pliozän	Zirkon	Campbell Island, Neuseeland	1,5
Miozän	Zirkon	Espailly, Auvergne	5,7
Oligozän	Eisenspat	Niederpleis, Rheinprovinz	7,0
Oberes Carbon	Limonit	Forest of Dean	128
Devon	Hämatit	Caen	112
Silur	Thorianit	Ceylon	226
Mittleres Präcambrium	Titanit	Arendal, Norwegen	329
Unteres Präcambrium	Zirkon	Renfrew Co., Ontario	543

Ein drittes Verfahren zur Altersbestimmung von Mineralien beruht auf dem Verhältnis von Uran zu $^{206}\mathsf{Pb}$. Das Bleiisotop ist das Endprodukt der Uranzerfallsreihe, seine Menge wird also dem Alter des Minerals proportional sein. Die Bildungsgeschwindigkeit ergibt sich aus der Zerfallskonstanten des Urans. Zur Durchführung des Verfahrens muß die isotope Zusammensetzung des Bleis massenspektrographisch untersucht und nötigenfalls die analytisch bestimmte Bleimenge auf Grund dieser massenspektroskopischen Ergebnisse unter Berücksichtigung anderer Isotope korrigiert werden. Bei älteren Gesteinen muß man noch den Zerfall des Urans seiner Menge nach berücksichtigen. Auf diese Weise wurden Alterswerte von 1 bis $+3 \cdot 10^9$ Jahren erhalten. Man kann die Bestimmung in entsprechender Weise auch auf das Verhältnis Thorium zu ^{208}Pb beziehen.

Das Alter eines Gesteins läßt sich auch aus der Bestimmung des Verhältnisses $^{206}Pb : {}^{207}Pb$ schätzen. Dieses Verhältnis kann man benutzen, weil ^{238}U und ^{235}U die Ausgangssubstanzen der zu ^{206}Pb bzw. ^{207}Pb führenden Zerfallsreihen stark unterschiedliche Halbwertszeiten ($4{,}51 \cdot 10^9$ bzw. $7{,}07 \cdot 10^8$ Jahre) besitzen, so daß man in älteren Mineralien einen kleineren Verhältniswert von ^{206}Pb zu ^{207}Pb findet.

Sachverzeichnis.